清华计算机图书·译丛

Principles of Model Checking

模型检验原理

[德] 克里斯特尔·拜耳（Christel Baier）
乔斯特-皮尔特·卡托恩（Joost-Pieter Katoen） 著

赵光峰 李师广 樊丽丽 等译

清华大学出版社
北 京

北京市版权局著作权合同登记号 图字：01-2021-6096 号

图书在版编目（CIP）数据

模型检验原理 /（德）克里斯特尔 · 拜耳（Christel Baier），（德）乔斯特-皮尔特 · 卡托恩（Joost-Pieter Katoen）著；赵光峰等译. —北京：清华大学出版社，2021.10
（清华计算机图书译丛）
书名原文: Principles of Model Checking
ISBN 978-7-302-57735-5

Ⅰ. ①模… Ⅱ. ①克… ②乔… ③赵… Ⅲ. ①计算机网络-网络模型-检验 Ⅳ. ①TP393.021

中国版本图书馆 CIP 数据核字（2021）第 050910 号

责任编辑： 龙启铭 战晓雷
封面设计： 常雪影
责任校对： 郝美丽
责任印制： 朱雨萌

出版发行： 清华大学出版社
网　址：http://www.tup.com.cn，http://www.wqbook.com
地　址：北京清华大学学研大厦 A 座　　邮　编：100084
社 总 机：010-62770175　　邮　购：010-83470235
投稿与读者服务：010-62776969，c-service@tup.tsinghua.edu.cn
质 量 反 馈：010-62772015，zhiliang@tup.tsinghua.edu.cn
课 件 下 载：http://www.tup.com.cn，010-83470236
印 装 者： 三河市龙大印装有限公司
经　销： 全国新华书店
开　本： 185mm×260mm　　**印　张：** 44.25　　**字　数：** 1050 千字
版　次： 2021 年 11 月第 1 版　　**印　次：** 2021 年 11 月第 1 次印刷
定　价： 158.00 元

产品编号：084527-01

译 者 序

纵观人类文明的历史, 包括几次工业革命中产生的有重大影响的技术在内, 几乎没有哪一项技术像信息技术一样能够渗透到人类生产和生活的方方面面, 如此深刻地影响并改变了人类的行为模式. 信息系统的广泛应用使其可靠性成为越来越受人们关注的问题. 在一些安全至关重要的系统中, 更容不得出现哪怕一点点瑕疵. 2018 年 10 月到 2019 年 3 月的半年之内, 波音飞机坠毁两次, 事故均由飞行控制软件的缺陷造成. 连续的空难事件再次提醒人们, 信息系统的可靠性是丝毫不容忽视的问题.

在信息技术发展之初, 对小规模的简单系统用人工测试的方法检查系统的可靠性尚有可行性. 然而, 在信息系统应用越来越广泛的同时, 它的硬件和软件也变得越来越庞大和复杂. 30 年前, 计算机的内存和外存的容量远远赶不上今天的智能手机, 软件规模也远远赶不上今天智能手机上的应用软件. 保证大规模复杂系统的可靠性已成为一件非人力所能完全解决的问题. 因此, 非常迫切地需要一种自动化验证技术来检验复杂系统的可靠性. 当然这种技术自身必须建立在坚实、严谨的理论基础之上, 保证自身的可靠性. 模型检验就是这样一种建立在严谨的数学理论基础上的系统可靠性自动验证技术. 模型检验的一大特点是它在验证过程中会穷尽系统的所有可能运行路径, 这是人工测试或静态分析很难甚至不可能做到的. 因此, 模型检验与人工测试或静态分析的最大不同是: 人工测试或静态分析很难保证系统没有问题的结论是正确的, 而模型检验一旦给出被验证系统没有问题的结论, 被验证系统就肯定没有问题.

本书翻译小组由系统可信性自动验证国家地方联合工程实验室的部分人员组成, 译者长期从事系统可信性形式化验证方法的理论及应用研究工作. 译者中的部分成员曾参与了飞行控制软件系统、核控软件系统以及高速动车组运行控制软件系统等安全至关重要系统的形式化验证工作. 在工作过程中我们有幸学习了 Christel Baier 教授与 Joost-Pieter Katoen 教授合著的《模型检验原理》(*Principles of Model Checking*) 一书. 该书用近千页的篇幅系统、全面地介绍了模型检验技术的原理、算法、应对状态空间爆炸的技术、自动验证工具与建模语言等方面的内容. 该书按照教材的体例撰写, 用丰富的例子帮助读者理解深奥的理论, 每章最后都配备了大量的习题以帮助读者巩固所学内容. 因此, 它特别适合作为信息技术相关专业的本科生或研究生的教材. 同时, 该书最后附有大量参考文献, 每章的文献说明还详细梳理了该章相关内容的发展脉络. 所以该书也是从事模型检验理论研究与应用开发的专业人员不可多得的参考书. 基于以上认识, 译者工作之余用几年时间把该书翻译成中文, 以期为促进我国模型检验技术的研究和应用做一点点贡献.

尊重原著内容和排版风格是我们在翻译中遵循的原则. 以插图为例, 所有的矢量图都完全按原著样式绘制. 对于一些模糊不清的图片, 在正确表达原有内容的基础上用类似图片进行了替换或者完全重绘. 一部著作出现一些内容上的笔误和格式上的不一致实属难免, 该书也不例外. 我们在翻译过程中发现了原著的一些内容和格式上的疏漏. 为保持原注释编号的连贯性和原文内容的连续性, 对于我们认为有必要改动的内容, 在全书最后的译注中进行集中说明. 对于一些排版格式差异, 例如多字母的数学符号的字体不一致等, 我们都按照原著的体例进行了统一, 但未加说明. 限于译者水平, 译文及译注中难免会存在一些错误, 恳请读者批评指正.

本书的翻译分工如下: 赵光峰主要负责分工协调、术语统一、全书统稿、插图绘制、算法分析、译注编写等工作; 第 1 章及附录由翻译组共同完成; 王伟芳主要负责第 2 章; 李师广主要负责第 3 章; 樊丽丽主要负责第 4 章; 王东华主要负责第 5 章; 姜丽飞与冯玉芬主要负责第 6 章; 夏方林与母景琴主要负责第 7 章; 李宝凤主要负责第 8 章; 王红丽主要负责第 9 章; 郝璞玉与贾东芳主要负责第 10 章. 每人完成的翻译工作量均超过 10 万字.

在本书翻译过程中, 译者得到了中国科学院林惠民院士、西南交通大学徐扬教授与宋振明教授、英国阿尔斯特 (Ulster) 大学刘军教授的热心指导和帮助, 译者诚挚地向他们表示感谢.

本书在出版过程中还得到了清华大学出版社编辑龙启铭老师的热情帮助和支持, 译者谨向他提出的许多宝贵建议表示深切感谢.

本书的出版得到了唐山市形式化方法研究基础创新团队建设项目 (编号 18130207B) 和唐山师范学院出版基金的经费支持, 特此致谢.

赵光峰
2021 年 9 月

序

当今社会, 人们日常生活的几乎每一方面都越来越依赖于特定计算机和软件系统的帮助. 人们经常甚至不知道自己已经接触到计算机和软件. 现在, 汽车的一些控制功能就是在嵌入式软件的基础上实现的, 例如刹车、安全气囊、巡航控制以及燃油喷射等. 移动电话、通信系统、医疗设备、影音系统以及其他消费类电子产品通常包含相当多的软件. 交通、生产及控制系统不断利用嵌入式软件方法以获取可塑性和成本效率.

共同的模式是不断增加系统的复杂性, 这是一个由于采用有线或无线网络方案而被加速的趋势: 在现在的小汽车中, 控制功能分布于若干处理单元, 它们通过特定的网络和总线通信. 以计算机和软件为基础的方法已经无处不在, 甚至在一些安全至关重要的系统中也能找到它们. 因此, 计算机科学领域的主要挑战是, 提供形式化技术和工具, 以高效地设计无论多么复杂都能保证正确性和完善性的系统.

在过去二十多年中, 在基于计算机的控制系统的正确性方面, 引人注目的成就是模型检验. 模型检验是一种形式化验证技术, 它在与系统匹配的模型的基础上, 通过系统地检查模型的所有状态, 可以验证给定系统所需的行为性质. 模型检验的迷人之处在于它是全自动的, 用户很容易掌握它, 而且当模型不满足性质时, 它还能提供反例作为必要的调试信息. 此外, 大量工业级应用业已证明模型检验工具的表现是成熟的.

我很高兴推荐 Christel Baier 与 Joost-Pieter Katoen 合著的《模型检验原理》作为模型检验的教材, 它提供了这一重要领域的丰富而易读的内容. 该书翔实、全面地论述了经典线性时序逻辑 (LTL) 和计算树逻辑 (CTL) 模型检验的基本原理. 该书还全面阐述了应对状态空间爆炸的最新方法, 包括符号检验、抽象与最小化技术以及偏序约简. 该书介绍的模型检验也涵盖了实时和概率系统, 这是模型检验的重要新方向, 两位作者是该领域勤奋多产并处于核心地位的学者.

作者以匠心独具的杰出教育风格为构造和证明提供了细致的阐释, 同时还有理论、实践及面向工具特性的大量例子和习题. 因此, 该书是研究生和高年级本科生的理想教科书和自学用书, 无疑还应出现在该领域任何研究者的书架上.

Kim Guldstrand Larsen
丹麦奥尔堡大学计算机科学教授

前　　言

公允地说，在这个数字时代，正确的信息处理系统比黄金更可贵.

—— 摘自 H. Barendregt 的 "*The Quest for Correctness*",
发表于 *Images of SMC Research 1996*, 第 39~58 页.

本书讲述模型检验, 它是一种评估信息及通信系统的功能性质的很好的形式化技术. 模型检验需要考虑系统的一个模型及期望的性质, 并系统地检验给定模型是否满足此性质. 可以验证的典型性质是无死锁、不变性以及请求与响应性质. 模型检验是验证模型不含错误 (即不违反性质) 的自动技术, 也可看作智能、高效的调试技术. 它是一种通用方法, 已被用于硬件验证及软件工程等领域. 模型检验技术在二十多年前只能用于简单的例子. 但随着基础算法及数据结构的不断改进及硬件水平的进步, 它现在已经可以用于实际设计中. 客观地讲, 过去二十多年中, 模型检验已经发展为成熟的并被大量使用的验证和调试技术.

目的与范围

本书将从基本原理开始介绍模型检验. 本书可作为本科生和研究生的教材, 也可作为计算机科学及相关领域研究者的入门读物. 本书用大量的例子向读者介绍相关的材料, 许多例子会贯穿多个章节. 本书提供完整的基本结论及其详细证明. 每章后面都有总结、文献说明及关于一系列理论与实践 (即实际模型检验器的实验) 的习题.

基础知识

模型检验中的概念起源于数学, 例如命题逻辑、自动机理论与形式语言、数据结构以及图论算法. 尽管本书附录概括了这些内容的要点, 但是读者还是要在学习本书正文前熟悉这些基本知识. 当考虑许多模型检验算法的理论复杂度时, 还需要复杂度理论的相关知识.

内　　容

本书分为 10 章. 第 1 章概述模型检验及其特征. 第 2 章给出作为软件和硬件系统模型的迁移系统. 第 3 章介绍线性时间性质的安全性质与活性性质的分类, 并阐述公平性的概念. 检验 (正则) 安全性质和 ω 正则性质的基于自动机的算法在第 4 章中论述. 第 5 章阐述线性时序逻辑 (LTL), 并指出第 4 章的算法如何用于 LTL 模型检验. 第 6 章论述分支时序逻辑——计算树逻辑 (CTL), 并将其与 LTL 进行比较, 然后指出如何明确地或符号化地进行 CTL 模型检验. 第 7 章论述基于迹、互模拟及模拟关系的抽象. 第 8 章讲述 LTL

和 CTL 的偏序约简. 第 9 章着重介绍实时时间性质与时控自动机. 最后, 本书以概率模型的验证结束. 附录概括了命题逻辑、图论、形式语言以及复杂度理论的基础知识.

如何使用此书

第 1 章至第 6 章可作为一学期 (每周两次课) 的模型检验入门课程的内容. 在后续一学期的课程中, 可在稍微复习 LTL 和 CTL 模型检验后学完第 7 章至第 10 章的内容.

致 谢

本书的写作与扩充花费了 5 年的时间. 以下同仁通过使用本书的早期版本给予我们支持: Luca Aceto (丹麦奥尔堡大学, 冰岛雷克雅未克大学), Henrik Reif Andersen (丹麦哥本哈根大学), Dragan Boshnacki (荷兰艾因霍温大学), Franck van Breughel (加拿大渥太华大学), Josée Desharnais (加拿大魁北克大学), Susanna Donatelli (意大利都灵大学), Stefania Gnesi (意大利比萨大学), Michael R. Hansen (丹麦技术大学), Holger Hermanns (德国萨尔布吕肯大学), Yakov Kesselman (美国芝加哥大学), Martin Lange (丹麦奥尔胡斯大学), Kim G. Larsen (丹麦奥尔堡大学), Mieke Massink (意大利比萨大学), Mogens Nielsen (丹麦奥尔胡斯大学), Albert Nymeyer (澳大利亚悉尼大学), Andreas Podelski (德国弗莱堡大学), Theo C. Ruys (荷兰特文特大学), Thomas Schwentick (德国多特蒙德大学), Wolfgang Thomas (德国亚琛大学), Julie Vachon (加拿大蒙特利尔大学), 以及 Glynn Winskel (英国剑桥大学). 他们中的许多人都给了非常有益的反馈, 使我们得以完善本书.

Henrik Bohnenkamp、Tobias Blechmann、Frank Ciesinski、Marcus Grösser、Tingting Han、Joachim Klein、Sascha Klüppelholz、Miriam Nasfi、Martin Neuhäusser 和 Ivan S. Zapreev 给我们提供了许多详细的意见和一些习题. Yen Cao 绘制了部分图形, Ulrich Schmidt-Görtz 提供了参考文献方面的帮助. 在此诚挚地感谢他们.

许多人对本书提出过改进建议, 指出过疏漏. 感谢提出宝贵意见的每一位同仁.

最后, 感谢我们在亚琛、波恩、德累斯顿与恩斯赫德的所有学生的反馈和意见.

Christel Baier
Joost-Pieter Katoen

目　录

第 1 章　系统验证

人们对 ICT (Information and Communication Technology, 信息与通信技术) 系统功能的依赖迅速增长. 这些系统变得越来越复杂, 它们通过互联网和智能卡、掌上电脑、手机和高端电视机等的各种嵌入式系统大量地渗透到日常生活中. 据估计, 1995 年人们大约有 25 种日常 ICT 设备. 像电子银行和电子购物这样的服务也已成为现实. 经由互联网的现金流量每日约为 10^{10} 亿美元. 像汽车、高速列车和飞机这样的现代交通运输设备, 大约 20% 的产品开发成本用于信息处理系统. ICT 系统是普遍的、无所不在的. 它们控制了股票交易市场, 构成电话交换机的心脏, 是互联网技术的关键, 对许多医疗系统也至关重要. 人们深度依赖嵌入式系统, 其运行的可靠性对人类社会极其重要. ICT 系统除了在反应时间和处理能力等方面要有良好表现以外, 不出现烦人的故障也是重要的质量指标之一.

这一切都涉及经济利益. 当手机发生故障时, 或者当录像机对发出的指令反应失常或错乱时, 人们会烦恼. 这些软件和硬件的故障虽不会威胁到人们的生命, 但对制造商会有严重的经济后果. ICT 系统的精准性是企业生存之本. 深刻的教训早已有之. 20 世纪 90 年代早期, 英特尔公司奔腾 Ⅱ 处理器的浮点除法单元出现缺陷, 为替换残次处理器损失了约 4.75 亿美元, 而且严重损害了英特尔公司作为可靠的芯片制造商的声誉. 行李处理系统的软件错误使丹佛机场的开业推迟了 9 个月, 每天损失 110 万美元. 大型航空公司的全球在线机票预订系统失效 24h 即可使其因错过订单而破产.

这一切都涉及安全, 故障可能是灾难性的. 阿丽亚娜 5 号火箭 (图 1.1)、火星探路者和空客系列飞机的控制软件的致命缺陷曾是全球报纸的头条, 负面影响至今仍在. 类似软件也用于诸如化工厂、核电站、交通控制与预警系统以及风暴潮屏障等安全至重系统的过程控制. 显然, 这些软件的错误会导致灾难性后果. 例如, 放射治疗机 Therac-25 的控制部分的软件缺陷在 1985—1987 年导致了 6 个癌症病人死亡, 这是因为他们受到了过量的辐射.

图 1.1　1996 年 6 月 4 日阿丽亚娜 5 号发射 36s 后由于 64 位浮点数向 16 位整数的转换错误而坠毁

对信息处理的关键应用的依赖日益增长, 使我们不得不强调:

ICT 系统的可靠性是系统设计过程中的关键事务.

ICT 系统的规模与复杂性迅速提升. ICT 系统不再是孤立的, 而是嵌入更大的环境中, 与其他组件和系统结合与互动. 它们因而更容易出错, 错误随着交互系统组件数的增长而呈指数增长. 特别地, 并发性和未定性已成为交互系统建模的核心, 用传统技术很难处理它们. 它们不断提升的复杂度与大幅减少的系统开发时间 (“市场前时间”) 的双重压力, 使得交付缺陷较少的 ICT 系统成为巨大挑战和复杂行为.

系统验证技术将以更可靠的方式应用于 ICT 系统的设计. 简言之, 系统验证用于证实设计或产品具有某种性质. 需要验证的性质多数从*系统准述* (system specification) 中得到, 可以很初级, 像系统永不到达不能有任何进展 (死锁) 的情况等. 系统准述规定了哪些是系统必须实现的, 哪些是不能出现的, 因此是验证活动的基础. 一旦系统不能满足某个规定的性质, 一个缺陷就找到了. 当系统满足系统准述中的所有性质时就认为它是正确的. 因此正确性总是相对于系统准述, 而不是系统的绝对性质. 图 1.2 是后验系统的验证示意图.

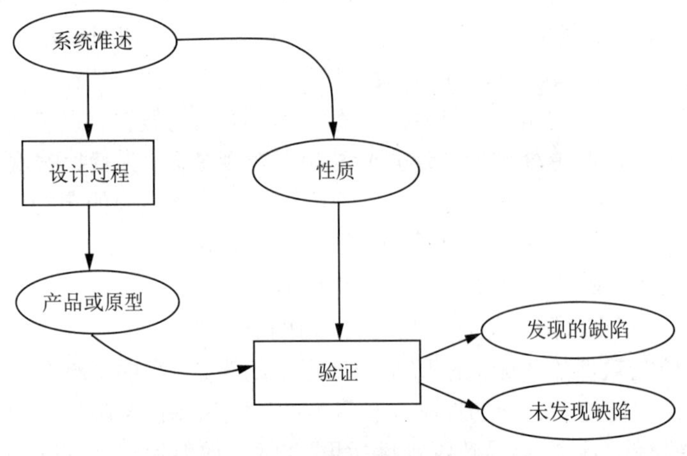

图 1.2　后验系统的验证示意图

本书讲解从形式化系统准述开始的称为模型检验的验证技术. 在介绍此技术和探讨形式化系统准述的作用之前, 先简要回顾其他的软件和硬件验证技术.

软件验证　同行评审和测试是实践中主要的软件验证技术.

同行评审相当于由最好是没有参与被检验软件开发的软件工程师团队进行的软件检验. 同行评审不执行未编译的代码, 只是完全静态地分析. 实证研究表明, 同行评审提供了一种有效的技术, 可以捕捉大约 31%~93% 的缺陷, 均值为 60% 左右. 同行评审大多使用相当特别的方式, 当然, 有针对性的同行评审过程就更有效, 例如那些专注于特定错误检测目标的评审. 若不考虑其完全手工的特性, 同行评审仍是很有用的技术. 所以, 大约 80% 的软件工程项目会应用某种同行评审也就不足为奇了. 由于它的静态特性, 经验表明, 某些微小错误 (如并发性和算法的缺陷) 很难通过同行评审找到.

软件测试是所有软件工程项目的重要组成部分. 整个软件工程费用的 30% ~ 50% 用于测试. 与不执行代码而只进行静态分析的同行评审相反, 测试是一种实际运行软件的动态技术. 测试过程使用被测软件的一部分并为其已编译代码提供输入. 通过让软件遍历一组执行路径 (表示软件运行的代码语句序列) 来判断其正确性. 以测试期间的观察为基础, 对软件的实际输出与系统准述中的输出进行比较. 测试的生成和执行虽然可以部分地自动进行, 但对比工作仍然常常由人进行. 测试的主要优点是适用于从应用软件 (如电子商务软件) 到编译器和操作系统的所有类型的软件. 穷尽所有路径的测试实际上是不可行的, 实践中只能处理这些路径的一小部分. 因此, 测试永远不可能是完全的. 即, 测试只能揭示遇到的错误, 而不能发现未遇到的错误. 测试的另一个问题是决定何时结束. 在实践中, 很难甚至不可能指出达到某个缺陷密度 (缺陷数与非注释代码行数之比) 的测试强度.

研究表明, 同行评审与测试可以在开发周期的不同阶段捕捉不同种类的缺陷, 因此它们常一起使用. 为了增强软件的可靠性, 除这些验证方法外, 还要辅以软件工序改进技术、结构化的设计与准述方法 (如统一建模语言等) 以及版本和配置管控系统. 大约 10%~15% 的软件项目也在以这样或那样的方式使用形式化技术. 这些技术本章稍后会讨论.

捕捉软件错误越早越好. 这对于定位软件瑕疵非常重要. 口号就是 “越早越好”. 在维护期修复软件过失的费用远远高于在早期设计阶段修改的费用 (见图 1.3), 因此系统验证应该发生在设计过程的早期阶段.

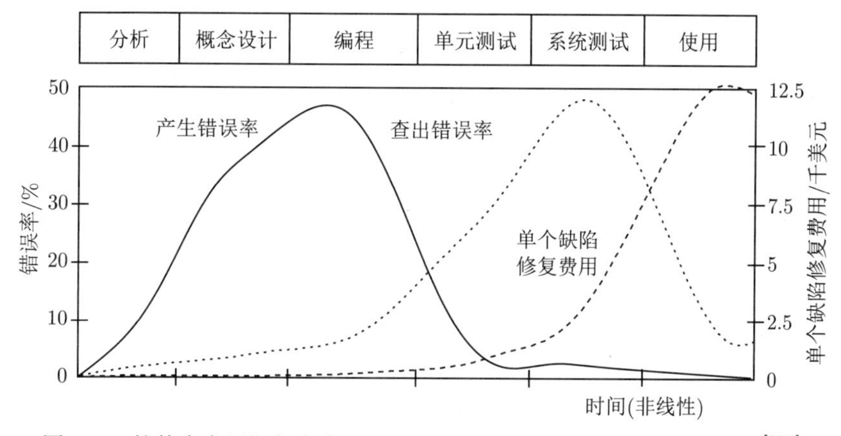

图 1.3　软件生命周期与产生错误率、查出错误率及单个缺陷修复费用 [275]

大约 50% 的缺陷源自编程 (实际编写代码的阶段). 在初始设计阶段往往仅能检测到 15% 的错误, 而在测试时能发现多数错误. 单元测试的目的是找出组成系统的各个软件模块中的缺陷. 在单元测试之初, 每千行 (非注释) 代码约 20 个缺陷的密度是正常的. 到系统测试开始时, 这一密度已降到每千行 6 个缺陷. 系统测试就是测试构成实际系统的这些模块的集合. 到软件发行投入使用时, 可接受的缺陷密度通常是每千行代码约 1 个缺陷 ①.

错误通常集中于少数几个软件模块中, 约一半的模块没有缺陷, 约 80% 的缺陷出现在一小部分 (约 20%) 模块中, 并常发生于模块衔接时. 在测试前修复检测到的错误更经济. 修复费用增长迅速, 单个缺陷修复费用在单元测试时约为 1000 美元, 在系统使用期间将高达 12 500 美元. 寻求在软件设计过程中尽早发现缺陷的技术是至关重要的: 修复它们的费用非常低, 对后续设计的影响也小得多.

① 当然, 这对某些产品来说可能过高. 微软公司已承认 Windows 95 至少包含 5000 个缺陷. 尽管用户日常使用时会遇到一些异常行为, 但 Windows 95 还算是很成功的.

硬件验证 在硬件设计中避免错误也是生死攸关的. 硬件受制于高成本, 交付客户后缺陷修复困难, 质量期望高. 软件缺陷可以通过补丁或更新修复, 今天的用户也接受甚至期待如此; 而交付给客户后的硬件瑕疵修复却非常困难, 而且几乎需要重新制造和重新发布, 这样会造成巨大的经济损失. 有故障的奔腾 Ⅱ 处理器的更换给英特尔公司造成了约 475 000 000 美元的损失. 摩尔定律 (电路中的逻辑门的数量每 18 个月翻一番) 已被实践证明是正确的, 而这也正是生产可靠硬件的主要障碍. 实证研究表明, 超过 50% 的 ASIC (Application-Specific Integrated Circuits, 专用集成电路) 在初次设计和制造后不能正常工作. 芯片制造商以高投入力保设计正确就不足为奇了. 硬件验证是设计过程的完善部分. 在通常的硬件设计中, 设计工作仅占芯片开发总时间的 27%, 剩下的时间则用于错误检测和预防.

硬件验证技术. 结构分析和仿真、模拟是硬件验证使用的主要技术.

*结构分析*包括几种特殊的技术, 例如合成、时序分析以及在此不详细叙述的等价性检验.

*仿真*是一种测试. 它把一种可重构的通用的硬件系统 (仿真器) 配置得使其行为与设计的电路一样, 然后广泛、深入地进行测试. 像软件测试一样, 仿真相当于给电路提供一组刺激, 并比较其产生的输出与在芯片说明中规定的期望输出. 为了充分测试电路, 要检查每一可能的系统状态中的所有可能的输入组合. 这并不现实, 因此测试次数只能大为减少, 而这将遗漏潜在的未发现错误.

通过*模拟*, 可建立和模仿电路的模型. 模型通常由硬件描述语言 (如已被 IEEE 采纳为标准的 Verilog 或 VHDL) 提供. 以刺激为基础, 使用模拟器检查芯片模型的执行路径. 这些刺激可能由用户提供, 也可通过随机发生器之类的自动方法提供. 根据模拟器的输出和系统准述记载的输出之间的差异可断定错误的出现. 模拟类似于测试, 但用于模型. 当然, 它也受到同样的限制: 为获得完全可信的结果, 要在模型中检验情景的数量应超过可在实践中检验的情景的任何合理的子集.

模拟是应用最广泛的硬件验证技术, 并可用于不同的设计阶段, 例如在寄存器传输层面、门和晶体管层面等. 除这些错误检测技术外, 还需要利用*硬件测试*技术找到在制造过程中由设计缺陷导致的制造失误.

1.1 模型检验

在复杂系统的软件和硬件设计中, 往往会将更多的时间和精力花在验证而不是构建上. 人们正在寻求减少或减轻验证工作而增加验证范围的技术. 形式化方法在以下几个方面具有很大潜能: 在设计过程的早期获得集成验证, 提供更有效的验证技术, 减少验证时间.

首先简要讨论形式化方法的作用. 简言之, 可把形式化方法看作对 ICT 系统进行建模和分析的应用数学. 这些方法的目的是利用数学的严谨性来验证系统的正确性. 它们能力出色, 形式化方法工程师越来越多地使用它们验证复杂的软件和硬件系统. 此外, 根据国际电工委员会的最佳实践标准和欧洲航天局的标准等, 形式化方法对于安全至重系统的软件开发是强烈推荐的验证技术之一. 美国联邦航空管理局和美国国家航空航天局关于形式化方法应用的调查报告断言:

形式化方法应该成为每位计算机科学家和软件工程师所受教育的一部分, 就像应用数学的适当分支是所有其他工程师所受教育的必要组成部分一样.

在过去的 20 多年间, 形式化方法的研究已经带动了一些验证技术的发展, 它们很有前景并有助于缺陷的早期检测. 这些技术有强大的软件工具, 可用于各阶段的自动验证. 研究表明, 形式化验证程序能够找出在阿丽亚娜 5 号火箭、火星探路者、英特尔奔腾 Ⅱ 处理器和 Therac-25 放射治疗机中暴露的问题.

基于模型的验证技术以模型为基础, 它以数学形式精准、无歧义地描述可能的系统行为. 因此, 在任何形式的验证之前, 对系统的精确建模过程就常常会发现非形式化系统准述中的缺失、歧义和矛盾. 原本这些问题通常是在更晚的设计阶段才被发现的. 与系统模型相伴的是全面详查它的所有状态的算法. 这为所有验证技术——从全面详查 (模型检验) 到使用模型或实际中的一组场景的实验 (模拟或测试) 提供了基础. 由于基础算法和数据结构的不懈改进, 以及更快的计算机和更大的存储器的不断普及, 10 年前只能用于简单例子的基于模型的技术, 现在已用于实际设计中. 因为这些技术的出发点是系统模型, 所以可以给出如下事实:

任何基于模型技术的验证 只是像系统模型一样好.

模型检验是一种以暴力方式详查所有可能的系统状态的验证技术. 类似于计算机象棋程序要检查所有可能的走法, 模型检验器 (进行模型检验的软件工具) 也要系统地检查所有可能的系统情景. 用这种方式, 可以证明给定的系统模型真正满足某个性质. 以现在的手段 (即处理器和存储器) 检验最大可能的状态空间确实是一个挑战. 最先进的模型检验器可处理 $10^8 \sim 10^9$ 个显式列出的状态组成的状态空间. 利用智能算法和特定的数据结构, 对于特定的问题可以应付更大的状态空间 (10^{20} 以上甚至 10^{476} 个状态). 模型检验有可能发现仿真、测试和模拟发现不了的微小错误.

可以用模型检验方法检验的性质通常是定性的: 产生的结果好吗? 系统会进入死锁吗? 例如, 两个并行的程序何时互相等待而使整个系统停止? 也可以检验时间性质: 系统重启后 1h 内会发生死锁吗? 或者, 回复总在 8min 内收到吗? 模型检验要求精准无误地描述待检验性质. 因为要建立一个精确的系统模型, 这一步往往会发现非形式化文档中的一些含糊和矛盾. 例如, 将 ISDN 用户部分协议子集的所有系统性质形式化以后, 可以发现最初非形式化的系统需求的 55% 是不相容的.

系统模型常常由模型描述自动生成, 这些描述是由专用语言给出的, 例如 C 语言、Java 等编程语言或 Verilog、VHDL 等硬件描述语言. 注意, 性质准述规定了系统应该或不应该做什么, 而模型则描述系统如何做. 模型检验器检查所有相关的系统状态以检验它们是否满足要求的性质. 若某个状态遇到违反性质的情况, 模型检验器会提供一个表明模型怎样到达非预期状态的反例. 这个反例描述了一条执行路径——从初始系统状态到违反正在验证的性质的状态. 在模拟器的帮助下, 用户可以重构违反性质的情况, 以这种方式得到有用的调试信息, 据此相应地调整模型或性质 (见图 1.4).

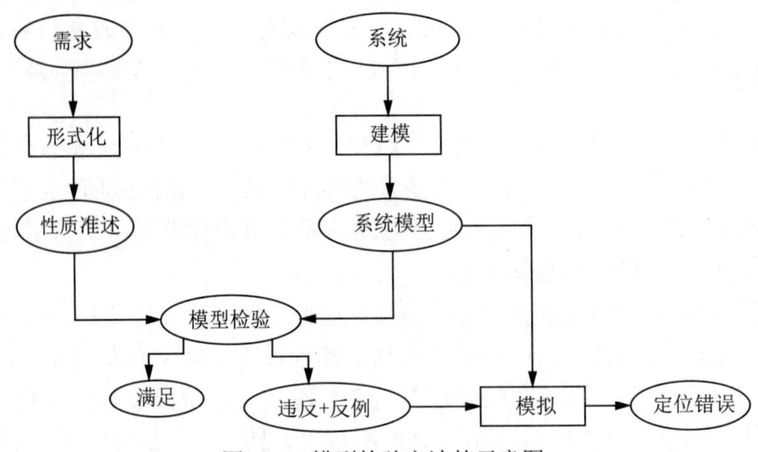

图 1.4　模型检验方法的示意图

模型检验已成功地用于一些 ICT 系统和它们的应用. 例如, 模型检验已经应用于检测在线机票预订系统中的死锁和现代电子商务协议. 一些关于家用电器的室内通信的国际 IEEE 标准的研究已经促使系统准述有了显著改善. 在深空 1 号航天器控制器的执行模块中确定了 5 个以前未发现的错误 (见图 1.5), 其中一个被认定为主要设计缺陷. 模型检验发现的一个缺陷在测试时漏掉了, 并在飞行试验期间当深空 1 号航天器距地球 9600 万千米时引起死锁. 在荷兰, 模型检验已经发现了鹿特丹主要港口抵御洪水的风暴潮屏障控制软件中的几个严重的设计缺陷.

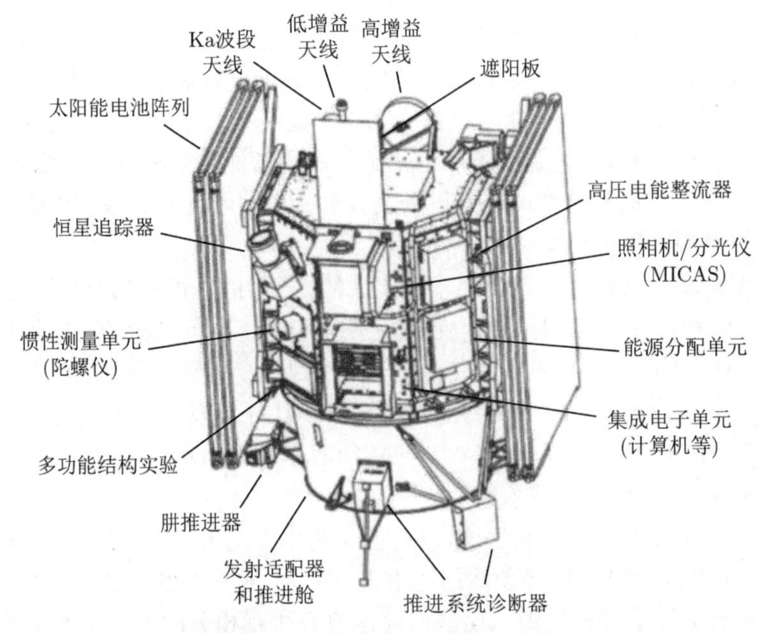

图 1.5　NASA 深空 1 号航天器的执行
模块采用模型检验进行了彻底检查

例 1.1　*并发性和原子性*

大多数错误, 例如在深空 1 号航天器中暴露的错误, 集中于典型的并发错误. 不可预见的进程间的交错可能引起意外事件的发生. 通过分析下面的并行程序提供一个例证, 其中有 3 个进程——Inc、Dec 和 Reset 共同工作. 它们操作初始值任意的共享整数变量 x, 各进程可获取 (即读) 和修改 (即写) 该变量. 这些进程如下:

```
proc Inc: while true do if x<200 then x:=x+1 fi od
proc Dec: while true do if x>0 then x:=x-1 fi od
proc Reset: while true do if x=200 then x:=0 fi od
```

若 x 的值小于 200, 则进程 Inc 令其增 1; 若 x 的值至少为 1, 则 Dec 令其减 1; 一旦 x 的值为 200, 则 Reset 重置 x. 它们一直这样重复.

x 的值总是 0~200 吗? 乍一看似乎是这样的. 然而, 更全面地观察后发现事实上不是这样的. 假设 x=200, 进程 Dec 检测到 x 的值, 通过了检测, 因为 x 大于 0; 然后由进程 Reset 控制, 它测试到了 x 的值, 通过了测试, 立即重置 x=0; 接下来控制权又回到了进程 Dec, 此进程使 x 减 1, 导致 x 产生负值 (即−1). 直观上, 我们倾向于将在 x 上的测试和给 x 赋值解释为原子执行, 即一个单步执行, 但实际上 (多数) 情况并非如此. ■

1.2　模型检验的特征

本书主要讨论模型检验的原理:

> 模型检验是一种自动化技术, 对于给定的系统的有限状态模型和形式化性质, 系统地检验这个性质对于模型 (中的给定状态) 是否成立.

第 2 章将探讨模型检验的基本技术细节. 本节介绍模型检验的步骤 (如何使用), 给出它的主要优缺点, 并讨论它在系统开发周期中的作用.

1.2.1　模型检验的步骤

将模型检验应用到设计中时, 应分为以下几个阶段:

- 建模阶段:
  - 用模型检验器的模型描述语言进行系统建模.
  - 作为首次完整性检验和快速评估, 进行一些模拟.
  - 用性质准述语言形式化要检验的性质.
- 运行阶段: 运行模型检验器以检验系统模型中性质的有效性.
- 分析阶段:
  - 是否满足性质? $\xrightarrow{是}$ 检验下一个性质 (若还有).
  - 是否违反性质? $\xrightarrow{是}$
    1. 分析用模拟生成的反例.
    2. 细化模型、设计或性质.
    3. 重复整个工序.
  - 内存是否不足? $\xrightarrow{是}$ 简化模型, 再试一次.

除了这些步骤之外, 整个验证应该是有规划、有管理、有组织的, 称为*验证组织*. 下面详细地讨论模型检验的这些阶段.

建模 模型检验的必备输入是系统模型和要检验性质的形式特征.

系统模型以精准和明确的方式描述了系统的行为. 它们大多表示为由状态的有限集合与迁移的集合组成的*有限状态自动机*. 状态包含变量的当前值、先前执行的语句 (如程序计数器) 以及类似信息, 迁移则描述了系统是怎样从一个状态演进到另一个状态的. 对于实际系统, 有限状态自动机由适当的模型描述语言 (如 C、Java、VHDL 或类似的专用语言或其扩展) 来描述. 为系统 (特别是并发系统) 建模时, 很难把握适当的抽象层次, 这是一门艺术, 第 2 章将对此详细论述.

为了提高模型的质量, 可在模型检验前先进行模拟. 模拟可以有效地消除一些很简单的建模错误. 在任何形式的彻底检验发生之前, 消除这些简单的错误能够减少费钱、费时的验证工作.

为进行严格的验证, 应该以精准和明确的方式描述性质. 这通常是由性质准述语言来完成的. 要特别关注把*时序逻辑*用作性质准述语言的情况. 时序逻辑是模态逻辑的一种, 它适合描述有关 ICT 系统的性质. 用数理逻辑的术语讲, 检验的是系统描述为时序逻辑公式的模型. 这也解释了术语 "模型检验". 时序逻辑基本上是传统的命题逻辑的推广, 它带有与系统的时间行为有关的算子. 它允许描述广泛的相关系统性质, 例如, 功能的正确性 (系统会做它该做的事吗?)、可达性 (是否可能以死锁状态结束?)、安全性 ("坏事永不发生")、活性 ("好事终将发生")、公平性 (在特定条件下, 一个事件会重复发生吗?) 以及实时性质 (系统会及时行动吗?) 等.

虽然上述步骤往往容易理解, 然而在实践中, 判断形式化的问题陈述 (模型 + 性质) 是否是对实际受验证问题的恰当描述, 却是一个严肃的问题. 这也被称为*确认问题*. 系统的复杂度以及系统功能的非形式化描述的精确程度的不足, 可能使得满意地回答这个问题很困难. 不应该混淆验证和确认. 验证就是检验设计满足已确定的需求, 即验证是 "检验我们正在正确地构造东西"; 而确认检查的是形式化模型是否与设计的非形式化概念一致, 即确认是 "检验我们正在验证正确的东西".

运行模型检验器 首先要通过适当地配置在全面验证时可能用到的各种选项和指令来初始化模型检验器, 然后进行实际的模型检验. 它基本上只是算法行为, 并在系统模型的所有状态中检验性质的有效性.

分析结果 基本上有 3 种结局: 指定的性质在给定的模型中有效或无效, 或者模型太大而超出计算机的内存限制.

如果性质是有效的, 可以检验下一个性质; 若所有的性质都通过了检验, 则断定模型具备需要的全部性质.

一旦判定性质是错误的, 这一否定结果可能有不同的起因. 可能是*建模错误*, 即在考虑该错误时发现模型未反映系统设计. 这意味着需要修正模型, 并重新验证改进后的模型. 重新验证包括以前在错误模型中检验通过的性质, 因为模型修正可能使原先对它们的验证变得无效! 如果错误分析表明设计和模型之间没有不适当的差异, 那么, 要么*设计错误*已经暴露, 要么*性质错误*已经发生. 在设计错误的情况下, 验证得到否定结果, 必须改进设计 (及其模型). 也可能是下述情况: 在考虑暴露的错误时发现性质不能反映必须确认的非形式化需求. 这意味着要修正性质, 并重新验证模型. 因为模型没有改变, 以前检验过的性质不必重新检验. 设计通过检验当且仅当模型的所有性质已经检验正确.

当因模型太大而不能处理 (实际系统的状态空间可能比当前可用内存的容量大几个数量级) 时, 也有不同的方法可以继续进行. 一种可能的方法是尝试利用模型的结构中的隐含规则. 使用符号技术表示状态空间是这些技术的例子, 像二元决策图或偏序约简等. 另一种可能的方法则使用整个系统的高度抽象的模型. 这种抽象要保持待验性质的有效性 (或无效性). 一般使用单个性质充分小的抽象. 此时, 要对已有模型进行不同的抽象. 还有一种处理过大状态空间的方法, 就是放弃验证结果的精确性. 概率验证方法仅探讨状态空间的一部分, 而对验证范围做一些 (通常是可忽略的) 牺牲. 第 7 章到第 9 章讨论状态空间约简的一些重要策略.

验证组织　整个模型检验过程应该组织得当、结构合理、计划良好. 模型检验的工业应用提供的证据表明, 对版本和配置的管理非常关键. 与系统的不同部分建立不同的模型描述类似, 在验证过程中会使用多种版本的验证模型 (因抽象层次不同), 也会使用大量的验证参数 (例如模型的检验选项等) 以及大量的验证结果 (例如诊断路径与统计等). 为了能够管理实际模型检验过程, 重复使用已有经验, 要非常认真地保存和管护这些信息.

1.2.2　模型检验的优点与缺点

模型检验的优点如下:

- 它是普适的验证方法, 应用范围广泛, 如嵌入式系统、软件工程和硬件设计等.
- 它支持部分验证, 即性质可以独立检验, 因而允许首先关注重要性质. 不必描述完整需求.
- 无须怀疑排查错误的能力. 这与测试和模拟不同, 后两者的目标是追踪最可能的缺陷.
- 如果性质是无效的, 它会提供诊断信息, 这对纠错非常有用.
- 它是一键式技术, 使用模型检验既不要求进行很多的用户交互, 也不要求很深的专业知识.
- 它有快速扩展的工业发展前景. 一些硬件公司已启动了自己的验证实验室, 经常可见要求模型检验技能的招聘, 商业性的模型检验器也已出现.
- 容易把它整合到现有开发周期中. 它的学习曲线并不陡峭, 实证研究表明它可缩短开发周期.
- 它具有牢固的数学支撑, 以图论算法、数据结构和逻辑等理论为基础.

模型检验的缺点如下:

- 它主要适用于控制密集的应用, 而不太适用于数据密集的应用, 这是因为后者通常涉及无限域.
- 它的适用性受制于可判定性问题, 如状态无限系统或关于抽象数据类型的推理 (其要求不可判定或半可判定的逻辑), 模型检验一般不能高效计算.
- 它验证系统模型而非实际系统 (产品或原型) 本身, 因而所得结果仅限于系统模型. 它需要一些互补技术, 像测试等, 以找到 (硬件的) 制造错误或 (软件的) 编程错误.

- 它只检验已表述的需求, 也就是不保证完备性, 不能判断未经检验的性质的有效性.
- 它会遇到状态空间爆炸问题, 即系统精确模型的状态数很容易超出计算机的可用内存. 尽管有一些解决这个问题的有效方法 (见第 7 章和第 8 章), 但实际系统的模型仍可能太大而不能装入内存.
- 它的使用需要一点专业知识. 寻找合适的抽象以得到更小的系统模型, 通过逻辑形式化方法陈述性质.
- 它不保证得到正确结果. 就像任何工具一样, 模型检验器也可能有软件缺陷.①
- 它不允许检验泛化. 一般来说, 不能检验有任意多个组件的系统或参数化的系统. 不过, 对于可用辅助证明器验证的任意参数, 模型检验都可给出参考结果.

无论采用何种方法, 永远都不可能保证实际系统的绝对正确性. 尽管有此局限, 我们仍可断定

模型检验是发现潜在设计错误的有效方法.

因此, 模型检验能够显著提高系统设计的可信水平.

1.3 文献说明

模型检验. 模型检验源于 20 世纪 80 年代早期两组人的独立工作: Clarke 和 Emerson[86] 以及 Queille 和 Sifakis[347]. 术语模型检验是由 Clarke 和 Emerson 创造的. 据 Hajek[182] 和 West[419, 420], 模型检验中对整个状态空间的暴力检查可看作自动协议确认技术的推广. 这些早期的技术局限于检验死锁或活锁的消失, 而模型检验允许检测一类更广泛的性质. 关于模型检验的介绍性的文章可参考文献 [94, 95, 96, 293, 426]. Apt 和 Kozen[17] 讨论了模型检验的局限性. 关于模型检验的更多信息可参考 Holzmann[205]、McMillan[288] 和 Kurshan[250] 的早期著作及 Clarke 等[92]、Huth 和 Ryan[219]、Schneider[365] 与 Bérard 等[44] 的近期著作. Ruys 和 Brinksma[360] 最近描述了模型检验的发展轨迹.

软件验证. 经验软件工程中心 (www.cebase.org) 集中了软件工程的经验数据. Boehm 和 Basili[53] 最近总结了他们收集的关于软件缺陷的数据. 验证 (我们正在正确地构造东西吗?) 和确认 (我们正在构造正确的东西吗?) 的不同特征源于 Boehm[52] 的研究. Whittaker[421] 给出了软件测试的概述; 关于软件测试可参考 Myers[308] 和 Beizer[36] 的著作. 基于形式化准述的测试已在通信协议领域进行了深入研究. 这产生了一致性测试的国际标准[222]. Liggesmeyer 等[275] 研究了德国软件行业对软件验证技术的使用. Storey[381] 和 Leveson[269] 的著作介绍了开发安全至重软件的技术, 讨论了形式化验证在其中的作用. Rushby[359] 叙述了形式化方法对开发安全至重的软件的作用. Peled[327] 详细列举了针对软件可靠性的形式化技术, 包括测试、模型检验和演绎法.

软件模型检验. 模型检验通信协议因 Holzmann[205, 206] 的开拓性工作而普及. Holzmann[207] 报告了贝尔实验室的一个有趣的项目, 一个模型检验团队和一个传统设计团队设计了 ISDN 用户部分协议. 在这个较大的案例分析中, 在检验 145 个形式化性质

① 为避免此问题, 部分先进的模型检验程序已被定理证明器形式化地证明是正确的.

的大约 10 000 次验证运行中发现了 112 个严重的设计缺陷. Clarke 等[89] 在 IEEE Futurebus+ 标准中 (经检验超过 10^{30} 个状态的模型) 发现的错误促使 IEEE 对协议做出重大修改. Chan 等[79] 应用模型检验验证了飞机的交通控制和预警系统的控制软件. 近年来, Staunstrup 等[377] 报告了火车模型的一次成功的模型检验, 模型由 1421 个状态机组成, 含有 10^{476} 个状态. Lowe[278] 应用模型检验发现了著名的 Needham-Schroeder 认证算法在 7 年多的时间里都没有被发现的一个缺陷. Tretmans、Wijbrans 和 Chaudron[393] 给出了形式化方法 (包括模型检验) 在安全至重系统的软件开发过程中的应用. Havelund、Lowry 和 Penix[194] 与 Holzmann、Najm 和 Serhrouchini[210] 分别给出了 NASA 的火星探路者和深空 1 号航天器的形式分析. 从由编程语言 C、C++ 或 Java 编写的程序到适于模型检验的抽象模型的自动生成已由下列学者以及其他学者相继讨论: Godefroid[170]、Dwyer 和 Hatcliff 等[193]、Ball 和 Podelski 等[33] 以及 Havelund 和 Pressburger[195].

硬件模型检验. 将模型检验应用于硬件源于 Browne 等[66] 的研究, 他们分析了一些规模适度的自计时顺序电路. 20 世纪 90 年代早期, Burch 等[75] 首次报告了对大的硬件系统的模型检验的成功应用, 他们分析了约 10^{20} 个状态的同步流水线电路. 形式化硬件验证技术的概述可在 Gupta[179]、Yoeli[428] 和 Kropf[246] 的论述中找到. Sangiovanni-Vincentelli、McGeer 和 Saldanha 等[362] 提出了形式化验证技术对于硬件验证的必要性. 在 IBM 公司的硬件开发过程中寻找错误的模型检验技术的融合由 Schlipf 等[364] 和 Abarbanel-Vinov 等[2] 进行了阐述. 他们认为模型检验是传统验证过程的一个有力扩充, 可作为模拟/仿真的补充. 例如, IBM 公司的存储总线适配器的设计过程表明, 有 24% 的缺陷是由模型检验发现的, 而这些错误中的 40% 极有可能不会通过模拟发现.

第 2 章　并发系统的建模

模型检验的前提是系统模型. 本章介绍迁移系统, 现在可暂且把它理解为一类表示软件或硬件系统的标准模型. 本章将从进程完全独立运行的简单情形到进程以某种方式通信的更实际的情形阐述为并发系统建模的几个不同侧面, 最后讨论状态空间的爆炸问题.

2.1　迁 移 系 统

在计算机科学中, 常用迁移系统作为描述系统行为的模型. 迁移系统基本上就是有向图, 节点表示*状态*, 边表示*迁移*, 即状态的变化. 状态描述系统在某一时刻的行为信息. 例如, 交通灯的状态表示当前颜色. 类似地, 计算机顺序程序的状态表示所有变量的当前值以及程序计数器的当前值. 程序计数器用来指示下一条要执行的语句. 在同步硬件电路中, 状态通常表示所有寄存器和输入位的当前值. 迁移指明系统如何从一个状态演进到另一个状态. 在交通灯的情形中, 迁移是指从一种颜色到另一种颜色的改变. 在计算机顺序程序的情形中, 迁移对应一个语句的执行, 它可引起程序计数器和某些变量的变化. 在同步硬件电路的情形中, 迁移为新输入引起的寄存器和输出位的变化提供模型.

现有文献已提出了许多不同类型的迁移系统. 在本书使用的迁移系统中, 迁移 (状态的变化) 带有*动作名称*, 状态带有*原子命题*. 动作名称用来描述进程之间的通信机制. 本书用开头的几个希腊字母 (α、β 等) 表示动作. 原子命题用以形式化时序特征. 原子命题直观地表示关于系统状态的简单事实. 本书用开头的几个英文字母 (a、b、c 等) 表示它们. 对于某个整型变量, 下面是原子命题的例子: “x 等于 0” “x 小于 200”; 另一些例子是: “桶里的液体超过一升” “店里没客人”.

定义 2.1　*迁移系统*

一个迁移系统 (Transition System, TS) 是一个六元组 $(S, \mathrm{Act}, \rightarrow, I, \mathrm{AP}, L)$, 其中

- S 是状态构成的集合.
- Act 是动作构成的集合.
- $\rightarrow \subseteq S \times \mathrm{Act} \times S$ 是迁移关系.
- $I \subseteq S$ 是初始状态的集合.
- AP 是原子命题构成的集合.
- $L\colon S \rightarrow 2^{\mathrm{AP}}$ 是标记函数.

如果 S、Act 和 AP 都是有限的, 则称 TS 是*有限的*. ■

为方便起见, 用 $s \xrightarrow{\alpha} s'$ 代替 $(s, \alpha, s') \in \rightarrow$. 迁移系统的直觉行为可描述如下. 迁移系统从某一初始状态 $s_0 \in I$ 开始并根据迁移关系 $\rightarrow$ 演进. 也就是说, 若 s 是当前状态, 则未定地选取从 s 开始的迁移 $s \xrightarrow{\alpha} s'$, 即迁移系统完成动作 α 并从状态 s 演进到状态 s'. 对 s' 重复这一选择过程, 当遇到没有出迁移的状态时结束 (注意, I 可以是空集. 在这种情况

下, 由于无初始状态可选, 迁移系统将无所事事). 当一个状态有多个出迁移时, 下一个迁移是以完全未定的方式选择的, 即选择结果在一开始是不知道的, 因此, 不能对选中某个迁移的似然性做出任何预言. 认识到这一点很重要. 类似地, 当初始状态集合中包含不止一个状态时, 开始状态也是未定地选择的.

标记函数 L 使任何一个状态都关联原子命题的一个集合 $L(s) \in 2^{AP}$ [①]. 直观上, $L(s)$ 恰好表示那些被状态 s 满足的原子命题 $a \in \mathrm{AP}$. 假设 Φ 是命题逻辑公式, s 满足公式 Φ 是指由 $L(s)$ 诱导的取值可使 Φ 的值为真, 即

$$s \models \Phi \ \text{ iff } \ L(s) \models \Phi$$

命题逻辑的基本原理在附录 A 的 A.3 节中介绍.

例 2.1　饮料售货机

考虑一个 (有点傻的) 例子, 它已成为过程演算领域的典范. 图 2.1 中的迁移系统为饮料售货机的初步设计模型. 该机器可以出售啤酒或苏打水. 状态用圆角矩形表示, 迁移用带标记的边表示. 状态名称在圆角矩形内标注. 初始状态用无源进入箭头表示.

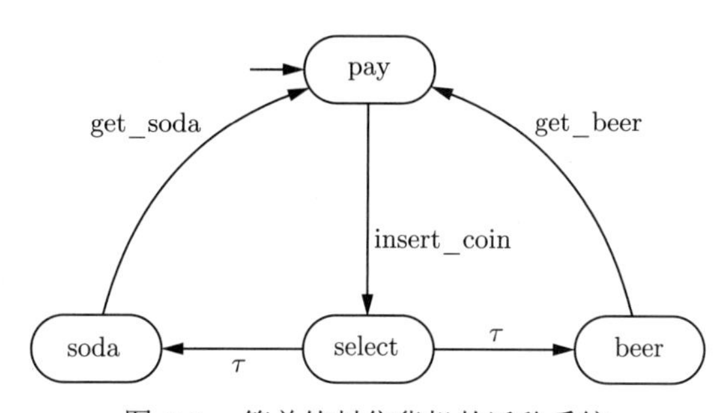

图 2.1　简单饮料售货机的迁移系统

状态空间是 $S = \{\mathrm{pay}, \mathrm{select}, \mathrm{soda}, \mathrm{beer}\}$. 初始状态集合仅由一个状态构成, 即 $I = \{\mathrm{pay}\}$. (用户的) 动作 insert_coin 表示投入一枚硬币, (机器的) 动作 get_soda 和 get_beer 分别表示交付苏打水和啤酒. 此处不关心的其他动作, 例如饮料售货机的一些内部活动等, 一概用特殊符号 τ 表示. 由此有

$$\mathrm{Act} = \{\mathrm{insert\_coin}, \mathrm{get\_soda}, \mathrm{get\_beer}, \tau\}$$

迁移的例子是

$$\mathrm{pay} \xrightarrow{\mathrm{insert\_coin}} \mathrm{select} \ \text{和} \ \mathrm{beer} \xrightarrow{\mathrm{get\_beer}} \mathrm{pay}$$

值得注意的是, 投入硬币后, 售货机可以未定地选择提供苏打水还是啤酒.

迁移系统的原子命题依赖于要考虑的性质. 一种简单方案是用状态名称充当原子命题, 即, 对任一状态 s, 令 $L(s) = \{s\}$. 但是, 如果就像在性质

"售货机只在投币后交付饮料"

① 2^{AP} 表示 AP 的幂集.

中表明的那样, 相关性质与选择的饮料种类无关, 那么, 使用命题集合

$$\mathrm{AP} = \{\mathrm{paid}, \mathrm{drink}\}$$

和标记函数

$$L(\mathrm{pay}) = \varnothing,\ L(\mathrm{soda}) = L(\mathrm{beer}) = \{\mathrm{paid}, \mathrm{drink}\},\ L(\mathrm{select}) = \{\mathrm{paid}\}$$

就足够了. 此处命题 paid 恰好刻画那些已付款但未得到饮料的状态. ■

上面的例子展示了选择原子命题和动作名称的某种随意性. 即使迁移系统的形式化定义需要确定动作集合 Act 和命题集合 AP, 分量 Act 和 AP 偶尔也会以如下方式处理. 正像我们即将看到的那样, 动作只是在对通信机制建模时是必需的. 在动作名称无关紧要的情形, 例如, 当迁移代表内部处理活动时, 用一个特殊符号 τ 来表示; 而当动作名称确实无须考虑时, 甚至删除动作符号. 命题集合 AP 却总要根据关注的性质做出选择. 在描述迁移系统时, 通常也不会明确给出命题集合 AP, 而只是假定 $\mathrm{AP} \subseteq S$ 并使用标记函数 $L(s) = \{s\} \cap \mathrm{AP}$.

用迁移系统对软硬件系统建模的关键是未定性, 在当前语境中它远比一个理论概念更重要. 本章稍后 (2.2节) 将详细阐述迁移模型可如何用作并行系统的形式模型. 此处仅仅指出, 未定选择的作用是通过交错为独立活动的并行执行建模, 并为产生的冲突情境 (例如两个进程都要访问共享资源等) 建立模型. 本质上, 交错意味着未定地选择并行进程的动作的执行顺序. 除并行性外, 未定性对抽象目的、欠准述以及给未知或不可预知的环境 (例如一个人类用户) 的接口建模也是重要的. 饮料售货机是上述最后一种情形的例子, 其中, 用户通过选择两种饮料之一解决状态 select 中的两个 τ 迁移之间的未定选择. 欠准述涉及已为系统提供了粗糙模型的系统设计初期, 此时, 模型基于未定性为可能行为呈现几种选项. 大致想法是, 在后续的细化步骤中, 设计者实现未定选择之一, 而忽略其他的选择. 在这种意义下, 迁移系统中的未定性其实是实现时的自由性.

定义 2.2 直接前驱与直接后继

令 $\mathrm{TS} = (S, \mathrm{Act}, \rightarrow, I, \mathrm{AP}, L)$ 是迁移系统. 对 $s \in S$ 和 $\alpha \in \mathrm{Act}$, s 的直接 α 后继的集合定义为

$$\mathrm{Post}(s, \alpha) = \left\{ s' \in S \mid s \xrightarrow{\alpha} s' \right\}$$

s 的直接后继的集合定义为

$$\mathrm{Post}(s) = \bigcup_{\alpha \in \mathrm{Act}} \mathrm{Post}(s, \alpha)$$

s 的直接 α 前驱的集合定义为

$$\mathrm{Pre}(s, \alpha) = \left\{ s' \in S \mid s' \xrightarrow{\alpha} s \right\}$$

s 的直接前驱的集合定义为

$$\mathrm{Pre}(s) = \bigcup_{\alpha \in \mathrm{Act}} \mathrm{Pre}(s, \alpha)$$

■

称 $s' \in \text{Post}(s,\alpha)$ 为 s 的直接 α 后继. 对应地, 称 $s' \in \text{Post}(s)$ 为 s 的直接后继. 直接后继集合的记号可用一种明显的方式扩充到 S 的一个子集, 即逐点扩充. 对于 $C \subseteq S$, 令

$$\text{Post}(C,\alpha) = \bigcup_{s\in C} \text{Post}(s,\alpha), \quad \text{Post}(C) = \bigcup_{s\in C} \text{Post}(s)$$

可类似地定义记号 $\text{Pre}(C,\alpha)$ 和 $\text{Pre}(C)$:

$$\text{Pre}(C,\alpha) = \bigcup_{s\in C} \text{Pre}(s,\alpha), \quad \text{Pre}(C) = \bigcup_{s\in C} \text{Pre}(s)$$

迁移系统 TS 的终止状态是没有任何出迁移的状态. 当 TS 描述的系统到达一个终止状态时, 整个系统停止运行.

定义 2.3 终止状态

迁移系统 TS 中的 s 称为终止状态当且仅当 $\text{Post}(s) = \varnothing$. ■

对于为顺序程序建模的迁移系统, 终止状态的产生是一个自然现象, 表明程序结束. 稍后将看到, 对于为并行系统建模的迁移系统, 这样的终止状态通常被认为是意外 (参见3.1节).

上面曾提到, 未定性对为计算机系统建模是重要的. 但是, 也经常考虑另一些系统, 根据某些可见性概念, 这些迁移系统的可见行为是确定的. 迁移系统的可见行为有两种形式化方法: 一种依赖动作, 另一种依赖状态标记. 基于动作的方法假设从外部只能观察被执行的动作, 而基于状态的方法却忽略动作, 依赖于可见的当前状态成立的原子命题. 若迁移系统在基于动作的视角下是确定的, 则每个状态至多有一个标记为 α 的出迁移; 而状态标记视角下的确定性则意味着, 对任何状态标记 $A \in 2^{\text{AP}}$ 和任一状态, 至多有一个出迁移走向标记为 A 的状态. 两种情形都要求最多有一个初始状态.

定义 2.4 确定的迁移系统

令 $\text{TS} = (S, \text{Act}, \to, I, \text{AP}, L)$ 是迁移系统.

(1) 若 $|I| \leqslant 1$ 且对任一状态 s 和任一动作 α 都有 $|\text{Post}(s,\alpha)| \leqslant 1$, 则称 TS 是动作确定的.

(2) 若 $|I| \leqslant 1$ 且对任一状态 s 和 $A \in 2^{\text{AP}}$ 都有 $|\text{Post}(s) \cap \{s' \in S \mid L(s') = A\}| \leqslant 1$, 则称 TS 是 AP 确定的. ■

2.1.1 执行

上面直观地描述了迁移系统的行为. 现在, 将用执行 (也叫运行) 的概念对此形式化. 迁移系统的执行就是解决系统中的未定性问题的结果. 因此, 一个执行描述系统的一个可能行为.

定义 2.5 执行片段

令 $\text{TS} = (S, \text{Act}, \to, I, \text{AP}, L)$ 是迁移系统. TS 的有限执行片段 ϱ 是状态和动作交替出现且结束于某个状态的序列:

$$\varrho = s_0\alpha_1 s_1 \alpha_2 s_2 \cdots \alpha_n s_n$$

其中 $n \geqslant 0$, 并且对任意 $0 \leqslant i < n$ 都有 $s_i \xrightarrow{\alpha_{i+1}} s_{i+1}$. 称 n 为执行片段 ϱ 的长度. TS 的无限执行片段 ρ 是状态和动作交替出现的无穷序列:

$$\rho = s_0\alpha_1 s_1\alpha_2 s_2\alpha_3 \cdots$$

其中, 对任意 $0 \leqslant i$ 都有 $s_i \xrightarrow{\alpha_{i+1}} s_{i+1}$. ■

注意, 对于 $s \in S$, s 是一个长度 $n = 0$ 的合法的有限执行片段. 无限执行片段中长度为奇数的前缀都是有限执行片段. 从现在开始, 术语执行片段表示有限或无限执行片段. 执行片段 $\varrho = s_0\alpha_1 \cdots \alpha_n s_n$ 和 $\rho = s_0\alpha_1 s_1\alpha_2 \cdots$ 以后也会分别写为

$$\varrho = s_0 \xrightarrow{\alpha_1} \cdots \xrightarrow{\alpha_n} s_n$$

$$\rho = s_0 \xrightarrow{\alpha_1} s_1 \xrightarrow{\alpha_2} \cdots$$

如果一个执行片段不能延长, 则称其为极大执行片段.

定义 2.6 极大执行片段与起始执行片段

称无限执行片段或以终止状态结束的有限执行片段为极大执行片段. 若执行片段始于初始状态, 即 $s_0 \in I$, 则称它是起始执行片段. ■

例 2.2 饮料售货机的执行

下面是例 2.1 中描述的饮料售货机的执行片段的几个例子. 为了简洁一些, 使用缩写的动作名称, 例如, sget 是 get_soda 的缩写, coin 是 insert_coin 的缩写.

$$\begin{aligned}
\rho_1 &= \text{pay} \xrightarrow{\text{coin}} \text{select} \xrightarrow{\tau} \text{soda} \xrightarrow{\text{sget}} \text{pay} \xrightarrow{\text{coin}} \text{select} \xrightarrow{\tau} \text{soda} \xrightarrow{\text{sget}} \cdots \\
\rho_2 &= \text{select} \xrightarrow{\tau} \text{soda} \xrightarrow{\text{sget}} \text{pay} \xrightarrow{\text{coin}} \text{select} \xrightarrow{\tau} \text{beer} \xrightarrow{\text{bget}} \cdots \\
\varrho &= \text{pay} \xrightarrow{\text{coin}} \text{select} \xrightarrow{\tau} \text{soda} \xrightarrow{\text{sget}} \text{pay} \xrightarrow{\text{coin}} \text{select} \xrightarrow{\tau} \text{soda}
\end{aligned}$$

ρ_1 和 ϱ 是起始执行片段. ρ_2 不是起始执行片段. ϱ 不是极大执行片段, 因为它不以终止状态结束. 假设 ρ_1 和 ρ_2 是无限的, 则它们是极大执行片段. ■

定义 2.7 执行

迁移系统 TS 的执行是起始极大执行片段. ■

在例 2.2 中, ρ_1 是执行, 而 ρ_2 和 ϱ 不是执行. 注意, ρ_2 是极大执行片段但不是起始执行片段, ϱ 是起始执行片段但不是极大执行片段.

若存在始于某个初始状态且止于状态 s 的执行片段, 则称状态 s 是可达的.

定义 2.8 可达状态

令 $\text{TS} = (S, \text{Act}, \rightarrow, I, \text{AP}, L)$ 是迁移系统, 状态 $s \in S$. 若存在起始有限执行片段

$$s_0 \xrightarrow{\alpha_1} s_1 \xrightarrow{\alpha_2} \cdots \xrightarrow{\alpha_n} s_n = s$$

则称 s 是 TS 中的可达状态. Reach(TS) 表示 TS 中所有可达状态的集合. ■

2.1.2 硬件和软件系统的建模

本节通过详细说明顺序硬件电路和数据依赖的顺序系统 (一种简单的计算机顺序程序) 的建模, 演示迁移系统的用法. 对这两种情形, 基本概念是: 状态表示可能的存储配置 (即

相关变量的赋值), 状态改变 (即迁移) 表示变量的改变. 此处应该宽泛地理解术语 “变量”. 对于电路, 变量可以表示寄存器或输入位; 对于计算机程序, 变量可以是控制变量 (像程序计数器), 也可以是程序变量.

1. 顺序硬件电路

在给出顺序硬件电路建模的通用方法前, 先考虑一个简单的例子以弄清基本概念.

例 2.3　一个简单的顺序硬件电路

考虑有一个输入变量 x、一个输出变量 y 和一个寄存器 r 的顺序硬件电路的电路图 (见图 2.2 的左半部分). 输出变量 y 的控制函数由

$$\lambda_y = \neg(x \oplus r)$$

给出, 其中 $\oplus$ 表示异或 (XOR, 或奇偶函数). 寄存器的取值由电路函数

$$\delta_r = x \vee r$$

决定. 注意, 寄存器的取值一旦是 $r = 1$, r 将保持这个值. 当寄存器的初值是 $r = 0$ 时, 电路行为的模型是迁移系统 TS, 其状态空间是

$$S = \mathrm{Eval}(x, r)$$

其中 $\mathrm{Eval}(x, r)$ 表示输入变量 x 和寄存器变量 r 的赋值的集合. TS 的初始状态是 $I = \{\langle x = 0, r = 0\rangle, \langle x = 1, r = 0\rangle\}$. 注意, 由于对输入位 x 的初值未做任何假设, 所以有两个初始状态.

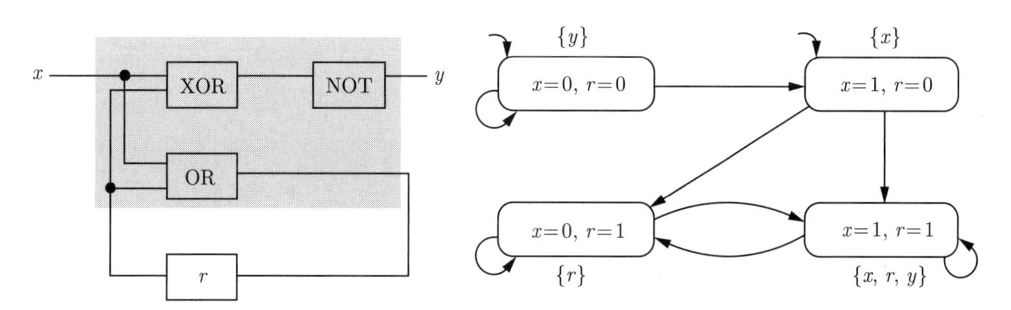

图 2.2　一个简单的顺序硬件电路的迁移系统

动作集合是无关的, 在此省略. 迁移直接由函数 λ_y 和 δ_r 给出. 例如, 若输入位的下一个值是 0, 则 $\langle x = 0, r = 1\rangle \to \langle x = 0, r = 1\rangle$; 若输入位的下一个值是 1, 则 $\langle x = 0, r = 1\rangle \to \langle x = 1, r = 1\rangle$.

此外, 尚需考虑标记 L. 使用原子命题的集合 $\mathrm{AP} = \{x, y, r\}$, 那么, 例如, 状态 $\langle x = 0, r = 1\rangle$ 用 $\{r\}$ 标记. 它没用 y 标记, 因为电路函数 $\neg(x \oplus r)$ 对该状态的值是 0. 对状态 $\langle x = 1, r = 1\rangle$, 得 $L(\langle x = 1, r = 1\rangle) = \{x, r, y\}$, 因为 λ_y 得 1. 同理可得: $L(\langle x = 0, r = 0\rangle) = \{y\}$, $L(\langle x = 1, r = 0\rangle) = \{x\}$. (使用这样的标记) 得到的迁移系统如图 2.2 的右半部分所示.

再假设寄存器的值是不可见的, 使用命题集合 $\mathrm{AP}' = \{x, y\}$ 得

$$
\begin{aligned}
L'(\langle x = 0, r = 0 \rangle) &= \{y\} \\
L'(\langle x = 0, r = 1 \rangle) &= \varnothing \\
L'(\langle x = 1, r = 0 \rangle) &= \{x\} \\
L'(\langle x = 1, r = 1 \rangle) &= \{x, y\}
\end{aligned}
$$

AP' 中的命题足以形式化 "无限经常地使输出位 y 置 1" 之类的性质, 但不能表达涉及寄存器 r 的性质. ■

下面把这个例子中的方法推广到带有 n 个输入位 $(x_1, x_2, \cdots, x_n)$、m 个输出位 $(y_1, y_2, \cdots, y_m)$ 和 k 个寄存器 $(r_1, r_2, \cdots, r_k)$ 的任意顺序硬件电路. 迁移系统的状态就是 $n+k$ 个输入位或寄存器位 $x_1, x_2, \cdots, x_n, r_1, r_2, \cdots, r_k$ 的赋值情况. 输出位的值依赖于输入位和寄存器的赋值, 并且可由状态推出. 迁移表示行为, 而且假设 (由电路环境) 未定地提供输入位的值. 此外, 假定寄存器的初值为

$$[r_1 = c_{0,1}, r_2 = c_{0,2}, \cdots, r_k = c_{0,k}]$$

其中, 对于 $0 < i \leqslant k$, $c_{0,i}$ 表示第 i 个寄存器的初值. 也可以只给出部分寄存器的初值.

作为此顺序硬件电路模型的迁移系统 $\mathrm{TS} = (S, \mathrm{Act}, \rightarrow, I, \mathrm{AP}, L)$ 的各部分如下.

状态空间 S 由

$$S = \mathrm{Eval}(x_1, x_2, \cdots, x_n, r_1, r_2, \cdots, r_k)$$

决定. 此处, $\mathrm{Eval}(x_1, x_2, \cdots, x_n, r_1, r_2, \cdots, r_k)$ 表示输入变量 x_i 和寄存器 r_j 的赋值的集合, 可视为集合 $\{0,1\}^{n+k}$①. 初始状态的形式是 $(\cdots, c_{0,1}, c_{0,2}, \cdots, c_{0,k})$, 其中 k 个寄存器的值是它们的初值, 前 n 个表示输入位的值, 可任意. 因此初始状态的集合是

$$I = \Big\{ (a_1, a_2, \cdots, a_n, c_{0,1}, c_{0,2}, \cdots, c_{0,k}) \mid a_1, a_2, \cdots, a_n \in \{0, 1\} \Big\}$$

动作集合 Act 是无关的, 选用 $\mathrm{Act} = \{\tau\}$.

为简单起见, 令原子命题的集合为

$$\mathrm{AP} = \{x_1, x_2, \cdots, x_n, y_1, y_2, \cdots, y_m, r_1, r_2, \cdots, r_k\}$$

(实践中, 可规定为 AP 的任一子集). 因此, 任何寄存器, 输入位和输出位都可用作原子命题. 对任一状态 $s \in \mathrm{Eval}(x_1, x_2, \cdots, x_n, r_1, r_2, \cdots, r_k)$, 标记函数把恰好在 s 之下取值为 1 的那些原子命题 x_i 和 r_j 指派给它. 对状态 s, 当 (且仅当) 输出位 y_i 的值是 1 时, 原子命题 y_i 也是 $L(s)$ 的一个元素. 因此,

$$
\begin{aligned}
L(a_1, a_2, \cdots, a_n, c_1, c_2, \cdots, c_k) = {} & \{x_i \mid a_i = 1\} \cup \{r_j \mid c_j = 1\} \cup \\
& \{y_i \mid s \models \lambda_{y_i}(a_1, a_2, \cdots, a_n, c_1, c_2, \cdots, c_k) = 1\}
\end{aligned}
$$

① 一个赋值 $s \in \mathrm{Eval}(\cdot)$ 就是一个映射 $s(x_i) \in \{0, 1\}$, 它给每一输入位 x_i 指定一个值. 类似地, 它把每个寄存器 r_j 都映射到 $s(r_j) \in \{0, 1\}$. 为简化问题, 可把每个 $s \in S$ 看作长度为 $n + k$ 的位元组. 第 i 位被置位当且仅当 x_i 的取值为 1 $(0 < i \leqslant n)$; 对应地, 第 $n + j$ 位被置位当且仅当 r_j 的取值为 1 $(0 < j \leqslant k)$.

其中 $\lambda_{y_i}: S \to \{0,1\}$ 是输出位 y_i 对应的由电路门得到的开关函数.

迁移恰好表示行为. 下面, 令 δ_{r_j} 表示 r_j 的由电路图决定的迁移函数. 那么:

$$(\underbrace{a_1, a_2, \cdots, a_n}_{\text{输入位的赋值}}, \underbrace{c_1, c_2, \cdots, c_k}_{\text{寄存器的赋值}}) \xrightarrow{\tau} (a'_1, a'_2, \cdots, a'_n, c'_1, c'_2, \cdots, c'_k)$$

当且仅当 $c'_j = \delta_{r_j}(a_1, a_2, \cdots, a_n, c_1, c_2, \cdots, c_k)$. 假设输入位的取值未定地变化, 不对位 $a'_1, a'_2, \cdots, a'_n$ 施加限制.

把此方法用在图 2.2 的左侧所示的电路上, 确实可以得到右侧所示的迁移系统. 留给读者验证.

2. 数据依赖系统

数据依赖系统的可执行动作常常源自条件分支, 就像在

$$\textbf{if } \mathrm{x} \,\%\, 2 = 1 \textbf{ then } \mathrm{x} := \mathrm{x} + 1 \textbf{ else } \mathrm{x} := 2 \cdot \mathrm{x} \textbf{ fi}$$

中一样. 原则上, 当把这个程序片段用迁移系统建模时, 可以忽略迁移的条件, 用未定性代替条件分支; 但是, 一般来说, 这将形成非常抽象的迁移系统, 对此仅可验证少量相关性质. 或者, 使用条件迁移, 并把所得的 (用条件标记的) 图展开为迁移系统, 用于后续验证. 先以例示之, 稍后再详述展开方法.

例 2.4　重温饮料售货机

考虑例 2.1 中描述的饮料售货机的扩展, 它累计苏打水与啤酒的瓶数, 并在售罄时退还投入的硬币. 为简单起见, 售货机用 start 和 select 两个位置表示. 下面的条件迁移为投币和补仓建立了模型:

$$\mathrm{start} \xhookrightarrow{\mathrm{true:\, coin}} \mathrm{select} \text{ 和 } \mathrm{start} \xhookrightarrow{\mathrm{true:\, refill}} \mathrm{start}$$

条件迁移的标记的形式为 $g: \alpha$, 其中, g 是布尔条件 (称为卫式, guard), α 是条件 g 一旦成立就允许的动作. 由于上面两个条件迁移的条件总是成立的, 所以动作 coin 在开始位置总是激活的. 为了使情况变得简单, 假定经过动作 refill 之后两种饮料都完全装满. 条件迁移

$$\mathrm{select} \xhookrightarrow{\mathrm{nsoda}>0:\, \mathrm{sget}} \mathrm{start} \text{ 和 } \mathrm{select} \xhookrightarrow{\mathrm{nbeer}>0:\, \mathrm{bget}} \mathrm{start}$$

是若有剩余苏打水 (或啤酒) 就可得到苏打水 (或啤酒) 的模型. 变量 nsoda 和 nbeer 分别记录售货机中苏打水和啤酒的瓶数. 最后, 一旦两种饮料全部售罄, 售货机会自动退还硬币并自动切换到初始的 start 位置:

$$\mathrm{select} \xhookrightarrow{\mathrm{nsoda}=0 \wedge \mathrm{nbeer}=0:\, \mathrm{ret\_coin}} \mathrm{start}$$

设两种饮料的最大存储容量都是 max. (通过动作 coin) 投入硬币不改变瓶数. (通过动作 ret_coin) 退还硬币也不改变瓶数. 其他动作影响瓶数的效果如表 2.1所示.

表 2.1 其他动作影响瓶数的效果

动　作	效　果
refill	nsoda := max; nbeer := max
sget	nsoda := nsoda − 1
bget	nbeer := nbeer − 1

以位置为节点、以条件迁移为边的图不是迁移系统, 因为边上带有条件. 但是, 可以通过“展开”该图得到迁移系统. 图 2.3 描绘了 max 等于 2 时展开的迁移系统. 迁移系统的状态追踪图中的位置和售货机中两种饮料的瓶数 (在图 2.3 中, 这两种节点分别用黑色和灰色圆点表示). ■

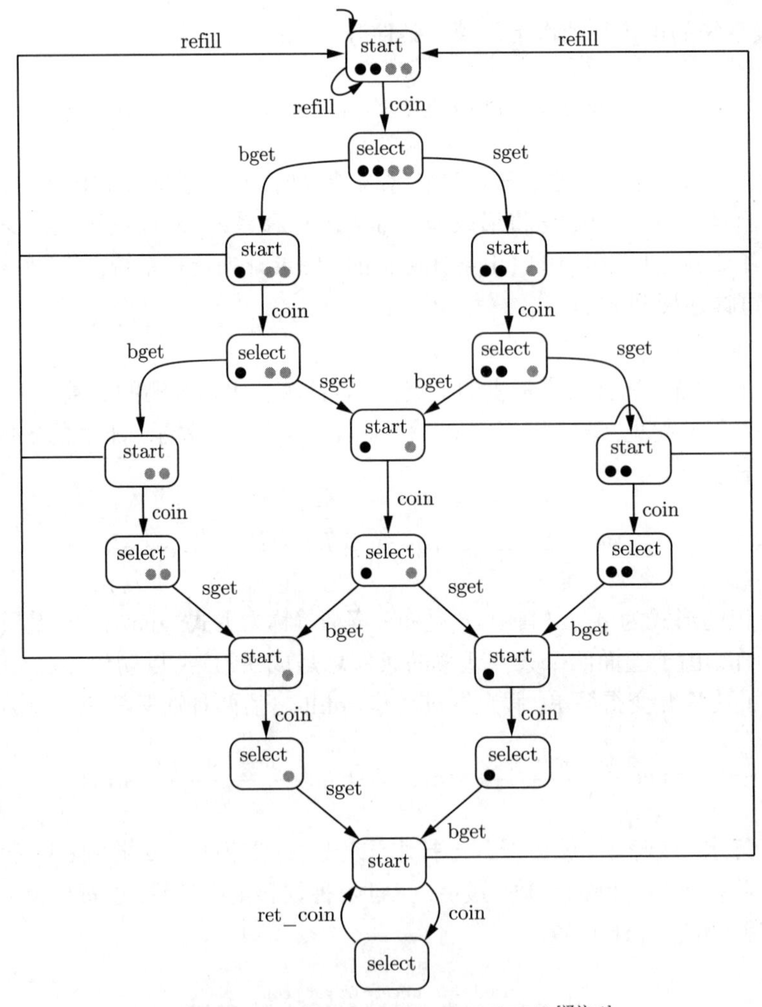

图 2.3 扩展的饮料售货机的迁移系统[译注 1]

本例中的思想用集合 Var 上的程序图 (Program Graph, PG) 形式化. Var 是类似于本例中的 nsoda 和 nbeer 这样的有型变量的集合. 本质上, 这意味着每一变量都与一个标准

化的类型 (例如布尔值、整数、字符等) 关联. 变量 x 的类型称为 x 的定义域, 记为 $\mathrm{dom}(x)$. 令 $\mathrm{Eval(Var)}$ 表示 (变量) 赋值的集合, 它给变量指定值. $\mathrm{Cond(Var)}$ 是 Var 上的布尔条件的集合, 即命题逻辑公式的集合, 其命题符号的形式是 $\overline{x} \in \overline{D}$, 其中 $\overline{x} = (x_1, x_2, \cdots, x_n)$ 是由 Var 中两两不同的变量构成的元组, $\overline{D}$ 是 $\mathrm{dom}(x_1) \times \mathrm{dom}(x_2) \times \cdots \times \mathrm{dom}(x_n)$ 的子集. 例如：

$$(-3 < x - x' \leqslant 5) \wedge (x \leqslant 2 \cdot x') \wedge (y = \mathrm{green})$$

就是一个对整型变量 x 和 x' 及定义域为 $\{\mathrm{red}, \mathrm{green}\}$ 的变量 y 来说合法的布尔条件. 从此以后, 本书会经常对命题记号使用简化的形式, 例如, 用 $3 < x - x' \leqslant 5$ 代替 $(x, x') \in \{(n, m) \in \mathbb{N}^2 \mid 3 < n - m \leqslant 5\}$.

在一开始并不限制定义域. $\mathrm{dom}(x)$ 可以是任意集合, 可能是无穷集合. 尽管在实际计算机系统中所有定义域都是有限的 (例如整数类型仅包含一个有限定义域中的整数 n, 如 $-2^{16} < n < 2^{16}$), 但是, 程序的逻辑或算法结构经常基于无限定义域. 整数类型的变量需要多少二进制位? 此类有限定义域的问题对实现是有用的, 一般推迟到设计后期考虑, 暂时忽略.

有型变量集合上的*程序图*是有向图, 其边用动作和关于变量的条件标记. 动作的效果用映射

$$\mathrm{Effect} \colon \mathrm{Act} \times \mathrm{Eval(Var)} \to \mathrm{Eval(Var)}$$

形式化, 它表示变量的赋值 η 在执行动作后是如何改变的. 例如, 如果 α 表示动作 $x := y + 5$, 其中 x 和 y 是整数变量, η 是使 $\eta(x) = 17$、$\eta(y) = -2$ 的赋值, 那么

$$\mathrm{Effect}(\alpha, \eta)(x) = \eta(y) + 5 = -2 + 5 = 3 \text{ 且 } \mathrm{Effect}(\alpha, \eta)(y) = \eta(y) = -2$$

因此 $\mathrm{Effect}(\alpha, \eta)$ 就是把 3 赋给 x, 把 -2 赋给 y 的赋值动作. 程序图的节点称为*位置*, 而且因为它们决定了哪一条件迁移是可能的, 所以它们还有控制作用.

定义 2.9　*程序图*

有型变量集合 Var 上的*程序图*是六元组 $(\mathrm{Loc}, \mathrm{Act}, \mathrm{Effect}, \hookrightarrow, \mathrm{Loc}_0, g_0)$, 其中:

- Loc 是位置的集合.
- Act 是动作的集合.
- $\mathrm{Effect} \colon \mathrm{Act} \times \mathrm{Eval(Var)} \to \mathrm{Eval(Var)}$ 是效果函数.
- $\hookrightarrow \subseteq \mathrm{Loc} \times \mathrm{Cond(Var)} \times \mathrm{Act} \times \mathrm{Loc}$ 是条件迁移关系.
- $\mathrm{Loc}_0 \subseteq \mathrm{Loc}$ 是初始位置.
- $g_0 \in \mathrm{Cond(Var)}$ 是初始条件. ■

记号 $\ell \xhookrightarrow{g:\alpha} \ell'$ 是 $(\ell, g, \alpha, \ell') \in \hookrightarrow$ 的简写. 条件 g 也称为条件迁移 $\ell \xhookrightarrow{g:\alpha} \ell'$ 的*卫式*. 若卫式是恒真命题 (如, $g = \mathrm{true}$ 或 $g = (x < 1) \vee (x \geqslant 1)$), 则可简写为 $\ell \xhookrightarrow{\alpha} \ell'$.

位置 $\ell \in \mathrm{Loc}$ 处的行为取决于变量赋值 η. 对于在赋值 η 下 g 成立 (即 $\eta \models g$) 的所有条件迁移 $\ell \xhookrightarrow{g:\alpha} \ell'$, 需要在其中做出未定选择. 动作 α 的执行会根据 $\mathrm{Effect}(\alpha, \cdot)$ 改变变量的赋值. 此后, 系统改变到位置 ℓ'. 若不再有可能的迁移, 则系统结束.

例 2.5 饮料售货机

例 2.4 中描述的图是一个程序图. 变量的集合是

$$\text{Var} = \{\text{nsoda}, \text{nbeer}\}$$

这两个变量的定义域都是 $\{0, 1, \cdots, \max\}$. 位置集合 Loc 是 $\{\text{start}, \text{select}\}$, 初始位置集合 Loc_0 是 $\{\text{start}\}$, 并且

$$\text{Act} = \{\text{bget}, \text{sget}, \text{coin}, \text{ret\_coin}, \text{refill}\}$$

动作的效果由

$$\begin{aligned}
&\text{Effect}(\text{coin}, \eta) = \eta \\
&\text{Effect}(\text{ret_coin}, \eta) = \eta \\
&\text{Effect}(\text{sget}, \eta) = \eta[\text{nsoda} := \text{nsoda} - 1] \\
&\text{Effect}(\text{bget}, \eta) = \eta[\text{nbeer} := \text{nbeer} - 1] \\
&\text{Effect}(\text{refill}, \eta) = [\text{nsoda} := \max, \text{nbeer} := \max]
\end{aligned}$$

定义. 此处 $\eta[\text{nsoda} := \text{nsoda} - 1]$ 是赋值 η' 的缩写: $\eta'(\text{nsoda}) = \eta(\text{nsoda}) - 1$, 且对于任何不为 nsoda 的变量 x 都有 $\eta'(x) = \eta(x)$. 初始条件 g_0 为两种饮料在开始时都是满的, 即 $g_0 = (\text{nsoda} = \max \wedge \text{nbeer} = \max)$. ■

每一个程序图都可以解释为迁移系统. 程序图的基础迁移系统来自*展开*. 其状态由控制分量 (即程序图的位置 ℓ) 和变量的赋值 η 组成. 因此, 状态就是 $\langle \ell, \eta \rangle$ 形式的对. 初始状态就是满足初始条件 g_0 的初始位置. 为把程序图描述的系统的性质公式化, 命题集合 AP 由位置 $\ell \in \text{Loc}$ (以能表明系统当前处于哪个控制位置) 及关于变量的布尔条件组成. 例如, 类似于

$$(x \leqslant 5) \wedge (y \text{ 是偶数}) \wedge (\ell \in \{1, 2\})$$

的命题可用整数变量 x、y 及表示为自然数的位置公式化. 标记函数将状态 $\langle \ell, \eta \rangle$[译注 2] 用 ℓ 和在 η 下成立的所有 (Var 上的) 条件标记. 只要 $\ell \xhookrightarrow{g:\alpha} \ell'$ 是程序图中的条件迁移, 并且卫式 g 在当前赋值 η 下成立, 就存在一个从状态 $\langle \ell, \eta \rangle$ 到状态 $\langle \ell', \text{Effect}(\alpha, \eta) \rangle$ 的迁移. 注意, 此迁移没有卫式.

定义 2.10 程序图的迁移系统语义

变量集合 Var 上的程序图 $(\text{Loc}, \text{Act}, \text{Effect}, \hookrightarrow, \text{Loc}_0, g_0)$ 的迁移系统 TS(PG) 是六元组 $(S, \text{Act}, \rightarrow, I, \text{AP}, L)$, 其中:

- $S = \text{Loc} \times \text{Eval}(\text{Var})$.
- $\rightarrow \subseteq S \times \text{Act} \times S$ 由下述规则 (见注记 2.1) 定义

$$\frac{\ell \xhookrightarrow{g:\alpha} \ell' \wedge \eta \models g}{\langle \ell, \eta \rangle \xrightarrow{\alpha} \langle \ell', \text{Effect}(\alpha, \eta) \rangle}$$

- $I = \{\langle \ell, \eta \rangle \mid \ell \in \text{Loc}_0, \eta \models g_0\}$.
- $\text{AP} = \text{Loc} \cup \text{Cond}(\text{Var})$.
- $L(\langle \ell, \eta \rangle) = \{\ell\} \cup \{g \in \text{Cond}(\text{Var}) \mid \eta \models g\}$. ■

TS(PG) 的定义给出了一个很大的命题集合 AP. 但一般地, 只有 AP 的一小部分对相关系统性质的公式化是必要的. 在以后的内容中, 将灵活地选择 TS(PG) 的命题集合, 而且只使用要处理的问题所必需的原子命题.

注记 2.1　结构操作语义

在定义 2.10 中, 迁移关系是用 SOS (Structured Operational Semantics, 结构操作语义) 记法定义的. 本书经常用到这种形式. 记法

$$\frac{\text{前提}}{\text{结论}}$$

读作: 若线上方的命题 (即前提) 成立, 则线下方的命题 (即结论) 也成立. "若 …… 则 ……" 这样的命题也叫作*推理规则*, 简称*规则*. 若前提永真, 则省略它 (和线). 这种规则也称为*公理*.

类似于 "关系 $\to$ 由以下 (公理和) 规则定义" 的短语具有归纳定义的意思, 其中关系 $\to$ 定义为满足指定公理和规则的最小关系. ■

2.2　并行与通信

2.1 节引入了迁移系统的概念, 并已说明如何为顺序硬件电路和数据依赖系统 (如简单的顺序计算机程序) 建立迁移系统模型. 但在实际中, 大多数软硬件系统并非是顺序的, 而自然地是并行的. 本节将介绍用迁移系统为*并行系统*提供模型的一些机制. 这些机制既有初级的也有高级的. 在初级机制中, 并行的迁移系统之间不发生通信; 在高级 (也更实际的) 机制中, 可用同步 (即用握手方法) 或异步 (即用正容量的缓冲区) 传递消息. 假设并行进程的 (逐步) 操作行为由迁移系统 $\mathrm{TS}_1, \mathrm{TS}_2, \cdots, \mathrm{TS}_n$ 给出. 目标是定义算子 $\|$, 使得

$$\mathrm{TS} = \mathrm{TS}_1 \parallel \mathrm{TS}_2 \parallel \cdots \parallel \mathrm{TS}_n$$

是一个迁移系统, 它能描述从 TS_1 到 TS_n 的并行复合行为. 此处, 假设 $\|$ 是一个交换的和结合的算子. 当然, $\|$ 的本性取决于支持的通信种类. 例如, 后面将看到, 某些并行复合概念并不产生结合算子. 本节剩余部分将考虑 $\|$ 的几种形式, 并用例子予以说明. 注意, 上面的机制可对 TS_i 重复使用, 即, TS_i 也可以由几个迁移系统合成[译注 3]:

$$\mathrm{TS}_i = \mathrm{TS}_{i,1} \parallel \mathrm{TS}_{i,2} \parallel \cdots \parallel \mathrm{TS}_{i,n_i}$$

通过这种嵌套的并行复合, 可以结构化地描述复杂系统.

2.2.1　并发与交错

并行系统的一个广为人知的范例是*交错*. 这种模型从以下事实抽象而来: 系统实际上是由 (某种程度上) 独立的组件构成的. 也就是说, 在交错中扮演关键角色的是全局状态, 尽管它是由各组件的当前状态构成的. 独立组件的动作与其他组件的动作混搭 (也称交织) 或交错. 因此, 并发性被表示为 (纯粹的) 交错, 即同时行动的进程 (或组件) 的动作之间的未定选择. 这种思路的背景是以下现象: 只有一个处理器可用, 各进程的动作在其上联锁. 单

处理器现象只是一个建模概念, 当进程运行于不同处理器上时也适用. 从而, (开始时) 不预设各进程的执行次序. 例如, 如果有两个完全独立行动的不终止进程 P 和 Q, 那么

$$\begin{array}{lllllllll} P & Q & P & Q & P & Q & Q & Q & P\cdots \\ P & P & Q & P & P & Q & P & P & Q\cdots \\ P & Q & P & P & Q & P & P & P & Q\cdots \end{array}$$

是 P 和 Q 的步骤 (即动作的执行) 可以互锁的 3 种可能的序列 (在第 3 章中将讨论某些限制, 以使参与的处理器得到一点 "公平" 的对待. 特别地, 要排除完全忽略 Q 的执行序列 $P, P, P, \cdots$. 除非另外说明, 接受所有可能的交错, 包括 "不公平" 的交错).

表示并发性的交错遵循以下理念: 存在调度器, 它根据事先未知的策略将并发进程的步骤互锁. 这种表示完全撇开参与进程的速度, 因此可为任何可能的实现建模, 包括单处理器实现和任意速度的多处理器实现.

例 2.6　两个独立的交通灯

考虑两条不相交 (即平行) 道路上的两个交通灯的迁移模型. 假设这两个交通灯完全相互独立地切换. 例如, 交通灯可由穿过道路的行人控制. 每一交通灯都建模为有两个状态的简单迁移系统, 一个状态为红灯建模, 另一个状态为绿灯建模 (见图 2.4 的上部). 图 2.4 的下部描述了两个交通灯并行合成的迁移系统, 其中 ||| 表示交错算子. 原则上, 两个交通灯的 "动作" 的任何形式的互锁都是可能的. 例如, 两个交通灯的初始状态都是红灯, 在哪一个变为绿灯上有一个未定选择. 注意, 未定性是描述性的, 不能为交通灯之间的调度问题建模 (尽管看似可以). ■

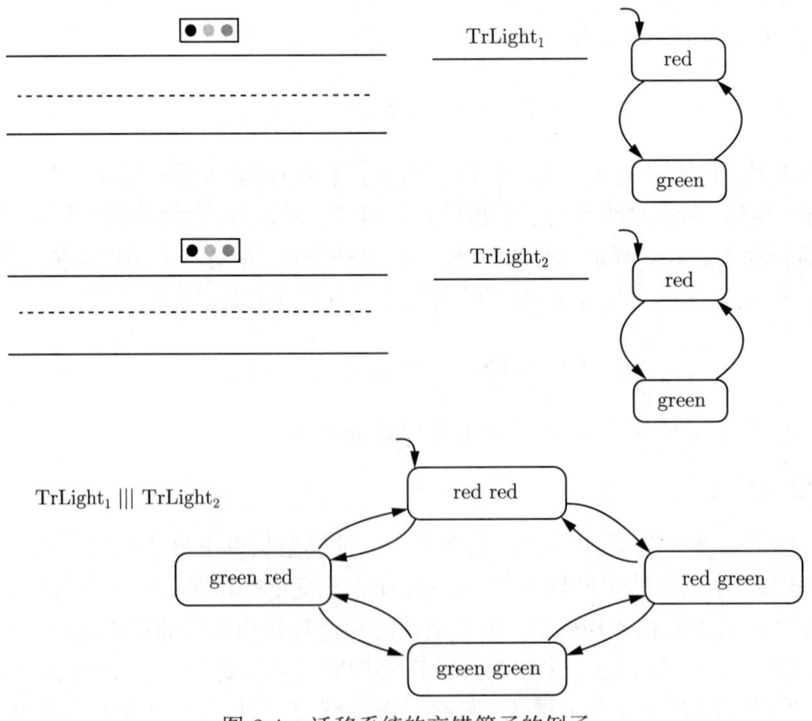

图 2.4　迁移系统的交错算子的例子

使用交错的重要理由是以下事实: 当前执行的两个独立动作 α 和 β 无论以哪种顺序相继执行, 其效果都是一致的. 这一点可用符号说明为

$$\text{Effect}(\alpha \mid\mid\mid \beta, \eta) = \text{Effect}((\alpha; \beta) + (\beta; \alpha), \eta)$$

其中, 算子分号 (;) 表示顺序执行, + 表示未定选择, 而 $\mid\mid\mid$ 则表示独立动作的并发执行. 当从两个独立的赋值

$$\underbrace{x := x + 1}_{=\alpha} \mid\mid\mid \underbrace{y := y - 2}_{=\beta}$$

考虑效果时, 就容易理解这一事实. 如果初值为 $x = 0$ 和 $y = 7$, 那么在执行 α 和 β 后 x 的值为 1, y 的值为 5, 与赋值是并发 (即同时) 执行还是以任意相继次序执行无关. 用迁移系统描绘如下:

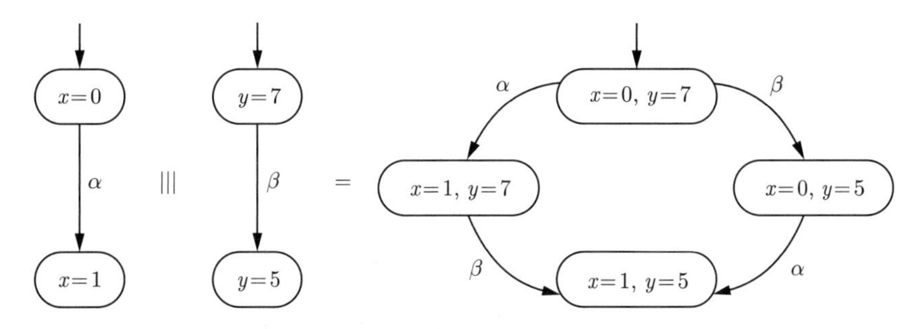

注意, 动作的独立性至关重要. 对于相关的动作, 动作的次序很重要: 例如, 在并行程序 $x := x + 1 \mid\mid\mid x := 2 \cdot x$ 中 (例如, 初值为 $x = 0$), 变量 x 的终值取决于赋值 $x := x + 1$ 和 $x := 2 \cdot x$ 的发生次序.

下面形式地定义迁移系统的交错 (记为 $\mid\mid\mid$). 迁移系统 $\text{TS}_1 \mid\mid\mid \text{TS}_2$ 表示交织 (或混搭) 由 TS_1 和 TS_2 描述的组件的动作得到的并行系统. 假设不发生任何通信和 (对变量的) 争用. $\text{TS}_1 \mid\mid\mid \text{TS}_2$ 的 (全局) 状态是由 TS_i 的局部状态 s_i 构成的状态对 $\langle s_1, s_2 \rangle$. 全局状态 $\langle s_1, s_2 \rangle$ 的出迁移由 s_1 和 s_2 的出迁移组成. 相应地, 当复合系统处于状态 $\langle s_1, s_2 \rangle$ 时, 就要在局部状态 s_1 和 s_2 的所有出迁移中做出未定选择.

定义 2.11　迁移系统的交错

令 $\text{TS}_i = (S_i, \text{Act}_i, \to_i, I_i, \text{AP}_i, L_i)$ $(i = 1, 2)$ 是两个迁移系统. 迁移系统 $\text{TS}_1 \mid\mid\mid \text{TS}_2$ 定义为

$$\text{TS}_1 \mid\mid\mid \text{TS}_2 = (S_1 \times S_2, \text{Act}_1 \cup \text{Act}_2, \to, I_1 \times I_2, \text{AP}_1 \cup \text{AP}_2, L)$$

其中, 迁移关系 $\to$ 用规则

$$\frac{s_1 \xrightarrow{\alpha}_1 s_1'}{\langle s_1, s_2 \rangle \xrightarrow{\alpha} \langle s_1', s_2 \rangle} \quad \text{和} \quad \frac{s_2 \xrightarrow{\alpha}_2 s_2'}{\langle s_1, s_2 \rangle \xrightarrow{\alpha} \langle s_1, s_2' \rangle}$$

定义, 并且标记函数定义为 $L(\langle s_1, s_2 \rangle) = L_1(s_1) \cup L_2(s_2)$[译注 4]. ■

例 2.7　考虑例 2.6 中描述的两个独立的交通灯. 它描绘的迁移系统其实就是由交错得到的以下迁移系统:

$$\text{TS} = \text{TrLight}_1 \mid\mid\mid \text{TrLight}_2$$ ■

对于程序图 PG_1 (Var_1 上的) 和 PG_2 (Var_2 上的), 若它们没有共享变量 (即 $Var_1 \cap Var_2 = \varnothing$), 则应用到相应的迁移系统上的交错算子将产生以下迁移系统:

$$TS(PG_1) \, ||| \, TS(PG_2)$$

它描述 PG_1 和 PG_2 同时执行的行为.

2.2.2 用共享变量通信

交错算子 $|||$ 可为异步并发建模. 此处异步并发是指子进程相互之间完全独立, 即, 既没有任何形式的消息传送, 也没有任何共享变量的争用. 但是, 对于大多数涉及并发或组件通信的并行系统来说, 迁移系统的交错算子都过于简单. 以组件有公用变量 (也称共享变量) 的系统为例, 就可说明这一点.

例 2.8 并发进程的交错算子

留意针对下列并行程序的指令 α 和 β 的程序图:

$$\underbrace{x := 2 \cdot x}_{\text{动作 } \alpha} \, ||| \, \underbrace{x := x + 1}_{\text{动作 } \beta}$$

假设初值为 $x = 3$ (为简化图形, 忽略位置). 迁移系统 $TS(PG_1) \, ||| \, TS(PG_2)$ 含有不协调状态 $\langle x = 6, x = 4 \rangle$, 因而没有反映 α 和 β 并行执行的直觉行为. 用迁移系统描绘如下:

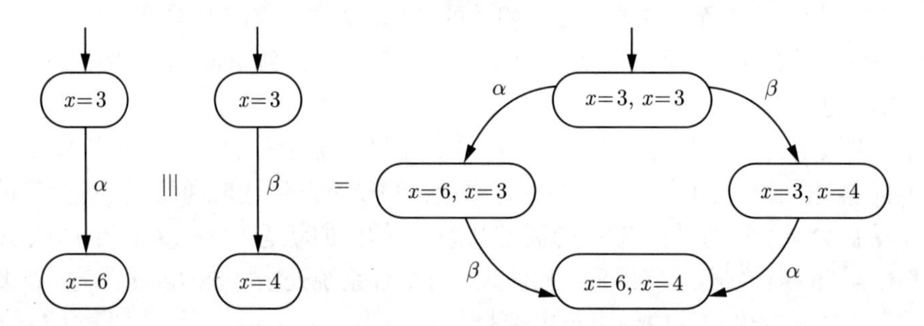

本例的问题是, 动作 α 和 β 都访问共享变量 x, 因而存在争用问题. 但是, 迁移系统的交错算子却无视潜在冲突, “盲目地” 构造各状态空间的笛卡儿积. 相应地, 也没有认识到局部状态 $x = 6$ 和 $x = 4$ 反映了矛盾的事件. ■

为处理使用共享变量的并行程序, 交错算子应在程序图的层面定义 (而不是直接从迁移系统定义). 程序图 PG_1 和 PG_2 的交错记为 $PG_1 \, ||| \, PG_2$. 由 $PG_1 \, ||| \, PG_2$ 产生的基础迁移系统, 即 $TS(PG_1 \, ||| \, PG_2)$ (见定义 2.10), 可信地描述了组件之间用共享变量通信的并行系统. 注意, 一般情况下, $TS(PG_1 \, ||| \, PG_2) \neq TS(PG_1) \, ||| \, TS(PG_2)$.

定义 2.12 程序图的交错

令 $PG_i = (Loc_i, Act_i, Effect_i, \hookrightarrow_i, Loc_{0,i}, g_{0,i})$ 是变量集合 Var_i 上的程序图 ($i = 1, 2$). 变量集合 $Var_1 \cup Var_2$ 上的程序图的交错 $PG_1 \, ||| \, PG_2$ 定义为

$$PG_1 \, ||| \, PG_2 = (Loc_1 \times Loc_2, Act_1 \uplus Act_2, Effect, \hookrightarrow, Loc_{0,1} \times Loc_{0,2}, g_{0,1} \wedge g_{0,2})$$

其中, $\hookrightarrow$ 由规则

$$\frac{\ell_1 \overset{g:\alpha}{\hookrightarrow}_1 \ell_1'}{\langle \ell_1, \ell_2 \rangle \overset{g:\alpha}{\hookrightarrow} \langle \ell_1', \ell_2 \rangle} \quad \text{和} \quad \frac{\ell_2 \overset{g:\alpha}{\hookrightarrow}_2 \ell_2'}{\langle \ell_1, \ell_2 \rangle \overset{g:\alpha}{\hookrightarrow} \langle \ell_1, \ell_2' \rangle}$$

定义, 并且若 $\alpha \in \text{Act}_i$, 则 $\text{Effect}(\alpha, \eta) = \text{Effect}_i(\alpha, \eta)$. ■

程序图 PG_1 和 PG_2 的共同变量是 $\text{Var}_1 \cap \text{Var}_2$. 它们是共享 (有时也称全局) 变量. $\text{Var}_1 \setminus \text{Var}_2$ 中的变量是 PG_1 的局部变量, 类似地, $\text{Var}_2 \setminus \text{Var}_1$ 中的变量是 PG_2 的局部变量.

例 2.9　程序图的交错

考虑分别对应于赋值 $x := x+1$ 和 $x := 2 \cdot x$ 的程序图 PG_1 和 PG_2. 程序图 $\text{PG}_1 \,|||\, \text{PG}_2$ 画在图 2.5 的左下角. 其基础迁移系统 $\text{TS}(\text{PG}_1 \,|||\, \text{PG}_2)$ 画在图 2.5 的右下角, 其中假定 x 的初值是 3. 注意, 迁移系统在初始状态处的未定性不表示并发性, 仅仅为都修改共享变量 x 的两个语句 $x := x+1$ 和 $x := 2 \cdot x$ 的争用提供可能的化解. ■

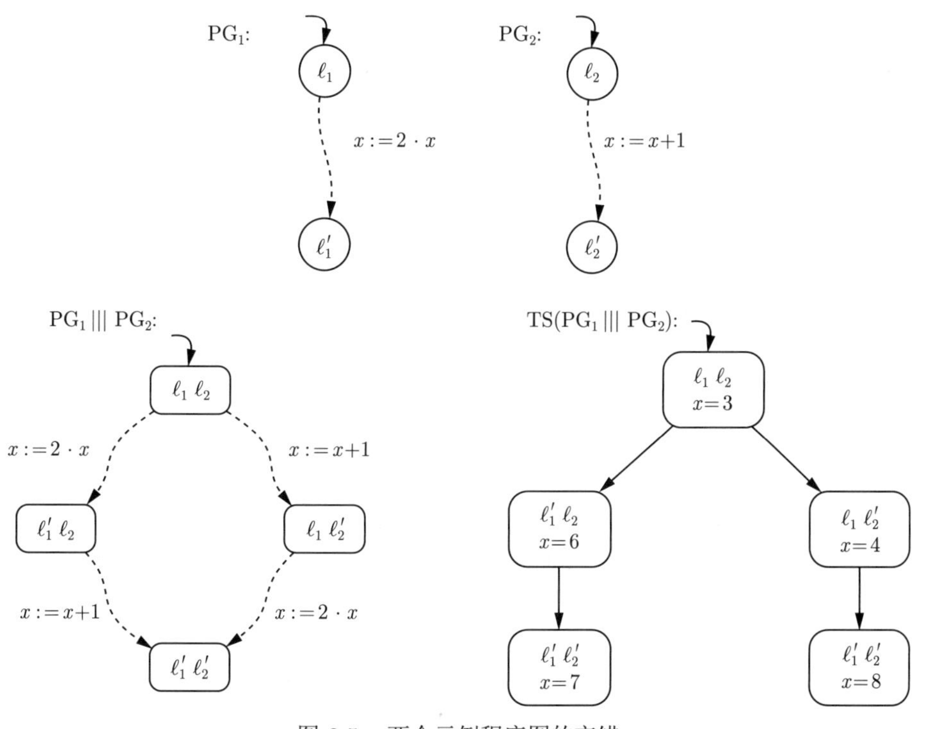

图 2.5　两个示例程序图的交错

局部与共享变量的区别同样对复合程序图 $\text{PG}_1 \,|||\, \text{PG}_2$ 的动作有影响. 访问 (即查看或修改) 共享变量的动作应视为关键的, 而其他动作可视为非关键的 (简单起见, 此处保守地认为查看变量也是关键的). 当解释迁移系统 $\text{TS}(\text{PG}_1 \,|||\, \text{PG}_2)$ 的 (可能的) 未定性时, 动作关键与否的区别就会变得清晰. 该迁移系统的未定性可能表示以下情形之一:

- PG_1 或 PG_2 "内部" 的未定选择.
- PG_1 和 PG_2 的非关键动作的交错.
- 化解 PG_1 与 PG_2 的关键动作之间的争用 (并发性).

特别地, 由于 PG_1 的非关键动作只影响局部变量, 它可以与 PG_2 的关键动作或非关键动作并行执行; 对称地, PG_2 的非关键动作同样如此. 但是, 由于共享变量的值依赖于动作的执行次序 (见例 2.8), 所以 PG_1 和 PG_2 的关键动作不能同时执行. PG_1 和 PG_2 的关键动作同时激活的全局状态体现并发情形, 必须用合适的调度策略化解 (当然, 可以允许同时读取共享变量).

注记 2.2 关于原子性

为了用程序图的交错算子给并行系统建模, 动作 $\alpha \in \mathrm{Act}$ 必须是不可分割的. 迁移系统只是表达动作 α 完全执行后的效果. 例如, 如果动作 α 的效果由语句序列

$$x := x+1;\ y := 2x+1;\ \textbf{if}\ x < 12\ \textbf{then}\ z := (x-z)^2 * y\ \textbf{fi}$$

给出, 那么就要假定基本子句 $x := x+1$ 和 $y := 2x+1$、比较 $x < 12$ 以及可能的赋值 $z := (x-z)^2 * y$ 不与其他并发进程互锁. 在此情形下[译注 5], 有

$$\begin{aligned}
&\mathrm{Effect}(\alpha,\eta)(x) = \eta(x)+1\\
&\mathrm{Effect}(\alpha,\eta)(y) = 2(\eta(x)+1)+1\\
&\mathrm{Effect}(\alpha,\eta)(z) = \begin{cases} (\eta(x)+1-\eta(z))^2 * (2(\eta(x)+1)+1) & \text{若 } \eta(x)+1<12\\ \eta(z) & \text{否则}\end{cases}
\end{aligned}$$

所以, 当作为单个标记放在一条边上时, 进程的语句序列就被程序图声明为*原子的*. 在程序文本中, 这样的多个赋值用括号 $\langle\ \rangle$ 包围. ■

例 2.10 以信号互斥

考虑形式如下的两个简化的进程 P_i, $i = 1, 2$.

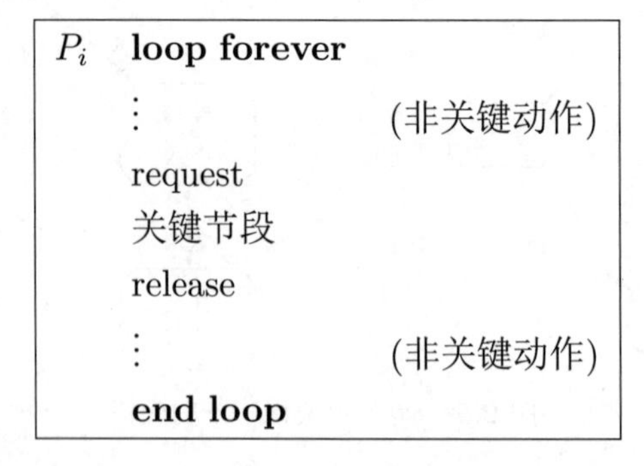

进程 P_1 和 P_2 分别用程序图 PG_1 和 PG_2 表示, 它们共享二值信号 y. $y = 0$ 表示该信号正由一个进程占用, 封锁对关键节段的访问; $y = 1$ 表示该信号可用. 程序图 PG_1 和 PG_2 如图 2.6 所示.

为简单起见, 未考虑 y 之外的局部变量和共享变量. 也省略了关键节段内外的活动. PG_i 的位置有 $\mathrm{noncrit}_i$ (表示非关键动作)、wait_i (建模 P_i 等待进入关键节段的情形) 以及 crit_i (建模关键节段). 程序图 $\mathrm{PG}_1 \,|||\, \mathrm{PG}_2$ 由 9 个位置组成, 包括 (不受欢迎的) 位置 $\langle \mathrm{crit}_1, \mathrm{crit}_2 \rangle$, 它为 P_1 和 P_2 同时处于关键节段提供模型, 见图 2.7.

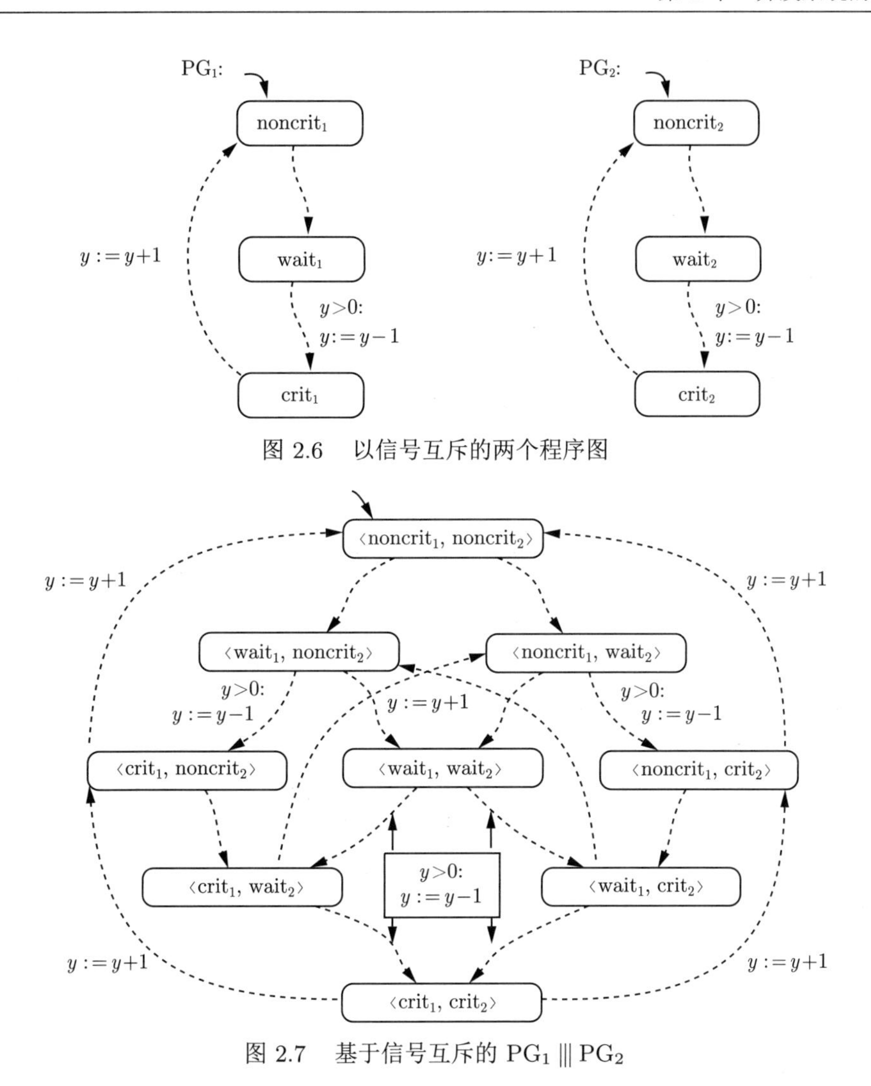

图 2.6 以信号互斥的两个程序图

图 2.7 基于信号互斥的 $\mathrm{PG}_1 \mid\mid\mid \mathrm{PG}_2$

当把 $\mathrm{PG}_1 \mid\mid\mid \mathrm{PG}_2$ 展开为迁移系统 $\mathrm{TS}_{\mathrm{Sem}} = \mathrm{TS}(\mathrm{PG}_1 \mid\mid\mid \mathrm{PG}_2)$ (见图 2.8) 时, 容易看出在 $\mathrm{TS}_{\mathrm{Sem}}$ 的 18 种全局状态中只有下面 8 种是可达的:

$$
\begin{array}{ll}
\langle \mathrm{noncrit}_1, \mathrm{noncrit}_2, y=1\rangle & \langle \mathrm{noncrit}_1, \mathrm{wait}_2, y=1\rangle \\
\langle \mathrm{wait}_1, \mathrm{noncrit}_2, y=1\rangle & \langle \mathrm{wait}_1, \mathrm{wait}_2, y=1\rangle \\
\langle \mathrm{noncrit}_1, \mathrm{crit}_2, y=0\rangle & \langle \mathrm{crit}_1, \mathrm{noncrit}_2, y=0\rangle \\
\langle \mathrm{wait}_1, \mathrm{crit}_2, y=0\rangle & \langle \mathrm{crit}_1, \mathrm{wait}_2, y=0\rangle
\end{array}
$$

状态 $\langle \mathrm{noncrit}_1, \mathrm{noncrit}_2, y=1\rangle$ 和 $\langle \mathrm{noncrit}_1, \mathrm{crit}_2, y=0\rangle$ 是 P_1 和 P_2 可以同时执行动作的情形的例子. 注意, 在图 2.8 中, n 表示 noncrit, w 表示 wait, c 表示 crit. 因而这些状态中的未定性就表示非关键动作的交错. 状态 $\langle \mathrm{crit}_1, \mathrm{wait}_2, y=0\rangle$ 表示以下情形: 只有 PG_1 是活动的, 而 PG_2 在等待.

全局状态 $\langle \mathrm{crit}_1, \mathrm{crit}_2, y=\cdots\rangle$ 在 $\mathrm{TS}_{\mathrm{Sem}}$ 中是不可达的, 由此可知, P_1 和 P_2 不可能同时处于关键节段. 从而, 并行系统也就满足所谓的互斥性质. ■

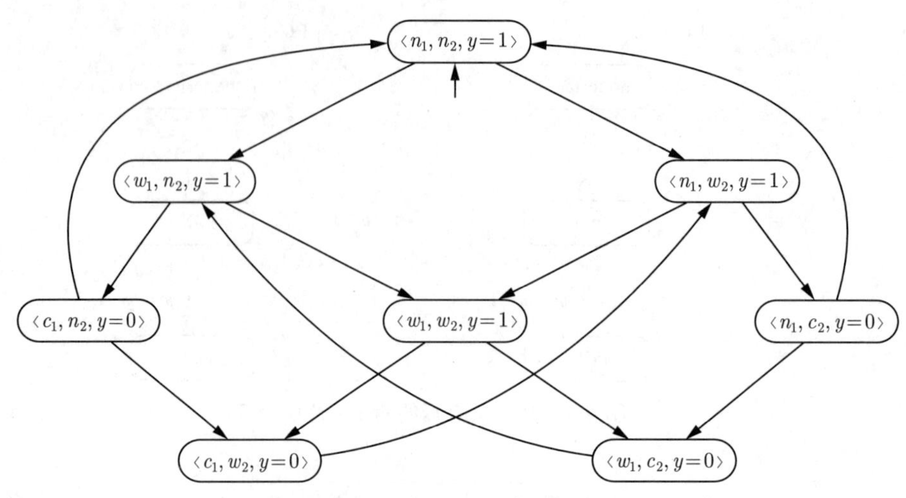

图 2.8 以信号互斥 (迁移系统表示)

在上面这个例子中, 状态 $\langle \text{wait}_1, \text{wait}_2, y = 1\rangle$ 处的未定选择表示 P_1 还是 P_2 能进入其关键节段的竞争. 允许哪一个进程进入它的关键节段? 这种调度问题尚未解决. 事实上, 上例中的并行程序是抽象的, 未提供化解争用的任何细节. 例如, 在后期设计阶段, 当用等待进程队列的方法实现信号 y 时, 就必须对如何调度为获得信号而进入队列的进程做出决定. 在那个阶段, 可选择后进先出 (LIFO)、先进先出 (FIFO) 或其他调度准则. 也可选择另一种明确地解决调度事务的 (更具体的) 互斥算法. 这种算法的一个著名例子由 Peterson 于 1981 年给出[332].

例 2.11 Peterson 互斥算法

考虑使用变量 b_1、b_2 及 x 的进程 P_1 和 P_2. b_1 和 b_2 是布尔变量, 而 x 只能取值 1 或 2, 即, $\text{dom}(x) = \{1, 2\}$. 使用 x 实现如下调度策略. 如果都要进入关键节段 (即它们处于位置 wait_i), x 的值决定哪一进程进入其关键节段: 对于 $i = 1, 2$, 若 $x = i$, 则 P_i 进入. P_1 在进入 wait_1 时完成 $x := 2$, 以此让 P_2 优先进入关键节段. 所以, x 的值表示哪一进程有机会进入其关键节段. 对称地, 当 P_2 开始等待时, 它把 x 设置为 1. 变量 b_i 提供 P_i 的当前位置的信息. 更准确地,

$$b_i = \text{wait}_i \vee \text{crit}_i$$

当 P_i 开始等待时把 b_i 设置为真. P_1 的以伪代码表示的行为如下 (P_2 的伪代码类似):

```
P1  loop forever
      ⋮                                  (非关键动作)
      ⟨b1 := true; x := 2⟩               (请求)
      wait until (x = 1 ∨ ¬b2)
      do 关键节段 od
      b1 := false                        (释放)
      ⋮                                  (非关键动作)
    end loop
```

将进程 P_i 表示为 $\text{Var} = \{x, b_1, b_2\}$ 上的程序图 PG_i, 它们的位置分别有 noncrit_i、wait_i 和 crit_i, 见图 2.9. 基础迁移系统 $\text{TS}_{\text{Pet}} = \text{TS}(\text{PG}_1 \,|||\, \text{PG}_2)$ 的可达部分如图 2.10 所示. 简单起见, 图 2.10 中用 n_i、w_i 和 c_i 分别表示 noncrit_i、wait_i 和 crit_i. 状态中最后的数字表示变量 x 的取值. 为简单起见, 未显示 b_i 的取值. 它们的取值可直接从 PG_i 的位置得到. 另外, 假设初始条件为 $b_1 = b_2 = \text{false}$.

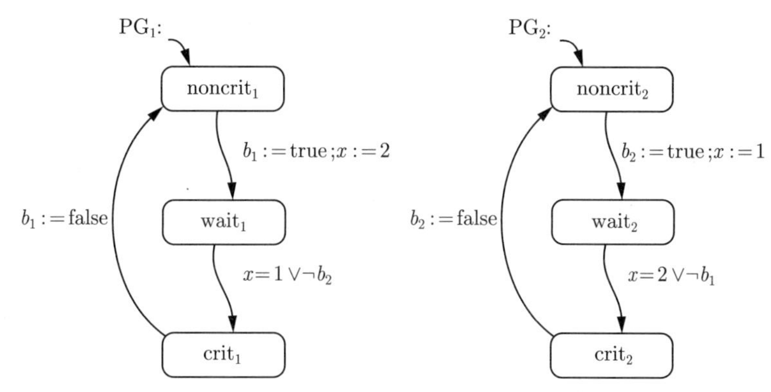

图 2.9　Peterson 互斥算法的程序图[译注 6]

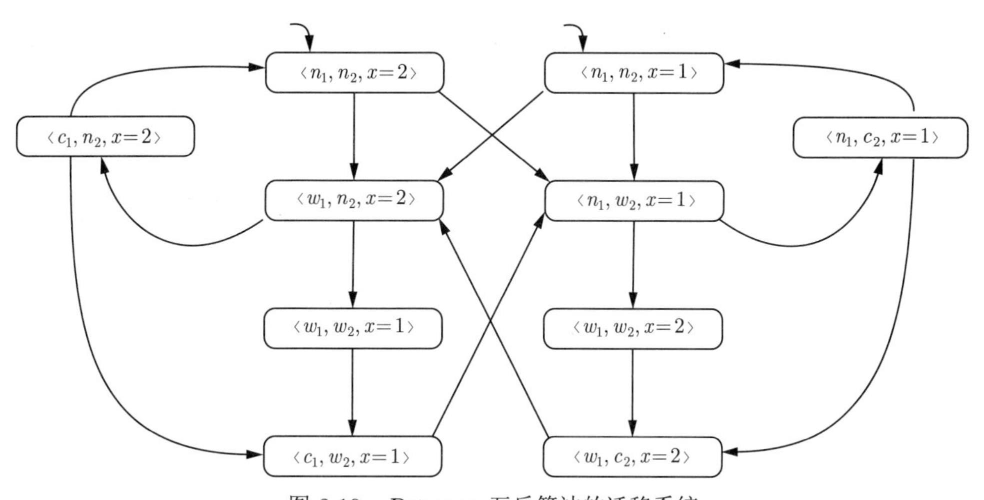

图 2.10　Peterson 互斥算法的迁移系统

TS_{Pet} 中每一状态的形式为 $\langle \text{loc}_1, \text{loc}_2, x, b_1, b_2 \rangle$. 因为 PG_i 有 3 个可能的位置, 而且 b_i 和 x 都可以取两个不同的值, TS_{Pet} 总共有 72 种状态. 这些状态中只有 10 个是可达的. 由于不存在可达的 P_1 和 P_2 同处关键节段的状态, 故可得以下结论: Peterson 算法满足互斥性质.

在上面的程序中, 认为多个赋值 $b_1 := \text{true};\ x := 2$ 与 $b_2 := \text{true};\ x := 1$ 是不可分割的 (即原子) 动作. 这在程序文本中用括号 $\langle\ \rangle$ 标示, 在程序图 PG_1 和 PG_2 中同样做出了标示. 需要指出的是, 这不是必要的, 而仅为简化迁移系统 TS_{Pet}. 两个进程只要都按先 $b_i := \text{true}$ 后 $x := \cdots$ 的顺序赋值, 即使不以原子方式赋值, 也可保证互斥性. 注意, 改变顺序就不能保证互斥. 例如先 $x := \cdots$ 后 $b_i := \text{true}$ 的顺序. 这可从以下内容看出. 在程序图

PG_i[译注 7] 中, 设赋值 $x := \cdots$ 和 $b_i := \text{true}$ 之间的位置为 req_i. 状态序列

$$
\begin{array}{lllll}
\langle \mathrm{noncrit}_1, & \mathrm{noncrit}_2, & x=1, & b_1=\text{false}, & b_2=\text{false}\rangle \\
\langle \mathrm{noncrit}_1, & \mathrm{req}_2, & x=1, & b_1=\text{false}, & b_2=\text{false}\rangle \\
\langle \mathrm{req}_1, & \mathrm{req}_2, & x=2, & b_1=\text{false}, & b_2=\text{false}\rangle \\
\langle \mathrm{wait}_1, & \mathrm{req}_2, & x=2, & b_1=\text{true}, & b_2=\text{false}\rangle \\
\langle \mathrm{crit}_1, & \mathrm{req}_2, & x=2, & b_1=\text{true}, & b_2=\text{false}\rangle \\
\langle \mathrm{crit}_1, & \mathrm{wait}_2, & x=2, & b_1=\text{true}, & b_2=\text{true}\rangle \\
\langle \mathrm{crit}_1, & \mathrm{crit}_2, & x=2, & b_1=\text{true}, & b_2=\text{true}\rangle
\end{array}
$$

是一个起始执行片段. 这里, P_1 首先进入关键节段 (由于 $b_2 = \text{false}$), 随后 P_2 进入关键节段 (由于 $x = 2$). 结果, 两个进程都进入它们的关键节段, 违反了互斥性. ■

2.2.3 握手

至此, 对并行进程已考虑了两种机制: 交错与共享变量程序. 在交错中, 进程完全独立地演进; 而在共享变量程序中, 进程通过共享变量通信. 在本节中, 考虑一种新机制: 并发进程经由握手互动. 术语 "握手" 意为参与互动的进程只能以同步方式进行. 也就是说, 只有当进程都同时参与互动时, 即它们把手握在一起时, 进程才可以互动.

握手期间交换的信息可以有多种类型, 从简单的整数值到数组和记录这样的复杂数据结构. 在后续内容中, 不会考虑消息交换的内容, 而会采用一种抽象观点, 只考虑通信 (也称同步) 动作, 它们表示握手的出现而非内容.

为此, *握手动作*的集合 H 与 $\tau \notin H$ 应区别对待. 仅当参与进程都准备好执行同一握手动作时, 消息传递才可发生. H 之外的动作 (即 $\mathrm{Act} \setminus H$ 中的动作) 是独立的, 因而可用交错的方式自主执行.

定义 2.13 *握手 (同步消息传递)*

对 $i = 1, 2$, 令 $\mathrm{TS}_i = (S_i, \mathrm{Act}_i, \rightarrow_i, I_i, \mathrm{AP}_i, L_i)$ 是迁移系统, 并且 $H \subseteq \mathrm{Act}_1 \cap \mathrm{Act}_2$, $\tau \notin H$. 迁移系统 $\mathrm{TS}_1 \parallel_H \mathrm{TS}_2$ 定义如下:

$$
\mathrm{TS}_1 \parallel_H \mathrm{TS}_2 = (S_1 \times S_2, \mathrm{Act}_1 \cup \mathrm{Act}_2, \rightarrow, I_1 \times I_2, \mathrm{AP}_1 \cup \mathrm{AP}_2, L)
$$

其中, $L(\langle s_1, s_2 \rangle) = L_1(s_1) \cup L_2(s_2)$, 且迁移关系 $\rightarrow$ 由图 2.11 所示的规则定义. ■

- $\alpha \notin H$ 的交错:

$$
\frac{s_1 \xrightarrow{\alpha}_1 s_1'}{\langle s_1, s_2 \rangle \xrightarrow{\alpha} \langle s_1', s_2 \rangle} \qquad \frac{s_2 \xrightarrow{\alpha}_2 s_2'}{\langle s_1, s_2 \rangle \xrightarrow{\alpha} \langle s_1, s_2' \rangle}
$$

- $\alpha \in H$ 的握手:

$$
\frac{s_1 \xrightarrow{\alpha}_1 s_1' \wedge s_2 \xrightarrow{\alpha}_2 s_2'}{\langle s_1, s_2 \rangle \xrightarrow{\alpha} \langle s_1', s_2' \rangle}
$$

图 2.11 定义迁移关系的规则

记法说明: $\mathrm{TS}_1 \parallel \mathrm{TS}_2$ 是当 $H = \mathrm{Act}_1 \cap \mathrm{Act}_2$ 时 $\mathrm{TS}_1 \parallel_H \mathrm{TS}_2$ 的简写.

注记 2.3　握手动作的集合为空集

当握手动作的集合 H 是空集时, 参与进程的所有动作都可以独立发生, 即, 在这种特殊情形中, 握手退化为交错:

$$\mathrm{TS}_1 \parallel_{\varnothing} \mathrm{TS}_2 = \mathrm{TS}_1 \parallel\!| \mathrm{TS}_2 \qquad \blacksquare$$

算子 $\parallel_H$ 定义两个迁移系统之间的握手. 握手是交换的, 但一般不是结合的. 即, 对 $H \neq H'$, 一般地, 有

$$\mathrm{TS}_1 \parallel_H (\mathrm{TS}_2 \parallel_{H'} \mathrm{TS}_3) \neq (\mathrm{TS}_1 \parallel_H \mathrm{TS}_2) \parallel_{H'} \mathrm{TS}_3$$

但是, 对于所有进程都在其上同步的固定集合 H, 算子 $\parallel_H$ 是结合的. 令

$$\mathrm{TS} = \mathrm{TS}_1 \parallel_H \mathrm{TS}_2 \parallel_H \cdots \parallel_H \mathrm{TS}_n$$

表示从 TS_1 到 TS_n 的迁移系统的并行复合, 其中 $H \subseteq \mathrm{Act}_1 \cap \mathrm{Act}_2 \cap \cdots \cap \mathrm{Act}_n$ 是所有迁移系统的动作集合的 Act_i 子集. 这一形式的多路握手适合为广播建模. 广播是一种通信形式, 一个进程可通过广播同时为其他进程发送数据.

许多时候, 进程都是两两地在其共同动作上通信. 令 $\mathrm{TS}_1 \parallel \mathrm{TS}_2 \parallel \cdots \parallel \mathrm{TS}_n$ 表示从 TS_1 到 TS_n $(n > 0)$ 的并行复合, 其中 TS_i 与 TS_j $(0 < i \neq j \leqslant n)$ 在动作集合 $H_{i,j} = \mathrm{Act}_i \cap \mathrm{Act}_j$ 上同步, 而且对 $k \notin \{i, j\}$, $H_{i,j} \cap \mathrm{Act}_k = \varnothing$. 假定 $\tau \notin H_{i,j}$. $\mathrm{TS}_1 \parallel \mathrm{TS}_2 \parallel \cdots \parallel \mathrm{TS}_n$ 的形式定义类似于定义 2.13. $\mathrm{TS}_1 \parallel \mathrm{TS}_2 \parallel \cdots \parallel \mathrm{TS}_n$ 的状态空间是这些 TS_i 的状态空间的笛卡儿积. 迁移关系 $\rightarrow$ 由以下规则定义:

- 对于 $0 < i \leqslant n$, $\alpha \in \mathrm{Act}_i \setminus \Big(\bigcup\limits_{\substack{0<j\leqslant n \\ i\neq j}} H_{i,j} \Big)$:

$$\frac{s_i \xrightarrow{\alpha}_i s_i'}{\langle s_1, \cdots, s_i, \cdots, s_n \rangle \xrightarrow{\alpha} \langle s_1, \cdots, s_i', \cdots, s_n \rangle}$$

- 对于 $0 < i < j \leqslant n$, $\alpha \in H_{i,j}$:

$$\frac{s_i \xrightarrow{\alpha}_i s_i' \wedge s_j \xrightarrow{\alpha}_j s_j'}{\langle s_1, \cdots, s_i, \cdots, s_j, \cdots, s_n \rangle \xrightarrow{\alpha} \langle s_1, \cdots, s_i', \cdots, s_j', \cdots, s_n \rangle}$$

根据第一个规则, 组件可以像在交错中一样完全自主地执行不参与握手的动作. 第二个规则表明, 进程 TS_i 与 TS_j $(i \neq j)$ 只能一起执行 $\mathrm{Act}_i \cap \mathrm{Act}_j$ 中的动作. 事实上, 这些规则仅仅是图 2.11 所给规则的推广.

例 2.12　以裁判互斥

进程 P_1 和 P_2 之间的 (像以前一样的) 互斥问题的一种替代解决方法是, 通过另一个分离的并行进程为控制关键节段的访问的二值信号建模, 该进程以握手方式与 P_1 和 P_2 互动. 为简洁一些, 忽略等待阶段, 并假定 P_i 在非关键节段与关键节段之间简单地无限切换. 再假定 (更简化的) 迁移系统 TS_i 仅有两个状态: crit_i 和 $\mathit{noncrit}_i$. 新进程称为裁判, 记为 Arbiter, 模仿二值信号 (见图 2.12). P_1 及 P_2 分别与 Arbiter 在集合 $H = \{\mathit{request}, \mathit{rel}\}$

上通过握手通信. 对应地, 动作 request (请求访问关键节段) 和 rel (离开关键节段) 只能与 Arbiter 同步执行. 整个系统

$$\mathrm{TS}_{\mathrm{Arb}} = (\mathrm{TS}_1 \mid\mid\mid \mathrm{TS}_2) \parallel \mathrm{Arbiter}$$

可保证互斥, 因为使 P_1 和 P_2 同处关键节段的状态在 $\mathrm{TS}_{\mathrm{Arb}}$ 中不存在 (见图 2.12 的底部). 注意, 在 $\mathrm{TS}_1 \mid\mid\mid \mathrm{TS}_2$ 的初始状态中, Arbiter 决定下一步谁将进入关键节段. ■

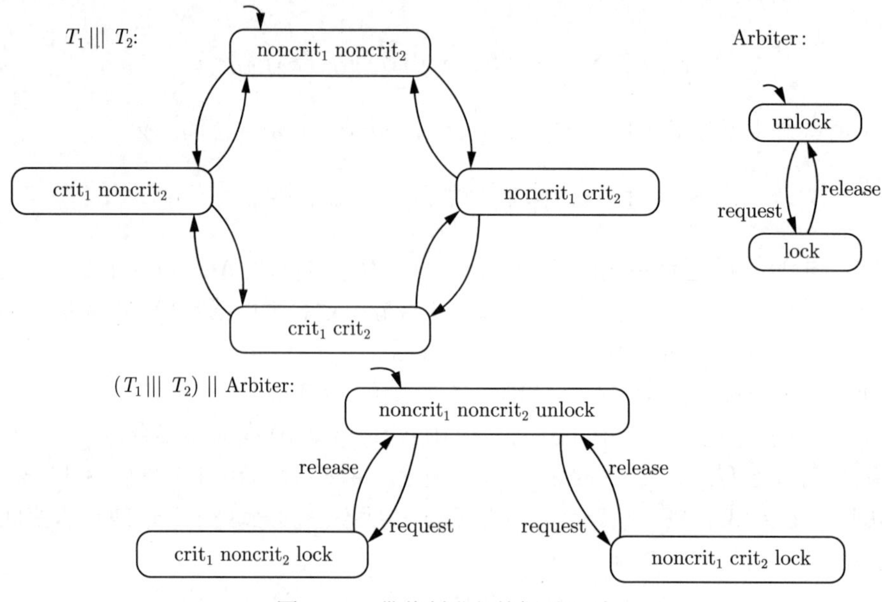

图 2.12 带裁判进程的握手互斥

例 2.13 结账系统

考虑超市收银员的一个 (非常简化的) 结账系统. 该系统由 3 个进程组成: 条码扫描器 BCR、结账程序 BP 及打印机 Printer. 条码扫描器读取条码并把产品数据传送给结账程序. 在收到这样的数据时, 结账程序把物品价格发送给打印机. 打印机把物品标识及价格打印到小票上. 条码扫描器与结账程序之间以及结账程序与打印机之间的互动通过握手进行. 每个进程只有两个状态, 称为 0 和 1 (关于迁移系统 BCR、BP 和 Printer, 见图 2.13).

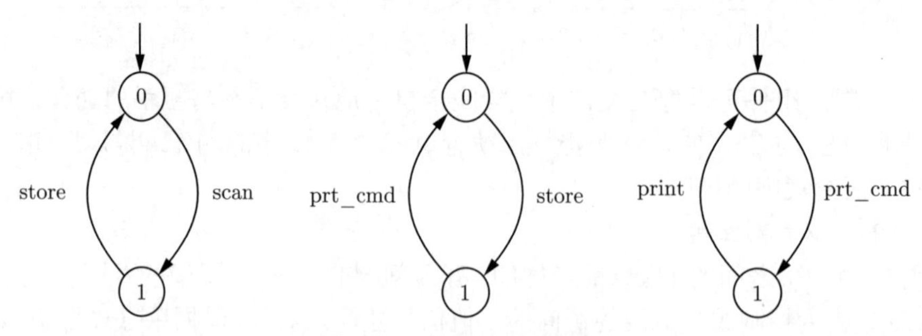

图 2.13 结账示例的组件

整个系统由

$$\mathrm{BCR} \parallel \mathrm{BP} \parallel \mathrm{Printer}$$

给出. 整体迁移系统如图 2.14 所示. 此系统的初始全局状态是 $\langle 0,0,0\rangle$, 可缩写为 000. 在全局状态 010 中, 未定性代表扫描条码与同步传递数据到打印机这两个动作是并发执行的. ■

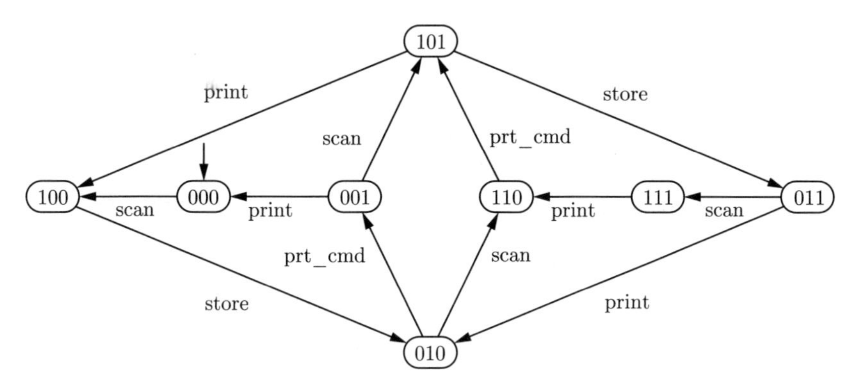

图 2.14 结账系统的迁移系统表示

例 2.14 铁路道口

需要为铁路道口开发控制系统, 当接到火车接近道口的信号时关门, 且仅在火车发出已通过道口的信号时才开门. 控制系统应满足的要求是当火车通过道口时门总是关闭的. 整个系统由组件 Train、Gate 和 Controller 组成:

$$\text{Train} \,\|\, \text{Gate} \,\|\, \text{Controller}$$

图 2.15 从左 (Train 的模型) 到右 (Gate 的模型) 描绘了这些组件的迁移系统. 为简单起见, 所有火车以相同的方向通过相关路段, 全都从左到右. Train 的迁移系统的状态有以下直观含义: 状态 far 表示火车离道口较远, 状态 near 表示火车正接近道口并刚刚发出通知信号, 状态 in 表示火车正在道口. Gate 的状态有明显的含义. Controller 的状态变化代表 (通过动作 approach 和 exit) 与 Train 的握手以及 (通过分别使门杆升起和落下的动作 lower 和 raise) 与 Gate 的握手.

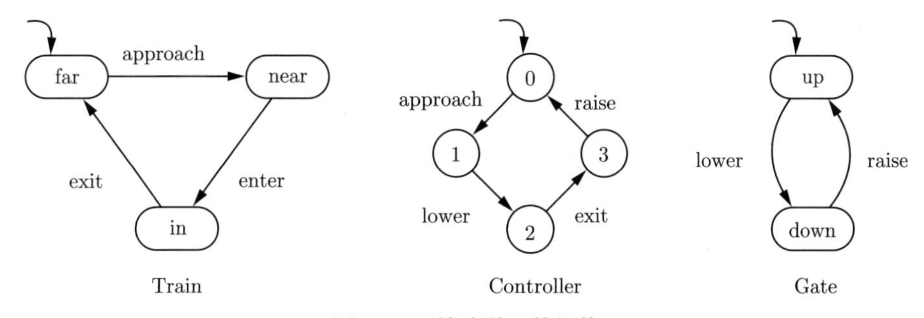

图 2.15 铁路道口的组件

图 2.16 表示完整的迁移系统.

稍微检查一下迁移系统, 就会发现系统的设计缺陷. 这可从下面的起始执行片段看出来:

$$\langle \text{far}, 0, \text{up}\rangle \xrightarrow{\text{approach}} \langle \text{near}, 1, \text{up}\rangle \xrightarrow{\text{enter}} \langle \text{in}, 1, \text{up}\rangle$$

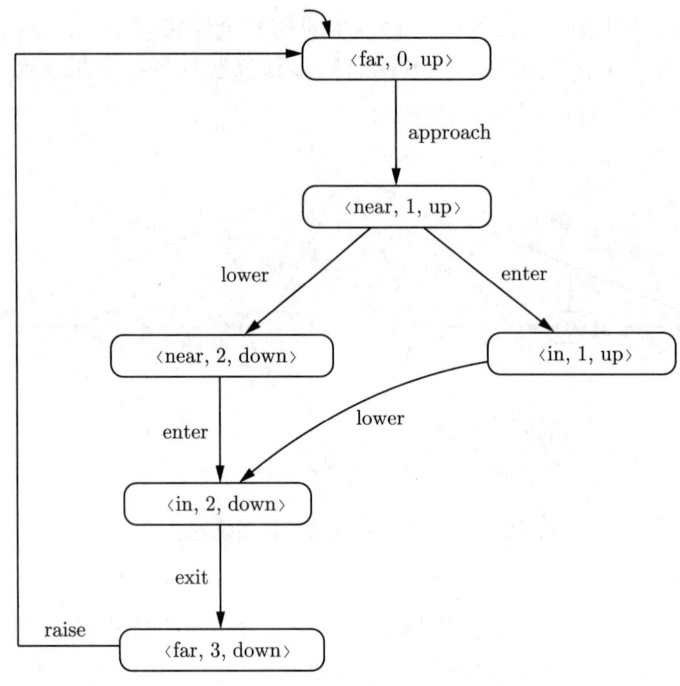

图 2.16　铁路道口的迁移系统[译注 8]

在此片段中, 门即将 (而尚未) 关闭, 但火车 (已经) 处于道口. 全局状态 $\langle \text{near}, 1, \text{up}\rangle$ 表示并发性: 当门正在关闭时, 火车接近道口. 事实上, 设计的基本概念是正确的当且仅当火车一旦发出信号 "我来了", 关门所用的时间不能超过火车到路口的时间. 这样的实时限制还不能用已介绍的概念形式化. 对并行系统的交错表示完全是时间抽象的. 第 9 章将引入描述和验证这种实时问题的概念和技术. ■

2.2.4　通道系统

本节介绍通道系统——一个经由所谓的通道进行通信的并行系统. 通道就是一个先入先出的可含消息的缓冲区. 本节考虑封闭的通道系统. 也就是说, 进程可与系统中的其他进程 (经由通道) 进行通信, 而不与系统外的通道进行通信. 通道系统广泛用于描述通信协议, 并构成模型检验器 SPIN 的输入语言 Promela 的基础.

直观上, 通道系统由 n 个 (数据依赖的) 进程 $P_1 \sim P_n$ 组成. 每个 P_i 都用通信动作扩展的程序图 PG_i 来描述. 程序图的迁移要么像以前一样是通常的条件迁移 (以卫式与动作标记), 要么是下列通信动作之一:

$c!v$　沿通道 c 发送值 v

$c?x$　从通道 c 接收消息并把它赋值给变量 x

这两个通信动作右侧分别是它们的直观含义.

若把通道 c 看作缓冲区, 通信动作 $c!v$ 把值 v 放入缓冲区 (的尾部), 而通信动作 $c?x$ 则从缓冲区 (的头部) 获取一个元素并赋给 x. 隐式地假定 x 的类型正确, 即, 它的类型与

放入通道 c 的消息的类型相容. 令

$$\text{Comm} = \left\{ c!v, c?x \mid c \in \text{Chan}, v \in \text{dom}(c), x \in \text{Var}, \text{dom}(x) \supseteq \text{dom}(c) \right\}$$

表示通信动作的集合, 其中 Chan 是以 c 为典型元素的通道的有限集合.

通道 c 具有 (有限或无限的) 容量和类型 (或定义域). 容量表示通道最多可存储的消息数, 类型指明可在通道中传递的消息的类型. 每个通道都有一个容量 $\text{cap}(c) \in \mathbb{N} \cup \{\infty\}$ 和一个定义域 $\text{dom}(c)$. 对于只能传输比特位的通道, $\text{dom}(c) = \{0, 1\}$. 如果需要在通道 c 中传递完整文本 (例如最大长度为 200), 那么就要用另一个类型的通道, 使得 $\text{dom}(c) = \Sigma^{\leqslant 200}$, 其中 Σ 是字母表, 即文本的基础. 例如, Σ 是德语文本的所有字母和特殊字符的集合.

通道的容量决定了对应缓冲区的大小, 即, 缓冲区能够存储的尚未读出的消息数. 若 $\text{cap}(c) \in \mathbb{N}$, 则 c 是有限容量缓冲区; 若 $\text{cap}(c) = \infty$, 则表示 c 的容量无限. 注意, 允许特殊情形 $\text{cap}(c) = 0$. 此时, 通道 c 没有缓冲区. 通过这样的通道 c 相当于握手 (同时收发, 即消息同步传递) 加某些数据交换. 当 $\text{cap}(c) > 0$ 时, 在发送与接收之间存在延迟, 即, 对同一消息的发出和读取是在不同时间发生的, 这被称为异步消息传递. 对一个容量非零的通道发出和读取消息永远不会同时发生. 因此, 同步和异步消息传递都可用通道系统建模.

定义 2.14　通道系统

(Var, Chan) 上的程序图 (PG) 是依据定义 2.9 而定的六元组:

$$\text{PG} = (\text{Loc}, \text{Act}, \text{Effect}, \hookrightarrow, \text{Loc}_0, g_0)$$

仅有以下不同:

$$\hookrightarrow \subseteq \text{Loc} \times \text{Cond}(\text{Var}) \times (\text{Act} \cup \text{Comm}) \times \text{Loc}$$

(Var, Chan) 上的通道系统 CS 由 $(\text{Var}_i, \text{Chan})$ 上的程序图 PG_i 构成, 其中 $1 \leqslant i \leqslant n$, $\text{Var} = \bigcup\limits_{1 \leqslant i \leqslant n} \text{Var}_i$. 记

$$\text{CS} = [\text{PG}_1 \mid \text{PG}_2 | \cdots \mid \text{PG}_n]$$ ■

(Var, Chan) 上的程序图的迁移关系 $\hookrightarrow$ 由两种条件迁移组成. 像以前一样, 条件迁移 $\ell \xhookrightarrow{g:\alpha} \ell'$ 用卫式和动作标记. 这些条件迁移只要卫式成立就可能发生. 另一种条件迁移用通信动作标记. 这样得到 $\ell \xhookrightarrow{g:c!v} \ell'$ (沿 c 发出 v) 和 $\ell \xhookrightarrow{g:c?x} \ell'$ (沿 c 接收消息并赋值给 x) 类型的条件迁移. 这种条件迁移什么时候可能发生? 换一种问法就是, 这种条件迁移什么时候可执行? 这取决于变量的当前赋值和通道 c 的容量与内容. 下面简化一点, 假设卫式是满足的.

- 握手. 如果 $\text{cap}(c) = 0$, 那么进程 P_i 通过执行

$$\ell_i \xhookrightarrow{c!v} \ell_i'$$

在通道 c 上传递值 v, 只有在另一个进程 P_j "提供" 一个互补的接收动作的情况下才可行, 即, 存在 P_j, 它能执行

$$\ell_j \xhookrightarrow{c?x} \ell_j'$$

因此, P_i 与 P_j 能够同时执行 $c!v$ (在 P_i 中) 与 $c?x$ (在 P_j 中). 这样, 消息传递可在 P_i 与 P_j 之间发生. 消息传递的效果对应 (分布式的) 赋值 $x := v$.
注意, 当握手只用于同步而非数据传送时, 通道名称及值 v 就没有其他意义.

- 异步消息传递. 如果 $\text{cap}(c) > 0$, 那么进程 P_i 可执行条件迁移

$$\ell_i \xhookrightarrow{c!v} \ell_i'$$

当且仅当通道 c 未满, 即, 存储在 c 中的消息数少于 $\text{cap}(c)$. 此时, v 被存储在缓冲区 c 的尾部. 因此, 通道可视为先入先出缓冲区. 对应地, P_j 可执行

$$\ell_j \xhookrightarrow{c?x} \ell_j'$$

当且仅当通道 c 不空. 此时, (以原子方式) 提取缓冲区的第一个元素 v 并赋值给 x. 表 2.2 是对此所做的总结.

表 2.2　$\text{cap}(c) > 0$ 时通信动作的可用性与效果

通 信 动 作	可 行 条 件	效　果
$c!v$	c 不满	$\text{Enqueue}(c, v)$
$c?x$	c 不空	$\langle x := \text{Front}(c); \text{Dequeue}(c)\rangle$

通道系统经常用于为通信协议建模. 交替位协议 (Alternating Bit Protocol, ABP) 是最基本和最有名的协议之一.

例 2.15　交替位协议

考虑一个系统, 它仅有必要的发送器 S 和接收器 R, 二者在通道 c 和 d 上相互通信, 见图 2.17. 假设两个通道都有无限缓冲区, 即, $\text{cap}(c) = \text{cap}(d) = \infty$. 当从发送器 S 向通道 c 发送时, 数据可能会丢失. 在这种意义下通道 c 是不可靠的. 一旦消息被存入通道 c 的缓冲区, 它们就既不会损坏也不会丢失. 假设通道 d 是完美的. 目标是设计一个通信协议, 它保证 S 发出的任何不同的数据都能递交到 R. 为了在消息可能丢失的情况下保证这一点, 发送器需要重发消息. 消息被逐一发送, 即, 上一个消息发送成功后, S 才开始发送新消息. 这是简单的流控制原理, 称为发送等待.

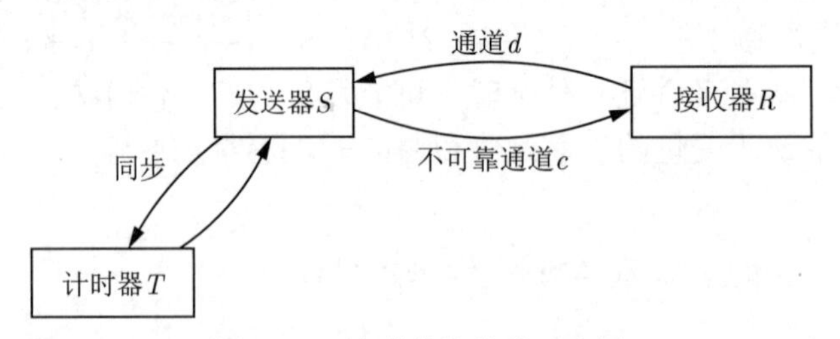

图 2.17　交替位协议的示意图

这里撇开 S 和 R 的实际动作, 而是专注于系统通信结构的简化表示. S 把连续的消息 $m_0, m_1, m_2, \cdots$ 及其控制位 $b_0, b_1, b_2, \cdots$ 在通道 c 上发送到 R. 因此发送的消息是成对的:

$$\langle m_0, 0\rangle, \langle m_1, 1\rangle, \langle m_2, 0\rangle, \langle m_3, 1\rangle, \cdots$$

R (沿通道 c) 收到 $\langle m, b\rangle$ 时发送一个由刚收到的控制位 b 构成的回执. S 在收到回执 $\langle b\rangle$ 时发送新消息 m' 及控制位 $\neg b$. 但是, 若 S 等待回执过久, 它就认为超时并重发 $\langle m, b\rangle$. 图 2.18 和图 2.19 为 S 和 R 的程序图, 其中简单地用 m 代替 m_i 来表示传送的数据.

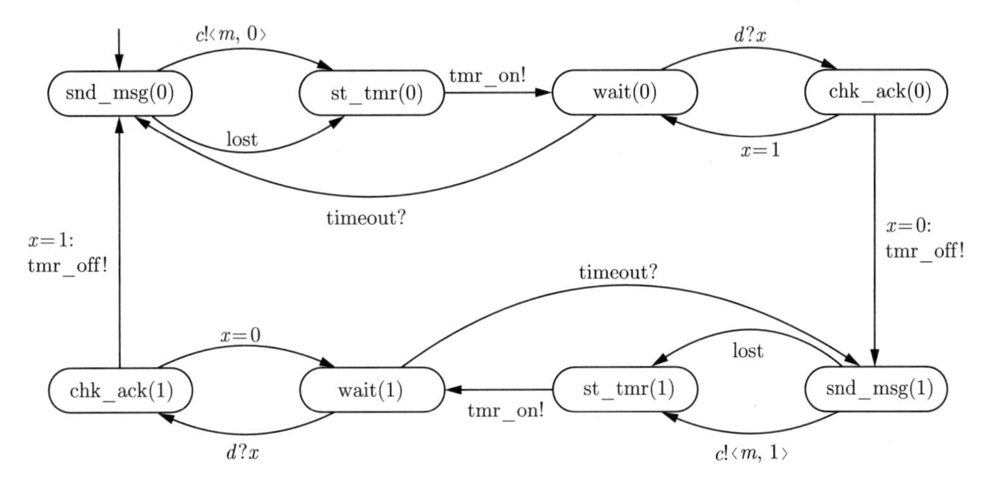

图 2.18　ABP 发送器 S 的程序图

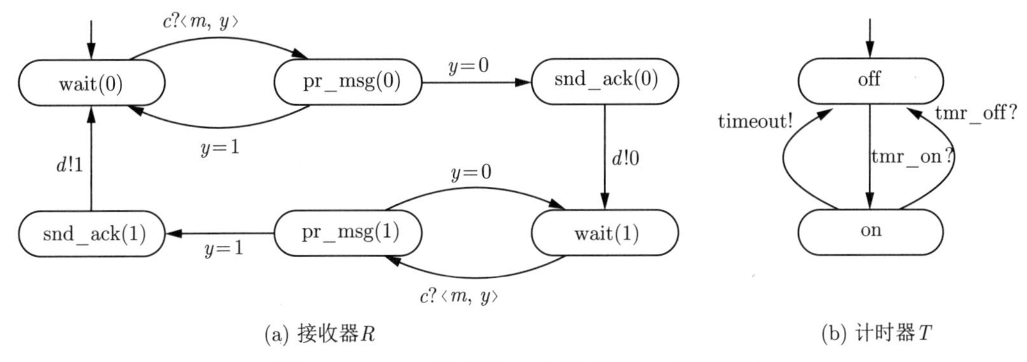

图 2.19　ABP 接收器 R 与计时器 T 的程序图

因此, 控制位 b 也称为交替位, 用以区分 m 的重发与以后 (和以前) 消息的发送. 由于只有当上一个数据正确接收 (而且已被确认) 时才开始发送新数据, 所以单个位已满足此目的, 不再需要像序号这样的概念.

S 的超时由计时器进程 T 建模. S 在 (沿 c) 发送消息时激活计时器, 并在收到回执时终止它. 若遇到超时, 计时器通知 S 要启动重发 (注意, 因为这种建模方式可能会出现所谓的早产超时, 即, 可能当回执正在到 S 的路上时出现超时). 计时器与 S 的通信用握手的方法建模, 即用 0 容量的通道方法建模.

现在, 整个系统可以表示为 $\text{Chan} = \{c, d, \text{tmr\_on}, \text{tmr\_off}, \text{timeout}\}$ 和 $\text{Var} = \{x, y, m_i\}$ 上的下述通道系统:

$$\text{ABP} = [S \mid T \mid R]$$ ■

下面的定义用迁移系统形式化通道系统的连续变化. 其基本思想类似于把程序图映射到迁移系统. 令 $\text{CS} = [\text{PG}_1 \mid \text{PG}_2 \mid \cdots \mid \text{PG}_n]$ 是 (Var, Chan)[译注 9] 上的通道系统. TS(CS)

的 (全局) 状态是形为

$$\langle \ell_1, \ell_2, \cdots, \ell_n, \eta, \xi \rangle$$

的元组, 其中 ℓ_i 表示组件 PG_i 的当前位置, η 追踪变量的当前赋值, ξ 记录各通道的当前内容 (作为序列). 形式上, $\eta \in \mathrm{Eval(Var)}$ (如之前所见) 是全部变量的赋值, ξ 是通道赋值, 即, 从通道 $c \in \mathrm{Chan}$ 到序列 $\xi(c) \in \mathrm{dom}(c)^*$ 的映射, 该映射使得序列的长度不超过 c 的容量, 即, $\mathrm{len}(\xi(c)) \leqslant \mathrm{cap}(c)$, 其中, $\mathrm{len}(\cdot)$ 表示序列的长度. Eval(Chan) 表示所有通道的赋值的集合. 至于初始状态, 控制分量 $\ell_i \in \mathrm{Loc}_{0,i}$ 必须是初始的, 而且变量赋值 η 必须满足初始条件 $g_{0,i}$[译注 10]. 另外, 假设每一通道在开始时都为空, 记为 ε.

给出迁移系统的语义前, 先介绍一些记法. 通道赋值 $\xi(c) = v_1 v_2 \cdots v_k$ (其中 $\mathrm{cap}(c) \geqslant k$) 表示 v_1 在 c 的缓冲区的开头, v_2 是第二元素, 等等, v_k 在 c 的末尾. 在这种情况下 $\mathrm{len}(\xi(c)) = k$. 令 $\xi[c := v_1 v_2 \cdots v_k]$ 表示把序列 $v_1 v_2 \cdots v_k$ 指派给 c 而其他通道不受影响的通道赋值[译注 11], 即

$$\xi[c := v_1 v_2 \cdots v_k](c') = \begin{cases} \xi(c') & 若\ c \neq c' \\ v_1 v_2 \cdots v_k & 若\ c = c' \end{cases}$$

通道赋值 ξ_0 把任意通道映射到记为 ε 的空序列, 即, 对任意通道 c, $\xi_0(c) = \varepsilon$. 令 $\mathrm{len}(\varepsilon) = 0$. TS(CS) 的动作集合由组件 PG_i 的动作 $\alpha \in \mathrm{Act}_i$ 以及不同于这些动作的 τ 组成, τ 表示交换数据的所有通信动作.

定义 2.15 通道系统的迁移系统语义

令 $\mathrm{CS} = [\mathrm{PG}_1 \mid \mathrm{PG}_2 \mid \cdots \mid \mathrm{PG}_n]$ 是 (Var, Chan)[译注 9] 上的通道系统, 其中

$$\mathrm{PG}_i = (\mathrm{Loc}_i, \mathrm{Act}_i, \mathrm{Effect}_i, \hookrightarrow_i, \mathrm{Loc}_{0,i}, g_{0,i}),\ 0 < i \leqslant n$$

CS 的迁移系统记为 TS(CS), 是六元组 $(S, \mathrm{Act}, \to, I, \mathrm{AP}, L)$, 其中:

- $S = (\mathrm{Loc}_1 \times \mathrm{Loc}_2 \times \cdots \times \mathrm{Loc}_n) \times \mathrm{Eval(Var)} \times \mathrm{Eval(Chan)}$.
- $\mathrm{Act} = \biguplus_{0<i\leqslant n} \mathrm{Act}_i \uplus \{\tau\}$.
- $\to$ 由图 2.20 中的规则定义.
- $I = \Big\{ \langle \ell_1, \ell_2, \cdots, \ell_n, \eta, \xi_0 \rangle \mid \forall 0 < i \leqslant n. (\ell_i \in \mathrm{Loc}_{0,i} \wedge \eta \models g_{0,i}) \Big\}$.
- $\mathrm{AP} = \biguplus_{0<i\leqslant n} \mathrm{Loc}_i \uplus \mathrm{Cond(Var)}$.
- $L(\langle \ell_1, \ell_2, \cdots, \ell_n, \eta, \xi \rangle) = \{\ell_1, \ell_2, \cdots, \ell_n\} \cup \{g \in \mathrm{Cond(Var)} \mid \eta \models g\}$. ■

此定义将上述关于通道系统的非形式化解释进行了形式化. 注意, 此处原子命题的标记类似于程序图中的标记 (见定义 2.10). 为简单起见, 上面的定义不允许关于通道的命题. 这个问题可以通过下面的方式进行调整: 允许像 "通道 c 是空的" 或 "通道 c 是满的" 这样的关于通道的命题, 并用状态中的通道赋值 ξ 检查这些条件.

例 2.16 交替位协议

考虑例 2.15 中用通道系统建模的交替位协议. 尽管有各种简化假设, 但是, 基础迁移系统 TS(ABP) 仍然有无穷多的状态. 其原因是, S 每发送一次数据计时器都可能产生超时信号, 导致通道 c 中有无穷多的消息.

- 对 $\alpha \in \text{Act}_i$ 交错:

$$\frac{\ell_i \xhookrightarrow{g:\alpha} \ell_i' \ \wedge\ \eta \models g}{\langle \ell_1, \cdots \ell_i, \cdots, \ell_n, \eta, \xi \rangle \xrightarrow{\alpha} \langle \ell_1, \cdots \ell_i', \cdots, \ell_n, \eta', \xi \rangle}$$

其中, $\eta' = \text{Effect}(\alpha, \eta)$.

- 对 $c \in \text{Chan}, \text{cap}(c) > 0$ 异步传递消息:
  - 沿 c 接收值并赋给变量 x:

$$\frac{\ell_i \xhookrightarrow{g:c?x} \ell_i' \wedge \eta \models g \wedge \text{len}(\xi(c)) = k > 0 \wedge \xi(c) = v_1 \cdots v_k}{\langle \ell_1, \cdots, \ell_i, \cdots, \ell_n, \eta, \xi \rangle \xrightarrow{\tau} \langle \ell_1, \cdots, \ell_i', \cdots, \ell_n, \eta', \xi' \rangle}$$

  其中, $\eta' = \eta[x := v_1]$, $\xi' = \xi[c := v_2 \cdots v_k]$.

  - 在通道 c 上发送值 $v \in \text{dom}(c)$:

$$\frac{\ell_i \xhookrightarrow{g:c!v} \ell_i' \wedge \eta \models g \wedge \text{len}(\xi(c)) = k < \text{cap}(c) \wedge \xi(c) = v_1 \cdots v_k}{\langle \ell_1, \cdots, \ell_i, \cdots, \ell_n, \eta, \xi \rangle \xrightarrow{\tau} \langle \ell_1, \cdots, \ell_i', \cdots, \ell_n, \eta, \xi' \rangle}$$

  其中, $\xi' = \xi[c := v_1 v_2 \cdots v_k v]$.

- 在 $c \in \text{Chan}, \text{cap}(c) = 0$ 上同步传递消息:

$$\frac{\ell_i \xhookrightarrow{g_1:c?x} \ell_i' \wedge \eta \models g_1 \wedge \eta \models g_2 \wedge \ell_j \xhookrightarrow{g_2:c!v} \ell_j' \wedge i \neq j}{\langle \ell_1, \cdots, \ell_i, \cdots, \ell_j, \cdots, \ell_n, \eta, \xi \rangle \xrightarrow{\tau} \langle \ell_1, \cdots, \ell_i', \cdots, \ell_j', \cdots, \ell_n, \eta', \xi \rangle}$$

其中, $\eta' = \eta[x := v]$.

图 2.20　通道系统的迁移关系规则

为弄清交替位协议的功能, 考虑两个执行片段, 它们均由几个组件 (发送器 S、接收器 R、计时器 T 以及通道 c 和 d 的内容) 的状态表示. 第一个执行片段说明消息丢失. 此处, R 不执行任何动作, 因为只有通道 c 中包含至少一个消息时它才能有动作, 如表 2.3所示.

表 2.3　第一个执行片段及事件

发送器 S	计时器 T	接收器 R	通道 c	通道 d	事件
snd_msg(0)	off	wait(0)	∅	∅	
st_tmr(0)	off	wait(0)	∅	∅	消息丢失
wait(0)	on	wait(0)	∅	∅	
snd_msg(0)	off	wait(0)	∅	∅	超时
⋮	⋮	⋮	⋮	⋮	⋮

当接收器 R 处于位置 wait(0) 并收到一个消息时, 它预计收到一个带有控制位 0 (如其盼望的) 或 1 的消息, 见图 2.19 的左侧. 对称地, 在位置 wait(1) 仍然要考虑接收到 (不期望的) 控制位 0 的可能性. 表 2.4所示的第二个执行片段说明为什么不期望的可能性仍需要认真对待. 简言之, 这个执行片段指出可能会发生以下情况: R 收到 $\langle m, 0 \rangle$, 发送回执 (控制位 0) 通报此事, 转换到模式 1, 等待接收带控制位 1 的消息. 与此同时, 发送器 S 却开

始重发 $\langle m, 0\rangle$ (因为超时). 在收到这个 (不期望的) 消息时, 接收器应做出相应的动作并忽略之. 这就是那些要发生的事情. 注意, 如果在 R 的程序图中不考虑这种可能性, 系统将最终死机.

表 2.4　第二个执行片段及事件

发送器 S	计时器 T	接收器 R	通道 c	通道 d	事件
snd_msg(0)	off	wait(0)	$\varnothing$	$\varnothing$	
st_tmr(0)	off	wait(0)	$\langle m, 0\rangle$	$\varnothing$	发送带 0 消息
wait(0)	on	wait(0)	$\langle m, 0\rangle$	$\varnothing$	
snd_msg(0)	off	wait(0)	$\langle m, 0\rangle$	$\varnothing$	超时
st_tmr(0)	off	wait(0)	$\langle m, 0\rangle\langle m, 0\rangle$	$\varnothing$	重发
st_tmr(0)	off	pr_msg(0)	$\langle m, 0\rangle$	$\varnothing$	读首消息
st_tmr(0)	off	snd_ack(0)	$\langle m, 0\rangle$	$\varnothing$	
st_tmr(0)	off	wait(1)	$\langle m, 0\rangle$	0	转入模式 1
st_tmr(0)	off	pr_msg(1)	$\varnothing$	0	读重发消息
st_tmr(0)	off	wait(1)	$\varnothing$	0	忽略消息
$\vdots$	$\vdots$	$\vdots$	$\vdots$	$\vdots$	$\vdots$

最后, 还要指出发送器 S 的程序图的一种可能的化简. 由于 (在通道 d 上) 传递回执是可靠的, S 在位置 chk_ack($\cdot$) 验证回执的控制位是没有必要的, 尽管这样也没错. 若 S 处在位置 wait(0) 并且通道 d 不空, 则 d 中 (第一个) 就是期待的回执 0, 因为 R 对每个 m 恰好只签收一次, 而无论它收到多少次 m. 因此, S 的程序图可简化为: 它经动作序列 $d?x$; timer_off 从位置 wait(0) 转移到位置 snd_msg(1). 可以这样删除位置 chk_ack(0). 类似地, 还可以删除位置 chk_ack(1). 但是, 如果通道 d (像通道 c 一样) 不可靠, 这些位置就是必需的. ■

注记 2.4　开放的通道系统

消息同步传递的规则适用于理想场合, 即不与环境通信的封闭通道系统. 为给开放的通道系统建模, 只需修改握手规则. 若通道系统在 $\text{cap}(c) = 0$ 的通道 c 上与环境通信, 则要使用规则

$$\frac{\ell_i \xhookrightarrow{c!v} \ell_i'}{\langle \ell_1, \cdots, \ell_i, \cdots, \ell_n, \eta, \xi\rangle \xrightarrow{c!v} \langle \ell_1, \cdots, \ell_i', \cdots, \ell_n, \eta, \xi\rangle}$$

和

$$\frac{\ell_i \xhookrightarrow{c?x} \ell_i' \land v \in \text{dom}(c)}{\langle \ell_1, \cdots, \ell_i, \cdots, \ell_n, \eta, \xi\rangle \xrightarrow{c?x} \langle \ell_1, \cdots, \ell_i', \cdots, \ell_n, \eta[x := v], \xi\rangle}$$

由环境解决的未定性可为沿通道 c 给变量 x 接收值 v 建模. 也就是说, 环境以一种完全未定的方式选择 $v \in \text{dom}(c)$. ■

2.2.5 nanoPromela

前几节讨论的概念 (程序图、并行复合、通道系统) 为给反应系统建模提供了数学基础. 但是, 为构建验证反应系统的自动工具, 人们致力于寻求更简单的描述系统行为的形式

化方法. 一方面, 这样的描述语言应足够简单和容易, 以使非专业人员也可使用它们; 另一方面, 它们还应该能够充分地表达进程的逐步行为和互动. 进一步地, 它们必须具备可以对语言命令毫不含糊地提供含义的*形式语义*. 在本节讨论的情形中, 形式语义的目的是为描述语言的每个程序指派一个迁移系统, 迁移系统可作为自动分析的基础, 例如, 在时序逻辑准述上的模拟或模型检验.

本节介绍 Promela 语言的核心特征. 它是 Holzmann[209] 的优秀模型检验器 SPIN 的输入语言. Promela 是 Process metalanguage (进程元语言) 的缩写. Promela 程序 $\overline{\mathcal{P}}$ 由有限个并发执行的进程 $\mathcal{P}_1, \mathcal{P}_2, \cdots, \mathcal{P}_n$ 组成. Promela 支持用共享变量通信, 支持沿同步通道或 FIFO 缓冲通道传递消息. Promela 程序的形式语义可以由*通道系统*提供, 通道系统随后可展开为迁移系统, 参见 2.2.4节. Promela 用*卫式命令语言*[18,130] 描述进程 $\mathcal{P}_i$ 的逐步行为. 该语言具有经典指令编程语言的一些特征 (变量赋值、条件与循环命令、顺序复合等), 具有通信动作 (使进程可经通道发送和接收消息), 还有原子区域 (避免不期望的交错). 卫式命令已用作程序图和通道系统的边的标记. 它们由条件 (卫式) 和动作组成. Promela 不使用动作名称, 但是使用卫式命令语言的语句描述动作的效果.

nanoPromela 的语法　nanoPromela 是 Promela 的一个片段, 下面解释其语法和语义. 它专注于 Promela 的基本元素, 而撇开变量声明这样的细节, 并且忽略几种像抽象数据类型 (数组、列表等) 或动态进程创建这样的高级概念. 一个 nanoPromela *程序*由表示进程 $\mathcal{P}_1, \mathcal{P}_2, \cdots, \mathcal{P}_n$ 的逐步行为的*语句*及关于程序变量初值的布尔条件组成. 可以把 nanoPromela 程序记作

$$\overline{\mathcal{P}} = [\mathcal{P}_1 \mid \mathcal{P}_2 \mid \cdots \mid \mathcal{P}_n]$$

对进程 $\mathcal{P}_i$ 的逐步行为形式化的主要语句包括原子命令 `skip`、变量赋值 $x :=$ `expr`、通信动作 $c?x$ (从通道 c 读值并赋给变量 x) 和 $c!$`expr` (在通道 c 上发送表达式的当前值)、条件命令 (if-then-else) 以及循环 (while). 与标准的 if-then-else 结构和 while 循环不同, nanoPromela 支持未定选择并在条件和循环命令中允许有限个卫式命令.

变量、表达式与布尔表达式　nanoPromela 程序 $\overline{\mathcal{P}}$ 的变量可以带有类型 (整数、布尔值、字符、实数等), 对某个进程 $\mathcal{P}_i$ 可以是全局的或局部的. 类似地, 必须为通道指定数据定义域, 而且必须指明是同步通道还是预定容量的先入先出通道. 本章不考虑声明变量和通道的细节, 因为它们与本章目的无关. 当局部变量出现在多个进程中或与全局变量重名时可以改名, 所以, 可以把所有变量都看作全局变量. 因此, 假定 Var 是 $\overline{\mathcal{P}}$ 中出现的变量的集合, 并且对任意变量名 x, 其定义域 (类型) 由集合 $\mathrm{dom}(x)$ 给出. 而且, 通道的类型在 Promela 程序的声明部分指定. 此处, 只是把通道 c 的类型 (定义域) 和容量分别简单地写为 $\mathrm{dom}(c)$ 和 $\mathrm{cap}(c)$. 此外, 还假设程序 $\overline{\mathcal{P}}$ 的变量声明包含一个布尔表达式, 它为变量 $x \in \mathrm{Var}$ 指明哪些初值是合法的.

赋值 $x :=$ `expr` 的直观含义很明显: x 的值被指定为表达式 `expr` 在变量的当前取值下的计算结果. 无须关注表达式和布尔表达式的准确语法. 可以假设给 x 赋值的表达式由 $\mathrm{dom}(x)$ 中的常数、与 x 同类型 (或子类型) 的变量 y 以及 $\mathrm{dom}(x)$ 上的运算符构造. 运算符的例子有 $\mathrm{dom}(x) = \{0, 1\}$ 上的布尔联结词 $\wedge$、$\vee$、$\neg$ 等, 以及 $\mathrm{dom}(x) = \mathbb{R}$ 上的算

术运算符 +、∗ 等[①]. 卫式是利用变量的值施加条件的布尔表达式, 即, 在本章把卫式当作 Cond(Var) 的元素.

语句 用来描述 nanoPromela 程序的行为, 它的语法如图 2.21 所示.

$$
\begin{array}{lll}
\texttt{stmt} & ::= & \texttt{skip} \mid x := \texttt{expr} \mid c?x \mid c!\texttt{expr} \mid \\
& & \texttt{stmt}_1;\ \texttt{stmt}_2 \mid \texttt{atomic}\{\texttt{assignments}\} \mid \\
& & \textbf{if}\ :: g_1 \Rightarrow \texttt{stmt}_1\ g_2 \Rightarrow \texttt{stmt}_2 \cdots :: g_n \Rightarrow \texttt{stmt}_n\ \textbf{fi} \mid \\
& & \textbf{do}\ :: g_1 \Rightarrow \texttt{stmt}_1\ g_2 \Rightarrow \texttt{stmt}_2 \cdots\ :: g_n \Rightarrow \texttt{stmt}_n\ \textbf{od}
\end{array}
$$

图 2.21 nanoPromela 语句的语法

其中, x 是 Var 中的变量, expr 是表达式, c 是任意容量的通道. 在赋值 $x :=$ expr 中要求 x 与 expr 的类型兼容. 类似地, 对于消息传递动作 $c?x$ 和 $c!$expr 要求 $\mathrm{dom}(c) \subseteq \mathrm{dom}(x)$, expr 的类型适合 c 的定义域. **if–fi** 与 **do–od** 语句中的 g_i 是*卫式*. 像上面提到的那样, 假设 $g_i \in \mathrm{Cond(Var)}$. 原子区域的实体 assignments 是非空赋值语句的顺序复合, 即 assignments 具有以下形式:

$$
x_1 := \texttt{expr}_1;\ x_2 := \texttt{expr}_2;\ \cdots;\ x_m := \texttt{expr}_m
$$

其中, $m \geqslant 1$, $x_1, x_2, \cdots, x_m$ 是变量, $\texttt{expr}_1, \texttt{expr}_2, \cdots, \texttt{expr}_m$ 是表达式, 并且 x_i 与 $\texttt{expr}_i$ 的类型兼容.

命令的直观含义 在给出形式语义前, 首先非形式化地解释命令的含义. skip (跳过) 表示一个一步结束的处理, 它不影响变量的值和通道的内容. 赋值的含义是明显的. $\texttt{stmt}_1$; $\texttt{stmt}_2$ 表示顺序复合, 即 $\texttt{stmt}_1$ 先执行, 它结束后 $\texttt{stmt}_2$ 再执行. 在 nanoPromela 中, 用形为 atomic{stmt} 的语句实现*原子区域*的概念. 原子区域的影响是, stmt 作为一个原子步骤执行, 不能与其他进程的动作交错. 作为副产品, 原子区域也可用作紧致化技术, 通过忽略原子区域内的命令执行时经历的中间配置来压缩状态空间. 原子区域体由赋值序列组成的设想将简化下面给出的推理规则.

由 **if–fi** 或 **do–od** 构成的语句是标准 if-then-else 命令和 while 循环的推广. 首先解释条件命令的含义. 语句

$$
\textbf{if}\ :: g_1 \Rightarrow \texttt{stmt}_1\ :: g_2 \Rightarrow \texttt{stmt}_2\ \cdots\ :: g_n \Rightarrow \texttt{stmt}_n\ \textbf{fi}
$$

表示 $\texttt{stmt}_i$ 之间的未定选择, 当然候选的 $\texttt{stmt}_i$ 前的条件 g_i 必须在当前状态下成立, 即 g_i 对变量的当前取值成立. 假定一个*测试与设置语义*, 在此语义下, 卫式的求值、激活的卫式命令之间的选择以及选定语句的第一个原子步骤的执行等作为一个原子单位完成, 不能与并发进程交错. 如果在当前状态下, 卫式 $g_1, g_2, \cdots, g_n$ 中的任何一个都不成立, 那么 **if–fi** 命令发生*阻塞*. 阻塞必须在并行运行的其他进程的环境中是可见的, 而且, 可通过改变共享变量的值, 使一个或几个卫式最终取值为 true, 以消除阻塞. 例如, 由语句

$$
\textbf{if}\ :: y > 0 \Rightarrow x := 42\ \textbf{fi}
$$

① 简单起见, 假定可用全部运算符. 对于一些需要特殊参数的运算符 (例如, 除法要求非零的第二个参数), 假定对应的定义域包含一个意为“未定义”的元素.

给出的进程在 y 等于 0 的状态中将等到有另一个进程把 y 的值改为大于 0 的值. 命令式编程语言的标准 if-then-else 命令, 例如, "**if** g **then** $\texttt{stmt}_1$ **else** $\texttt{stmt}_2$ **fi**", 可由

$$\textbf{if} :: g \Rightarrow \texttt{stmt}_1 \ :: \neg g \Rightarrow \texttt{stmt}_2 \ \textbf{fi}$$

得到, 而 **if** g **then** $\texttt{stmt}_1$ **fi** 则可由

$$\textbf{if} :: g \Rightarrow \texttt{stmt}_1 \ :: \neg g \Rightarrow \texttt{skip} \ \textbf{fi}$$

得到. 类似地, **do–od** 命令是对 while 循环的推广. 它表示循环体只要有一个卫式满足就开始循环. 即, 形为

$$\textbf{do} :: g_1 \Rightarrow \texttt{stmt}_1 \ :: g_2 \Rightarrow \texttt{stmt}_2 \ \cdots \ :: g_n \Rightarrow \texttt{stmt}_n \ \textbf{od}$$

的语句表示卫式命令 $g_i \Rightarrow \texttt{stmt}_i$ 之间的未定选择的迭代执行, 其中卫式 g_i 在当前配置下成立. 不像条件命令, **do–od** 循环即使违反所有的卫式也不阻塞. 而如果 $g_1, g_2, \cdots, g_n$ 在当前状态中都不成立, 则将退出循环. 事实上, 单个卫式的循环 **do** $:: g \Rightarrow \texttt{stmt}$ **do** 与使用同样循环体 $\texttt{stmt}$ 和同样结束条件 $\neg g$ 的普通 while 循环 **while** g **do** $\texttt{stmt}$ **od** 的效果是相同的 (在 Promela 中, 不使用特殊命令 break 结束循环).

例 2.17 Peterson 互斥算法

对于两个进程的 Peterson 互斥算法 (例 2.11) 可用 nanoPromela 描述如下. 用两个布尔变量 b_1 和 b_2、定义域为 $\text{dom}(x) = \{1, 2\}$ 的变量 x 以及两个布尔变量 crit_1 和 crit_2 处理. 进程在非关键节段的动作用 $\texttt{skip}$ 建模. 对于关键节段, 使用赋值 $\text{crit}_i := \text{true}$ 表示. 在一开始, 有 $b_1 = b_2 = \text{crit}_1 = \text{crit}_2 = \text{false}$, 而 x 是任意的. 那么, $\mathcal{P}_1$ 的 nanoPromela 代码由语句

$$\begin{array}{lll}\textbf{do} & :: \ \text{true} \Rightarrow & \texttt{skip};\\ & & \texttt{atomic}\{b_1 := \text{true};\ x := 2\};\\ & & \textbf{if} :: (x = 1) \vee \neg b_2 \Rightarrow \text{crit}_1 := \text{true}\ \textbf{fi}\\ & & \texttt{atomic}\{\text{crit}_1 := \text{false};\ b_1 := \text{false}\}\\ \textbf{od} & & \end{array}$$

给出. 给第二个进程建模的语句类似. 带有平凡卫式 true 的 **do–od** 循环给非关键节段、等待步骤和关键节段的无限重复建模. 请求动作对应语句 $\texttt{atomic}\{b_1 := \text{true};\ x := 2\}$, 进程 $\mathcal{P}_1$ 必须等到 $x = 1$ 或 $b_2 = \text{false}$ 的等待步骤由 **if–fi** 命令建模, 释放动作对应语句 $\texttt{atomic}\{\text{crit}_1 := \text{false};\ b_1 := \text{false}\}$.

没必要使用原子区域, 但它在此起紧致化技术的作用. 正如在例 2.11 中指出的那样, 请求动作可以拆分为两个赋值 $b_1 = \text{true}$ 和 $x = 2$. 只要它们在一个原子区域内部, 赋值 $b_1 = \text{true}$ 和 $x = 2$ 的次序就是无关紧要的. 但是, 如果抛弃原子区域, 我们就必须使用次

序 $b_1 = \text{true};\ x = 2$, 因为不这样就不能确保互斥性质. 即, $\mathcal{P}_1$ 的进程

$$
\begin{array}{lll}
\textbf{do} & :: \ \text{true} \Rightarrow & \texttt{skip}; \\
 & & x := 2; \\
 & & b_1 := \text{true}; \\
 & & \textbf{if} \ :: (x = 1) \lor \neg b_2 \Rightarrow \text{crit}_1 := \text{true} \ \textbf{fi} \\
 & & \texttt{atomic}\{\text{crit}_1 := \text{false}; b_1 := \text{false}\} \\
\textbf{od} & &
\end{array}
$$

以及与此对称的 $\mathcal{P}_2$ 的进程组成的 nanoPromela 程序将不能保证互斥性质 "永不 $\text{crit}_1 = \text{crit}_2 = \text{true}$". ■

例 2.18 售货机

在上一个例子中不存在由条件或循环命令引起的未定选择. 作为循环中由同时激活的卫式命令引起的未定选择的例子, 考虑例 2.5 的饮料售货机. 下面的 nanoPromela 程序刻画了它的行为:

$$
\begin{array}{llll}
\textbf{do} & :: \ \text{true} \Rightarrow & & \\
 & \quad \texttt{skip}; & & \\
 & \quad \textbf{if} & :: \text{nsoda} > 0 \Rightarrow \text{nsoda} := \text{nsoda} - 1 & \\
 & & :: \text{nbeer} > 0 \Rightarrow \text{nbeer} := \text{nbeer} - 1 & \\
 & & :: \text{nsoda} = \text{nbeer} = 0 \Rightarrow \texttt{skip} & \\
 & \quad \textbf{fi} & & \\
 & :: \ \text{true} \Rightarrow \texttt{atomic}\{\text{nbeer} := \text{max};\ \text{nsoda} := \text{max}\} & & \\
\textbf{od} & & &
\end{array}
$$

在开始位置, 两个选项都被激活. 第一个是用户投币, 用命令 `skip` 建模. **if–fi** 命令的前两个选项表示用户选择苏打水或啤酒, 售货机提供苏打水或啤酒的情形. **if–fi** 子句中的第三个卫式命令用于以下情形: 没有可用的苏打水或啤酒, 售货机自动回到初始状态. 在初始位置激活的第二个选项是装填动作, 它的效果由原子区域描述, 在原子区域中重置变量 nbeer 和 nsoda 为 max. ■

语义 使用 (Var, Chan) 中的变量与通道的 nanoPromela 语句的操作语义由 (Var, Chan) 上的程序图给出. nanoPromela 程序 $\overline{\mathcal{P}} = [\mathcal{P}_1 \mid \mathcal{P}_2 \mid \cdots \mid \mathcal{P}_n]$ 的进程 $\mathcal{P}_1, \mathcal{P}_2, \cdots, \mathcal{P}_n$ 的程序图 $\text{PG}_1, \text{PG}_2, \cdots, \text{PG}_n$ 构成 (Var, Chan) 上的通道系统. 然后由通道系统的迁移系统语义 (定义 2.14) 得出一个迁移系统 $\text{TS}(\overline{\mathcal{P}})$, 它形式化 $\overline{\mathcal{P}}$ 的逐步行为.

与 nanoPromela 语句 `stmt` 关联的程序图形式化执行 `stmt` 时的控制流, 即子句扮演位置的角色. 使用特殊位置 `exit` 给语句结束建模. 大致来说, 任何卫式命令 $g \Rightarrow \texttt{stmt}$ 对应一个用 $g: \alpha$ 标记的边, 其中 α 表示 `stmt` 的第一个动作. 例如, 若把语句

$$
\begin{array}{llll}
\texttt{cond\_cmd} = \textbf{if} & :: \ x > 1 & \Rightarrow & y := x + y \\
 & :: \ \text{true} & \Rightarrow & x := 0;\ y := x \\
\textbf{fi} & & &
\end{array}
$$

视为程序图的位置, 则从 `cond_cmd` 引出两条边: 一条带有卫式 $x > 1$ 和动作 $y := x + y$ 并走向 `exit`, 另一条带有卫式 true 和动作 $x := 0$ 并走向语句 $y := x$ 的位置. 因为 $y := x$ 是确定的, 所以只有一条边, 此边带有卫式 true 和走向 `exit` 的动作.

另一个例子是考虑语句

$$\begin{aligned} \texttt{loop} = \mathbf{do}\ &::\ x > 1\ \Rightarrow\ y := x + y \\ &::\ y < x\ \Rightarrow\ x := 0;\ y := x \\ \mathbf{od}\ & \end{aligned}$$

这里, **do–od** 循环的重复语义建模如下, 一旦选择的分支执行结束, 就把控制返回给 `stmt`. 因此, 从位置 `loop` 有 3 条引出边, 见图 2.22. 第一条边用卫式 $x > 1$ 和动作 $y := x + y$ 标记, 它重回位置 `loop`; 第二条边有卫式 $y < x$ 和动作 $x := 0$ 并走向 $y := x$; `loop`; 第三条边涵盖了循环结束的情形, 它有卫式 $\neg(x > 1) \wedge \neg(y < x)$ 和一个对变量没有任何影响的动作, 并指向位置 `exit`.

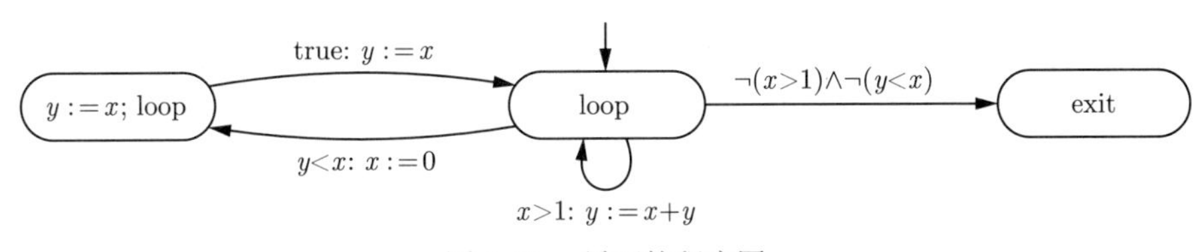

图 2.22　循环的程序图

现在的目标是将上面简述的思想形式化. 从 `stmt` 的子句的形式定义开始. 直觉上, 它们是执行 `stmt` 时的中间状态的潜在位置.

记法 2.1　子句

递归定义 nanoPromela 语句 `stmt` 的子句的集合. 对语句 $\texttt{stmt} \in \{\texttt{skip}, x := \texttt{expr}, c?x, c!\texttt{expr}\}$, 子句的集合是 $\text{sub}(\texttt{stmt}) = \{\texttt{stmt}, \texttt{exit}\}$. 对于顺序复合, 则令

$$\text{sub}(\texttt{stmt}_1;\ \texttt{stmt}_2) = \{\texttt{stmt}';\ \texttt{stmt}_2 \mid \texttt{stmt}' \in \text{sub}(\texttt{stmt}_1) \setminus \{\texttt{exit}\}\} \cup \text{sub}(\texttt{stmt}_2)$$

对于条件命令, 其子句的集合定义为由 **if–fi** 自身及其卫式命令的子句构成的集合. 即, 对于用 **if** $:: g_1 \Rightarrow \texttt{stmt}_1 :: g_2 \Rightarrow \texttt{stmt}_2 \cdots :: g_n \Rightarrow \texttt{stmt}_n$ **fi** 表示的 `cond_cmd`, 有

$$\text{sub}(\texttt{cond\_cmd}) = \{\texttt{cond\_cmd}\} \cup \bigcup_{1 \leqslant i \leqslant n} \text{sub}(\texttt{stmt}_i)$$

用 **do** $:: g_1 \Rightarrow \texttt{stmt}_1 :: g_2 \Rightarrow \texttt{stmt}_2 \cdots :: g_n \Rightarrow \texttt{stmt}_n$ **od** 给定的循环 `loop` 的子句类似地定义, 但是要考虑当卫式命令结束时控制返回 `loop`, 即

$$\text{sub}(\texttt{loop}) = \{\texttt{loop}, \texttt{exit}\} \cup \bigcup_{1 \leqslant i \leqslant n} \{\texttt{stmt}'; \texttt{loop} \mid \texttt{stmt}' \in \text{sub}(\texttt{stmt}_i) \setminus \{\texttt{exit}\}\}$$

对于原子区域, 令 $\text{sub}(\texttt{atomic}\{\texttt{stmt}\}) = \{\texttt{atomic}\{\texttt{stmt}\}, \texttt{exit}\}$. ■

sub($\texttt{loop}$) 的定义依赖于以下观察, 对于只有一个卫式命令的循环, 例如 **do** $::\, g \Rightarrow$ $\texttt{stmt}$ **od**, 其效果与

$$\textbf{if}\ g\ \textbf{then}\ \texttt{stmt};\ \textbf{do}\ ::\, g \Rightarrow \texttt{stmt}\ \textbf{od}\ \textbf{else}\ \texttt{skip}\ \textbf{fi}$$

的效果相同. 类似的特征可用于带有两个或多个卫式命令的循环. 因此, $\texttt{loop}$ 的子句的定义依赖于顺序复合的子句集与条件命令的子句集的合并.

设进程 $\mathcal{P}_i$ 的行为由一个 nanoPromela 语句描述, 那么, nanoPromela 程序 $\mathcal{P} = [\mathcal{P}_1 \mid \mathcal{P}_2 \mid \cdots \mid \mathcal{P}_n]$ 的形式语义是 (Var, Chan) 上的一个通道系统 $[\mathrm{PG}_1 \mid \mathrm{PG}_2 \mid \cdots \mid \mathrm{PG}_n]$, 其中 Var 是变量的集合, Chan 是在 $\mathcal{P}$ 中声明的通道的集合. 如前所述, 不提供声明变量和通道的形式语法, 全局变量与局部变量不加区分. 假设已给定有型变量集合 Var 与通道集合 Chan (包括把通道分为同步通道和以某个给定的 $\mathrm{cap}(\cdot)$ 为容量的 FIFO 通道的分类). 因此, 对进程 $\mathcal{P}_i$, 不考虑局部变量和通道的声明. 假定它们由在其上建立 nanoPromela 语句的固定元组 (Var, Chan) 给出.

现在提供 nanoPromela 构造的推理规则. 原子命令 (跳过、赋值、通信动作) 的推理规则、顺序复合的推理规则以及条件与循环命令的推理规则产生“大”程序图的边, 程序图的位置集与 nanoPromela 语句集一致. 因此, 边的形式为

$$\texttt{stmt} \xhookrightarrow{g:\,\alpha} \texttt{stmt}' \text{ 或 } \texttt{stmt} \xhookrightarrow{g:\,comm} \texttt{stmt}'$$

其中, $\texttt{stmt}$ 是一个 nanoPromela 语句, $\texttt{stmt}'$ 是 $\texttt{stmt}$ 的子句, g 是一个卫式, α 是一个动作, $comm$ 是通信动作 $c?x$ 或 $c!\texttt{expr}$ 之一. 那么, 由 $\mathcal{P}_i$ 的子句组成的子图形成作为程序 $\mathcal{P}$ 的组件的进程 $\mathcal{P}_i$ 的程序图 PG_i.

原子语句 $\texttt{skip}$ 的语义由单个公理

$$\frac{}{\texttt{skip} \xhookrightarrow{\mathrm{true}:\ \mathrm{id}} \texttt{exit}}$$

给出, 其中 id 表示一个不修改变量值的动作, 即 $\mathrm{Effect}(\mathrm{id},\ \eta) = \eta$ 对所有变量赋值 η 成立. 该公理是“$\texttt{skip}$ 的执行在一步内结束且不影响变量”的形式化. 类似地, 赋值语句 $x := \texttt{expr}$ 的执行有一个平凡卫式并一步结束:

$$\frac{}{x := \texttt{expr} \xhookrightarrow{\mathrm{true}:\ \mathrm{assign}(x,\ \mathrm{expr})} \texttt{exit}}$$

其中 $\mathrm{assign}(x,\ \texttt{expr})$ 表示动作“根据赋值语句 $x := \texttt{expr}$ 改变变量 x 的值但不影响其他变量”, 即, 如果 $\eta \in \mathrm{Eval(Var)}$ 并且 $y \in \mathrm{Var}, y \neq x$, 那么, $\mathrm{Effect}(\mathrm{assign}(x, \texttt{expr}), \eta)(y) = \eta(y)$ 并且 $\mathrm{Effect}(\mathrm{assign}(x, \texttt{expr}), \eta)(x)$ 是 $\texttt{expr}$ 在 η 上的值. 对于通信动作 $c!\texttt{expr}$ 和 $c?x$ 分别应用下述公理:

$$\frac{}{c?x \xhookrightarrow{c?x} \texttt{exit}}$$

$$\frac{}{c!\texttt{expr} \xhookrightarrow{c!\mathrm{expr}} \texttt{exit}}$$

原子区域 $\texttt{atomic}\{x_1 := \texttt{expr}_1; x_2 := \texttt{expr}_2; \cdots; x_m := \texttt{expr}_m\}$ 的效果是语句 $x_i := \texttt{expr}_i$ 的累积效果. 它可用下列规则定义:

$$\frac{}{\texttt{atomic}\{x_1 := \texttt{expr}_1; x_2 := \texttt{expr}_2; \cdots; x_m := \texttt{expr}_m\} \xhookrightarrow{\text{true}:\ \alpha_m} \texttt{exit}}$$

其中 $\alpha_0 = \text{id}$, $\text{Effect}(\alpha_i, \eta) = \text{Effect}(\text{assign}(x_i, \texttt{expr}_i), \text{Effect}(\alpha_{i-1}, \eta))$[译注 12], $1 \leqslant i \leqslant m$.

根据 $\texttt{stmt}_1$ 是否一步结束, 用两个规则定义顺序复合 $\texttt{stmt}_1$; $\texttt{stmt}_2$. 若 $\texttt{stmt}_1$ 的第一步引向一个与 exit 不同的位置 (语句), 则使用下列规则:

$$\frac{\texttt{stmt}_1 \xhookrightarrow{g:\ \alpha} \texttt{stmt}_1' \neq \texttt{exit}}{\texttt{stmt}_1; \texttt{stmt}_2 \xhookrightarrow{g:\ \alpha} \texttt{stmt}_1'; \texttt{stmt}_2}$$

若 $\texttt{stmt}_1$ 的计算通过执行动作 α 一步结束, 则 $\texttt{stmt}_1; \texttt{stmt}_2$ 的控制在执行 α 后转移到 $\texttt{stmt}_2$:

$$\frac{\texttt{stmt}_1 \xhookrightarrow{g:\ \alpha} \texttt{exit}}{\texttt{stmt}_1; \texttt{stmt}_2 \xhookrightarrow{g:\ \alpha} \texttt{stmt}_2}$$

条件命令 $\texttt{cond\_cmd} = \textbf{if} :: g_1 \Rightarrow \texttt{stmt}_1 :: g_2 \Rightarrow \texttt{stmt}_2 \cdots :: g_n \Rightarrow \texttt{stmt}_n\ \textbf{fi}$ 用下面的规则形式化:

$$\frac{\texttt{stmt}_i \xhookrightarrow{h:\ \alpha} \texttt{stmt}_i'}{\texttt{cond\_cmd} \xhookrightarrow{g_i \wedge h:\ \alpha} \texttt{stmt}_i'}$$

该规则依赖于测试设置语义, 其中选择激活的命令之一与完成第一个动作作为一个原子步骤处理. 当它的任何卫式都不激活时, cond_cmd 的阻塞不需要特殊处理. 理由是, 除上面规则定义的边外, cond_cmd 没有其他边. 因此, 在全局状态 $s = \langle \ell_1, \ell_2, \cdots, \ell_n, \eta, \xi \rangle$ 中, 如果第 i 个进程的位置是 $\ell_i = \texttt{cond\_cmd}$ 并且所有卫式 $g_1, g_2, \cdots, g_n$ 的求值都是 false, 那么在状态 s 中运行的第 i 个进程没有动作. 但是其他进程的动作可能是激活的. 因而, 第 i 个进程只能等到其他进程修改 $g_1, g_2, \cdots, g_n$ 中出现的变量, 以使卫式命令 $g_i \Rightarrow \texttt{stmt}_i$ 中的一个或多个被激活.

对于循环, 例如 $\texttt{loop} = \textbf{do} :: g_1 \Rightarrow \texttt{stmt}_1 :: g_2 \Rightarrow \texttt{stmt}_2 \cdots :: g_n \Rightarrow \texttt{stmt}_n\ \textbf{od}$, 用 3 个规则处理. 前两个规则类似于条件命令的规则, 但是要考虑在选择的卫式命令执行结束后控制返回 loop. 这对应下面的规则:

$$\frac{\texttt{stmt}_i \xhookrightarrow{h:\ \alpha} \texttt{stmt}_i' \neq \texttt{exit}}{\texttt{loop} \xhookrightarrow{g_i \wedge h:\ \alpha} \texttt{stmt}_i'; \texttt{loop}} \qquad \frac{\texttt{stmt}_i \xhookrightarrow{h:\ \alpha} \texttt{exit}}{\texttt{loop} \xhookrightarrow{g_i \wedge h:\ \alpha} \texttt{loop}}$$

如果在当前状态中, 卫式 $g_1, g_2, \cdots, g_n$ 中的任何一个都不成立, 那么将退出 **do–od** 循环. 这可用下面的公理形式化:

$$\frac{}{\texttt{loop} \xhookrightarrow{\neg g_1 \wedge \neg g_2 \wedge \cdots \wedge \neg g_n} \texttt{exit}}$$

注记 2.5 测试设置语义与二步语义的比较

if–fi 和 **do–od** 的语句规则对卫式命令的所谓测试设置语义进行形式化. 这意味着确定卫式 g_i 的值和选定与执行激活的被守卫命令 $g_i \Rightarrow \texttt{stmt}_i$ 的第一步是自动进行的. 相比之下, SPIN 对 Promela 的解释依靠二步语义, 选择激活的被守卫命令与执行其第一步分开进行. 条件命令的规则由公理

$$\frac{}{\textbf{if} :: g_1 \Rightarrow \texttt{stmt}_1 :: g_2 \Rightarrow \texttt{stmt}_2 \cdots :: g_n \Rightarrow \texttt{stmt}_n \ \textbf{fi} \xhookrightarrow{g_i : \text{id}} \texttt{stmt}_i}$$

形式化, 其中 id 是一个动作符号, 它表示不影响变量的动作. 同样地, 循环的前两个规则也要由下面的规则替换为二步语义:

$$\frac{}{\texttt{loop} \xhookrightarrow{g_i : \text{id}} \texttt{stmt}_i ; \texttt{loop}}$$

结束循环的规则不变.

只要孤立地考虑语句, 测试设置语义与二步语义就是相等的. 但是, 当并行地执行几个进程时, 交错就可能引起非预期的副作用. 例如, 互斥问题的信号法, 用 nanoPromela 程序建模, $\mathcal{P}_i$ 的行为由以下 nanoPromela 语句给出:

$$\begin{array}{lll}
\textbf{do} :: \text{true} \Rightarrow & \texttt{skip}; & \\
& \textbf{if} :: y > 0 \Rightarrow & y := y - 1; \\
& & \text{crit}_i := \text{true} \\
& \textbf{fi}; & \\
& y := y + 1 & \\
\textbf{od} & &
\end{array}$$

信号 y 的初值是 0. 在二步语义下互斥性质得不到保证, 因为它允许进程验证 **if–fi** 语句的卫式 $y > 0$ 成立, 没有先减小 y 的值, 把控制移动到 $y := y - 1$. 但是, (其他) 进程会从这一点进入关键节段. 尽管如此, 该协议对测试设置语义工作良好, 因为检验 $y > 0$ 和减小 y 是一个不可由其他进程的动作交错的原子步骤. ■

注记 2.6 广义卫式

至此, 本章要求条件或循环命令的卫式由程序变量上的布尔条件组成. 然而, 在卫式中要求互动能力通常也是有用的, 例如, 通过条件命令 **if** $:: c?x \Rightarrow \texttt{stmt}$ **fi** 指定进程必须从一个 FIFO 通道等待某个输入. 这个语句的直观含义是, 进程必须等待直到 c 的缓冲区不为空. 如果如此, 它将首先进行动作 $c?x$, 然后执行 $\texttt{stmt}$. 通信动作在卫式中的使用引出更广泛的一类程序图, 它的卫式由关于变量或通信动作的布尔条件组成. 对于异步通道情形, 图 2.20 中的规则要分别用以下两个规则扩展: 一是

$$\frac{\ell_i \xhookrightarrow{c?x : \alpha} \ell_i' \wedge \text{len}(\xi(c)) = k > 0 \wedge \xi(c) = v_1 v_2 \cdots v_k}{\langle \cdots, \ell_i, \cdots, \eta, \xi \rangle \xrightarrow{\tau} \langle \cdots, \ell_i', \cdots, \eta', \xi' \rangle}$$

其中 $\eta' = \text{Effect}(\alpha, \eta[x := v_1])$ 且 $\xi' = \xi[c := v_2 v_3 \cdots v_k]$[译注 13]; 另一个是

$$\frac{\ell_i \xhookrightarrow{c!v:\,\alpha} \ell_i' \wedge \mathrm{len}(\xi(c)) = k < \mathrm{cap}(c) \wedge \xi(c) = v_1 v_2 \cdots v_k}{\langle \cdots, \ell_i, \cdots, \eta, \xi\rangle \xrightarrow{\tau} \langle \cdots, \ell_i', \cdots, \eta', \xi'\rangle}$$

其中 $\eta' = \mathrm{Effect}(\alpha, \eta)$ 且 $\xi' = \xi[c := v_1 v_2 \cdots v_k v]$[译注 13].

另一个方便的概念是特殊卫式 **else**, 它指明不能取其他被守卫命令时的配置. 语句

$$\begin{array}{llll}
\textbf{if} & :: & g_1 & \Rightarrow \texttt{stmt}_1 \\
 & :: & g_2 & \Rightarrow \texttt{stmt}_2 \\
 & & & \vdots \\
 & :: & g_n & \Rightarrow \texttt{stmt}_n \\
 & :: & \textbf{else} & \Rightarrow \texttt{stmt}' \\
\textbf{fi} & & &
\end{array}$$

的直觉含义是 **else** 选项被激活当且仅当卫式 $g_1, g_2, \cdots, g_n$ 中的任何一个的值都不是 true. 此时, 执行演进到语句 $\texttt{stmt}'$ 被执行的状态. 这里, g_i 可以是关于变量的布尔条件或关于通信的卫式. 例如,

$$\textbf{if} :: d?x \Rightarrow \texttt{stmt} :: \textbf{else} \Rightarrow x := x + 1 \textbf{ fi}$$

将使 x 增 1, 除非从通道 d 得到一个消息. ■

注记 2.7　原子区域

由原子区域的公理, 若 $s = \langle \ell_1, \ell_2, \cdots, \ell_n, \eta, \xi\rangle$[译注 14] 是通道系统 $\mathcal{P} = [\mathcal{P}_1 \mid \mathcal{P}_2 \mid \cdots \mid \mathcal{P}_n]$ 的迁移系统中的状态, $\ell_i = \texttt{atomic}\{x_1 := \texttt{expr}_1; x_2 := \texttt{expr}_2; \cdots; x_m := \texttt{expr}_m\}$, 则在状态 s 中第 i 个进程可以在单个迁移中完成赋值序列 $x_1 := \texttt{expr}_1; x_2 := \texttt{expr}_2; \cdots; x_m := \texttt{expr}_m$. 利用这个语义, 可以撇开前 j $(1 \leqslant j < m)$[译注 15] 个赋值完成后的中间状态, 还可避免其他进程把它们的活动与这些赋值交错.

这一概念可被推广为原子区域 `atomic{stmt}`, 其中原子区域体 `stmt` 是任意语句. 此处的想法是, 任何使 `stmt` 结束的执行都被坍缩为单一迁移, 从含位置 `stmt` 的状态走向含位置 `exit` 的状态. 对此更一般的方式是：原子区域的语义规则要用于迁移系统的执行序列而不仅仅用于程序图中的边. 这不成问题, 因为可以在迁移系统的水平上而不是程序图的水平上给出语句的含义. 但是, 这个语义对某些内容不太明显, 像原子区域内部的无限执行、同步通信和条件命令阻塞等. 一种可能是插入一个到特殊死锁状态的迁移. 另一种可能是使用同时呈现原子区域的中间步骤的语义 (但避免交错), 而且一旦请求同步通信或到达阻塞配置就立即退出原子区域. ■

正如本节开头提到的, Promela 比 nanoPromela 提供更多的内容, 例如含有比赋值序列更复杂的语句的原子区域、数组与其他数据类型以及动态进程创建等. 此处不解释这些概念, 可参考有关模型检验器 SPIN 的文献 (见文献 [209] 等).

2.2.6　同步并行性

当用迁移系统表示异步系统时, 对运行组件的处理器的相对速度没有进行假设, 完全忽略了系统在一个状态的驻留时间以及动作的执行时间. 例如, 在两个独立交通灯的例子 (见

例 2.6) 中, 对红灯或绿灯保持多长时间没有进行假定. 仅假设两个时间周期都是有限的. 组件的并发执行是时间抽象的.

组件以锁定步骤方式演进的同步系统与此不同. 这在同步硬件电路中是一种典型的运算机理. 例如, 不同的组件 (像加法器、逆变器、复用器等) 都连接到一个中央时钟, 都在每个时钟脉冲完成一个 (可能空闲的) 动作. 由于时钟脉冲以固定时长周期性地产生, 可认为这些时钟脉冲以离散方式产生, 并且迁移系统足以描述这些同步系统. 下面定义两个迁移系统的同步复合.

定义 2.16 同步积

令 $\mathrm{TS}_i = (S_i, \mathrm{Act}, \to_i, I_i, \mathrm{AP}_i, L_i)$ 是以 Act 为共同动作集的迁移系统, $i = 1, 2$. 此外, 令[译注 16]

$$\mathrm{Act} \times \mathrm{Act} \to \mathrm{Act}, \quad (\alpha, \beta) \mapsto \alpha * \beta$$

是一个映射, 它给每一对动作 α、β 都指定一个记为 $\alpha * \beta$ 的动作①. 同步积 $\mathrm{TS}_1 \otimes \mathrm{TS}_2$ 定义为

$$\mathrm{TS}_1 \otimes \mathrm{TS}_2 = (S_1 \times S_2, \mathrm{Act}, \to, I_1 \times I_2, \mathrm{AP}_1 \cup \mathrm{AP}_2, L)$$

其中, 迁移关系由规则

$$\frac{s_1 \xrightarrow{\alpha}_1 s_1' \wedge s_2 \xrightarrow{\beta}_2 s_2'}{\langle s_1, s_2 \rangle \xrightarrow{\alpha * \beta} \langle s_1', s_2' \rangle}$$

定义, 且标记函数定义为 $L(\langle s_1, s_2 \rangle) = L_1(s_1) \cup L_2(s_2)$. ■

动作 $\alpha * \beta$ 表示动作 α 与 β 的同步执行. 注意, 在使用并行算子 $\|$ 时, 组件同步执行公共动作, 自主 (即异步) 执行其他动作; 与此相比, 在 $\mathrm{TS}_1 \otimes \mathrm{TS}_2$ 中, 两个迁移系统必须同步执行所有步骤. 无论 TS_1 还是 TS_2 都没有自主迁移.

例 2.19 两个电路的同步积

设 C_1 是具有输出变量 y 和寄存器 r_1[译注 17] 而没有输入变量的电路. 其输出和寄存器迁移的控制函数是

$$\lambda_y = r_1, \quad \delta_{r_1} = \neg r_1$$

电路 C_2 具有输入变量 x'、输出变量 y' 和寄存器 r_2, 控制函数为

$$\lambda_{y'} = \delta_{r_2} = x' \vee r_2$$

迁移系统 $\mathrm{TS}_{C_1} \otimes \mathrm{TS}_{C_2}$ 描绘于图 2.23 中. 由于对电路的迁移系统省略了动作名称, 所以不能用动作标记 $\mathrm{TS}_{C_1} \otimes \mathrm{TS}_{C_2}$ 的边. 于是, $\mathrm{TS}_{C_1} \otimes \mathrm{TS}_{C_2}$ 具有输入变量 x'、输出变量 y 和 y' 以及寄存器 r_1 和 r_2, 它的控制函数是 λ_y、$\lambda_{y'}$、δ_{r_1} 和 δ_{r_2}. ■

① 通常假设算子 $*$ 是交换的和结合的.

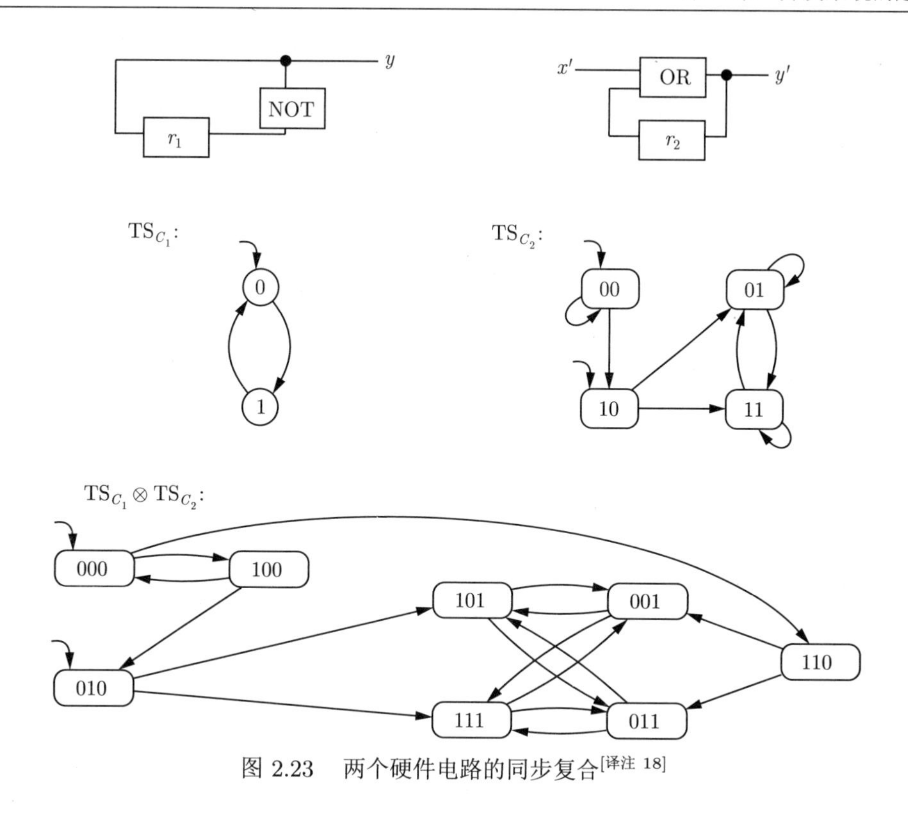

图 2.23　两个硬件电路的同步复合[译注 18]

2.3　状态空间爆炸问题

前两节已指出可用迁移系统建模的几种系统. 这可用于表示数据依赖系统的程序图和硬件电路. 不同的通信机制可用迁移系统上的适当算子建模. 本节考虑得到的迁移系统的势, 即这些模型中的状态数. 验证技术以系统地分析这些迁移系统为基础. 这样的验证算法的运行时间主要取决于被分析的迁移系统的状态数. 对于许多实际系统, 状态空间可能非常大, 这对于像模型检验这样的状态空间搜索算法来说是主要制约因素. 6.7 节以及第 7 章和第 8 章将介绍克服这个问题的一些技术.

程序图表示　由程序图通过展开方法得到的迁移系统可能极其庞大, 在某些情况下甚至是无穷大的, 例如, 程序有无穷多个位置或无穷定义域上的变量. 考虑变量集合 Var 上的程序图, $x \in \mathrm{Var}$. 展开所得迁移系统的状态的形式是 $\langle \ell, \eta \rangle$, 其中 ℓ 是位置, η 是赋值. 如果 Var 中的变量都有一个有限定义域, 像二进制位或有界整数等, 并且位置的个数有限, 那么迁移系统中的状态数就是

$$|\mathrm{Loc}| \cdot \prod_{x \in \mathrm{Var}} |\mathrm{dom}(x)|$$

于是, 状态的个数随程序图中变量的个数指数式增长: 对于有 k 个可能值的定义域上的 N 个变量, 状态的个数增长到 k^N. 这种指数式增长也被称为状态空间的爆炸问题.

即使对于仅有很少变量的程序图, 这个界限都可能太大了. 认识到这一点很重要. 例如, 若程序图有 10 个位置、3 个布尔变量和 5 个有界整数 (定义域为 $\{0, 1, \cdots, 9\}$), 则它

将有 $10 \cdot 2^3 \cdot 10^5 = 8\,000\,000$ 个状态. 再如, 如果只是把一个 50 位的位组加到程序图中, 这个界限甚至增长到 $8\,000\,000 \cdot 2^{50}$! 这一观察清楚地表明为什么数据密集型系统 (带有许多变量或复杂定义域) 的验证是极其困难的. 即使程序变量只是寥寥数个, 必须分析的状态空间也可能很大.

对于 $x \in \mathrm{Var}$, 如果 $\mathrm{dom}(x)$ 像实数和整数一样是无限的, 那么基础迁移系统将有无穷多个状态, 因为变量 x 有无穷多个值. 这样的程序图通常会产生不可判定的验证问题. 当然, 这并不是说状态空间无穷的所有迁移系统的验证都不可判定.

应该注意, 不仅迁移系统的状态空间可能有爆炸问题, 从原理上说, 刻画程序图 (见定义 2.10) 的原子命题也可能非常多. 另外, 任何位置以及程序图中关于变量的任何条件都可能成为原子命题. 当然, 在实践中, 只需要原子命题的一小部分. 基本上不需要显式地呈现标记函数, 因为通常是从状态信息得到原子命题的真值. 鉴于这些理由, 原子命题的个数只是一个次要角色.

至于顺序硬件电路 (见 2.1.2 节), 迁移系统中的状态由输入变量和寄存器的可能取值决定. 因此, 迁移系统的大小随寄存器和变量的个数指数式增长. 对于 N 个输入变量和 K 个寄存器, 整个状态空间由 2^{N+K} 个状态组成.

并行性 在迁移系统与程序图的各种并行算子中, 整个系统的状态空间为组件的局部状态 S_i 的笛卡儿积. 例如, 对于迁移系统

$$\mathrm{TS} = \mathrm{TS}_1 \,|||\, \mathrm{TS}_2 \,|||\, \cdots \,|||\, \mathrm{TS}_n$$

的状态空间, 有 $S = S_1 \times S_2 \times \cdots \times S_n$, 其中, S_i 表示迁移系统 TS_i 的状态空间. 有 n 个状态的系统与有 k 个状态的系统的并行复合将产生 $n \cdot k$ 个状态. 因此, 状态空间 S 的总数是

$$|S_1| \cdot |S_2| \cdots |S_n|$$

S 中状态的个数随组件的个数 (至多) 指数式增长: 若 N 个组件并行复合, 每个的大小是 k, 则将产生 k^N 个状态. 即使对于小并行系统, 这也很容易失控.

另外, 迁移系统中出现的变量 (及它们的定义域) 实质性地影响状态空间的大小. 如果某个定义域是无限的, 那么状态空间将是无穷大的. 如果定义域都是有限的, 那么状态空间的大小随变量个数指数式增长 (像在前边的程序图中看到的那样).

这种随组件个数和变量个数的指数爆炸的现象说明实际系统的状态空间是巨大的. 这一观察从本节标题就可知道, 也表明空间对验证问题是非常重要的.

通道系统 对通道系统的迁移系统的大小也可以像对程序图的表示一样进行类似的观察. 对于这些系统而言, 一个新加入的要素是通道的大小, 即它们的容量. 显然, 若其中一个通道的容量是无限的, 则将导致迁移系统有无穷多个状态. 但是, 若通道容量都是有限的, 则可用以下方式确定状态数的范围. 设 $\mathrm{CS} = [\mathrm{PG}_1 \mid \mathrm{PG}_2 \mid \cdots \mid \mathrm{PG}_n]$ 是变量集 $\mathrm{Var} = \mathrm{Var}_1 \cup \mathrm{Var}_2 \cup \cdots \cup \mathrm{Var}_n$ 和通道集 Chan 上的通道系统. CS 的状态空间的势为[译注 19]

$$\prod_{i=1}^{n} |\mathrm{PG}_i| \cdot \prod_{c \in \mathrm{Chan}} |\mathrm{dom}(c)|^{\mathrm{cap}(c)}$$

它也可写作

$$\prod_{i=1}^{n}\left(|\text{Loc}_i|\cdot\prod_{x\in\text{Var}_i}|\text{dom}(x)|\right)\cdot\prod_{c\in\text{Chan}}|\text{dom}(c)|^{\text{cap}(c)}$$

如果每个组件有 L 个位置, 每一通道都是容量为 k 的 K 位通道, 总共有 M 个变量 x, $\text{dom}(x)\leqslant m$, 那么迁移系统的状态总数是 $L^n\cdot m^M\cdot 2^{K\cdot k}$. 这通常是一个极大的数.

例 2.20　交替位协议的状态空间的大小

考虑交替位协议 (见例 2.15) 的变体, 通道 c 和 d 有固定容量, 例如 10. 回忆一下, 沿通道 d 发送控制位, 沿通道 c 发送数据及其控制位. 在此假设数据项也只是简单的二进制位. 计时器有两个位置, 发送器有 8 个位置, 接收器有 6 个位置. 由于没有其他变量, 得到状态的总数是 $2\cdot 8\cdot 6\cdot 4^{10}\cdot 2^{10}$, 它等于 $3\cdot 2^{35}$. 大约为 10^{11} 个状态. ■

2.4 总　　结

- 迁移系统是为软件和硬件系统建模的基本模型.
- 迁移系统的一个执行是从初始状态开始的、不能再延长的、状态和动作交替出现的序列.
- 交错相当于通过动作之间的未定选择表示独立并发进程的同时动作的演进.
- 在共享变量通信的情形中, 在迁移系统层面上的并行复合不能如实地反映系统的行为, 而必须考虑程序图上的复合.
- 通过在动作集合 H 上的握手进行通信的并发进程, 自主地执行 H 外的动作, 同步地执行 H 中的动作.
- 在通道系统中, 并发进程通过 FIFO 缓冲区 (即通道) 通信. 当通道容量为 0 时可得到握手通信. 对于正容量的通道, 通信异步发生, 即在不同时刻发送和接收消息.
- 迁移系统的大小随各种要素 (如程序图中变量的个数或并发系统中组件的个数等) 指数式增长. 这就是所谓的状态空间爆炸问题.

2.5 文 献 说 明

迁移系统. Keller 是对并发程序的验证明确地使用迁移系统[236] 的首批研究者之一. 迁移系统作为语义模型广泛用于并发系统的高级形式化中, 像进程代数[45, 57, 203, 298, 299]、Petri 网络[333] 以及状态图表[189] 等. 对硬件设计与分析同样如此, 有限状态自动机的变体 (Mealy 自动机与 Moore 自动机) 在其中扮演中心角色; 这些变体同样可用迁移系统描述[246]. Manna 与 Pnueli 在关于时序逻辑验证的专著中大量使用了程序图及其到迁移系统的展开[283].

同步方式. 共享变量通信可追溯到 20 世纪 60 年代中期, 它属于 Dijkstra[126]. 他还在 1971 年创造了术语交错[128]. 在 ACP[45]、CCS[298, 299]、CSP[202, 203] 和 LOTOS[57] 等进程代数中, 握手通信曾是主要的互动方式. 关于进程代数的详细内容请参考文献 [46]. 同步并行性原理是 Milner 在关于 CCS、SCCS 的同步变体的研究[297] 中提出的, 并被 Arnold 用于建模有限迁移系统之间的互动[19]. 同步并行性还在 Lustre 中发挥了关键作用[183]. Lustre 是对反应系统的声明式编程语言, 广泛用于许多面向硬件的语言.

Dijkstra 对并发进程间使用缓冲区 (或称通道) 的互动进行了最早的研究[129]. 通信协议的准述语言, 像由 ITU (国际电信联盟) 标准化的 SDL (准述与描述语言[37]) 等, 采纳了这一方式. 卫式命令语言的思想可追溯至 Dijkstra[130]. 模型检验器 SPIN 的输入语言 Promela [208] 也使用了卫式命令语言与通道通信的组合[205]. Holzmann 的新作[209] 详细介绍了 Promela 和 SPIN. 结构操作语义由 Plotkin 于 1981 年引入, 文献 [335] 描述了它的起源. 原子区域首先由 Lipton[276]、Lamport[257] 和 Owicki[317] 进行了研究. 关于反应系统的准述语言的详细语义规则可在文献 [15,18] 等中找到.

示例. 本章提供的许多例子堪称经典. Dekker 于 1962 年首先提出互斥问题及一个保证双进程互斥的算法. Dijkstra 的解决方案[126] 是第一个使任意多个进程互斥的方法. 他同样阐述了信号的概念[127] 及其在解决互斥问题中的作用. Lamport 在 1977 年给出了一个更简捷、精巧的解法[256]. 其后是 1981 年出现的 Peterson 互斥协议. 直到现在, 这一算法都因其优雅与简洁著称. 关于其他互斥算法可参考文献 [280,283] 等. 交替位协议的雏形出现于 1969 年, 是最早的流控制协议之一. Holzmann 在他的第一本书[205] 中给出了它的历史及相关协议.

2.6 习　　题

习题 2.1 考虑图 2.24所示的两个顺序硬件电路.

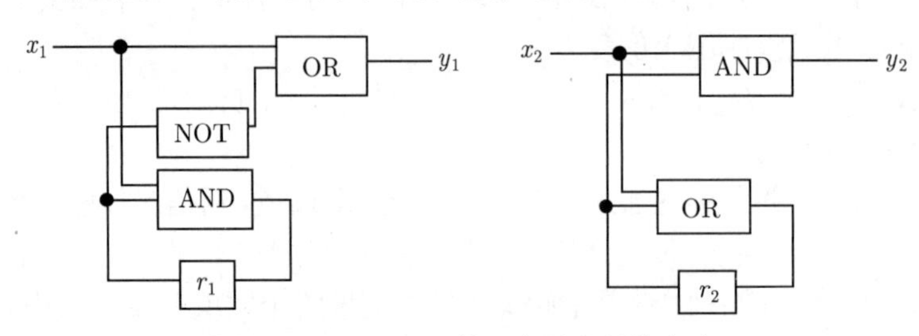

图 2.24 习题 2.1 的两个顺序硬件电路

问题:

(a) 给出这两个电路的迁移系统.

(b) 假设寄存器的初值是 $r_1 = 0$ 和 $r_2 = 1$. 确定两个迁移系统的同步积的可达部分.

习题 2.2 给定使用共享整数变量 x 的 3 个 (原始) 进程 P_1、P_2 和 P_3. 进程 P_i 的算法如下:

算法 2.1 进程 P_i

---

for $k_i = 1, 2, \cdots, 10$ **do**
  LOAD(x);
  INC(x);
  STORE(x);
od

即, P_i 执行 10 次赋值 $x := x + 1$. 赋值 $x := x + 1$ 用 3 个动作 LOAD(x)、INC(x) 和 STORE(x) 实现. 现在考虑并行程序:

算法 2.2　并行程序 P

$x := 0;$
$P_1 \parallel P_2 \parallel P_3$

问题: P 是否存在一个以终值 $x = 2$ 停止的执行?

习题 2.3　考虑图 2.25(a) 所示的路口, 交通灯的描述如图 2.25(b) 所示.

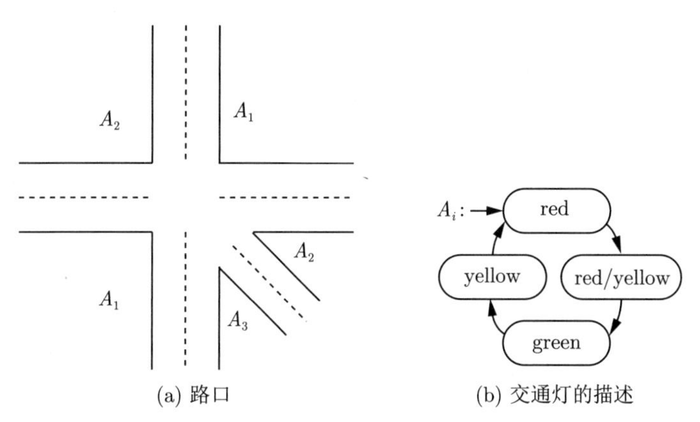

(a) 路口　　(b) 交通灯的描述

图 2.25　路口和交通灯描述

问题:

(a) 选择合适的动作并用它们标记交通灯迁移系统的迁移.

(b) 给出 (合理的) 控制器 C 的迁移系统表示, 实现按顺序 $A_1, A_2, A_3, A_1, A_2, A_3, \cdots$ 切换绿色信号灯 (*提示: 选择一种合适的通信机制*).

(c) 画出迁移系统 $A_1 \parallel A_2 \parallel A_3 \parallel C$ 的简图.

习题 2.4　证明使得两个迁移系统在它们的共同动作上同步的握手算子 $\parallel$ (见定义 2.13) 是结合的. 即证明

$$(\mathrm{TS}_1 \parallel \mathrm{TS}_2) \parallel \mathrm{TS}_3 = \mathrm{TS}_1 \parallel (\mathrm{TS}_2 \parallel \mathrm{TS}_3)$$

其中 TS_1、TS_2、TS_3 是任意迁移系统.

习题 2.5　下面的程序属于 Pnueli 算法, 它是两个进程的互斥协议. 只有一个共享变量 s, 取值为 0 或 1, 初值为 1. 另外, 每个进程都有一个初值为 0 的局部变量 y. 进程 P_i $(i = 0, 1)$ 的程序如下:

l0:　**loop forever do**
　　begin
l1:　非关键节段
l2:　$(y_i, s) := (1, i);$
l3:　**wait until** $((y_{1-i} = 0) \vee (s \neq i));$
l4:　关键节段
l5:　$y_i := 0$
　　end.

此处, 语句 $(y_i, s) := (1, i)$; 是多重赋值, $y_i := 1$ 与 $s := i$ 是其中的单个原子步骤.

问题:

(a) 定义 Pnueli 算法中一个进程的程序图.

(b) 确定每个进程的迁移关系.

(c) 构造它们的并行复合.

(d) 检验算法是否保证互斥.

(e) 检验算法是否保证无饥饿.

后两个问题可通过考查迁移系统回答.

习题 2.6 (对某个固定的 n) 考虑非负整数的一个容量为 n 的堆栈.

(a) 给出此堆栈的迁移系统表示. 可以不考虑堆栈中的值, 并使用通常意义下的操作, 如 top (栈顶)、pop (出栈) 和 push (入栈) 等.

(b) 画出堆栈的迁移系统, 要明确表示具体的堆栈内容.

习题 2.7 考虑下面的 Peterson 互斥算法的推广, 它针对的是任意 n $(n \geqslant 2)$ 个进程. 这个算法的基本概念是, 每个进程在获准访问关键节段前都要经过 n 个层. 并发进程共享有界数组 $y[0..n-1]$ 和 $p[1..n]$, 并且, $y[i] \in \{1, 2, \cdots, n\}$, $p[i] \in \{0, 1, \cdots, n-1\}$. $y[j] = i$ 意为第 i 个进程在第 j 层有最低的优先权, $p[i] = j$ 表示第 i 个进程当前正在第 j 层. 第 i 个进程从第 0 层开始. 在请求访问关键节段时, 进程要穿过第 1 层至第 $n-1$ 层. 第 i 个进程在第 j 层等待, 直到其他进程都在更低层 (即, 对所有 $k \neq i$, $p[k] < j$), 或另一进程同意它访问关键节段 (即 $y[j] \neq i$). 第 i 个进程的行为在以下伪代码中:

while true **do**
  非关键节段
  for all $j = 1, 2, \cdots, n-1$ **do**
    $p[i] := j$;
    $y[j] := i$;
    wait until $(y[j] \neq i) \vee \left(\bigwedge_{0<k\leqslant n, k\neq i} p[k] < j \right)$
  od
  关键节段
  $p[i] := 0$;
od

问题:

(a) 给出第 i 个进程的程序图.

(b) 确定 n 个进程并行复合中的状态数 (含不可达状态).

(c) 证明该算法可保证 n 个进程互斥.

(d) 证明所有进程不可能都在 for 循环中等待.

(e) 确定要进入关键节段的进程是否可能无限期等待.

习题 2.8　在通道系统中, 值可从一个进程传送到另一进程. 由于这多少有些局限, 在这里考虑一种扩展：允许表达式传送. 也就是说, 把发送与接收语句 $c!v$ 和 $c?x$ (其中 x 和 v 有相同的类型) 推广到 $c!\texttt{expr}$ 和 $c?x$, 为简单一些, 假设 expr 有准确的类型 (与 x 的类型相同). 例如, 对于布尔变量 x、y 和 z 以及 $\text{dom}(c) = \{0, 1\}$ 的通道 c, $x \wedge (\neg y \vee z)$ 是合法表达式; 对于整数变量 x 和 y 以及整数通道 c, $|2x + (x - y) \text{ div } 17|$ 是合法表达式.

问题: 扩展通道系统的迁移系统语义, 使得发送语句中可使用表达式.

(提示: 使用函数 η 使得对表达式 expr 而言 $\eta(\texttt{expr})$ 是 expr 在变量赋值 η 下的取值.)

习题 2.9　考虑下面的使用共享变量 y_1 和 y_2 (二者初值均为 0) 的互斥算法.

进程 P_1:	进程 P_2:
while true **do**	**while** true **do**
非关键节段	非关键节段
$y_1 := y_2 + 1;$	$y_2 := y_1 + 1;$
wait until $(y_2 = 0) \vee (y_1 < y_2)$	**wait until** $(y_1 = 0) \vee (y_2 < y_1)$
关键节段	关键节段
$y_1 := 0;$	$y_2 := 0;$
od	**od**

问题:

(a) 给出每个进程的程序图表示 (图形表示即可).
(b) 给出 $P_1 \parallel P_2$ 的迁移系统的可达部分, 其中 $y_1 \leqslant 2$ 且 $y_2 \leqslant 2$.
(c) 描述一个可证明整个迁移系统是无穷的执行.
(d) 检验算法是否确实保证互斥.
(e) 检验算法是否永远不会到达两进程相互等待的状态.
(f) 一个想要进入关键节段的进程是否有可能无限等待下去?

习题 2.10　考虑下面的于 1966 年提出的互斥算法[221], 它在只有两个进程的情况下是 Dijkstra 互斥算法的化简:

```
1 Boolean array b(0;1) integer k, i, j,
2 comment 这是计算机 i 的程序, 它可能是 0 或 1,
  计算机 j≠i 是另一台计算机, 为 1 或 0;
3 C0: b(i) := false;
4 C1: if k != i then begin
5 C2: if not b(j) then go to C2;
6       else k := i; go to C1 end;
7       else 关键节段;
8       b(i) := true;
9       程序剩余部分;
10      go to C0;
11 end
```

其中, C0、C1 和 C2 是程序标号, 而且, “计算机” 一词应理解为进程.

问题:

(a) 给出一个进程的程序图 (图形表示即可).

(b) 给出 $P_1 \parallel P_2$ 的迁移系统的可达部分.

(c) 检验算法是否确实保证互斥.

习题 2.11 考虑图 2.26 所示的两个顺序硬件电路 C_1 和 C_2.

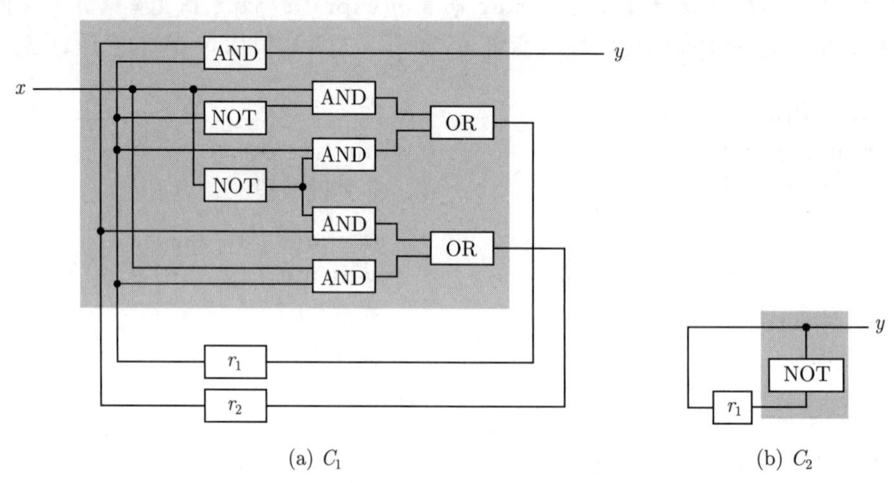

(a) C_1　　(b) C_2

图 2.26　习题 2.11 的两个顺序硬件电路

问题[译注 20]:

(a) 给出电路 C_1 的迁移系统表示 $\mathrm{TS}(C_1)$.

(b) 设 $\mathrm{TS}(C_2)$ 是电路 C_2 的迁移系统, 简述迁移系统 $\mathrm{TS}(C_1) \otimes \mathrm{TS}(C_2)$.

习题 2.12 考虑下面的领袖选举算法: 对于 $n \in \mathbb{N}$, n 个进程 $P_1, P_2, \cdots, P_n$ 位于环形拓扑中, 每个进程按顺时针方向通过单向通道与它的相邻进程连接.

为区分进程, 给每个进程指定一个唯一的标识 $id \in \{1, 2, \cdots, n\}$. 目标是选举具有最大标识的进程为环中的领袖. 因此每个进程都执行下面的算法:

```
send (id);                          开始时下传当前进程的标识
while (true) do
  receive(m);
  if (m = id) then stop;            此进程是领袖
  if (m > id) then send(m);         下传标识
od
```

问题[译注 20]:

(a) 把 n 个进程的领袖选举协议用通道系统建模.

(b) 假设对 $0 < i \leqslant 3$, 进程 P_i 的标识是 $id_i = i$. 给出 $\mathrm{TS}([P_1 \mid P_2 \mid P_3])$ 的一个起始执行片段, 使得至少有一个进程已执行 while 循环体中的语句 send.

第 3 章　线性时间性质

为了实现验证目的, 系统的迁移系统模型需要同时给出要验证的性质的描述. 本章介绍相对简单但很重要的几类性质, 形式化地定义这些性质, 给出自动检验它们的基本模型检验算法. 本章集中讨论线性时间性质的行为, 建立几类性质与迹行为之间的关系, 介绍公平性的初级形式, 并对其进行比较.

3.1　死　　锁

不发散 (即没有死循环) 的顺序程序都有终止状态, 即没有任何出迁移的状态. 但是, 对于并行系统, 计算通常不会终止, 例如, 考虑曾经讨论过的互斥程序. 在这样的系统中, 终止状态不是设计者所期望的, 多半是设计错误. 除了忘记指出某些活动这样的 “低级” 设计错误外, 这样的终止状态在大多数情况下意味着*死锁*. 即使有一些组件处于 (局部) 非终止状态, 但是只要整个系统处于终止状态, 也是死锁. 于是, 尽管有一些组件还有继续操作的可能, 但是整个系统却已停止. 当各组件都互相等待其他组件的进展时, 典型的死锁情形就发生了.

例 3.1　*错误设计造成的交通灯死锁*

考虑两个迁移系统的并行合成

$$\mathrm{TrLight}_1 \parallel \mathrm{TrLight}_2$$

它给两条交叉道路的交通灯建模. 两个交通灯用改变颜色的动作 α 和 β 同步, 如图 3.1 所示.

让两个交通灯都从红灯开始是一个明显的低级错误, 这将导致死锁. 当第一个交通灯等待在动作 α 上同步时, 却阻塞了第二个交通灯, 因为它正等待在动作 β 上同步. ■

例 3.2　*哲学家就餐*[译注 21]

这个例子起源于 Dijkstra, 它是并发系统领域最著名的例子之一.

5 位哲学家围坐在一张桌子旁, 桌子中央有一碗米饭. (有点脱俗的) 哲学家的生活由思考和吃饭 (还有下面将看到的等待) 组成. 为了从碗中得到一些米饭, 哲学家需要一双筷子. 但是, 两位相邻的哲学家之间只有一根筷子. 因此, 在任何时刻, 两位相邻的哲学家中至多只能有一人吃饭. 当然, 筷子的使用是独占的, 也不允许用手吃饭.

注意, 当每位哲学家都占有一根筷子时就会死锁. 要解决的问题是: 为哲学家设计一个协议, 使整个系统无死锁, 即至少有一位哲学家可以无限经常地吃饭和思考. 另外, 一个公平的解决方案可能要求每位哲学家都能够无限经常地吃饭和思考. 后一要求被称为无个体饥饿.

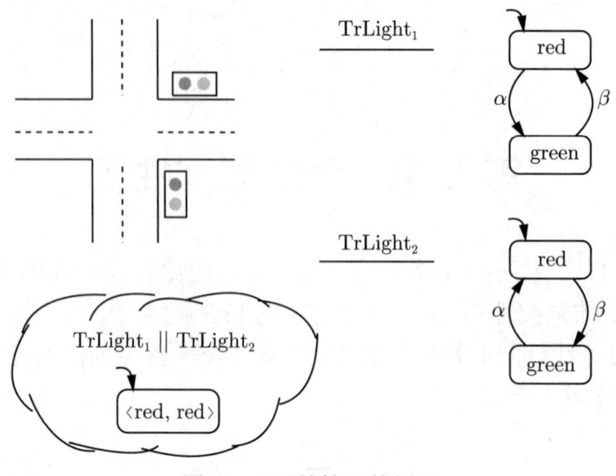

图 3.1　死锁情形的例子

下面这个设计显然不能保证无死锁. 假设哲学家和筷子都从 0 到 4 编号. 进一步地, 假设所有计算都是模 5 的, 即, 对于 $i=0$, 筷子 $i-1$ 表示筷子 4, 等等.

哲学家 i 的左边是筷子 i, 右边是筷子 $i-1$. 动作 $\mathrm{req}_{i,i}$ 表示哲学家 i 拿起筷子 i, 对应地 $\mathrm{req}_{i-1,i}$ 表示哲学家 i 拿起筷子 $i-1$. 动作 $\mathrm{rel}_{i,i}$ 和 $\mathrm{rel}_{i-1,i}$ 表示相应地放下筷子.

哲学家 i 的行为 (记为进程 Phil_i) 由图 3.2 左侧所示的迁移系统描述. 实线箭头表示与筷子 i 同步, 虚线箭头则表示与筷子 $i-1$ 通信. 这些筷子作为独立的进程建模 (记为 Stick_i), 哲学家通过动作 req 和 rel 与这些进程同步, 见图 3.2 中表示进程 Stick_i 的右侧部分. 筷子进程可在哲学家 $i+1$ 使用筷子 i 时避免哲学家 i 再取它.

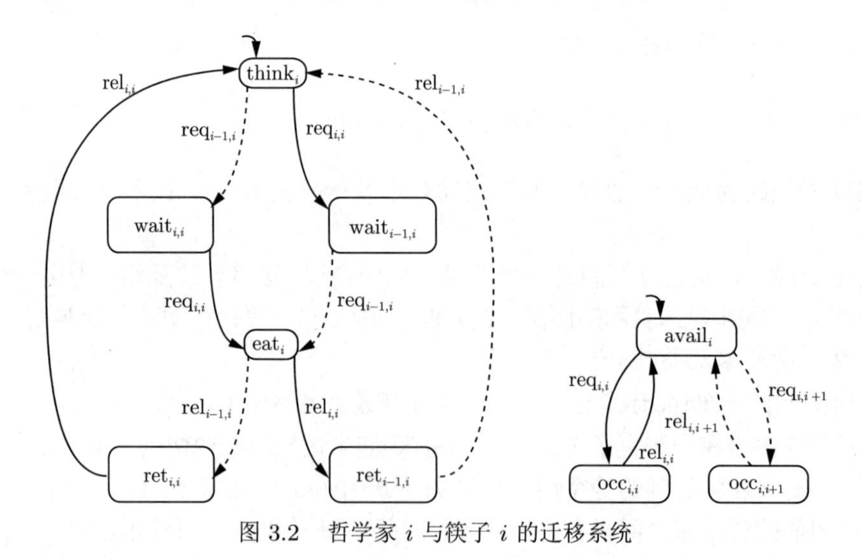

图 3.2　哲学家 i 与筷子 i 的迁移系统

整个系统的形式是:

$$\mathrm{Phil}_4 \parallel \mathrm{Stick}_3 \parallel \mathrm{Phil}_3 \parallel \mathrm{Stick}_2 \parallel \mathrm{Phil}_2 \parallel \mathrm{Stick}_1 \parallel \mathrm{Phil}_1 \parallel \mathrm{Stick}_0 \parallel \mathrm{Phil}_0 \parallel \mathrm{Stick}_4$$

这个 (在一开始认为理所当然的) 设计会造成死锁. 例如, 假如所有哲学家在同一时刻都拿

起他左边的筷子. 从初始状态

$$\langle \text{think}_4, \text{avail}_3, \text{think}_3, \text{avail}_2, \text{think}_2, \text{avail}_1, \text{think}_1, \text{avail}_0, \text{think}_0, \text{avail}_4 \rangle$$

开始, 经动作序列 $\text{req}_{4,4}$, $\text{req}_{3,3}$, $\text{req}_{2,2}$, $\text{req}_{1,1}$, $\text{req}_{0,0}$ (也可以是这 5 个动作的其他任何排列), 对应的执行就进入终止状态[译注 22]

$$\langle \text{wait}_{3,4}, \text{occ}_{3,3}, \text{wait}_{2,3}, \text{occ}_{2,2}, \text{wait}_{1,2}, \text{occ}_{1,1}, \text{wait}_{0,1}, \text{occ}_{0,0}, \text{wait}_{4,0}, \text{occ}_{4,4} \rangle$$

这一终止状态表示死锁, 其中每位哲学家都在等待另一位哲学家释放他需要的那根筷子.

解决这个问题的可能方案之一是在某一时间让筷子仅对一位哲学家可用. 对应的筷子进程如图 3.3 的右侧所示. 在状态 $\text{avail}_{i,j}$ 中, 只允许哲学家 j 拿起筷子 i. 让一些筷子 (例如, 第 1 根、第 3 根和第 5 根) 从状态 $\text{avail}_{i,i}$ 开始, 而让其余筷子都从状态 $\text{avail}_{i,i+1}$ 开始, 这样就可以避免死锁情形.

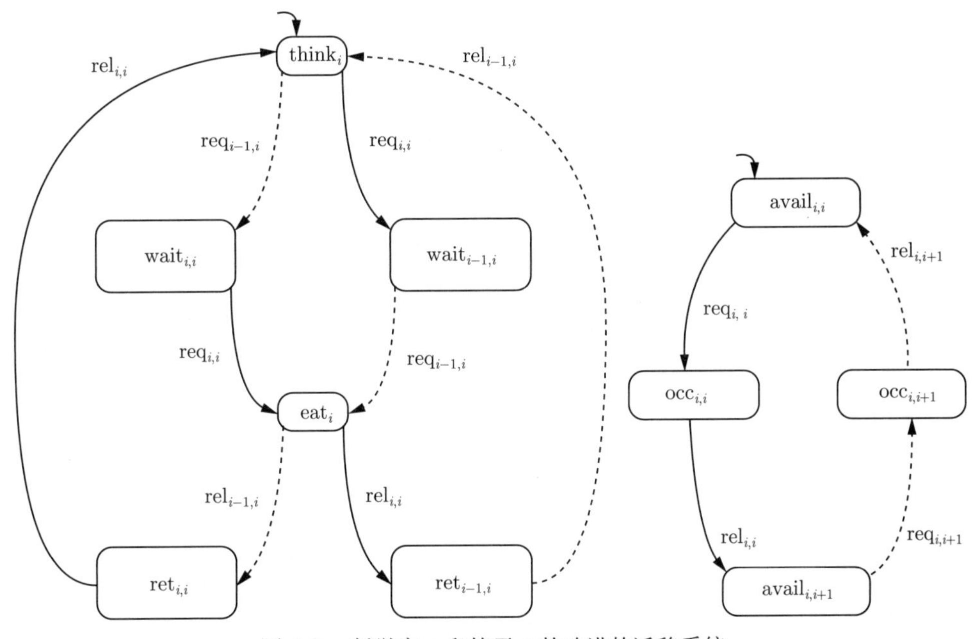

图 3.3 哲学家 i 和筷子 i 的改进的迁移系统

对并行系统经常要求的更高特性是针对组件失败的鲁棒性. 在哲学家就餐的情形中, 鲁棒性可用以下方式准确表述: 即使某位哲学家有了“毛病” (如不再离开思考阶段)①, 也要保证无死锁和无饥饿. 改变哲学家和筷子的迁移系统, 使得只要哲学家 i 正在思考 (即不需要筷子 i), 哲学家 $i+1$ 就可以拿起筷子 i, 而与筷子 i 是处于状态 $\text{avail}_{i,i}$ 还是 $\text{avail}_{i,i+1}$ 无关紧要. 当对换第 i 和第 $i+1$ 位哲学家的角色时也是如此. 通过这样的改变就可把上面简述的无死锁无饥饿解决方案改进为容错解决方案. 只需为每位哲学家 i 添加一个布尔变量 x_i (见图 3.4) 就可实现这种改变. 变量 x_i 告诉哲学家 i 的邻居他当前所处的位置. 如图 3.4所示, x_i 是布尔变量, 它为 true 当且仅当哲学家 i 正在思考. 如果筷子 i 处于位置

① 形式上, 在有“毛病”的哲学家的迁移系统的状态 think_i 处添加一个循环.

$\text{avail}_{i,i}$ (像以前一样), 或筷子 i 处于位置 $\text{avail}_{i,i+1}$ 并且哲学家 $i+1$ 正在思考, 那么筷子 i 对哲学家 i 是可用的[译注 23].

注意, 上面 (最后几句话) 的描述是在程序图的层面上进行的. 整个系统是一个通道系统, 通道的容量为 0, 那些 req 和 rel 是握手动作. ■

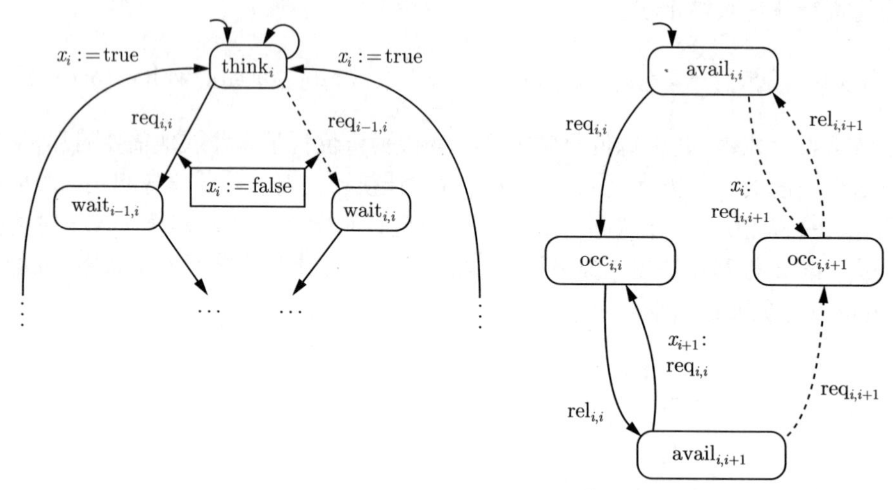

图 3.4 哲学家就餐的容错变体[译注 24]

3.2 线性时间行为

为了分析由迁移系统表示的计算机系统, 可以沿用基于动作或基于状态的方法. 基于状态的方法抛开动作, 只考虑状态序列中的标记; 相反, 基于动作的观点则抛开状态而只涉及迁移的动作标记 (也可把基于动作和基于状态的观点相结合, 但会涉及更多的定义和概念. 有鉴于此, 通常的做法是抛开动作标记或状态标记之一). 大部分现行的形式化描述及其相关的验证方法都可用这两个方面的对应方式确切地表达.

本章主要聚焦于基于状态的方法. 迁移的动作标记仅在通信模型中是必要的. 因此, 它们与后续章节无关. 因而用状态的原子命题来精准地表达系统性质. 所以, 验证算法在迁移系统的状态图上进行. 状态图是从迁移系统抽掉动作标记后得到的有向图.

3.2.1 路径与状态图

令 $\text{TS} = (S, \text{Act}, \to, I, \text{AP}, L)$ 是迁移系统.

定义 3.1 状态图

TS 的状态图记为 $G(\text{TS})$, 是有向图 (V, E), 其顶点集是 $V = S$, 边集是 $E = \{(s, s') \in S \times S \mid s' \in \text{Post}(s)\}$. ■

在迁移系统 TS 的状态图中, 对于 TS 的每个状态都有一个顶点; 对于任何两个顶点 s 和 s', 只要 s' 是 s 在 TS 中的某个动作下的直接后继, 这两个顶点之间就有一条边. TS 的状态图可简单地用以下方式从 TS 得到: 删除所有状态标记 (即原子命题集合), 删除所有迁移标记 (即动作), 并忽略状态是否初始状态. 另外, (两个) 状态之间的多个迁移 (它们有不同的动作标记) 只用一条边表示. 这好像意味着状态标记不再有用, 稍后将看到状态标记是如何用来检验性质的有效性的.

令 $\text{Post}^*(s)$ 表示状态图 $G(\text{TS})$ 中从 s 开始可达的状态. 这个记号可以按通常方式 (即逐点扩张) 推广到状态的集合: 对于 $C \subseteq S$, 令

$$\text{Post}^*(C) = \bigcup_{s \in C} \text{Post}^*(s)$$

记号 $\text{Pre}^*(s)$ 和 $\text{Pre}^*(C)$ 有相似的含义. 从某个初始状态可达的状态的集合记为 $\text{Reach}(\text{TS})$, 等于 $\text{Post}^*(I)$.

像第 2 章中解释的那样, 迁移系统的行为由执行片段定义. 回顾一下, 执行片段就是状态和动作的交替序列. 由于主要考虑基于状态的方法, 动作并不重要, 故略之. 迁移系统产生的运行叫作*路径*. 下面定义路径片段、起始路径片段和极大路径片段等. 这些概念可从执行的相同概念中删除动作得到.

定义 3.2 路径片段

TS 的*有限路径片段* $\widehat{\pi}$ 是满足以下条件的有限状态序列 $s_0 s_1 \cdots s_n$: 对任意 $0 < i \leqslant n$ 都有 $s_i \in \text{Post}(s_{i-1})$, 其中 $n \geqslant 0$. 一个*无限路径片段* π 是一个无限状态序列 $s_0 s_1 s_2 \cdots$, 它对所有 $i > 0$ 都满足 $s_i \in \text{Post}(s_{i-1})$. ■

对无限路径片段 $\pi = s_0 s_1 s_2 \cdots$ 使用以下习惯记号. π 的初始状态记为 $\text{first}(\pi) = s_0$. 对于 $j \geqslant 0$, 令 $\pi[j] = s_j$ 表示 π 的第 j 个状态, $\pi[..j]$ 表示 π 的第 j 个前缀, 即, $\pi[..j] = s_0 s_1 \cdots s_j$. 类似地, π 的第 j 个后缀记为 $\pi[j..]$, 定义为 $\pi[j..] = s_j s_{j+1} s_{j+2} \cdots$. 对有限路径类似地定义这些概念. 此外, 对有限路径 $\widehat{\pi} = s_0 s_1 \cdots s_n$, 令 $\text{last}(\widehat{\pi}) = s_n$ 表示 $\widehat{\pi}$ 的最后一个状态, $\text{len}(\widehat{\pi}) = n$ 表示 $\widehat{\pi}$ 的长度; 对于无限路径 π, 这些概念定义为 $\text{len}(\widehat{\pi}) = \infty$ 和 $\text{last}(\widehat{\pi}) = \bot$, 其中 $\bot$ 表示未定义.

定义 3.3 极大路径片段与起始路径片段

无限路径片段或以终止状态结束的有限路径片段称为*极大路径片段*. 如果路径片段从一个初始状态开始, 即 $s_0 \in I$, 则称其为*起始路径片段*. ■

极大路径片段不能再延长, 它要么是无限的, 要么是结束于一个不能再发生迁移的状态. 令 $\text{Paths}(s)$ 表示满足 $\text{first}(\pi) = s$ 的极大路径片段 π 的集合, $\text{Paths}_{\text{fin}}(s)$ 表示满足 $\text{first}(\widehat{\pi}) = s$ 的有限路径片段 $\widehat{\pi}$ 的集合.

定义 3.4 路径

迁移系统 TS 的*路径*就是起始极大路径片段. [①] ■

令 $\text{Paths}(\text{TS})$ 表示 TS 中所有路径的集合, $\text{Paths}_{\text{fin}}(\text{TS})$ 表示 TS 的起始有限路径片段的集合.

例 3.3 饮料售货机

考虑例 2.1 的饮料售货机. 为方便起见, 图 3.5 再一次给出它的迁移系统.

因为对每个状态 s, 它的标记都是简单的 $L(s) = \{s\}$, 所以状态的名字既可以用在路径中 (像本例这样), 也可用作原子命题 (以后将这样用). 以下是此迁移系统的路径片段:

① 重要的是要认识到路径在迁移系统和有向图中的概念差异. 迁移系统中的路径是极大的, 而图论意义下的有向图的路径未必是极大的. 另外, 通常要求有向图中的路径是有限的, 而迁移系统中的路径却可能是无限的.

$$\pi_1 = \text{pay select soda pay select soda} \cdots$$
$$\pi_2 = \text{select soda pay select beer} \cdots$$
$$\widehat{\pi} \ = \text{pay select soda pay select soda}$$

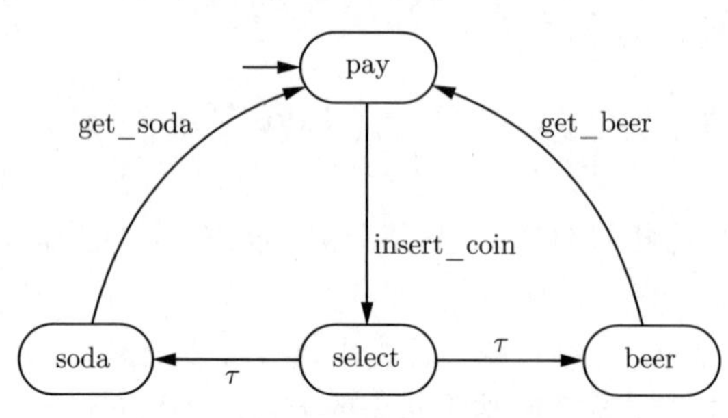

图 3.5 简单饮料售货机的迁移系统

这些路径片段是从例 2.2 给出的执行片段产生的. 只有 π_1 是路径. 无限路径片段 π_2 是极大的但不是起始的. $\widehat{\pi}$ 是起始的但不是极大的, 因为它是有限的而且结束于一个有出迁移的状态. 还可得到: $\text{last}(\widehat{\pi}) = \text{soda}$, $\text{first}(\pi_2) = \text{select}$, $\pi_1[0] = \text{pay}$, $\pi_1[3] = \text{pay}$, $\pi_1[..5] = \widehat{\pi}$, $\widehat{\pi}[..2] = \widehat{\pi}[3..]$, $\text{len}(\widehat{\pi}) = 5$, 以及 $\text{len}(\pi_1) = \infty$. ■

3.2.2 迹

(第 2 章中介绍的) 执行是由状态和动作构成的交替序列. 动作主要为互动 (的可能性) 建模, 无论是同步还是异步通信. 本章以后的主要兴趣不是互动, 而是执行期间访问的状态. 事实上, 可观察的不是状态自身, 而只是原子命题. 因此, 不用形为 $s_0 \xrightarrow{\alpha_0} s_1 \xrightarrow{\alpha_1} s_2 \cdots$ 的执行, 而是考虑形为 $L(s_0)L(s_1)L(s_2)\cdots$ 的序列, 它登记在执行过程中成立的原子命题 (的集合). 这样的序列叫作迹.

所以, 迁移系统的迹就是字母表 2^{AP} 上的单词. 接下来, 假设迁移系统没有终止状态. 在这种情况下, 所有迹都是无限字 (迁移系统的迹已定义为它的起始极大执行片段诱导的迹. 也可参见附录 A 的 A.2 节). 这一假设是为简单而做出的, 它不会产生严重制约. 首先, 在验证任何 (线性时间) 性质之前, 要做可达性分析以决定终止状态的集合. 如果确实遇到终止状态, 那么系统包含死锁, 在进行进一步的分析前必须修复. 也可对每个 (可能有终止状态的) 迁移系统 TS 作如下扩充: 对每个终止状态 s, 增加一个新状态 s_{stop} 和一个迁移 $s \to s_{\text{stop}}$, 并给 s_{stop} 增加一个自循环, 即 $s_{\text{stop}} \to s_{\text{stop}}$. 如此产生的等价迁移系统显然没有终止状态. ①

定义 3.5 迹与迹片段

设 $\text{TS} = (S, \text{Act}, \to, I, \text{AP}, L)$ 是没有终止状态的迁移系统. 无限路径片段 $\pi = s_0 s_1 s_2 \cdots$ 的迹定义为 $\text{trace}(\pi) = L(s_0)L(s_1)L(s_2)\cdots$, 有限路径片段 $\widehat{\pi} = s_0 s_1 \cdots s_n$ 的迹定义为 $\text{trace}(\widehat{\pi}) = L(s_0)L(s_1)\cdots L(s_n)$. ■

从而, 路径片段的迹就是它在字母表 2^{AP} 上诱导的有限或无限单词, 即在路径所含状态上成立的原子命题集合的序列. 路径集合 Π 的迹集按通常方式定义为

① 另一种选择是为带终止状态的迁移系统修改线性时间框架. 本章主要概念仍然可用, 但需要某些修改以区别非极大有限路径与极大有限路径.

$$\text{trace}(\Pi) = \{\text{trace}(\pi) \mid \pi \in \Pi\}.$$

状态 s 的一个迹就是具有 $\text{first}(\pi) = s$ 的一个无限路径片段 π 的迹. 相应地, 状态 s 的一个有限迹就是始于 s 的一个有限路径片段的迹. 令 Traces(s) 表示 s 的迹的集合, Traces(TS) 是迁移系统 TS 的初始状态的迹的集合:

$$\text{Traces}(s) = \text{trace}(\text{Paths}(s)), \quad \text{Traces}(\text{TS}) = \bigcup_{s \in I} \text{Traces}(s)$$

类似地, 状态和迁移系统的有限迹可以定义为

$$\text{Traces}_{\text{fin}}(s) = \text{trace}(\text{Paths}_{\text{fin}}(s)), \quad \text{Traces}_{\text{fin}}(\text{TS}) = \bigcup_{s \in I} \text{Traces}_{\text{fin}}(s)$$

例 3.4　基于信号的互斥

考虑图 3.6 所示的迁移系统 TS_{Sem}. 这个双进程互斥的例子前面已在例 2.10 中讨论过.

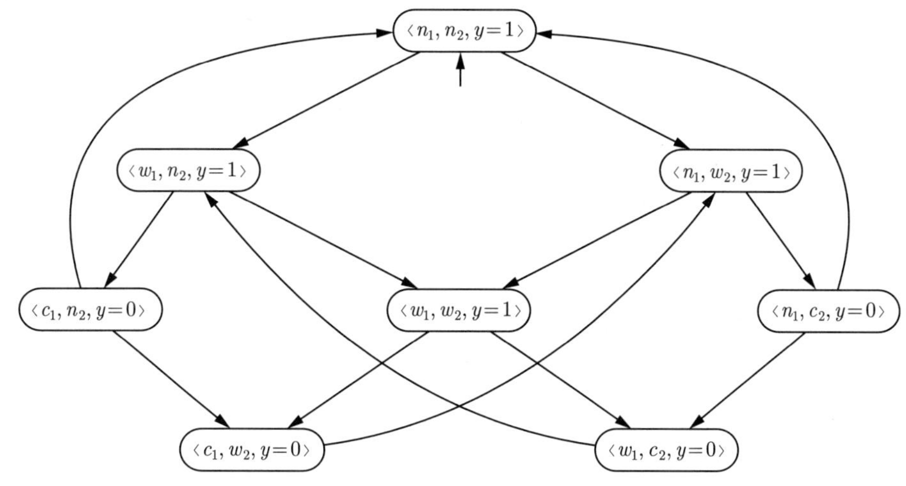

图 3.6　基于信号的互斥算法的迁移系统

设可用的原子命题是 crit_1 和 crit_2, 即

$$\text{AP} = \{\text{crit}_1, \text{crit}_2\}$$

在迁移系统 TS_{Sem} 中, 命题 crit_1 在第一个进程 (记为 P_1) 处于关键节段的任何状态处都成立. 命题 crit_2 对于第二个进程 (即 P_2) 有相同的含义.

考虑如下执行: 进程 P_1 和 P_2 交替地进入它们的关键节段; 另外, 它们也只在另一个进程不处于关键节段时请求进入关键节段. 一个进程处于其关键节段而另一进程从非关键状态移入等待状态的情形是不可能的.

在 TS_{Sem} 的状态图中, P_1 首先进入关键节段的路径 π 的形式是

$$\begin{aligned}\pi = &\langle n_1, n_2, y = 1\rangle \to \langle w_1, n_2, y = 1\rangle \to \langle c_1, n_2, y = 0\rangle \to \\ &\langle n_1, n_2, y = 1\rangle \to \langle n_1, w_2, y = 1\rangle \to \langle n_1, c_2, y = 0\rangle \to \cdots\end{aligned}$$

这个路径的迹是无限单词:

$$\text{trace}(\pi) = \varnothing\varnothing\{\text{crit}_1\}\varnothing\varnothing\{\text{crit}_2\}\varnothing\varnothing\{\text{crit}_1\}\varnothing\varnothing\{\text{crit}_2\}\cdots$$

有限路径片段

$$\widehat{\pi} = \langle n_1, n_2, y=1\rangle \to \langle w_1, n_2, y=1\rangle \to \langle w_1, w_2, y=1\rangle \to$$
$$\langle w_1, c_2, y=0\rangle \to \langle w_1, n_2, y=1\rangle \to \langle c_1, n_2, y=0\rangle$$

的迹是

$$\mathrm{trace}(\widehat{\pi}) = \varnothing\varnothing\varnothing\{\mathrm{crit}_2\}\varnothing\{\mathrm{crit}_1\}\varnothing$$ ■

3.2.3 线性时间性质

线性时间性质描述迁移系统应该呈现的迹. 通俗地说, 线性时间性质描述所考虑系统的容许 (或需要) 的行为. 下面给出这类性质的形式化定义. 这个定义是相当基本的, 由此可很好地理解什么是线性时间性质. 在第 5 章中, 将介绍逻辑形式化, 它确切地描述线性时间性质.

下面, 假设一个固定的命题集合 AP. 线性时间性质是对迁移系统的迹的要求. 可把这样的性质理解为对 AP 上的所有单词的要求, 并且定义为 (AP 上容许的) 单词的集合.

定义 3.6 LT 性质

原子命题集合 AP 上的线性时间性质 (LT 性质) 就是 $(2^{\mathrm{AP}})^\omega$ 的子集. ■

这里, $(2^{\mathrm{AP}})^\omega$ 表示由 2^{AP} 中的元素作为字母无限连接后得到的单词的集合. 因此, LT 性质就是字母表 2^{AP} 上的无限单词构成的语言 (集合). 注意, 仅考虑无限单词 (而不考虑有限单词) 就够了, 因为考虑的是没有终止状态的迁移系统. 迁移系统对 LT 性质的满足性定义如下.

定义 3.7 LT 性质的满足关系

令 P 是 AP 上的 LT 性质, $\mathrm{TS} = (S, \mathrm{Act}, \to, I, \mathrm{AP}, L)$ 是没有终止状态的迁移系统. 若 $\mathrm{Traces}(\mathrm{TS}) \subseteq P$, 则称 $\mathrm{TS} = (S, \mathrm{Act}, \to, I, \mathrm{AP}, L)$ 满足 P, 记作 $\mathrm{TS} \models P$. 若 $\mathrm{Traces}(s) \subseteq P$, 则称状态 $s \in S$ 满足 P, 记作 $s \models P$. ■

因而, 迁移系统满足 LT 性质 P 是指其所有迹都遵守 P, 即, 其行为都是容许的. 状态满足 P 是指从它开始的所有迹都满足 P.

例 3.5 交通灯

考虑两个简化的交通灯, 只有两种可能的设置: 红 (red) 和绿 (green). 设本例关心的原子命题是

$$\mathrm{AP} = \{\mathrm{red}_1, \mathrm{green}_1, \mathrm{red}_2, \mathrm{green}_2\}$$

下面考虑这些交通灯的两个 LT 性质并给出这两个 LT 性质包含的单词的例子. 首先, 考虑下述性质 P:

“第一个交通灯无限经常地亮绿灯”

这个 LT 性质就是 2^{AP} 上的形为 $A_0A_1A_2\cdots$ 的单词的集合, 每个单词都使得 $\mathrm{green}_1 \in A_i$ 对无穷多个 i 成立. 例如, P 包含无限单词

$$\{\mathrm{red}_1, \mathrm{green}_2\}\{\mathrm{green}_1, \mathrm{red}_2\}\{\mathrm{red}_1, \mathrm{green}_2\}\{\mathrm{green}_1, \mathrm{red}_2\}\cdots$$
$$\varnothing\{\mathrm{green}_1\}\varnothing\{\mathrm{green}_1\}\varnothing\{\mathrm{green}_1\}\varnothing\{\mathrm{green}_1\}\varnothing\cdots$$
$$\{\mathrm{red}_1, \mathrm{green}_1\}\{\mathrm{red}_1, \mathrm{green}_1\}\{\mathrm{red}_1, \mathrm{green}_1\}\{\mathrm{red}_1, \mathrm{green}_1\}\cdots$$
$$\{\mathrm{green}_1, \mathrm{green}_2\}\{\mathrm{green}_1, \mathrm{green}_2\}\{\mathrm{green}_1, \mathrm{green}_2\}\{\mathrm{green}_1, \mathrm{green}_2\}\cdots$$

无限单词 $\{\text{red}_1, \text{green}_1\}\{\text{red}_1, \text{green}_1\}\varnothing\varnothing\varnothing\varnothing\cdots$ 不在 P 中, 因为它只包含有限个 green_1.

再考虑第二个 LT 性质 P':

"永不同时亮绿灯"

这一性质由形为 $A_0A_1A_2\cdots$ 的无限单词的集合形式化, 其中, 对任意 $i \geqslant 0$ 都有 $\text{green}_1 \notin A_i$ 或 $\text{green}_2 \notin A_i$. 例如, 无限单词

$$\{\text{red}_1, \text{green}_2\}\{\text{green}_1, \text{red}_2\}\{\text{red}_1, \text{green}_2\}\{\text{green}_1, \text{red}_2\}\cdots$$
$$\varnothing\{\text{green}_1\}\varnothing\{\text{green}_1\}\varnothing\{\text{green}_1\}\varnothing\{\text{green}_1\}\varnothing\cdots$$
$$\{\text{red}_1, \text{green}_1\}\{\text{red}_1, \text{green}_1\}\{\text{red}_1, \text{green}_1\}\{\text{red}_1, \text{green}_1\}\cdots$$

在 P' 中, 而无限单词 $\{\text{red}_1,\text{green}_2\}\{\text{green}_1, \text{green}_2\}\cdots$ 却不在 P' 中.

图 3.7 所示的两个交通灯位于同一路口并且同步改变, 即, 若其中一个从红变绿, 则另一个就从绿变红. 这样, 两个交通灯就永远具有相反的颜色. 显然, 这两个交通灯同时满足 P 和 P'. 但是, 两个完全独立地改变颜色的交通灯就既不满足 P (不能保证第一个交通灯无限经常地亮绿灯) 也不满足 P'. ■

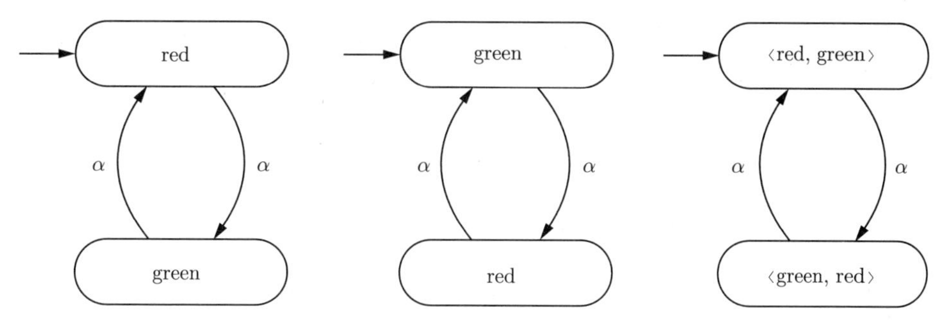

图 3.7　完全同步的两个交通灯 (左和中) 及其并行合成 (右)

通常, 线性性质不会涉及迁移系统中出现的全部原子命题, 而只是较小的一个子集. 对于命题集合 $\text{AP}' \subseteq \text{AP}$ 上的性质 P, 只有 AP' 中的标记是相关的. 令 $\widehat{\pi}$ 是迁移系统 TS 的有限路径片段. 用 $\text{trace}_{\text{AP}'}(\widehat{\pi})$ 表示只考虑 AP' 中的原子命题的 $\widehat{\pi}$ 的有限迹. 对应地, $\text{trace}_{\text{AP}'}(\pi)$ 表示无限路径片段 π 的仅限于 AP' 中的原子命题的迹. 从而, 对于 $\pi = s_0s_1s_2\cdots$, 我们有

$$\text{trace}_{\text{AP}'}(\pi) = L'(s_0)L'(s_1)\cdots = (L(s_0) \cap \text{AP}')(L(s_1) \cap \text{AP}')\cdots$$

令 $\text{Traces}_{\text{AP}'}(\text{TS})$ 表示迹的集合 $\text{trace}_{\text{AP}'}(\text{Paths}(\text{TS}))$. 当从上下文中清楚原子命题的 AP' 时, 就省略下标 AP'. 在本章剩余部分中, 到原子命题的一个相关集合的限制通常是隐式给出的.

例 3.6　*互斥性质*

在第 2 章中, 已考虑几种互斥算法. 为指明互斥性质 "总是至多有一个进程处于其关键节段", 只需考虑原子命题 crit_1 和 crit_2 就够了. 其他原子命题与此性质无任何关系. 互斥性质的形式化由 LT 性质

$$P_{\text{mutex}} = \Big\{A_0A_1A_2\cdots \mid \forall 0 \leqslant i.\, \{\text{crit}_1, \text{crit}_2\} \not\subseteq A_i\Big\}$$

给出. 例如, 下面三个无限单词

$$
\begin{aligned}
&\{\mathrm{crit}_1\}\{\mathrm{crit}_2\}\{\mathrm{crit}_1\}\{\mathrm{crit}_2\}\{\mathrm{crit}_1\}\{\mathrm{crit}_2\}\cdots \\
&\{\mathrm{crit}_1\}\{\mathrm{crit}_1\}\{\mathrm{crit}_1\}\{\mathrm{crit}_1\}\{\mathrm{crit}_1\}\{\mathrm{crit}_1\}\cdots \\
&\varnothing\varnothing\varnothing\varnothing\varnothing\varnothing\varnothing\cdots
\end{aligned}
$$

都包含在 P_{mutex} 中. 但它不包含形为

$$\{\mathrm{crit}_1\}\varnothing\{\mathrm{crit}_1, \mathrm{crit}_2\}\cdots$$

的单词. 例 2.12 中描述的迁移系统 $\mathrm{TS}_{\mathrm{Arb}} = (\mathrm{TS}_1 \,|||\, \mathrm{TS}_2) \,\|\, \mathrm{Arbiter}$ 满足互斥性质, 即

$$\mathrm{TS}_{\mathrm{Arb}} \models P_{\mathrm{mutex}}$$

留给读者证明基于信号的互斥算法 (见图 3.6) 和 Peterson 算法 (见例 2.11) 满足互斥性质. ■

例 3.7 无饥饿

保证互斥是互斥算法的重要性质, 但不是唯一相关的性质. 永不允许进程进入关键节段的算法可以保证互斥, 这当然不是我们想要的. 应该施加一个性质, 它使得想要进入关键节段的进程最终总能进入. 这个性质可防止进程无限等待, 并可形式化地描述为 LT 性质

$$P_{\mathrm{finwait}} = \Big\{ A_0A_1A_2\cdots \mid \forall i \in \{1,2\}. (\forall j. \mathrm{wait}_i \in A_j \Rightarrow \exists k > j. \mathrm{crit}_i \in A_k) \Big\}$$

这里假定命题的集合为

$$\mathrm{AP} = \{\mathrm{wait}_1, \mathrm{crit}_1, \mathrm{wait}_2, \mathrm{crit}_2\}$$

性质 P_{finwait} 表示, 对任一进程, 只要它等待就会进入关键节段. 即, 任一进程在进入它的关键节段前只需要有限的等待. 它不表示一个进程经常等待并经常进入关键节段.

考虑下面的变量. LT 性质 P_{nostarve} 是无限单词 $A_0A_1A_2\cdots$ 的集合, 它对每一 $i \in \{1,2\}$ 都有

$$(\forall k \geqslant 0. \exists j \geqslant k. \mathrm{wait}_i \in A_j) \Rightarrow (\forall k \geqslant 0. \exists j \geqslant k. \mathrm{crit}_i \in A_j)$$

把它缩写为

$$\Big(\overset{\infty}{\exists} j. \mathrm{wait}_i \in A_j\Big) \Rightarrow \Big(\overset{\infty}{\exists} j. \mathrm{crit}_i \in A_j\Big)$$

其中, $\overset{\infty}{\exists}$ 表示 “存在无穷多个”.

性质 P_{nostarve} 表示, 如果两个进程无限经常地等待, 那么它们中的每个进程都无限经常地进入关键节段. 但是, 基于信号的解决方案不满足这个自然的要求, 因为

$$\varnothing(\{\mathrm{wait}_2\}\{\mathrm{wait}_1, \mathrm{wait}_2\}\{\mathrm{crit}_1, \mathrm{wait}_2\})^{\omega}$$

是迁移系统的可能的迹, 但不属于 P_{nostarve}. 此迹表示如下执行: 只有第一个进程无限经常地进入其关键节段. 事实上, 第二个进程无限等待进入关键节段.

Peterson 算法的迁移系统 (见例 2.11) 却满足 P_{nostarve}. 请读者证之. ■

3.2.4　迹等价与线性时间性质

LT 性质描述迁移系统应该呈现的 (无限) 迹. 如果迁移系统 TS 和 TS′ 具有相同的迹, 我们就会期望它们满足同样的 LT 性质. 很明显, 如果 $\mathrm{TS} \models P$, 那么 TS 的所有迹都包含于 P, 并且当 $\mathrm{Traces(TS)} = \mathrm{Traces(TS')}$ 时, TS′ 的迹同样包含于 P; 否则, 只要 $\mathrm{TS} \not\models P$, 那么 Traces(TS) 中就存在被 P 排斥的一个迹, 即, 它不包含于迹的集合 P 中. 因为 $\mathrm{Traces(TS)} = \mathrm{Traces(TS')}$, TS′ 也含有这一被排斥的迹, 因此, $\mathrm{TS'} \not\models P$. 迹等价、迹包含与 LT 性质的满足性之间的关系是本节的主题.

本节从迹包含及其对并发系统设计的重要性开始. 迁移系统 TS 与 TS′ 之间的迹包含要求 TS 展现的所有的迹也都是 TS′ 展现的, 即 $\mathrm{Traces(TS)} \subseteq \mathrm{Traces(TS')}$. 注意, TS′ 可能会展现更多的迹, 即可能会有 TS 中没有的一些 (线性时间) 行为. 在系统分步设计中, 其设计是逐步细化的, 迹包含经常在以下意义上看作实现关系:

$$\mathrm{Traces(TS)} \subseteq \mathrm{Traces(TS')} \text{ 意为“TS 是 TS}' \text{ 的正确实现”}$$

例如, 令 TS′ 是一个 (更抽象的) 设计, 其并行合成用交错建模; TS 是它的实现, 其中 (某些) 交错已被一些调度策略解决. 因而 TS 可看作 TS′ 的一个实现, 并且显然 $\mathrm{Traces(TS)} \subseteq \mathrm{Traces(TS')}$.

迹包含对 LT 性质有什么用? 定理 3.1 表明迹包含与以 LT 性质表示的需求准述是一致的.

定理 3.1　迹包含与 LT 性质

令 TS 和 TS′ 是没有终止状态而具有相同命题集合 AP 的迁移系统. 那么, 下列两个命题是等价的:

(a) $\mathrm{Traces(TS)} \subseteq \mathrm{Traces(TS')}$.

(b) 对于任何 LT 性质 P: $\mathrm{TS'} \models P$ 蕴涵 $\mathrm{TS} \models P$.

证明: 先证 (a) ⇒ (b). 假设 $\mathrm{Traces(TS)} \subseteq \mathrm{Traces(TS')}$, 令 P 是一个 LT 性质并且 $\mathrm{TS'} \models P$. 由定义 3.7 可得, $\mathrm{Traces(TS')} \subseteq P$. 因为 $\mathrm{Traces(TS)} \subseteq \mathrm{Traces(TS')}$, 所以 $\mathrm{Traces(TS)} \subseteq P$. 再由定义 3.7 得 $\mathrm{TS} \models P$.

再证 (b) ⇒ (a). 假设对所有 LT 性质, $\mathrm{TS'} \models P$ 蕴涵 $\mathrm{TS} \models P$ 都成立. 令 $P = \mathrm{Traces(TS')}$. 显然, $\mathrm{Traces(TS')} \subseteq \mathrm{Traces(TS')}$, 故 $\mathrm{TS'} \models P$. 由假设可得 $\mathrm{TS} \models P$, 因此 $\mathrm{Traces(TS)} \subseteq \mathrm{Traces(TS')}$. ■

这个简单的观察对逐步细化设计起决定作用. 如果 TS′ 是初步设计的迁移系统表示, TS 是从 TS′ 的细化 (即更详细的设计) 而来的迁移系统, 那么, 从关系 $\mathrm{Traces(TS)} \subseteq \mathrm{Traces(TS')}$ 可直接得到而不必再显式地证明: 对 TS′ 成立的性质对 TS 也成立.

例 3.8　细化基于信号的互斥算法

令 $\mathrm{TS'} = \mathrm{TS}_{\mathrm{Sem}}$ 是基于信号的互斥算法的迁移系统表示 (见图 3.6), TS 是从 TS′ 删除迁移

$$\langle \mathrm{wait}_1, \mathrm{wait}_2, y = 1 \rangle \to \langle \mathrm{wait}_1, \mathrm{crit}_2, y = 0 \rangle$$

后得到的迁移系统. 换言之, 第二进程 (P_2) 不能再从两个进程都等待的状态进入关键节段. 这样将产生一个模型, 它在两个进程争入关键节段时让 P_1 比 P_2 有更高的优先权. 由于移除了一个迁移, 因此可得出 $\text{Traces}(\text{TS}) \subseteq \text{Traces}(\text{TS}')$. 又因为 TS′ 保证互斥, 即 $\text{TS}' \models P_{\text{mutex}}$, 故由定理 3.1 得 $\text{TS} \models P_{\text{mutex}}$. ■

如果两个迁移系统的迹集相同, 则称它们为迹等价的.

定义 3.8 迹等价

若 $\text{Traces}_{\text{AP}}(\text{TS}) = \text{Traces}_{\text{AP}}(\text{TS}')$, 则称迁移系统 TS 和 TS′ 关于命题集合 AP 是迹等价的. [①] ■

定理 3.1 蕴涵着两个迹等价的迁移系统关于表述为 LT 性质的需求的等价性.

推论 迹等价与 LT 性质

令 TS 和 TS′ 是没有终止状态而具有相同原子命题集合 AP 的迁移系统. 那么,

$$\text{Traces}(\text{TS}) = \text{Traces}(\text{TS}') \iff \text{TS 与 TS}'\text{满足相同的 LT 性质}$$ ■

因此, 不存在可以区分两个迹等价的迁移系统的 LT 性质. 换言之, 为了确认迁移系统 TS 和 TS′ 不是迹等价的, 只要找到对其中一个成立而对另一个不成立的 LT 性质就够了.

例 3.9 两台饮料售货机

考虑图 3.8 中的两个迁移系统, 它们都是饮料售货机的模型. 为简单起见, 省略了迁移的可见动作标记. 两台机器都可提供苏打水和啤酒. 以左边的迁移系统为模型的饮料售货机在投入硬币后未定地选择苏打水或啤酒; 但是, 右边的系统有两个选择按钮 (每个对应一种饮料), 并在投入硬币后未定地阻塞一个按钮. 在这两个迁移系统中, 用户不能控制得到的饮料, 售货机完全控制饮料选择.

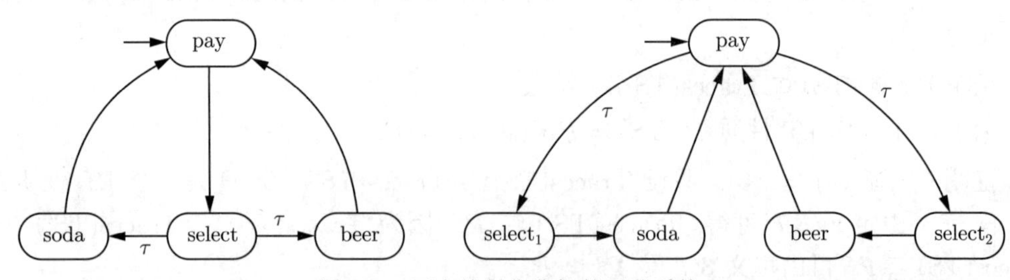

图 3.8 两台饮料售货机的迁移系统

令 $\text{AP} = \{\text{pay}, \text{soda}, \text{beer}\}$. 尽管两台售货机的行为不同, 但不难看出, 当考虑 AP 时它们表现出相同的迹, 因为这两台机器的迹都是 pay 与 soda 或 beer 之一的交替序列. 因此, 两台售货机是迹等价的. 由上面的推论可知, 两台售货机恰好满足同样的 LT 性质. 换言之, 这意味着不存在区分两台售货机的 LT 性质. ■

3.3 安全性质与不变式

安全性质经常被说成是 "坏事不发生". 互斥性质 (总是至多只有一个进程处于其关键节段) 是一个典型的安全性质. 它说明坏事 (有两个或更多进程同时处于关键节段) 永不发

① 此处假设两个迁移系统的命题集合都包含 AP.

生. 另一个典型的安全性质是无死锁. 例如, 对于哲学家就餐问题 (见例 3.2), 所谓死锁可以刻画为所有哲学家都在等待拿起第二根筷子的情形. 这一坏事 (即不想要的情形) 应该永不发生.

3.3.1　不变式

事实上, 上面讨论的是一种特殊的安全性质: 它们是*不变式*. 不变式是由状态的条件 Φ 给出的 LT 性质, 其中 Φ 对所有可达状态都成立.

定义 3.9　不变式

对于 AP 上的 LT 性质 P_{inv}, 若存在 AP 上的命题逻辑公式[①] Φ 使得

$$P_{\text{inv}} = \left\{ A_0A_1A_2\cdots \in (2^{\text{AP}})^\omega \mid \forall j \geqslant 0.\, A_j \models \Phi \right\}$$

则称 P_{inv} 为*不变式*, 称 Φ 为 P_{inv} 的*不变条件* (或*状态条件*). ■

注意,

$$\begin{aligned} \text{TS} \models P_{\text{inv}} \quad & \text{iff} \quad \text{对 TS 中的所有路径 } \pi,\ \text{trace}(\pi) \in P_{\text{inv}} \\ & \text{iff} \quad \text{对于所有属于 TS 的某条路径的 } s,\ L(s) \models \Phi \\ & \text{iff} \quad \text{对于所有 } s \in \text{Reach(TS)},\ L(s) \models \Phi \end{aligned}$$

因而, 概念 "不变式" 可解释为: 在给定的迁移系统中, 所有初始状态必须满足条件 Φ, 并且 Φ 的可满足性在给定迁移系统的可达部分的迁移下是不变的. 后一句意为: 如果 Φ 对迁移 $s \xrightarrow{\alpha} s'$ 的源状态 s 成立, 则 Φ 对目标 s' 也成立.

回到互斥和哲学家就餐无死锁的例子. 互斥性质可用使用命题逻辑公式

$$\Phi = \neg\text{crit}_1 \vee \neg\text{crit}_2$$

的不变式描述. 至于哲学家就餐的无死锁, 不变式要保证至少有一位哲学家不等待拿起筷子. 这可用命题公式

$$\Phi = \neg\text{wait}_0 \vee \neg\text{wait}_1 \vee \neg\text{wait}_2 \vee \neg\text{wait}_3 \vee \neg\text{wait}_4$$

建立. 其中, 命题 wait_i 刻画哲学家 i 正等待一根筷子的状态.

如何判断迁移系统是否满足不变式? 如果迁移系统 TS 是*有限的*, 稍加改造的标准的图遍历算法即可, 例如深度优先搜索 (Depth First Search, DFS) 或广度优先搜索 (Breadth First Search, BFS) 等, 这是由于对命题公式 Φ 验证不变式等同于验证 Φ 对从初始状态可达的每个状态的有效性.

算法 3.1 概括了对状态图 $G(\text{TS})$ 用深度优先前向搜索方法验证不变条件 Φ 的主要步骤. *前向搜索*的意思是, 从初始状态开始并检查所有可达状态. 如果至少有一个访问到的状态使 Φ 不成立, 那么由 Φ 诱导的不变性就被打破. 在算法 3.1 中, R 存储所有已访问的状态, 即, 如果算法 3.1 结束, 那么 $R = \text{Reach(TS)}$ 包含所有可达状态. 此外, U 是堆栈, 它

① 命题逻辑的基本原理在附录 A 的 A.3 节中给出.

用于组织仍然需要访问但还不在 R 中的状态. 操作 push、pop、top 是堆栈上的标准操作. 符号 ε 用于表示空堆栈. 也可以使用后向搜索方法, 它从 Φ 不成立的状态开始, (通过 DFS 或 BFS) 计算集合 $\bigcup\limits_{s\in S, s\not\models\Phi} \text{Pre}^*(s)$.

算法 3.1 使用深度优先前向搜索的朴素不变式检验

输入: 有限迁移系统 TS 和命题公式 Φ.

输出: 若 TS 满足不变式 "总是 Φ" 则为 true, 否则为 false.

```
set R := ∅;                                        (* 已访问状态的集合 *)
stack U := ε;                                      (* 空堆栈 *)
bool b := true;                                    (* R 中的状态都满足 Φ *)
for all s ∈ I do
  if s ∉ R then
    visit(s)                       (* 对未访问的初始状态进行深度优先前向搜索 *)
  fi
od
return b
```

```
procedure visit(state s)
  push(s, U);                                      (* s 入栈 *)
  R := R ∪ {s};                                    (* s 标记为可达的 *)
  repeat
    s' := top(U);
    if Post(s') ⊆ R then
      pop(U);
      b := b ∧ (s' ⊨ Φ);                           (* 检验 Φ 在 s 处的有效性 *)
    else
      let s'' ∈ Post(s') \ R
      push(s'', U);
      R := R ∪ {s''};                              (* 状态 s'' 是一个新可达状态 *)
    fi
  until (U = ε)
endproc
```

可对算法 3.1 稍加改进, 一旦遇到不满足 Φ 的状态就退出计算. 这一状态是"坏"状态, 因为它让迁移系统否定了不变式, 并可将其作为错误标识返回. 然而, 这样的错误标识并不是很有用.

相反, 更有用的是初始路径片段 $s_0 s_1 \cdots s_n$, 其中所有状态 (除最后一个外) 都满足 Φ, 而 $s_n \not\models \Phi$. 这样的路径片段标志着违反不变式的迁移系统的可能行为. 可以很容易地修改算法 3.1, 使它在遇到违反 Φ 的状态时能提供反例. 为此, 使用 (深度优先搜索) 堆栈 U. 当遇到违反 Φ 的 s_n 时, 栈内容 (从底到顶读) 包含需要的起始路径片段. 算法 3.2 由此而来.

算法 3.2 使用深度优先前向搜索的不变式检验

输入: 有限迁移系统 TS 和命题公式 Φ.

输出: 若 TS 满足不变式 "总是 Φ" 则为 "是", 否则为 "否" 和反例.

```
set R := ∅;                                  (* 可达状态的集合 *)
stack U := ε;                                (* 空堆栈 *)
bool b := true;                              (* R 中的状态都满足 Φ *)
while (I \ R ≠ ∅ ∧ b) do
  let s ∈ I \ R;                             (* 选择任一不在 R 中的初始状态 *)
  visit(s)                                   (* 对未访问的初始状态进行深度优先前向搜索 *)
od
if b then
  return (''是'')                            (* TS ⊨ "总是 Φ" *)
else
  return (''否'', reverse(U))                (* 从堆栈内容得到的反例 *)
fi

procedure visit(state s)
  push(s, U);                                (* s 入堆栈 *)
  R := R ∪ {s};                              (* s 标记为可达的 *)
  repeat
    s' := top(U);
    if Post(s') ⊆ R then
      pop(U);
      b := b ∧ (s' ⊨ Φ);                     (* 检验 Φ 在 s 处的有效性 *)
    else
      let s'' ∈ Post(s') \ R
      push(s'', U);
      R := R ∪ {s''};                        (* 状态 s'' 是一个新可达状态 *)
    fi
  until ((U = ε) ∨ ¬b)
endproc
```

上面给出的不变性检验算法在最坏情况下的时间复杂度由访问所有可达状态的深度优先搜索算法的开销主导. 这个开销是状态 (状态图中的节点) 数和迁移 (状态图中的边) 数的线性函数, 假如在给定的状态图表示中, 在时间 $\Theta(|\text{Post}(s)|)$ 内可遇到任何状态 s 的直接后继 $s' \in \text{Post}(s)$. 这对集合 $\text{Post}(s)$ 的邻接列表表示是成立的. 在本节讨论的情境中, 必须分析复杂系统的状态图, 邻接列表的显式表示是不适当的; 相反, 一般是*隐式地*给出邻接列表, 例如, 利用并发进程的句法描述, 类似于程序图或像 nanoPromela 那样的带有程序图语义的高级描述语言 (参见 2.2.5节). 那么, 状态 s 的直接后继由复合系统的迁移关系的公理和规则得到. 除进程的句法描述占用的空间外, 算法 3.2 占用的空间由已访问状态的集合 R 的表示 (通常会用适当的哈希技术实现) 和堆栈 U 主导. 因此, 不变式检验的空间复杂度是可达状态数的线性函数.

定理 3.2 不变式检验的时间复杂度

算法 3.2 的时间复杂度是 $O(N(1+|\Phi|)+M)$ 其中, N 表示可达状态数, $M = \sum_{s \in S} |\text{Post}(s)|$

表示 TS 的可达部分的迁移数.

证明: 状态图 $G(\mathrm{TS})$ 上的前向可达性的时间复杂度是 $O(N+M)$. 对某个状态 s 验证 $s \models \Phi$ 需要的时间是 Φ 的长度的线性函数 [①]. 因为对每个状态 s 都要验证 Φ 是否成立, 这相当于总共 $N+M+N(1+|\Phi|)$ 个操作. ■

3.3.2 安全性质

如 3.3.1 节所述, 不变式可视为状态性质并可通过考虑可达状态来检验. 但是, 某些安全性质可能对有限路径片段施加要求, 不能仅通过考虑可达状态来验证. 为此, 考虑取款机的例子. 一个很自然的要求是, 只有提供正确的个人标识 (PIN) 后才可取款. 这个性质不是不变式, 因为它不是一个状态性质. 但是可以认为它是一个安全性质, 因为任何违反这一要求的无限运行都有一个有限的坏前缀, 即在输入 PIN 前取走了现金.

形式上, 安全性质 P 定义为 AP 上满足下列条件的 LT 性质: 使 P 不成立的任何无限单词 σ 都包含一个坏前缀. 坏前缀的含义是坏事已经发生的有限前缀 $\widehat{\pi}$, 因此, 以该前缀开始的无限单词不可能满足 P.

定义 3.10 安全性质和坏前缀

设 P_{safe} 是 AP 上的 LT 性质. 如果对所有单词 $\sigma \in (2^{\mathrm{AP}})^\omega \setminus P_{\mathrm{safe}}$ 都存在 σ 的一个有限前缀 $\widehat{\sigma}$ 使得

$$P_{\mathrm{safe}} \cap \left\{\sigma' \in (2^{\mathrm{AP}})^\omega \mid \widehat{\sigma} \text{ 是 } \sigma' \text{ 的前缀}\right\} = \varnothing$$

则称 P_{safe} 是安全性质. 这样的有限单词 $\widehat{\sigma}$ 称为 P_{safe} 的坏前缀. P_{safe} 的极小坏前缀是指这样一个坏前缀 $\widehat{\sigma}$: 它的任何一个真前缀都不是 P_{safe} 的坏前缀. 换言之, 极小坏前缀就是最小长度的坏前缀. P_{safe} 的所有坏前缀的集合记为 $\mathrm{BadPref}(P_{\mathrm{safe}})$, 所有极小坏前缀的集合记为 $\mathrm{MinBadPref}(P_{\mathrm{safe}})$. ■

任何不变式都是安全性质. 对于 AP 上的命题公式 Φ 和它的不变式 P_{inv}, 形为

$$A_0 A_1 \cdots A_n \in (2^{\mathrm{AP}})^+$$

且 $A_0 \models \Phi, A_1 \models \Phi, \cdots, A_{n-1} \models \Phi$ 而 $A_n \not\models \Phi$ 的所有有限单词组成 P_{inv} 的极小坏前缀的集合. 下面的两个例子说明某些安全性质并非不变式.

例 3.10 交通灯的一个安全性质

考虑通常的具有红、绿、黄 3 个阶段的交通灯. 红灯之前必黄灯, 这个要求是安全性质但并非不变式. 证明如下.

令 red、yellow 和 green 是原子命题. 直观地, 它们用于表示红灯、黄灯和绿灯阶段的状态. 性质 “永远至少一灯亮” 描述为

$$\{\sigma = A_0 A_1 A_2 \cdots \mid A_j \subseteq \mathrm{AP} \wedge A_j \neq \varnothing\}$$

坏前缀就是那些包含 $\varnothing$ 的有限单词. 极小坏前缀以 $\varnothing$ 结束. 性质 “两灯永远不会同时亮” 描述为

$$\{\sigma = A_0 A_1 A_2 \cdots \mid A_j \subseteq \mathrm{AP} \wedge |A_j| \leqslant 1\}$$

① 为了涵盖 Φ 是原子命题的情况, 此时设 $|\Phi| = 0$; 验证 Φ 对状态 s 是否成立的耗时用 $1 + |\Phi|$ 处理.

该性质的坏前缀是含有 {red, green}、{red, yellow} 等类似集合的单词. 极小坏前缀以这样的集合结束.

现在, 令 $\mathrm{AP}' = \{\mathrm{red}, \mathrm{yellow}\}$. 性质 “红灯之前必为黄灯” 可描述为无限单词 $\sigma = A_0A_1A_2\cdots$ 的集合, 其中 $A_i \subseteq \{\mathrm{red}, \mathrm{yellow}\}$, 并且对所有 $i \geqslant 0$ 都有

$$\mathrm{red} \in A_i \text{ 蕴涵 } i > 0 \text{ 且 } \mathrm{yellow} \in A_{i-1}$$

坏前缀就是违反这一条件的有限单词. 极小坏前缀的例子有

$$\varnothing\varnothing\{\mathrm{red}\} \text{ 和 } \varnothing\{\mathrm{red}\}$$

坏前缀

$$\{\mathrm{yellow}\}\{\mathrm{yellow}\}\{\mathrm{red}\}\{\mathrm{red}\}\varnothing\{\mathrm{red}\}$$

不是极小的, 因为它的真前缀 {yellow}{yellow}{red}{red} 也是坏前缀.

在能够构成正则语言的意义上, 该安全性质的极小坏前缀是正则的. 图 3.9 中的有限自动机恰好接收上述安全性质的极小坏前缀. ① 此处, ¬yellow 应理解为 ∅ 或 {red}. 注意, 本例给出的其他性质也是正则的. ■

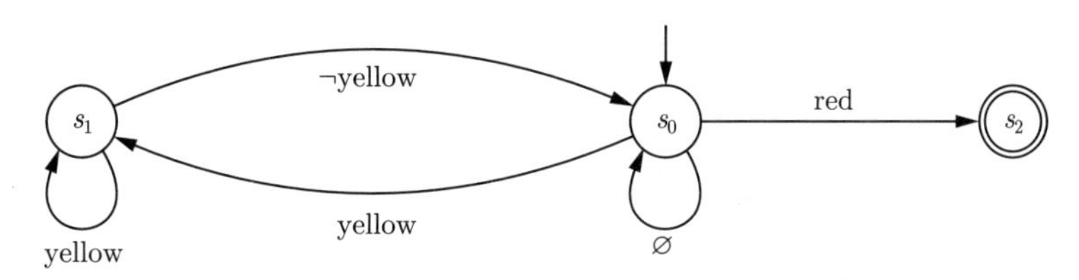

图 3.9　正则安全性质的极小坏前缀的有限自动机

例 3.11　饮料售货机的安全性质

对于饮料售货机, 一个自然的安全性质是

“投币数至少是提交饮料数”

通过使用命题集合 {pay, drink} 以及标记函数, 这一性质可用无限单词 $A_0A_1A_2\cdots$ 的集合形式化. 其中, 对于所有 $i \geqslant 0$ 都有

$$|\{0 \leqslant j \leqslant i \mid \mathrm{pay} \in A_j\}| \geqslant |\{0 \leqslant j \leqslant i \mid \mathrm{drink} \in A_j\}|$$

该安全性质的坏前缀的例子有

$$\varnothing\{\mathrm{pay}\}\{\mathrm{drink}\}\{\mathrm{drink}\}$$
$$\varnothing\{\mathrm{pay}\}\{\mathrm{drink}\}\varnothing\{\mathrm{pay}\}\{\mathrm{drink}\}\{\mathrm{drink}\}$$

请读者证明, 图 3.8 中的两台饮料售货机都满足上述安全性质. ■

安全性质是对有限迹的要求. 这在形式上用以下引理表述.

① 4.1 节将简要介绍作为有限单词上的语言接收器的有限自动机的主要概念.

引理 3.1 安全性质的满足关系

对于无终止状态的迁移系统 TS 和安全性质 P_{safe}:

$$\text{TS} \models P_{\text{safe}} \text{ 当且仅当 } \text{Traces}_{\text{fin}}(\text{TS}) \cap \text{BadPref}(P_{\text{safe}}) = \varnothing$$

证明: 先证充分性, 用反证法. 令 $\text{Traces}_{\text{fin}}(\text{TS}) \cap \text{BadPref}(P_{\text{safe}}) = \varnothing$ 并假设 $\text{TS} \not\models P_{\text{safe}}$. 那么, 对 TS 中的某个路径 π 有 $\text{trace}(\pi) \notin P_{\text{safe}}$. 因此, $\text{trace}(\pi)$ 从 P_{safe} 的一个坏前缀 $\widehat{\sigma}$ 开始. 然而, 这样就得到 $\widehat{\sigma} \in \text{Traces}_{\text{fin}}(\text{TS}) \cap \text{BadPref}(P_{\text{safe}})$. 矛盾.

再证必要性, 用反证法. 假设 $\text{TS} \models P_{\text{safe}}$ 且 $\widehat{\sigma} \in \text{Traces}_{\text{fin}}(\text{TS}) \cap \text{BadPref}(P_{\text{safe}})$. 可把有限迹 $\widehat{\sigma} = A_1 A_2 \cdots A_n \in \text{Traces}_{\text{fin}}(\text{TS})$ 扩充为无限迹 $\sigma = A_1 A_2 \cdots A_n A_{n+1} A_{n+2} \cdots \in \text{Traces}(\text{TS})$. 那么, $\sigma \notin P_{\text{safe}}$. 因此, $\text{TS} \not\models P_{\text{safe}}$. ■

最后给出用闭包刻画的安全性质的另一种特征.

定义 3.11 前缀与闭包

对于迹 $\sigma \in (2^{\text{AP}})^\omega$, 令 $\text{pref}(\sigma)$ 表示 σ 的有限前缀的集合, 即

$$\text{pref}(\sigma) = \{\widehat{\sigma} \in (2^{\text{AP}})^* \mid \widehat{\sigma} \text{ 是 } \sigma \text{ 的有限前缀}\}$$

即, 如果 $\sigma = A_0 A_1 A_2 \cdots$, 那么 $\text{pref}(\sigma) = \{\varepsilon, A_0, A_0 A_1, A_0 A_1 A_2, \cdots\}$ 是有限单词的集合. 此概念可用常规方法提升到迹集. 对于 AP 上的性质 P:

$$\text{pref}(P) = \bigcup_{\sigma \in P} \text{pref}(\sigma)$$

LT 性质 P 的闭包定义为

$$\text{closure}(P) = \{\sigma \in (2^{\text{AP}})^\omega \mid \text{pref}(\sigma) \subseteq \text{pref}(P)\}$$ ■

例如, 对于无限迹 $\sigma = ABABAB \cdots$ (其中, $A, B \subseteq \text{AP}$), 我们有 $\text{pref}(\sigma) = \{\varepsilon, A, AB, ABA, ABAB, \cdots\}$, 此即由正则表达式 $(AB)^*(A+\varepsilon)$ 给出的正则语言.

LT 性质 P 的闭包是一些无限迹的集合, 这些迹的有限前缀必须是 P 的有限前缀. 换言之, P 的闭包中的无限迹不会有不是 P 的前缀的前缀. 正如将要看到的那样, 闭包是刻画安全与活性性质的核心概念.

引理 3.2 安全性质的替代特征

令 P 是 AP 上的线性性质. 那么, P 是安全性质当且仅当 $\text{closure}(P) = P$.

证明: 先证充分性. 设 $\text{closure}(P) = P$. 为证明 P 是安全性质, 取一个元素 $\sigma \in (2^{\text{AP}})^\omega \setminus P$ 并证明 σ 从 P 的坏前缀开始. 因为 $\sigma \notin P = \text{closure}(P)$, 所以存在 σ 的有限前缀 $\widehat{\sigma} \notin \text{pref}(P)$. 由 $\text{pref}(P)$ 的定义, 满足 $\widehat{\sigma} \in \text{pref}(\sigma')$ 的 $\sigma' \in (2^{\text{AP}})^\omega$ 不属于 P. 因此, $\widehat{\sigma}$ 是 P 的坏前缀, 并由定义可知 P 是安全性质.

再证必要性. 假设 P 是安全性质. 需要证明 $P = \text{closure}(P)$. 包含关系 $P \subseteq \text{closure}(P)$ 对任何 LT 性质都成立. 还要证明 $\text{closure}(P) \subseteq P$. 用反证法证明. 假设有某个 $\sigma = A_1 A_2 A_3 \cdots \in \text{closure}(P) \setminus P$. 因为 P 是安全性质并且 $\sigma \notin P$, 所以 σ 有一个有限前缀

$$\widehat{\sigma} = A_1 A_2 \cdots A_n \in \text{BadPref}(P)$$

由于 $\sigma \in \text{closure}(P)$, 有 $\widehat{\sigma} \in \text{pref}(\sigma) \subseteq \text{pref}(P)$. 因此, 存在单词 $\sigma' \in P$, 其形式为

$$\sigma' = \underbrace{A_1 A_2 \cdots A_n}_{\text{坏前缀}} B_{n+1} B_{n+2} \cdots$$

这与 P 是安全性质矛盾. ■

3.3.3 迹等价与安全性质

迁移系统的迹包含与 LT 性质的满足性之间存在紧密联系 (见定理 3.1): 对于没有终止状态的迁移系统 TS 和 TS′,

$$\text{Traces(TS)} \subseteq \text{Traces(TS}') \quad \text{当且仅当} \quad \text{对所有 LT 性质 } P \ \ \text{TS}' \models P \text{ 蕴涵 TS} \models P$$

注意, 这一结果考虑了所有无限迹. 因此, 它阐述了迁移系统的无限迹与 LT 性质的有效性之间的关系. 当替换无限迹只考虑有限迹时, 可建立安全性质的有效性的类似联系, 如定理 3.3 所述.

定理 3.3 有限迹包含与安全性质

令 TS 与 TS′ 是没有终止状态并有相同命题集合 AP 的迁移系统. 那么, 以下命题等价:

(a) $\text{Traces}_{\text{fin}}(\text{TS}) \subseteq \text{Traces}_{\text{fin}}(\text{TS}')$.

(b) 对于任何安全性质 P_{safe}, $\text{TS}' \models P_{\text{safe}}$ 蕴涵 $\text{TS} \models P_{\text{safe}}$.

证明:

先证 (a) ⇒ (b). 假设 $\text{Traces}_{\text{fin}}(\text{TS}) \subseteq \text{Traces}_{\text{fin}}(\text{TS}')$, 同时令 P_{safe} 是安全性质并且 $\text{TS}' \models P_{\text{safe}}$. 由引理 3.1 有 $\text{Traces}_{\text{fin}}(\text{TS}') \cap \text{BadPref}(P_{\text{safe}}) = \varnothing$, 由此可知, $\text{Traces}_{\text{fin}}(\text{TS}) \cap \text{BadPref}(P_{\text{safe}}) = \varnothing$. 再次使用引理 3.1 得 $\text{TS} \models P_{\text{safe}}$.

再证 (b) ⇒ (a). 假设 (b) 成立. 令 $P_{\text{safe}} = \text{closure}(\text{Traces}(\text{TS}'))$. 那么, P_{safe} 是安全性质并且有 $\text{TS}' \models P_{\text{safe}}$ (见习题 3.9). 因此, 由 (b) 推出 $\text{TS} \models P_{\text{safe}}$, 即

$$\text{Traces(TS)} \subseteq \text{closure}(\text{Traces}(\text{TS}'))$$

可由此推导出

$$\begin{aligned}\text{Traces}_{\text{fin}}(\text{TS}) &= \text{pref}(\text{Traces}(\text{TS})) \\ &\subseteq \text{pref}(\text{closure}(\text{Traces}(\text{TS}'))) \\ &= \text{pref}(\text{Traces}(\text{TS}')) \\ &= \text{Traces}_{\text{fin}}(\text{TS}')\end{aligned}$$

这里使用了如下性质: 对于任意 P 都有 $\text{pref}(\text{closure}(P)) = \text{pref}(P)$ (见习题 3.10). ■

定理 3.3 与并发系统的分步设计有关. 如果初步设计 (即迁移系统) TS′ 细化为设计 TS, 使得

$$\text{Traces(TS)} \not\subseteq \text{Traces}(\text{TS}')$$

那么 TS$'$ 的 LT 性质不能带到 TS. 然而, 如果 TS 的有限迹是 TS$'$ 的有限迹 (这是一个比 TS 和 TS$'$ 的完整迹包含弱一些的要求), 即

$$\text{Traces}_{\text{fin}}(\text{TS}) \subseteq \text{Traces}_{\text{fin}}(\text{TS}')$$

那么, 所有已为 TS$'$ 确认的安全性质同样也对 TS 成立. 对 TS 的其他要求, 即安全性质之外的 LT 性质, 要用不同的技术进行检验.

推论 有限迹等价与安全性质

令 TS 和 TS$'$ 是没有终止状态且有相同原子命题集合 AP 的迁移系统. 那么, 下列命题等价:

(a) $\text{Traces}_{\text{fin}}(\text{TS}) = \text{Traces}_{\text{fin}}(\text{TS}')$.

(b) 对于 AP 上的任何安全性质 P_{safe}, $\text{TS} \models P_{\text{safe}} \iff \text{TS}' \models P_{\text{safe}}$.

下面对有限迹包含与迹包含之间的差异作出几点说明. 因为假设迁移系统没有终止状态, 所以在迹包含与有限迹包含之间仅有细微的区别. 对于没有终止状态的有限迁移系统 TS 与 TS$'$, 迹包含与有限迹包含是一致的. 这可由定理 3.4 推出.

定理 3.4 有限迹包含与迹包含的关系

令 TS 和 TS$'$ 是具有相同原子命题集合 AP 的迁移系统, 并且 TS 没有终止状态, TS$'$ 是有限的. 那么,

$$\text{Traces}(\text{TS}) \subseteq \text{Traces}(\text{TS}') \iff \text{Traces}_{\text{fin}}(\text{TS}) \subseteq \text{Traces}_{\text{fin}}(\text{TS}')$$

证明: 由 $\text{pref}(\cdot)$ 的单调性及 $\text{Traces}_{\text{fin}}(\text{TS}) = \text{pref}(\text{Traces}(\text{TS}))$ 对任何迁移系统 TS 成立, 可从左推出右.

余下的就是证明可从右推出左. 假设 $\text{Traces}_{\text{fin}}(\text{TS}) \subseteq \text{Traces}_{\text{fin}}(\text{TS}')$. 因为 TS 没有终止状态, 它的所有迹都是无限的. 令 $A_0A_1A_2\cdots \in \text{Traces}(\text{TS})$. 为证明 $A_0A_1A_2\cdots \in \text{Traces}(\text{TS}')$, 需要说明 TS$'$ 存在能生成这个迹的路径, 例如 $s_0s_1s_2\cdots$, 使得 $\text{trace}(s_0s_1s_2\cdots) = A_0A_1A_2$.

无限迹 $A_0A_1A_2\cdots$ 的任何有限前缀 $A_0A_1\cdots A_m$ 都在 $\text{Traces}_{\text{fin}}(\text{TS})$ 中, 且因为 $\text{Traces}_{\text{fin}}(\text{TS}) \subseteq \text{Traces}_{\text{fin}}(\text{TS}')$, 所以, 它也在 $\text{Traces}_{\text{fin}}(\text{TS}')$ 中. 因而, 对任何自然数 m, 在 TS$'$ 中都存在有限路径 $\pi^m = s_0^m s_1^m \cdots s_m^m$ 使得

$$\text{trace}(\pi^m) = L(s_0^m)L(s_1^m)\cdots L(s_m^m) = A_0A_1\cdots A_m$$

其中, L 表示 TS$'$ 的标记函数. 因此, 对于所有 $0 \leqslant j \leqslant m$ 都有 $L(s_j^m) = A_j$.

尽管 $A_0A_1\cdots A_m$ 是 $A_0A_1\cdots A_{m+1}$ 的前缀, 但并不能保证 π^m 是 π^{m+1} 的前缀. 但是, 由于 TS$'$ 的有限性, $\pi^0\pi^1\pi^2\cdots$ 必存在子列 $\pi^{m_0}\pi^{m_1}\pi^{m_2}\cdots$ 使得 π^{m_i} 和 $\pi^{m_{i+1}}$ 的前 i 个状态相同. 因此, $\pi^{m_0}\pi^{m_1}\pi^{m_2}\cdots$ 可产生 TS 中的具有所需性质的无限路径 π.

用所谓的对角化技术可形式化地证明这一点. 过程如下. 构造 TS$'$ 中的状态 $s_0, s_1, s_2, \cdots$ 以及下标 (即自然数) 构成的无穷集合的无限序列 $I_0, I_1, I_2, \cdots$, 其中 $I_n \subseteq \{m \in \mathbb{N} \mid m \geqslant n\}$, 使它们满足以下性质:

(1) 若 $n \geqslant 1$, 则 $I_{n-1} \supseteq I_n$.

(2) $s_0 s_1 \cdots s_n$ 是 TS 中的起始有限路径片段.

(3) 对所有 $m \in I_n$ 都有 $s_0 s_1 \cdots s_n = s_0^m s_1^m \cdots s_n^m$.

对 n 使用归纳法定义集合 I_n 和状态 s_n.

起步情形 $(n = 0)$. 由于 $\{s_0^m \mid m \in \mathbb{N}\}$ 是有限的 (因为它是 TS′ 的初始状态的有限集合的一个子集), 所以, 存在 TS′ 的一个初始状态 s_0 以及一个下标的无限集合 I_0, 使得对于所有 $m \in I_0$ 都有 $s_0 = s_0^m$.

归纳步骤 $n \Rightarrow n+1$. 假设已定义下标集 $I_0, I_1, \cdots, I_n$ 和状态 $s_0, s_1, \cdots, s_n$. 因为 TS′ 是有限的, 所以 $\mathrm{Post}(s_n)$ 是有限的. 此外, 由归纳假设, 即对于所有 $m \in I_n$ 都有 $s_n = s_n^m$, 得

$$\{s_{n+1}^m \mid m \in I_n, m \geqslant n+1\} \subseteq \mathrm{Post}(s_n)$$

因为 I_n 是无限的, 所以存在无限子集 $I_{n+1} \subseteq \{m \in I_n | m \geqslant n+1\}$ 和状态 $s_{n+1} \in \mathrm{Post}(s_n)$ 使得对所有 $m \in I_{n+1}$ 都有 $s_{n+1}^m = s_{n+1}$. 由此即得上面的性质 (1)~(3) 成立. ■

注记 3.1　*象有限迁移系统*

定理 3.4 在稍弱的条件下仍成立: TS 没有终止状态 (像定理 3.4 中一样) 并且 TS′ (不必是有限的) 是 AP 象有限的.

令 $\mathrm{TS}' = (S, \mathrm{Act}, \rightarrow, I, \mathrm{AP}, L)$. 如果满足以下性质:

(a) 对于所有 $A \subseteq \mathrm{AP}$, 集合 $\{s_0 \in I \mid L(s_0) = A\}$ 是有限的.

(b) 后继集合 $\{s' \in \mathrm{Post}(s) \mid L(s') = A\}$ 对 TS′ 中的所有状态 s 及对于所有 $A \subseteq \mathrm{AP}$ 都是有限的.

则称 TS′ 是 AP 象有限的 (简称*象有限的*).

显然, 任何有限迁移系统都是象有限的, 而且任何 AP 确定的迁移系统是象有限的. (AP 确定性要求 $\{s_0 \in I \mid L(s_0) = A\}$ 和 $\{s' \in \mathrm{Post}(s) \mid L(s') = A\}$ 要么是单点集要么是空集, 见定义 2.4).

事实上, 仔细观察定理 3.4 的证明就可以发现 TS′ 的 (a) 和 (b) 可用于构造下标集合 I_n 和状态 s_n. 因此, 若 TS 没有终止状态并且 TS′ 是象有限的, 则有 $\mathrm{Traces(TS)} \subseteq \mathrm{Traces(TS')} \iff \mathrm{Traces_{fin}(TS)} \subseteq \mathrm{Traces_{fin}(TS')}$. ■

但是, 无论是对无限迁移系统还是对有终止状态的有限系统, 迹包含与有限迹包含都是不等价的.

例 3.12　*有限与无限迁移系统的比较*

考虑图 3.10 中所示的迁移系统, 其中 b 表示原子命题. 该迁移系统 (左侧的) TS 是有限的, 而 (右侧的) TS′ 是无限的且不是象有限的, 原因在于初始状态处的无穷多个分支. 不难发现,

$$\mathrm{Traces(TS)} \not\subseteq \mathrm{Traces(TS')} \text{ 并且 } \mathrm{Traces_{fin}(TS)} \subseteq \mathrm{Traces_{fin}(TS')}$$

它源于以下事实: TS 可以自循环无穷多次而永不到达 b 状态, 但是 TS′ 却没有这样的行为. 另外, TS 的任何有限迹都是 $(\varnothing)^n$ 的形式, 其中 $n \geqslant 0$. 这同样也是 TS′ 的有限迹. 因此, TS′ 的 LT 性质带不到 TS 中 (而且对 TS 成立的性质也可能对 TS′ 不成立). 例如, LT 性质 “终将 b” 对 TS′ 成立, 但对 TS 不成立; 类似地, “永不 b” 对 TS 成立, 但对 TS′ 不成立.

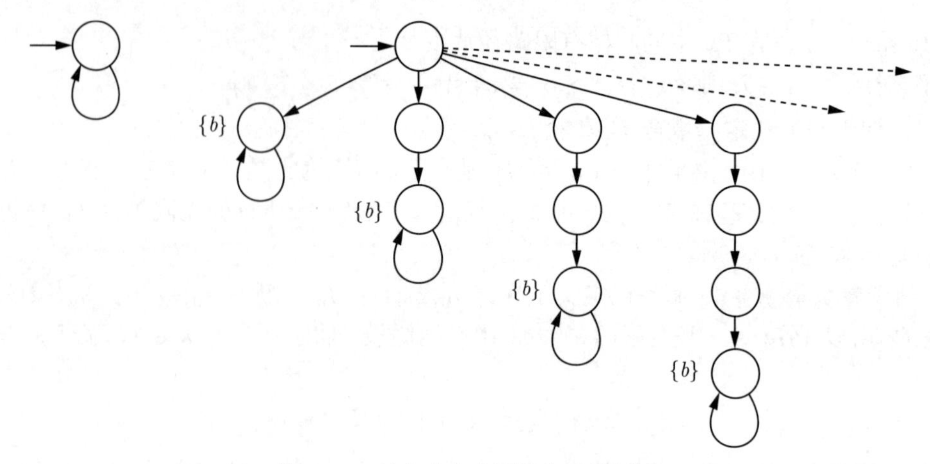

图 3.10 迹包含与有限迹包含的区别

这两个例子看起来有些不自然, 但并非如此: TS 可从程序中的无限循环得到, 而 TS′ 为以下程序片段的语义建模: 未定地选择自然数 k, 然后执行 k 个步骤. ■

3.4 活性性质

非正式地说, 安全性质指明"坏事"永不发生. 对于互斥算法, "坏事"就是多于一个进程处于关键节段; 而对于交通灯, "坏事"就是红灯阶段的上一个阶段不是黄灯阶段. 算法只要不做任何事情, 就不会发生"坏事". 这样就可以很容易地实现安全性质. 当然这不是我们希望的, 所以用要求某些进展的性质补充安全性质. 这样的性质称为活性性质 (有时称为进展性质). 直观上, 它们是在说"好事"将会发生. 在有限时间内, 即通过有限的系统运行, 就会违反安全性质; 相比之下, 要用无限时间, 即通过无限的系统运行, 才能违反活性性质.

3.4.1 活性性质概念

现有文献已定义了几种 (不等价的) 活性性质概念. 本书采用 Alpern 和 Schneider[5–7] 的方法. 他们给出了活性性质的形式概念, 此概念依赖于以下观点: 活性性质不约束有限行为, 但对无限行为提出某些要求. 要求某件事无限经常地发生是活性性质的典型例子. 在这种意义上, 活性性质的"好事"是对无限行为施加的条件; 而如果安全性质的"坏事"要发生就肯定在有限时间内发生.

在本书的方法中, (AP 上的) 活性性质定义为不排斥任何前缀的 LT 性质. 这就使得系统的有限迹集在判断活性性质是否成立时毫无用处. 直观地说, 要求任何有限前缀都能被扩展, 并且得到的无限迹满足所考虑的性质. 这与安全性质不同, 对后者, 为得到违反安全性质的结论, 只要一个有限迹 ("坏前缀") 就够了.

定义 3.12 活性性质

如果 $\text{pref}(P_{\text{live}}) = (2^{\text{AP}})^*$, 则 AP 上的 LT 性质 P_{live} 称为活性性质. ■

因此, (AP 上的) 活性性质就是 LT 性质, 它满足以下性质: 任何一个有限单词都可扩充为满足 P 的无限单词. 换言之, P 是活性性质当且仅当对任意有限单词 $w \in (2^{\text{AP}})^*$ 都存在无限单词 $\sigma \in (2^{\text{AP}})^\omega$ 使得 $w\sigma \in P$.

例 3.13　终将重复与无饥饿

在互斥算法的情形中要求的自然的安全性质保证互斥性质, 即进程永不同时进入关键节段 (这甚至是不变式). 典型的活性性质则满足以下 3 个性质:

- 终将: 每一进程终将进入其关键节段.
- 终将重复: 每一进程终将无限多次地进入其关键节段.
- 无饥饿: 每一等待进程终将进入其关键节段.

看一下这些活性性质如何形式化为 LT 性质, 并检验它们是否是活性性质. 像在例 3.7 中一样, 本例将使用原子命题 wait_1、crit_1、wait_2 和 crit_2, 其中 wait_i 刻画进程 P_i 已请求进入其关键节段并正在等待的状态, 而 crit_i 则是 P_i 已进入其关键节段的状态的标记. 现在, 把上面 3 个性质形式化为 $AP = \{\text{wait}_1, \text{crit}_1, \text{wait}_2, \text{crit}_2\}$ 上的 LT 性质. 第一个性质 (终将) 由所有无限单词 $A_0A_1A_2\cdots$ 组成, 其中, $A_j \subseteq AP$ 并且

$$(\exists j \geqslant 0.\, \text{crit}_1 \in A_j) \wedge (\exists j \geqslant 0.\, \text{crit}_2 \in A_j)$$

它要求 P_1 和 P_2 至少进入其关键节段一次. 第二个性质 (终将重复) 就是

$$(\forall k \geqslant 0.\, \exists j \geqslant k.\, \text{crit}_1 \in A_j) \wedge (\forall k \geqslant 0.\, \exists j \geqslant k.\, \text{crit}_2 \in A_j)$$

它规定 P_1 和 P_2 无限经常地处于其关键节段中. 这个公式可简写为

$$\left(\overset{\infty}{\exists} j \geqslant 0.\, \text{crit}_1 \in A_j\right) \wedge \left(\overset{\infty}{\exists} j \geqslant 0.\, \text{crit}_2 \in A_j\right)$$

第三个性质 (无饥饿) 要求

$$\begin{aligned}&\forall j \geqslant 0.\, (\text{wait}_1 \in A_j \Rightarrow (\exists k > j.\, \text{crit}_1 \in A_k)) \wedge \\ &\forall j \geqslant 0.\, (\text{wait}_2 \in A_j \Rightarrow (\exists k > j.\, \text{crit}_2 \in A_k))\end{aligned}$$

它表明, 每个在等待的进程都能在后面的某个时间点获得对关键节段的访问. 注意, 这里隐式地假设已开始等待进入关键节段的进程不会放弃等待, 即, 它将持续等待直到被授权访问.

上述 3 个性质都是活性性质, 因为 AP 上的每个有限单词都是使对应的条件成立的无限单词的前缀. 例如, 对于无饥饿, 进程正等待但始终没进入关键节段的有限迹总能够被扩充为满足无饥饿性质的无限迹 (例如通过从某点后以严格交替的方式提供访问). ■

3.4.2 安全性质与活性性质

本节研究安全性质与活性性质之间的关系. 特别地, 将回答以下问题:

- 安全性质与活性性质不相交吗?
- 任何线性时间性质都是安全性质或活性性质吗?

正如在下面将看到的, 第一个问题的答案是肯定的, 而第二个是否定的. 尽管很有趣的是, 对任何 LT 性质 P, 的确存在等价的 LT 性质 P', 后者是一个安全性质和一个活性性质的综合 (即交集). 总之, 可以说安全性质与活性性质的辨识提供了线性时间性质的本质特征. ■

第一个问题的答案说明安全与活性性质的确几乎是不相交的. 更准确地说, 它说明仅有的一个既是安全的又是活性的性质是无限制, 即, 允许任何可能的行为. 从逻辑上说, 它等价于 true.

引理 3.3 安全与活性性质的交

AP 上唯一的既是安全性质又是活性性质的性质是 $(2^{\mathrm{AP}})^{\omega}$.

证明: 假设 P 是 AP 上的活性性质. 由定义 3.12, $\mathrm{pref}(P)=(2^{\mathrm{AP}})^*$. 由此得 $\mathrm{closure}(P)=(2^{\mathrm{AP}})^{\omega}$. 如果 P 还是一个安全性质, 则 $\mathrm{closure}(P)=P$, 因此, $P=(2^{\mathrm{AP}})^{\omega}$. ■

回顾, (AP 上的) 性质 P 的闭包就是 (2^{AP} 上的) 无限单词的集合, 其前缀也是 P 的前缀. 为证明 LT 性质可看作活性性质与安全性质的合取, 引理 3.4 是有益的, 它说明两性质之并的闭包等于闭包的并.

引理 3.4 闭包对并的分配律

对任何 LT 性质 P 和 P':

$$\mathrm{closure}(P)\cup\mathrm{closure}(P')=\mathrm{closure}(P\cup P')$$

证明: 先证 $\subseteq$. 由于 $P\subseteq P'$ 蕴涵 $\mathrm{closure}(P)\subseteq\mathrm{closure}(P')$, 可得 $P\subseteq P\cup P'$ 蕴涵 $\mathrm{closure}(P)\subseteq\mathrm{closure}(P\cup P')$. 同理可得 $\mathrm{closure}(P')\subseteq\mathrm{closure}(P\cup P')$. 因此, $\mathrm{closure}(P)\cup\mathrm{closure}(P')\subseteq\mathrm{closure}(P\cup P')$.

再证 $\supseteq$. 令 $\sigma\in\mathrm{closure}(P\cup P')$. 由闭包的定义, $\mathrm{pref}(\sigma)\subseteq\mathrm{pref}(P\cup P')$. 由于 $\mathrm{pref}(P\cup P')=\mathrm{pref}(P)\cup\mathrm{pref}(P')$, σ 的任何有限前缀都在 $\mathrm{pref}(P)$ 或 $\mathrm{pref}(P')$ 中 (或同在两者中). 由于 $\sigma\in(2^{\mathrm{AP}})^{\omega}$, σ 有无穷多个前缀. 因此, σ 的无穷多个前缀都属于 $\mathrm{pref}(P)$ 或 $\mathrm{pref}(P')$ (或同属两者). 不失一般性, 假设 $\mathrm{pref}(\sigma)\cap\mathrm{pref}(P)$ 是无限的. 那么, $\mathrm{pref}(\sigma)\subseteq\mathrm{pref}(P)$, 它导出 $\sigma\in\mathrm{closure}(P)$, 因此, $\sigma\in\mathrm{closure}(P)\cup\mathrm{closure}(P')$. 可用反证法证明 $\mathrm{pref}(\sigma)\subseteq\mathrm{pref}(P)$. 假设 $\widehat{\sigma}\in\mathrm{pref}(\sigma)\setminus\mathrm{pref}(P)$. 令 $|\widehat{\sigma}|=k$. 因为 $\mathrm{pref}(\sigma)\cap\mathrm{pref}(P)$ 是无限的, 所以存在长度大于 k 的 $\widehat{\sigma}'\in\mathrm{pref}(\sigma)\cap\mathrm{pref}(P)$. 但是也就存在 $\sigma'\in P$ 使 $\widehat{\sigma}'\in\mathrm{pref}(\sigma')$. 由此可得, $\widehat{\sigma}\in\mathrm{pref}(\widehat{\sigma}')$ (因为 $\widehat{\sigma}$ 和 $\widehat{\sigma}'$ 都是 σ 的前缀), 再由 $\mathrm{pref}(\widehat{\sigma}')\subseteq\mathrm{pref}(P)$ 可得 $\widehat{\sigma}\in\mathrm{pref}(P)$. 它与 $\widehat{\sigma}\in\mathrm{pref}(\sigma)\setminus\mathrm{pref}(P)$ 矛盾. ■

考虑图 3.5 的饮料售货机以及下面的性质:

"先连续提供 3 次苏打水, 此后机器无限经常地提供啤酒"

事实上该性质由两部分组成. 一是它要求无限经常地提供啤酒. 任何有限迹都可扩充为拥有此性质的无限迹, 因此它是活性性质. 二是前 3 次提供的饮料必须为苏打水. 这是一个安全性质, 因为前 3 次提供的饮料之一是啤酒的任何有限迹都违反它. 此性质是安全性质与活性性质的综合 (也就是合取). 定理 3.5 说明每一 LT 性质都能以此方式分解.

定理 3.5 分解定理

对于 AP 上的任何 LT 性质 P, 存在 (均在 AP 上的) 安全性质 P_{safe} 和活性性质 P_{live} 使得

$$P=P_{\mathrm{safe}}\cap P_{\mathrm{live}}$$

证明: 令 P 是 AP 上的 LT 性质. 易见 $P \subseteq \text{closure}(P)$, 因此 $P = \text{closure}(P) \cap P$. 通过集合运算可把它重写为

$$P = \underbrace{\text{closure}(P)}_{=P_{\text{safe}}} \cap \underbrace{(P \cup ((2^{\text{AP}})^\omega \setminus \text{closure}(P)))}_{=P_{\text{live}}}$$

由定义 3.10, $P_{\text{safe}} = \text{closure}(P)$ 是安全性质. 尚须证明

$$P_{\text{live}} = P \cup \Big((2^{\text{AP}})^\omega \setminus \text{closure}(P)\Big)$$

是活性性质. 由定义 3.12, 若 $\text{pref}(P_{\text{live}}) = (2^{\text{AP}})^*$, 则 P_{live} 是活性性质. 此条件等价于 $\text{closure}(P_{\text{live}}) = (2^{\text{AP}})^\omega$. 对任何 LT 性质 P, $\text{closure}(P) \subseteq (2^{\text{AP}})^\omega$ 总为真, 只需再证 $(2^{\text{AP}})^\omega \subseteq \text{closure}(P_{\text{live}})$. 这可推导如下:

$$\begin{aligned}
\text{closure}(P_{\text{live}}) &= \text{closure}\Big(P \cup ((2^{\text{AP}})^\omega \setminus \text{closure}(P))\Big) \\
&\overset{\text{引理 3.4}}{=} \text{closure}(P) \cup \text{closure}\Big((2^{\text{AP}})^\omega \setminus \text{closure}(P)\Big) \\
&\supseteq \text{closure}(P) \cup \Big((2^{\text{AP}})^\omega \setminus \text{closure}(P)\Big) \\
&= (2^{\text{AP}})^\omega
\end{aligned}$$

上述推导的倒数第二步使用了以下结论: $\text{closure}(P') \supseteq P'$ 对任何 LT 性质 P' 都成立. ■

定理 3.5 说明 $P_{\text{safe}} = \text{closure}(P)$ 是安全性质, $P_{\text{live}} = P \cup ((2^{\text{AP}})^\omega \setminus \text{closure}(P))$ 是活性性质, 并且 $P = P_{\text{safe}} \cap P_{\text{live}}$. 事实上, 这个分解还是 P 的所有分解中最准确的一个, 因为在分解 P 时 P_{safe} 是最强的安全性质, 且 P_{live} 是最弱的活性性质.

引理 3.5　最准确分解

令 P 是 LT 性质并且 $P = P_{\text{safe}} \cap P_{\text{live}}$, 其中 P_{safe} 是安全性质, P_{live} 是活性性质. 那么,

(1) $\text{closure}(P) \subseteq P_{\text{safe}}$.

(2) $P_{\text{live}} \subseteq P \cup ((2^{\text{AP}})^\omega \setminus \text{closure}(P))$.

证明: 见习题 3.12. ■

图 3.11 以维恩图的形式概括了 LT 性质的分类. 圆表示在给定的原子命题集合上的所有 LT 性质的集合.

注记 3.2　安全性与活性的拓扑特征

此注记写给熟悉拓扑空间基本概念的读者. 在集合 $(2^{\text{AP}})^\omega$ 上定义距离函数 $d(\sigma_1, \sigma_2) = 1/2^n$, 其中 σ_1 和 σ_2 是两个不同的无限单词 $\sigma_1 = A_1A_2A_3\cdots$ 和 $\sigma_2 = B_1B_2B_3\cdots$, n 是它们的最长公共前缀的长度. 另外, 定义 $d(\sigma, \sigma) = 0$. 那么, d 是 $(2^{\text{AP}})^\omega$ 上的度量, 因此诱导 $(2^{\text{AP}})^\omega$ 上的一个拓扑. 在此拓扑下, 安全性质恰好是闭集, 而活性性质就是稠密集. 事实上, $\text{closure}(P)$ 就是 P 的拓扑闭包, 即包含 P 的最小闭集. 那么, 定理 3.5 就可从以下著名的结论推出: (上述) 拓扑空间的任何子集可以写为它的闭包和一个稠密集的交集. ■

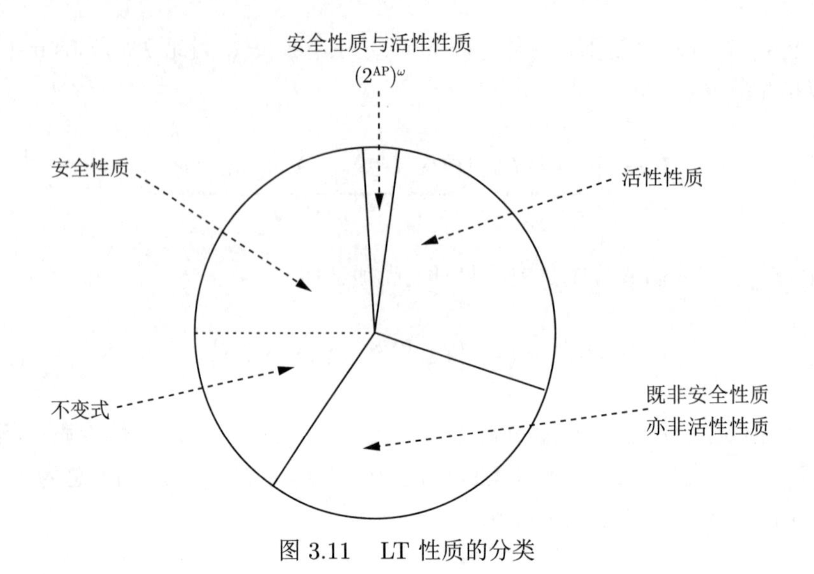

图 3.11 LT 性质的分类

3.5 公 平 性

反应系统的一个重要方面是公平性. 公平性假设排除了被认为是不实际的无限行为, 并对确认活性性质是必要的. 本节利用在并发系统中经常遇到的问题说明公平性的概念.

例 3.14 进程公平性

考虑请求某个特定服务的 N 个进程 $P_1, P_2, \cdots, P_N$. 另有一个可为这些进程提供服务的服务进程 Server. 以下是 Server 可以实现的一种可能的策略: 从 P_1 开始检查进程, 然后是 P_2, 等等, 并为在此过程中遇到的第一个请求服务的进程提供服务; 结束对此进程的服务后, 再从检查 P_1 开始重复这一过程. 现在假设 P_1 不断地请求服务, 那么这种策略将导致 Server 总是为 P_1 服务. 由于在这种方式中另一个请求服务的进程只能无限等待, 所以这被称为不公平策略. 在公平策略中, 要求服务器最终响应任一进程的任一请求. 例如, 服务每一进程一段限定时间的轮流调度策略是公平策略: 为一个进程服务后, (按轮流次序) 检查下一个进程, 并且 (如果需要就) 为它服务. ■

验证并发系统时, 经常只关注那些激活迁移 (语句) 以某种公平方式执行的路径. 例如, 考虑两个进程的互斥算法. 饥饿性是指想要进入其关键节段的进程无限期等待的情形. 为保证无饥饿性, 要排除那些总选择某个竞争进程执行的路径. 这种类型的公平性也被称为**进程公平性**, 因为这涉及进程执行的公平调度. 当要证明无饥饿时, 如果考虑不公平路径通常就会失败. 这是因为, 总存在不公平的策略, 此策略总是忽略某些进程, 并因而总也不能调动这些进程. 也许会有人争辩说这种不公平策略是不存在的, 是应该不予考虑的.

例 3.15 无饥饿

考虑基于信号的互斥算法的迁移系统 $\mathrm{TS}_{\mathrm{Sem}}$ (见例 2.10) 和 Peterson 算法的迁移系统 $\mathrm{TS}_{\mathrm{Pet}}$. 迁移系统 $\mathrm{TS}_{\mathrm{Sem}}$ 违反以下无饥饿性质:

“某个进程一旦请求进入, 在进入关键节段前它不会无限等待”

因为 TS_{Sem} 允许只有一个进程运行而另一进程饥饿 (或只访问关键节段有限次). 但是, Peterson 算法的迁移系统 TS_{Pet} 却满足此性质.

这两个迁移系统均违反以下性质：

"每个进程都可无限经常地进入其关键节段"

因为任何一个进程都可能从不 (或只是有限次地) 请求进入关键节段. ■

进程公平性只是公平性的一种特殊形式. 一般来说, 证明活性或其他类似于系统能有进展 ("好事终将发生") 这样的性质, 需要公平性假设. 如果要检验的迁移系统含有未定性, 这一点就是极其重要的. 因而, 公平性应以下面的方式解决未定性：不能忽略任何一个可选项. 在例 3.15 中, 对进程的调度是未定的: 如果至少有两个潜在的进程, 每个进程都有机会执行. 公平性用于解决未定性的另一个显著例子是以交错方式给并发进程建模. 交错就是通过列举进程可执行的动作的所有可能次序给两个独立进程的并发执行建模 (见第 2 章).

例 3.16 独立的交通灯

考虑在例 2.6 中描述的两个独立交通灯的迁移系统:

$$\text{TS} = \text{TrLight}_1 \mathbin{|||} \text{TrLight}_2$$

活性性质

"两个交通灯都无限经常地亮绿灯"

在这里是不满足的. 因为

$$\{\text{red}_1, \text{red}_2\}\{\text{green}_1, \text{red}_2\}\{\text{red}_1, \text{red}_2\}\{\text{green}_1, \text{red}_2\}\cdots$$

是 TS 的迹, 但它只让第一个交通灯无限多次地亮绿灯. ■

这个例子中有什么错? 事实上没什么错. 下面解释这一点. 在交通灯的例子中, 交错方法丢失了每个交通灯是否无限次切换颜色的信息. 只有第一个交通灯切换颜色而第二个交通灯看起来完全停止的迹形式上是迁移系统 $\text{TrLight}_1 \mathbin{|||} \text{TrLight}_2$ 的迹. 但是, 它没有反映实际行为, 因为在实践中任何一个交通灯都不可能无限地比另一个快.

在基于信号的互斥算法中, 困难之处在于抽象的程度. 信号不会倾向于任意选择进入关键节段的进程. 而是要用队列 (或其他公平的手段) 管理正在等待的进程. 需要的活性可在后续的细化步骤中, 等到信号的行为表述足够详细时证明.

3.5.1 公平性约束

上面的思考说明, 在用迁移系统建模的并行系统中, 为得到其行为的真实写照, 需要 LT 性质的满足关系的一种更易用的形式, 它包含迁移系统中未定决策的 "丰富" 的解析度. 为了排除不实际的计算, 需要使用*公平性约束*.

一般来说, 用服从某些公平性约束刻画公平执行 (或迹). 在要考虑的系统中, 一些计算被认为是不合理的, 公平性约束可以用来消除这样的计算. 有几种不同风格的公平性约束:

- *无条件公平性*, 例如 "每一进程都无限经常地获得它的机会".
- *强公平性*, 例如 "无限经常地激活的每一进程都无限经常地获得它的机会".

- *弱公平性*, 例如 "从某一时刻开始持续激活的每一进程都无限经常地获得它的机会".

在这里, "激活的" 应被理解为 "准备好执行 (一个迁移)". 类似地, "获得它的机会" 表示对任何迁移的执行. 例如, 迁移可以是非关键动作、共享资源的获得、关键节段的动作或通信动作等.

一个执行片段关于 "进程进入其关键节段" 或 "进程获得它的机会" 等是无条件公平的, 是指这些性质无限经常地成立. 也就是说, 进程无限经常地进入其关键节段或者进程无限经常地获得它的机会. 注意, 没有表达任何 (像 "进程激活" 这样的) 条件, 以约束进程无限经常地获得其机会的环境. 有时也称无条件公平性为公正.

强公平的意思是, 如果无限经常地激活一个活动, 但未必总是激活, 即, 可以有活动未被激活的有限期间, 那么它将无限经常地执行. 若一个执行片段关于活动 α 是强公平的, 则不可能出现下述情形: α 无限经常地激活, 但从某一时刻之后它就一直没有运行. 有时称强公平性为同情.

弱公平性则意味着, 如果一个活动, 例如进程中的一个迁移或进程自身全部, 是持续激活的, 没有不激活的期间, 那么它必定无限经常地执行. 一个执行片段关于某个活动, 例如 α, 是弱公平的, 则不能出现以下情形: α 自从某个时刻之后总是激活的, 但自此之后却总未被顾及. 有时称弱公平性为公道.

如何表达公平性约束? 有几种不同的精准表述公平性要求的方式. 接下来, 使用基于动作的方法并对动作 (的集合) 定义强公平性 (在第 5 章中, 还将引入基于状态的公平性概念并详细研究它们之间的关系). 设 A 是动作的集合, ρ 是执行片段. 若在 A 中的动作可以无限经常地执行的情况下不会持续地被忽略, 则称 ρ 是强 A 公平的. 若 A 中的某些动作在 ρ 中无限经常地执行, 则称 ρ 是无条件 A 公平的. 可以用类似于强公平性的方式定义弱公平性 (见定义 3.13).

为从形式上精准地表述公平性概念, 下面的辅助概念是有益的. 对于状态 s, 令 $A(s)$ 表示在状态 s 处可执行动作的集合, 即

$$\mathrm{Act}(s) = \{\alpha \in \mathrm{Act} \mid \exists s' \in S.\, s \xrightarrow{\alpha} s'\}$$

定义 3.13 无条件公平性、强公平性和弱公平性

对于没有终止状态的迁移系统 $\mathrm{TS} = (S, \mathrm{Act}, \to, I, \mathrm{AP}, L)$, $A \subseteq \mathrm{Act}$ 以及 TS 的无限执行片段 $\rho = s_0 \xrightarrow{\alpha_0} s_1 \xrightarrow{\alpha_1} s_2 \xrightarrow{\alpha_2} \cdots$:

(1) 称 ρ 是无条件 A 公平的, 只要 $\overset{\infty}{\exists} j.\, \alpha_j \in A$.

(2) 称 ρ 是强 A 公平的, 只要 $\left(\overset{\infty}{\exists} j.\, \mathrm{Act}(s_j) \cap A \neq \varnothing\right) \Rightarrow \left(\overset{\infty}{\exists} j.\, \alpha_j \in A\right)$.

(3) 称 ρ 是弱 A 公平的, 只要 $\left(\overset{\infty}{\forall} j.\, \mathrm{Act}(s_j) \cap A \neq \varnothing\right) \Rightarrow \left(\overset{\infty}{\exists} j.\, \alpha_j \in A\right)$. ■

此处, $\overset{\infty}{\exists} j$ 表示 "存在无穷多个 j", $\overset{\infty}{\forall} j$ 在 "对除有限个之外的所有 j" 的意义上表示 "对几乎所有 j". 当然, 变量 j 是自然数.

为检验一个运行是否是无条件 A 公平的, 考虑出现在执行中的动作就够了, 即没必要检验 A 中哪些动作在访问过的状态中是激活的. 但是, 为决定给定的执行是否是强或弱 A 公平的, 仅考虑确实在执行中出现的动作是不够的, 还要考虑在所有访问过的状态中激活的动作. 这些激活动作可能出现在访问过的状态中, 但未必在所考虑的执行中出现.

例 3.17 简单的共享变量并发程序

考虑下面两个并行运行且共享初值为 0 的整数变量 x 的进程:

$$\textbf{proc}\ \texttt{Inc} = \textbf{while}\ \langle x \geqslant 0\ \textbf{do}\ x := x + 1 \rangle\ \textbf{od}$$
$$\textbf{proc}\ \texttt{Reset} = x := -1$$

括号对 ⟨ ⟩ 包围的是原子动作, 即, 进程 Inc 把检验 x 是否非负[译注 25] 和 (若卫式成立就) 增加 x 作为一个原子步骤完成. 这个并行进程会停止吗? 当没有公平性约束时, 有可能总是进程 Inc 在执行, 即进程 Reset 总得不到它的机会, 因此执行不到赋值 $x = -1$. 在这种情况下, 就不能保证进程停止, 这就违反了性质. 但是, 如果我们要求无条件的进程公平性, 那么每个进程就都有自己的机会, 这样就能保证进程停止. ■

现在, 一个重要的问题是: 给定一个验证问题, 究竟要使用哪一个公平性? 不幸的是, 对这个问题没有明确的答案. 对于验证目标, 公平性约束是至关重要的. 公平性约束的目的是为排斥一些不合理的计算. 如果公平性约束太强, 就可能会漏掉有关的计算. 在性质 (对某个迁移系统) 成立的情况下, 可能恰好是下面这种情形: 某些被漏掉的合理计算 (因为它被公平性约束排斥) 却违反这个性质. 另一方面, 如果公平性约束太弱, 我们可能因为某些 (未被排除的) 不合理计算的违反而无法证明某些性质.

不同公平性之间的关系如下: 无条件 A 公平的执行片段是强 A 公平的, 并且强 A 公平的执行片段是弱 A 公平的; 一般地, 反之不成立. 例如, 若一个执行片段只访问那些不激活 A 动作的状态, 则它是强 A 公平的 (尽管强 A 公平的前提不成立), 但不是无条件 A 公平的. 此外, 如果一个执行片段无限经常 (但不几乎全部)[译注 26] 地访问激活 A 动作的状态, 但从不执行 A 动作, 则它是弱 A 公平的 (尽管弱 A 公平的前提不成立), 但它不是强 A 公平的. 总之, 有

$$\text{无条件 } A \text{ 公平} \Rightarrow \text{强 } A \text{ 公平} \Rightarrow \text{弱 } A \text{ 公平}$$

而逆蕴涵一般不成立.

例 3.18 公平执行片段

考虑基于信号的互斥解决方案的迁移系统 TS_{Sem}. 用动作 req_i、enter_i $(i = 1, 2)$ 和 rel 标记迁移, 它们的含义分别为请求、进入和离开关键节段, 如图 3.12所示.

在执行片段

$$\langle n_1, n_2, y = 1 \rangle \xrightarrow{\text{req}_1} \langle w_1, n_2, y = 1 \rangle \xrightarrow{\text{enter}_1} \langle c_1, n_2, y = 0 \rangle$$
$$\xrightarrow{\text{rel}} \langle n_1, n_2, y = 1 \rangle \xrightarrow{\text{req}_1} \cdots$$

中, 只有第一个进程获得其机会. 图 3.12 中用短划箭线表示该执行路径. 它对动作集合

$$A = \{\text{enter}_2\}$$

不是无条件 A 公平的. 但它是强 A 公平的, 因为没有访问到动作 enter_2 可执行的状态, 因此强公平性的前提是假的. 在另一个执行片段

$$\langle n_1, n_2, y = 1 \rangle \xrightarrow{\text{req}_2} \langle n_1, w_2, y = 1 \rangle \xrightarrow{\text{req}_1} \langle w_1, w_2, y = 1 \rangle \xrightarrow{\text{enter}_1} \langle c_1, w_2, y = 0 \rangle$$
$$\xrightarrow{\text{rel}} \langle n_1, w_2, y = 1 \rangle \xrightarrow{\text{req}_1} \cdots$$

中, 第二个进程请求进入其关键节段, 但一直被忽略. 图 3.12 用点状箭线表示它. 它不是强 A 公平的: 因为尽管动作 enter_2 被无限多次地激活 (即每次访问 $\langle w_1, w_2, y = 1\rangle$ 或 $\langle n_1, w_2, y = 1\rangle$ 时), 但它却从不执行. 然而, 它是弱 A 公平的, 因为动作 enter_2 不会被持续激活, 例如, 它在状态 $\langle c_1, w_2, y = 0\rangle$ 处就没被激活. ■

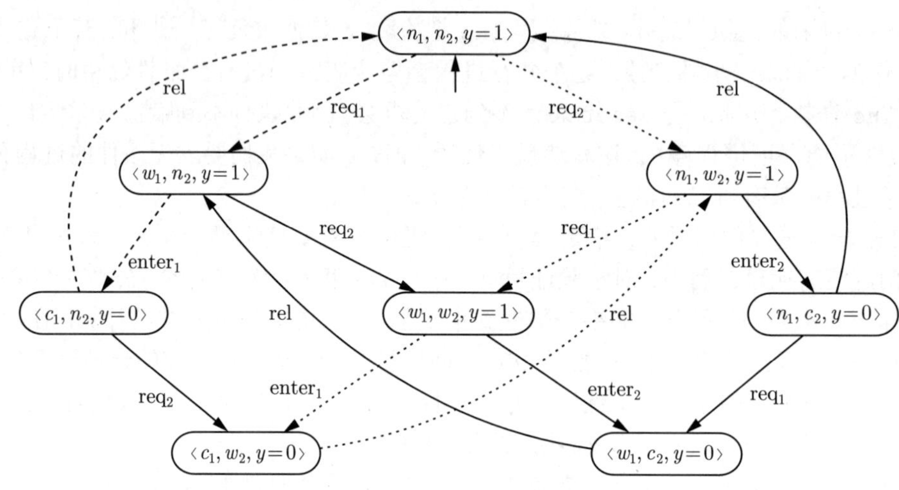

图 3.12 基于信号的互斥算法的两个公平执行的例子

公平性约束是对集合 A 的全部动作的要求. 为使不同的公平性约束可以施加到不同的、可能不相交的动作集合上, 就要使用公平性假设. 对迁移系统的公平性假设可能需要关于几个动作集合的不同的公平性概念.

定义 3.14 公平性假设

对 Act 的公平性假设是三元组 $\mathcal{F} = (\mathcal{F}_{\text{ucond}}, \mathcal{F}_{\text{strong}}, \mathcal{F}_{\text{weak}})$, 其中, $\mathcal{F}_{\text{ucond}}$、$\mathcal{F}_{\text{strong}}$、$\mathcal{F}_{\text{weak}} \subseteq 2^{\text{Act}}$. 称执行 ρ 为 $\mathcal{F}$ 公平的, 如果

- 它对所有 $A \in \mathcal{F}_{\text{ucond}}$ 是无条件 A 公平的.
- 它对所有 $A \in \mathcal{F}_{\text{strong}}$ 是强 A 公平的.
- 它对所有 $A \in \mathcal{F}_{\text{weak}}$ 是弱 A 公平的.

若能从上下文明确集合 $\mathcal{F}$ 的含义, 后面将用术语公平的代替 $\mathcal{F}$ 公平的. ■

直观地说, 公平性假设是由动作的集合构成的 3 个 (一般是不同的) 集合, 分别用于无条件公平性、强公平性和弱公平性. 此定义颇为宽泛, 它在动作的不同集合上施加不同的公平性. 通常, 单个公平性约束就够了. 以后会使用这些公平性假设的方便记法. 对 $\mathcal{F} \subseteq 2^{\text{Act}}$, 强公平性假设表示公平性假设 $(\varnothing, \mathcal{F}, \varnothing)$. 弱公平性假设和无条件公平性假设采用类似的记法.

定义在执行片段上的 $\mathcal{F}$ 公平性的概念可用显而易见的方式提升到路径和迹. 无限迹 σ 是 $\mathcal{F}$ 公平的, 如果有一个 $\mathcal{F}$ 公平的执行 ρ 使得 $\text{trace}(\rho) = \sigma$. 可类似地定义 $\mathcal{F}$ 公平的 (无限) 路径片段和 $\mathcal{F}$ 公平的路径.

令 $\text{FairPaths}_{\mathcal{F}}(s)$ 表示 s 的 $\mathcal{F}$ 路径 (即从状态 s 开始的 $\mathcal{F}$ 公平的无限路径片段) 的集合, $\text{FairPaths}_{\mathcal{F}}(\text{TS})$ 表示从 TS 的初始状态开始的 $\mathcal{F}$ 公平路径的集合. 令 $\text{FairTraces}_{\mathcal{F}}(s)$ 表示 s 的 $\mathcal{F}$ 公平迹的集合, $\text{FairTraces}_{\mathcal{F}}(\text{TS})$ 表示迁移系统 TS 的初始状态的 $\mathcal{F}$ 公平迹的

集合:

$$\text{FairTraces}_{\mathcal{F}}(s) = \text{trace}(\text{FairPaths}_{\mathcal{F}}(s))$$
$$\text{FairTraces}_{\mathcal{F}}(\text{TS}) = \bigcup_{s \in I} \text{FairTraces}_{\mathcal{F}}(s)$$

注意, 对有限迹定义这些概念没多少意义, 因为默认有限迹是公平的.

例 3.19 再论互斥

考虑对双进程互斥算法的下列公平性要求: 对任何 $i \in \{1, 2\}$,

"进程 P_i 无限经常地进入关键节段"

实现它需要哪种公平性假设? 假定每个进程 P_i 都有 3 个状态: n_i (非关键节段)、w_i (等待) 和 c_i (关键节段). 像以前一样, 动作 req_i、enter_i 和 rel 分别表示请求进入关键节段、进入关键节段和离开关键节段. 强公平性假设

$$\{\{\text{enter}_1, \text{enter}_2\}\}$$

保证 enter_1 和 enter_2 之一无限经常地执行. "进程之一无限经常地访问关键节段而另一个只是有限次进入", 关于这个假设是强公平的, 但这不是我们想要的. 强公平性假设

$$\{\{\text{enter}_1\}, \{\text{enter}_2\}\}$$

真正可以实现上述要求. 当两个进程都等待访问关键节段时, 这个假设应被视为关于如何解决争用的要求. ■

只要所有无限执行片段是公平的, 公平性假设就是可验证的性质. 例如, 可以验证 Peterson 算法的迁移系统满足强公平性假设

$$\mathcal{F}_{\text{strong}} = \{\{\text{enter}_1\}, \{\text{enter}_2\}\}$$

但是在许多情况下, 为验证活性性质, 需要假定公平性条件的有效性.

如果迁移系统 TS 的所有 $\mathcal{F}$ 公平的路径都满足 LT 性质 P, 则称 TS 在公平性假设 $\mathcal{F}$ 下满足性质 P.

定义 3.15 LT 性质的公平满足关系

令 P 是 AP 上的 LT 性质, $\mathcal{F}$ 是 Act 上的公平性假设. 若 $\text{FairTraces}_{\mathcal{F}}(\text{TS}) \subseteq P$, 则称迁移系统 $\text{TS} = (S, \text{Act}, \rightarrow, I, \text{AP}, L)$ 公平地满足 P, 记作 $\text{TS} \models_{\mathcal{F}} P$. ■

对于满足公平性假设 $\mathcal{F}$ 的 (即所有路径都是 $\mathcal{F}$ 公平的) 迁移系统, 不带公平性假设的满足关系 $\models$ (见定义 3.7) 等同于公平满足关系 $\models_{\mathcal{F}}$. 在此情形下, 公平性假设不排除任何迹. 但是, 当迁移系统中存在不是 $\mathcal{F}$ 公平的迹时, 将面对

$$\text{TS} \models_{\mathcal{F}} P \text{ 而 } \text{TS} \not\models P$$

的局面. 通过把性质的有效性限制于公平路径上, 验证就可限制到合理的执行上.

在转到一些例子前, 还需对无条件公平性、强公平性与弱公平性多说几句. 如前所示, 无条件 A 公平执行的集合是所有强 A 公平执行的子集, 后者又是所有弱 A 公平执行的子集. 或者说, 无条件公平性比强公平性排除了更多的行为, 而强公平性也比弱公平性排除了更多的行为. 对于 $\mathcal{F} = \{A_1, A_2, \cdots, A_k\}$, 令公平性假设为 $\mathcal{F}_{\text{ucond}} = (\mathcal{F}, \varnothing, \varnothing)$、$\mathcal{F}_{\text{strong}} = (\varnothing, \mathcal{F}, \varnothing)$ 以及 $\mathcal{F}_{\text{weak}} = (\varnothing, \varnothing, \mathcal{F})$, 那么, 对任何迁移系统 TS 和任何 LT 性质 P, 可得

$$\text{TS} \models_{\mathcal{F}_{\text{weak}}} P \Rightarrow \text{TS} \models_{\mathcal{F}_{\text{strong}}} P \Rightarrow \text{TS} \models_{\mathcal{F}_{\text{ucond}}} P$$

例 3.20 独立的交通灯

再次考虑独立的交通灯. 设动作 switch2green 表示转换到绿灯, switch2red 表示转换到红灯. 公平性假设

$$\mathcal{F} = \{\{\text{switch2green}_1, \text{switch2red}_1\}, \{\text{switch2green}_2, \text{switch2red}_2\}\}$$

表示两个交通灯都无限经常地改变颜色. 在这个情形中, 究竟要求强公平性、弱公平性还是无条件公平性是没关系的.

注意, 在本例中, $\mathcal{F}$ 不是可验证的系统性质 (因为它不保证成立), 却是 (使用两个独立处理器的) 系统的实际实现所满足的一个自然的性质. 显然,

$$\text{TrLight}_1 \,|||\, \text{TrLight}_2 \models_{\mathcal{F}} \text{“每个交通灯都无限经常地亮绿灯”}$$

而换为不带公平性假设的满足关系 $\models$ 后的对应命题是不成立的. ■

例 3.21 互斥算法的公平性

考虑基于信号的互斥算法, 并假定公平性假设 $\mathcal{F}$ 由

$$\mathcal{F}_{\text{weak}} = \{\{\text{req}_1\}, \{\text{req}_2\}\}, \ \mathcal{F}_{\text{strong}} = \{\{\text{enter}_1\}, \{\text{enter}_2\}\}, \ \mathcal{F}_{\text{ucond}} = \varnothing$$

组成. 强公平性约束要求每一进程在无限经常地请求进入时都可以无限经常地进入其关键节段. 它并不禁止一个进程永不离开它的非关键节段. 为避免这种不实际的场景, 弱公平性约束要求任何进程都无限经常地请求进入关键节段. 为此, 每一进程都必须无限经常地离开其关键节段. 因此, $\text{TS}_{\text{Sem}} \models_{\mathcal{F}} P$, 其中 P 表示性质 “每一进程无限经常地进入其关键节段”.

对于请求动作, 弱公平性就够了, 因为这样的动作不是重要的动作: 如果 req_i 在 (全局) 状态 s 处是可执行的, 那么它在通过不同于 req_i 的动作到达的 s 的所有直接后继处也是可执行的.

Peterson 算法满足强公平性性质

“每一请求进入其关键节段的进程最终总能进入”

但是, 不能保证每个进程都离开其非关键节段并请求进入其关键节段. 也就是说, 性质 P 不满足. 可通过施加弱公平性约束 $\mathcal{F}_{\text{weak}} = \{\{\text{req}_1\}, \{\text{req}_2\}\}$ 促成 “请求”. 现在就有 $\text{TS}_{\text{Pet}} \models_{\mathcal{F}_{\text{weak}}} P$. ■

3.5.2 公平性策略

3.5.1 节的例子说明, 公平性假设在验证迁移系统 TS 的活性性质时可能是必需的. 为了剔除不实际的计算, 把公平性假设施加到迁移系统 TS 的迹上, 并检验 $\text{TS} \models_{\mathcal{F}} P$ 而非 (不带公平性的) $\text{TS} \models P$. 哪个公平性假设适合检验 P? 许多模型检验工具可能提供内置的公平性假设. 粗略地说, 这里的意图是剔除在实际实现中不可能发生的执行. 但是, 其准确含义是什么? 为看清这一点, 对同步并发系统考虑几个公平性假设, 目标是在涉及的进程之间建立公平的通信机制. 经验是: 需要强公平性以充分解决 (进程间的) 争用, 而弱公平性对表示独立动作的并发执行 (即交错) 的动作集来说足够了.

为用迁移系统给异步并发性建模, 可采用经验方法:

$$\boxed{\text{并发} = \text{交错 (即未定性)} + \text{公平性}}$$

例 3.22　同步的公平并发性

考虑并发迁移系统

$$\text{TS} = \text{TS}_1 \parallel \text{TS}_2 \parallel \cdots \parallel \text{TS}_n,$$

其中对每个 $1 \leqslant i \leqslant n$, $\text{TS}_i = (S_i, \text{Act}_i, \rightarrow_i, I_i, \text{AP}_i, L_i)$ 都是没有终止状态的迁移系统. 回忆一下, 每一对进程 TS_i 和 TS_j $(i \neq j)$ 都必须在它们的共同动作集上同步, 即 $\text{Syn}_{i,j} = \text{Act}_i \cap \text{Act}_j$. 并假定对任何 $k \neq i, j$ 都有 $\text{Syn}_{i,j} \cap \text{Act}_k = \varnothing$. 为简单起见, 假设 TS 没有终止状态 (在有终止状态的情况下, 认为每一有限执行都是公平的).

下面考虑迁移系统 TS 上的几个公平性假设. 首先考虑强公平性假设:

$$\{\text{Act}_1, \text{Act}_2, \cdots, \text{Act}_n\}$$

如果复合系统 TS 无限经常地处于 (全局) 状态, 而且这样的状态存在 TS_i 参与其中的可执行迁移, 它就能保证每个迁移系统 TS_i 都无限经常地执行动作, 但是, 这个公平性假设不能保证通信肯定发生, 因为每个 TS_i 都可能只执行局部动作无穷多次.

为强制同步时不时地发生, 可使用强公平性假设

$$\{\{\alpha\} \mid \alpha \in \text{Syn}_{i,j}, 0 < i < j \leqslant n\} \tag{3.1}$$

它强制每个同步动作都无限经常地发生. 也可以使用弱一点的公平性假设, 只要求每一对进程同步无穷多次, 不论使用哪个同步动作. 对应的强公平性假设为

$$\{\text{Syn}_{i,j} \mid 0 < i < j \leqslant n\} \tag{3.2}$$

式 (3.2) 允许进程总在同一个动作上同步, 而式 (3.1) 却不是这样. 强公平性假设

$$\left\{ \bigcup_{0<i<j\leqslant n} \text{Syn}_{i,j} \right\}$$

更进了一步, 它只要求同步无限经常地发生, 而不管参与同步的进程是哪一个. 这个公平性假设不排除总是发生同一个同步, 也不排除总是同一对进程同步.

注意, 到目前为止本例中的所有公平性假设都是强的. 这要求同步要无限经常地激活. 由于各迁移系统 TS_i 可能执行内部动作, 同步不是持续激活的, 因此弱公平性一般是不合适的.

如果内部动作也要公平地考虑, 那么, 可能就会使用下面的公平性假设:

$$\{\mathrm{Act}_1 \setminus \mathrm{Syn}_1, \mathrm{Act}_2 \setminus \mathrm{Syn}_2, \cdots, \mathrm{Act}_n \setminus \mathrm{Syn}_n\} \cup \{\{\alpha\} | \alpha \in \mathrm{Syn}\}$$

其中, $\mathrm{Syn}_i = \bigcup\limits_{j \neq i} \mathrm{Syn}_{i,j}$ 表示 TS_i 的所有同步动作, $\mathrm{Syn} = \bigcup\limits_i \mathrm{Syn}_i$.

假定每一 (局部) 状态要么只有内部动作是可执行的, 要么只有同步动作是可执行的. 在这样的假定下, 使用*弱*公平性约束

$$\{\mathrm{Act}_1 \setminus \mathrm{Syn}_1, \mathrm{Act}_2 \setminus \mathrm{Syn}_2, \cdots, \mathrm{Act}_n \setminus \mathrm{Syn}_n\}$$

是足够的. 弱公平假设对于内部动作 $\alpha \in \mathrm{Act}_i \setminus \mathrm{Syn}_i$ 是合适的, 因为执行内部动作的能力会一直保留到它被执行. ■

下面给出公平性的另一种形式的例子——顺序硬件电路.

例 3.23 电路公平性

对于顺序电路, 前面曾用未定性对提供输入位的环境行为建模. 为了能够验证像 "无限经常地输出值 0 和 1" 这样的活性性质, 有必要对环境实行公平性假设. 下面用一个具体的例子演示这一点. 考虑带有输入变量 x、输出变量 y 和寄存器 r 的顺序硬件电路. 定义迁移函数和输出函数为

$$\lambda_y = \delta_r = x \leftrightarrow \neg r$$

也就是说, 电路反转寄存器和输出的值当且仅当输入位置位; 如果 $x = 0$, 那么寄存器的值保持不变, 寄存器的值就是输出. 假定走向寄存器赋值形式为 $[r = 1, \cdots]$ 的状态的所有迁移都用动作 set 标记. 施加无条件公平性假设 $\{\{\mathrm{set}\}\}$ 可保证无限经常地输出值 0 和 1. ■

3.5.3 公平性与安全性

通过合适的调度策略可以保证公平性假设, 让公平性假设既满足验证活性性质的可能的需要, 又不影响验证安全性质. 这样的公平性假设被称为*可实现的*公平性假设. 在一个迁移系统中, 只要存在可达状态, 没有从它开始的公平路径, 那就是不可实现的公平性假设. 在这种情况下, 就不可能设计一个调度器, 使其解解决未定性时只留下公平路径.

例 3.24 不可实现的公平性假设

考虑图 3.13 所示的迁移系统, 并假定使用无条件公平性假设 $\{\{\alpha\}\}$. 由于 α 迁移只能执行一次, 所以, 迁移系统显然不能保证这种公平性. 由于存在一个可达状态, 从它开始不存在无条件公平的路径, 所以, 公平性假设是不可实现的. ■

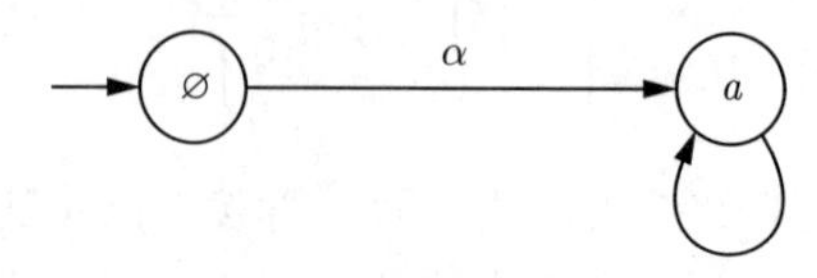

图 3.13 无条件公平性

定义 3.16　可实现的公平性假设

令 TS 是迁移系统, Act 是其动作集, $\mathcal{F}$ 是关于 Act 的公平性假设. 若对每个可达状态 s 都有 $\text{FairPaths}_{\mathcal{F}}(s) \neq \varnothing$, 则称 $\mathcal{F}$ 对 TS 是可实现的. ■

用平常语言表述就是, 只要在任何可达状态都至少有一个可能的公平执行, 公平性假设在迁移系统 TS 中就是可实现的. 这就使得可把 TS 的每个起始有限执行片段都扩展为一个公平执行. 注意, 对不可达状态没有要求.

定理 3.6 说明可实现的公平性假设对安全性质验证的无关性. 公平性假设的*后缀性质*对定理 3.6 的证明很重要, 其含义如下. 如果

$$\rho = s_0 \xrightarrow{\alpha_1} s_1 \xrightarrow{\alpha_2} s_2 \xrightarrow{\alpha_3} \cdots$$

是 (无限) 执行片段, 那么 ρ 是公平的当且仅当 ρ 的每个后缀

$$s_j \xrightarrow{\alpha_{j+1}} s_{j+1} \xrightarrow{\alpha_{j+2}} s_{j+2} \xrightarrow{\alpha_{j+3}} \cdots$$

也是公平的; 反之, 每一从状态 s_0 开始的 (如上的) 公平执行片段 ρ 都可于其前拼接任意的结束于 s_0 的有限执行片段

$$s_0' \xrightarrow{\beta_1} s_1' \xrightarrow{\beta_2} \cdots \xrightarrow{\beta_n} s_n' = s_0$$

这种前接产生公平执行

$$\underbrace{s_0' \xrightarrow{\beta_1} s_1' \xrightarrow{\beta_2} \cdots \xrightarrow{\beta_n} s_n'}_{\text{任意开始片段}} = \underbrace{s_0 \xrightarrow{\alpha_1} s_1 \xrightarrow{\alpha_2} s_2 \xrightarrow{\alpha_3} \cdots}_{\text{公平延续}}$$

定理 3.6　可实现公平性与安全性质无关

令 TS 是迁移系统, AP 是其原子命题的集合, $\mathcal{F}$ 是 TS 的可实现公平性假设, P_{safe} 是 AP 上的安全性质. 那么,

$$\text{TS} \models P_{\text{safe}} \;\; \text{当且仅当} \;\; \text{TS} \models_{\mathcal{F}} P_{\text{safe}}$$

证明: 先证 $\Rightarrow$. 假设 $\text{TS} \models P_{\text{safe}}$. 由 TS 的公平迹构成 TS 的迹集的子集及 $\models$ 的定义, 有

$$\text{FairTraces}_{\mathcal{F}}(\text{TS}) \subseteq \text{Traces}(\text{TS}) \subseteq P_{\text{safe}}$$

因此, 由 $\models_{\mathcal{F}}$ 的定义可得 $\text{TS} \models_{\mathcal{F}} P_{\text{safe}}$.

再证 $\Leftarrow$. 假设 $\text{TS} \models_{\mathcal{F}} P_{\text{safe}}$. 需要证明 $\text{TS} \models P_{\text{safe}}$, 即 $\text{Traces}(\text{TS}) \subseteq P_{\text{safe}}$. 用反证法. 设 $\sigma \in \text{Traces}(\text{TS})$ 且 $\sigma \notin P_{\text{safe}}$. 由 $\sigma \notin P_{\text{safe}}$ 知存在 P_{safe} 的坏前缀 $\widehat{\sigma}$, 使得以 $\widehat{\sigma}$ 为前缀的性质的集合, 即

$$P = \left\{\sigma' \in \left(2^{\text{AP}}\right)^{\omega} \mid \widehat{\sigma} \in \text{pref}(\sigma')\right\}$$

满足 $P \cap P_{\text{safe}} = \varnothing$. 此外, 令 $\widehat{\pi} = s_0 s_1 \cdots s_n$ 是满足

$$\text{trace}(\widehat{\pi}) = \widehat{\sigma}$$

的 TS 的有限路径片段. 因为 $\mathcal{F}$ 是 TS 的可实现公平性假设, 并且 $s_n \in \text{Reach(TS)}$, 所以存在从 s_n 开始的 $\mathcal{F}$ 公平路径. 令

$$s_n s_{n+1} s_{n+2} \cdots \in \text{FairPaths}_{\mathcal{F}}(s_n)$$

路径 $\pi = s_0 s_1 \cdots s_n s_{n+1} s_{n+2} \cdots$ 在 $\text{FairPaths}_{\mathcal{F}}(\text{TS})$ 中, 因此

$$\text{trace}(\pi) = L(s_0)L(s_1)\cdots L(s_n)L(s_{n+1})L(s_{n+2})\cdots \in \text{FairTraces}_{\mathcal{F}}(\text{TS}) \subseteq P_{\text{safe}}$$

另一方面, $\widehat{\sigma} = L(s_0)L(s_1)\cdots L(s_n)$ 是 $\text{trace}(\pi)$ 的前缀. 所以, $\text{trace}(\pi) \in P$. 这与 $P \cap P_{\text{safe}} = \varnothing$ 矛盾. ■

如果允许任意 (即可能是不可实现的) 公平性假设, 则定理 3.6 不再成立. 这由例 3.25 说明.

例 3.25 不可实现的公平性可能损害安全性质

考虑图 3.14 中的迁移系统 TS, 并使用公平性假设 $\mathcal{F} = \{\{\alpha\}\}$. $\mathcal{F}$ 对 TS 是不可实现的, 因为那个非初始状态 (称为 s_1) 是可达的, 但是却没有 $\mathcal{F}$ 公平的执行. 显然, TS 只有一条公平路径 (就是那条从不离开初始状态 s_0 的路径). 与其相对照, 形为 $s_0 s_0 \cdots s_0 s_1 s_1 s_1 \cdots$ 的路径不是公平的, 因为 α 只执行了有限次. 对应地, 有

$$\text{TS} \models_{\mathcal{F}} \text{“永不 } a\text{”但是 TS} \not\models \text{“永不 } a\text{”}$$ ■

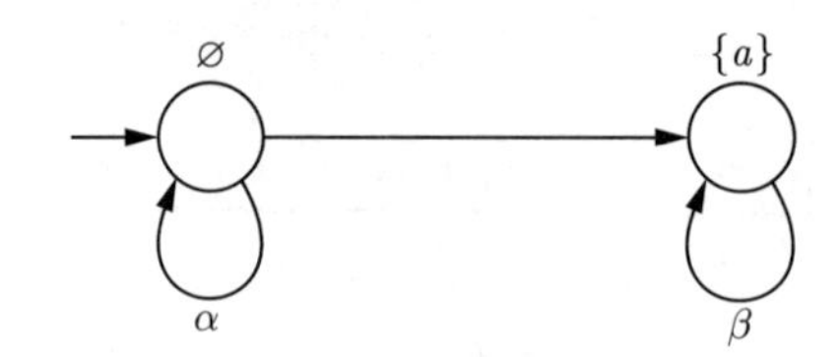

图 3.14 可能与安全性质有关的无条件公平性

3.6 总 结

- 迁移系统 TS 的可达状态的集合可用 TS 的状态图上的搜索算法决定.
- 迹是原子命题的集合的序列. 迁移系统 TS 的迹是通过把路径投影到状态标记序列得到的.
- 线性时间 (LT) 性质是单词母表 2^{AP} 上的无限单词的集合.
- 两个迁移系统是迹等价的 (即它们呈现相同的迹) 当且仅当它们满足相同的 LT 性质.
- 不变式是完全基于状态的 LT 性质, 并有一个所有可达状态都可使其成立的命题逻辑公式. 不变式可用深度优先搜索算法检验, 而且该算法的堆栈可用来提供违反不变式的反例.
- 安全性质是不变式的推广. 它们限制有限行为. 可用坏前缀提供安全性质的形式化定义, 因为每个违反安全性质的迹都因某个有限前缀 (即坏前缀) 引起.
- 两个迁移系统呈现相同的有限迹当且仅当它们满足相同的安全性质.

- 活性性质是不排斥任何有限行为的 LT 性质. 它约束无限行为.
- 任何 LT 性质都等价于一个安全性质和一个活性性质的合取.
- 公平性假设用于排除那些被认为是不实际的迹. 它们由无条件公平性、强公平性和弱公平性约束组成, 即对出现在无限执行上的动作进行限制.
- 公平性假设对建立活性性质通常是必要的, 但是, 如果它们是可实现的, 它们就与安全性质无关.

3.7 文献说明

例 3.2 中讨论的哲学家就餐是由 Dijkstra[128] 于 20 世纪 70 年代早期提出的, 用以说明并发系统的复杂性. 此后, 它就成为研究并行系统的一个标准例子.

用作不变性检验算法基础的深度优先搜索算法要回溯到 Tarjan[387]. 关于图遍历算法的更多细节可在任何关于算法与数据结构的教科书中找到, 例如文献 [100] 等, 也可以参考关于图论算法的文献 [188].

迹. 迹由 Hoare[202] 引入, 用以描述迁移系统的线性时间行为, 已被用于进程代数 CSP 的初始语义模型. 迹理论已由 van de Snepscheut[403] 和 Rem[354] 及其他人进一步发展, 而且已被成功地应用到细粒度并行程序的设计和分析中, 这种程序会出现在异步硬件电路中. 迹在几个方面的扩充及其诱导的等价也已被提出, 例如失败[65], 其中迹被赋予执行后应该放弃哪一动作的信息. FDR 模型检验器[365] 支持自动检验失败发散细化以及安全性质的验证. 最近, Bruda[68] 对迹等价和迹包含的细化概念做出了详细的评述.

安全性与活性. 使用无限状态序列的集合 (及其拓扑性质) 刻画线性时间性质的方法源于 Alpern 和 Schneider[5-7]. Gerth[164] 的早期方法是基于有限序列的. Lamport[257] 把性质分为安全性、活性和既非安全性又非活性这 3 类. Rem[355] 与 Gumm[178] 提供了另一特征. 活性与安全性质在线性时间框架中的子类已由 Sistla[371] 以及 Chang、Manna 与 Pnueli[80] 确定. 活性性质的其他定义已由 Dederichs 与 Weber[119]、Naumovich 与 Clarke[312] (对线性时间性质) 以及 Manolios 与 Trefler[285,286] (分支时间性质) 给出. Kindler[239] 已给出安全性与活性的评述.

公平性. 通过假设处理器无速度差异及进程在初始化后都能得到它的机会, Dijkstra[126,127] 已隐含地引入了公平性. Park[321] 研究了给数据流语言提供语义时的公平性概念. 弱公平性和强公平性已由 Lehmann、Pnueli 与 Stavi[267] 在共享变量并发程序的情形中引入. Queille 与 Sifakis[348] 考虑了迁移系统的公平性. Kwiatkowska[252] 提供了公平性概念的综述. 在 Francez 的专著[155] 中可以找到对公平性的详细处理. Völzer、Varacca 与 Kindler[415] 已提供了公平性的拓扑学、语言学和博弈论特征.

3.8 习 题

习题 3.1 给出图 3.15 所示的迁移系统在原子命题集合 $\{a, b\}$ 上的迹.

习题 3.2 在 3.2.2 节, 描述了从有终止状态的迁移系统 TS 到无终止状态的等价迁移系统 TS^* 的变换.

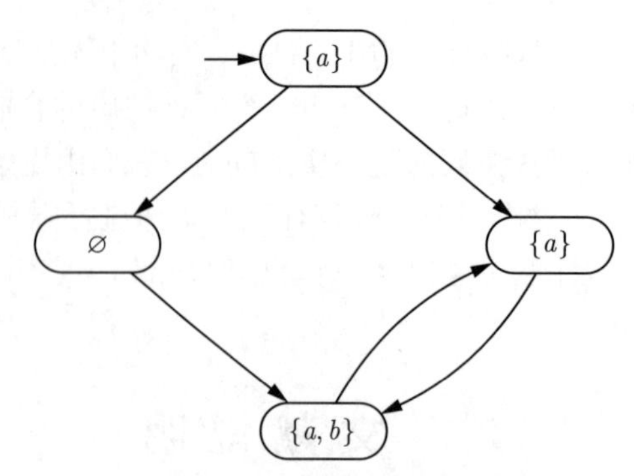

图 3.15 习题 3.1 的迁移系统

(a) 给出变换 $\mathrm{TS} \mapsto \mathrm{TS}^*$ 的形式定义.

(b) 证明此变换保持迹等价, 即证明: 若 TS_1、TS_2 是迁移系统 (可有终止状态) 且 $\mathrm{Traces}(\mathrm{TS}_1) = \mathrm{Traces}(\mathrm{TS}_2)$, 则 $\mathrm{Traces}(\mathrm{TS}_1^*) = \mathrm{Traces}(\mathrm{TS}_2^*)$. ①

习题 3.3 (用伪代码) 给出一个检验不变式的算法, 使得当不变式不成立时, 可给出指示错误的极小反例, 即最小长度的反例.

习题 3.4 回忆 AP 确定的迁移系统的定义 (定义 2.4). 令 TS 和 TS′ 是有相同原子命题集合 AP 的迁移系统. 证明下述迹包含和有限迹包含的关系:

(a) 对于 AP 确定的 TS 和 TS′:

$$\mathrm{Traces}(\mathrm{TS}) = \mathrm{Traces}(\mathrm{TS}') \text{ 当且仅当 } \mathrm{Traces}_{\mathrm{fin}}(\mathrm{TS}) = \mathrm{Traces}_{\mathrm{fin}}(\mathrm{TS}')$$

(b) 给出 TS 和 TS′ 的具体例子, 使其中至少一个不是 AP 确定的, 但是

$$\mathrm{Traces}(\mathrm{TS}) \not\subseteq \mathrm{Traces}(\mathrm{TS}') \text{ 且 } \mathrm{Traces}_{\mathrm{fin}}(\mathrm{TS}) = \mathrm{Traces}_{\mathrm{fin}}(\mathrm{TS}')$$

习题 3.5 考虑由 $\mathrm{AP} = \{x = 0, x > 1\}$ 定义的原子命题的集合 AP, 考虑处理变量 x 的计算机无终止顺序程序 P. 把下列非形式表述的性质公式化为 LT 性质:

(a) false.
(b) x 的初值是 0.
(c) x 的初值不是 0.
(d) x 的初值是 0, 但在某一点处 x 的值大于 1.
(e) x 的值只有有限次大于 1.
(f) x 无限经常地大于 1.
(g) x 的值交替取 0 和 2.
(h) true.

确定哪个 LT 性质是安全性质, 并证明你的答案. (本习题来自文献 [355].)

习题 3.6 考虑原子命题集合 $\mathrm{AP} = \{A, B\}$. 把下列性质确切表述为 LT 性质, 并判断它们是否是不变式、安全性质或活性性质, 或三者都不是.

---

① 若 TS 是有终止状态的迁移系统, 就定义 Traces(TS) 为所有单词 $\mathrm{trace}(\pi)$ 的集合, 其中 π 为 TS 的起始极大路径片段.

(a) A 永不发生.

(b) A 恰好只发生一次.

(c) A 和 B 无限经常地交替.

(d) 终将 A 紧跟 B.

(本习题来自文献 [312].)

习题 3.7　考虑图 3.16 所示的顺序硬件电路.

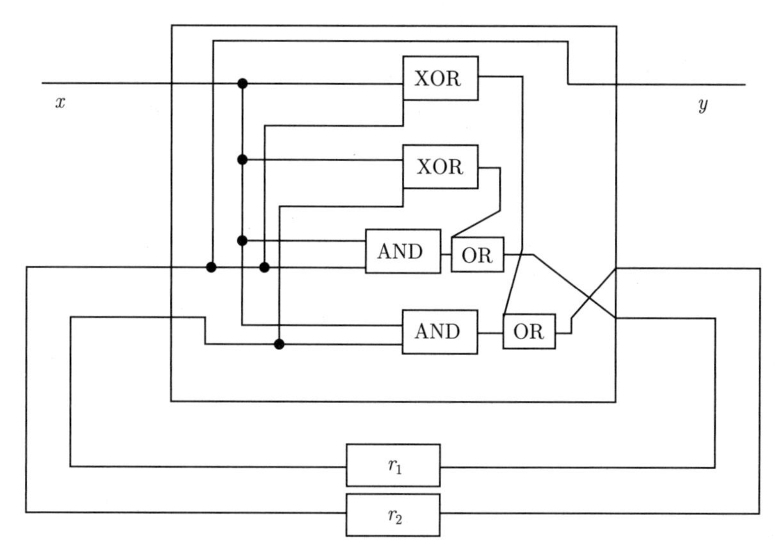

图 3.16　习题 3.7 的顺序硬件电路

此电路具有输入变量 x、输出变量 y 以及寄存器 r_1 和 r_2, 寄存器的初值为 $r_1 = 0$ 和 $r_2 = 1$. 原子命题的集合 AP 为 $\{x, r_1, r_2, y\}$. 此外, 考虑 AP 上的以下非形式表示的 LT 性质.

P_1: 只要输入 x 持续处于高位 (即 $x = 1$), 那么输出 y 就无限经常地处于高位.

P_2: 只要当前值 $r_2 = 0$, 那么就永远不会在下一次输入后 $r_1 = 1$.

P_3: 两次连续的输出永远不会都是高位.

P_4: $x = 1$ 和 $r_1 = 0$ 的配置永不发生.

(a) 对每个性质给出一个属于 P_i 的无限单词的例子. 对 $(2^{\mathrm{AP}})^{\omega} \setminus P_i$ 也找出一个这样的例子.

(b) 确定 $P_1 \sim P_4$ 中哪一个是硬件电路满足的性质.

(c) 确定哪些性质是安全性质. 指出哪些性质是不变式.

　(i) 对每个安全性质 P_i, 确定坏前缀的 (正则) 语言.

　(ii) 对每个不变式, 提供命题逻辑公式, 它指明每个状态都满足的性质.

习题 3.8　LT 性质 P 和 P' 等价当且仅当 $\mathrm{pref}(P) = \mathrm{pref}(P')$, 记为 $P \cong P'$. 证真或证伪以下断言：

$$P \cong P' \text{当且仅当 } \mathrm{closure}(P) = \mathrm{closure}(P')$$

习题 3.9　证明对任何迁移系统 TS, 集合 closure(Traces(TS)) 是安全性质并且 TS $\models$ closure(Traces(TS)).

习题 3.10 令 P 是 LT 性质. 证明 $\text{pref}(\text{closure}(P)) = \text{pref}(P)$.

习题 3.11 设 P 和 P' 是 AP 上的活性性质. 证真或证伪以下断言:

(a) $P \cup P'$ 是活性性质.

(b) $P \cap P'$ 是活性性质.

对安全性质 P 和 P' 回答同样的问题.

习题 3.12 证明 3.4.2 节的引理 3.5.

习题 3.13 令 $\text{AP} = \{a, b\}$, P 是由无限单词 $\sigma = A_0A_1A_2\cdots \in (2^{\text{AP}})^\omega$ 组成的 LT 性质, σ 满足存在 $n \geqslant 0$ 使得 $\{a, b\} = A_n$ 并对 $0 \leqslant i < n$ 有 $a \in A_i$, 同时满足对无穷多个 $j \geqslant 0$ 有 $b \in A_j$. 给出到活性性质与安全性质的分解 $P = P_{\text{safe}} \cap P_{\text{live}}$.

习题 3.14 令 TS_{Sem} 与 TS_{Pet} 分别是基于信号的互斥算法 (例 2.10) 和 Peterson 算法 (例 2.11) 的迁移系统. 令 $\text{AP} = \{\text{wait}_i, \text{crit}_i \mid i = 1, 2\}$. 证真或证伪以下断言:

$$\text{Traces}(\text{TS}_{\text{Sem}}) = \text{Traces}(\text{TS}_{\text{Pet}})$$

如果该性质不成立, 提供仅是其中一个系统的迹而不是另一个系统的迹的例子.

习题 3.15 考虑图 3.17 所示的迁移系统 TS 以及动作集合 $B_1 = \{\alpha\}$、$B_2 = \{\alpha, \beta\}$ 和 $B_3 = \{\beta\}$.

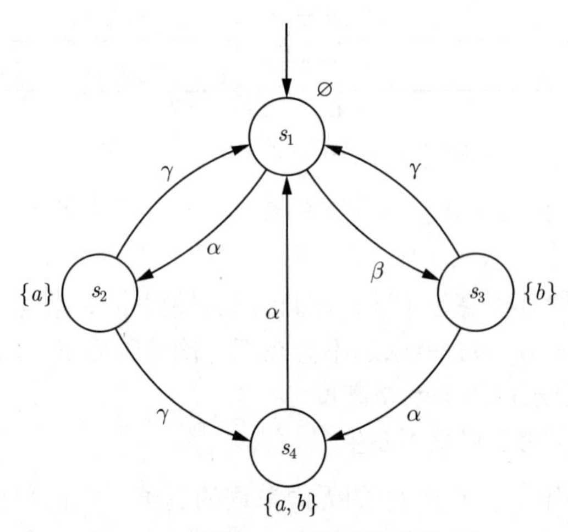

图 3.17 习题 3.15 的迁移系统 TS

进一步地, 令 E_b, E_a 和 E' 分别是下列 LT 性质:

- E_b 为所有单词 $A_0A_1A_2\cdots \in (2^{\{a,b\}})^\omega$ 的集合, 其中对无穷多个 i, $A_i \in \{\{a, b\}, \{b\}\}$ (即无限经常 b).
- E_a 为所有单词 $A_0A_1A_2\cdots \in (2^{\{a,b\}})^\omega$ 的集合, 其中对无穷多个 i, $A_i \in \{\{a, b\}, \{a\}\}$ (即无限经常 a).
- E' 为所有单词 $A_0A_1A_2\cdots \in (2^{\{a,b\}})^\omega$ 的集合, 其中不存在 $i \in \mathbb{N}$ 使得 $A_i = \{a\}$、$A_{i+1} = \{a, b\}$ 以及 $A_{i+2} = \varnothing$.

(a) $\text{TS} \models_{\mathcal{F}_i} E$ 对哪个动作集 $B_i (i \in \{1, 2, 3\})$ 和 LT 性质 $E \in \{E_a, E_b, E'\}$ 成立? 此处, $\mathcal{F}_i$ 以 B_i 为强公平条件而不施加无条件或弱公平性约束 (即 $\mathcal{F}_i = (\varnothing, B_i, \varnothing)$).

(b) 对弱公平性 (代替强公平性, 即 $\mathcal{F}_i = (\varnothing, \varnothing, B_i)$) 回答同样的问题.

习题 3.16　令 TS_i $(i = 1, 2)$ 为迁移系统 $(S_i, \mathrm{Act}, \rightarrow_i, I_i, \mathrm{AP}_i, L_i)$, $\mathcal{F} = (\mathcal{F}_{\mathrm{ucond}}, \mathcal{F}_{\mathrm{strong}}, \mathcal{F}_{\mathrm{weak}})$ 为公平性假设且 $\mathcal{F}_{\mathrm{ucond}} = \varnothing$. 证真或证伪以下断言:

(a) $\mathrm{Traces}(\mathrm{TS}_1) \subseteq \mathrm{Traces}(\mathrm{TS}_1 \parallel \mathrm{TS}_2)$, 其中 $\mathrm{Syn} \subseteq \mathrm{Act}$.

(b) $\mathrm{Traces}(\mathrm{TS}_1) \subseteq \mathrm{Traces}(\mathrm{TS}_1 \,|||\, \mathrm{TS}_2)$.

(c) $\mathrm{Traces}(\mathrm{TS}_1 \parallel \mathrm{TS}_2) \subseteq \mathrm{Traces}(\mathrm{TS}_1)$, 其中 $\mathrm{Syn} \subseteq \mathrm{Act}$.

(d) $\mathrm{Traces}(\mathrm{TS}_1) \subseteq \mathrm{Traces}(\mathrm{TS}_2) \Rightarrow \mathrm{FairTraces}_{\mathcal{F}}(\mathrm{TS}_1) \subseteq \mathrm{FairTraces}_{\mathcal{F}}(\mathrm{TS}_2)$.

(e) 对于满足 $\mathrm{TS}_2 \models_{\mathcal{F}} P$ 的活性性质 P, 有

$$\mathrm{Traces}(\mathrm{TS}_1) \subseteq \mathrm{Traces}(\mathrm{TS}_2) \Rightarrow \mathrm{TS}_1 \models_{\mathcal{F}} P$$

在 (a)~(c) 中假定 $\mathrm{AP}_2 = \varnothing$、$\mathrm{TS}_1 \parallel \mathrm{TS}_2$ 和 $\mathrm{TS}_1 \,|||\, \mathrm{TS}_2$ 都以 $\mathrm{AP} = \mathrm{AP}_1$ 为原子命题集合并且 $L(\langle s, s' \rangle) = L_1(s)$ 是标记函数. 而在 (d)、(e) 中可假设 $\mathrm{AP}_1 = \mathrm{AP}_2$.

习题 3.17　考虑图 3.18 所示的迁移系统 TS, 其原子命题集合为 $\{a\}$.

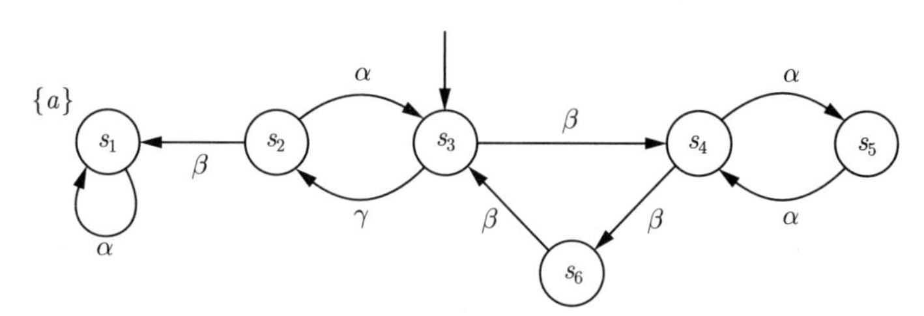

图 3.18　习题 3.17 的迁移系统 TS

令公平性假设为

$$\mathcal{F} = (\varnothing, \{\{\alpha\}, \{\beta\}\}, \{\{\beta\}\})$$

判断是否有 $\mathrm{TS} \models_{\mathcal{F}}$ "终将 a". 证明你的答案.

习题 3.18　考虑图 3.19 所示 (没有原子命题集合) 的迁移系统 TS.

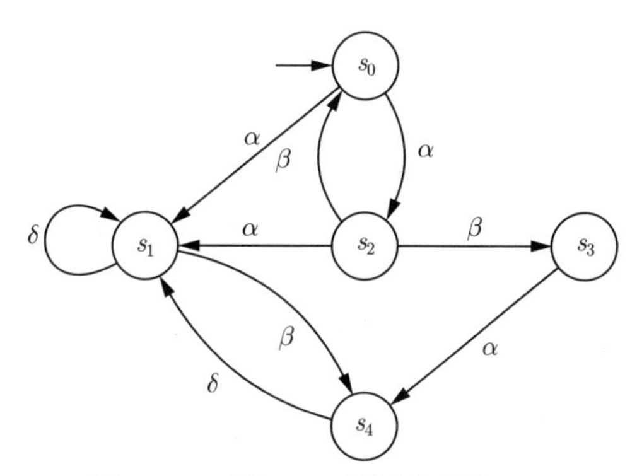

图 3.19　习题 3.18 的迁移系统 TS

判断下列公平性假设 $\mathcal{F}_i$ 中的哪一个对 TS 是可实现的. 证明你的结论.

(a) $\mathcal{F}_1 = (\{\{\alpha\}\}, \{\{\delta\}\}, \{\{\alpha, \beta\}\})$.

(b) $\mathcal{F}_2 = (\{\{\delta, \alpha\}\}, \{\{\alpha, \beta\}\}, \{\{\delta\}\})$.

(c) $\mathcal{F}_3 = (\{\{\alpha, \delta\}, \{\beta\}\}, \{\{\alpha, \beta\}\}, \{\{\delta\}\})$.

习题 3.19 令 $\mathrm{AP} = \{a, b\}$.

(a) P_1 表示由所有满足以下条件的无限单词 $\sigma = A_0 A_1 A_2 \cdots \in (2^{\mathrm{AP}})^\omega$ 组成的 LT 性质: 存在 $n \geqslant 0$ 使得

$$\forall j < n.\, A_j = \varnothing \wedge A_n = \{a\} \wedge \forall k > n (A_k = \{a\} \Rightarrow A_{k+1} = \{b\})$$

(i) 给出 P_1 的一个 ω 正则表达式.

(ii) 应用分解定理并给出 P_{safe} 和 P_{live} 的表达式.

(iii) 证明 P_{live} 是活性性质, P_{safe} 是安全性质.

(b) 令 P_2 表示形为 $\sigma = A_0 A_1 A_2 \in (2^{\mathrm{AP}})^\omega$ 且满足

$$\overset{\infty}{\exists} k.\, A_k = \{a, b\} \wedge \exists n \geqslant 0.\, \forall k > n \big(a \in A_k \Rightarrow b \in A_{k+1}\big)$$

的迹的集合. 考虑图 3.20 所示迁移系统 TS.

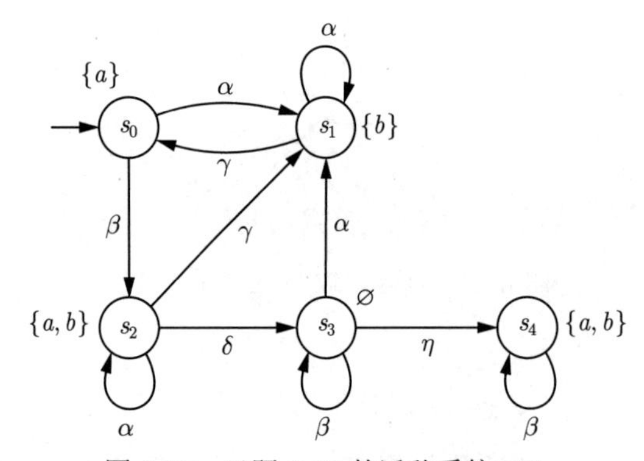

图 3.20 习题 3.19 的迁移系统 TS

考虑以下公平性假设:

(i) $\mathcal{F}_1 = \Big(\{\{\alpha\}\}, \{\{\beta\}, \{\delta, \gamma\}, \{\eta\}\}, \varnothing\Big)$. 判断是否有 $\mathrm{TS} \models_{\mathcal{F}_1} P_2$.

(ii) $\mathcal{F}_2 = \Big(\{\{\alpha\}\}, \{\{\beta\}, \{\gamma\}\}, \{\{\eta\}\}\Big)$. 判断是否有 $\mathrm{TS} \models_{\mathcal{F}_2} P_2$.

证明你的结论.

习题 3.20 令 $\mathrm{TS} = (S, \mathrm{Act}, \to, I, \mathrm{AP}, L)$ 是没有终止状态的迁移系统并令 $A_1, A_2, \cdots, A_k, A'_1, A'_2, \cdots, A'_l \subseteq \mathrm{Act}$.

(a) 令 $\mathcal{F} = (\varnothing, \mathcal{F}_{\mathrm{strong}}, \mathcal{F}_{\mathrm{weak}})$ 是公平性假设, 其中

$$\mathcal{F}_{\mathrm{strong}} = \{A_1, A_2, \cdots, A_k\} \text{ 且 } \mathcal{F}_{\mathrm{weak}} = \{A'_1, A'_2, \cdots, A'_l\}$$

简述一个调度算法, 它能以 $\mathcal{F}$ 公平的方式解决 TS 中的未定性.

(b) 令 $\mathcal{F}_{\mathrm{ucond}} = \{A_1, A_2, \cdots, A_k\}$ 是 TS 的无条件公平性假设. 设计一个 (调度) 算法, 使其可以检验 $\mathcal{F}_{\mathrm{ucond}}$ 对 TS 是否是可实现的. 如果是, 还要生成 TS 的一个 $\mathcal{F}_{\mathrm{ucond}}$ 公平的执行.

第 4 章　正 则 性 质

本章讨论一些基本算法, 用以验证几类重要的安全性质和活性性质以及更广泛的其他线性时间性质. 首先考虑正则安全性质, 即坏前缀构成正则语言的安全性质, 它们因此可被有限自动机识别. 对于给定的有限迁移系统 TS, 检验其安全性质 P_{safe} 的算法依赖于一个约简, 它将问题简化为 TS 与某个有限自动机的乘积构造中的不变式检验问题, 该自动机识别 P_{safe} 的坏前缀.

然后, 把这种基于自动机的验证算法推广到更大的一类线性时间性质, 即 ω 正则性质. 这类性质涵盖了正则安全性质和许多其他相关性质, 例如一些活性性质. ω 正则性质可由 Büchi 自动机表示. Büchi 自动机是有限自动机的变体, 它接受无限 (而不是有限) 单词. Büchi 自动机是将 ω 正则性质的检验约简为持久性检验的关键概念. 持久性检验是不变式检验的变体, 目的是证明从某一时刻开始某种状态条件持续成立.

4.1　有限单词上的自动机

定义 4.1　未定有限自动机

未定有限自动机 (Nondeterministic Finite Automaton, NFA) $\mathcal{A}$ 是五元组 $\mathcal{A} = (Q, \Sigma, \delta, Q_0, F)$, 其中:

- Q 是状态的有限集合.
- Σ 是字母表.
- $\delta\colon Q \times \Sigma \to 2^Q$ 为迁移函数.
- $Q_0 \subseteq Q$ 为初始状态的集合.
- $F \subseteq Q$ 为接受 (或最终) 状态的集合.

$\mathcal{A}$ 的大小记作 $|\mathcal{A}|$, 表示 $\mathcal{A}$ 中状态和迁移的个数, 即

$$|\mathcal{A}| = |Q| + \sum_{q \in Q} \sum_{A \in \Sigma} |\delta(q, A)|$$ ■

Σ 表示定义自动机的所有符号. (可能为空的) 集合 Q_0 定义了自动机可以由其开始的状态. 迁移函数 δ 可视为由

$$q \xrightarrow{A} q' \ \text{ iff } \ q' \in \delta(q, A)$$

定义的关系 $\rightarrow \subseteq Q \times \Sigma \times Q$. 因此, 经常把 δ 视为迁移关系 (而不是迁移函数). 直观地理解, $q \xrightarrow{A} q'$ 表示当自动机读入符号 A 时可从状态 q 移动到状态 q'.

例 4.1　有限状态自动机的例子

图 4.1 描绘了 NFA 的一个例子. 其中, $Q = \{q_0, q_1, q_2\}$, $\Sigma = \{A, B\}$, $Q_0 = \{q_0\}$, $F = \{q_2\}$, 并且迁移函数 δ 由

$$\begin{array}{ll}\delta(q_0, A) = \{q_0\} & \delta(q_0, B) = \{q_0, q_1\} \\ \delta(q_1, A) = \{q_2\} & \delta(q_1, B) = \{q_2\} \\ \delta(q_2, A) = \varnothing & \delta(q_2, B) = \varnothing\end{array}$$

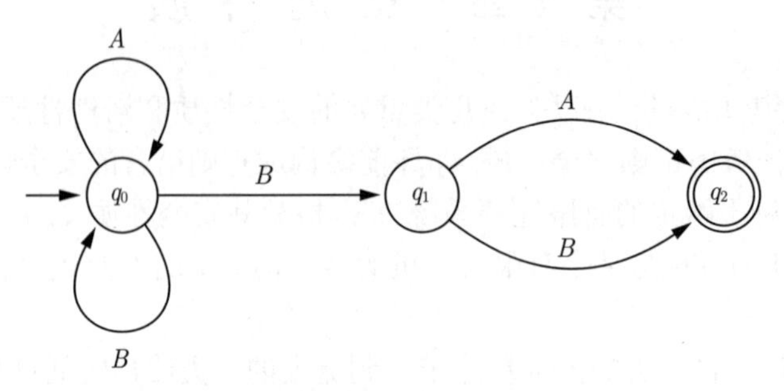

图 4.1 未定有限状态自动机的例子

定义. 这相当于迁移 $q_0 \xrightarrow{A} q_0$, $q_0 \xrightarrow{B} q_0$, $q_0 \xrightarrow{B} q_1$, $q_1 \xrightarrow{A} q_2$, $q_1 \xrightarrow{B} q_2$. NFA 的图形表示法与有标记的迁移系统相同. 双圆圈表示接受状态以区别于其他状态. ■

NFA 的直观运转行为如下. 给自动机提供一个输入单词 $w \in \Sigma^*$, 它从 Q_0 中的状态之一开始. 自动机从左至右逐符号读入这个单词 (读者可以假定输入单词位于一条带子上, 自动机从左至右读取输入的符号, 当读完第 i 个符号时, 把游标从当前位置 i 移动到下一位置 $i+1$. 但是, 自动机不在带子上写, 而且只以向右移动一个位置的方式移动游标, 没有其他移动方式). 读取一个输入符号后, 自动机按照迁移关系 δ 改变它的状态. 即, 如果在状态 q 处读到输入符号 A, 自动机就选择可能的迁移 $q \xrightarrow{A} q'$ (即状态 $q' \in \delta(q, A)$) 之一, 并进入状态 q', 在 q' 处读取下一个符号. 如果 $\delta(q, A)$ 包含两个或多个状态, 那么就未定地决定下一个进入的状态. 如果当前状态 q 没有以当前输入符号 A 标记的出迁移, NFA 就不能完成任何迁移. 对这种情形, 即, 如果 $\delta(q, A) = \varnothing$, 自动机被阻滞, 不能前行, 称为输入单词*被拒绝*. 当读完整个单词时, 自动机停止. 若自动机的当前状态是接受状态, 则称它*接受*, 否则称它*拒绝*.

对于一个给定的输入单词 $w = A_1A_2\cdots A_n$, NFA 的可能行为的直观解释用 w 的运行 (见定义 4.2) 形式化. 对于任意输入单词 w, 也许会有几种可能的行为 (运行), 有些是接受的, 有些是拒绝的. 单词 w 被 $\mathcal{A}$ 接受, 是指它的运行*至少*有一个是接受的, 即成功地读入整个单词并结束于最终状态. 这依赖于典型的未定接受器准则, 该准则假定有解决未定性的暗示, 一旦可能, 就会生成一个接受运行.

定义 4.2 *接受运行和接受语言*

令 $\mathcal{A} = (Q, \Sigma, \delta, Q_0, F)$ 是 NFA, $w = A_1A_2\cdots A_n \in \Sigma^*$ 是有限单词. w 在 $\mathcal{A}$ 中的一个运行是满足以下条件的有限状态序列 $q_0q_1\cdots q_n$:

- $q_0 \in Q_0$.
- 对于所有 $0 \leqslant i < n$, $q_i \xrightarrow{A_{i+1}} q_{i+1}$.

若 $q_n \in F$, 则称运行 $q_0q_1\cdots q_n$ 为*接受运行*. 若存在有限单词 $w \in \Sigma^*$ 的一个接受运行, 则称 $\mathcal{A}$ *接受* w. Σ^* 中被 $\mathcal{A}$ 接受的有限单词的集合称为 $\mathcal{A}$ 的*接受语言*, 记为 $\mathcal{L}(\mathcal{A})$, 即

$$\mathcal{L}(\mathcal{A}) = \{w \in \Sigma^* \mid \mathcal{A} \text{ 中存在 } w \text{ 的接受运行}\}$$ ■

例 4.2　运行与接受单词

图 4.1 中的自动机 $\mathcal{A}$ 的运行有以下 4 个: 空单词 ε 的运行 q_0, 符号 B 构成的单词的运行 q_0q_1, 单词 ABA 和 BBA 的运行 $q_0q_0q_0q_0$, 单词 BA 和 BB 的运行 $q_0q_1q_2$. 结束于最终状态 q_2 的运行是接受运行. 例如 BA、BB 的运行 $q_0q_1q_2$ 以及 ABB、ABA、BBA 和 BBB 的运行 $q_0q_0q_1q_2$ 都是接受运行. 因此, 这些单词都属于 $\mathcal{L}(\mathcal{A})$. $\mathcal{A}$ 不接受单词 AAA, 因其仅有一个运行, 即 $q_0q_0q_0q_0$, 而它不是接受运行.

接受语言 $\mathcal{L}(\mathcal{A})$ 由正则表达式 $(A+B)^*B(A+B)$ 给出. 因此, $\mathcal{L}(\mathcal{A})$ 是 $\{A, B\}$ 上的倒数第二个字母为 B 的单词的集合. ■

允许特殊情形 $Q_0 = \varnothing$ 或 $F = \varnothing$. 对这两种情况都有 $\mathcal{L}(\mathcal{A}) = \varnothing$. 若 $F = \varnothing$, 则没有接受运行. 若没有初始状态, 则根本就没有运行. 直观地看, 这样的自动机直接拒绝任何输入单词.

下面是 NFA $\mathcal{A}$ 的接受语言的等价的替代特征. 令 $\mathcal{A}$ 为上述 NFA. 用以下方式把迁移函数 δ 扩充为 $\delta^*: Q \times \Sigma^* \to 2^Q$: $\delta^*(q, \varepsilon) = \{q\}$, $\delta^*(q, A) = \delta(q, A)$, 且

$$\delta^*(q, A_1A_2\cdots A_n) = \bigcup_{p \in \delta(q, A_1)} \delta^*(p, A_2A_3\cdots A_n).$$

用文字描述就是, $\delta^*(q, w)$ 是从状态 q 开始关于输入单词 w 可达的状态的集合. 特别地, $\bigcup\limits_{q_0 \in Q_0} \delta^*(q_0, w)$ 为单词 w 在 $\mathcal{A}$ 中的所有运行的结束状态的集合. 若这些状态中有一个是最终状态, 则 w 有一个接受运行; 反之, 若 $w \notin \mathcal{L}(\mathcal{A})$, 则所有这些结束状态都不是最终状态. 因此, 通过扩充的迁移函数 δ^*, 对 NFA 的接受语言有引理 4.1 所述的替代特征.

引理 4.1　接受语言的替代特征

令 $\mathcal{A}$ 是一个 NFA. 那么

$$\mathcal{L}(\mathcal{A}) = \{w \in \Sigma^* \mid \exists q_0 \in Q_0.\, \delta^*(q_0, w) \cap F \neq \varnothing\}$$ ■

可以证明, 被 NFA 接受的语言构成正则语言. 事实上, 对于给定的 NFA $\mathcal{A}$, 存在生成语言 $\mathcal{L}(\mathcal{A})$ 的正则表达式的算法; 反之, 对于任意正则表达式 E, 可以构造接受 $\mathcal{L}(E)$ 的 NFA. 因此, 正则语言构成的类与被 NFA 接受的语言构成的类一致.

非正则 (而上下文无关的) 语言的一个例子是 $\{A^nB^n \mid n \geqslant 0\}$. 不存在接受它的 NFA. 直观理由是, 必须能够数出 A 的数目, 以确定跟随的 B 的数目.

既然 NFA 用于表示 (正则) 语言, 就可以把接受相同语言的 NFA 看作相同的自动机.

定义 4.3　NFA 的等价性

令 $\mathcal{A}$ 与 $\mathcal{A}'$ 为具有相同字母表的 NFA. 若 $\mathcal{L}(\mathcal{A}) = \mathcal{L}(\mathcal{A}')$, 则称 $\mathcal{A}$ 与 $\mathcal{A}'$ 是等价的. ■

自动机理论的一个基本问题是: 对于一个给定的 NFA $\mathcal{A}$, 判断它的接受语言是否为空, 即是否有 $\mathcal{L}(\mathcal{A}) = \varnothing$. 这就是著名的空性问题. 从接受性条件直接得到, $\mathcal{L}(\mathcal{A})$ 非空当且仅当至少有一个结束于某个最终状态的运行. 因此 $\mathcal{L}(\mathcal{A})$ 的非空性等价于从某一初始状态 $q_0 \in Q_0$ 可到达的接受状态 $q \in F$ 的存在性. 这可用深度优先遍历方法在有限时间 $O(|\mathcal{A}|)$ 内判定: 遍历所有初始状态的可达状态, 并检查它们之中是否有一个最终状态. 对于状态

$q \in Q$, 令 $\text{Reach}(q) = \bigcup_{w \in \Sigma^*} \delta^*(q, w)$; 即 $\text{Reach}(q)$ 是从状态 q 开始经过任一运行可达的状态 q' 的集合.

定理 4.1 语言非空性等价于可达性

令 $\mathcal{A} = (Q, \Sigma, \delta, Q_0, F)$ 是 NFA. 那么, $\mathcal{L}(\mathcal{A}) \neq \varnothing$ 当且仅当存在 $q_0 \in Q_0$ 和 $q \in F$ 使得 $q \in \text{Reach}(q_0)$. ■

正则语言展现了一些有趣的封闭性质, 例如, 两个正则语言的并仍是正则的. 这同样适用于连接和 Kleene 星 (有限次重复). 由于这些语言是由正则表达式生成的, 所以上面的结论可由正则语言定义直接推出. 正则语言在交和补下同样是封闭的, 即, 若 $\mathcal{L}$、$\mathcal{L}_1$、$\mathcal{L}_2$ 是字母表 Σ 上的正则语言, 则 $\overline{\mathcal{L}} = \Sigma^* \setminus \mathcal{L}$ 和 $\mathcal{L}_1 \cap \mathcal{L}_2$ 也是字母表 Σ 上的正则语言.

简要证之. 对交和补两种情况, 都在有限自动机的基础上进行, 并且假定以 Σ 为字母表的正则语言 $\mathcal{L}$、$\mathcal{L}_1$、$\mathcal{L}_2$ 分别由 NFA $\mathcal{A}$、$\mathcal{A}_1$、$\mathcal{A}_2$ 接受. 交可以通过乘积构造 $\mathcal{A}_1 \otimes \mathcal{A}_2$ 实现, 它可以看作在所有符号 $A \in \Sigma$ 上同步的并行复合. 事实上, $\otimes$ 的形式定义可以大致与同步运算符 $\|$ 相同, 见定义 2.13. 这种思想很简单, 就是对于给定的输入单词, 并行运行两个自动机, 只要有一个自动机不能读入当前输入符号就拒绝, 如果输入单词被完全读取并且两个自动机都接受 (即, 都处于最终状态) 就接受.

定义 4.4 NFA 的同步积

对 NFA $\mathcal{A}_i = (Q_i, \Sigma, \delta_i, Q_{0,i}, F_i)$, $i = 1, 2$, NFA 的同步积 *(也称乘积自动机)* 为

$$\mathcal{A}_1 \otimes \mathcal{A}_2 = (Q_1 \times Q_2, \Sigma, \delta, Q_{0,1} \times Q_{0,2}, F_1 \times F_2)$$

其中 δ 定义为

$$\frac{q_1 \xrightarrow{A}_1 q_1' \wedge q_2 \xrightarrow{A}_2 q_2'}{(q_1, q_2) \xrightarrow{A} (q_1', q_2')}$$ ■

由此可得, 自动机的乘积构造确实与其接受语言的交对应, 即, $\mathcal{L}(\mathcal{A}_1 \otimes \mathcal{A}_2) = \mathcal{L}(\mathcal{A}_1) \cap \mathcal{L}(\mathcal{A}_2)$.

下面考虑补算子. 给定输入字母表为 Σ 的 NFA $\mathcal{A}$, 目标是对于补语言 $\Sigma^* \setminus \mathcal{L}(A)$ 构造一个 NFA. 主要步骤是, 首先构造一个等价的可以简单取补的确定有限自动机 $\mathcal{A}_{\text{det}}$.

定义 4.5 确定有限自动机

令 $\mathcal{A} = (Q, \Sigma, \delta, Q_0, F)$ 是 NFA. 如果 $|Q_0| \leqslant 1$ 并且对于所有状态 $q \in Q$ 和所有符号 $A \in \Sigma$ 都有 $|\delta(q, A)| \leqslant 1$, 则称 $\mathcal{A}$ 为确定的. 确定有限自动机简记为 DFA(Deterministic Finite Automaton).

称 DFA 为完全的, 如果 $|Q_0| = 1$ 且对于所有 $q \in Q$ 和 $A \in \Sigma$ 都有 $|\delta(q, A)| = 1$. ■

通俗地讲, 如果 NFA 至多有一个初始状态, 并且对于每一符号 A, 任一状态 q 的后继状态要么唯一 (若 $|\delta(q, A)| = 1$), 要么未定义 (若 $\delta(q, A) = \varnothing$), 那么它就是确定的. 完全 DFA 的后继状态唯一, 因此对于每一输入单词的运行也唯一. 通过简单地添加一个非最终的陷阱状态, 例如 q_{trap}, 并对于任意符号 $A \in \Sigma$ 都给陷阱状态 q_{trap} 添加一个自循环, 就可把任意 DFA 转化为等价的完全 DFA. 在给定的非完全 DFA 中, 对于任意状态 $q \neq q_{\text{trap}}$ 和 q 没有 A 后继的任意符号 A, 加一个从状态 q 到 q_{trap} 的一个迁移.

完全 DFA 经常写成形式 $\mathcal{A} = (Q, \Sigma, \delta, q_0, F)$, 其中 q_0 表示唯一的初始状态, δ 是 (完全) 迁移函数 $\delta\colon Q \times \Sigma \to Q$. 同样, 完全 DFA 的扩展迁移函数 δ^* 可以看作一个完全函数 $\delta^*\colon Q \times \Sigma^* \to Q$, 它对于给定状态 q 和有限单词 w 返回 $p = \delta^*(q, w)$, 其中 p 是从状态 q 关于输入单词 w 到达的唯一状态. 特别地, 完全 DFA $\mathcal{A} = (Q, \Sigma, \delta, q_0, F)$ 的接受语言为

$$\mathcal{L}(\mathcal{A}) = \{w \in \Sigma^* \mid \delta^*(q_0, w) \in F\}$$

我们发现, 完全 DFA $\mathcal{A}$ 对于每一输入单词都有*唯一运行*; 由此, 在 $\mathcal{A}$ 中, 只需简单地把非最终状态改为最终状态, 把最终状态改为非最终状态, 就可以对 $\mathcal{A}$ 取补. 形式上, 如果 $\mathcal{A} = (Q, \Sigma, \delta, q_0, F)$ 是一个完全 DFA, 则 $\overline{\mathcal{A}} = (Q, \Sigma, \delta, q_0, Q \setminus F)$ 也是完全 DFA, 其中 $\mathcal{L}(\overline{\mathcal{A}}) = \Sigma^* \setminus \mathcal{L}(\mathcal{A})$. 注意, 将运算符 $\mathcal{A} \mapsto \overline{\mathcal{A}}$ 应用于非完全 DFA (或者确实具有未定选择的 NFA) 将不能为补语言提供一个自动机 (请读者思考为什么).

对于给定的 NFA $\mathcal{A} = (Q, \Sigma, \delta, Q_0, F)$, 尚需解释如何构造一个等价的完全 DFA $\mathcal{A}_{\text{det}}$. 这可由*幂集构造*得到, 因为 $\mathcal{A}_{\text{det}}$ 的状态是 Q 的子集, 这种构造也经常被称为*子集构造*. 通过把给定的输入单词 $w = A_1A_2\cdots A_n$ 的前缀 $A_1A_2\cdots A_i$ 移到 $A_1A_2\cdots A_i$ 在 $\mathcal{A}$ 中可达状态的集合, 幂集构造使得 $\mathcal{A}_{\text{det}}$ 可模拟 $\mathcal{A}$. 确切地说, $\mathcal{A}_{\text{det}}$ 起始于 Q_0, 其中 Q_0 是 $\mathcal{A}$ 的初始状态的集合. 如果 $\mathcal{A}_{\text{det}}$ 位于状态 Q' ($\mathcal{A}$ 的状态空间 Q 的子集), $\mathcal{A}_{\text{det}}$ 将输入符号 A 移到 $Q'' = \bigcup\limits_{q \in Q'} \delta(q, A)$. 如果已读完输入单词而且 $\mathcal{A}_{\text{det}}$ 位于包含 $\mathcal{A}$ 的某个接受状态的状态集 Q', 则 $\mathcal{A}_{\text{det}}$ 接受. 后者意味着, 对于给定的单词 w, $\mathcal{A}$ 中存在 w 的一个结束于接受状态的接受运行, 因此, $w \in \mathcal{L}(\mathcal{A})$. $\mathcal{A}_{\text{det}}$ 的形式定义为 $\mathcal{A}_{\text{det}} = (2^Q, \Sigma, \delta_{\text{det}}, Q_0, F_{\text{det}})$, 其中

$$F_{\text{det}} = \{Q' \subseteq Q \mid Q' \cap F \neq \varnothing\}$$

而完全迁移函数 $\delta_{\text{det}}\colon 2^Q \times \Sigma \to 2^Q$ 定义为

$$\delta_{\text{det}}(Q', A) = \bigcup_{q \in Q'} \delta(q, A)$$

显然, $\mathcal{A}_{\text{det}}$ 为完全 DFA, 而且, 对于所有有限单词 $w \in \Sigma^*$, 有

$$\delta^*_{\text{det}}(Q_0, w) = \bigcup_{q_0 \in Q_0} \delta^*(q_0, w)$$

因此, 由引理 4.1, $\mathcal{L}(\mathcal{A}_{\text{det}}) = \mathcal{L}(\mathcal{A})$.

例 4.3　*未定有限自动机的确定化*

考虑图 4.1 描述的 NFA. 这个自动机不是确定的, 因为在状态 q_0 处关于输入符号 B 的下一个状态不是唯一确定的. 通过幂集构造得到的完全 DFA 如图 4.2 所示.　■

幂集构造产生一个大小是原来的 NFA 的指数级倍数的完全 DFA. 事实上, 虽然 DFA 和 NFA 有相同的能力 (对于正则语言是等价的形式化), NFA 却更高效. 由正则表达式 $E_k = (A + B)^*B(A + B)^k$ (其中 k 是自然数) 给出的正则语言可由具有 $k + 2$ 个状态的 NFA 接受, 但是可以证明不存在少于 2^k 个状态的等价 DFA. 后者的直观论据是: 接受 $\mathcal{L}(E_k)$ 的每一 DFA 需要在最后 k 个输入符号中 "记住" 符号 B 的位置, 而这要产生 $\Omega(2^k)$ 个状态.

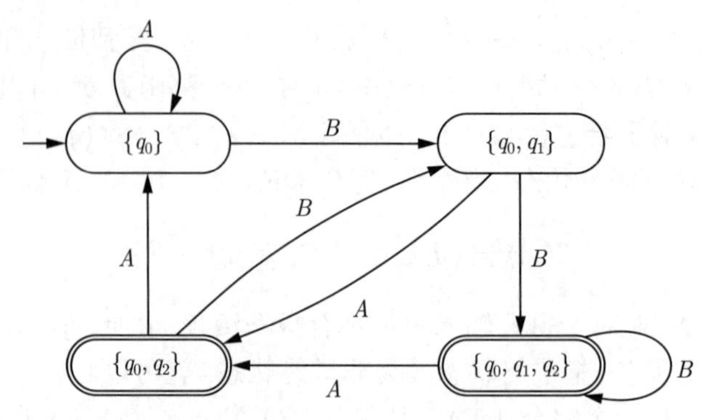

图 4.2 接受 $\mathcal{L}((A+B)^*B(A+B))$ 的 DFA

最后, 需要指出的是, 对于任意正则语言 $\mathcal{L}$ 都有唯一的 DFA $\mathcal{A}$, 其中 $\mathcal{L}=\mathcal{L}(\mathcal{A})$, 而且其状态数在接受 $\mathcal{L}$ 的所有 DFA 中是最小的. 唯一性是在同构的意义下理解的, 即在不计状态的改名下是唯一的 (但是这对 NFA 并不成立, 请读者思考为什么). 已存在算法把 N 个状态的 DFA 最小化到与它等价的最小 DFA, 它基于划分细化, 并在最坏情况下需要的时间为 $O(N\log_2 N)$. 这个最小化算法的概念超出本书范围, 可在任意一本关于自动机理论的教科书中找到. 第 7 章将对互模拟最小化给出一个非常相似的划分细化算法.

4.2 正则安全性质的模型检验

本节将要展示如何利用 NFA 检验一类重要的安全性质的有效性. 这些安全性质的重要特征就是它们所有的坏前缀构成一个正则语言. 因此, 这些所谓正则安全性质的坏前缀可以被 NFA 识别. 本节的主要结论就是有限迁移系统上的正则安全性质检验可以约简为 TS 与 (接受坏前缀的) NFA $\mathcal{A}$ 的乘积的不变式检验. 换句话说, 如果要检验 TS 的一个正则安全性质是否成立, 只要在乘积 $\mathrm{TS}\otimes\mathcal{A}$ 中进行可达性分析以检验 $\mathrm{TS}\otimes\mathcal{A}$ 上相应的不变式就可以了.

4.2.1 正则安全性质

前面讲过, 安全性质是 LT 性质, 即 2^{AP} 上的无限单词的集合, 使得每一违反安全性质的迹都有引起反驳的坏前缀 (参见定义 3.10). 坏前缀是有限的, 因此坏前缀的集合构成字母表 $\Sigma=2^{\mathrm{AP}}$ 上的有限单词的语言, 即 NFA 的输入符号 $A\in\Sigma$ 现在是原子命题的集合. 例如, 若 $\mathrm{AP}=\{a,b\}$, 则 $\Sigma=\{A_1,A_2,A_3,A_4\}$, 它含 4 个输入符号: $A_1=\{\}$, $A_2=\{a\}$, $A_3=\{b\}$, $A_4=\{a,b\}$. ①

定义 4.6 正则安全性质

称 AP 上的安全性质 P_{safe} 是正则的, 若其坏前缀的集合构成 2^{AP} 上的正则语言. ■

每一不变式都是正则安全性质. 如果 Φ 是不变式的可被所有可达状态满足的状态条件 (命题公式), 那么坏前缀的语言包含单词 $A_0A_1A_2\cdots A_n$, 其中对某个 $0\leqslant i\leqslant n$, $A_i\not\models\Phi$. 这样的语言是正则的, 因为它们可由下面的 (非正式的) 正则记号刻画:

$$\Phi^*(\neg\Phi)\mathrm{true}^*$$

① 符号 {} 表示 AP 的空子集, 它是字母表 $\Sigma=2^{\mathrm{AP}}$ 的符号. 必须与表示空语言的正则表达式 $\varnothing$ 加以区分.

此处, Φ 表示 $A \models \Phi$ 的所有 $A \subseteq \mathrm{AP}$ 的集合, $\neg\Phi$ 表示 $A \not\models \Phi$ 的所有 $A \subseteq \mathrm{AP}$ 的集合, 而 true 是指 AP 的所有子集 A 的集合. 例如, 如果 $\mathrm{AP} = \{a, b\}$, $\Phi = a \vee \neg b$, 那么

- Φ 代表正则表达式 $\{\} + \{a\} + \{a, b\}$.
- $\neg\Phi$ 代表由符号 $\{b\}$ 构成的正则表达式.
- true 代表正则表达式 $\{\} + \{a\} + \{b\} + \{a, b\}$.

条件 $a \vee \neg b$ 上的不变式的坏前缀由正则表达式

$$E = \underbrace{(\{\} + \{a\} + \{a, b\})^*}_{\Phi^*} \underbrace{\{b\}}_{\neg\Phi} \underbrace{(\{\} + \{a\} + \{b\} + \{a, b\})^*}_{\text{true}^*}$$

给出. 因此, $\mathcal{L}(E)$ 包含所有对某个 $1 \leqslant i \leqslant n$ 满足 $A_i = \{b\}$ 的单词 $A_1 A_2 \cdots A_n$. 注意, 对于 $A \subseteq \mathrm{AP} = \{a, b\}$, 有, $A \not\models a \vee \neg b$ 当且仅当 $A = \{b\}$. 因此 $\mathcal{L}(E)$ 与条件 Φ 诱导的不变式的坏前缀的集合一致.

事实上, 对于任意不变式 P_{inv}, 坏前缀的语言可以由两个状态的 NFA 表示, 如图 4.3 所示.

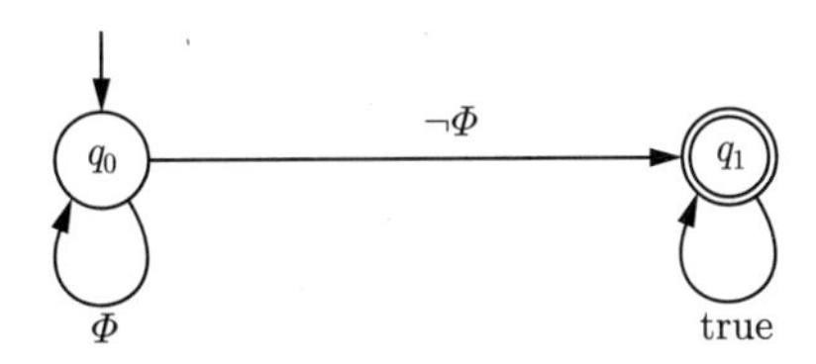

图 4.3 接受条件 Φ 上的不变式的所有坏前缀的 NFA

从此以后, 在字母表 2^{AP} 上的 NFA 的图中使用符号记法. 用 AP 上的命题公式作为边的标记. 因此, 用公式 Ψ 标记从状态 q 到状态 q' 的边, 就意味着对于使得 $A \models \Psi$ 的所有 $A \subseteq \mathrm{AP}$, 都存在迁移 $q \xrightarrow{A} q'$. 例如, 如果 $\mathrm{AP} = \{a, b\}$ 而且 $\Phi = a \vee \neg b$, 那么图 4.3 是具有两个状态 q_0、q_1 和如下迁移的 NFA 的一个表示:

$$q_0 \xrightarrow{\{\}} q_0,\ q_0 \xrightarrow{\{a\}} q_0,\ q_0 \xrightarrow{\{a,b\}} q_0,\ q_0 \xrightarrow{\{b\}} q_1$$

以及

$$q_1 \xrightarrow{\{\}} q_1,\ q_1 \xrightarrow{\{a\}} q_1,\ q_1 \xrightarrow{\{b\}} q_1,\ q_1 \xrightarrow{\{a,b\}} q_1$$

对于由条件 $\Phi = a \vee \neg b$ 诱导的 $\mathrm{AP} = \{a, b\}$ 上的不变式, 极小坏前缀由正则表达式 $(\{\} + \{a\} + \{a, b\})^* \{b\}$ 描述. 因此极小坏前缀也构成一个正则语言. 从图 4.3 中删除状态 q_1 的自循环后得到一个自动机, 它可识别由正则表达式 $\Phi^*(\neg\Phi)$ 给出的所有极小坏前缀. 事实上, 对于正则安全性质的定义, 要求坏前缀还是要求极小坏前缀的集合的正则性无关紧要.

引理 4.2 安全性质的正则性的准则

安全性质 P_{safe} 是正则的当且仅当 P_{safe} 的极小坏前缀的集合是正则的.

证明: 先证充分性. 令 $\mathcal{A} = (Q, 2^{\mathrm{AP}}, \delta, Q_0, F)$ 是 $\mathrm{MinBadPref}(P_{\mathrm{safe}})$ 的 NFA. 那么, 通过对所有 $q \in F$ 和所有 $A \subseteq \mathrm{AP}$ 添加自循环 $q \xrightarrow{A} q$, 就得到 $\mathrm{BadPref}(P_{\mathrm{safe}})$ 的 NFA. 容易验证, 修改后的 NFA 接受由 P_{safe} 的所有坏前缀组成的语言. 因此, $\mathrm{BadPref}(P_{\mathrm{safe}})$ 是正则的, 得证.

再证必要性. 令 $\mathcal{A} = (Q, 2^{\mathrm{AP}}, \delta, Q_0, F)$ 是 BadPref(P_{safe}) 的 DFA. 为了得到 MinBadPref(P_{safe}), 删除 $\mathcal{A}$ 中接受状态的所有出迁移, 得到一个新 DFA. 令 $\mathcal{A}'$ 是这样修改后的 DFA, 下面验证 $\mathcal{L}(\mathcal{A}') = \text{MinBadPref}(P_{\text{safe}})$.

给定单词 $w = A_1A_2\cdots A_n \in \mathcal{L}(\mathcal{A}')$, 因为 w 在 $\mathcal{A}'$ 中的运行 $q_0q_1\cdots q_n$ 也是 $\mathcal{A}$ 的一个接受运行, 故 $w \in \mathcal{L}(\mathcal{A})$. 因此, w 是 P_{safe} 的坏前缀. 分两种情况证明.

假定 w 不是极小坏前缀. 那么就存在 w 的真前缀 $A_1A_2\cdots A_i$, 它也是 P_{safe} 的坏前缀. 因此, $A_1A_2\cdots A_i \in \mathcal{L}(\mathcal{A})$. 既然 $\mathcal{A}$ 是确定的, $q_0q_1\cdots q_i$ 是 $A_1A_2\cdots A_i$ 在 $\mathcal{A}$ 中的 (唯一的) 运行, 而且 $q_i \in F$. 因为 $i < n$ 而且 q_i 在 $\mathcal{A}'$ 中没有出迁移, 所以 $q_0q_1\cdots q_i\cdots q_n$ 不可能是 $\mathcal{A}'$ 中 $A_1A_2\cdots A_i\cdots A_n$ 的运行. 这与假设矛盾, 从而证明了 $A_1A_2\cdots A_n$ 是 P_{safe} 的一个极小坏前缀.

反之, 如果 w 是 P_{safe} 的一个极小坏前缀, 那么:

(1) $A_1A_2\cdots A_n \in \text{BadPref}(P_{\text{safe}}) = \mathcal{L}(\mathcal{A})$.

(2) 对于所有 $1 \leqslant i < n$, $A_1A_2\cdots A_i \notin \text{BadPref}(P_{\text{safe}}) = \mathcal{L}(\mathcal{A})$.

令 $q_0q_1\cdots q_n$ 是 w 在 $\mathcal{A}$ 中的唯一运行, (2) 说明对于所有 $1 \leqslant i < n$ 都有 $q_i \notin F$, 同时由 (1) 得 $q_n \in F$. 因此, $q_0q_1\cdots q_n$ 是 w 在 $\mathcal{A}'$ 中的接受运行. 这说明 $w \in \mathcal{L}(\mathcal{A}')$. ■

例 4.4 互斥算法的正则安全性质

考虑一个诸如基于信号的或 Peterson 的互斥算法. 安全性质 P_{mutex} (“总是至多有一个进程处于其关键节段”) 的坏前缀构成满足以下条件的所有有限单词 $A_0A_1\cdots A_n$ 的语言, 对于 $0 \leqslant i \leqslant n$ 的某些下标 i 有

$$\{\text{crit}_1, \text{crit}_2\} \subseteq A_i$$

如果 $i = n$ 是这样的最小下标, 即 $\{\text{crit}_1, \text{crit}_2\} \subseteq A_n$ 且对于 $0 \leqslant j < n$ 有 $\{\text{crit}_1, \text{crit}_2\} \not\subseteq A_j$, 那么 $A_0A_1\cdots A_n$ 是极小坏前缀. 所有 (极小) 坏前缀的语言是正则的. 图 4.4 描绘了可识别所有极小坏前缀的 NFA. ■

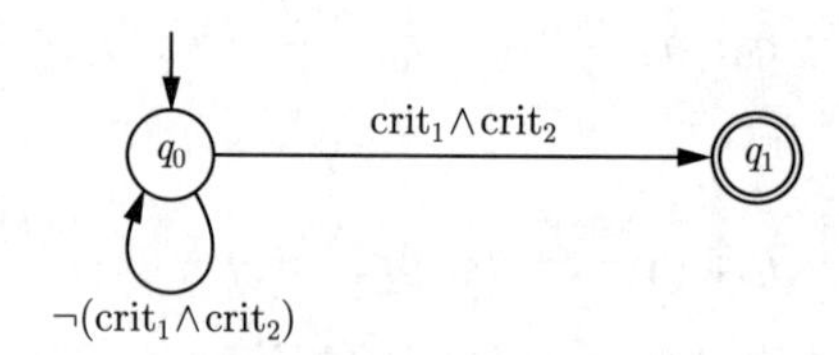

图 4.4 否定互斥性质的极小坏前缀

例 4.5 交通灯的正则安全性质

考虑可能取 3 种颜色 (红、黄、绿) 的交通灯. 性质 “红灯之前必须紧邻黄灯” 由无限单词 $\sigma = A_0A_1A_2\cdots$ 的集合描述, 其中 $A_i \subseteq \{\text{red}, \text{yellow}\}$, 并且对所有 $i > 0$ 都有

$$\text{red} \in A_i \text{ 蕴涵 } i > 0 \text{ 且 } \text{yellow} \in A_{i-1}$$

坏前缀是不符合这个条件的有限单词. 极小坏前缀的例子有 $\{\}\{\}\{\text{red}\}$ 和 $\{\}\{\text{red}\}$.

一般来说, 极小坏前缀是形如 $A_0A_1\cdots A_n$ 的单词, 其中 $n > 0$, $\text{red} \in A_n$, 而且 $\text{yellow} \notin A_{n-1}$. 图 4.5 中的 NFA 接受这些极小坏前缀.

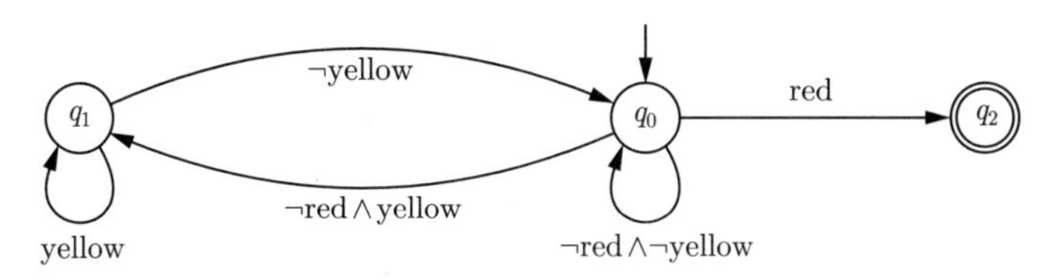

图 4.5　红灯前面是黄灯的极小坏前缀

前面讲过字母表 $\Sigma = 2^{AP}$ 上的 NFA 的图形表示中边的标记的含义, 其中 AP = {yellow, red}. 例如, 在状态 q_1 的自循环的边上标记 yellow 表示一个公式, 即肯定文字 yellow ∈ AP. 这代表文字 yellow 成立的所有集合 $A \subseteq \text{AP} = \{\text{yellow}, \text{red}\}$, 即集合 {yellow} 和 {yellow, red}. 因此, 图 4.5 中 q_1 的自循环代表两个迁移:

$$q_1 \xrightarrow{\{\text{yellow}\}} q_1 \text{ 和 } q_1 \xrightarrow{\{\text{yellow,red}\}} q_1$$

类似地, 从 q_1 到 q_0 的迁移的边标记为 ¬yellow 表示否定文字 ¬yellow, 因此代表下列迁移:

$$q_1 \xrightarrow{\{\text{red}\}} q_0 \text{ 和 } q_1 \xrightarrow{\{\}} q_0$$

同样, 从 q_0 到 q_2 的标记为 red 的迁移表示两个迁移 (分别标记为 {red} 和 {red, yellow}), 同时边标记 ¬red∧yellow 和 ¬red∧¬yellow 都只表示 2^{AP} 中的单个符号, 分别为 {yellow} 和 {}. ■

例 4.6　一个非正则的安全性质

并非所有的安全性质都是正则的. 作为非正则安全性质的例子, 考虑:

"投入硬币的数目至少是交付饮料的数目"

(见例 3.11). 令命题集合为 {pay, drink}. 此安全性质的极小坏前缀构成语言[译注 27]

$$\{\text{pay}^n\text{drink}^{n+1} \mid n \geqslant 0\}$$

这不是正则的, 却是上下文无关的语言. 这样的安全性质超出了后面验证算法的范围. ■

4.2.2　验证正则安全性质

令 P_{safe} 是原子命题集 AP 上的正则安全性质, $\mathcal{A}$ 是 NFA, 它可以识别 P_{safe} 的 (极小) 坏前缀 (回忆引理 4.2, $\mathcal{A}$ 是接受 P_{safe} 的所有坏前缀还是只接受极小坏前缀是无关紧要的). 由于技术原因, 假定 $\varepsilon \notin \mathcal{L}(\mathcal{A})$. 事实上, 这并不是过分的要求, 否则 2^{AP} 上的所有有限单词都是坏前缀, 并因此有 $P_{\text{safe}} = \varnothing$. 在这种情况下, $\text{TS} \models P_{\text{safe}}$ 当且仅当 TS 没有初始状态.

此外, 假定 TS 是没有终止状态的有限迁移系统, 相应的原子命题集合为 AP. 本节的目标是建立算法, 以验证 TS 是否满足正则安全性质 P_{safe}, 即检验 $\text{TS} \models P_{\text{safe}}$ 是否成立. 由引理 3.1 得

$$\begin{aligned}\text{TS} \models P_{\text{safe}} \quad & \text{当且仅当} \quad \text{Traces}_{\text{fin}}(\text{TS}) \cap \text{BadPref}(P_{\text{safe}}) = \varnothing \\ & \text{当且仅当} \quad \text{Traces}_{\text{fin}}(\text{TS}) \cap \mathcal{L}(\mathcal{A}) = \varnothing\end{aligned}$$

因此, 为建立 $\text{TS} \models P_{\text{safe}}$, 只需检验 $\text{Traces}_{\text{fin}}(\text{TS}) \cap \mathcal{L}(\mathcal{A}) = \varnothing$ 就可以了.

为此, 采取类似于检验两个 NFA 是否相交的策略. 前面讲过, 为了检验 NFA $\mathcal{A}_1$ 与 $\mathcal{A}_2$ 是否相交, 只需考虑它们的乘积自动机, 即

$$\mathcal{L}(\mathcal{A}_1) \cap \mathcal{L}(\mathcal{A}_2) = \varnothing \text{ 当且仅当 } \mathcal{L}(\mathcal{A}_1 \otimes \mathcal{A}_2) = \varnothing$$

这样就将两个自动机是否相交的问题约简为乘积自动机的简单的可达性问题.

具体方法如下. 为了检验是否有 $\text{Traces}_{\text{fin}}(\text{TS}) \cap \mathcal{L}(\mathcal{A}) = \varnothing$, 用与 NFA 的同步积一样的思路, 首先建立迁移系统 TS 和 NFA $\mathcal{A}$ 的乘积. 这产生了迁移系统 $\text{TS} \otimes \mathcal{A}$. 对于这个迁移系统, 利用 ($\mathcal{A}$ 的接受状态诱导的命题逻辑公式) Φ 可以得到一个不变式, 使得 $\text{Traces}_{\text{fin}}(\text{TS}) \cap \mathcal{L}(\mathcal{A}) = \varnothing$ 当且仅当 $\text{TS} \otimes \mathcal{A} \models$ "总是 Φ". 这样, 正则安全性质的检验就约简到不变式的检验. 算法 3.2 可用于检验不变式.

首先形式化地定义迁移系统 TS 和 NFA $\mathcal{A}$ 的乘积, 记为 $\text{TS} \otimes \mathcal{A}$. 令 $\text{TS} = (S, \text{Act}, \to, I, \text{AP}, L)$ 并且 $\mathcal{A} = (Q, 2^{\text{AP}}, \delta, Q_0, F)$, 其中 $Q_0 \cap F = \varnothing$. 前面讲过, $\mathcal{A}$ 的字母表由 TS 的原子命题的集合组成. 迁移系统 $\text{TS} \otimes \mathcal{A}$ 的状态空间是 $S \times Q$, 并且其迁移关系使得 TS 中每一个路径片段 $\pi = s_0 s_1 \cdots s_n$ 都可以扩展为 $\text{TS} \otimes \mathcal{A}$ 中的路径片段

$$\langle s_0, q_1 \rangle \langle s_1, q_2 \rangle \cdots \langle s_n, q_{n+1} \rangle$$

该片段有一个初始状态 $q_0 \in Q_0$, 且对此状态

$$q_0 \xrightarrow{L(s_0)} q_1 \xrightarrow{L(s_1)} q_2 \xrightarrow{L(s_2)} \cdots \xrightarrow{L(s_n)} q_{n+1}$$

是 NFA $\mathcal{A}$ 的一个运行 (未必是接受运行), 该运行生成单词

$$\text{trace}(\pi) = L(s_0) L(s_1) \cdots L(s_n)$$

最后, 状态的标记是 $\mathcal{A}$ 中状态的名称. 通过这些考虑得到下面的定义.

定义 4.7 迁移系统与 NFA 的乘积

令 $\text{TS} = (S, \text{Act}, \to, I, \text{AP}, L)$ 是无终止状态的迁移系统, $\mathcal{A} = (Q, \Sigma, \delta, Q_0, F)$ 是 NFA, 其字母表为 $\Sigma = 2^{\text{AP}}$ 且 $Q_0 \cap F = \varnothing$. 乘积迁移系统 $\text{TS} \otimes \mathcal{A}$ 定义如下:

$$\text{TS} \otimes \mathcal{A} = (S', \text{Act}, \to', I', \text{AP}', L')$$

其中:

- $S' = S \times Q$.
- $\to'$ 是由以下规则定义的最小关系:

$$\frac{s \xrightarrow{\alpha} t \wedge q \xrightarrow{L(t)} p}{\langle s, q \rangle \xrightarrow{\alpha}{}' \langle t, p \rangle}$$

- $I' = \{\langle s_0, q \rangle \mid s_0 \in I \text{ 且 } \exists q_0 \in Q_0.\ q_0 \xrightarrow{L(s_0)} q\}$.
- $\text{AP}' = Q$.
- $L' \colon S \times Q \to 2^Q$ 由 $L'(\langle s, q \rangle) = \{q\}$ 给出. ■

注记 4.1 终止状态

为了 LT 性质 (及不变式) 的定义, 前面已经假定迁移系统没有终止状态. 然而, 即使 TS 具有这一性质, 也不能保证 $TS \otimes \mathcal{A}$ 具有这一性质. 这源于如下事实: NFA $\mathcal{A}$ 中可能有一个状态 q 对于原子命题的某些集合 A 没有直接后继, 即 $\delta(q, A) = \varnothing$. 可用以下两种方式处理这个技术问题: 对于所有 $q \in Q$ 和所有 $A \subseteq AP$ 都要求 $\delta(q, A) \neq \varnothing$, 或者把不变式的概念扩展到任意迁移系统. 注意, 要求 $\delta(q, A) \neq \varnothing$ 是必要的, 因为通过引入状态 q_{trap} 并且当 $\delta(q, A) = \varnothing$ 或者 $q = q_{trap}$ 时, 对 $\mathcal{A}$ 添加迁移 $q \xrightarrow{A} q_{trap}$, 任意 NFA 都可以转换为与之等价的满足这个性质的 NFA. 最后要说明的是, 对于不变式检验的算法, 是否存在终止状态都没有关系. ■

例 4.7 乘积自动机

例 4.5 中的 DFA $\mathcal{A}$ 接受安全性质 "红灯之前必须紧邻黄灯" 的极小坏前缀构成的语言. 本例考虑德国的交通灯, 除一般可能的红、绿、黄灯外, 还有可能红灯和黄灯同时亮以表示 "很快就是绿灯". 因此, 德国交通灯的迁移系统 GermanTrLight 有带有一般迁移的 4 个状态: red $\to$ red + yellow, red + yellow $\to$ green, green $\to$ yellow, yellow $\to$ red. 令 $AP = \{red, yellow\}$ 表示相应的亮灯阶段. 标记函数定义为: $L(red) = \{red\}$, $L(yellow) = \{yellow\}$, $L(green) = \varnothing = L(red + yellow)$. 乘积迁移系统 GermanTrLight$\otimes\mathcal{A}$ 包含 4 种可达状态 (见图 4.6). 动作标记在此无关紧要, 略之. ■

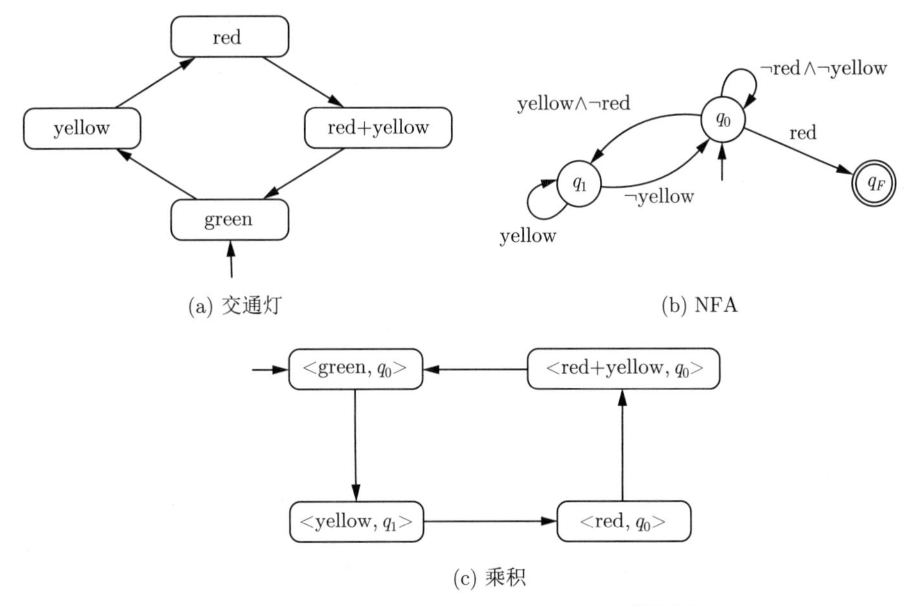

图 4.6 德国的交通灯、NFA 及其乘积[译注 28]

定理 4.2 表明, 验证正则安全性质可约简为检验乘积的不变式.

令 TS 和 $\mathcal{A}$ 如上. $AP' = Q$[译注 29] 上的不变式 $P_{inv(\mathcal{A})}$ 由命题公式

$$\bigwedge_{q \in F} \neg q$$

定义. 后面经常用 $\neg F$ 作为缩写表示 $\bigwedge_{q \in F} \neg q$. 它的含义是 $\neg F$ 在所有非接受状态成立.

定理 4.2 正则安全性质的验证

TS 是 AP 上的迁移系统, $\mathcal{A}$ 是字母表为 2^{AP} 的 NFA, P_{safe} 是 AP 上的正则安全性质并且 $\mathcal{L}(\mathcal{A})$ 是 P_{safe} 的 (极小) 坏前缀的集合, 那么以下命题等价.

(a) $\mathrm{TS} \models P_{\mathrm{safe}}$.

(b) $\mathrm{Traces}_{\mathrm{fin}}(\mathrm{TS}) \cap \mathcal{L}(\mathcal{A}) = \varnothing$.

(c) $\mathrm{TS} \otimes \mathcal{A} \models P_{\mathrm{inv}(\mathcal{A})}$.

证明: 令 $\mathrm{TS} = (S, \mathrm{Act}, \to, I, \mathrm{AP}, L)$, $\mathcal{A} = (Q, 2^{\mathrm{AP}}, \delta, Q_0, F)$.

(a) 与 (b) 的等价性直接由引理 3.1 得到. 为了说明 (a)、(b)、(c) 的等价性, 下面证明

$$(c) \Rightarrow (a)\text{: } \mathrm{TS} \not\models P_{\mathrm{safe}} \text{ 蕴涵 } \mathrm{TS} \otimes \mathcal{A} \not\models P_{\mathrm{inv}(\mathcal{A})}$$

以及

$$(b) \Rightarrow (c)\text{: } \mathrm{TS} \otimes \mathcal{A} \not\models P_{\mathrm{inv}(\mathcal{A})} \text{ 蕴涵 } \mathrm{Traces}_{\mathrm{fin}}(\mathrm{TS}) \cap \mathcal{L}(\mathcal{A}) \neq \varnothing.$$

先证 (c) $\Rightarrow$ (a). 若 $\mathrm{TS} \not\models P_{\mathrm{safe}}$, 则 TS 存在有限初始路径片段 $\widehat{\pi} = s_0 s_1 \cdots s_n$ 使

$$\mathrm{trace}(\widehat{\pi}) \;=\; L(s_0) L(s_1) \cdots L(s_n) \in \mathcal{L}(\mathcal{A})$$

因 $\mathrm{trace}(\widehat{\pi}) \in \mathcal{L}(\mathcal{A})$, 故在 $\mathcal{A}$ 中存在 $\mathrm{trace}(\widehat{\pi})$ 的接受运行 $q_0 q_1 \cdots q_{n+1}$. 于是,

$$q_0 \in Q_0 \text{ 且对于所有 } 0 \leqslant i \leqslant n \text{ 有 } q_i \xrightarrow{L(s_i)} q_{i+1} \text{ 且 } q_{n+1} \in F$$

因而, $\langle s_0, q_1 \rangle \langle s_1, q_2 \rangle \cdots \langle s_n, q_{n+1} \rangle$ 是 $\mathrm{TS} \otimes \mathcal{A}$ 中的初始路径片段, 其中

$$\langle s_n, q_{n+1} \rangle \not\models \neg F$$

故得 $\mathrm{TS} \otimes \mathcal{A} \not\models P_{\mathrm{inv}(\mathcal{A})}$.

再证 (b) $\Rightarrow$ (c). 令 $\mathrm{TS} \otimes \mathcal{A} \not\models P_{\mathrm{inv}(\mathcal{A})}$. 那么, $\mathrm{TS} \otimes \mathcal{A}$ 中存在初始路径片段

$$\langle s_0, q_1 \rangle \langle s_1, q_2 \rangle \cdots \langle s_n, q_{n+1} \rangle$$

使得 $q_{n+1} \in F$, $q_1, q_2, \cdots, q_n \notin F$. 此外, $s_0 s_1 \cdots s_n$ 是 TS 中的初始路径片段. 而且[译注 30],

$$\text{对于所有 } 1 \leqslant i \leqslant n \text{ 都有 } q_i \xrightarrow{L(s_i)} q_{i+1}$$

因为 $\langle s_0, q_1 \rangle$ 是 $\mathrm{TS} \otimes \mathcal{A}$ 的一个初始状态, 所以存在 $\mathcal{A}$ 中初始状态 q_0 使得 $q_0 \xrightarrow{L(s_0)} q_1$. 序列 $q_0 q_1 \cdots q_{n+1}$ 因而是 $\mathrm{trace}(s_0 s_1 \cdots s_n)$ 的接受运行. 因此,

$$\mathrm{trace}(s_0 s_1 \cdots s_n) \in \mathrm{Traces}_{\mathrm{fin}}(\mathrm{TS}) \cap \mathcal{L}(\mathcal{A})$$

由此得 $\mathrm{Traces}_{\mathrm{fin}}(\mathrm{TS}) \cap \mathcal{L}(\mathcal{A}) \neq \varnothing$. ■

定理 4.2 说明, 为了检验迁移系统 TS 的正则安全性质 P_{safe}, 只要检验在 $\mathrm{TS} \otimes \mathcal{A}$ 中不能到达 $\mathcal{A}$ 分量 q 是接受状态的状态 $\langle s, q \rangle$ 即可. 不变式 “总不访问 $\mathcal{A}$ 中的接受状态” (形式上由不变式条件 $\varPhi = \neg F$ 给出) 可以由算法 3.2 详细描述的深度优先搜索方法检验. 注意, 当安全性质不成立时, 不变式检验算法可以提供一个反例. 事实上, 这个反例是迁移系统 $\mathrm{TS} \otimes \mathcal{A}$ 中的走向接受状态的有限路径片段 $\langle s_0, q_1 \rangle \langle s_1, q_2 \rangle \cdots \langle s_n, q_{n+1} \rangle$. 到 TS 中的状

态的投影产生 TS 中的初始有限路径片段 $s_0 s_1 \cdots s_n$, 其诱导迹 $\text{trace}(s_0 s_1 \cdots s_n) \in (2^{\text{AP}})^*$ 被 $\mathcal{A}$ 接受 (因为它有形式如 $q_0 q_1 \cdots q_{n+1}$ 的接受运行). 所以, $\text{trace}(s_0 s_1 \cdots s_n)$ 是 P_{safe} 的坏前缀. 又因为对于 TS 中所有以前缀 $s_0 s_1 \cdots s_n$ 开始的路径 π 都有 $\text{trace}(\pi) \notin P_{\text{safe}}$, 所以, $s_0 s_1 \cdots s_n$ 就是指明错误的反例. 这很有用.

推论 4.1

令 TS、$\mathcal{A}$ 和 P_{safe} 如定理 4.2 所述. 那么, 对于 $\text{TS} \otimes \mathcal{A}$ 的每一个初始路径片段 $\langle s_0, q_1 \rangle \langle s_1, q_2 \rangle \cdots \langle s_n, q_{n+1} \rangle$:

$$q_1, q_2, \cdots, q_n \notin F \text{ 且 } q_{n+1} \in F \text{ 蕴涵 } \text{trace}(s_0 s_1 \cdots s_n) \in \mathcal{L}(\mathcal{A})$$ ■

因此, 算法 4.1 的框架可用来检验迁移系统的正则安全性质, 而且当 TS 不满足这个安全性质时, 还可以为诊断返回一个反例 (即 TS 中产生坏前缀的有限初始路径片段).

算法 4.1 正则安全性质的模型检验算法

输入: 有限迁移系统 TS 和正则安全性质 P_{safe}

输出: 若 $\text{TS} \models P_{\text{safe}}$ 则为 true, 否则为 false 和 P_{safe} 的反例

令 NFA $\mathcal{A}$ (接受状态为 F) 的 $\mathcal{L}(\mathcal{A}) = P_{\text{safe}}$ 的坏前缀

构造乘积迁移系统 $\text{TS} \otimes \mathcal{A}$

在 $\text{TS} \otimes \mathcal{A}$ 上检验关于命题公式 $\neg F = \bigwedge\limits_{q \in F}$ 的不变式 $P_{\text{inv}(\mathcal{A})}$

if $\text{TS} \otimes \mathcal{A} \models P_{\text{inv}(\mathcal{A})}$ **then**

  return true

else

  确定 $\text{TS} \otimes \mathcal{A}$ 的初始路径片段 $\langle s_0, q_1 \rangle \langle s_1, q_2 \rangle \cdots \langle s_n, q_{n+1} \rangle$, 其中 $q_{n+1} \in F$

  return (false, $s_0 s_1 \cdots s_n$)

fi

例 4.8 检验交通灯的正则安全性质

再次考虑德国交通灯系统和 “红灯之前必须紧邻黄灯” 这个正则安全性质 P_{safe}. 图 4.6 描绘了德国交通灯的迁移系统、接受安全性质坏前缀的 NFA 以及它们的乘积自动机. 为了检验 P_{safe} 的有效性, 只有状态 $\langle s, q \rangle$ 的第二个分量是相关的. 没有形如 $\langle \cdots, q_F \rangle$ 的状态是可达的, 这就确保了不变式 $\neg q_F$ 在所有可达状态下都成立. 因此 $\text{GermanTrLight} \models P_{\text{safe}}$.

如果修改交通灯, 使状态 “红” (代替状态 “绿”) 成为初始状态, 那么就得到违反 P_{safe} 的迁移系统. 实际上, 此时所得乘积迁移系统的初始状态

$$\langle \text{red}, \delta(q_0, \{\text{red}\}) \rangle = \langle \text{red}, q_F \rangle$$

已经违反了不变式 $\neg q_F$. ■

作为本节的结束, 考虑基于自动机的正则安全性质检验算法在最坏情况下的时空复杂度.

定理 4.3 验证正则安全性质的复杂度

算法 4.1 的时空复杂度为 $O(|\text{TS}| \cdot |\mathcal{A}|)$, 其中 $|\text{TS}|$ 和 $|\mathcal{A}|$ 分别表示 TS 和 $\mathcal{A}$ 中的状态和迁移的个数.

假如 TS 的可达状态由进程的语法描述生成, 那么当让 |TS| 表示 TS 的可达片段的大小时上面的范围仍然成立.

证明: 由以下两个事实直接得到. 乘积自动机 $TS \otimes \mathcal{A}$ 的状态个数不超过 $O(|S| \cdot |Q|)$ (其中 S 和 Q 分别表示 TS 和 $\mathcal{A}$ 的状态空间), 不变式检验的时空复杂度与迁移系统 $TS\otimes\mathcal{A}$ 的状态和迁移的个数为线性关系 (因此, 甚至可以建立运行时间的范围 $O(|S|\cdot|Q|+|\rightarrow|\cdot|\delta|)$, 其中, $|\rightarrow|$ 表示 TS 中迁移的个数, $|\delta|$ 表示 $\mathcal{A}$ 中迁移的个数). ■

4.3 无限单词上的自动机

有限状态自动机接受有限单词, 即有限长度的符号序列, 而且形成了检验正则安全性质的基础. 本节和 4.4 节将把这些思想推广到更宽泛的一类 LT 性质. 它们包括正则安全性质、各种活性性质以及对实际系统需求进行形式化有关的其他许多性质. 大致的思想是考虑 NFA 的变体, 称为未定 Büchi 自动机 (Nondeterministic Büchi Automaton, NBA), 它充当无限单词语言的接受器 (acceptor). 我们将证实, 如果给定的未定 Büchi 自动机 $\mathcal{A}$ 可以找出 "坏迹" (即它接受被验证的 LT 性质 P 的补集), 那么, 在所给迁移系统 TS 和自动机 $\mathcal{A}$ 的乘积中的图论分析就足以证真或证伪 $TS \models P$. 正则安全性质可以约简到不变式检验 (如深度优先搜索等), 而这里需要的图论算法则用于检验持久性质. 这些性质说明某一命题终将总是成立.

通过引入 ω 正则表达式 (4.3.1节) 和未定 Büchi 自动机 (4.3.2节), 首先介绍 ω 正则语言. 4.3.3 节和 4.3.4 节将讨论未定 Büchi 自动机的变体.

4.3.1 ω 正则语言与性质

字母表 Σ 上的无限单词是符号 $A_i \in \Sigma$ 的无限序列 $A_0A_1A_2\cdots$. Σ^ω 表示 Σ 上的所有无限单词的集合. 与前面相同, 希腊字母 σ 表示无限单词, 而 w、v、u 表示有限单词. Σ^ω 的任意子集称为无限单词的语言, 有时也称为 ω 语言. 后面, 语言的概念将用于 $\Sigma^* \cup \Sigma^\omega$ 的任意子集. 用符号 $\mathcal{L}$ 表示语言.

为了探讨无限单词的语言, 无限次重复 (记为希腊字母 ω) 用来扩展正则表达式的基本运算 (并、连接、有限次重复).① 例如, 有限单词 AB 的无限次重复产生无限单词 $ABABAB\,AB\cdots$ (无限), 记为 $(AB)^\omega$. 对于空单词的特殊情况, 有 $\varepsilon^\omega = \varepsilon$. 对于无限单词, 无限次重复没有影响, 即, 若 $\sigma \in \Sigma^\omega$, 则 $\sigma^\omega = \sigma$. 注意, 单词的有限次重复产生有限单词的语言, 即 Σ^* 的子集; 而 (有限或无限) 单词的无限次重复只产生一个单词.

无限次重复可用以下方法提升到语言上. 对语言 $\mathcal{L} \subseteq \Sigma^*$, 令 $\mathcal{L}^\omega$ 是 $\Sigma^* \cup \Sigma^\omega$ 中单词的集合, 这些单词产生于 $\mathcal{L}$[译注 31] 中 (任意) 单词的无限次连接, 即

$$\mathcal{L}^\omega = \{w_1w_2w_3\cdots \mid w_i \in \mathcal{L}, i \geqslant 1\}$$

若 $\mathcal{L} \subseteq \Sigma^+$, 即 $\mathcal{L}$ 不包含空单词 ε, 则其结果就是一个 ω 语言. 然而, 以后只会将运算符 ω 应用到不包含空单词的有限单词的语言. 此时, 即对于 $\mathcal{L} \subseteq \Sigma^+$, 有 $\mathcal{L}^\omega \subseteq \Sigma^\omega$.

---

① 符号 ω 表示第一个无穷序数, 它已在表示字母表 Σ 上的无限单词的集合的记号 Σ^ω 中出现.

在定义 4.8 中, 连接运算符 $\mathcal{L}_1.\mathcal{L}_2$ 表示有限单词的语言 $\mathcal{L}_1$ 与无限单词的语言 $\mathcal{L}_2$ 的拼接. 它定义为 $\mathcal{L}_1.\mathcal{L}_2 = \{w\sigma \mid w \in \mathcal{L}_1, \sigma \in \mathcal{L}_2\}$.

定义 4.8　*ω 正则表达式*

字母表 Σ 上的 ω 正则表达式 G 的形式为

$$G = E_1.F_1^\omega + E_2.F_2^\omega + \cdots + E_n.F_n^\omega$$

其中 $n \geqslant 1$ 且 $E_1, E_2, \cdots, E_n, F_1, F_2, \cdots, F_n$ 是 Σ 上的正则表达式, 且满足对于所有 $1 \leqslant i \leqslant n$, $\varepsilon \notin \mathcal{L}(F_i)$.

ω 正则表达式 G 的语义为由

$$\mathcal{L}_\omega(G) = \mathcal{L}(E_1).\mathcal{L}(F_1)^\omega \cup \mathcal{L}_\omega(E_2).\mathcal{L}_\omega(F_2) \cup \cdots \cup \mathcal{L}(E_n).\mathcal{L}(F_n)^\omega$$

定义的无限单词的语言, 其中 $\mathcal{L}(E) \subseteq \Sigma^*$ 表示由正则表达式 E 诱导的 (有限单词的) 语言.

若 $\mathcal{L}_\omega(G_1) = \mathcal{L}_\omega(G_2)$, 则称 ω 正则表达式 G_1 和 G_2 是等价的, 记作 $G_1 \equiv G_2$. ■

字母表 $\Sigma = \{A, B, C\}$ 上的 ω 正则表达式的例子为

$$(A+B)^*A(AAB+C)^\omega \text{ 或者 } A(B+C)^*A^\omega + B(A+C)^\omega$$

如果 E 是正则表达式, 且 $\varepsilon \notin \mathcal{L}(E)$. 那么 E^ω 也可看作一个 ω 正则表达式, 因为它可以与 $E.E^\omega$ 或 $\varepsilon.E^\omega$ 等同. 注意, 有 $\mathcal{L}(E)^\omega = \mathcal{L}_\omega(E.E^\omega) = \mathcal{L}_\omega(\varepsilon.E^\omega)$[译注 32].

定义 4.9　*ω 正则语言*

若对字母表 Σ 上的某个 ω 正则表达式 G 有 $\mathcal{L} = \mathcal{L}_\omega(G)$, 则称语言 $\mathcal{L} \subseteq \Sigma^\omega$ 是 ω 正则语言. ■

例如, $\{A, B\}$ 上包含无限多个 A 的所有无限单词的语言是 ω 正则的, 因为它由 ω 正则表达式 $(B^*A)^\omega$ 给出. $\{A, B\}$ 上包含有限个 A 的所有无限单词的语言也是 ω 正则的, 对应的 ω 正则表达式为 $(A+B)^*B^\omega$. 空集是 ω 正则的, 因为它是由 ω 正则表达式 $\varnothing^\omega$ 等得到的. 更一般地, 若 $\mathcal{L} \subseteq \Sigma^*$ 是正则的且 $\mathcal{L}'$ 是 ω 正则的, 则 $\mathcal{L}^\omega$ 和 $\mathcal{L}.\mathcal{L}'$ 都是 ω 正则的.

ω 正则语言拥有几个封闭性质: 它们关于并、交、补都是封闭的. 关于并的封闭性可由 ω 正则表达式的定义直接得到. 关于交的封闭性的证明后面给出 (见推论 4.4). 本书没有给出关于补的封闭性的进一步证明. 感兴趣的读者可参考文献 [174], 里面还涵盖了 ω 正则语言的其他性质和许多其他的自动机模型.

因为大部分有关的 LT 性质都是 ω 正则的, 所以 ω 正则语言的概念在验证中起着非常重要的作用.

定义 4.10　*ω 正则性质*

若 AP 上的 LT 性质 P 是字母表 2^{AP} 上的 ω 正则语言, 则称 P 是 ω 正则性质. ■

例如, 对于 $\text{AP} = \{a, b\}$, 由命题 $\Phi = a \vee \neg b$ 诱导的不变式 P_{inv} 是 ω 正则性质, 因为

$$\begin{aligned} P_{\text{inv}} &= \left\{A_0A_1A_2\cdots \in (2^{\text{AP}})^\omega \mid \forall i \geqslant 0.\, (a \in A_i \text{ 或 } b \notin A_i)\right\} \\ &= \left\{A_0A_1A_2\cdots \in (2^{\text{AP}})^\omega \mid \forall i \geqslant 0.\, A_i \in \{\{\}, \{a\}, \{a,b\}\}\right\} \end{aligned}$$

由字母表 $\Sigma = 2^{\mathrm{AP}} = \{\{\}, \{a\}, \{b\}, \{a,b\}\}$ 上的 ω 正则表达式 $E = (\{\} + \{a\} + \{a,b\})^\omega$ 给出. 事实上, (任意原子命题集合) AP 上的任意不变式都是 ω 正则的, 因为它可以由 ω 正则表达式 Φ^ω 描述, 其中 Φ 表示 (必须对于所有可达状态都成立的) 基础命题公式, 并看作由使 $A \models \Phi$ 的所有 $A \subseteq \mathrm{AP}$ 的和给出的正则表达式.

正则安全性质 P_{safe} 也都是 ω 正则的. 这由如下事实得到: 补语言

$$(2^{\mathrm{AP}})^\omega \setminus P_{\mathrm{safe}} = \underbrace{\mathrm{BadPref}(P_{\mathrm{safe}})}_{\text{正则的}} .(2^{\mathrm{AP}})^\omega$$

是 ω 正则语言. 这可由 ω 正则语言关于补的封闭性直接得到.

例 4.9 无饥饿[译注 33]

ω 正则性质的另一个例子是由非形式表述 “进程 $\mathcal{P}$ 无限次访问它的关键节段” 给出的, 对于 $\mathrm{AP} = \{\mathrm{wait}, \mathrm{crit}\}$, 它可由 ω 正则表达式

$$(\underbrace{(\{\} + \{\mathrm{wait}\})^*}_{\text{否定文字 } \neg\mathrm{crit}} .\underbrace{(\{\mathrm{crit}\} + \{\mathrm{wait}, \mathrm{crit}\})}_{\text{肯定文字 crit}})^\omega$$

形式化. 当允许宽松地使用命题公式的记号时, 上述表达式可写为 $((\neg\mathrm{crit})^*.\mathrm{crit})^\omega$.

在 “只要进程 $\mathcal{P}$ 等待, 则它以后终将进入关键节段” 意义下的无饥饿是 ω 正则性质, 因为它可以描述为

$$((\neg\mathrm{wait})^*.\mathrm{wait}.\mathrm{true}^*.\mathrm{crit})^\omega + ((\neg\mathrm{wait})^*.\mathrm{wait}.\mathrm{true}^*.\mathrm{crit})^*.(\neg\mathrm{wait})^\omega$$

它是 $\mathrm{AP} = \{\mathrm{wait}, \mathrm{crit}\}$ 上的 ω 正则表达式的缩写, 用 $\{\} + \{\mathrm{crit}\}$ 替换 $\neg\mathrm{wait}$, 用 $\{\mathrm{wait}\} + \{\mathrm{wait}, \mathrm{crit}\}$ 替换 wait, 用 $\{\}+\{\mathrm{crit}\}+\{\mathrm{wait}\}+\{\mathrm{wait}, \mathrm{crit}\}$ 替换 true, 用 $\{\mathrm{crit}\}+\{\mathrm{wait}, \mathrm{crit}\}$ 替换 crit, 就得到原正则表达式. 直观地看, 上面的表达式中第一个加项表示 $\mathcal{P}$ 无限次请求和进入其关键节段的情况, 而第二个加项表示 $\mathcal{P}$ 只是有限次地进入它的等待节段. ■

4.3.2 未定 Büchi 自动机

现在的任务是提供一种适合接受 ω 正则语言的自动机. 有限自动机并不适合这种目的, 因为它在有限单词上操作, 而现在需要的是无限单词的接受器. 可以识别无限单词的语言的自动机模型称为 ω 自动机. ω 自动机的接受运行必须是无限的, 因为要 “检验” 整个输入单词 (不只是其有限前缀). 这就意味着需要一个无限运行的接受准则.

就本书而言, ω 自动机的最简单变体足够了, 称其为*未定 Büchi 自动机* (NBA). NBA 的语法与未定有限自动机 (NFA) 的语法完全相同. 然而, NBA 和 NFA 在语义上不同: NFA $\mathcal{A}$ 的接受语言是有限单词的语言, 即 $\mathcal{L}(\mathcal{A}) \subseteq \Sigma^*$, 而 NBA $\mathcal{A}$ 的接受语言 (记作 $\mathcal{L}_\omega(\mathcal{A})$) 则是 ω 语言, 即 $\mathcal{L}_\omega(\mathcal{A}) \subseteq \Sigma^\omega$. 以 Büchi 命名的接受准则的直观含义是 $\mathcal{A}$ 的接受集合 (即 $\mathcal{A}$ 中接受状态的集合) 必须被无限经常地访问. 因此, $\mathcal{L}_\omega(\mathcal{A})$ 包含所有这样的无限单词: 它们都有能够无限次访问某个接受状态的运行.

定义 4.11 未定 Büchi 自动机

未定 Büchi 自动机 $\mathcal{A}$ 是五元组 $\mathcal{A} = (Q, \Sigma, \delta, Q_0, F)$, 其中:

- Q 是状态的有限集合.

- Σ 是字母表.
- $\delta\colon Q \times \Sigma \to 2^Q$ 是迁移函数.
- $Q_0 \subseteq Q$ 是初始状态的集合.
- $F \subseteq Q$ 是接受 (或最终) 状态的集合, 称为接受集合.

$\sigma = A_0A_1A_2\cdots \in \Sigma^\omega$ 的一个运行是 $\mathcal{A}$ 中状态的无限序列 $q_0q_1q_2\cdots$, 其中, $q_0 \in Q_0$, 且对于所有 $i \geqslant 0$, $q_i \xrightarrow{A_i} q_{i+1}$. 若对于无限个下标 $i \in \mathbb{N}$ 都有 $q_i \in F$, 则称运行 $q_0q_1q_2\cdots$ 是接受的. $\mathcal{A}$ 的接受语言是

$$\mathcal{L}_\omega(\mathcal{A}) = \{\sigma \in \Sigma^\omega \mid \mathcal{A} \text{ 中存在 } \sigma \text{ 的接受运行}\}$$

$\mathcal{A}$ 的大小记作 $|\mathcal{A}|$, 定义为 $\mathcal{A}$ 中状态和迁移的个数. ■

与 NFA 相同, 把迁移函数 δ 与诱导的迁移关系 $\to \subseteq Q \times \Sigma \times Q$

$$q \xrightarrow{A} p \text{ 当且仅当 } p \in \delta(q, A)$$

等同看待. 因为 NBA $\mathcal{A}$ 的状态空间 Q 是有限的, 而无限单词 $\sigma \in \Sigma^\omega$ 的每一个运行都是无限的, 所以这些运行都无限次访问某些状态 $q \in Q$. 运行接受与否依赖于给定的运行中所有无限次出现的状态构成的集合是否包含接受状态. NBA 的定义允许 $F = \varnothing$ 的特殊情况, 意思是没有接受状态. 显然, 这种情况中没有接受运行. 因此, 若 $F = \varnothing$, 则 $\mathcal{L}_\omega(\mathcal{A}) = \varnothing$. 只要 $Q_0 = \varnothing$, 同样没有接受运行, 所有单词都没有运行.

例 4.10　考虑图 4.7 中的字母表为 $\Sigma = \{A, B, C\}$ 的 NBA. 单词 C^ω 在 $\mathcal{A}$ 中只有一个运行, 即 $q_1q_1q_1q_1\cdots$, 或者简写为 q_1^ω. 部分其他运行有单词 AB^ω 的运行 $q_1q_2q_3^\omega$、单词 $(CABB)^\omega$ 的运行 $(q_1q_1q_2q_3)^\omega$ 和单词 $(ABB)^nC^\omega$ 的运行 $(q_1q_2q_3)^nq_1^\omega$, 其中 $n \geqslant 0$.

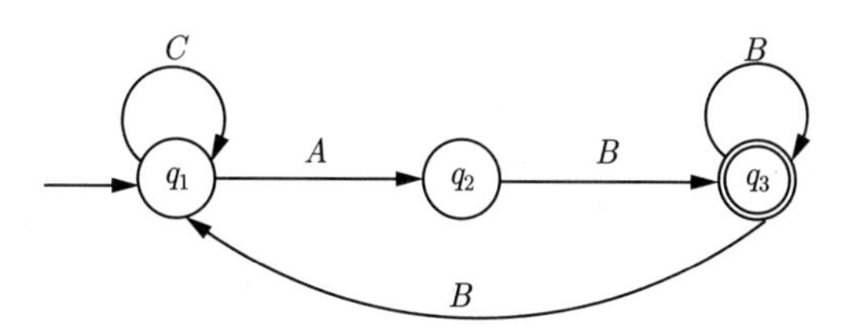

图 4.7　NBA 的例子

无限次通过接受状态 q_3 的运行是接受的. 例如, 运行 $q_1q_2q_3^\omega$ 和 $(q_1q_1q_2q_3)^\omega$ 都是接受运行. q_1^ω 不是接受运行, 因为它从来不访问接受状态 q_3. 同时形如 $(q_1q_2q_3)^nq_1^\omega$ 的运行也不是接受运行, 因为它只是有限次访问状态 q_3. 被 NBA 接受的语言由下面的 ω 正则表达式给出:

$$C^*AB(B^+ + BC^*AB)^\omega$$

■

在本章后面 (从 4.4 节开始), NBA 将用于验证 ω 正则性质, 与 NFA 用于验证正则安全性质的方式相同. 在这种情况下, Σ 具有 $\Sigma = 2^{\mathrm{AP}}$ 的形式. 正如前面所解释的那样, 命题逻辑公式用作 NBA 的迁移的缩写记号. 例如, 如果 $\mathrm{AP} = \{a, b\}$, 则从 q 到 p 的边上的标记 $a \vee b$ 意味着有 3 个从 q 到 p 的迁移, 3 个符号 $\{a\}$、$\{b\}$ 和 $\{a, b\}$ 各对应一个迁移.

例 4.11 无限次绿灯

令 $AP = \{green, red\}$ 或者是其他任意包含命题 green 的集合. 满足 LT 性质 "无限次绿灯" 的单词 $\sigma = A_0A_1A_2\cdots \in 2^{AP}$ 的语言可被图 4.8 描绘的 NBA $\mathcal{A}$ 接受.

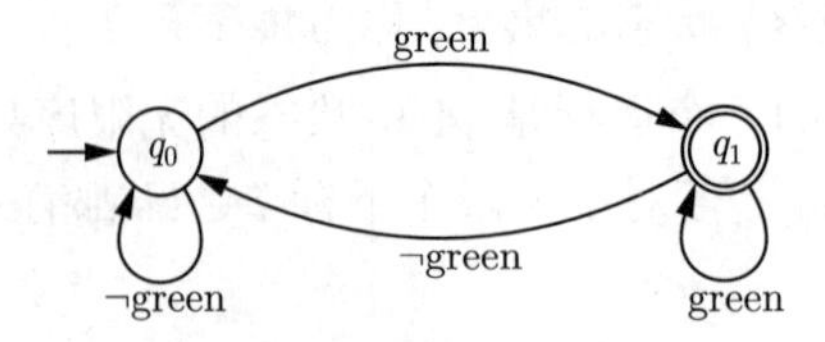

图 4.8 接受 "无限次绿灯" 的 NBA

自动机 $\mathcal{A}$ 处于接收状态 q_1, 当且仅当最近输入的符号集合 (即最后一个集合 A_i) 包含命题符号 green. 因此, $\mathcal{L}_\omega(\mathcal{A})$ 恰好是有无限多个集合 A_i 使 $green \in A_i$ 的所有无限单词 $A_0A_1A_2\cdots$ 的集合. 例如, 对于输入单词

$$\sigma = \{green\}\{\}\{green\}\{\}\{green\}\{\}\cdots$$

得到接受运行 $q_0q_1q_0q_1\cdots$. 对于单词

$$\sigma' = (\{green, red\}\{\}\{green\}\{red\})^\omega$$

或者任意其他满足 $green \in A_{2j}$ 且 $green \notin A_{2j+1}$ 的单词 $A_0A_1A_2\cdots \in (2^{AP})^\omega$ 可得到同样的接受运行 $q_0q_1q_0q_1\cdots$. ■

例 4.12 请求应答

许多活性性质都具有形式

"一旦事件 a 发生, 事件 b 终将在某时刻发生"

例如, 性质 "一旦发出请求, 终将得到应答" 就具有这种形式. 具有命题 req (请求) 和 resp (应答) 的 NBA 由图 4.9 给出. 假定 $\{req, resp\} \subseteq AP$, 即假定 NBA 具有字母表 2^{AP}, 其中 AP 至少包含 req 和 resp. 不难看出, 这个 NBA 恰好接受以下序列: 每个请求总是终将跟随一个应答. 注意, 只有应答发生、没有请求 (或只有有限次请求) 发生的无限迹也是接受的. ■

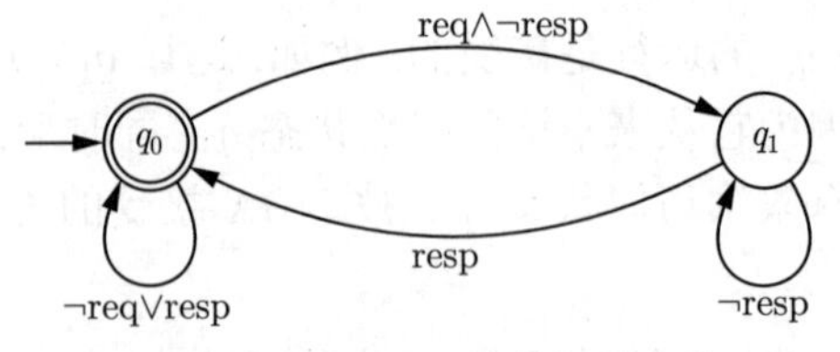

图 4.9 接受 "一旦发出请求, 终将得到应答" 的 NBA

注记 4.2 NBA 和正则安全性质

在 4.2 节中已经讲到, 正则安全性质的坏前缀和 NFA 之间有着很强的联系. 事实上, NBA 和正则安全性质之间也有很强的联系. 从下面即可看出. 令 P_{safe} 是 AP 上的正则安全性质, $\mathcal{A} = (Q, 2^{AP}, \delta, Q_0, F)$ 为一个 NFA, 它能识别 P_{safe} 的所有坏前缀的语言. 可以假

定每一个接受状态 $q_F \in F$ 都是陷阱状态, 即对于所有 $A \subseteq \mathrm{AP}$, 都有 $q_F \xrightarrow{A} q_F$. 这个假定是可行的, 因为每一个坏前缀的延伸仍是一个坏前缀 (坏前缀包含一个 "坏" 事件, 这个事件违反了 P_{safe}, 这个前缀的延伸仍然包含这个事件).

当把 $\mathcal{A}$ 看作 NBA 时, 它恰好只接受违反 P_{safe} 的无限单词 $\sigma \in (2^{\mathrm{AP}})^{\omega}$, 即

$$\mathcal{L}_{\omega}(\mathcal{A}) = (2^{\mathrm{AP}})^{\omega} \setminus P_{\mathrm{safe}}$$

这里, 重要的是 $\mathcal{A}$ 接受所有坏前缀而不只是极小坏前缀 (见习题 4.18).

如果 $\mathcal{A}$ 是完全确定自动机, 即每个状态对每个输入符号只有一个可能的迁移, 那么由

$$\overline{\mathcal{A}} = (Q, 2^{\mathrm{AP}}, \delta, Q_0, Q \setminus F)$$

得到的 NBA 接受语言 $\mathcal{L}_{\omega}(\overline{\mathcal{A}}) = P_{\mathrm{safe}}$.

下面用具体实例示范. 重新考虑交通灯系统的性质 "红灯之前必须紧邻黄灯". 前面已经讲到 (见例 4.4), 这个安全性质的坏前缀构成一个正则语言, 并被如图 4.10 所示的 NFA 所接受. 注意, 这个 NFA 是完全 NFA. 把上述过程应用到这个自动机就产生如图 4.11 所示的 NBA. 容易看到, 这个 NBA 接受的无限语言恰好由满足 $\mathrm{red} \in A_j$ 蕴涵 $j > 0$ 且 $\mathrm{yellow} \in A_{j-1}$ 的所有序列 $\sigma = A_0A_1A_2\cdots$ 组成. ■

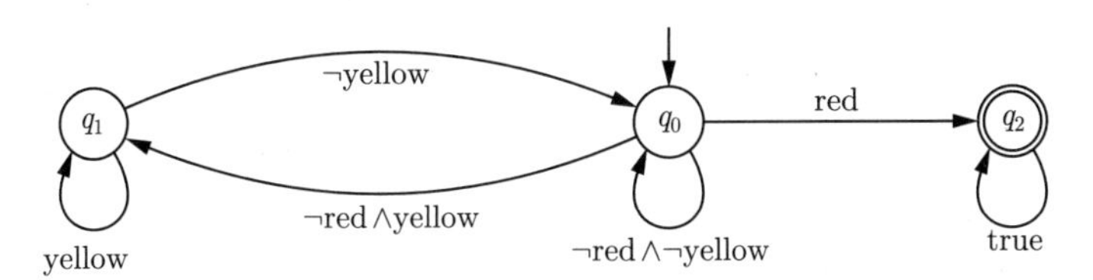

图 4.10 P_{safe} 的坏前缀集合的 NFA

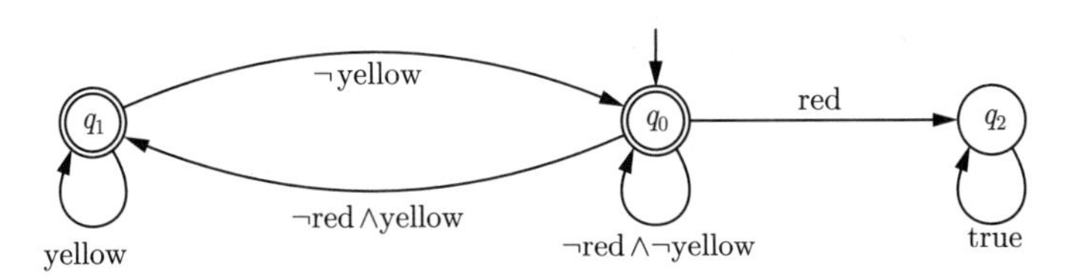

图 4.11 LT 性质 "红灯之前是绿灯" 的 NBA

到目前为止, 示例 NBA 的接受语言都是 ω 正则的. 现在证明这对于任意 NBA 都成立. 而且, 将证明任意 ω 正则语言都可以由 NBA 来描述. 因此, *NBA 与 ω 正则语言有相同的表达能力*. 这个结论可类比到以下事实: NFA 与正则语言有相同的表达能力, 因而可作为描述正则语言的替代形式化方法. 基于同样的思想, NBA 也可作为描述 ω 正则语言的替代形式化方法. 这可由定理 4.4 得到.

定理 4.4 *NBA 和 ω 正则语言*

NBA 接受的语言的类与 ω 正则语言的类相等. ■

定理 4.4 的证明相当于证明以下两点:

(1) 任意 ω 正则语言都可以由 NBA 识别 (见推论 4.2).

(2) NBA $\mathcal{A}$ 接受的语言 $\mathcal{L}_{\omega}(\mathcal{A})$ 是 ω 正则的 (见引理 4.6).

首先考虑 ω 正则语言包含于 NBA 可识别的语言类中. 这个事实的证明可以分为下面 3 步.

(1) 对于任意 NBA $\mathcal{A}_1$ 和 $\mathcal{A}_2$, 存在接受 $\mathcal{L}_\omega(\mathcal{A}_1) \cup \mathcal{L}_\omega(\mathcal{A}_2)$ 的 NBA.

(2) 对任意 (有限单词的) 正则语言 $\mathcal{L}$ 存在接受 $\mathcal{L}^\omega$ 的 NBA, 其中 $\varepsilon \notin \mathcal{L}$.

(3) 对正则语言 $\mathcal{L}$ 和 NBA $\mathcal{A}'$, 存在接受 $\mathcal{L}.\mathcal{L}_\omega(\mathcal{A}')$ 的 NBA.

它们依赖于 NBA 的运算, 以模仿 ω 正则表达式的构造块.

对于给定的 ω 正则表达式 $G = E_1.F_1^\omega + E_2.F_2^\omega + \cdots + E_n.F_n^\omega$, 其中 $\varepsilon \notin F_i$, 下面将要证明的这 3 个结论形成了构造 NBA 的基本要素. 作为起始步骤, (2) 用来分别为表达式 $F_1^\omega, F_2^\omega, \cdots, F_n^\omega$ 构造 NBA $\mathcal{A}_1', \mathcal{A}_2', \cdots, \mathcal{A}_n'$. 然后, 对于每个 $1 \leqslant i \leqslant n$, 用 (3) 来构造表达式 $E_i.F_i^\omega$ 的 NBA. 最后, 利用 (1) 将这些 NBA 组装起来, 得到 G 的 NBA.

从两个 NBA 上的并运算符开始. 令 $\mathcal{A}_1 = (Q_1, \Sigma, \delta_1, Q_{0,1}, F_1)$, $\mathcal{A}_2 = (Q_2, \Sigma, \delta_2, Q_{0,2}, F_2)$ 是相同字母表 Σ 上的 NBA. 不失一般性, 假定 $\mathcal{A}_1$ 和 $\mathcal{A}_2$ 的状态空间 Q_1 和 Q_2 是不交的, 即 $Q_1 \cap Q_2 = \varnothing$. 令 $\mathcal{A}_1 + \mathcal{A}_2$ 为这样的 NBA, 其状态空间是 $\mathcal{A}_1$ 和 $\mathcal{A}_2$ 的状态空间的并, 迁移是 $\mathcal{A}_1$ 和 $\mathcal{A}_2$ 中的所有迁移. $\mathcal{A}$ 的初始状态是 $\mathcal{A}_1$ 和 $\mathcal{A}_2$ 的初始状态, 类似地, $\mathcal{A}$ 的接受状态是 $\mathcal{A}_1$ 和 $\mathcal{A}_2$ 的接受状态. 即

$$\mathcal{A}_1 + \mathcal{A}_2 = (Q_1 \cup Q_2, \Sigma, \delta, Q_{0,1} \cup Q_{0,2}, F_1 \cup F_2)$$

其中, 对于 $i = 1, 2$, 若 $q \in Q_i$ 则 $\delta(q, A) = \delta_i(q, A)$. 显然, $\mathcal{A}_i$ 中的接受运行是 $\mathcal{A}_1 + \mathcal{A}_2$ 的接受运行, 反过来, $\mathcal{A}_1 + \mathcal{A}_2$ 的接受运行也必定是 $\mathcal{A}_1$ 或 $\mathcal{A}_2$ 的接受运行. 这就导致 $\mathcal{L}_\omega(\mathcal{A}_1 + \mathcal{A}_2) = \mathcal{L}_\omega(\mathcal{A}_1) \cup \mathcal{L}_\omega(\mathcal{A}_2)$. 因此得到引理 4.3.

引理 4.3 NBA 的并运算符

对于 (同为字母表 Σ 上的) NBA $\mathcal{A}_1$ 和 $\mathcal{A}_2$, 存在 NBA $\mathcal{A}$ 使得

$$\mathcal{L}_\omega(\mathcal{A}) = \mathcal{L}_\omega(\mathcal{A}_1) \cup \mathcal{L}_\omega(\mathcal{A}_2) \text{ 且 } |\mathcal{A}| = O(|\mathcal{A}_1| + |\mathcal{A}_2|)$$ ■

现在考虑 (2). 将要证明对于任意正则语言 $\mathcal{L} \subseteq \Sigma^*$, 存在字母表 Σ 上的 NBA, 它接受 ω 正则语言 $\mathcal{L}^\omega$. 为了实现这一点, 从 $\mathcal{L}$ 的表示 NFA $\mathcal{A}$ 开始.

引理 4.4 NFA 的 ω 运算符

对于每一个满足 $\varepsilon \notin \mathcal{L}(\mathcal{A})$ 的 NFA $\mathcal{A}$, 都存在 NBA $\mathcal{A}'$ 使得

$$\mathcal{L}_\omega(\mathcal{A}') = \mathcal{L}(\mathcal{A})^\omega \text{ 且 } |\mathcal{A}'| = O(|\mathcal{A}|)$$

证明: 令 $\mathcal{A} = (Q, \Sigma, \delta, Q_0, F)$ 为一个满足 $\varepsilon \notin \mathcal{L}(\mathcal{A})$ 的 NFA. 不失一般性, 可假定 $\mathcal{A}$ 中所有初始状态没有入迁移, 而且不是接受状态. 任何不具备这样性质的 $\mathcal{A}$ 都可以用如下方法修改为一个等价的 NFA. 在 Q 中添加一个新的初始 (非接受) 状态 q_{new} 以及迁移 $q_{\text{new}} \xrightarrow{A} q$ 当且仅当对某初始状态 $q_0 \in Q_0$ 有 $q_0 \xrightarrow{A} q$. 所有其他迁移连同接受状态都保持不变. 状态 q_{new} 是修改后的 NFA 的唯一初始状态, 不是接受的, 而且, 很明显没有入迁移. 这个修改既不影响接受语言, 也不改变 $\mathcal{A}$ 的渐进大小.

接下来, 假定 $\mathcal{A} = (Q, \Sigma, \delta, Q_0, F)$ 为一个 NFA, 它满足 Q_0 中的状态没有任何入迁移而且 $Q_0 \cap F = \varnothing$. 现在构造 NBA $\mathcal{A}' = (Q, \Sigma, \delta', Q_0', F')$ 使 $\mathcal{L}_\omega(\mathcal{A}') = \mathcal{L}(\mathcal{A})^\omega$. 构造 $\mathcal{A}'$ 的

基本思想是: 对于 $\mathcal{A}$ 中任意通向接受状态的迁移, 添加通向 $\mathcal{A}$ 的初始状态的新迁移. 形式上, NBA $\mathcal{A}'$ 中的迁移关系 δ' 由下式给出:

$$\delta'(q, A) = \begin{cases} \delta(q, A) & \text{若 } \delta(q, A) \cap F = \varnothing \\ \delta(q, A) \cup Q_0 & \text{否则} \end{cases}$$

NBA $\mathcal{A}'$ 中的初始状态与 $\mathcal{A}$ 中的初始状态一致, 即 $Q_0' = Q_0$. 它们同样是 $\mathcal{A}'$ 中的接受状态, 即 $F' = Q_0$.

接下来检验 $\mathcal{L}_\omega(\mathcal{A}') = \mathcal{L}(\mathcal{A})^\omega$, 证明如下.

先证 $\subseteq$. 假定 $\sigma \in \mathcal{L}_\omega(\mathcal{A}')$, 并令 $q_0q_1q_2\cdots$ 为 $\mathcal{A}'$ 中 σ 的接受运行. 因此, 对无穷多个下标 i 有 $q_i \in F' = Q_0$. 令 $i_0 = 0 < i_1 < i_2 < \cdots$ 是自然数的严格递增序列, 其中 $\{q_{i_0}, q_{i_1}, q_{i_2}, \cdots\} \subseteq Q_0$ 而且对于所有 $j \in \mathbb{N} \setminus \{i_0, i_1, i_2, \cdots\}$, 有 $q_j \notin Q_0$. 单词 σ 可被分为无穷多个非空有限子单词 $w_i \in \Sigma^*$, 使得 $\sigma = w_1w_2w_3\cdots$, 并且对于所有 $k \geqslant 1$, $q_{i_k} \in \delta'^*(q_{i_{k-1}}, w_k)$. ($\delta'$ 的扩充函数 $\delta'^*\colon Q \times \Sigma^* \to 2^Q$ 与 NFA 的情况相同, 见 4.1 节.) 由 $\mathcal{A}'$ 的定义而且 $\mathcal{A}$ 中状态 $q_{i_k} \in Q_0$ 没有任何前驱, 可以得到 $\delta^*(q_{i_{k-1}}, w_k) \cap F \neq \varnothing$. 由此可得对于 $k \geqslant 1$ 有 $w_k \in \mathcal{L}(\mathcal{A})$, 故 $\sigma \in \mathcal{L}(\mathcal{A})^\omega$.

再证 $\supseteq$. 令 $\sigma = w_1w_2w_3\cdots \in \Sigma^\omega$, 满足对于 $k \geqslant 1$ 有 $w_k \in \mathcal{L}(\mathcal{A})$. 对于每一个 k, 在 $\mathcal{A}$ 中给 w_k 选择一个接受运行 $q_0^k q_1^k \cdots q_{n_k}^k$. 因此, $q_0^k \in Q_0$ 且 $q_{n_k}^k \in F$. 由 $\mathcal{A}'$ 的定义, 可得对于 $k \geqslant 1$ 有 $q_0^{k+1} \in \delta'^*(q_0^k, w_k)$. 因此,

$$q_0^1 q_1^1 \cdots q_{n_1-1}^1 q_0^2 q_1^2 \cdots q_{n_2-1}^2 q_0^3 q_1^3 \cdots q_{n_3-1}^3 \cdots$$

是 $\mathcal{A}'$ 中 σ 的接受运行. 因此, $\sigma \in \mathcal{L}_\omega(\mathcal{A}')$. ■

例 4.13　NFA 的 ω 运算符

考虑图 4.12 的左上角所描绘的 NFA. 它接受语言 A^*B. 为了得到识别 $(A^*B)^\omega$ 的 NBA, 首先把引理 4.4 的证明过程中描述的变换应用到移除有入迁移的初始状态的过程中. 这就产生了图 4.12 右上角描绘的 NFA. 就像在引理 4.4 的证明中详述的那样, 这个自动机现在就可用来实施所需 NBA 的构造. 由此得到图 4.12 的下部所示的 NBA. ■

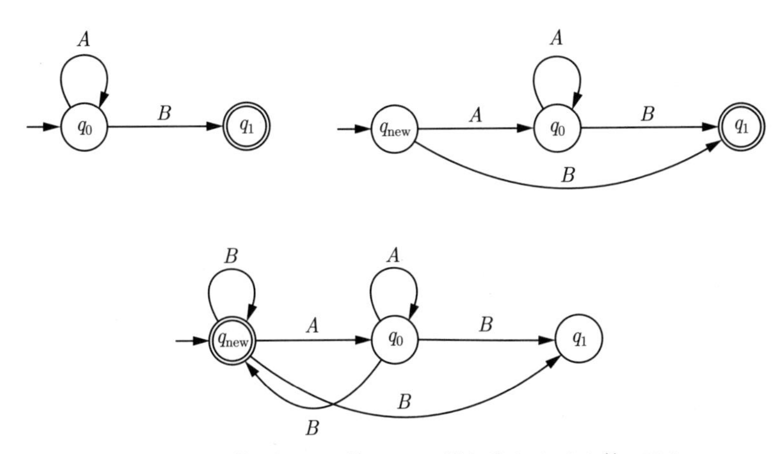

图 4.12　从接受 A^*B 的 NFA 到接受 $(A^*B)^\omega$ 的 NBA

还需要为定理 4.4 的证明中的任务 (3) 提供构造. 假定已有正则语言 $\mathcal{L}(\mathcal{A})$ 的 NFA $\mathcal{A}$ 和给定的可随意使用的 NBA $\mathcal{A}'$. 引理 4.5 的证明将描述得到 ω 语言 $\mathcal{L}(\mathcal{A}).\mathcal{L}_\omega(\mathcal{A}')$ 的 NBA 的过程.

引理 4.5 NFA 和 NBA 的连接

对于 (字母表均为 Σ 的) NFA $\mathcal{A}$ 和 NBA $\mathcal{A}'$, 存在 NBA $\mathcal{A}''$ 使得

$$\mathcal{L}_\omega(\mathcal{A}'') = \mathcal{L}(\mathcal{A}).\mathcal{L}_\omega(\mathcal{A}') \text{ 且 } |\mathcal{A}''| = O(|\mathcal{A}| + |\mathcal{A}'|)$$

证明: 令 $\mathcal{A} = (Q, \Sigma, \delta, Q_0, F)$ 是 NFA, $\mathcal{A}' = (Q', \Sigma, \delta', Q'_0, F')$ 是 NBA, 并且 $Q \cap Q' = \varnothing$. 令 $\mathcal{A}'' = (Q'', \Sigma, \delta'', Q''_0, F'')$ 为下述 NBA: 状态空间为 $Q'' = Q \cup Q'$, 初始和接受状态的集合由

$$Q''_0 = \begin{cases} Q_0 & \text{若 } Q_0 \cap F = \varnothing \\ Q_0 \cup Q'_0 & \text{否则} \end{cases}$$

和 $F'' = F'$ (NBA $\mathcal{A}'$ 中的接受状态的集合) 给出, 迁移函数 δ'' 为

$$\delta''(q, A) = \begin{cases} \delta(q, A) & \text{若 } q \in Q \text{ 且 } \delta(q, A) \cap F = \varnothing \\ \delta(q, A) \cup Q'_0 & \text{若 } q \in Q \text{ 且 } \delta(q, A) \cap F \neq \varnothing \\ \delta'(q, A) & \text{若 } q \in Q' \end{cases}$$

现在易证 $\mathcal{A}''$ 满足所需条件. ■

例 4.14 NFA 和 NBA 的连接

考虑图 4.13 上部所示的 NFA $\mathcal{A}$ 和 NBA $\mathcal{A}'$. 有 $\mathcal{L}(\mathcal{A}) = (AB)^*$ 且 $\mathcal{L}(\mathcal{A}') = (A + B)^* BA^\omega$. 应用引理 4.5 中描述的变换, 得到图 4.13 下部所示的 NBA. 不难确定这个 NBA 确实接受连接语言 $(AB)^*(A + B)^* BA^\omega$. ■

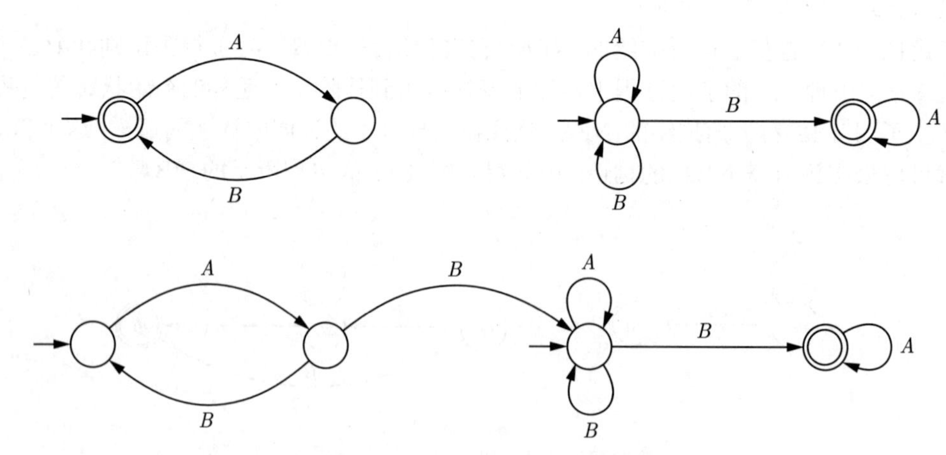

图 4.13 NFA 和 NBA 的连接

由引理 4.3、引理 4.4 和引理 4.5 可得到定理 4.4 的证明的第一部分.

推论 4.2 ω 正则语言的 NBA

对于任意 ω 正则语言 $\mathcal{L}$, 存在 NBA $\mathcal{A}$, 满足 $\mathcal{L}_\omega(\mathcal{A}) = \mathcal{L}$. ■

引理 4.6 证明了 NBA 接受的语言可以由 ω 正则表达式描述.

引理 4.6 NBA 接受 ω 正则语言

对于每一 NBA $\mathcal{A}$, 接受语言 $\mathcal{L}_\omega(\mathcal{A})$ 是 ω 正则的.

证明: 令 $\mathcal{A} = (Q, \Sigma, \delta, Q_0, F)$ 为一个 NBA. 对于状态 $q, p \in Q$, 令 $\mathcal{A}_{qp}$ 为 NFA $(Q, \Sigma, \delta, \{q\}, \{p\})$. 那么 $\mathcal{A}_{qp}$ 识别由满足以下条件的所有有限单词 $w \in \Sigma^*$ 组成的正则语言, w 在 $\mathcal{A}$ 中有一个从 q 到 p 的运行, 即

$$\mathcal{L}_{qp} \stackrel{\text{def}}{=} \mathcal{L}(\mathcal{A}_{qp}) = \{w \in \Sigma^* \mid p \in \delta^*(q, w)\}$$

考虑单词 $\sigma \in \mathcal{L}_\omega(\mathcal{A})$ 和 σ 在 $\mathcal{A}$ 中的接受运行 $q_0 q_1 q_2 \cdots$. 某个接受状态 $q \in F$ 无限经常地出现在这个运行中. 因此, 可将 σ 分割成有限非空子单词 $w_0, w_1, w_2, w_3, \cdots \in \Sigma^*$ 使得 $w_0 \in \mathcal{L}_{q_0 q}$, 对所有 $k \geqslant 1$ 都有 $w_k \in L_{qq}$, 且

$$\sigma = \underbrace{w_0}_{\in \mathcal{L}_{q_0 q}} \underbrace{w_1}_{\in \mathcal{L}_{qq}} \underbrace{w_2}_{\in \mathcal{L}_{qq}} \underbrace{w_3}_{\in \mathcal{L}_{qq}} \cdots$$

另一方面, 任一无限单词 $\sigma = w_0 w_1 w_2 \cdots$, 若它满足 w_k 是非空有限单词, 对于某初始状态 $q_0 \in Q_0$ 有 $w_0 \in \mathcal{L}_{q_0 q}$, 而且对于某接受状态 $q \in F$ 有 $\{w_1, w_2, w_3, \cdots\} \subseteq \mathcal{L}_{qq}$, 则这个单词在 $\mathcal{A}$ 中有接受运行. 这说明

$$\sigma \in \mathcal{L}_\omega(\mathcal{A}) \text{ 当且仅当 } \exists q_0 \in Q_0\ \exists q \in F. \sigma \in \mathcal{L}_{q_0 q}.(\mathcal{L}_{qq} \setminus \{\varepsilon\})^\omega$$

因此, $\mathcal{L}_\omega(\mathcal{A})$ 与 ω 正则语言

$$\bigcup_{q_0 \in Q_0, q \in F} \mathcal{L}_{q_0 q}.(\mathcal{L}_{qq} \setminus \{\varepsilon\})^\omega$$

一致. ■

例 4.15 从 NBA 到 ω 正则表达式

对于图 4.7 所示的 NBA $\mathcal{A}$, 相应的 ω 正则表达式由

$$\mathcal{L}_{q_1 q_3}.(\mathcal{L}_{q_3 q_3} \setminus \{\varepsilon\})^\omega$$

得到, 因为在 $\mathcal{A}$ 中, q_1 是唯一的初始状态, 而且 q_3 是唯一的接受状态. 正则语言 $\mathcal{L}_{q_3 q_3} \setminus \{\varepsilon\}$ 可用表达式 $(B^+ + BC^*AB)^+$ 描述, 而 $\mathcal{L}_{q_1 q_3}$ 由 $(C^*AB(B^* + BC^*AB)^*B)^*C^*AB$ 给出. 因此, $\mathcal{L}_\omega(\mathcal{A}) = \mathcal{L}_\omega(G)$, 其中 G 是 ω 正则表达式:

$$G = \underbrace{(C^*AB(B^* + BC^*AB)^*B)^*C^*AB}_{\mathcal{L}_{q_1 q_3}} \underbrace{((B^+ + BC^*AB)^+)^\omega}_{(\mathcal{L}_{q_3 q_3} \setminus \{\varepsilon\})^\omega}$$

如此得到的表达式 G 可简化为等价的表达式:

$$C^*AB(B^+ + BC^*AB)^\omega$$ ■

引理 4.6 连同推论 4.2 完成了定理 4.4 的证明, 定理 4.4 说明 NBA 接受语言的类和所有 ω 正则语言的类相同. 因此, NBA 和 ω 正则语言的表达能力是相同的.

对于任意类型的自动机模型, 一个基本问题是给定自动机 $\mathcal{A}$ 的接受语言是否为空. 就像下面要证明的那样, 对未定 Büchi 自动机, 用标准图论算法分析基础有向图就足够了.

引理 4.7 NBA 的非空性标准

令 $\mathcal{A} = (Q, \Sigma, \delta, Q_0, F)$ 为一个 NBA. 那么, 下面两个命题是等价的:

(a) $\mathcal{L}_\omega(\mathcal{A}) \neq \varnothing$.

(b) 存在属于 $\mathcal{A}$ 中一条环路的可达接受状态 q. 形式上,

$$\exists q_0 \in Q_0 \, \exists q \in F \, \exists w \in \Sigma^* \, \exists v \in \Sigma^+ . \, q \in \delta^*(q_0, w) \cap \delta^*(q, v)$$

证明: 先证 (a) ⇒ (b). 令 $\sigma = A_0 A_1 A_2 \cdots \in \mathcal{L}_\omega(\mathcal{A})$, $q_0 q_1 q_2 \cdots$ 是 σ 在 $\mathcal{A}$ 中的一个接受运行. 令 $q \in F$ 是一个接受状态, 且 $q = q_i$ 对无穷多个下标 i 成立. 令 i 和 j 是满足 $0 \leqslant i < j$ 且 $q_i = q_j = q$ 的两个下标. 考虑有限单词 $w = A_0 A_1 \cdots A_{i-1}$ 和 $v = A_i A_{i+1} \cdots A_{j-1}$ 并得到 $q = q_i \in \delta^*(q_0, w)$ 和 $q = q_j \in \delta^*(q_i, v) = \delta^*(q, v)$. 因此, (b) 成立.

再证 (b) ⇒ (a). 令 q_0, q, w, v 如 (b) 所述. 那么, 无限单词 $\sigma = wv^\omega$ 有一个含无穷多个 q 的运行 $q_0 \cdots q \cdots q \cdots q \cdots$. 因为 $q \in F$, 所以这个运行是接受的, 故得 $\sigma \in \mathcal{L}_\omega(\mathcal{A})$, 因此 $\mathcal{L}_\omega(\mathcal{A}) \neq \varnothing$. ■

由引理 4.7, NBA 的空性问题可通过图的以下算法解决: 探索所有可达状态并检验它们是否属于一条环路. 这样做的一个可能性就是计算 $\mathcal{A}$ 的基础有向图的强连通分支, 并检验是否至少有一个非平凡的强连通分支 ①, 该分支 (从至少一个初始状态开始) 是可达的且包含一个接受状态. 因为 (有限) 有向图的强连通分支可在与状态及边的数目呈线性关系的时间内来计算, NBA $\mathcal{A}$ 的空性检验算法的时间复杂度是 $\mathcal{A}$ 的大小的线性函数. 尽管时间上仍是 $\mathcal{A}$ 的大小的线性函数, 然而避免了强连通分支的显式计算, 这样一个替代算法可由 4.2.2 节的结论推出.

定理 4.5 NBA 的空性检验

NBA $\mathcal{A}$ 的空性问题可在时间复杂度 $O(|\mathcal{A}|)$ 内解决. ■

因为 NBA 用作 ω 正则语言的形式化方法, 所以可把同一语言的两个 Büchi 自动机看作是相同的.

定义 4.12 NBA 的等价性

令 $\mathcal{A}_1$ 和 $\mathcal{A}_2$ 是两个具有相同字母表的 NBA. 若 $\mathcal{L}_\omega(\mathcal{A}_1) = \mathcal{L}_\omega(\mathcal{A}_2)$, 则称 $\mathcal{A}_1$ 和 $\mathcal{A}_2$ 是等价的, 记作 $\mathcal{A}_1 \equiv \mathcal{A}_2$. ■

例 4.16 等价的 NBA

像其他有限自动机的情形一样, 等价的 NBA 可能有完全不同的结构. 例如, 考虑如图 4.14 所示的字母表 2^{AP} 上的两个 NBA, 其中 $\mathrm{AP} = \{a, b\}$. 两个 NBA 都表示活性性质 “无限经常 a 并且无限经常 b”, 因此, 它们是等价的. ■

注记 4.3 NFA 与 NBA 的等价性对比

更仔细地考虑 NFA 的等价性与 NBA 的等价性之间的关系是有趣的. 令 $\mathcal{A}_1$ 和 $\mathcal{A}_2$ 为两个自动机, 它们都是 NFA, 或都是 NBA. 为了区分 NFA 和 NBA 的等价性符号, 用符号 $\equiv_{\mathrm{NFA}}$ 和 $\equiv_{\mathrm{NBA}}$ 分别表示 NFA 的等价关系和 NBA 的等价关系, 即, $\mathcal{A}_1 \equiv_{\mathrm{NFA}} \mathcal{A}_2$ 当且仅当 $\mathcal{L}(\mathcal{A}_1) = \mathcal{L}(\mathcal{A}_2)$ 以及 $\mathcal{A}_1 \equiv_{\mathrm{NBA}} \mathcal{A}_2$ 当且仅当 $\mathcal{L}_\omega(\mathcal{A}_1) = \mathcal{L}_\omega(\mathcal{A}_2)$.

---

① 称至少含有一条边的强连通分支是非平凡的. 事实上, 任意环路都包含于一个非平凡的强连通分支; 反过来, 任意非平凡的强连通分支都包含遍历其所有状态的环路.

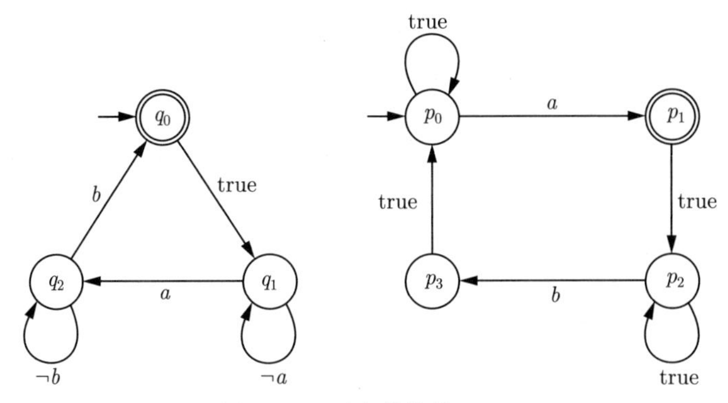

图 4.14　两个等价的 NBA

(1) 如果 $\mathcal{A}_1$ 和 $\mathcal{A}_2$ 接受同样的有限单词, 即 $\mathcal{A}_1 \equiv_{\text{NFA}} \mathcal{A}_2$, 这并不意味着它们接受同样的无限单词. 下面的两个自动机说明了这一点:

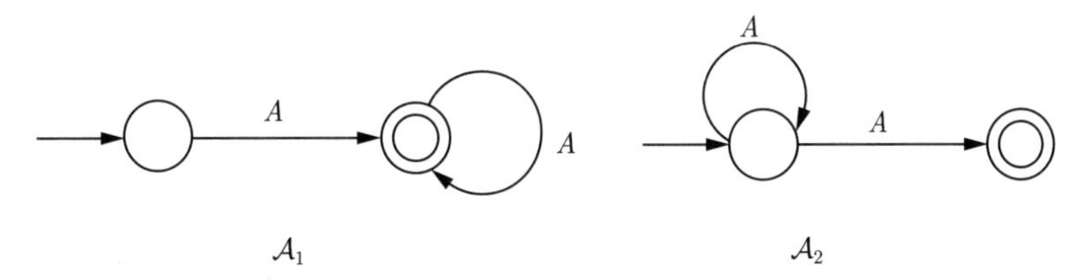

易见 $\mathcal{L}(\mathcal{A}_1) = \mathcal{L}(\mathcal{A}_2) = \{A^n \mid n \geqslant 1\}$, 但 $\mathcal{L}_\omega(\mathcal{A}_1) = \{A^\omega\}$, 而 $\mathcal{L}_\omega(\mathcal{A}_2) = \varnothing$. 因此, $\mathcal{A}_1 \equiv_{\text{NFA}} \mathcal{A}_2$ 但是 $\mathcal{A}_1 \not\equiv_{\text{NBA}} \mathcal{A}_2$.

(2) 如果 $\mathcal{A}_1$ 和 $\mathcal{A}_2$ 接受同样的无限单词, 即 $\mathcal{A}_1 \equiv_{\text{NBA}} \mathcal{A}_2$, 这并不意味着它们接受同样的有限单词. 下面的例子说明了这一点:

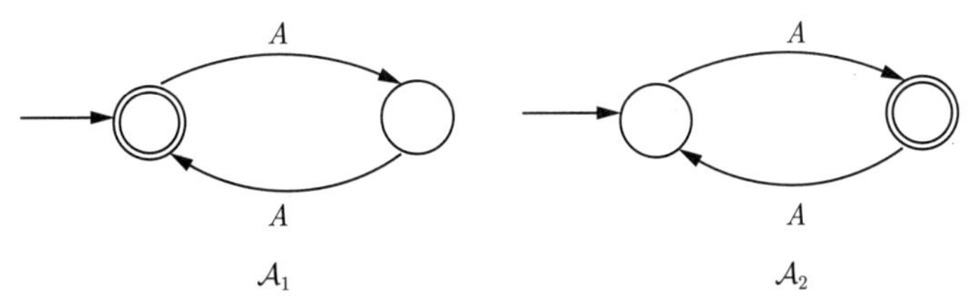

易见 $\mathcal{L}_\omega(\mathcal{A}_1) = \mathcal{L}_\omega(\mathcal{A}_2) = \{A^\omega\}$, 但是 $\mathcal{L}(\mathcal{A}_1) = \{A^{2n} \mid n \geqslant 0\}$ 而 $\mathcal{L}(\mathcal{A}_2) = \{A^{2n+1} \mid n \geqslant 0\}$.

(3) 如果 $\mathcal{A}_1$ 和 $\mathcal{A}_2$ 都是确定的 (见定义 4.5), 那么 $\mathcal{A}_1 \equiv_{\text{NFA}} \mathcal{A}_2$ 蕴涵 $\mathcal{A}_1 \equiv_{\text{NBA}} \mathcal{A}_2$. 逆蕴涵不成立, 如前一个例子所示. ■

由于技术原因, 对于 NBA 假定每一状态 q 和每一输入符号 A 都有一个可能的迁移是适宜的. 可以认为这样的 NBA 是不堵塞的, 因为不管未定性选择如何解决, 自动机不会无法读取当前输入符号.

定义 4.13　无阻塞 NBA

令 $\mathcal{A} = (Q, \Sigma, \delta, Q_0, F)$ 为一个 NBA. 如果对于所有状态 q 和所有符号 $A \in \Sigma$ 有 $\delta(q, A) \neq \varnothing$, 则称 $\mathcal{A}$ 为无阻塞的. ■

注意, 对于给定的无阻塞 NBA $\mathcal{A}$ 和输入单词 $\sigma \in \Sigma^\omega$, σ 在 $\mathcal{A}$ 中至少存在一个 (无限的) 可能非接受运行. 注记 4.4 说明了完全可以假定 NBA 是无阻塞.

注记 4.4 无阻塞 NBA

对每一个 NBA $\mathcal{A}$, 存在无阻塞 NBA $\text{trap}(\mathcal{A})$ 使得 $|\text{trap}(\mathcal{A})| = O(|\mathcal{A}|)$ 且 $\mathcal{A} \equiv \text{trap}(\mathcal{A})$.

下面看一下如何由 $\mathcal{A}$ 推出这样的无阻塞 NBA. 添加一个非接受陷阱状态 q_{trap}, 让它对字母表 Σ 中的任意符号配有一个自循环, 如此即可从 $\mathcal{A}$ 得到 NBA $\text{trap}(\mathcal{A})$. 对于状态 $q \in \mathcal{A}$ 没有出迁移的每个符号 $A \in \Sigma$, 添加到 q_{trap} 的迁移. 形式上, 如果 $\mathcal{A} = (Q, \Sigma, \delta, Q_0, F)$, 则 $\text{trap}(\mathcal{A}) = (Q', \Sigma, \delta', Q'_0, F')$ 如下. 这里, $Q' = Q \cup \{q_{\text{trap}}\}$, 其中 q_{trap} 是一个新状态 (不在 Q 中), 只要 $\mathcal{A}$ 中没有相应的迁移, 它在 $\mathcal{A}'$ 中就是可达的. 形式上, $\text{trap}(\mathcal{A})$ 的迁移关系 δ' 定义为

$$\delta'(q, A) = \begin{cases} \delta(q, A) & \text{若 } q \in Q \text{ 且 } \delta(q, A) \neq \varnothing \\ \{q_{\text{trap}}\} & \text{否则} \end{cases}.$$

初始状态和接受状态均不变, 即 $Q'_0 = Q_0$ 且 $F' = F$. 由定义, $\text{trap}(\mathcal{A})$ 是无阻塞的, 而且因为新陷阱状态是不接受的, 所以它就等价于 $\mathcal{A}$. ■

接下来给出关于 Büchi 自动机和 ω 正则语言的进一步说明. 首先研究确定 Büchi 自动机子类 (参见 4.3.3节), 然后在 4.3.4 节研究具有更一般接受条件的 NBA 类, 该接受条件由必须无限次访问的几个接受集合组成.

4.3.3 确定 Büchi 自动机

有限状态自动机和 Büchi 自动机的一个重要不同就是确定自动机和未定自动机的表达能力. 对于有限单词的语言, DFA 和 NFA 有相同的表达力, 而这对于 Büchi 自动机并不成立.

确定 Büchi 自动机的定义方式与 DFA 的相同.

定义 4.14 确定 Büchi 自动机 DBA

令 $\mathcal{A} = (Q, \Sigma, \delta, Q_0, F)$ 为一个 NBA. 如果对于所有状态 $q \in Q$ 和所有符号 $A \in \Sigma$ 都有

$$|Q_0| \leqslant 1 \text{ 且 } |\delta(q, A)| \leqslant 1$$

则称 $\mathcal{A}$ 为*确定的*. 如果 $|Q_0| = 1$ 且对于所有状态 $q \in Q$ 和所有符号 $A \in \Sigma$ 都有

$$|\delta(q, A)| = 1$$

则称 $\mathcal{A}$ 是*完全的*. ■

显然, 对于给定的输入单词, DBA 的行为是确定的: 要么 DBA 最终因不能消耗输入符号而在某个状态阻塞, 要么对于给定的输入单词有唯一 (无限) 的运行. 完全 DBA 排除了第一种可能而保证每一输入单词 $\sigma \in \Sigma^\omega$ 都有唯一运行.

例 4.17 LT 性质的 DBA

图 4.15 显示了字母表 $\Sigma = 2^{\text{AP}}$ 上的 DBA $\mathcal{A}'$ 和 NBA $\mathcal{A}$, 其中 $\text{AP} = \{a, b\}$.

这两个自动机是等价的, 因为它们都表示 LT 性质 "总是 b 且无限 a". 令 δ 和 δ' 分别为 $\mathcal{A}$ 和 $\mathcal{A}'$ 的迁移函数. NBA $\mathcal{A}$ 不是确定的, 因为对于所有包含 a、b 的输入符号, 既有到达状态 r_0 的可能, 又有到达状态 r_1 的可能. DBA $\mathcal{A}'$ 是确定的. 注意, $\mathcal{A}$ 和 $\mathcal{A}'$ 都是阻塞的, 例如, 对包含 $\neg b$ 的输入符号, 任一状态都是阻塞的. ■

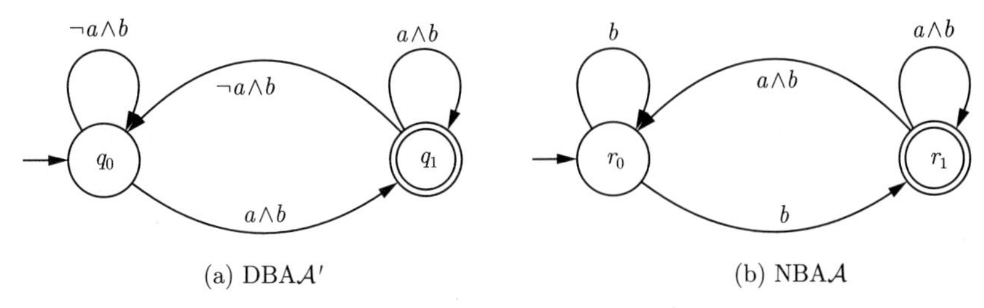

(a) DBA$\mathcal{A}'$　　(b) NBA$\mathcal{A}$

图 4.15　等价的 DBA $\mathcal{A}'$ 和 NBA $\mathcal{A}$

像在确定有限自动机中一样, 常用记号 $q' = \delta(q, A)$ (而非 $\{q'\} = \delta(q, A)$), 并且, 如果 $\delta(q, A) = \varnothing$, 则记为 $\delta(q, A) = \bot$ (未定义). 因此 DBA 的迁移关系可以理解为部分函数 $\delta\colon Q \times \Sigma \to Q$. 完全 DBA 经常写成 $(Q, \Sigma, \delta, q_0, F)$ 的形式, 其中 q_0 是唯一初始状态且 δ 可看作完全函数 $\delta\colon Q \times \Sigma \to Q$. 因为 DBA 总是可以由非接受陷阱状态拓展, 而不改变接受语言, 因此可以不加限制地认为迁移关系是完全的. 例如, 通过添加这样的陷阱状态, 得到如图 4.16 所示的与图 4.15 中的 DBA $\mathcal{A}'$ 等价的完全 DBA.

可用明显的方式把完全 DBA 的迁移函数 δ 扩展为完全函数 $\delta^*\colon Q \times \Sigma^* \to Q$, 参见完全 DFA 的迁移函数. 即, 令 $\delta^*(q, \varepsilon) = q$, $\delta^*(q, A) = \delta(q, A)$, 而且

$$\delta^*(q, A_1 A_2 \cdots A_n) = \delta^*(\delta(q, A_1), A_2 \cdots A_n)$$

然后, 对每一无限单词 $\sigma = A_0 A_1 A_2 \cdots \in \Sigma^\omega$ 以及每一 $i \geqslant 0$, σ 在 $\mathcal{A}$ 中的运行 $q_0 q_1 q_2 \cdots$ 由 $q_{i+1} = \delta^*(q_0, A_0 A_1 \cdots A_i)$ 给出, 其中 q_0 是 $\mathcal{A}$ 的唯一初始状态. 特别地, 对于完全 DBA $\mathcal{A} = (Q, \Sigma, \delta, q_0, F)$, 接受语言由

$$\mathcal{L}_\omega(\mathcal{A}) = \{A_0 A_1 A_2 \cdots \in \Sigma^\omega \mid \text{对于无穷多个 } i,\ \delta^*(q_0, A_0 A_1 \cdots A_i) \in F\}$$

给出.

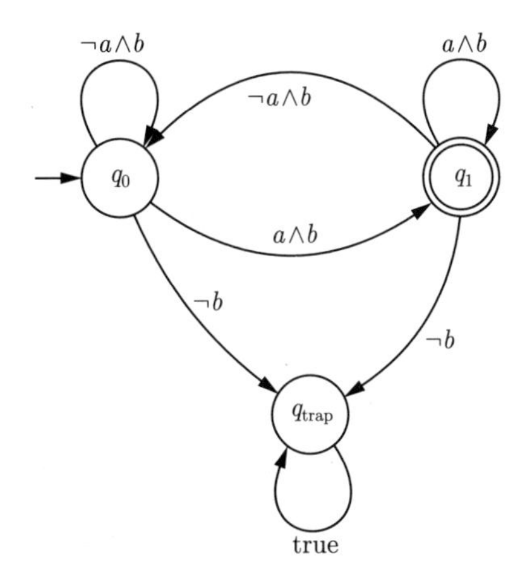

图 4.16　“总是 b 且无限 a” 的完全 DBA

已知 NFA 与 DFA 有同样的表达能力. 然而, NBA 却比 DBA 具有更强的表达能力. 即, 确实存在这样的 NBA, 不存在与它等价的 DBA. 换言之, DBA 接受的任意 ω 语言是 ω

正则的, 而确实有这样的 ω 正则语言, 没有 DBA 接受它. 表达式 $(A+B)^*B^\omega$ 给出的语言是这样的 ω 正则语言的例子.

事实上, 语言 $\mathcal{L}_\omega((A+B)^*B^\omega)$ 被一个非常简单的 NBA 接受, 如图 4.17 所示. 这个 NBA 的思想是: 给定一个输入单词 $\sigma = wB^\omega$, 其中 $w \in \{A,B\}^*$, 自动机可以停在状态 q_0 并未定地猜测由 B 组成的后缀何时开始, 然后移到接受状态 q_1. 然而, 像定理 4.6 中形式化地证明的那样, 这种行为不能被 DBA 模拟.

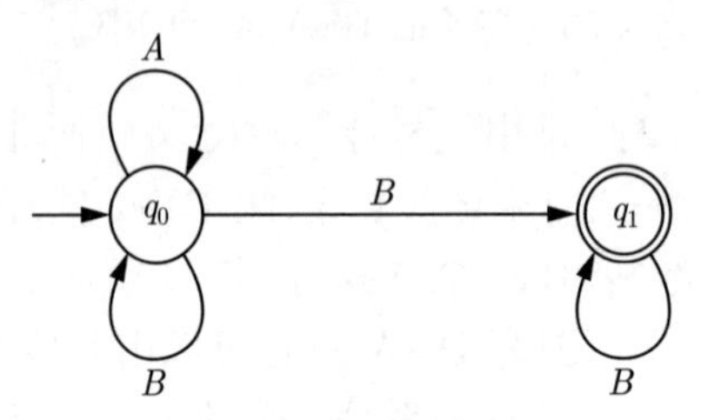

图 4.17 ω 正则表达式 $(A+B)^*B^\omega$ 的 NBA

定理 4.6 NBA 强于 DBA

不存在使得 $\mathcal{L}_\omega(\mathcal{A}) = \mathcal{L}_\omega((A+B)^*B^\omega)$ 的 DBA $\mathcal{A}$.

证明: 反证法. 假设存在 DBA $\mathcal{A} = (Q, \Sigma, \delta, q_0, F)$ 使得 $\mathcal{L}_\omega((A+B)^*B^\omega) = \mathcal{L}_\omega(\mathcal{A})$, 其中 $\Sigma = \{A, B\}$. 注意, 因为 $\mathcal{A}$ 是确定的, 可认为 δ^* 是 $Q \times \Sigma^* \to Q$ 类型的函数.

因为单词 $\sigma_1 = B^\omega$ 属于 $\mathcal{L}_\omega((A+B)^*B^\omega) = \mathcal{L}_\omega(\mathcal{A})$, 所以存在接受状态 $q_1 \in F$ 和 $n_1 \in \mathbb{N}_{\geqslant 1}$ 使得

$$\delta^*(q_0, B^{n_1}) = q_1 \in F$$

(因为 $\mathcal{A}$ 是确定的, 所以 q_1 是唯一确定的.) 现在考虑单词 $\sigma_2 = B^{n_1}AB^\omega \in \mathcal{L}_\omega((A+B)^*B^\omega) = \mathcal{L}_\omega(\mathcal{A})$. 因为 σ_2 被 $\mathcal{A}$ 接受, 所以存在接受状态 $q_2 \in F$ 和 $n_2 \in N_{\geqslant 1}$ 使得

$$\delta^*(q_0, B^{n_1}AB^{n_2}) = q_2 \in F$$

单词 $B^{n_1}AB^{n_2}AB^\omega$ 属于 $\mathcal{L}_\omega((A+B)^*B^\omega)$, 因而被 $\mathcal{A}$ 接受. 所以存在接受状态 $q_3 \in F$ 和 $n_3 \in N_{\geqslant 1}$ 使得

$$\delta^*(q_0, B^{n_1}AB^{n_2}AB^{n_3}) = q_3 \in F$$

继续这个过程, 得到一个大于或等于 1 的自然数序列 $n_1, n_2, n_3, \cdots$ 和接受状态的序列 $q_1, q_2, q_3, \cdots$ 使得

$$\delta^*(q_0, B^{n_1}AB^{n_2}A \cdots B^{n_{i-1}}AB^{n_i}) = q_i \in F$$

因为只有有限多个状态, 所以存在 $i < j$ 使得

$$\delta^*(q_0, B^{n_1}A \cdots AB^{n_i}) = \delta^*(q_0, B^{n_1}A \cdots AB^{n_i} \cdots AB^{n_j})$$

因此, $\mathcal{A}$ 中有下述单词的接受运行:

$$B^{n_1}A \cdots AB^{n_i}(AB^{n_{i+1}}A \cdots AB^{n_j})^\omega$$

但是这个单词无限次出现 A, 因此不属于 $\mathcal{L}_\omega((A+B)^*B^\omega)$. 矛盾. ■

例 4.18　未定性的必要性

在例 4.11 和例 4.12 中, 为 LT 性质提供了 DBA. 然而, 为了表示形为 "终将总是" 的活性性质, 未定性的概念是必要的. 考虑性质 "终将总是 a", 其中 a 是某原子命题. 令 $\mathrm{AP} = \{a\}$, 即 $2^{\mathrm{AP}} = \{A, B\}$, 其中, $A = \{\}$, $B = \{a\}$. 那么, 线性时间性质 "终将总是 a" 由 ω 正则表达式

$$(A+B)^*B^\omega = (\{\} + \{a\})^*\{a\}^\omega$$

给出. 由定理 4.6, 没有针对 "终将总是 a" 的 DBA. 而这个性质可由如图 4.18 所示的 NBA $\mathcal{A}$ 刻画 (注意, 状态 q_2 可以省略, 因为没有从状态 q_2 开始的接受运行). 直观来看, $\mathcal{A}$ 未定 (随心所欲) 地决定何时开始命题 a 持续成立. 这一行为不能被 DBA 模拟. ■

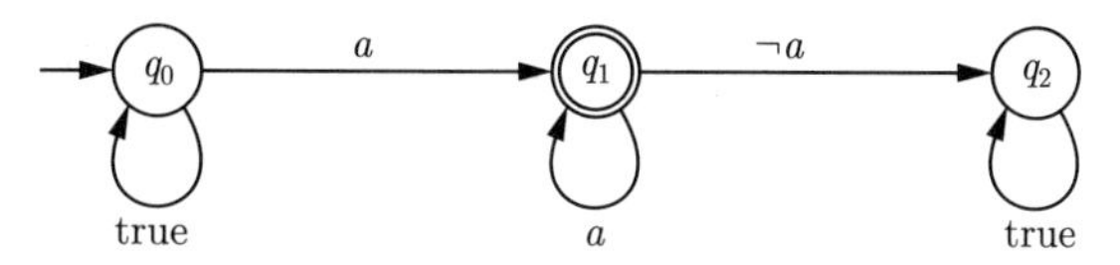

图 4.18　接受 "终将总是 a" 的 NBA

读者可能会疑惑, 有限自动机的幂集构造 (见 4.1 节) 为何对 Büchi 自动机失效? 通过对给定输入单词的任意有限前缀跟踪 $\mathcal{A}$ 中可达状态的集合 Q', 幂集构造得到的确定自动机 $\mathcal{A}_{\mathrm{det}}$ 允许模拟给定的未定自动机 $\mathcal{A}$(集合 Q' 是 $\mathcal{A}_{\mathrm{det}}$ 中的状态). 问题在于接受条件: 接受状态是否可达这样的信息对于 NFA 来说是足够的, 而对无限单词, 需要无限次通过某个接受状态的一个单独的运行. 后者不等于要求无限次访问满足 $Q' \cap F \neq \varnothing$ 的状态 Q', 因为可以有无穷多种可能性 (运行) 在不同的时间点 (即因输入单词的不同前缀) 进入 F. 事实上, 这就是图 4.17 中 NBA 的情形. 对于输入单词 $\sigma = ABABA\cdots = (AB)^\omega$, 图 4.17 中的自动机对前 $2n-1$ 个符号停留在状态 q_0, 而随着第 n 个 B 迁移到状态 q_1, 这样就能在第 2, 4, 6, $\cdots$ 个符号之后进入接受状态 q_1 (对 $n = 1, 2, 3, \cdots$). 于是, 虽然在无限多个位置有进入 F 的可能性, 但没有无限多次访问 q_1 的运行, 因为一旦进入状态 q_1, 再读下一个符号 A 时自动机会拒绝. 事实上, 应用到图 4.17 中的 NBA $\mathcal{A}$ 的幂集构造产生 DBA $\mathcal{A}_{\mathrm{det}}$, 它有两个可达状态 (即 $\{q_0\}$ 和 $\{q_0, q_1\}$), 它接受包含无限个 B 的所有无限单词的语言, 但是并不接受由 $(A+B)^*B^\omega$ 给出的语言.

习题 4.16 提供了另一个解释幂集构造为何对 Büchi 自动机失效的例子.

4.3.4　广义未定 Büchi 自动机

在一些应用中, 其他类型的 ω 自动机作为 ω 正则语言的自动机模型是有用的. 事实上, ω 自动机的一些变体与未定 Büchi 自动机具有同样的表达能力, 虽然它们使用比 Büchi 自动机的接受条件 "无限次访问接受集合 F" 更广义的接受条件. 对某些类型的 ω 自动机来说, 确定的版本具有 ω 正则语言的全部能力. 这些自动机类型与本书后面的内容无关, 这里不作讨论. ①

在本书中, 只需要考虑未定 Büchi 自动机的轻微变形就够了, 本书称之为广义未定 Büchi 自动机 (Generalized Nondeterministic Büchi Automata, GNBA), NBA 与 GNBA

① 在第 10 章中, 用确定 Rabin 自动机来表示 ω 正则语言性质.

的区别就是 GNBA 的接受条件要求无限次访问一些集合 $F_1, F_2, \cdots, F_k$. 形式上, GNBA 的接受条件是由有限多个接受集合 $F_1, F_2, \cdots, F_k$ 组成的集合 $\mathcal{F}$, 其中 $F_i \subseteq Q$, 除此之外, GNBA 的语法与 NBA 的语法相同. 即, 若 Q 是自动机的状态空间, 则 GNBA 的接受条件是 2^{2^Q} 的一个元素 $\mathcal{F}$. 对 NBA, 它是一个元素 $F \in 2^Q$. GNBA 的接受语言 $\mathcal{G}$ 由以下所有无限单词组成, 它们在 $\mathcal{G}$ 中有无限运行, 这些运行都无限次访问所有集合 $F_i \in \mathcal{F}$. 因此, 广义未定 Büchi 自动机的接受标准可以理解为一些 Büchi 接受条件的合取.

定义 4.15 广义未定 Büchi 自动机

广义未定 Büchi 自动机是五元组 $\mathcal{G} = (Q, \Sigma, \delta, Q_0, \mathcal{F})$, 其中 Q、Σ、δ 和 Q_0 与在 NBA 中一样定义 (见定义 4.11), 而 $\mathcal{F}$ 为 2^Q 的 (可能为空的) 子集.

元素 $F \in \mathcal{F}$ 称为接受集合. GNBA 的运行与 NBA 的运行同样定义. 即, 无限单词 $A_0A_1A_2\cdots \in \Sigma^\omega$ 在 $\mathcal{G}$ 中的运行是满足 $q_0 \in Q_0$ 且对于所有 $i \geqslant 0$ 都有 $q_{i+1} \in \delta(q_i, A_i)$ 的无限状态序列 $q_0q_1q_2\cdots$.

称无限运行 $q_0q_1q_2\cdots$ 为接受的, 如果

$$\forall F \in \mathcal{F}\Big(\overset{\infty}{\exists} j \in \mathbb{N}, q_j \in F\Big)$$

$\mathcal{G}$ 的接受语言为

$$\mathcal{L}_\omega(\mathcal{G}) = \{\sigma \in \Sigma^\omega \mid \mathcal{G} \text{ 中存在 } \sigma \text{ 的接受运行}\}$$ ■

GNBA 的等价性和 GNBA 的大小的定义和 NBA 的相应定义相同. 因此, 若 $\mathcal{L}_\omega(\mathcal{G}) = \mathcal{L}_\omega(\mathcal{G}')$, 则 GNBA $\mathcal{G}$ 与 $\mathcal{G}'$ 等价. GNBA $\mathcal{G}$ 的大小记作 $|\mathcal{G}|$, 它等于 $\mathcal{G}$ 中状态和迁移的数目.

例 4.19 GNBA

图 4.19 显示了字母表 2^{AP} (其中 $\mathrm{AP} = \{\mathrm{crit}_1, \mathrm{crit}_2\}$) 上的 GNBA $\mathcal{G}$, 其接受集合为 $F_1 = \{q_1\}$ 与 $F_2 = \{q_2\}$. 即 $\mathcal{F} = \{\{q_1\}, \{q_2\}\}$.

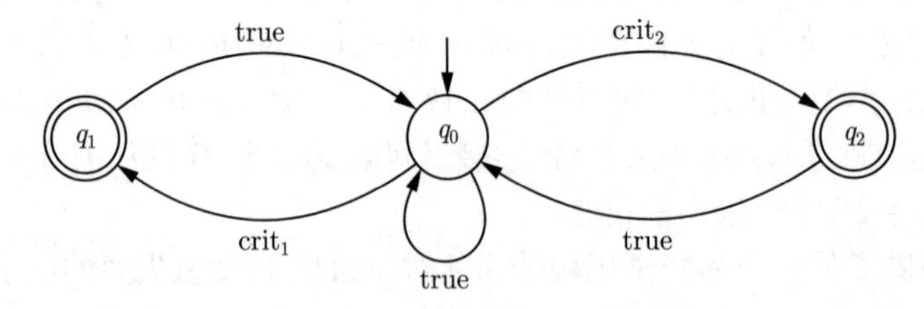

图 4.19 "进程 1 和 2 无限次处于关键节段" 的 GNBA

接受语言是 LT 性质 P_{live}, 它由满足以下条件的无限单词 $A_0A_1A_2\cdots \in (2^{\mathrm{AP}})^\omega$ 组成: 原子命题 crit_1 和 crit_2 无限次成立 (可能在不同的位置), 即

$$\overset{\infty}{\exists} j \geqslant 0.\, \mathrm{crit}_1 \in A_j \text{ 且 } \overset{\infty}{\exists} j \geqslant 0.\, \mathrm{crit}_2 \in A_j$$

因此, P_{live} 是性质"两个进程都无限多次进入它们的关键节段"的形式化. 下面证明 $\mathcal{L}_\omega(\mathcal{G}) = P_{\mathrm{live}}$ 成立.

先证 $\subseteq$. 每一接受运行必须无限次通过走向状态 q_1 和 q_2 的边 (以 crit_1 或 crit_2 标记). 因此, 在每一个接受单词 $\sigma = A_0A_1A_2\cdots \in \mathcal{L}_\omega(\mathcal{G})$ 中, 原子命题 crit_1 和 crit_2 作为集合 $A_i \in 2^{\mathrm{AP}}$ 的元素无限多次出现. 因此, $\sigma \in P_{\mathrm{live}}$.

再证 $\supseteq$. 设 $\sigma = A_0A_1A_2\cdots \in P_{\text{live}}$. 因为两个命题 crit_1 和 crit_2 无限多次在符号 A_i 中出现, 所以, GNBA $\mathcal{G}$ 对输入单词 σ 可表现如下. $\mathcal{G}$ 保持在状态 q_0 直到满足 $\text{crit}_1 \in A_i$ 的第一个输入符号 A_i 出现. 然后自动机移到状态 q_1. $\mathcal{G}$ 读取下一个输入符号 A_{i+1} 并从那里回到 q_0. 然后在状态 q_0 等待, 直到满足 $\text{crit}_2 \in A_j$ 的符号 A_j 出现, 这种情况下, 自动机为符号 A_j 移到状态 q_2, 并在下一个符号 A_{j+1} 出现时回到 q_0. 现在整个过程重新开始, 即当读符号 $A_{j+1}, A_{j+2}, \cdots, A_{\ell-1}$ 时 $\mathcal{G}$ 停留在 q_0, 一旦当前输入符号 A_ℓ 包含 crit_1 时就移到状态 q_1. 以此类推. 用这种方法, $\mathcal{G}$ 产生输入单词 σ 的一个接受运行, 形式如下:

$$q_0^{k_1}q_1q_0^{k_2}q_2q_0^{k_3}q_1q_0^{k_4}q_2q_0^{k_5}\cdots$$

这些分析证明了 $P_{\text{live}} \subseteq \mathcal{L}_\omega(\mathcal{G})$. ■

注记 4.5 没有接受集合

GNBA 的接受集合的集合 $\mathcal{F}$ 可能是空集. 如果 $\mathcal{F} = \varnothing$, 则 $\sigma \in \mathcal{L}_\omega(\mathcal{G})$ 当且仅当 $\mathcal{G}$ 中存在 σ 的一个无限运行. 要特别注意, 它与接受状态的集合为空集的 NBA 的不同. 对于 NBA $\mathcal{A} = (Q, \Sigma, \delta, Q_0, \varnothing)$ 不存在接受运行. 因此, 语言 $\mathcal{L}_\omega(\mathcal{A})$ 为空; 相反, GNBA $\mathcal{G} = (Q, \Sigma, \delta, Q_0, \varnothing)$ 的每一个无限运行都是接受的.

事实上, 每一个 GNBA $\mathcal{G}$ 都等价于有至少一个接受集合的 GNBA $\mathcal{G}'$. 这归因于以下事实: 总是可以把状态空间 Q 添加到接受集合的集合 $\mathcal{F}$ 中, 而不影响 GNBA 的接受语言. 从形式上看, 对于 GNBA $\mathcal{G} = (Q, \Sigma, \delta, Q_0, \mathcal{F})$, 令 GNBA $\mathcal{G}' = (Q, \Sigma, \delta, Q_0, \mathcal{F} \cup \{Q\})$. 易得 $\mathcal{L}_\omega(\mathcal{G}) = \mathcal{L}_\omega(\mathcal{G}')$. ■

注记 4.6 无阻塞 GNBA

与 NBA 相同, 每一个 GNBA $\mathcal{G}$ 都可以由一个等价的 GNBA $\mathcal{G}'$ 来代替, 在 $\mathcal{G}'$ 中, 对给定的输入单词的所有可能行为都得到一个无限运行. 这样的 GNBA $\mathcal{G}'$ 可以通过添加一个非接受陷阱状态来构造, 与注记 4.4 中对 NBA 做法相同. ■

显然, 每一个 NBA 都可以理解为只有一个接受集合的 GNBA; 反之, 每一个 GNBA 都可以转化为一个等价的 NBA.

定理 4.7 从 GNBA 到 NBA

对每个 GNBA $\mathcal{G}$, 都存在 NBA $\mathcal{A}$ 使得 $\mathcal{L}_\omega(\mathcal{G}) = \mathcal{L}_\omega(\mathcal{A})$ 且 $|\mathcal{A}| = O(|\mathcal{G}| \cdot |\mathcal{F}|)$, 其中 $\mathcal{F}$ 表示 $\mathcal{G}$ 中所有接受集合的集合.

证明: 令 $\mathcal{G} = (Q, \Sigma, \delta_0, Q_0, \mathcal{F})$ 为一个 GNBA. 由注记 4.6, 不失一般性, 可以假定 $\mathcal{F} \neq \varnothing$. 令 $\mathcal{F} = \{F_1, F_2, \cdots, F_k\}$, 其中 $k \geqslant 1$. 构造 $\mathcal{A}$ 的基本思想是: 创建 $\mathcal{G}$ 的 k 个副本, 使得第 i 个副本的接受集合 F_i 连接到第 $i+1$ 个副本的对应状态. $\mathcal{A}$ 的接受条件就是要求无限次访问第一个副本的接受状态. 这就保证了所有其他 k 个副本的接受集合 F_i 也被无限次访问, 见图 4.20. 在形式上, 令 $\mathcal{A} = (Q', \Sigma, \delta', Q'_0, \mathcal{F}')$, 其中

$$\begin{aligned}
Q' &= Q \times \{1, 2, \cdots, k\} \\
Q'_0 &= Q_0 \times \{1\} = \{\langle q_0, 1\rangle \mid q_0 \in Q_0\} \\
F' &= F_1 \times \{1\} = \{\langle q_F, 1\rangle \mid q_F \in F_1\}
\end{aligned}$$

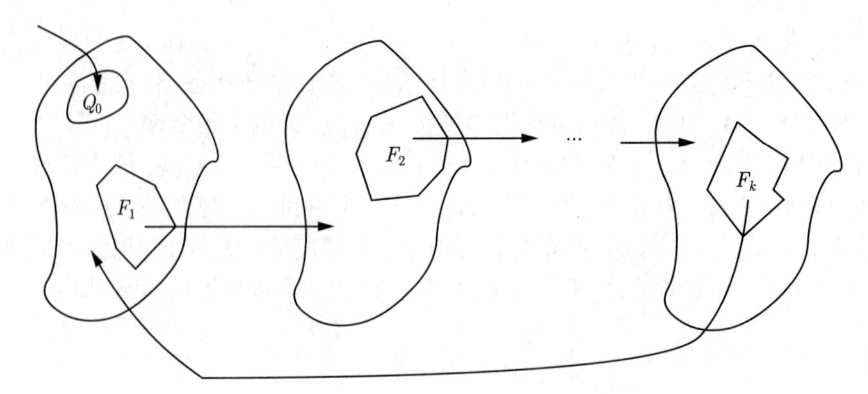

图 4.20 把 GNBA 变换为 NBA 的思路

迁移函数 δ' 由下式给出:

$$\delta'(\langle q,i\rangle,A)=\begin{cases}\{\langle q',i\rangle\mid q'\in\delta(q,A)\} & \text{如果 } q\notin F_i\\ \{\langle q',i+1\rangle\mid q'\in\delta(q,A)\} & \text{否则}\end{cases}$$

这里, 把 $\langle q,k+1\rangle$ 和 $\langle q,1\rangle$ 看作相同的. 不难验证, $\mathcal{A}$ 在时空复杂度 $O(|\mathcal{G}|\cdot|\mathcal{F}|)$ 内建立, 其中 $|\mathcal{F}|=k$ 是 $\mathcal{G}$ 中接受集合的数目. $\mathcal{L}_\omega(\mathcal{G})=\mathcal{L}_\omega(\mathcal{A})$ 的证明如下.

先证 $\supseteq$. $\mathcal{A}$ 的一个运行若是接受的, 它必须无限次访问某状态 $\langle q,1\rangle$, 其中 $q\in F_1$. 一个运行一旦到达 $\langle q,1\rangle$, NBA $\mathcal{A}$ 立即移到第二个副本. 通过访问满足 $q'\in F_2$ 的 $\langle q',2\rangle$ 就可以从第二个副本移到下一个副本. 若果 NBA $\mathcal{A}$ 已穿过所有 k 个副本, 则它只能回到 $\langle q,1\rangle$. 只有它在每一副本都到达接受状态时这才有可能, 因为这是它移到下一副本的唯一机会. 因此, 一个运行要想无限次访问 $\langle q,1\rangle$, 必须在每一副本无限次访问某一接受状态.

再证 $\subseteq$. 可类似地证明, $\mathcal{L}_\omega(\mathcal{G})$ 中任意单词在 $\mathcal{A}$ 中也是接受的. ■

例 4.20 GNBA 到 NBA 的变换

考虑例 4.19 中所描述的 GNBA $\mathcal{G}$. 定理 4.7 的证明显示的构造提供了包含 $\mathcal{G}$ 的两个副本 (因为有两个接受集合) 的 NBA, 见图 4.21. 例如:

$$\delta'(\langle q_0,1\rangle,\{\text{crit}_1\})=\{\langle q_0,1\rangle,\langle q_1,1\rangle\}$$

这是由于 $q_0\notin F_1=\{q_1\}$. 另外, 因为 $F_2=\{q_2\}$, 所以 $\delta'(\langle q_2,2\rangle,A)=\{\langle q_0,1\rangle\}$. 其中 $A\subseteq\{\text{crit}_1,\text{crit}_2\}$ 是任意的. ■

上面只是简单地将 NBA 的接受状态的集合 F 当作相应的 GNBA 的单元集 $\mathcal{F}=\{F\}$, 就可将任意 NBA 看作 GNBA. 利用这个事实, 连同 NBA 与 ω 正则语言具有相同的表达能力 (见定理 4.4) 这个结果, 由定理 4.7 可以得到推论 4.3.

推论 4.3 GNBA 与 ω 正则语言

GNBA 接受语言的类与 ω 正则语言的类相等. ■

前面已看到, ω 正则语言关于并是封闭的. 这可由 ω 正则表达式的定义直接得到, 也可用其 NBA 表示简单地证明 (见引理 4.3). 现在用 GNBA 证明 ω 正则语言关于交也是封闭的.

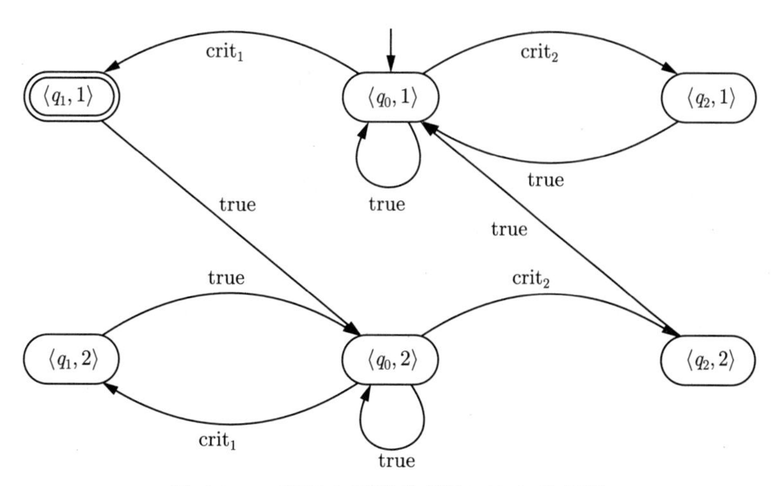

图 4.21　GNBA 变换为等价 NBA 的例子

引理 4.8　GNBA 的交

对 (均在字母表 Σ 上的) GNBA $\mathcal{G}_1$ 和 $\mathcal{G}_2$, 存在 GNBA $\mathcal{G}$ 使得

$$\mathcal{L}_\omega(\mathcal{G}) = \mathcal{L}_\omega(\mathcal{G}_1) \cap \mathcal{L}_\omega(\mathcal{G}_2) \text{ 且 } |\mathcal{G}| = O(|\mathcal{G}_1| \cdot |\mathcal{G}_2|)$$

证明: 令 $\mathcal{G}_1 = (Q_1, \Sigma, \delta_1, Q_{0,1}, \mathcal{F}_1)$, $\mathcal{G}_2 = (Q_2, \Sigma, \delta_2, Q_{0,2}, \mathcal{F}_2)$, 不失一般性, 可设 $Q_1 \cap Q_2 = \varnothing$. 再令 $\mathcal{G}$ 为由 $\mathcal{G}_1$ 和 $\mathcal{G}_2$ 同步积 (与 NFA 的情形相同) 并把接受集合 $F \in \mathcal{F}_1 \cup \mathcal{F}_2$ "提升" 到 $\mathcal{G}$ 中的接受集合得到的 GNBA. 在形式上, $\mathcal{G}$ 可写为

$$\mathcal{G} = \mathcal{G}_1 \otimes \mathcal{G}_2 = (Q_1 \times Q_2, \Sigma, \delta, Q_{0,1} \times Q_{0,2}, \mathcal{F})$$

其中迁移关系 δ 由下述规则定义:

$$\frac{q_1 \xrightarrow{A}_1 q_1' \wedge q_2 \xrightarrow{A}_2 q_2'}{(q_1, q_2) \xrightarrow{A} (q_1', q_2')}$$

$\mathcal{G}$ 的接受条件为

$$\mathcal{F} = \{F_1 \times Q_2 \mid F_1 \in \mathcal{F}_1\} \cup \{Q_1 \times F_2 \mid F_2 \in \mathcal{F}_2\}$$

易证 $\mathcal{G}$ 即为所求. ■

结论对并也成立, 即, 给定具有相同字母表的两个 GNBA $\mathcal{G}_1$ 和 $\mathcal{G}_2$, 存在 GNBA $\mathcal{G}$, 使得 $\mathcal{L}_\omega(\mathcal{G}) = \mathcal{L}_\omega(\mathcal{G}_1) \cup \mathcal{L}_\omega(\mathcal{G}_2)$, $|\mathcal{G}| = O(|\mathcal{G}_1| + |\mathcal{G}_2|)$. 与 NBA 时的讨论相同 (引理 4.3), 制作两个 GNBA 的不交并, 并且未定地选择其中的一个 "扫描" 给定输入单词.

因为 GNBA 产生了 ω 正则语言的替代特征, 所以由引理 4.8 可得推论 4.4.

推论 4.4　ω 正则语言的交

若 $\mathcal{L}_1$ 和 $\mathcal{L}_2$ 都是字母表 Σ 上的 ω 正则语言, 则 $\mathcal{L}_1 \cap \mathcal{L}_2$ 也是字母表 Σ 上的 ω 正则语言. ■

4.4 模型检验 ω 正则性质

4.3.2 节提供的例子说明了 NBA 形成 ω 正则性质的简单形式化. 现在提出以下问题: 如何将验证正则安全性质的基于自动机的方法推广到 ω 正则性质的验证?

出发点是没有终止状态的有限迁移系统 $\mathrm{TS} = (S, \mathrm{Act}, \to, I, \mathrm{AP}, L)$ 和 ω 正则性质 P, 目标是用算法验证是否 $\mathrm{TS} \models P$. 与处理正则安全性质一样, 本节给出的验证算法是通过提供反例来说明 $\mathrm{TS} \not\models P$, 即给出满足 $\mathrm{trace}(\pi) \notin P$ 的 TS 中的路径 π(若没有这样的路径存在, 则 P 对 TS 成立). 为此, 对于补性质 $\overline{P} = (2^{\mathrm{AP}})^{\omega} \setminus P$, 假设已由 NBA $\mathcal{A}$ 给定了 "坏迹" 的自动机表示. 现在的目标是检验是否有 $\mathrm{Traces}(\mathrm{TS}) \cap \mathcal{L}_{\omega}(\mathcal{A}) \neq \varnothing$. 注意,

$$
\begin{array}{ll}
 & \mathrm{Traces}(\mathrm{TS}) \cap \mathcal{L}_{\omega}(\mathcal{A}) \neq \varnothing \\
\text{当且仅当} & \mathrm{Traces}(\mathrm{TS}) \cap \overline{P} \neq \varnothing \\
\text{当且仅当} & \mathrm{Traces}(\mathrm{TS}) \cap (2^{\mathrm{AP}})^{\omega} \setminus P \neq \varnothing \\
\text{当且仅当} & \mathrm{Traces}(\mathrm{TS}) \not\subseteq P \\
\text{当且仅当} & \mathrm{TS} \not\models P
\end{array}
$$

读者应意识到检验 ω 正则性质与检验正则安全性质的相似性. 在检验正则安全性质时, 从给定安全性质 P_{safe} 的坏前缀 (坏行为) 的 NFA 开始. 这可以看作补性质 $\overline{P_{\mathrm{safe}}}$ 的自动机表示, 见注记 4.2. 然后, 目标就是寻找 TS 中的有限初始路径片段, 该片段产生 NFA 接受的迹, 即 P_{safe} 的坏前缀.

现在, 要解决检验 $\mathrm{Traces}(\mathrm{TS}) \cap \mathcal{L}_{\omega}(\mathcal{A}) \neq \varnothing$ 是否成立的问题. 为此, 可沿用检验正则安全性质时的模式, 构造将 TS 中的路径与 $\mathcal{A}$ 中的运行合并起来的乘积 $\mathrm{TS} \otimes \mathcal{A}$. 然后在 $\mathrm{TS} \otimes \mathcal{A}$ 中开展图论分析, 以检验是否存在一条无限次访问 $\mathcal{A}$ 的接受状态的路径, 它产生一个反例并说明 $\mathrm{TS} \not\models P$. 若乘积中不存在这样的路径, 即, 若乘积中所有路径都至多有限次访问接受状态, 则 TS 中迹的所有运行都是不接受的, 从而 $\mathrm{Traces}(\mathrm{TS}) \cap \mathcal{L}_{\omega}(\mathcal{A}) = \varnothing$, 并因而 $\mathrm{TS} \models P$.

接下来, 将更详细地解释这些思想. 为此, 首先介绍持久性质的概念. 这是用来形式化下述条件的 LT 性质的简单类型: *只能有限次访问接受状态*; 然后, 说明检验 ω 正则性质的问题可约简到检验持久性质的问题. 回顾, 检验正则安全性质的问题可约简到检验不变式的问题, 参见 4.2节.

4.4.1 持久性质与乘积

持久性质是特殊的活性性质, 它断言从某一时刻开始, 某一状态条件 Φ 持续成立. 换言之, 要求 $\neg\Phi$ 至多有限次成立. 像不变式一样, 用 AP 上的命题逻辑公式来表示 Φ.

定义 4.16 *持久性质*

AP 上的持久性质是对 AP 上的某命题逻辑公式 Φ 满足 "终将总是 Φ" 的 LT 性质 $P_{\mathrm{pers}} \subseteq (2^{\mathrm{AP}})^{\omega}$. 形式上,

$$
P_{\mathrm{pers}} = \left\{ A_0 A_1 A_2 \cdots \in (2^{\mathrm{AP}})^{\omega} \mid \overset{\infty}{\forall} j.\ A_j \models \Phi \right\}
$$

其中 $\overset{\infty}{\forall} j$ 是 $\exists i \geqslant 0. \forall j \geqslant i$ 的缩写. 称公式 Φ 为 P_{pers} 的持久性 (或状态) 条件. ■

从直观上看, 持久性质 "终将总是 Φ" 保证了由持久性条件 Φ 给出的状态性质的韧性. 可以说 Φ 是不久以后的不变式, 即, 从某一时刻开始所有状态都满足 Φ. 公式 "终将总是 Φ" 对一条路径为真当且仅当几乎所有状态 (除有限个状态外) 满足 Φ.

现在的目标是证明: $\mathrm{Traces}(\mathrm{TS}) \cap \mathcal{L}_\omega(\mathcal{A}) = \varnothing$ 是否成立的问题可以约简到 TS 与 $\mathcal{A}$ 的乘积中某个持久性质是否成立的问题. 乘积 $\mathrm{TS} \otimes \mathcal{A}$ 的形式化定义与 NFA 相同. 为了内容的完整性, 在此给出定义.

定义 4.17 迁移系统与 NBA 的乘积

令 $\mathrm{TS} = (S, \mathrm{Act}, \to, I, \mathrm{AP}, L)$ 是无终止状态的迁移系统且 $\mathcal{A} = (Q, 2^{\mathrm{AP}}, \delta, Q_0, F)$ 是无阻塞 NBA. 那么 $\mathrm{TS} \otimes \mathcal{A}$ 是以下迁移系统:

$$\mathrm{TS} \otimes \mathcal{A} = (S \otimes Q, \mathrm{Act}, \to', I', \mathrm{AP}', L')$$

其中 $\to'$ 是由规则

$$\frac{s \xrightarrow{\alpha} t \wedge q \xrightarrow{L(t)} p}{\langle s, q \rangle \xrightarrow{\alpha}{}' \langle t, p \rangle}$$

定义的最小关系, 而且

- $I' = \{\langle s_0, q \rangle \mid s_0 \in I \text{ 且 } \exists q_0 \in Q_0.\, q_0 \xrightarrow{L(s_0)} q\}$.
- $\mathrm{AP}' = Q$ 且 $L': S \times Q \to 2^Q$ 由 $L'(\langle s, q \rangle) = \{q\}$ 给出.

此外, 令 $P_{\mathrm{pers}(\mathcal{A})}$ 是 $\mathrm{AP}' = Q$ 上的由

$$\text{“终将总是 } \neg F\text{”}$$

给出的持久性质, 其中 $\neg F$ 表示 $\mathrm{AP}' = Q$ 上的命题公式 $\bigwedge_{q \in F} \neg q$[译注 34]. ■

现在开始形式化地证明基于自动机的检验 ω 正则性质的方法依赖于检验乘积迁移系统的持久性质.

定理 4.8 ω 正则性质的验证

令 TS 是 AP 上的没有终止状态的有限迁移系统, 而且令 P 是 AP 上的 ω 正则性质. 此外, 令 $\mathcal{A}$ 是无阻塞 NBA, 其字母表为 2^{AP} 而且 $\mathcal{L}_\omega(\mathcal{A}) = (2^{\mathrm{AP}})^\omega \setminus P$. 那么, 下面的叙述是等价的:

(a) $\mathrm{TS} \models P$.

(b) $\mathrm{Traces}(\mathrm{TS}) \cap \mathcal{L}_\omega(\mathcal{A}) = \varnothing$.

(c) $\mathrm{TS} \otimes \mathcal{A} \models P_{\mathrm{pers}(\mathcal{A})}$.

证明: 令 $\mathrm{TS} = (S, \mathrm{Act}, \to, I, \mathrm{AP}, L)$, $\mathcal{A} = (Q, 2^{\mathrm{AP}}, \delta, Q_0, F)$. 前面已证明了 (a) 和 (b) 的等价性. 现在检验 (b) 和 (c) 的等价性. 为此, 要证明

$$\mathrm{Traces}(\mathrm{TS}) \cap \mathcal{L}_\omega(\mathcal{A}) \neq \varnothing \quad \text{当且仅当} \quad \mathrm{TS} \otimes \mathcal{A} \not\models P_{\mathrm{pers}(\mathcal{A})}$$

先证 $\Leftarrow$. 假定 $\mathrm{TS} \otimes \mathcal{A} \not\models P_{\mathrm{pers}(\mathcal{A})}$. 令 $\pi' = \langle s_0, q_1 \rangle \langle s_1, q_2 \rangle \langle s_2, q_3 \rangle \cdots$ 为 $\mathrm{TS} \otimes \mathcal{A}$ 中使得

$$\pi' \not\models P_{\mathrm{pers}(\mathcal{A})}$$

的一条路径. 那么, 存在无穷多个满足 $q_i \in F$ 的下标 i. π' 到 TS 中状态的投影产生 TS 的路径 $\pi = s_0 s_1 s_2 \cdots$.

令 $q_0 \in Q_0$ 为 $\mathcal{A}$ 的一个满足 $q_0 \xrightarrow{L(s_0)} q_1$ 的初始状态. 这样的 q_0 总是存在的, 因为 $\langle s_0, q_1 \rangle$ 是 $\mathrm{TS} \otimes \mathcal{A}$ 的一个初始状态. 状态序列 $q_0 q_1 q_2 \cdots$ 为 $\mathcal{A}$ 中单词

$$\mathrm{trace}(\pi) = L(s_0)L(s_1)L(s_2)\cdots \in \mathrm{Traces}(\mathrm{TS})$$

的运行. 因为存在无穷多个 i 使 $q_i \in F$, 所以, 运行 $q_0 q_1 q_2 \cdots$ 是接受的. 因此,

$$\mathrm{trace}(\pi) \in \mathcal{L}_\omega(\mathcal{A})$$

这导致 $\mathrm{trace}(\pi) \in \mathrm{Traces}(\mathrm{TS}) \cap \mathcal{L}_\omega(\mathcal{A})$, 所以 $\mathrm{Traces}(\mathrm{TS}) \cap \mathcal{L}_\omega(\mathcal{A}) \neq \varnothing$.

再证 $\Rightarrow$. 设 $\mathrm{Traces}(\mathrm{TS}) \cap \mathcal{L}_\omega(\mathcal{A}) \neq \varnothing$. 则 TS 中有路径 $\pi = s_0 s_1 s_2 \cdots$ 使

$$\mathrm{trace}(\pi) = L(s_0)L(s_1)L(s_2)\cdots \in \mathcal{L}_\omega(\mathcal{A})$$

令 $q_0 q_1 q_2 \cdots$ 为 $\mathcal{A}$ 中 $\mathrm{trace}(\pi)$ 的接受运行. 则

$$q_0 \in Q_0 \text{ 而且对于所有 } i \geqslant 0 \text{ 都有 } q_i \xrightarrow{L(s_i)} q_{i+1}$$

而且对无穷多个下标 i 有 $q_i \in F$. 这样就可把 π 和运行 $q_0 q_1 q_2 \cdots$ 组合, 以得到乘积中的路径

$$\pi' = \langle s_0, q_1 \rangle \langle s_1, q_2 \rangle \langle s_2, q_3 \rangle \cdots \in \mathrm{Paths}(\mathrm{TS} \otimes \mathcal{A})$$

因为有无穷个 i 使 $q_i \in F$, 所以 $\pi' \not\models P_{\mathrm{pers}(\mathcal{A})}$. 由此即可得 $\mathrm{TS} \otimes \mathcal{A} \not\models P_{\mathrm{pers}}(\mathcal{A})$. ■

例 4.21 检验持久性质

考虑在步行道口常见的简单交通灯. 它只有两种可能的情况: 红色或绿色. 假定交通灯的初始状态为红色, 而且在红色和绿色之间交替, 见图 4.22 的左上角描绘的迁移系统 PedTrLight. 要检验的 ω 正则性质 P 是 "无限次绿灯". 因此补性质 $\overline{P}$ 是 "终将总是非绿灯". 图 4.22 右上角描述的 NBA 接受 $\overline{P}$.

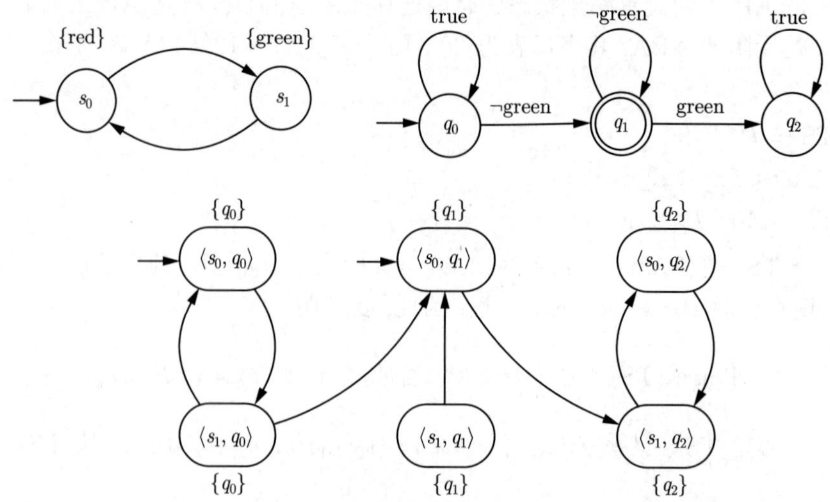

图 4.22 简单交通灯 (左上)、P_{pers} 对应的 NBA (右上) 及其乘积 (下)[译注 35]

为了检验 P 的有效性, 首先构造乘积迁移系统[译注 36] PedTrLight $\otimes \mathcal{A}$, 见图 4.22 下部. 注意, 状态 $\langle s_1, q_1 \rangle$ 是不可达的, 可忽略. 令 $P_{\text{pers}(\mathcal{A})}$ = "终将总是 $\neg q_1$". 可以直接由图 4.22 的下部推出: 乘积迁移系统[译注 36] 中不存在无限次通过形如 $\langle \cdot, q_1 \rangle$ 的状态的运行. 即, 迁移系统 PedTrLight 和 NBA $\mathcal{A}$ 没有共同的迹. 因此得到

$$\text{PedTrLight} \otimes \mathcal{A} \models \text{“终将总是 } \neg q_1\text{”}$$

进而得到 (预期的)

$$\text{PedTrLight} \models \text{“无限次绿灯”}$$

作为微调, 考虑为了节能可能自动关闭的步行交通灯. 为简单起见, 假设只是在红灯时关闭一段时间. 改造后的交通灯的迁移系统记为 PedTrLight$'$, 如图 4.23(a) 所示[译注 37].

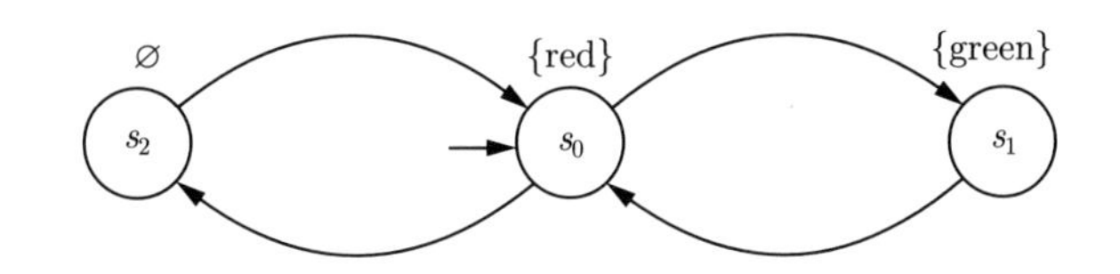

(a) 改造后的交通灯迁移系统

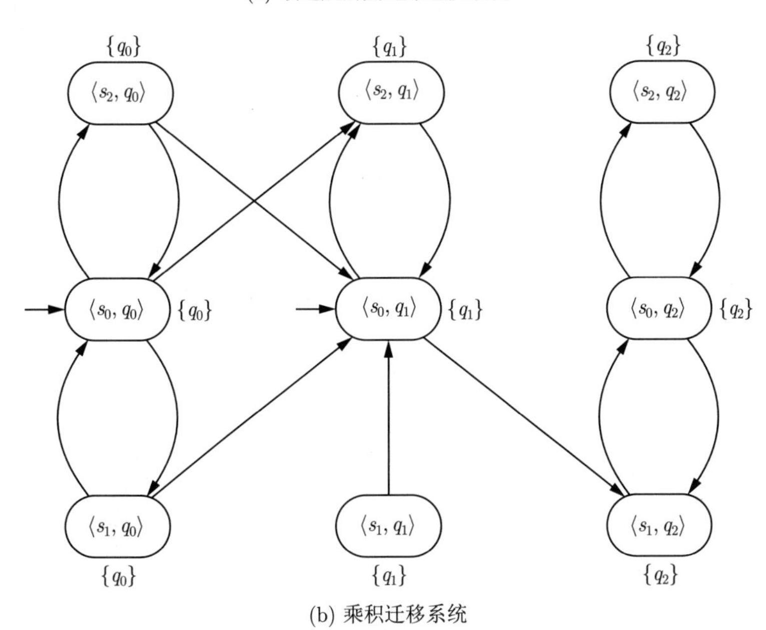

(b) 乘积迁移系统

图 4.23　改造后的交通灯迁移系统及其乘积迁移系统

显然, 该交通灯不能保证 P = "无限次绿灯" 的有效性[译注 38], 因为它 (可能在短时间后) 会呈现在红灯点亮与熄灭之间无限交替的运行. 可形式化地证明如下. 首先, 构造乘积迁移系统[译注 36], 见图 4.23 (b). 例如, 路径 $\langle s_0, q_0 \rangle (\langle s_2, q_1 \rangle \langle s_0, q_1 \rangle)^\omega$ 无限次通过 $\mathcal{A}$ 的接受状态 q_1 且生成迹

$$\{\text{red}\}\varnothing\{\text{red}\}\varnothing\{\text{red}\}\varnothing\cdots$$

即, $\text{Traces}(\text{PedTrLight}') \cap \mathcal{L}_\omega(\mathcal{A}) \neq \varnothing$, 而且因此

$$\text{PedTrLight}' \otimes \mathcal{A} \not\models \text{“终将总是 } \neg q_1\text{”}$$

因此,

$$\text{PedTrLight}' \not\models \text{“无限次绿灯”}$$

更具体地说, 生成迹

$$\text{trace}(\pi) = \{\text{red}\}\varnothing\{\text{red}\}\varnothing\{\text{red}\}\varnothing\cdots$$

的路径 $\pi = s_0 s_1 s_0 s_1 \cdots$ 在 $\mathcal{A}$ 中有一个接受运行 $q_0(q_1)^\omega$. ■

由定理 4.8 可知, 任意 ω 正则性质的检验问题都可以通过一类简单的 ω 正则活性性质 (即持久性质) 的检验算法解决. 后者的算法将在 4.4.2 节给出, 那里所考虑的迁移系统是最初的迁移系统与不期望发生的行为的 NBA 之积.

4.4.2 嵌套深度优先搜索

需要处理的下一个问题是对于给定的迁移系统 TS 如何确定

$$\text{TS} \not\models P_{\text{pers}}$$

是否成立, 其中 P_{pers} 是一个持久性质. 令 Φ 是基础命题公式, 它指出 "终将总是" 成立的状态条件.

下面的结果说明, 回答问题 "TS $\not\models P_{\text{pers}}$ 成立吗?" 等于检验 TS 是否存在在某条环路上的可达状态违反 Φ. 这可以直观地证明如下. 假设 s 可由 TS 中某个初始状态到达, 而且 $s \not\models \Phi$. 因为 s 是可达的, TS 有结束于 s 的初始路径片段. 如果 s 在一条环路上, 那么, 通过无限次穿过包含 s 的环路得到的无限路径使得该路径片段得以延续. 这样就能得到 TS 中的一条路径, 它无限次访问 $\neg\Phi$ 的状态 s. 因而, TS $\not\models P_{\text{pers}}$. 图 4.24 是一个例证, 其中展示了迁移系统的一个片段. 为简单起见, 其中省略了动作标记 (注意, 与不变式不同, 不在环路上的违反 Φ 的状态并不能导致违反 P_{pers}).

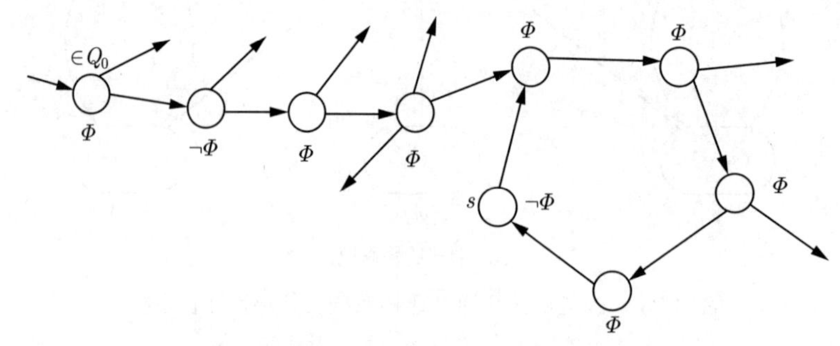

图 4.24 违反 "终将总是 Φ" 的运行的例子

检验是否 TS $\models P_{\text{pers}}$ 到环路检测问题的约简可由定理 4.9 形式化.

定理 4.9 持久性检验与环路检测

令 TS 是 AP 上没有终止状态的有限迁移系统, Φ 是 AP 上的命题公式, P_{pers} 是持久性质 "终将总是 Φ". 那么, 下面的叙述是等价的:

(a) $\text{TS} \not\models P_{\text{pers}}$.

(b) 存在属于环路的可达 $\neg\Phi$ 状态 s. 从形式上可表述为

$$\exists s \in \text{Reach(TS)}.\ s \not\models \Phi \wedge s \text{ 在 } G(\text{TS}) \text{ 的一条环路上}^{①}$$

在证明之前, 首先解释当 $\text{TS} \not\models P_{\text{pers}}$ 时如何得到错误迹象. 令 $\widehat{\pi} = u_0u_1 \cdots u_k$ 为由 TS 诱导的图 $G(\text{TS})$ 中的路, 并且 $k > 0$, $s = u_0 = u_k$. 假定 $s \not\models \Phi$. 即 $\widehat{\pi}$ 是 $G(\text{TS})$ 的一条环路并包含一个违反 Φ 的状态. 令 $s_0s_1s_2 \cdots s_n$ 是 TS 的初始路径片段, 且 $s_n = s$. 那么, 这个初始路径片段与环路的展开的连接

$$\pi = s_0s_1s_2 \cdots \underbrace{s_n}_{=s} u_1u_2 \cdots \underbrace{u_k}_{=s} u_1u_2 \cdots \underbrace{u_k}_{=s} \cdots$$

是 TS 的路径. 因为 π 无限次访问状态 $s \not\models \Phi$, 所以可得 π 不满足 "终将总是 Φ". 前缀

$$s_0s_1s_2 \cdots \underbrace{s_n}_{=s} u_1u_2 \cdots \underbrace{u_k}_{=s}$$

可以用于诊断反馈, 因为它说明 s 被无限次访问.

证明: 令 $\text{TS} = (S, \text{Act}, \rightarrow, I, \text{AP}, L)$[译注 39].

先证 (a) $\Rightarrow$ (b). 假定 $\text{TS} \not\models P_{\text{pers}}$, 即 TS 中存在路径 $\pi = s_0s_1s_2 \cdots$ 使得 $\text{trace}(\pi) \notin P_{\text{pers}}$. 因此, 存在无穷多个下标 i, 使得 $s_i \not\models \Phi$ 成立. 因为 TS 是有限的, 所以存在状态 s, $s = s_i \not\models \Phi$ 对无限多个 i 成立. 所以 s 出现在由初始状态开始的路径上, 所以有 $s \in \text{Reach(TS)}$. 环路 $\widehat{\pi}$ 由 π 的任意路径片段 $s_is_{i+1} \cdots s_{i+k}$ 得到, 其中 $s_i = s_{i+k} = s$ 且 $k > 0$.

再证 (b) $\Rightarrow$ (a). 令 s 和 $\widehat{\pi} = u_0u_1 \cdots u_k$, 如上所述, 即 $s \in \text{Reach(TS)}$, $\widehat{\pi}$ 为 TS 中的环路且 $s = u_0 = u_k$. 因为 $s \in \text{Reach(TS)}$, 所以存在初始状态 $s_0 \in I$ 和路径片段 $s_0s_1s_2 \cdots s_n$ 使 $s_n = s$. 那么,

$$\pi = s_0s_1s_2 \cdots \underbrace{s_n}_{=s} u_1u_2 \cdots \underbrace{u_k}_{=s} u_1u_2 \cdots \underbrace{u_k}_{=s} \cdots$$

是 TS 中的路径. 因为 $s \not\models \Phi$, 所以 π 不满足 "终将总是 Φ", 从而 $\text{TS} \not\models P_{\text{pers}}$. ■

例 4.22 再论步行交通灯

考虑在步行道口常见的简单交通灯的迁移系统模型 (见图 4.22) 和持久性质 "终将总是 $\neg q_1$", 其中 q_1 是 NBA $\mathcal{A}$ 的接受状态. 因为在乘积迁移系统中没有包含违反 $\neg q_1$ 的状态的可达环路, 即包含用 q_1 标记的状态环路, 因此

$$\text{PedTrLight} \otimes \mathcal{A} \models \text{“终将总是 } \neg q_1\text{”}$$

对于有可能自动关闭的交通灯, 可由乘积迁移系统 (见图 4.23 的下部) 直接推断: 有一个可达状态, 例如, $\langle s_2, q_1 \rangle \not\models \neg q_1$, 位于一条环路上. 因此:

$$\text{PedTrLight}' \otimes \mathcal{A} \not\models \text{“终将总是 } \neg q_1\text{”}$$ ■

① 前面讲过, $G(\text{TS})$ 表示 TS 的基础有向图.

因此, 有限迁移系统的持久性检验与 NBA 的空性检验需要同样的技术, 见 4.3.2 节. 事实上, 下面提出的算法也可用于 NBA 的空性检验.

朴素的深度优先搜索 由定理 4.9 可得: 为了检验持久性质的有效性, 只需要检验是否存在含有 $\neg\Phi$ 状态的可达环路. 如何检验这种可达环路? 一种可能性就是计算 $G(\mathrm{TS})$ 中的强连通分量 (Strongly Connected Components, SCC), 在最坏情况下, 这可在状态和迁移总数的线性时间内完成, 并检验这样一个 SCC 是否可由初始状态到达, 是否至少含一条边, 还有, 是否含有 $\neg\Phi$ 状态. 若这样的 SCC 确实存在, 则否定了 P_{pers}; 否则, 回答就是肯定的.

虽然基于 SCC 的技术关于渐进最坏时间复杂度是最佳的, 但是对于实时实现则显得过于复杂, 尚有不足. 对此, 单纯的环路检验算法更能胜任. 因此, 接下来将详述标准的基于 DFS 的环路检测算法.

首先回忆, 对于有限有向图 G 和节点 v, 如何由基于 DFS 的方法检验 v 是否属于一条环路. 为此, 可以简单地从节点 v 开始进行深度优先搜索, 而且对任意访问到的节点 w, 检验是否有从 w 到 v 的边. 若有, 就找到了一条环路: 它从 v 开始, 沿着当前堆栈内容给定的路径到达节点 w, 然后加上从 w 到 v 的边; 反之, 如果找不到这样的边, v 就不属于某条环路. 为了判定 G 是否有环路, 可以采用类似的技术: 运行深度优先搜索访问 G 的所有节点. 此外, 在查验从 w 到 v 的边的同时, 检验 v 是否已经被访问以及是否仍在 DFS 堆栈中. 若如此, 就发现了所谓的*后向边*, 它闭合一条环路; 反之, 若 G 中的 DFS 没发现这样的后向边, 则 G 是无环路的 (基于 DFS 环路检测技术的详述可在关于算法和数据结构的教科书中找到, 如文献 [100]).

现在, 用基于 DFS 的 (通过寻找后向边的) 环路检验进行持久性检验. 正如算法 4.2 展示的, 该朴素方法分为两步:

(1) 确定所有满足 $\neg\Phi$ 且可从初始状态到达的状态. 这由标准的深度优先搜索法完成.

(2) 对每一可达的 $\neg\Phi$ 状态 s, 检查它是否属于一条环路. 这个算法 (称为环路检测, 见算法 4.3) 依赖于上面已介绍的技术: 由 s 开始深度优先搜索 (DFS 堆栈 V 和已访问状态的集合 T 均为空) 并且检查所有从 s 可达的状态是否有一条指向 s 的后向边.

这样得到的是检验持久性质的有效性的最坏二次运行时间算法. 更确切地说, 它的时间复杂度是 $O(N\cdot(|\Phi|+N+M))$, 其中 N 是 TS 中可达状态的数目, M 是这些可达状态之间的迁移数目. 其推导过程如下. 访问从某个初始状态可达的所有状态的时间复杂度是 $O(N+M+N\cdot|\Phi|)$, 原因是在所有状态上的深度优先搜索就足够了, 只需检验每个可达状态对 Φ 的有效性 (假定它是 Φ 的大小的线性时间). 在最坏的情况下, 所有状态都否定 Φ, 并且对所有这种状态都要进行深度优先搜索 (过程 cycle_check), 其时间复杂度为 $O(N\cdot(M+N))$. 这样即可得出 $O(N\cdot(|\Phi|+N+M))$.

对以上技术进行一些简单修改就可能提高效率. 例如, 在把 s' 插入 $R_{\neg\Phi}$ 之前或之后一刻从过程 visit(s) 内部调用 cycle_check(s'), 这时, 若 cycle_check(s') 返回 true, 则整个持久性检验算法以回答 “否” 退出; 然而, 如果 $\neg\Phi$ 状态的环路检测算法依赖于分离的深度优先搜索, 最坏二次运行时间是不可避免的. 问题在于 TS 的某些片段可能从不同的 $\neg\Phi$ 状态到达. 在由若干 $\neg\Phi$ 状态调用的深度优先搜索 (过程 cycle_check) 中, 都要 (重复) 探索这些片段. 为了得到线性运行时间, 采用寻找指向 $\neg\Phi$ 状态之一的后向边的环路检测算法, 而且确保在环路检测的深度优先搜索中访问任何状态至多一次. 下面将对此进行解释.

算法 4.2　朴素的持久性检验

输入: 没有终止状态的有限迁移系统 TS 和命题 Φ

输出: 若 TS $\models$ “终将总是 Φ” 则为 “是”, 否则为 “否”

```
状态集合 R := ∅; R_¬Φ := ∅;                    (* 分别为可达与 ¬Φ 状态的集合 *)
状态堆栈 U := ε;                               (* 第一 DFS 的堆栈, 开始时为空 *)
状态集合 T := ∅;                               (* 环路检测已访问状态的集合 *)
状态堆栈 V := ε;                               (* 环路检测的 DFS 堆栈 *)
for all s ∈ I \ R do visit(s); od              (* 每一个未访问初始状态的 DFS *)
for all s ∈ R_¬Φ do
  T := ∅; V := ε;                              (* 初始化集合 T 和堆栈 V *)
  if cycle_check(s) then return "否"            (* s 属于一条环路 *)
od
return "是"                                     (* 所有 ¬Φ 状态都不属于一条环路 *)
```

```
procedure visit(state s)
  push(s,U);                                   (* s 入栈 *)
  R := R ∪ {s};                                (* 标记 s 为可达的 *)
  repeat
    s' := top(U);
    if Post(s') ⊆ R then
      pop(U);
      if s' ⊭ Φ then
        R_¬Φ := R_¬Φ ∪ {s'};
      fi
    else
      let s'' ∈ Post(s') \ R
      push(s'', U);
      R := R ∪ {s''}                           (* 状态 s'' 是一个新的可达状态 *)
    fi
  until (U = ε)
endproc
```

嵌套深度优先搜索算法　线性时间的基于环路检测的持久性检验算法的大致思想是: 在 TS 中以交错方式运行两个深度优先搜索算法, 第一个 (外部的) 算法用以发现所有可达的 $\neg\Phi$ 状态, 第二个 (内部的) 算法寻找指向 $\neg\Phi$ 状态的后向边. 内部深度优先搜索算法在下述意义下嵌套在外部深度优先搜索算法中: 一旦 $\neg\Phi$ 状态 s 被外部深度优先搜索算法完全展开, 内部深度优先搜索算法就从 s 继续并访问所有从状态 s 可达且之前在内部深度优先搜索算法中没被访问的状态 s'. 若内部深度优先搜索算法处理 s 时没有发现后向边, 则外部深度优先搜索算法继续进行, 直到完全展开下一个 $\neg\Phi$ 状态 t, 此时, 内部深度优先搜索算法从 t 继续进行.

算法 4.3 称为*嵌套深度优先搜索算法*. 算法 4.4 是外部深度优先搜索算法 (记为 reachable_cycle) 的伪代码, 它调用内部深度优先搜索 (cycle_check, 参见算法 4.3). 稍后将解释在外部深度优先搜索访问完 s 的所有后继之后立即调用 cycle_check(s) 是重要的. 算法 4.3 与算法 4.2 的主要不同在于 cycle_check(s) 重新利用了前面调用 cycle_check($\cdot$) 的信息而且忽略了 T 中所有状态. 当调用 cycle_check(s) 时, T 由内部深度优先搜索算法之前已访问过的所有状态 (即在 cycle_check(s) 之前调用的 cycle_check(u) 的执行期间访问的状态) 组成.

算法 4.3 环路检测

输入: 有限迁移系统 TS 及其满足 $s \not\models \Phi$ 的状态 s
输出: 若 s 位于 TS 的环路上则为 true, 否则为 false

```
(* T 组织已访问状态的集合, V 用作 DFS 堆栈                          *)
(* 用标准方法检验是否有到 s 的后向边                                 *)
(* T 和 V 的初值为空                                                 *)
procedure boolean cycle_check(state s)
  boolean cycle_found := false;                          (* 尚未发现环路 *)
  push(s, V);                                                (* s 入栈 *)
  T := T ∪ {s};
  repeat
    s' := top(V)                                    (* 取 V 的栈顶元素 *)
    if s ∈ Post(s') then
      cycle_found := true;                (* 若 s ∈ Post(s'), 则找到一条环路 *)
      push(s, V);                                            (* s 入栈 *)
    else
      if Post(s') \ T ≠ ∅ then
        let s'' ∈ Post(s') \ T;
        push(s'', V);                        (* 把 s' 的未访问后继压入堆栈 *)
        T := T ∪ {s''}                                 (* 把它标为可达的 *)
      else
        pop(V);                                   (* 对 s' 的环路搜索失败 *)
      fi
    fi
  until ((V = ε) ∨ cycle_found)
  return cycle_found
endproc
```

在此嵌套深度优先搜索算法中, 有意思的是: 一旦确定含有 $\neg\Phi$ 状态 s 的环路, 就很容易推算出到 s 的路径: 外部深度优先搜索算法的堆栈 U 含有从初始状态 $s_0 \in I$ 到 s 的 (逆序的) 路径片段, 而由过程 cycle_check($\cdot$) 维护的内部深度优先搜索算法的堆栈 V 包含由状态 s 到状态 s 的 (逆序的) 环路. 与定理 4.9 的证明之前描述的方法相同, 把这些路径片段连接起来就得到错误迹象.

算法 4.4 使用嵌套深度优先搜索的持久性检验

输入: 没有终止状态的有限系统 TS 和命题 Φ

输出: 若 TS $\models$ "终将总是 Φ" 则为 "是", 否则为 "否" 和反例

```
状态集合 R := ∅;                                  (* 外部 DFS 的已访问状态的集合 *)
状态堆栈 U := ε;                                  (* 外部 DFS 的堆栈 *)
状态集合 T := ∅;                                  (* 内部 DFS 的已访问状态的集合 *)
状态堆栈 V := ε;                                  (* 内部 DFS 的堆栈 *)
boolean cycle_found := false;

while (I \ R ≠ ∅ ∧ ¬cycle_found) do
 let s ∈ I \ R;                                   (* 外部 DFS 探索可达片段 *)
 reachable_cycle(s);
od
if (¬cycle_found) then
 return("是")                                     (* TS ⊨ "终将总是Φ" *)
else
 return("否", reverse(V.U))                       (* 堆栈内容产生反例 *)
fi
-----------------------------------------------------------------------------
procedure reachable_cycle(state s)
 push(s, U);                                      (* s 入栈 *)
 R := R ∪ {s};
 repeat
  s' := top(U)
  if Post(s') \ R ≠ ∅ then
   let s'' ∈ Post(s') \ R;
   push(s'', U);                                  (* s' 的未访问的后继入栈 *)
   R := R ∪ {s''};                                (* 并把它标为可达的 *)
  else
   pop(U);                                        (* 外部 DFS 对 s' 结束 *)
   if s' ⊭ Φ then
    cycle_found := cycle_check(s');               (* 对状态 s' 执行内部 DFS *)
   fi
  fi
 until ((U = ε) ∨ cycle_found)                    (* 外部 DFS 栈为空或有环路时停止 *)
endproc
```

例 4.23 运行嵌套深度优先搜索算法

考虑图 4.25 所示的迁移系统, 并假定 $s_0 \models \Phi$, $s_3 \models \Phi$, 而 $s_1 \not\models \Phi$, $s_2 \not\models \Phi$. 考虑下述情况, 把 s_2 看作 s_0 的第一个后继, 即, 在外部深度优先搜索中, s_2 在状态 s_1 之前考虑. 这就意味着算法 4.4 把状态放到堆栈 U 上的次序等于 $\langle s_1, s_3, s_2, s_0 \rangle$, 此处是从栈顶到栈底写出堆栈内容, 即 s_1 是栈顶元素 (最后压入栈的元素). 另外, 还有 $R = S$. 因此, 外部深度优先搜索算法把 s_1 当作 U 的栈顶元素并检测到 $\text{Post}(s_1) \subseteq R$. 由于 $s_1 \not\models \Phi$, 导致调用 cycle_check(s_1) 并且外部深度优先搜索算法把 s_1 从堆栈 U 中删除. 这就造成 s_1 被放到内

部深度优先搜索算法的堆栈 V 中, 最后就是其唯一后继 s_3. 最后就发现环路 $s_1 \to s_3 \to s_1$, cycle_check(s_1) 产生 true, reachable_cycle(s_0). 因此最终会停止并得出结论: Φ 上的 P_{pers} 不成立. 先连接 $V = \langle s_1, s_3, s_1 \rangle$ 和 $U = \langle s_3, s_2, s_0 \rangle$ 的内容, 然后反转次序就可得到错误迹象. 所得路径 $s_0 s_2 s_3 s_1 s_3 s_1$ 确实是否定 "终将总是 Φ" 的运行的前缀. ■

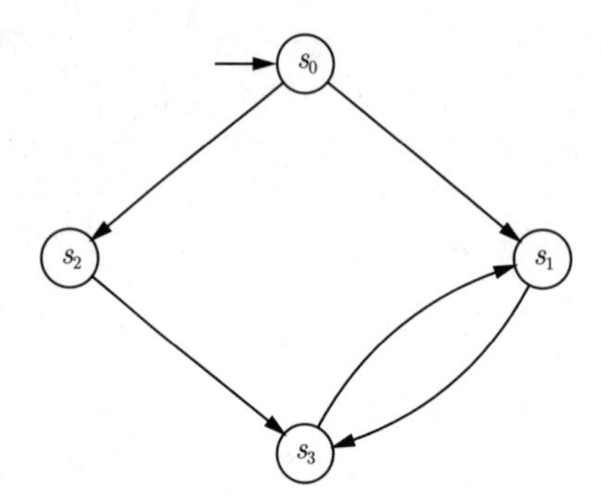

图 4.25 使用嵌套深度优先搜索算法的迁移系统的例子

嵌套深度优先搜索算法的可靠性不再是明显的, 这是因为, 通过把 T 当作全局变量的处理, cycle_check(s) 并非检查了所有从 s 可达的状态, 而只是检查了之前在内部深度优先搜索算法中未访问的状态. 因此, 我们也许会想到, 存在嵌套深度优先搜索算法未发现的含有 $\neg\Phi$ 状态的环路, cycle_check(u) 可能已经检查了这条环路, 而那时 u 并不属于这个或任意其他环路. 那么, 对 cycle_check($\cdot$) 的后续调用都不会发现这条环路. 现在的目标是证明这不可能发生, 即, 如果存在含有 $\neg\Phi$ 状态的可达环路, 那么, 嵌套深度优先搜索算法就会找到这样一条环路.

事实上, 事情远比它看上去要棘手得多. 在算法 4.4 中, $s \in \text{Reach(TS)}$ 且 $s \not\models \Phi$ 以合适的次序调用 cycle_check(s) 是重要的. 令 $s \not\models \Phi$. 那么, 只有当 $\text{Post}^*(s) \subseteq R$[译注 40] 时, 即, 当已遇到并已访问从 s 可达的所有状态时 ①, 才能调用 cycle_check(s). 所以, 在外部深度优先搜索算法中一旦访问和展开从 s 可达的所有状态, 就要立即调用 cycle_check(s). 因此, 算法 4.4 满足以下性质: 如果在外部深度优先搜索算法的访问次序中 s' 是 s 的后继, 并且 $s \not\models \Phi$, $s' \not\models \Phi$, 那么, 在调用 cycle_check(s) 之前调用 cycle_check(s').

例 4.24 *修改嵌套深度优先搜索算法*

现在举例说明如果外部和内部深度优先搜索算法随意交错, 嵌套深度优先搜索算法可能会出错. 再次考虑图 4.25 中的迁移系统. 从初始状态 s_0 开始执行外部深度优先搜索算法而且假定在状态 s_1 之前访问状态 s_2, 看看在外部深度优先搜索算法执行过程中如果不等到 s_2 完全展开就立即开始 cycle_check(s_2) 会发生什么. 那么, 因为没有指向 s_2 的后向边, 所以 cycle_check(s_2) 访问 s_3 和 s_1 并返回 false. 因此, cycle_check(s_2) 产生 $T = \{s_2, s_3, s_1\}$ (且 $V = \varepsilon$). 现在, 外部深度优先搜索算法继续并访问 s_3 和 s_1. 它调用没有发现环路 $s_1 s_3 s_1$ 的 cycle_check(s_1). 注意, 由于 $\text{Post}(s_1) = \{s_3\} \subseteq T = \{s_2, s_3, s_1\}$[译注 41], 所以 cycle_check($s_1$) 立即停止并且返回 false. 于是, 嵌套深度优先搜索算法将返回错误答案 "是". ■

① 对于外部深度优先搜索算法的递归方法, 这是深度优先搜索算法因 s 终止而调用的时刻.

定理 4.10 嵌套深度优先搜索算法的正确性

令 TS 是 AP 上没有终止状态的有限迁移系统, Φ 是 AP 上的命题公式, P_{pers} 表示持久性质 “终将总是 Φ”. 那么

$$\text{算法 4.4 返回答案 “否” 当且仅当 } TS \not\models P_{\text{pers}}$$

证明: 先证 $\Rightarrow$. 这由以下事实直接得到, 只有在遇到形如 $s_0 \cdots s \cdots s$ 的初始路径片段时才会得到答案 “否”, 其中 $s_0 \in I$ 且 $s \not\models \Phi$. 而后就有 TS $\not\models P_{\text{pers}}$.

再证 $\Leftarrow$. 为了证明这个方向, 首先证明下述条件成立:

在调用 cycle_check(s) 时, TS 中没有环路 $s'_0 s'_1 \cdots s'_k$ 使得

$$\{s'_0, s'_1, \cdots, s'_k\} \cap T \neq \varnothing \text{ 且 } s \in \{s'_0, s'_1, \cdots, s'_k\}$$

所以, 在调用 cycle_check(s) 时, 没有包含 s 和 T 中某个状态的环路. 以上命题保证在内部深度优先搜索算法中, 所有已经访问的 T 中的状态 (在早期环路检测中访问的状态) 可以在下一次环路搜索中安全地被忽略. 换言之, 若 s 属于一条环路, 则 cycle_check(s) 必定找到这样的环路. 用反证法证明以上命题. 考虑对 cycle_check(s) 的调用. 假定存在环路 $s'_0 s'_1 \cdots s'_k$ 满足

$$s'_0 = s'_k = s \text{ 且 } s \not\models \Phi \text{ 且 } \{s'_0, s'_1, \cdots, s'_k\} \cap T \neq \varnothing$$

不失一般性, 假定s是调用 cycle_check(s) 时这个条件成立的第一个状态. 更确切的假定如下:

对在调用 cycle_check(s) 之前已调用 cycle_check($\widehat{s}$) 并且 $\widehat{s} \not\models \Phi$ 的所有状态 $\widehat{s}$, 在调用 cycle_check($\widehat{s}$)[译注 42] 时不存在包含 $\widehat{s}$ 和 T 中某个状态的环路.

令 $t \in \{s'_0, s'_1, \cdots, s'_k\} \cap T$, 即 t 是包含状态 s 的环路上的状态. 因为在调用 cycle_check(s) 时 $t \in T$, 所以必有一个状态, 例如 u, 对此状态, cycle_check(u)[译注 43] 被较早调用, 而且在此搜索过程中已遇到 t (并被添加到 T 中). 因此, 有 $u \not\models \Phi$ 和下面两个条件:

(1) 调用 cycle_check(u) 早于调用 cycle_check(s).

(2) 作为 cycle_check(u) 的结果, 遇到 t 并被添加到 T 中.

显然, 由条件 (2) 得状态 t 可从 u 到达. 因为状态 s 和 t 在一条环路上, 而且状态 t 可从 u 到达, 所以状态 s 可从 u 到达. 图 4.26 是此情形的简图.

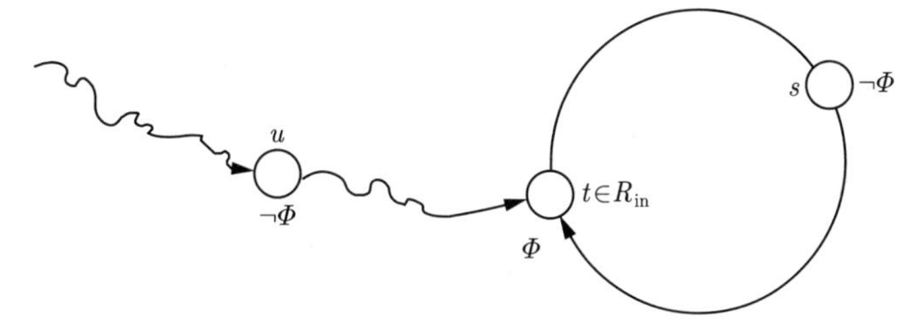

图 4.26 状态 s 可从 u 到达的情形的简图

现在考虑外部深度优先搜索算法, 即 reachable_cycle($\cdot$), 并且讨论下面两种情况:

(1) 外部深度优先搜索算法在 s 之前访问 u, 即 s 在 u 之后进入堆栈 U. 因为 s 从 u 可达, 外部深度优先搜索算法在展开 u 的过程中访问状态 s, 并且在 u 之前从堆栈 U 取出. 因此, 在 cycle_check(u) 之前调用 cycle_check(s), 这与上面的条件 (1) 矛盾.

(2) 外部深度优先搜索算法在 s 之后访问 u, 即 s 在 u 之前进入堆栈 U. 由上面的条件 (1) 可知, 当调用 cycle_check(u) 时, s 仍然在堆栈 U 内. 这说明从 s 可达 u. 但是因为 s 可从 u 到达, 这就意味着 s 和 u 位于一条环路上. 由上面的假定可知, 在调用 cycle_check(u) 期间已经遇到这条环路或另一条含有状态 u 的环路, 并且算法 4.4 已经终止而未调用 cycle_check(s). ■

接下来讨论嵌套深度优先搜索算法的复杂度. 因为 T 在执行深度优先搜索算法时是增加的 (即, 在 T 中加入状态, 但从未取出), 当遍历 cycle_check($\cdot$) 的所有调用时, 内部深度优先搜索算法访问 TS 的任一状态至多一次. 这对外部深度优先搜索算法也是成立的, 因为它大致是一个标准的深度优先搜索算法. 因此, 对 TS 中每一个可达状态 s':

- 在外部深度优先搜索算法中至多一次 [①] 是堆栈 U 的栈顶元素.
- (当遍历 cycle_check 的所有调用时) 在内部深度优先搜索算法中至多一次是堆栈 V 的栈顶元素.

特别地, 这一发现还可得到算法 4.4 可终止的结论. 对于 cycle_check (内部深度优先搜索算法) 和 reachable_cycle (外部深度优先搜索算法) 中的循环体, 栈顶元素 s' 引起的开销是 $O(|\text{Post}(s')|)$. 因此, 算法 4.4 的最坏时间复杂度关于 TS 的可达片段的大小是线性的, 但是当发现环路时就有机会提前终止. 在定理 4.11 中也考虑到 Φ 可能是一个复杂公式, 而且对给定状态 (通过其标记) 求 Φ 的真值需要 $O(|\Phi|)$ 步.

定理 4.11　持久性检验的时间复杂度

算法 4.4 的最坏时间复杂度在 $O((N+M)+N\cdot|\Phi|)$ 内, 其中 N 是可达状态数, M 是可达状态之间的迁移数. ■

算法 4.4 的空间复杂度的上界是 $O(|S|+|\rightarrow|)$, 其中 S 是 TS 的状态空间而 $|\rightarrow|$ 是 TS 的迁移数. 如果假定 TS 由邻接列表表示, 这个界限是足够的. 然而, 在模型检验的背景下, 通常不是开始于复合迁移系统的明确表示, 而是并发进程的句法描述, 例如通过带有程序图或者通道系统语义的高级建模语言. 这样的句法描述通常要比所得迁移系统小很多 (前面讲过在并行合成和程序图展开为迁移系统时出现的状态空间爆炸问题, 见 2.3 节及以后). 在持久性检验算法中, 可假定 Post(s') 的元素由迁移关系的语义规则实时产生. 忽略进程的句法描述需要的空间, 已呈现的持久性检验为集合 T 和 R 以及堆栈 U 和 V 额外要求的空间为 $O(N)$, 其中 N 是 TS 中可达状态数. 事实上, 当实现嵌套深度优先搜索算法并在大型实例上运行它时, T 和 R 的表示是 (空间) 最关键的方面. 通常通过用适当的哈希技术组织 T 和 R. 事实上, T 和 R 甚至可用单个哈希表来表示, 其中元素是 $b\in\{0,1\}$ 的 $\langle s,b\rangle$ 对. $\langle s,0\rangle$ 的含义是 s 在 R 中但不在 T 中 (即, 外部深度优先搜索算法已访问 s, 但内部深度优先搜索算法尚未访问它); $\langle s,1\rangle$ 意为外部和内部深度优先搜索算法均已访问 s. 单个二进制位 b 足以覆盖所有可能的情况, 因为 T 总是 R 的子集.

在持久性质不成立的情况下, 另一简单观察可使嵌套深度优先搜索算法加速: 一旦内部深度优先搜索算法 cycle_check(s) 到达位于 (外部深度优先搜索算法的) 堆栈 U 中的状态 t, 那么 U 的上部产生从 t 到 s 的路径片段, 同时内部深度优先搜索算法的堆栈 V 的内容描述了从 s 到 t 的路径片段. 由此可找到一个无限多次访问 s 的环路, 而且嵌套深度优

① 如果算法 4.4 不以答案 “否” 退出, 就恰好是一次.

先搜索算法可用此反例退出. 为了支持检验状态 t 是否包含于堆栈 U 中, 可给表示 T 和 R 的哈希表的元素增加另一个二进制位, 即要处理三元组 $\langle s, b, c\rangle$ 的哈希表. 其中, $s \in R$; 而 $b, c \in \{0, 1\}$, 依赖于 s 是否在 T 中 (若是, 则 $b = 1$) 和 s 是否在 U 中 (若是, 则 $c = 1$). 这样就得到了算法 4.4 的轻微变体, 它常常比原算法更快, 生成的反例更小.

4.5　总　　结

- NFA 和 DFA 是正则语言的等价的自动机模型, 并可表示正则安全性质的坏前缀.
- 检验有限迁移系统上的正则安全性质可以通过检验乘积迁移系统[译注 36] 上的一个不变式解决, 因此相当于求解可达性问题.
- ω 正则语言是可以由 ω 正则表达式描述的无限单词的语言.
- NBA 是无限单词的接受器. 它的语法与 NFA 相同. NBA 的接受语言是符合下述条件的所有无限单词的集合: 这些单词都存在无限次经过接受状态的运行.
- NBA 可用于表示 ω 正则性质.
- 可被 NBA 识别的语言类与 ω 正则语言类相等.
- DBA 的表达能力不如 NBA, 例如, 它不能表示持久性质 “终将总是 a”.
- 除了要求对几个接受集合的重复访问以外, 广义 NBA 与 NBA 的定义相同. 它们的表达能力也相同.
- 检验有限迁移系统 TS 上的 ω 正则性质 P 可以约简为在 TS 和不期望行为 (即补性质 $\overline{P}$) 的 NBA 的乘积中检验持久性质 “终将总是没有接受状态”.
- 持久性检验要求检验存在包含违反持久性条件的状态的可达环路. 这可由嵌套深度优先搜索算法 (或者通过分析强连通分支) 在线性时间内解决. 这对于 NBA 的非空问题同样成立, 它可归结为检验包含接受状态的可达环路的存在性.
- 嵌套深度优先搜索算法包含两个深度优先搜索算法的交错: 一个是为了遇到可达状态, 另一个是为了探测环路.

4.6　文献说明

有限自动机和正则语言. 关于有限自动机的首批论文由 Huffman [217]、Mealy [291] 和 Moore [303] 发表于 20 世纪 50 年代, 他们利用确定的有限自动机表示时序电路. 正则表达式和它们与有限自动机的等价性可以追溯到 Kleene [240]. Rabin 和 Scott [350] 提出了关于有限自动机的多种算法, 包括幂集构造法. 极小 DFA 的存在性依赖于 Myhill [309] 和 Nerode [313] 的结果. 在 4.1 节的末尾提到的 $O(N \log_2 N)$ 极小化算法由 Hopcroft [213] 给出. 关于有限自动机的其他算法、此处简述的技术的细节以及正则语言的其他方面请参考教科书 [214, 272, 363, 383] 及其引用的文献.

无限单词上的自动机. 关于无限单词 (以及树) 上的自动机的研究始于 20 世纪 60 年代 Büchi [73]、Trakhenbrot [392] 和 Rabin [351] 在数理逻辑的判定问题方面的工作. 同时, Muller [307] 在异步电路的语境中研究了一种特殊类型的确定 ω 自动机 (现在称为 Muller

自动机). McNaughton [290] 证明了 Büchi 自动机和 ω 正则表达式的等价性. 他还通过引入另一个接受条件建立了 NBA 和确定 Muller 自动机 [307] 之间的联系, Rabin 后来形式化了这个条件 (所得 ω 自动机类型现在被称为 Rabin 自动机). Safra [361] 提出了从 NBA 到确定 Rabin 自动机的另一种变换. 与 Büchi 自动机不同, Muller 自动机和 Rabin 自动机的未定和确定版本具有相同的表达能力并且可得 ω 正则语言的自动机特征. 这对后来出现的其他类型的 ω 自动机也成立, 例如 Streett 自动机 [382] 或带有奇偶条件的自动机 [305].

从确定自动机表示很容易推出 (本章曾提及而未证明的) ω 正则语言关于补是封闭的. 定理 4.6 的证明沿用了 Peled 的著作 [327] 中给出的表示. Landweber [261]、后来的 Emerson 和 Lei [143] 以及 Sistla、Vardi 和 Wolper [373] 处理了许多 ω 自动机的判定问题. 关于无限单词上的自动机的综述、ω 自动机的不同类之间的变换、补运算符和 ω 自动机的其他算法等请参见 Choueka [81]、Kaminsky [229]、Staiger [376] 以及 Thomas [390,391] 的著作教学笔记 [174] 提供了 ω 自动机的一些主要概念和最新结果的极好综述.

自动机和线性时间性质. 用 Büchi 自动机表示和验证线性时间性质要追溯到 Vardi 和 Wolper [411,412], 他们研究了线性时态逻辑和 Büchi 自动机之间的联系. Lichtenstein、Pnueli 和 Zuck [274] 以及 Kurshan [250] 等独立发展了使用类似的自动机模型的方法. Kupferman 和 Vardi [249] 描述了 (正则) 安全性质的验证. 持久性概念由 Manna 和 Pnueli [282] 引入, 他们提供了时序性质的层次. 嵌套深度优先算法 (见算法 4.4) 始于 Courcoubetis 等人 [102], 而且它在模型检验器 SPIN 中的实现已由 Holzmann、Peled 和 Yannakakis [212] 报告. Dill [132] 开发了专门验证安全性质的 Murφ 验证器. 一些作者提出了嵌套深度优先搜索算法的变体, 见文献 [106, 161, 163, 368] 等. 文献 [102, 107, 184, 388] 讨论了处理广义 Büchi 条件 (即 Büchi 条件的合取) 的方法. 嵌套深度优先搜索算法的更多实现细节可在 Holzman 的著作 [209] 中找到.

4.7 习　　题

习题 4.1　令 $AP = \{a, b, c\}$. 考虑下面的 LT 性质:

(a) 如果 a 变为有效, 此后 b 保持永久有效或者直到 c 成立.

(b) a 的两次相邻出现之间, b 总是成立.

(c) a 的两次相邻出现之间, b 出现的次数比 c 出现的次数多.

(d) $a \wedge \neg b$ 和 $b \wedge \neg a$ 交替有效或者直到 c 变为有效.

对每个性质 P_i $(1 \leqslant i \leqslant 4)$, 判断它是否为正则安全性质, 并证明你的答案. 若是, 则要定义 NFA $\mathcal{A}_i$ 使 $\mathcal{L}(\mathcal{A}_i) = \text{BadPref}(P_i)$.

(*提示: 可以用集合 AP 上的命题公式作为迁移标记.*)

习题 4.2　令 $n \geqslant 1$. 考虑字母表 $\Sigma = \{A, B\}$ 上的语言 $\mathcal{L}_n \subseteq \Sigma^*$, 它由从右数第 n 个位置是符号 B 的所有有限单词组成, 即, $\mathcal{L}$ 仅包含这样的单词 $A_1, A_2, \cdots, A_k \in \{A, B\}^*$, 其中 $k \geqslant n$ 并且 $A_{k-n+1} = B$. 例如, 单词 $ABBAABAB$ 在 $\mathcal{L}_3$ 内.

(a) 构造一个至多有 $n + 1$ 个状态且满足 $\mathcal{L}(\mathcal{A}_n) = \mathcal{L}_n$ 的 NFA $\mathcal{A}_n$.

(b) 利用幂集构造算法使这个 NFA $\mathcal{A}_n$ 确定化.

习题 4.3　考虑两个进程的以信号互斥的迁移系统 TS_{Sem} (见例 2.10) 和 Peterson 算法的迁移系统 TS_{Pet} (见例 2.11).

(a) 令 P_{safe} 是正则安全性质 "进程 1 总不从它的非关键节段直接进入它的关键节段" (即进程 1 进入关键节段之前必须位于等待位置) 并且 $AP = \{wait_1, crit_1\}$.

　(i) 绘图表示 P_{safe} 的极小坏前缀的 NFA.

　(ii) 用 4.2 节中的算法验证 $TS_{Sem} \models P_{safe}$.

(b) 令 P_{safe} 是安全性质 "进程 1 总不从 $x = 2$ 的状态进入其关键节段" 并且 $AP = \{crit_1, x = 2\}$.

　(i) 绘图表示 P_{safe} 的极小坏前缀的 NFA.

　(ii) 用 4.2 节中的算法验证 $TS_{Pet} \not\models P_{safe}$. 由算法返回的反例是什么?

习题 4.4　令 P_{safe} 是安全性质. 证真或证伪下述命题:

(a) 若 $\mathcal{L}$ 是满足 $\text{MinBadPref}(P_{safe}) \subseteq \mathcal{L} \subseteq \text{BadPref}(P_{safe})$ 的正则语言, 则 P_{safe} 是正则的.

(b) 若 P_{safe} 是正则的, 则满足 $\text{MinBadPref}(P_{safe}) \subseteq \mathcal{L} \subseteq \text{BadPref}(P_{safe})$ 的任意 $\mathcal{L}$ 是正则的.

习题 4.5　令 $AP = \{a, b, c\}$. 考虑图 4.27 所示的 (字母表 2^{AP} 上的) NFA $\mathcal{A}$ 和迁移系统 TS:

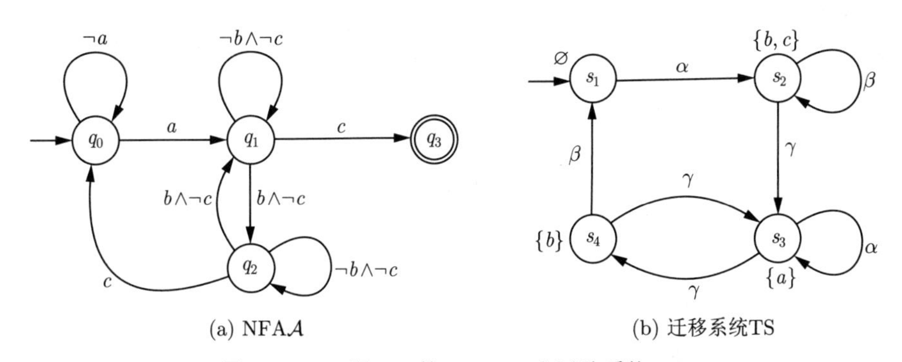

图 4.27　习题 4.5 的 NFA $\mathcal{A}$ 和迁移系统 TS

构造迁移系统和 NFA 的乘积 $TS \otimes \mathcal{A}$.

习题 4.6　考虑图 4.28 所示的迁移系统 TS

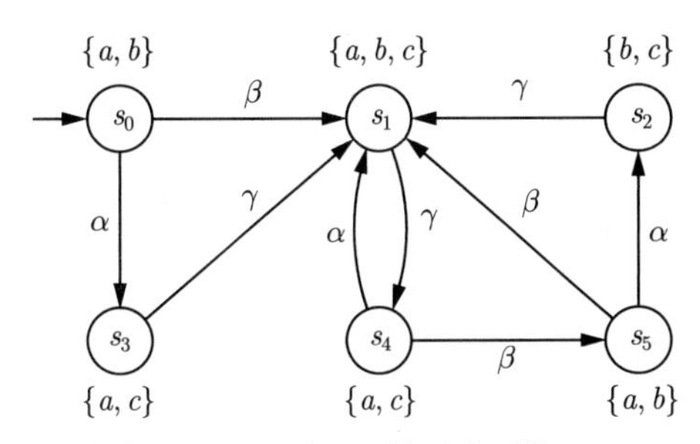

图 4.28　习题 4.6 的迁移系统 TS

和正则安全性质

$$P_{\text{safe}} = \begin{array}{l}\text{“总是如果 } a \text{ 有效并且 } b \wedge \neg c \text{ 此前曾经有效,}\\ \text{那么此后 } a \text{ 和 } b \text{ 不成立至少直到 } c \text{ 成立”}\end{array}$$

作为例子, 以下成立:

$$\begin{array}{ll}\{b\}\varnothing\{a,b\}\{a,b,c\} & \in \text{pref}(P_{\text{safe}})\\ \{a,b\}\{a,b\}\varnothing\{b,c\} & \in \text{pref}(P_{\text{safe}})\\ \{b\}\{a,c\}\{a\}\{a,b,c\} & \in \text{BadPref}(P_{\text{safe}})\\ \{b\}\{a,c\}\{a,c\}\{a\} & \in \text{BadPref}(P_{\text{safe}})\end{array}$$

(a) 定义一个满足 $\mathcal{L}(\mathcal{A}) = \text{MinBadPref}(P_{\text{safe}})$ 的 NFA $\mathcal{A}$.

(b) 利用 $\text{TS} \otimes \mathcal{A}$ 构造判断是否有 $\text{TS} \models P_{\text{safe}}$.
若 $\text{TS} \not\models P_{\text{safe}}$, 则提供反例.

习题 4.7 证真或证伪下列 ω 正则表达式的等价性:

(a) $(E_1 + E_2).F^\omega \equiv E_1.F^\omega + E_2.F^\omega$.

(b) $E.(F_1 + F_2)^\omega \equiv E.F_1^\omega + E.F_2^\omega$.

(c) $E.(F.F^*)^\omega \equiv E.F^\omega$.

(d) $(E^*.F)^\omega \equiv E^*.F^\omega$.

其中 E、E_1、E_2、F、F_1、F_2 是满足 $\varepsilon \notin \mathcal{L}(F) \cup \mathcal{L}(F_1) \cup \mathcal{L}(F_2)$ 的任意正则表达式.

习题 4.8 广义 ω 正则表达式是由符号 $\underline{\varnothing}$ (表示空语言)、$\underline{\varepsilon}$ (表示由空单词构成的语言 $\{\varepsilon\}$)、$A \in \Sigma$ 的符号 $\underline{A}$ (表示单点集合 $\{A\}$) 以及语言运算符 “+” (并)、“.” (连接)、“$*$” (有限次重复) 和 “ω” (无限次重复) 构造的. 广义 ω 正则表达式 G 的语义是语言 $\mathcal{L}_g(\mathcal{G}) \subseteq \Sigma^* \cup \Sigma^\omega$, 它定义为

- $\mathcal{L}_g(\underline{\varnothing}) = \varnothing$, $\mathcal{L}_g(\underline{\varepsilon}) = \{\varepsilon\}$, $\mathcal{L}_g(\underline{A}) = \{A\}$.
- $\mathcal{L}_g(G_1 + G_2) = \mathcal{L}_g(G_1) \cup \mathcal{L}_g(G_2)$ 和 $\mathcal{L}_g(G_1.G_2) = \mathcal{L}_g(G_1).\mathcal{L}_g(G_2)$.
- $\mathcal{L}_g(G^*) = \mathcal{L}_g(G)^*$ 和 $\mathcal{L}_g(G^\omega) = \mathcal{L}_g(G)^\omega$.

若 $L_g(G) = L_g(G')$, 则称两个广义 ω 正则表达式 G 和 G' 是等价的.

证明, 每个广义 ω 正则表达式 G 都存在一个形为

$$G' = E + E_1.F_1^\omega + E_2.F_2^\omega + \cdots + E_n.F_n^\omega$$ [译注 44]

的等价广义 ω 正则表达式 G', 其中 $E, E_1, E_2, \cdots, E_n$, $F, F_1, F_2, \cdots, F_n$ 是正则表达式并且 $\varepsilon \notin \mathcal{L}(F_i), i = 1, 2, \cdots, n$.

习题 4.9 令 $\Sigma = \{A, B\}$. 构造一个 NBA $\mathcal{A}$, 它接受 Σ 上的满足以下条件的无限单词 σ 的集合: A 无限次出现在 σ 中, 而且在任意两个连续的 A 之间 B 都出现奇数次.

习题 4.10 令 $\Sigma = \{A, B, C\}$ 是一个字母表.

(a) 构造一个 NBA $\mathcal{A}$, 它仅接受 Σ 上满足以下条件的无限单词 σ: A 无限次出现在 σ 中, 而且在任意两个连续的 A 之间 B 或 C 出现奇数次. 此外, 在任意两个连续 A 之间或者只允许 B, 或者只允许 C. 即, 接受单词应有以下形式:

$$wAv_1Av_2Av_3\cdots$$

其中 $w \in \{B,C\}^*$, 且 $\forall i > 0$, $v_i \in \{B^{2k+1} \mid k \geqslant 0\} \cup \{C^{2k+1} \mid k \geqslant 0\}$. 再给出此语言的 ω 正则表达式.

(b) 任意接受单词只包含有限个 C, 对此重复问题 (a).

(c) 修改你在问题 (a) 中给出的自动机, 使得任意两个连续 A 之间出现集合 $\{B,C\}$ 中的奇数个符号.

(d) 要求任意两个连续的 A 之间 B 和 C 都必须出现奇数次, 完成与问题 (c) 同样的练习.

习题 4.11　画图表示由 ω 正则表达式

$$(AB+C)^*((AA+B)C)^\omega + (A^*C)^\omega$$

描述的语言的 NBA.

习题 4.12　考虑图 4.29 所示的字母表 $\{A,B,C\}$ 上的两个 NBA.

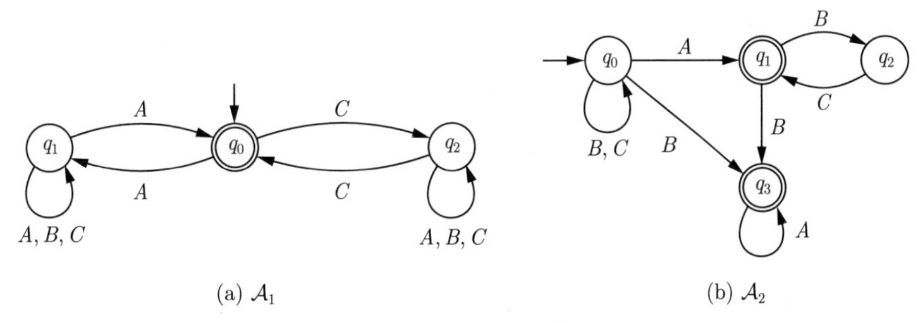

(a) $\mathcal{A}_1$　　(b) $\mathcal{A}_2$

图 4.29　习题 4.12 的两个 NBA

找出 $\mathcal{A}_1$ 和 $\mathcal{A}_2$ 接受语言的 ω 正则表达式.

习题 4.13　考虑图 4.30 所示的两个 NFA.

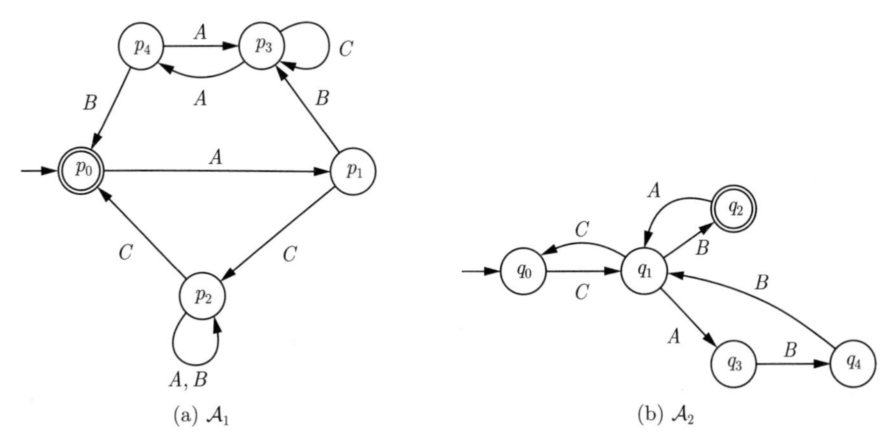

(a) $\mathcal{A}_1$　　(b) $\mathcal{A}_2$

图 4.30　习题 4.13 的两个 NFA

构造语言 $\mathcal{L}(\mathcal{A}_1).\mathcal{L}(\mathcal{A}_2)^\omega$ 的 NBA.

习题 4.14　令 $\mathrm{AP} = \{a,b\}$. 给出由满足

$$\overset{\infty}{\exists} j \geqslant 0.\,(a \in A_j \wedge b \in A_j) \text{ 且 } \exists j \geqslant 0.\,(a \in A_j \wedge b \notin A_j)$$

的无限单词 $A_0A_1A_2\cdots \in (2^{\mathrm{AP}})^{\omega}$ [译注 45] 组成的 LT 性质的 NBA. 为 $\mathcal{L}_\omega(\mathcal{A})$ 提供一个 ω 正则表达式.

习题 4.15 令 $\mathrm{AP}=\{a,b,c\}$. 画出一个 NBA, 它表示的 LT 性质由满足

$$\forall j \geqslant 0.\,(A_{2j} \models (a \vee (b \wedge c))$$

的无限单词 $A_0A_1A_2\cdots \in (2^{\mathrm{AP}})^{\omega}$[译注 45] 组成. 前面讲过, $A \models (a \vee (b \wedge c))$ 表示 $a \in A$ 或 $\{b,c\} \subseteq A$, 即, $A \in \{\{a\},\{b,c\},\{a,b,c\}\}$.

习题 4.16 考虑图 4.31 中描绘的 NBA $\mathcal{A}_1$ 和 $\mathcal{A}_2$. 证明 (看作 NFA 的) $\mathcal{A}_1$ 和 $\mathcal{A}_2$ 上的幂集构造产生相同的确定自动机, 但 $\mathcal{L}_\omega(\mathcal{A}_1) \neq \mathcal{L}_\omega(\mathcal{A}_2)$. (本习题源自文献 [408].)

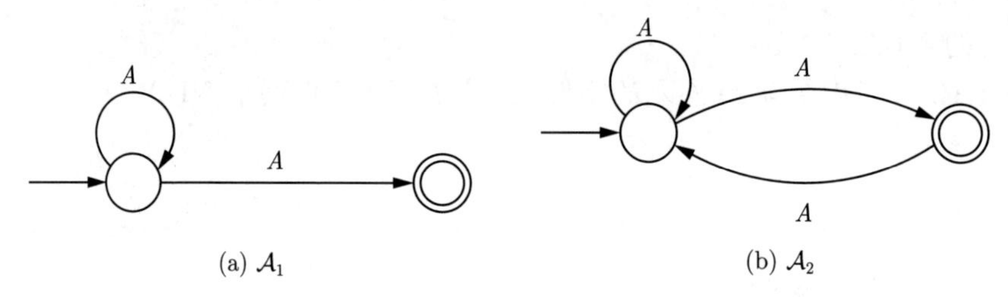

图 4.31 习题 4.16 的 NBA$\mathcal{A}_1$ 和 $\mathcal{A}_2$

习题 4.17 考虑图 4.32 所示的字母表 $\Sigma=2^{\mathrm{AP}}$ 上的 NBA $\mathcal{A}$[译注 46], 其中 $\mathrm{AP}=\{a_1,a_2,\cdots,a_n\}$, $n>0$.

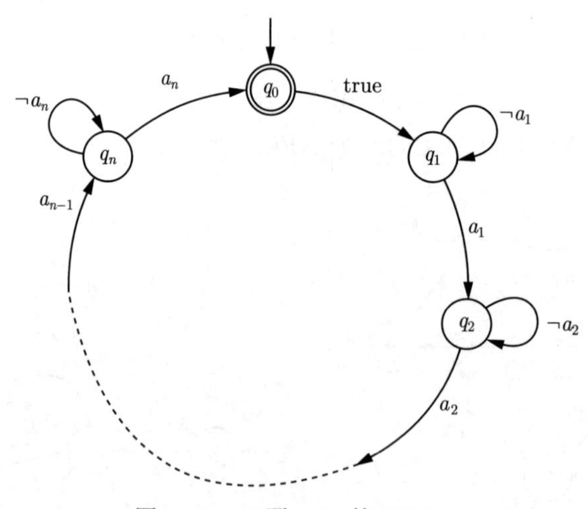

图 4.32 习题 4.17 的 NBA$\mathcal{A}$

(a) 确定接受语言 $\mathcal{L}_\omega(\mathcal{A})$.

(b) 证明不存在满足 $\mathcal{L}_\omega(\mathcal{A})=\mathcal{L}_\omega(\mathcal{A}')$ 且少于 n 个状态的 NBA $\mathcal{A}'$.

(本习题源自文献 [149].)

习题 4.18 给出关于 AP 上的正则安全性质 P_{safe} 及其坏前缀的 NFA $\mathcal{A}$ 的例子, 使得若把 $\mathcal{A}$ 看作 NBA 则

$$\mathcal{L}_\omega(\mathcal{A}) \neq (2^{\mathrm{AP}})^{\omega} \setminus P_{\mathrm{safe}}$$

习题 4.19　给出一个非 ω 正则的活性性质的例子. 证明你的答案.

习题 4.20　是否存在接受由 ω 正则表达式 $(A+B)^*(AB+BA)^\omega$ 描述的语言的 DBA? 证明你的答案.

习题 4.21　提供一个可由 DBA 识别并满足下面两个条件的 ω 正则语言 $\mathcal{L}=\mathcal{L}_k$ 的例子:

(a) 存在 NBA $\mathcal{A}$ 满足 $|\mathcal{A}|=O(k)$ 和 $\mathcal{L}_\omega(\mathcal{A})=\mathcal{L}$.

(b) $\mathcal{L}$ 的每一 DBA $\mathcal{A}'$ 的大小都是 $|\mathcal{A}'|=\Omega(2^k)$.

提示: 用以下结论容易回答此问题. 表达式 $(A+B)^*B(A+B)^k$ 的正则语言可由大小为 $O(k)$ 的 NFA 识别, 而任意 DFA 有 $\Omega(2^k)$ 个状态.

习题 4.22　证明 DBA 接受语言的类关于补运算不是封闭的.

习题 4.23　证明 DBA 接受语言的类关于并运算是封闭的. 为此, 证明下面更强的结论: 令 $\mathcal{A}_1$ 和 $\mathcal{A}_2$ 均为字母表 Σ 上的 DBA. 证明存在满足 $|\mathcal{A}|=O(|\mathcal{A}_1|\cdot|\mathcal{A}_2|)$ 且 $\mathcal{L}_\omega(\mathcal{A})=\mathcal{L}_\omega(\mathcal{A}_1)\cup\mathcal{L}_\omega(\mathcal{A}_2)$ 的 DBA $\mathcal{A}$.

习题 4.24　考虑图 4.33 所示的 GNBA, 其接受集为 $F_1=\{q_1\}$ 和 $F_2=\{q_2\}$. 构造一个等价的 NBA.

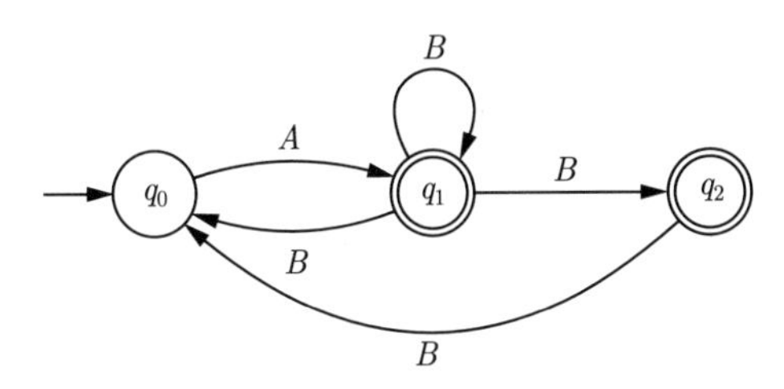

图 4.33　习题 4.24 的 GNBA

习题 4.25　给出表达式 $(AC+B)^*B^\omega$ 和 $(B^*AC)^\omega$ 的语言的 NBA $\mathcal{A}_1$ 和 $\mathcal{A}_2$, 并用乘积构造获取满足 $\mathcal{L}_\omega(\mathcal{G})=\mathcal{L}_\omega(\mathcal{A}_1)\cap\mathcal{L}_\omega(\mathcal{A}_2)$ 的 GNBA $\mathcal{G}$. 证明 $\mathcal{L}_\omega(\mathcal{G})=\varnothing$.

习题 4.26　未定 Muller 自动机是一个五元组 $\mathcal{A}=(Q,\Sigma,\delta,Q_0,\mathcal{F})$, 其中 Q、Σ、δ、Q_0 的定义与 NBA 相同, 并且 $\mathcal{F}\subseteq 2^Q$. 对于 $\mathcal{A}$ 的无限运行 ρ, 令 $\lim(\rho):=\left\{q\in Q \mid \overset{\infty}{\exists} i\geqslant 0.\ \rho[i]=q\right\}$. 令 $\alpha\in\Sigma^\omega$.

$$\mathcal{A}\text{ 接受 }\alpha \iff \text{存在 }\mathcal{A}\text{ 关于 }\alpha\text{ 的无限运行 }\rho\text{ 使得 }\lim(\rho)\in\mathcal{F}$$

(a) 考虑图 4.34 所示的 Muller 自动机 $\mathcal{A}$, 其中 $\mathcal{F}=\{\{q_2,q_3\},\{q_1,q_3\},\{q_0,q_2\}\}$.

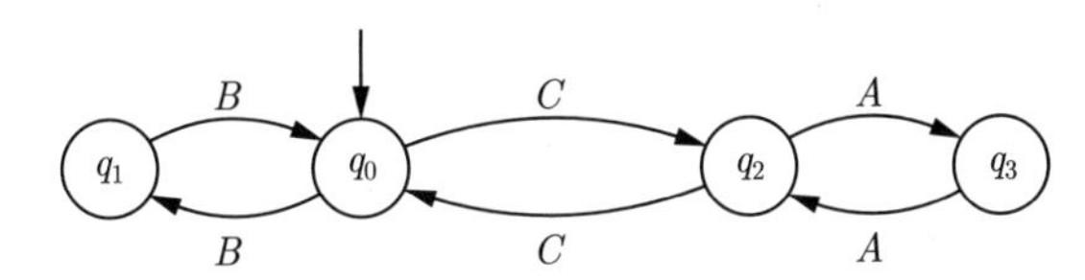

图 4.34　习题 4.26 的 Muller 自动机 $\mathcal{A}$

用 ω 正则表达式定义被 $\mathcal{A}$ 接受的语言.

(b) 证明: 通过定义相应的变换, 每一 GNBA $\mathcal{G}$ 都可变换为满足 $\mathcal{L}_\omega(\mathcal{A})=\mathcal{L}_\omega(\mathcal{G})$ 的未定 Muller 自动机 $\mathcal{A}$.

习题 4.27 考虑分别用信号和 Peterson 算法互斥的迁移系统 TS_{Sem} 和 TS_{Pet}. 令 P_{live} 是 $AP = \{wait_1, crit_1\}$ 上的如下 ω 正则性质:

"只要进程 1 处于等待位置, 它终将进入关键节段"

(a) 画图表示 P_{live} 的 NBA 及补性质 $\overline{P}_{live} = (2^{AP})^\omega \setminus P_{live}$ 的 NBA $\overline{\mathcal{A}}$.

(b) 用 4.4 节中说明的技术证明 $TS_{Sem} \not\models P_{live}$:

  (i) 用图表示乘积 $TS_{Sem} \otimes \overline{\mathcal{A}}$ 的可达片段.

  (ii) 在 $TS_{Sem} \otimes \overline{\mathcal{A}}$ 上, 针对持久性质 "终将总是 $\neg F$", 简述嵌套深度优先搜索算法的主要步骤, 其中 F 为 $\overline{\mathcal{A}}$ 的接受集合. 算法 4.4 返回的反例是什么?

(c) 用同样的技术 (乘积构造和嵌套深度优先搜索算法) 证明 $TS_{Pet} \models P_{live}$.

习题 4.28 也可以改造嵌套深度优先搜索算法, 使其适用于对 NBA 的空性检验. 当答案为否定时, 算法 4.4 返回的路径片段产生接受运行的前缀.

将习题 4.24 中的自动机视为 NBA, 即接受集合为 $F = \{q_1, q_2\}$. 用嵌套深度优先搜索算法验证 $\mathcal{L}_\omega(\mathcal{A}) \neq \varnothing$.

第 5 章　线性时序逻辑

本章介绍 (命题) 线性时序逻辑 (Linear Temporal Logic, LTL), 一种适合描述 LT 性质的逻辑形式化方法. 本章首先定义线性时序逻辑的语法和语义, 并通过一些例子说明如何用线性时序逻辑描述重要的系统性质. 然后聚焦于 LTL 的基于 Büchi 自动机的模型检验算法. 该算法可以用来回答以下问题: 给定一个迁移系统 TS 和 LTL 公式 φ, 如何检验 φ 是否在迁移系统 TS 中成立?

5.1　线性时序逻辑述要

对于反应系统, 正确性依赖于系统执行 (不仅依赖于计算的输入和输出) 以及公平性问题. 对于处理这些问题, 时序逻辑具有形式化方法的优越性. 时序逻辑用一种允许引用反应系统的无穷行为的模态扩充命题逻辑或谓词逻辑的概念. 为表达关于执行中的状态标记之间的关系的性质, 即 LT 性质, 时序逻辑提供了非常直观而又具有数学严谨性的记法. 古代的哲学等领域就曾研究时序逻辑及相关的模态逻辑. 20 世纪 70 年代末, Pnueli 提出把时序逻辑应用到复杂计算机系统验证上.

本章将集中讨论*命题时序逻辑*, 即命题逻辑的时序模态扩充. 这些逻辑应与那些在谓词逻辑之上施加时序模态的一阶 (或高阶) 时序逻辑区分. 本书假设读者在某种程度上熟悉命题逻辑的基本原理. 在附录 A 的 A.3 节中, 可以找到本书所用记号的简介和汇总. 大多数时序逻辑中的基本时序模态包括以下运算符:

$\Diamond$　终将 (未来终究要)

$\Box$　总是 (现在和未来总是)

在时序逻辑中, 时间的底层特性可以是*线性的*或*分支的*. 在线性时间观点中, 时间的每一时刻都有单一的后继时刻; 而在分支时间观点中, 有一个树状分支结构, 时间在其中会被分裂为可选的方向. 本章考虑 LTL, 它是一种基于线性时间观点的时序逻辑. 第 6 章介绍 CTL (计算树逻辑), 它是一种基于分支时间观点的逻辑. 一些模型检验工具将 LTL (或略有不同的 LTL) 用作性质准述语言. 模型检验器 SPIN 是这些自动验证工具中的典型. LTL 的优点之一是不需要任何新机制就能施加公平性假设 (像强公平性和弱公平性等): 典型的公平性假设都可在 LTL 中描述. 可用 LTL 的算法在公平性约束下验证 LTL 公式. 但这不适用于 CTL.

在详细介绍 LTL 之前, 为了避免读者产生任何可能的困惑, 先简要说明形容词 “时序的”. 虽然它使人想起反应系统中的实时行为, 但这只在抽象意义下是正确的. 时序逻辑允许描述事件的相对顺序. 例如 “司机一旦踩下刹车, 汽车就停下来”, 或 “消息在发出后收到”. 但是, 时序逻辑不支持任何涉及事件准确计时的方法. 不能描述事实: 在刹车和实际停车之间至少有 3μs 的最小延迟. 在迁移系统中, 时序逻辑的基本模态不能给出迁移的持续时间或状态的逗留时间. 这些模态只是允许描述在执行期间状态标记出现的顺序, 或允许估计某些状态标记在一个 (或所有) 系统执行中无限经常地出现. 于是, 可以说时序逻辑中的模态是*时间抽象的*.

本章要讨论的 LTL 可为一类同步系统表示计时, 这类系统中所有组件都以步骤锁定方式行进. 在这种设置下, 一个迁移对应单个时间单位的推进. 现在的时刻对应当前状态, 而下一时刻对应直接后继状态, 因而底层时间域是*离散的*. 换言之, 就是设想在时间点 $0, 1, 2, \cdots$ 可观察到系统行为. 第 9 章将讨论如何利用*连续时间域*来处理异步系统中的实时约束, 将介绍 CTL 的时控版本, 称作时控 CTL. 表 5.1 总结了本书所讨论的主要时序逻辑的不同点.

表 5.1 本书中的时序逻辑分类

逻　辑	线性时间 (基于路径的)	分支时间 (基于状态的)	实时要求 (连续时间域)
LTL	√		
CTL		√	
时控 CTL		√	√

5.1.1 语法

本节描述语法规则, 根据这些规则可以构造 LTL 公式. LTL 公式的基本要素是原子命题 (状态标记 $a \in \mathrm{AP}$), 例如合取 $\wedge$ 和取非 $\neg$ 这样的布尔联结词, 以及两个基本时序模态 $\bigcirc$ (读作 "下一步") 和 U (读作 "直到"). 原子命题 $a \in \mathrm{AP}$ 在迁移系统中表示状态标记 a. 通常情况下, 原子 (命题) 就是关于控制变量之值 (如程序图中的位置) 或程序变量之值的断言, 如 $x > 5$ 或 $x \leqslant y$. 模态 $\bigcirc$ 是一元前缀运算符, 需要一个 LTL 公式作为操作数. 如果 φ 在下一 "步" 成立, 则公式 $\bigcirc\varphi$ 在当前时刻成立. 模态 U 是一个二元中缀运算符, 需要两个 LTL 公式作为操作数. 如果存在未来的某一刻 φ_2 成立, 而 φ_1 一直成立到未来这一时刻, 则公式 $\varphi_1 \,\mathsf{U}\, \varphi_2$ 在当前时刻成立.

定义 5.1 LTL *的语法*

原子命题集合 AP 上的 LTL 公式根据以下语法[①]构造:

$$\varphi ::= \mathrm{true} \mid a \mid \varphi_1 \wedge \varphi_2 \mid \neg\varphi \mid \bigcirc\varphi \mid \varphi_1 \,\mathsf{U}\, \varphi_2$$

其中 $a \in \mathrm{AP}$. ■

本书在大多数情况下不明确给出命题集合 AP, 因为它可从上下文得到或者可以定义为 LTL 公式中的原子命题的集合.

运算符的优先级如下. 一元运算符比二元运算符更优先. $\neg$ 和 $\bigcirc$ 具有同样的优先级. 时序运算符 U 优先于 $\wedge$、$\vee$ 和 $\rightarrow$. 适当的时候可以省略括号, 例如, 可以用 $\neg\varphi_1 \,\mathsf{U} \bigcirc\varphi_2$ 代替 $(\neg\varphi_1) \,\mathsf{U}\, (\bigcirc\varphi_2)$. 运算符 U 是右结合的, 例如, $\varphi_1 \,\mathsf{U}\, \varphi_2 \,\mathsf{U}\, \varphi_3$ 表示 $\varphi_1 \,\mathsf{U}\, (\varphi_2 \,\mathsf{U}\, \varphi_3)$.

① 就是使用更灵活的巴科斯范式 (Backus Naur Form, BNF). 具体地说, 把非终止符看作派生词 (公式) 和规则中的标记. 此外, 还使用在语法中未出现的括号, 例如在 $a \wedge (b \,\mathsf{U}\, c)$ 中. 这种简化的记法通常被称为*抽象语法*, 用于确定某些逻辑 (或其他演算项) 的形成语法.

使用布尔联结词 $\wedge$ 和 $\neg$, 就可实现命题逻辑的全部能力. 其他布尔联结词, 如析取 $\vee$、蕴涵 $\rightarrow$、等价 $\leftrightarrow$ 和奇偶运算符 (异或运算符) $\oplus$, 可按如下方法导出:

$$
\begin{aligned}
\varphi_1 \vee \varphi_2 &\overset{\text{def}}{=} \neg(\neg\varphi_1 \wedge \neg\varphi_2) \\
\varphi_1 \rightarrow \varphi_2 &\overset{\text{def}}{=} \neg\varphi_1 \vee \varphi_2 \\
\varphi_1 \leftrightarrow \varphi_2 &\overset{\text{def}}{=} (\varphi_1 \rightarrow \varphi_2) \wedge (\varphi_2 \rightarrow \varphi_1) \\
\varphi_1 \oplus \varphi_2 &\overset{\text{def}}{=} (\varphi_1 \wedge \neg\varphi_2) \vee (\varphi_2 \wedge \neg\varphi_1) \\
&\ \vdots
\end{aligned}
$$

U 运算符也可表示时序模态 $\Diamond$ (“终将”, 将来某一时刻) 和 $\Box$ (“总是”, 从现在到永远总是), 方法如下:

$$\Diamond\varphi \overset{\text{def}}{=} \text{true}\ \mathsf{U}\ \varphi \qquad \Box\varphi \overset{\text{def}}{=} \neg\Diamond\neg\varphi$$

因此, 可以得到 $\Diamond$ 和 $\Box$ 如下的直观意义. $\Diamond\varphi$ 确保 φ 最终将取真. $\Box\varphi$ 成立当且仅当 $\neg\varphi$ 不会终将成立. 这相当于 φ 从现在开始总是成立.

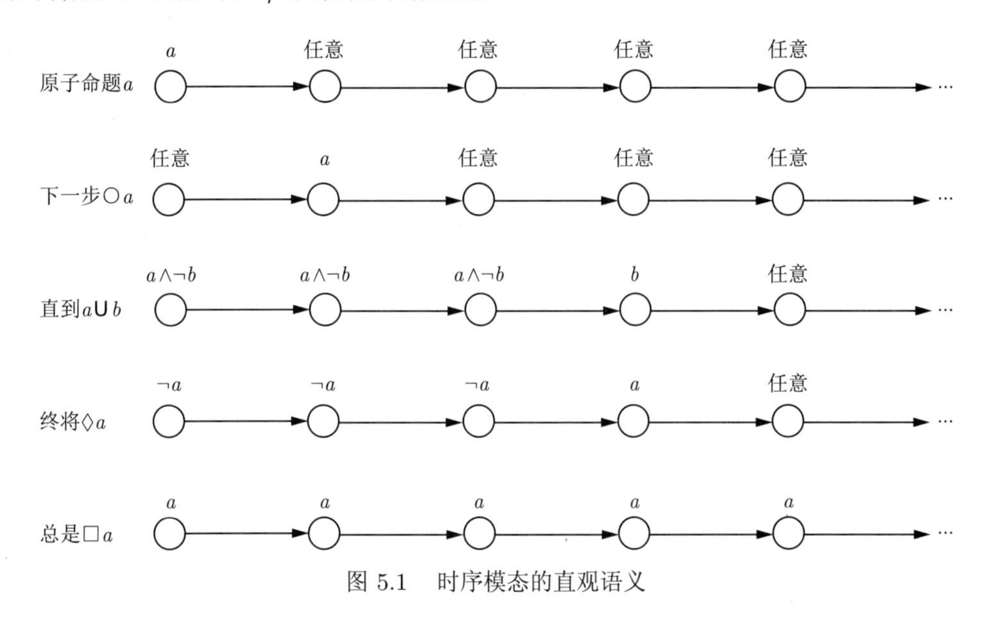

图 5.1　时序模态的直观语义

图 5.1 给出了当模态的操作数出自原子命题 $\{a, b\}$ 时, 时序模态的直观含义. 左边列出了一些 LTL 公式, 而右边描述了状态序列 (即路径).

通过组合时序模态 $\Diamond$ 和 $\Box$, 可得到新时序模态. 例如, $\Box\Diamond a$ (“总是终将 a”) 描述以下 (路径) 性质: 对于任何时刻 j, 存在时刻 $i \geqslant j$, 此刻访问的是 a 状态. 这相当于无限次访问 a 状态. 双模态 $\Diamond\Box a$ 表示从某一时刻 j 开始, 只访问 a 状态. 所以:

$$
\begin{aligned}
&\Box\Diamond\varphi \text{ 的含义是 “无限经常 } \varphi\text{”} \\
&\Diamond\Box\varphi \text{ 的含义是 “终将总是 } \varphi\text{”}
\end{aligned}
$$

在给出 LTL 正式的语义之前, 先看一些例子.

例 5.1　互斥问题的性质

考虑两个并发进程 P_1 和 P_2 的互斥问题. 进程 P_i 由 3 个位置组成: ① 非关键节段; ② 当进程要进入关键节段时进入的等待节段; ③ 关键节段. 令命题 wait_i 和 crit_i 分别表示进程 P_i 处于等待节段和关键节段.

P_1 和 P_2 永不同时进入关键节段, 该安全性质可用 LTL 公式描述为

$$\Box(\neg\mathrm{crit}_1 \vee \neg\mathrm{crit}_2)$$

这个公式表明, 总是 ($\Box$) 至少有一个进程不在关键节段 ($\neg\mathrm{crit}_i$).

每一进程 P_i 无限经常地处于关键节段, 这一活性要求可由 LTL 公式描述为

$$(\Box\Diamond\mathrm{crit}_1) \wedge (\Box\Diamond\mathrm{crit}_2)$$

弱化的形式, 即每一等待进程终将进入关键节段 (即无饥饿). 可以通过使用额外的命题 wait_i 描述为

$$(\Box\Diamond\mathrm{wait}_1 \to \Box\Diamond\mathrm{crit}_1) \wedge (\Box\Diamond\mathrm{wait}_2 \to \Box\Diamond\mathrm{crit}_2)$$

利用原子命题 wait_i 和 crit_i, 这些公式最终仅与位置 (即程序计数器的值) 相关. 然而命题也与程序变量相关. 例如, 可以用二进制信号 y 解决互斥问题, 公式

$$\Box((y = 0) \to \mathrm{crit}_1 \vee \mathrm{crit}_2)$$

表明只要信号 y 的值为 0, 就有一个进程处于关键节段. ■

例 5.2　哲学家就餐问题的性质

哲学家就餐问题 (见例 3.2) 的无死锁性质, 可用 LTL 公式描述为

$$\Box\neg\Big(\bigwedge_{0\leqslant i<n}\mathrm{wait}_i \wedge \bigwedge_{0\leqslant i<n}\mathrm{occupied}_i\Big)$$

此处, 假设有 n 位哲学家和 n 只筷子, 下标为 0 到 $n-1$. 原子命题 wait_i 意味着哲学家 i 已经手握一只筷子, 正在等待他左面或右面的筷子. 同样, $\mathrm{occupied}_i$ 表示第 i 只筷子正被占用. ■

例 5.3　交通灯问题的性质

对于有 “绿灯”“红灯” 和 “黄灯” 3 个阶段的交通灯, 活性性质 $\Box\Diamond\mathrm{green}$ 表示交通灯可以无限次变成绿灯. 通过表示任一阶段的前驱阶段的 LTL 公式的合取, 可得到关于交通灯的周期及次序的描述. 例如, 规定 “一旦处于红灯阶段, 交通灯不能立即变成绿灯”, 可由 LTL 公式描述为

$$\Box(\mathrm{red} \to \neg\bigcirc\mathrm{green})$$

规定 “一旦处于红灯阶段, 总是在变为黄灯一段时间后终将变为绿灯” 可以表示为

$$\Box(\mathrm{red} \to \bigcirc(\mathrm{red}\ \mathsf{U}\ (\mathrm{yellow} \wedge \bigcirc(\mathrm{yellow}\ \mathsf{U}\ \mathrm{green}))))$$

■

类似于“每个请求终将得到响应”的进程性质可以用下面的公式描述:

$$\square(\text{request} \rightarrow \lozenge\text{response})$$

注记 5.1 公式的长度

令 $|\varphi|$ 表示 LTL 公式 φ 的长度, 它等于 φ 中运算符的个数. 对 φ 的结构使用归纳法, 可以很容易地定义它. 例如, 公式 true 和 $a \in AP$ 的长度为 0, 公式 $\bigcirc a \vee b$ 和 $a \vee \neg b$ 的长度为 2, 公式 $(\bigcirc a) \mathsf{U} (a \wedge \neg b)$ 的长度为 4. 在本书中, 多半需要渐近大小 $\Theta(|\varphi|)$. 因此, 无论在确定长度时是否考虑导出的布尔运算符 $\vee$、$\rightarrow$ 等, 以及是否考虑导出的时序模态 $\lozenge$ 和 $\square$, 都没有关系. ■

5.1.2 语义

LTL 公式表示路径 (事实上是它们的迹) 的性质. 这意味着一个路径可以满足或不满足一个 LTL 公式. 为了精准地表述一个路径何时满足 LTL 公式, 按如下方法进行. 首先, LTL 公式 φ 的语义定义为语言 Words(φ), 它包含了字母表 2^{AP} 上所有满足 φ 的无限单词. 也就是说, 给每个 LTL 公式关联唯一一个 LT 性质. 然后, 把语义扩展为对迁移系统的路径和状态的解释.

定义 5.2 LTL 的语义 (单词上的解释)

令 φ 为 AP 上的一个 LTL 公式. φ 诱导的 LT 性质为

$$\text{Words}(\varphi) = \left\{\sigma \in (2^{AP})^\omega \mid \sigma \models \varphi\right\}$$

其中, 满足关系 $\models \subseteq (2^{AP})^\omega \times$ LTL 是具有图 5.2 所示性质的最小关系. ■

$\sigma \models \text{true}$		
$\sigma \models a$	iff	$a \in A_0$ (即 $A_0 \models a$)
$\sigma \models \varphi_1 \wedge \varphi_2$	iff	$\sigma \models \varphi_1$ 且 $\sigma \models \varphi_2$
$\sigma \models \neg\varphi$	iff	$\sigma \not\models \varphi$
$\sigma \models \bigcirc\varphi$	iff	$\sigma[1..] = A_1 A_2 A_3 \cdots \models \varphi$①
$\sigma \models \varphi_1 \mathsf{U} \varphi_2$	iff	$\exists j \geqslant 0. \sigma[j..] \models \varphi_2$ 且 $\forall 0 \leqslant i < j. \sigma[i..] \models \varphi_1$

图 5.2 2^{AP} 上的无限单词的 LTL 语义 (可满足关系 $\models$)

此处, 对于 $\sigma = A_0 A_1 A_2 \cdots \in (2^{AP})^\omega$, $\sigma[j..] = A_j A_{j+1} A_{j+2} \cdots$ 是 σ 的从第 $j+1$ 个符号 A_j 开始的后缀.

注意, 在 LTL 公式语义的定义中, 单词片段 $\sigma[j..]$ 不能用 A_j 代替. 例如, 对于公式 $\bigcirc(a \mathsf{U} b)$, 为了能够在下一步中得到子式 $a \mathsf{U} b$ 的真值, 只能考虑后缀 $A_1 A_2 A_3 \cdots$.

对于导出运算符 $\lozenge$ 和 $\square$, 预期的结果为

$$\begin{aligned} \sigma \models \lozenge\varphi \quad & \text{iff} \quad \exists j \geqslant 0. \sigma[j..] \models \varphi \\ \sigma \models \square\varphi \quad & \text{iff} \quad \forall j \geqslant 0. \sigma[j..] \models \varphi \end{aligned}$$

① 在形式语言中, [1..] 表示从 1 开始递增. [i..] 和 [j..] 等的含义与之类似.

从 $\Diamond$ 的定义和 U 的语义可直接得到关于 $\Diamond$ 的命题. 由

$$
\begin{aligned}
\sigma \models \Box\varphi = \neg\Diamond\neg\varphi \quad & \text{iff} \quad \neg\exists j \geqslant 0.\, \sigma[j..] \models \neg\varphi \\
& \text{iff} \quad \neg\exists j \geqslant 0.\, \sigma[j..] \not\models \varphi \\
& \text{iff} \quad \forall j \geqslant 0.\, \sigma[j..] \models \varphi
\end{aligned}
$$

可得关于 $\Box$ 的命题. 现在可导出 $\Diamond$ 和 $\Box$ 的组合的语义:

$$
\begin{aligned}
\sigma \models \Box\Diamond\varphi \quad & \text{iff} \quad \overset{\infty}{\exists} j.\, \sigma[j..] \models \varphi \\
\sigma \models \Diamond\Box\varphi \quad & \text{iff} \quad \overset{\infty}{\forall} j.\, \sigma[j..] \models \varphi
\end{aligned}
$$

其中, $\overset{\infty}{\exists} j$ 表示 "对无限多个 $j \in \mathbb{N}$", 即 $\forall i \geqslant 0. \exists j \geqslant i$; 而 $\overset{\infty}{\forall} j$ 表示 "对几乎所有 $j \in \mathbb{N}$", 即 $\exists i \geqslant 0. \forall j \geqslant i$. 下面证明第一个命题, 第二个命题的证明与之类似.

$$
\begin{aligned}
\sigma \models \Box\Diamond\varphi \quad & \text{iff} \quad \forall i \geqslant 0.\, \sigma[i..] \models \Diamond\varphi \\
& \text{iff} \quad \forall i \geqslant 0.\, \exists j \geqslant i.\, \sigma[j..] \models \varphi \\
& \text{iff} \quad \overset{\infty}{\exists} j.\, \sigma[j..] \models \varphi
\end{aligned}
$$

接下来, 确定 LTL 公式对于迁移系统的语义. 根据 LT 性质的可满足关系 (见定义 3.7), 如果所有从 s 开始的路径都满足 φ, 则 LTL 公式 φ 在状态 s 处成立. 如果迁移系统 TS 满足 LT 性质 $\text{Words}(\varphi)$, 即, 如果 TS 的所有起始路径 (从初始状态 $s_0 \in I$ 开始的路径) 都满足 φ, 则称 TS 满足 φ.

不失一般性, 可假设迁移系统 TS 没有终止状态 (若有, 则可引入陷阱状态). 因此, 可假设所有路径和迹是无限的. 作此假设仅为简化问题, 对于有限路径也可定义 LTL 语义. 注意, 语义与 TS 是否有限无关. 只有对于 5.2 节的模型检验算法才要求 TS 是有限的.

像对待 LT 性质一样, 在对 AP' 上的迁移系统 TS 定义 $\text{TS} \models \varphi$ 时, 假设 φ 是原子命题在 $\text{AP} = \text{AP}'$ 中的 LTL 公式 (此处可以更自由一些, 准许 $\text{AP} \subseteq \text{AP}'$).

定义 5.3 LTL 在路径和状态上的语义

令 $\text{TS} = (S, \text{Act}, \to, I, \text{AP}, L)$ 是没有终止状态的迁移系统, 令 φ 是 AP 上的 LTL 公式.

- 对于 TS 的无限路径片段 π, 满足关系定义为

$$\pi \models \varphi \ \text{ iff } \ \text{trace}(\pi) \models \varphi$$

- 对于状态 $s \in S$, 满足关系 $\models$ 定义为

$$s \models \varphi \ \text{ iff } \ \forall \pi \in \text{Paths}(s).\, \pi \models \varphi$$

- 若 $\text{Traces}(\text{TS}) \subseteq \text{Words}(\varphi)$, 则称 TS 满足 φ, 记作 $\text{TS} \models \varphi$. ■

由定义 5.3 可直接得出

$\text{TS} \models \varphi$	iff	$\text{Traces}(\text{TS}) \subseteq \text{Words}(\varphi)$	(* 定义 5.3 *)
	iff	$\text{TS} \models \text{Words}(\varphi)$	(* LT 性质中 $\models$ 的定义 *)
	iff	$\forall \pi \in \text{Paths}(\text{TS}),\, \pi \models \varphi$	(* $\text{Words}(\varphi)$ 的定义 *)
	iff	$\forall s_0 \in I,\, s_0 \models \varphi$	(* 定义 5.3 中状态的 $\models$ *)

因此, $\text{TS} = \varphi$ 当且仅当对于 TS 的所有初始状态 s_0 都有 $s_0 \models \varphi$.

例 5.4　LTL 的语义

考虑由图 5.3 描述的迁移系统, 命题集为 $\text{AP} = \{a, b\}$.

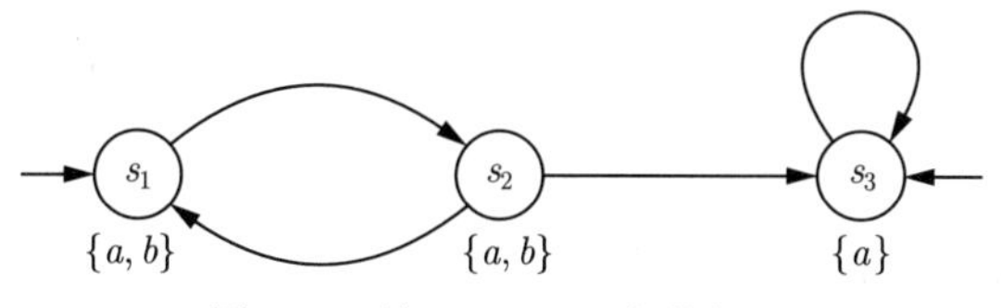

图 5.3　关于 LTL 语义的例子

例如, 因为所有状态都用 a 标记, 所以 TS 的迹是满足对所有 $i \geqslant 0$ 都有 $a \in A_i$ 的单词 $A_0A_1A_2\cdots$, 因此 $\text{TS} \models \Box a$. 还可得 $s_i \models \Box a$, $i = 1, 2, 3$. 而且因为 $s_2 \models a \wedge b$ 且 s_2 是 s_1 的唯一后继, 所以 $s_1 \models \bigcirc(a \wedge b)$. 由 $s_3 \in \text{Post}(s_2)$, $s_3 \in \text{Post}(s_3)$, $s_3 \not\models a \wedge b$ 得 $s_2 \not\models \bigcirc(a \wedge b), s_3 \not\models \bigcirc(a \wedge b)$. 因为 s_3 是一个初始状态且 $s_3 \not\models \bigcirc(a \wedge b)$, 所以 $\text{TS} \not\models \bigcirc(a \wedge b)$. 另一个例子是

$$\text{TS} \models \Box(\neg b \rightarrow \Box(a \wedge \neg b))$$

它成立是因为 s_3 是唯一一个 $\neg b$ 状态, 而且到达 s_3 后再也不能离开 s_3, 同时 $a \wedge \neg b$ 在 s_3 处成立. 但是,

$$\text{TS} \not\models b \,\mathsf{U}\, (a \wedge \neg b)$$

这是因为起始路径 $(s_1s_2)^\omega$ 不会访问 $a \wedge \neg b$ 成立的状态. 注意, 起始路径 $(s_1s_2)^*s_3^\omega$ 满足 $b \,\mathsf{U}\, (a \wedge \neg b)$. ■

注记 5.2　否定的语义

对于路径, $\pi \models \varphi$ 当且仅当 $\pi \not\models \neg\varphi$. 这是因为

$$\text{Words}(\neg\varphi) = (2^{\text{AP}})^\omega \setminus \text{Words}(\varphi)$$

然而, 命题 $\text{TS} \not\models \varphi$ 和 $\text{TS} \models \neg\varphi$ 一般是不等价的. 而是 $\text{TS} \models \neg\varphi$ 蕴涵 $\text{TS} \not\models \varphi$. 注意,

$$\begin{aligned} \text{TS} \not\models \varphi \quad & \text{iff} \quad \text{Traces(TS)} \not\subseteq \text{Words}(\varphi) \\ & \text{iff} \quad \text{Traces(TS)} \setminus \text{Words}(\varphi) \neq \varnothing \\ & \text{iff} \quad \text{Traces(TS)} \cap \text{Words}(\neg\varphi) \neq \varnothing \end{aligned}$$

因此, 一个迁移系统 (或是一个状态) 可能既不满足 φ 也不满足 $\neg\varphi$. 这是因为, 有可能存在路径 π_1 和 π_2 使得 $\pi_1 \models \varphi$ 和 $\pi_2 \models \neg\varphi$ (因此 $\pi_2 \not\models \varphi$). 此时, $\text{TS} \not\models \varphi$ 且 $\text{TS} \not\models \neg\varphi$ 成立.

为演示这种效果, 考虑图 5.4 中描绘的迁移系统. 令 $\text{AP} = \{a\}$. 因为起始路径 $s_0(s_2)^\omega \not\models \Diamond a$, 所以 $\text{TS} \not\models \Diamond a$; 另一方面, 因为起始路径 $s_0(s_1)^\omega \models \Diamond a$, 所以 $s_0(s_1)^\omega \not\models \neg\Diamond a$, 因此 $\text{TS} \not\models \neg\Diamond a$. ■

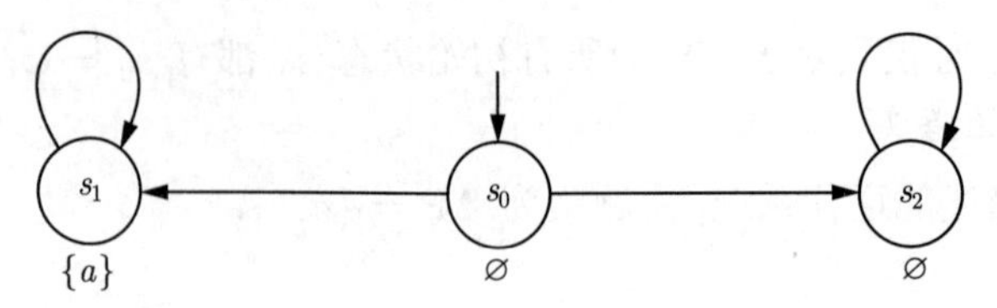

图 5.4 满足 TS $\not\models \Diamond a$ 和 TS $\not\models \neg\Diamond a$ 的迁移系统

5.1.3 准述性质

例 5.5 重访基于信号的互斥

考虑图 5.5 所描绘的迁移系统 TS_{Sem}, 它给出了互斥问题的一个基于信号的解决方案.

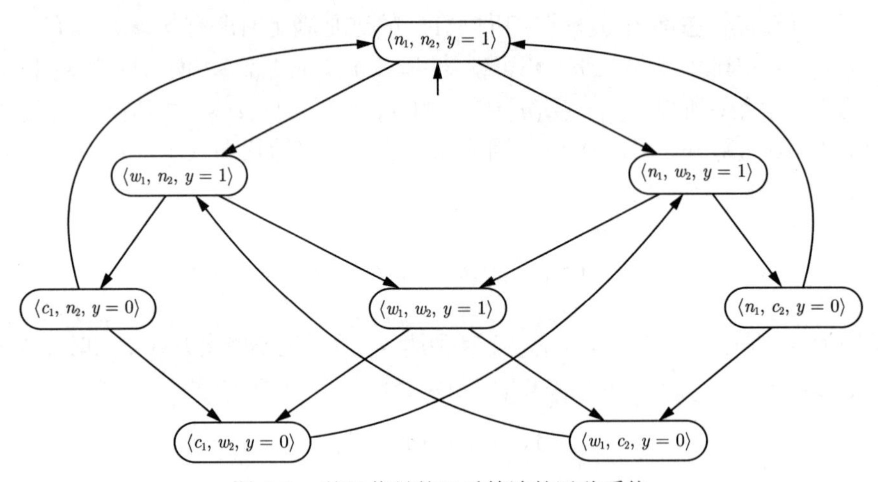

图 5.5 基于信号的互斥算法的迁移系统

每个形如 $\langle c_1, \cdot, \cdot\rangle$ 的状态都用 crit_1 标记, 而每个形如 $\langle \cdot, c_2, \cdot\rangle$ 的状态都用 crit_2 标记. 则有

$$\text{TS}_{\text{Sem}} \models \Box(\neg\text{crit}_1 \vee \neg\text{crit}_2) \text{ 且 } \text{TS}_{\text{Sem}} \models \Box\Diamond\text{crit}_1 \vee \Box\Diamond\text{crit}_2$$

其中, 第一个 LTL 公式代表互斥性质, 第二个 LTL 公式表示两个进程中至少有一个无限次进入关键节段. 然而

$$\text{TS}_{\text{Sem}} \not\models \Box\Diamond\text{crit}_1 \wedge \Box\Diamond\text{crit}_2$$

因为缺少任何公平性假设, 不能保证进程 P_1 能够无限次进入关键节段. 它有可能一次也不能进入 (P_2 也有类似的情况). 同样的讨论可应用到证明

$$\text{TS}_{\text{Sem}} \not\models \Box\Diamond\text{wait}_1 \rightarrow \Box\Diamond\text{crit}_1$$

上. 这是因为, 原则上, 进程 P_1 一旦开始等待, 可能就会总也得不到它的机会. ■

例 5.6 模 4 计数器

模 4 计数器可以由一个顺序电路 C 表示, 每当第 4 个周期时输出 1, 其余周期输出 0. C 没有输入位, 有一个输出位 y 和两个寄存器 r_1、r_2. 寄存器的赋值 $[r_1 = c_1, r_2 = c_2]$ 可用数值 $i = 2 \cdot r_1 + r_2$ 确定. i 的值每一周期增加 1 (模 4). 用如下方法构造 C, 恰好当 $i = 0$

(因此, $r_1 = r_2 = 0$) 时输出位 y 置位. 迁移关系和输出函数由

$$\delta_{r_1} = r_1 \oplus r_2,\ \delta_{r_2} = \neg r_1,\ \lambda_y = \neg r_1 \wedge \neg r_2$$

给出. 图 5.6 给出了电路图和迁移系统 TS_C.

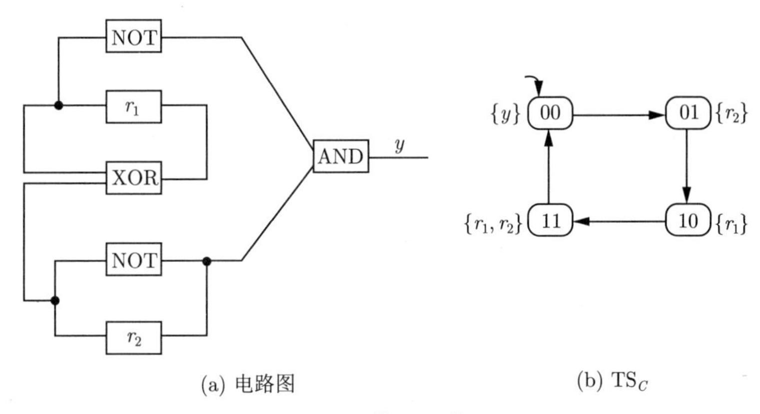

(a) 电路图 (b) TS_C

图 5.6 模 4 计数器

令 $\mathrm{AP} = \{r_1, r_2, y\}$. 下面的命题可以从 TS_C 直接推出:

$$\begin{aligned} \mathrm{TS}_C &\models \Box(y \leftrightarrow \neg r_1 \wedge \neg r_2) \\ \mathrm{TS}_C &\models \Box(r_1 \rightarrow (\bigcirc y \vee \bigcirc\bigcirc y)) \\ \mathrm{TS}_C &\models \Box(y \rightarrow (\bigcirc \neg y \wedge \bigcirc\bigcirc \neg y)) \end{aligned}$$

如果假定只有输出变量 y (而不是寄存器的值) 可以由观察者感知, 那么 AP 的一个合适选择是 $\mathrm{AP} = \{y\}$. 至少每 4 个周期输出 1 的性质在 TS_C 中成立, 即, 有

$$\mathrm{TS}_C \models \Box\,(y \vee \bigcirc y \vee \bigcirc\bigcirc y \vee \bigcirc\bigcirc\bigcirc y)$$

这些输出是周期性产生的, 每当第 4 个周期时输出 1, 这个事实表示为

$$\mathrm{TS}_C \models \Box(y \rightarrow (\bigcirc \neg y \wedge \bigcirc\bigcirc \neg y \wedge \bigcirc\bigcirc\bigcirc \neg y))$$

■

例 5.7 通信通道

考虑两个通信进程间的一个单向通道、一个发送器 S 和一个接收器 R. 发送器 S 配置一个输出缓冲区 $S.\mathrm{out}$, 接收器 R 配置一个输入缓冲区 $R.\mathrm{in}$. 如果发送器 S 发送消息 m 给 R, 它就把消息插入它的输出缓冲区 $S.\mathrm{out}$ 中. 输出缓冲区和输入缓冲区是通过一个单向通道连接的. 接收器 R 接收消息, 并删除其输入缓冲区 $R.\mathrm{in}$ 中的消息. 在这里, 不考虑缓冲区的容量.

所考虑系统的示意图如下:

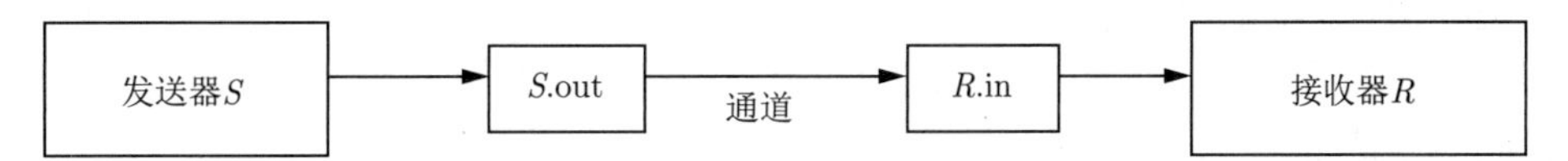

在下面的 LTL 描述中, 使用原子命题 $m \in S.\mathrm{out}$ 和 $m \in R.\mathrm{in}$, 其中 m 是任意消息. 利用 LTL 公式将下列非形式化要求形式化:

- 只要消息 m 在 S 的输出缓冲区中, m 终将被接收器用掉. 该要求可公式化为

  $$\Box(m \in S.\mathrm{out} \rightarrow \Diamond(m \in R.\mathrm{in}))$$

  路径 $s_1s_2s_3\cdots$ 也满足上述性质, 其中 $s_1 \models m \in S.\mathrm{out}$, $s_2 \models m \notin S.\mathrm{out}$, $s_2 \models m \notin R.\mathrm{in}$, 且 $s_3 \models m \in R.\mathrm{in}$. 然而, 这样的路径表示一种诡异的行为, 即 S 的输出缓冲区中的消息 m (状态 s_1) 丢失 (状态 s_2) 后, 仍到达 R 的输入缓冲区 (状态 s_3). 事实上, 如果可靠 FIFO 通道满足以下 (更强的) 条件, 则这样的行为就是不可能的:

  $$\Box(m \in S.\mathrm{out} \rightarrow (m \in S.\mathrm{out} \mathsf{U}\, m \in R.\mathrm{in}))$$

  该条件说明: 直到接收器 R 用掉 m, 消息 m 一直停留在 $S.\mathrm{out}$ 中. 因为在一个 FIFO 通道中, 读和写不能同时发生, 所以可以将该要求公式化为

  $$\Box(m \in S.\mathrm{out} \rightarrow \bigcirc(m \in S.\mathrm{out} \mathsf{U}\, m \in R.\mathrm{in}))$$

- 如果假设没有消息在 $S.\mathrm{out}$ 中出现两次, 那么 FIFO 通道的异步行为能确保性质 “消息不能同时出现在两个缓冲区中” 成立. 该要求可公式化为

  $$\Box\neg(m \in S.\mathrm{out} \wedge m \in R.\mathrm{in})$$

- FIFO 通道的特点是: 根据先进先出的原则, 它们是保序的. 即, 如果 S 先把消息 m 送入其输出缓冲区 $S.\mathrm{out}$, 然后送入 m', 则 R 将会在 m' 之前收到 m. 该要求可公式化为

  $$\begin{aligned}\Box\Big(&m \in S.\mathrm{out} \wedge \neg m' \in S.\mathrm{out} \wedge \Diamond(m' \in S.\mathrm{out})\\ &\rightarrow \Diamond(m \in R.\mathrm{in} \wedge \neg m' \in R.\mathrm{in} \wedge \Diamond(m' \in R.\mathrm{in}))\Big)\end{aligned}$$

  注意, 为确保在 m 之后把 m' 放入 $S.\mathrm{out}$, 前提中需要 $\neg m' \in S.\mathrm{out}$. 仅有 $\Diamond(m' \in S.\mathrm{out})$, 则不能排除当 m 进入 $S.\mathrm{out}$ 时 m' 已在发送缓冲区中的情形.

以上公式针对的是固定消息 m 和 m'. 为使上述性质能够针对所有消息, 要在所有消息 m 和 m' 上使用合取. 只要消息的字母是有限的, 就可以获得一个 LTL 公式. ■

例 5.8 动态领袖选举

(本例取自文献 [69].) 在当前的分布式系统中, 一些服务是由专用进程提供的, 例如地址的分配和登记、分布式数据库系统中的查询协调、时钟分布、令牌环网中令牌丢失后的再生、移动网络中拓扑更新后的初始化、负载平衡等. 系统中的许多进程通常都有提供这些服务的潜在可能. 然而, 为了确保相容性, 通常情况下, 任何时候都只允许一个进程实际提供指定的服务, 这个进程 (称为领袖) 实际上是选出的. 有时随便选个进程就可以了; 但是对于其他服务, 选出最有能力完成服务的进程是非常重要的. 在这里, 撇开特定能力, 并使用以进程 ID 为基础的排序, 意思是: 进程的 ID 越大, 它的能力越强.

假设以某种通信手段连接起来的进程的个数是一个有限数 $N > 0$. 像前面的例子一样, 进程之间的通信是异步的. 用图形描述为

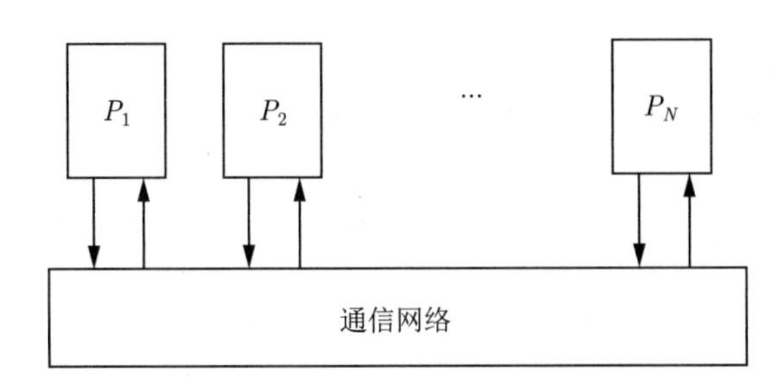

每个进程都有一个唯一的 ID, 并假定这些 ID 存在一个总排序. 这些进程在最初是消极的, 即它们不参加选举; 它们在任何时刻都有可能变为积极的, 即参加选举. 从这个意义上讲, 进程的行为是动态的. 为有所进展, 假设进程不能总是消极的; 每个进程都在某一时刻变为积极的 (这对应于一个公平性条件). 进程一旦参与选举, 就将持续下去, 即它不会再回到消极状态. 一组积极进程中将产生一个领袖; 如果一个消极进程变为积极的, 且这个进程比现任领袖具有更高的 ID, 就会发生新选举.

为了展示把 LTL 用作形式化描述方法的思想, 下面用 LTL 公式阐明几个性质. 这里将把 i、j 用作进程的 ID. 令 $\{\mathrm{leader}_i, \mathrm{active}_i \mid 1 \leqslant i, j \leqslant n\}$ 为原子命题的集合, 其中 leader_i 意味着进程 i 是领袖, active_i 意味着进程 i 是积极的. 消极进程不能成为领袖.

- 性质 "总是有一个领袖" 可以形式化为

$$\Box\Big(\bigvee_{1\leqslant i\leqslant N} \mathrm{leader}_i \wedge \bigwedge_{\substack{1\leqslant j\leqslant N\\ j\neq i}} \neg\mathrm{leader}_j\Big)$$

  虽然这个公式表达了上述性质, 但任何现实协议都不满足它. 一个原因是, 进程最初可能都是消极的, 因此不能保证一开始就存在领袖. 此外, 在异步通信的分布式系统中, 从一个领袖变到另一个领袖不太可能是原子的. 所以, 允许暂时没有领袖更实际一些. 作为尝试, 可以把上面的公式修改为

$$\varphi = \Box\Diamond\Big(\bigvee_{1\leqslant i\leqslant N} \mathrm{leader}_i \wedge \bigwedge_{\substack{1\leqslant j\leqslant N\\ j\neq i}} \neg\mathrm{leader}_j\Big)$$

  但问题是, 它允许临时出现一个以上的领袖. 它只是说无限经常地只有一个领袖, 但它对不是这种情况的时刻没做出说明. 由于相容性的原因, 这个不是必需的. 因此, 用 $\varphi_1 \wedge \varphi_2$ 代替上述公式中的 φ, 其中 φ_1 和 φ_2 对应下面的两个性质.

- "总是最多有一个领袖":

$$\varphi_1 = \Box \bigwedge_{1\leqslant i\leqslant N} \Big(\mathrm{leader}_i \rightarrow \bigwedge_{\substack{1\leqslant j\leqslant N\\ j\neq i}} \neg\mathrm{leader}_j\Big)$$

- "在适当的时候, 有足够的领袖":

$$\varphi_2 = \Box\Diamond \bigvee_{1\leqslant i\leqslant N} \mathrm{leader}_i$$

φ_2 的意思不是有无穷多个领袖. 它只是说领袖存在的状态有无穷多个. 这个要求归为一类领袖选举协议, 即总不选领袖是错误的. 事实上, 这个协议能满足前面的要求, 但显然不是必需的.

- "当有更高 ID 的积极进程出现时, 现任领袖将在某一时刻退位":

$$\Box\Big(\bigwedge_{\substack{1\leqslant i,\, j\leqslant N\\ i<j}}((\text{leader}_i \wedge \neg\text{leader}_j \wedge \text{active}_j) \rightarrow \Diamond\neg\text{leader}_i)\Big)$$

由于效率的原因, 假定以下要求是不必要的: (当将来可能参与的) 消极进程出现时领袖终将退位. 因此, 要求进程是积极的.

- "新领袖比前任更优秀". 这个性质要求继任领袖具有更大的 ID. 特别地, 一个进程只要退位, 就永远不会再成为领袖.

$$\Box\Big(\bigwedge_{1\leqslant i,j\leqslant N}(\text{leader}_i \wedge \neg\bigcirc\text{leader}_i \wedge \bigcirc\Diamond\text{leader}_j) \rightarrow (i<j)\Big)$$

其中, 把 $i<j$ 看作一个比较进程 P_i 和 P_j 的 ID 的原子命题, 其值为真当且仅当 P_i 的 ID 比 P_j 的小. 假设 P_i 的 ID 为 i $(i=1,2,\cdots,N)$, 则以上性质也可由 LTL 公式表示为

$$\Box\neg\Big(\bigwedge_{\substack{1\leqslant i,\, j\leqslant N\\ i\geqslant j}}(\text{leader}_i \wedge \neg\bigcirc\text{leader}_i \wedge \bigcirc\Diamond\text{leader}_j)\Big)$$ ■

例 5.9　描述顺序程序的输入输出行为

诸如部分正确性和终止性这样的顺序程序的传统要求, 原则上可以用 LTL 公式描述. 首先简要介绍什么是终止性和部分正确性. 假设顺序程序 Prog 计算一个类型为 $f\colon \text{Inp} \rightarrow \text{Outp}$ 的函数, 即, Prog 输入一个 $i \in \text{Inp}$, 然后通过报告输出值 $o \in \text{Outp}$ 并终止或不终止. 如果对每个输入值 $i \in \text{Inp}$, Prog 的计算都终止, 则称 Prog 是终止的. 如果对任意输入值 $i \in \text{Inp}$, 只要 Prog 终止, 输出值 o 就等于 $f(i)$, 则称 Prog 是部分正确的. 那么终止性和部分正确性如何用 LTL 公式表达呢?

终止性可用形如 init $\rightarrow \Diamond$halt 的公式描述, 其中 init 是初始状态的标记, halt 是刻画那些表示终止的状态的原子命题 (不失一般性, 假设迁移系统没有终止状态, 也就意味着终止状态自循环或者具有到陷阱状态的迁移, 陷阱状态自循环且没有其他出迁移).

部分正确性可用形如

$$\Box(\text{halt} \rightarrow \Diamond(y=f(x)))$$

的公式表示, 其中 y 是输出变量, x 是输入变量, 并且假设它在运行期间不变. 例如, 由公式 init 表示的附加初始条件可作为前提加入:

$$\text{init} \rightarrow \Box(\text{halt} \rightarrow \Diamond(y=f(x)))$$

应该强调的是, 这是一个非常简单的表示方法. 在实践中, 为了精确表达部分正确性需要谓词逻辑的概念. 即使当上述命题逻辑公式能够精确描述终止性和部分正确性时, LTL 公式的算法式证明也是非常困难甚至是不可能的 (请回顾停止问题的不可判定性). ■

注记 5.3 *用 LTL 描述同步系统的时控性质*

对于同步系统, LTL 可作为形式化方法用于描述涉及离散时间刻度的实时性质. 前面讲过, 在同步系统中, 参与进程以齐步方式进行, 即, 在每个离散时间段, 每个进程都完成一步 (有时是空闲). 在这种系统中, 下一步运算符 $\bigcirc$ 有一个时间性解释: $\bigcirc\varphi$ 表示 "下一时刻 φ 成立". 通过应用一系列 $\bigcirc$, "φ 恰在 k 个时刻之后成立" 可描述为

$$\bigcirc^k\varphi \stackrel{\text{def}}{=} \underbrace{\bigcirc\bigcirc\cdots\bigcirc}_{k\text{ 个}}\varphi$$

"φ 至多在 k 个时刻内终将成立" 可描述为

$$\lozenge^{\leqslant k}\varphi = \bigvee_{0\leqslant i\leqslant k} \bigcirc^i\varphi$$

"此刻和接下来的 k 个时刻 φ 都成立" 可描述为

$$\Box^{\leqslant k}\varphi = \neg\lozenge^{\leqslant k}\neg\varphi = \neg \bigvee_{0\leqslant i\leqslant k} \bigcirc^i\neg\varphi$$

在例 5.6讨论的模 4 计算器中, 事实上已经隐式地把 LTL 公式用作实时描述了. 例如, 表示 "一旦输出 $y=1$, 接下来的 3 步将输出 $y=0$" 的公式

$$\Box(y \rightarrow (\bigcirc\neg y \wedge \bigcirc\bigcirc\neg y \wedge \bigcirc\bigcirc\bigcirc\neg y))$$

可简化为 $\Box(y \rightarrow \bigcirc\Box^{\leqslant 2}\neg y)$.

然而, 应该注意, 下一步运算符的时间性解释仅适用于同步系统. 这些系统的每个迁移都表示单一时刻内可能动作的累积效果. 对异步系统 (其迁移系统表示是时间抽象的), 下一步运算符不能解释为实时模态. 事实上, 在异步系统中, 要小心使用下一步运算符. 例如, 交通灯的阶段迁移可描述为

$$\varphi = \Box(\text{green} \rightarrow \bigcirc\text{yellow}) \wedge \Box(\text{yellow} \rightarrow \bigcirc\text{red}) \wedge \cdots$$

对于两个独立交通灯的交错 (例 2.6) 以及公式 φ_1 和 φ_2 (其中使用带下标的原子命题 green_i、yellow_i 等), 有

$$\text{TrLight}_1 \,|||\, \text{TrLight}_2 \not\models \varphi_1 \wedge \varphi_2$$

它源于诸如第二个交通灯改变颜色而第一个交通灯不变等事实. 为了避免这个问题, 可以用直到运算符来代替, 例如:

$$\varphi' = \Box(\text{green} \rightarrow (\text{green} \mathsf{U} \text{yellow})) \wedge \Box(\text{yellow} \rightarrow (\text{yellow} \mathsf{U} \text{red})) \wedge \cdots$$

这与同步积运算符 $\otimes$ 不同:

$$\text{TrLight}_1 \otimes \text{TrLight}_2 \models \varphi$$

■

注记 5.4 LTL 的其他符号和变量

前面已经介绍了许多 LTL 的变量和符号. 时序模态的替代符号包括: X, 代表 $\bigcirc$ (下一步); F, 代表 $\Diamond$ (终将); G, 代表 $\Box$ (全局的). LTL 中的所有运算符均涉及将来 (包括当前状态), 因而被称为将来运算符, 然而, LTL 也可用过去运算符扩展. 这是有用的, 因为用过去运算符比用将来运算符更容易 (更简洁) 地描述一些性质. 例如, $\Box^{-1}a$ ("过去总是") 表示 a 在当前状态和过去的任何状态都是有效的. $\Diamond^{-1}a$ ("过去曾经") 表示在当前或过去某一状态是有效的. $\bigcirc^{-1}a$ 表示在前一状态 (若存在) 成立. 例如, 性质"每次红灯之前都是黄灯" 可以描述为

$$\Box(\text{red} \to \bigcirc^{-1}\text{yellow})$$

引入过去运算符的主要目的是为了简化个别性质的说明. 然而当采用离散时间概念时, 增加过去运算符不影响逻辑的表达能力. 因此, 对于包含一个或多个过去运算符的任何性质, 存在只用将来时序运算符就能表达同样意思的 LTL 公式. 5.4 节将给出更多信息. ■

5.1.4 LTL 公式的等价性

对任何形式的逻辑, 语法和语义之间的区别都是重要的. 然而, 只要在所有解释下两个公式都有相同的真值, 它们直觉上就是一致的. 例如, 尽管 $\neg\neg a$ 和 a 在语法结构上不同, 但是区分它们没什么用处.

定义 5.4 LTL 公式的等价性

若 $\text{Words}(\varphi_1) = \text{Words}(\varphi_2)$, 则称 φ_1 和 φ_2 等价, 记为 $\varphi_1 \equiv \varphi_2$. ■

因为 LTL 包含命题逻辑, 所以命题逻辑的等价性在 LTL 中仍然成立, 例如, $\neg\neg\varphi \equiv \varphi$ 和 $\varphi \wedge \varphi \equiv \varphi$. 此外, 还有许多针对时序模态的等价规则, 包括图 5.7 中的等价律. 下面解释其中一部分等价律.

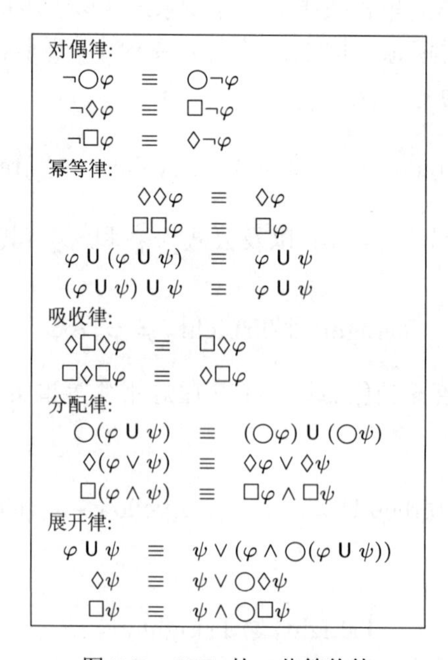

对偶律:

$\neg\bigcirc\varphi \equiv \bigcirc\neg\varphi$

$\neg\Diamond\varphi \equiv \Box\neg\varphi$

$\neg\Box\varphi \equiv \Diamond\neg\varphi$

幂等律:

$\Diamond\Diamond\varphi \equiv \Diamond\varphi$

$\Box\Box\varphi \equiv \Box\varphi$

$\varphi \,\mathsf{U}\, (\varphi \,\mathsf{U}\, \psi) \equiv \varphi \,\mathsf{U}\, \psi$

$(\varphi \,\mathsf{U}\, \psi) \,\mathsf{U}\, \psi \equiv \varphi \,\mathsf{U}\, \psi$

吸收律:

$\Diamond\Box\Diamond\varphi \equiv \Box\Diamond\varphi$

$\Box\Diamond\Box\varphi \equiv \Diamond\Box\varphi$

分配律:

$\bigcirc(\varphi \,\mathsf{U}\, \psi) \equiv (\bigcirc\varphi) \,\mathsf{U}\, (\bigcirc\psi)$

$\Diamond(\varphi \vee \psi) \equiv \Diamond\varphi \vee \Diamond\psi$

$\Box(\varphi \wedge \psi) \equiv \Box\varphi \wedge \Box\psi$

展开律:

$\varphi \,\mathsf{U}\, \psi \equiv \psi \vee (\varphi \wedge \bigcirc(\varphi \,\mathsf{U}\, \psi))$

$\Diamond\psi \equiv \psi \vee \bigcirc\Diamond\psi$

$\Box\psi \equiv \psi \wedge \bigcirc\Box\psi$

图 5.7 LTL 的一些等价律

对偶律中的 $\neg\bigcirc\varphi \equiv \bigcirc\neg\varphi$ 表示下一步运算符 $\bigcirc$ 与自身对偶. 由观察可得

$$\begin{aligned} A_0A_1A_2\cdots \models \neg\bigcirc\varphi \quad &\text{iff} \quad A_0A_1A_2\cdots \not\models \bigcirc\varphi \\ &\text{iff} \quad A_1A_2A_3\cdots \not\models \varphi \\ &\text{iff} \quad A_1A_2A_3\cdots \models \neg\varphi \\ &\text{iff} \quad A_0A_1A_2\cdots \models \bigcirc\neg\varphi. \end{aligned}$$

吸收律 $\Diamond\Box\Diamond\varphi \equiv \Box\Diamond\varphi$ 可解释为"无限次 φ"等价于"从某一刻开始, φ 无限次为真".

$\Diamond$ 对析取的分配律与 $\Box$ 对合取的分配律对偶. 它们可以看作谓词逻辑的以下两个分配律在顺序逻辑中的类比: $\exists$ 对 $\vee$ 的分配律, $\forall$ 对 $\wedge$ 的分配律. 然而应当指出, $\Diamond$ 对合取不满足分配律 (类似于存在量词), $\Box$ 对析取也不满足分配律 (类似于全称量词):

$$\Diamond(a \wedge b) \not\equiv \Diamond a \wedge \Diamond b$$
$$\Box(a \vee b) \not\equiv \Box a \vee \Box b$$

公式 $\Diamond(a \wedge b)$ 确保能到达一个 a 和 b 都成立的状态, 而 $\Diamond a \wedge \Diamond b$ 确保终将到达一个 a 状态和一个 b 状态. 根据上面的第二个公式, a 和 b 不需要同时满足. 图 5.8 描述了一个满足 $\Diamond a \wedge \Diamond b$ 但不满足 $\Diamond(a \wedge b)$ 的迁移系统.

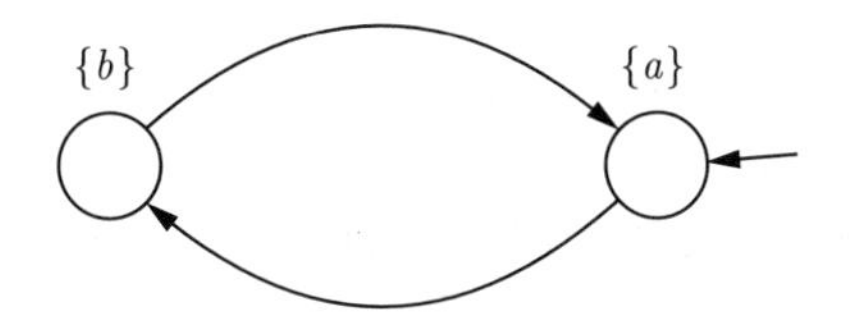

图 5.8　TS $\not\models \Diamond(a \wedge b)$ 并且 TS $\models \Diamond a \wedge \Diamond b$

展开律有重要作用. 它们通过递归等价法来描述时序模态 U、$\Diamond$ 和 $\Box$. 这些等价关系都具有相同的整体结构: 它们断言当前状态和直接后继状态的一些事情. 不需要利用时序模态即可作出关于当前状态的断言, 而对下一状态的断言则要用运算符 $\bigcirc$ 作出. 例如, 针对直到的展开律, 思路如下. 公式 $\varphi \,\mathsf{U}\, \psi$[译注 47] 是下列等式的一个解:

$$\kappa \equiv \psi \vee (\varphi \wedge \bigcirc\kappa)$$

↖ ↗ 当前状态　　↑ 第一个后缀

下面更详细地解释直到运算符的展开律. 令 $A_0A_1A_2\cdots$ 是字母表 2^{AP} 上的无限单词, 使得 $A_0A_1A_2\cdots \models \varphi \,\mathsf{U}\, \psi$. 由直到运算符的定义知, 存在一个 $k \geqslant 0$, 使得

$$\text{对所有 } 0 \leqslant i < k,\ A_iA_{i+1}A_{i+2}\cdots \models \varphi,\ \text{并且 } A_kA_{k+1}A_{k+2}\cdots \models \psi$$

区分 $k=0$ 和 $k>0$ 两种情况. 若 $k=0$, 则 $A_0A_1A_2\cdots \models \psi$, 从而 $A_0A_1A_2\cdots \models \psi \vee \cdots$; 若 $k>0$, 则

$$A_0A_1A_2\cdots \models \varphi \text{ 且 } A_1A_2A_3\cdots \models \varphi \,\mathsf{U}\, \psi$$

由此可直接得到

$$A_0A_1A_2\cdots \models \varphi \wedge \bigcirc(\varphi \,\mathsf{U}\, \psi)$$

合并 $k=0$ 和 $k>0$ 两种情况的结果, 可得

$$A_0A_1A_2\cdots \models \psi \vee (\varphi \wedge \bigcirc(\varphi \mathsf{U} \psi))$$

反方向可类似地证明.

$\Diamond\psi$ 的展开律是直到运算符的展开律的一种特殊情况:

$$\Diamond\psi = \text{true} \mathsf{U} \psi \equiv \psi \vee \underbrace{(\text{true} \wedge \bigcirc(\text{true} \mathsf{U} \psi))}_{\equiv \bigcirc(\text{true}\mathsf{U}\psi) = \bigcirc\Diamond\varphi} \equiv \psi \vee \bigcirc\Diamond\psi$$

由 $\Diamond$ 和 $\Box$ 的对偶性、$\vee$ 和 $\wedge$ 的对偶性 (即德摩根律) 和 $\bigcirc$ 的对偶律, 可以得到 $\Box\psi$ 的展开律:

$$\begin{aligned}
\Box\psi &= \neg\Diamond\neg\psi && (* \ \Box \text{ 的定义 } *) \\
&\equiv \neg(\neg\psi \vee \bigcirc\Diamond\neg\psi) && (* \ \Diamond \text{ 的展开律 } *) \\
&\equiv \neg\neg\psi \wedge \neg\bigcirc\Diamond\neg\psi && (* \text{ 德摩根律 } *) \\
&\equiv \psi \wedge \bigcirc\neg\Diamond\neg\psi && (* \ \bigcirc \text{ 的对偶律 } *) \\
&\equiv \psi \wedge \bigcirc\Box\psi && (* \ \Box \text{ 的定义 } *)
\end{aligned}$$

已指出的展开律都没有呈现出时序运算符的全部递归特征. 认识到这一点是重要的. 例如, 公式 $\varphi = \text{false}$ 和 $\varphi = \Box a$ 都满足递归方程 $\varphi \equiv a \wedge \bigcirc\varphi$, 这是因为 $\text{false} \equiv a \wedge \bigcirc\text{false}$ 且 $\Box a \equiv a \wedge \bigcirc\Box a$. 然而, $\varphi \mathsf{U} \psi$ 和 $\Diamond\varphi$ 分别是 "直到" 运算符和 "终将" 运算符的展开律的最小解. 同样, $\Box\varphi$ 是 "总是" 运算符的展开律的最大解. 下面以 "直到" 运算符为例, 解释上述命题的确切含义.

引理 5.1 "直到" 运算符是展开律的最小解

对于 LTL 公式 φ 和 ψ, $\text{Words}(\varphi \mathsf{U} \psi)$ 是满足

$$\text{Words}(\psi) \cup \{A_0A_1A_2\cdots \in \text{Words}(\varphi) \mid A_1A_2A_3\cdots \in P\} \subseteq P \tag{$*$}$$

的最小 LT 性质 $P \subseteq (2^{\text{AP}})^\omega$. 此外, $\text{Words}(\varphi \mathsf{U} \psi)$ 就是集合

$$\text{Words}(\psi) \cup \{A_0A_1A_2\cdots \in \text{Words}(\varphi) \mid A_1A_2A_3\cdots \in \text{Words}(\varphi \mathsf{U} \psi)\}$$

满足条件 $(*)$ 的最小 LT 性质是指下列条件成立:

(1) $P = \text{Words}(\varphi \mathsf{U} \psi)$ 满足条件 $(*)$.

(2) 对所有满足条件 $(*)$ 的 LT 性质 P 都有 $\text{Words}(\varphi \mathsf{U} \psi) \subseteq P$.

证明: 条件 (1) 直接由展开律 $\varphi \mathsf{U} \psi \equiv \psi \vee (\varphi \wedge \bigcirc(\varphi \mathsf{U} \psi))$ 得到. 事实上, 由展开律甚至能推出条件 $(*)$ 中的 $\subseteq$ 可以用相等代替的结论, 即, $\text{Words}(\varphi \mathsf{U} \psi)$ 就是

$$\text{Words}(\psi) \cup \{A_0A_1A_2\cdots \in \text{Words}(\varphi) \mid A_1A_2A_3\cdots \in \text{Words}(\varphi \mathsf{U} \psi)\}$$

为证明条件 (2), 设 P 是满足条件 $(*)$ 的 LT 性质. 下面证明 $\text{Words}(\varphi \mathsf{U} \psi) \subseteq P$. 因为 P 满足条件 $(*)$, 所以有

(i) $\text{Words}(\psi) \subseteq P$.

(ii) 若 $B_0B_1B_2\cdots \in \text{Words}(\varphi)$ 且 $B_1B_2B_3\cdots \in P$, 则 $B_0B_1B_2\cdots \in P$.

令 $A_0A_1A_2\cdots \in \text{Words}(\varphi \mathsf{U} \psi)$. 那么, 存在下标 $k \geqslant 0$, 使

(iii) 对所有 $0 \leqslant i < k$, $A_iA_{i+1}A_{i+2}\cdots \in \text{Words}(\varphi)$.

(iv) $A_kA_{k+1}A_{k+2}\cdots \in \text{Words}(\psi)$.

现在就能进行以下推导:

$$
\begin{array}{lll}
& A_kA_{k+1}A_{k+2}\cdots \in P & \text{由 (i) 和 (iv)} \\
\Rightarrow & A_{k-1}A_kA_{k+1}\cdots \in P & \text{由 (ii) 和 (iii)} \\
\Rightarrow & A_{k-2}A_{k-1}A_k\cdots \in P & \text{由 (ii) 和 (iii)} \\
& \vdots & \\
\Rightarrow & A_0A_1A_2\cdots \in P & \text{由 (ii) 和 (iii)}
\end{array}
$$

■

5.1.5 弱直到、释放和正范式

任何 LTL 公式都可以转化为正统的形式, 即*正范式* (Positive Normal Form, PNF). 这个正统形式的特征为只对原子命题使用否定. 命题逻辑中的 PNF 由常量 true 和 false、文字 a 和 $\neg a$ 以及运算符 $\wedge$ 和 $\vee$ 组成. 例如, $\neg a \wedge ((\neg b \wedge c) \vee \neg a)$ 是 PNF, 而 $\neg(a \wedge \neg b)$ 不是. 著名的析取范式和合取范式是命题逻辑中 PNF 的特殊情况.

为了能够把任何 LTL 公式转化为 PNF, 每个运算符的对偶运算符都需要纳入 PNF 的语法中. LTL 的正范式的命题逻辑本原是常量 true 及其对偶 false $= \neg$true 以及合取 $\wedge$ 及其对偶 $\vee$. 由德摩根律 $\neg(\varphi \vee \psi) \equiv \neg\varphi \wedge \neg\psi$ 和 $\neg(\varphi \wedge \psi) \equiv \neg\varphi \vee \neg\psi$, 可以得到合取和析取的对偶性. 根据对偶律 $\neg\bigcirc\varphi \equiv \bigcirc\neg\varphi$ 可知下一步运算符和自身对偶. 因此, 运算符 $\bigcirc$ 不需要额外的运算符. 现在考虑直到运算符. 首先, 可以发现

$$\neg(\varphi \mathsf{U} \psi) \equiv ((\varphi \wedge \neg\psi) \mathsf{U} (\neg\varphi \wedge \neg\psi)) \vee \Box(\varphi \wedge \neg\psi)$$

右边的第一个析取项说明 φ 过早地 (即在 ψ 成立之前) 停止成立. 右边的第二个析取项说明 φ 总成立但 ψ 总不成立. 显然, 在这两种情况下, $\neg(\varphi \mathsf{U} \psi)$ 都成立.

这些发现表明有必要引入运算符 W (称为*弱直到*或*除非*) 作为 U 的对偶运算符. 它的定义是

$$\varphi \mathsf{W} \psi \overset{\text{def}}{=} (\varphi \mathsf{U} \psi) \vee \Box\varphi$$

$\varphi \mathsf{U} \psi$ 需要 ψ 成立的状态, 而 $\varphi \mathsf{W} \psi$ 不需要. 除此之外, $\varphi \mathsf{W} \psi$ 的语义与 $\varphi \mathsf{U} \psi$ 的语义是相似的. 直到运算符 U 和弱直到运算符 W 在下述意义下是对偶的:

$$
\begin{aligned}
\neg(\varphi \mathsf{U} \psi) &\equiv (\varphi \wedge \neg\psi) \mathsf{W} (\neg\varphi \wedge \neg\psi) \\
\neg(\varphi \mathsf{W} \psi) &\equiv (\varphi \wedge \neg\psi) \mathsf{U} (\neg\varphi \wedge \neg\psi)
\end{aligned}
$$

因为

$$
\begin{aligned}
\Box\psi &\equiv \psi \mathsf{W} \text{false} \\
\varphi \mathsf{U} \psi &\equiv (\varphi \mathsf{W} \psi) \wedge \underbrace{\Diamond\psi}_{\equiv \neg\Box\neg\psi}
\end{aligned}
$$

所以 U 和 W 有相同的表达能力, 从而弱直到运算符不是 LTL 的标准运算符. 也就是说, 只有限制否定 (如在 PNF 中) 的出现, 弱直到运算符才有意义. 有趣的是, 可以看到 W 和 U 满足相同的展开律:

$$\varphi \mathsf{W} \psi \equiv \psi \vee (\varphi \wedge \bigcirc(\varphi \mathsf{W} \psi))$$

若 $\psi = \text{false}$, 则可得 $\Box\varphi$ 的展开律:

$$\Box\varphi = \varphi \mathsf{W} \text{false} \equiv \text{false} \vee (\varphi \wedge \bigcirc(\varphi \mathsf{W} \text{false})) \equiv \varphi \wedge \bigcirc\Box\varphi$$

U 和 W 的语义差异表现为 $\varphi \mathsf{W} \psi$ 是

$$\kappa \equiv \psi \vee (\varphi \wedge \bigcirc\kappa)$$

的最大解. 下面证明此结果. $\varphi \mathsf{U} \psi$ 是这个等价 (关系式) 的最小解, 见引理 5.1.

引理 5.2 弱直到是展开律的最大解

对于 LTL 公式 φ 和 ψ, $\text{Words}(\varphi \mathsf{W} \psi)$ 是满足

$$\text{Words}(\psi) \cup \{A_0A_1A_2\cdots \in \text{Words}(\varphi) \mid A_1A_2A_3\cdots \in P\} \supseteq P \qquad (*)$$

的最大 LT 性质 $P \subseteq (2^{\text{AP}})^\omega$. 此外, $\text{Words}(\varphi \mathsf{W} \psi)$ 就是 LT 性质

$$\text{Words}(\psi) \cup \{A_0A_1A_2\cdots \in \text{Words}(\varphi) \mid A_1A_2A_3\cdots \in \text{Words}(\varphi \mathsf{W} \psi)\}$$

"满足条件 (*) 的最大 LT 性质" 是指下列条件成立:

(1) $P = \text{Words}(\varphi \mathsf{W} \psi)$ 满足条件 (*)[译注 48].

(2) 对所有满足条件 (*) 的 LT 性质 P 都有 $\text{Words}(\varphi \mathsf{W} \psi) \supseteq P$.

证明: 事实上, 即使把条件 (*) 中的 $\supseteq$ 换成等号, 条件 (1) 也是成立的, 即 Words$(\varphi \mathsf{W} \psi)$ 就是

$$\text{Words}(\psi) \cup \{A_0A_1A_2\cdots \in \text{Words}(\varphi) \mid A_1A_2A_3\cdots \in \text{Words}(\varphi \mathsf{W} \psi)\}$$

这是展开律 $\varphi \mathsf{W} \psi \equiv \psi \vee (\varphi \wedge \bigcirc(\varphi \mathsf{W} \psi))$ 的直接推论.

为证明条件 (2), 设 P 为满足条件 (*) 的 LT 性质. 即, 对所有 $B_0B_1B_2B_3\cdots \in (2^{\text{AP}})^\omega \setminus \text{Words}(\psi)$, 都有

(i) 若 $B_0B_1B_2B_3\cdots \notin \text{Words}(\varphi)$, 则 $B_0B_1B_2B_3\cdots \notin P$.

(ii) 若 $B_1B_2B_3\cdots \notin P$, 则 $B_0B_1B_2B_3\cdots \notin P$.

现在证明

$$(2^{\text{AP}})^\omega \setminus \text{Words}(\varphi \mathsf{W} \psi) \subseteq (2^{\text{AP}})^\omega \setminus P$$

令 $A_0A_1A_2\cdots \in (2^{\text{AP}})^\omega \setminus \text{Words}(\varphi \mathsf{W} \psi)$. 那么, $A_0A_1A_2\cdots \not\models \varphi \mathsf{W} \psi$, 从而有

$$A_0A_1A_2\cdots \models \neg(\varphi \mathsf{W} \psi) \equiv (\varphi \wedge \neg\psi) \mathsf{U} (\neg\varphi \wedge \neg\psi).$$

因此存在 $k \geqslant 0$, 使得

(iii) 对所有 $0 \leqslant i < k$ 都有 $A_i A_{i+1} A_{i+2} \cdots \models \varphi \wedge \neg\psi$.

(iv) $A_k A_{k+1} A_{k+2} \cdots \models \neg\varphi \wedge \neg\psi$.

特别地, 对于所有 $0 \leqslant i \leqslant k$, 单词 $A_i A_{i+1} A_{i+2} \cdots$ 都不属于 Words(ψ). 由此得到

$$
\begin{array}{lll}
 & A_k A_{k+1} A_{k+2} A_{k+3} \cdots \notin P & \text{(i) 和 (iv)} \\
\Rightarrow & A_{k-1} A_k A_{k+1} A_{k+2} \cdots \notin P & \text{(ii) 和 (iii)} \\
\Rightarrow & A_{k-2} A_{k-1} A_k A_{k+1} \cdots \notin P & \text{(ii) 和 (iii)} \\
 & \vdots & \\
\Rightarrow & A_0 A_1 A_2 A_3 \cdots \notin P & \text{(ii) 和 (iii)}
\end{array}
$$

所以, $(2^{\mathrm{AP}})^\omega \setminus \mathrm{Words}(\varphi \mathsf{W} \psi) \subseteq (2^{\mathrm{AP}})^\omega \setminus P$, 等价地, $\mathrm{Words}(\varphi \mathsf{W} \psi) \supseteq P$. ■

现在已准备好引进 LTL 的正范式了, 它只允许否定文字. 为保证 LTL 的全部表达能力, 将使用对偶的布尔联结词 $\wedge$ 和 $\vee$、自对偶的下一步运算符 $\bigcirc$ 以及 U 和 W.

定义 5.5 LTL 公式的弱直到正范式

对于 $a \in \mathrm{AP}$, LTL 公式的*弱直到正范式* (弱直到 PNF) 的集合由

$$
\varphi ::= \mathrm{true} \mid \mathrm{false} \mid a \mid \neg a \mid \varphi_1 \wedge \varphi_2 \mid \varphi_1 \vee \varphi_2 \mid \bigcirc\varphi \mid \varphi_1 \mathsf{U} \varphi_2 \mid \varphi_1 \mathsf{W} \varphi_2
$$

给出. ■

根据定律 $\Box\varphi \equiv \varphi \mathsf{W} \mathrm{false}$, 也可以认为 $\Box$ 是正范式允许的运算符. 同上, 因 $\Diamond\varphi = \mathrm{true} \mathsf{U} \varphi$, W 正范式允许有 $\Diamond$. 以 PNF 给出的一个 LTL 公式的例子为

$$
\Diamond(a \mathsf{U} \Box b) \vee (a \wedge \neg c) \mathsf{W} (\Diamond(\neg a \mathsf{U} b))
$$

LTL 公式 $\neg(a \mathsf{U} b)$ 和 $c \vee \neg(a \wedge \Diamond b)$ 不是弱直到 PNF.

上面这些考虑的目的是把任何 LTL 公式重写为弱直到 PNF. 把否定依次推到公式内, 就能够实现重写. 通过下面的转换很容易实现这一目的:

$$
\begin{array}{lll}
\neg\mathrm{true} & \rightsquigarrow & \mathrm{false} \\
\neg\mathrm{false} & \rightsquigarrow & \mathrm{true} \\
\neg\neg\varphi & \rightsquigarrow & \varphi \\
\neg(\varphi \wedge \psi) & \rightsquigarrow & \neg\varphi \vee \neg\psi \\
\neg\bigcirc\varphi & \rightsquigarrow & \bigcirc\neg\varphi \\
\neg(\varphi \mathsf{U} \psi) & \rightsquigarrow & (\varphi \wedge \neg\psi) \mathsf{W} (\neg\varphi \wedge \neg\psi)
\end{array}
$$

这些重写规则可以用如下方式提升到导出的运算符:

$$
\neg(\varphi \vee \psi) \rightsquigarrow \neg\varphi \wedge \neg\psi \text{ 和 } \neg\Diamond\varphi \rightsquigarrow \Box\neg\varphi \text{ 和 } \neg\Box\varphi \rightsquigarrow \Diamond\neg\varphi
$$

例 5.10 正范式

考虑 LTL 公式 $\neg\Box((a \mathsf{U} b) \vee \bigcirc c)$. 这个公式不是 PNF, 但按照如下方法, 可以变换为

一个等价的弱直到 PNF:

$$\begin{aligned}&\neg\Box((a \mathsf{U} b) \vee \bigcirc c)\\ \equiv\ &\Diamond\neg((a \mathsf{U} b) \vee \bigcirc c)\\ \equiv\ &\Diamond(\neg(a \mathsf{U} b) \wedge \neg\bigcirc c)\\ \equiv\ &\Diamond((a \wedge \neg b) \mathsf{W} (\neg a \wedge \neg b) \wedge \bigcirc\neg c)\end{aligned}$$

■

定理 5.1 等价弱直到 PNF 的存在性

每个 LTL 公式都存在一个等价的弱直到 PNF. ■

上面介绍的重写规则的主要缺点是: 与原非 PNF 的 LTL 公式比较, 所得弱直到 PNF 的长度可能呈指数级增长. 这主要归因于直到运算符的重写规则, 它把 φ 和 ψ 重复两次. 虽然改用下面的定律

$$\neg(\varphi \mathsf{U} \psi) \equiv (\neg\psi) \mathsf{W} (\neg\varphi \wedge \neg\psi)$$

情况可以略有改善, 但是长度的指数级增长是不可避免的, 这是因为复制了右边的 ψ.

为了避免在把 LTL 公式转换为 PNF 时出现指数级增长, 可以采用另一种与直到运算符对偶的时序模态, 即二元释放运算符, 记作 R. 它由

$$\varphi \mathsf{R} \psi \stackrel{\text{def}}{=} \neg(\neg\varphi \mathsf{U} \neg\psi)$$

定义. 直观解释如下. 对于某一单词, 公式 $\varphi \mathsf{R} \psi$ 成立的要求是 ψ 总是成立, 但只要 φ 成为有效的, 就释放这一要求. 因此, 只有 φ 总是成立, 公式 false R φ 才是有效的, 这是因为释放条件 (false) 恒假. 形式上, 对给定单词 $\sigma = A_0A_1A_2\cdots \in (2^{\mathrm{AP}})^\omega$, 有

$$\begin{aligned}\sigma \models \varphi \mathsf{R} \psi \quad &\text{iff} \quad \neg\exists j \geqslant 0.\, (\sigma[j..] \models \neg\psi \wedge \forall i < j.\, \sigma[i..] \models \neg\varphi) && \text{(* R 的定义 *)}\\ &\text{iff} \quad \neg\exists j \geqslant 0.\, (\sigma[j..] \not\models \psi \wedge \forall i < j.\, \sigma[i..] \not\models \varphi) && \text{(* 否定的语义 *)}\\ &\text{iff} \quad \forall j \geqslant 0.\, \neg\Big(\sigma[j..] \not\models \psi \wedge \forall i < j.\, \sigma[i..] \not\models \varphi\Big) && \text{(* ∃ 和 ∀ 的对偶 *)}\\ &\text{iff} \quad \forall j \geqslant 0.\, \Big(\neg(\sigma[j..] \not\models \psi) \vee \neg\forall i < j.\, \sigma[i..] \not\models \varphi\Big) && \text{(* 德摩根律 *)}\\ &\text{iff} \quad \forall j \geqslant 0.\, \Big(\sigma[j..] \models \psi \vee \exists i < j.\, \sigma[i..] \models \varphi\Big) && \text{(* 否定的语义 *)}\\ &\text{iff} \quad \forall j \geqslant 0.\, \sigma[j..] \models \psi \text{ 或 } \exists i \geqslant 0.\, (\sigma[i..] \models \varphi) \wedge \forall k \leqslant i.\, \sigma[k..] \models \psi)\end{aligned}$$

总是运算符可从释放运算符通过

$$\Box\varphi \equiv \text{false } \mathsf{R}\ \varphi$$

得到. 弱直到运算符和直到运算符可分别由

$$\varphi \mathsf{W} \psi \equiv (\neg\varphi \vee \psi) \mathsf{R} (\varphi \vee \psi), \quad \varphi \mathsf{U} \psi \equiv \neg(\neg\varphi \mathsf{R} \neg\psi)$$

得到. 反之, $\varphi \mathsf{R} \psi \equiv (\neg\varphi \wedge \psi) \mathsf{W} (\varphi \wedge \psi)$. 释放运算符的展开律 (见习题 5.8) 为

$$\varphi \mathsf{R} \psi \equiv \psi \wedge (\varphi \vee \bigcirc(\varphi \mathsf{R} \psi))$$

现在用 R 运算符而不是 W 运算符重新给出 PNF 的定义.

定义 5.6　LTL公式的释放正范式

对于 $a \in \text{AP}$, LTL公式的释放正范式 (释放 PNF) 为

$$\varphi ::= \text{true} \mid \text{false} \mid a \mid \neg a \mid \varphi_1 \wedge \varphi_2 \mid \varphi_1 \vee \varphi_2 \mid \bigcirc\varphi \mid \varphi_1 \,\mathsf{U}\, \varphi_2 \mid \varphi_1 \,\mathsf{R}\, \varphi_2$$ ■

下面的转换规则将否定推到公式内部, 并用于将一个给定的 LTL 公式转换为等价的 PNF:

$$\begin{array}{lll} \neg\text{true} & \rightsquigarrow & \text{false} \\ \neg\neg\varphi & \rightsquigarrow & \varphi \\ \neg(\varphi \wedge \psi) & \rightsquigarrow & \neg\varphi \vee \neg\psi \\ \neg\bigcirc\varphi & \rightsquigarrow & \bigcirc\neg\varphi \\ \neg(\varphi \,\mathsf{U}\, \psi) & \rightsquigarrow & (\neg\varphi) \,\mathsf{R}\, (\neg\psi) \end{array}$$

在每个重写规则中, 重写后所得公式的大小最多增加一个附加常数.

定理 5.2　等价的释放 PNF 的存在性

任何 LTL 公式 φ 都存在等价的释放 PNF φ', 并且 $|\varphi'| = O(|\varphi|)$. ■

5.1.6 LTL 中的公平性

在第 3 章中, 为了验证活性性质, 给出了一些必要的公平性约束. 可以将其分为 3 种类型的 (针对动作集的) 公平性约束, 即无条件、强和弱公平性. 相应地, LT 性质的满足关系 (记为 $\models$) 也已被改造为公平性假设 $\mathcal{F}$ (记为 $\models_{\mathcal{F}}$), 其中 $\mathcal{F}$ 是公平性约束 (集合) 的三元组. 这就使得在确定性质的满足性时只考虑公平路径. 本节将这种方法用于 LTL 情境. 也就是说, 不是对迁移系统 TS 和 LTL 公式 φ 确定 $\text{TS} \models \varphi$ 是否成立, 而是专注于 TS 的公平执行. 与基于动作的公平性假设 (和约束) 的主要区别是, 本节讨论的公平性是指基于状态的公平性.

定义 5.7　LTL 的公平性约束和假设

令 Φ 和 Ψ 是 AP 上的命题逻辑公式.

(1) 无条件 LTL 公平性约束是一个具有如下形式的 LTL 公式:

$$\text{ufair} = \Box\Diamond\Psi$$

(2) 强 LTL 公平性约束是一个具有如下形式的 LTL 公式:

$$\text{sfair} = \Box\Diamond\Phi \rightarrow \Box\Diamond\Psi$$

(3) 弱 LTL 公平性约束是一个具有如下形式的 LTL 公式:

$$\text{wfair} = \Diamond\Box\Phi \rightarrow \Box\Diamond\Psi$$

LTL 公平性假设是 (任意类型的) LTL 公平性约束的合取. ■

例如, 一个强 LTL 公平性假设表示若干个强 LTL 公平性约束的合取, 即形如

$$\text{sfair} = \bigwedge_{0<i\leqslant k} (\Box\Diamond\Phi_i \rightarrow \Box\Diamond\Psi_i)$$

的公式, 其中 $\varPhi_i$ 和 $\varPsi_i$ 是 AP 上的命题逻辑公式. 弱 LTL 公平性假设和无条件 LTL 公平性假设可类似地定义.

最一般地, LTL 公平性假设是无条件、强和弱公平性假设的合取 (像定义 3.14):

$$\text{fair} = \text{ufair} \wedge \text{sfair} \wedge \text{wfair}$$

其中 ufair、sfair 和 wfair 分别是无条件的、强的和弱的 LTL 公平性假设. 像基于动作的公平性假设的情形一样, 施加公平性假设的经验准则是: 强 (或无条件) 的公平性假设有利于解决争用, 而弱公平性假设往往足以解决交错导致的未定性.

接下来, 采用基于动作的公平性假设使用的记号. 令 FairPaths(s) 表示所有开始于 s 的公平路径的集合, FairTraces(s) 表示所有开始于 s 的公平路径诱导的迹集. 形式上, 对于固定公式 fair,

$$\begin{aligned}\text{FairPaths}(s) &= \{\pi \in \text{Paths}(s) \mid \pi \models \text{fair}\}\\ \text{FairTraces}(s) &= \{\text{trace}(\pi) \mid \pi \in \text{FairPaths}(s)\}\end{aligned}$$

它们可用明显方式提升到迁移系统, 以得到 FairPaths(TS) 和 FairTraces(TS). 为区别于公平性假设 fair, 它们可写为 $\text{FairPaths}_{\text{fair}}(\cdot)$ 或 $\text{FairTraces}_{\text{fair}}(\cdot)$.

定义 5.8 LTL 的公平满足关系

对于无终止状态的 (AP 上的) 迁移系统 TS 中的状态 s、LTL 公式 φ 和 LTL 公平性假设 fair, 令

$$\begin{aligned}s \models_{\text{fair}} \varphi \quad &\text{iff} \quad \forall \pi \in \text{FairPaths}(s).\, \pi \models \varphi\\ \text{TS} \models_{\text{fair}} \varphi \quad &\text{iff} \quad \forall s_0 \in I.\, s_0 \models_{\text{fair}} \varphi\end{aligned}$$

■

若 φ 对于所有始于初始状态的 fair 路径都成立, 则 TS 在公平性假设 fair 下满足 φ.

例 5.11 随机裁判互斥 (公平性)

对于两个进程互斥的情况, 考虑以下方法. 随机裁判决定哪个进程可以进入关键节段, 见图 5.9. 它是通过掷硬币实现的. 在此抛开概率, 用 “正” 和 “反” 的未定选择给掷硬币建模. 假设两个竞争进程分别用动作 enter_1 和 enter_2 与裁判通信. 通过在动作 rel[译注 49] 上的同步来释放关键节段. 为简单起见, 不指出哪个进程释放关键节段.

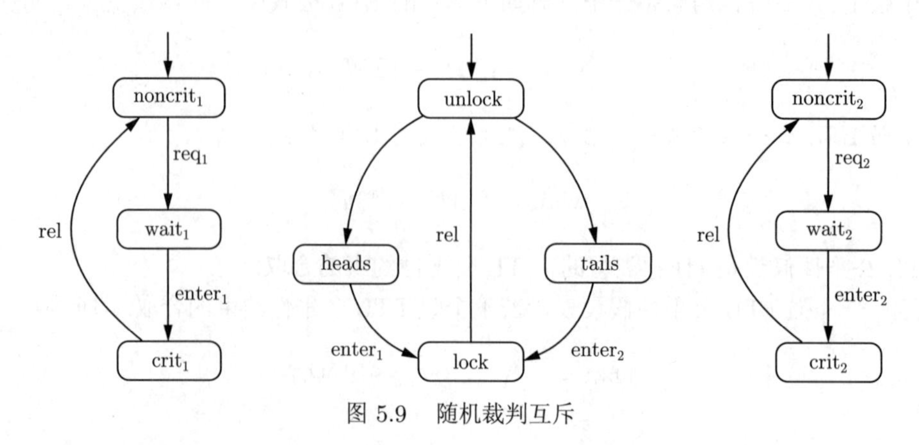

图 5.9 随机裁判互斥

性质 “进程 P_1 无限次处于关键节段” 不能确立. 例如, 其原因可能是底层迁移系统的表示不排斥只有第二个进程可完成动作而 P_1 被完全忽略的执行. 因此,

$$\text{TS}_1 \parallel \text{Arbiter} \parallel \text{TS}_2 \not\models \Box\Diamond \text{crit}_1$$

如果掷硬币是足够公平的, 使事件 “正” 和 “反” 都以正概率发生, 那么, 通过下列无条件 LTL 公平性假设, 就可忽略两者之一永不发生这种不切实际的情况:

$$\text{fair} = \Box\Diamond \text{heads} \wedge \Box\Diamond \text{tails}$$

现在, 不难验证

$$\text{TS}_1 \parallel \text{Arbiter} \parallel \text{TS}_2 \models_{\text{fair}} \Box\Diamond \text{crit}_1 \wedge \Box\Diamond \text{crit}_2$$ ■

例 5.12 通信协议 (公平性)

考虑例 2.15 中描述的交替位协议. 为方便起见, 图 5.10 再次给出了交替位协议发送器的程序图.

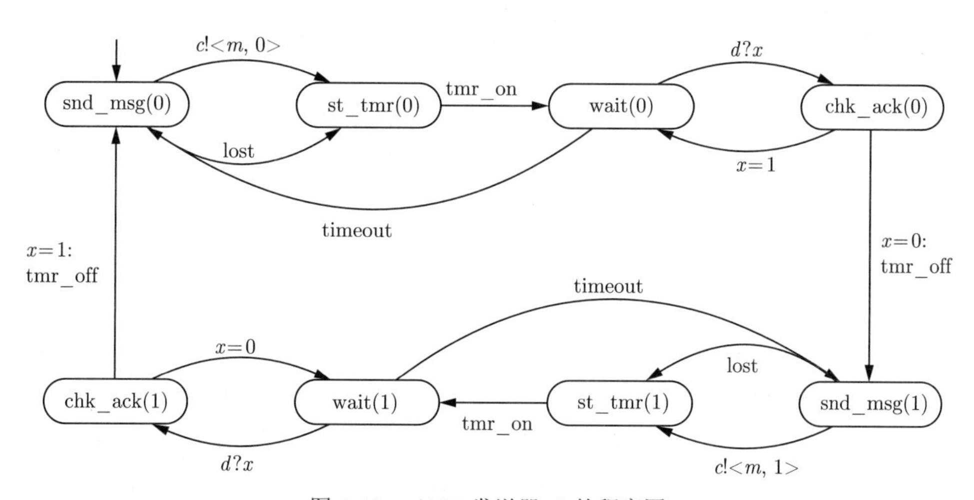

图 5.10 ABP 发送器 S 的程序图

活性性质 $\Box\Diamond$start 表示协议无限次回到它的初始状态. 在这个初始状态中, 动作 snd_msg(0) 是激活的. 因为不能排除不实际的情形 “(在有限次之后) 丢失每个交替位为 1 的消息”, 故得

$$\text{ABP} \not\models \Box\Diamond \text{start}$$

该情形对应路径

$$\cdots s_i \xrightarrow{\text{lost}} s_{i+1} \xrightarrow{\text{tmr\_on}} s_{i+2} \xrightarrow{\text{timeout}} s_{i+3} \xrightarrow{\text{lost}} \cdots$$

假设施加强 LTL 公平性假设:

$$\text{sfair} = \bigwedge_{b=0,1} \bigwedge_{\substack{k \\ k<\text{cap}(c)}} (\Box\Diamond(\text{send}(b) \wedge |c| = k) \rightarrow \Box\Diamond|c| = k+1)$$

此处, $|c| = n$ 表示原子命题, 它在通道 c 恰好包含 n 个元素 (即单词 $\xi(c)$ 的长度为 n) 的状态 $\langle \ell, \eta, \xi \rangle$ 处成立, 因此, sfair 表示 (从基于状态的观点) 传递消息的丢失不是持续可能的. 现在, 得到

$$\text{ABP} \models_{\text{sfair}} \Box\Diamond \text{start}$$

注意, 在 send(b) 上施加强公平性假设是必要的; 因为这个动作不是持续激活的, 所以弱公平性假设是不够的. ■

3.5 节利用动作集介绍了公平性. 例如, 对一个执行, 只要动作集 A 中的每个动作 $\alpha \in A$ 无限次发生, 则执行是无条件 A 公平的. 然而, LTL 公平性却定义在原子命题上, 即基于状态的角度. 两者的方法看起来相当不一样, 那么它们之间是否有任何联系呢?

基于动作的公平性假设的优势是许多有用的 (和可实现的) 公平性假设可以很容易地表达出来. 而基于状态的角度可能不太直观. 例如, 进程 (或者更一般地是某一特定行为) 的激活没有必要是状态 (对应的原子命题) 决定的一个性质. 然而, 这种差异并不是经常出现的.

例 5.13 基于状态与基于动作的公平性的对比

考虑基于信号的两个进程的互斥协议 (见图 5.11) 以及基于动作的以下强公平性假设:

$$\mathcal{F}_{\text{strong}} = \{\{\text{enter}_1\}, \{\text{enter}_2\}\}$$

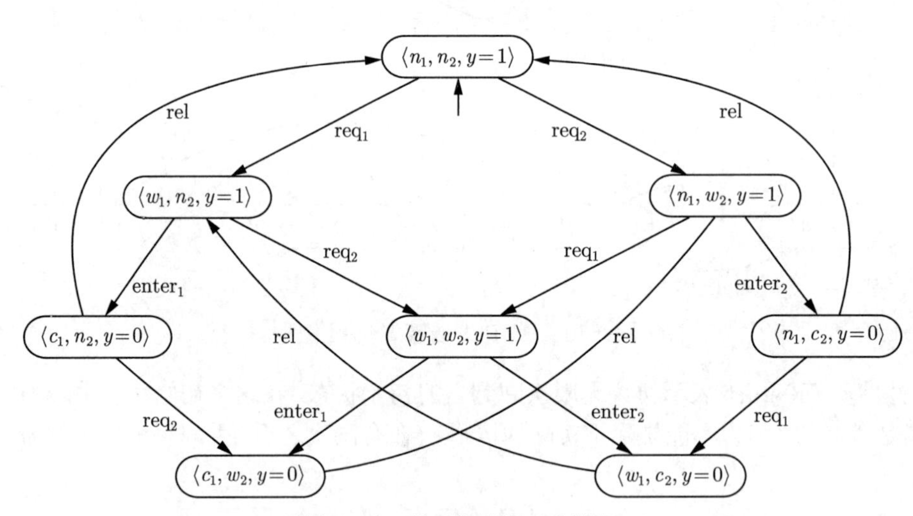

图 5.11 基于信号的互斥算法

试着用 (基于状态的) LTL 公平性假设陈述相同的约束. 首先观察到, 动作 enter_1 是可执行的当且仅当进程 P_1 处于状态 wait_1 并且进程 P_2 不处于关键节段. 此外, 在执行动作 enter_1 时, 进程 P_1 进入其关键节段. 因此, $\{\text{enter}_1\}$ 的强公平性可由下列 LTL 公平性假设描述:

$$\text{sfair}_1 = \Box\Diamond(\text{wait}_1 \wedge \neg\text{crit}_2) \rightarrow \Box\Diamond\text{crit}_1$$

类似地, 可以定义假设 sfair_2. 现在可得, $\text{sfair} = \text{sfair}_1 \wedge \text{sfair}_2$ 表示 $\mathcal{F}_{\text{strong}}$.

$\mathcal{F}_{\text{strong}}$ 要求每一个进程在无限次得到进入关键节段的机会时就会无限次进入关键节段. 这并不能禁止进程从不离开非关键节段. 为了避免这种不实际的情况, 弱公平性约束

$$\mathcal{F}_{\text{weak}} = \{\{\text{req}_1\}, \{\text{req}_2\}\}$$

要求任一进程在能够持续请求时都无限次请求进入关键节段. 以类似于上面的方法, 可把 (基于动作的) 弱公平性约束确切表示为 (基于状态的) LTL 公平性假设. 可以看到, P_i 的动作 "请求" 是可执行的当且仅当进程 P_i 处于局部状态 noncrit_i. $\{\text{req}_i\}$ 的弱公平性因而对应着 LTL 公平性假设

$$\text{wfair}_i = \Diamond\Box\text{noncrit}_i \rightarrow \Box\Diamond\text{wait}_i$$

令 $\text{fair} = \text{sfair} \wedge \text{wfair}$, 其中 $\text{wfair} = \text{wfair}_1 \wedge \text{wfair}_2$, 则得

$$\text{TS}_{\text{Sem}} \models_{\text{fair}} \Box\Diamond\text{crit}_1 \wedge \Box\Diamond\text{crit}_2$$ ■

在许多情况下, 基于状态的 LTL 公平性假设可以替代基于动作的公平性假设. 然而, 这需要以下可能性, 从状态标记推断出可能激活的动作和最后执行的动作. 事实证明, 基于动作的公平性假设总是可以被 "翻译" 成类似的 LTL 公平性假设. 这可如下进行: 复制每一非初始状态 s, 记录执行哪个动作进入了状态 s. 要对每个可能进入该状态的动作进行复制. 被复制的状态 $\langle s, \alpha \rangle$ 表示最后执行动作 α 到达状态 s.

以上过程的形式化描述如下. 对于迁移系统 $\text{TS} = (S, \text{Act}, \rightarrow, I, \text{AP}, L)$, 令

$$\text{TS}' = (S', \text{Act}', \rightarrow', I', \text{AP}', L')$$

其中 $\text{Act}' = \text{Act} \uplus \{\text{begin}\}$, $I' = I \times \{\text{begin}\}$ 且 $S' = I' \cup (S \times \text{Act})$. TS' 中的迁移关系由规则

$$\frac{s \xrightarrow{\alpha} s'}{\langle s, \beta \rangle \xrightarrow{\alpha}{}' \langle s', \alpha \rangle} \quad \text{和} \quad \frac{s_0 \xrightarrow{\alpha} s \;\; s_0 \in I}{\langle s_0, \text{begin} \rangle \xrightarrow{\alpha}{}' \langle s, \alpha \rangle}$$

定义. 状态标记定义如下. 令

$$\text{AP}' = \text{AP} \cup \{\text{enabled}(\alpha), \text{taken}(\alpha) \mid \alpha \in \text{Act}\}$$

标记函数为: 对 $\langle s, \alpha \rangle \in S \times \text{Act}$,

$$L'(\langle s, \alpha \rangle) = L(s) \cup \{\text{taken}(\alpha)\} \cup \{\text{enabled}(\beta) \mid \beta \in \text{Act}(s)\}$$

且

$$L'(\langle s_0, \text{begin} \rangle) = L(s_0) \cup \{\text{enabled}(\beta) \mid \beta \in \text{Act}(s_0)\}$$

易证

$$\text{Traces}_{\text{AP}}(\text{TS}) = \text{Traces}_{\text{AP}}(\text{TS}')$$

现在, 对于动作集 $A \subseteq \text{Act}$ 的强公平性可描述为强 LTL 公平性假设:

$$\text{sfair}_A = \Box\Diamond\text{enabled}(A) \rightarrow \Box\Diamond\text{taken}(A)$$

其中

$$\text{enabled}(A) = \bigvee_{\alpha\in A} \text{enabled}(\alpha) \text{ 以及 } \text{taken}(A) = \bigvee_{\alpha\in A} \text{taken}(\alpha)$$

类似地, TS 的基于动作的无条件和弱公平性假设可以转化为 TS$'$ 的 LTL 公平性假设. 对于 TS 的基于动作的公平性假设 $\mathcal{F}$ 和对应的 TS$'$ 的 LTL 公平性假设 fair, 公平迹的集合相等:

$$\begin{aligned}&\{\text{trace}_{\text{AP}}(\pi) \mid \pi \in \text{Paths}(\text{TS}), \pi \text{ 是 } \mathcal{F} \text{ 公平的}\}\\ =&\{\text{trace}_{\text{AP}}(\pi') \mid \pi' \in \text{Paths}(\text{TS}'), \pi' \models \text{fair}\}\end{aligned}$$

换言之, $\text{FairTraces}_{\mathcal{F}}(\text{TS}) = \text{FairTraces}_{\text{fair}}(\text{TS}')$, 此处对 TS$'$ 只考虑 AP 中的原子命题. 特别地, 对 AP 上的每个 LT 性质 P, 都有

$$\text{TS} \models_{\mathcal{F}} P \text{ iff } \text{TS}' \models_{\text{fair}} P$$

反之, (基于状态) 的 LTL 公平性假设未必能表示为基于动作的公平性假设. 这可从以下事实得到: 强或弱的 LTL 公平性假设不必是可实现的, 而任何基于动作的强或弱的公平性假设都可以由调度器实现. 在此意义下, *基于状态的 LTL 公平性假设比基于动作的公平性假设更具有一般性*.

定理 5.3 说明, 定义 5.8 中的满足关系 $\models_{\text{fair}}$ 与通常的满足关系 $\models$ 之间有很强的联系.

定理 5.3 *把 $\models_{\text{fair}}$ 约简为 $\models$*

对无终止状态的迁移系统、LTL 公式 φ 以及 LTL 公平性假设 fair:

$$\text{TS} \models_{\text{fair}} \varphi \text{ 当且仅当 } \text{TS} \models (\text{fair} \rightarrow \varphi)$$

证明: 先证 $\Rightarrow$. 假设 $\text{TS} \models_{\text{fair}} \varphi$. 那么, 对任何路径 $\pi \in \text{Paths}(\text{TS})$, 要么 $\pi \models \text{fair} \wedge \varphi$, 要么 $\pi \models \neg\text{fair}$. 因此, $\pi \models (\text{fair} \rightarrow \varphi)$, 进而可得 $\text{TS} \models (\text{fair} \rightarrow \varphi)$.

$\Leftarrow$ 类似可证. ■

例 5.14 *实时垃圾回收*

使用指针的程序有一个重要特点, 就是动态变化的数据结构的特定部分, 如列表或树, 可能会变得不可访问. 也就是说, 解除某个程序变量的引用后, 数据结构的这部分变为不可达. 为了能够重新利用这些不可访问的存储单元, 可采用所谓的*垃圾回收*算法. 这些算法是操作系统的关键部分, 并在编译器中扮演主要角色. 在本例中, 专注于*实时*垃圾回收算法. 正在运行的程序可能使用动态改变的数据结构, 这些算法试图*并发*地识别和回收不可访问的存储单元. 对垃圾回收算法的典型要求如下:

- **安全性.** 可访问的 (即可达的) 存储单元永远不会被回收.
- **活性.** 任何不可达的垃圾单元终将被回收.

存储单元. 内存可看作由固定的 N 个存储单元组成. 存储单元的数目是静态的, 即不考虑单元的动态分配和释放 (像在 C 语言的 `malloc` 语句中). 把存储单元组织在一个有向图上, 在计算过程中其结构可能会改变. 例如, 当执行赋值 $v := w$ 时这种情况会发生, 其

中 v 和 w 指向存储单元. 为简单起见, 假定每个单元 (= 顶点) 至多有一个指针 (= 边) 指向另一个单元. 令 son(i) 表示单元 i 的直接后继. 没有向外引用的单元都配有一个自引用. 因此, 图中每个单元都有一条出边. 把顶点进行编号. 根顶点集合是固定的. 根单元永远不会是垃圾. 若在图中可从根顶点到达一个存储单元, 则称该单元是可达的. 不能从根顶点到达的单元是*垃圾*单元. 将内存划分为 3 部分: 可访问的单元 (即由正在运行的进程可达的单元)、自由单元 (即单元未被使用并可分配给正在运行的进程) 和不可达单元. 对于垃圾回收算法, 只有不可达的单元才是重要的. 可访问单元和自由单元之间的差异不重要, 后续内容将略之.

为垃圾回收器建模. 整个系统可用垃圾回收器 (进程 Collector) 和变异器 (进程 Mutator) 的并行复合建模, 其中变异器给使用共享数据结构且正在运行的进程建模. 故有

$$\text{Mutator} \parallel \text{Collector}$$

为简单起见, 不详述迁移系统的表示, 而用伪代码算法描述变异器和回收器. 由于对任何一组并发运行的进程, 垃圾回收算法都应该正确工作, 而变异器却由单一进程建模, 所以它应该可以未定地选择任意两个可达单元 i 和 k, 并把引用 $i \to j$ 改为 $i \to k$. 这对应于赋值 son(i) := k. 注意, 如果 i 是唯一指向 j 的单元, 则在赋值 son(i) := k 后, 存储单元 j 成为垃圾.

现在考虑垃圾回收器. 朴素的想法是基于 DFS 或 BFS 标记单元, 随后把所有未标记的单元作为垃圾回收 (见算法 5.1). 回收的单元被添加到自由单元列表中, 从而变成可达单元. 当变异器的动作不与垃圾回收器的动作联动时, 这个简单的想法可正常工作. 然而, 作为一个实时算法, 由于变异器和回收器之间有可能交错, 这个朴素的想法是失败的. 图 5.12 描述了存储器的 6 种配置, 它表明了这一点. 圆代表存储单元, 边代表指针结构. 白色的圆是没被访问的单元, 灰色的圆代表已被访问的单元, 带粗环的圆是已经完全处理过的单元. 由于变异器在垃圾回收阶段所做的更改, 其中一个存储单元虽然是可访问的, 但未被标记. 回收器将回收这个未被标记但可访问的单元.

算法 5.1 变异器和垃圾回收器 (朴素版)

```
                                                         (* 变异器 *)
while true do
  未定地选择两个可达单元 i 和 k
  son(i) := k
od
                                                       (* 垃圾回收器 *)
while true do
  标记所有可达单元;                               (* 如通过深度优先搜索 *)
  for all 单元 i do
    if 单元 i 无标记 then 回收单元 i
  od
  把回收的单元加入自由存储单元列表
od
```

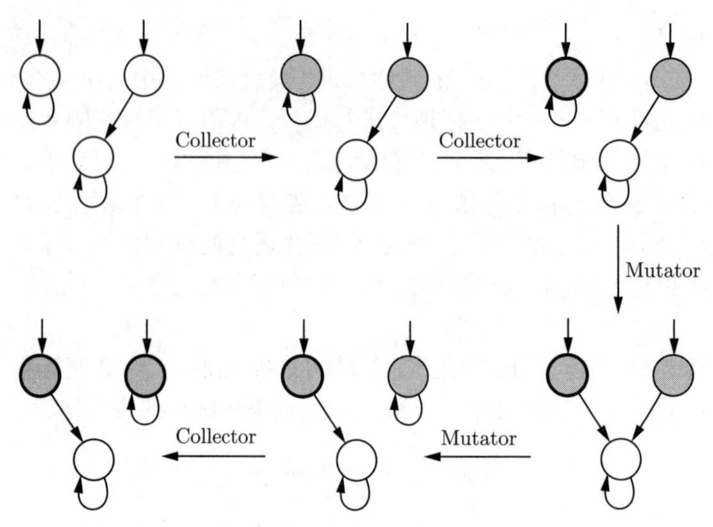

图 5.12 朴素垃圾回收算法失效

另一种方法是使用一个标记程序, 依次穿过所有的单元, 若一个单元自身是已标记的就标记它的子节点. 最初, 只标记根单元. 把这一技术迭代到标记单元数不再改变为止. 辅助变量 M 和 M_{old} 分别用于记录在当前标记阶段被标记的单元数和在前一标记阶段被标记的单元数. 此外, 变异器支持标记处理, 即只要一个引用指向 k, 就立即标记单元 k (见算法 5.2). 易见, 为了获得正确的垃圾回收算法, 变异器的参与是必要的. 如果它不参与, 在变异器和回收器之间总会出现一些干扰项, 使变异器无法访问可达单元, 导致垃圾回收出现错误. 图 5.13 演示了回收器对 4 个相邻的可达单元的作用, 其中假设回收器的标记步骤不会被变异器打断.

算法 5.2 Ben Ari 的并发垃圾回收算法

(* 变异器 *)

```
while true do
  let 单元 i 和单元 k 为可达单元;
  标记单元 k;
  son(i) := k
od
```

(* 垃圾回收器 *)

```
while true do
  标记所有根单元;
  M := 根单元的个数;
  repeat
    M_old := M;
    for all 单元 i do
      if 单元 i 已标记 then
        if son(i) 未标记 then 标记 son(i); M := M + 1; fi
      fi
    od
  until M = M_old;
```

```
    for all 单元 i do
      if 单元 i 已标记 then 删除单元 i 的标记
      else 回收单元 i                                        (* 单元 i 是垃圾 *)
      fi
    od
    把回收的单元添加到自由单元列表
od
```

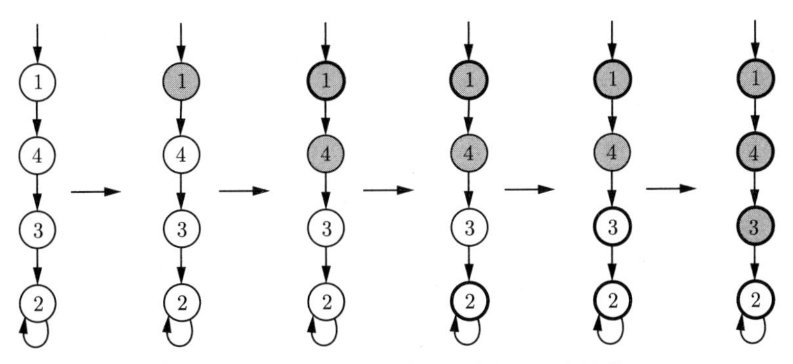

图 5.13　并发垃圾回收算法的实例 (一次迭代)

在图 5.13 中, 灰色圆表示回收器加了标记的单元, 带粗环的圆表示该单元已在 for 循环中考虑. 因此, 到最后一步时, 所有 4 个单元都在 for 循环中被处理. 因此, 第一次迭代的结果是 $M_{\text{old}} = 1$ (根单元数) 和 $M = 3$, 其原因是恰好标记了 3 个单元. 迭代结束时产生的标记展示在图 5.14 中.

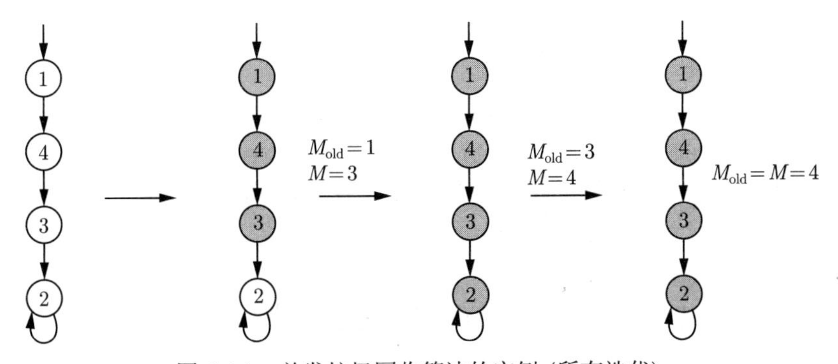

图 5.14　并发垃圾回收算法的实例 (所有迭代)

图 5.15 给出了一个例子, 在这个例子中, 变异器必须标记单元, 否则无法确保回收器识别所有可达单元. 最左边的图表示存储器的起始配置, 第二个图给出了回收器标记完根单元并且已在 for 循环中处理完左上角节点后的情形, 第三个和第四个图显示了变异器对指针结构的可能修改. 随后, 回收器将检查其右侧的上层单元并标记它. 由于这个单元没有未标记的后继, 回收器的第一轮结束. 因为此时得到的存储器配置与存储器的起始配置对称, 整个过程可能会重复并得到图 5.15 的起始配置. 在第二轮中, 回收器只标记上面的两个单元. 由于被标记单元的数量并没有增加, 并且假设变异器不标记下面的单元, 这个单元就会

被误认为是垃圾 (因此被回收).

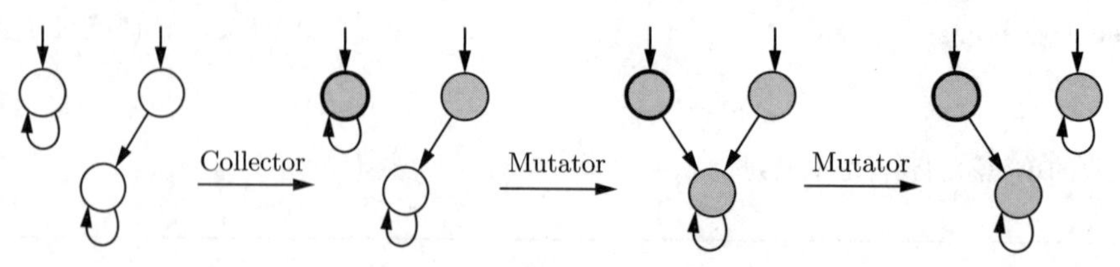

图 5.15 变异器必须标记存储单元

这个实例说明了算法 5.2 的功能, 但没有证明它的正确性. 状态空间规模巨大, 未定性极高, 因此分析并发垃圾回收算法是非常困难的. 注意, 变异器和回收器的并行复合得到迁移系统, 其状态包括控制分量、当前标记的表示以及给出当前存储配置信息的另一个分量的表示. 对于 N 个单元, 有 2^N 个可能的标记和 N^N 个可能的图. 未定性很大程度上源于变异器可改变任意指针. 限制变异器 (以降低未定性) 是没有用的, 因为这会限制并发垃圾回收算法的适用性.

最后, 形式化并发垃圾回收算法的要求. 为此, 当且仅当单元 i 在某个状态被回收时, 令原子命题 collect(i) 在该状态对单元 i 成立.

类似地, 如果这些状态中的单元 i 从根单元是可达的, 则 accessible(i) 在这些状态成立. 在这些原子命题下, 安全性质 "从不回收可访问的存储单元" 可以描述为

$$\bigwedge_{0<i\leqslant N} \square(\text{collect}(i) \rightarrow \neg\text{accessible}(i))$$

活性性质 "任何不可达的存储单元终将被回收" 用以下 LTL 公式描述:

$$\bigwedge_{0<i\leqslant N} \square(\neg\text{accessible}(i) \rightarrow \lozenge\text{collect}(i))$$

Ben Ari 的并发垃圾回收算法满足安全性质, 但不满足活性性质. 例如, 在只有变异器无限次活动这种病态情形中就是如此. 为了排除这种不实际的行为, 可以施加弱进程公平性. ■

5.2 基于自动机的 LTL 模型检验

本节专注于针对 LTL 的模型检验问题. 出发点是一个有限的迁移系统 TS 和把对 TS 要求形式化的 LTL 公式 φ. 问题是检验是否 $TS \models \varphi$. 如果 φ 被拒绝, 就要为调试而提供错误迹. 2.1 节中的思考表明, 迁移系统通常是庞大的, 因此手工证明 $TS \models \varphi$ 极其困难. 由此, 需要验证工具, 它使得对迁移系统的全自动分析成为可能.

一般, 相关要求不止一个, 而是多个. 这些要求可分别由公式表示, 如 $\varphi_1, \varphi_2, \cdots, \varphi_k$, 并可把它们合并为 $\varphi_1 \wedge \varphi_2 \wedge \cdots \wedge \varphi_k$, 以得到所有要求的描述. 也可对每个要求 φ_i 单独处理. 与一起考虑所有要求相比, 这往往更高效. 此外, 如果预期有错或通过事先分析已知 φ_i 有效, 建议把整个需求准述分解为几个.

基于自动机的 LTL 模型检验算法 (算法 5.3) 是一个判定过程, 对于迁移系统 TS 和 LTL 公式 φ, 若 TS $\models \varphi$, 则迁移系统返回答案 "是"; 而若 TS $\not\models \varphi$, 则迁移系统返回 "否" (另附反例). 反例由适当的有限前缀组成, 有限前缀来自 TS 中使 φ 不成立的无限路径. 定理 5.3 表明, 不需要处理公平性假设的特殊措施, 因为公平性假设可编入要检验的 LTL 公式中 (然而, 为了提高效率, 还是建议使用特殊的算法来处理公平性假设).

算法 5.3　基于自动机的 LTL 模型检验

输入: 有限迁移系统 TS 和 LTL 公式 φ (都在 AP 上)
输出: 若 TS $\models \varphi$, 则为 "是"; 否则, 为 "否" 加反例

构造满足 $\mathcal{L}_\omega(\mathcal{A}_{\neg\varphi}) = \text{Words}(\neg\varphi)$ 的 NBA $\mathcal{A}_{\neg\varphi}$
构造乘积迁移系统 TS $\otimes \mathcal{A}$
if 在 TS $\otimes \mathcal{A}$ 中存在路径 π 满足 $\mathcal{A}$ 的接受条件 **then**
　return "否" 和 π 的代表性前缀
else
　return "是"
fi

本节始终假设 TS 是有限的且没有终止状态. 下面阐述的模型检验算法是基于自动机的方法, 由 Vardi 和 Wolper 于 1986 年首先提出. 该算法基于以下事实: 每个 LTL 公式都 φ 都可由未定 Büchi 自动机 (NBA) 表示. 该算法的基本思想是: 通过在 TS 中寻找使 $\pi \models \neg\varphi$ 的路径 π 来试图证伪 TS $\models \varphi$. 如果发现一条这样的路径, 那么返回 π 的一个前缀作为错误的迹; 如果没有遇到这样的路径, 则断定 TS $\models \varphi$.

算法 5.3 和图 5.16 总结了 LTL 模型检验算法的重要步骤, 它们依赖于以下发现:

$$
\begin{aligned}
\text{TS} \models \varphi \quad & \text{iff} \quad \text{Traces(TS)} \subseteq \text{Words}(\varphi) \\
& \text{iff} \quad \text{Traces(TS)} \cap ((2^{\text{AP}})^\omega \setminus \text{Words}(\varphi)) = \varnothing \\
& \text{iff} \quad \text{Traces(TS)} \cap \text{Words}(\neg\varphi) = \varnothing
\end{aligned}
$$

因此, 对于满足 $\mathcal{L}_\omega(\mathcal{A}) = \text{Words}(\neg\varphi)$ 的 NBA $\mathcal{A}$, 有

$$
\text{TS} \models \varphi \text{ 当且仅当 } \text{Traces(TS)} \cap \mathcal{L}_\omega(\mathcal{A}) = \varnothing
$$

因此, 为了检验 φ 对于 TS 是否成立, 首先要对输入公式 φ 的否定 (代表 "坏行为") 构造 NBA, 然后应用第 4章中对交问题阐述的技术.

还需解释如何用 NBA 表示给定的 LTL 公式以及如何用算法构造这样一个 NBA. 首先观察, 对 LTL 公式 φ, 定义 5.2 提供的 LTL 语义产生语言 $\text{Words}(\varphi) \subseteq (2^{\text{AP}})^\omega$. 因此, 针对 LTL 公式的 NBA 的字母表为 $\Sigma = 2^{\text{AP}}$. 下一步就要证明 $\text{Words}(\varphi)$ 是 ω 正则的, 从而可由未定 Büchi 自动机表示.

例 5.15　LTL 公式的 NBA

在处理将 LTL 公式转换为 NBA 的细节前, 先给一些例子. 像第4章一样, NBA 的边用命题逻辑公式 (代替使用集合的记法) 作为符号表示. 这些公式由符号 $a \in$ AP、常量

true 以及布尔联结词构成, 因此它们可在原子命题集 $A \in \Sigma = 2^{\mathrm{AP}}$ 上解释. 例如, 如果 $\mathrm{AP} = \{a, b\}$, 则 $q \xrightarrow{a \vee b} q'$ 是下面 3 个迁移的简写:

$$q \xrightarrow{\{a\}} q',\ q \xrightarrow{\{b\}}, q',\ q \xrightarrow{\{a,b\}} q'$$

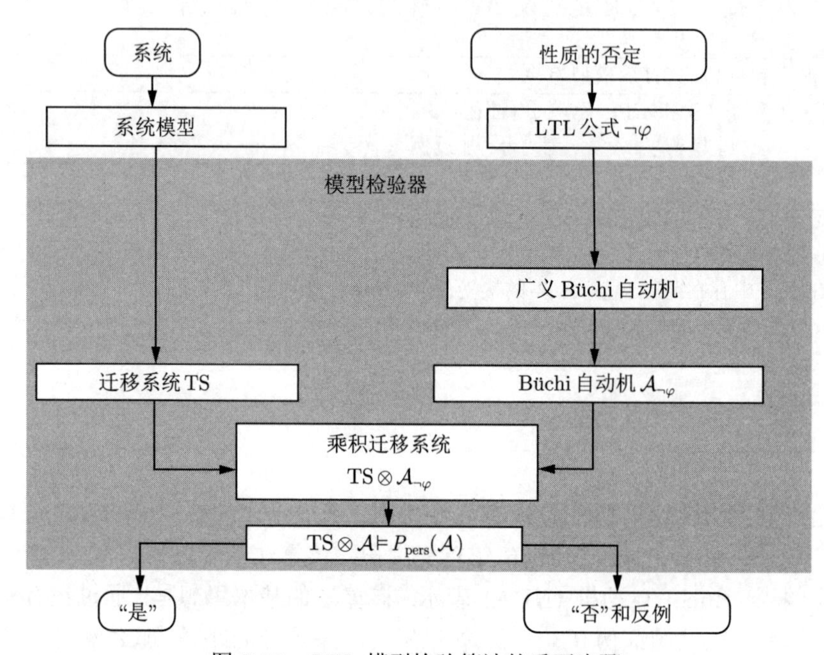

图 5.16 LTL 模型检验算法的重要步骤

满足 LTL 公式 $\Box\Diamond$green ("无限次绿灯") 的所有单词 $\sigma = A_0A_1A_2\cdots \in 2^{\mathrm{AP}}$ 的语言可以被图 5.17 所示的 NBA $\mathcal{A}$ 接受. 其中, AP 是含有 green 的原子命题的集合.

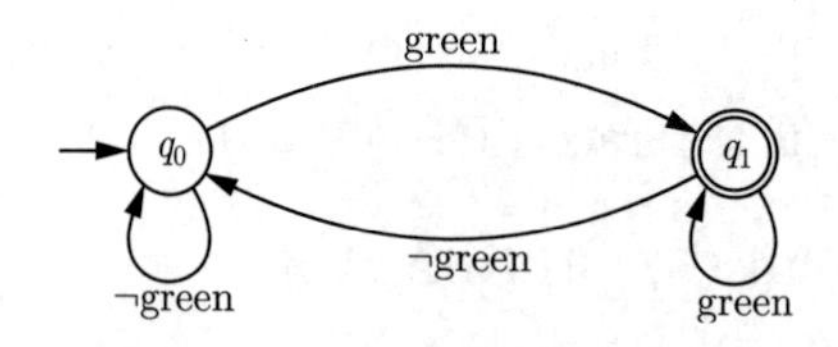

图 5.17 $\Box\Diamond$green 的 NBA

注意, 当且仅当最近使用的符号 (输入单词 $A_0A_1A_2\cdots \in (2^{\mathrm{AP}})^\omega$ 的最近使用的一个集合 A_i) 包含命题符号 green 时, $\mathcal{A}$ 位于接受状态 q_1. 因此, 接受语言 $\mathcal{L}_\omega(\mathcal{A})$ 是由存在无限多个下标 i 使 green $\in A_i$ 的无限单词 $A_0A_1A_2\cdots$ 组成的集合. 因此,

$$\mathcal{L}_\omega(\mathcal{A}) = \mathrm{Words}(\Box\Diamond\mathrm{green})$$

生成单词 $\sigma = \{\mathrm{green}\}\varnothing\{\mathrm{green}\}\varnothing\cdots$ 的接受运行是 $(q_0q_1)^\omega$.

第二个例子考虑活性性质 "只要事件 a 发生, 则事件 b 终将发生". 例如, 由 LTL 公式 $\Box(\mathrm{request} \to \Diamond\mathrm{response})$ 给出的性质就是这种形式. 在字母表 $2^{\{a,b\}}$ 上, 图 5.18 给出了相关的 NBA, 其中 $a = \mathrm{request}$, $b = \mathrm{response}$.

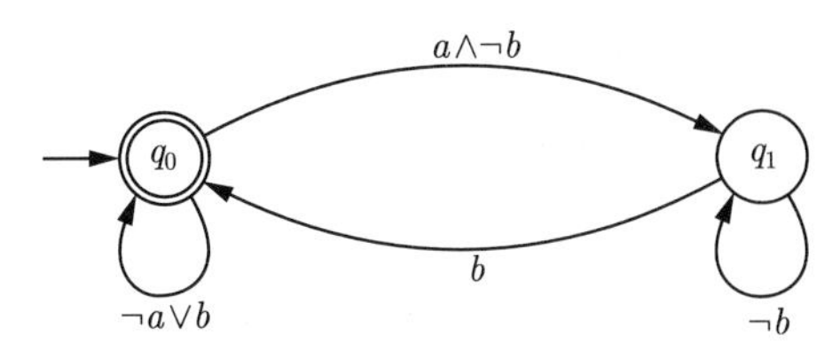

图 5.18　$\Box(a \to b)$ 的 NBA

图 5.17 和图 5.18 中的自动机是确定的, 即它们对每个输入单词都恰有一个运行. 但是, 为了表述"终将 (从某些时刻之后) 总是"之类的性质, 未定性的概念是必要的.

图 5.19 所示的 NBA $\mathcal{A}$ 接受语言 Words($\Diamond\Box a$). 其中 AP $\supseteq \{a\}$, 并且 $\Sigma = 2^{\mathrm{AP}}$, 也可见例 4.18. 直观地看, NBA $\mathcal{A}$ 未定地选择 a 何时总是成立. 注意, 可省略状态 q_2, 因为没有从 q_2 开始的接受运行 (读者应该了解 DBA 和 NBA 表达能力的不同, 参见 4.3.3节).

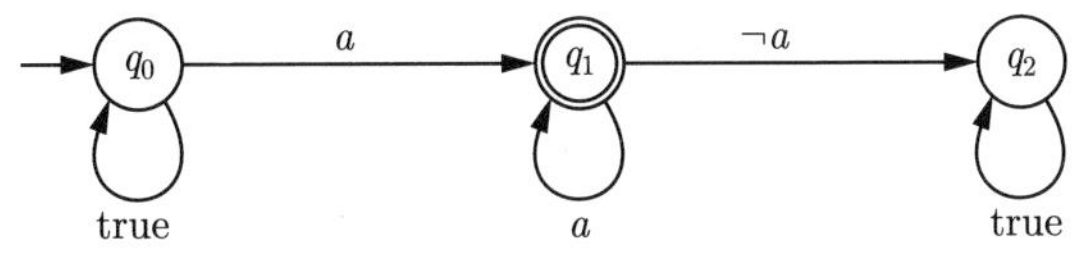

图 5.19　$\Diamond\Box a$ 的 NBA　■

LTL 模型检验算法的一个关键因素是对于 LTL 公式 φ 构造满足

$$\mathcal{L}_\omega(\mathcal{A}) = \mathrm{Words}(\varphi)$$

的 NBA $\mathcal{A}$. 为此, 首先为 φ 构造广义 NBA, 随后将其转换为等价的 NBA. 对后一步, 可采用定理 4.7 提供的方法实现. 为方便起见, 下面再次给出广义 NBA 的定义, 也可参见定义 4.15.

定义 5.9　广义 NBA

广义 NBA (GNBA) 是一个五元组 $\mathcal{G} = (Q, \Sigma, \delta, Q_0, \mathcal{F})$, 其中 Q、Σ、δ 和 Q_0 的定义与 NBA 一样 (即, Q 是有限状态空间, Σ 是字母表, $Q_0 \subseteq Q$ 是初始状态的集合, 且 $\delta\colon Q \times \Sigma \to 2^Q$ 是迁移关系), $\mathcal{F}$ 是 2^Q 的子集 (可能为空). $\mathcal{F}$ 的元素称为**接受集合**. 接受语言 $\mathcal{L}_\omega(\mathcal{G})$ 由 $(2^{\mathrm{AP}})^\omega$ 中满足以下条件的无限单词组成: 在 $\mathcal{G}$ 中至少有一个无限运行 $q_0q_1q_2\cdots$, 使得对每个接受集 $F \in \mathcal{F}$ 都存在无限多个下标 i 满足 $q_i \in F$.　■

当 $\mathcal{F}$ 是一个单元集合时, 可认为 GNBA 是 NBA. 如果 $\mathcal{G}$ 中接受集的集合 $\mathcal{F}$ 是空的, 则语言 $\mathcal{L}_\omega(\mathcal{G})$ 包括所有在 $\mathcal{G}$ 中有一个无限运行的无限单词. 因此, 如果 $\mathcal{F} = \varnothing$, 则 $\mathcal{G}$ 可看作所有状态都是接受状态的 NBA.

对于 (AP 上的) 一个给定的 LTL 公式 φ, 考虑一下如何在字母 2^{AP} 上构造 GNBA, 即满足 $\mathcal{L}_\omega(\mathcal{G}_\varphi) = \mathrm{Words}(\varphi)$ 的 GNBA $\mathcal{G}_\varphi$. 假设 φ 只包含运算符 $\wedge$、$\neg$、$\bigcirc$ 和 U, 并假设导出的运算符 $\vee$、$\to$、$\Diamond$、$\Box$、W 等都由基本运算符表示. 由于特殊情况 $\varphi = \mathrm{true}$ 是平凡的, 所以可假设 $\varphi \neq \mathrm{true}$.

构造 $\mathcal{G}_\varphi$ 的基本思想如下. 令 $\sigma = A_0A_1A_2\cdots \in \mathrm{Words}(\varphi)$. 用 φ 的子式 ψ 扩充集合 $A_i \subseteq \mathrm{AP}$, 以得到具有性质

$$\psi \in B_i \ \text{当且仅当}\ \underbrace{A_iA_{i+1}A_{i+2}\cdots}_{\sigma^i} \models \psi$$

的无限单词 $\bar{\sigma} = B_0B_1B_2\cdots$. 由于技术上的原因, 需要考虑 φ 的子式 ψ 及其否定 $\neg\psi$. 例如, 考虑

$$\varphi = a \mathsf{U} (\neg a \wedge b) \quad 和 \quad \sigma = \{a\}\{a,b\}\{b\}\cdots$$

在这种情况下, B_i 是下列公式集的子集:

$$\underbrace{\{a, b, \neg a, \neg a \wedge b, \varphi\}}_{\varphi \text{ 的子式}} \cup \underbrace{\{\neg b, \neg(\neg a \wedge b), \neg\varphi\}}_{\text{它们的否定}}$$

用公式 $\neg b$、$\neg(\neg a \wedge b)$ 和 φ 扩充集合 $A_0 = \{a\}$, 因为这些公式都对 $\sigma^0 = \sigma$ 成立, 并且 σ 否定了上面的公式集合中的所有其他子式, 因而得到

$$B_0 = \{a, \neg b, \neg(\neg a \wedge b), \varphi\}$$

用 $\neg(\neg a \wedge b)$ 和 φ 扩充集合 $A_1 = \{a, b\}$, 这是因为, 除了 A_1 已包含的 a 和 b 外[译注 50], 对 $\sigma^1 = \{a,b\}\{b\}\cdots$ 成立的上面的公式集合中的子式只有这些. 用 $\neg a$、$\neg a \wedge b$ 和 φ 扩充集合 $A_2 = \{b\}$, 这是因为它们对 $\sigma^2 = \{b\}\cdots$ 成立. 这将产生一个形式如下的单词:

$$\bar{\sigma} = \{a, \neg b, \neg(\neg a \wedge b), \varphi\}\{a, b, \neg(\neg a \wedge b), \varphi\}\{\neg a, b, \neg a \wedge b, \varphi\}\cdots$$

因为 σ 是无限的, 这个步骤当然是效率低下的. 这个例子只是为了说明 GNBA 中状态构造背后的直观意义.

GNBA $\mathcal{G}_\varphi$ 是这样构造的: 集合 B_i 构成其*状态*. 此外, 该构造确保 $\bar{\sigma} = B_0B_1B_2\cdots$ 是 $\sigma = A_0A_1A_2\cdots$ 在 $\mathcal{G}_\varphi$ 中的一个*运行*. $\mathcal{G}_\varphi$ 的接受条件如下: 运行 $\bar{\sigma}$ 是接受的当且仅当 $\sigma \models \varphi$. 因此, 不得不把逻辑运算符的含义编入 $\mathcal{G}_\varphi$ 的状态、迁移以及接受集中. 通过要求相容的公式集 B_i, 把命题逻辑运算符 $\wedge$、$\neg$ 以及常量 true 的含义编码到状态中. 下一步运算符的语义依赖于非局部的条件, 并将编码到迁移关系中. 根据展开律, 直到运算符的含义被分解到局部条件 (被编码到状态中) 和下一步条件 (被编码到迁移中) 中. 由于展开律并没有为直到运算符提供一个全面的特征, 所以施加另一条件: 由直到运算符的含义产生展开律的最小解 (见引理 5.1). 这将由 $\mathcal{G}_\varphi$ 的接受集合编码.

按照上面的解释, 公式集就是 φ 的子式及其否定的子集.

定义 5.10 φ 的闭包

LTL 公式 φ 的闭包是由 φ 的所有子式 ψ 及其否定 $\neg\psi$ (此处, ψ 和 $\neg\neg\psi$ 是相同的) 组成的集合 closure(φ). ■

例如, 对于 $\varphi = a \mathsf{U} (\neg a \wedge b)$, 集合 closure($\varphi$) 由公式

$$a, b, \neg a, \neg b, \neg a \wedge b, \neg(\neg a \wedge b), \varphi, \neg\varphi$$

组成. 不难验证, $|\text{closure}(\varphi)| \in O(|\varphi|)$. 设公式集 $B \subseteq \text{closure}(\varphi)$, 若对某条路径 π, B 是使得 $\pi \models \psi$ 的所有公式 $\psi \in \text{closure}(\varphi)$ 的集合, 则称 B 为*初等的*. 为此, B 不应包含命题逻辑矛盾, 且必定关于直到运算符保持*局部相容性*. 由于对任何路径 π 和公式 ψ, 要么 $\pi \models \psi$, 要么 $\pi \models \neg\psi$, 所以还要求初等公式集是*极大的*. 图 5.20 给出了这 3 个条件的精确定义.

(1) B 关于命题逻辑是相容的, 即对所有 $\varphi_1 \wedge \varphi_2, \psi \in \text{closure}(\varphi)$:

- $\varphi_1 \wedge \varphi_2 \in B \Leftrightarrow \varphi_1 \in B$ 且 $\varphi_2 \in B$.
- $\psi \in B \Rightarrow \neg\psi \notin B$.
- $\text{true} \in \text{closure}(\varphi) \Rightarrow \text{true} \in B$.

(2) B 关于直到运算符是局部相容的, 即对所有 $\varphi_1 \mathsf{U} \varphi_2 \in \text{closure}(\varphi)$:

- $\varphi_2 \in B \Rightarrow \varphi_1 \mathsf{U} \varphi_2 \in B$.
- $\varphi_1 \mathsf{U} \varphi_2 \in B$ 且 $\varphi_2 \notin B \Rightarrow \varphi_1 \in B$.

(3) B 是极大的, 即, 对所有 $\psi \in \text{closure}(\varphi)$:

- $\psi \notin B \Rightarrow \neg\psi \in B$.

图 5.20　初等公式集的相容性、局部相容性和极大性

定义 5.11　公式的初等集

若 $B \subseteq \text{closure}(\varphi)$ 关于命题逻辑是相容的、极大的且关于直到运算符是局部相容的, 则称 B 是公式的初等集. ■

展开律

$$\varphi_1 \mathsf{U} \varphi_2 \equiv \varphi_2 \vee (\varphi_1 \wedge \bigcirc(\varphi_1 \mathsf{U} \varphi_2))$$

是要求局部相容性的起因. 由于初等集要求极大性和命题逻辑相容性, 所以对所有初等集 B 和 φ 的子式 ψ, 有

$$\psi \in B \text{ 当且仅当 } \neg\psi \notin B$$

另外, 由于极大性和局部相容性, 有

$$\varphi_1, \varphi_2 \notin B \quad \text{蕴涵} \quad \varphi_1 \mathsf{U} \varphi_2 \notin B$$

因此, 若 $\varphi_1, \varphi_2 \notin B$, 则 $\{\neg\varphi_1, \neg\varphi_2, \neg(\varphi_1 \mathsf{U} \varphi_2)\} \subseteq B$. 此处假设 $\varphi_1 \mathsf{U} \varphi_2$ 是 φ 的子式.

例 5.16　公式的初等集

令 $\varphi = a \mathsf{U} (\neg a \wedge b)$. 集合 $B = \{a, b, \varphi\} \subseteq \text{closure}(\varphi)$ 关于命题逻辑相容, 关于直到运算符局部相容. 然而, 它不是极大的, 因为对 $\neg a \wedge b \in \text{closure}(\varphi)$ 有

$$\neg a \wedge b \notin B \quad \text{且} \quad \neg(\neg a \wedge b) \notin B$$

公式集 $\{a, b, \neg a \wedge b, \varphi\}$ 包含相互矛盾的 a 和 $\neg a \wedge b$, 因此它不是初等的. 集合

$$\{\neg a, \neg b, \neg(\neg a \wedge b), \varphi\}$$

关于命题逻辑相容, 但因为 $a \mathsf{U} (\neg a \wedge b) \in B$ 且 $\neg a \wedge b \notin B$, 而 $a \notin B$, 所以它关于直到运算符 U 不是局部相容的. 这意味着

$$\pi \models \neg a, \ \pi \models \neg(\neg a \wedge b) \quad \text{和} \quad \pi \models \varphi$$

对于任何路径 π 都是不可能的.

以下公式集都是初等的:

$$
\begin{aligned}
B_1 &= \{\ \ a,\ \ b, \neg(\neg a \wedge b),\ \ \varphi\} \\
B_2 &= \{\ \ a,\ \ b, \neg(\neg a \wedge b), \neg\varphi\} \\
B_3 &= \{\ \ a, \neg b, \neg(\neg a \wedge b),\ \ \varphi\} \\
B_4 &= \{\ \ a, \neg b, \neg(\neg a \wedge b), \neg\varphi\} \\
B_5 &= \{\neg a, \neg b, \neg(\neg a \wedge b), \neg\varphi\} \\
B_6 &= \{\neg a,\ \ b,\ \ \ \neg a \wedge b,\ \ \varphi\}
\end{aligned}
$$

■

定理 5.4 的证明过程说明了如何为任意 LTL 公式 φ 构造使得 $\mathcal{L}_\omega(\mathcal{G}_\varphi) = \text{Words}(\varphi)$ 的 GNBA $\mathcal{G}_\varphi$. 这种构造是 LTL 模型检测算法的开始步骤, 见图 5.16. 随后, 利用定理 4.7的证明中展示的技术把 GNBA $\mathcal{G}_\varphi$ 转化为 NBA $\mathcal{A}_\varphi$.

定理 5.4 LTL 公式的 GNBA

对 (AP 上的) 任何 LTL 公式 φ, 都存在字母表 2^{AP} 上的一个 GNBA $\mathcal{G}_\varphi$, 使得

(a) $\text{Words}(\varphi) = \mathcal{L}_\omega(\mathcal{G}_\varphi)$.

(b) 可在时间复杂度和空间复杂度 $2^{O(|\varphi|)}$ 内构造 $\mathcal{G}_\varphi$.

(c) $\mathcal{G}_\varphi$ 的接受集合的个数以 $O(|\varphi|)$ 为上界.

证明: 令 φ 为 AP 上的 LTL 公式. 令 $\mathcal{G}_\varphi = (Q, 2^{\text{AP}}, \delta, Q_0, \mathcal{F})$, 其中:

- Q 是所有的初等集 $B \subseteq \text{closure}(\varphi)$ 的集合.
- $Q_0 = \{B \in Q \mid \varphi \in B\}$.
- $\mathcal{F} = \{F_{\varphi_1 \mathsf{U} \varphi_2} \mid \varphi_1 \mathsf{U} \varphi_2 \in \text{closure}(\varphi)\}$, 其中：

$$
F_{\varphi_1 \mathsf{U} \varphi_2} = \{B \in Q \mid \varphi_1 \mathsf{U} \varphi_2 \notin B \text{ 或 } \varphi_2 \in B\}
$$

迁移关系 $\delta\colon Q \times 2^{\text{AP}} \to 2^Q$ 定义如下:

- 若 $A \neq B \cap \text{AP}$, 则 $\delta(B, A) = \varnothing$.
- 若 $A = B \cap \text{AP}$, 则 $\delta(B, A)$ 是所有满足下述条件的初等集 B' 的集合:
  (i) 对于每个 $\bigcirc\psi \in \text{closure}(\varphi)$ 有 $\bigcirc\psi \in B \Leftrightarrow \psi \in B'$.
  (ii) 对于每个 $\varphi_1 \mathsf{U} \varphi_2 \in \text{closure}(\varphi)$ 有

$$
\varphi_1 \mathsf{U} \varphi_2 \in B \Leftrightarrow (\varphi_2 \in B \vee (\varphi_1 \in B \wedge \varphi_1 \mathsf{U} \varphi_2 \in B'))
$$

约束 (i) 和 (ii) 分别反映了下一步运算符和直到运算符的语义. 使用规则 (ii) 的原因是展开律

$$
\varphi_1 \mathsf{U} \varphi_2 \equiv \varphi_2 \vee (\varphi_1 \wedge \bigcirc(\varphi_1 \mathsf{U} \varphi_2))
$$

为了给 U 的语义建模, 对于 φ 的每个子式 $\psi = \varphi_1 \mathsf{U} \varphi_2$, 引入接受集 F_ψ. 其基本思想是: 保证在每个满足 $\psi \in B_0$ 的运行 $B_0 B_1 B_2 \cdots$ 中都有 $\varphi_2 \in B_j$ (对某个 $j \geqslant 0$) 且 $\varphi_1 \in B_i$ (对所有 $i < j$). 接受集 $F_{\varphi_1 \mathsf{U} \varphi_2}$ 能确保以下要求: 仅当 φ_2 确实终将成真时, 单词 σ 才满足 $\varphi_1 \mathsf{U} \varphi_2$.

首先考虑定理 5.4 的断言 (b). GNBA $\mathcal{G}_\varphi$ 中的状态是 closure(φ) 中的初等集. 让 subf(φ) 表示 φ 的所有子式的集合. $\mathcal{G}_\varphi$ 中状态的个数的上界是 $2^{|\text{subf}(\varphi)|}$, 此为公式集的可

能个数 (初等集 B 可以通过位向量表示, φ 的每个子式 ψ 占用一位, 以表示是 ψ 还是 $\neg\psi$ 属于 B). 因为当 $|\varphi| > 0$ 时[译注 51] $|\text{subf}(\varphi)| \leqslant 2 \cdot |\varphi|$, 所以, GNBA $\mathcal{G}_\varphi$ 状态个数的上界是 $2^{O(|\varphi|)}$. 定理 5.4 的断言 (c) 从如下事实直接得到: 接受集的数目等于 φ 中直到子式的数目.

最后证明定理 5.4 的断言 (a), 即证明两个集合相互包含.

先证 $\supseteq$. 令 $\sigma = A_0A_1A_2\cdots \in \text{Words}(\varphi)$. 那么, $\sigma \in (2^{\text{AP}})^\omega$ 且 $\sigma \models \varphi$. 令子式的集合 B_i 为

$$B_i = \{\psi \in \text{closure}(\varphi) \mid A_iA_{i+1}A_{i+2}\cdots \models \psi\} \tag{5.1}$$

显然, B_i 是公式的初等集, 即 $B_i \in Q$. 现在证明 $B_0B_1B_2\cdots$ 是 σ 的接受运行.

因为对任一 $i \geqslant 0$ 都有

- $A_i = B_i \cap \text{AP}$.
- 对 $\bigcirc\psi \in \text{closure}(\varphi)$, 有

$$\begin{array}{ll} & \bigcirc\psi \in B_i \\ \text{iff} & \qquad\qquad (*\ B_i \text{ 的式 (5.1) } *) \\ & A_iA_{i+1}A_{i+2}\cdots \models \bigcirc\psi \\ \text{iff} & \qquad\qquad (*\ \bigcirc \text{ 的语义 } *) \\ & A_{i+1}A_{i+2}A_{i+3}\cdots \models \psi \\ \text{iff} & \qquad\qquad (*\ B_{i+1} \text{ 的式 (5.1) } *) \\ & \psi \in B_{i+1} \end{array}$$

- 对 $\varphi_1 \mathsf{U} \varphi_2 \in \text{closure}(\varphi)$, 有

$$\begin{array}{ll} & \varphi_1 \mathsf{U} \varphi_2 \in B_i \\ \text{iff} & \qquad\qquad (*\ B_i \text{ 的式 (5.1) } *) \\ & A_iA_{i+1}A_{i+2}\cdots \models \varphi_1 \mathsf{U} \varphi_2 \\ \text{iff} & \qquad\qquad (*\ \text{直到的语义 } *) \\ & A_iA_{i+1}A_{i+2}\cdots \models \varphi_2 \text{ 或} \\ & A_iA_{i+1}A_{i+2}\cdots \models \varphi_1 \text{ 且 } (A_{i+1}A_{i+2}A_{i+3}\cdots \models \varphi_1 \mathsf{U} \varphi_2) \\ \text{iff} & \qquad\qquad (*\ B_i \text{ 和 } B_{i+1} \text{ 的式 (5.1) } *) \\ & \varphi_2 \in B_i \text{ 或 } (\varphi_1 \in B_i \text{ 且 } \varphi_1 \mathsf{U} \varphi_2 \in B_{i+1}) \end{array}$$

所以对任一 $i \geqslant 0$ 都有 $B_{i+1} \in \delta(B_i, A_i)$. 这就证明了 $B_0B_1B_2\cdots$ 是 $\mathcal{G}_\varphi$ 中的运行.

尚需证明此运行是接受的, 即对于 $\text{closure}(\varphi)$ 中的每个子式 $\varphi_{1,j} \mathsf{U} \varphi_{2,j}$, 都有无限多个下标 i 使 $B_i \in F_j$. 用反证法. 假设只有有限多个下标 i 使 $B_i \in F_j$. 有

$$B_i \notin F_j = F_{\varphi_{1,j}\mathsf{U}\varphi_{2,j}} \Rightarrow \varphi_{1,j} \mathsf{U} \varphi_{2,j} \in B_i \text{ 且 } \varphi_{2,j} \notin B_i$$

因为 $B_i = \{\psi \in \text{closure}(\varphi) \mid A_iA_{i+1}A_{i+2}\cdots \models \psi\}$, 所以, 若 $B_i \notin F_j$, 则

$$A_iA_{i+1}A_{i+2}\cdots \models \varphi_{1,j} \mathsf{U} \varphi_{2,j} \text{ 且 } A_iA_{i+1}A_{i+2}\cdots \not\models \varphi_{2,j}$$

因此, 对某个 $k > i$, 有 $A_kA_{k+1}A_{k+2}\cdots \models \varphi_{2,j}$. 由公式集 B_i 的定义有 $\varphi_{2,j} \in B_k$, 再由 F_j 的定义有 $B_k \in F_j$. 因此, 仅有有限多个下标 i 使 $B_i \in F_j$, 而有无限多个下标 k 使

$B_k \in F_j$[译注 52]. 矛盾.

因此, $B_0B_1B_2\cdots$ 是 $\mathcal{G}_\varphi$ 的接受运行, 从而, $A_0A_1A_2\cdots \in \mathcal{L}_\omega(\mathcal{G}_\varphi)$.

再证 $\subseteq$. 令 $\sigma = A_0A_1A_2\cdots \in \mathcal{L}_\omega(\mathcal{G}_\varphi)$, 即, 对 $\mathcal{G}_\varphi$ 中的 σ 存在一个接受运行, 例如 $B_0B_1B_2\cdots$. 因为

$$\text{对所有满足 } A \neq B \cap \text{AP} \text{ 的 } (B, A) \text{ 对有 } \delta(B, A) = \varnothing$$

所以, 对 $i \geqslant 0$ 有 $A_i = B_i \cap \text{AP}$. 因此

$$\sigma = (B_0 \cap \text{AP})(B_1 \cap \text{AP})(B_2 \cap \text{AP})\cdots$$

现在的任务就转化为证明 $(B_0 \cap \text{AP})(B_1 \cap \text{AP})(B_2 \cap \text{AP})\cdots \models \varphi$. 下面证明更一般的命题:

若 $B_i \in Q$ 的序列 $B_0B_1B_2\cdots$ 满足

(i) 对于所有 $i \geqslant 0$ 有 $B_{i+1} \in \delta(B_i, A_i)$.

(ii) 对于所有 $F \in \mathcal{F}$ 有 $\overset{\infty}{\exists} j \geqslant 0.\, B_j \in F$.

则对于所有 $\psi \in \text{closure}(\varphi)$ 有

$$\psi \in B_0 \Leftrightarrow A_0A_1A_2\cdots \models \psi$$

对 ψ 的结构用结构归纳法证明此命题.

归纳起步[译注 53]:

- 当 $\psi = \text{true} \in \text{closure}(\varphi)$ 时, 由公式的初等集的相容性 (定义 5.11) 及 LTL 公式的语义 (定义 5.2), $\Leftrightarrow$ 两边都是真命题, 等价性是平凡的.
- 当 $\psi = a \in \text{AP}$ 时, 可由上面的 $A_0 = B_0 \cap AP$ 及 LTL 公式的语义 (定义 5.2) 很容易地证明.

归纳步骤: 假设命题对 $\psi', \varphi_1, \varphi_2 \in \text{closure}(\varphi)$ 成立, 需要在此归纳假设的基础上证明命题对公式

$$\psi = \bigcirc\psi',\ \psi = \neg\psi',\ \psi = \varphi_1 \wedge \varphi_2 \text{ 和 } \psi = \varphi_1 \,\mathsf{U}\, \varphi_2$$

也成立. 下面详细证明命题对 $\psi = \varphi_1 \,\mathsf{U}\, \varphi_2$ 成立. 令 $A_0A_1A_2\cdots \in (2^{\text{AP}})^\omega$, $B_0B_1B_2\cdots \in Q^\omega$ 满足条件 (i) 和 (ii). 现在证明

$$\psi \in B_0 \quad \text{iff} \quad A_0A_1A_2\cdots \models \psi.$$

先证 $\Leftarrow$. 假设 $A_0A_1A_2\cdots \models \psi$, 其中 $\psi = \varphi_1 \,\mathsf{U}\, \varphi_2$. 那么, 存在 $j \geqslant 0$ 使

$$A_jA_{j+1}A_{j+2}\cdots \models \varphi_2 \text{ 且对 } 0 \leqslant i < j, A_iA_{i+1}A_{i+2}\cdots \models \varphi_1$$

由针对 φ_1 和 φ_2 的归纳假设得

$$\varphi_2 \in B_j \text{ 且对 } 0 \leqslant i < j,\ \varphi_1 \in B_i$$

对 j 用归纳法可得 $\varphi_1 \,\mathsf{U}\, \varphi_2 \in B_j, B_{j-1}, \cdots, B_0$.

再证 ⇒. 假设 $\varphi_1 \mathsf{U} \varphi_2 \in B_0$. 由于 B_0 是初等的, 故 $\varphi_1 \in B_0$ 或 $\varphi_2 \in B_0$. 分别证明 $\varphi_2 \in B_0$ 和 $\varphi_2 \notin B_0$. 若 $\varphi_2 \in B_0$, 则由归纳假设知 $A_0A_1A_2\cdots \models \varphi_2$, 因此 $A_0A_1A_2\cdots \models \varphi_1 \mathsf{U} \varphi_2$. 还剩 $\varphi_2 \notin B_0$ 的情形. 此时, $\varphi_1 \in B_0$ 且 $\varphi_1 \mathsf{U} \varphi_2 \in B_0$. 假设对于所有的 $j \geqslant 0$ 有 $\varphi_2 \notin B_j$. 由迁移关系 δ 的定义, 利用归纳法 (对所有 $j \geqslant 0$, 依次用于 $\varphi_1 \in B_j, \varphi_2 \notin B_j$ 和 $\varphi_1 \mathsf{U} \varphi_2 \in B_j$), 对所有 $j \geqslant 0$ 都有

$$\varphi_1 \in B_j \text{ 且 } \varphi_1 \mathsf{U} \varphi_2 \in B_j$$

因为 $B_0B_1B_2\cdots$ 满足约束 (ii), 所以

$$\text{对无限多个 } j \geqslant 0,\ B_j \in F_{\varphi_1 \mathsf{U} \varphi_2}$$

另一方面, 对所有 j, 有

$$\underbrace{\varphi_2 \notin B_j \quad \text{且} \quad \varphi_1 \mathsf{U} \varphi_2 \in B_j}_{\text{iff } B_j \notin F_{\varphi_1 \mathsf{U} \varphi_2}}$$

矛盾. 因此, 对某个 $j \geqslant 0$, $\varphi_2 \in B_j$. 不失一般性, 假设 $\varphi_2 \notin B_0, B_1, \cdots, B_{j-1}$, 即设 j 是满足 $\varphi_2 \in B_j$ 的最小下标. 对于 $0 \leqslant i < j$ 用归纳法可证

$$\text{对所有 } 0 \leqslant i < j,\ \varphi_1 \in B_i \text{ 且 } \varphi_1 \mathsf{U} \varphi_2 \in B_i$$

由对 φ_1 和 φ_2 的归纳假设得

$$A_jA_{j+1}A_{j+2}\cdots \models \varphi_2 \text{ 且对所有 } 0 \leqslant i < j,\ A_iA_{i+1}A_{j+2}\cdots \models \varphi_1$$

至此得出结论: $A_0A_1A_2\cdots \models \varphi_1 \mathsf{U} \varphi_2$. ■

例 5.17　GNBA 的构造

考虑 $\varphi = \bigcirc a$. 可以像在定理 5.4 的证明中展示的那样得到 GNBA $\mathcal{G}_\varphi$ (见图 5.21). 自动机的状态是包含于

$$\text{closure}(\varphi) = \{a,\ \bigcirc a,\ \neg a,\ \neg\bigcirc a\}$$

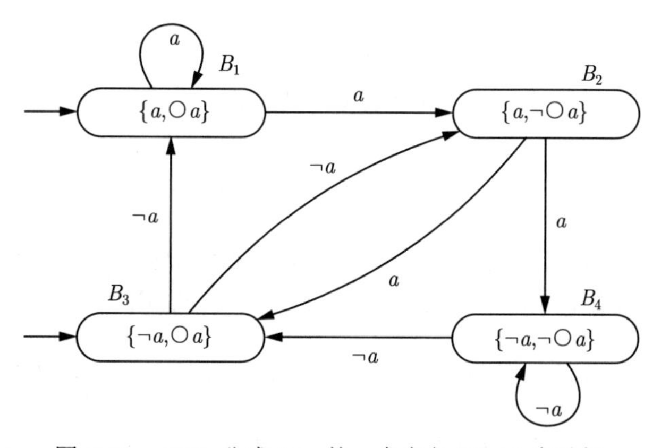

图 5.21　LTL 公式 $\bigcirc a$ 的一个广义 Büchi 自动机

中的初等集. 状态空间 Q 由以下初等集组成:

$$
\begin{aligned}
B_1 &= \{a, \bigcirc a\} \\
B_2 &= \{a, \neg\bigcirc a\} \\
B_3 &= \{\neg a, \bigcirc a\} \\
B_4 &= \{\neg a, \neg\bigcirc a\}
\end{aligned}
$$

$\mathcal{G}_\varphi$ 的初始状态是满足 $\varphi = \bigcirc a \in B$ 的初等集 $B \in Q$. 因此 $Q_0 = \{B_1, B_3\}$.

下面论证一些迁移. 状态 B_1 满足 $B_1 \cap \{a\} = \{a\}$, 所以 $\delta(B_1, \varnothing) = \varnothing$. 此外, $\delta(B_1, \{a\}) = \{B_1, B_2\}$, 这是因为 $\bigcirc a \in B_1$ 且 B_1 和 B_2 是仅有的包含 a 的状态. 因为 $B_2 \cap \{a\} = \{a\}$, 所以可得 $\delta(B_2, \varnothing) = \varnothing$. 而且, $\delta(B_2, \{a\}) = \{B_3, B_4\}$. 这是因为, 对于 $\neg\bigcirc\psi \in \mathrm{closure}(\varphi)$ 和 B 的任何直接后继 B' 有

$$\neg\bigcirc\psi \in B \text{ 当且仅当 } \psi \notin B'$$

(这由 δ 的定义和极大性得到[译注 54]). 因为 $\neg\bigcirc a \in B_2$ 且 B_3 和 B_4 是仅有的不包含 a 的两个状态, 所以有 $\delta(B_2, \{a\}) = \{B_3, B_4\}$. 又因 $B_4 \cap \{a\} = \varnothing \neq \{a\}$, 故 $\delta(B_4, \{a\}) = \varnothing$. 同理可得 $\delta(B_4, \varnothing) = \{B_3, B_4\}$. B_3 的出迁移可类似得到. 因 $\varphi = \bigcirc a$ 不包含直到运算符, 故集合 $\mathcal{F}$ 是空的. 因 $\mathcal{F} = \varnothing$, 故 GNBA $\mathcal{G}_\varphi$ 的每个无限运行都是接受的. 每个无限运行的形式都是 $B_1 B_1 \cdots$, $B_1 B_2 \cdots$, $B_3 B_1 \cdots$ 或 $B_3 B_2 \cdots$, 并且 $\varphi = \bigcirc a \in B_1$, B_2, 因此, 所有运行都满足 $\bigcirc a$. ■

例 5.18 GNBA 的构造

考虑 $\varphi = a \,\mathsf{U}\, b$ 并令 $\mathrm{AP} = \{a, b\}$. 那么

$$\mathrm{closure}(\varphi) = \{a, b, \neg a, \neg b, a \,\mathsf{U}\, b, \neg(a \,\mathsf{U}\, b)\}$$

定理 5.4 的证明中的构造可产生图 5.22 所示的 GNBA $\mathcal{G}_\varphi$. 为使图简洁一些, 省略了迁移标记 (迁移 $B \to B'$ 的标记等于刻画集合 $B \cap \mathrm{AP}$ 的命题逻辑公式).

状态对应于 closure(φ) 的以下初等公式集:

$$
\begin{aligned}
B_1 &= \{a, \quad b, \quad \varphi\} \\
B_2 &= \{\neg a, \quad b, \quad \varphi\} \\
B_3 &= \{a, \quad \neg b, \quad \varphi\} \\
B_4 &= \{\neg a, \neg b, \neg\varphi\} \\
B_5 &= \{a, \quad \neg b, \neg\varphi\}
\end{aligned}
$$

初始状态是满足 $\varphi \in B_i$ 的集合 $B_i \in Q$, 因此, $Q_0 = \{B_1, B_2, B_3\}$. 接受集的集合 $\mathcal{F} = \{F_\varphi\}$ 是一个单元集, 这是因为 φ 只含一个直到运算符. 集合 F_φ 由下式给出:

$$F_\varphi = \{B \in Q \mid \varphi \notin B \vee b \in B\} = \{B_1, B_2, B_4, B_5\}$$

由于接受集是一个单元集, 所以 GNBA $\mathcal{G}_\varphi$ 可看作接受集为 F_φ 的 NBA.

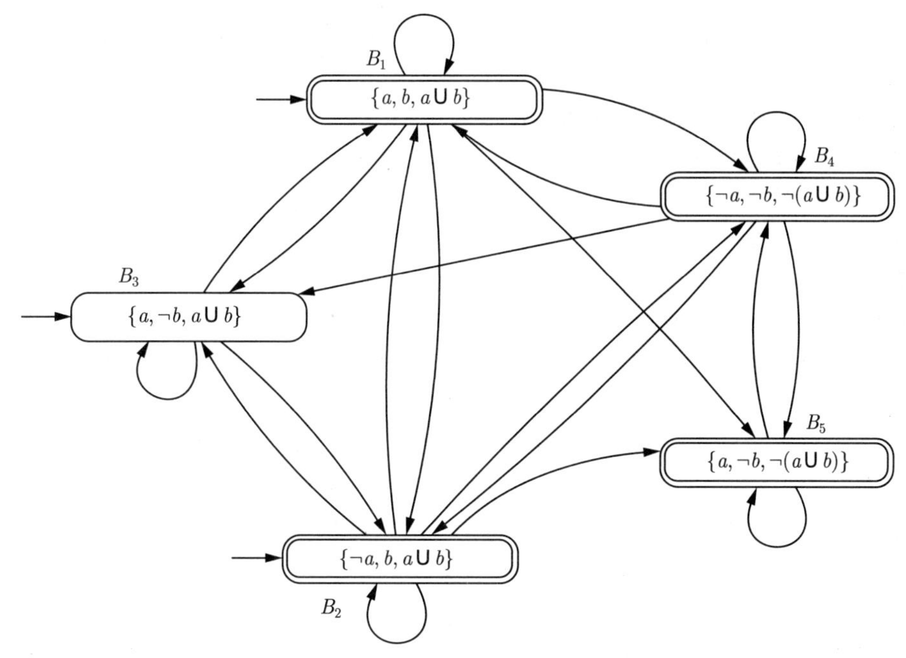

图 5.22　$a \,\mathsf{U}\, b$ 的广义 Büchi 自动机

下面论证一些迁移的合理性. 我们有 $B_1 \cap \mathrm{AP} = \{a, b\}$ 且 $a \,\mathsf{U}\, b \in B_1$. 因为

$$b \in B_1 \vee (a \in B_1 \wedge a \,\mathsf{U}\, b \in B')$$

对于任何初等集 $B' \subseteq \mathrm{closure}(a \,\mathsf{U}\, b)$ 都成立, 所以 $\delta(B_1, \{a, b\})$ 包含所有状态. 它们是状态 B_1 的仅有的出迁移. 相似推理可用于 $\delta(B_2, \{b\})$. 考虑状态 B_3, 有 $B_3 \cap \mathrm{AP} = \{a\}$. 在 $\{a\}$ 下, 能够成为 B_3 的直接后继的状态 B' 满足

$$a \in B_3 \wedge a \,\mathsf{U}\, b \in B'$$

因此, $\delta(B_3, \{a\}) = \{B_1, B_2, B_3\}$. 最后, 考虑状态 B_5. 这个状态仅对输入符号 $B_5 \cap \mathrm{AP} = \{a\}$ 有后继. 对任何 $\varphi_1 \,\mathsf{U}\, \varphi_2 \in \mathrm{closure}(\varphi)$, 可以证明, 对于 B 的任何后继 B' 有

$$\varphi_1 \,\mathsf{U}\, \varphi_2 \notin B \quad \text{iff} \quad \varphi_2 \notin B \wedge (\varphi_1 \notin B \vee \varphi_1 \,\mathsf{U}\, \varphi_2 \notin B')$$

(这一事实的证明留作练习) 将此结论应用到状态 B_5 可得, 所有不含 φ 的状态都可能是 B_5 的后继. 例如, 运行 $B_3 B_3 B_1 B_4^\omega$ 是接受的. 这个运行对应着单词 $\{a\}\{a\}\{a, b\}\varnothing^\omega$, 它确实需满足 $a \,\mathsf{U}\, b$. 单词 $\{a\}^\omega$ 不满足 $a \,\mathsf{U}\, b$. 它在 $\mathcal{G}_\varphi$ 中正好只有一个运行 ${B_3}^\omega$. 因为 B_3 不是一个最终状态, 所以这个运行不是接受的, 即 $\{a\}^\omega \notin \mathcal{L}_\omega(\mathcal{G}_\varphi)$. ■

注记 5.5　自动机状态的简化表示

对于 LTL 公式 φ 的每个子式 ψ, φ 的 GNBA 的任何状态都包含 ψ 或包含 $\neg\psi$. 这有点多余. 用命题符号 $a \in B \cap \mathrm{AP}$ 和公式 $\bigcirc\psi$ 或 $\varphi_1 \,\mathsf{U}\, \varphi_2 \in B$ 表示状态 $B \in \mathrm{closure}(\varphi)$ 就够了. ■

若对于给定的 LTL 公式 φ 已经构造了 GNBA $\mathcal{G}_\varphi$, 则用定理 4.7 描述的变换 GNBA $\rightsquigarrow$ NBA 可得 φ 的一个 NBA. 前面讲过, 若 GNBA $\mathcal{G}_\varphi$ 有两个或两个以上的接受集, 这样的变

换对 $\mathcal{G}_\varphi$ 的每个接受集都生成 $\mathcal{G}_\varphi$ 的一个副本. 在这里, 需要的副本份数由 φ 的直到子式的数目确定.

定理 5.5 为 LTL 公式构造 NBA

对 (AP 上的) 任何 LTL 公式 φ, 都存在一个使 $\text{Words}(\varphi) = \mathcal{L}_\omega(\mathcal{A}_\varphi)$ 的 NBA $\mathcal{A}_\varphi$, 它可以在时空复杂度 $2^{O(|\varphi|)}$ 内构造.

证明: 由定理 5.4 知, 可以构造一个 GNBA $\mathcal{G}_\varphi$, 而且它最多有 $2^{O(|\varphi|)}$ 个状态. 因为 $\mathcal{G}_\varphi$ 中接受状态的个数等于 φ 中直到子式的个数, 所以 GNBA $\mathcal{G}_\varphi$ 最多有 $|\varphi|$ 个接受状态. 把 GNBA 变换成等价的 NBA (如定理 4.7 的证明中描述的那样), 所得 NBA 最多有 $|\varphi|$ 个 $\mathcal{G}_\varphi$ 的状态空间的副本. 因此, NBA 的状态数最多为 $2^{O(|\varphi|)} \cdot |\varphi| = 2^{O(|\varphi|)+\log_2 |\varphi|}$. 得证[译注 55]. ■

把对无限单词的自动机关联到一个 LTL 公式, 相关文献中有多种算法. 在此提出的算法是其中在概念上最简单的算法, 但它往往会产生过大的 GNBA. 例如, 对于 LTL 公式 $\bigcirc a$ 和 $a \mathsf{U} b$, 带两个状态的 NBA 就够了 (留给读者给出这些 NBA). 有几种优化方法可以改进 GNBA 的大小, 但指数爆炸是不可避免的. 定理 5.6 形式化地说明了这一点.

定理 5.6 从 LTL 公式所得 NBA 的下界

存在一组满足 $|\varphi_n| = O(\text{poly}(n))$ 的 LTL 公式 φ_n, 使得 φ_n 的每个 NBA 至少有 2^n 个状态.

证明: 令 AP 是原子命题的任一非空集, 即 $|2^{\text{AP}}| \geqslant 2$. 考虑

$$\text{对 } n \geqslant 0, \quad \mathcal{L}_n = \{A_1 A_2 \cdots A_n A_1 A_2 \cdots A_n \sigma \mid A_i \subseteq \text{AP} \wedge \sigma \in (2^{\text{AP}})^\omega\}$$

不难验证 $\mathcal{L}_n = \text{Words}(\varphi_n)$, 其中

$$\varphi_n = \bigwedge_{a \in \text{AP}} \bigwedge_{0 \leqslant i < n} (\bigcirc^i a \leftrightarrow \bigcirc^{n+i} a)$$

此处, $\bigcirc^j$ 表示 j 次应用下一步运算符 $\bigcirc$, 即 $\bigcirc^1 \varphi = \bigcirc \varphi$ 且 $\bigcirc^{n+1} \varphi = \bigcirc \bigcirc^n \varphi$. 因此, φ_n 是一个有多项式长度的 LTL 公式. 更确切地说, $|\varphi_n| \in O(|\text{AP}| \cdot n^2)$[译注 56].

然而, 任何满足 $\mathcal{L}_\omega(\mathcal{A}) = \mathcal{L}_n$ 的 NBA $\mathcal{A}$ 至少有 2^n 个状态. 本质上, 这可由下面的考虑予以证明. 因为单词

$$A_1 A_2 \cdots A_n A_1 A_2 \cdots A_n \varnothing \varnothing \varnothing \cdots$$

可被 $\mathcal{A}$ 接受, 所以 $\mathcal{A}$ 对长度为 n 的每个单词 $A_1 A_2 \cdots A_n$, 都包含一个状态 $q(A_1 A_2 \cdots A_n)$, 它可从初始状态通过消耗前缀 $A_1 A_2 \cdots A_n$ 到达. 从 $q(A_1 A_2 \cdots A_n)$ 开始, 通过接受后缀 $A_1 A_2 \cdots A_n \varnothing \varnothing \varnothing \cdots$, 无限次访问一个接受状态是可能的. 若 $A_1 A_2 \cdots A_n \neq A'_1 A'_2 \cdots A'_n$, 则

$$A_1 A_2 \cdots A_n A'_1 A'_2 \cdots A'_n \varnothing \varnothing \varnothing \cdots \notin \mathcal{L}_n = \mathcal{L}_\omega(\mathcal{A})$$

因此, 状态 $q(A_1 A_2 \cdots A_n)$ 是两两不同的. 因为 $A_1 A_2 \cdots A_n$ 是 $|2^{\text{AP}}|$ 种选项的组合, 所以 $\mathcal{A}$ 至少有 $(|2^{\text{AP}}|)^n \geqslant 2^n$ 个状态. ■

注记 5.6

Büchi 自动机比 LTL 具有更强的表达能力.

目前的结果显示, 可对每一个 LTL 公式 φ 构造一个 NBA, 使其恰好接受满足 φ 的无穷序列; 但是, 反之不成立, 对此不作证明. 考虑 LT 性质

$$P = \left\{ A_0 A_1 A_2 \cdots \in (2^{\{a\}})^\omega \mid a \in A_{2i}, i \geqslant 0 \right\}$$

它要求 a 在每个偶数位置都成立. 可以证明, 这样的 LT 性质就不存在 LTL 公式 φ 使 $\mathrm{Words}(\varphi) = P$. 另外, 存在一个满足 $\mathcal{L}_\omega(\mathcal{A}) = P$ 的 NBA $\mathcal{A}$ (请读者给出这样一个 NBA). ■

5.2.1 LTL 模型检验问题的复杂度

在此总结一下前面的结论, 以总览 LTL 模型检验. 然后, 讨论 LTL 模型检验问题的复杂度.

如上面所述, 关于 LTL 的基于自动机的模型检验算法背后的基本思想建立在以下关系上:

$$\begin{aligned}
\mathrm{TS} \models \varphi \quad & \text{iff} \quad \mathrm{Traces(TS)} \subseteq \mathrm{Words}(\varphi) \\
& \text{iff} \quad \mathrm{Traces(TS)} \subseteq (2^{\mathrm{AP}})^\omega \setminus \mathrm{Words}(\neg\varphi) \\
& \text{iff} \quad \mathrm{Traces(TS)} \cap \underbrace{\mathrm{Words}(\neg\varphi)}_{\mathcal{L}_\omega(\mathcal{A}_{\neg\varphi})} = \varnothing \\
& \text{iff} \quad \mathrm{TS} \otimes \mathcal{A}_{\neg\varphi} \models \Diamond\Box\neg F
\end{aligned}$$

其中, NBA $\mathcal{A}_{\neg\varphi}$ 接受 $\mathrm{Words}(\neg\varphi)$ 且 F 是其接受状态的集合. 把 LTL 公式 φ 转换为 NBA 的算法会给出状态空间太大的 NBA, 其大小可能是 φ 的长度的指数. 因此 NBA $\mathcal{A}_{\neg\varphi}$ 会在指数时间复杂度

$$O(2^{|\varphi|} \cdot |\varphi|) = O(2^{|\varphi| + \log_2 |\varphi|})$$

内构造. 由这个时间复杂度范围以及 $\mathcal{A}$ 的状态空间大小是 $|\varphi|$ 的指数, 可得 LTL 模型检验的时间复杂度和空间复杂度的上限 (见算法 5.3):

$$O(|\mathrm{TS}| \cdot 2^{|\varphi|})$$

注记 5.7 公平 LTL 模型检验

作为定理 5.3的推论, 带公平性假设的 LTL 模型检验问题可以约简到对普通 LTL 的检验. 因此, 为了在公平性假设 fair 下检验公式 φ, 利用 LTL 模型检验算法验证公式 $\mathit{fair} \rightarrow \varphi$ 就够了. 这种方法的主要缺点是长度 $|\mathit{fair}|$ 对该算法的运行时间有指数级影响. 这是因为针对公式的否定式构造的 NBA, 即 $\neg(\mathit{fair} \rightarrow \varphi)$, 其大小是 $|\neg(\mathit{fair} \rightarrow \varphi)| = |\mathit{fair}| + |\varphi|$ 的指数. 为了避免这种额外的指数爆炸, 可用修改后的持久性检验 (见算法 4.4) 分析乘积迁移系统 $\mathrm{TS} \otimes A_{\neg\varphi}$ (替代 $\mathrm{TS} \otimes \mathcal{A}_{\neg(\mathit{fair} \rightarrow \varphi)}$). 这可用标准图论算法完成. 更多细节可以参考习题 5.22). ■

有趣的是 LTL 模型检验算法可以实时执行, 即在构造 NBA $\mathcal{A}_{\neg\varphi}$ 的同时. 这样可以避免构造整个自动机 $\mathcal{A}_{\neg\varphi}$. 实时过程按如下方式运行. 假设有了迁移系统 TS 的高级描述, 例如, 通过并发进程的语法描述 (像在 SPIN 的输入语言 Promela 中). TS 的可达状态的产生可以和 $\mathcal{A}_{\neg\varphi}$ 的相关片段的构造并行进行. 同时, 以 DFS 方式构造乘积迁移系统 $\mathrm{TS} \otimes \mathcal{A}_{\neg\varphi}$

的可达片段 (事实上, 它为检验 $TS \otimes \mathcal{A}_{\neg\varphi}$ 中的持久性的嵌套 DFS 产生最外层 DFS). 所以整个 LTL 模型检验过程可与生成 TS 和 $\mathcal{A}_{\neg\varphi}$ 的相关片段交错. 可以说, 在这种方式中, 乘积迁移系统 $TS \otimes \mathcal{A}_{\neg\varphi}$ 是按需构造的. 只有当部分构造的乘积迁移系统 $TS \otimes \mathcal{A}_{\neg\varphi}$ 中还没有遇到接受的环路时, 才考虑一个新顶点. 当在 $\mathcal{A}_{\neg\varphi}$ 中生成状态的后继时, 只考虑匹配 TS 的当前状态的后继 (而不是所有可能的后继) 就够了. 因此, 可以找到接受环路, 即, φ 不成立 (及相应的反例), 而不需要产生整个自动机 $\mathcal{A}_{\neg\varphi}$.

Reach(TS)、$\mathcal{A}_{\neg\varphi}$ 和 $TS \otimes \mathcal{A}_{\neg\varphi}$ 的实时产生被应用到了实际的 LTL 模型检验器 (如 SPIN) 中, 并对许多实例取得高效的验证过程. 尽管从理论角度看, LTL 模型检验问题仍然很难计算, 而且可能不是高效可解的. 本节后续内容将证明, LTL 模型检验问题是 PSPACE 完全的. 本书假设读者对复杂度理论以及复杂度类 coNP 和 PSPACE 的基本概念有所了解, 也可以阅读文献 [160, 320] 等和本书附录.

在证明 LTL 模型检验问题的 PSPACE 难度之前, 先证明一个较弱的结果. 为此, 回想**哈密顿路径问题**. 考虑有限有向图 $G = (V, E)$, 其中 V 是顶点集, $E \subseteq V \times V$ 是边集. 哈密顿路径问题是一个判定问题, 它要肯定地回答 G 何时有哈密顿路径, 即经过 V 中每一顶点恰好一次的路径.

后续结果需要的下一个要素是 LTL 模型检验问题的补问题. 这个判定问题是指, 输入一个有限的迁移系统 TS 和 LTL 公式 φ, 判定是否有 $TS \not\models \varphi$. 因此, 每当 LTL 模型检验问题给出肯定的答案时, 它的补问题就得到 “否”; 而每当 LTL 模型检验问题给出否定答案时, 它的补问题就得到 “是”.

引理 5.3 哈密顿路径问题可以多项式约简到 LTL 模型检验问题的补问题.

证明: 为了建立从哈密顿路径问题到 LTL 模型检验补问题的一个多项式约简, 需要建立从哈密顿路径问题的实例到模型检验补问题的实例的映射. 也就是说, 需要把有限有向图 G 映射到 (TS, φ) 上, 其中 TS 是有限迁移系统, φ 是 LTL 公式, 并使得

(1) G 有哈密顿路径当且仅当 $TS \not\models \varphi$.

(2) 变换 $G \rightsquigarrow (TS, \varphi)$ 可在多项式时间内进行.

映射的基本概念如下. 本质上, 映射就是 TS 对应到 G, 即, TS 的状态是 G 中的顶点, TS 的迁移对应 G 中的边. 由于技术原因, 对 G 稍加改造, 以确保 TS 没有终止状态. 更确切地说, TS 的状态图来自插入一个新顶点 b 后的 G, 其中从每个顶点 v 都可通过一个边到达 b, 而且它只有一个自循环 $b \to b$ (即 b 没有另外的出边). 形式上, 与 $G = (V, E)$ 关联的迁移系统为

$$TS = (V \uplus \{b\}, \{\tau\}, \to, V, V, L)$$

其中, 对任何顶点 $v \in V$, 有 $L(v) = \{v\}$, 并且 $L(b) = \varnothing$. 因此, 把 G 中的顶点看作 TS 的原子命题. 迁移关系 $\to$ 定义为

$$\frac{(v, w) \in E}{v \xrightarrow{\tau} w} \quad \text{并且} \quad \frac{v \in V \cup \{b\}}{v \xrightarrow{\tau} b}$$

这就完成了有向图 G 到迁移系统 TS 的映射. 以 LTL 公式为工具, 形式化哈密顿路径存在

性的否定 (即缺失性). 令

$$\varphi = \neg \bigwedge_{v \in V} (\Diamond v \wedge \Box(v \rightarrow \bigcirc\Box\neg v))$$

用文字叙述为: φ 确保不是以下情形, 每个顶点 $v \in V$ 终将被访问且不会被访问两次. 注意, 合取不在 $b \notin V$ 上进行.

显然, 对于给定的有向图 G, 可在多项式时间内构造 TS 和 φ. 作为最后一步, 需要证明 G 存在哈密顿路径当且仅当 TS $\not\models \varphi$.

先证 $\Leftarrow$. 假设 TS $\not\models \varphi$. 那么在 TS 中存在路径 π 使得

$$\pi \models \bigwedge_{v \in V} (\Diamond v \wedge \Box(v \rightarrow \bigcirc\Box\neg v))$$

因为 $\pi \models \bigwedge_{v \in V} \Diamond v$, 所以每个顶点 $v \in V$ 至少在路径 π 上出现一次. 由于

$$\pi \models \bigwedge_{v \in V} \Box(v \rightarrow \bigcirc\Box\neg v)$$

所以在 π 上没有顶点出现不止一次. 因此, π 的形式为 $v_1 v_2 \cdots v_n bbb \cdots$, 其中 $V = \{v_1 v_2 \cdots v_n\}$ 且 $|V| = n$. 特别地, $v_1 v_2 \cdots v_n$ 是 G 中的一条哈密顿路径.

再证 $\Rightarrow$. G 中的每条哈密顿路径 $v_1 v_2 \cdots v_n$ 都可扩展为 TS 中的一条路径 $\pi = v_1 v_2 \cdots v_n bbb \cdots$. 而, $\pi \not\models \varphi$, 故, TS $\not\models \varphi$. ■

由于哈密顿路径问题是 NP 完全的, 因此, 由上述引理可得 LTL 模型检验问题是 coNP 困难的. 定理 5.7 表明 LTL 模型检验问题是 PSPACE 困难的.

定理 5.7 LTL 模型检验问题的下界

LTL 模型检验问题是 PSPACE 困难的.

证明: 令 TS 是有限迁移系统, φ 是 LTL 公式. 作为第一个观察, 注意, 证明 LTL 模型检验问题的*存在性*变体的 PSPACE 困难度就足够了. 可把这个存在性判定问题看作: 输入 TS 和 φ, 若对 TS 中某条 (起始的、无限的) 路径 π 有 $\pi \models \varphi$, 则输出 "是", 否则输出 "否". 给定

TS $\models \varphi$	当且仅当	对所有路径 π 有 $\pi \models \varphi$
	当且仅当	不是 (对某路径 π 有 $\pi \models \neg\varphi$)

那么 LTL 模型检验问题的实例 (TS, φ) 输出 "是" 当且仅当 LTL 模型检验问题的存在性变体的实例 $(\text{TS}, \neg\varphi)$ 输出 "否". 因此, 由 LTL 模型检验问题的存在性变体的 PSPACE 难度可推出 LTL 模型检验问题的存在性变体的补问题的 PSPACE 难度, 它再次推出 LTL 模型检验问题的 PSPACE 难度. 由于 PSPACE = coPSPACE, 因此任何 PSPACE 困难问题的补问题都是 PSPACE 困难的.

在后续证明中, 将集中说明存在性 LTL 模型检验问题的 PSPACE 难度. 给出从任何判定问题 $K \in$ PSPACE 到存在性 LTL 模型检验问题的多项式约简, 就可完成证明. 设 $\mathcal{M}$ 是一个多项式空间有界的确定图灵机, 它恰好接受单词 $w \in K$. 现在的目标是由一个确定的多项式时间有界的过程把 $(\mathcal{M}, w)$ 变换到 (TS, φ), 使得 $\mathcal{M}$ 接受 w 当且仅当 TS 包含使得 $\pi \models \varphi$ 的路径 π.

源于文献 [372] 的后续证明, 类似于 Cook 定理, 它说明了命题逻辑的可满足性问题的 NP 完全性. 粗略的想法是, 利用 LTL 公式为初始配置、可能的迁移和给定图灵机的接受配置编码. 接下来, 令 $\mathcal{M}$ 是确定的单带图灵机, 其状态空间为 Q, 初始状态为 $q_0 \in Q$, 接受状态的集合为 F, 带字母表为 Σ, 迁移函数为 $\delta\colon Q \times \Sigma \to Q \times \Sigma \times \{L, R, N\}$. δ 的直观含义如下. 假设 $\delta(q, A) = (p, B, L)$. 那么, 当前状态为 q 并且游标下的单元 i 中的当前符号为 A 时, $\mathcal{M}$ 变化到状态 p, 将单元 i 中的符号 A 重写为 B, 并将游标位置向左移动一位, 即将游标安置到单元 $i-1$ 下. R 和 N 的含义分别为将游标向右移动一位和根本不移动 (对于我们的目的而言, 没有必要区分输入和带字母表).

由于技术原因, 要求接受状态是吸收的, 即, 对所有 $q \in F$ 有 $\delta(q, A) = (q, A, N)$. 此外, 假设 $\mathcal{M}$ 是多项式空间有界的, 即, 存在一个多项式 P, 使得对长度为 n 的输入单词 $A_1 A_2 \cdots A_n \in \Sigma^*$ 的计算最多访问带上的前 $P(n)$ 个单元. 不失一般性, 假设 P 的系数是自然数且 $P(n) \geqslant n$.

对于长度为 n 的输入单词, 为了利用 LTL 公式为 $\mathcal{M}$ 的可能行为编码, 把图灵机变换为迁移系统 $\mathrm{TS} = \mathrm{TS}(\mathcal{M}, n)$, 其状态空间为

$$S = \{0, 1, \cdots, P(n)\} \cup \{(q, A, i) \mid q \in Q \cup \{*\}, A \in \Sigma, 0 < i \leqslant P(n)\}$$

TS 的结构如图 5.23 所示. TS 由 $P(n)$ 个副本组成. 第 i 个副本开始于状态 $i-1$, 结束于状态 i, 并包含介于状态 $i-1$ 和状态 i 之间的状态 (q, A, i), 其中 $q \in Q \cup \{*\}$ 且 $A \in \Sigma$. 直观地看, 第 i 个副本中的状态 (q, A, i) 的第一分量 $q \in Q \cup \{*\}$ 表明游标是否指向单元 i (此时, $q \in Q$ 是当前状态) 或是否指向其他带单元 (此时, $q = *$). 在状态 (q, A, i) 中, 符号 $A \in \Sigma$ 表示当前单元 i 中的符号. 从状态 0 到状态 $P(n)$ 的路径片段代表 $\mathcal{M}$ 的可能配置. 更准确地说, 若在一个配置中, 带的当前内容是 $A_1 A_2 \cdots A_{P(n)}$, 当前状态为 q, 游标指向单元 i, 则这个配置可由下列路径片段编码:

$$0(*, A_1, 1)1(*, A_2, 2)2 \cdots (i-1)(q, A_i, i)i(*, A_{i+1}, i+1)(i+1) \cdots P(n)$$

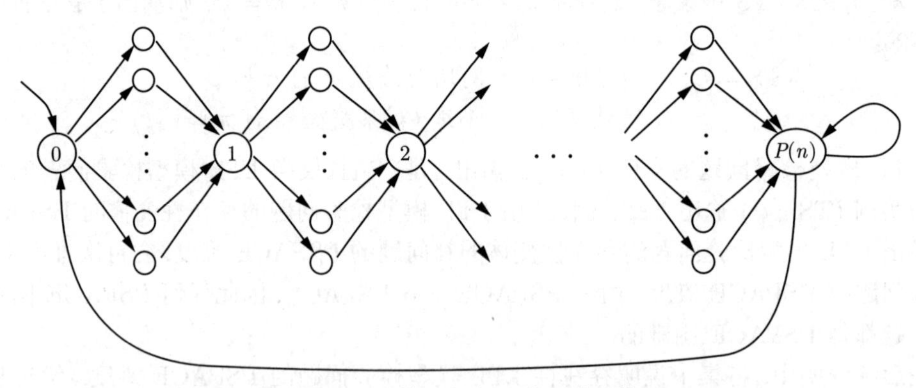

图 5.23　图灵机 $\mathcal{M}$ 和输入长度 n 的迁移系统 $\mathrm{TS}(\mathcal{M}, n)$

相应地, 对于长度为 n 的输入单词, 这样的路径片段的连接可以用来描述 $\mathcal{M}$ 的计算.

把状态等同原子命题. 此外, 命题 begin 用来标识状态 0, 而命题 end 用来标识状态 $P(n)$. 即 $\mathrm{AP} = S \cup \{\mathrm{begin}, \mathrm{end}\}$, 并使用明显的标记函数. 令 $\varPhi_Q$ 表示所有原子 (q, A, i) 的

析取, 其中 $q \in Q$ (即 $q \neq *$), $A \in \Sigma$, 且 $0 < i \leqslant P(n)$. LTL 公式

$$\varphi_{\text{Conf}} = \Box\left(\text{begin} \to \varphi^1_{\text{Conf}} \wedge \varphi^2_{\text{Conf}}\right)$$

其中:

$$\varphi^1_{\text{Conf}} = \bigvee_{1 \leqslant i \leqslant P(n)} \bigcirc^{2i-1} \varPhi_Q$$

$$\varphi^2_{\text{Conf}} = \bigwedge_{1 \leqslant i \leqslant P(n)} \left(\bigcirc^{2i-1} \varPhi_Q \to \bigwedge_{\substack{1 \leqslant j \leqslant P(n) \\ j \neq i}} \bigcirc^{2j-1} \neg \varPhi_Q\right)$$

刻画 TS 中满足以下条件的任何路径 π, π 从 0 经 $1, 2, \cdots, P(n-1)$ 到 $P(n)$ 的任何路径片段都编码 $\mathcal{M}$ 的一个配置. 注意, $\varphi^1_{\text{Conf}} \wedge \varphi^2_{\text{Conf}}$ 能确保游标指向 $1, 2, \cdots, P(n)$ 中唯一一个位置. 因此, TS 中使得 $\pi \models \varphi_{\text{Conf}}$ 的任何路径 π 都可看作 $\mathcal{M}$ 中的一个配置的序列. 然而, 这个序列未必是 $\mathcal{M}$ 的计算, 这是因为, 根据 $\mathcal{M}$ 的操作行为, 配置可能不连续. 为此, 需要增加额外的约束来形式化 $\mathcal{M}$ 的逐步行为.

$\mathcal{M}$ 的迁移关系 δ 可用 LTL 公式 φ_δ 编码, 该公式是描述 $\delta(q, A)$ 的语义的 $\varphi_{q,A}$ 的合取. 这里, q 遍历 Q 的所有状态, 而 A 遍历 Σ 中的所有带符号. 例如, 如果 $\delta(q, A) = (p, B, L)$, 那么

$$\varphi_{q,A} = \Box \bigwedge_{1 \leqslant i \leqslant P(n)} \left(\bigcirc^{2i-1}(q, A, i) \to \psi_{(q,A,i,P,B,L)}\right)$$

其中[译注 57] $\psi_{(q,A,i,p,B,L)}$ 由下式定义:

$$\bigwedge_{\substack{1 \leqslant j \leqslant P(n) \\ j \neq i-1, j \neq i, \\ C \in \Sigma}} \underbrace{\left(\bigcirc^{2j-1}(*, C, j) \leftrightarrow \bigcirc^{2j-1+2P(n)+1}(*, C, j)\right)}_{\text{单元 } j \neq i-1, j \neq i \text{ 的内容未变}} \wedge \underbrace{\bigcirc^{2i-1+2P(n)+1}(*, B, i)}_{\text{单元 } i \text{ 中 } B \text{ 重写 } A}$$
$$\wedge \underbrace{\bigcirc^{2i-1+2P(n)+1-2} p}_{\substack{\text{移到状态 } p \\ \text{指向单元 } i-1}}$$

上式中的 p 是所有原子 $(p, D, i-1)$ 的析取, 其中 $D \in \Sigma$.

对于给定的输入单词 $w = A_1 A_2 \cdots A_n \in \Sigma^*$, $\mathcal{M}$ 的启动配置由下式给出:

$$\varphi^w_{\text{start}} = \bigcirc q_0 \wedge \bigwedge_{1 \leqslant i \leqslant n} \bigcirc^{2i-1} A_i \wedge \bigwedge_{n < i \leqslant P(n)} \bigcirc^{2i-1} \sqcup$$

由第一合取项 $\bigcirc q_0$ 知 $\mathcal{M}$ 始于初始状态; 由其他合取项知 $A_1 A_2 \cdots A_n \sqcup^{P(n)-n}$ 是带的内容, 其中 $\sqcup$ 表示空白符号. 接受配置可由下式形式化:

$$\varphi_{\text{accept}} = \Diamond \bigvee_{q \in F} q$$

对于 $\mathcal{M}$ 的长度为 n 的给定输入单词 $w = A_1 A_2 \cdots A_n$, 令

$$\varphi_w = \varphi^w_{\text{start}} \wedge \varphi_{\text{Conf}} \wedge \varphi_\delta \wedge \varphi_{\text{accept}}$$

注意, φ_w 的长度是 $\mathcal{M}$ 的大小和 w 的长度 n 的多项式. 因此, $\text{TS} = \text{TS}(\mathcal{M}, n)$ 并且 φ_w 可在多项式时间内由 $(\mathcal{M}, w)$ 构造. 此外, 还可得到以下结论: TS 中存在一条路径 $\pi \models \varphi_w$ 当且仅当 $\mathcal{M}$ 接受输入单词 w. ■

在实际应用中, 上述理论上的复杂度结果并没有看起来那么富有戏剧性, 因为复杂度和迁移系统的大小是线性关系, 而和公式的长度是指数关系. 在实践中, 典型需求描述会产生较短的 LTL 公式. 事实上, 随公式长度的指数增长不是 LTL 模型检验实际应用的决定性因素, 而对迁移系统大小的线性依赖才是关键因素. 正如第 2 章结尾部分讨论的那样, 即使是一个相对简单的系统, 其迁移系统也可能是巨大的, 即状态空间爆炸问题. 在本书后面的章节中, 介绍了各种应对状态空间爆炸问题的技术.

前面曾提到 LTL 模型检验问题是 PSPACE 完全的. 上一个结果已表明 PSPACE 难度. 还需要证明它属于复杂度类 PSPACE.

为了证明 LTL 模型检验问题在 PSPACE 中, (再次) 借助于 LTL 模型检验问题的存在性变体. 这可由以下事实证明. 与任何确定的复杂度类一样, PSPACE 关于补是封闭的. 即, LTL 模型检验问题在 PSPACE 中当且仅当它的补问题在 PSPACE 中. 这等于说 LTL 模型检验问题的存在性变体是多项式空间有界可解的. 由 Savitch 定理 (PSPACE 和 NPSPACE 相同), 提供一个*未定的多项式空间有界的算法*, 它可以解决存在性 LTL 模型检验问题.

引理 5.4 存在性 LTL 模型检验问题是未定空间有界算法可解的.

证明: 接下来, 令 φ 是 LTL 公式, $\text{TS} = (S, \text{Act}, \rightarrow, I, \text{AP}, L)$ 是有限迁移系统. 目标是未定地检查 TS 是否有路径 π 使 $\pi \models \varphi$, 而内存需求在范围 $O(\text{poly}(\text{size}(\text{TS}), |\varphi|))$ 内. 5.2节讨论的技术建议是: 为 φ 建立一个 NBA $\mathcal{A}_\varphi$, 构造乘积迁移系统 $\text{TS} \otimes \mathcal{A}_\varphi$, 检验该乘积是否包括一个含 $\mathcal{A}_\varphi$ 的接受状态的可达环路. 现在修改这一方法以获得一个 NPSPACE 算法. 在此使用 φ 的 GNBA $\mathcal{G}_\varphi$ 而不是 φ 的 NBA. 该自动机中的状态是 φ 的闭包的初等子集 (见定义 5.10). 目标是在 $\text{TS} \otimes \mathcal{G}_\varphi$ 中未定地猜测一条有限路径 $u_0 u_1 \cdots u_{n-1} v_0 v_1 \cdots v_{m-1}$, 并检验无限路径

$$u_0 u_1 \cdots u_{n-1} (v_0 v_1 \cdots v_{m-1})^\omega$$

中属于 $\mathcal{G}_\varphi$ 的部分是否构成 $\mathcal{G}_\varphi$ 中的接受运行. 当然, 这要求 v_0 是 v_{m-1} 的后继. $\text{TS} \otimes \mathcal{G}_\varphi$ 的无限路径中的状态 u_i 和 v_j 都是 TS 中的状态和初等集组成的状态对. 对于前缀 $u_0 u_1 \cdots u_{n-1}$ 和环路 $v_0 v_1 \cdots v_{m-1} v_m$ 的长度, 可用 $n \leqslant k$ 和 $m \leqslant k \cdot |\varphi|$ 处理, 其中 k 是 $\text{TS} \otimes \mathcal{G}_\varphi$ 中可达状态数 (注意, $|\varphi|$ 是 $\mathcal{G}_\varphi$ [译注 58] 中接受集的个数的上限). k 的上界可由下式确定:

$$K = N_{\text{TS}} \cdot 2^{N_\varphi}$$

其中, N_{TS} 表示 TS 中状态的个数, $N_\varphi = |\text{closure}(\varphi)|$. 注意,

$$K = O(\text{size}(\text{TS}) \cdot \exp(|\varphi|))$$

算法如下. 先未定地选择两个自然数 n、m, 使得 $n \leqslant K$ 且 $m \leqslant K \cdot |\varphi|$ (通过猜测 n 是 $\lceil \log_2 K \rceil = O(\log_2(\text{size}(\text{TS})) \cdot |\varphi|)$ 位, m 是 $\lceil \log_2 K \rceil + \lceil \log_2 |\varphi| \rceil = O(\log_2(\text{size}(\text{TS})) \cdot |\varphi|)$ 位). 然后, 算法未定地猜测一个序列 $u_0 u_1 \cdots u_{n-1}, u_n u_{n+1} \cdots u_{n+m}$, 其中 u_i 是由 TS 中的

状态 s_i 和 closure(φ) 的子集 B_i 组成的对子 $\langle s_i, B_i\rangle$. 对于每个这样的状态 $u_i = \langle s_i, B_i\rangle$, 算法检查下列结论是否成立:

(1) 若 $i \geqslant 1$, 则 s_i 是 s_{i-1} 的后继.

(2) B_i 是初等的.

(3) $B_i \cap \mathrm{AP} = L(s_i)$.

(4) 若 $i \geqslant 1$, 则 $B_i \in \delta(B_{i-1}, L(s_i))$.

$i = 0$ 时, 算法检验 $s_0 \in I$ 是否是 TS 的初始状态, 是否对某个包含 φ 的初等集合 B 有 $B_0 \in \delta(B, L(s_0))$. 在这里, δ 表示 GNBA $\mathcal{G}_\varphi$ 的迁移关系 (回顾一下, 使 $\varphi \in B$ 的集合 B 在 φ 的 GNBA 中是初始状态). 条件 (1)~(4) 的检查是局部的和简单的. 如果某个 i 违反了这 4 个条件之一, 算法将拒绝并停止; 否则, $u_0u_1\cdots u_{n+m}$ 是 $\mathrm{TS} \otimes \mathcal{G}_\varphi$ 中的有限路径. 我们最后检验 u_n 是否与最后一个状态 u_{n+m} 相同. 如果这个条件不成立, 该算法将再次拒绝并停止; 否则, $u_0u_1\cdots u_{n-1}(u_nu_{n+1}\cdots u_{n+m-1})^\omega$ 是 $\mathrm{TS} \otimes \mathcal{G}_\varphi$ 中的无限路径, 最后它还要检验 $\mathcal{G}_\varphi$ 的接受条件是否满足. 这意味着必须验证以下条件: 只要 $\psi_1 \mathsf{U} \psi_2 \in B_i$ 对某个 $i \in \{n, n+1, \cdots, n+m-1\}$ 成立, 就有某个 $j \in \{n, n+1, \cdots, n+m-1\}$ 使得 $\psi_2 \in B_j$. 如果这个条件成立, 那么, 算法将以回答 "是" 终止.

这是因为, 若 TS 具有 φ 成立的一条路径, 则有一个上述算法的计算返回 "是", 故该算法是正确的; 否则, 即如果 TS 没有一条让 φ 成立的路径, 那么算法的所有计算都是拒绝的.

尚需解释如何实现简述的算法才能使其内存要求是 TS 的大小和 φ 的长度的多项式. 虽然路径 $u_0u_1\cdots u_m$ 的长度 $n+m$ 可能是 φ 的长度的指数 (注意, 例如, $n = K$ 是可能的, 而 K 随着 φ 的长度呈指数级增长), 但是, 这个过程仍可在只有多项式之内的空间需求下实现. 这由以下发现推出: 对 $u_i = \langle s_i, B_i\rangle$ 检查条件 (1)~(4), 只需状态 $u_{i-1} = \langle s_{i-1}, B_{i-1}\rangle$. 因此, 不需要对 $0 \leqslant j \leqslant n+m$ 存储所有状态 u_j; 相反, 存储实际状态和前一状态就足够了. 此外, 为了验证 $\mathcal{G}_\varphi$ 的接受条件成立, 只需要记住 φ 的子式 $\psi_1 \mathsf{U} \psi_2$ (包含于集合 $B_n, B_{n+1}, \cdots B_{n+m-1}$ 之一) 和子式 ψ_2 (出现在 φ 的直到子式的右边并包含在集合 $B_n, B_{n+1}, \cdots B_{n+m-1}$ 之一中). 这些额外信息需要的空间复杂度为 $O(|\varphi|)$. 因此, 上述未定算法可以用多项式空间有界的方式实现. ■

由引理 5.4 和定理 5.7 可得定理 5.8.

定理 5.8 LTL 模型检验问题是 PSPACE 完全的. ■

5.2.2 LTL 可满足性和有效性检验

本节考虑 LTL 的可满足性问题和有效性问题. 可满足性问题是: 对于一个给定的 LTL 公式 φ, 是否存在一个模型使 φ 成立? 也就是说, 是否有 $\mathrm{Words}(\varphi) \neq \varnothing$? 通过为 LTL 公式 φ 构造一个 NBA $\mathcal{A}_\varphi$ 来解决可满足性问题. 用这种方式可确定无限单词 $\sigma \in \mathrm{Words}(\varphi) = \mathcal{L}_\omega(\mathcal{A}_\varphi)$ 的存在性. NBA $\mathcal{A}$ 的空性问题, 即 $\mathcal{L}_\omega(\mathcal{A}) = \varnothing$ 成立与否, 可用类似于持久性检验的技术手段解决, 见算法 5.4. 除了给出肯定的答复外, 还可以提供单词 $\sigma \in \mathcal{L}_\omega(\mathcal{A}_\varphi) = \mathrm{Words}(\varphi)$ 的前缀, 类似于模型检验 LTL 的反例.

LTL 的可满足性已用类似于 LTL 模型检验的技术解决, 现在考虑有效性问题. 若在所有解释下 φ 都成立, 即 $\varphi \equiv \mathrm{true}$, 则称公式 φ 是有效的. AP 上的 LTL 公式 φ 有效当且仅当 $\mathrm{Words}(\varphi) = (2^{\mathrm{AP}})^\omega$. φ 的有效性可以通过 "φ 有效当且仅当 $\neg\varphi$ 不可满足" 来确定.

因此, 为了用算法检验是否得到 φ, 可以构造关于 $\neg\varphi$ 的 NBA 并将可满足性算法 (见算法 5.4) 应用到 $\neg\varphi$ 上.

算法 5.4 LTL 的可满足性检验

输入: AP 上的 LTL 公式 φ

输出: 若 φ 可满足则为 “是”, 否则为 “否”

构造一个满足 $\mathcal{L}_\omega(\mathcal{A}) = \text{Words}(\varphi)$ 的 NBA $\mathcal{A} = (Q, 2^{\text{AP}}, \delta, Q_0, F)$

(* 检查是否 $\mathcal{L}_\omega(\mathcal{A}) = \varnothing$. *)

进行嵌套 DFS 以确定是否存在从 $q_0 \in Q_0$ 可达且位于一条环路上的状态 $q \in F$

若是, 则返回 “是”; 否则返回 “否”

已列出的 LTL 可满足性算法的运行时间是 φ 的长度的指数. 下面的结果表明, 由于有效性和可满足性问题是 PSPACE 困难的, 所以不能得到真正更高效的方法. 事实上, 这两个问题甚至是 PSPACE 完全的. 可用以下方法证明 LTL 可满足性问题属于 PSPACE: 给出一个未定多项式空间有界的算法, 对于给定公式 φ, 该算法可猜测 GNBA $\mathcal{G}_\varphi$ 中的一个有限运行, 并检验有限运行是否是 $\mathcal{G}_\varphi$ 中一个接受运行的前缀. 这里不给出具体的细节, 因为它们与存在性 LTL 模型检验算法 (见引理 5.3) 非常类似. LTL 有效性问题属于 PSPACE 这一事实可由以下两点推出: φ 有效当且仅当 $\neg\varphi$ 不可满足, 以及 PSPACE 关于补是封闭的. 现在集中于 PSPACE 难度的证明.

定理 5.9 LTL 的可满足性和有效性 (下界)

LTL 的可满足性和有效性的问题是 PSPACE 困难的.

证明: φ 可满足当且仅当 $\neg\varphi$ 有效, 反之亦然, 从这种意义上说, 可满足性和有效性是互补的, 因此, 只要证明可满足性问题的 PSPACE 难度就够了. 要做到这一点, 只需给出从 LTL 模型检验问题的存在性变体 (见定理 5.7 的证明) 到 LTL 的可满足性问题的多项式约简即可.

令 $\text{TS} = (S, \text{Act}, \to, I, \text{AP}, L)$ 是有限迁移系统, φ 是 AP 上的 LTL 公式. 目标是建立一个 LTL 公式 ψ, 使 ψ 是可满足的当且仅当 TS 中有一条路径 π 使得 $\pi \models \varphi$. 此外, ψ 应该在多项式时间内构造.

ψ 中的原子命题是 $\text{AP}' = \text{AP} \uplus S$ 中的元素. 对于任一状态 $s \in S$, 令

$$\Phi_s = \bigwedge_{a \in L(s)} a \wedge \bigwedge_{a \notin L(s)} \neg a$$

公式 Φ_s 可视为 s 的标记的特征公式, 这是因为对任何 $s' \in S$, $s' \models \Phi_s$ 当且仅当 $L(s) = L(s')$. 然而, 对于 LTL 的可满足性问题, 没有固定的迁移系统并且 Φ_s 对于 (另一个迁移系统中的) 其他状态也可能成立. 对 $s \in S$ 和 $T \subseteq S$, 令 $\Psi_T = \bigvee_{t \in T} t$ 是集合 T 的特征公式. 令

$$\psi_s = s \to (\Phi_s \wedge \bigcirc \Psi_{\text{Post}(s)})$$

断言标记 $L(s)$ 在状态 s 成立, 且存在到任一直接后继 $\text{Post}(s)$ 的迁移. 令

$$\Xi = \bigvee_{s \in S} (s \wedge \bigwedge_{t \in S \setminus \{s\}} \neg t)$$

直白地说, Ξ 断言恰有一个原子命题 $s \in \mathrm{AP}'$ 成立. 这些定义构成 ψ 的定义的要素. 对于初始状态集合 I, 令

$$\psi = \Psi_I \wedge \Box \Xi \wedge \bigwedge_{s \in S} \Box \psi_s \wedge \varphi^{[\text{译注 59}]}$$

可直接得到 ψ 能够由 TS 和 φ 在多项式时间内推出的结论. 还需要证明

$$\exists \pi \in \mathrm{Paths(TS)}. \pi \models \varphi \text{ 当且仅当 } \psi \text{ 可满足}$$

先证 $\Rightarrow$. 令 $\pi = s_0 s_1 s_2 \cdots$ 是 TS 中一 条起始无限路径且满足 $\pi \models \varphi$. 现在把 π 看作迁移系统 TS′ 中的一条路径, 它除了使用扩展标记函数 $L'(s) = L(s) \cup \{s\}$ 外与 TS 相同. 那么 $\pi \models \Psi_I$, 因为 $s_0 \in I$. 此外, $\pi \models \Box \Xi$ 且 $\pi \models \Box \psi_s$, 因为 Ξ 和 ψ_s 在 TS′ 所有的状态成立. 因此, $\pi \models \psi$. 故, π 是 ψ 可满足性的一个证据.

再证 $\Leftarrow$. 假设 ψ 是可满足的. 令 $A_0 A_1 A_2 \cdots$ 为字母 $2^{\mathrm{AP}'}$ 上的无限单词, 使得 $A_0 A_1 A_2 \cdots \in \mathrm{Words}(\psi)$. 因为

$$A_0 A_1 A_2 \cdots \models \Box \Xi$$

所以对所有 $i \geqslant 0$, 在 TS 中存在唯一满足 $s_i \in A_i$ 的状态序列 $\pi = s_0 s_1 s_2 \cdots$. 因为 $A_0 A_1 A_2 \cdots \models \Psi_I$, 所以有 $s_0 \in I$. 由于

$$A_0 A_1 A_2 \cdots \models \Box \bigwedge_{s \in S} \psi_s$$

所以对所有 $i \geqslant 0$, 有 $A_i \cap \mathrm{AP} = L(s_i)$ 并且 $s_{i+1} \in Post(s_i)$. 这可推出 π 是 TS 中的一条路径且 $\pi \models \varphi$. ■

5.3 总　　结

- 线性时序逻辑 (LTL) 是用于形式化基于路径性质的逻辑.
- LTL 公式可用算法变换为未定 Büchi 自动机 (NBA). 这种变换可能导致指数爆炸.
- 为给定的 LTL 公式构造 NBA 的算法分两步: 首先构造 φ 的 GNBA, 然后将它换为等价的 NBA.
- φ 的 GNBA 把命题逻辑的语义和下一步运算符的语义编码到迁移中. 在展开律的基础上, 把直到运算符的含义分解为局部要求 (由 GNBA 的状态编码)、下一步要求 (由 GNBA 的迁移编码) 和一个公平性条件 (由 GNBA 的接受集编码).
- LTL 公式描述 ω 正则 LT 性质, 但与 ω 正则语言有不同的表达能力.
- 用给定的迁移系统和公式之否定的 NBA 作乘积, 在乘积中用嵌套的深度优先搜索算法就可解决 LTL 模型检验问题.
- 基于自动机的 LTL 模型检验算法的时间复杂度是迁移系统的大小的线性函数, 是公式长度的指数函数.

- 公平性假设可以由 LTL 公式描述. 带公平性假设的 LTL 模型检验问题可约简为标准 LTL 模型检验问题.
- LTL 模型检验问题是 PSPACE 完全的.
- LTL 公式的可满足性和有效性可以通过检验未定 Büchi 自动机的空性来解决. 空性检验可由嵌套 DFS 确定, 它检验包含接受状态的可达回路的存在性. 这两个问题都是 PSPACE 完全的.

5.4 文献说明

线性时序逻辑. 在模态逻辑和时序模态的已有成果 [230, 244, 270, 345] 的基础上, 针对有关反应系统的推理, 20 世纪 70 年代后期 Pnueli 在其开创性论文 [337] 中引入了 (线性) 时序逻辑. 此后, 学者们研究了关于 LTL 的多种变体和扩展, 如 Lamport 的动作时序逻辑 (TLA) [260] 和有过去运算符的 LTL [159, 262, 274]. 最近, 工业性质准述语言 PSL [136] 成为标准, 而 LTL 是它的基础. LTL 的过去形式的扩展没有改变其表达能力, 但有助于准述的方便性和模块推理. 对于某些性质, 与常规 LTL 公式相比, 使用过去运算符可使公式 (显著地) 更简洁. 为了覆盖整个 ω 正则 LT 性质的类, Vardi 和 Wolper 引入了 LTL 的一种使用自动机公式的扩展 [411, 412, 424, 425].

LTL 模型检验. Vardi 和 Wolper 还开发了本章阐述的基于自动机的 LTL 模型检验算法. 在我们看来, 所述算法是从给定的 LTL 公式构造 NBA 的算法中最简单、最直观的一个. 其间, 还发展了能够产生更紧凑的 NBA 或试图最小化给定 NBA 的几种可选技术, 参见文献 [110,148,375,162,149,166,167,157,389,369] 等. 对 LTL 公式不使用 Büchi 自动机, 而是使用所谓场景的另一种模型检验算法已由以下学者提出, Lichtenstein 和 Pnueli [273] 以及 Clarke、Grumberg 和 Hamaguchi [88]. 关于 LTL 模型检验和可满足性问题的复杂度可参考 Sistla 和 Clarke 的研究结果 [372].

有许多综述和教材, 包括 [245,138,173,283,158,284,92,379,365] 等, 它们讨论了 LTL 的其他方面及相关的逻辑, 如演绎证明系统、替代模型检验算法或关于表达能力的更多细节.

例子. 例 5.14 给出的垃圾回收算法属于 Ben-Ari [41]. 一些适用于例 5.8 的领袖选举协议已被提出, 见文献 [280] 等.

LTL 模型检验器. 由 Holzmann 开发的 SPIN 是最知名的 LTL 模型检验器 [209]. 迁移系统用建模语言 Promela 描述, LTL 公式用 Gerth 等提出的算法检验 [166]. NuSMV 支持使用场景构造进行 LTL 模型检验 [83].

5.5 习　　题

习题 5.1　考虑图 5.24 所示的原子命题集 $\{a, b\}$ 上的迁移系统.
为下列每个 LTL 公式找出使其成立的状态集.

(a) $\bigcirc a$.
(b) $\bigcirc\bigcirc\bigcirc a$.
(c) $\Box b$.

(d) $\Box\Diamond a$.

(e) $\Box(b \,\mathsf{U}\, a)$.

(f) $\Diamond(a \,\mathsf{U}\, b)$.

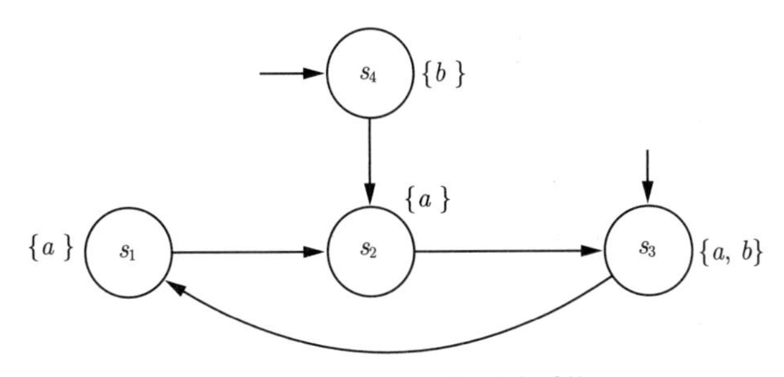

图 5.24　习题 5.1 的迁移系统

习题 5.2　考虑图 5.25 所示的原子命题集 $\text{AP} = \{a, b, c\}$ 上的迁移系统 TS.

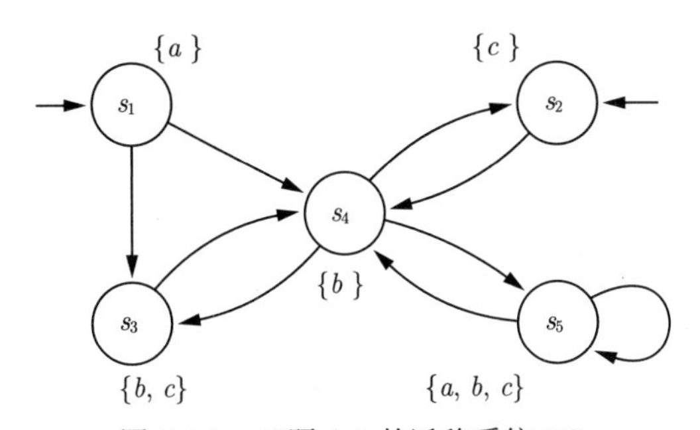

图 5.25　习题 5.2 的迁移系统 TS

对下列每个 LTL 公式 φ_i 判断是否 $\text{TS} \models \varphi_i$. 证明你的结论. 如果 $\text{TS} \not\models \varphi_i$, 给出一条路径 π, 使得 $\pi \not\models \varphi_i$.

$$\begin{aligned}
\varphi_1 &= \Diamond\Box c \\
\varphi_2 &= \Box\Diamond c \\
\varphi_3 &= \bigcirc\neg c \to \bigcirc\bigcirc c \\
\varphi_4 &= \Box a \\
\varphi_5 &= a \,\mathsf{U}\, \Box(b \vee c) \\
\varphi_6 &= (\bigcirc\bigcirc b) \,\mathsf{U}\, (b \vee c)
\end{aligned}$$

习题 5.3　考虑图 5.26 所示的顺序电路, 令 $\text{AP} = \{x, y, r_1, r_2\}$.

给出下列性质的 LTL 公式:

(a) “电路不可能连续输出两个 1”.

(b) “只要输入位的值是 1, 最多两步之内输出位的值也是 1”.

(c) “只要输入位的值是 1, 下一步两个寄存器位的取值都不变”.

(d) “寄存器 r_1 无限次取值 1”.

设寄存器初值为 $r_1 = 0$ 和 $r_2 = 0$, 确定这些性质中哪一个满足, 证明你的结论.

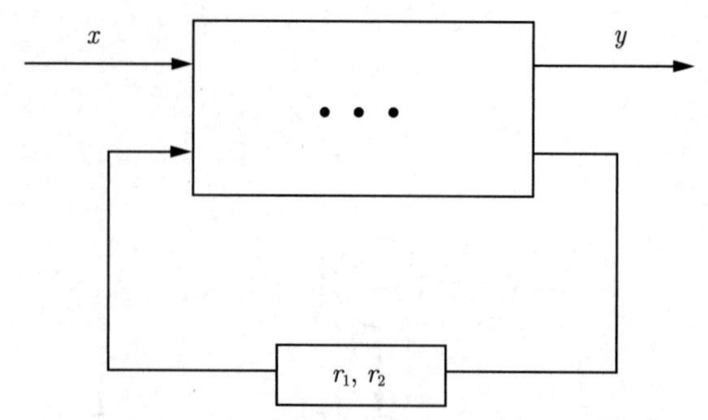

图 5.26 习题 5.3 的顺序电路[译注 60]

习题 5.4 假设有两个用户 Peter、Betsy 和一台打印机 Printer. 两个用户都有一些工作, 每个人都时不时地想在 Printer 上打印他们的结果. 因为只有一台打印机, 所以每次只能有一个用户进行打印工作. 在这个情境中假设对于 Peter 有以下的原子命题:

- Peter.request ::= 表示 Peter 请求使用打印机.
- Peter.use ::= 表示 Peter 使用打印机.
- Peter.release ::= 表示 Peter 使用完打印机.

对于 Betsy, 定义类似的命题. 用 LTL 描述以下性质:

(a) 互斥, 即在同一时间只有一个用户可以使用打印机.

(b) 限时使用, 即用户只能在有限时间内打印.

(c) 无个体饥饿, 即用户终将打印出自己想要打印的东西.

(d) 无阻塞, 即用户总能请求使用打印机.

(e) 交错访问, 即用户必须严格地交错打印.

习题 5.5 考虑电梯系统, 它服务编号为 $0 \sim N-1$ 的 N 层楼. 每层楼都有电梯门, 电梯门带有呼叫按钮和指示灯, 指示灯显示电梯是否被呼叫. 为简单起见, 考虑 $N=4$ 的情况. 给出一组原子命题, 尽量使命题个数最少, 足以描述电梯系统的以下性质, 并给出性质的 LTL 公式:

(a) 门是安全的, 即, 如果电梯不出现在指定楼层, 电梯门总是不会打开.

(b) 呼叫楼层将会得到服务.

(c) 电梯一次又一次地返回 0 层.

(d) 当顶层呼叫时, 电梯会立即响应, 并且中间不会停留.

习题 5.6 下列等价关系中哪个是正确的? 证明等价, 或给出反例说明左右两边的公式不等价.

(a) $\Box\varphi \rightarrow \Diamond\psi \equiv \varphi \,\mathsf{U}\, (\psi \vee \neg\varphi)$.

(b) $\Diamond\Box\varphi \rightarrow \Box\Diamond\psi \equiv \Box(\varphi \,\mathsf{U}\, (\psi \vee \neg\varphi))$.

(c) $\Box\Box(\varphi \vee \neg\psi) \equiv \neg\Diamond(\neg\varphi \wedge \psi)$.

(d) $\Diamond(\varphi \wedge \psi) \equiv \Diamond\varphi \wedge \Diamond\psi$.

(e) $\Box\varphi \wedge \bigcirc\Diamond\varphi \equiv \Box\varphi$.

(f) $\Diamond\varphi \wedge \bigcirc\Box\varphi \equiv \Diamond\varphi$.

(g) $\Box\Diamond\varphi \to \Box\Diamond\psi \equiv \Box(\varphi \to \Diamond\psi)$.

(h) $\neg(\varphi_1 \mathsf{U} \varphi_2) \equiv \neg\varphi_2 \mathsf{W} (\neg\varphi_1 \wedge \neg\varphi_2)$.

(i) $\bigcirc\Diamond\varphi_1 \equiv \Diamond\bigcirc\varphi_2$.

(j) $(\Diamond\Box\varphi_1) \wedge (\Diamond\Box\varphi_2) \equiv \Diamond(\Box\varphi_1 \wedge \Box\varphi_2)$.

(k) $(\varphi_1 \mathsf{U} \varphi_2) \mathsf{U} \varphi_2 \equiv \varphi_1 \mathsf{U} \varphi_2$.

习题 5.7　令 φ 和 ψ 为 LTL 公式. 考虑下面的新运算符:

(a) N: “在下一步”. $\varphi \mathsf{N} \psi$ 表示 ψ 和 φ 在下一步都成立.

(b) W:“当”. $\varphi \mathrm{W} \psi$ 表示 φ 至少在 ψ 成立时成立.

(c) B:“前”. $\varphi \mathsf{B} \psi$ 表示若 ψ 在某个时刻成立, 则 φ 在此之前成立.

给出这 3 个运算符的 LTL 公式, 以明确其含义.

习题 5.8　考虑由 $\varphi \mathsf{R} \psi \stackrel{\text{def}}{=} \neg(\neg\varphi \mathsf{U} \neg\psi)$ 定义的释放运算符 R, 参见 5.1.5节.

(a) 证明展开律 $\varphi_1 \mathsf{R} \varphi_2 \equiv \varphi_2 \wedge (\varphi_1 \vee \bigcirc(\varphi_1 \wedge \varphi_2))$.

(b) 证明 $\varphi \mathsf{R} \psi \equiv (\neg\varphi \wedge \psi) \mathsf{W} (\varphi \wedge \psi)$.

(c) 证明 $\varphi_1 \mathsf{W} \varphi_2 \equiv (\neg\varphi_1 \vee \varphi_2) \mathsf{R} (\varphi_1 \vee \varphi_2)$.

(d) 证明 $\varphi_1 \mathsf{U} \varphi_2 \equiv \neg(\neg\varphi_1 \mathrm{R} \neg\varphi_2)$.

习题 5.9　考虑 LTL 公式

$$\varphi = \neg\Big((\Box a) \to \big((a \wedge \neg c) \mathsf{U} \neg(\bigcirc b)\big)\Big) \wedge \neg(\neg a \vee \bigcirc\Diamond c)$$

使用下述运算符之一, 把 φ 转换为 PNF 形式的等价 LTL 公式.

(a) 弱直到运算符 W.

(b) 释放运算符 R.

习题 5.10　给出一个 LTL 公式序列 (φ_n) 的例子, 使 LTL 公式 ψ_n 弱直到 PNF, $\varphi_n \equiv \psi_n$, 且 ψ_n 的长度以指数级大于 φ_n 的长度. 利用 5.1.5 节的变换规则.

习题 5.11　考虑图 5.27 所示的迁移系统, 其原子命题集是 $\mathrm{AP} = \{a, b, c\}$.

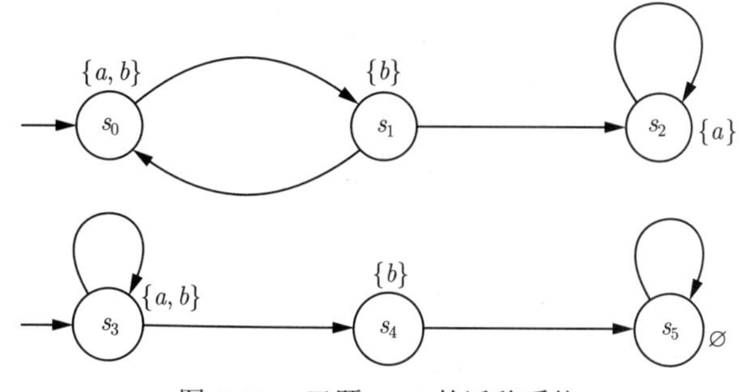

图 5.27　习题 5.11 的迁移系统

注意, 这是有两个初始状态的单个迁移系统. 考虑 LTL 公平假设

$$\text{fair} = (\Box\Diamond(a \wedge b) \to \Box\Diamond\neg c) \wedge (\Diamond\Box(a \wedge b) \to \Box\Diamond\neg b)$$

问题:

(a) 确定 TS 中的公平路径, 即, 满足 fair 的起始无限路径.

(b) 对下列每个 LTL 公式确定 $\text{TS} \models_{\text{fair}} \varphi_i$ 是否成立. 当 $\text{TS} \not\models_{\text{fair}} \varphi_i$ 时, 给出一条路径 $\pi \in \text{Paths(TS)}$ 使 $\pi \not\models \varphi_i$.

$$\begin{aligned}
\varphi_1 &= \Diamond\Box a \\
\varphi_2 &= \bigcirc\neg a \to \Diamond\Box a \\
\varphi_3 &= \Box a \\
\varphi_4 &= b \,\mathsf{U}\, \Box\neg b \\
\varphi_5 &= b \,\mathsf{W}\, \neg\Box b \\
\varphi_6 &= \bigcirc\bigcirc b \,\mathsf{U}\, \Box\neg b
\end{aligned}$$

习题 5.12 令 $\text{AP} = \{a, b\}$, $\varphi = (a \to \bigcirc\neg b) \,\mathsf{W}\, (a \wedge b)$, $P = \text{Words}(\varphi)$.

(a) 证明 P 是安全性质.

(b) 定义一个满足 $\mathcal{L}(\mathcal{A}) = \text{BadPref}(P)$ 的 NFA $\mathcal{A}$.

(c) 考虑 $P' = \text{Words}\big((a \to \bigcirc\neg b) \,\mathsf{U}\, (a \wedge b)\big)$. 把 P' 分解为一个安全性质 P_{safe} 和一个活性性质 P_{live}, 使得

$$P' = P_{\text{safe}} \cap P_{\text{live}}$$

证明 P_{safe} 是安全性质, P_{live} 是活性性质.

习题 5.13 给出下面每个 LTL 公式的 NBA:

$$\begin{aligned}
&\Box(a \vee \neg\bigcirc b) \\
&\Diamond a \vee \Box\Diamond(a \leftrightarrow b) \\
&\bigcirc\bigcirc(a \vee \Diamond\Box b)
\end{aligned}$$

习题 5.14 考虑图 5.28 所示的原子命题为 $\{a, b\}$ 的迁移系统 TS.

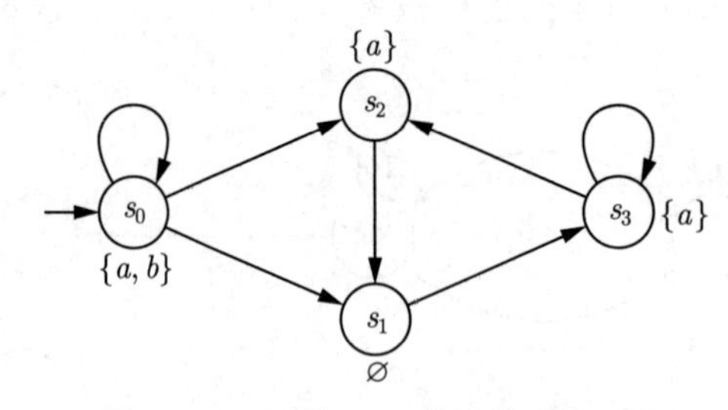

图 5.28 习题 5.14 的迁移系统 TS

简述把 LTL 模型检验算法应用到 TS 和 LTL 公式

$$\varphi_1 = \Box\Diamond a \to \Box\Diamond b \quad \text{和} \quad \varphi_2 = \Diamond(a \wedge \bigcirc a)$$

的主要步骤. 为此, 完成以下步骤:

(a) 画出 $\neg\varphi_i$ 的一个 NBA $\mathcal{A}_i$.

(b) 画出乘积迁移系统 $\text{TS} \otimes \mathcal{A}_i$ 的可达片段.

(c) 说明在 DFS 的“外部”和“内部”访问状态的顺序, 以此解释在 $\text{TS} \otimes \mathcal{A}_i$ 中嵌套 DFS 的主要步骤.

(d) 如果 $\text{TS} \not\models \varphi_i$, 给出一个从嵌套 DFS 中产生的反例.

习题 5.15 考虑图 5.29 所示的 GNBA $\mathcal{G}$, 其字母表为 $\Sigma = 2^{\{a,b\}}$, 接受集为 $\mathcal{F} = \{\{q_1, q_3\}, \{q_2\}\}$.

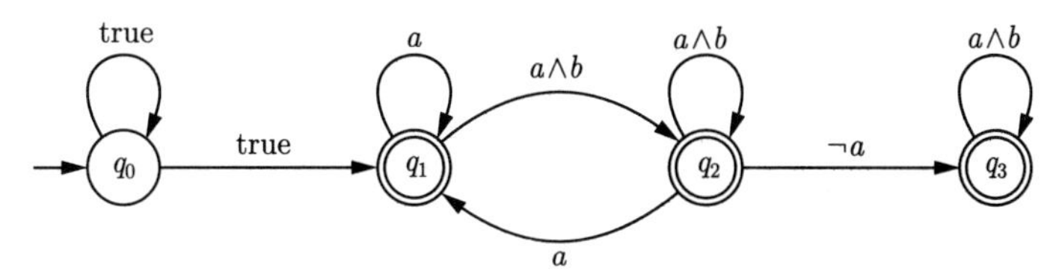

图 5.29 习题 5.15 的 GNBA $\mathcal{G}$

(a) 给出一个满足 $\text{Words}(\varphi) = \mathcal{L}_\omega(\mathcal{G})$ 的 LTL 公式 φ. 证明你的答案.

(b) 画出使 $\mathcal{L}_\omega(A) = \mathcal{L}_\omega(\mathcal{G})$ 的 NBA $\mathcal{A}$.

习题 5.16 画出字母表 $\Sigma = 2^{\{a,b,c\}}$ 上的满足下式的 GNBA $\mathcal{G}$:

$$\mathcal{L}_\omega(\mathcal{G}) = \text{Words}\big((\Box\Diamond a \to \Box\Diamond b) \wedge \neg a \wedge (\neg a \mathsf{W} c)\big)$$

习题 5.17 令 $\psi = \Box(a \leftrightarrow \bigcirc\neg a)$, $\text{AP} = \{a\}$.

(a) 证明 ψ 可以转换为下述等价的基本 LTL 公式

$$\varphi = \neg\big[\text{true} \;\mathsf{U}\; \big(\neg(a \wedge \bigcirc\neg a) \wedge \neg(\neg a \wedge \neg\bigcirc\neg a)\big)\big]$$

基本 LTL 语法由下述与上下文无关的语法给出:

$$\varphi ::= \text{true} \;\big|\; a \;\big|\; \varphi_1 \wedge \varphi_2 \;\big|\; \neg\varphi \;\big|\; \bigcirc\varphi \;\big|\; \varphi_1 \;\mathsf{U}\; \varphi_2$$

(b) 计算关于 $\text{closure}(\varphi)$ 的所有初等集 (提示: 有 6 个初等集).

(c) 构造满足 $\mathcal{L}_\omega(\mathcal{G}_\varphi) = \text{Words}(\varphi)$ 的 GNBA $\mathcal{G}_\varphi$. 为此:

(i) 定义它的初始状态集合和它的接受部分.

(ii) 对每个初等集 B, 定义 $\delta(B, B \cap \text{AP})$.

习题 5.18 令 $\text{AP} = \{a\}$, $\varphi = (a \wedge \bigcirc a) \;\mathsf{U}\; \neg a$ 为 AP 上的 LTL 公式.

(a) 计算关于 φ 的所有初等集 (提示: 有 5 个初等集).

(b) 构造满足 $\mathcal{L}_\omega(\mathcal{G}_\varphi) = \text{Words}(\varphi)$ 的 GNBA $\mathcal{G}_\varphi$.

习题 5.19 考虑公式 $\varphi = a \;\mathsf{U}\; (\neg a \wedge b)$, 令 $\mathcal{G}$ 为 φ 的 GNBA, 它是由定理 4.7 的证明中解释的构造得到的. $\mathcal{G}$ 的初始状态是什么? $\mathcal{G}$ 的接受状态是什么? 给出单词 $\{a\}\{a\}\{a,b\}\{b\}^\omega$ 的一个接受运行. 解释为什么没有关于单词 $\{a\}^\omega$ 和 $\{a\}\{a\}\{a,b\}^\omega$ 的接受运行 (提示: 不必画出 $\mathcal{G}$ 就可给出这些问题的答案).

习题 5.20 考虑原子命题集 $\text{AP} = \{a, b\}$ 上的 LTL 公式 $\varphi = \Box(a \to (\neg b \;\mathsf{U}\; (a \wedge b)))$, 对图 5.30 所示的迁移系统 TS, 检验 $\text{TS} \models \varphi$.

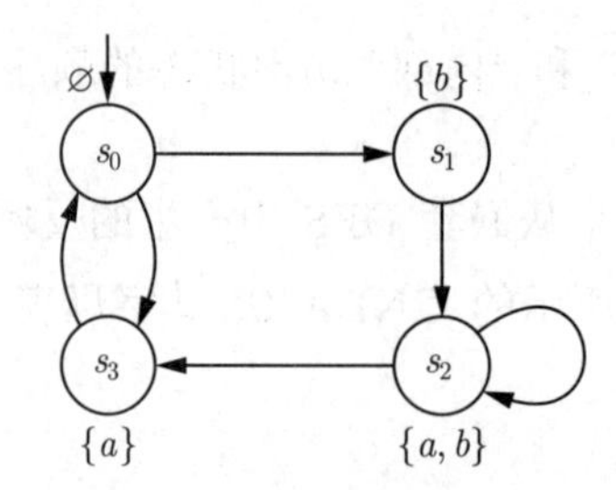

图 5.30　习题 5.20 的迁移系统 TS

(a) 为了检验 $TS \models \varphi$, 把 $\neg\varphi$ 转换为根据下列语法构造的等价的 LTL 公式 ψ:

$$\varphi ::= \text{true} \mid \text{false} \mid a \mid b \mid \varphi \wedge \varphi \mid \neg\varphi \mid \bigcirc\varphi \mid \varphi \,\mathsf{U}\, \varphi$$

然后构造 closure(ψ).

(b) 给出 closure(ψ) 的初等集.

(c) 构造 GNBA $\mathcal{G}_\psi$.

(d) 不用 $\mathcal{G}_\psi$, 直接从 $\neg\varphi$ 构造一个 NBA $\mathcal{A}_{\neg\varphi}$(提示: 4 个状态就够了).

(e) 构造 $TS \otimes \mathcal{A}_{\neg\varphi}$.

(f) 利用嵌套的 DFS 算法检验 $TS \models \varphi$. 然后, 描述算法的主要步骤并解释其输出.

习题 5.21　在定理 4.7 的证明中, 从给定的 LTL 公式构造 $\mathcal{G}$ 时, 假设 LTL 公式只使用基本时序模态 $\bigcirc$ 和 U. 诱导运算符 $\Diamond$、$\Box$、W 和 R 可以通过其定义的语法替换处理. 更高效的方法是把它们看作基本模态, 而且允许把 $\Diamond\psi$、$\Box\psi$、$\varphi_1 \,\mathsf{W}\, \varphi_2$ 和 $\varphi_1 \,\mathsf{R}\, \varphi_2$ 看作公式的初等集的元素, 并重新定义构造的 GNBA 的组件.

对 $\Diamond$ (终将)、$\Box$ (总是)、W(弱直到) 和 R(释放) 的这种直接处理, 哪一个修改是必要的? 即, 哪些附加条件是初等集、迁移函数 δ 和接受集的集合 $\mathcal{F}$ 必须满足的?

习题 5.22　令 $TS = (S, Act \rightarrow, S_0, AP, L)$ 是没有终止状态的有限迁移系统. 设 $wfair = \Diamond\Box b_1 \rightarrow \Box\Diamond b_2$ 是一个弱 LTL 公平假设, 其中 $b_1, b_2 \in AP$. 说明如何修改嵌套的 DFS 以直接检验 $TS \models_{wfair} \Diamond\Box a$ (其中 $a \in AP$), 即不利用变换 $TS \models_{wfair} \Diamond\Box a$ iff $TS \models (wfair \rightarrow \Diamond\Box a)$.

习题 5.23　下列 LTL 公式中的哪一个可用确定 Büchi 自动机表示?

$$\varphi_1 = \Box(a \rightarrow \Diamond b), \quad \varphi_2 = \neg\varphi_1$$

解释你的答案.

习题 5.24　检验下列 LTL 公式是否是可满足的和有效的[译注 61]:

(a) $\bigcirc\bigcirc a \rightarrow \bigcirc a$.

(b) $\bigcirc(a \vee \Diamond a) \rightarrow \Diamond a$.

(c) $\Box a \rightarrow \neg\bigcirc(\neg a \wedge \Box\neg a)$.

(d) $(\Box a) \,\mathsf{U}\, (\Diamond b) \rightarrow \Box(a \,\mathsf{U}\, \Diamond b)$.

(e) $\Diamond b \rightarrow (a \,\mathsf{U}\, b)$.

下面的习题是实践题.

习题 5.25 考虑任意有限个并行执行的相同进程[①]. 每个进程由一个非关键部分和一个关键部分 (通常称为*关键节段*) 组成. 在本习题中, 我们关心的是互斥协议的验证, 也就是说, 一个协议, 应确保在任何时刻最多有一个进程 (在本习题的情境中就是 N 个进程之一) 处于它的关键节段. 相关文献中提出了许多互斥协议. 本习题关注 Szymanski 的协议[384]. 假设有 N 个进程 ($N > 0$, 为固定值), 存在一个记为 flag 的全局变量, 这是一个长度为 N 的数组, 使得 flag[i] (对于 $0 \leqslant i < N$) 是一个 $0 \sim 4$ 的值, 即用 flag[i] 表示进程 i 的状态. 进程 i 执行的协议如下:

l0: **loop forever do**
  begin
l1: 非关键节段
l2: flag[i] := 1;
l3: **wait until** (flag[0] $<$ 3 且 flag[1] $<$ 3 且 $\cdots$ 且 flag[$N-1$] $<$ 3)
l4: flag[i] := 3;
l5: **if** (flag[0] $=$ 1 或 flag[1] $=$ 1 或 $\cdots$ 或 flag[$N-1$] $=$ 1)
  then begin
l6: flag[i] := 2;
l7: **wait until** (flag[0] $=$ 4 或 flag[1] $=$ 4 或 $\cdots$ 或 flag[$N-1$] $=$ 4)
  end
l8: flag[i] := 4;
l9: **wait until** (flag[0] $<$ 2 且 flag[1] $<$ 2 且 $\cdots$ 且 flag[$i-1$] $<$ 2)
l10: 关键节段
l11: **wait until** (flag[$i+1$] $\in \{0,1,4\}$) 且 $\cdots$ 且 (flag[$N-1$] $\in \{0,1,4\}$)
l12: flag[i] := 0;
end.

在做下面列出的练习之前, 首先试一试非形式化地理解该协议正在做什么和为什么在保证互斥的意义下它可能是正确的. 如果你认为这个协议的正确性不是显然的, 则开始回答下面的问题.

(1) 用 Promela 为 Szymanski 的协议建模. 假设所有对全局变量 flag 的测试 (如语句 l3 中的) 都是*原子的*. 仔细观察测试中用到的变量 flag 的下标. 协议描述模块能够很容易地更改进程数.

(2) 对若干个 $N(N \geqslant 2)$ 的值检验协议确实保证互斥. 给出 $N = 4$ 的结果.

(3) 进程在到达关键节段之前必须经历的代码分为几部分. 将语句 l4 看作*门廊*, 将语句 l5、l6 和 l7 看作*等候室*, 将语句 l8 到语句 l12 (包含关键节段) 看作*内堂*. 请检验以下结论. 对 Szymanski 协议及每一情形给出原始 Promela 准述的变化, 并给出验证结果. 在结论为否定时, 利用模拟向导模拟反例.

(a) 只要有进程在内堂中, 门廊就是锁着的, 也就是说, 没有进程处于位置 l4.

① 只有进程的标识是唯一的.

(b) 如果进程 i 处于 l10、l11 或 l12, 那么它在所有处于等候室和内堂的进程中具有最小的下标.

(c) 如果有进程处于 l12, 那么等候室和内堂中所有进程的 flag 必须取值为 4.

习题 5.26 假设 N 个进程处于环状拓扑中, 且通过无界队列连接. 一个进程只能沿顺时针方向发送消息. 最初, 每个进程有唯一标识 ident (假设它是一个自然数). 进程要么是积极的要么是传送的. 进程在最初是积极的. 在 Peterson 的领袖选举算法中, 环中的每个进程执行如下任务:

```
积极的:
d := ident;
do forever
begin
  /* 开始阶段 */
  send(d);
  receive(e);
  if e = ident then 宣布当选;
  if d > e then send(d) else send(e);
  receive(f);
  if f = ident then 宣布当选;
  if e ⩾ max(d, f) then d := e else goto 传送的;
end

传送的:
do forever
begin
  receive(d);
  if d = ident then 宣布当选;
  send(d)
end
```

解决下列关于领袖选举协议的问题:

(1) 用 Promela 为 Peterson 领袖选举协议建模 (避免无效的终止状态).

(2) 证明下列性质:

(a) 总是至多有一个领袖.

(b) 终将总是选出领袖.

(c) 当选领袖将是数字最高的进程.

(d) 为选出领袖, 最多发送 $2N\lfloor\log_2 N\rfloor + N$ 条消息.

习题 5.27 本习题处理一个简单的容错通信协议, 其进程可能失败. 一个失败的进程仍然能够通信, 即, 它可以发送和接收消息, 但其发送消息的内容是不可靠的. 更准确地说, 一个失败的进程能够发送任何内容的消息. 失败进程也因此被称为不可靠进程.

假设有 N 个可靠进程 (即, 进程没有失败, 并按预期工作) 和 K 个不可靠进程, 其中 N 大于 $3K$, 且 K 至少是 0. 事前没有办法区分可靠进程和不可靠进程. 所有进程通过交换消息来通信. 每个进程都有一个局部变量, 其初值为 0 或 1. 可靠进程遵循以下非形式化描述的协议, 以在 $K+1$ 轮之后:

- 最终每一个可靠进程的局部变量都有相同的值, 且
- 如果所有可靠进程具有相同的初值, 那么其终值与其公共初值相同.

这个协议的难点是在 K 个不可靠进程出现的前提下建立这些约束.

协议的非形式化描述 下面的协议是由 Berman 和 Garay 提出的 [47]. 从 1 到 $N+K$ 为进程编号. 进程在一轮内相互通信. 以第 i ($i>0$) 轮为例, 每一轮消息传输包括两步: 第一步, 每个进程将其 (局部变量的) 值发送给所有进程 (包括自己); 第二步, 进程 i 向所有进程发送它在第一步接收次数占多数的值 (为准确定义多数, 假定 $N+K$ 是奇数). 若一个进程在本轮第一步中收到同一个值 N 次或更多次, 则它把它的局部变量设置为这个值; 否则, 在本轮的第二步, 它将其局部变量设置为它 (从进程 i) 接收到的值.

(1) 用 Promela 为这个协议建模. 使协议描述模块能够容易改变可靠进程与不可靠进程的数量. 因为协议模型的状态空间可能很大, 所以用一个不可靠进程和 4 个可靠进程实例化协议模型.

第一个提示: 大状态空间的主要原因之一是不可靠进程的模型过于复杂, 所以尝试让这个模型尽可能地简单. 例如, 可通过以下假设实现这一点, 假设不可靠的进程只能发送任意 0 或 1 的值 (而不是任何其他值), 假设进程总是开始于一个固定的初始值 (而不是随机选择的值). 此外, 消息传输使用原子广播.

第二个提示: 对通信结构使用 $(N+K)\cdot(N+K)$ 阶通道矩阵或许更方便 (尽管不是必要的). 因为 Promela 不支持多维数组, 可以使用以下结构 (其中 M 等于 $N+K$):

```
typedef Arraychan {
    chan ch[M] = [1] of  {bit}; /* 大小为 1 的 M 个通道 */
}
Arraychan A[M];                    /* M · M 个大小为 1 的通道矩阵 A */
```

$\boldsymbol{A}[i]$.ch$[j]$!0 表示在进程 i 到进程 j 的通道上的 0 值输出, $\boldsymbol{A}[i]$.ch$[j]$?b 表示沿从进程 i 到进程 j 的通道接收位值并存入变量 b.

(2) 用 LTL 形式化协议的两个约束, 并把它们转换为 “永不” 断言.

(3) 用 SPIN 检查这两个时序逻辑性质, 并提交由 SPIN 生成的验证输出.

(4) 通过以下或类似的方式证明条件 $N>3K$ 是必要的, 把系统配置改变为 $N\leqslant 3K$, 并针对这个配置验证协议违反了前述第一个约束. 给出最短的反例 (在高级验证选项中选择最短迹), 并完成这种非期望场景的向导模拟. 提交发现的反例及其解释.

第 6 章 计算树逻辑

本章介绍计算树逻辑 (Computation Tree Logic, CTL), 一种用于描述系统性质的重要的分支时序逻辑. 特别地, 将阐述计算树逻辑的语法和语义, 对计算树逻辑与线性时序逻辑 (LTL) 加以比较, 并处理计算树逻辑中的公平性问题. 还要详细论述 CTL 模型检验. 首先提出核心递归算法, 它是关于当前公式的解析树的一个自下而上的遍历. 讨论这一算法的基础, 并详述其改进以满足公平性的要求. 然后是关于生成反例的算法. 最后以一个 CTL* 模型检验算法结束本章, 它是涵盖了 CTL 与 LTL 的分支时间逻辑.

6.1 引　　言

为进行系统的描述和验证, Pnueli[337] 曾引入了线性时序逻辑. LTL 之所以被称为 “线性”, 是因为时间的定性概念是基于路径的, 并被视为线性的: 在每一时刻只有一个可能的后继状态, 因而每一时刻都有唯一可能的将来. 从技术上讲, 这源于以下事实: LTL 公式的解释是用路径 (即状态的序列) 定义的.

路径本身可从会有分支的迁移系统获得: 一个状态可能有多个不同的直接后继状态, 从而几种计算可能在同一状态开始. LTL 公式在一个状态的解释要求如下: 公式 φ 在状态 s 成立是指从 s 开始的一切可能的计算都满足公式 φ. 隐含在 LTL 语义中的所有计算上的全称量词也可在公式中明确指出, 例如:

$$s \models \forall\varphi \text{ 当且仅当所有开始于 } s \text{ 的路径 } \pi \text{ 均有 } \pi \models \varphi$$

因此, 在 LTL 中, 当考虑从同一状态开始的计算时, 很容易对全部计算同时陈述性质, 却很难对部分计算陈述性质. 在一定程度上, 这可利用全称量词与存在量词的对偶性解决. 例如, 为检验是否存在从 s 开始的某个计算满足 φ, 可以检验 $s \models \forall\neg\varphi$; 如果 s 不满足这个公式, 那么必存在一个适合 φ 的计算, 否则它们都将驳倒 φ.

然而, 对于更加复杂的性质, 例如 “每一计算总有可能返回初始状态” 等, 一个天真的想法就是对于每一计算都要求 $\Box\Diamond\text{start}$, 即, $s \models \forall\Box\Diamond\text{start}$, 其中命题 start 识别初始状态. 然而, 它太强了, 由于它要求计算总是返回初始状态, 而不仅仅是可能返回初始状态. 其他描述所需性质的尝试也失败了, 甚至发现不能用 LTL 描述这样的性质.

为了克服这些问题, 在 20 世纪 80 年代初 Clarke 和 Emerson[86] 提出了准述和验证时序逻辑的另一方向. 这种时序逻辑的语义不基于时间的线性概念 (状态的无限序列), 而是时间的分支概念 (状态的无限树). 分支时间是指在每个时刻有多个不同的可能的未来. 因而, 时间的每一时刻可能会分裂为几个可能的未来. 由于时间的这种分支概念, 此类时序逻辑被称为分支时序逻辑. 定义分支时序逻辑的语义的术语是状态的*无限有向树*, 而不是无限序列. 开始于树根的每一个游历都代表一个单独的路径. 树本身因而代表了所有可能的路径, 并通过在感兴趣的状态处展开, 就可直接从迁移系统得到树. 以状态 s 为根的树因而代表在迁移系统中开始于状态 s 的所有可能的无限计算. 图 6.1 描述了一个迁移系统及其展开 (为方便起见, 树中的每个节点都由一个对子组成, 分别表示树中节点的状态和层次).

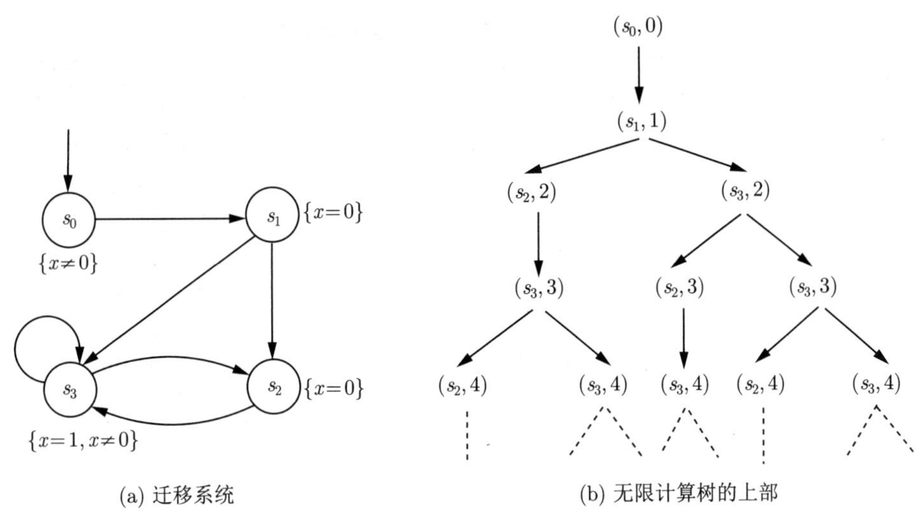

(a) 迁移系统　　(b) 无限计算树的上部

图 6.1　一个迁移系统及其无限计算树的上部

分支时序逻辑中的时序算子允许表示开始于一个状态的某些或者所有计算的性质. 为此, 它支持一个路径存在量词 (记为 $\exists$) 和一个路径全称量词 (记为 $\forall$). 例如, 性质 $\exists\Diamond\Phi$ 表示存在一个计算沿路径 $\Diamond\Phi$ 成立. 即, 它表明至少存在一种可能的计算, 此计算终将达到满足 Φ 的一个状态. 然而, 这并不排除可能存在一些计算使此性质不成立, 例如, 一直否定 Φ 的计算. 对比而言, 性质 $\forall\Diamond\Phi$ 表明所有的计算都满足性质 $\Diamond\Phi$. 更复杂的性质可以通过嵌套全称和存在路径量词来表示. 例如, 前述的性质, “每一个计算总有可能返回初始状态” 可用 $\forall\Box\exists\Diamond$start 准确地表示: 在任何可能的计算 ($\forall$) 的任意状态 ($\Box$) 下, 都有可能 ($\exists$) 终将回到初始状态 ($\Diamond$start).

本章考虑计算树逻辑 (CTL), 一种基于命题逻辑的时序逻辑, 它具有离散时间概念, 并只有未来模态. CTL 是一种重要的分支时序逻辑, 它足以表示重要系统性质集合的公式化. 在模型检验中最早使用 CTL 的是 Clarke 和 Emerson[86] 以及 Queille 和 Sifakis[347] (以略为不同的形式). 更重要的是, 正如下面将要看到的, 对这种逻辑确实存在高效而简单的模型检验算法.

作为本章所给结果的预期, 下面概括线性时间与分支时间争议的主要方面, 并提供为基于线性时序逻辑或分支时序逻辑的模型检验辩护的理由:

- 许多线性时序逻辑和分支时序逻辑的表达力是不可比较的. 这就意味着用线性时序逻辑可表达的一些性质无法用特定的分支时序逻辑表达, 反之亦然.
- 线性时序逻辑和分支时序逻辑的模型检验算法差别很大. 例如, 这就造成了显著不同的时间和空间复杂度结果.
- 线性时序逻辑处理公平性概念不需要任何附加的机制, 因为可用逻辑表示公平性假设; 对很多分支时序逻辑而言, 情况并非如此.

- 在线性时序逻辑中, 迁移系统之间的等价和前序是基于迹的, 即迹的包含和相等; 而在分支时序逻辑中, 这种关系是基于模拟和互模拟关系的 (见第 7 章).

表 6.1 简要地总结了线性时间和分支时间的主要不同.

表 6.1 线性时间和分支时间的主要不同

方 面	线 性 时 间	分 支 时 间
状态 s 处的行为	基于路径: $\mathrm{trace}(s)$	基于状态: s 的计算树
时序逻辑	LTL: 路径公式 φ $s \models \varphi$ iff $\forall \pi \in \mathrm{Paths}(s).\, \pi \models \varphi$	CTL: 状态公式 路径存在量词 $\exists\varphi$ 路径全称量词 $\forall\varphi$
模型检验问题的复杂度	PSPACE 完全的 $O(\lvert\mathrm{TS}\rvert \cdot \exp(\lvert\varphi\rvert))$	PTIME $O(\lvert\mathrm{TS}\rvert \cdot \lvert\Phi\rvert)$
实现关系	迹包含和类似 (证明是 PSPACE 完全的)	模拟和互模拟 (证明在多项式时间内完成)
公平性	不需要特殊的技术	需要专门的技术

6.2 计算树逻辑

本节介绍 CTL 的语法和语义. 后续几节将讨论 CTL 和 LTL 的关系与差异, 提出 CTL 的模型检验算法, 并介绍 CTL 的一些扩充.

6.2.1 语法

CTL 具有两个阶段的语法, CTL 中的公式被分为状态公式和路径公式. 前者是关于状态及其分支结构的原子命题的断言, 而后者表示路径的时序性质. 与 LTL 公式相比, CTL 中的路径公式更为简单: 像在 LTL 中一样, 它们通过下一步运算符和直到运算符建立, 但它们不能与布尔联结词结合, 也不允许与时序模态嵌套.

定义 6.1 CTL *语法*

原子命题集合 AP 上的 CTL *状态公式*按照以下语法构成:

$$\Phi ::= \mathrm{true} \;\big|\; a \;\big|\; \Phi_1 \wedge \Phi_2 \;\big|\; \neg\Phi \;\big|\; \exists\varphi \;\big|\; \forall\varphi$$

其中, $a \in \mathrm{AP}$, φ 是路径公式. CTL *路径公式*是根据以下语法建立的:

$$\varphi ::= \bigcirc\Phi \;\big|\; \Phi_1 \,\mathsf{U}\, \Phi_2$$

其中, Φ、Φ_1 和 Φ_2 都是状态公式. ■

大写希腊字母表示 CTL 状态公式 (简称 CTL 公式), 而小写希腊字母表示 CTL 路径公式.

CTL 区分状态公式和路径公式. 直观地看, 状态公式表达状态的性质, 而路径公式表达路径 (即状态的一个无限序列) 的性质. 时序运算符 $\bigcirc$ 和 U 是路径运算符, 其意义与在 LTL 中相同. 公式 $\bigcirc\Phi$ 对一条路径成立, 是指 Φ 在此路径中的下一个状态成立; 而一条路

径使公式 $\Phi \,\mathsf{U}\, \Psi$ 成立, 是指沿此路径存在使 Ψ 成立的某个状态, 而且在此状态之前的所有状态都使 Φ 成立. 在路径公式前添加路径量词 $\exists$ (读作“对某个路径”) 或 $\forall$ (读作“对所有路径”) 就可把它转换成状态公式. 注意, 为了得到合法的状态公式, 要求 $\forall$ 或 $\exists$ 必须紧接在线性时序运算符 $\bigcirc$ 和 U 之前. 公式 $\exists\varphi$ 在一个状态成立是指存在从该状态开始的某个路径使 φ 成立; 对偶地, 如果从一个状态开始的所有路径都使 φ 成立; 那么这个状态使公式 $\forall\varphi$ 成立.

例 6.1 合法的 CTL 公式

令 $AP = \{x = 1, x < 2, x \geqslant 3\}$ 为原子命题的集合. 语法正确的 CTL 公式的例子有

$$\exists\bigcirc(x=1),\ \forall\bigcirc(x=1),\ x<2 \vee x=1,\ \exists((x<2)\cup(x \geqslant 3)),\ \forall(\text{true}\ \mathsf{U}\ (x<2))$$

语法错误的公式的例子有

$$\exists(x = 1 \wedge \forall\bigcirc(x \geqslant 3)) \text{ 和 } \exists\bigcirc(\text{true}\ \mathsf{U}\ (x = 1))$$

第一公式不是 CTL 公式, 因为 $(x = 1 \wedge \forall\bigcirc(x \geqslant 3))$ 不是一个路径公式, 因此不能在其前加 $\exists$. 第二个公式也不是 CTL 公式, 因为 $(\text{true}\ \mathsf{U}\ (x = 1))$ 是路径公式但不是状态公式, 因此不能加前缀 $\bigcirc$. 然而,

$$\exists\bigcirc(x = 1 \wedge \forall\bigcirc(x \geqslant 3)) \text{ 和 } \exists\bigcirc\forall(\text{true}\ \mathsf{U}\ (x = 1))$$

是语法正确的 CTL 公式. ■

布尔运算符 true、false、$\wedge$、$\rightarrow$ 和 $\leftrightarrow$[译注 62] 均按通常方式定义. 像在 LTL 中那样, 可类似地派生时序模态“终将”和“总是”:

$$\begin{aligned} \text{终将:}\quad & \exists\Diamond\Phi = \exists(\text{true}\ \mathsf{U}\ \Phi) \\ & \forall\Diamond\Phi = \forall(\text{true}\ \mathsf{U}\ \Phi) \\ \text{总是:}\quad & \exists\Box\Phi = \neg\forall\Diamond\neg\Phi \\ & \forall\Box\Phi = \neg\exists\Diamond\neg\Phi \end{aligned}$$

$\exists\Diamond\Phi$ 读作“Φ 可能成立”, $\forall\Diamond\Phi$ 读作“Φ 是必然的”, $\exists\Box\Phi$ 读作“可能总是 Φ”, $\forall\Box\Phi$ 读作“不变的 Φ”, $\forall\bigcirc\Phi$ 读作“对所有路径下一步 Φ”.

注意, “总是” Φ 不能 (像在 LTL 中) 从“等式” $\Box\Phi = \neg\Diamond\neg\Phi$ 得出, 因为命题逻辑运算符不能用到路径公式上. 特别要注意的是, $\exists\neg\Diamond\Phi$ 不是一个 CTL 公式. 作为替代, 可以利用存在量词和全称量词的对偶性:

- 存在路径满足性质 E 当且仅当状态性质“不是所有的路径都违反性质 E”成立.
- 所有路径满足性质 E 当且仅当状态性质“存在一条没有性质 E 的路径”不成立.

相应地, $\exists\Box\Phi$ 的定义不是 $\exists\neg\Diamond\neg\Phi$, 而是 $\neg\forall\Diamond\neg\Phi$.

例 6.2 CTL 公式

为了找到用 CTL 形式化简单性质的感觉, 下面看一些直观的例子. 在 CTL 中互斥性质可用下式描述:

$$\forall\Box(\neg crit_1 \vee \neg crit_2)$$

形如 $\forall\Box\forall\Diamond\Phi$ 的 CTL 公式表示在所有路径上 Φ 无限经常为真 (这一事实后面将被正式证明, 见注记 6.1). 因此, 公式

$$(\forall\Box\forall\Diamond crit_1) \wedge (\forall\Box\forall\Diamond crit_2)$$

要求每个进程能够无限经常地访问关键节段. 在交通灯中, 安全性质“红灯阶段之前紧邻黄灯阶段”在 CTL 中形式化为

$$\forall\Box(\text{yellow} \vee \forall\bigcirc\neg\text{red})$$

这取决于“阶段”的确切含义. 活性性质“交通灯无限经常地为绿灯”可表示为

$$\forall\Box\forall\Diamond\text{green}$$

进展性质“每一个请求终将获准”可描述为

$$\forall\Box(\text{request} \to \forall\Diamond\text{response})$$

最后, CTL 公式

$$\forall\Box\exists\Diamond\text{start}$$

表示每一个可达的系统状态都可能 (经过 0 次或更多次迁移) 返回初始状态 (之一). ■

6.2.2 语义

CTL 公式在迁移系统 TS 的状态和路径上解释. 形式上, 给定迁移系统 TS, CTL 公式的语义由两个满足关系定义 (都记为 $\models_{\text{TS}}$ 或简记为 $\models$): 一个用于状态公式, 另一个用于路径公式. 对于状态公式, $\models$ 是 TS 中的状态和状态公式之间的关系. 写为 $s \models \Phi$ 而不是 $(s,\Phi) \in \models$. 预期的解释是: $s \models \Phi$ 当且仅当 Φ 在状态 s 成立. 对于路径公式, $\models$ 是 TS 中的极大路径片段和路径公式之间的关系. 写为 $\pi \models \Phi$ 而不是 $(\pi,\Phi) \in \models$. 预期的解释是: $\pi \models \varphi$ 当且仅当路径 π 满足路径公式 φ.

定义 6.2 CTL 的满足关系

令 $a \in \text{AP}$ 为原子命题, $\text{TS} = (S, \text{Act}, \to, I, \text{AP}, L)$ 是没有终止状态的迁移系统, 状态 $s \in S$, Φ 和 Ψ 是 CTL 状态公式, φ 是 CTL 路径公式. 状态公式的满足关系 $\models$ 定义为

$$\begin{array}{lll}
s \models a & \text{iff} & a \in L(s) \\
s \models \neg\Phi & \text{iff} & \text{非 } s \models \Phi \\
s \models \Phi \wedge \Psi & \text{iff} & (s \models \Phi) \text{ 且 } (s \models \Psi) \\
s \models \exists\varphi & \text{iff} & \text{对某些 } \pi \in \text{Paths}(s),\ \pi \models \varphi \\
s \models \forall\varphi & \text{iff} & \text{对所有 } \pi \in \text{Paths}(s),\ \pi \models \varphi
\end{array}$$

对于路径 π, 路径公式的满足关系 $\models$ 定义为

$$\begin{array}{lll}
\pi \models \bigcirc\Phi & \text{iff} & \pi[1] \models \Phi \\
\pi \models \Phi \,\mathsf{U}\, \Psi & \text{iff} & \exists j \geqslant 0.\, (\pi[j] \models \Psi \wedge (\forall 0 \leqslant k < j.\, \pi[k] \models \Phi))
\end{array}$$

其中对路径 $\pi = s_0 s_1 s_2 \cdots$ 和整数 $i \geqslant 0$, $\pi[i]$ 表示 π 的第 $i+1$ 个状态, 即, $\pi[i] = s_i$. ■

原子命题、否定、合取等的解释和通常一样, 需要注意的是, 在 CTL 中它们由状态解释, 而在 LTL 中它们由路径解释. $\exists\varphi$ 在状态 s 处有效当且仅当存在从 s 开始的路径满足 φ; 对应地, $\forall\varphi$ 在状态 s 处有效当且仅当从 s 开始的所有路径都满足 φ. 路径公式的语义 (尽管其准确说明要简单一些) 与 LTL 中的语义相同①. 例如, $\exists\bigcirc\Phi$ 在状态 s 有效, 当且仅

① 可以更简单、准确地说明 CTL 路径公式的语义, 因为在 CTL 中每个时态算子后都必须紧跟一个状态公式.

当存在开始于 s 的某路径 π, 使得在该路径的下一个状态 $\pi[1]$ 性质 Φ 成立. 这等价于存在 s 的直接后继 s' 使 $s' \models \Phi$. $\forall(\Phi \cup \Psi)$ 在状态 s 有效, 当且仅当开始于 s 的每条路径都有一个有限前缀 (可能只含 s), 使得 Ψ 在该前缀的最后一个状态成立, 而 Φ 在此前缀的所有其他状态成立. $\exists(\Phi \mathsf{U} \Psi)$ 在状态 s 有效, 当且仅当存在一条开始于 s 的路径满足 $\Phi \mathsf{U} \Psi$. 像在 LTL 中一样, CTL 的语义可以不太严谨地表述如下, 路径公式 $\Phi \mathsf{U} \Psi$ 有效是指路径的开始状态满足 Ψ.

定义 6.3 迁移系统的 CTL 语义

给定迁移系统 TS 如前, CTL 状态公式 Φ 的满足集记为 $\text{Sat}_{\text{TS}}(\Phi)$, 简记为 $\text{Sat}(\Phi)$, 定义为

$$\text{Sat}(\Phi) = \{s \in S \mid s \models \Phi\}$$

迁移系统 TS 满足 CTL 公式 Φ 当且仅当 Φ 在 TS 的所有初始状态成立:

$$\text{TS} \models \Phi \text{ 当且仅当 } \forall s_0 \in I.\, s_0 \models \Phi$$

这与 $I \subseteq \text{Sat}(\Phi)$ 是等价的. ■

导出的路径运算符的语义 "总是" 和 "终将" 类似于 LTL 中的语义. 对于路径片段 $\pi = s_0 s_1 s_2 \cdots$ 有

$$\pi \models \Diamond\Phi \text{ 当且仅当对某个 } j \geqslant 0,\ s_j \models \Phi$$

由此可推出

$$\begin{array}{lll} s \models \exists\Box\Phi & \text{iff} & \text{对所有} j \geqslant 0,\ \exists\pi \in \text{Paths}(s).\, \pi[j] \models \Phi \\ s \models \forall\Box\Phi & \text{iff} & \text{对所有} j \geqslant 0,\ \forall\pi \in \text{Paths}(s).\, \pi[j] \models \Phi \end{array}$$

因此, $\Box\Phi$ 在语义

$$\pi = s_0 s_1 s_2 \cdots \models \Box\Phi \text{ 当且仅当对所有 } j \geqslant 0,\ s_j \models \Phi$$

下可理解为 CTL 路径公式. 特别地, $\forall\Box\Phi$ 是不变条件 Φ 上的不变式.

类似地, $\exists\Box\Phi$ 在状态 s 有效, 当且仅当存在从 s 开始的某路径, 使得该路径上的每一状态都使公式 Φ 成立. 公式 $\exists\Diamond\Phi$ 在状态 s 有效当且仅当 Φ 沿开始于 s 的某路径终将成立, $\forall\Diamond\Phi$ 在状态 s 有效当且仅当此性质对所有开始于 s 的路径都成立. 图 6.2 是 $\exists\Diamond$、$\exists\Box$、$\forall\Diamond$、$\forall\Box$、$\exists\,\mathsf{U}$ 和 $\Diamond\,\mathsf{U}$ 的语义的示意图, 其中, 黑色状态满足命题 black, 灰色状态满足命题 gray, 其他状态既不用 black 也不用 gray 标记.

例 6.3 三重模块冗余系统

考虑有 3 个处理器和一个选择器的三重模块冗余 (Triple Modular Redundant, TMR) 系统. 由于该系统的每个组件都可能失败, 所以通过让所有的处理器执行相同的程序来提高可靠性. 选择器从 3 个处理器的输出中进行多数选择. 如果只有一个处理器失败, 系统仍然能够产生可靠输出. 每个组件都可修复. 假定同一时间只有一个组件可以失败, 可以被修复. 选择器失败时, 整个系统失败. 修复选择器时, 假设系统重新开始, 即重新具有 3 个处理器和一个选择器. TMR 系统的迁移系统如图 6.3 所示. 状态的形式为 $s_{i,j}$, 其中 i 代表当

前运行的处理器的数量 $(0 \leqslant i \leqslant 3)$[译注 63], j 代表正常工作的选择器的数量 $(j = 0, 1)$. 如果至少有两个处理器功能正常, 就认为 TMR 系统是正常工作的.

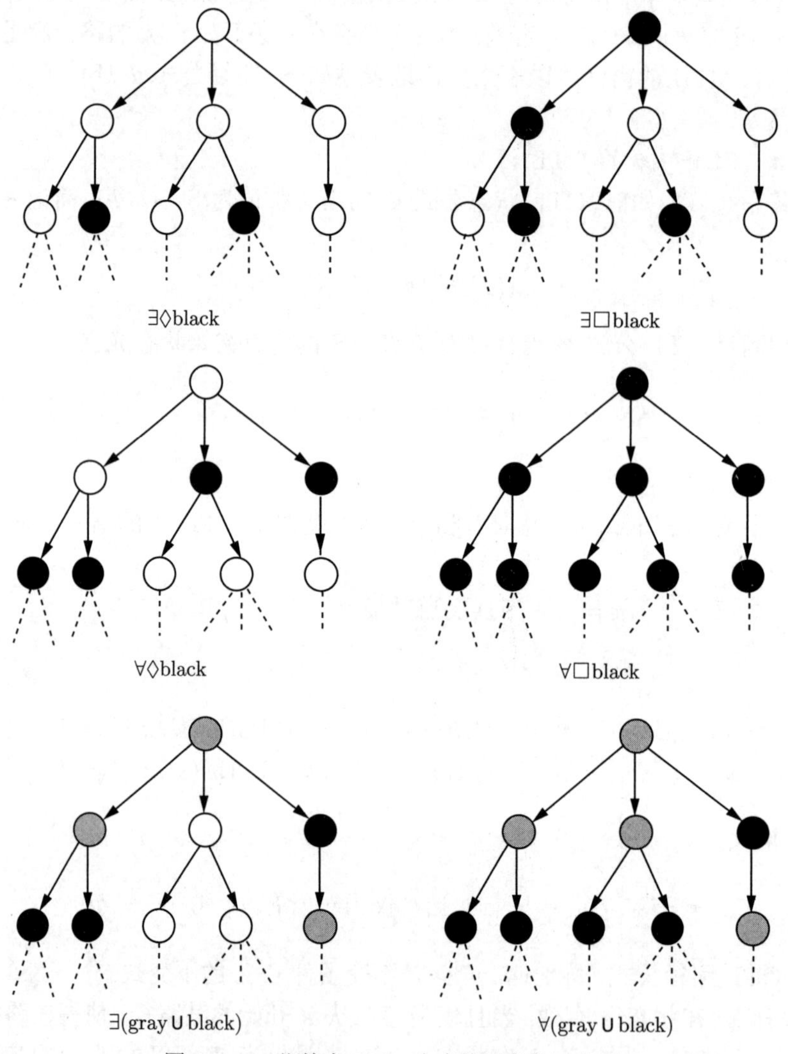

图 6.2 一些基本 CTL 公式的语义的示意图

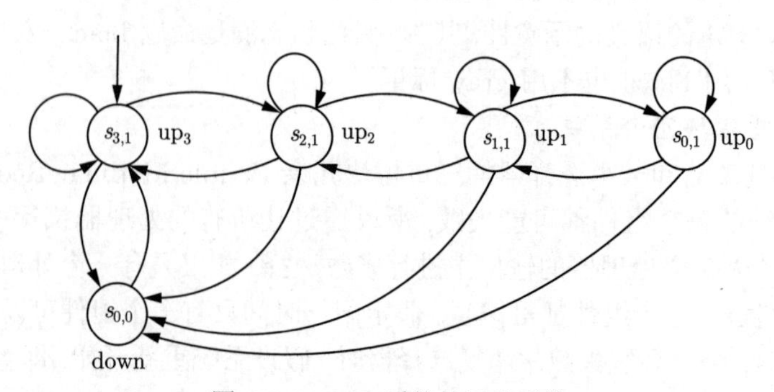

图 6.3 TMR 系统的迁移系统

这个系统的一些性质及其 CTL 公式在表 6.2 中列出.

表 6.2 TMR 系统的一些性质及其 CTL 公式

性　　质	CTL 公式
系统可能永不宕机	$\exists\Box\neg\text{down}$
系统不变地永不宕机	$\forall\Box\neg\text{down}$
总有可能重新开始	$\forall\Box\exists\Diamond\text{up}_3$
系统总是终将宕机且在宕机前正常工作	$\forall((\text{up}_3 \vee \text{up}_2)\,\mathsf{U}\,\text{down})$

下面分别考虑每个公式:

- 状态公式 $\exists\Box\neg\text{down}$ 在状态 $s_{3,1}$ 成立, 因为存在从该状态开始的路径, 如 $(s_{3,1}s_{2,1})^\omega$, 而且总是不会到达状态 down, 即 $(s_{3,1}s_{2,1})^\omega \models \Box\neg\text{down}$.
- 然而, 公式 $\forall\Box\neg\text{down}$ 在状态 $s_{3,1}$ 处不成立, 因为存在从该状态开始的路径, 如 $(s_{3,1})^+s_{0,0}\cdots$, 满足 $\neg\Box\neg\text{down}$, 或者等价地满足 $\Diamond\text{down}$.
- 状态公式 $\forall\Box\exists\Diamond\text{up}_3$ 在状态 $s_{3,1}$ 成立, 因为在其任何路径中的任何状态都可能返回初始状态, 例如, 先到 $s_{0,0}$, 再到 $s_{3,1}$. 例如, 路径 $s_{3,1}(s_{2,1})^\omega \models \Box\exists\Diamond\text{up}_3$, 因为 $s_{2,1} \models \exists\Diamond\text{up}_3$[译注 64]. 此性质不应该被混同于 CTL 公式 $\forall\Diamond\text{up}_3$, 后者表示每一条路径终将访问初始状态 (注意, 此公式对状态 $s_{3,1}$ 的有效性是平凡的, 因为该状态满足 up_3).
- 表 6.2 中最后的性质对 $s_{3,1}$ 不成立, 因为存在路径, 如 $s_{3,1}s_{2,1}s_{1,1}s_{0,0}\cdots$, 使路径公式 $(\text{up}_3 \vee \text{up}_2)\,\mathsf{U}\,\text{down}$ 不成立. 这是因为该路径访问状态 $s_{1,1}$, 而 $s_{1,1}$ 不满足 down、up_3 以及 up_2 中的任何一个. ■

例 6.4 CTL 语义

考虑图 6.4 的上部所示的迁移系统 TS. 图 6.4 的下部对每个状态标示了几个 CTL 公式的有效性 (为简单起见, 未指明初始状态). 如果公式在一个状态有效, 则把该状态画为黑色; 否则, 画为白色.

考虑下面的公式:

- 公式 $\exists\bigcirc a$ 对所有的状态有效, 因为所有状态都有满足 a 的直接后继.
- 公式 $\forall\bigcirc a$ 对于状态 s_0 无效, 因为存在从状态 s_0 开始直接到状态 s_2 的可能路径, 而此状态并不使 a 成立. 由于其他状态只有使 a 成立的直接后继, 所以, $\forall\bigcirc a$ 对于所有其他状态有效.
- 对于除状态 s_2 外的所有状态, 都可能存在一个走向状态 s_3 并使 a 全局有效的计算 (如从 s_0 开始时的 $s_0s_1s_3^\omega$). 因此, 这些状态使 $\exists\Box a$ 有效. 由于 $a \notin L(s_2)$, 所以没有始于 s_2 且使 a 全局有效的路径.
- $\forall\Box a$ 仅对 s_3 有效, 因为其唯一的路径 s_3^ω 总是访问一个使 a 成立的状态. 对于所有其他状态, 可能存在一个包含 s_2 的路径, 而此状态却不满足 a. 因此, $\forall\Box a$ 对于这些状态无效.
- $\exists\Diamond(\exists\Box a)$ 对于所有状态有效, 因为从每一个状态开始终将到达另一状态 (s_0、s_1 或 s_3), 而且某个使 a 全局有效的计算可从后一个状态开始.

- $\forall(a \cup b)$ 在 s_3 无效, 因为其唯一的计算 $(s_3)^\omega$ 不能到达使 b 成立的状态. 在状态 s_0, 命题 a 成立直到 b 成立; 而状态 s_1 和 s_2 直接使命题 b 成立. 因此公式对于这些状态为真.
- 公式 $\exists(a \mathsf{U} (\neg a \wedge \forall(\neg a \mathsf{U} b)))$ 在 s_3 无效, 因为从 s_3 总是无法到达 b 状态. 此公式对于 s_0 和 s_1 有效, 因为从这两个状态都能够通过一条 a 路径到达状态 s_2; $\neg a$ 在状态 s_2 有效, 并因为 s_2 是 b 状态, 所以从 s_2 开始的所有可能路径都满足 $\neg a \mathsf{U} b$. 例如, 因为 $a \in L(s_0)$, $a \notin L(s_2)$, $b \in L(s_1)$, 所以对于状态 s_0 路径 $(s_0 s_2 s_1)^\omega$ 就满足 $a \cup (\neg a \wedge \forall(\neg a \mathsf{U} b))$. 此性质对状态 s_2 有效, 因为在 s_2 中 a 无效, 且所有从 s_2 开始的路径的第一个状态都是 b 状态. ■

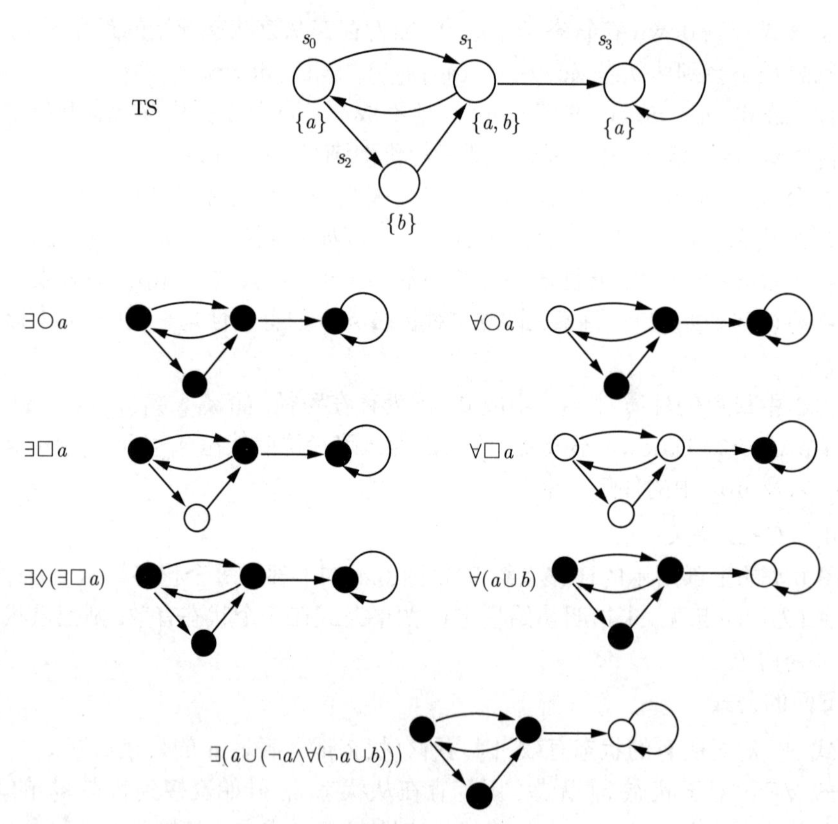

图 6.4 几个 CTL 公式的有效性

注记 6.1 无限经常

为了更好地理解 CTL 语义, 下面证明:

$$s \models \forall\Box\forall\Diamond a \text{ 当且仅当 } \forall\pi \in \text{Paths}(s) \quad \text{存在无限多个 } i, \text{使 } \pi[i] \models a$$

先证 $\Rightarrow$. 令 s 为一个状态, 且 $s \models \forall\Box\forall\Diamond a$. 要证明每一个始于 s 的无限路径片段 π 无限经常地通过 a 状态. 令 $\pi = s_0 s_1 s_2 \cdots \in \text{Paths}(s)$ 且 $j \geqslant 0$. 下面证明存在下标 $i \geqslant j$ 使 $s_i \models a$. 因 $s \models \forall\Box\forall\Diamond a$, 故有

$$\pi \models \Box\forall\Diamond a$$

特别地, $s_j \models \forall\Diamond a$. 由 $\pi[j..] = s_j s_{j+1} s_{j+2} \cdots \in \text{Paths}(s_j)$ 得

$$s_j s_{j+1} s_{j+2} \cdots \models \Diamond a$$

因此, 存在一个下标 $i \geqslant j$ 使 $s_i \models a$. 由于这个推理可用于任何下标 j, 所以路径 π 无限经常访问 a 状态.

再证 $\Leftarrow$. 令 s 是一个状态, 且开始于 s 的每一无限路径片段都无限经常地访问 a 状态. 令 $\pi = s_0 s_1 s_2 \cdots \in \text{Paths}(s)$. 为证明 $s \models \forall\Box\forall\Diamond a$, 需要证明 $\pi \models \Box\forall\Diamond a$, 即

$$\text{对任意 } j \geqslant 0,\ s_j \models \forall\Diamond a$$

令 $j \geqslant 0$ 且 $\pi' = s'_j s'_{j+1} s'_{j+2} \cdots \in \text{Paths}(s_j)$. 为了证明 $s_j \models \forall\Diamond a$, 需要证明 π' 至少有一次访问 a 状态. 不难推断

$$\pi'' = \underbrace{s_0 s_1 s_2 \cdots s_j}_{\pi\ \text{的前缀}} \underbrace{s'_{j+1} s'_{j+2} \cdots}_{\pi' \in \text{Paths}(s_j)} \in \text{Paths}(s)$$

由假设知, π'' 无限次访问 a 状态. 特别地, 存在 $i > j$ 使 $s'_i \models a$. 现在可得

$$\pi' = s_j s'_{j+1} s'_{j+2} \cdots s'_i s'_{i+1} s'_{i+2} \cdots \models \Diamond a$$

并且上式对于任意路径 $\pi' \in \text{Paths}(s_j)$ 均成立, 因此 $s_j \models \forall\Diamond a$. 由此得, 对于所有路径 $\pi \in \text{Paths}(s)$ 都有 $\pi \models \Box\forall\Diamond a$. 因此, $s \models \forall\Box\forall\Diamond a$. ■

注记 6.2 弱直到

像对 LTL 一样 (参见 5.1.5 节), 可定义直到运算符的轻微变体, 即弱直到运算符, 记为 W. 此运算符的直观意义为: 对于状态公式 Φ 和 Ψ, 路径 π 满足 $\Phi\,\mathsf{W}\,\Psi$ 是指 $\Phi\,\mathsf{U}\,\Psi$ 或 $\Box\Phi$ 成立, 即直到运算符和弱直到运算符的区别就是后者不要求终将达到 Ψ 状态.

CTL 中的弱直到运算符不能直接从 LTL 的定义

$$\varphi\,\mathsf{W}\,\psi = \varphi\,\mathsf{U}\,\psi \vee \Box\varphi$$

开始, 因为 $\exists(\varphi\,\mathsf{U}\,\psi \vee \Box\varphi)$ 不是语法正确的 CTL 公式. 但是, 运用 LTL 的等价律 $\varphi\,\mathsf{W}\,\psi \equiv \neg((\varphi \wedge \neg\psi)\,\mathsf{U}\,(\neg\varphi \wedge \neg\psi))$ 以及全称与存在量词之间的对偶性, CTL 中的弱直到运算符可以定义为

$$\begin{aligned}\exists(\Phi\,\mathsf{W}\,\Psi) &= \neg\forall((\Phi \wedge \neg\Psi)\,\mathsf{U}\,(\neg\Phi \wedge \neg\Psi))\\ \forall(\Phi\,\mathsf{W}\,\Psi) &= \neg\exists((\Phi \wedge \neg\Psi)\,\mathsf{U}\,(\neg\Phi \wedge \neg\Psi))\end{aligned}$$

现在分析 $\exists\,\mathsf{W}$ 的语义. 由上述对偶定义可得, $s \models \exists(\Phi\,\mathsf{W}\,\Psi)$ 当且仅当存在始于 s 的路径 $\pi = s_0 s_1 s_2 \cdots$ (即 $s_0 = s$) 使

$$\pi \not\models (\Phi \wedge \neg\Psi)\,\mathsf{U}\,(\neg\Phi \wedge \neg\Psi)$$

这样的路径存在当且仅当以下两个事件之一成立:

- 对于所有 $j \geqslant 0$, $s_j \models \Phi \wedge \neg\Psi$, 即 $\pi \models \Box(\Phi \wedge \neg\Psi)$.

- 存在下标 j 使

  $$s_j \not\models \Phi \wedge \neg\Psi \text{ 且 } s_j \not\models \neg\Phi \wedge \neg\Psi, \text{ 即 } s_j \models \Psi, \text{ 且对所有 } 0 \leqslant i < j, s_i \models \Phi \wedge \neg\Psi$$

  这与 $\pi \models \Phi \, \mathsf{U} \, \Psi$ 等价.

综上所述, 可得

$$\begin{aligned} \pi \models \Phi \, \mathsf{W} \, \Psi \quad & \text{当且仅当} \quad \pi \models \Phi \, \mathsf{U} \, \Psi \text{ 或 } \pi \models \Box(\Phi \wedge \neg\Psi) \\ & \text{当且仅当} \quad \pi \models \Phi \, \mathsf{U} \, \Psi \text{ 或 } \pi \models \Box\Phi \end{aligned}$$

因此, CTL 公式 $\exists(\Phi \, \mathsf{W} \, \Psi)$ 与 $\exists(\Phi \, \mathsf{U} \, \Psi) \vee \exists\Box\Phi$ 等价. 同理, 可验证 $\forall(\Phi \, \mathsf{W} \, \Psi)$ 的意义与预期相同, 即, $s \models \forall(\Phi \, \mathsf{W} \, \Psi)$ 当且仅当始于 s 的所有路径以 LTL 的 W 语义满足 $\Phi \, \mathsf{W} \, \Psi$. ■

注记 6.3 否定的语义

对于状态 s, 有 $s \not\models \Phi$ 当且仅当 $s \models \neg\Phi$. 然而, 对于迁移系统, 这一般是不成立的. 也就是说, 命题 $TS \not\models \Phi$ 和 $TS \not\models \neg\Phi$ 可能都成立. 这源于以下事实: 迁移系统可能有两个初始状态, 例如 s_0 和 s_0', 使得 $s_0 \models \Phi$ 且 $s_0' \not\models \Phi$. 此外,

$$TS \not\models \neg\exists\varphi \text{ 当且仅当存在一条路径 } \pi \in Paths(s) \text{ 使 } \pi \models \varphi$$

这个令人吃惊的等价性由以下事实断定：迁移系统上的 CTL 状态公式的解释是基于初始状态上的全称量词的. 命题 $TS \not\models \neg\exists\varphi$ 成立当且仅当存在初始状态 $s_0 \in I$ 且 $s_0 \not\models \neg\exists\varphi$, 即 $s_0 \models \exists\varphi$; 而命题 $TS \models \exists\varphi$ 需要对于所有的初始状态 $s_0 \in I$ 都有 $s_0 \models \exists\varphi$. 考虑下面的迁移系统:

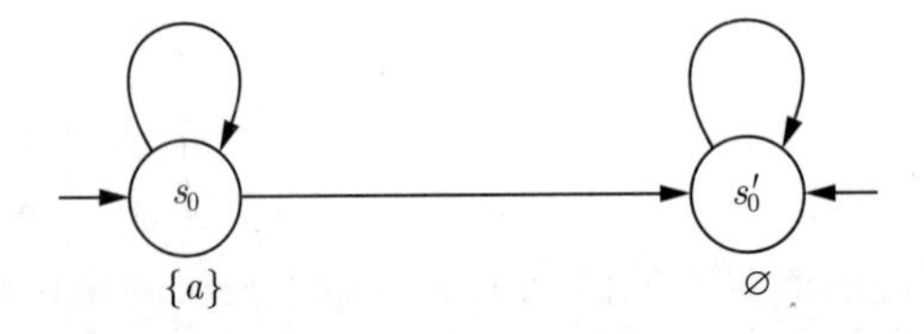

可得 $s_0 \models \exists\Box a$, 而 $s_0' \not\models \exists\Box a$. 相应地, $TS \not\models \neg\exists\Box a$ 且 $TS \not\models \exists\Box a$. ■

已对没有终止状态的迁移系统定义了 CTL 语义. 这有一个 (技术上) 令人满意的效果, 即所有路径都是无限的, 并且对路径简化了 $\models$ 的定义. 注记 6.4 显示了在考虑有终止状态的迁移系统的情况下, 即当可能存在有限路径时, 如何调整路径语义.

注记 6.4 具有终止状态的迁移系统的 CTL 语义

对长度为 n 的有限极大路径片段 $\pi = s_0 s_1 \cdots s_n$, 即 s_n 是终止状态, 令

$$\begin{aligned} \pi \models \bigcirc\Phi \quad & \text{iff} \quad n > 0 \text{ 且 } s_1 \models \Phi \\ \pi \models \Phi \, \mathsf{U} \, \Psi \quad & \text{iff} \quad \text{存在下标 } j \in \mathbb{N} \text{ 使得 } j \leqslant n, \\ & \qquad s_j \models \Psi \text{ 且对 } i = 0, 1, \cdots, j-1, s_i \models \Phi \end{aligned}$$

那么, $s \models \forall\bigcirc\text{false}$ 当且仅当 s 是终止状态. 对于导出运算符 $\Diamond$ 和 $\Box$, 有

$$\begin{aligned} \pi \models \Diamond\Phi \quad & \text{iff} \quad \text{存在下标 } j \leqslant n \text{ 使 } s_j \models \Phi \\ \pi \models \Box\Phi \quad & \text{iff} \quad \text{对于所有 } j \in \mathbb{N} \text{ 且 } j \leqslant n \text{ 有 } s_j \models \Phi \end{aligned}$$

■

6.2.3 CTL 公式的等价性

CTL 公式 Φ 和 Ψ 称为等价的, 只要它们的语义是相同的. 即, 对于任一状态 s, 命题 $s \models \Phi$ 当且仅当 $s \models \Psi$①.

定义 6.4 CTL 公式的等价

(AP 上的) CTL 公式 Φ 和 Ψ 称为等价的, 记为 $\Phi \equiv \Psi$, 如果对于 AP 上的所有迁移系统 TS 都有 $\text{Sat}(\Phi) = \text{Sat}(\Psi)$. ■

相应地, $\Phi \equiv \Psi$ 当且仅当对于任何迁移系统 TS 有

$$\text{TS} \models \Phi \text{ 当且仅当 } \text{TS} \models \Psi$$

除了关于 CTL 的命题逻辑部分的标准等值律, 在 CTL 中还存在一些关于时间模态的等值律. 图 6.5 显示了 CTL 的一些重要的等值律. 为了理解展开律, 考虑 LTL 中的直到运算符的展开律:

$$\varphi \mathsf{U} \psi \equiv \psi \vee (\varphi \wedge \bigcirc(\varphi \mathsf{U} \psi))$$

在 CTL 中, $\exists(\Phi \mathsf{U} \Psi)$ 和 $\forall(\Phi \mathsf{U} \Psi)$ 存在类似的展开律. 例如, 有 $\exists(\Phi \mathsf{U} \Psi)$ 等价于以下事实: 当前状态要么满足 Ψ, 要么满足 Φ 且 $\exists(\Phi \mathsf{U} \Psi)$ 对某个直接后继成立. $\exists\Diamond\Phi$ 和 $\exists\Box\Phi$ 的展开律可简单地从 $\exists \mathsf{U}$ 的展开律导出. 像在 LTL 中一样, 这些定律之后的基本思想是用关于当前状态的命题 (不需要使用时序运算符) 及其直接后继的命题 (根据公式含有存在量词还是全称量词相应地使用 $\exists\bigcirc$ 或 $\forall\bigcirc$) 表达公式的有效性. 例如, $\exists\Box\Phi$ 在状态 s 是有效的, 如果 Φ 在状态 s 是有效的 (关于当前状态的命题) 并且 Φ 对开始于 s 的某些路径上的所有状态都成立 (关于后继状态的命题).

路径量词的对偶律:

$$\begin{aligned}
\forall\bigcirc\Phi &\equiv \neg\exists\bigcirc\neg\Phi & \exists\bigcirc\Phi &\equiv \neg\forall\bigcirc\neg\Phi \\
\forall\Diamond\Phi &\equiv \neg\exists\Box\neg\Phi & \exists\Diamond\Phi &\equiv \neg\forall\Box\neg\Phi \\
\forall(\Phi \mathsf{U} \Psi) &\equiv \neg\exists(\neg\Psi \mathsf{U} (\neg\Phi \wedge \neg\Psi)) \wedge \neg\exists\Box\neg\Psi \\
&\equiv \neg\exists((\Phi \wedge \neg\Psi) \mathsf{U} (\neg\Phi \wedge \neg\Psi)) \wedge \neg\exists\Box(\Phi \wedge \neg\Psi) \\
&\equiv \neg\exists((\Phi \wedge \neg\Psi) \mathsf{W} (\neg\Phi \wedge \neg\Psi))
\end{aligned}$$

展开律:

$$\begin{aligned}
\forall(\Phi \mathsf{U} \Psi) &\equiv \Psi \vee (\Phi \wedge \forall\bigcirc\forall(\Phi \mathsf{U} \Psi)) \\
\forall\Diamond\Phi &\equiv \Phi \vee \forall\bigcirc\forall\Diamond\Phi \\
\forall\Box\Phi &\equiv \Phi \wedge \forall\bigcirc\forall\Box\Phi \\
\exists(\Phi \mathsf{U} \Psi) &\equiv \Psi \vee (\Phi \wedge \exists\bigcirc\exists(\Phi \mathsf{U} \Psi)) \\
\exists\Diamond\Phi &\equiv \Phi \vee \exists\bigcirc\exists\Diamond\Phi \\
\exists\Box\Phi &\equiv \Phi \wedge \exists\bigcirc\exists\Box\Phi
\end{aligned}$$

分配律:

$$\begin{aligned}
\forall\Box(\Phi \wedge \Psi) &\equiv \forall\Box\Phi \wedge \forall\Box\Psi \\
\exists\Diamond(\Phi \vee \Psi) &\equiv \exists\Diamond\Phi \vee \exists\Diamond\Psi
\end{aligned}$$

图 6.5 CTL 的一些重要的等值律

并非 LTL 中的任何定律都能很容易地提升到 CTL 中. 例如, 考虑下面的命题:

$$\Diamond(\varphi \vee \psi) \equiv \Diamond\varphi \vee \Diamond\psi$$

① CTL 公式通常指 CTL 状态公式.

它对任何路径是有效的. 下式也如此:

$$\exists\Diamond(\Phi \vee \Psi) \equiv \exists\Diamond\Phi \vee \exists\Diamond\Psi$$

这可证明如下.

先证 $\Leftarrow$. 假设 $s \models \exists\Diamond\Phi \vee \exists\Diamond\Psi$. 那么, 不失一般性, 可以假定 $s \models \exists\Diamond\Phi$. 这意味着有一个从状态 s 可达的状态 s' (可能 $s = s'$), 使 $s' \models \Phi$. 而后 $s' \models \Phi \vee \Psi$. 这意味着存在一个从状态 s 可达的状态满足 $\Phi \vee \Psi$. 由 CTL 的语义可得 $s \models \exists\Diamond(\Phi \vee \Psi)$.

再证 $\Rightarrow$. 令 s 为使得 $s \models \exists\Diamond(\Phi \vee \Psi)$ 的任一状态. 那么, 存在一个状态 s' (可能 $s = s'$) 使得 $s' \models \Phi \vee \Psi$. 不失一般性, 可以假定 $s' \models \Phi$. 而后, 因为从 s 可达 s', 即可断定 $s \models \exists\Diamond\Phi$. 所以, 有 $s \models \exists\Diamond\Phi \vee \exists\Diamond\Psi$.

然而, $\forall\Diamond(\Phi \vee \Psi) \not\equiv \forall\Diamond\Phi \vee \forall\Diamond\Psi$, 这是因为, 就像下面的迁移系统表明的那样, $\forall\Diamond(\Phi \vee \Psi) \Rightarrow \forall\Diamond\Phi \vee \forall\Diamond\Psi$ 是无效的. 对于每条始于状态 s 的路径, $\Diamond(a \vee b)$ 成立, 因此 $s \models \forall\Diamond(a \vee b)$. 这可由以下事实直接得到: 每条路径最终都要访问 s' 或 s'', 而且 $s' \models a \vee b$, 对于 s'' 同样如此. 然而状态 s 不满足 $\forall\Diamond a \vee \forall\Diamond b$. 例如, 路径 $s(s'')^\omega \models \Diamond a$, 但 $s(s'')^\omega \not\models \Diamond b$, 因此 $s \not\models \forall\Diamond b$. 将类似的理由应用于路径 $s(s')^\omega$ 可得 $s \not\models \forall\Diamond a$. 所以 $s \not\models \forall\Diamond a \vee \forall\Diamond b$. 直观地说, 对于 s 的所有计算, 即非全部终将到达 a 状态, 亦非全部终将到达 b 状态.

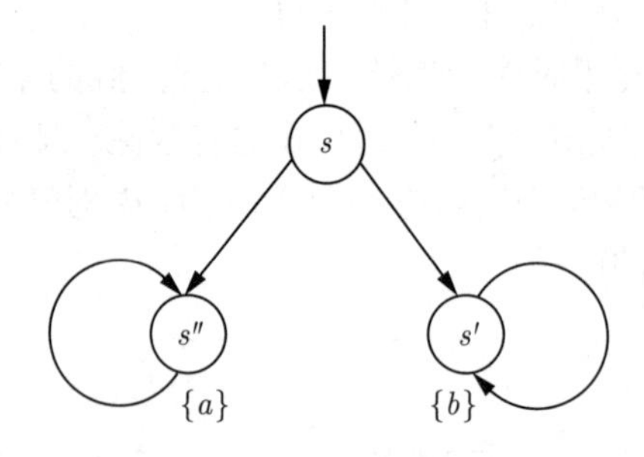

6.2.4 CTL 范式

$\forall\bigcirc\Phi$ 的对偶律表明 $\forall\bigcirc$ 可看作 $\exists\bigcirc$ 的导出运算符. 也就是说, 基本运算符$\exists\bigcirc$、$\exists$ U 和 $\forall$ U 足以定义 CTL 的语法. 定理 6.1 说明, 甚至可以省略全称路径量词, 并在 CTL 中使用基本运算符 $\exists\bigcirc$、$\exists$ U 和 $\exists\Box$ 定义所有的时序模态.

定义 6.5 (CTL 的) *存在范式*

对于 $a \in \text{AP}$, *存在范式* (Existential Normal Form, ENF) 的 CTL 状态公式的集合由

$$\Phi ::= \text{true} \mid a \mid \Phi_1 \wedge \Phi_2 \mid \neg\Phi \mid \exists\bigcirc\Phi \mid \exists(\Phi_1 \mathsf{U} \Phi_2) \mid \exists\Box\Phi$$

给出. ■

定理 6.1 CTL *的存在范式*

对于每个 CTL 公式都存在等价的 ENF.

证明: 下面的对偶律可消除路径全称量词, 并提供从 CTL 公式到等价的 ENF 的转换.

$$\forall\bigcirc\Phi \equiv \neg\exists\bigcirc\neg\Phi$$

$$\forall(\Phi \mathsf{U} \Psi) \equiv \neg\exists(\neg\Psi \mathsf{U} (\neg\Phi \wedge \neg\Psi)) \wedge \neg\exists\Box\neg\Psi$$

■

CTL 公式的基本语法只用了 $\exists\bigcirc$、$\exists\,\mathsf{U}$、$\forall\bigcirc$ 和 $\forall\,\mathsf{U}$. 因此, 定理 6.1 的证明中使用的两个规则允许从一个给定的 CTL 公式中删除所有的全称量词. 然而, 当实现 CTL 公式到 ENF 的转换时还可使用导出运算符的类似规则, 例如:

$$\forall\Diamond\Phi \equiv \neg\exists\Box\neg\Phi$$

$$\forall\Box\Phi \equiv \neg\exists\Diamond\neg\Phi = \neg\exists(\text{true}\ \mathsf{U}\ \neg\Phi)^{[\text{译注 65}]}$$

由于对 $\forall\,\mathsf{U}$ 的重写规则使右侧的公式 Ψ 出现了 3 次, 所以从 CTL 公式到 ENF 的转换会导致指数爆炸.

另一种重要的范式是*正范式*. 若一个 CTL 公式中否定仅用于原子命题, 则称它是正范式. 例如, $\neg\forall(a\ \mathsf{U}\ \neg b)$ 不是 PNF, 而 $\neg a \wedge \neg b\ \mathsf{U}\ a$ 则是 PNF. 为确保每一个 CTL 公式都等价于一个 PNF, 每个运算符都需要一个对偶运算符. 合取与析取是对偶的, $\bigcirc$ 与自身对偶. 像在 LTL 中一样, 此处采用弱直到运算符 W 作为 U 的对偶运算符.

定义 6.6 (CTL 的) *正范式*

CTL 状态公式中的*正范式* (Positive Normal Form, PNF) 的集合由

$$\Phi ::= \text{true} \mid \text{false} \mid a \mid \neg a \mid \Phi_1 \wedge \Phi_2 \mid \Phi_1 \vee \Phi_2 \mid \exists\varphi \mid \forall\varphi$$

给出, 其中, $a \in AP$ 并且路径公式由

$$\varphi ::= \bigcirc\Phi \mid \Phi_1\ \mathsf{U}\ \Phi_2 \mid \Phi_1\ \mathsf{W}\ \Phi_2$$

给出. ■

定理 6.2 *等价 PNF 的存在性*

每一 CTL 公式都存在等价的 PNF.

证明: 通过连续地把否定运算符 “压” 入公式内部, 可把任何 CTL 公式转换为 PNF. 这可简单地通过以下等值律实现.

$$\neg\text{true} \equiv \text{false}$$

$$\neg\neg\Phi \equiv \Phi$$

$$\neg(\Phi \wedge \Psi) \equiv \neg\Phi \vee \neg\Psi$$

$$\neg\forall\bigcirc\Phi \equiv \exists\bigcirc\neg\Phi$$

$$\neg\exists\bigcirc\Phi \equiv \forall\bigcirc\neg\Phi$$

$$\neg\forall(\Phi\ \mathsf{U}\ \Psi) \equiv \exists((\Phi \wedge \neg\Psi)\ \mathsf{W}\ (\neg\Phi \wedge \neg\Psi))$$

$$\neg\exists(\Phi\ \mathsf{U}\ \Psi) \equiv \forall((\Phi \wedge \neg\Psi)\ \mathsf{W}\ (\neg\Phi \wedge \neg\Psi))$$ ■

因为在 $\forall\,\mathsf{U}$ 和 $\exists\,\mathsf{U}$ 的规则中 Ψ (和 Φ) 出现次数倍增, 等价 CTL 公式的长度可能呈指数级增长[①]. 在 LTL 中使用弱直到运算符定义 PNF 的同样情景再次出现. 像在 LTL 中一样, 指数级爆炸可以通过使用释放运算符避免, 它在 CTL 中定义为

$$\exists(\Phi\ \mathsf{R}\ \Psi) = \neg\forall((\neg\Phi)\ \mathsf{U}\ (\neg\Psi)) \text{ 和 } \forall(\Phi\ \mathsf{R}\ \Psi) = \neg\exists((\neg\Phi)\ \mathsf{U}\ (\neg\Psi))$$

① 尽管对 $\neg\forall\,\mathsf{U}$ 和 $\neg\exists\,\mathsf{U}$ 的改写规则可由 $\neg\forall(\Phi\ \mathsf{U}\ \Psi) \equiv \exists((\neg\Psi)\ \mathsf{W}\ (\neg\Phi \wedge \neg\Psi))$ 和 $\neg\exists(\Phi\ \mathsf{U}\ \Psi) \equiv \forall((\neg\Psi)\ \mathsf{W}\ (\neg\Phi \wedge \neg\Psi))$ 简化, 但是仍存在公式 Ψ 的重复.

6.3 LTL 与 CTL 的表达力对比

虽然反应系统的许多相关性质都可在 LTL 和 CTL 中描述, CTL 和 LTL 是无法根据它们的表达力比较的. 更精确地说, 一些性质可在 CTL 中表达, 但不能在 LTL 中表达; 反之亦然.

下面首先定义 CTL 公式和 LTL 公式等价的含义. 直观地说, 等价意味着 "表达了同样的事情". 更确切的表述见定义 6.7.

定义 6.7 CTL 与 LTL 公式的等价

(均为 AP 上的) CTL 公式 Φ 和 LTL 公式 φ 是等价的, 记为 $\Phi \equiv \varphi$, 如果对 AP 上的任何迁移系统 TS 有

$$\text{TS} \models \Phi \quad 当且仅当 \quad \text{TS} \models \varphi \qquad ■$$

LTL 公式 φ 在迁移系统的状态 s 成立是指始于状态 s 的所有路径都满足 φ. 当在路径上给定 (语义的) 全称量词时, LTL 公式 $\Diamond a$ 等价于 CTL 公式 $\forall\Diamond a$, 这看起来是自然的. 这似乎表明, 对于给定的 CTL 公式, 通过简单地消去所有的全称路径量词就得到等价的 LTL 公式 (因为在 LTL 中这是隐含的). 只要是有等价的 LTL 公式, Clarke 和 Draghicescu 的以下结果[85] (省略证明) 显示, 消去所有 (全称和存在) 量词是产生等价 LTL 公式的一种安全方式.

定理 6.3 CTL 公式转化为等价 LTL 公式的准则

令 Φ 是 CTL 公式, 消去 Φ 中所有路径量词得到 LTL 公式 φ. 那么,

$$\Phi \equiv \varphi \text{ 或不存在任何 LTL 公式等价于 } \Phi \qquad ■$$

简单地消去 CTL 公式 a、$\forall\bigcirc a$、$\forall(a \mathsf{U} b)$、$\forall\Diamond a$、$\forall\Box a$ 和 $\forall\Box\forall\Diamond a$ 中的所有路径量词可得到等价的 LTL 公式. 注记 6.1 已证明 CTL 公式 $\forall\Box\forall\Diamond a$ 等价于 LTL 公式 $\Box\Diamond a$. 然而, $\forall\Diamond\forall\Box a$ 与 $\Diamond\Box a$ 不等价. LTL 公式 $\Diamond\Box a$ 保证 a 终将总是 (即从某一点开始连续) 成立. 然而 $\forall\Diamond\forall\Box a$ 的语义是不同的. CTL 公式 $\forall\Diamond\forall\Box a$ 断言在任何计算中终将到达某些状态, 例如 s, 使得 $s \models \forall\Box a$. 注意,

$$s \models \forall\Diamond \underbrace{\forall\Box a}_{\Phi}$$

当且仅当对于任意路径 $\pi = s_0 s_1 s_2 \cdots \in \text{Paths}(s)$, 对于某个 j, $s_j \models \Phi$. 对于 $\Phi = \forall\Box a$, 要求对于任意路径 π 存在这样的状态 s_j, 使得从 s_j 可达的所有状态满足原子命题 a.

引理 6.1 持久性

CTL 公式 $\forall\Diamond\forall\Box a$ 与 LTL 公式 $\Diamond\Box a$ 不等价.

证明: 考虑 AP $= \{a\}$ 上的以下迁移系统 TS.

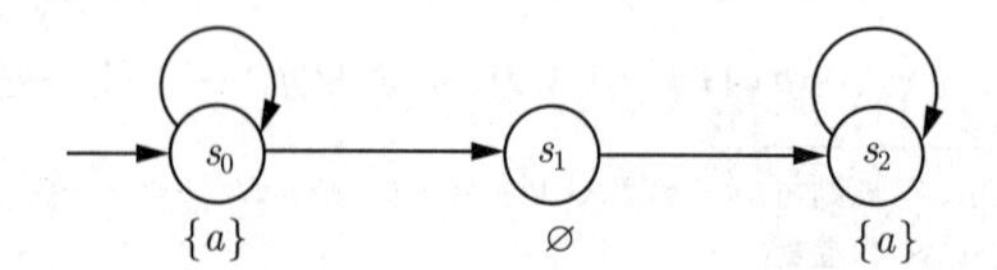

其初始状态 s_0 满足 LTL 公式 $\Diamond\Box a$, 因为每条始于 s_0 的路径终将停留在 s_0 和 s_2 两个状态之一, 它们都用 a 标记. 然而, CTL 公式 $\forall\Diamond\forall\Box a$ 在 s_0 不成立, 这是因为有 $s_0^\omega \not\models \Diamond\forall\Box a$ (由于 $s_0 \not\models \forall\Box a$). 路径 $s_0^* s_1 s_2^\omega$ 经过 $\neg a$ 状态 s_1. 所以, s_0^ω 是一条始于 s_0 的路径, 它永远不会到达满足 $\forall\Box a$ 的状态, 即 $s_0^\omega \not\models \Diamond\forall\Box a$. 对应地可得

$$s_0 \not\models \forall\Diamond\forall\Box a$$ ■

已知 CTL 公式 $\forall\Diamond\forall\Box a$ 和 LTL 公式 $\Diamond\Box a$ 不等价, 并且 $\Diamond\Box a$ 是从 $\forall\Diamond\forall\Box a$ 通过消去全称量词得到的, 由定理 6.3 得, 不存在与 $\forall\Diamond\forall\Box a$ 等价的 LTL 公式. 类似地, 可以证明 CTL 公式 $\forall\Diamond(a \wedge \forall\bigcirc a)$ 和 $\Diamond(a \wedge \bigcirc a)$ 不等价, 因此, $\forall\Diamond(a \wedge \forall\bigcirc a)$ 的要求也不能在 LTL 中表达.

引理 6.2 终将只有直接 a 后继的 a 状态

CTL 公式 $\forall\Diamond(a \wedge \forall\bigcirc a)$ 与 LTL 公式 $\Diamond(a \wedge \bigcirc a)$ 不等价.

证明: 考虑图 6.6 所示的迁移系统. 始于状态 s_0 的所有路径均以路径片段 $s_0 s_1$ 或 $s_0 s_3 s_4$ 为前缀. 显然, 所有这样的路径都满足 LTL 公式 $\Diamond(a \wedge \bigcirc a)$, 因此, $s_0 \models \Diamond(a \wedge \bigcirc a)$. 然而, $s_0 \not\models \forall\Diamond(a \wedge \forall\bigcirc a)$, 因为路径 $s_0 s_1 (s_2)^\omega$ 不满足 $\Diamond(a \wedge \forall\bigcirc a)$. 这可从以下事实得到, 状态 s_0 以非 a 状态 s_3 作为直接后继, 即 $s_0 \not\models a \wedge \forall\bigcirc a$. ■

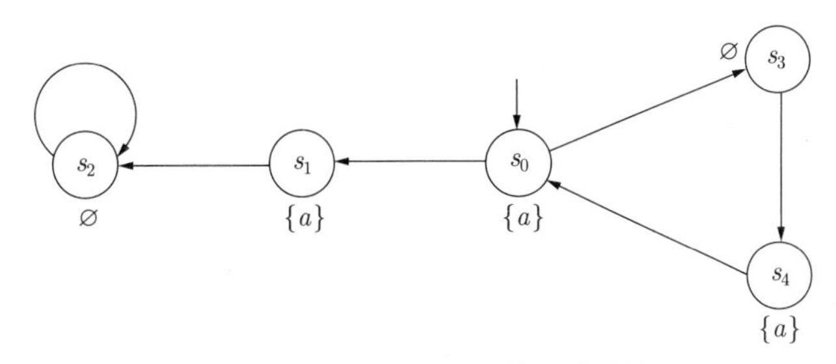

图 6.6 $\forall\Diamond(a \wedge \forall\bigcirc a)$ 的迁移系统

这些例子表明, 可以在 CTL 中表示的某些要求, 不能在 LTL 中表示. 此外, 定理 6.4 提供一些不存在等价的 CTL 公式的 LTL 公式的例子. 这就证明, 时序逻辑 LTL 和 CTL 的表达力是不可比较的.

定理 6.4 LTL 和 CTL 的表达力不可比较

(a) 存在 LTL 公式, 没有与之等价的 CTL 公式. 例如, 这对以下公式成立:

$$\Diamond\Box a \text{ 或 } \Diamond(a \wedge \bigcirc a)$$

(b) 存在 CTL 公式, 没有与之等价的 LTL 公式. 例如, 这对以下公式成立:

$$\forall\Diamond\forall\Box a \text{ 和 } \forall\Diamond(a \wedge \forall\bigcirc a) \text{ 和 } \forall\Box\exists\Diamond a$$

证明: (a) 考虑公式 $\Diamond\Box a$. $\Diamond(a \wedge \bigcirc a)$ 的证明与其类似, 在此省略. 考虑迁移系统的两个序列 $\mathrm{TS}_0, \mathrm{TS}_1, \mathrm{TS}_2, \cdots$ 和 $\mathrm{TS}'_0, \mathrm{TS}'_1, \mathrm{TS}'_2, \cdots$, 以如下方法归纳构造它们 (见图 6.7 和图 6.8).

对所有的迁移系统, $\mathrm{AP} = \{a\}$, 而且动作标记不重要. 对 $n \geqslant 0$, 令

$$\mathrm{TS}_n = (S_n, \{\tau\}, \rightarrow_n, \{s_n\}, \{a\}, L_n)$$

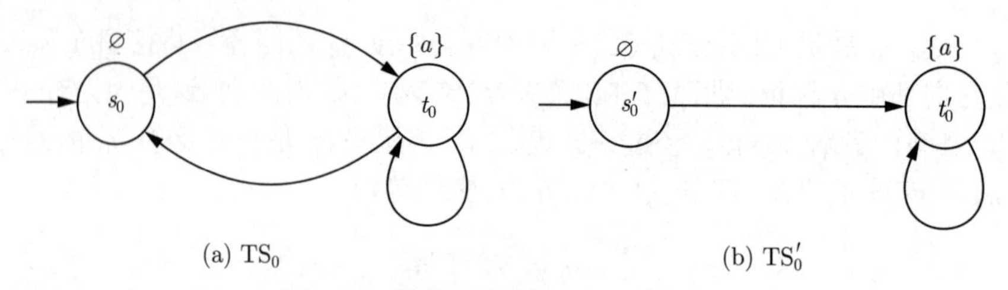

(a) TS_0 (b) TS'_0

图 6.7 基础迁移系统 TS_0 和 TS'_0

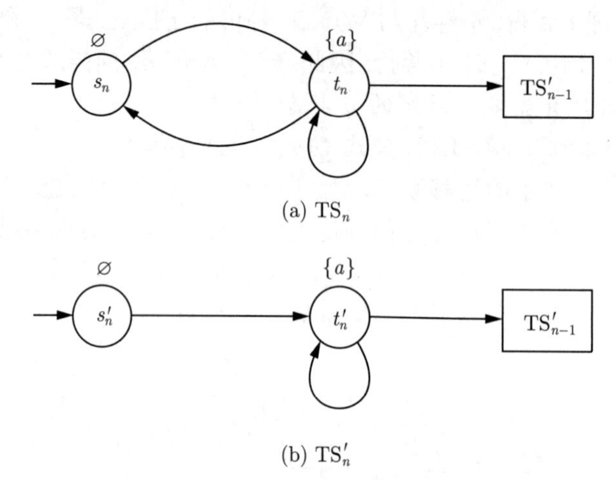

(a) TS_n

(b) TS'_n

图 6.8 TS_n 和 TS'_n 的归纳构造

和

$$\mathrm{TS}'_n = (S'_n, \{\tau\}, \rightarrow'_n, \{s'_n\}, \{a\}, L'_n)$$

其中 $S_0 = \{s_0, t_0\}$, $S'_0 = \{s'_0, t'_0\}$, 且对于 $n > 0$:

$$S_n = S'_{n-1} \cup \{s_n, t_n\} \text{ 和 } S'_n = S'_{n-1} \cup \{s'_n, t'_n\}$$

标记函数定义如下: 所有状态 t_i 和 t'_i 都用 $\{a\}$ 标记, 所有状态 s_i 和 s'_i 都用 $\varnothing$ 标记. 这样, $L_0(s_0) = L'(s'_0) = \varnothing$ 且 $L_0(t_0) = L'(t'_0) = \{a\}$[译注 66], 并且对于 $n > 0$, TS'_{n-1} 中所有状态的标记保持不变, 并用

$$L_n(s_n) = L'_n(s'_n) = \varnothing \text{ 和 } L_n(t_n) = L'_n(t'_n) = \{a\}$$

扩充. 最后, 迁移关系 $\rightarrow_n$ 和 $\rightarrow'_n$ 包含 $\rightarrow'_{n-1}$ (其中 $\rightarrow_{-1}= \varnothing$) 以及下列迁移关系：

$$\begin{aligned}
\mathrm{TS}_n\text{：}\quad & s_n \rightarrow_n t_n,\quad t_n \rightarrow_n t_n,\quad t_n \rightarrow_n s'_{n-1},\quad t_n \rightarrow_n s_n \\
\mathrm{TS}'_n\text{：}\quad & s'_n \rightarrow'_n t'_n,\quad t'_n \rightarrow'_n t'_n,\quad t'_n \rightarrow'_n s'_{n-1}
\end{aligned}$$

此处为简便而省略动作标记.

这样, TS_n 和 TS'_n 仅有的不同是：TS_n 包含边 $t_n \rightarrow s_n$, 而 TS'_n 不包含此边. TS_n 和 TS'_n 的一个具体例子如图 6.9 所示.

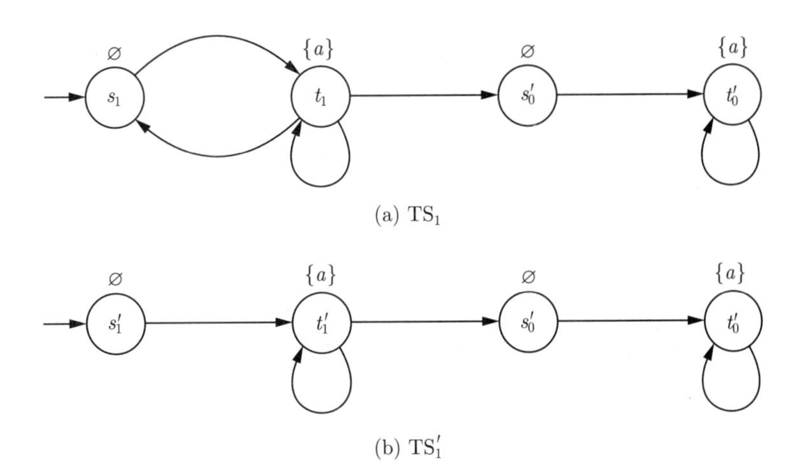

图 6.9 迁移系统 TS_1 和 TS'_1

由 TS_n 和 TS'_n 的构造可得, 对任意 $n \geqslant 0$,

$$\mathrm{TS}_n \not\models \Diamond\Box a \text{ 且 } \mathrm{TS}'_n \models \Diamond\Box a$$

证明如下. TS_n 包含起始路径 $(s_n t_n)^\omega$, 它交错地访问 s_n 和 t_n. 有

$$\mathrm{trace}((s_n t_n)^\omega) = \varnothing\{a\}\varnothing\{a\}\varnothing\cdots, \text{ 因此 } \mathrm{trace}((s_n t_n)^\omega) \not\models \Diamond\Box a$$

因为考虑的路径是起始的, 所以 $\mathrm{TS}_n \not\models \Diamond\Box a$. 另一方面, 因为 TS'_n 没有机会无限经常地返回 $\neg a$ 状态, 所以, TS'_n 中的每一条起始路径的形式必为: 对于某个 i,

$$\pi'_i = s'_n t'_n \cdots s'_i (t'_i)^\omega$$

由

$$\mathrm{trace}(\pi'_i) = \varnothing\{a\}\varnothing\{a\} \bigcirc \cdots \varnothing(\{a\})^\omega$$

得 $\mathrm{trace}(\pi'_i) \models \Diamond\Box a$. 因为这适用于 TS'_n 的任何初始路径, 所以 $\mathrm{TS}'_n \models \Diamond\Box a$.

对 n 用归纳法可证明 TS_n 和 TS'_n 不能用长度至多为 n 的 CTL 公式区分. 即, 对于所有 $n \geqslant 0$,

$$\forall \text{ 满足 } |\Phi| \leqslant n \text{ 的 CTL 公式 } \Phi\text{: } \mathrm{TS}_n \models \Phi \text{ 当且仅当 } \mathrm{TS}'_n \models \Phi$$

(证明留给感兴趣的读者.)

定理 6.4(a) 的证明还剩下最后一步. 假设有一个和 $\Diamond\Box a$ 等价的 CTL 公式 Φ. 令公式 Φ 的长度为 $n = |\Phi|$, 且

$$\mathrm{TS} = \mathrm{TS}_n,\ \mathrm{TS}' = \mathrm{TS}'_n$$

一方面, 由 $\mathrm{TS} \not\models \Diamond\Box a$ 且 $\mathrm{TS}' \models \Diamond\Box a$ 得

$$\mathrm{TS} \not\models \Phi \text{ 且 } \mathrm{TS}' \models \Phi$$

另一方面, TS_n 和 TS'_n 不能通过 (长度至多为 n 的) CTL 公式加以区分. 由此可得, CTL 公式 Φ 在 TS_n 和 TS'_n 下有相同的真值. 矛盾.

(b) 直接由定理 6.3 并分别从引理 6.1 和引理 6.2 可得 CTL 公式 $\forall\Diamond\forall\Box a$ 和 $\forall\Diamond(a \wedge \forall\bigcirc a)$ 不存在等价的 LTL 公式. 下面专注于证明 CTL 公式 $\forall\Box\exists\Diamond a$ 不存在等价的 LTL 公

式. 用反证法. 假设 φ 是等价于 $\forall\Box\exists\Diamond a$ 的 LTL 公式. 考虑图 6.10 (a) 所示迁移系统 TS. 因为 TS $\models \forall\Box\exists\Diamond a$, 且 $\varphi \equiv \forall\Box\exists\Diamond a$[译注 67], 故得 TS $\models \varphi$, 所以

$$\text{Traces(TS)} \subseteq \text{Words}(\varphi)$$

因为 $\pi = s^\omega$ 是 TS 的路径, 故得

$$\text{trace}(\pi) = \varnothing\varnothing\varnothing\cdots \in \text{Traces(TS)} \subseteq \text{Words}(\varphi)$$

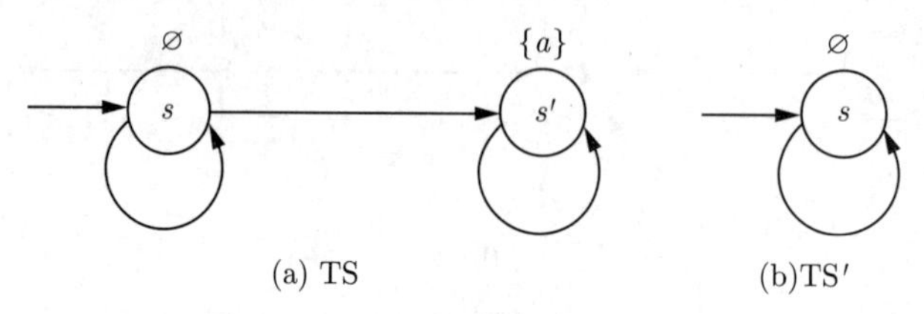

图 6.10　$\forall\Box\exists\Diamond a$ 的两个迁移系统

现在考虑图 6.10 (b) 所示迁移系统 TS′. 注意, TS′ 是迁移系统 TS 的一部分. TS′ 始于 s 的路径也是 TS 始于 s 的路径, 故在 TS′ 中有 $s \models \varphi$, 因此 TS′ $\models \varphi$. 然而, 因 $\exists\Diamond a$ 沿唯一路径 s^ω 总是无效的, 故 $s \not\models \forall\Box\exists\Diamond a$, 因此 TS′ $\not\models \forall\Box\exists\Diamond a$. 矛盾. ■

需要注意的是, CTL 公式 $\forall\Box\exists\Diamond a$ 具有重要的实际用途, 因为它表达了以下含义: 无论当前状态如何都能达到使 a 成立的状态. 如果 a 刻画错误被修复的状态, 那么这个公式就表达了总能从错误中恢复的含义.

6.4 CTL 模型检验

本节关注 CTL 模型检验, 即对于给定的迁移系统 TS 和 CTL 公式 Φ 检验 TS $\models \Phi$ 的判定算法. 本节通篇假定 TS 有限, 并且没有终止状态. 下面会看到, CTL 模型检验可用递归程序完成, 它计算 Φ 的所有子式的满足集, 检查是否所有初始状态都属于 Φ 的满足集.

在本节中, 考虑 CTL 公式的 ENF, 即, 由 $\exists\bigcirc$、$\exists\mathsf{U}$、$\exists\Box$ 等基本模态建立的 CTL 公式. 当已知 $\text{Sat}(\Phi)$ 和 $\text{Sat}(\Psi)$ 时, 就需要考虑产生 $\text{Sat}(\exists\bigcirc\Phi)$、$\text{Sat}(\exists(\Phi \,\mathsf{U}\, \Psi))$ 和 $\text{Sat}(\exists\Box\Phi)$ 的算法. 虽然每个 CTL 公式都可用算法转化成等价的 ENF 公式, 但为了 CTL 模型检验算法的实施, 建议使用类似的技术处理全称量词, 即设计直接从 $\text{Sat}(\Phi)$ 和 $\text{Sat}(\Psi)$ 产生 $\text{Sat}(\forall\bigcirc\Phi)$、$\text{Sat}(\forall(\Phi \,\mathsf{U}\, \Psi))$ 和 $\text{Sat}(\forall\Box\Phi)$ 的算法 (对于 W 和 R 等其他导出运算符同样如此).

6.4.1 基本算法

CTL 模型检验问题就是对于给定的迁移系统 TS 和 CTL 公式 Φ 检验 TS $\models \Phi$. 即, 需要确立公式 Φ 在 TS 的每个初始状态 s 是否有效. CTL 模型检验的基本过程如下:

- 递归计算满足公式 Φ 的所有状态的集合 $\text{Sat}(\Phi)$.
- 由上一步可得 TS $\models \Phi$ 当且仅当 $I \subseteq \text{Sat}(\Phi)$.

其中 I 是 TS 的初始状态集. 注意, 计算 $\text{Sat}(\Phi)$ 不仅解决了检验 TS $\models \Phi$ 是否成立的问题, 也解决了一个更一般的问题. 事实上, 它不仅对初始状态, 而且对 S 中的任意状态 s 检验了 $s \models \Phi$. 有时称其为全局模型检验过程. 算法 6.1 简述了算法的基本思想, 其中 $\text{Sub}(\Phi)$ 是 Φ 的子式的集合. 本节接下来的部分假定 TS 是有限的且无终止状态.

算法 6.1 CTL 模型检验

输入: (均在 AP 上的) 迁移系统 TS 和 CTL 公式 Φ

输出: $\text{TS} \models \Phi$

(* 计算集合 $\text{Sat}(\Phi) = \{s \in S \mid s \models \Phi\}$ *)

```
for all i ⩽ |Φ| do
  for all 满足 |Ψ| = i 的 Ψ ∈ Sub(Φ) do
    由 Sat(Ψ′) 计算 Sat(Ψ)          (* 对极大真子式 Ψ′ ∈ Sub(Ψ) *)
  od
od
return I ⊆ Sat(Φ)
```

$\text{Sat}(\Phi)$ 的递归计算基本上可以归结为对 CTL 公式 Φ 的解析树自下而上的遍历. 解析树的节点表示 Φ 的子式. 叶节点表示常量 true 或原子命题 $a \in \text{AP}$. 所有内部节点用一个运算符标记. 对于 ENF 内部节点的标记为 $\neg$、$\wedge$、$\exists\bigcirc$、$\exists\mathsf{U}$ 或 $\exists\Box$.

对于解析树的每一个节点, 即 Φ 的每一个子式 Ψ, 计算使 Ψ 成立的满足集 $\text{Sat}(\Psi)$. 这个计算自下而上地进行, 从解析树的叶节点开始, 到根节点结束, 根节点就是解析树中对应 Φ 的 (唯一) 节点. 在中间节点, 利用并适当合成子节点的计算结果, 以确立其关联子式的状态. 在这样一个节点 (如 v) 的计算类型依赖于处理子式的 "顶层" 运算符 (如 $\wedge$、$\exists\mathsf{U}$、$\exists\bigcirc$). 节点 v 的子节点代表了 v 所表示的公式 Ψ_v 的*极大真子式*. 一旦计算了 $\text{Sat}(\Psi)$, (理论上) 就用新原子命题 a_Ψ 取代子式 Ψ, 标记函数 L 调整如下: 把 a_Ψ 添加到 $L(s)$ 当且仅当 $s \in \text{Sat}(\Psi)$. 一旦自下而上的计算继续到 v 的父节点, 例如 w, $\Psi = \Psi_v$ 就是 Ψ_w 的极大真子式, 并且已知标记为 a_Ψ 的所有状态都满足 Ψ. 事实上, 可以说公式中的 Ψ 由原子命题 a_Ψ 替代. 在处理带有公平性的 CTL 模型检验时, 这一技术将是重要的.

例 6.5

考虑 $\text{AP} = \{a, b, c\}$ 上的下述状态公式:

$$\Phi = \underbrace{\exists\bigcirc a}_{\Psi} \wedge \underbrace{\exists(b\ \mathsf{U}\ \underbrace{\exists\Box\neg c}_{\Psi''})}_{\Psi'}$$

公式 Ψ 和 Ψ' 是 Φ 的极大真子式, 而 Ψ'' 是 Ψ' 的极大真子式. Φ 的语法树的形式如下[译注 68]:

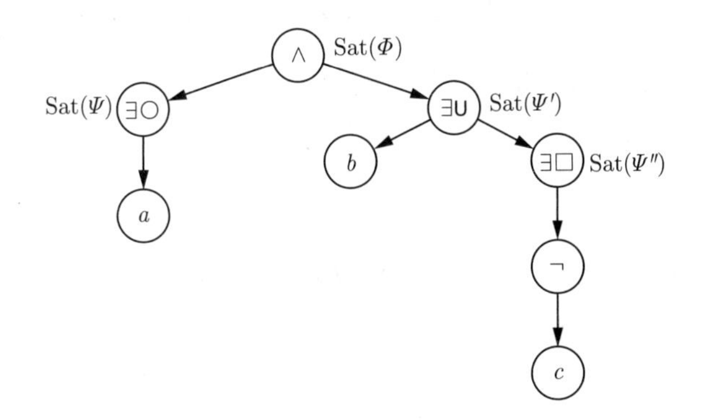

叶节点的满足集可以直接从标记函数 L 得到. 子式 $\neg c$ 的处理仅需要对满足集 $\text{Sat}(c)$

取补集. 利用 $\text{Sat}(\neg c)$ 可计算 $\text{Sat}(\exists\Box\neg c)$. 子式 Ψ'' 现在可由新原子命题 a_3 替代, 其中 $a_3 \in L(s)$ 当且仅当 $s \in \text{Sat}(\exists\Box\neg c)$. 现在, 计算过程通过确定 $\text{Sat}(\exists(b \mathsf{U} a_3))$ 来继续. 类似地, 可用 $\text{Sat}(a)$ 计算 $\text{Sat}(\exists\bigcirc a)$.

处理子式 Ψ 和 Ψ' 后, 它们就可分别由原子命题 a_1 和 a_2 替代, 使得

$$a_1 \in L(s) \text{ iff } s \models \exists\bigcirc a \text{ 以及 } a_2 \in L(s) \text{ iff } s \models \exists(b \mathsf{U} a_3)$$

需对根节点处理的公式只是 $\Phi' = a_1 \wedge a_2$. $\text{Sat}(\Phi')$ 可由 $\text{Sat}(a_1) = \text{Sat}(\Psi)$ 和 $\text{Sat}(a_2) = \text{Sat}(\Psi')$ 得到. 注意, a_1、a_2、a_3 是新原子命题, 即 $\{a_1, a_2, a_3\} \cap \text{AP} = \varnothing$. 因此, 也可认为上述过程在 $\text{AP}' = \text{AP} \cup \{a_1, a_2, a_3\}$ 上. ■

定理 6.5 CTL ENF 公式的 $\text{Sat}(\cdot)$ 特征

令 $\text{TS} = (S, \text{Act}, \to, I, \text{AP}, L)$ 是没有终止状态的迁移系统. 对于 AP 上的所有 CTL 公式 Φ 和 Ψ 以下命题成立:

(a) $\text{Sat}(\text{true}) = S$.

(b) 对任意 $a \in \text{AP}$, $\text{Sat}(a) = \{s \in S \mid a \in L(s)\}$.

(c) $\text{Sat}(\Phi \wedge \Psi) = \text{Sat}(\Phi) \cap \text{Sat}(\Psi)$.

(d) $\text{Sat}(\neg\Phi) = S \setminus \text{Sat}(\Phi)$.

(e) $\text{Sat}(\exists\bigcirc\Phi) = \{s \in S \mid \text{Post}(s) \cap \text{Sat}(\Phi) \neq \varnothing\}$.

(f) $\text{Sat}(\exists(\Phi \mathsf{U} \Psi))$ 是满足以下两个性质的 S 的最小子集 T:

  (i) $\text{Sat}(\Psi) \subseteq T$.

  (ii) 若 $s \in \text{Sat}(\Phi)$ 且 $\text{Post}(s) \cap T \neq \varnothing$ 则 $s \in T$.

(g) $\text{Sat}(\exists\Box\Phi)$ 是满足以下两个性质的 S 的最大子集 T:

  (i) $T \subseteq \text{Sat}(\Phi)$.

  (ii) 若 $s \in T$, 则 $\text{Post}(s) \cap T \neq \varnothing$.

命题 (f) 和 (g) 中的术语 “最小” 和 “最大” 应在集合包含诱导的偏序意义下理解.

证明: 命题 (a)~(e) 的有效性是直观的. 下面只证明命题 (f) 和 (g).

命题 (f) 的证明包含两部分.

(1) 证明 $T = \text{Sat}(\exists(\Phi \mathsf{U} \Psi))$ 满足性质 (i) 和 (ii). 从展开律

$$\exists(\Phi \mathsf{U} \Psi) \equiv \Psi \vee (\Phi \wedge \exists\bigcirc\exists(\Phi \mathsf{U} \Psi))$$

可直接推出 T 满足性质 (i) 和 (ii).

(2) 证明对于满足性质 (i) 和 (ii) 的任意 T 都有

$$\text{Sat}(\exists(\Phi \mathsf{U} \Psi)) \subseteq T$$

证明如下. 令 $s \in \text{Sat}(\exists(\Phi \cup \Psi))$. 分为 $s \in \text{Sat}(\Psi)$ 和 $s \notin \text{Sat}(\Psi)$ 两种情况. 如果 $s \in \text{Sat}(\Psi)$, 由性质 (i) 得 $s \in T$. 如果 $s \notin \text{Sat}(\Psi)$, 存在一条始于 $s = s_0$ 的路径 $\pi = s_0 s_1 s_2 \cdots$, 使得 $\pi \models \Phi \mathsf{U} \Psi$. 令 $n > 0$, 使得 $s_n \models \Psi$ 而且对 $0 \leqslant i < n$, $s_i \models \Phi$. 那么:

- $s_n \in \text{Sat}(\Psi) \subseteq T$.
- $s_{n-1} \in T$, 因为 $s_n \in \text{Post}(s_{n-1}) \cap T$ 且 $s_{n-1} \in \text{Sat}(\Phi)$.

- $s_{n-2} \in T$, 因为 $s_{n-1} \in \text{Post}(s_{n-2}) \cap T$ 且 $s_{n-2} \in \text{Sat}(\Phi)$.

$\vdots$

- $s_1 \in T$, 因为 $s_2 \in \text{Post}(s_1) \cap T$ 且 $s_1 \in \text{Sat}(\Phi)$.
- $s_0 \in T$, 因为 $s_1 \in \text{Post}(s_0) \cap T$ 且 $s_0 \in \text{Sat}(\Phi)$.

由此得出 $s = s_0 \in T$.

命题 (g) 的证明包含两部分.

(1) 证明 $T = \text{Sat}(\exists\Box\Phi)$ 满足性质 (i) 和 (ii). 从展开律

$$\exists\Box\Phi \equiv \Phi \wedge \exists\bigcirc\exists\Box\Phi$$

可直接得出 T 满足性质 (i) 和 (ii).

(2) 证明对于满足性质 (i) 和 (ii) 的任意 T 都有

$$T \subseteq \text{Sat}(\exists\Box\Phi)$$

证明如下. 设 $T \subseteq S$ 满足性质 (i) 和 (ii) 且 $s \in T$. 令 $s_0 = s$, 那么[译注 69]:

- 因 $s_0 \in T$, 故存在状态 $s_1 \in \text{Post}(s_0) \cap T$.
- 因 $s_1 \in T$, 故存在状态 $s_2 \in \text{Post}(s_1) \cap T$.
- 因 $s_2 \in T$, 故存在状态 $s_2 \in \text{Post}(s_1) \cap T$.

$\vdots$

这里, 每一步都利用性质 (ii). 从性质 (i) 得

$$s_i \in T \subseteq \text{Sat}(\Phi), \ i \geqslant 0$$

因此, $\pi = s_0 s_1 s_2 \cdots$ 满足 $\Box\Phi$. 由此得

$$s \in \text{Sat}(\exists\Box\Phi)$$

因为这个推理是对任何 $s \in T$ 进行的, 所以 $T \subseteq \text{Sat}(\exists\Box\Phi)$. ■

注记 6.5 $\text{Sat}(\exists(\Phi \,\mathsf{U}\, \Psi))$ 和 $\text{Sat}(\exists\Box\Phi)$ 的等价形式

在定理 6.5 显示的集合 $\text{Sat}(\exists(\Phi \,\mathsf{U}\, \Psi))$ 和 $\text{Sat}(\exists\Box\Phi)$ 的特征依赖于分别由 $\exists(\Phi \,\mathsf{U}\, \Psi)$ 和 $\exists\Box\Phi$ 的展开律导出的不动点方程. 例如, 考虑展开律

$$\exists(\Phi \,\mathsf{U}\, \Psi) \equiv \Psi \vee (\Phi \wedge \exists\bigcirc\exists(\Phi \,\mathsf{U}\, \Psi))$$

这个定律的递归特性提示我们把 CTL 公式 $\exists(\Phi \,\mathsf{U}\, \Psi)$ 看作逻辑方程

$$F \equiv \Psi \vee (\Phi \wedge \exists\bigcirc F)$$

的一个不动点. 由展开律 $F = \exists(\Phi \,\mathsf{U}\, \Psi)$ 是一个解, 但也有与 $\exists(\Phi \,\mathsf{U}\, \Psi)$ 不等价的解, 如 $F = \exists(\Phi \,\mathsf{W}\, \Psi)$ (见注记 6.6). 然而, $\exists(\Phi \,\mathsf{U}\, \Psi)$ 的唯一性特征由以下事实得到: $\exists(\Phi \,\mathsf{U}\, \Psi)$ 是 $F \equiv \Psi \vee (\Phi \wedge \exists\bigcirc F)$ 的最小解. 通过对 $\text{Sat}(\cdot)$ 使用集合论中的类比概念, 得到定理 6.5 中命题 (f) 的下列等价形式:

(f′) $\mathrm{Sat}(\exists(\Phi \,\mathsf{U}\, \Psi))$ 是满足以下条件的最小集合 $T \subseteq S$：

$$\mathrm{Sat}(\Psi) \cup \{s \in \mathrm{Sat}(\Phi) \mid \mathrm{Post}(s) \cap T \neq \varnothing\} \subseteq T$$

事实上, 可用 = 替代 ⊆.

类似地, 可把 $\exists\Box\Phi$ 看作逻辑方程

$$F = \Phi \wedge \exists\bigcirc F$$

的最大不动点. 用这个公式在集合论中的类比概念, 得到定理 6.5 中命题 (g) 的下列等价形式:

(g′) $\mathrm{Sat}(\exists\Box\Phi)$ 是满足以下条件的最大集合 $T \subseteq S$：

$$T \subseteq \{s \in \mathrm{Sat}(\Phi) \mid \mathrm{Post}(s) \cap T \neq \varnothing\}$$

在这个条件中同样可用 = 替代 ⊆. ■

含全称量词的 CTL 公式的满足集的特征可由定理 6.5 的结果得到:

(h) $\mathrm{Sat}(\forall\bigcirc\Phi) = \{s \in S \mid \mathrm{Post}(s) \subseteq \mathrm{Sat}(\Phi)\}$.

(i) $\mathrm{Sat}(\forall(\Phi \,\mathsf{U}\, \Psi))$ 是满足以下条件的最小集 $T \subseteq S$：

$$\mathrm{Sat}(\Psi) \cup \{s \in \mathrm{Sat}(\Phi) \mid \mathrm{Post}(s) \subseteq T\} \subseteq T$$

(j) $\mathrm{Sat}(\forall\Box\Phi)$ 是满足以下条件的最大集 $T \subseteq S$：

$$T \subseteq \{s \in \mathrm{Sat}(\Phi) \mid \mathrm{Post}(s) \subseteq T\}$$

注记 6.6 *弱直到运算符*

弱直到运算符满足和直到运算符一样的展开律：

$$\exists(\Phi \,\mathsf{W}\, \Psi) \equiv \Psi \vee (\Phi \wedge \exists\bigcirc\exists(\Phi \,\mathsf{W}\, \Psi))$$
$$\forall(\Phi \,\mathsf{W}\, \Psi) \equiv \Psi \vee (\Phi \wedge \forall\bigcirc\forall(\Phi \,\mathsf{W}\, \Psi))$$

然而, 不同的是弱直到运算符表示展开律的最大解 (即不动点), 而直到运算符表示展开律的最小解. 弱直到运算符的满足集的特征如下:

(k) $\mathrm{Sat}(\exists(\Phi \,\mathsf{W}\, \Psi))$ 是满足以下条件的最大集 $T \subseteq S$：

$$T \subseteq \mathrm{Sat}(\Psi) \cup \{s \in \mathrm{Sat}(\Phi) \mid \mathrm{Post}(s) \cap T \neq \varnothing\}$$

(l) $\mathrm{Sat}(\forall(\Phi \,\mathsf{W}\, \Psi))$ 是满足以下条件的最大集 $T \subseteq S$：

$$T \subseteq \mathrm{Sat}(\Psi) \cup \{s \in \mathrm{Sat}(\Phi) \mid \mathrm{Post}(s) \subseteq T\}$$ ■

不失一般性, 可以假定要验证的 CTL 公式 Φ 都是 ENF (见定理 6.1). 即假设在模型检验算法之前已将手头的 CTL 公式转换成 ENF. 定理 6.5 所指出的满足集的特征用于计算集合 $\mathrm{Sat}(\cdot)$. 计算满足集的基本步骤总结在算法 6.2 中.

算法 6.2 计算满足集

输入: 状态集为 S 的有限迁移系统 TS 以及 CTL ENF Φ

输出: $\text{Sat}(\Phi) = \{s \in S \mid s \models \Phi\}$

```
                                 (* 对 Φ 的所有子式 Ψ 递归计算集合 Sat(Ψ) *)
switch(Φ):
  true        : return S;
  a           : return {s ∈ S | a ∈ L(s)};
  Φ1 ∧ Φ2     : return Sat(Φ1) ∩ Sat(Φ2);
  ¬Ψ          : return S \ Sat(Ψ);
  ∃◯Ψ         : return {s ∈ S | Post(s) ∩ Sat(Ψ) ≠ ∅};
  ∃(Φ1 U Φ2)  : T := Sat(Φ2);                          (* 计算最小不动点 *)
                while {s ∈ Sat(Φ1) \ T | Post(s) ∩ T ≠ ∅} ≠ ∅ do
                  let s ∈ {s ∈ Sat(Φ1) \ T | Post(s) ∩ T ≠ ∅};
                  T := T ∪ {s};
                od;
                return T;
  ∃□Φ         : T := Sat(Φ);                           (* 计算最大不动点 *)
                while {s ∈ T | Post(s) ∩ T = ∅} ≠ ∅ do
                  let s ∈ {s ∈ T | Post(s) ∩ T = ∅};
                  T := T \ {s};
                od;
                return T;
end switch
```

6.4.2 直到和存在总是运算符

为了处理由形如 $\exists(\Phi \mathsf{U} \Psi)$ 的 CTL 公式给出的约束可达性质, 需要利用定理 6.5 中的特征. 前面讲过, 设 S 是迁移系统中的状态集, 满足以下条件的最小集 $T \subseteq S$ 是刻画 $\text{Sat}(\exists(\Phi \mathsf{U} \Psi))$ 的特征:

(1) $\text{Sat}(\Psi) \subseteq T$.

(2) $(s \in \text{Sat}(\Phi)$ 且 $\text{Post}(s) \cap T \neq \varnothing) \Rightarrow s \in T$.

这表明可用迭代过程

$$T_0 = \text{Sat}(\Psi) \text{ 和 } T_{i+1} = T_i \cup \{s \in \text{Sat}(\Phi) \mid \text{Post}(s) \cap T_i \neq \varnothing\}$$

计算 $\text{Sat}(\exists(\Phi \mathsf{U} \Psi))$. 直观地说, 集 T_i 包含了沿 Φ 路径至多 i 步就到达 Ψ 状态的所有状态. 可按如下所述理解. 因为 $\text{Sat}(\exists(\Phi \mathsf{U} \Psi))$ 满足上面的条件 (1) 和 (2), 因此可对 j 归纳证明

$$T_0 \subseteq T_1 \subseteq T_2 \subseteq \cdots \subseteq T_j \subseteq T_{j+1} \subseteq \cdots \subseteq \text{Sat}(\exists(\Phi \mathsf{U} \Psi))$$

因为假定迁移系统 TS 有限, 所以存在 $j \geqslant 0$ 使得

$$T_j = T_{j+1} = T_{j+2} = \cdots$$

所以,

$$T_j = T_j \cup \{s \in \text{Sat}(\Phi) \mid \text{Post}(s) \cap T_j \neq \varnothing\}$$

并因此有

$$\{s \in \text{Sat}(\Phi) \mid \text{Post}(s) \cap T_j \neq \varnothing\} \subseteq T_j$$

至此, T_j 满足条件 (2). 进一步, 有

$$\text{Sat}(\Psi) = T_0 \subseteq T_j$$

这证明 T_j 具有条件 (1) 和 (2). 因为 $\text{Sat}(\exists(\Phi \cup \Psi))$ 是满足条件 (1) 和 (2) 的状态的最小集, 故得

$$\text{Sat}(\exists(\Phi \,\mathsf{U}\, \Psi)) \subseteq T_j$$

并由此知 $\text{Sat}(\exists(\Phi \,\mathsf{U}\, \Psi)) = T_j$. 所以, 对于任何 $j \geqslant 0$, 有

$$T_0 \subsetneqq T_1 \subsetneqq T_2 \subsetneqq \cdots \subsetneqq T_j = T_{j+1} = \ldots = \text{Sat}(\exists(\Phi \,\mathsf{U}\, \Psi))$$

算法 6.3 是算法 6.2 所示的后向搜索的细化版本. 因为每一个 Ψ 状态显然满足 $\exists(\Phi \,\mathsf{U}\, \Psi)$, 所以从一开始就认为 $\text{Sat}(\Psi)$ 中的所有状态满足 $\exists(\Phi \,\mathsf{U}\, \Psi)$. 这符合对变量 E 的初始化. 然后启动迭代过程, 可认为它以后向方式系统地检查状态空间. 每次迭代时, 确定符合以下条件的所有 Φ 状态: 它们只需一次迁移就可到达已知的满足 $\exists(\Phi \,\mathsf{U}\, \Psi)$ 的状态 (之一). 因此, 在过程的第 i 次迭代中, 考虑至多经过 i 步就能移到 Ψ 状态的所有 Φ 状态. 这对应集合 T_i. 因迁移系统的状态数有限, 故算法肯定会结束. 注意, 算法 6.3 假定迁移系统的表示是逆邻接列表, 即对前驱集合 $\text{Pre}(s') = \{s \in S \mid s' \in \text{Post}(s)\}$ 的列表表示.

算法 6.3 计算 $\text{Sat}(\exists(\Phi \,\mathsf{U}\, \Psi))$ 的枚举后向搜索

输入: 状态集为 S 的有限迁移系统 TS 以及 CTL 公式 $\exists(\Phi \,\mathsf{U}\, \Psi)$

输出: $\text{Sat}(\exists(\Phi \,\mathsf{U}\, \Psi)) = \{s \in S \mid s \models \exists(\Phi \,\mathsf{U}\, \Psi)\}$

```
E := Sat(Ψ);                  (* E 管理满足 s ⊨ ∃(Φ U Ψ) 的状态 s *)
T := E;                       (* T 包含已访问且满足 s ⊨ ∃(Φ U Ψ) 的状态 s *)
while E ≠ ∅ do
  let s' ∈ E;
  E := E \ {s'};
  for all s ∈ Pre(s') do
    if s ∈ Sat(Φ) \ T then E := E ∪ {s}; T := T ∪ {s} fi
  od
od
return T
```

例 6.6

考虑图 6.11 所示的迁移系统, 假定要检验 $\Phi = ((a = c) \wedge (a \neq b))$ 的公式 $\exists\Diamond\Phi$.

前面讲过, $\exists\Diamond\Phi = \exists(\text{true} \,\mathsf{U}\, \Phi)$. 为检验 $\exists\Diamond\Phi$, 调用算法 6.3[译注 70]. 这个算法递归地计算 Sat(true) 和 $\text{Sat}((a = c) \wedge (a \neq b))$. 这对应于图 6.12 (a) 所描绘的情况, 集合 T 中的所有状态都为黑色, 其他为白色. 在第一次迭代时, 选择 s_5 并从 E 中删除它, 但因为 $\text{Pre}(s_5) = \varnothing$, 所以 T 不受影响. 当考虑 $s_4 \in E$ 时, $\text{Pre}(s_4) = \{s_6\}$ 被加到 T (和 E) 中, 见

图 6.12 (b). 在下一次迭代时, 增加 s_6 的唯一前驱, 产生快照, 如图 6.12 (c) 所示. 在第四次迭代后, 因为没有遇到 Φ 状态的新前驱, 即 $E = \varnothing$, 见图 6.12 (d), 所以算法结束. ■

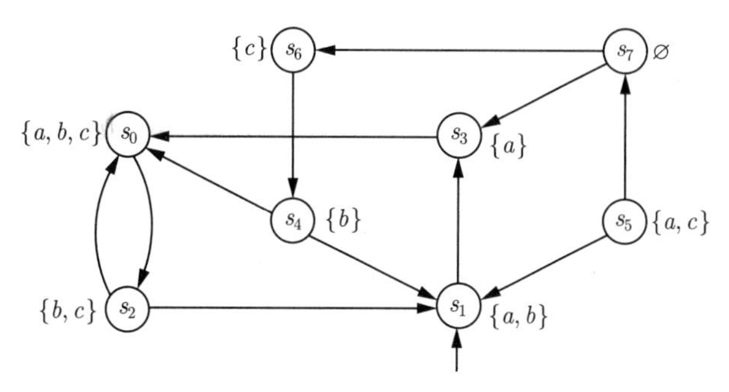

图 6.11 一个迁移系统的例子

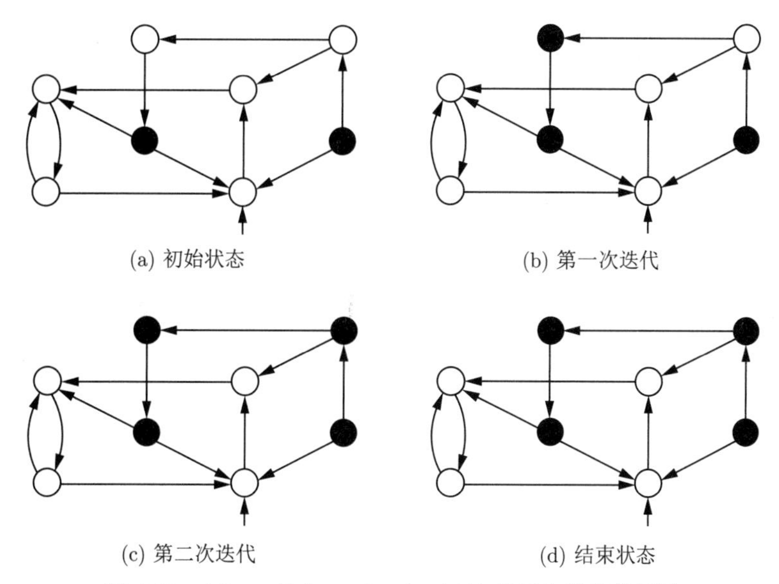

图 6.12 $\exists(\text{true} \, \mathsf{U} \, (a = c) \wedge (a \neq b))$ 的后向搜索的例子

对于迁移系统 TS, 现在考虑 $\text{Sat}(\exists\Box\Phi)$ 的计算. 像对于直到运算符一样, 针对 $\exists\Box\Phi$ 的算法依赖于定理 6.5 中的特征, 即 $\text{Sat}(\exists\Box\Phi)$ 是满足以下条件的最大集 $T \subseteq S$:

$$T \subseteq \text{Sat}(\Phi) \text{ 且 } (s \in T \text{ 蕴涵 } T \cap \text{Post}(s) \neq \varnothing)$$

算法的基本思想是用迭代

$$T_0 = \text{Sat}(\Phi) \text{ 和 } T_{i+1} = T_i \cap \{s \in \text{Sat}(\Phi) \mid \text{Post}(s) \cap T_i \neq \varnothing\}$$

计算 $\text{Sat}(\exists\Box\Phi)$. 那么, 对于所有 $j \geqslant 0$,

$$T_0 \supsetneqq T_1 \supsetneqq T_2 \supsetneqq \cdots \supsetneqq T_j = T_{j+1} = T_{j+2} = \cdots = T = \text{Sat}(\exists\Box\Phi)$$

成立. 上面的迭代可以通过始于

$$T = \text{Sat}(\Phi) \text{ 和 } E = S \setminus \text{Sat}(\Phi)$$

的后向搜索实现. 其中 T 等于 T_0 且 E 包含驳倒 $\exists\Box\Phi$ 的所有状态. 在后向搜索期间, 从 T 中反复地移除那些已确认驳倒 $\exists\Box\Phi$ 的状态. 这将应用到任何满足

$$\text{Post}(s) \cap T = \varnothing$$

的 $s \in T$. 尽管 $s \models \Phi$ (因为它在 T 中), 但它的所有后继都驳倒 $\exists\Box\Phi$ (因为它们不在 T 中), 因此 s 驳倒 $\exists\Box\Phi$. 一旦遇到这样的状态, 就把它们添加到 E 中, 以便移除 T 中的其他状态. 计算 $\text{Sat}(\exists\Box\Phi)$ 的枚举后向搜索算法见算法 6.4.

以上叙述对应的计算过程详见算法 6.4. 为了支持判断 $\text{Post}(s) \cap T = \varnothing$, 使用计数器 $\text{count}[s]$, 它追踪 $T \cup E$ 中的 s 的直接后继的个数:

$$\text{count}[s] = |\text{Post}(s) \cap (T \cup E)|$$

一旦 $\text{count}[s] = 0$, 就有 $\text{Post}(s) \cap (T \cup E) = \varnothing$, 并且因此 $\text{Post}(s) \cap T = \varnothing$. 于是, 状态 s 不在 $\text{Sat}(\exists\Box\Phi)$ 中, 因此可将其从 T 中安全地移除. 在结束时, $E = \varnothing$, 因此 $\text{count}[s] = |\text{Post}(s) \cap T|$. 由此得出结论, 使 $\text{count}[s] > 0$ 成立的任何状态 $s \in \text{Sat}(\Phi)$ 都满足 CTL 公式 $\exists\Box\Phi$.

算法 6.4　计算 $\text{Sat}(\exists\Box\Phi)$ 的枚举后向搜索

输入: 状态集为 S 的有限迁移系统 TS 以及 CTL 公式 $\exists\Box\Phi$

输出: $\text{Sat}(\exists\Box\Phi) = \{s \in S \mid s \models \exists\Box\Phi\}$

```
E := S \ Sat(Φ);                                  (* E 包含尚未访问且 s' ⊭ ∃□Φ 的 s' *)
T := Sat(Φ);                                      (* T 包含尚未否定 s ⊨ ∃□Φ 的任何 s *)
for all s ∈ Sat(Φ) do count[s] := |Post(s)|; od   (* 初始化数组 count *)
while E ≠ ∅ do
                                  (* 循环不变式: count[s] = |Post(s) ∩ (T ∪ E)| *)
  let s' ∈ E;                                     (* s' ⊭ Φ *)
  E := E \ {s'};                                  (* 已考虑 s' *)
  for all s ∈ Pre(s') do
                                  (* 更新 s' 的所有前驱 s 的计数 count[s] *)
    if s ∈ T then
      count[s] := count[s] − 1;
      if count[s] = 0 then
        T := T \ {s};                             (* s 在 T 中没有任何后继 *)
        E := E ∪ {s};
      fi
    fi
  od
od
return T
```

请有兴趣的读者考虑如何修改上述方法以计算 $\text{Sat}(\exists(\Phi \mathsf{W} \Psi))$.

例 6.7

考虑图 6.11 所示的迁移系统及公式 $\exists\Box b$. 初值为

$$T_0 = \{s_0, s_1, s_2, s_4\},\ E = \{s_3, s_5, s_6, s_7\},\ \text{count} = [1, 1, 2, 1, 2, 2, 1, 2]$$

假设在第一次迭代中选择了状态 $s_3 \in E$. 因为 $s_1 \in \text{Pre}(s_3)$ 且 $s_1 \in T$, 所以 $\text{count}[s_1] := 0$. 相应地, s_1 被从 T 中删除而加到 E 中. 这就导致

$$T_1 = \{s_0, s_2, s_4\},\ E = \{s_1, s_5, s_6, s_7\},\ \text{count} = [1, 0, 2, 1, 2, 2, 1, 2]$$

还有 $s_7 \in \text{Pre}(s_3)$, 但因为 $s_7 \notin T$, 这不影响 $\text{count}[s_7]$、T 和 E.

假定在第二次和第三次迭代时分别选择了 s_6 和 s_7. 这些状态在 T_1 中都没有前驱, 故得

$$T_3 = \{s_0, s_2, s_4\},\ E = \{s_1, s_5\},\ \text{count} = [1, 0, 2, 1, 2, 2, 1, 2]$$

现在, 对下一次迭代选择 $s_1 \in E$. 因为 $\text{Pre}(s_1) \cap T_3 = \{s2, s4\}$, 所以减少 s_2 和 s_4 的计数. 这导致

$$T_4 = \{s_0, s_2, s_4\},\ E = \{s_5\},\ \text{count} = [1, 0, 1, 1, 1, 2, 1, 2]$$

因为 $\text{Pre}(s_5) = \varnothing$, 所以在接下来的迭代中不影响 T 和 count. 因为 $E = \varnothing$, 所以算法终止, 且返回 $T = \{s_0, s_2, s_4\}$ 作为最后的输出. ■

本节最后概述计算 $\text{Sat}(\exists\Box\Phi)$ 的一个替代算法. 因为满足集的计算是由公式解析树自下而上的遍历实现的, 所以假定随时可用 $\text{Sat}(\Phi)$. 计算 $\text{Sat}(\exists\Box\Phi)$ 的一种可能性是仅考虑迁移系统 TS 的 Φ 状态而忽略 $\neg\Phi$ 状态. 可以这样修改 TS 的理由是所有移除的状态都不满足 $\exists\Box\Phi$ (因为它们违背 Φ), 因而可以安全地移除它们. 对于 $\text{TS} = (S, \text{Act}, \to, I, \text{AP}, L)$, 令 $\text{TS}[\Phi] = (S', \text{Act}, \to', I', \text{AP}, L')$, 其中 $S' = \text{Sat}(\Phi)$, $\to' = \to \cap (S' \times \text{Act} \times S')$, $I' = I \cap S'$, 并对所有 $s \in S'$ 令 $L'(s) = L(s)$. 然后, 计算 $\text{TS}[\Phi]$ 诱导的状态图中的所有非平凡强连通分支 (SCC)①. 每一个强连通分支 C 中的所有状态都满足 $\exists\Box\Phi$, 因为 C 中的任何一个状态都是从 C 中其余状态可达的, 且由构造可知 C 中所有的状态都满足 Φ. 最后, 计算 $\text{TS}(\Phi)$ 能到达这种 SCC 的状态. 由 $\text{TS}(\Phi)$ 的构造可知：如果状态 $s \in S'$ 且存在这样的路径, 那么, s 满足性质 $\exists\Box\Phi$; 否则 s 不满足这个性质. 这可用后向搜索实现. 这个可替代算法与算法 6.4 在最坏情况下的时间复杂度相同. 例 6.8 演示了这种方法.

例 6.8 $\exists\Box\Phi$ 的替代算法[译注 71]

考虑图 6.13 (a) 中的迁移系统和 CTL 公式 $\exists\Box b$. 修改后的迁移系统 $\text{TS}[b]$ 由标记为 b 的 4 个状态组成, 见图 6.13 (b). 黑色圆表示这个结构的仅有的非平凡 SCC, 见图 6.13 (c). 仅有一个 (不在 SCC 中的) b 状态能到达这个非平凡 SCC, 该状态满足 $\exists\Box b$, 计算结束, 见图 6.13 (d). ■

定理 6.6

对于迁移系统 TS 中的状态 s 和 CTL 公式 Φ,

$$s \models \exists\Box\Phi \text{ iff } s \models \Phi \text{ 且 TS}[\Phi] \text{ 中存在从 } s \text{ 可达的非平凡 SCC}$$

证明: 先证 $\Rightarrow$. 假设 $s \models \exists\Box\Phi$. 显然, s 是 $\text{TS}[\Phi]$ 的一个状态. 令 π 是 TS 的一条始于 s 且满足 $\pi \models \Box\Phi$ 的路径. 因 TS 是有限的, 故 π 有一个无限次穿过的片段 $\rho = s_1 s_2 \cdots s_k$,

① 有向图 G 的强连通分支 (SCC) 是 G 的极大连通子图. 换句话说, 一个图的 SCC 是顶点关于关系"相互可达"的等价类. 非平凡 SCC 是至少包含一个迁移的 SCC.

其中 $k \geqslant 1$. 因为 π 也是 $\mathrm{TS}[\varPhi]$ 中的一条路径, 所以状态 $s_1 \sim s_k$ 都在 $\mathrm{TS}[\varPhi]$ 中. 任何一对状态 s_i 和 s_j 都是相互可达的, 这是因为它们无限经常地通过 ρ (它表示一条环路)[译注 72]. 换句话说, $s_1 s_2 \cdots s_k$ 是 $\mathrm{TS}[\varPhi]$ 中的 SCC 或包含于某个 SCC 中. 因为 π 是一条始于 s 的路径, 所以这些状态是从 s 可达的.

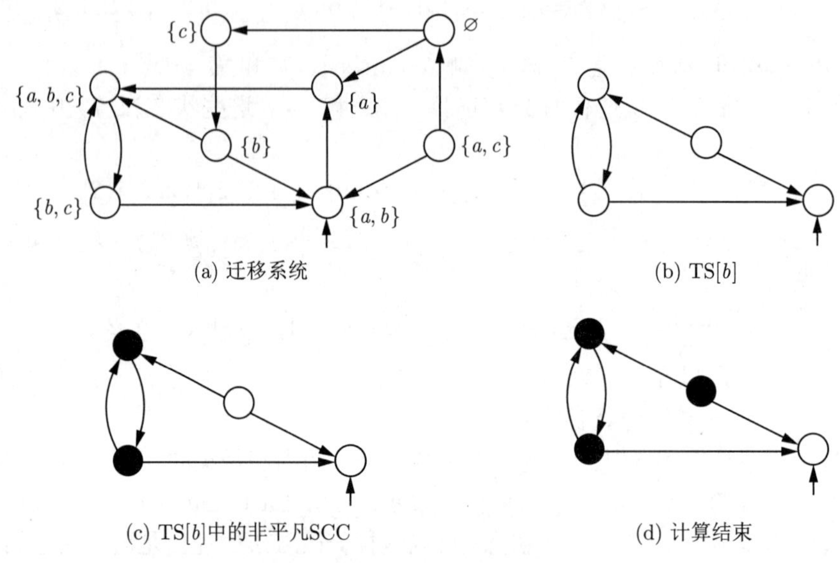

(a) 迁移系统 (b) TS[b]

(c) TS[b]中的非平凡SCC (d) 计算结束

图 6.13 在 $\mathrm{TS}(\varPhi)$ 中用强连通分支计算 $\mathrm{Sat}(\exists\Box\varPhi)$

再证 $\Leftarrow$. 假设 s 是 $\mathrm{TS}[\varPhi]$ 的状态且 $\mathrm{TS}[\varPhi]$ 中存在从 s 可达的非平凡 SCC. 令 s' 是 SCC 中的一个状态. 因为 SCC 是非平凡的, 所以 s' 可从自身经过长度至少为一的路径到达自身. 无限经常地重复这个环路就产生 $\pi \models \Box\varPhi$ 的无限路径 π. 现在, 从 s 到 s' 再附加上 $\pi[1..]$ 的路径满足 $\Box\varPhi$ 且始于 s, 所以 $s \models \exists\Box\varPhi$. ■

6.4.3 时间复杂度和空间复杂度

CTL 模型检验算法的时间复杂度用如下方法确定. 令 TS 是一个有限迁移系统, 它有 N 个状态和 K 个迁移. 在前驱集合 $\mathrm{Pre}(\cdot)$ 由链表表示的前提下, 算法 6.3 和算法 6.4 的时间复杂度为 $O(N+K)$. 假设用 $\varPhi$ 的解析树自下而上地遍历计算满足集 $\mathrm{Sat}(\varPhi)$, 因而关于 $|\varPhi|$ 是线性的, 那么算法 6.2 的时间复杂度是

$$O((N+K) \cdot |\varPhi|)$$

当 TS 的初始状态以链表等形式管理时, 检验 $I \subseteq \mathrm{Sat}(\varPhi)$ 的工作可在 $O(N_0)$ 内完成, 其中 N_0 是集合 I 的势. 前面讲过, CTL 模型检验算法需要被检验的 CTL 公式是存在范式. 因为任何 CTL 公式到等价的 ENF 的转换都可能导致公式的指数爆炸, 所以建议, 像关于 $\exists\mathsf{U}$ 和 $\exists\Box$ 的方法那样, 用 $\mathrm{Sat}(\forall\Box\varPhi)$、$\mathrm{Sat}(\exists\Diamond\varPhi)$ 等的特征直接处理 $\forall\mathsf{U}$、$\forall\Diamond$、$\forall\Box$、$\exists\Diamond$、$\forall\mathsf{W}$ 以及 $\exists\mathsf{W}$ 等模态, 由此产生的算法关于 N 和 K 是线性的. 因此, 得到定理 6.7.

定理 6.7 CTL 模型检验的时间复杂度

对有 N 个状态和 K 个迁移的迁移系统 TS 和 CTL 公式 $\varPhi$, CTL 模型检验问题 $\mathrm{TS} \models \varPhi$ 可在时间 $O((N+K) \cdot |\varPhi|)$ 内确定. ■

下面比较这个复杂度和 LTL 模型检验的复杂度. 前面讲过, LTL 模型检验是公式大小的指数级的. 尽管关于公式长度的时间复杂度的差别看起来很大 (LTL 为指数级, 而 CTL 为线性的), 但这不能解释为 "CTL 模型检验比 LTL 更高效". 由定理 6.3 得, 对 LTL 公式 φ 和 CTL 公式 $\varPhi$, 只要 $\varphi \equiv \varPhi$, 就可通过移除 $\varPhi$ 中的所有路径量词得到 φ. 因此, CTL 公式至少与其在 LTL 中等价的同类公式 (若存在) 一样长. 事实上, 若 $\mathrm{P} \neq \mathrm{NP}$, 则存在长度满足 $|\varphi_n| \in O(\mathrm{poly}(n))$ 的 LTL 公式 φ_n, 与其等价的 CTL 公式的确存在但不是多项式长度. LTL 公式可能会指数级地比与其等价的任一 CTL 公式短. 其效果示于例 6.9 中. 由引理 5.3 得, 关于 n 个节点的有向图的哈密顿路径问题可用长度为 n 的多项式的 LTL 公式 φ_n 编码. 更确切地说, 给定以 $\{1, 2, \cdots, n\}$ 为节点集的有向图 G, 存在 LTL 公式 φ_n 使得: ① G 有哈密顿路径当且仅当与 G 关联的迁移系统不满足 $\neg\varphi_n$; ② $\neg\varphi_n$ 有一个等价的 CTL 公式.

用 CTL 表达哈密顿路径的存在性需要指数长度的 CTL 公式, 除非 $\mathrm{P} = \mathrm{NP}$: 如果对多项式长度的 CTL 公式 $\varPhi_n$ 假定 $\neg\varphi_n \equiv \neg\varPhi_n$, 那么哈密顿路径问题就可以通过 CTL 模型检验在多项式时间内解决. 然而, 由于哈密顿路径问题是 NP 完全的, 所以这只有当 $\mathrm{PTIME} = \mathrm{NP}$ 时才可能成立.

例 6.9　哈密顿路径问题

考虑在任意有向连通图 $G = (V, E)$ 中寻找哈密顿路径的 NP 完全问题, 其中 V 表示顶点集, $E \subseteq V \times V$ 表示边集. 令 $V = \{v_1, v_2, \cdots, v_n\}$. 哈密顿路径是穿过图 G 且访问每个状态恰好一次的 (有限) 路径. 本例要从图 G 出发, 导出一个迁移系统 $\mathrm{TS}(G)$ 与一个 CTL 公式 Φ_n, 使得

$$G \text{ 包含一条哈密顿路径当且仅当 } \mathrm{TS} \not\models \neg\varPhi_n$$

定义迁移系统 TS 如下:

$$\mathrm{TS} \;= (V \cup \{b\}, \{\tau\}, \rightarrow, V, V, L)$$

其中, $L(v_i) = \{v_i\}$, $L(b) = \varnothing$. 迁移关系 $\rightarrow$ 定义为

$$\frac{(v_i, v_j) \in E}{v_i \xrightarrow{\tau} v_j} \text{ 和 } \frac{v_i \in V \cup \{b\}}{v_i \xrightarrow{\tau} b}$$

G 的所有顶点都是迁移系统 TS 中的状态. 引进新状态 b, 使其为任一状态 (包括 b) 的直接后继. 在图 6.14 中, (a) 是一个有向图的例子, (b) 是它的迁移系统 $\mathrm{TS}(G)$. 新状态 b 的唯一目的是保证迁移系统没有终止状态. 注意, $\mathrm{TS}(G)$ 的定义就像证明存在从哈密顿路径问题到 LTL 模型检验问题的补的多项式约简时一样, 见引理 5.3.

此外, 尚需给出表达哈密顿路径存在性的 CTL 公式 $\varPhi_n$ 的构造方法. 把 $\varPhi_n$ 定义为

$$\varPhi_n = \bigvee_{\substack{(1,2,\cdots,n) \text{ 的排列} \\ (i_1,i_2,\cdots,i_n)}} \varPsi(v_{i_1}, v_{i_2}, \cdots, v_{i_n})$$

其中 $\varPsi(v_{i_1}, v_{i_2}, \cdots, v_{i_n})$ 是一个 CTL 公式, 当且仅当 $v_{i_1}, v_{i_2}, \cdots, v_{i_n}$ 是 G 中的一条哈密顿路径时它成立. 公式 $\varPsi(v_{i_1}, v_{i_2}, \cdots, v_{i_n})$ 递归定义如下:

$$\Psi(v_i) = v_i$$
$$\Psi(v_{i_1}, v_{i_2}, \cdots, v_{i_m}) = v_{i_1} \wedge \exists\bigcirc\Psi(v_{i_2}, v_{i_3}, \cdots, v_{i_m}) \quad 若\ m > 1$$

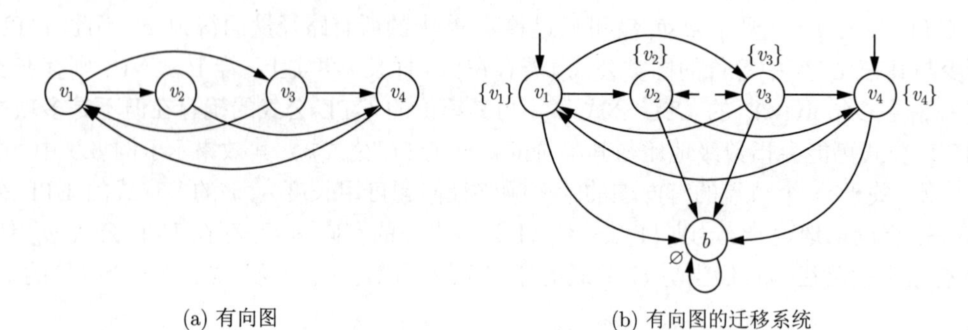

(a) 有向图　　(b) 有向图的迁移系统

图 6.14　把哈密顿路径问题编码为迁移系统的例子

或者说, 若存在一条 $v_{i_1}, v_{i_2}, \cdots, v_{i_m}$ 依次成立的路径, 则 $\Psi(v_{i_1}, v_{i_2}, \cdots, v_{i_m})$ 成立. 因为每一状态都有到状态 b 的迁移, 所以可用 $\varnothing^\omega$ 扩展迹 $\{v_{i_1}\}\{v_{i_2}\}\cdots\{v_{i_m}\}$. Φ_m[译注 73] 的具体例子是

$$\Phi_2 = (v_1 \wedge \exists\bigcirc v_2) \vee (v_2 \wedge \exists\bigcirc v_1)$$

及

$$\begin{aligned}\Phi_3 = &(v_1 \wedge \exists\bigcirc(v_2 \wedge \exists\bigcirc v_3)) \vee (v_1 \wedge \exists\bigcirc(v_3 \wedge \exists\bigcirc v_2))\\ &\vee (v_2 \wedge \exists\bigcirc(v_1 \wedge \exists\bigcirc v_3)) \vee (v_2 \wedge \exists\bigcirc(v_3 \wedge \exists\bigcirc v_1))\\ &\vee (v_3 \wedge \exists\bigcirc(v_1 \wedge \exists\bigcirc v_2)) \vee (v_3 \wedge \exists\bigcirc(v_2 \wedge \exists\bigcirc v_1))\end{aligned}$$

不难推出

$$\mathrm{Sat}(\Psi(v_{i_1}, v_{i_2}, \cdots, v_{i_n})) = \begin{cases} \{v_{i_1}\} & 若\ v_{i_1}, v_{i_2}, \cdots, v_{i_n}\ 是\ G\ 中的哈密顿路径 \\ \varnothing & 否则 \end{cases}$$

因此:

$\mathrm{TS} \not\models \neg\Phi_n$

iff 存在 TS 的初始状态 s 使 $s \not\models \neg\Phi_n$

iff 存在 TS 的初始状态 s 使 $s \models \Phi_n$

iff G 中 $\exists v$ 且存在 $1, 2, \cdots, n$ 的一个排列 $i_1, i_2, \cdots, i_n$ 使得 $v \in \mathrm{Sat}(\Psi(v_{i_1}, v_{i_2}, \cdots, v_{i_n}))$,

iff G 中 $\exists v$ 且存在 $1, 2, \cdots, n$ 的一个排列 $i_1, i_2, \cdots, i_n$ 使得 $v = v_{i_1}$ 且 $v_{i_1}, v_{i_2}, \cdots, v_{i_n}$ 是 G 的哈密顿路径

iff G 中存在哈密顿路径.

因此, G 包含哈密顿路径当且仅当 $\mathrm{TS} \not\models \neg\Phi_n$.

通过明确列举所有可能的排列, 得到一个公式, 其长度为图中顶点数的指数. 这并不证明不存在等价的但较短的 CTL 公式可以用来描述哈密顿路径问题. 事实是, 不能指望更短

的 CTL 公式, 因为 CTL 模型检验问题是多项式可解的, 而哈密顿路径问题是 NP 完全问题. ■

6.5 CTL 的公平性

回想一下, 公平性假设 (参见 3.5 节) 用来排除所考虑系统中某些不合理的计算. 那些不合理的计算总是忽略某些可选择的迁移, 这是不公平的; 而其他计算是公平的. 由于存在不同的公平性概念, 所以可施加不同形式的公平性限制: 无条件公平性、强公平性和弱公平性.

LTL 和 CTL 的一个重要区别是：公平性假设可以纳入 LTL 而不需特殊改变, 但是对于 CTL 需要特别处理公平性. 即, 可把公平性假设作为前提添加到要验证的 LTL 公式中. 因而仅考虑公平路径的 LTL 模型检验问题 (即公平的满足关系 $\models_{\text{fair}}$) 可约简到一般的 LTL 模型检验问题, 即相对于普通的满足关系 $\models$. 在此情形下, 用 $\text{fair} \rightarrow \varphi$ 替代要验证的 LTL 公式 φ:

$$\text{TS} \models_{\text{fair}} \varphi \text{ 当且仅当 } \text{TS} \models (\text{fair} \rightarrow \varphi)^{①}$$

更多细节请参阅 5.1.6 节.

类似方法对 CTL 是不可能的. 这是因为多数公平性约束不能用 CTL 编码. 这表明: 持久性质天然地依赖于 $\Diamond\Box a$ 是强公平性约束 $\Box\Diamond b \rightarrow \Box\Diamond c \equiv \Diamond\Box\neg b \vee \Box\Diamond c$, 而它却不能用 CTL 表示. 更精确地说, 公平性约束作用于路径级别, 并且用 “对所有公平路径” 替换全称量词的标准含义 “对所有路径”, 用 “存在公平路径” 替代存在量词的标准含义 “存在路径”. 因此, 如果 fair 在路径级别上表达公平性约束, 就需要用 CTL 公式把 $\forall(\text{fair} \rightarrow \varphi)$ 和 $\exists(\text{fair} \wedge \varphi)$ 的直观含义编码. 然而, 这些不是合法的 CTL 公式, 这是因为: ① 在 CTL 路径公式的级别上不允许布尔联结词 $\rightarrow$ 和 $\wedge$; ② 不能用 CTL 路径公式描述公平性约束.

因此, 要换一种方法处理 CTL 中的公平性约束. 为了处理 CTL 中的公平性约束, 稍微修改 CTL 的语义, 改为用所有公平路径而不是用所有可能路径解释状态公式 $\forall\varphi$ 和 $\exists\varphi$. 公平路径是满足一组公平性约束的路径. 假定用 LTL 公式描述固定的已知公平性约束.

定义 6.8 CTL 公平性假设

(AP 上的) 强 CTL 公平性约束是形如

$$\text{sfair} = \bigwedge_{1 \leqslant i \leqslant k} (\Box\Diamond\Phi_i \rightarrow \Box\Diamond\Psi_i)$$

的项, 其中, Φ_i 和 Ψ_i (对 $1 \leqslant i \leqslant k$) 是 AP 上的 CTL 公式. 分别用合取项 $(\Diamond\Box\Phi_i \rightarrow \Box\Diamond\Psi_i)$ 和 $\Box\Diamond\Psi_i$ 类似地定义弱 CTL 公平性约束和无条件 CTL 公平性约束. CTL 公平性假设是强 CTL 公平性约束、弱 CTL 公平性约束和无条件 CTL 公平性约束的合取. ■

注意, CTL 公平性假设不是 CTL 路径公式, 但是, 可以把它们看作用 CTL 状态公式代替原子命题后的 LTL 公式. 例如, 把强公平性约束 $\bigwedge_{1 \leqslant i \leqslant k} (\Box\Diamond\Phi_i \rightarrow \Box\Diamond\Psi_i)$ 施加到路径上,

① 这个发现的意义主要是理论上的, 这是因为, 当处理公平性假设时, 设计专门的 LTL 模型检验算法比使用 LTL 公式到标准语义 $\models$ 的约简更高效.

就意味着对任何 $1 \leqslant i \leqslant k$, 路径只有有限个状态满足 Φ_i, 或有无限个状态满足 Ψ_i, 或以上两者都成立.

令 $\mathrm{TS} = (S, \mathrm{Act}, \rightarrow, I, \mathrm{AP}, L)$ 是一个没有终止状态的迁移系统, π 是 TS 中的无限路径片段, fair 是固定的 CTL 公平性假设. $\pi \models \mathrm{fair}$ 表示 π 满足公式 fair, 其中 $\models$ 是 LTL 中的语义. 例如, 考虑强公平性. 对于无限路径 $\pi = s_0 s_1 s_2 \cdots$, 有

$$\pi \models \bigwedge_{1 \leqslant i \leqslant k} (\Box\Diamond\Phi_i \rightarrow \Box\Diamond\Psi_i)$$

当且仅当对于每一 $i \in \{1, 2, \cdots, k\}$, 要么对于有限个下标 j 有 $s_j \models \Phi_i$, 要么对于无限个下标 j 有 $s_j \models \Psi_i$, 或以上两者都成立. 这里, 应当依据 CTL 语义解释命题 $s_j \models \Phi_i$, 即不掺杂公平性的语义.

除了路径量词是针对所有公平路径而不是针对所有路径外, 在公平性假设 fair 下的 CTL 语义和以前给出的语义相同 (见定义 6.2). 始于状态 s 的公平路径集定义为

$$\mathrm{FairPaths}(s) = \{\pi \in \mathrm{Paths}(s) \mid \pi \models \mathrm{fair}\}$$

令 FairPaths(TS) 表示 TS 中所有公平路径的集合, 即

$$\mathrm{FairPaths}(\mathrm{TS}) = \bigcup_{s_0 \in I} \mathrm{FairPaths}(s_0)$$

用满足关系 $\models_{\mathrm{fair}}$ 定义 CTL 的公平解释, 有 $s \models_{\mathrm{fair}} \Phi$ 当且仅当状态 s 使 Φ 在公平性假设 fair 下有效.

定义 6.9　公平 CTL 满足关系

令 $\mathrm{TS} = (S, \mathrm{Act}, \rightarrow, I, \mathrm{AP}, L)$ 是没有终止状态的迁移系统, $s \in S$. 状态公式对于 CTL 公平性假设 fair 的满足关系 $\models_{\mathrm{fair}}$ 定义为

$s \models_{\mathrm{fair}} a$	iff	$a \in L(s)$
$s \models_{\mathrm{fair}} \neg\Phi$	iff	$s \models_{\mathrm{fair}} \Phi$ 不成立
$s \models_{\mathrm{fair}} \Phi \wedge \Psi$	iff	$(s \models_{\mathrm{fair}} \Phi)$ 且 $(s \models_{\mathrm{fair}} \Psi)$
$s \models_{\mathrm{fair}} \exists\varphi$	iff	对某些 $\pi \in \mathrm{FairPaths}(s)$, $\pi \models_{\mathrm{fair}} \varphi$
$s \models_{\mathrm{fair}} \forall\varphi$	iff	对所有 $\pi \in \mathrm{FairPaths}(s)$, $\pi \models_{\mathrm{fair}} \varphi$

此处, $a \in \mathrm{AP}$, Φ 和 Ψ 是 CTL 状态公式, φ 是 CTL 路径公式. 与定义 6.2 中一样定义路径 π 对路径公式的满足关系 $\models_{\mathrm{fair}}$:

$\pi \models_{\mathrm{fair}} \bigcirc\Phi$	iff	$\pi[1] \models_{\mathrm{fair}} \Phi$
$\pi \models_{\mathrm{fair}} \Phi \,\mathsf{U}\, \Psi$	iff	$\exists j \geqslant 0. (\pi[j] \models_{\mathrm{fair}} \Psi \wedge (\forall 0 \leqslant k < j. \pi[k] \models_{\mathrm{fair}} \Phi))$

其中, 对路径 $\pi = s_0 s_1 s_2 \cdots$ 和整数 $i \geqslant 0$, $\pi[i]$ 表示 π 的第 $i+1$ 个状态, 即, $\pi[i] = s_i$. ■

对于 LTL, 可把公平性约束指定为要检验的公式的一部分; 而对于 CTL, 则要把类似的约束施加于所考虑系统的基础模型, 即迁移系统.

定义 6.10 迁移系统的公平 CTL 语义

对 CTL 状态公式 Φ 和 CTL 公平性假设 fair, 满足集 $\text{Sat}_{\text{fair}}(\Phi)$ 定义为

$$\text{Sat}_{\text{fair}}(\Phi) = \{s \in S \mid s \models_{\text{fair}} \Phi\}$$

迁移系统 TS 在公平性假设 fair 下满足 CTL 公式 Φ 当且仅当 Φ 在 TS 的所有初始状态成立, 即

$$\text{TS} \models_{\text{fair}} \Phi \text{ 当且仅当 } \forall s_0 \in I.\, s_0 \models_{\text{fair}} \Phi$$

这等价于 $I \subseteq \text{Sat}_{\text{fair}}(\Phi)$. ■

例 6.10 CTL 公平性假设[译注 74]

考虑图 6.15 所示的迁移系统 TS, 且假设要确定是否 $\text{TS} \models \forall\Box(a \to \forall\Diamond b)$. 因为路径 $s_0 s_1 (s_2 s_4)^\omega$ 从不经过 b 状态, 故这个公式无效. 其原因如下. 在状态 s_2 有一个到状态 s_3 或状态 s_4 的未定选择. 连续地忽略到状态 s_3 的可能性, 得到的计算使 $\forall\Box(a \to \forall\Diamond b)$ 无效, 因此:

$$\text{TS} \not\models \forall\Box(a \to \forall\Diamond b)$$

可是, 直觉通常是, 如果无限经常地可选择移动到 s_3, 那么就应该更公平地访问 s_3.

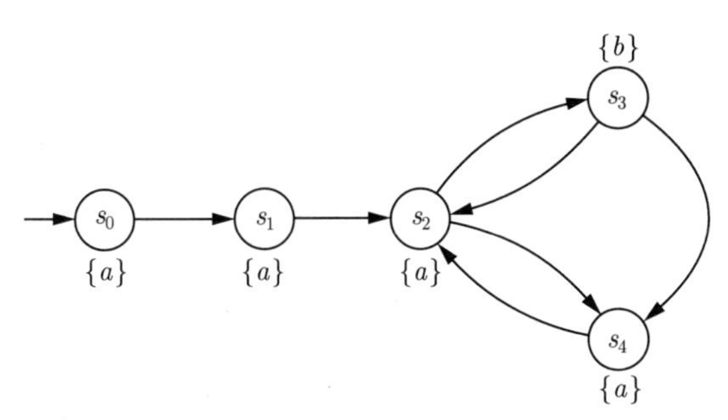

图 6.15 一个迁移系统的例子

下面施加无条件公平性假设:

$$\text{fair} \equiv \Box\Diamond a \wedge \Box\Diamond b$$

再在 fair 下检验 $\forall\Box(a \to \forall\Diamond b)$, 即考虑验证问题 $\text{TS} \models_{\text{fair}} \forall\Box(a \to \forall\Diamond b)$. 公平性假设排斥了 $s_0 s_1 (s_2 s_4)^\omega$ 之类的路径, 因为沿着它总不能访问状态 s_3. 这样就可断定

$$\text{TS} \models_{\text{fair}} \forall\Box(a \to \forall\Diamond b)$$ ■

例 6.11 互斥

考虑两个进程互斥问题的基于信号的解决方案. 用 TS_{Sem} 表示这个并发程序的迁移系统. CTL 公式

$$\Phi = (\forall\Box\forall\Diamond\text{crit}_1) \wedge (\forall\Box\forall\Diamond\text{crit}_2)$$

描述两个进程都能无限经常地进入关键节段的活性性质. 可知 $\text{TS}_{\text{Sem}} \not\models \Phi$. 首先施加弱公平性假设

$$\text{wfair} = (\Diamond\Box\text{noncrit}_1 \to \Box\Diamond\text{crit}_1) \wedge (\Diamond\Box\text{noncrit}_2 \to \Box\Diamond\text{crit}_2)$$

和强公平性假设[译注 75]

$$\text{sfair} = (\Box\Diamond\text{wait}_1 \rightarrow \Box\Diamond\text{crit}_1) \wedge (\Box\Diamond\text{wait}_2 \rightarrow \Box\Diamond\text{crit}_2)$$

可得 $TS_{Sem} \models_{fair} \Phi$, 其中 fair = wfair ∧ sfair.

作为第二个例子, 考虑两个进程互斥问题的基于裁判的解决方案, 见例 5.11. 裁判抛硬币决定哪个进程进入关键节段. 考虑无条件公平性假设

$$\text{ufair} = \Box\Diamond\text{head} \wedge \Box\Diamond\text{tail}$$

可认为该公平性假设要求一个公平的硬币, 以使事件 "正面 (head)" 和 "反面 (tail)" 都无限经常地发生的概率为 1. 显然可得

$$TS_1 \parallel \text{Arbiter} \parallel TS_2 \not\models \Phi, TS_1 \parallel \text{Arbiter} \parallel TS_2 \models_{\text{ufair}} \Phi$$ ■

如前面解释的, CTL 中通过考虑公平满足关系处理公平性, 该关系记为 $\models_{fair}$, 其中 fair 是所考虑的公平性假设. 本节剩余部分将为 CTL 公式 Φ 和 CTL 公平性假设 fair 提供检验

$$TS \models_{fair} \Phi$$

是否成立的算法. 像以前一样, 假定 TS 有限且无终止状态, Φ 是 CTL 公式的 ENF. 注意, Φ 是 ENF 的假定不会造成任何限制, 因为任何 CTL 公式都能转换为 (关于 $\models_{fair}$) 等价的 ENF, 这可用定理 6.1 的方式证明.

算法的基本的思想是利用 (没有公平性的) CTL 模型检验算法计算 $\text{Sat}_{fair}(\Phi) = \{s \in S \mid s \models_{fair} \Phi\}$. 假设 fair 是强 CTL 公平性约束

$$\text{fair} = \bigwedge_{0<i\leqslant k} (\Box\Diamond\Phi_i \rightarrow \Box\Diamond\Psi_i)$$

其中, Φ_i 和 Ψ_i 是 AP 上的 CTL 公式. 前面讲过, Φ_i 和 Ψ_i 按标准 CTL 语义解释, 即不考虑任何公平假设. 用 CTL 模型检验算法, 首先确定集合 $\text{Sat}(\Phi_i)$ 和 $\text{Sat}(\Psi_i)$. 因此, 公式 Φ_i 和 Ψ_i 用 (新) 原子命题 (如 a_i 和 b_i) 代替. 所以, 考虑形为

$$\text{fair} = \bigwedge_{0<i\leqslant k} (\Box\Diamond a_i \rightarrow \Box\Diamond b_i)$$

的强公平性就足够了. 简化公平性假设后, 用 (无公平性的) 标准 CTL 模型检验算法以及对 $a \in AP$ 计算 $\text{Sat}_{fair}(\exists\Box a)$ 的算法, 就可对 Φ 的所有子式 Ψ 确定集合 $\text{Sat}_{fair}(\Psi)$. 至于模型检验程序的输出, 若 $I \subseteq \text{Sat}_{fair}(\Phi)$ 则为 "是", 否则为 "否".

算法 6.5 列出了这一思想的要点.

像在 CTL 模型检验例程中一样地对待 Φ 的子式. 在 Φ 的语法树上启动自下而上的计算. 重要的是, 在计算 $\text{Sat}_{fair}(\Psi)$ 期间, 已经处理并已用原子命题代替了 Ψ 的极大真子式. 对于命题逻辑片段, 这种方法很直接:

$$\text{Sat}_{fair}(\text{true}) = S$$

$$\begin{aligned}
\text{Sat}_{\text{fair}}(a) &= \{s \in S \mid a \in L(s)\} \\
\text{Sat}_{\text{fair}}(\neg a) &= S \setminus \text{Sat}_{\text{fair}}(a) \\
\text{Sat}_{\text{fair}}(a \wedge a') &= \text{Sat}_{\text{fair}}(a) \cap \text{Sat}_{\text{fair}}(a')
\end{aligned}$$

对于语法树的标记为 $\exists\bigcirc$ 或 $\exists\mathsf{U}$ 的所有节点 (即表示形如 $\Psi = \exists\bigcirc a$ 或 $\Psi = \exists(a \mathsf{U} a')$ 的子式), 使用以下观察. 对于 TS 中任何无限路径片段 π, π 是公平的当且仅当 π 的一个 (或全部) 后缀是公平的:

$$\pi \models \text{fair iff 对某个 } j \geqslant 0,\ \pi[j..] \models \text{fair iff 对所有 } j \geqslant 0,\ \pi[j..] \models \text{fair}$$

算法 6.5　公平 CTL 模型检验

输入: 有限迁移系统 TS, CTL 公式的 ENF Φ, k 组 CTL 状态公式 Φ_i 和 Ψ_i 上的 CTL 公平性假设 fair

输出: TS $\models_{\text{fair}} \Phi$

```
for all 0 < i ⩽ k do
  确定 Sat(Φᵢ) 和 Sat(Ψᵢ)
  if s ∈ Sat(Φᵢ) then L(s) := L(s) ∪ {aᵢ}; fi
  if s ∈ Sat(Ψᵢ) then L(s) := L(s) ∪ {bᵢ}; fi
od
计算 Sat_fair(∃□true) = {s ∈ S | FairPaths(s) ≠ ∅};
for all s ∈ Sat_fair(∃□true) do L(s) := L(s) ∪ {a_fair}; od
                                                    (* 计算 Sat_fair(Φ) *)
for all i ⩽ |Φ| do
  for all 使 |Ψ| = i 的 Ψ ∈ Sub(Φ) do
    switch(Ψ):
        true      :  Sat_fair(Ψ) := S;
        a         :  Sat_fair(Ψ) := {s ∈ S | a ∈ L(s)};
        a ∧ a'    :  Sat_fair(Ψ) := {s ∈ S | a, a' ∈ L(s)};
        ¬a        :  Sat_fair(Ψ) := {s ∈ S | a ∉ L(s)};
        ∃◯a       :  Sat_fair(Ψ) := Sat(∃◯(a ∧ a_fair));
        ∃(a U a') :  Sat_fair(Ψ) := Sat(∃(a ∪ (a' ∧ a_fair)));
        ∃□a       :  计算 Sat_fair(∃□a)
    end switch
    用原子命题 a_Ψ 替换 Φ 中出现的所有 Ψ;
    for all s ∈ Sat_fair(Ψ) do L(s) := L(s) ∪ {a_Ψ}; od
  od
od
return I ⊆ Sat_fair(Φ)
```

下面两个引理将为检验 $\exists\bigcirc$ 和 $\exists\mathsf{U}$ 类型的子式提供帮助.

引理 6.3　公平满足关系中的下一步运算符

$s \models_{\text{fair}} \exists\bigcirc a$ 当且仅当 $\exists s' \in \text{Post}(s)$ 使得 $s' \models a$ 且 $\text{FairPaths}(s') \neq \varnothing$.

证明: 先证 $\Rightarrow$. 假设 $s \models_{\text{fair}} \exists\bigcirc a$. 则存在公平路径 $\pi = s_0 s_1 s_2 \cdots \in \text{Paths}(s)$ 使 $s_1 \models a$. 因为 π 是公平的, 所以路径 $\pi[1..] = s_1 s_2 s_3 \cdots$ 也是公平的. 因此, $s' = s_1 \in \text{Post}(s)$ 满足需要的性质.

再证 $\Leftarrow$. 假定对于某个 $s' \in \text{Post}(s)$ 有 $s' \models a$ 和 $\text{FairPaths}(s') \neq \varnothing$. 这样就存在始于 s' 的公平路径

$$\pi' = s' s_1' s_2' s_3' \cdots$$

故, $\pi' = s s' s_1' s_2' s_3' \cdots$ 是始于 s 的公平路径且 $\pi \models \bigcirc a$. 于是, $s \models_{\text{fair}} \exists\bigcirc a$. ■

引理 6.4　公平满足关系中的直到运算符

$s \models_{\text{fair}} \exists(a_1 \,\mathsf{U}\, a_2)$ 当且仅当存在有限路径片段

$$s_0 s_1 \cdots s_n \in \text{Paths}_{\text{fin}}(s),\ n \geqslant 0$$

使得对 $0 \leqslant i < n$, $s_i \models a_1$, $s_n \models a_2$, 且 $\text{FairPaths}(s_n) \neq \varnothing$. ■

上面两个引理的结果导致下面的方法. 作为第一步, 计算集合

$$\text{Sat}_{\text{fair}}(\exists\Box\text{true}) = \{s \in S \mid \text{FairPaths}(s) \neq \varnothing\}$$

(稍后给出这样做的算法.) 即, 确定那些至少发出一条公平路径的所有状态. 一旦访问这样的状态, 就能延续公平性. 用新原子命题 a_{fair} 扩充这些状态的标记, 即

$$a_{\text{fair}} \in L(s) \text{ 当且仅当 } s \in \text{Sat}_{\text{fair}}(\exists\Box\text{true})$$

集合 $\text{Sat}_{\text{fair}}(\exists\bigcirc a)$ 和 $\text{Sat}_{\text{fair}}(\exists(a \,\mathsf{U}\, a'))$ 由下面两式得到

$$\text{Sat}_{\text{fair}}(\exists\bigcirc a) = \text{Sat}(\exists\bigcirc(a \wedge a_{\text{fair}}))$$
$$\text{Sat}_{\text{fair}}(\exists(a \,\mathsf{U}\, a')) = \text{Sat}(\exists(a \,\mathsf{U}\, (a' \wedge a_{\text{fair}})))$$

作为结果, 可用普通的模型检验器计算这些满足集. 这些考虑形成了算法 6.5 并为定理 6.8 提供了基础.

定理 6.8　公平 CTL 模型检验问题的化简

公平 CTL 模型检验问题可约简为以下两个问题:

- (不公平) CTL 模型检验问题.
- 对原子命题 a 计算 $\text{Sat}_{\text{fair}}(\exists\Box a)$ 的问题. ■

注意, 只要状态都用 a 标记, 集合 $\text{Sat}_{\text{fair}}(\exists\Box\text{true})$ 就对应 $\text{Sat}_{\text{fair}}(\exists\Box a)$. 因此, 计算 $\text{Sat}_{\text{fair}}(\exists\Box a)$ 的算法也可用于计算 $\text{Sat}_{\text{fair}}(\exists\Box\text{true})$.

下面将说明当 fair 是强公平性假设时对 $a \in AP$ 如何计算满足集 $\text{Sat}_{\text{fair}}(\exists\Box a)$. 可以类似地处理弱公平性假设的情况. 下面将要看到, 无条件公平性假设是一种特殊情况. 可用适当组合相应技术的算法处理带有无条件公平性约束、强公平性约束和弱公平性约束的任意公平性假设.

考虑原子命题 a_i 和 b_i $(0 < i \leqslant k)$ 上的强公平性假设:

$$\text{sfair} = \bigwedge_{0<i\leqslant k} (\Box\Diamond a_i \rightarrow \Box\Diamond b_i)$$

引理 6.5 给出了公平满足集 $\mathrm{Sat}_{\mathrm{sfair}}(\exists\Box a)$ 的一个图论特征, 其中 a 是一个原子命题.

引理 6.5　$\mathrm{Sat}_{\mathrm{sfair}}(\exists\Box a)$ 的特征

$s \models_{\mathrm{sfair}} \exists\Box a$ 当且仅当存在有限路径片段 $s_0 s_1 \cdots s_n$ 和环路 $s'_0 s'_1 \cdots s'_r$ 使得

(1) $s_0 = s$ 且 $s_n = s'_0 = s'_r$.

(2) 对任何 $0 \leqslant i \leqslant n$ 都有 $s_i \models a$, 对任何 $0 \leqslant j \leqslant r$ 都有 $s'_j \models a$.

(3) 对所有 $1 \leqslant i \leqslant k$, $\mathrm{Sat}(a_i) \cap \{s'_1, s'_2, \cdots, s'_r\} = \varnothing$ 或 $\mathrm{Sat}(b_i) \cap \{s'_1, s'_2, \cdots, s'_r\} \neq \varnothing$.

证明: 先证 $\Leftarrow$. 假设存在有限路径片段 $s_0 s_1 \cdots s_n$ 和环路 $s'_0 s'_1 \cdots s'_r$ 使条件 (1)~(3) 对状态 s 成立. 考虑由无限经常地遍历环路 $s'_0 s'_1 \cdots s'_r$ 得到的无限路径片段 $\pi = s_0 s_1 \cdots s_n s'_1 s'_2 \cdots s'_r s'_1 s'_2 \cdots s'_r \cdots \in \mathrm{Paths}(s)$. 由条件 (1) 和 (3) 得 π 是公平的, 即, $\pi \models \mathrm{sfair}$. 由条件 (2) 得 $\pi \models \Box a$. 因此, $s \models_{\mathrm{sfair}} (\exists\Box a)$.

再证 $\Rightarrow$. 假定 $s \models_{\mathrm{sfair}} \exists\Box a$. 因为 $s \models_{\mathrm{sfair}} \exists\Box a$, 所以存在无限路径片段 $\pi = s_0 s_1 s_2 \cdots$ 使得 $\pi \models \Box a$ 且 $\pi \models \mathrm{sfair}$. 令 $i \in \{1, 2, \cdots, k\}$, 分下面两种情况讨论:

(1) $\pi \models \Box\Diamond a_i$. 因为 $\pi \models \mathrm{sfair}$, 所以存在 π 无限经常访问的状态 $s' \in \mathrm{Sat}(b_i)$. 令 $n \in \mathbb{N}$ 使得 $s_n = s'$ 且 $s' \notin \{s_0, s_1, \cdots, s_{n-1}\}$. 即, s_n 是 s' 在 π 中的首次出现. 进而, 令 $r > n$ 使得 $s_n = s_r$. 那么, $s_n s_{n+1} \cdots s_r = s_n$ 是环路且

$$s_n \in \mathrm{Sat}(b_i) \cap \{s_n, s_{n+1}, \cdots, s_r\}$$

(2) $\pi \not\models \Box\Diamond a_i$. 则存在下标 n 使得 $s_n, s_{n+1}, s_{n+2}, \cdots \notin \mathrm{Sat}(a_i)$. 因为只有有限多个状态, 所以, 不失一般性, 假设 s_n 在 π 中无限经常出现. 因此, 存在 $r > n$ 使得 $s_n = s_r$. 因此, $s_n s_{n+1} \cdots s_r = s_n$ 是环路并且 $\mathrm{Sat}(a_i) \cap \{s_n s_{n+1} \cdots s_r\} = \varnothing$.

由这两种情况可得, 存在满足条件 (1)~(3) 的有限路径片段 $s_0 s_1 \cdots s_n$ 和环路 $s'_0 s'_1 \cdots s'_r$. ■

该特征以下面的方式用于计算 $\mathrm{Sat}_{\mathrm{sfair}}(\exists\Box a)$. 考虑有向图 $G[a] = (S, E_a)$, 其边集 E_a 定义为

$$(s, s') \in E_a \text{ 当且仅当 } s' \in \mathrm{Post}(s) \wedge s \models a \wedge s' \models a$$

直观地说, 从状态图 G_{TS} 删除 $s \not\models a$ 或 $s' \not\models a$ 的所有的边 (s, s'), 就得到 $G[a]$ (因此, $G[a]$ 是迁移系统 $\mathrm{TS}[a]$ 的状态图). 显然, $G[a]$ 中的每一条 (始于 $s \in I$ 的) 无限路径都对应迁移系统 TS 中的一条满足 $\Box a$ 的无限路径; 反之, TS 满足 $\pi \models \Box a$ 的每一无限路径都是 $G[a]$ 的路径. 特别地,

$$s \models_{\mathrm{sfair}} \exists\Box a$$

当且仅当 $G[a]$ 中存在从 s 可达的非平凡的强连通节点集 D, 使得对于所有 $1 \leqslant i \leqslant k$ 有

$$D \cap \mathrm{Sat}(a_i) = \varnothing \text{ 或 } D \cap \mathrm{Sat}(b_i) \neq \varnothing$$

令 T 是图 $G[a]$ 中所有满足以下条件的强连通分支 C 的并集: sfair 在 C 中是可实现的, 即, 对所有 $1 \leqslant i \leqslant k$, 存在 C 的非平凡强连通集 D 满足 $D \cap \mathrm{Sat}(a_i) = \varnothing$ 或 $D \cap \mathrm{Sat}(b_i) \neq \varnothing$. 由此可得

$$\mathrm{Sat}_{\mathrm{fair}}(\exists\Box a) = \{s \in S \mid \mathrm{Reach}_{G[a]}(s) \cap T \neq \varnothing\}$$

此处, $\text{Reach}_{G[a]}(s)$ 是 $G[a]$ 中从 s 可达的状态集. 注意, 由于强连通集 D 包含于强连通分支 C 中, 所以可从 C 中的任何状态到达 D, 所以 C 的可达性是重要的.

现在, 模型检验算法的关键部分是集合 T 的计算. 这相当于考查 $G[a]$ 中的强连通分支 C 并检验 sfair 对哪一个强连通分支是可实现的. 因为很少涉及一般情形下 T 的计算, 首先考虑两个特殊的 (也更简单的) 情形: 一是对于所有 i, $a_i = \text{true}$, 即无条件公平性; 二是 $k = 1$ 的情形, 即单约束强公平性.

在后续内容中, 将 $G[a]$ 中顶点的每个集合 C 当作子图 (C, E_C), 其中, E_C 由 $G[a]$ 的边集删除起点或终点不属于 C 的边得到.

无条件公平性 对所有 $1 \leqslant i \leqslant k$, 令 $a_i = \text{true}$. 在这种情况下,

$$\text{sfair} \equiv \bigwedge_{1 \leqslant i \leqslant k} \Box\Diamond b_i$$

显然, $s \models_{\text{sfair}} \exists\Box a$ 当且仅当 $G[a]$ 中存在从 s 可达的非平凡强连通分支 C, 使得 C 对任意 i 都至少包含一个 b_i 状态. 在此情况下, 对于任意 i, $\Box\Diamond b_i$ 在强连通分支 C 中是可实现的. 令 T 是 $G[a]$ 中对任一 $1 \leqslant i \leqslant k$ 都满足 $C \cap \text{Sat}(b_i) \neq \varnothing$ 的所有非平凡强连通分支 C 的并集. 现在就得到

$$s \models_{\text{sfair}} \exists\Box a \text{ 当且仅当 } \text{Reach}_{G[a]}(s) \cap T \neq \varnothing$$

例 6.12 说明了这一点.

例 6.12

考虑下面图中的迁移系统 TS (上面) 和 TS′ (下面), 假设所有状态都用原子命题 a 标记 (由于这个假设, $\text{TS}[a] = \text{TS}$ 且 $\text{TS}'[a] = \text{TS}'$).

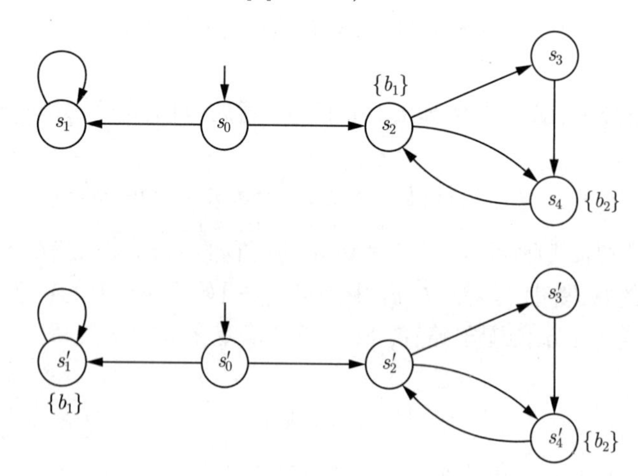

考虑无条件公平性假设:

$$\text{sfair} = \Box\Diamond b_1 \wedge \Box\Diamond b_2$$

迁移系统 TS 包含可达的非平凡强连通分支 $C = \{s_2, s_3, s_4\}$ 使得 $C \cap \text{Sat}(b_1) \neq \varnothing$ 且 $C \cap \text{Sat}(b_2) \neq \varnothing$. 因而有 $s_0 \models_{\text{sfair}} (\exists\Box a)$, 由此又得 $\text{TS} \models_{\text{sfair}} (\exists\Box a)$. 另外, TS′ 包含两个非平凡强连通分支, 但都不同时包含 b_1 状态和 b_2 状态. 所以 $s'_0 \not\models_{\text{sfair}} (\exists\Box a)$, 由此可得 $\text{TS}' \not\models_{\text{sfair}} (\exists\Box a)$. ■

单约束强公平性 假设 $k=1$, 即, 假设 sfair 的形式为

$$\text{sfair} = \Box\Diamond a_1 \to \Box\Diamond b_1$$

则 $s \models_{\text{sfair}} \exists\Box a$ 当且仅当存在 $G[a]$ 的非平凡强连通分支 $C \subseteq \text{Reach}_{G[a]}(s)$, 使得下列条件中至少有一个成立:

(1) $C \cap \text{Sat}(b_1) \neq \varnothing$.

(2) C 有一个非平凡强连通集 D 使得 $D \cap \text{Sat}(a_1) = \varnothing$.

直观地看, 条件 (1) 中的 C 代表实现 $\Box\Diamond b_1$ 有环路的状态集, 而条件 (2) 中的 D 表示 $\neg a_1$ 持续成立的含环路的状态集. C 的不包含任何 a_1 状态的非平凡强连通集 D 可简单地通过如下计算得到：从 C 删除所有 a_1 状态, 得到一个子图, 确定该子图的非平凡强连通分支 (换言之, C 实现无条件公平性约束 $\Box\Diamond b_1$, 而 D 在由 C 删除所有 a_1 状态后诱导的迁移系统中实现无条件公平性约束 $\Box\Diamond$true. 该特征有助于理解下面的普适算法). 对任一路径, 若其后缀无限地重复遍历 C 的每一状态的环路, 或者若它最终到达 D 并总是停在那儿, 则这条路径满足公平性假设 sfair. 于是, 可以定义 T 为 $G[a]$ 的满足条件 (1) 和 (2) 的所有的非平凡强连通分支 C 的并集. 那么, $s \models_{\text{sfair}} \exists\Box a$ 当且仅当 $\text{Reach}_{G[a]}(s) \cap T \neq \varnothing$.

$k>1$ 个约束的强公平性 在此情形中, 对 $k>1$, sfair 定义为

$$\text{sfair} = \bigwedge_{1\leqslant i\leqslant k} \text{sfair}_i \text{ 且 } \text{sfair}_i = \Box\Diamond a_i \to \Box\Diamond b_i$$

像在其他情形中那样, 开始步骤是确定 $G[a]$ 及其强连通分支的集合. 必须计算所有满足以下条件的非平凡强连通分支 C：对 C 的某个含环路子集 D, 所有公平性约束 $\Box\Diamond a_i \to \Box\Diamond b_i$ 在 D 中都是可实现的, 即, 对 $1 \leqslant i \leqslant k$, 有

$$D \cap \text{Sat}(a_i) = \varnothing \text{ 或 } D \cap \text{Sat}(b_i) \neq \varnothing$$

算法 6.6 是计算 $\text{Sat}_{\text{sfair}}(\exists\Box a)$ 的要点. 它用递归程序 CheckFair (见算法 6.7) 检验 sfair 在 $G[a]$ 的强连通分支 C 中的可实现性. CheckFair 的输入是 $G[a]$ 的含环路的强连通子图 D 以及下标 j 和 j 个强公平性约束 $\text{sfair}_{i_1}, \text{sfair}_{i_2}, \cdots, \text{sfair}_{i_j}$. 若 D 可实现 $\bigwedge_{1\leqslant \ell\leqslant j} \text{sfair}_{i_\ell}$, 则 $\text{CheckFair}(D, j, \text{sfair}_{i_1}, \text{sfair}_{i_2}, \cdots, \text{sfair}_{i_j})$ 返回 true. 因此, 对 $\text{CheckFair}(C, k, \text{sfair}_1, \text{sfair}_2, \cdots, \text{sfair}_k)$ 的调用以返回 true 产生对是否 $C \subseteq T$ 的肯定回答当且仅当 C 可实现公平性假设 $\bigwedge_{1\leqslant i\leqslant k} \text{sfair}_i$.

算法 6.7 ($\text{CheckFair}(C, k, \text{sfair}_1, \text{sfair}_2, \cdots, \text{sfair}_k)$) 的思想如下. 首先, 对于每一个公平性约束 $\text{sfair}_i = \Box\Diamond a_i \to \Box\Diamond b_i$, 检验 $C \cap \text{Sat}(b_i) \neq \varnothing$.

若是, 则 $\text{sfair} = \bigwedge_{0\leqslant i\leqslant k} \text{sfair}_i$ 在 C 中是可实现的.

否则存在下标 $j \in \{1, 2, \cdots, k\}$ 使得 $C \cap \text{Sat}(b_j) = \varnothing$. 然后, 目标就是在 C 中实现条件

$$\bigwedge_{\substack{0<i\leqslant k\\ i\neq j}} \text{sfair}_i \wedge \Box\neg a_j$$

算法 6.6 计算 $\text{Sat}_{\text{sfair}}(\exists\Box a)$

输入: 无终止状态的有限 TS, $a \in AP$ 及 $\text{fair} = \bigwedge_{0<i\leqslant k} \text{sfair}_i$, 其中 $\text{sfair}_i = \Box\Diamond a_i \to \Box\Diamond b_i$

输出: $\{s \in S \mid s \models_{\text{fair}} \exists\Box a\}$

```
计算 TS[a] 的状态图 G[a] 的强连通分支;
T := ∅;
for all G[a] 中的非平凡强连通分支 C do
                                        (* 检验公平性假设 sfair 是否可在 C 中实现 *)
  ifCheckFair(C, k, sfair_1, sfair_2, ··· , sfair_k) then
    T := T ∪ C;
  fi
od
return {s ∈ S | Reach_G[a](s) ∩ T ≠ ∅}                          (* 后向可达性等 *)
```

为此, 考查 C 的子图 $C[\neg a_j]$, 它是由移除所有使 a_j 成立的状态及其出边和入边后得到的. 目标是检验 $C[\neg a_j]$ 是否存在可实现剩余的 $k-1$ 个公平性约束 $\text{sfair}_1, \text{sfair}_2, \cdots, \text{sfair}_{j-1}, \text{sfair}_{j+1}, \cdots, \text{sfair}_k$ 的有环子图. 这可通过分析 $C[\neg a_j]$ 的非平凡强连通分支 D 完成.

- 如果不存在 $C[\neg a_j]$ 的非平凡强连通分支 D, 则 C 不能实现 sfair.
- 否则, 对 $C[\neg a_j]$ 的每个这样的强连通分支 D 调用 $\text{CheckFair}(D, k-1, \text{sfair}_1, \text{sfair}_2, \cdots, \text{sfair}_{j-1}, \text{sfair}_{j+1}, \cdots, \text{sfair}_k)$ 以检验余下的 $k-1$ 个公平性约束在 D 中是否可以实现.

算法 6.7 总结了上述算法的主要步骤. 注意, 每次递归调用都移除一个公平性约束, 故递归深度最多是 k, 此时 $k = 0$ 且第一个条件语句的条件 $\forall i \in \{1, 2, \cdots, k\}. C \cap \text{Sat}(b_i) \neq \varnothing$ 显然成立[译注 76].

算法 6.7 递归算法 $\text{CheckFair}(C, k, \text{sfair}_1, \text{sfair}_2, \cdots, \text{sfair}_k)$

输入: $G[a]$ 的强连通分支 C 和强公平性约束 $\text{sfair}_i = \Box\Diamond a_i \to \Box\Diamond b_i$, $i = 1, 2, \cdots, k$

输出: 若 C 可实现 $\bigwedge_{1\leqslant i\leqslant k} \text{sfair}_i$ 则返回 true, 否则返回 false

```
if ∀i ∈ {1, 2, ··· , k}. C ∩ Sat(b_j) ≠ ∅ then
  return true                                        (* C 可实现 ⋀_{1≤i≤k} □◊b_i *)
else
  选择满足 C ∩ Sat(b_j) = ∅ 的下标 j ∈ {1, 2, ··· , k};
  if C[¬a_j] 无环路 (或为空) then
    return false
  else
    计算 C[¬a_j] 的非平凡强连通分支;
    for all C[¬a_j] 的非平凡强连通分支 D do
      if CheckFair(D, k − 1, sfair_1, sfair_2, ··· , sfair_{j−1}, sfair_{j+1}, ··· , sfair_k) then
        return true
      fi
    od
  fi
fi
return false
```

$\text{CheckFair}(C, k, \text{sfair}_1, \text{sfair}_2, \cdots, \text{sfair}_k)$ 的成本函数由递归方程

$$T(n,k) = O(n) + \max\left\{ \sum_{1 \leqslant \ell \leqslant r} T(n_\ell, k-1) \mid n_1, n_2, \cdots, n_r \geqslant 1, n_1 + n_2 + \cdots + n_r \leqslant n \right\}$$

给出, 其中 n 是 $G[a]$ 的子图 C 的大小 (顶点和边的个数). $n_1, n_2, \cdots, n_r$ 的值表示 $C[\neg a_j]$ 的非平凡强连通分支 $D_1, D_2, \cdots, D_r$ 的大小. 易见, 该递归方程的解是 $O(n \cdot k)$. 由此得到定理 6.9.

定理 6.9　公平验证 $\exists\Box a$ 的时间复杂度

对有 N 个状态和 K 个迁移的迁移系统 TS 以及有 k 个合取的 CTL 强公平性假设 sfair, 可在时间 $O((N+K)\cdot k)$ 内计算集合 $\text{Sat}_{\text{sfair}}(\exists\Box a)$[译注 77]. ■

因此, 时间复杂度关于迁移系统的大小和公平性约束的施加个数是线性的. $G[a]$ 的 $\text{CheckFair}(C, 1, \text{sfair}_1)$ [译注 77] 返回 true 的所有强连通分支 C 产生集合 T, 这可 (用合适的实现) 在时间 $O(|G[a]|\cdot k)$ 内计算. (深度优先等) 可达性分析得到集

$$\text{Sat}_{\text{sfair}}(\exists\Box a) = \{s \in S \mid \text{Reach}_{G[a]}(s) \cap T \neq \varnothing\}$$

综合这些结果就得到以下结论：强公平性约束下对 CTL 公式 ENF 的 CTL 模型检验可在迁移系统的大小、公式长度和 (强) 公平性约束个数的线性时间内完成. 事实上, 这对任意 CTL 公式 (若有全称量词, 可用类似于对存在量词使用的技术处理它们) 和弱公平性约束, 对强公平性约束、弱公平性约束和无条件公平性约束的任意混合也是成立的. 因此得到定理 6.10.

定理 6.10　CTL 公平模型检验的时间复杂度

对于 N 个状态和 K 个迁移的迁移系统 TS、CTL 公式 Φ 以及 k 个合取的 CTL 公平性假设 fair, 可在时间 $O((N+K)\cdot|\Phi|\cdot k)$ 内判定 CTL 模型检验问题 $\text{TS} \models_{\text{fair}} \Phi$. ■

6.6　反例和证据

模型检验的主要优势是在驳倒公式的情况下能产生一个反例. 本节首先解释什么是反例. 在 LTL 中, $\text{TS} \models \varphi$ 的反例是路径 π 的足够长的前缀, 它说明为什么 π 否定 φ. 例如, LTL 公式 $\Diamond a$ 的反例为只有 $\neg a$ 状态的有限前缀, 它结束于单个环路. 这样的反例表明有一个 $\Box\neg a$ 路径. 类似地, $\bigcirc a$ 的反例为 $\pi[1]$ 违反 a 的路径 π.

对 CTL, 情况因路径量词 “存在” 而有些复杂. 与在 LTL 中一样, 对于形如 $\forall\varphi$ 的 CTL 公式, π 的说明 $\pi \not\models \varphi$ 的足够长的前缀提供了驳倒来源的足够信息. 对于形如 $\exists\varphi$ 的 CTL 路径公式, 就不清楚反例是什么: 如果 $\text{TS} \not\models \exists\varphi$, 则所有路径违反 φ, 即没有路径满足 φ. 然而, 如果对迁移系统 TS 检验公式 $\exists\varphi$, 那么很自然地要对于答案 “是的, $\text{TS} \models \exists\varphi$” 找到一条使 φ 成立的起始路径, 而对答案 “不” 就不需要这样.① 因此, CTL 模型检验通过提供

① 因为标准的 CTL 模型检验程序计算使给定的 (状态) 公式 Φ 成立的状态集, 所以一些从 $\text{Sat}(\Phi)$ 提取的信息也返回给用户. 例如, 如果 $\text{TS} \not\models \exists\varphi$, 则模型检验器可能返回使 $s_0 \not\models \exists\varphi$ 成立的初始状态 s_0 的集合. 可把这个信息当作反例并用于调试. 在此不讨论这个问题. 本节将讨论基于路径的反例的概念 (常称为错误迹) 及其对偶, 即具有特定性质的计算中的一个, 它说明这类计算确实存在.

反例或证据来支持系统诊断. 直观地看, 反例表明含全称量词的路径公式被驳倒, 而证据表明含存在量词的路径公式可满足. 以基于路径的观点, 反例和证据的概念可解释如下:

- 路径 π 的具有 $\pi \not\models \varphi$ 的足够长的前缀是 CTL 路径公式 $\forall\varphi$ 的反例.
- 路径 π 的具有 $\pi \models \varphi$ 的足够长的前缀是 CTL 路径公式 $\exists\varphi$ 的证据.

为了举例说明产生证据的思想, 考虑例 6.13 给出的著名的组合问题.

例 6.13 狼、山羊和白菜过河问题

设有船夫、狼、山羊和白菜各一, 要从河的一边到另一边, 唯一可用的工具是最多只能够携带两个乘员的小船. 为了驾船, 船夫必须在船上. 当然, 不需要占满船, 并且船夫可以独自过河. 由于显见的原因, 山羊和白菜、山羊和狼都不能在没有船夫看护的情况下在一起. 能否将山羊、白菜和狼从河岸的一边运到另一边?

这个问题可以很自然地表示为 CTL 模型检验问题. 用图 6.16 所示的有两个状态的迁移系统表示狼、山羊和白菜的行为. 状态标识符表示狼、山羊和白菜的位置: 0 代表当前 (即起点) 河岸, 1 代表河的对岸 (即终点). 同步动作 α 和 β 用于描述船和船夫的共同旅程. 船夫的行为非常相似, 但可以单独过河. 这对应于两个以 τ 标记的迁移.

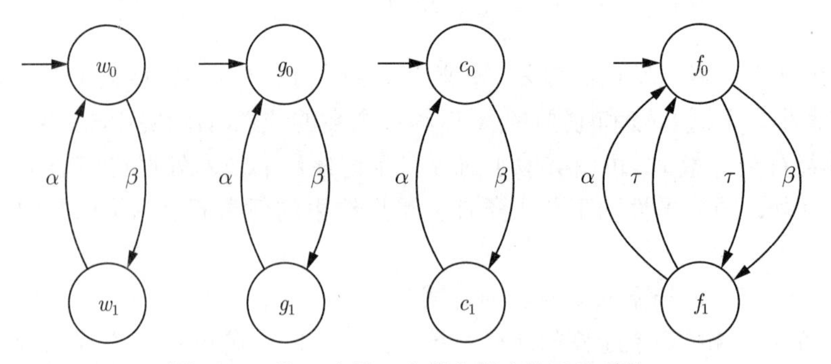

图 6.16 狼、山羊、白菜和船夫的迁移系统

表示整个系统的迁移系统

$$\text{TS} = (\text{wolf} \,|||\, \text{goat} \,|||\, \text{cabbage}) \,\|\, \text{ferryman}$$

有 $2^4 = 16$ 种状态. 所得迁移系统如图 6.17 所示. 注意, 因为船的每次移动都可倒回, 所以迁移都是双向的. 把两只动物和白菜带到河对岸的行船序列的存在性可表示为 CTL 状态公式 $\exists\varphi$, 其中

$$\varphi = \left(\bigwedge_{i=0,1} (w_i \wedge g_i \rightarrow f_i) \wedge (c_i \wedge g_i \rightarrow f_i) \right) \mathsf{U}\ (c_1 \wedge f_1 \wedge g_1 \wedge w_1)$$

其中, U 的左边禁止以下情形, 即狼和山羊或白菜和山羊无看护地在一起. CTL 路径公式 φ 的证据是

$$\text{从初始状态 } \langle c_0, f_0, g_0, w_0 \rangle \text{ 开始到目标状态 } \langle c_1, f_1, g_1, w_1 \rangle$$

的起始有限路径片段, 并且它从不经过任何狼和山羊或山羊和白菜无看护地在一起的 (6 个) 状态之一. 即, 应避免 $\langle c_0, f_0, g_1, w_1 \rangle$ 和 $\langle c_1, f_0, g_1, w_0 \rangle$ 等状态. φ 的证据的例子如下:

$\langle c_0, f_0, g_0, w_0 \rangle$ 山羊到河岸 1

$\langle c_0, f_1, g_1, w_0 \rangle$ 船夫回到河岸 0

$\langle c_0, f_0, g_1, w_0 \rangle$ 白菜到河岸 1

$\langle c_1, f_1, g_1, w_0 \rangle$ 山羊回到河岸 0

$\langle c_1, f_0, g_0, w_0 \rangle$ 狼到河岸 1

$\langle c_1, f_1, g_0, w_1 \rangle$ 船夫回到河岸 0

$\langle c_1, f_0, g_0, w_1 \rangle$ 山羊到河岸 1

$\langle c_1, f_1, g_1, w_1 \rangle$ ■

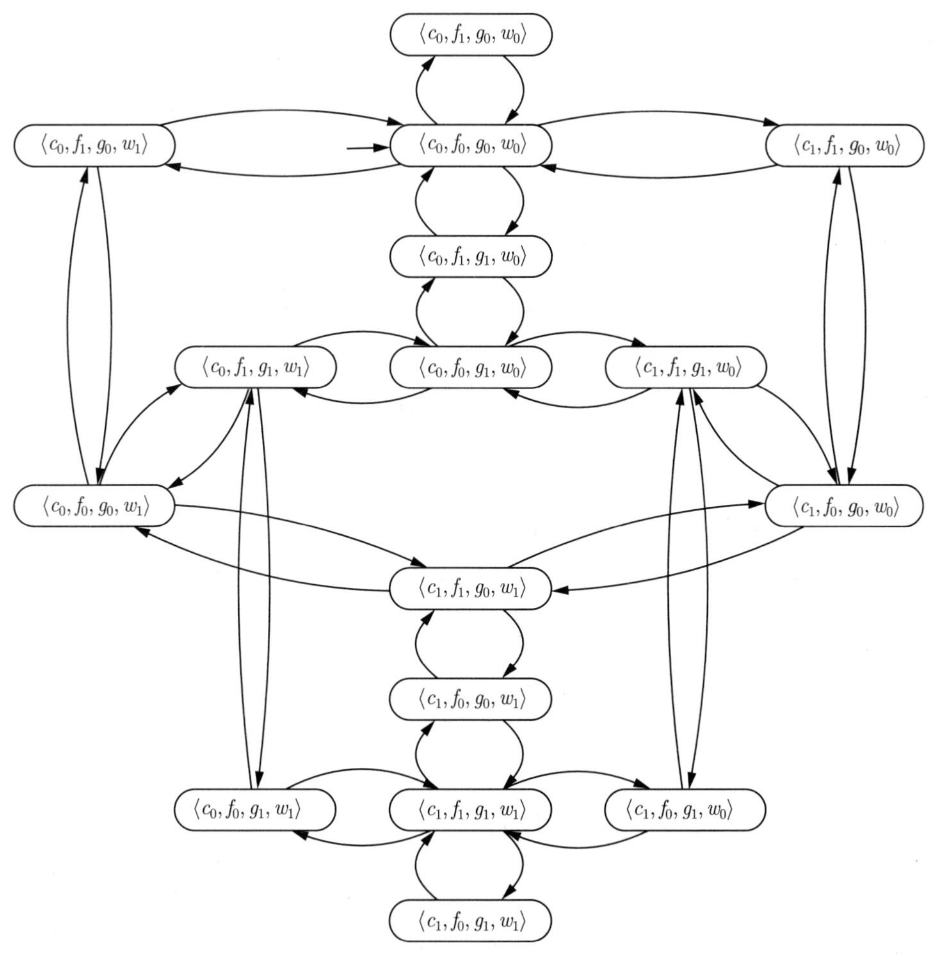

图 6.17 狼、山羊、白菜过河问题的迁移系统

6.6.1 CTL 中的反例

本节说明如何产生 CTL (路径) 公式的反例或证据. 考虑形为 $\bigcirc\varPhi$、$\varPhi \,\mathsf{U}\, \varPsi$ 和 $\Box\varPhi$ 的路径公式 (可导出用于 W 或 R 等其他运算符的技术, 并对它们采用对应的思路).

接下来, 假设 $\mathrm{TS} = (S, \mathrm{Act}, \to, I, \mathrm{AP}, L)$ 是一个没有终止状态的有限迁移系统.

下一步运算符 $\varphi = \bigcirc\Phi$ 的反例是状态对 (s, s'), 其中 $s \in I$, $s' \in \mathrm{Post}(s)$, 并且 $s' \not\models \Phi$. $\varphi = \bigcirc\Phi$ 的证据是状态对 (s, s'), 其中 $s \in I$, $s' \in \mathrm{Post}(s)$, 且 $s' \models \Phi$. 因此, 检查 TS 的初始状态的直接后继就可得到下一步运算符的反例和证据.

直到运算符 $\varphi = \Phi \mathsf{U} \Psi$ 的证据是满足

$$s_n \models \Psi \text{ 且对 } 0 \leqslant i < n,\ s_i \models \Phi$$

的初始路径片段 $s_0 s_1 \cdots s_n$. 可用开始于 Ψ 状态集的后向搜索确定证据.

反例是一条满足以下条件的象征路径 π 的初始路径片段:

$$\pi \models \Box(\Phi \wedge \neg\Psi) \text{ 或 } \pi \models (\Phi \wedge \neg\Psi) \mathsf{U} (\neg\Phi \wedge \neg\Psi)$$

对于第一种情况, 反例是一个以下形式的初始路径片段:

$$\underbrace{s_0 s_1 \cdots s_{n-1} \underbrace{s_n s'_1 s'_2 \cdots s'_r}_{\text{环路}}}_{\text{满足 } \Phi \wedge \neg\Psi}, \text{ 其中 } s_n = s'_r$$

对于第二种情况, 以形如

$$\underbrace{s_0 s_1 \cdots s_{n-1}}_{\text{满足 } \Phi \wedge \neg\Psi} s_n, \text{ 其中 } s_n \models \neg\Phi \wedge \neg\Psi$$

的初始路径片段作为反例. 通过分析有向图 $G = (S, E)$ 可确定反例, 此处

$$E = \{(s, s') \in S \times S \mid s' \in \mathrm{Post}(s) \wedge s \models \Phi \wedge \neg\Psi\}$$

首先要确定 G 的强连通分支. G 中任何从初始状态 $s_0 \in S$ 到非平凡强连通分支 C 的路径提供以下形式的反例:

$$s_0 s_1 \cdots s_n \underbrace{s'_1 s'_2 \cdots s'_r}_{\in C}, \text{ 其中 } s_n = s'_r$$

G 中任何从初始状态 s_0 到平凡强连通分支

$$C = \{s'\}, \text{ 其中 } s' \not\models \Psi$$

的路径提供形如 $s_0 s_1 \cdots s_n$ 的反例, 其中 $s_n \models \neg\Phi \wedge \neg\Psi$.

总是运算符 满足以下条件的初始路径片段 $s_0 s_1 \cdots s_n$ 是公式 $\varphi = \Box\Phi$ 的反例: 当 $0 \leqslant i < n$ 时 $s_i \models \Phi$, 且 $s_n \not\models \Phi$. 可用从 $\neg\Phi$ 状态开始的后向搜索来确定反例.

公式 $\varphi = \Box\Phi$ 的证据由如下形式的初始路径片段组成:

$$\underbrace{s_0 s_1 \cdots s_n s'_1 s'_2 \cdots s'_r}_{\text{满足 } \Phi}, \text{ 其中 } s_n = s'_r$$

在有向图 $G = (S, E)$ 中的一个简单的环路搜索就可确定证据, 其中边集 E 由从 Φ 状态开始的迁移组成, 即 $E = \{(s, s') \mid s' \in \mathrm{Post}(s) \wedge s \models \Phi\}$.

例 6.14　反例与基于信号的互斥

回忆以二进制信号 y 解决竞争的双进程互斥算法 (见例 3.4). 为方便起见, 图 6.18 给出了该算法的迁移系统 TS_{Sem}. 考虑 $\text{AP} = \{c_1, c_2, n_1, n_2, w_1, w_2\}$ 上的 CTL 公式:

$$\forall(\underbrace{((n_1 \wedge n_2) \vee w_2)}_{\Phi} \mathsf{U} \underbrace{c_2}_{\Psi})$$

它表示进程 P_2 一旦开始等待进入关键节段就终将获准进入.

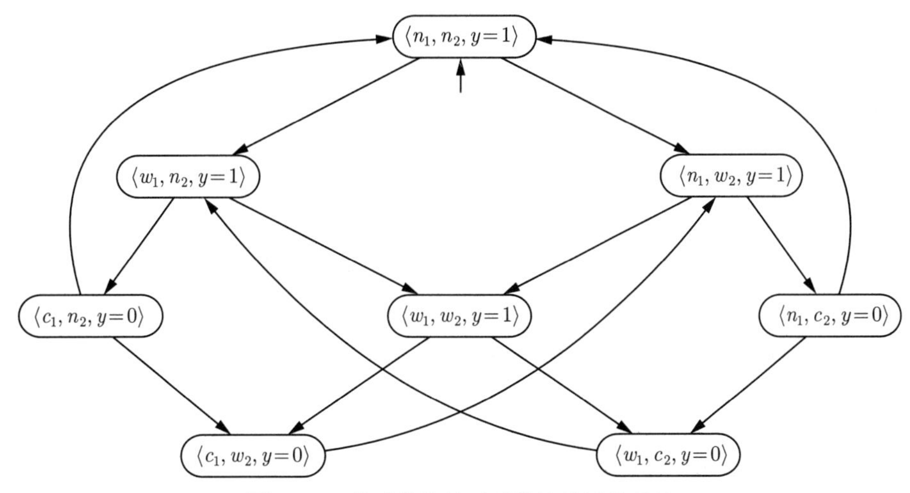

图 6.18　基于信号的互斥算法的迁移系统

注意, TS_{Sem} 的状态标记可以直接从状态信息获得. 易见, TS_{Sem} 驳倒该 CTL 公式. 可用如下方法确定反例. 首先, 用以满足 $\Phi \wedge \neg\Psi$ 的状态为起点的边确定图 G. 这意味着删除从使得 $s \models \neg((n_1 \wedge n_2) \vee w_2) \vee c_2$ 的状态 s 开始的边. 这就产生了图 6.19 所示的图. 图 G 只含一个从 TS_{Sem} 的初始状态可达的非平凡强连通分支 C. 初始路径片段

$$\langle n_1, n_2, y=1\rangle \underbrace{\langle n_1, w_2, y=1\rangle\langle w_1, w_2, y=1\rangle\langle c_1, w_2, y=0\rangle}_{\in C}$$

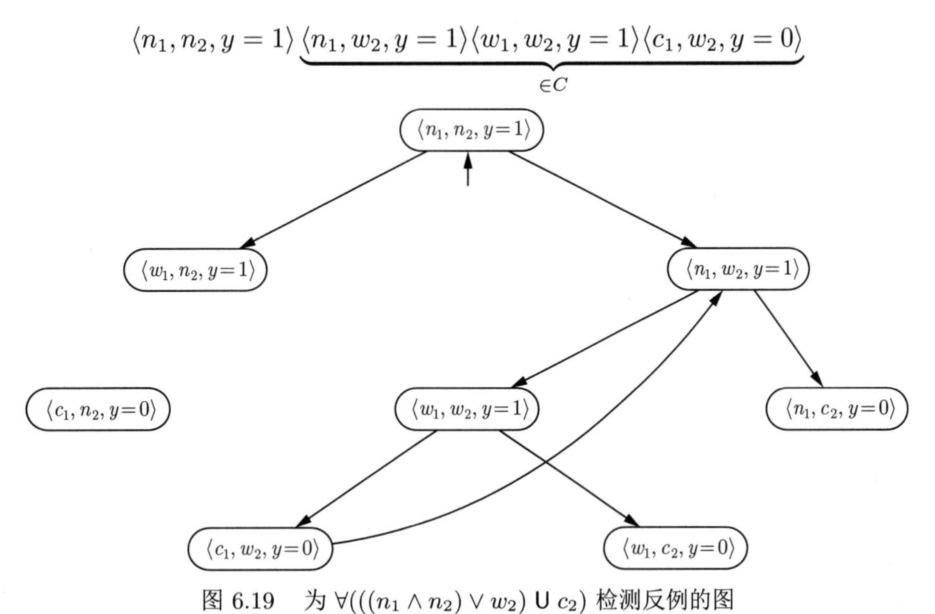

图 6.19　为 $\forall(((n_1 \wedge n_2) \vee w_2) \mathsf{U}\, c_2)$ 检测反例的图

是反例, 因为它表明 TS_{Sem} 有一条满足 $\Box(((n_1 \wedge n_2) \vee w_2) \wedge \neg c_2)$ 的路径 π, 即永不满足 c_2 的路径.

从初始状态到满足 $\neg c_2$ 的平凡强连通分支的任何路径都是可以替代的反例. 这仅对强连通分支 $\{\langle w_1, n_2, y=1\rangle\}$ 成立. ■

定理 6.11　反例生成的时间复杂度

假设 TS 是具有 N 个状态和 K 个迁移的迁移系统, φ 是 CTL 路径公式. 如果 $TS \not\models \forall\varphi$, 则可在时间 $O(N+K)$ 内确定 TS 关于 φ 的反例. 如果 $TS \models \exists\varphi$, 确定 φ 的证据的时间复杂度也是 $O(N+K)$. ■

6.6.2　公平 CTL 中的反例和证据

在施加 CTL 公平性假设的情况下, 可用与无公平性假设时类似的方法提供证据和反例. 设 fair 是要关注的公平性假设.

下一步运算符　$\pi \models_{\text{fair}} \bigcirc a$ 的证据来自 $\pi \models \bigcirc(a \wedge a_{\text{fair}})$ 的证据. 注意, 因为没有涉及公平性, 所以可像在 CTL 中那样获得后者. $\bigcirc a$ 的反例是 TS 中使得 $\pi \not\models \bigcirc a$ 的公平路径 $\pi = s_0 s_1 s_2 \cdots$ 的前缀. 由于 π 是公平的且 $\pi \not\models \bigcirc a$, 可得 $s_1 \models a_{\text{fair}}$ 且 $s_1 \not\models a$. 因此, $s_1 \not\models a_{\text{fair}} \rightarrow a$. 这样, $\bigcirc(a_{fair} \rightarrow a)$ 在无公平 CTL 中的一个反例就产生 $\bigcirc a$ 关于 $\models_{\text{fair}}$ 的一个反例.

直到运算符　$a \,\mathsf{U}\, a'$ 在公平语义下的证据是 $a \,\mathsf{U}\, (a' \wedge a_{\text{fair}})$ 在标准 CTL 语义下的证据. $a \cup a'$ 在公平语义下的反例要么是 $(a \wedge a') \,\mathsf{U}\, (\neg a \wedge \neg a' \wedge a_{\text{fair}})$ 在通用语义的 $\models$ 之下的证据, 要么是 (下面将解释的) $\Box(a \wedge \neg a')$ 在公平语义下的证据.

总是运算符　对于形如 $\Box a$ 的公式, 公平语义下的反例是满足

$$s_n \models \neg a \wedge a_{\text{fair}} \text{ 且对 } 0 \leqslant i < n,\ s_i \models a$$

的初始路径片段 $s_0 s_1 s_2 \cdots$. 考虑如下形式的强公平性假设:

$$\text{sfair} = \bigwedge_{0<i\leqslant k} (\Box\Diamond a_i \rightarrow \Box\Diamond b_i)$$

$\Box a$ 在 sfair 下的证据是初始路径片段

$$\underbrace{s_0 s_1 \cdots s_n s_1' s_2' \cdots s_r'}_{\models a} \text{ 且 } s_n = s_r'$$

它使得对所有 $0 < i \leqslant k$ 都有

$$\text{Sat}(a_i) \cap \{s_1' s_2' \cdots s_r'\} = \varnothing \text{ 或 } \text{Sat}(b_i) \cap \{s_1' s_2' \cdots s_r'\} \neq \varnothing$$

有向图的强连通分支分析可计算证据, 这个有向图是对 TS 的状态图稍作修改后得到的. 关于公平性条件的个数和状态图的大小 (的乘积), 代价是线性的.

定理 6.12　公平反例生成的时间复杂度

对具有 N 个状态和 K 个迁移的迁移系统 TS、CTL 路径公式 φ 以及有 k 个合取的 CTL 公平性假设, 如果 $TS \not\models_{\text{fair}} \forall\varphi$, 则在时间 $O((N+K)\cdot k)$ 内可确定 φ 在 TS 中的反例. 若 $TS \models \exists\varphi$, 确定 φ 的证据的时间复杂度也是 $O((N+K)\cdot k)$. ■

例 6.15

考虑图 6.11 所示的迁移系统, 并假设所考虑的公式是

$$\text{在公平性约束 sfair} = \square\lozenge(q \wedge r) \rightarrow \square\lozenge\neg(q \vee r) \text{ 下的 } \exists\square(a \vee (b = c))$$

CTL 强公平性约束表明, 只要无限经常地访问状态 s_0 或 s_2, 就要无限经常地访问状态 s_3 或 s_7. 路径 $s_1 s_3 s_0 s_2 s_0$ 是 $\exists\square(a \vee (b = c))$ 在没有任何公平性约束下的证据. 然而, 在 sfair 下不是证据, 因为它无限经常地访问的是 s_0 (和 s_2), 而不是 s_3 或 s_7. 路径 $s_1 s_3 s_0 s_2 s_1$ 在 sfair 下是证据. ■

6.7 符号 CTL 模型检验

到目前为止所描述的 CTL 模型检验过程都依赖于以下假设: 迁移系统要显式地表示为每一状态的前驱和后继的列表. 这种枚举表示不适合很大的迁移系统. 为了应对状态爆炸问题, 可对 CTL 模型检验过程进行符号方式的改造, 直接表示状态集合和迁移集合而非表示单一的状态和迁移. 这种基于集合的方法对 CTL 是很自然的, 因为它的语义和模型检验算法依赖于子式的满足集. 完全基于集合实现 CTL 模型检验算法的可能方法有多种. 最著名的一种方法依赖于状态的二进制编码, 它能够用开关函数识别状态空间的子集和迁移关系的子集. 为了得到开关函数的紧凑表示, 已发展了特殊的数据结构, 如有序二叉决策图. 也可使用开关函数的其他表示形式, 如合取范式等. 它被广泛地应用于所谓的基于 SAT 的模型检验情境中, 在这类情境中可把模型检验问题约简为命题公式的可满足性 (Satisfiability, SAT) 问题. 本节不讨论基于 SAT 的技术, 而是介绍二叉决策图方法的主要思想.

符号方法操作状态集合而不是单个状态, 并且依赖于对迁移系统的开关函数表示. 首先说明符号方法背后的一般思想. 下面, 假设 $\text{TS} = (S, \text{Act}, \rightarrow, I, \text{AP}, L)$ 是一个大而有限的迁移系统. 动作集在这里无关, 因此省略之, 即仅把迁移关系 $\rightarrow$ 看作 $S \times S$ 的子集. 令 $n \geqslant \lceil \log|S| \rceil$ (由于假设的是一个大迁移系统, 所以可以安全地假设 $|S| \geqslant 2$). 选择状态的任意 (单射) 编码 enc: $S \rightarrow \{0,1\}^n$, 它是长度为 n 的位向量. 虽然 enc 可能不是满射, 但假设 $\text{enc}(S) = \{0,1\}^n$ 并无妨碍, 因为所有元素 $(b_1, b_2, \cdots, b_n) \in \{0,1\}^n \setminus \text{enc}(S)$ 可视为伪状态的编码, 它不能从任何真状态 $s \in S$ 达到. 这些伪状态的迁移是任意的. 现在的想法是, 把状态 $s \in S = \text{enc}^{-1}(\{0,1\}^n)$ 等同于编码 $\text{enc}(s) \in \{0,1\}^n$, 并用特征函数 $\chi_T\colon \{0,1\}^n \rightarrow \{0,1\}$ 表示 S 的任何子集 T, 该函数只把 T 中的状态 (的编码) 对应到 1. 类似地, 迁移关系 $\rightarrow \subseteq S \times S$ 可以由布尔函数 $\Delta\colon \{0,1\}^{2n} \rightarrow \{0,1\}$ 表示, 该函数只把具有关系 $s \rightarrow s'$ 的长为 n 的位向量对 (s, s') 映射为 1.

在此编码的基础上, 就可改造 CTL 模型检验过程的算法, 使其运行在 TS 的由 Δ 的二叉决策图和原子命题 $a \in \text{AP}$ 的满足集的特征函数 $\chi_{\text{Sat}(a)}$ 组成的表示上. 本节的其余部分集中说明这种方法. 6.7.1 节概述开关函数的记号与运算. 6.7.2 节讲述用开关函数编码迁移系统及相应的 CTL 模型检验算法的改造. 6.7.3 节概述 (有序) 二叉决策图的主要概念.

6.7.1 开关函数

由于技术原因, 开关函数更适合被看作从某些布尔变量的赋值到 0 或 1 的映射而不是函数 $\{0,1\}^n \rightarrow \{0,1\}$. 当只需要识别共同的变量, 而不是通过位元组中的位置来引用共同

的参数时, 这样做可更简单地定义运算符. 此外, 通过变量名引用开关函数的参数也是二叉决策图的核心.

令 $z_1, z_2, \cdots, z_m$ 是布尔变量, $\text{Var} = \{z_1, z_2, \cdots, z_m\}$. 令 $\text{Eval}(z_1, z_2, \cdots, z_m)$ 表示 $z_1, z_2, \cdots, z_m$ 的赋值的集合, 即函数 $\eta\colon \text{Var} \to \{0,1\}$ 的集合. 赋值记作 $[z_1 = b_1, z_2 = b_2, \cdots, z_m = b_m]$. 经常使用元组记号, 例如 $\overline{z}$ 表示变量元组 $(z_1, z_2, \cdots, z_m)$, $\overline{b}$ 表示位元组 $(b_1, b_2, \cdots, b_m) \in \{0,1\}^m$, $[\overline{z} = \overline{b}]$ 表示赋值 $[z_1 = b_1, z_2 = b_2, \cdots, z_m = b_m]$.

记法 6.1 开关函数

$\text{Var} = \{z_1, z_2, \cdots, z_m\}$ 的开关函数为 $f\colon \text{Eval}(\text{Var}) \to \{0,1\}$. 允许特殊情况 $m = 0$ (即 $\text{Var} = \varnothing$). 变量空集的开关函数就是常数 0 或 1. ■

为了表示出开关函数的变量的基础集合, 常写为 $f(\overline{z})$ 或 $f(z_1, z_2, \cdots, z_m)$ 而不是 f. 当从上下文清楚变量的顺序时, 例如说是 $z_1, z_2, \cdots, z_m$, 往往用简写 $f(b_1, b_2, \cdots, b_m)$ 或 $f(\overline{b})$ 代替 $f([z_1 = b_1, z_2 = b_2, \cdots, z_m = b_m])$ 或 $f([\overline{z} = \overline{b}])$.

对开关函数, 以明确的方式定义析取、合取、取非和其他布尔联结. 例如, 若 f_1 是变量 $\{z_1, z_2, \cdots, z_n, \cdots, z_m\}$ 的开关函数, f_2 是变量 $\{z_n, z_{n+1}, \cdots, z_m, \cdots, z_k\}$ 的开关函数, 其中假定这些 z_i 两两不同且 $0 \leqslant n \leqslant m \leqslant k$, 则 $f_1 \vee f_2$ 是 $\{z_1, z_2, \cdots, z_k\}$ 的开关函数且 $f_1 \vee f_2$ 的值为

$$\begin{aligned}&(f_1 \vee f_2)([z_1 = b_1, z_2 = b_2, \cdots, z_k = b_k]) \\ = {}& \max\{f_1([z_1 = b_1, z_2 = b_2, \cdots, z_m = b_m]), f_2([z_n = b_n, z_{n+1} = b_{n+1}, \cdots, z_k = b_k])\}\end{aligned}$$

简单地用 z_i 表示投影函数 $pr_{z_i}\colon \text{Eval}(\overline{z}) \to \{0,1\}$, $pr_{z_i}([\overline{z} = \overline{b}]) = b_i$, 它们是用 0 或 1 的表示常值开关函数. 在这些记法下, 开关函数可由变量 z_i (看作投影函数) 和常数的布尔联结来表示. 例如, $z_1 \vee (z_2 \wedge \neg z_3)$ 代表一个开关函数.

记法 6.2 余子式和基本变量

令 $f\colon \text{Eval}(z, y_1, y_2, \cdots, y_m) \to \{0,1\}$ 是一个开关函数, f 对于变量 z 的正余子式是开关函数 $f|_{z=1}\colon \text{Eval}(z, y_1, y_2, \cdots, y_m) \to \{0,1\}$, 它由

$$f|_{z=1}(\mathfrak{c}, b_1, b_2, \cdots, b_m) = f(1, b_1, b_2, \cdots, b_m)$$

给出, 其中位元组 $(\mathfrak{c}, b_1, b_2, \cdots, b_m) \in \{0,1\}^{m+1}$ 是 $[z = \mathfrak{c}, y_1 = b_1, y_2 = b_2, \cdots, y_m = b_m]$ 的简写. 类似地, f 对于变量 z 的负余子式是由 $f|_{z=0}(\mathfrak{c}, b_1, b_2, \cdots, b_m) = f(0, b_1, b_2, \cdots, b_m)$ 给出的开关函数 $f|_{z=0}\colon \text{Eval}(z, y_1, y_2, \cdots, y_m) \to \{0,1\}$. 如果 f 是 $\{z_1, z_2, \cdots, z_k, y_1, y_2, \cdots, y_m\}$ 的开关函数, 那么, 迭代余子式 (简称余子式) 记为 $f|_{z_1=b_1, z_2=b_2, \cdots, z_k=b_k}$, 由下式给出:

$$f|_{z_1=b_1, z_2=b_2, \cdots, z_k=b_k} = (\cdots(f|_{z_1=b_1})|_{z_2=b_2}\cdots)|_{z_k=b_k}$$

若 $f|_{z=0} \neq f|_{z=1}$, 则称变量 z 对 f 是基本的, 即 z 是 f 的基本变量. ■

对于 $f = f(z_1, z_2, \cdots, z_k, y_1, y_2, \cdots, y_m)$, $f|_{z_1=b_1, z_2=b_2, \cdots, z_k=b_k}$ 的值由

$$f|_{z_1=b_1, z_2=b_2, \cdots, z_k=b_k}(\mathfrak{c}_1, \mathfrak{c}_2, \cdots, \mathfrak{c}_k, a_1, a_2, \cdots, a_m) = f(b_1, b_2, \cdots, b_k, a_1, a_2, \cdots, a_m)$$

给出, 其中, $(\mathfrak{c}_1, \mathfrak{c}_2, \cdots, \mathfrak{c}_k, a_1, a_2, \cdots, a_m)$ 等同于赋值 $[z_1 = \mathfrak{c}_1, z_2 = \mathfrak{c}_2, \cdots, z_k = \mathfrak{c}_k, y_1 = a_1, y_2 = b_2, \cdots, y_m = a_m]$. 因此, (迭代) 余子式的定义与单个变量的余子式的顺序无关, 即, 对于 $(1, 2, \cdots, k)$ 的每一个排列 $(i_1, i_2, \cdots, i_k)$ 都有

$$f|_{z_1=b_1, z_2=b_2, \cdots, z_k=b_k} = (\cdots(f|_{z_{i_1}=b_{i_1}})|_{z_{i_2}=b_{i_2}} \cdots)|_{z_{i_k}=b_{i_k}}$$

显然, 变量 z 对余子式 $f|_{z=0}$ 和 $f|_{z=1}$ 不是基本的. 因此, 若 f 是 Var 的开关函数, 则至多 $\text{Var} \setminus \{z_1, z_2, \cdots, z_k\}$ 中的变量对 $f|_{z_1=b_1, z_2=b_2, \cdots, z_k=b_k}$ 是基本的.

例 6.16　*余子式和基本变量*

考虑由 $(z_1 \vee \neg z_2) \wedge z_3$ 给出的开关函数 $f(z_1, z_2, z_3)$. 那么 $f|_{z_1=1} = z_3$ 和 $f|_{z_1=0} = \neg z_2 \wedge z_3$. 特别地, z_1 对于 f 是基本的.

如果固定变量集 $\{z_1, z_2, z_3\}$, 则变量 z_2 和 z_3 对于投影函数 $pr_{z_1} = z_1$ 不是基本的. 事实上, 有 $z_1|_{z_2=0} = z_1|_{z_2=1} = z_1$. 变量 z_1 对投影函数 z_1 是基本的, 因为有 $z_1|_{z_1=1} = 1$ 而 $z_1|_{z_1=0} = 0$.

再看另一个例子, 变量 z_1 和 z_2 对 $f(z_1, z_2, z_3) = z_1 \vee \neg z_2 \vee (z_1 \wedge z_2 \wedge \neg z_3)$ 是基本的; 而 z_3 不是, 因为 $f|_{z_3=1} = z_1 \vee \neg z_2$ 与 $f|_{z_3=0} = z_1 \vee \neg z_2 \vee (z_1 \wedge z_2)$ 一致. ■

引理 6.6 可把 f 分解成它的余子式. 这个简单的发现依赖于以下事实：对于 z 的值为 0 的任何赋值, $f(z, \overline{y})$ 的值与 $f|_{z=0}$ 在 $\overline{y}$ 的相同赋值下的值相等. 类似地, $f([z = 1, \overline{y} = \overline{b}]) = f|_{z=1}([\overline{y} = \overline{b}])$.

引理 6.6　*香农展开*

如果 f 是 Var 的开关函数, 那么对于每一个变量 $z \in \text{Var}$, 有

$$f = (\neg z \wedge f|_{z=0}) \vee (z \wedge f|_{z=1})$$ ■

香农展开的简单推论是 z 对 f 不是基本的当且仅当 $f = f|_{z=0} = f|_{z=1}$.

注记 6.7　*二叉决策树*

香农展开与开关函数的**二叉决策树**表示之间具有天然的联系. 给定对某个变量集 Var 的开关函数 f, 首先固定 Var 中变量的任意顺序 $z_1, z_2, \cdots, z_m$, 然后用高度为 m 的二叉树表示 f, 并使得第 i 层内部节点的两条出边分别代表 $z_i = 0$ (用虚线表示) 和 $z_i = 1$ (用实线表示). 因此, 树中从根到叶的路径代表赋值及其对应的函数值. 叶代表函数 f 的值 0 或 1. 即, 对给定赋值 $s = [z_1 = b_1, z_2 = b_2, \cdots, z_m = b_m]$, 从根开始穿过树, 对第 i 层的节点采用 $z_i = b_i$ 的分支, 那么 $f(s)$ 就是这条路的终止节点的值. f 的二叉决策树的节点 v 的子树和变量顺序 $z_1, z_2, \ldots, z_m$ 产生迭代余子式 $f|_{z_1=b_1, z_2=b_2, \cdots, z_{i-1}=b_{i-1}}$ 的表示 (视为 $\{z_i, z_2, \cdots, z_m\}$ 的开关函数), 其中 $z_1 = b_1, z_2 = b_2, \cdots, z_{i-1} = b_{i-1}$ 是沿从根到节点 v 的路径所做的决策的序列.

图 6.20 给出了 $f(z_1, z_2, z_3) = z_1 \wedge (\neg z_2 \vee z_3)$ 的二叉决策树. 从变量 z 的内部节点开始的虚线边表示 $z = 0$ 的情况, 实线边表示 $z = 1$ 的情况. ■

后面内容需要的开关函数的运算符是变量的存在量词和更名运算符.

记法 6.3　*存在量词和全称量词*

令 f 是 Var 的开关函数且 $z \in \text{Var}$, 那么, $\exists z.f$ 是由下式给定的开关函数:

$$\exists z.f = f|_{z=0} \vee f|_{z=1}$$

若 $\overline{z} = (z_1, z_2, \cdots, z_k)$ 且对 $1 \leqslant i \leqslant k$ 有 $z_i \in \text{Var}$, 则 $\exists \overline{z}.f$ 是 $\exists z_1.\exists z_2.\cdots.\exists z_k.f$ 的简写. 类似地定义全称量词

$$\forall z.f = f|_{z=0} \wedge f|_{z=1}$$

以及 $\forall \overline{z}.f = \forall z_1.\forall z_2.\cdots.\forall z_k.f$. ■

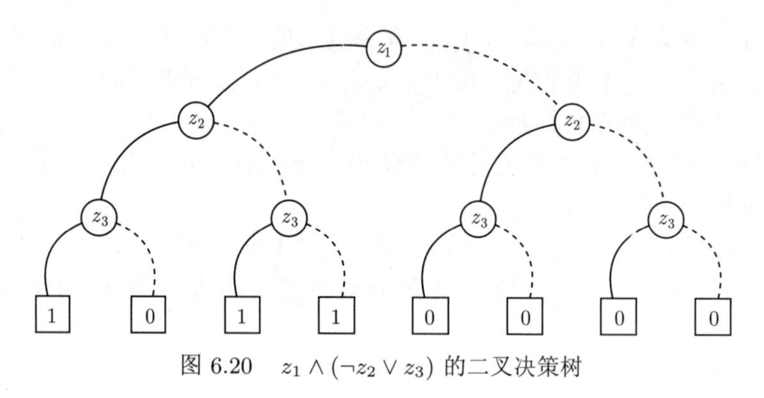

图 6.20 $z_1 \wedge (\neg z_2 \vee z_3)$ 的二叉决策树

例如, 若 $f(z, y_1, y_2)$ 由 $(z \vee y_1) \wedge (\neg z \vee y_2)$ 给定, 则

$$\exists z.f = f|_{z=0} \vee f|_{z=1} = y_1 \vee y_2$$

$$\forall z.f = f|_{z=0} \wedge f|_{z=1} = y_1 \wedge y_2$$

更名运算符就是简单地把一些变量换为另一些变量. 例如, 在 $f(z, x) = \neg z \vee x$ 中, 将变量 z 更名为 y, 得到开关函数 $\neg y \vee x$. 形式地:

记法 6.4 更名运算符[译注 79]

令 $\overline{z} = (z_1, z_2, \cdots, z_m)$, $\overline{y} = (y_1, y_2, \cdots, y_m)$ 是相同长度的变量元组, 并且令 $\overline{x} = (x_1, x_2, \cdots, x_k)$ 是另一个不包含变量 y_i 或 z_i 中的任何一个的变量元组. 对于赋值 $s = [\overline{y} = \overline{b}] \in \text{Eval}(\overline{y}, \overline{x})$, $s\{\overline{z} \leftarrow \overline{y}\}$ 表示 $\text{Eval}(\overline{z}, \overline{x})$ 中的赋值, 它是变量更名函数

$$\text{对 } 1 \leqslant i \leqslant m,\ y_i \mapsto z_i$$

与赋值 s 的合成. 即, $s\{\overline{z} \leftarrow \overline{y}\}$ 与 s 对 $\overline{x}$ 中的变量赋值相同, $s\{\overline{z} \leftarrow \overline{y}\}$ 给 z_i 的赋值与 s 给 y_i 的赋值 $b_i \in \{0, 1\}$ 相同.

给定开关函数 $f\colon \text{Eval}(\overline{z}, \overline{x}) \to \{0, 1\}$, 则开关函数 $f\{\overline{y} \leftarrow \overline{z}\}\colon \text{Eval}(\overline{y}, \overline{x}) \to \{0, 1\}$ 由下式给定:

$$f\{\overline{y} \leftarrow \overline{z}\}(s) = f(s\{\overline{z} \leftarrow \overline{y}\})$$

即 $f\{\overline{y} \leftarrow \overline{z}\}([\overline{y} = \overline{b}, \overline{x} = \overline{\mathfrak{c}}]) = f([\overline{z} = \overline{b}, \overline{x} = \overline{\mathfrak{c}}])$. 如果能从上下文确定是哪一个变量更名, 则可将 $f\{\overline{y} \leftarrow \overline{z}\}(\overline{y}, \overline{x})$ 简写为 $f(\overline{y}, \overline{x})$. ■

6.7.2 用开关函数编码迁移系统

在介绍了开关函数后, 再回到迁移系统 $\text{TS} = (S, \text{Act}, \to, I, \text{AP}, L)$ 的符号表示问题. 上面提到, 动作集对于本节的目的是无关紧要的, 因此省略. 对于状态 $s \in S$ 的编码, 使用 n 个布尔变量 $x_1, x_2, \cdots, x_n$ 并且把任一赋值 $[x_1 = b_1, x_2 = b_2, \cdots, x_n = b_n] \in \text{Eval}(\overline{x})$ 看

作使得 $\text{enc}(s) = (b_1, b_2, \cdots, b_n)$ 的唯一状态 $s \in S$. 接下来, 假设 $S = \text{Eval}(\overline{x})$. 给定 S 的子集 B, 那么 B 的特征函数 $\chi_B\colon S \to \{0,1\}$ 把 1 指定给所有状态 $s \in B$, 把 0 指定给所有状态 $s \notin B$. 因为假设 $S = \text{Eval}(\overline{x})$, 故特征函数就是如下开关函数:

$$\chi_B\colon \text{Eval}(\overline{x}) \to \{0,1\},\ \chi_B(s) = \begin{cases} 1 & 若\ s \in B \\ 0 & 否则 \end{cases}$$

特别地, 对于任何原子命题 $a \in \text{AP}$, 满足集合 $\text{Sat}(a) = \{s \in S \mid s \models a\}$ 可由 $\overline{x}$ 的开关函数 $f_a = \chi_{\text{Sat}(a)}$ 表示, 这样就得到了标记函数的符号表示: 用 $\overline{x}$ 的一组开关函数 $(f_a)_{a\in\text{AP}}$ 表示.

迁移关系 $\to \subseteq S \times S$ 的符号表示也用同样的想法, 把 $\to$ 看作特征函数 $S \times S \to \{0,1\}$, 其中, 状态对子 (s,t) 的函数值为 1 当且仅当 $s \to t$. 形式上, 用变量元组 $\overline{x} = (x_1, x_2, \cdots, x_n)$ 编码迁移的开始状态, $\overline{x}$ 的摹本 $\overline{x}' = (x_1', x_2', \cdots, x_n')$ 编码目标状态, 即, 对每个变量 x_i, 都引入一个新的变量 x_i'. 变量 x_i 用于编码当前状态, 而变量 x_i' 用于编码下一状态. 然后, 把 TS 的迁移关系 $\to$ 看作开关函数

$$\varDelta\colon \text{Eval}(\overline{x}, \overline{x}') \to \{0,1\},\ \Delta(s, t\{\overline{x}' \leftarrow \overline{x}\}) = \begin{cases} 1 & 若\ s \to t \\ 0 & 否则 \end{cases}$$

其中s 和 t 是状态空间 $S = \text{Eval}(\overline{x})$ 的元素, $\varDelta(s, t\{\overline{x}' \leftarrow \overline{x}\})$[译注 80] 中的第二个参数 $t\{\overline{x}' \leftarrow \overline{x}\}$ 是对 $\overline{x}'$ 的赋值, 它给变量 x_i' 指定的值 (1 或 0) 与 t 给变量 x_i 指定的值相同 (参见记法 6.4).

例 6.17　迁移关系的符号表示

假设迁移系统 TS 有两个状态 s_0 和 s_1 以及 3 个迁移 $s_0 \to s_0$、$s_0 \to s_1$ 和 $s_1 \to s_0$, 那么, 编码需要单个布尔变量 $x_1 = x$. 例如, 用 0 标识 s_0, 用 1 标识 s_1. 由

$$\Delta = \neg x \vee \neg x'$$

定义的开关函数 $\varDelta\colon \text{Eval}(x, x') \to \{0,1\}$ 表示迁移关系 $\to$. 让我们看看为什么. 适合开关函数 $\varDelta$ 的赋值是 $[x = 0, x' = 0], [x = 0, x' = 1]$ 和 $[x = 1, x' = 0]$. 前两个赋值 (其中 $x = 0$) 表示从状态 $s_0 = 0$ 开始的两个迁移, 而 $[x = 1, x' = 0]$ 表示迁移 $s_1 \to s_0$. ■

例 6.18　环形系统的符号表示

考虑有 k 个状态 $\{s_0, s_1, \cdots, s_{k-1}\}$ 的迁移系统 TS, 其中 $k = 2^n$. 该系统的 k 个状态组成环形, 即, TS 的迁移为

$$s_i \to s_{(i+1) \bmod k},\ 其中\ 0 \leqslant i < k$$

用状态 s_i 的下标 i 的二进制编码作为标识此状态的编码. 例如 $k = 16$ 时 $n = 4$, 状态 s_1 用 0001 标识, 状态 s_{10} 用 1010 标识, 状态 s_{15} 用 1111 标识. 使用布尔变量 $x_1, x_2, \cdots, x_n$, 其中 x_n 表示最高 (二进制) 位 $\left(即赋值\ [x_n = b_n, x_{n-1} = b_{n-1}, \cdots, x_1 = b_1]\ 代表状态\ \sum\limits_{1\leqslant i\leqslant n} b_i 2^{i-1}\right)$. 那么, $\varDelta$ 有 $2n$ 个变量, 即变量 $x_1, x_2, \cdots, x_n$ 及其摹本 $x_1', x_2', \cdots, x_n'$. 开关

函数 $\Delta(\overline{x}, \overline{x}')$ 的值由下式[译注 81] 给定:

$$\bigwedge_{1\leqslant i\leqslant n}\Big((x_1\wedge x_2\wedge\cdots\wedge\neg x_i\to x_1'\wedge x_2'\wedge\cdots\wedge x_i')\wedge\bigwedge_{i<j\leqslant n}(x_j\leftrightarrow x_j')\Big)$$
$$\wedge(x_1\wedge x_2\wedge\cdots\wedge x_n\to\neg x_1'\wedge x_2'\wedge\cdots\wedge\neg x_n')$$

集合 $B=\{s_{2i}\mid 0\leqslant i<2^{n-1}\}$ 由开关函数 $\chi_B(\overline{x})=\neg x_1$ [译注 82] 给出. ■

若已知开关函数 Δ 和状态 $s\in S=\mathrm{Eval}(\overline{x})$, 则后继的集合 $\mathrm{Post}(s)=\{s'\in S\mid s\to s'\}$ 可通过指定 $\overline{x}$ 的赋值为 s 由 Δ 得到. 更准确地说, 如果 $s=[x_1=b_1,x_2=b_2,\cdots,x_n=b_n]$, 那么 $\mathrm{Post}(s)$ 的开关函数 $\chi_{\mathrm{Post}(s)}$ 由 Δ 通过构建关于变量 $x_1,x_2,\cdots,x_n$ 和值 $b_1,b_2,\cdots,b_n$ 的余子式得到

$$\chi_{\mathrm{Post}(s)}=\Delta|_s\{\overline{x}\leftarrow\overline{x}'\}$$

其中, $\Delta|_s$ 代表迭代余子式 $\Delta|_{x_1=b_1,x_2=b_2,\cdots,x_n=b_n}$. 因为 $\Delta|_s$ 是 $\{x_1'x_2'\cdots x_n'\}$ 的开关函数, 更名运算符 $\{\overline{x}\leftarrow\overline{x}'\}$ 产生 $\mathrm{Post}(s)$ 的使用变量 $x_1x_2\cdots x_n$ 的表示.

例 6.19

对于例 6.17 中的简单系统, 后继集合 $\mathrm{Post}(s_0)=\{s_0,s_1\}$ 可由下式得到

$$\Delta|_{x=0}\{x\leftarrow x'\}=\underbrace{(\neg x\vee\neg x')|_{x=0}}_{=1}\{x\leftarrow x'\}=1$$

它反映以下事实：在把 s_0 看作 $[x=0]$, 把 s_1 看作 $[x=1]$ 后, s_0 的后继集合是 $\mathrm{Eval}(x)=\{s_0,s_1\}$, 并且它的特征函数是常数 1. 对于状态 $s_1=[x=1]$, 后继集合的符号表示 $\mathrm{Post}(s_1)=\{s_0\}=\{[x=0]\}$ 由下式得到

$$\Delta|_{x=1}\{x\leftarrow x'\}=\underbrace{(\neg x\vee\neg x')|_{x=1}}_{=\neg x'}\{x\leftarrow x'\}=\neg x$$ ■

注记 6.8 符号复合运算符

正如第 2 章所述, 任何算法验证技术可行的一项重要内容是自动用运算符从表示并发进程的几个小迁移系统 $\mathrm{TS}_1,\mathrm{TS}_2,\cdots,\mathrm{TS}_m$ 构造要分析的大迁移系统. 假设在处理中有迁移系统 $\mathrm{TS}_1,\mathrm{TS}_2,\cdots,\mathrm{TS}_m$ 的开关函数 $\Delta_1,\Delta_2,\cdots,\Delta_m$ 的适当表示. 若 TS 由 TS_1, $\mathrm{TS}_2,\cdots,\mathrm{TS}_m$ 通过同步积运算符得到, 那么, TS 的迁移关系由

$$\Delta(\overline{x}_1,\overline{x}_2,\cdots,\overline{x}_m,\overline{x}_1',\overline{x}_2',\cdots,\overline{x}_m')=\bigwedge_{1\leqslant i\leqslant n}\Delta_i(\overline{x}_i,\overline{x}_i')$$

给出, 其中 $\overline{x}_i$ 表示给 TS_i 的状态进行编码的变量元组. 之所以有上面的等式是因为 $\mathrm{TS}=\mathrm{TS}_1\otimes\mathrm{TS}_2\otimes\cdots\otimes\mathrm{TS}_m$ 的每一个迁移 $\langle s_1,s_2,\cdots,s_m\rangle\to\langle s_1',s_2',\cdots,s_m'\rangle$ 是由 TS_i 中的各个迁移 $s_i\to s_i'$ 合成的. 另一种极端情况是：假设 $\mathrm{TS}=\mathrm{TS}_1\,|||\,\mathrm{TS}_2\,|||\cdots|||\,\mathrm{TS}_m$ 由 TS_i 的 (没有同步和通信的) 交错运算符产生. 那么

$$\Delta(\overline{x}_1,\overline{x}_2,\cdots,\overline{x}_m,\overline{x}_1',\overline{x}_2',\cdots,\overline{x}_m')=\bigvee_{1\leqslant i\leqslant n}\left(\Delta_i(\overline{x}_i,\overline{x}_i')\wedge\bigwedge_{\substack{1\leqslant j\leqslant m\\ i\neq j}}\overline{x}_j=\overline{x}_j'\right)$$

此处, 对于 $\overline{x}_j = (x_{1,j}, x_{2,j}, \cdots, x_{n_j,j})$ 和 $\overline{x}'_j = (x'_{1,j}, x'_{2,j}, \cdots, x'_{n_j,j})$, 将 $\bigwedge_{1 \leqslant k \leqslant n_j} (x_{k,j} \leftrightarrow x'_{k,j})$ 简记为 $\overline{x}_j = \overline{x}'_j$. Δ 的上述等式的依据是, TS 的每个迁移都具有以下形式:

$$\langle s_1, \cdots, s_{i-1}, s_i, s_{i+1}, \cdots, s_m \rangle \rightarrow \langle s_1, \cdots, s_{i-1}, s'_i, s_{i+1}, \cdots, s_m \rangle$$

其中仅有一个迁移系统发生迁移 $s_i \rightarrow s'_i$, 而其余的系统都保持不变. 并行运算符 $\|_H$ 对 H 之外的动作是交错语义而对 H 内的动作是同步语义, 需要上述公式 Δ 的组合. 事实上, 在这里需要 TS_i 的迁移关系连同迁移的动作的细化表示, 即一个使用开关函数 $\Delta_i(\overline{x}_i, \overline{z}, \overline{x}'_i)$ 的表示, 其中变量元组 $\overline{z}$ 用于编码动作名称. 若 $m = 2$, 迁移系统 $\text{TS} = \text{TS}_1 \|_H \text{TS}_2$ 的开关函数 $\Delta(\overline{x}_1, \overline{x}_2, \overline{x}'_1, \overline{x}'_2)$ 为[译注 83]

$$\begin{aligned}\exists \overline{z}.\Big(& (\chi_H(\overline{z}) \wedge \Delta_1(\overline{x}_1, \overline{z}, \overline{x}'_1) \wedge \Delta_2(\overline{x}_2, \overline{z}, \overline{x}'_2)) \vee \\ & (\neg\chi_H(\overline{z}) \wedge \Delta_1(\overline{x}_1, \overline{z}, \overline{x}'_1) \wedge \overline{x}_2 = \overline{x}'_2) \vee \\ & (\neg\chi_H(\overline{z}) \wedge \Delta_2(\overline{x}_2, \overline{z}, \overline{x}'_2) \wedge \overline{x}_1 = \overline{x}'_1) \Big)\end{aligned}$$

若 TS 是程序图或通道系统的迁移系统, 则布尔变量用于位置、变量的可能值和通道内容的编码. 动作的效果也必须用这些变量重写. ■

如果已知开关函数 $\Delta(\overline{x}, \overline{x}')$ 与某个状态集 B 的特征函数 $\chi_B(\overline{x})$, 就可以描述基于 BFS 的后向可达性分析, 以在开关函数的基础上计算 $\text{Pre}^*(B) = \{s \in S \mid s \models \exists\Diamond B\}$ 中的所有状态. 先从开关函数 $f_0 = \chi_B$ 开始, 它刻画 $T_0 = B$. 然后, 计算

$$T_{j+1} = T_j \cup \{s \in S \mid \exists s' \in S \text{ 使得 } s' \in \text{Post}(s) \wedge s' \in T_j\}$$

的特征函数 $f_{j+1} = \chi_{T_{j+1}}$. 条件 "$\exists s' \in S$ 使得 $s' \in \text{Post}(s)$ 且 $s' \in T_j$" 成立的状态 s 的集合由开关函数

$$\exists \overline{x}'. (\underbrace{\Delta(\overline{x}, \overline{x}')}_{s' \in \text{Post}(s)} \wedge \underbrace{f_j(\overline{x}')}_{s' \in T_j})$$

给出. 前面讲过, $f_j(\overline{x}')$ 只是 $f_j\{\overline{x}' \leftarrow \overline{x}\}(\overline{x}')$[译注 84] 的简写, 即, 从 f_j 通过对每一 $1 \leqslant i \leqslant n$ 将变量 x_i 更名为变量 x'_i 得到. 如算法 6.8 所示, 对于 S 的子集 B 和 C, 可以很容易地使这种基于 BFS 的技术适用于处理条件可达性 $\exists(C \text{ U } B)$.

算法 6.8　$\text{Sat}(\exists(C \text{ U } B))$ 的符号计算

$f_0(\overline{x}) := \chi_B(\overline{x})$;
$j := 0$;
repeat
　$f_{j+1}(\overline{x}) := f_j(\overline{x}) \vee (\chi_C(\overline{x}) \wedge \exists \overline{x}'. (\Delta(\overline{x}, \overline{x}') \wedge f_j(\overline{x}')))$;[译注 85]
　$j := j + 1$
until $f_j(\overline{x}) = f_{j-1}(\overline{x})$;
return $f_j(\overline{x})$.

如果只关心一步前驱, 即形为 $\exists\bigcirc B$ 的性质, 就不需要迭代, 而且, 满足 $\text{Post}(s) \cap B \neq \varnothing$ 的状态 $s \in S$ 的集合的特征函数由下式给出:

$$\exists \overline{x}'.(\underbrace{\Delta(\overline{x},\overline{x}')}_{s'\in \mathrm{Post}(s)} \wedge \underbrace{\chi_B(\overline{x}')}_{s'\in B})$$

类似地, 可用符号方式计算由下述状态组成的集合 $\mathrm{Sat}(\exists\Box B)$: 它们有一条全部由 B 中状态组成的无限路径. 这里, 如算法 6.8 所示, 使用符号方式的迭代 $T_0 = B$ 和

$$T_{j+1} = T_j \cap \{s \in S \mid \exists s' \in S \text{ 使得 } s' \in \mathrm{Post}(s) \wedge s' \in T_j\}$$

可以计算满足以下条件的最大集合 $T \subseteq B$: 对所有 $t \in T$ 都有 $\mathrm{Post}(t) \cap T \neq \varnothing$.

这些思考表明 CTL 模型检验问题, 即 CTL 公式 Φ 对 TS 是否成立, 可以通过开关函数 f_Ψ 符号式地解决, 其中 f_Ψ 表示 Φ 的子式 Ψ 的满足集 $\mathrm{Sat}(\Psi)$. 假定已知原子命题 $a \in \mathrm{AP}$ 的满足集 f_a. 状态集的并集、交集和补集对应于开关函数的析取、合取和取非. 例如, $\Psi_1 \wedge \neg\Psi_2$ 的满足集由 $f_{\Psi_1} \wedge \neg f_{\Psi_2}$ 得到. 算法 6.8 和算法 6.9 概括的技术能够处理公式 $\exists(\Psi_1 \,\mathsf{U}\, \Psi_2)$ 和 $\exists\Box\Psi$. 为了处理全部 CTL, 可把 CTL 公式转换为等价的 CTL 存在范式, 也可对于 $\forall(\Phi \,\mathsf{U}\, \Psi)$ 这样的含全称量词的公式使用类似的符号算法.

算法 6.9 $\mathrm{Sat}(\exists\Box B)$ 的符号计算

$f_0(\overline{x}) := \chi_B(\overline{x})$;
$j := 0$;
repeat
  $f_{j+1}(\overline{x}) := f_j(\overline{x}) \wedge \exists \overline{x}'.\,(\Delta(\overline{x},\overline{x}') \wedge f_j(\overline{x}'))$;
  $j := j + 1$
until $f_j(\overline{x}) = f_{j-1}(\overline{x})$;
return $f_j(\overline{x})$.

主要挑战是为开关函数寻找合适的数据结构. 此数据结构除了能得到满足集和迁移关系的紧凑表示外, 还须支持布尔联结 (析取、合取和取非) 以及开关函数的比较. 算法 6.8 和算法 6.9 的循环终止判断需要后者.

已经证实二叉决策图在许多应用中都是高效的, 在给出其定义前, 先看看其他潜在的数据结构. 要慎用真值表, 因为对有 n 个变量的开关函数, 它的规模总是 2^n; 二叉决策树也是如此, 因为它们总是有 $2^{n+1}-1$ 个节点. 使用命题逻辑的合取范式或析取范式表示开关函数将导致问题, 检验等价性 (即范式所表示的开关函数是否相等) 代价很高, 即该问题是 coNP 完全的. 而且, 存在具有 m 个基本变量的开关函数 f_m, 其任何使用合取范式的表示的长度都随 m 呈指数级增长; 对析取范式也如此. 然而, 后者不仅仅是合取范式或析取范式的问题, 因为没有数据结构能够对所有开关函数都确保多项式大小的表示. 其原因是, m 个变量 $z_1, z_2, \cdots, z_m$ 的开关函数的个数是 m 的两级指数. 注意, $|\mathrm{Eval}(z_1, z_2, \cdots, z_m)| = 2^m$, 所以, 函数 $\mathrm{Eval}(z_1, z_2, \cdots, z_m) \to \{0, 1\}$ 的个数是 2^{2^m}. 假设对开关函数有一个普适的数据结构 (即这个数据结构能表示任何开关函数) 使得 K_m 是 $z_1, z_2, \cdots, z_m$ 的至多用 2^{m-1} 位表示的开关函数的个数, 那么,

$$K_m \leqslant \sum_{i=0}^{2^{m-1}} 2^i = 2^{2^{m-1}+1} - 1 \;<\; 2^{2^{m-1}+1}$$

但是存在 $z_1, z_2, \cdots, z_m$ 的至少

$$2^{2^m} - 2^{2^{m-1}+1} = 2^{2^{m-1}+1} \cdot (2^{2^m - 2^{m-1} - 1} - 1) = 2^{2^{m-1}+1} \cdot (2^{2^{m-1}-1} - 1)$$

个开关函数, 它们的表示要求超过 2^{m-1} 位. 该计算表明, 不能指望一个数据结构对所有开关函数都高效. 不过, 仍然存在一些数据结构, 它们对实际应用中出现的许多开关函数都能产生紧凑表示. 对于模型检验, 特别是硬件验证领域, 一个已证明非常成功的数据结构是有序二叉决策图 (Ordered Binary Decision Diagram, OBDD). 除了为许多实际迁移系统产生紧凑的表示外, 它还具有如下性质: 布尔联结可在输入 OBDD 的大小的线性时间内实现, (以适当技术实现的) 等值性检验甚至可以在常数时间内完成.

下面阐述有序二叉决策图的一些内容, 它们关系到对利用这些数据结构进行符号模型检验的主要概念的理解. 关于二叉决策图的更多理论、它们的变体与应用等, 可阅读 [134, 180, 292, 300, 418] 等文献. 基于 OBDD 的符号模型检验的细节可参考 [74, 92, 288, 374] 等文献.

6.7.3 有序二叉决策图

有序二叉决策图最初由 Bryant[70] 提出, 它为开关函数生成一个依赖二叉决策树的数据结构, 其大意是跳过二叉决策树的多余片段. 这意味着把常子树 (即所有终止节点具有相同值的子树) 压缩为单个节点, 并把子树同构的节点看作是相同的. 以这种方式, 可以得到出度为 2 的有向无环图, 像在二叉决策树中一样, 内部节点由变量标记并且它们的出边代表对应变量的赋值. 终止节点以函数值标记.

例 6.20　从二叉决策树到 OBDD

在给出有序二叉决策图的正式定义前, 先用函数 $f(z_1, z_2, z_3) = z_1 \wedge (\neg z_2 \vee z_3)$ 解释其主要思想. f 的二叉决策树如图 6.20 所示. 因为根的右子树上的所有终止节点的取值都为 0 (这说明余子式 $f|_{z_1=0}$ 和常值函数 0 等同), 在该子树中对变量 z_2 和 z_3 的内部测试是多余的, 整个子树可用值为 0 的终止节点取代. 类似地, z_3 节点的表示余子式 $f|_{z_1=1,z_2=0} = 1$ 的子树可用值为 1 的终止节点所取代. 这就得到图 6.21(a) 所示的图. 最后, 将所有具有相同值的终止节点合并, 产生图 6.21(b) 所示的图. ■

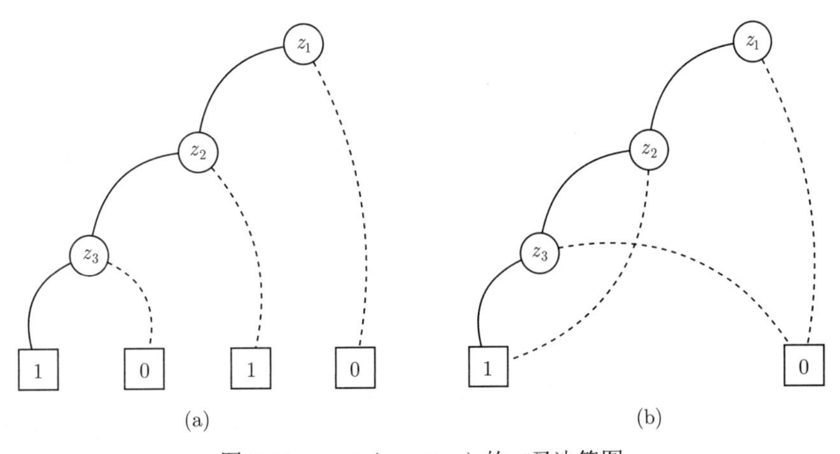

图 6.21　$z_1 \wedge (\neg z_2 \vee z_3)$ 的二叉决策图

例 6.21 从二叉决策树到 OBDD

作为另一个例子, 考虑开关函数 $f = (z_1 \wedge z_3) \vee (z_2 \wedge z_3)$. 图 6.22(a) 是开关函数 f 的二叉决策树. 右侧 z_3 节点的子树是常数, 可由一个终止节点所取代. z_3 节点的以 $f|_{z_1=0,z_2=1}$、$f|_{z_1=1,z_2=0}$ 和 $f|_{z_1=1,z_2=1}$ 为余子式的 3 个子树同构, 因而可压缩. 这就产生了图 6.22(b) 所示的决策图. 但现在以 $f|_{z_1=1}$ 为余子式的 z_2 节点就显得多余了, 因为无论 $z_2 = 0$ 还是 $z_2 = 1$, 都将到达同一个节点. 这允许移除该 z_2 节点并重定向其入边. 这样就产生了图 6.22(c) 所示的二叉决策图. ■

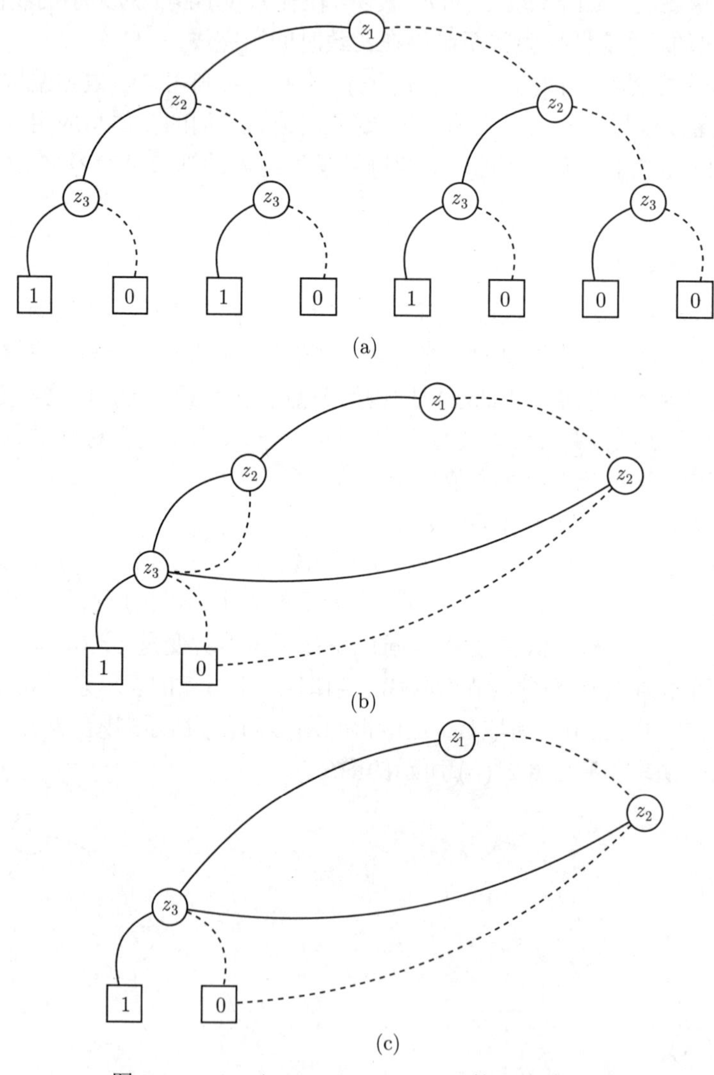

图 6.22 $f = (z_1 \wedge z_3) \vee (z_2 \wedge z_3)$ 的二叉决策图

记法 6.5 变量顺序

令 Var 是变量的有限集合. 任何元组 $\wp = (z_1, z_2, \cdots, z_m)$, 只要它满足 $\text{Var} = \{z_1, z_2, \cdots, z_m\}$ 且对于任何 $1 \leqslant i < j \leqslant m$ 都有 $z_i \neq z_j$, 就称其为 Var 的变量顺序. 把它在 Var 上诱导的全序记作 $<_\wp$. 即, 对于 $\wp = (z_1, z_2, \cdots, z_m)$, Var 上的二元关系 $<_\wp$ 由

$z_i <_\wp z_j$ 给定当且仅当 $i < j$. 记为 $z_i \leqslant_\wp z_j$ iff $z_i <_\wp z_j$ 或 $i = j$. ■

定义 6.11 有序二叉决策图

令 $\wp$ 是 Var 的变量顺序. $\wp$ 有序二叉决策图 ($\wp$-OBDD) 是以下元组:

$$\mathfrak{B} = (V, V_\mathrm{I}, V_\mathrm{T}, \mathrm{succ}_0, \mathrm{succ}_1, \mathrm{var}, \mathrm{val}, v_0)$$

其构成要素如下:

- 节点的有限集 V, 不交地划分为 V_I 和 V_T, V_I 中的节点称为内部节点, 而 V_T 中的节点称为终止节点或漏口.
- 后继函数 succ_0 和 succ_1: $V_\mathrm{I} \to V$, 它们为每个内部节点 v 指定一个 0 后继 $\mathrm{succ}_0(v) \in V$ 和一个 1 后继 $\mathrm{succ}_1(v) \in V$.
- 变量标记函数 var: $V_\mathrm{I} \to \mathrm{Var}$, 给每一内部节点 v 指定一个变量 $\mathrm{var}(v) \in \mathrm{Var}$.
- 值函数 val: $V_\mathrm{T} \to \{0, 1\}$, 它给每个漏口指定一个函数值 0 或 1.
- 根 (节点) $v_0 \in V$.

变量顺序 $\wp$ 与变量标记函数在以下意义上相容: 如果 $\wp = (z_1, z_2, \cdots, z_m)$, 那么对于每个内部节点 v: 若 $\mathrm{var}(v) = z_i$, $w \in \{\mathrm{succ}_0(v), \mathrm{succ}_1(v)\} \cap V_\mathrm{I}$, 则对某个 $j > i$ 有 $\mathrm{var}(w) = z_j$. 而且, 要求每个节点 $v \in V \setminus \{v_0\}$ 至少有一个前驱, 即, 存在某个 $w \in V$ 和某个 $b \in \{0, 1\}$ 使得 $v = \mathrm{succ}_b(w)$. ■

用如下方法可得 $\wp$-OBDD 的基础有向图: 以 V 为节点集, 从节点 v 到 w 有边当且仅当 w 是 v 的后继, 即 $w \in \{\mathrm{succ}_0(v), \mathrm{succ}_1(v)\}$. 定义 6.11 的最后一个条件说明 OBDD 的除根节点外的每个节点都有前驱. 该条件等价于从 OBDD 的根可到达所有节点. OBDD $\mathfrak{B}$ 的大小是 $\mathfrak{B}$ 中节点的个数, 记为 $\mathrm{size}(\mathfrak{B})$.

$\mathfrak{B}$ 的顺序相容性 (即, 若一个节点及其后继都是内部节点, 则在 $\wp$ 中该节点的变量出现在其后继的变量之前) 的等价表述是：对 $\mathfrak{B}$ (的基础图) 中的每条路径 $v_0 v_1 \cdots v_n$ 都有

$$\text{对于 } 1 \leqslant i < n, v_i \in V_\mathrm{I} \text{ 且 } \mathrm{var}(v_0) <_\wp \mathrm{var}(v_1) <_\wp \cdots <_\wp \mathrm{var}(v_n)$$

这里, 对于漏口规定 $\mathrm{var}(v) = \perp$ (未定义), 并用如下方法扩展 $<_\wp$: 对于所有变量 $z \in \mathrm{Var}$, 规定 $z <_\wp \perp$. 即认为 $<_\wp$ 是 $\mathrm{Var} \cup \{\perp\}$ 上的全序, 并把变量标记函数看作函数 var: $V \to \mathrm{Var} \cup \{\perp\}$. 这样就得到 OBDD 的基础有向图是无环的. 特别地, 对于所有内部节点 v 及所有 $b \in \{0, 1\}$ 都有 $v \neq \mathrm{succ}_b(v)$.

图 6.20~图 6.22 中的二叉决策图和树是 OBDD 的例子. 所有这些 OBDD 都依赖变量顺序 $\wp = (z_1, z_2, z_3)$.

在后面的内容中, 会经常把满足 $\mathrm{var}(v) = z$ 的内部节点 v 说成 z 节点. 像 OBDD 的图所显示的那样, 可以认为 OBDD 的节点集 V 分层. 如果使用顺序 $\wp = (z_1, z_2, \cdots, z_m)$, 则 z_i 节点构成第 i 层上的节点. 漏口形成最低层, 而根节点形成最高层.

定义 6.12 OBDD 的语义

令 $\mathfrak{B}$ 是定义 6.11 中的 $\wp$-OBDD, $\mathfrak{B}$ 的语义是 Var 的开关函数 $f_\mathfrak{B}$. 其中, $f_\mathfrak{B}([z_1 = b_1, z_2 = b_2, \cdots, z_m = b_m])$ 是按以下路径所达漏口的值: 从根节点出发, 在每一节点根据赋值 $[z_1 = b_1, z_2 = b_2, \cdots, z_m = b_m]$ 决定走向. 即, 如果当前节点 v 是 z_i 节点, 则选择 v 的 b_i 后继作为下一个节点. ■

定义 6.13 子 OBDD 和节点的开关函数

令 $\mathfrak{B}$ 是 $\wp$-OBDD. 若 v 是 $\mathfrak{B}$ 中的一个节点, 则 v 诱导的子 OBDD 是由 $\mathfrak{B}$ 通过把 v 改为根节点并删除所有从 v 不能到达的节点得到的图, 记作 $\mathfrak{B}_v$. 节点的开关函数是由子 OBDD $\mathfrak{B}_v$ 给定的 Var 的开关函数, 记为 f_v. ■

很明显, 至多是满足 $\text{var}(v) \leqslant_\wp x$ 的变量 x 对 f_v 是基本的, 因为任何满足 $z <_\wp \text{var}(v)$ 的 z 都不出现在子 OBDD 中. 因此, 开关函数 f_v 既可以视为整个变量集 Var 的开关函数, 也可以视为只满足 $\text{var}(v) \leqslant_\wp x$ 的变量 x 的开关函数, 不过, 这一点在此无关紧要. 特别地, 若 v 是 z 节点, 则顺序条件 $z = \text{var}(v) <_\wp \text{var}(\text{succ}_b(v))$ 导致 $f_{\text{succ}_b(v)}|_{z=\mathfrak{c}} = f_{\text{succ}_b(v)}$, 因为变量 z 对 $f_{\text{succ}_b(v)}$ 不是基本的. 而后,

$$
\begin{aligned}
f_v|_{z=0} &= (\neg z \wedge f_{\text{succ}_0(v)})|_{z=0} \vee \underbrace{(z \wedge f_{\text{succ}_1(v)})|_{z=0}}_{=0} \\
&= f_{\text{succ}_0(v)}|_{z=0} = f_{\text{succ}_0(v)}
\end{aligned}
$$

并且类似地有 $f_v|_{z=1} = f_{\text{succ}_1(v)}$. 因此, 香农展开得出了后面的函数 f_v 的自下而上的特征.

引理 6.7 函数 f_v 的自下而上的特征

令 $\mathfrak{B}$ 是 $\wp$-OBDD. 如下确定节点 $v \in V$ 的开关函数 f_v:

- 若 v 是漏口, 则 f_v 是一个值为 $\text{val}(v)$ 的常值开关函数.
- 若 v 是 z 节点, 则 $f_v = (\neg z \wedge f_{\text{succ}_0(v)}) \vee (z \wedge f_{\text{succ}_1(v)})$[译注 86].

另外, 对 $\mathfrak{B}$ 的根 v_0 有 $f_{\mathfrak{B}} = f_{v_0}$. ■

由此可得 $f_v = f_{\mathfrak{B}}|_{z_1=b_1,z_2=b_2,\cdots,z_m=b_m}$, 其中 $[z_1 = b_1, z_2 = b_2, \cdots, z_m = b_m]$ 是可使得从 $\mathfrak{B}$ 的根 v_0 走到 v 的赋值. 事实上, 基于 OBDD 方法的所有概念都依赖于把开关函数分解为余子式. 但是, 只有通过以下方式从 f 得到的余子式才是相关的: 对某个 i 指定 $\wp$ 的前 i 个变量的值.

记法 6.6 $\wp$ 相容余子式

令 f 和 f' 是 Var 的开关函数, $\wp = (z_1, z_2, \cdots, z_m)$ 是 Var 的顺序. 若存在 $i \in \{0, 1, \cdots, m\}$ 使得 $f' = f|_{z_1=b_1,z_2=b_2,\cdots,z_i=b_i}$, 则称 f' 为 f 的 $\wp$ 相容余子式 (包括 $i = 0$ 的情形, 意为把 f 看作自己的余子式). ■

例如, 如果 $f = z_1 \wedge (z_2 \vee \neg z_3)$ 且 $\wp = (z_1, z_2, z_3)$, 那么开关函数 f 的 $\wp$ 相容余子式为开关函数 f、$f|_{z_1=1} = z_2 \vee \neg z_3$、$f|_{z_1=1,z_2=0} = \neg z_3$ 以及常数 0 和 1. 余子式 $f|_{z_3=0} = z_1$ 和 $f|_{z_2=0} = z_1 \wedge \neg z_3$ 不是 $\wp$ 相容的. 因为 f 的某些余子式可能由不同的赋值产生, 所以余子式 $f|_{z_{i_1}=b_1,z_{i_2}=b_2,\cdots,z_{i_k}=b_k}$ 可能是关于变量顺序 $\wp = (z_1, z_2, \cdots, z_m)$ 的 $\wp$ 相容余子式, 即使 $(z_{i_1}, z_{i_2}, \cdots, z_{i_k})$ 不是 $z_1, z_2, \cdots, z_k$ 的一个排列. 例如, 对于 $f = z_1 \wedge (z_2 \vee \neg z_3)$ 和 $\wp = (z_1, z_2, z_3)$, 余子式 $f|_{z_2=0,z_3=1}$ 是 $\wp$ 相容的, 因为它与余子式 $f_{z_1=0}$ 或 $f|_{z_1=1,z_2=0,z_3=1}$ 是一致的 (它们都是常值函数 0).

上面的发现可以表述为引理 6.8.

引理 6.8 OBDD 中的节点与 $\wp$ 相容余子式

对于 $\wp$-OBDD $\mathfrak{B}$ 的每个节点 v, 开关函数 f_v 是 $f_{\mathfrak{B}}$ 的 $\wp$ 相容余子式; 反之, 对于 $f_{\mathfrak{B}}$ 的每个 $\wp$ 相容余子式 f', 在 $\mathfrak{B}$ 中都至少存在一个顶点 v 使 $f_v = f'$. ■

然而, 给定 $\wp$ -OBDD $\mathfrak{B}$ 和 $f_{\mathfrak{B}}$ 的 $\wp$ 相容余子式 f', 在 $\mathfrak{B}$ 中可能有多个节点表示 f'. 例如, 可将其应用到图 6.20 所示的二叉决策树, 作为 $\wp = (z_1, z_2, z_3)$ 的 $\wp$ -OBDD, 有 $f_{\mathfrak{B}} = z_1 \wedge (\neg z_2 \vee z_3)$, 且根的右子树[译注 87] 中的节点表示的 $\wp$ 相容余子式是相同的, 因为对所有 $\mathfrak{b}, \mathfrak{c} \in \{0,1\}$ 有

$$f_{z_1=0} = f_{z_1=0,z_2=\mathfrak{b}} = f|_{z_1=0,z_2=\mathfrak{b},z_3=\mathfrak{c}} = 0$$

对于图 6.21(a) 所示的 $\wp$ -OBDD, 所有的内部节点代表了不同的开关函数; 而具有值 0 的两个漏口代表 $f_{\mathfrak{B}}$ 的相同余子式, 具有值 1 的两个漏口同样如此. 然而, 在图 6.21(b) 所示的 $\wp$ -OBDD 中, 每个 $\wp$ 相容余子式都只用一个节点表示. 在这个意义上, 该 $\wp$ -OBDD 是没有冗余的, 因此被称为约简 $\wp$ -OBDD:

定义 6.14 约简 $\wp$ -OBDD

令 $\mathfrak{B}$ 是 $\wp$ -OBDD. 若对 $f_{\mathfrak{B}}$ 中的每个节点对子 (v, w) 都有 $v \neq w$ 蕴涵 $f_v \neq f_w$, 则称 $f_{\mathfrak{B}}$ 为约简 $\wp$ -OBDD. 约简 $\wp$ -OBDD 记为 $\wp$ -ROBDD. ■

因此, 在约简 $\wp$ -OBDD 中, 任何 $\wp$ 相容余子式恰由一个节点表示. 这是证明约简 $\wp$ -OBDD 为开关函数提供普适的和正统的数据结构的关键性质. 普适是指任何开关函数可以通过 OBDD 来表示. 正统意味着同一函数的任何两个 $\wp$ -OBDD 在同构 (即节点更名) 的意义下是相同的.

定理 6.13 $\wp$ -ROBDD 的普适性和正统性

令 Var 是布尔变量的有限集, $\wp$ 是 Var 的变量顺序. 那么:

(a) 对于 Var 的每个开关函数 f, 都存在一个 $\wp$ -ROBDD $\mathfrak{B}$ 使 $f_{\mathfrak{B}} = f$.

(b) 给定两个满足 $f_{\mathfrak{B}} = f_{\mathfrak{C}}$ 的 $\wp$ -ROBDD $\mathfrak{B}$ 和 $\mathfrak{C}$, 那么, $\mathfrak{B}$ 和 $\mathfrak{C}$ 是同构的, 即在允许节点更名的情况下是相同的.

证明: 先证命题 (a). 显然, 常值函数 0 和 1 可用单个漏口组成的 $\wp$ -ROBDD 表示. 已知 Var 的非常值开关函数 f 和变量顺序 $\wp$, 为 f 构造约简 $\wp$ -OBDD $\mathfrak{B}$ 的过程如下. 令 V 是 f 的 $\wp$ 相容余子式的集合. 让 f 充当 $\mathfrak{B}$ 的根. 常量余子式以其值充当漏口. 对于 $f' \in V$, $f' \notin \{0,1\}$, 令

$$\mathrm{var}(f') = \min\{z \in \mathrm{Var} \mid z \text{ 对于 } f' \text{ 是基本的}\}$$

是第一个基本变量, 此处, 最小值是根据 $\wp$ 诱导的全序 $<_{\wp}$ 确定的 (在这里使用下面这个平凡的事实: 任何非常值开关函数至少具有一个基本变量). 后继函数由

$$\mathrm{succ}_0(f') = f'|_{z=0}, \quad \mathrm{succ}_1(f') = f'|_{z=1}$$

给出, 其中 $z = \mathrm{var}(f')$. 由 $\mathrm{var}(\cdot)$ 的定义可得出 $\mathfrak{B}$ 是一个 $\wp$ -OBDD. 由香农展开得到 $f' \in V$ 的语义 (即 f' 作为 $\mathfrak{B}$ 的节点的开关函数) 是 f'. 特别地, 这可推出 (根 f 的函数) $f_{\mathfrak{B}} = f$ 和 $\mathfrak{B}$ 的 约简性 (因为任何两个节点都代表 f 的不同余子式).

再证命题 (b). 为了证明命题 (b), 只需证明满足 $f_{\mathfrak{C}} = f$ 的任何约简 $\wp$ -OBDD $\mathfrak{C}$ 同构于上面构造的 $\wp$ -ROBDD $\mathfrak{B}$. 令 $V^{\mathfrak{C}}$ 是 $\mathfrak{C}$ 的节点集, $v_0^{\mathfrak{C}}$ 是 $\mathfrak{C}$ 的根, $\mathrm{var}^{\mathfrak{C}}$ 是变量标记函数, 并且 $\mathrm{succ}_0^{\mathfrak{C}}$ 和 $\mathrm{succ}_1^{\mathfrak{C}}$ 是 $\mathfrak{C}$ 的后继函数. 令函数 $\imath\colon V^{\mathfrak{C}} \to V$ 由 $\imath(v) = f_v$ 给出 (回想一下, f_v

是 $f_{\mathfrak{C}} = f$ 的 $\wp$ 相容余子式. 这保证了 $f_v \in V$). 由于 $\mathfrak{C}$ 是约简的, 所以 $\imath$ 是一个双射. 尚需证明 $\imath$ 保持内部节点的变量标记并把 $\mathfrak{C}$ 的内部节点 v 的后继映射到 $\mathfrak{B}$ 中 $f_v = \imath(v)$ 的后继.

令 v 是 $\mathfrak{C}$ 的一个内部节点, 例如 z 节点, 再令 w_0 和 w_1 分别是 v 在 $\mathfrak{C}$ 中的 0 后继和 1 后继. 那么, 余子式 $f_v|_{z=0}$ 等同于 f_{w_0}, 并且类似地有 $f_{w_1} = f_v|_{z=1}$ (这在任何 OBDD 中都成立). 因为 $\mathfrak{C}$ 是约简的, 所以 f_v 不是常值的 (否则 $f_v = f_{w_0} = f_{w_1}$). 变量 z 肯定是 f_v 的根据全序 $<_\wp$ 决定的第一个基本变量, 即 $z = \text{var}(f_v)$. 下面看看为什么. 令 $y = \text{var}(f_v)$. 假设 $z <_\wp y$ 将得出 z 不是 f_v 的基本变量, 因此, $f_{w_0} = f_v|_{z=0} = f_v = f_v|_{z=1} = f_{w_1}$[译注 88]. 而后 w_0、w_1 和 v 就代表了相同的函数. 因 $w_0 \neq v$ 和 $w_1 \neq v$, 故这与假设 $\mathfrak{C}$ 是约简的矛盾. 假设 $y <_\wp z$ 也是不成立的, 否则就没有 y 节点出现在子 OBDD $\mathfrak{C}_v$ 中. 而这是不可能的, 因为依据定义 $y = \text{var}(f_v)$ 对 f_v 是基本的.

那么, $\text{var}(\imath(v)) = z = \text{var}^{\mathfrak{C}}(v)$ 而且对于 $b \in \{0, 1\}$ 有

$$\text{succ}_b(\imath(v)) = f_v|_{z=b} = f_{\text{succ}_b^{\mathfrak{C}}(v)} = \imath(\text{succ}_b^{\mathfrak{C}}(v))$$

所以, $\imath$ 是同构的. ■

对于 Var 的给定的开关函数 f, 定理 6.13 使 f 的 $\wp$-ROBDD 变得非常明确. f 的 $\wp$-ROBDD 的大小就是其节点个数.

推论 6.1 约简 OBDD 的最小性

令 $\mathfrak{B}$ 是 f 的 $\wp$-OBDD. 则 $\mathfrak{B}$ 是约简的当且仅当对于 f 的所有 $\wp$-OBDD $\mathfrak{C}$ 都有 $\text{size}(\mathfrak{B}) \leqslant \text{size}(\mathfrak{C})$.

证明: 结论可从以下两个事实得出. ① f 的每个 $\wp$ 相容余子式在 f 任何 $\wp$-OBDD $\mathfrak{C}$ 中都至少要用一个节点表示; ② f 的 $\wp$-OBDD $\mathfrak{B}$ 是约简的当且仅当 $\mathfrak{B}$ 中的节点和 f 的 $\wp$ 相容余子式一一对应. ■

约简规则 当固定 Var 的变量顺序 $\wp$ 时, 约简的 $\wp$-OBDD 提供 Var 的开关函数的唯一表示 (当然, 是同构意义下的唯一). 虽然最简性是一个 OBDD 的全局条件, 但仍有两个简单的局部约简规则 (见图 6.23), 它们可以连续用于从给定的非约简 $\wp$-OBDD 到等价的 $\wp$-ROBDD 的转换.

消去规则 若 v 是 $\mathfrak{B}$ 的满足 $\text{succ}_0(v) = \text{succ}_1(v) = w$ 的内部节点, 则可去掉 v 并把所有入边 $u \to v$ 重定向到 w.

同构规则 若 $\mathfrak{B}$ 中的两个节点 $v \neq w$ 是使得 $\text{val}(v) = \text{val}(w)$ 的漏口, 或是使得

$$\langle \text{var}(v), \mathfrak{B}_{\text{succ}_1(v)}, \mathfrak{B}_{\text{succ}_0(v)} \rangle = \langle \text{var}(w), \mathfrak{B}_{\text{succ}_1(w)}, \mathfrak{B}_{\text{succ}_0(w)} \rangle$$ [译注 89]

的内部节点, 则可以去掉 v 并把所有入边 $u \to v$ 重定向到 w.

消去规则和同构规则都删除节点 v. 重定向入边 $u \to v$ 到节点 w 表示用边 $u \to w$ 代替 $u \to v$. 形式上, 这意味着, 对于 $b = \{0, 1\}$, 使用修改后的后继函数:

$$\text{succ}'_b(u) = \begin{cases} \text{succ}_b(u) & \text{若 } \text{succ}_b(u) \neq v \\ w & \text{若 } \text{succ}_b(u) = v \end{cases}$$

例 6.20 和例 6.21 所述转换依赖于消去和同构规则的应用.

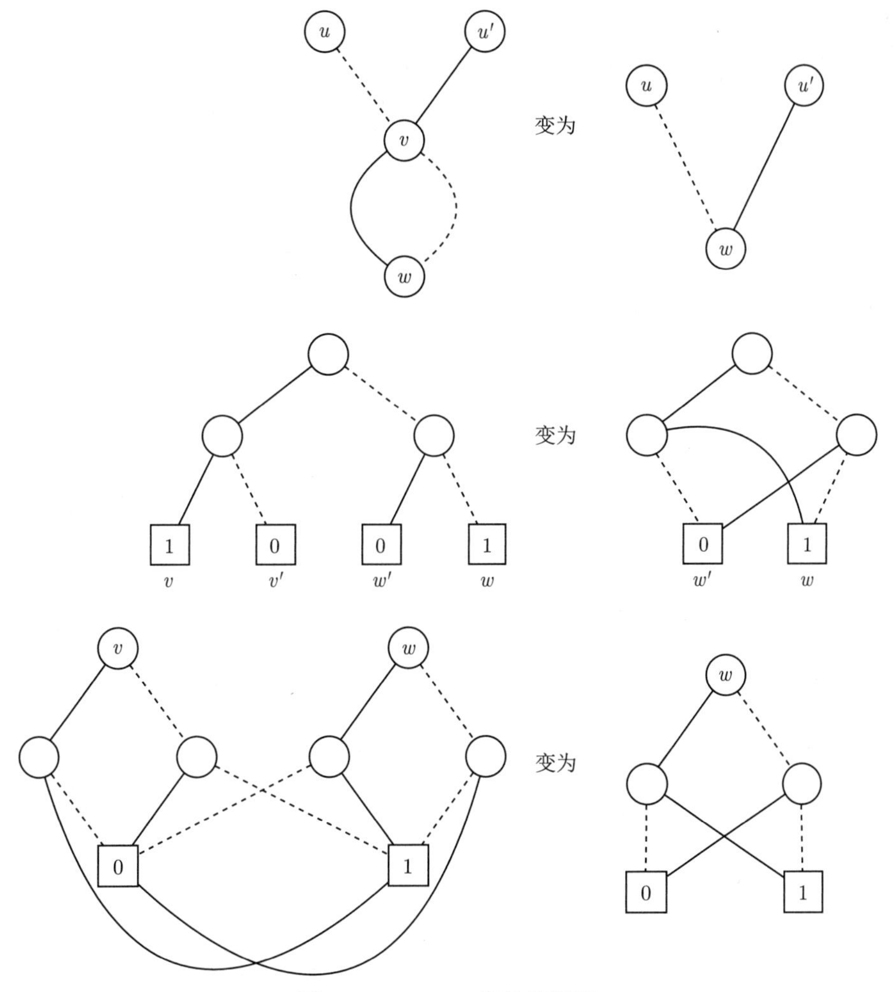

图 6.23 OBDD 的约简规则

在不影响语义的意义上, 两个约简规则都是可靠的, 即, 如果对 $\wp$ -OBDD $\mathfrak{B}$ 应用消去规则或同构规则得到 $\mathfrak{C}$, 那么 $\mathfrak{C}$ 也是 $\wp$ -OBDD 且 $f_{\mathfrak{B}} = f_{\mathfrak{C}}$. 这是由于两个规则只是简单地压缩两个具有 $f_v = f_w$ 的节点 v 和 w. 对应用于满足 $w = \mathrm{succ}_0(v) = \mathrm{succ}_1(v)$ 的 z 节点 v 的消去规则, 有[译注 90]

$$f_v = (\neg z \wedge f_{\mathrm{succ}_0(v)}) \vee (z \wedge f_{\mathrm{succ}_1(v)}) = (\neg z \wedge f_w) \vee (z \wedge f_w) = f_w$$

类似地, 若同构规则应用于 z 节点 v 和 w, 则

$$f_v = (\neg z \wedge f_{\mathrm{succ}_0(v)}) \vee (z \wedge f_{\mathrm{succ}_1(v)}) = (\neg z \wedge f_{\mathrm{succ}_0(w)}) \vee (z \wedge f_{\mathrm{succ}_1(w)}) = f_w$$

因为约简规则的应用会减少节点的个数, 所以, 通过尽可能地应用约简规则产生等价 $\wp$ -OBDD 的过程总能终止. 事实上, 最终所得的 OBDD 是约简的, 见定理 6.14.

定理 6.14 约简规则的完备性

$\wp$ -OBDD $\mathfrak{B}$ 是约简的当且仅当对于 $\mathfrak{B}$ 无约简规则可用.

证明: 先证 $\Rightarrow$. 约简规则的可用性意味着至少存在两个节点表示相同的开关函数. 因此, 如果 $\mathfrak{B}$ 是约简的, 那么就没有可用的约简规则.

再证 $\Leftarrow$. 为证明这个方向, 对变量个数使用归纳法. 更准确地, 假设 $\mathfrak{B}$ 是变量顺序 $\wp = (z_1, z_2, \cdots, z_m)$ 的 $\wp$-OBDD, 它已经既不能使用消去规则也不能使用同构规则, 要对 i 用归纳法证明

$$\text{对于所有节点 } v, w \in V_i, \text{ 若 } v \neq w \text{ 则 } f_v \neq f_w$$

此处, V_i 表示第 i 层或更低层的所有节点 $v \in V$ 的集合. 形式上, V_i 是 $\mathfrak{B}$ 中满足 $z_i \leqslant_\wp \text{var}(v)$ 的所有节点 v 的集合. 回想一下, 对于每一个漏口 v 有 $\text{var}(v) = \bot$ (未定义), 且对所有的变量 z 有 $z <_\wp \bot$.

从最低层 $i = m+1$ 开始使用归纳法. 命题 "对所有 $v \neq w$ 的漏口 v、w 都有 $f_v \neq f_w$" 是平凡的, 因为同构规则的不可用说明至多有一个以 0 为值的漏口, 而且也至多有一个以 1 为值的漏口. 在归纳步骤 $i+1 \Rightarrow i$ $(m \geqslant i \geqslant 0)$ 中, 假设对所有 $v \neq w$ 的 $v, w \in V_{i+1}$ 有 $f_v \neq f_w$ (归纳假设). 设有两个节点 $v, w \in V_i$ 使得 $v \neq w$ 且 $f_v = f_w$. 至少有一个节点 v 或 w 必在第 i 层. 不妨设 $v \in V_i \setminus V_{i+1}$. 那么 $\text{var}(v) = z_i$.

先假设 $w \in V_{i+1}$. 那么 w 要么是一个漏口, 要么对某个 $j > i$ 是一个 z_j 节点. 无论是哪种情况, 变量 z_i 对于 $f_v = f_w$ 都不是基本的. 因 v 是 z_i 节点, 故 f_v 与后继 $v_0 = \text{succ}_0(v)$ 和 $v_1 = \text{succ}_1(v)$ 的开关函数 f_{v_0} 和 f_{v_1} 相同. 但这样就有 $v_0, v_1 \in V_{i+1}$ 且 $f_{v_0} = f_{v_1}$. 由归纳假设得 $v_0 = v_1$. 但这使消去规则可用. 矛盾.

再假设 w 也是一个 z_i 节点. 令 $v_0 = \text{succ}_0(v)$, $v_1 = \text{succ}_1(v)$ 以及 $w_0 = \text{succ}_0(w)$, $w_1 = \text{succ}_1(w)$. 由假设 $f_v = f_w$ 可得

$$f_{v_0} = f_v|_{z_i=0} = f_w|_{z_i=0} = f_{w_0}$$

及 $f_{v_1} = f_{w_1}$. 因为 $v_0, v_1, w_0, w_1 \in V_{i+1}$, 由归纳假设得 $v_0 = w_0$ 且 $v_1 = w_1$. 但这使同构规则是可用的. 矛盾. ■

定理 6.13 暗示一个约简算法, 它以非约简的 $\wp$-OBDD $\mathfrak{B}$ 为输入, 通过尽可能地使用约简规则构造等价的 $\wp$-OBDD. 根据定理 6.14 的约简规则完备性的归纳证明, 若自下而上地考虑约简规则的候选节点, 则这个方法是完备的. 即, 在开始时把有相同值的所有漏口都看作相同的. 然后, 对第 $m, m-1, \cdots, 1$ 层 (依此顺序) 应用消去规则和同构规则. 在第 i 层, 首先删除具有相同后继的所有节点 (消去规则), 然后检查可用同构规则的 z_i 节点对. 为了支持同构规则, 可使用分桶技术: ① 把具有相同 0 后继的所有 z_i 节点装入一桶; ② 把具有相同 0 后继的 z_i 节点组成的桶分解为由后继恰好相同的 z_i 节点组成的小桶. 那么, 同构规则的应用仅仅意味着把第 ② 步得到的小桶中的节点压缩为一个节点. 这个算法的时间复杂度是 $O(\text{size}(\mathfrak{B}))$. 特别地, 给定两个 $\wp$-OBDD $\mathfrak{B}$ 和 $\mathfrak{C}$, 等价问题 "$f_\mathfrak{B} = f_\mathfrak{C}$ 是否成立" 可如下解决: 对它们使用约简规则, 然后对 $\wp$-ROBDD 检查同构 (见习题 6.12). 我们将在后面看到, 通过巧妙的实现技术 (它把约简算法的步骤集成到 ROBDD 的合成算法中, 从而可在任何时候约简决策图), ROBDD 的等价问题甚至可以在常数时间内解决.

变量顺序问题 关于约简 OBDD 的正统性的结果在很大程度上取决于假定变量顺序 $\wp$ 固定. 改变变量顺序会导致完全不同的 ROBDD, 可能从线性大小的 ROBDD 到指数大

小的 ROBDD. 由前面建立的结果可知开关函数 f 的 $\wp$ -ROBDD 的大小 (节点个数) 就是 f 的 $\wp$ 相容余子式的个数. 因此, 要对基于 ROBDD 的方法推断内存需求, 就要求出顺序相容余子式的个数.

例 6.22 开关函数的不同大小的 ROBDD

为了说明如何可通过分析余子式确定 ROBDD 的大小, 考虑一个简单的开关函数, 它具有线性大小和指数大小的 ROBDD. 令 $m \geqslant 1$ 且

$$f_m = (z_1 \wedge y_1) \vee (z_2 \wedge y_2) \vee \cdots \vee (z_m \wedge y_m)$$

对于变量顺序 $\wp = (z_m, y_m, z_{m-1}, y_{m-1}, \cdots, z_1, y_1)$, f_m 的 $\wp$ -ROBDD 有 $2m+2$ 个节点, 而对顺序 $\wp' = (z_1, z_2, \cdots, z_m, y_1, y_2, \cdots, y_m)$ 却需要 $\Omega(2^m)$ 个节点. 图 6.24 和图 6.25 显示了 $m=3$ 时变量顺序的线性大小和指数大小的 ROBDD.

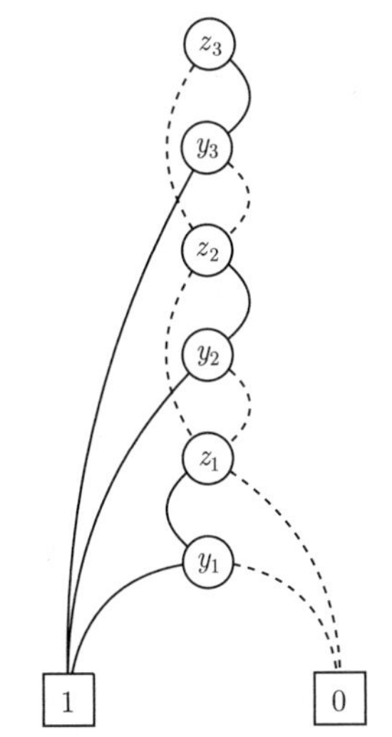

图 6.24 函数 $f_3 = (z_1 \wedge y_1) \vee (z_2 \wedge y_2) \vee (z_3 \wedge y_3)$ 关于变量顺序 $\wp = (z_3, y_3, z_2, y_2, z_1, y_1)$ 的 ROBDD[译注 91]

首先考虑变量顺序 $\wp$, 它把出现在同一子句中的变量 z_i 和 y_i 分为一组. 实际上, 变量顺序 $\wp$ 对于 f_m 是最优的, 因为 f_m 的 $\wp$ -ROBDD 为每个变量包含一个节点 (这是我们所能期望的最好结果, 因为所有 $2n$ 个变量对于 f_m 是基本的并且必须出现在 f_m 的任何 ROBDD 中). 注意, 对于 $1 \leqslant i \leqslant m$:

$$f_m|_{z_m=a_m, y_m=b_m, z_{m-1}=a_{m-1}, y_{m-1}=b_{m-1}, \cdots, z_i=a_i, y_i=b_i} = \begin{cases} 1 & \text{若对某 } j \in \{i, i+1, \cdots, m\} \\ & a_j = b_j = 1 \\ f_{i-1} & \text{否则} \end{cases}$$

$$f_m|_{z_m=a_m, y_m=b_m, \cdots, z_{i+1}=a_{i+1}, y_{i+1}=b_{i+1}, z_i=a_i} \in \{f_{i-1}, y_i \vee f_{i-1}\}^{[\text{译注 } 92]}$$

其中, $f_0 = 0$. 因此, f_m 的 $\wp$ -ROBDD 恰好有一个 z_i 节点表示函数 f_i, 恰好有一个 y_i 节点表示函数 $y_i \vee f_{i-1}$ (对于 $1 \leqslant i \leqslant m$), 两个漏口亦如此.

为了弄清楚为什么变量顺序 $\wp'$ 导致了指数大小的 $\wp'$-ROBDD, 考虑 $\wp'$ 相容余子式

$$f_{\overline{b}} = f_m|_{z_1=b_1, z_2=b_2, \cdots, z_m=b_m} = \bigvee_{i \in I_{\overline{b}}} y_i$$

其中 $\overline{b} = (b_1, b_2, \cdots, b_n)$ 且 $I_{\overline{b}} = \{i \in \{1, 2, \cdots, m\} \mid b_i = 1\}$. $f_{\overline{b}}$ 的基本变量的集合是 $\{y_i \mid i \in I_{\overline{b}}\}$. 若 $\overline{b}, \overline{c} \in \{0,1\}^m$, $\overline{b} \neq \overline{c}$, 则下标集 $I_{\overline{b}}$ 和 $I_{\overline{c}}$ 是不同的, 从而 $f_{\overline{b}}$ 和 $f_{\overline{c}}$ 有不同的基本变量. 因此, 若 $\overline{b} \neq \overline{c}$ 则 $f_{\overline{b}} \neq f_{\overline{c}}$. 那么, $\wp'$ 相容余子式的数量至少是 2^m. 因此 f_m 的 $\wp'$-ROBDD 至少有 2^m 个节点. ■

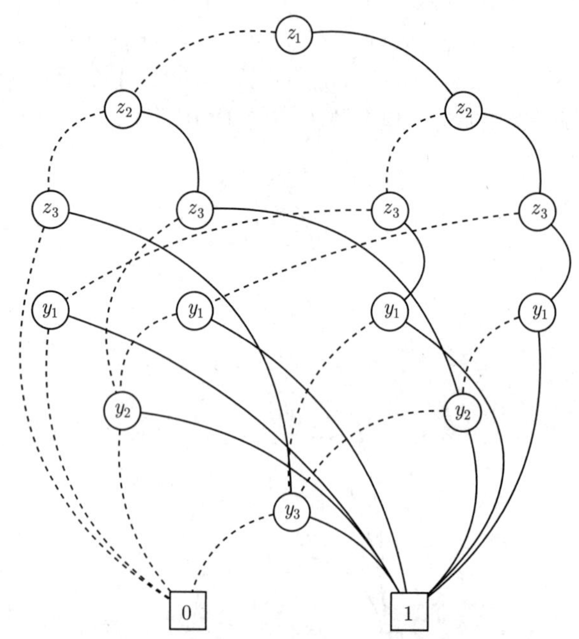

图 6.25　函数 $f_3 = (z_1 \wedge y_1) \vee (z_2 \wedge y_2) \vee (z_3 \wedge y_3)$ 关于变量顺序 $\wp = (z_1, z_2, z_3, y_1, y_2, y_3)$ 的 ROBDD

许多开关函数因不同的变量顺序而使 ROBDD 的大小相差很多, 所以基于 BDD 的计算效率取决于如何使用改善给定变量顺序的技术. 虽然已知寻找最优变量顺序的问题是计算困难的 (已经知道判定给定变量顺序是否最优的问题是 NP 困难的[56,386]), 但也有一些改进当前变量顺序的有效的探索法. 最著名的是所谓的*筛选算法*[358], 当假定其他变量的顺序固定时, 它依赖于为每个变量局部地搜索最佳位置. 阐述这样的变量改序算法以及进一步讨论变量顺序问题超出了本书范围, 有兴趣的读者可阅读教材 [292, 418]. 有一些类型的开关函数在任何变量顺序下的 ROBDD 都是多项式大小, 也有一些类型的开关函数在任何变量顺序下的 ROBDD 都是指数大小. 后者的一个例子是*乘法函数*[71] 的中位. 每个变量顺序都使得 ROBDD 至多二次大小的开关函数的例子是*对称函数*. 这类开关函数的函数值只依赖于赋值为 1 的变量的个数. 换言之, $f \in \text{Eval}(z_1, z_2, \cdots, z_m)$ 是对称的当且仅当对于 $(1, 2, \cdots, m)$ 的每个排列 $(i_1, i_2, \cdots, i_m)$ 都有

$$f([z_1 = b_1, z_2 = b_2, \cdots, z_m = b_m]) = f([z_1 = b_{i_1}, z_2 = b_{i_2}, \cdots, z_m = b_{i_m}])$$

$\text{Var} = \{z_1, z_2, \cdots, z_m\}$ 的对称函数的例子是 $z_1 \vee z_2 \vee \cdots \vee z_m$、$z_1 \wedge z_2 \wedge \cdots \wedge z_m$、奇偶函数 $z_1 \oplus z_2 \oplus \cdots \oplus z_m$ (其值为 1 当且仅当赋值为 1 的变量个数是奇数) 以及从众函数 (其值为 1 当且仅当赋值为 1 的变量比赋值为 0 的变量多). 对于所有的变量顺序, 对称函数的 ROBDD 具有相同的拓扑结构. 这是因为仅修改标记函数就可把对称函数的 $\wp$ -ROBDD 转化成 $\wp'$-ROBDD.

引理 6.9　对称函数的 ROBDD 的大小

如果 f 是有 m 个基本变量的对称函数, 那么对于每个变量顺序 $\wp$, $\wp$ -ROBDD 的大小为 $O(m^2)$.

证明: 给定 m 个变量的对称函数 f 和变量顺序 $\wp$, 设 $\wp = (z_1, z_2, \cdots, z_m)$, 那么 $\wp$ 相容余子式 $f|_{z_1=b_1, z_2=b_2, \cdots, z_i=b_i}$ 和 $f|_{z_1=c_1, z_2=c_2, \cdots, z_i=c_i}$ 在所有包含同样多个 1 的位元组 $(b_1, b_2, \cdots, b_i)$ 和 $(c_1, c_2, \cdots, c_i)$ 上相同. 所以, 指定前 i 个变量的值至多得到 f 的 $i+1$ 个不同的 $\wp$ 相容余子式. 因此, $\wp$ 相容余子式的总数的上界是 $\sum_{i=0}^{m}(i+1) = O(m^2)$. ■

ROBDD 与 CNF/DNF　奇偶函数和从众函数都是用小 ROBDD 表示开关函数的例子, 而它们的合取或析取范式 (CNF、DNF) 表示却都需要指数长度的公式; 反之, 也有用短的合取或析取范式表示的开关函数, 但它们在任何变量顺序下的 ROBDD 都具有指数长度 (参见文献 [418] 等). 事实上, 在进行复杂度理论考虑时, ROBDD 会得到与 CNF 或 DNF 完全不同的画面. 例如, 给定开关函数 f 的 CNF 表示, 生成 $\neg f$ 的 CNF 的任务是代价很高的, 因为 f 可能可由多项式长度的 CNF 表达, 而 $\neg f$ 的任何 CNF 都至少有指数级个数的子句. 然而, 对于 ROBDD, 否定是平凡的, 因为可以简单地交换漏口的值. 特别地, 对于任何变量顺序 $\wp$, f 和 $\neg f$ 的 $\wp$ -ROBDD 的大小相同. 作为另一个例子, 考虑可满足性问题, 已知它对 CNF 是 NP 完全的, 但对于 ROBDD 却仍然是平凡的, 因为 $f \neq 0$ 当且仅当 f 的 $\wp$ -ROBDD 含有值为 1 的漏口. 类似地, 两个 CNF 是否等价的问题也是计算困难的 (coNP 完全的), 但对 $\wp$ -ROBDD $\mathfrak{B}$ 和 $\mathfrak{C}$ 可通过检查同构性来解决. 后者可在 $\mathfrak{B}$ 和 $\mathfrak{C}$ 大小的线性时间内通过同时遍历两个 $\wp$ -OBDD 实现, 见习题 6.12. 注意, 这些结果与复杂度理论的下限并不矛盾, 因为“线性时间”的基于 ROBDD 的算法是指输入 ROBDD 的大小的线性, 它可能以指数级大于等价的输入公式 (例如 CNF).

6.7.4　实现基于 ROBDD 的算法

处理开关函数的基于 ROBDD 算法的效率严重依赖于合适的实现技术. 事实上, 使用巧妙的实现技术, 甚至可在常数时间内实现检验 ROBDD 的等价性. 接下来将阐述这些技术的主要思路, 它是大多数 BDD 软件包的基础, 并用作高效实现 ROBDD 上的合成算法的平台. 合成算法的目的是当已知 f_1 和 f_2 的 $\wp$ -ROBDD 时为函数 f_1 op f_2 构造一个 $\wp$ -ROBDD (其中 op 是一个布尔联结词, 如析取、合取、蕴涵等). 前面讲过, CTL 模型检验过程的符号实现就依赖于这样的合成操作.

这一思想最早是在文献 [301] 中提出的, 它用全局变量顺序 $\wp$ 的单个约简决策图表示多个开关函数, 而不是对每个开关函数使用独立的 $\wp$ -OBDD. 这些决策图的所有计算与约简规则交错使用, 以保证在任何时间都没有冗余. 因此, 比较两个被表示的函数就是简单地检查节点的相等性, 而不是分析它们的子 OBDD.

先从共享 $\wp$ -OBDD 的形式定义开始. 除了可以有更多根节点外, 共享 $\wp$ -OBDD 和 $\wp$ -ROBDD 是相同的.

定义 6.15 共享 OBDD

令 Var 是一个有限的布尔变量集, $\wp$ 是 Var 的变量顺序. 共享 $\wp$ -OBDD (简写为 $\wp$ -SOBDD) 是元组 $\overline{\mathfrak{B}} = (V, V_{\mathrm{I}}, V_{\mathrm{T}}, \mathrm{succ}_0, \mathrm{succ}_1, \mathrm{var}, \mathrm{val}, \overline{v}_0)$, 其中 V、V_{I}、V_{T}、succ_0、succ_1、var 以及 val 与 $\wp$ -OBDD 中的相同 (见定义 6.11). 最后一个分量是根的元组 $\overline{v}_0 = (v_0^1, v_0^2, \cdots, v_0^k)$. 与 $\wp$ -ROBDD 有同样的要求, 即, 对所有节点 $v, w \in V$, 若 $v \in V_{\mathrm{I}}$ 且 $b \in \{0,1\}$, 则 $\mathrm{var}(v) <_{\wp} \mathrm{var}(\mathrm{succ}_b(v))$; 若 $v \neq w$, 则 $f_v \neq f_w$. 其中, 节点 $v \in V$ 的开关函数 f_v 与在 OBDD 中的定义相同. ■

图 6.26 显示了有 4 个根节点的共享 OBDD, 根节点分别代表函数 $z_1 \wedge \neg z_2$、$\neg z_2$、$z_1 \oplus z_2$ 和 $\neg z_1 \vee z_2$.

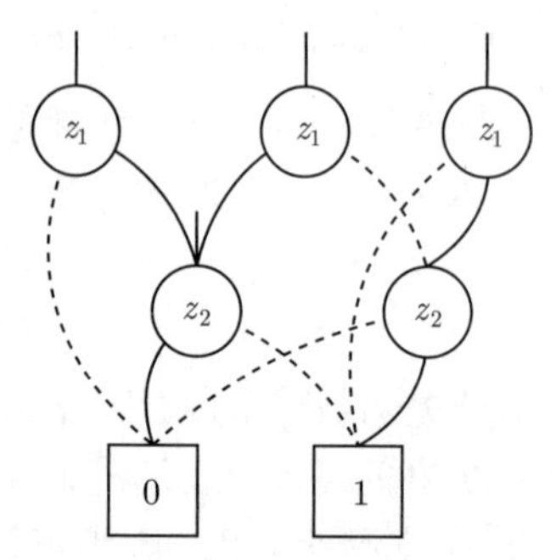

图 6.26 共享 OBDD 的例子

若 v 是 $\wp$ -SOBDD $\overline{\mathfrak{B}}$ 的一个节点, 则子 OBDD $\overline{\mathfrak{B}}_v$ 是以下面的方式从 $\overline{\mathfrak{B}}$ 得到的 $\wp$ -ROBDD, 删除所有从 v 不可到达的节点, 并使 v 是根节点. 事实上, $\overline{\mathfrak{B}}_v$ 是 f_v 的 $\wp$ -ROBDD, 所以, $\overline{\mathfrak{B}}_v$ 的大小 N_v 等于 f_v 的 $\wp$ -ROBDD 的大小. 因此, 换一种角度看, SOBDD 就是同一变量顺序 $\wp$ 的几个 ROBDD 的组合, 它们的共同的 $\wp$ 相容余子式共享节点. 特别地, 一个 SOBDD 恰有常值函数 0 和 1 的两个漏口 (此处忽略表示常值函数的只有单个根节点的病态 SOBDD). 因此, 如果 $f_1, f_2, \cdots, f_k$ 是 $\overline{\mathfrak{B}}$ 中根节点 $v_0^1, v_0^2, \cdots, v_0^k$ 的函数, 那么, $\overline{\mathfrak{B}}$ 的大小 (节点总数) 经常小于 (最多为) $N_{f_1} + N_{f_2} + \cdots + N_{f_k}$, 其中 N_f 表示 f 的 $\wp$ -ROBDD 的大小.

在迁移系统的符号表示中, 开关函数 $\varDelta(\overline{x}, \overline{x}')$ 表示迁移关系; 对于 $a \in \mathrm{AP}$, 开关函数 $f_a(\overline{x})$ 表示原子命题的满足集 (见 6.7.2 节). 对于这样的符号表示, 可使用共享 OBDD, 它对于 $\varDelta$ 和每个 f_a 都有相应的根节点. 如前所述, 选择变量顺序 $\wp$ 对表示迁移系统的 SOBDD 的大小是至关重要的. 实验研究显示变量 x_i 与变量 x_i' 分在一组时通常可得到好顺序. 稍后将给出一些形式化论证, 说明为什么像 $\wp = (x_1, x_1', x_2, x_2', \cdots, x_n, x_n')$ 这种交错的变量顺序是有益的.

为符号式地完成 CTL 模型检验过程, 根节点对应的 $\varDelta$ 和 f_a 的共享 OBDD $\overline{\mathfrak{B}}$ 必须增加新的根节点, 用以表示满足集 $\mathrm{Sat}(\varPsi)$ 的特征函数, 其中 $\varPsi$ 是要检验的 CTL 公式 $\varPhi$ 的状态子公式. 例如, 如果 $\varPhi = a \wedge \neg b$, 其中 a 和 b 是原子命题, 那么首先必须为 $\mathrm{Sat}(\neg b)$ 的特征函数 $f_{\neg b} = \neg f_b$ 加入一个根节点, 然后为开关函数 $f_a \wedge f_{\neg b}$ 加入一个根节点. 用算法 6.8

和算法 6.9 处理形如 $\exists\Diamond\Psi$ 或 $\exists\Box\Psi$ 的公式, 需要为表示满足集的当前逼近的函数 f_i 创建额外的根节点. 当然, 对开关函数 f 增加新的根节点也意味着必须对在 $\overline{\mathfrak{B}}$ 中尚未用节点表示的 f 的所有顺序相容余子式增加节点.

为支持被表示的开关函数集的动态变化, 该共享 OBDD 的实现通常使用两个表: 一是**唯一表**, 它包含节点的相关信息, 并用于在合成算法的执行过程中保持图是约简的; 二是**计算表**, 出于效率原因而需要这个表. 下面先说明使用唯一表背后的思想, 然后介绍合成算法的实现和计算表的使用.

唯一表　对于每个内部节点 v, 唯一表的元素是形如[译注 94]

$$\text{info}(v) = \langle \text{var}(v), \text{succ}_1(v), \text{succ}_0(v) \rangle$$

的三元组. 注意, 这些 info 三元组包含使用同构规则必需的相关信息. 访问唯一表由 find_or_add 操作支持, 它以由变量 z 和两个节点 $v_1 \neq v_0$ 组成的三元组 $\langle z, v_1, v_0 \rangle$ 为参数. find_or_add 操作的任务是检验在共享 OBDD $\overline{\mathfrak{B}}$ 中是否存在具有 $\text{info}(v) = \langle z, v_1, v_0 \rangle$ 的节点 v. 如果存在这样的 v, 则返回节点 v; 否则它会创建一个新的 z 节点 v, 使其具有 1 后继 v_1 和 0 后继 v_0, 同时在唯一表中添加相应的元素. 因此, 可把 find_or_add 操作看作*同构规则的* SOBDD 实现. 大多数 BDD 包都使用适当的哈希技术组织唯一表. 这里略过这些细节, 并假设为任何节点访问 info 三元组以及完成 find_or_add 操作都是常数时间.

布尔运算符　现在考虑使用唯一表如何在 SOBDD 上实现*合成算法*. 一个优雅而且也很高效的方式就是支持三元运算符, 称为针对 If-Then-Else 的 ITE, 它覆盖所有的布尔联结词. ITE *运算符*以 3 个开关函数 g、f_1、f_2 为参数, 并按 "若 g 则 f_1 否则 f_2" 合成它们, 形式上写为

$$\text{ITE}(g, f_1, f_2) = (g \wedge f_1) \vee (\neg g \wedge f_2)$$

对于 g 是常量的特殊情况有 $\text{ITE}(0, f_1, f_2) = f_2$ 和 $\text{ITE}(1, f_1, f_2) = f_1$. ITE 运算符非常适合在唯一表中用 info 三元组表示 SOBDD 的节点, 因为

$$f_v = \text{ITE}(z, f_{\text{succ}_1(v)}, f_{\text{succ}_0(v)})$$

取非操作可由 $\neg f = \text{ITE}(f, 0, 1)$ 得到. 所有其他布尔连接都可由 ITE 运算符表示. 例如:

$$\begin{aligned}
f_1 \vee f_2 &= \text{ITE}(f_1, 1, f_2) \\
f_1 \wedge f_2 &= \text{ITE}(f_1, f_2, 0) \\
f_1 \oplus f_2 &= \text{ITE}(f_1, \neg f_2, f_2) = \text{ITE}(f_1, \text{ITE}(f_2, 0, 1), f_2) \\
f_1 \rightarrow f_2 &= \text{ITE}(f_1, f_2, 1)
\end{aligned}$$

ITE 运算符在 SOBDD $\overline{\mathfrak{B}}$ 上的实现需要一个过程, 该过程以 $\overline{\mathfrak{B}}$ 的 3 个节点 u、v_1、v_2 为参数, 可用时重用现有节点, 需要时增加新节点, 并返回一个可能新增的节点 w 使得 $f_w = \text{ITE}(f_u, f_{v_1}, f_{v_2})$. 为此, 对输入节点 u、v_1、v_2 的子 OBDD 的同时遍历是自上而下的, 而对 w 的子 ROBDD 的合成 (及新节点的生成) 却是自下而上的. 此方法的依据是引理 6.10.

引理 6.10 ITE(·) 的余子式

如果 g、f_1、f_2 是 Var 的开关函数, $z \in \text{Var}$ 且 $b \in \{0,1\}$, 那么

$$\text{ITE}(g, f_1, f_2)|_{z=b} = \text{ITE}(g|_{z=b}, f_1|_{z=b}, f_2|_{z=b})$$

证明: 为简单起见, 假设 g、f_1、f_2 是同一变量集 $\text{Var} = \{z, y_1, y_2, \cdots, y_m\}$ 的开关函数. 这其实不成问题, 因为可简单地对 g、f_1、f_2 的变量集取并集, 然后认为这 3 个函数是所得集合的开关函数. 赋值 $[z = a, \overline{y} = \overline{\mathfrak{c}}] \in \text{Eval}(\text{Var})$ 简记为 $(a, \overline{\mathfrak{c}})$. 则有

$$\begin{aligned}
&\text{ITE}(g, f_1, f_2)|_{z=b}(a, \overline{\mathfrak{c}}) \\
=\ &\text{ITE}(g, f_1, f_2)(b, \overline{\mathfrak{c}}) \\
=\ &(g(b, \overline{\mathfrak{c}}) \wedge f_1(b, \overline{\mathfrak{c}})) \vee (\neg g(b, \overline{\mathfrak{c}}) \wedge f_2(b, \overline{\mathfrak{c}})) \\
=\ &(g|_{z=b}(a, \overline{\mathfrak{c}}) \wedge f_1|_{z=b}(a, \overline{\mathfrak{c}})) \vee (\neg g|_{z=b}(a, \overline{\mathfrak{c}}) \wedge f_2|_{z=b}(a, \overline{\mathfrak{c}})) \\
=\ &\text{ITE}(g|_{z=b}, f_1|_{z=b}, f_2|_{z=b})(a, \overline{\mathfrak{c}})
\end{aligned}$$

■

所以, $\wp$ -SOBDD 中表示 $\text{ITE}(g, f_1, f_2)$ 的节点是使得 $\text{info}(w) = \langle z, w_1, w_0 \rangle$ 的节点 w, 其中:

- z 是 $\text{ITE}(g, f_1, f_2)$ 的按 $<_\wp$ 最小的基本变量.
- w_1、w_0 是 SOBDD 的满足以下条件的节点:

$$f_{w_1} = \text{ITE}(g|_{z=1}, f_1|_{z=1}, f_2|_{z=1}) \text{ 且 } f_{w_0} = \text{ITE}(g|_{z=0}, f_1|_{z=0}, f_2|_{z=0})$$

根据引理 6.10 可得到一个递归算法, 它先确定 z, 而后用于 $g = f_u$、$f_1 = f_{v_1}$、$f_2 = f_{v_2}$ 关于 z 的余子式, 递归计算 ITE 的节点. 因为直接计算 z 可能是困难的, 所以对 f_u、f_{v_1} 或 f_{v_2} 的最小基本变量 z 使用余子式分解:

$$z = \min\{\text{var}(u), \text{var}(v_1), \text{var}(v_2)\}$$

此处, 是根据 $\text{Var} \cup \{\bot\}$ 上的全序 $<_\wp$ 取最小值 (回想一下, 对所有漏口 v 规定 $\text{var}(v) = \bot$, 并且对所有 $x \in \text{Var}$ 规定 $x <_\wp \bot$). 如果 z' 是 $\text{ITE}(f_u, f_{v_1}, f_{v_2})$ 的第一个基本变量, 则 $z \leqslant_\wp z'$, 因为节点 u、v_1、v_2 的子 OBDD 不会出现 $y <_\wp z$, 也就没有这样的 y——它对 $\text{ITE}(f_u, f_{v_1}, f_{v_2})$ 是基本的. 若余子式 $\text{ITE}(f_u, f_{v_1}, f_{v_2})|_{z=0}$ 和 $\text{ITE}(f_u, f_{v_1}, f_{v_2})|_{z=1}$ 碰巧相等, 则 $z <_\wp z'$ 是可能的. 在这种情况下, 就可使用消去规则并让 ITE 算法返回表示 $\text{ITE}(f_u, f_{v_1}, f_{v_2})|_{z=0}$ 的节点; 否则, 即, 如果已分别为 $\text{ITE}(f_u, f_{v_1}, f_{v_2})|_{z=0}$ 和 $\text{ITE}(f_u, f_{v_1}, f_{v_2})|_{z=1}$, 递归确定的节点 w_0 和 w_1 不相同, 那么 $z' = z$ 且应用于 info 三元组 $\langle z, w_1, w_0 \rangle$ 的 find_or_add 操作得到一个表示 $\text{ITE}(f_u, f_{v_1}, f_{v_2})$ 的节点.

剩下的问题是如何获得余子式 $f_u|_{z=b}$, $f_{v_1}|_{z=b}$ 和 $f_{v_2}|_{z=b}$. 很容易获得表示这些函数的节点, 因为 (通过选择变量 z) 节点 u、v_1 和 v_2 在 z 层或以下, 即, 对 $v \in \{u, v_1, v_2\}$, $z \leqslant_\wp \text{var}(v)$; 若 $\text{var}(v) = z$, 则 v 的 b 后继表示 $f_v|_{z=b}$; 若 $z <_\wp \text{var}(v)$, 则 z 对 f_v 不是基本的且有 $f_v|_{z=b} = f_v$. 因此, 如果定义[译注 95]

$$v|_{z=b} = \begin{cases} \text{succ}_b(v) & \text{若 } \text{var}(v) = z \\ v & \text{若 } z <_\wp \text{var}(v) \end{cases}$$

那么 $v|_{z=b}$ 是在 $\overline{\mathfrak{B}}$ 中表示 $f_v|_{z=b}$ 的节点. 这样, 以 $u|_{z=b}$, $v_1|_{z=b}$ 和 $v_2|_{z=b}$ 为参数对 ITE 算法的递归调用就得到表示函数 $\text{ITE}(f_u, f_{v_1}, f_{v_2})|_{z=b}$ 的节点 (引理 6.10). 注意, 这些是在 SOBDD $\overline{\mathfrak{B}}$ 中已存在的节点.

算法 6.10 $\text{ITE}(u, v_1, v_2)$ (第一版)

```
if u 是终止节点 then
  if val(u) = 1 then
    w := v1                          (* ITE(1, f_v1, f_v2) = f_v1 *)
  else
    w := v2                          (* ITE(0, f_v1, f_v2) = f_v2 *)
  fi
else
  z := min{var(u), var(v1), var(v2)};
  w1 := ITE(u|z=1, v1|z=1, v2|z=1);
  w0 := ITE(u|z=0, v1|z=0, v2|z=0);
  if w0 = w1 then
    w := w1;                                    (* 消去规则 *)
  else
    w := find_or_add(z, w1, w0);                (* 同构规则 *)
  fi
fi
return w
```

在 u、v_1, 和 v_2 的子 OBDD 上进行基于 DFS 的遍历, 以 (在 ITE 算法递归调用需要的地方) 确定相关余子式, 以此为手段在共享 OBDD 上实现 ITE 运算符的步骤概括于算法 6.10 中.

在讨论 ITE 算法的复杂度之前, 首先研究 SOBDD 的大小在 ITE 算法执行过程中是如何改变的. 表示 $\text{ITE}(u, v_1, v_2)$ 的节点 w 的子 OBDD 的大小以 $N_u \cdot N_{v_1} \cdot N_{v_2}$ 为界, 其中 N_v 是子 OBDD $\overline{\mathfrak{B}}_v$ 的节点个数. 这从以下事实得到: 为 $\text{ITE}(u, v_1, v_2)$ 生成的子 OBDD 的每个节点 w' 都对应一个或多个三元组 (u', v_1', v_2'), 其中, u' 是 $\overline{\mathfrak{B}}_u$ 的节点, v_i' 是 $\overline{\mathfrak{B}}_{v_i}$ 的节点.

引理 6.11 $\text{ITE}(g, f_1, f_2)$ 的 ROBDD 的大小

$\text{ITE}(g, f_1, f_2)$ 的 $\wp$-ROBDD 的大小以 $N_g \cdot N_{f_1} \cdot N_{f_2}$ 为界, 其中, N_f 表示 f 的 $\wp$-ROBDD 的大小.

证明: 令 $\wp = (z_1, z_2, \cdots, z_m)$, $\mathfrak{B}_f$ 表示 f 的 $\wp$-ROBDD, 其节点是 f 的 $\wp$ 相容余子式 (见定理 6.13 (a) 的证明). 用 V_f 表示 $\mathfrak{B}_f$ 的节点集, 即

$$V_f = \{f|_{z_1=b_1, z_2=b_2, \cdots, z_i=b_i} \mid 0 \leqslant i \leqslant m, b_1, b_2, \cdots, b_i \in \{0, 1\}\}$$

注意, 几个余子式 $f|_{z_1=b_1, z_2=b_2, \cdots, z_i=b_i}$ 可能相等, 因而它们就可能代表 V_f 的相同的元素 (节点). 由引理 6.10, $\text{ITE}(g, f_1, f_2)$ 的 $\wp$-ROBDD $\mathfrak{B}_{\text{ITE}(g,f_1,f_2)}$ 的节点集合 $V_{\text{ITE}(g,f_1,f_2)}$ 等于开关函数的集合[译注 96]

$$\text{ITE}(g|_{z_1=b_1,z_2=b_2,\cdots,z_i=b_i}, f_1|_{z_1=b_1,z_2=b_2,\cdots,z_i=b_i}, f_2|_{z_1=b_1,z_2=b_2,\cdots,z_i=b_i})$$

其中 $0 \leqslant i \leqslant m$, $b_1, b_2, \cdots, b_i \in \{0,1\}$. 因此, 函数

$$\imath\colon V_g \times V_{f_1} \times V_{f_2} \to V_{\text{ITE}(g,f_1,f_2)},\ \imath(g', f_1', f_2') = \text{ITE}(g', f_1', f_2')$$

把任何三元组 (g', f_1', f_2') 映射为 $\mathfrak{B}_{\text{ITE}(g,f_1,f_2)}$ 的节点 $\text{ITE}(g', f_1', f_2')$, 其中, g' 是 $\mathfrak{B}_g$ 中的节点 (即 g 的 $\wp$ 相容余子式), f_i' 是 $\mathfrak{B}_{f_i}$ 中的节点 (即 f_i 的 $\wp$ 相容余子式). 这个函数导致一个从 $V_g \times V_{f_1} \times V_{f_2}$ 到 $V_{\text{ITE}(g,f_1,f_2)}$ 的某个超集的满射. 所以

$$N_{\text{ITE}(g,f_1,f_2)} = |V_{\text{ITE}(g,f_1,f_2)}| \leqslant |V_g \times V_{f_1} \times V_{f_2}| = N_g \cdot N_{f_1} \cdot N_{f_2}$$

只有 $(g', f_1', f_2') \in V_g \times V_{f_1} \times V_{f_2}$ 的 g'、f_1'、f_2' 是用相同赋值 $[z_1 = b_1, z_2 = b_2, \cdots, z_i = b_i]$ 由 g、f_1、f_2 得到时, 它才经由 $\imath$ 映射到 $\mathfrak{B}_{\text{ITE}(g,f_1,f_2)}$ 的节点. 而且, 即使 $(g', f_1', f_2') \neq (g'', f_1'', f_2'')$, 也可能 $\text{ITE}(g', f_1', f_2') = \text{ITE}(g'', f_1'', f_2'')$. 所以, $N_{\text{ITE}(g,f_1,f_2)}$ 比 $N_g \cdot N_{f_1} \cdot N_{f_2}$ 小得多. ■

作为引理 6.11 的一个推论, $f_1 \vee f_2$ 的 $\wp$ -ROBDD 的大小的上界是 f_1 和 f_2 的 $\wp$ -ROBDD 的大小的乘积. 前面讲过, $f_1 \vee f_2 = \text{ITE}(f_1, 1, f_2)$, 所以

$$N_{f_1 \vee f_2} \leqslant N_{f_1} \cdot N_1 \cdot N_{f_2} = N_{f_1} \cdot N_{f_2}$$

对合取甚至其他二元布尔联结同样成立. 这也可用于像 $\oplus$ (异或、奇偶) 这样的运算符, 此处, $f \oplus g = \text{ITE}(f, \neg g, g)$, 即, 用 ITE、$f$ 和 g 表示 $f \oplus g$ 时需要取非运算. 由引理 6.11 可得, $f \oplus g$ 的 $\wp$ -ROBDD 的大小以 $N_f \cdot N_g^2$ 为界. 然而, 由于 g 和 $\neg g$ 的 $\wp$ -ROBDD 就交换漏口的值来说是同构的, 所以 ITE 算法中的递归调用具有形式 $\text{ITE}(u, v, w)$, 其中 $f_v = \neg f_w$. 因此 $f \oplus g$ 的 $\wp$ -ROBDD 的节点个数以三元组 $(f', \neg g', g')$ 的个数为界, 其中, f' 是 f 的 $\wp$ 相容余子式, g' 是 g 的 $\wp$ 相容余子式. 这样就得到 $f \oplus g$ 的 $\wp$ -ROBDD 的上界为 $N_f \cdot N_g$ 的结论.

计算表 算法 6.10 的问题在于, 其最坏运行时间是指数级的. 这是因为, 若从 (u, v_1, v_2) 到 (u', v_1', v_2') 有多条路径, 则会多次调用 $\text{ITE}(u', v_1', v_2')$, 并且每一次递归调用都遍历节点 u'、v_1'、v_2' 的整个子 OBDD. 为了避免这样的重复递归调用, 可以使用*计算表*, 用于存储已经执行 $\text{ITE}(u, v_1, v_2)$ 的元组 (u, v_1, v_2) 及执行结果, 即满足 $f_w = \text{ITE}(f_u, f_{v_1}, f_{v_2})$ 的 SOBDD 节点 w. 因此, 可以像在算法 6.11 中显示的那样优化 ITE 算法.

对于输入节点 (u, v_1, v_2), 算法 6.11 中递归调用的次数和 $\text{ITE}(f_u, f_{v_1}, f_{v_2})$ 的 $\wp$ -ROBDD 大小一致, 其上界是 $N_u \cdot N_{v_1} \cdot N_{v_2}$, 其中 $N_v = N_{f_v}$ 表示节点 v 的子 OBDD 中的节点个数. 当假定访问计算表和执行 find_or_add 操作的时间为常数时, 每次递归调用的时间也是常数. 如果用合适的哈希技术组织这两个表, 这个假设就是适宜的. 然而, 在实践中, ITE 算法的运行时间通常比这个上限对应的时间短得多. 首先, 只有在极端情况下 $\text{ITE}(f_u, f_{v_1}, f_{v_2})$ 的 $\wp$ -ROBDD 的大小约为 $N_u \cdot N_{v_1} \cdot N_{v_2}$. 其次, 使用 ITE 运算符带来一个好处: 可由 ITE 表达的所有合成算法依赖于同一个计算表. 这提高了命中率, 并有可能因计算表中已有另一函数合成时制作的元素而停止计算. 此外, 还有一些强化这种现象的技巧. 一个简单的技

巧是使用等值规则, 例如

$$f_1 \vee f_2 = \text{ITE}(f_1, 1, f_2) = \text{ITE}(f_2, 1, f_1) = \text{ITE}(f_1, f_1, f_2) = \cdots$$

并把 ITE 的参数转换为标准三元组. 而且, 在某些特殊情况下中止遍历也可优化 ITE 算法. 例如, 有 $\text{ITE}(g, f, f) = f$ 和 $\text{ITE}(g, 1, 0) = g$, 因此, 若后两个参数相同或者是由漏口 0 和 1 组成的对子, 则允许停止计算.

算法 6.11 $\text{ITE}(u, v_1, v_2)$

```
if 如果在计算表中存在元素 (u, v1, v2, w) then
  return 节点 w
else
                                        (* 计算表中不存在 ITE(u, v1, v2) *)
  if u 是终止节点 then
    if val(u) = 1 then w := v1 else w := v2 fi
  else
    z := min{var(u), var(v1), var(v2)};
    w1 := ITE(u|z=1, v1|z=1, v2|z=1);
    w0 := ITE(u|z=0, v1|z=0, v2|z=0);
    if w0 = w1 then w := w1 else w := find_or_add(z, w1, w0) fi
    在计算表中插入 (u, v1, v2, w); [译注 97]
    return 节点 w
  fi
fi
```

注记 6.9 取非运算符

因为 $\neg f = \text{ITE}(f, 0, 1)$, 所以取非运算符可以作为 ITE 的一个实例实现. 然而, 应用 ITE 算法似乎是不必要地复杂化了, 因为 f 和 $\neg f$ 的 $\wp$-ROBDD 只在漏口的值上有区别. 事实上, 交换漏口的值是在 ROBDD 上实现取非的适宜方法, 但它对共享 OBDD 不合适 (因为改变漏口的值也影响所有其他根节点的函数). 然而, 有一个简单的技巧可以在常数时间完成 SOBDD 的取非. 它依赖于对边使用补位. 这允许用单个节点表示 f 和 $\neg f$. 那么, 取非只是意味着交换入边的补位的值. 除了减小 SOBDD 外, 使用补位也能起到收紧标准三元组的效果, 因为有更多的等值规则可用于识别 ITE 输入三元组或提前终止. 例如, 有

$$\text{ITE}(f_1, 1, f_2) = f_1 \vee f_2 = \neg(\neg f_1 \wedge \neg f_2) = \neg\text{ITE}(\neg f_1, \neg f_2, 0)$$

和 $\text{ITE}(g, 0, 1) = \neg g$. 然而, 为了确保标准性, 需要一些额外的要求. 例如, 常值函数 0 可以由 0 漏口表示 (补位不取非) 或 1 漏口表示 (补位取非). 为了保证唯一性, 可以规定只使用 1 漏口, 只对 0 边 (即从内部节点到其 0 后继的边) 和指向根节点的指针使用补位. 关于这些先进的实现技术的更多信息以及对 OBDD 进一步的理论思考及其变体, 请查阅关于 BDD 的教科书, 例如文献 [134, 292, 300, 418] 等. ■

OBDD 的其他运算符 尽管所有的布尔联结词可以用 ITE 运算符表达, 但仍需要更多的运算符以完成用 SOBDD 表示的迁移系统的 CTL 模型检验过程等. 在 $\text{Sat}(\exists\Diamond B)$ 及

Sat($\exists\Box B$) 的符号计算 (见算法 6.8 和算法 6.10) 中, 曾使用以下形式的迭代:

$$f_{j+1}(\overline{x}) := f_j(\overline{x}) \text{ op } \exists\overline{x}'.(\Delta(\overline{x},\overline{x}') \wedge f_j(\overline{x}'))$$

其中 op $\in \{\vee, \wedge\}$, $f_j = \chi_T$ 是某个集合 T 的特征函数. 因此, f_{j+1} 是 $T \cap \text{Pre}(T)$ (若 op $= \wedge$) 和 $T \cup \text{Pre}(T)$ (若 op $= \vee$) 的特征函数 (对于像 $\exists(C \cup B)$ 这样的约束可达性的处理, 有与 χ_C 的额外合取, 但这仅仅是一个技术细节). 除了析取与合取, 这些迭代还使用存在量词和更名. 主要的困难是*原象*的计算, 即 $\text{Pre}(T)$ 由表达式 $\exists\overline{x}'.(\Delta(\overline{x},\overline{x}') \wedge f_j(\overline{x}'))$ 给出的符号表示的计算, 它常被称为*关系乘积*.

先从*更名*运算符开始, 它在 $f_j(\overline{x}')$ 中是固有的, 因为 f_j 是 $\overline{x}$ 中的变量的一个开关函数, 并且 $f_j(\overline{x}') = f_j\{\overline{x}' \leftarrow \overline{x}\}(\overline{x}')$ 表示由 f_j 经过如下过程得到的函数: 把变量 x_i 改名为变量 x_i'. 表面上, 更名运算符似乎是平凡的, 因为可以简单地通过用 $\overline{x}'$ 代替 $\overline{x}$ 来修改变量标记函数. 这一操作肯定把 $f(\overline{x})$ 的给定的 ROBDD 转换为 $f(\overline{x}')$ 的 ROBDD. 但是, 如果给定任意的变量顺序 $\wp$, 变量 x_i 的相对顺序可以和变量 x_i' 的相对顺序不同 (即 $x_i <_\wp x_j$, 而 $x_j' <_\wp x_i'$), 那么更名运算符就不再适用, 因为 $f(\overline{x}')$ 的所得 ROBDD 将依赖于另一顺序而不是 $\wp$. 此外, 对于共享 OBDD 的实现, 修改现有节点是不恰当的, 因为那样可能影响所有根节点的函数. 事实上, 不可能设计一般的更名运算符, 使它在输入 ROBDD 的大小的多项式时间内完成. 为了说明其原因, 考虑例 6.22 中的函数

$$f = (z_1 \wedge y_1) \vee (z_2 \wedge y_2) \vee \cdots \vee (z_m \wedge y_m)$$

假设 $\text{Var} = \{z_i, y_i, z_i', y_i' \mid 1 \leqslant i \leqslant m\}$, $\wp = (z_m, y_m, z_{m-1}, y_{m-1}, \cdots, z_1,\ y_1, z_1', z_2', \cdots, z_m', y_1', y_2', \cdots, y_m')$ 并以 $\wp$-SOBDD 的根节点 v 的形式给定 f 的 $\wp$-ROBDD $\mathfrak{B}_f$. 现在, 目标是把 z_i 更名为 z_i', 把 y_i 更名为 y_i', 即, 计算下式的 $\wp$-ROBDD 表示:

$$f\{z_i' \leftarrow z_i, y_i' \leftarrow y_i \mid 1 \leqslant i \leqslant m\} = (z_1' \wedge y_1') \vee (z_2' \wedge y_2') \cdots \vee (z_m' \wedge y_m')$$

由例 6.22 的结果可知, f 的 $\wp$-ROBDD 的大小为 $2m+2$, 而 f 的 $\wp$-ROBDD 大小为 $\Omega(2^m)$. 这一观察表明, 不存在线性时间算法能够对于任意变量顺序实现更名运算符. 然而, 假设在顺序 $\wp$ 中 x_i 和 x_i' 是相邻的, 即, $x_i <_\wp x_i'$ 且没有变量 z 满足 $x_i <_\wp z <_\wp x_i'$ [译注 98], 那么, 对于函数 $f(\overline{x})$ 把 x_i 更名为 x_i' 是很简单的. 像对 ITE 运算符一样, 可用 DFS 方式遍历表示 $f(\overline{x})$ 的节点的子 OBDD, 并以自下而上的方式生成 $f(\overline{x}')$ 的 ROBDD, 见算法 6.12. 算法 6.12 的输入为 $\wp$-SOBDD 的节点 v 以及满足以下条件的元组 $\overline{x} = (x_1, x_2, \cdots, x_n)$ 和 $\overline{x}' = (x_1', x_2', \cdots, x_n')$: 这些变量两两不同, $x_1'x_2'\cdots x_n'$ 对于 f_v 不是基本的, 并且 x_i 和 x_i' 在 $\wp$ 中相邻[译注 99]. 输出为满足 $f_w = f_v\{\overline{x} \leftarrow \overline{x}'\}$ 的节点 w. 为了避免对同一输入节点 v 多次调用算法 6.12, 使用计算表存储所有已执行 $\text{Rename}(v, \overline{x} \leftarrow \overline{x}')$ 的节点 v, 并存储输出节点 w, 即满足 $f_w = f_v\{\overline{x} \leftarrow \overline{x}'\}$ 的 w.

注记 6.10 *迁移系统的交错变量顺序*

交错变量顺序, 如 $(x_1, x_1', x_2, x_2', \cdots, x_n, x_n')$ 等, 有利于迁移系统的表示. 适合更名操作是交错变量顺序的一个优点, 因为交错变量顺序允许使用更名, 而更名在上述计算原象的 OBDD 算法中是固有的. 交错变量顺序的另一个优点是有利于对合成迁移系统的迁移关系

算法 6.12　Rename$(v, \overline{x} \leftarrow \overline{x}')$

```
if 如果在计算表中存在元素 (v, w) then
  return w
else
  if v 是终止节点 then
    w := v
  else
    w0 := Rename(succ0(v), x̄ ← x̄');
    w1 := Rename(succ1(v), x̄ ← x̄');
    if 对某个 j ∈ {1,2,···,n} 有 var(v) = z_j then
      z := z'_j                              (* 用 z'_j 替换 z_j *)
    else
      z := var(v)
    fi
    w := find_or_add(z, w1, w0);
  fi
  在计算表中插入 (v, w);
  return w
fi
```

构造 ROBDD 表示. 在注记 6.8 中可以看到, 若 TS 是迁移系统 $\text{TS}_1, \text{TS}_2, \cdots, \text{TS}_m$ 的同步积, 则 TS 的迁移关系的开关函数 $\Delta(\overline{x}_1, \overline{x}_2, \cdots, \overline{x}_n, \overline{x}'_1, \overline{x}'_2, \cdots, \overline{x}'_n)$ 可由 TS_i 的迁移关系的开关函数 $\Delta_i(\overline{x}_i, \overline{x}'_i)$ 的合取获得, $i = 1, 2, \cdots, m$. 因为这些 Δ_i 没有相同的变量, 所以只要 $\wp$ 是交错变量顺序, 即所有变量 $\overline{x}_i$ 和 $\overline{x}'_i$ 分为一组, 则 Δ 的 $\wp$-ROBDD 大小的界限是

$$N_\Delta \leqslant N_{\Delta_1} + N_{\Delta_2} + \cdots + N_{\Delta_m}$$

因此, ROBDD 的大小没有发生指数爆炸. 尽管引理 6.11 对一般变量顺序得出的上界是 $N_{\Delta_1} \cdot N_{\Delta_2} \cdot \cdots \cdot N_{\Delta_m}$, 但对于交错变量顺序 $\wp$, 可保证 $\wp$-ROBDD 的大小至多是线性增长. 这是因为 Δ 的 $\wp$-ROBDD 通过连接 $\Delta_1, \Delta_2, \cdots, \Delta_m$ 的 $\wp$-ROBDD 得到. 例如, 如果假设在 $\wp$ 中所有成对的变量 $\overline{x}_i$ 和 $\overline{x}'_i$ 都以此形式出现在变量 $\overline{x}_1, \overline{x}'_1, \overline{x}_2, \overline{x}'_2, \cdots, \overline{x}_{i-1}, \overline{x}'_{i-1}$ 之后, 那么, 可以简单地把 $\wp$-ROBDD 中到 1 漏口的边重定向到 $\Delta_i(1 \leqslant i < m)$ 的 $\wp$-ROBDD 的根. 这样就得到 Δ 的 $\wp$-ROBDD.

交错 $\text{TS} = \text{TS}_1 \,|||\, \text{TS}_2 \,|||\, \cdots \,|||\, \text{TS}_m$ 的情况就要涉及稍多的参数, 它的 Δ 通过 Δ_i 与副条件 $\overline{x}_j = \overline{x}'_j$ 的析取产生, $i \neq j$. 在交错变量顺序中, 若 TS_i 的变量出现在 $\text{TS}_{i+1}, \text{TS}_{i+2}, \cdots, \text{TS}_m$ 的变量之前, 则能保证 $\wp$-ROBDD 的大小 N_Δ 以 $O((N_{\Delta_1} + N_{\Delta_2} + \cdots + N_{\Delta_m}) \cdot n^2)$ 为界, 其中 n 是 TS 中的变量总数. 额外的因子 $O(n^2)$ 是因为条件 $\overline{x}_i = \overline{x}'_i$ 的表示. ■

由于有 $\exists x. f = f|_{x=0} \vee f|_{x=1}$, 所以存在量词可约简到 ITE 和余子式运算符. 正如前面在解释 ITE 运算符时提到的, 如果对 f 在给定变量顺序 $\wp$ 中的第一个基本变量 z 有 $x \leqslant_\wp z$, 那么余子式运算符 $f \mapsto f|_{x=b}$ 是平凡的, 这是因为, 若上述条件成立, 则当 $x = z$ 时 $f|_{z=b}$ 由表示 f 的节点的 b 后继表示, 当 $x <_\wp z$ 或 f 是常量时 $f|_{x=b} = f$. 如果当 $z <_\wp x$ 时需要 $f|_{x=b}$ 的表示, 可以利用已有结论 $(f|_{x=b})|_{z=c} = (f|_{z=c})|_{x=b}$ 并对表示 f 节

点的后继递归地应用余子式运算符. 这就得到算法 6.13. 在这里, 再次使用计算表组织所有 (v, w) 对, 其中余子式 $f_v|_{x=b}$ 由节点 w 表示.

算法 6.13 $\mathrm{Cof}(v, x, b)$

```
if 计算表中含 (v, w) then
  return w
else
  if v 是终止节点或 x <_℘ var(v) then[译注 100]
    w := v;
  else
    if x = var(v) then[译注 101]
      w := v|_{x=b};
    else
      z := var(v);
      w_1 := Cof(succ_1(v), x, b); w_0 := Cof(succ_0(v), x, b);
      if w_0 = w_1 then w := w_1 else w := find_or_add(z, w_1, w_0) fi
    fi
  fi
  把 (u, w) 插入工作表;
  return 节点 w
fi
```

如果假定访问唯一表和计算表的时间是常数, 那么更名算法和获得余子式的算法的时间复杂度都以 $O(\mathrm{size}(\overline{\mathfrak{B}}_v))$ 为界, 因为两者都依赖于子 OBDD $\overline{\mathfrak{B}}_v$ 的基于 DFS 的遍历. 在对 $\overline{x}$、$\overline{x}'$ 和 $\wp$ 所做的假设下, f 和 $f\{\overline{x} \leftarrow \overline{x}'\}$ 的 $\wp$-ROBDD 大小一致. $f|_{x=b}$ 的 $\wp$-ROBDD 大小至多是 f 的 $\wp$-ROBDD 大小. 这是因为, 给定 f 的 $\wp$-ROBDD $\mathfrak{B}_f$, 把终点为 x 节点 u 的任何边 $w \to u$ 重定向到 u 的 b 后继, 然后删除所有 x 节点, 这样即可得到 $f|_{x=\overline{b}}$ 的 $\wp$-ROBDD[①].

总体而言, 经由关系积

$$\exists \overline{x}.(\varDelta \wedge f\{\overline{x}' \leftarrow \overline{x}\})$$

的原象计算是符号计算 $\mathrm{Sat}(\exists \Box B)$ 等所需要的, 它可通过如下过程完成: 首先对 f 应用更名运算符, 然后对表示 $\varDelta$ 和 $f(\overline{x}')$ 的节点应用合取运算符 (作为 ITE 运算符的特例), 最后通过余子式和析取计算存在量词. 这种朴素的方法非常耗时, 因为它依赖于在共享 OBDD 内的几次自上而下的遍历. 这种方法还导致 $\varDelta \wedge f\{\overline{x}' \leftarrow \overline{x}\}$ 的 ROBDD 表示过于庞大的问题.

经由关系积 $\exists \overline{x}.(\varDelta \wedge f\{\overline{x}' \leftarrow \overline{x}\})$ 进行基于 BDD 的原象计算的更优雅的方法是：在表示 $\varDelta$ 和 f 的节点的子 OBDD 上用单次 DFS 遍历同时实现存在量词、更名及合取, 并于其间调用 ITE 运算符以实现存在量词所固有的析取运算符. 算法 6.14 总结了这个方法的主要步骤.

---

① 尽管这样可以得到从 f 的 $\wp$-ROBDD 构造 $f|_{x=b}$ 的 $\wp$-ROBDD 的正确运算符, 但是边的重定向对使用共享 OBDD 的实现是不合适的.

算法 6.14 关系积 RelProd(u, v)

```
if 计算表中存在 (u, v, w) then return w fi;
if u 或 v 是 0 漏口 then return 0 漏口 fi;
if u 和 v 是 1 漏口 then return 1 漏口 fi;

y := min{var(u), var(v)}, 例如 y ∈ {x_i, x_i'}
if y = x_i then
  w_{1,0} := RelProd(u|_{x_i=1,x_i'=0}, v|_{x_i=0});
  w_{1,1} := RelProd(u|_{x_i=1,x_i'=1}, v|_{x_i=1});
  w_1 := ITE(w_{1,0}, 1, w_{1,1});

  w_{0,0} := RelProd(u|_{x_i=0,x_i'=0}, v|_{x_i=0}, x̄, x̄');
  w_{0,1} := RelProd(u|_{x_i=0,x_i'=1}, v|_{x_i=1}, x̄, x̄');
  w_0 := ITE(w_{0,0}, 1, w_{0,1});

  if w_1 = w_0 then
    w := w_1                                   (* 消去规则 *)
  else
    w := find_or_add(x_i, w_1, w_0)
  fi
else
  w_0 := RelProd(u|_{x_i'=0}, v); w_1 := RelProd(u|_{x_i'=1}, v);
  w := ITE(w_0, 1, w_1)
fi
在计算表中插入 (u, v, w);
return w
```

算法 6.14 的输入是 $\wp$ -SOBDD 中使得 $f_u = \Delta(\overline{x}, \overline{x}')$ 且 $f_v = f(\overline{x}')$ 的两个节点 u 和 v. 关于变量元组 $\overline{x}$ 和 $\overline{x}'$ 的假设如上, 即 $\overline{x} = (x_1, x_2, \cdots, x_n)$ 和 $\overline{x}' = (x_1', x_2', \cdots, x_n')$ 由两两不同的变量组成, 并且变量 x_i 与变量 x_i' 在 $\wp$ 中是相邻的. 为了简单起见, 假设 $\wp$ 交错变量 x_i 和 x_i', 例如:

$$x_1 <_\wp x_1' <_\wp x_2 <_\wp x_2' <_\wp \cdots <_\wp x_n <_\wp x_n'$$

算法 6.14 的输出是具有 $f_w = \exists \overline{x}'.(\Delta(\overline{x}, \overline{x}') \wedge f(\overline{x}')) = \exists \overline{x}'.(f_u \wedge f_v)$ 的 (可能是新的) 节点. 算法 6.14 的终止条件分为 3 种情形: ① 在计算表中存在一个元素; ② $\Delta = 0$ 或 $f = 0$, 此时 $\exists \overline{x}'.(\Delta \wedge f) = 0$; ③ $\Delta = f = 1$, 此时 $\exists \overline{x}'.(\Delta \wedge f) = 1$. 在其余的情形中, u 和 v 的子 OBDD 的遍历依赖于展开律:

$$\begin{aligned}
&\exists x_1' \exists x_2' \cdots \exists x_n'.(\Delta \wedge f\{x_1' \leftarrow x_1, x_2' \leftarrow x_2, \cdots, x_n' \leftarrow x_n\})|_{x_1=b} \\
=&\exists x_2' \cdots \exists x_n'.(\Delta|_{x_1=b,x_1'=0} \wedge f|_{x_1=0}\{x_2' \leftarrow x_2, \cdots, x_n' \leftarrow x_n\}) \vee \\
&\exists x_2' \cdots \exists x_n'.(\Delta|_{x_1=b,x_1'=1} \wedge f|_{x_1=1}\{x_2' \leftarrow x_2, \cdots, x_n' \leftarrow x_n\})
\end{aligned}$$

现有文献已提出一些技术, 用于改善象或原象计算. 有些技术依赖于变量的划分, 以期尽快完成存在量词 (因为它们可以减少基本变量的个数并常常导致较小的 ROBDD). 还有些技术依赖于所谓的输入或输出拆分 (使用展开律之一) 以及特殊的 ROBDD 运算符, 例如用其他开关函数 $\tilde{\Delta}$ 替换 Δ 以使得 $\Delta \wedge f = \tilde{\Delta} \wedge f$ 且 $\tilde{\Delta}$[译注 102] 比 Δ 有更小的 $\wp$-ROBDD. 在用 $T_0 = B$ 和 $T_{j+1} = T_j \cup \mathrm{Pre}(T_j)$ 符号迭代计算原象 $\mathrm{Pre}^*(B)$ 的个案中, 也可以从 T_j 换到使 $T_j \setminus T_{j-1} \subseteq \tilde{T} \subseteq T_j$ 的任意集合 $\tilde{T}$ 并计算 $T_j \cup \mathrm{Pre}(\tilde{T})$. 对于这些高级技术, 有兴趣的读者可参阅文献 [92, 292, 374] 及其引用文献.

总结　现在已万事俱备, 能够以共享 OBDD 为手段, 递归计算子公式的满足集, 实现标准 CTL 模型检验方法. 首先, 必须构造要分析的迁移系统的 ROBDD 表示. 正如在注记 6.8 中提到的, 这可以以复合方式由合成运算符 (析取、合取等) 完成. 此外, 假设已给出原子命题的满足集的 ROBDD 表示. 这个假设是合理的, 因为原子命题常用作状态编码的变量 (此时, 只用投影函数就可给出它们的满足集). 然后, CTL 模型检验过程可以通过 ITE 算法 (处理 CTL 的命题逻辑部分) 以及在算法 6.8 和算法 6.9 中描述的基于 BFS 的符号算法来完成. 两者均依赖于原象的迭代计算. 上面已经讨论了更高效的技术. 终止条件需要检验两个开关函数的相等性. 实际上, 这对于共享 OBDD 是平凡的, 因为这仅仅是比较对应的节点, 并且可在常数时间内完成.

6.8　CTL*

在定理 6.4 中已看到 CTL 和 LTL 的表达力是不可比较的. Emerson 和 Halpern 提出了 CTL 的一种扩展, 称为 CTL*, 它组合了 CTL 和 LTL 两者的逻辑特性, 因此比 CTL 和 LTL 的表达力更强.

6.8.1　逻辑、表达力和等价

CTL* 是 CTL 的扩展, 因为它允许路径量词 $\exists$ 和 $\forall$ 与诸如 $\bigcirc$ 和 U 这样的线性时序运算符任意嵌套. 相比较而言, 在 CTL 中, 每个线性时序运算符必须紧跟在路径量词之后. 像在 CTL 中一样, CTL* 的语法分为状态和路径公式. CTL* 与 CTL 的状态公式的语法大致相同, 而 CTL* 路径公式则与 LTL 公式相同, 唯一的区别是任意的 CTL* 状态公式都可作为原子. 例如, $\forall\bigcirc\bigcirc a$ 是合法的 CTL* 公式, 但却不属于 CTL. 公式 $\exists\Box\Diamond a$ 和 $\forall\Box\Diamond a$ 也是如此 (然而 CTL* 公式 $\forall\Box\Diamond a$ 等价于 CTL 公式 $\forall\Box\forall\Diamond a$).

定义 6.16　CTL* 的语法

原子命题集合 AP 上的 CTL* *状态公式* (简称 CTL* 公式) 是根据以下语法形成的:

$$\Phi ::= \mathrm{true} \mid a \mid \Phi_1 \wedge \Phi_2 \mid \neg\Phi \mid \exists\varphi$$

其中 $a \in \mathrm{AP}$ 且 φ 是路径公式. CTL* *路径公式*由以下语法给出:

$$\varphi ::= \Phi \mid \varphi_1 \wedge \varphi_2 \mid \neg\varphi \mid \bigcirc\varphi \mid \varphi_1 \,\mathsf{U}\, \varphi_2$$

其中 Φ 是状态公式, φ、φ_1 和 φ_2 路径公式. ■

像 LTL 或 CTL 一样, 使用命题逻辑的 $\vee$、$\rightarrow$ 等导出运算符, 并且令

$$\Diamond\varphi = \mathrm{true}\,\mathsf{U}\,\varphi, \quad \Box\varphi = \neg\Diamond\neg\varphi$$

全称路径量词 $\forall$ 在 CTL* 中可以由存在量词和否定定义:

$$\forall\varphi = \neg\exists\neg\varphi$$

(注意, 在 CTL 中, 情况不是这样.)

例如, 公式

$$\forall\Box(\bigcirc\Diamond a \wedge \neg(b \,\mathsf{U}\, \Box c))$$

和

$$\forall\bigcirc\Box\neg a \wedge \exists\Diamond\Box(a \vee \forall(b \,\mathsf{U}\, a))$$

是语法上正确的 CTL* 公式. 注意, 这些公式不是 CTL 公式.

定义 6.17 CTL* 的满足关系

假设 $a \in \mathrm{AP}$ 是原子命题, $\mathrm{TS} = (S, \mathrm{Act}, \rightarrow, I, \mathrm{AP}, L)$ 是没有终止状态的迁移系统, 状态 $s \in S$, Φ 和 Ψ 是 CTL* 状态公式, φ、φ_1 和 φ_2 是 CTL* 路径公式. 对于 CTL* 状态公式, 满足关系 $\models$ 定义为

$$\begin{array}{lll}
s \models a & \text{iff} & a \in L(s) \\
s \models \neg\Phi & \text{iff} & s \not\models \Phi, \\
s \models \Phi \wedge \Psi & \text{iff} & (s \models \Phi) \text{ 且 } (s \models \Psi) \\
s \models \exists\varphi & \text{iff} & \text{对某个 } \pi \in \mathrm{Paths}(s),\ \pi \models \varphi
\end{array}$$

对于路径 π 和 CTL* 路径公式, 满足关系 $\models$ 定义为

$$\begin{array}{lll}
\pi \models \Phi & \text{iff} & s_0 \models \Phi \\
\pi \models \varphi_1 \wedge \varphi_2 & \text{iff} & \pi \models \varphi_1 \text{ 且 } \pi \models \varphi_2 \\
\pi \models \neg\varphi & \text{iff} & \pi \not\models \varphi \\
\pi \models \bigcirc\varphi & \text{iff} & \pi[1..] \models \varphi \\
\pi \models \varphi_1 \,\mathsf{U}\, \varphi_2 & \text{iff} & \exists j \geqslant 0.\, (\pi[j..] \models \varphi_2 \wedge (\forall 0 \leqslant k < j.\, \pi[k..] \models \varphi_1))
\end{array}$$

其中, 对于路径 $\pi = s_0 s_1 s_2 \cdots$ 和整数 $i \geqslant 0$, $\pi[i..]$ 表示 π 的从下标 i 开始的后缀. ■

定义 6.18 迁移系统的 CTL* 语义

对于 CTL* 状态公式 Φ, 满足集 $\mathrm{Sat}(\Phi)$ 定义为

$$\mathrm{Sat}(\Phi) = \{s \in S \mid s \models \Phi\}$$

迁移系统 TS 满足 CTL* 公式 Φ 当且仅当 Φ 在 TS 中的所有初始状态成立:

$$\mathrm{TS} \models \Phi \text{ 当且仅当 } \forall s_0 \in I.\, s_0 \models \Phi$$ ■

因此, $\mathrm{TS} \models \Phi$ 当且仅当 TS 的所有初始状态满足 Φ.

LTL 公式是 CTL* 的基本状态公式 Φ 被限定为原子命题和 true 的路径公式. 显然, LTL 在迁移系统的路径上的解释 (见定义 5.3) 对应于作为 CTL* 的子逻辑得到的 LTL 的语义. 定理 6.15 说明相应的断言对状态也成立. 因此, 每一个 LTL 公式 φ 与 CTL* 公式 $\forall\varphi$ 一致, 并将 LTL 在状态上的语义作为参考. 回想一下, 根据路径中的 LTL 语义, $s \models \varphi$ 当且仅当对所有 $\pi \in \mathrm{Paths}(s)$ 有 $\pi \models \varphi$.

定理 6.15 LTL 公式在 CTL* 公式中的嵌入

假设 $TS = (S, Act, \to, I, AP, L)$ 是没有终止状态的迁移系统. 对于 AP 上的每个 LTL 公式 φ 和每个 $s \in S$:

$$\underbrace{s \models \varphi}_{\text{LTL 语义}} \quad \text{当且仅当} \quad \underbrace{s \models \forall\varphi}_{\text{CTL}^*\text{语义}}$$

特别地, (在 LTL 语义下) $TS \models \varphi$ 当且仅当 (在 CTL* 语义下) $TS \models \forall\varphi$. ■

因此, 将 (用迁移系统的状态解释的) LTL 理解为 CTL* 的子逻辑是有道理的. 定理 6.4 指出, LTL 和 CTL 的表达力是不可比较的. 因为 LTL 是 CTL* 一个子逻辑, 所以 CTL* 涵盖 LTL 和 CTL, 即存在既不能在 LTL 中也不能在 CTL 中表示的 CTL* 公式.

定理 6.16 CTL* 比 LTL 和 CTL 更具表达力.

对于 $AP = \{a, b\}$ 上的 CTL* 公式

$$\Phi = (\forall\Diamond\Box a) \vee (\forall\Box\exists\Diamond b)$$

不存在任何等价的 LTL 公式或 CTL 公式.

证明: 这直接由以下事实得到. $\forall\Box\exists\Diamond b$ 是一个不能在 LTL 中表示的 CTL 公式, 而 $\Diamond\Box a$ 是一个不能在 CTL 中表示的 LTL 公式. 这两个事实可由定理 6.4 得到. ■

LTL、CTL 和 CTL* 之间的关系如图 6.27所示.

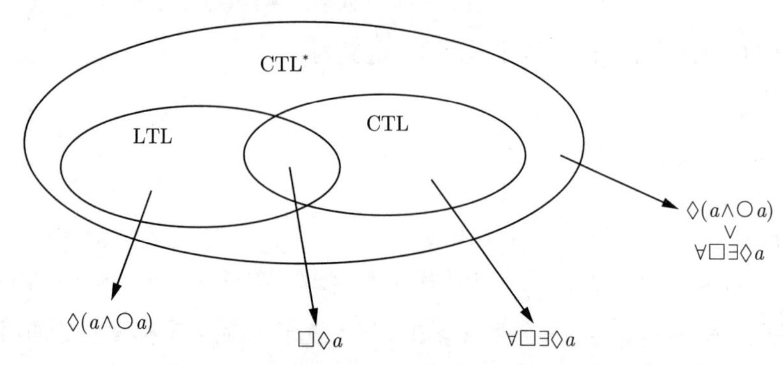

图 6.27 LTL、CTL 和 CTL* 之间的关系

像在 LTL 中一样, 这一事实的推论之一是公平性假设可在 CTL* 中用公式构造法表达. 例如, 对于公平的公平性假设 fair, 形如

$$\forall(\text{fair} \to \varphi) \text{ 或 } \exists(\text{fair} \wedge \varphi)$$

的公式是合法的 CTL* 公式. 可像在 CTL 或 LTL 中一样为 CTL* 公式定义等值 ($\equiv$). 除了从 CTL 的等值律和 LTL 的等值律得到的定律外, CTL* 还存在一系列特有的重要定律, 例如图 6.28 中列出的等值律.

路径量词的对偶律的例子有

$$\neg\forall\Box\Diamond a \equiv \exists\Diamond\Box\neg a \text{ 和 } \neg\exists\Box\Diamond a \equiv \forall\Diamond\Box\neg a$$

和前面一样, 全称量词对析取的分配律不成立, 存在量词对合取也是如此:

$$\forall(\varphi \vee \psi) \not\equiv \forall\varphi \vee \forall\psi,\ \exists(\varphi \wedge \psi) \not\equiv \exists\varphi \wedge \exists\psi$$

路径量词的对偶律:

$$\neg\forall\varphi \equiv \exists\neg\varphi$$
$$\neg\exists\varphi \equiv \forall\neg\varphi$$

分配律

$$\forall(\varphi_1 \wedge \varphi_2) \equiv \forall\varphi_1 \wedge \forall\varphi_2$$
$$\exists(\varphi_1 \vee \varphi_2) \equiv \exists\varphi_1 \vee \exists\varphi_2$$

量词吸收律

$$\forall\Box\Diamond\varphi \equiv \forall\Box\forall\Diamond\varphi$$
$$\exists\Diamond\Box\varphi \equiv \exists\Diamond\exists\Box\varphi$$

图 6.28　CTL* 的一些等值律

也应慎重对待路径量词的消除. 例如[译注 103]

$$\forall\Diamond\Box\varphi \not\equiv \forall\Diamond\forall\Box\varphi, \exists\Box\Diamond\varphi \not\equiv \exists\Box\exists\Diamond\varphi$$

最后要指出, 对 CTL* 状态公式 Φ 有

$$\exists\Phi \equiv \Phi,\ \forall\Phi \equiv \Phi$$

例如, 考虑 CTL* 公式 $\exists\forall\Diamond a$. 只要存在无限路径片段 $\pi = s_0 s_1 s_2 \cdots \in \mathrm{Paths}(s)$ 使得 $\pi \models \forall\Diamond a$, 这个公式就在状态 s 成立. 因为 $\pi \models \forall\Diamond a$ 成立当且仅当 $s = s_0 \models \forall\Diamond a$, 所以公式 $\exists\forall\Diamond a$ 与 $\forall\Diamond a$ 等值.

注记 6.11　用路径公式的布尔联结词扩展 CTL (CTL$^+$)

考虑下面的被称为 CTL$^+$ 的扩展 CTL, 它允许在路径公式中使用布尔联结词以扩展 CTL. 在原子命题集合 AP 上的 CTL$^+$ 状态公式根据以下语法形成:

$$\Phi ::= \mathrm{true} \mid a \mid \Phi_1 \wedge \Phi_2 \mid \neg\Phi \mid \exists\varphi \mid \forall\varphi$$

其中 $a \in \mathrm{AP}$ 且 φ 是路径公式. CTL$^+$ 路径公式根据以下语法形成:

$$\varphi ::= \varphi_1 \wedge \varphi_2 \mid \neg\varphi \mid \bigcirc\Phi \mid \Phi_1 \,\mathsf{U}\, \Phi_2$$

其中 Φ、Φ_1 和 Φ_2 是状态公式, φ_1 和 φ_2 是路径公式. 可见, CTL$^+$ 与 CTL 的表达力相同, 即, 对于任何 CTL$^+$ 状态公式 Φ^+ 都存在等价的 CTL 公式 Φ. 例如:

$$\underbrace{\exists(a \,\mathsf{W}\, b)}_{\text{CTL 公式}} \equiv \underbrace{\exists((a \,\mathsf{U}\, b) \vee \Box a)}_{\text{CTL}^+ \text{ 公式}}$$

或

$$\underbrace{\exists(\Diamond a \wedge \Diamond b)}_{\text{CTL}^+ \text{ 公式}} \equiv \underbrace{\exists\Diamond(a \wedge \exists\Diamond b) \wedge \exists\Diamond(b \wedge \exists\Diamond a)}_{\text{CTL 公式}}$$

在这里不证明可把 CTL$^+$ 公式转换为等价的 CTL 公式. 转换依赖于下面所示的等值律:

$$
\begin{aligned}
\exists(\neg\bigcirc\Phi) &\equiv \exists\bigcirc\neg\Phi \\
\exists(\neg(\Phi_1 \mathsf{U} \Phi_2)) &\equiv \exists((\Phi_1 \wedge \neg\Phi_2) \mathsf{U} (\neg\Phi_1 \wedge \neg\Phi_2)) \vee \exists\Box\neg\Phi_2 \\
\exists(\bigcirc\Phi_1 \wedge \bigcirc\Phi_2) &\equiv \exists\bigcirc(\Phi_1 \wedge \Phi_2) \\
\exists(\bigcirc\Phi \wedge (\Phi_1 \mathsf{U} \Phi_2)) &\equiv (\Phi_2 \wedge \exists\bigcirc\Phi) \vee (\Phi_1 \wedge \exists\bigcirc(\Phi \wedge \exists(\Phi_1 \mathsf{U} \Phi_2))) \\
\exists((\Phi_1 \mathsf{U} \Phi_2) \wedge (\Psi_1 \mathsf{U} \Psi_2)) &\equiv \exists((\Phi_1 \wedge \Psi_1) \mathsf{U} (\Phi_2 \wedge \exists(\Psi_1 \mathsf{U} \Psi_2))) \vee \\
&\quad\ \exists((\Phi_1 \wedge \Psi_1) \mathsf{U} (\Psi_2 \wedge \exists(\Phi_1 \mathsf{U} \Phi_2))) \\
&\ \ \vdots
\end{aligned}
$$

因此, 对于路径公式使用布尔联结词可以扩展 CTL 公式而不改变其表达力. 并且, CTL$^+$ 公式能比最短的等价 CTL 公式还短. ■

6.8.2 CTL* 模型检验

本节论述 CTL* 的模型检验算法. 对给定的 (没有终止状态的) 有限迁移系统 TS 和 CTL* 状态公式 Φ, CTL* 模型检验问题就是确定 TS $\models \Phi$ 是否成立. 正如下面将要看到的, 对于 CTL* 模型检验问题, LTL 和 CTL 的模型检验算法的适当组合就足够了.

像对 CTL 一样, CTL* 模型检验算法也是基于对被检验公式 Φ 的语法树的自下而上的遍历. 由于该算法自下而上的特性, 先前已经得到的 Φ 的任何状态子式 Ψ 的满足集 Sat(Ψ) 可用于确定 Sat(Φ). 特别地, 对 Φ 的状态极大真子式也是如此.

定义 6.19 状态极大真子式

设 Ψ 是一个状态公式, 若 Ψ 是 Φ 的不同于 Φ 的子式且 Φ 的其他任何状态真子式都不包含 Ψ, 则称 Ψ 是 Φ 的*状态极大真子式*. ■

基本思路是用新原子命题 (如 $a_1, a_2, \cdots, a_k$) 代替 Φ 的所有状态极大真子式. 这些命题未出现在 Φ 中, 并使得 $a_i \in L(s)$ 当且仅当 $s \in \text{Sat}(\Psi_i)$, 其中 Ψ_i 是 Φ 的第 i 个状态极大真子式. 对于顶层运算符是布尔联结词 (如否定或合取等) 的状态真子式, 处理方式是显而易见的. 下面考虑更有意思的情况: $\Psi = \exists\varphi$. 替换 φ 中的所有状态极大真子式就可以得到 LTL 公式. 因为

$$
s \models \exists\varphi \text{ iff } \underbrace{s \not\models \forall\neg\varphi}_{\text{CTL* 语义}} \text{ iff } \underbrace{s \not\models \neg\varphi}_{\text{LTL 语义}}
$$

所以用 LTL 模型检验器计算满足集

$$
\text{Sat}_{\text{LTL}}(\neg\varphi) = \{s \in S \mid s \models_{\text{LTL}} \neg\varphi\}
$$

就可以了 (在这里, 记法 $\text{Sat}_{\text{LTL}}(\cdot)$ 和 $\models_{\text{LTL}}$ 用以强调基于 LTL 的满足关系). 现在, $\Phi = \exists\varphi$ 的满足集就可用补集得到

$$
\text{Sat}_{\text{CTL}^*}(\exists\varphi) = S \setminus \text{Sat}_{\text{LTL}}(\neg\varphi)
$$

对最外层运算符为全称量词的 CTL* 公式, 可以简单地用

$$\text{Sat}_{\text{CTL}^*}(\forall\varphi) = \text{Sat}_{\text{LTL}}(\varphi)$$

处理, 其中, 如前所述, 假定 φ 是用新原子命题替换状态极大真子式所得的 LTL 公式.

CTL* 模型检验过程的主要步骤由算法 6.15 给出.

算法 6.15 CTL* 模型检验算法 (基本思想)

输入: 初始状态集为 I 的迁移系统 TS, CTL* 公式 Φ

输出: $I \subseteq \text{Sat}(\Phi)$

```
for all i ⩽ |Φ| do
  for all 满足 |Ψ| = i 的 Ψ ∈ Sub(Φ) do
    switch(Ψ):

        true     :  Sat(Ψ) := S;
        a        :  Sat(Ψ) := {s ∈ S | a ∈ L(s)};
        a1 ∧ a2  :  Sat(Ψ) := Sat(a1) ∩ Sat(a2);
        ¬a       :  Sat(Ψ) := S \ Sat(a);
        ∃φ       :  用 LTL 模型检验器确定 Sat_LTL(¬φ);
                 :  Sat(Ψ) := S \ Sat_LTL(¬φ)

    end switch
    AP := AP ∪ {a_Ψ};                         (* 引入新原子命题 *)
    以 a_Ψ 替换 Ψ;
    for all s ∈ Sat(Ψ) do L(s) := L(s) ∪ {a_Ψ}; od
  od
od
return I ⊆ Sat(Φ)
```

例 6.23 CTL* 模型检验的抽象例子

本例以下面的 CTL* 公式演示 CTL* 模型检验方法:

$$\exists\varphi,\ 其中\ \varphi = \bigcirc(\forall\Box\exists\Diamond a) \wedge \Diamond\Box\exists(\bigcirc a \wedge \Box b)$$

φ 的状态极大真子式是

$$\Phi_1 = \forall\Box\exists\Diamond a\ 和\ \Phi_2 = \exists(\bigcirc a \wedge \Box b)$$

因此,

$$\varphi = \bigcirc\underbrace{(\forall\Box\exists\Diamond a)}_{\Phi_1} \wedge \Diamond\Box\underbrace{\exists(\bigcirc a \wedge \Box b)}_{\Phi_2} = \bigcirc\Phi_1 \wedge \Diamond\Box\Phi_2$$

根据 CTL* 模型检验算法, 递归计算满足集 $\text{Sat}(\Phi_i)$. 随后, 用原子命题, 例如 a_1 和 a_2, 替代 Φ_1 和 Φ_2. 由此产生原子命题集合 $\text{AP}' = \{a_1, a_2\}$ 上的 LTL 公式:

$$\varphi' = \bigcirc a_1 \wedge \Diamond\Box a_2$$

标记函数 $L'\colon S \to 2^{\mathrm{AP}'}$ 如下:

$$\text{对 } i \in \{1,2\},\ a_i \in L'(s) \text{ 当且仅当 } s \in \mathrm{Sat}(\Phi_i)$$

对公式 $\neg\varphi'$ 应用 LTL 模型检验算法获得 (就 LTL 语义而言) 满足 $\neg\varphi'$ 的状态集, 即 $\mathrm{Sat}_{\mathrm{LTL}}(\neg\varphi')$. 由 $\mathrm{Sat}_{LTL}(\neg\varphi')$ 的补集给出 $\mathrm{Sat}_{\mathrm{CTL}^*}(\varphi)$. ■

显然, CTL* 模型检验算法的时间复杂度由 LTL 模型检验阶段主导. CTL* 模型检验必须完成的其他工作的时间是迁移系统的大小和公式长度的多项式. 因此, 时间复杂度就是公式长度的指数时间和迁移系统大小的线性时间.

定理 6.17 *CTL* 模型检验的时间复杂度*

对于有 N 个状态和 K 个迁移的迁移系统 TS 以及 CTL* 公式 Φ, CTL* 模型检验问题 $\mathrm{TS} \models \Phi$ 能在时间 $O((N+K)\cdot 2^{|\Phi|})$ 内确定. ■

注意, CTL* 模型检验可由任何 LTL 模型检验算法解决. 这表明, 从 CTL* 模型检验问题到 LTL 模型检验问题存在一个多项式约简. 因此, LTL 的理论复杂度结果也适用于 CTL*. 表 6.3 总结了 CTL、LTL 和 CTL* 模型检验算法和可满足性检验的复杂度.

表 6.3 CTL、LTL 和 CTL* 模型检验算法和可满足性检验的复杂度

比较因素	CTL	LTL	CTL*
模型检验	PTIME	PSPACE 完全的	PSPACE 完全的
无公平	$\mathrm{size(TS)}\cdot\lvert\Phi\rvert$	$\mathrm{size(TS)}\cdot\exp(\lvert\Phi\rvert)$	$\mathrm{size(TS)}\cdot\exp(\lvert\Phi\rvert)$
有公平	$\mathrm{size(TS)}\cdot\lvert\Phi\rvert\cdot\lvert\mathrm{fair}\rvert$	$\mathrm{size(TS)}\cdot\exp(\lvert\Phi\rvert)\cdot\lvert\mathrm{fair}\rvert$	$\mathrm{size(TS)}\cdot\exp(\lvert\Phi\rvert)\cdot\lvert\mathrm{fair}\rvert$
对固定准述 (模型复杂度)	size(TS)	size(TS)	size(TS)
可满足性检验	EXPTIME	PSPACE 完全的	2EXPTIME
最佳已有技术	$\exp(\lvert\Phi\rvert)$	$\exp(\lvert\Phi\rvert)$	$\exp(\exp(\lvert\Phi\rvert))$

定理 6.18 *CTL* 模型检验的理论复杂度*

CTL* 模型检验问题是 PSPACE 完全的. ■

6.9 总 结

- 计算树逻辑 (CTL) 是形式化计算树 (即状态的分支结构) 的性质的逻辑.
- LTL 和 CTL 的表达力是不可比的.
- 虽然公平性约束不能在 CTL 公式中编码, 但是通过调整 CTL 语义使量词作用在公平路径上而非所有路径上, 公平性假设就可合并到 CTL 中.
- 可用被检验状态公式的解析树自上而下的递归过程解决 CTL 模型检验问题. 可用最小不动点过程确定满足 $\exists(\Phi \mathrm{~U~} \Psi)$ 的状态的集合, 而对 $\exists\Box\Phi$ 则用最大不动点过程.
- CTL 模型检验算法的时间复杂度是迁移系统大小和公式长度的线性函数. 考虑公平性假设时, 要计入与公平性约束的个数成正比的额外的乘法因子.
- 可用标准的图论分析确定 CTL 路径公式的反例和证据.

- 可用有序二叉决策图符号化地实现 CTL 模型检验过程. 它为开关函数提供了普适的和正统的数据结构.
- 扩展计算树逻辑 (CTL*) 比 CTL 和 LTL 有更强的表达力.
- 可用自上而下的递归过程 (像对 CTL 一样) 和 LTL 模型检验算法的适当组合解决 CTL* 的模型检验问题.
- CTL* 模型检验问题是 PSPACE 完全的.

6.10 文献说明

分支时序逻辑. 相关文献中已提出各种类型的分支时序逻辑. 下面按表达力递增的顺序列出几个重要的语言: Hennessy-Milner 逻辑 (HML[197]), 分支时间逻辑的统一系统[42], 计算树逻辑 (CTL[86]), 扩展的计算树逻辑 (CTL*[86]) 以及模态 μ 运算[243]. 在这些语言中, 表达力最强的是模态 μ 运算, 最弱的是 HML. Emerson 和 Halpern[140] 以及 Emerson 和 Lei[143] 用公平性扩展了 CTL.

本章未用算法和演绎技巧证明公式的可满足性. CTL、CTL* 以及其他时序逻辑的可满足性问题已受到许多研究者关注并被应用于合成问题的语境中, 这种问题的目标是从一个给定的时序准述出发设计系统模型. Emerson[138] 已经证明检验 CTL 的可满足性属于 EXPTIME 复杂度类. 这意味着检验 CTL 可满足性的时间复杂度是公式长度的指数函数. 对于 CTL*, 这个问题的时间复杂度是公式长度的双指数函数[141]. Ben-Ari、Manna 和 Pnueli[42] 以及 Emerson 和 Halpern[139] 已给出 CTL 的完备公理化.

线性与分支时序逻辑的对比. 关于线性和分支时序逻辑对比的有关讨论可追溯到 20 世纪 80 年代早期. Pnueli[338] 证明了线性和分支时序逻辑基于两种不同的时间概念. 多篇论文[85, 140, 259] 证明了 LTL 和 CTL 的表达力是不可比的. Vardi[410] 最近在比较 LTL 与 CTL 的有用性方面给出了更实际的观点. Clarke 和 Emerson[86] 定义了包括 LTL 和 CTL 的 CTL* 逻辑.

CTL 模型检验. CTL 模型检验最早的两个算法分别由 Clarke 和 Emerson[86] 在 1981 年以及 Queille 和 Sifakis[347] (为一种类似于 CTL 的逻辑) 在 1982 年提出. Clarke 和 Emerson 的算法的时间复杂度是迁移系统大小和公式长度的多项式, 且能处理公平性. Clarke、Emerson 和 Sistla[87] 用强连通分支探测和后向广度优先搜索算法改进了效率, 该算法的时间复杂度是迁移系统大小和公式长度的线性函数. 基于前向搜索的 CTL 模型检验已经由 Iwashita、Nakata 和 Hirose[224] 提出. Emerson 和 Lei[143] 证明, 利用 CTL 和 LTL 算法的组合, 基本上可在 LTL 的时间复杂度内检验 CTL*. 他们还在一大类公平性假设下考虑了 CTL 模型检验[142]. Bhat、Cleaveland 和 Grumberg[50] 以及最近的 Visser 和 Barringer[414] 报告了 CTL* 模型检验的实践成果. 生成反例和证据的算法源于 Clarke 等[91] 以及 Hojati、Brayton 和 Kurshan[204]. 最近的发展是寻找一定长度内的反例时的命题逻辑或量词布尔公式的可满足性求解器的使用, 例如 Clarke 等[84] 以及 Clarke[93] 提出的与线性相对的树状反例的使用.

CTL 模型检验器. Clarke 和 Emerson[86] 报告了第一个 (公平) CTL 模型检验器, 称为 EMC. 大约同时, Queille 和 Sifakis[347] 提出了 CESAR, 一个针对与 CTL 非常相似的分

支逻辑的模型检验器. EMC 在文献 [87] 中得到改进, 并构成 SMV (符号模型验证器) 的基础. SMV 是由 McMillan 提出的高效 CTL 模型检验器, 它以状态空间的基于符号 OBDD 的表示为基础[288]. Bryant[70] 提出了有序二叉决策图的概念. Burch 等人的论文[74] 是用 OBDD 进行符号模型检验的里程碑. 6.7 节给出了关于基于 OBDD 的方法的一些参考文献. 近期的 SMV 变体有 Cimatti 等开发的 NuSMV[83] 以及 McMillan 与 Cadence Berkeley 实验室的同事给出的专注于合成性的 SMV. 这两个工具都可以免费获得. 值得注意的一个符号 CTL 模型检验器是 VIS[62].

6.11 习　题

习题 6.1 考虑图 6.29 所示的 $AP = \{b, g, r, y\}$ 上的迁移系统.

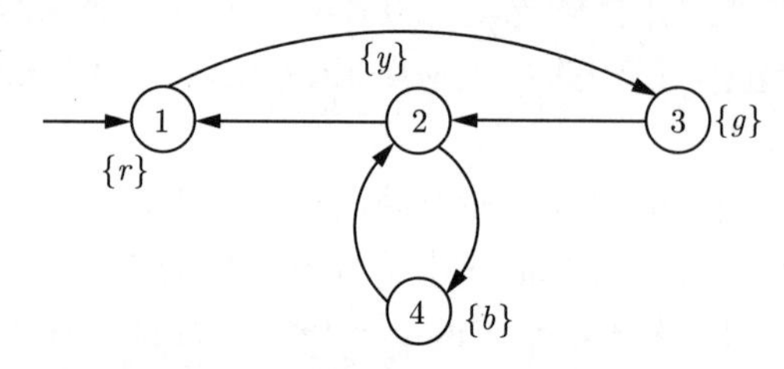

图 6.29 习题 6.1 的迁移系统

原子命题的含义为: r 代表红灯, y 代表黄灯, g 代表绿灯, b 代表黑灯. 模型要描述黄灯可闪烁的交通灯. 请指出使用下列 CTL 公式成立的状态集合.

(a) $\forall\Diamond y$.

(b) $\forall\Box y$.

(c) $\forall\Box\forall\Diamond y$.

(d) $\forall\Diamond g$.

(e) $\exists\Diamond g$.

(f) $\exists\Box g$.

(g) $\exists\Box\neg g$.

(h) $\forall(b \mathsf{U} \neg b)$.

(i) $\exists(b \mathsf{U} \neg b)$.

(j) $\forall(\neg b \mathsf{U} \exists\Diamond b)$.

(k) $\forall(g \mathsf{U} \forall(y \mathsf{U} r))$.

(l) $\forall(\neg b \mathsf{U} b)$.

习题 6.2 考虑下面的 CTL 公式和图 6.30 所示的迁移系统.

$\Phi_1 = \forall(a \mathsf{U} b) \vee \exists\bigcirc(\forall\Box b)$

$\Phi_2 = \forall\Box\forall(a \mathsf{U} b)$

$\Phi_3 = (a \wedge b) \rightarrow \exists\Box\exists\bigcirc\forall(b \mathsf{W} a)$

$\Phi_4 = (\forall\Box\exists\Diamond\Phi_3)$

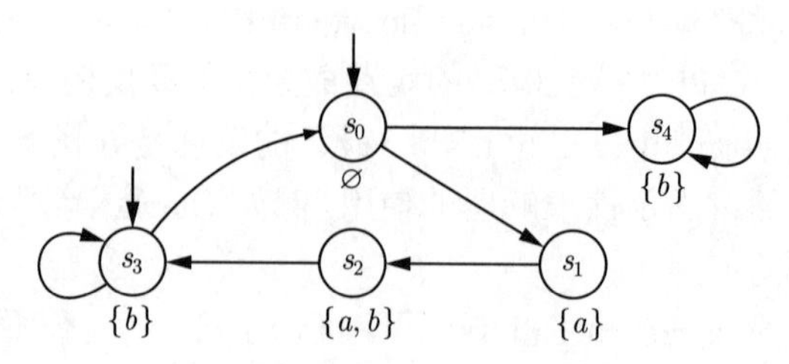

图 6.30 习题 6.2 的迁移系统

确定满足集 $\text{Sat}(\Phi_i)$ 并判断 $TS \models \Phi_i$ 是否成立 $(1 \leqslant i \leqslant 4)$.

习题 6.3　下列哪个命题是正确的? 请提供证明或反例.

(a) 若 $s \models \exists\Box a$, 则 $s \models \forall\Box a$.

(b) 若 $s \models \forall\Box a$, 则 $s \models \exists\Box a$.

(c) 若 $s \models \forall\Diamond a \vee \forall\Diamond b$, 则 $s \models \forall\Diamond(a \vee b)$.

(d) 若 $s \models \forall\Diamond(a \vee b)$, 则 $s \models \forall\Diamond a \vee \forall\Diamond b$.

(e) 若 $s \models \forall(a \mathsf{U} b)$, 则 $s \models \neg(\exists(\neg b \mathsf{U} (\neg a \wedge \neg b)) \vee \exists\Box\neg b)$.

习题 6.4　令 Φ 和 Ψ 是任意 CTL 公式. 下列 CTL 公式的等值表达式中哪个是正确的?

(a) $\forall\bigcirc\forall\Diamond\Phi \equiv \forall\Diamond\forall\bigcirc\Phi$.

(b) $\exists\bigcirc\exists\Diamond\Phi \equiv \exists\Diamond\exists\bigcirc\Phi$.

(c) $\forall\bigcirc\forall\Box\Phi \equiv \forall\Box\forall\bigcirc\Phi$.

(d) $\exists\bigcirc\exists\Box\Phi \equiv \exists\Box\exists\bigcirc\Phi$.

(e) $\exists\Diamond\exists\Box\Phi \equiv \exists\Box\exists\Diamond\Phi$.

(f) $\forall\Box(\Phi \to (\neg\Psi \wedge \exists\bigcirc\Phi)) \equiv (\Phi \to \neg\forall\Diamond\Psi)$ [译注 104].

(g) $\forall\Box(\Phi \to \Psi) \equiv (\exists\bigcirc\Phi \to \exists\bigcirc\Psi)$ [译注 104].

(h) $\neg\forall(\Phi \mathsf{U} \Psi) \equiv \exists(\Phi \mathsf{U} \neg\Psi)$.

(i) $\exists((\Phi \wedge \Psi) \mathsf{U} (\neg\Phi \wedge \Psi)) \equiv \exists(\Phi \mathsf{U} (\neg\Phi \wedge \Psi))$.

(j) $\forall(\Phi \mathsf{W} \Psi) \equiv \neg\exists(\neg\Phi \mathsf{W} \neg\Psi)$.

(k) $\exists(\Phi \mathsf{U} \Psi) \equiv \exists(\Phi \mathsf{U} \Psi) \wedge \exists\Diamond\Psi$.

(l) $\exists(\Psi \mathsf{W} \neg\Psi) \vee \forall(\Psi \mathsf{U} \text{false}). \equiv \exists\bigcirc\Phi \vee \forall\bigcirc\neg\Phi$.

(m) $\forall\Box\Phi \wedge (\neg\Phi \vee \exists\bigcirc\exists\Diamond\neg\Phi) \equiv \exists X\neg\Phi \wedge \forall\bigcirc\Phi$.

(n) $\forall\Box\forall\Diamond\Phi \equiv \Phi \wedge (\forall\bigcirc\forall\Box\forall\Diamond\Phi) \vee \forall\bigcirc(\forall\Diamond\Phi \wedge \forall\Box\forall\Diamond\Phi)$.

(o) $\forall\Box\Phi \equiv \Phi \vee \forall\bigcirc\forall\Box\Phi$.

习题 6.5　考虑一个电梯系统, 它为编号为 $0 \sim N-1$ 的 N 个楼层服务. 每一层的电梯门旁边都有一个召唤按钮和表示是否已召唤的指示灯. 在电梯厢中有 N 个送达按钮 (每层一个) 和 N 个代表将送达哪一层的指示灯. 为简化问题, 考虑 $N = 4$. 给出用 CTL 公式描述电梯系统的下列性质所需要的原子命题集合, 尽可能使原子命题的个数最少, 并给出下列性质对应的 CTL 公式.

(a) 门是安全的, 即, 若电梯未出现在某层, 则这一层的门总是关闭的.

(b) 指示灯正确地反映当前的请求. 即, 每按一次按钮, 就有一个直到 (若能) 完成前都需要记住的相应请求.

(c) 电梯只服务提出请求的楼层并且在没有请求时不动.

(d) 所有请求最终会得到满足.

习题 6.6　考虑单脉冲电路, 即作为硬件验证的一组基准电路的一部分的硬件电路. 单脉冲电路具有以下非形式化的描述: “对于输入 inp 的每个脉冲, 无论长度多少, 输出 outp 都恰好有一个长为 1 的脉冲”. 因此, 单脉冲电路要求在输入信号的两个上升沿之间生成一个输出脉冲. 下面的问题需要用 CTL 描述. 假设在描述中有命题 rise_edge, 如果 (对自然

数 $n > 0$) 在时刻 $n-1$ 的输入是低 (0) 且在时刻 n 的输入是高 (1), 则此命题为真. 假定电路的输入序列是良好的, 即在输入序列中有很多上升沿. 用 CTL 描述下列要求.

(a) 输入端的上升沿产生一个输出端的脉冲.

(b) 对每个上升沿至多有一个输出脉冲.

(c) 对每个输出脉冲至多有一个上升沿.

(本题取自文献 [246].)

习题 6.7 把下列 TCL 转换为 ENF 和 PNF, 要写出所有中间步骤.

$$\Phi_1 = \forall\big((\neg a)\ \mathsf{W}\ (b \rightarrow \forall\bigcirc c)\big)$$
$$\Phi_2 = \forall\bigcirc\big(\exists((\neg a)\ \mathsf{U}\ (b \wedge \neg c)) \vee \exists\Box\forall\bigcirc a\big)$$

习题 6.8 给出两个 (没有终止状态, 同一原子命题集合上的) 迁移系统 TS_1 和 TS_2 和 CTL 公式 Φ, 使得 $\mathrm{Traces}(\mathrm{TS}_1) = \mathrm{Traces}(\mathrm{TS}_2)$ 且 $\mathrm{TS}_1 \models \Phi$, 但是 $\mathrm{TS}_2 \not\models \Phi$.

习题 6.9 考虑 CTL 公式

$$\Phi = \forall\Box\big(a \rightarrow \forall\Diamond(b \wedge \neg a)\big)$$

和 CTL 公平性假设

$$\mathrm{fair} = \forall\Diamond\forall\bigcirc(a \wedge \neg b) \rightarrow \forall\Diamond\forall\bigcirc(b \wedge \neg a) \wedge \Diamond\Box\exists\Diamond b \rightarrow \Box\Diamond b$$

证明 $\mathrm{TS} \models_{\mathrm{fair}} \Phi$, 其中迁移系统 TS 如图 6.31 所示.

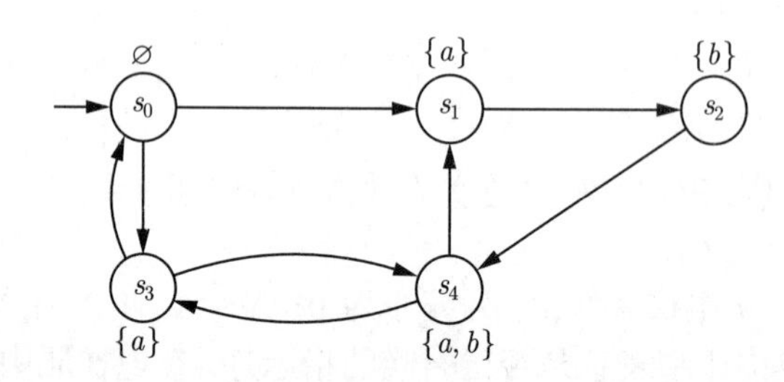

图 6.31 习题 6.9 的迁移系统 TS

习题 6.10 令 $\wp = (z_1, z_2, z_3, z_4, z_5, z_6)$. 画出从众函数

$$\mathrm{MAJ}([z_1 = b_1, z_2 = b_2, \cdots, z_6 = b_6]) = \begin{cases} 1 & 若\ b_1 + b_2 + \cdots + b_6 \geqslant 4 \\ 0 & 否则 \end{cases}$$

的 $\wp$-ROBDD.

习题 6.11 考虑函数

$$F(x_0, x_1, \cdots, x_{n-1}, a_0, a_1, \cdots, a_{k-1}) = x_m$$

其中 $n = 2^k$ 且 $m = \sum\limits_{j=0}^{k-1} a_j 2^j$. 令 $k = 3$.

(a) 画出 $\wp = (a_0, a_1, \cdots, a_{k-1}, x_0, x_1, \cdots, x_{n-1})$ 的 $\wp$-ROBDD.

(b) 画出 $\wp = (a_0, x_0, a_1, x_1, \cdots, a_{k-1}, x_{k-1}, x_k, x_{k+1}, \cdots, x_{n-1})$ 的 $\wp$-ROBDD.

习题 6.12 令 $\mathfrak{B}$ 和 $\mathfrak{C}$ 是两个 $\wp$-ROBDD. 设计检验 $f_{\mathfrak{B}} = f_{\mathfrak{C}}$ 是否成立并在 $\mathfrak{B}$ 和 $\mathfrak{C}$ 的大小的线性时间内完成的算法.

(提示: 假设 $\mathfrak{B}$ 和 $\mathfrak{C}$ 用分离的图而不是用共享 OBDD 的节点给出.)

习题 6.13 令 TS 是 (AP 上的) 没有终止状态的迁移系统, Φ 和 Ψ 是 (AP 上的) CTL 状态公式. 证真或证伪

$$\text{TS} \models \exists(\Phi \mathsf{U} \Psi) \text{ 当且仅当 } \text{TS}' \models \exists\Diamond\Psi$$

其中 TS′ 是由 TS 删除所有满足 $s \models \Psi \vee \neg\Phi$ 的状态 s 的出迁移得到的.

习题 6.14 对下列每一对公式 (Φ_i, φ_i) 检验 CTL 公式 Φ_i 和 LTL 公式 φ_i 是否等价. 证明等价性或提供能说明 $\Phi_i \not\equiv \varphi_i$ 的反例.

(a) $\Phi_1 = \forall\Box\forall\bigcirc a$ 和 $\varphi_1 = \Box\bigcirc a$.

(b) $\Phi_2 = \forall\Diamond\forall\bigcirc a$ 和 $\varphi_2 = \Diamond\bigcirc a$.

(c) $\Phi_3 = \forall\Diamond(a \wedge \exists\bigcirc a)$ 和 $\varphi_3 = \Diamond(a \wedge \bigcirc a)$.

(d) $\Phi_4 = \forall\Diamond a \vee \forall\Diamond b$ 和 $\varphi_4 = \Diamond(a \vee b)$.

(e) $\Phi_5 = \forall\Box(a \to \forall\Diamond b)$ 和 $\varphi_5 = \Box(a \to \Diamond b)$.

(f) $\Phi_6 = \forall(b \mathsf{U} (a \wedge \forall\Box b))$ 和 $\varphi_6 = \Diamond a \wedge \Box b$.

习题 6.15

(a) 用定理 6.3 证明不存在与 CTL 公式 $\Phi_1 = \forall\Diamond(a \wedge \exists\bigcirc a)$ 等价的 LTL 公式.

(b) 直接证明 (即不用定理 6.3) 不存在与 CTL 公式 $\Phi_2 = \forall\Diamond\exists\bigcirc\forall\Diamond\neg a$ 等价的 LTL 公式 (提示: 考虑对偶).

习题 6.16 考虑 CTL 公式

$$\Phi_1 = \exists\Diamond\forall\Box c \text{ 和 } \Phi_2 = \forall(a \mathsf{U} \forall\Diamond c)$$

以及图 6.32 所示的迁移系统 TS. 利用 CTL 模型检验算法对 $i = 1, 2$ 判断 $\text{TS} \models \Phi_i$ 是否成立. 简述主要步骤.

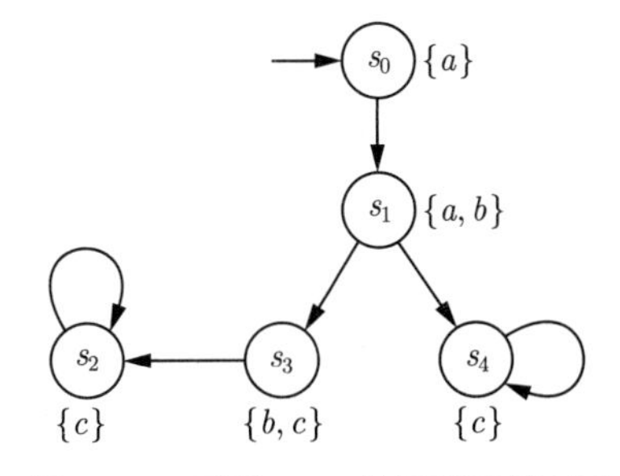

图 6.32 习题 6.16 的迁移系统 TS

习题 6.17 用伪代码给出直接 (即不先转为 ENF) 计算 $\text{Sat}(\forall(\Phi \mathsf{U} \Psi))$ 的算法.

习题 6.18

(a) 证明 $\mathrm{Sat}(\exists(\Phi \mathsf{W} \Psi))$ 是使得

$$T \subseteq \mathrm{Sat}(\Psi) \cup \{s \in \mathrm{Sat}(\Phi) \mid \mathrm{Post}(s) \cap T \neq \varnothing\}$$

的最大集合 T.

(b) 证明 $\mathrm{Sat}(\forall(\Phi \mathsf{W} \Psi))$ 是使得

$$T \subseteq \mathrm{Sat}(\Psi) \cup \{s \in \mathrm{Sat}(\Phi) \mid \mathrm{Post}(s) \subseteq T\}$$

的最大集合 T.

利用以上特征给出直接计算 $\mathrm{Sat}(\exists(\Phi \mathsf{W} \Psi))$ 和 $\mathrm{Sat}(\forall(\Phi \mathsf{W} \Psi))$ 的高效算法.

习题 6.19 考虑 CTL 按以下语法构造的片段 ECTL:

$$\Phi ::= a \mid \neg a \mid \Phi \wedge \Phi \mid \exists\varphi$$
$$\varphi ::= \bigcirc\Phi \mid \Box\Phi \mid \Phi \mathsf{U} \Phi$$

设 $\mathrm{TS}_1 = (S_1, \mathrm{Act}, \rightarrow_1, I_1, \mathrm{AP}, L_1)$ 和 $\mathrm{TS}_2 = (S_2, \mathrm{Act}, \rightarrow_2, I_2, \mathrm{AP}, L_2)$ 是两个迁移系统, 令 $\mathrm{TS}_1 \subseteq \mathrm{TS}_2$ 当且仅当 $S_1 \subseteq S_2$, $\rightarrow_1 \subseteq \rightarrow_2$, $I_1 = I_2$ 且对所有 $s \in S$ 有 $L_1(s) = L_2(s)$.

(a) 证明对所有 ECTL 公式 Φ 以及所有满足 $\mathrm{TS}_1 \subseteq \mathrm{TS}_2$ 的迁移系统 TS_1 和 TS_2 以下命题成立:

$$\mathrm{TS}_1 \models \Phi \Rightarrow \mathrm{TS}_2 \models \Phi$$

(b) 给出一个不等价于其他任何 ECTL 公式的 CTL 公式. 证明你的答案.

习题 6.20 在 CTL 中, 释放运算符定义为

$$\exists(\Phi \mathsf{R} \Psi) = \neg\forall((\neg\Phi) \mathsf{U} (\neg\Psi)), \ \forall(\Phi \mathsf{R} \Psi) = \neg\exists((\neg\Phi) \mathsf{U} (\neg\Psi))$$

(a) 给出 $\exists(\Phi \mathsf{R} \Psi)$ 和 $\forall(\Phi \mathsf{R} \Psi)$ 的展开律.

(b) 分别给出计算 $\mathrm{Sat}(\exists(\Phi \mathsf{R} \Psi))$ 和 $\mathrm{Sat}(\forall(\Phi \mathsf{R} \Psi))$ 的伪代码算法.

习题 6.21 考虑 CTL 公式 Φ 和强公平性假设 sfair:

$$\Phi = \forall\Box\forall\Diamond a$$
$$\mathrm{sfair} = \Box\Diamond \underbrace{(b \wedge \neg a)}_{\Phi_1} \rightarrow \Box\Diamond \underbrace{\exists(b \mathsf{U} (a \wedge \neg b))}_{\Psi_1}$$

以及由图 6.33 给出的 $\mathrm{AP} = \{a, b\}$ 上的迁移系统 TS.

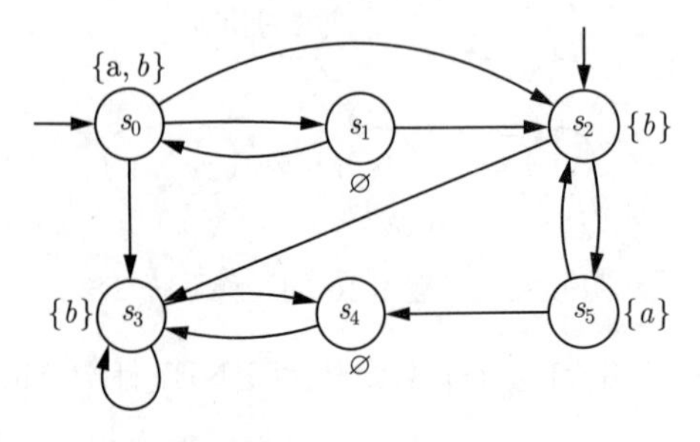

图 6.33 习题 6.21 的迁移系统 TS

(a) 确定 (无公平的) $\text{Sat}(\Phi_1)$ 和 $\text{Sat}(\Psi_1)$.

(b) 确定 $\text{Sat}_{\text{sfair}}(\exists\Box\text{true})$.

(c) 确定 $\text{Sat}_{\text{sfair}}(\Phi)$.

习题 6.22　设 $\text{TS} = (S, \text{Act}, \to, I, \text{AP}, L)$ 是没有终止状态的迁移系统, $a, b \in \text{AP}$ 且 $s \in S$. 此外, 令 fair 是 CTL 公平性假设, $a_{\text{fair}} \in \text{AP}$ 是一个原子命题, $a_{\text{fair}} \in L(s)$ 当且仅当 $s \models_{\text{fair}} \exists\Box\text{true}$.

下列断言中哪个是正确的? 给出证明或反例.

(a) $s \models_{\text{fair}} \forall(a \,\mathsf{U}\, b)$ iff $s \models \forall(a \,\mathsf{U}\, (b \wedge a_{\text{fair}}))$.

(b) $s \models_{\text{fair}} \exists(a \,\mathsf{W}\, b)$ iff $s \models \exists(a \,\mathsf{W}\, (b \wedge a_{\text{fair}}))$.

(c) $s \models_{\text{fair}} \forall(a \,\mathsf{W}\, b)$ iff $s \models \forall(a \,\mathsf{W}\, (a_{\text{fair}} \to b))$.

习题 6.23　考虑图 6.34 所示的 $\text{AP} = \{a_1, a_2, \cdots, a_6\}$ 上的迁移系统.

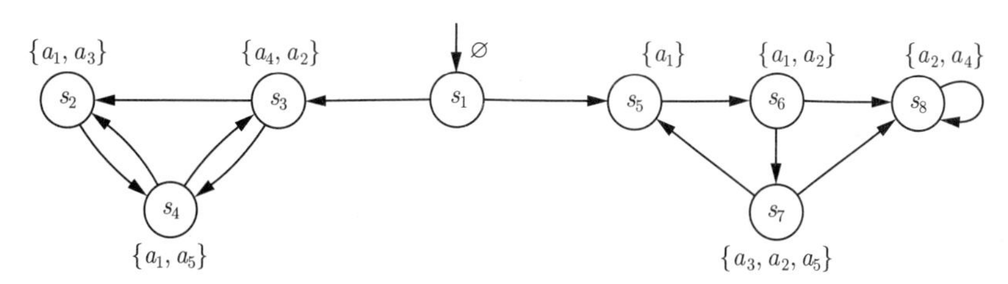

图 6.34　习题 6.23 的迁移系统

令 $\Phi = \exists\bigcirc\big(a_1 \to \exists(a_1 \,\mathsf{U}\, a_2)\big)$, $\text{sfair} = \text{sfair}_1 \wedge \text{sfair}_2 \wedge \text{sfair}_3$ 是强公平性假设, 其中

$$\begin{aligned}\text{sfair}_1 &= \Box\Diamond\forall\Diamond(a_1 \vee a_3) \to \Box\Diamond a_4\\ \text{sfair}_2 &= \Box\Diamond(a_3 \wedge \neg a_4) \to \Box\Diamond a_5\\ \text{sfair}_3 &= \Box\Diamond(a_2 \wedge a_5) \to \Box\Diamond a_6\end{aligned}$$

简述计算 $\text{Sat}_{\text{sfair}}(\exists\Box\text{true})$ 和 $\text{Sat}_{\text{sfair}}(\Phi)$ 的主要步骤.

习题 6.24　考虑 $\text{AP} = \{a, b\}$ 上的 CTL^* 公式

$$\Phi = \forall\Diamond\Box\exists\bigcirc\big(a \,\mathsf{U}\, \exists\Box b\big)$$

及图 6.35 所示的迁移系统.

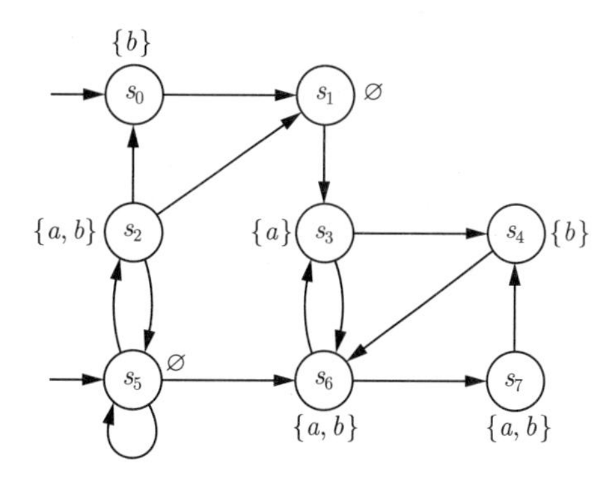

图 6.35　习题 6.24 的迁移系统

用 CTL* 模型检验算法计算 Sat(Φ) 并判断是否有 TS $\models \Phi$ (提示: 可以直接推断 LTL 公式的满足集).

习题 6.25 用 6.5 节给出的模型检验算法处理带强公平性的 CTL. 说明为了处理弱公平性假设

$$\text{wfair} = \bigwedge_{1\leqslant i\leqslant k} (\Diamond\Box a_i \rightarrow \Box\Diamond b_i)$$

哪些修改是必要的. 可以假设 $a_i, b_i \in \{\text{true}\} \cup \text{AP}$.

习题 6.26 下列哪个 CTL* 等价是正确的? 给出证明或反例.

(a) $\forall\bigcirc\forall\Box\Phi \equiv \forall\bigcirc\Box\Phi$.

(b) $\exists\bigcirc\exists\Box\Phi \equiv \exists\bigcirc\Box\Phi$.

(c) $\forall(\varphi \wedge \psi) \equiv \forall\varphi \wedge \forall\psi$.

(d) $\exists(\varphi \wedge \psi) \equiv \exists\varphi \wedge \exists\psi$.

(e) $\neg\forall(\varphi \rightarrow \psi) \equiv \exists(\varphi \wedge \neg\psi)$.

(f) $\exists\Box\exists\bigcirc\Phi \wedge \neg\forall\bigcirc\neg\Phi \equiv \exists\Box(\neg\bigcirc\neg\Phi)$.

(g) $\forall(\Diamond\Psi \wedge \Box\Phi) \equiv \forall\Diamond(\Psi \wedge \forall\Box\Phi) \wedge \forall\Box(\Phi \wedge \forall\Diamond\Psi)$.

(h) $\exists(\Diamond\Psi \wedge \Box\Phi) \equiv \exists\Diamond(\Psi \wedge \exists\Box\Phi)$.

此处, Φ 和 Ψ 是任意 CTL* 状态公式, ψ 和 φ 是 CTL* 路径公式.

习题 6.27 考虑图 6.36 所示的迁移系统 TS 和 CTL* 公式

$$\Phi = \exists\big(\bigcirc(a \wedge \neg b) \wedge \bigcirc\forall(b \,\mathsf{U}\, \Box a)\big)$$

用 CTL* 模型检验算法检验 TS $\models \Phi$ 并简述主要步骤及其输出 (提示: 可以直接计算 LTL 满足集).

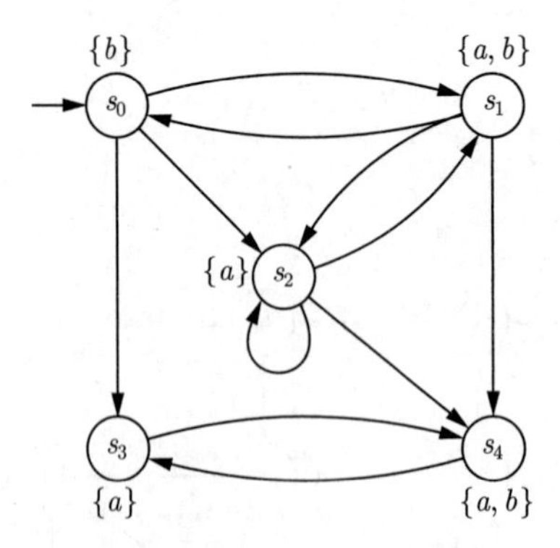

图 6.36 习题 6.27 的迁移系统 TS

习题 6.28 考虑图 6.37 所示的迁移系统 TS 和 CTL* 公式

$$\Phi = \exists(\Box\Diamond b \wedge \Box\exists\Diamond\bigcirc a) \wedge \forall\Box\Diamond\bigcirc c$$

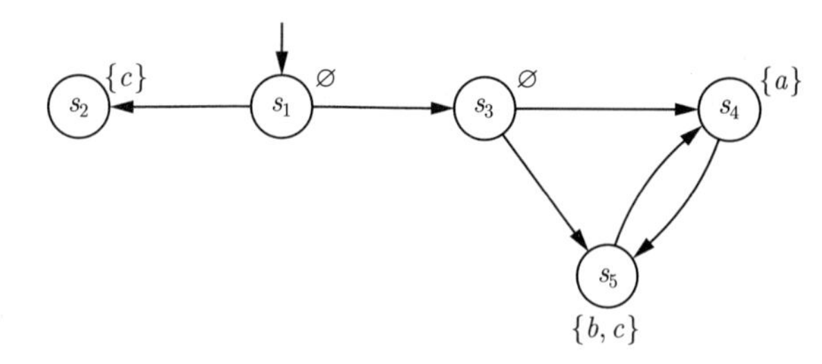

图 6.37 习题 6.28 的迁移系统

简述判别 $TS \models \Phi$ 是否成立的 CTL* 模型检验算法的主要步骤.

习题 6.29 给出一个 CTL* 公式的例子, 要求它不是 CTL+ 公式但有等价的 CTL 公式.

习题 6.30 给出与 CTL+ 公式 $\forall(\Diamond a \wedge \Box b)$ 和 $\forall(\bigcirc a \wedge \neg(a \mathsf{U} (\Box b)))$ 等价的 CTL 公式.

下面的习题是用 CTL 模型检验器 NuSMV[83] 进行建模和验证的例子.

习题 6.31 下面的程序是 Pnueli 的两进程互斥协议 (取自文献 [118]). 只有一个共享的全局变量 s, 它的值要么是 0 要么是 1, 且初值为 1. 另外, 每个进程都有一个局部布尔变量 y, 它的初值等于 0. 进程 P_i $(i=1,2)$ 的程序代码如下:

l0: **loop forever do**
    begin
l1: 非关键节段
l2: $(y_i, s) := (1, i)$;
l3: **wait until** $((y_{1-i} = 0) \vee (s \neq i))$;
l4: 关键节段
l5: $y_i := 0$
end.

在上面的代码中, $(y_i, s) := (1, i)$ 是一个多重赋值, 它使得 $y_i := 1$ 和 $s := i$ 是单个原子步骤.

该协议的直观意义如下. 每个进程都是用变量 y_0 和 y_1 向另一个进程发出要进入关键节段的信号. 进程 P_i 在离开关键节段时把它自己的局部变量 y_i 设置为 1. 只要离开关键节段, 这个变量就以同样方式重置为 0. 全局变量 s 用于解决两个进程之间的“打结”情形. 它像一个记录本, 每个进程都会在把自己的变量 y 设置为 1 的同时在记录本中签名. l3 行的测试的作用是, 当以下两个条件之一成立时进程 P_0 可入其关键节段: 要么 y_1 等于 0, 这意味着竞争者无意进入关键节段; 要么 s 异于 0, 这意味着在 P_0 把 y_0 赋值为 1 之后竞争进程 P_1 完成了它对 y_1 的赋值.

关于此互斥协议的问题如下:

(a) 在 NuSMV 中为该协议建模; 用 CTL 公式化互斥性质并检验此性质.

(b) 检验该协议是否可以杜绝无限等待, 即, 想要进入关键节段的进程终将进入. 当此违反此性质时给出反例 (及其说明).

(c) 在你的互斥程序的 NuSMV 模型中添加公平性约束 `FAIRNESS running`, 再次检验杜绝无限等待的性质. 比较此问题和不用公平性假设的问题 (b) 的结果.

(d) 用 CTL 表示"每一进程都无限经常地占据其关键节段". 检验此性质 (再次使用 `FAIRNESS running`).

(e) 该协议在实践中的问题是, 它过于强制要求在单个步骤中对 y_i 和 s 赋值 (l2 行). 大多数现有硬件系统不能在一步中完成这样的赋值. 因此, 需要研究该协议的 4 种可能实现中的任何一种 (上述赋值不再有原子性) 是否是正确的互斥协议.

  (i) 对每一实现报告你的结果, 包括可能的反例及其说明.

  (ii) 把你在习题 5.25 中关于这个问题的 Promela 实验结果与此处所得结果进行比较.

习题 6.32 本习题给出了模型检验的一个非标准例子. 本习题的目的是展示一个模型检验器, 它将作为组合问题的求解器而非正确性分析工具. 这些问题包括寻找 (含回溯) 最优化或最小成本策略, 例如调度器或迷局答案等. 本习题关注 Loyd 迷局, 它由 $N \cdot K$ 个方块组成, 其中 $N \cdot K - 1$ 个方块有编号, 一个方块是空白的. Loyd 迷局的目标是使数字达到预定顺序. 在 $N = 3$ 和 $K = 3$ 时的初始组态和最终组态如图 6.38 所示.

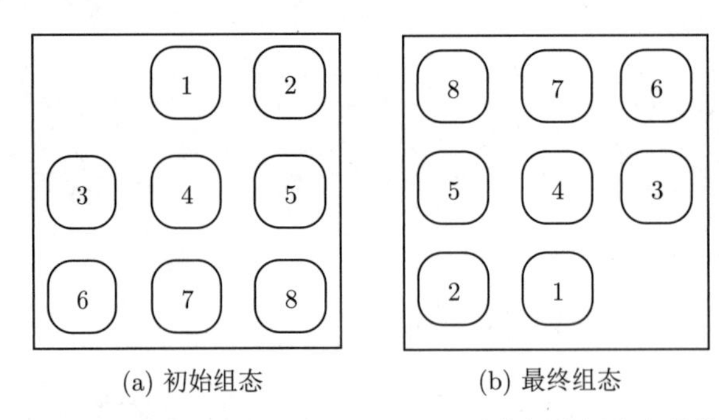

(a) 初始组态　　(b) 最终组态

图 6.38 习题 6.32 在 $N = 3$ 和 $K = 3$ 时的初始组态和最终组态

注意, 在这个迷局中大约有 $4 \cdot (N \cdot K)!$ 种可能的走法. 对于 $N = 3$ 和 $K = 3$, 大约有 1.45×10^6 种可能的走法.

关于 Loyd 迷局的问题如下:

(a) 填充完成下面给出的 Loyd 迷局在 NuSMV 中的 (部分) 模型. 在这个模型中, 数组 `h` 用于追踪方块的水平位置, 数组 `v` 用于记录方块的垂直位置, 使得 `h[i]`、`v[i]` 这两个数能指定方块 `i` 的位置. 位置 `h[i] = 1` 和 `v[i] = 1` 是迷局的左下角.

```
MODULE main
DEFINE N := 3; K := 3;
VAR move: {u, d, l, r};     -- 方块的可能走法
    h: array 0..8 of 1..3; -- 所有方块的水平位置
    v: array 0..8 of 1..3; -- 所有方块的垂直位置
ASSIGN -- 所有方块的水平和垂直初始位置
init(h[0]) := 1; init(v[0]) := 3;
init(h[1]) := 2; init(v[1]) := 3;
```

```
init(h[2]) := 3; init(v[2]) := 3;
init(h[3]) := 1; init(v[3]) := 2;
init(h[4]) := 2; init(v[4]) := 2;
init(h[5]) := 3; init(v[5]) := 2;
init(h[6]) := 1; init(v[6]) := 1;
init(h[7]) := 2; init(v[7]) := 1;
init(h[8]) := 3; init(v[8]) := 1;
ASSIGN
-- 确定空白方块的下一个位置
next(h[0]) :=     -- 空白方块的水平位置
       case
                          -- 右边的位置
                          -- 左边的位置
             1 : h[0];    -- 保持同样的水平位置
       esac;
next(v[0]) :=     -- 空白方块的垂直位置
       case
                          -- 下边的位置
                          -- 上边的位置
             1 : v[0];    -- 保持同样的垂直位置
       esac;
-- 确定所有非空白方块的下一个位置
next(h[1]) :=             -- 方块 1 的水平位置
       case

       esac;
next(v[1]) :=             -- 方块 1 的垂直位置
       case

       esac;
-- 对剩余方块类似
```

一个可能的进行方式如下:

(i) 考虑空白方块的可能走法. 注意, 空白方块在任何位置都不能向左走. 这同样可应用到向上、向下和向右走.

(ii) 考虑方块 1 的走法. 对于方块 2~8 简单地复制方块 1 的代码, 只需要把 1 改为对应的方块号即可.

(iii) 通过运行模拟, 测试可能的走法.

(b) 定义一个原子命题 `goal`, 它表示迷局的目标组态. 通过在 NuSMV 模型中加入下一行, 把这个定义加到 NuSMV 描述中:

```
DEFINE goal := ... ;
```

其中省略号处应写入对目标组态的描述.

(c) 写出 NuSMV 准述的 CTL 公式, 就此公式运行模型检验器, 为 Loyd 迷局找到一个答案.

(本习题取自文献 [95].)

习题 6.33 考虑荷兰数学家 Dekker 的互斥算法. 有两个进程 P_1 和 P_2, 每个进程中都有以下变量: 两个布尔变量 b_1 和 b_2, 其初值均为 false; 取值 1 或 2 的变量 k, 其初值任意. 第 i 个进程 $(i = 1, 2)$ 可描述如下, 其中 j 是另一进程的下标.

```
while true do
begin b_i := true;
      while b_j do
            if k = j then begin
                        b_i := false;
                        while k = j do skip;
                        b_i := true
                        end;
      关键节段
      k := j;
      b_i := false
end
```

(a) 在 NuSMV 中建立 Dekker 算法的模型.

(b) 验证此算法是否满足以下性质:

(i) 互斥. 两进程不能同时位于其关键节段.

(ii) 无个体饥饿. 若一个进程想进入其关键节段, 则它终将进入.

(*提示: 在证明后一个性质时要使用* FAIRNESS running, *以防不公平的执行无谓地违反要求.*)

习题 6.34 荷兰数学家 Dijkstra 在其于 1965 年提出的最初的互斥协议中假设有 $n \geqslant 2$ 个进程, 每个进程中都有全局布尔变量 b、c 及整型变量 k. 在开始时 b 和 c 的所有元素的值为 true, k 的值为 $1, 2, \cdots, n$. 第 i 个进程可表示如下:

```
var j : integer;
while true do
begin b[i] := false;
      L_i: if k ≠ i then begin c[i] := true;
                              if b[k] then k := i;
                              goto L_i
                        end;
         else begin c[i] := false;
                    for j := 1 to n do
                    if (j ≠ i ∧ ¬(c[j])) then goto L_i
               end
      关键节段
      c[i] := true;
      b[i] := true
end
```

(a) 在 NuSMV 中为此算法建模.

(b) 以两种方式检验互斥性质 (在任何时刻都至多有一个进程处于其关键节段): 一是通过使用 `SPEC` 的 CTL 公式; 二是通过使用不变式. 对于 $n = 2, 3, \cdots, 5$, 逐渐增加进程数, 尝试验证此性质, 并比较验证互斥性质的这两种方式的状态空间大小和所需运行时间.

(c) 检验个体无饥饿性质: 若一个进程想进入其关键节段, 则它终将进入.

习题 6.35　为了找到 N 个进程的解决方案, Peterson 于 1981 年提出下述协议. 令 $Q[1..N]$ (Q 表示排队) 和 $T[1..N]$ (T 表示机会) 是两个初值分别为 0 和 1 的共享数组. i 和 j 是进程的局部变量, i 保存进程号. 进程 i 的代码如下:

while true **do**
for $j := 1$ **to** $N-1$ **do**
begin
　　$Q[i] := j;$
　　$T[j] := i;$
　　wait until $(T[j] \neq i \vee (\forall k \neq i. Q[k] < j))$
end;
关键节段
$Q[i] := 0$
end

(a) 在 NuSMV 中建立 Peterson 算法的模型.

(b) 验证该算法是否满足以下性质:

　(i) 互斥性质.

　(ii) 个体无饥饿性质.

第 7 章 等价和抽象

迁移系统可以在不同的抽象层次上为软件或硬件片段建模. 抽象层次越低, 呈现的实现细节就越多. 在高层次抽象中, 有意不描述这些实现细节. 状态之间的二元关系 (此后称实现关系) 对于关联或比较 (可能在不同抽象层次上的) 迁移系统是有用的. 当讨论两个模型的关系时, 会说一个模型被另一个模型细化, 或反过来说前者是后者的*抽象*. 如果实现关系是等价关系, 那么它把不能区分的所有迁移系统看作是相同的. 这样的模型在相应的抽象层次上实现相同的可观察性质.

实现关系主要用于比较同一个系统的两个模型. 若给定作为抽象系统的描述的迁移系统 TS 以及更详细的系统模型 TS′, 实现关系允许检验 TS′ 是否是 TS 的一个正确实现 (或细化). 或者, 出于系统分析的目的, 实现关系提供充足的手段去*抽象*某些系统细节, 当然是那些对于要分析的性质 (例如 φ) 暂时无关的细节. 这样, 一个包含很多个甚至是无穷多个状态的迁移系统 TS′ 就可用较小的模型 TS 抽象. 只要抽象还保持着要检验的性质, 分析 (有希望小的) 抽象模型 TS 就足以判断性质在 TS′ 中的满足性. 形式上, 从 $\text{TS} \models \varphi$ 可以安全地推断出 $\text{TS}' \models \varphi$.

本章将介绍几种实现关系, 从要求迁移系统相互模仿全部迁移的非常严格的实现关系 (强关系), 到只要求相互模仿部分迁移的更自由的实现关系 (弱关系). 事实上, 在本书前面的内容中已经遇到了实现关系, 它们的目的是通过考虑线性时间行为, 即 (有限或无限的) 迹, 来比较迁移系统. 这种关系的例子是迹包含和迹等价. 线性时间性质或 LTL 公式可由基于无限迹的迹关系保持. 对于迹等价的 TS 与 TS′ 以及线性时间性质 P, 只要 $\text{TS} \models P$, 就有 $\text{TS}' \models P$. 当用一个 LTL 公式替换 P 时, 可得类似结果.

本章除了介绍迹等价的一个弱变体外, 主要目的是研究与时间分支行为相关的关系. 这种关系的典型代表是*互模拟*等价关系和*模拟*前序关系. 互模拟涉及相互模拟各个迁移的状态; 而模拟仅要求一个状态能模拟另一个状态的所有逐步行为, 但不要求相反的模拟. 这些关系的弱变体仅对一些 (可观察的) 迁移要求这样, 而对其他 (静默的) 迁移不作要求. 本章将形式化地定义 (互) 模拟的强变体和弱变体, 并以基于迹的关系处理它们之间的关系. 证明它们保持 CTL 及 CTL* 公式; 对于互模拟将保持所有这些公式的真值, 而对于模拟这只适用于一 (大) 部分. 这些结论为我们提供了工具, 对 CTL (或 CTL*) 公式 φ 通过检验 $\text{TS} \models \varphi$ 简化对 $\text{TS}' \models \varphi$ 的确认.

这为利用互模拟和模拟关系达到抽象的目的提供了理论基础. 剩下的事情是如何从 (更大而具体的) 迁移系统 TS′ 获得更抽象的 TS. 本章将对 (互) 模拟的几个概念探讨多项式时间算法. 这些算法允许检验两个给定的迁移系统是否 (互) 相似, 并可用于从具体的迁移系统自动生成抽象的迁移系统.

与前面的章节一样, 本章将遵循基于状态的方法. 这意味着要考虑涉及状态标记的时间分支关系, 即原子命题在状态中成立. 本章不考虑迁移系统的动作标记. 不过, 可以很容易地为侧重于动作标记而不是状态标记的方法重新定义本章处理的所有概念 (定义、定理和算法). 7.1.2 节将讨论这种联系.

本章所考虑的迁移系统可能有终止状态, 因此, 有限和无限路径和迹都可能出现. 不过, 当考虑时序逻辑时, 假定迁移系统没有终止状态 (因此只有无限行为).

7.1 互　模　拟

互模拟等价是把分支结构相同因而能彼此逐步模拟的迁移系统等同看待. 粗略地说, 如果 TS 的每一步能被 TS′ 中的一个 (或多个) 步骤匹配, 那么迁移系统 TS′ 就能模拟迁移系统 TS. 互模拟等价表示相互逐步模拟的可能. 本节先介绍作为 (同一原子命题集合上的) 迁移系统之间的二元关系的互模拟等价; 随后, 把互模拟作为单个迁移系统的状态之间的关系处理. 采用余归纳方法定义互模拟, 即, 作为满足某些性质的最大关系.

定义 7.1　互模拟等价

令 $\mathrm{TS}_i = (S_i, \mathrm{Act}_i, \to_i, I_i, \mathrm{AP}, L_i)$ 是 AP 上的迁移系统, $i = 1, 2$. $(\mathrm{TS}_1, \mathrm{TS}_2)$ 的*互模拟*是满足以下条件的二元关系 $\mathcal{R} \subseteq S_1 \times S_2$:

(A) $\forall s_1 \in I_1\ (\exists s_2 \in I_2.\,(s_1, s_2) \in \mathcal{R})$ 且 $\forall s_2 \in I_2\ (\exists s_1 \in I_1.\,(s_1, s_2) \in \mathcal{R})$.

(B) 对任意 $(s_1, s_2) \in \mathcal{R}$ 有

　(B.1) $L_1(s_1) = L_2(s_2)$.

　(B.2) 如果 $s_1' \in \mathrm{Post}(s_1)$, 那么存在 $s_2' \in \mathrm{Post}(s_2)$ 使 $(s_1', s_2') \in \mathcal{R}$.

　(B.3) 如果 $s_2' \in \mathrm{Post}(s_2)$, 那么存在 $s_1' \in \mathrm{Post}(s_1)$ 使 $(s_1', s_2') \in \mathcal{R}$.

如果存在 $(\mathrm{TS}_1, \mathrm{TS}_2)$ 的一个互模拟 $\mathcal{R}$, 则称 TS_1 和 TS_2 是*互模拟等价的* (简称互似的), 记作 $\mathrm{TS}_1 \sim \mathrm{TS}_2$. ■

条件 (A) 表明 TS_1 的每个初始状态与 TS_2 的一个初始状态有关系, 反之亦然. 根据条件 (B.1), 状态 s_1 和 s_2 的标记相同. 条件 (B.1) 还可看成是保证 s_1 和 s_2 的局部等价. 条件 (B.2) 是说 s_1 的每一出迁移必须与 s_2 的一个出迁移匹配; 条件 (B.3) 与之相反. 图 7.1 总结了条件 (B.2) 和 (B.3).

$$\begin{array}{ccc}
s_1 & \mathcal{R} & s_2 \\
\downarrow & & \\
s_1' & &
\end{array}
\quad \text{可补充为} \quad
\begin{array}{ccc}
s_1 & \mathcal{R} & s_2 \\
\downarrow & & \downarrow \\
s_1' & \mathcal{R} & s_2'
\end{array}$$

$$\begin{array}{ccc}
s_1 & \mathcal{R} & s_2 \\
 & & \downarrow \\
 & & s_2'
\end{array}
\quad \text{可补充为} \quad
\begin{array}{ccc}
s_1 & \mathcal{R} & s_2 \\
\downarrow & & \downarrow \\
s_1' & \mathcal{R} & s_2'
\end{array}$$

图 7.1　互模拟等价的条件 (B.2) 和 (B.3)

例 7.1　两种饮料售货机

令 $\mathrm{AP} = \{\mathrm{pay}, \mathrm{beer}, \mathrm{soda}\}$. 考虑图 7.2 描述的两个迁移系统. 它们是一台饮料售货机的两个模型, 两者的不同在于供应啤酒的可能数量. 用户看不到右边的迁移系统 (TS_2) 有一个交付啤酒的额外选择. 这两个迁移系统是等价的. TS_1 和 TS2 的等价可从以下事实得到, 即关系

$$\mathcal{R} = \{(s_0, t_0), (s_1, t_1), (s_2, t_2), (s_2, t_3), (s_3, t_4)\}$$

是 $(\text{TS}_1, \text{TS}_2)$ 的互模拟. 易证 $\mathcal{R}$ 确实满足定义 7.1 的所有要求.

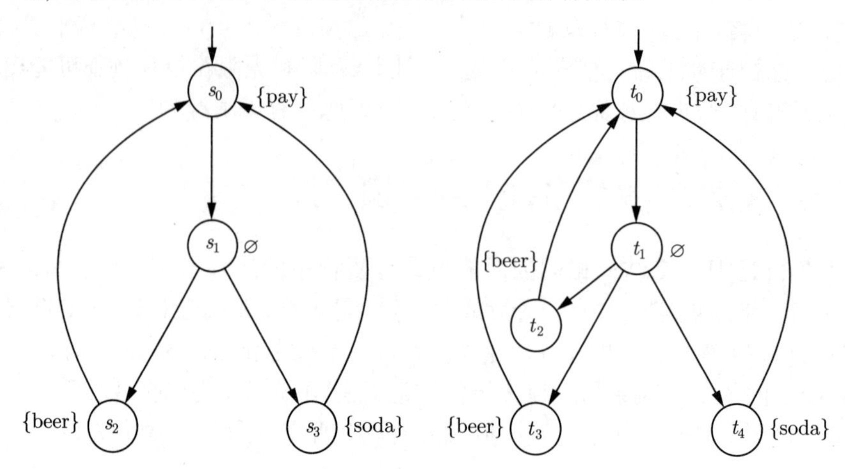

图 7.2 两个互似的饮料售货机模型

现在考虑用户投币时选择饮料的自动售货机的替代模型 (TS_3), 如图 7.3 所示, 它描述了 TS_1 (左边) 和 TS_3 (右边). AP 同前. 可知 TS_1 和 TS_3 不是互似的, 因为 TS_1 中的状态 s_1 不能被 TS_3 中的状态模拟. 根据标记条件 (B.1), 模仿状态 s_1 仅有的候选状态是 TS_3 中的 u_1 和 u_2. 然而状态 u_1 和 u_2 都不能模拟 TS_1 中 s_1 的所有迁移: 到 soda 或 beer 之一的可能性将消失. 因此, 对于 $\text{AP} = \{\text{pay}, \text{beer}, \text{soda})$ 来说, $\text{TS}_1 \nsim \text{TS}_3$.

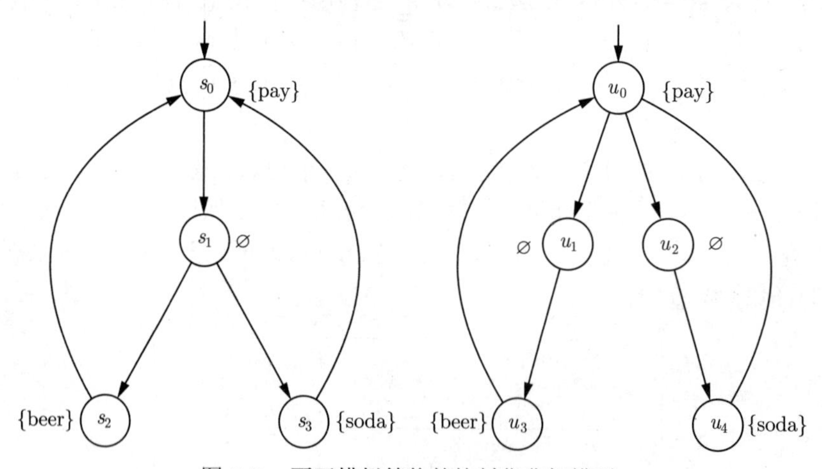

图 7.3 不互模拟等价的饮料售货机模型

作为最后的例子, 对于 $\text{AP} = \{\text{pay}, \text{drink}\}$ 重新考虑 TS_1 和 TS_3. 迁移系统的标记是明显的: $L(s_0) = L(u_0) = \{\text{pay}\}$, $L(s_1) = L(u_1) = L(u_2) = \varnothing$, 并且标记所有剩余状态为 $\{\text{drink}\}$. 现在就可确定关系

$$\{(s_0, u_0), (s_1, u_1), (s_1, u_2), (s_2, u_3), (s_2, u_4), (s_3, u_3), (s_3, u_4)\}$$

是 $(\text{TS}_1, \text{TS}_3)$ 的互模拟. 因此, 对 $\text{AP} = \{\text{pay}, \text{drink}\}$, $\text{TS}_1 \sim \text{TS}_3$. ■

注记 7.1　原子命题的相关集合

固定集合 AP 在用互模拟比较迁移系统中起着至关重要的作用. 直观地说, AP 代表所有相关的原子命题集合. 所有其他原子命题理解为无关紧要的并在比较中被忽视. 如果 TS 是 TS$'$ 的一个细化, 例如, TS 通过从 TS$'$ 并入一些实现细节得到, 那么 TS 的原子命题集合 AP 通常是 TS$'$ 的命题集合 AP$'$ 的一个真超集. 为了比较 TS 和 TS$'$, 共有的原子命题集合 AP$'$ 是一个合理的选择. 这样, 当考虑 AP$'$ 中所有可观察的信息时, 检验 TS 的分支结构是否与 TS$'$ 分支结构相符是可能的. 如果只想检验 TS 和 TS$'$ 关于时序逻辑公式 Φ 的满足性是等价的, 那么把 Φ 中出现的原子命题看作 AP 就足够了. ■

引理 7.1　$\sim$ 的自反性、传递性和对称性

对于原子命题的固定集合 AP, 关系 $\sim$ 是一个等价关系.

证明: 令 AP 是一个原子命题的集合, 证明 $\sim$ 的自反性. 对称性和传递性:

(1) 证明自反性. 对以 S 为状态空间的迁移系统 TS, 恒等关系式 $\mathcal{R} = \{(s,s) \mid s \in S\}$ 是 (TS, TS) 的互模拟.

(2) 证明对称性. 假设 $\mathcal{R}$ 是 $(\text{TS}_1, \text{TS}_2)$ 的互模拟. 考虑交换 $\mathcal{R}$ 中的任意一对状态得到的

$$\mathcal{R}^{-1} = \{(s_2, s_1) \mid (s_1, s_2) \in \mathcal{R}\}$$

显然, 关系 $\mathcal{R}^{-1}$ 满足条件 (A) 和 (B.1). 由条件 (B.2) 和 (B.3) 的对称性, 即可得出 $\mathcal{R}^{-1}$ 是 $(\text{TS}_2, \text{TS}_1)$ 的互模拟.

(3) 证明传递性. 令 $\mathcal{R}_{1,2}$ 和 $\mathcal{R}_{2,3}$ 分别是 $(\text{TS}_1, \text{TS}_2)$ 和 $(\text{TS}_2, \text{TS}_3)$ 的互模拟. 由

$$\mathcal{R} = \{(s_1, s_3) \mid \exists s_2 \in S_2.\, (s_1, s_2) \in \mathcal{R}_{1,2} \wedge (s_2, s_3) \in \mathcal{R}_{2,3}\}$$

给出的关系 $\mathcal{R} = \mathcal{R}_{1,2} \circ \mathcal{R}_{2,3}$ 是 $(\text{TS}_1, \text{TS}_3)$ 的互模拟, 其中 S_2 表示 TS_2 的状态集合. 可通过检验互模拟的所有条件来证明.

- 条件 (A). 考虑 TS_1 的初始化状态 s_1. 因 $\mathcal{R}_{1,2}$ 是互模拟, 故存在 TS_2 的初始状态 s_2 使 $(s_1, s_2) \in \mathcal{R}_{1,2}$. 又因 $\mathcal{R}_{2,3}$ 是互模拟, 故存在 TS_3 的初始状态 s_3 使 $(s_2, s_3) \in \mathcal{R}_{2,3}$. 因此 $(s_1, s_3) \in \mathcal{R}$. 同理可证, 对 TS_3 的任意初始状态 s_3, 都存在 TS_1 的初始状态 s_1 使 $(s_1, s_3) \in \mathcal{R}_{1,3}$.
- 条件 (B.1). 由 $\mathcal{R}$ 的定义, 存在 TS_2 的状态 s_2 使 $(s_1, s_2) \in \mathcal{R}_{1,2}$ 且 $(s_2, s_3) \in \mathcal{R}_{2,3}$. 故 $L_1(s_1) = L_2(s_2) = L_3(s_3)$.
- 条件 (B.2). 假设 $(s_1, s_3) \in \mathcal{R}$. 由于 $(s_1, s_2) \in \mathcal{R}_{1,2}$, 故知若 $s_1' \in \text{Post}(s_1)$, 则对某个 $s_2' \in \text{Post}(s_2)$ 有 $(s_1', s_2') \in \mathcal{R}_{1,2}$. 又因 $(s_2, s_3) \in \mathcal{R}_{2,3}$, 故对某个 $s_3' \in \text{Post}(s_3)$ 有 $(s_2', s_3') \in \mathcal{R}_{2,3}$. 因此 $(s_1', s_3') \in \mathcal{R}$.
- 条件 (B.3). 与条件 (B.2) 的证明类似. ■

互模拟是用状态的直接后继定义的. 通过使用状态上的归纳论证, 可以得到 (有限或无限) 路径之间的一个关系, 见引理 7.2.

引理 7.2　路径上的互模拟

令 TS_1 和 TS_2 是 AP 上的迁移系统, $\mathcal{R}$ 是 $(\text{TS}_1, \text{TS}_2)$ 的互模拟, $(s_1, s_2) \in \mathcal{R}$. 那么对每一 (有限或无限) 路径 $\pi_1 = s_{0,1}s_{1,1}s_{2,1}\cdots \in \text{Paths}(s_1)$, 都存在相同长度的路径 $\pi_2 = s_{0,2}s_{1,2}s_{2,2}\cdots \in \text{Paths}(s_2)$ 使得对任意 j 都有 $(s_{j,1}, s_{j,2}) \in \mathcal{R}$.

证明: 令 $\pi_1 = s_{0,1}s_{1,1}s_{2,1}\cdots \in \text{Paths}(s_1)$ 是 TS_1 的开始于 $s_1 = s_{0,1}$ 的极大路径片段, 并假设 $(s_1, s_2) \in \mathcal{R}$. 连续地定义 TS_2 中开始于 $s_2 = s_{0,2}$ 的一个对应极大路径片段, 其中迁移 $s_{i,1} \to_1 s_{i+1,1}$ 用 $s_{i,2} \to_2 s_{i+1,2}$ 匹配, 并使得 $(s_{i+1,1}, s_{i+1,2}) \in \mathcal{R}$. 这可对 i 用归纳法完成, 见图 7.4. 在每一归纳步骤都区分 s_i 是否终止状态两种情况.

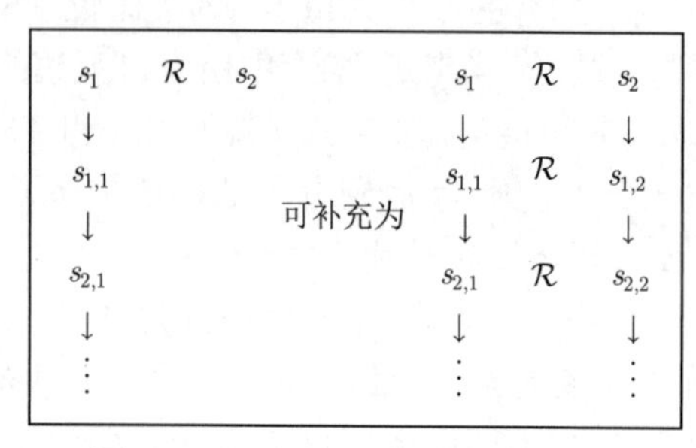

图 7.4　逐个状态互似路径的构造

(1) 归纳开始: $i = 0$. 若 s_1 是终止状态, 则根据条件 (B.3) 由 $(s_1, s_2) \in \mathcal{R}$ 可得 s_2 也是终止状态. 因此 $s_2 = s_{0,2}$ 是 TS_2 中的极大路径片段; 若 s_1 不是终止状态, 由 $(s_{0,1}, s_{0,2}) = (s_1, s_2) \in \mathcal{R}$ 得, 迁移 $s_1 = s_{0,1} \to_1 s_{1,1}$ 可用 $s_2 \to_2 s_{1,2}$ 匹配, 并使得 $(s_{1,1}, s_{1,2}) \in \mathcal{R}$. 这产生 TS_2 中的路径片段 $s_2 s_{1,2}$.

(2) 归纳步骤: 假设 $i \geqslant 0$ 并且已构造路径片段 $s_2 s_{1,2} s_{2,2} \cdots s_{i,2}$, 并满足对 $j = 1, 2, \cdots, i$ 有 $(s_{j,1}, s_{j,2}) \in \mathcal{R}$.

假设 π_1 是极大路径片段, 即假设 $s_{i,1}$ 是终止状态. 根据条件 (B.3), $s_{i,2}$ 也是终止状态. 因此, $\pi_2 = s_2 s_{1,2} s_{2,2} \cdots s_{i,2}$ 是 TS_2 中的极大路径片段, 它与 $\pi_1 = s_1 s_{1,1} s_{2,1} \cdots s_{i,1}$ 的状态逐一相关.

设 $s_{i,1}$ 不是终止状态. 考虑 π_1 中的步骤 $s_{i,1} \to_1 s_{i+1,1}$. 因 $(s_{i,1}, s_{i,2}) \in \mathcal{R}$, 故存在迁移 $s_{i,2} \to_2 s_{i+1,2}$ 使 $(s_{i+1,1}, s_{i+1,2}) \in \mathcal{R}$. 这产生路径片段 $s_2 s_{1,2} \cdots s_{i,2} s_{i+1,2}$, 它与 π_1 的前缀 $s_1 s_{1,1} \cdots s_{i,1} s_{i+1,1}$ 的状态逐一相关. ■

根据对称性, 对每一路径 $\pi_2 \in \text{Paths}(s_2)$, 都存在相同长度的路径 $\pi_1 \in \text{Paths}(s_1)$, 它与 π_2 逐状态相关. 因为可以构造逐个状态互似的路径, 所以互似的迁移系统是迹等价的. 证明两个迁移系统互似远比证明它们迹等价容易. 从直观来看, 证明互模拟等价只需要关于状态行为的局部推理, 而不必考虑整条路径. 因此定理 7.1 对检验迹等价是同样重要的.

定理 7.1　互模拟和迹等价

如果 $\text{TS}_1 \sim \text{TS}_2$, 那么 $\text{Traces}(\text{TS}_1) = \text{Traces}(\text{TS}_2)$.

证明: 令 $\mathcal{R}$ 是 $(\text{TS}_1, \text{TS}_2)$ 的互模拟. 由引理 7.2, TS_1 的任意路径 $\pi_1 = s_{0,1}s_{1,1}s_{2,1}\cdots$ 都可提升到 TS_2 的路径 $\pi_2 = s_{0,2}s_{1,2}s_{2,2}\cdots$, 使得对任意下标 i 都有 $(s_{i,1}, s_{i,2}) \in \mathcal{R}$. 根据条件 (b.1), 对任意 i 都有 $L_1(s_{i,1}) = L_2(s_{i,2})$, 因此 $\text{Trace}(\pi_1) = \text{Trace}(\pi_2)$, 这说明 $\text{Traces}(\text{TS}_1) \subseteq \text{Traces}(\text{TS}_2)$. 再根据对称性就可推出 TS_1 和 TS_2 是迹等价的. ■

因为迹等价迁移系统满足相同的线性时间性质, 所以互似的迁移系统满足相同的线性时间性质.

7.1.1　互模拟商

前面将互模拟定义为迁移系统之间的关系. 这样就能够比较不同的迁移系统. 另一种观点是把互模拟看作单个迁移系统的状态之间的关系. 考虑这种关系下的商迁移系统, 会得到更小的模型. 可用这种最小化方法得到高效的模型检验. 下面定义互模拟为状态上的关系, 将它与迁移系统之间的互模拟概念联系起来, 并定义在这种关系下的商迁移系统.

定义 7.2　作为状态关系的互模拟等价

令 $\text{TS} = (S, \text{Act}, \rightarrow, I, \text{AP}, L)$ 是迁移系统. TS 的互模拟是 S 上满足以下条件的二元关系 $\mathcal{R}$: $\forall(s_1, s_2) \in \mathcal{R}$ 都有

(1) $L(s_1) = L(s_2)$.

(2) 若 $s_1' \in \text{Post}(s_1)$, 则存在 $s_2' \in \text{Post}(s_2)$ 使得 $(s_1', s_2') \in \mathcal{R}$.

(3) 若 $s_2' \in \text{Post}(s_2)$, 则存在 $s_1' \in \text{Post}(s_1)$ 使得 $(s_1', s_2') \in \mathcal{R}$.

若存在 TS 的互模拟 $\mathcal{R}$ 使得 $(s_1, s_2) \in \mathcal{R}$, 则称状态 s_1 和 s_2 是互模拟等价的 (或互似的), 表示为 $s_1 \sim_{\text{TS}} s_2$. ■

因此, TS 的 (状态上的) 互模拟是 (TS, TS) 的未要求条件 (A) 的 (迁移系统上的) 互模拟. 对于任意状态 s, 把 (s, s) 对添加到 $\mathcal{R}$, 就能保证该条件. 此外, 对 TS 中所有状态 s_1 和 s_2,

$$\underbrace{s_1 \sim_{\text{TS}} s_2}_{\text{作为 TS 的状态 (定义 7.2)}} \quad \text{iff} \quad \underbrace{\text{TS}_{s_1} \sim \text{TS}_{s_2}}_{\text{定义 7.1 的含义}}$$

都成立, 其中 TS_{s_i} 表示让 TS 的 s_i 成为唯一初始状态得到的迁移系统; 反之, 可根据定义 7.2 通过如下过程得到迁移系统之间的互模拟 (定义 7.1). 取 AP 上的迁移系统 TS_1 和 TS_2, 并将它们结合到单个迁移系统 $\text{TS}_1 \oplus \text{TS}_2$, 它基本上是从状态空间的不交并得到的 (见后). 随后作为合成迁移系统 $\text{TS}_1 \oplus \text{TS}_2$ 的状态比较 TS_1 和 TS_2 的初始状态, 以保证条件 (A).

$\text{TS}_1 \oplus \text{TS}_2$ 的形式定义如下. 对 $\text{TS}_i = (S_i, \text{Act}_i, \rightarrow_i, I_i, \text{AP}, L_i)$, $i = 1, 2$,

$$\text{TS}_1 \oplus \text{TS}_2 = (S_1 \uplus S_2, \text{Act}_1 \cup \text{Act}_2, \rightarrow_1 \cup \rightarrow_2, I_1 \cup I_2, \text{AP}, L)$$

其中, $\uplus$ 表示不交并且若 $s \in S_i$ 则 $L(s) = L_i(s)$. $\text{TS}_1 \sim \text{TS}_2$ 当且仅当对 TS_1 的每一个初始状态 s_1, 都在 TS_2 中存在互似的初始状态 s_2, 对 TS_2 的初始状态也是如此, 即 $s_1 \sim_{\text{TS}_1 \oplus \text{TS}_2} s_2$. 用术语等价类说就是, $\text{TS}_1 \sim \text{TS}_2$ 当且仅当

$$\forall C \in (S_1 \uplus S_2)/\sim_{\text{TS}_1 \oplus \text{TS}_2}. \ I_1 \cap C \neq \varnothing \ \text{ iff } \ I_2 \cap C \neq \varnothing$$

这里, $(S_1 \uplus S_2)/\sim_{\text{TS}_1 \oplus \text{TS}_2}$ 表示关于 $\sim_{\text{TS}_1 \oplus \text{TS}_2}$ 的商空间, 即 $S_1 \uplus S_2$ 的所有互模拟等价类的集合. 后一结论是由于 $\sim_{\text{TS}_1 \oplus \text{TS}_2}$ 是等价关系, 见引理 7.3 的结论 (1).

引理 7.3　最粗的互模拟

对于迁移系统 $\text{TS} = (S, \text{Act}, \rightarrow, I, \text{AP}, L)$, 下列结论成立.

(1) $\sim_{\text{TS}}$ 是 S 上的等价关系.

(2) $\sim_{\text{TS}}$ 是 TS 的互模拟.

(3) $\sim_{\text{TS}}$ 是 TS 最粗的互模拟.

证明: 由于 $\sim_{\text{TS}}$ 的特征可由 $\sim$ 表述, 所以结论 (1) 可直接从引理 7.1 得到. 结论 (3) 是说 TS 的每一互模拟 $\mathcal{R}$ 都比 $\sim_{\text{TS}}$ 细, 这可直接从 $\sim_{\text{TS}}$ 的定义得到. 剩下要证明 $\sim_{\text{TS}}$ 是 TS 的互模拟. 证明 $\sim_{\text{TS}}$ 满足定义 7.2 的条件 (1) 和 (2). 可由对称性得到定义 7.2 的条件 (3). 令 $s_1 \sim_{\text{TS}} s_2$. 那么存在一个包含 (s_1, s_2) 互模拟 $\mathcal{R}$. 由定义 7.2 的条件 (1) 得 $L(s_1) = L(s_2)$. 由定义 7.2 的条件 (2) 得对任意迁移 $s_1 \to s_1'$, 都有一个迁移 $s_2 \to s_2'$ 使 $(s_1', s_2') \in \mathcal{R}$. 因此, $s_1' \sim_{\text{TS}} s_2'$. ■

换句话说, 关系 $\sim_{\text{TS}}$ 是 TS 的状态空间中使得等价状态的标记相同且能如图 7.5 所示的那样互模拟的、最粗的等价.

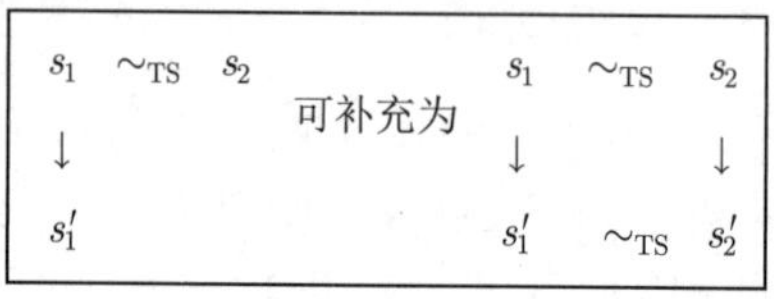

$$\begin{array}{ccccccc} s_1 & \sim_{\text{TS}} & s_2 & \quad\text{可补充为}\quad & s_1 & \sim_{\text{TS}} & s_2 \\ \downarrow & & & & \downarrow & & \downarrow \\ s_1' & & & & s_1' & \sim_{\text{TS}} & s_2' \end{array}$$

图 7.5 状态上的互模拟等价的条件 (2)

注记 7.2 互模拟的并

对有限下标集合 I 和 TS 的一组互模拟关系 $(\mathcal{R}_i)_{i\in I}$, $\bigcup_{i\in I} \mathcal{R}_i$ 也是 TS 的互模拟 (见习题 7.2). 因 $\sim_{\text{TS}}$ 是对 TS 最粗的互模拟, 故 $\sim_{\text{TS}}$ 等同于 TS 的所有互模拟关系的并. ■

如前所述, 互似的迁移系统满足相同的线性时间性质. 因此, 这样的性质以及将要看到的所有能用 CTL* 表达的时序公式都可在商系统而非 (可能很大的) 原迁移系统上检验. 在提供 $\sim_{\text{TS}}$ 的商迁移系统的定义之前, 先规定一些记法.

记法 7.1 等价类和商空间

令 S 是一个集合且 $\mathcal{R}$ 是 S 上的一个等价关系. 对于 $s \in S$, $[s]_{\mathcal{R}}$ 表示状态 s 在 $\mathcal{R}$ 下的等价类, 即, $[s]_{\mathcal{R}} = \{s' \in S \mid (s, s') \in \mathcal{R}\}$. 注意, 对于 $s' \in [s]_{\mathcal{R}}$, 有 $[s']_{\mathcal{R}} = [s]_{\mathcal{R}}$. 集合 $[s]_{\mathcal{R}}$ 常被称为 s 的 $\mathcal{R}$ 等价类. S 在 $\mathcal{R}$ 下的商空间是由所有 $\mathcal{R}$ 等价类组成的集合, 记为 $S/\mathcal{R} = \{[s]_{\mathcal{R}} \mid s \in S\}$. ■

定义 7.3 互模拟商

对于迁移系统 $\text{TS} = (S, \text{Act}, \to, I, \text{AP}, L)$ 和互模拟 $\sim_{\text{TS}}$, 定义商迁移系统 $\text{TS}/\sim_{\text{TS}}$ 为

$$\text{TS}/\sim_{\text{TS}} = (S/\sim_{\text{TS}}, \{\tau\}, \to', I', \text{AP}, L')$$

其中:

- $I' = \{[s]_\sim \mid s \in I\}$.
- $\to'$ 定义为

$$\frac{s \xrightarrow{\alpha} s'}{[s]_\sim \xrightarrow{\tau} [s']_\sim}$$

- $L'([s]_\sim) = L(s)$. ■

后面称 $\text{TS}/\sim_{\text{TS}}$ 为 TS 的*互模拟商*. 为了简洁一些, 将其写为 $\text{TS}/\sim$.

$\text{TS}/\sim$ 的状态空间是 S 在 $\sim$ 下的商. $\text{TS}/\sim$ 的初始状态是 TS 的初始状态的 $\sim$ 等价类. TS 中的每个迁移 $s \to s'$ 诱导一个迁移 $[s]_\sim \to' [s']_\sim$. 因为动作标记是无关的, 从现在开始省略这些标记; 这在定义中显示为用任意一个动作, 例如说 τ, 代替任何动作 $\alpha \in \text{Act}$.

因为 $[s]_\sim$ 中的所有状态标记是相同的 (见互模拟的定义), 所以状态标记函数 L' 是良定义的. 由 $\to'$ 的定义得, 对任意 $B, C \in S/\sim$, 有

$$B \to' C \ \text{当且仅当}\ \exists s \in B.\, \exists s' \in C.\, s \to s'$$

根据定义 7.2 的条件 (2), 它等价于

$$B \to' C \ \text{当且仅当}\ \forall s \in B.\, \exists s' \in C.\, s \to s'$$

下面的两个例子说明, 考虑互模拟商可以极大地减小状态空间. 有时甚至可能从无限迁移系统获得有限商迁移系统.

例 7.2　多台打印机

考虑一个由 n 台打印机组成的系统, 每台打印机有 ready (就绪) 和 print (打印) 两个极度简化的状态. 初始状态是 ready, 一旦开始, 每台打印机都在 ready 和 print 之间切换. 整个系统由下式给出:

$$\text{TS}_n = \underbrace{\text{Printer} \,|||\, \cdots \,|||\, \text{Printer}}_{n\ \text{次}}$$

假设用集合 AP $= \{0, 1, \cdots, n\}$ 中的原子命题标记 TS_n 的状态. 直观地看, $L(s)$ 表示在状态 s 可用 (即处于局部状态 ready) 的打印机数. TS_n 的状态数是 n 的指数 (即 2^n); 图 7.6 描绘了 $n = 3$ 时的 TS_n. 其中 r 表示 ready, p 表示 print. 但是商迁移系统 TS/$\sim$ 只包含 $n+1$ 个状态. 图 7.7 描绘了 $n = 3$ 时的互模拟商. ■

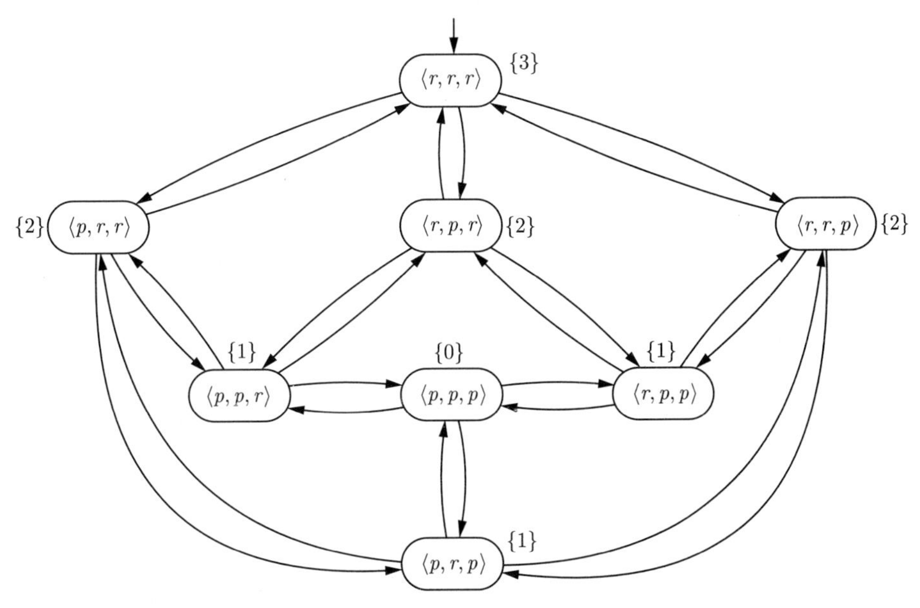

图 7.6　3 个独立打印机的迁移系统 TS_3

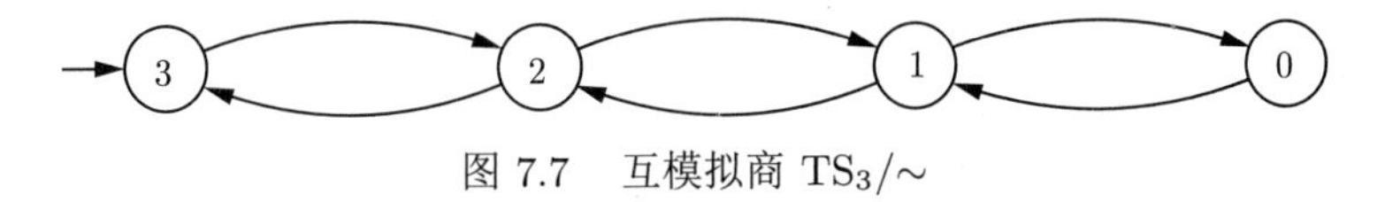

图 7.7　互模拟商 $\text{TS}_3/\sim$

例 7.3 面包店算法

本例考虑一个互斥算法, 它最初由 Lamport 提出, 称为面包店算法. 尽管面包店算法的原理可保证任意个进程的互斥, 但本例只考虑两个进程的简单情形. 令 P_1 和 P_2 是两个进程, 而 x_1 和 x_2 是两个初值均为 0 的共享变量, 见下面的程序文本:

```
P1:
        ...
        while true {
          ...
n1:       x1 := x2 + 1;
w1:       wait until (x2 = 0 || x1 < x2) {
c1:            关键节段}
          x1 := 0;
          ...
        }

P2:
        ...
        while true {
          ...
n2:       x2 := x1 + 1;
w2:       wait until (x1 = 0 || x2 < x1) {
c2:            关键节段 }
          x2 := 0;
          ...
        }
```

如果两个进程都要进入关键节段, 就用这些变量解决冲突 (可以把一个变量的值看成一张票, 即顾客在进入面包店时通常会得到的号码. 下一个服务对象就是持最小号码的顾客). 若进程 P_i 正等待, 并且 $x_i < x_j$ 或 $x_j = 0$, 则它可进入关键节段. 只要进程 P_i 正在等待或已经进入关键节段, 则有 $x_i > 0$. 在请求访问关键节段时, 进程 P_i 设置 x_i 为 $x_j + 1$, 其中 $i \neq j$. 从直观上看, 进程 P_i 把优先权让给其对手进程 P_j.

由于 x_1 和 x_2 的值可以无限增加, P_1 和 P_2 的并行合成的基础迁移系统是无穷的. 图 7.8 描述了该迁移系统的一个片段.

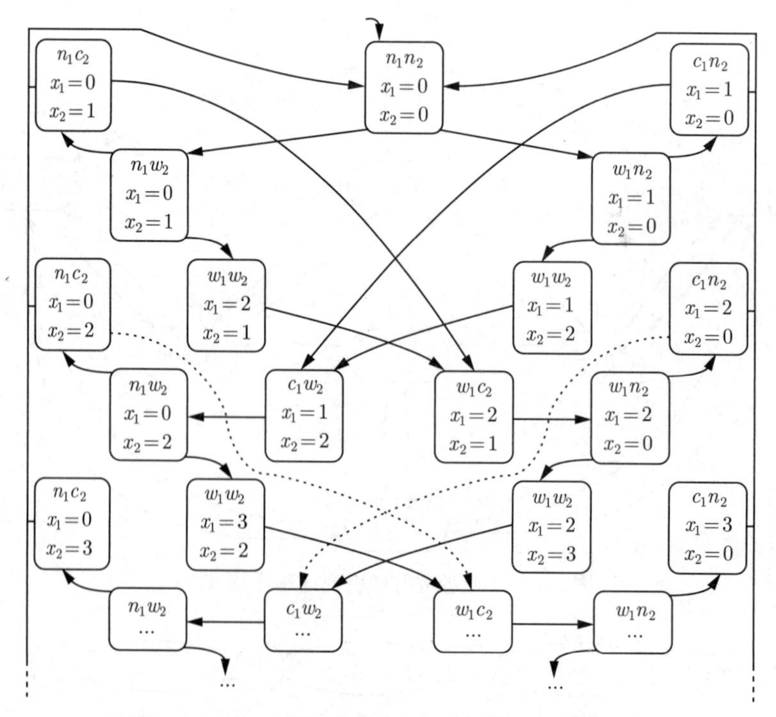

图 7.8 面包店算法的无限迁移系统的片段[译注 105]

访问无穷多个不同状态的路径片段的例子如表 7.1 所示.

表 7.1　访问无穷多个不同状态的路径片段的例子

进　程　P_1	进　程　P_2	x_1	x_2	动　　作
noncrit_1	noncrit_2	0	0	P_1 请求访问关键节段
wait_1	noncrit_2	1	0	P_2 请求进入关键节段
wait_1	wait_2	1	2	P_1 进入关键节段
crit_1	wait_2	1	2	P_1 离开关键节段
noncrit_1	wait_2	0	2	P_1 请求访问关键节段
wait_1	wait_2	3	2	P_2 进入关键节段
wait_1	crit_2	3	2	P_2 离开关键节段
wait_1	noncrit_2	3	0	P_2 请求进入关键节段
wait_1	wait_2	3	4	P_1 进入关键节段[译注 106]
...	...	...	...	...

虽然诸如 LTL 模型检验之类的算法分析因迁移系统无穷而不能进行, 但不难检验面包店算法既无死锁也无饥饿.

- 只有当任何进程都不能进入关键节段, 即 $x_1 = x_2 > 0$ 时, 死锁才会出现. 但是容易看出, 除初始情况外总有 $x_1 \neq x_2$.
- 只有发生要进入关键节段的进程总不能进入时, 饥饿才发生. 但是, 这种情况不可能发生: 如果两个进程都要进入关键节段, 一个进程就不可能连续获准访问关键节段.

也可通过如下考虑无限迁移系统的抽象来确定面包店算法的正确性. 即, 不考虑 x_1 和 x_2 的具体值, 而是只记录是否有如下关系:

$$x_1 > x_2 > 0 \text{ 或 } x_2 > x_1 > 0 \text{ 或 } x_1 = 0 \text{ 或 } x_2 = 0$$

注意, 此信息足以确定哪个进程可访问关键节段. 通过这样的*数据抽象*, 可得到有限迁移系统 $TS_{\text{Bak}}^{\text{abstract}}$, 例如, 单个抽象状态 $\langle \text{wait}_1, \text{wait}_2, x_1 > x_2 > 0 \rangle$ 就可表示 $x_1 > x_2 > 0$ 的无穷多个状态. 当考虑原子命题

$$\{\text{noncrit}_i, \text{wait}_i, \text{crit}_i \mid i = 1, 2\} \cup \{x_1 > x_2 > 0, x_2 > x_1 > 0, x_1 = 0, x_2 = 0\}$$

时, 有限迁移系统 $TS_{\text{Bak}}^{\text{abstract}}$ (使用状态标记函数) 等价于原无限迁移系统 TS_{Bak}. 由于迹等价迁移系统满足相同的 LT 性质, 所以已证明的对有限 (抽象) 迁移系统成立的每个 LT 性质对原无限迁移系统也成立. 用 LTL 公式表示的 LT 性质[译注 107]

$$\square(\neg\text{crit}_1 \vee \neg\text{crit}_2) \text{ 以及 } (\square\lozenge\text{wait}_1 \rightarrow \square\lozenge\text{crit}_1) \wedge (\square\lozenge\text{wait}_2 \rightarrow \square\lozenge\text{crit}_2)$$

确实对 $TS_{\text{Bak}}^{\text{abstract}}$ 成立.

迁移系统 TS_{Bak} 和 $TS_{\text{Bak}}^{\text{abstract}}$ 是互似的. 找到一个互模拟关系即可证之. 上面描述的数据抽象可用函数 $f\colon S \rightarrow S'$ 形式化, 其中 S 和 S' 分别表示 TS_{Bak} 和 $TS_{\text{Bak}}^{\text{abstract}}$ 的可达状态的集合. 函数 f 把 TS_{Bak} 的任何可达状态 s 对应到 $TS_{\text{Bak}}^{\text{abstract}}$ 的一个 (抽象) 状态 $f(s)$. 令 $s = \langle \ell_1, \ell_2, x_1 = b_1, x_2 = b_2 \rangle$ 是 TS_{Bak} 的一个状态, 其中 $\ell_i \in \{\text{noncrit}_i, \text{wait}_i, \text{crit}_i\}$ 且

$b_i \in \mathbb{N}$, $i = 1, 2$. 定义

$$f(s) = \begin{cases} \langle \ell_1, \ell_2, x_1 = 0, x_2 = 0 \rangle & \text{若 } b_1 = b_2 = 0 \\ \langle \ell_1, \ell_2, x_1 = 0, x_2 > 0 \rangle & \text{若 } b_1 = 0 \text{ 且 } b_2 > 0 \\ \langle \ell_1, \ell_2, x_1 > 0, x_2 = 0 \rangle & \text{若 } b_1 > 0 \text{ 且 } b_2 = 0 \\ \langle \ell_1, \ell_2, x_1 > x_2 > 0 \rangle & \text{若 } b_1 > b_2 > 0 \\ \langle \ell_1, \ell_2, x_2 > x_1 > 0 \rangle & \text{若 } b_2 > b_1 > 0 \end{cases}$$

可直接推出, $\mathcal{R} = \{(s, f(s)) \mid s \in S\}$ 是 $\text{AP} = \{\text{noncrit}_i, \text{wait}_i, \text{crit}_i \mid i = 1, 2\}$ 的任意子集上的 $(\text{TS}_{\text{Bak}}, \text{TS}_{\text{Bak}}^{\text{abstract}})$ 的互模拟. 图 7.9 中的迁移系统 $\text{TS}_{\text{Bak}}^{\text{abstract}}$ 是 $\text{AP} = \{\text{crit}_1, \text{crit}_2\}$ 上的互模拟商系统

$$\text{TS}_{\text{Bak}}^{\text{abstract}} = \text{TS}_{\text{Bak}}/\!\sim$$

原迁移系统是无限的, 而它的互模拟商是有限的. ■

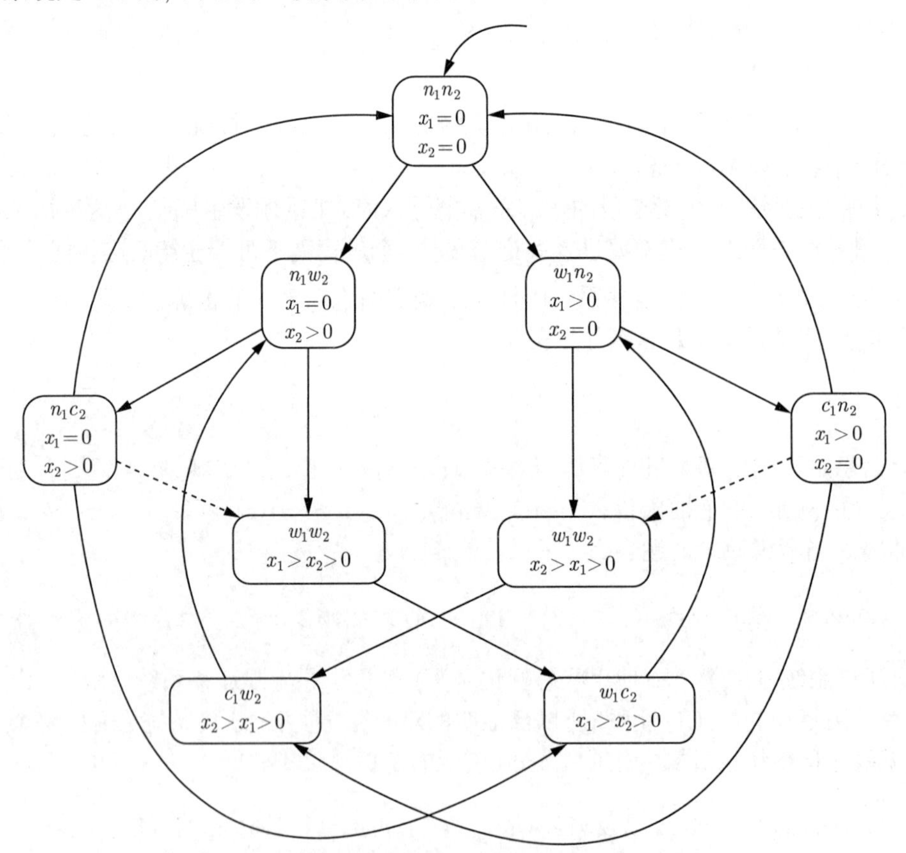

图 7.9 面包店算法的互模拟商迁移系统[译注 108]

定理 7.2 TS 和 $\text{TS}/\!\sim$ 互模拟等价

$\text{TS} \sim \text{TS}/\!\sim$ 对于任意迁移系统 TS 都成立.

证明: $\{(s, [s]_\sim) \mid s \in S\}$ 是 $(\text{TS}, \text{TS}/\!\sim)$[译注 109] 的在定义 7.1 的意义下的互模拟. 由此可直接得到定理 7.2 的结论. ■

一般地, 因 $\sim$ 是最粗的互模拟关系, 故关于互模拟 $\mathcal{R}$ 的商迁移系统 $TS/\mathcal{R}$ 比 $TS/\sim$ 包含更多的状态. 人工指出一个 (有意义的) 互模拟并非难事, 而计算商状态空间 $S/\sim$ 却要利用算法逻辑分析整个迁移系统 (见 7.3 节及其后的内容). 因此, 生成商系统 $TS/\mathcal{R}$ 比 $TS/\sim$ 也许更有利.

7.1.2　基于动作的互模拟

由于本书主要关注模型检验, 所以互模拟的概念都集中在状态标记上, 往往简单地忽略迁移标记; 在其他语境下, 特别是进程代数中, 却相反地考虑互模拟的类似概念, 这些概念忽略状态标记而专注于迁移标记, 即动作. 本节的目的就是阐述这些概念.

定义 7.4　基于动作的互模拟等价

令 $TS_i = (S_i, Act, \rightarrow_i, I_i, AP_i, L_i)$ 是动作集合 Act 上的迁移系统, $i = 1, 2$. (TS_1, TS_2) 的*基于动作的互模拟*是满足以下条件的二元关系 $\mathcal{R} \subseteq S_1 \times S_2$:

(A) $\forall s_1 \in I_1 \exists s_2 \in I_2. (s_1, s_2) \in \mathcal{R}$ 且 $\forall s_2 \in I_2 \exists s_1 \in I_1. (s_1, s_2) \in \mathcal{R}$.

(B) 对于任意 $(s_1, s_2) \in \mathcal{R}$ 有

(b.2′) 若 $s_1 \xrightarrow{\alpha}_1 s_1'$, 则存在 $s_2' \in S_2$ 使 $s_2 \xrightarrow{\alpha}_2 s_2'$ 且 $(s_1', s_2') \in \mathcal{R}$.

(b.3′) 若 $s_2 \xrightarrow{\alpha}_2 s_2'$, 则存在 $s_1' \in S_1$ 使 $s_1 \xrightarrow{\alpha}_1 s_1'$ 且 $(s_1', s_2') \in \mathcal{R}$[译注 110].

如果存在 (TS_1, TS_2) 的基于动作的互模拟 $\mathcal{R}$, 则称 TS_1 和 TS_2 是*基于动作互模拟等价的* (或基于动作互似的), 记为 $TS_1 \sim^{Act} TS_2$. ■

基于动作的互模拟与状态标记的互模拟 (见定义 7.1) 有以下不同: 状态标记条件 (B.1) 由迁移标记重新形式化, 因而用条件 (B.2′) 和 (B.3′) 编码. 所有关于 $\sim$ 的结果和概念都可直接修改为 $\sim^{Act}$ 的. 例如, $\sim^{Act}$ 是一个等价, 并可用类似方式把它改写成单个迁移系统 TS 的状态的等价 $\sim^{Act}_{TS}$. 可以像 $TS/\sim$ 一样地定义基于动作的互模拟商系统 $TS/\sim^{Act}$, 不过它与 $TS/\sim$ 有以下不同: 原子命题是空集, 并把任意迁移 $s \xrightarrow{\alpha} s'$ 提升到同样标记的迁移 $B \xrightarrow{\alpha} B'$, 其中, B 和 B' 分别表示状态 s 和 s' 基于动作的互模拟等价类.

在进程演算的语境中, 互模拟的一个重要方面是它对于像并行复合这样的进程演算中的句法运算符是否具有替换性. 引理 7.4 表明, 基于动作的互模拟关于在握手动作上同步的并行复合 $\|_H$ (见定义 2.13) 是同余关系.

引理 7.4　关于握手的同余

令 TS_1 和 TS_1' 是 Act_1 上的迁移系统, TS_2 和 TS_2' 是 Act_2 上的迁移系统, $H \subseteq Act_1 \cap Act_2$. 如果 $TS_1 \sim^{Act} TS_1'$ 且 $TS_2 \sim^{Act} TS_2'$, 那么

$$TS_1 \|_H TS_2 \sim^{Act} TS_1' \|_H TS_2'$$

证明: 令 $TS_i = (S_i, Act_i, \rightarrow_i, I_i, AP, L_i)$, $TS_i' = (S_i', Act_i, \rightarrow_i', I_i', AP, L_i')$, 且 $\mathcal{R}_i \in S_i \times S_i'$ 是 (TS_i, TS_i') 的基于动作的互模拟, $i = 1, 2$. 那么关系

$$\mathcal{R} = \{(\langle s_1, s_2\rangle, \langle s_1', s_2'\rangle) \mid (s_1, s_1') \in \mathcal{R}_1 \wedge (s_2, s_2') \in \mathcal{R}_2\}$$

是 $(TS_1 \|_H TS_2, TS_1' \|_H TS_2')$ 的基于动作的互模拟. 推导如下. 显然关系 $\mathcal{R}$ 满足条件 (A). 为了检查条件 (B.2′), 假设: ① $TS_1 \|_H TS_2$ 有迁移 $\langle s_1, s_2\rangle \xrightarrow{\alpha} \langle t_1, t_2\rangle$; ② $(\langle s_1, s_2\rangle, \langle t_1, t_2\rangle) \in \mathcal{R}$. 分两种情况.

(1) $\alpha \in \mathrm{Act} \setminus H$. 那么 $\langle s_1, s_2 \rangle \xrightarrow{\alpha} \langle t_1, t_2 \rangle$ 由 TS_1 或 TS_2 的单个动作产生. 由对称性, 不妨设 $s_1 \xrightarrow{\alpha}_1 t_1$ 且 $s_2 = t_2$. 因为 (s_1, s_1') 属于互模拟 $\mathcal{R}_1$, 所以 TS_1' 存在迁移 $s_1' \xrightarrow{\alpha}_1' t_1'$ 使 $(t_1, t_1') \in \mathcal{R}_1$. 因此, $\langle s_1', s_2' \rangle \xrightarrow{\alpha} \langle t_1', s_2' \rangle$ 是 $\mathrm{TS}_1' \parallel_H \mathrm{TS}_2'$ 的一个迁移, 并且 $(\langle t_1, s_2 \rangle, \langle t_1', s_2' \rangle) \in \mathcal{R}$.

(2) $\alpha \in H$. 那么 $\langle s_1, s_2 \rangle \xrightarrow{\alpha} \langle t_1, t_2 \rangle$ 由 TS_1 和 TS_2 的同步迁移产生, 即 $s_1 \xrightarrow{\alpha}_1 t_1$ 和 $s_2 \xrightarrow{\alpha}_2 t_2$ 分别是 TS_1 和 TS_2 的迁移. 因 $(s_i, s_i') \in \mathcal{R}_i$, 故对 $i = 1, 2$, TS_i' 存在迁移 $s_i' \xrightarrow{\alpha}_i' t_i'$, 使 $(t_i, t_i') \in \mathcal{R}_i$. 因此, $\langle s_1', s_2' \rangle \xrightarrow{\alpha} \langle t_1', t_2' \rangle$ 是 $\mathrm{TS}_1' \parallel_H \mathrm{TS}_2'$ 中的迁移且 $(\langle t_1, t_2 \rangle, \langle t_1', t_2' \rangle) \in \mathcal{R}$. 由对称的讨论可知关系 $\mathcal{R}$ 满足条件 (B.3′). ■

下面更详细地考虑基于状态的和基于动作的互模拟之间的关系. 首先讨论如何从基于状态的互模拟得到基于动作的互模拟以及相反情况. 对迁移系统 $\mathrm{TS} = (S, \mathrm{Act}, \to, I, \mathrm{AP}, L)$ 进行这种转换.

考虑 S 上的互模拟 $\sim_{\mathrm{TS}}$. 目的是定义迁移系统

$$\mathrm{TS}_{\mathrm{act}} = (S_{\mathrm{act}}, \mathrm{Act}, \to_{\mathrm{act}}, I_{\mathrm{act}}, \mathrm{AP}_{\mathrm{act}}, L_{\mathrm{act}})$$

使得 $\sim_{\mathrm{TS}}$ 和基于动作的互模拟 $\sim_{\mathrm{TS}}^{\mathrm{Act}}$ 相同. 由于我们的兴趣是 $\mathrm{TS}_{\mathrm{act}}$ 上基于动作的互模拟, 所以, $\mathrm{AP}_{\mathrm{act}}$ 和 L_{act} 无关, 并可分别使用 AP 和 L. 令 $S_{\mathrm{act}} = S \cup \{t\}$, 其中 t 是一个新状态 (即 $t \notin S$). $\mathrm{TS}_{\mathrm{act}}$ 与 TS 的初始状态相同, 即 $I_{\mathrm{act}} = I$, 并使用动作集合 $\mathrm{Act} = 2^{\mathrm{AP}} \cup \{\tau\}$. 迁移关系 $\to_{\mathrm{act}}$ 用以下规则给出:

$$\frac{s \to s'}{s \xrightarrow{L(s)}_{\mathrm{act}} s'} \quad \text{及} \quad \frac{s \text{ 是 TS 的一个终止状态}}{s \xrightarrow{\tau}_{\mathrm{act}} t}$$

因此, 新状态 t 用于刻画 TS 的终止状态. 对于 TS 的互模拟 $\mathcal{R}$, $\mathcal{R}_{act} = \mathcal{R} \cup \{(t, t)\}$ 是 $\mathrm{TS}_{\mathrm{act}}$ 的基于动作的互模拟; 反之, 对于 $\mathrm{TS}_{\mathrm{act}}$ 的基于动作的互模拟 $\mathcal{R}_{\mathrm{act}}$, $\mathcal{R}_{\mathrm{act}} \cap (S \times S)$ 是 TS 的互模拟. 因此, 对任意状态 $s_1, s_2 \in S$:

$$s_1 \sim_{\mathrm{TS}} s_2 \quad \text{当且仅当} \quad s_1 \sim_{\mathrm{TS}_{\mathrm{act}}}^{\mathrm{Act}} s_2$$

现在考虑相反的方向, 即考虑 S 上的基于动作的互模拟 $\sim_{\mathrm{TS}}^{\mathrm{Act}}$. 目的是定义迁移系统

$$\mathrm{TS}_{\mathrm{state}} = (S_{\mathrm{state}}, \mathrm{Act}_{\mathrm{state}}, \to_{\mathrm{state}}, I_{\mathrm{state}}, \mathrm{AP}_{\mathrm{state}}, L_{\mathrm{state}})$$

使得 $\sim_{\mathrm{TS}}^{\mathrm{Act}}$ 和互模拟 $\sim_{\mathrm{TS}_{\mathrm{state}}}$ 相同. 由于关注基于状态的互模拟, 所以动作集合 $\mathrm{Act}_{\mathrm{state}}$ 不重要. 令 $S_{\mathrm{state}} = S \cup (S \times \mathrm{Act})$, 并设 $S \cap (S \times \mathrm{Act}) = \varnothing$ (见 5.1.6 节, 这样的构造曾用于比较基于动作与基于状态的公平性). 取 $I_{\mathrm{state}} = I$. TS 的动作用作 $\mathrm{TS}_{\mathrm{state}}$ 的原子命题, 即 $\mathrm{AP}_{\mathrm{state}} = \mathrm{Act}$. L_{state} 标记函数定义为 $L(s) = \varnothing \wedge L(\langle s, \alpha \rangle) = \{\alpha\}$. 用以下规则定义迁移关系 $\to_{\mathrm{state}}$:

$$\frac{s \xrightarrow{\alpha} s'}{s \to_{\mathrm{state}} \langle s', \alpha \rangle} \quad \text{及} \quad \frac{s \xrightarrow{\alpha} s', \beta \in \mathrm{Act}}{\langle s, \beta \rangle \to_{\mathrm{state}} \langle s', \alpha \rangle}$$

即, $\mathrm{TS}_{\mathrm{state}}$ 的状态 $\langle s, \alpha \rangle$ 用于模拟 TS 中的状态 s. 事实上, 第二个分量 α 表示进入 s 的动作. 现在可得 (见习题 7.5), 对于任意状态 $s_1, s_2 \in S$:

$$s_1 \sim_{\mathrm{TS}}^{\mathrm{Act}} s_2 \quad \text{当且仅当} \quad s_1 \sim_{\mathrm{TS}_{\mathrm{state}}} s_2$$

7.2 互模拟和 CTL* 等价

本节考虑时序逻辑 CTL 和 CTL* 诱导的等价关系, 并探讨它们与互模拟等价的联系. 像在 5.1 节中一样, 本节也要求迁移系统没有任何终止状态, 因此, 这些迁移系统只有无限路径.

迁移系统中的状态关于一个逻辑是等价的是指这些状态不能由该逻辑中的任何公式的真值区分. 换言之, 只要逻辑中有一个公式, 它在一个状态成立而在另一个状态不成立, 则这两个状态就不等价.

定义 7.5 CTL* 等价

令 TS、TS_1 和 TS_2 是 AP 上的没有终止状态的迁移系统.

设 s_1 和 s_2 是 TS 中的状态. 若对 AP 上的任意 CTL* 的状态公式都有

$$s_1 \models \Phi \quad \text{iff} \quad s_2 \models \Phi$$

则称 s_1 和 s_2 是 CTL* 等价的, 记为 $s_1 \equiv_{\text{CTL}^*} s_2$.

若对 AP 上的任意 CTL* 状态公式都有

$$\text{TS}_1 \models \Phi \quad \text{iff} \quad \text{TS}_2 \models \Phi$$

则称 TS_1 和 TS_2 是 CTL* 等价的, 记为 $\text{TS}_1 \equiv_{\text{CTL}^*} \text{TS}_2$. ■

如果不存在仅对状态 s_1 和 s_2 之一成立的 CTL* 状态公式, 那么状态 s_1 和 s_2 是 CTL* 等价的. 这个定义可很容易地改写为在 CTL* 的任意子集上的等价, 例如, s_1 和 s_2 是 CTL 等价的, 记为 $s_1 \equiv_{\text{CTL}} s_2$, 是指对 AP 上的任意 CTL 公式 Φ 都有 $\{s_1, s_2\} \subseteq \text{Sat}(\Phi)$ 和 $\{s_1, s_2\} \cap \text{Sat}(\Phi) = \varnothing$ 之一成立. 类似地, s_1 和 s_2 是 LTL 等价的, 记为 $s_1 \equiv_{\text{LTL}} s_2$, 是指 s_1 和 s_2 满足 AP 上的相同的 LTL 公式.

迹等价迁移系统满足相同的 LTL 公式 (见定理 3.1), 现在可把这一事实陈述为定理 7.3.

定理 7.3 迹等价比 LTL 等价细, 即

$$\equiv_{\text{trace}} \subseteq \equiv_{\text{LTL}}$$ ■

注记 7.3 用公式区分不等价状态

令 TS 是一个没有终止状态的迁移系统, 且状态 s_1 和 s_2 在 TS 中. 如果 $s_1 \not\equiv_{\text{CTL}} s_2$, 那么存在 CTL 状态公式 Φ 使 $s_1 \models \Phi$ 且 $s_2 \not\models \Phi$. 这可从 CTL 等价的定义得到. 由定义, 存在公式 Φ 使得 $s_1 \models \Phi$ 且 $s_2 \not\models \Phi$ 或者 $s_1 \not\models \Phi$ 且 $s_2 \models \Phi$. 在后一种情形中, 可得到 $s_1 \models \neg\Phi$ 且 $s_2 \not\models \neg\Phi$, 从而用 $\neg\Phi$ 代替 Φ.

相应结论对 CTL* 成立, 但对 LTL 不成立. 说明如下. 假设 $s_1 \not\equiv_{\text{LTL}} s_2$, 且 $\text{Traces}(s_1)$ 是 $\text{Traces}(s_2)$ 的真子集. 那么所有对 s_2 成立的 LTL 公式对 s_1 也成立. 然而, 因为有迹在 $\text{Traces}(s_2)$ 中而不在 $\text{Traces}(s_1)$ 中, 所以存在 (例如刻画这样的一个迹的) LTL 公式 φ 使 $s_2 \models \varphi$, 但 $s_1 \not\models \varphi$. ■

定理 7.4 是本节的主要结果. 它断言 CTL 等价、CTL* 等价和互模拟等价是一致的. 定理 7.4 有一些重要推论.

首先, 也是最重要的, 它把互模拟等价的概念与逻辑等价联系起来. 因此, 互模拟等价可以保持所有能够在 CTL 或 CTL* 中构造的公式. 原则上这一结论允许在互模拟商迁移系统 (假设可用算法方式得到它) 上进行模型检验并可保持模型检验的输出, 无论输出是肯定的还是否定的. 如果一个 CTL* 公式对商成立, 那么对原迁移系统也成立. 而且, 如果商驳倒一个公式, 那么原迁移系统也驳倒该公式. 另外, 只要有一个 CTL* 公式对一个状态成立而对另一个不成立, 就足以证明状态的非互似性.

其次, CTL 等价和 CTL* 等价相同也许令人惊讶. CTL* 包含 LTL 而 CTL 与 LTL 的表达力是不可比较的, 见定理 6.4, 这说明 CTL* 的表达力严格地比 CTL 强. 因此, 虽然 CTL* 的表达力严格强于 CTL, 但是它们的逻辑等价是相同的. 特别地, 证明了 CTL 等价就足以证明 CTL* 等价.

定理 7.4 CTL*、CTL 以及互模拟等价

对于有限无终止状态的迁移系统 TS:

$$\sim_{\mathrm{TS}} \quad = \quad \equiv_{\mathrm{CTL}} \quad = \quad \equiv_{\mathrm{CTL}^*}$$

证明: 分 3 步证明这一结论. 首先证明 CTL 等价比互模拟等价细, 即 $\equiv_{\mathrm{CTL}} \subseteq \sim_{\mathrm{TS}}$，见引理 7.5. 其次, 证明互模拟等价比 CTL* 等价细, 即 $\sim_{\mathrm{TS}} \subseteq \equiv_{\mathrm{CTL}^*}$, 见引理 7.7. 最后, 由于 CTL* 等价比 CTL 等价细, 利用这个明显的事实 (因为 CTL* 包含 CTL) 即可完成证明. 总之:

$$\underbrace{\sim_{\mathrm{TS}} \subseteq \equiv_{\mathrm{CTL}^*}}_{\text{引理 7.7}} \text{ 且 } \equiv_{\mathrm{CTL}^*} \subseteq \equiv_{\mathrm{CTL}} \text{ 且 } \underbrace{\equiv_{\mathrm{CTL}} \subseteq \sim_{\mathrm{TS}}}_{\text{引理 7.5}}$$ ■

引理 7.5 CTL 等价比互模拟等价细

对于没有终止状态的有限迁移系统 TS 及其状态 s_1、s_2:

$$s_1 \equiv_{\mathrm{CTL}} s_2 \text{ 蕴涵 } s_1 \sim_{\mathrm{TS}} s_2$$

证明: 只需证明关系

$$\mathcal{R} = \{(s_1, s_2) \in S \times S \mid s_1 \equiv_{\mathrm{CTL}} s_2\}$$

是 TS 的互模拟. 利用互模拟的条件 (见定义 7.2) 即可证之. 由定义 7.2 知 $\mathcal{R}$ 是等价关系, 所以考虑前两个条件就足够了. 令 $(s_1, s_2) \in \mathcal{R}$, 即 $s_1 \equiv_{\mathrm{CTL}} s_2$.

(1) 考虑 AP 上的下列 CTL 状态公式 Φ:

$$\Phi = \bigwedge_{a \in L(s_1)} a \wedge \bigwedge_{a \in \mathrm{AP} \setminus L(s_1)} \neg a$$

显然, $s_1 \models \Phi$. 因为 $s_1 \equiv_{\mathrm{CTL}} s_2$, 由此得到 $s_2 \models \Phi$. 因为 Φ 刻画状态 s_1 的标记, 立即得到 $L(s_1) = L(s_2)$. 因此定义 7.2 的条件 (1) 成立.

(2) 对于任意等价类 $C \in S/\mathcal{R}$, 令 CTL 公式 Φ_C 使得

$$(*) \qquad \mathrm{Sat}(\Phi_C) = C$$

可得之如下. 对于 $C \neq D$ 的等价类 $C, D \in S/\mathcal{R}$ 组成的每一个 (C, D) 对, 令 $\Phi_{C,D}$ 是使得 $\mathrm{Sat}(\Phi_{C,D}) \supseteq C$ 且 $\mathrm{Sat}(\Phi_{C,D}) \cap D = \varnothing$ 的 CTL 公式. 因为 TS 有限, 所以只有有限个关于 $\mathcal{R}$ 的等价类. 因此, Φ_C 可定义为所有公式 $\Phi_{C,D}$ 的合取:

$$\Phi_C = \bigwedge_{\substack{D \in S/\mathcal{R} \\ D \neq C}} \Phi_{C,D}$$

显然, 满足条件 $(*)$.

令 $B \in S/\mathcal{R}$ 且 $s_1, s_2 \in B$, 即 $(s_1, s_2) \in \mathcal{R}$ 并且 B 是 s_1、s_2 关于 $\mathcal{R}$ 的等价类. 另外, 令 $s'_1 \in \text{Post}(s_1)$ 且 C 是 s'_1 关于 $\mathcal{R}$ 的等价类, 即 $C = [s'_1]_{\mathcal{R}}$. 下面证明使 $(s'_1, s'_2) \in \mathcal{R}$ 的迁移 $s_2 \to s'_2$ 的存在性.

因为 $s'_1 \in \text{Post}(s_1) \cap C$ 以及条件 $(*)$, 所以有 $s_1 \models \exists \bigcirc \Phi_C$. 因为 $s_1 \equiv_{\text{CTL}} s_2$, 所以得 $s_2 \models \exists \bigcirc \Phi_C$. 因此, 存在状态 $s'_2 \in \text{Post}(s_2)$ 使 $s'_2 \models \Phi_C$. 而后由条件 $(*)$ 得 $s'_2 \in C$. 因为 $C = [s'_1]_{\mathcal{R}}$, 所以得到 $(s'_1, s'_2) \in \mathcal{R}$. ■

注记 7.4　主公式

引理 7.5 的证明依赖于为等价类 C 建立使得 $\text{Sat}(\Phi_C) = C$ 的主公式 Φ_C. 为说明如何得到这样的主公式, 考虑面包店算法的互模拟商 (见图 7.9), 并设 $\text{AP} = \{\text{crit}_1, \text{crit}_2\}$. 代替公式 $\Phi_{C,D}$ 的合取, 通过考查迁移系统获取主公式. 给定 AP 中的原子命题, 等价类 $C = \langle \text{wait}_1, \text{wait}_2, x_1 > x_2 > 0 \rangle$ 由以下事实唯一刻画: 当前没有任何进程处于关键节段并且第二个进程立即获准访问关键节段. 因此,

$$\Phi_C = \neg\text{crit}_1 \wedge \neg\text{crit}_2 \wedge \forall\bigcirc\text{crit}_2$$

就是 C 的一个主公式. 等价类 $D = \langle \text{wait}_1, \text{crit}_2, -- \rangle$ 的一个主公式是

$$\Phi_D = \text{crit}_2 \wedge \forall\bigcirc\neg\text{crit}_2$$

很容易验证, 在互模拟下没有其他的等价类满足 Φ_D. ■

注记 7.5　CTL 子逻辑给出的逻辑特征

我们强调, 引理 7.5 的证明只利用 CTL 的一个命题片段, 即原子命题、合取、否定和模态运算符 $\exists\bigcirc$. 但是, 它不依赖于直到运算符的出现. 因此, 互模拟等价 (和 CTL* 等价) 等同于由一个简单逻辑诱导的等价, 该逻辑只包含原子命题、合取、否定和 $\exists\bigcirc$. 特别地, 既不含直到运算符 U 也不含派生运算符 ◊、□、W 或 R 之一的 CTL 公式即可区别任何两个不互似的状态. ■

注记 7.6　无限迁移系统

引理 7.5 限制于有限迁移系统. 该限制在证明中的反映如下. 等价类 C 的主公式 Φ_C 定义为 $\Phi_{C,D}$ 形式的 CTL 公式的合取, 其中 $C \neq D$. 由于 CTL 只允许有限的合取, 所以应该只有有限多个等价类 $D \neq C$. 如果迁移系统是有限的, 当然就能保证这一点. 为了对无限迁移系统得到类似结果, 需要用无限合取扩展 CTL.

下面是一个无限迁移系统 TS 的例子, 它的 CTL 等价不比互模拟等价细. 假设 AP 是原子命题的无穷集合. TS 中的状态是 s_1、s_2 和状态 t_A, 其中 A 是 AP 的子集. 用 $\varnothing$ 标记状态 s_1、s_2, 而用 A 标记 t_A. 状态 s_1 到 $A \neq \text{AP}$ 的所有状态 t_A 都有迁移; 而状态 s_2 到所有状态 t_A 都有迁移, 包括 $A = \text{AP}$. 因此, $\text{Post}(s_1) = \{t_A \mid A \subseteq \text{AP}, A \neq \text{AP}\}$ 且 $\text{Post}(s_2) = \{t_A \mid A \subseteq \text{AP}\}$. 状态 t_A 只有一个走向 s_1 的出迁移. 显然, s_1 和 s_2 不是互模拟等价的, 因为 s_2 有到状态 t_{AP} 的迁移, 而 s_1 没有标记为 $L(t_{\text{AP}}) = \text{AP}$ 的后继. 另外, s_1

和 s_2 关于 AP 是 CTL 等价的. 这从以下事实得出: ① 出现在 AP 上的给定 CTL 公式中的原子命题集合是有限的; ② 当原子命题集合 AP′ 缩小到 AP 的任意有限子集时, s_1、s_2 是互模拟等价的. 注意, 此时 $\mathcal{R} = \{s_1, s_2\}^2 \cup \{(t_A, t_B) \mid A \cap \text{AP}' = B \cap \text{AP}'\}$[译注 111] 是互模拟. 引理 7.7 得出 s_1、s_2 满足 AP′ 上的相同的 CTL 公式.

然而, 对于分支有限的迁移系统 (也许无限) 也可建立引理 7.5 陈述的结果. 引理 7.6 可以证明这一点. ■

前面讲过, 如果初始状态的集合有限, 并且每个状态 s 的后继集合 (即集合 $\text{Post}(s)$) 有限, 那么迁移系统是分支有限的.

引理 7.6 CTL 等价比互模拟细 (改进版).

令 $\text{TS} = (S, \text{Act}, \to, I, \text{AP}, L)$ 是没有终止状态的分支有限的迁移系统, 状态 s_1、s_2 在 TS 中. 那么 $s_1 \equiv_{\text{CTL}} s_2$ 蕴涵 $s_1 \sim_{\text{TS}} s_2$.

证明: 像证明引理 7.5[译注 112] 时那样, 需要证明

$$\mathcal{R} = \{(s_1, s_2)\} \in S \times S \mid s_1 \equiv_{\text{CTL}} s_2\}$$

是 TS 的互模拟. 令 $(s_1, s_2) \in \mathcal{R}$. 这两个状态的标记相同, 因为对于任意原子命题 a, 有 $s_1 \models a$ iff $s_2 \models a$, 即 $a \in L(s_1)$ 当且仅当 $a \in L(s_2)$. 下面用反证法证明其满足定义 7.2 的条件 (2). 令 $(s_1, s_2) \in \mathcal{R}$ 并且 $s_1' \in \text{Post}(s_1)$. 假设没有 $s_2' \in \text{Post}(s_2)$ 使 $(s_1', s_2') \in \mathcal{R}$. 因为 TS 是分支有限的, 所以集合 $\text{Post}(s_2)$ 是有限的, 设其为 $\{t_1, t_2, \cdots, t_k\}$. 由假设 $(s_1', t_j) \notin \mathcal{R}$ 和 $\mathcal{R}$ 的定义得, 对 $0 < j \leqslant k$, 存在 CTL 公式 Ψ_j 使得

$$s_1' \models \Psi_j \text{ 且 } t_j \not\models \Psi_j$$

现在考虑公式

$$\Phi = \exists \bigcirc (\Psi_1 \wedge \Psi_2 \wedge \cdots \wedge \Psi_k)$$

显然, 有 $s_1' \models \Psi_1 \wedge \Psi_2 \wedge \cdots \wedge \Psi_k$. 所以 $s_1 \models \Phi$. 另外, 对于 $0 < j \leqslant k$ 有 $t_j \not\models \Psi_1 \wedge \Psi_2 \wedge \cdots \wedge \Psi_k$. 这得出 $s_2 \not\models \Phi$. 而后 $(s_1, s_2) \notin \mathcal{R}$. 与 $(s_1, s_2) \in \mathcal{R}$ 矛盾. ■

引理 7.7 表明, 互似状态是 CTL* 等价的, 而且它并不限于有限迁移系统. 用 $\pi_1 \sim_{\text{TS}} \pi_2$ 表示路径片段 π_1 和 π_2 是逐状态互似的, 即, 对于 $\pi_1 = s_{0,1} s_{1,1} s_{2,1} \cdots$ 和 $\pi_2 = s_{0,2} s_{1,2} s_{2,2} \cdots$, 有 $\forall j \geqslant 0$, $s_{j,1} \sim_{\text{TS}} s_{j,2}$.

引理 7.7 互模拟比 CTL* 等价细.

令 TS 是 (AP 上的) 没有终止状态的迁移系统, s_1 和 s_2 是 TS 中的状态, π_1 和 π_2 是 TS 中的无限路径片段. 那么:

(a) 若 $s_1 \sim_{\text{TS}} s_2$, 则对任意 CTL* 公式 Φ, $s_1 \models \Phi$ 当且仅当 $s_2 \models \Phi$.

(b) 若 $\pi_1 \sim_{\text{TS}} \pi_2$, 则对任意 CTL* 路径公式 φ, $\pi_1 \models \varphi$ 当且仅当 $\pi_2 \models \varphi$.

证明: 对公式的结构用归纳方法同时证明命题 (a) 和 (b).

归纳起步. 令 $s_1 \sim_{\text{TS}} s_2$. 对于 $\Phi = \text{true}$, 命题 (a) 显然成立. 对于 $\Phi = a \in \text{AP}$, 由 $L(s_1) = L(s_2)$ 得

$$s_1 \models a \text{ iff } a \in L(s_1) \text{ iff } a \in L(s_2) \text{ iff } s_2 \models a$$

归纳步骤.

(1) 假设 Φ_1、Φ_2、Ψ 是 CTL* 状态公式, 命题 (a) 对它们成立; 并假设 φ 是一个 CTL* 路径公式, 命题 (b) 对它成立. 令 $s_1 \sim_{TS} s_2$. 用关于 Φ 的结构进行归纳证明.

情形 1: $\Phi = \Phi_1 \wedge \Phi_2$. 由对 Φ_1 和 Φ_2 的归纳假设可得

$$\begin{aligned} s_1 \models \Phi_1 \wedge \Phi_2 \quad & \text{iff} \quad s_1 \models \Phi_1 \text{ 且 } s_1 \models \Phi_2 \\ & \text{iff} \quad s_2 \models \Phi_1 \text{ 且 } s_2 \models \Phi_2 \\ & \text{iff} \quad s_2 \models \Phi_1 \wedge \Phi_2 \end{aligned}$$

情形 2: $\Phi = \neg\Psi$. 由对 Ψ 的归纳假设可得

$$\begin{aligned} s_1 \models \neg\Psi \quad & \text{iff} \quad s_1 \not\models \Psi \\ & \text{iff} \quad s_2 \not\models \Psi \\ & \text{iff} \quad s_2 \models \neg\Psi \end{aligned}$$

情形 3: $\Phi = \exists\varphi$. 由于对称性, 只需证明

$$s_1 \models \exists\varphi \;\Rightarrow\; s_2 \models \exists\varphi$$

设 $s_1 \models \exists\varphi$. 则存在从 $s_1 = s_{0,1}$ 开始的 $\pi_1 = s_{0,1}s_{1,1}s_{2,1}\cdots \in \text{Paths}(s_1)$, 使 $\pi_1 \models \varphi$. 根据引理 7.2, 存在从 $s_2 = s_{0,2}$ 开始的一条路径 $\pi_2 = s_{0,2}s_{1,2}s_{2,2}\cdots \in \text{Paths}(s_2)$, 使得 $\pi_1 \sim_{TS} \pi_2$. 由下面的 (2) 中的归纳假设得 $\pi_2 \models \varphi$. 因此, $s_2 \models \exists\varphi$.

(2) 设命题 (a) 对 CTL* 状态公式 Φ 成立, 命题 (b) 对 CTL* 路径公式 φ_1、φ_2 和 ψ 成立. 令 $\pi_1 \sim_{TS} \pi_2$. 前面讲过, $\pi_i[j..]$ 表示 π_i 的后缀 $s_{j,i}s_{j+1,i}s_{j+2,i}\cdots$. 用关于 φ 的结构归纳继续进行证明.

情形 1: $\varphi = \Phi$. 由 CTL* 的语义和对 Φ 的归纳假设可得

$$\pi_1 \models \varphi \;\text{ iff }\; s_{0,1} \models \Phi \;\text{ iff }\; s_{0,2} \models \Phi \;\text{ iff }\; \pi_2 \models \varphi$$

情形 2: $\varphi = \varphi_1 \wedge \varphi_2$. 由对 φ_1 和 φ_2 的归纳假设可得

$$\begin{aligned} \pi_1 \models \varphi_1 \wedge \varphi_2 \quad & \text{iff} \quad \pi_1 \models \varphi_1 \text{ 且 } \pi_1 \models \varphi_2 \\ & \text{iff} \quad \pi_2 \models \varphi_1 \text{ 且 } \pi_2 \models \varphi_2 \\ & \text{iff} \quad \pi_2 \models \varphi_1 \wedge \varphi_2 \end{aligned}$$

情形 3: $\varphi = \neg\psi$. 由对 ψ 的归纳假设可得

$$\begin{aligned} \pi_1 \models \neg\psi \quad & \text{iff} \quad \pi_1 \not\models \psi \\ & \text{iff} \quad \pi_2 \not\models \psi \\ & \text{iff} \quad \pi_2 \models \neg\psi \end{aligned}$$

情形 4: $\varphi = \bigcirc\psi$. 由对 ψ 的归纳假设与路径片段 $\pi_l[1..]$ $(l = 1, 2)$ 可得

$$\begin{aligned} \pi_1 \models \bigcirc\psi \quad & \text{iff} \quad \pi_1[1..] \models \psi \\ & \text{iff} \quad \pi_2[1..] \models \psi \\ & \text{iff} \quad \pi_2 \models \bigcirc\psi \end{aligned}$$

情形 5: $\varphi = \varphi_1 \mathsf{U} \varphi_2$. 由对 φ_1 和 φ_2 的归纳假设以及路径片段 $\pi_l[i..]$ ($l = 1, 2$; $i = 0, 1, 2, \cdots$) 可得

$$\begin{aligned} \pi_1 \models \varphi_1 \mathsf{U} \varphi_2 \quad & \text{iff} \quad \text{存在下标 } j \in \mathbb{N} \text{ 使} \\ & \qquad\quad \pi_1[j..] \models \varphi_2 \text{ 且} \\ & \qquad\quad \pi_1[i..] \models \varphi_1, i = 0, 1, \cdots, j-1 \\ & \text{iff} \quad \text{存在下标 } j \in \mathbb{N} \text{ 使} \\ & \qquad\quad \pi_2[j..] \models \varphi_2 \text{ 且} \\ & \qquad\quad \pi_2[i..] \models \varphi_1, i = 0, 1, \cdots, j-1 \\ & \text{iff} \quad \pi_2 \models \varphi_1 \mathsf{U} \varphi_2 \end{aligned}$$

■

推论 7.1 CTL*/CTL 等价对比互模拟等价.

对 (AP 上的) 无终止状态的有限迁移系统 TS_1、TS_2, 以下 3 个命题等价:

(a) $TS_1 \sim TS_2$.

(b) $TS_1 \equiv_{CTL} TS_2$, 即 TS_1 和 TS_2 满足相同的 CTL 公式.

(c) $TS_1 \equiv_{CTL^*} TS_2$[译注 113], 即 TS_1 和 TS_2 满足相同的 CTL* 公式. ■

因此, 互似的迁移系统关于可用 CTL* 表示的所有公式都等价. 由 CTL 等价比互模拟等价更细, 可证明互模拟等价是保持所有 CTL 公式的最粗等价. 换言之, 严格地比 $\sim$ 粗的关系可以得到更小的商迁移系统, 但不保证能保持所有 CTL 公式. CTL 等价比 $\sim$ 细, 这一事实对证明两个有限迁移系统的不互似有用: 给出单个对迁移系统之一成立而对另一个不成立的 CTL 公式即可.

例 7.4 用 CTL 公式区分不互似系统

考虑图 7.3 的饮料售货机 TS_1 和 TS_2. 对 $AP = \{pay, beer, soda\}$, 有 $TS_1 \not\sim_{TS} TS_2$. 事实上, 它们可用下面的 CTL 公式区分,

$$\varPhi = \exists\bigcirc(\exists\bigcirc beer \wedge \exists\bigcirc soda)$$

这是因为 $TS_1 \models \varPhi$, 但 $TS_2 \not\models \varPhi$. ■

7.3 求互模拟商的算法

本节给出获取有限迁移系统 TS 的互模拟商的算法. 这种算法用于两个目的. 首先, 通过考虑 $TS_1 \oplus TS_2$ (见 7.1.1 节) 的商, 可用来验证两个有限迁移系统 TS_1 和 TS_2 的互似性. 因为互模拟比迹等价细, 所以验证 $TS_1 \sim TS_2$ 的算法也可作为证明 TS_1 和 TS_2 迹等价的可靠方法, 尽管不是完备方法. 其次, 这种算法可用于完全自动地获取抽象 (因而更小) 的迁移系统 $TS/\sim$. 因为 $TS \sim TS/\sim$ (见定理 7.2), 所以由推论 7.1 得, 对 $TS/\sim$ 的任何验证结论都可传递到 TS, 无论是肯定的还是否定的. 这可用于 LTL、CTL 或 CTL* 中表示的任意公式.

本节介绍计算互模拟商 $TS/\sim$ 的两个算法. 它们都依赖于划分细化技术. 大致来说, 把有限状态空间 S 划分为块, 即两两不相交的状态集合. 从一个直接明了的初始划分 (例如

所有标记相同的状态组成一个划分块) 开始, 算法逐步细化这些划分块, 最终使得划分块只包含互似状态. 这个策略很像有限确定自动机 (DFA) 的最小化算法.

下面令 $\mathrm{TS} = (S, \mathrm{Act}, \rightarrow, I, \mathrm{AP}, L)$ 是有限迁移系统, 且 $S \neq \varnothing$.

定义 7.6　划分、块和超块

S 的划分就是满足以下条件的集合 $\varPi = \{B_1, B_2, \cdots, B_k\}$: 对 $0 < i \leqslant k$ 有 $B_i \neq \varnothing$, 对 $0 < i, j \leqslant k, i \neq j$ 有 $B_i \cap B_j = \varnothing$, 并且 $S = \bigcup\limits_{0<i\leqslant k} B_i$.

称 $B_i \in \varPi$ 为块. 若对一些 $B_{i_1}, B_{i_2}, \cdots, B_{i_\ell} \in \varPi$, $C = B_{i_1} \cup B_{i_2} \cup \cdots \cup B_{i_\ell}$, 则称 $C \subseteq S$ 为 $\varPi$ 的超块. ■

令 $[s]_\varPi$ 表示划分 $\varPi$ 的包含 s 的唯一块. 对 S 的划分 $\varPi_1$ 和 $\varPi_2$, 如果

$$\forall B_1 \in \varPi_1 \exists B_2 \in \varPi_2 .\, B_1 \subseteq B_2$$

则称 $\varPi_1$ 比 $\varPi_2$ 细, 或称 $\varPi_2$ 比 $\varPi_1$ 粗. 在这种情况下, $\varPi_2$ 中的每个块能写成 $\varPi_1$ 中的一些块的不交并集. 如果 $\varPi_1$ 比 $\varPi_2$ 细, 并且 $\varPi_1 \neq \varPi_2$, 那么称 $\varPi_1$ 严格地比 $\varPi_2$ 细 ($\varPi_2$ 严格地比 $\varPi_1$ 粗).

注记 7.7　划分与等价

等价关系与划分之间有着紧密的联系. 对 S 上的等价关系 $\mathcal{R}$, 商空间 $S/\mathcal{R}$ 是 S 的划分. 反之, S 的划分 $\varPi$ 诱导如下等价关系:

$$\begin{aligned}\mathcal{R}_\varPi &= \{(s_1, s_2) \mid \exists B \in \varPi .\, s_1 \in B \ \wedge \ s_2 \in B\} \\ &= \{(s_1, s_2) \mid [s_1]_\varPi = [s_2]_\varPi\}\end{aligned}$$

使得 $S/\mathcal{R}_\varPi$ 就是 $\varPi$. 对于等价关系 $\mathcal{R}$, 由 $\varPi = S/\mathcal{R}$ 诱导的等价关系 $\mathcal{R}_\varPi$ 就是 $\mathcal{R}$. ■

用等价表示诱导的划分 (即商空间) 是划分细化算法的手段. 在初始划分 $\varPi_0 = \varPi_{\mathrm{AP}}$ 中, 同样标记的每组状态形成一块. 随后, 当前的划分 $\varPi_i$ 依次替换为细划分 $\varPi_{i+1}$ (详见 7.3.2 节). 一旦 $\varPi_i$ 不能进一步细化, 即当 $\varPi_i = \varPi_{i+1}$ 时, 就停止这一迭代细化过程. 由于 S 有限, 所以这种情况必然出现. 由此产生的划分 $\varPi_i$ 就是互模拟商空间. 算法 7.1 概述了划分细化算法的主要步骤.

算法 7.1　划分细化算法 (基本思想)

输入: 以 S 为状态空间的有限迁移系统 TS

输出: 互模拟商空间 $S/\sim$

```
Π_0 := Π_AP;                                        (* 见 7.3.1 节 *)
i := 0;
                         (* 循环不变式: Π_i 比 S/~ 粗且比 Π_AP 细 *)
repeat
  Π_{i+1} := Refine(Π_i);
  i := i + 1;
until Π_i = Π_{i-1}                                 (* 无进一步细化的可能 *)
return Π_i
```

划分细化过程的终止是明确的, 因为划分 $\varPi_{i+1}$ 严格地比 $\varPi_i$ 细. 因此, 对诱导的等价

关系 $\mathcal{R}_{\Pi_i}$ 有

$$S \times S \supseteq \mathcal{R}_{\Pi_0} \supsetneqq \mathcal{R}_{\Pi_1} \supsetneqq \mathcal{R}_{\Pi_2} \supsetneqq \cdots \supsetneqq \mathcal{R}_{\Pi_i} = \sim_{\mathrm{TS}}$$

因为 S 有限, 所以至多在 $|S|$ 次迭代后即可达到一个使 $\Pi_i = \Pi_{i-1}$ 的划分 Π_i. 在 $|S|$ 次真正细化后, Π_i 中的任意块都是单点集, 因而不可能再进一步细化.

7.3.1 确定初始划分

因为互似状态的标记相同, 利用这一点确定初始划分 $\Pi_0 = \Pi_{\mathrm{AP}}$ 是很自然的.

定义 7.7 AP 划分

TS 的 AP 划分是 $\mathcal{R}_{\mathrm{AP}} = \{(s_1, s_2) \in S \times S \mid L(s_1) = L(s_2)\}$ 诱导的商空间 $S/\mathcal{R}_{\mathrm{AP}}$, 记为 Π_{AP}. ■

初始划分 $\Pi_0 = \Pi_{\mathrm{AP}}$ 可用如下方法计算. 其基本思想是为 $a \in \mathrm{AP}$ 生成一棵决策树. 对于 $\mathrm{AP} = \{a_1, a_2, \cdots, a_k\}$, AP 的决策树的深度是 k. 在深度 $i < k$ 的顶点表示决策 "$a_{i+1} \in L(s)$ 是否成立?". 在深度 $i < k$ 的顶点 v 的左分支表示 $a_{i+1} \notin L(s)$ 的情形, 而右分支表示 $a_{i+1} \in L(s)$. 例如, 对于 $k = 2$, $a_1 = a$, $a_2 = b$, 整个决策树的形式是:

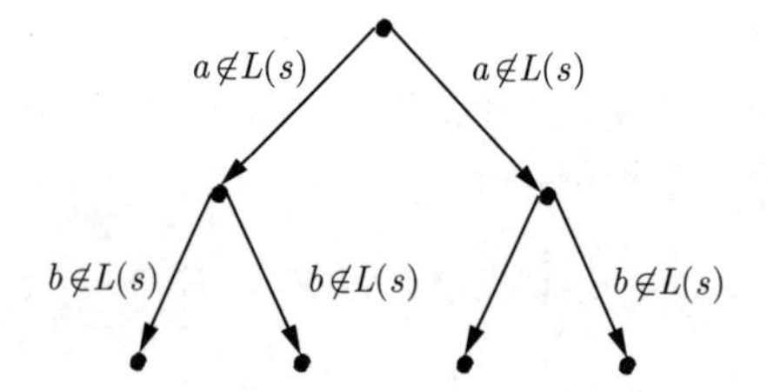

叶子 v 表示状态的一个集合. 更准确地说, states(v) 由具有以下性质的状态 $s \in S$ 组成: $L(s)$ 可用从根到 v 的路径表示. 通过分别考虑 S 中的所有状态依次构造 AP 的决策树. 初始决策树只包含根 v_0. 在考虑状态 s 时, 自上而下地遍历树, 并在必要时插入新的顶点, 即, 当 s 是第一次遇到的标记为 $L(s)$ 的状态时. 一旦对状态 s 的遍历到达叶子 w, 就用 s 扩充 *states*(w). 算法 7.2 列出了必要步骤.

例 7.5 *确定初始划分*

考虑图 7.10 中的 $\mathrm{AP} = \{a, b\}$ 上的迁移系统 TS. 假设 $L(s_0) = L(s_2) = L(s_5) = L(s_6) = \{a\}$, $L(s_1) = \{a, b\}$, 且 $L(s_3) = L(s_4) = \varnothing$. 生成初始划分的前 3 个步骤和所得决策树如图 7.11 所示. 所得划分 Π_{AP} 由 3 块组成. 块 $B_1 = \{s_0, s_2, s_5, s_6\}$ 表示标记为 $\{a\}$ 的所有状态, 另外两块表示标记为 $\{a, b\}$ 或 $\varnothing$ 的状态. ■

本节以考虑计算初始划分的时间复杂度结束. 对每一状态 $s \in S$, 决策树必须从根到叶子遍历. 这将耗时 $\Theta(|\mathrm{AP}|)$. 总的时间复杂度由引理 7.8 给出.

引理 7.8 *计算初始划分的时间复杂度*

初始划分可在时间 $\Theta(|S| \cdot |\mathrm{AP}|)$ 内计算. ■

7.3.2 细化划分

因为任意划分 Π_i $(i \geqslant 0)$ 都比初始划分 Π_{AP} 细, 所以可保证 Π_i 中的每个块都只包含同样标记的状态. 然而, 初始划分不考虑状态的一步后继, 这在后续的细化步骤中考虑.

算法 7.2　计算初始划分 Π_{AP}

输入: $\mathrm{AP}=\{a_1,a_2,\cdots,a_k\}$ 上的 $\mathrm{TS}=(S,\mathrm{Act},\rightarrow,I,\mathrm{AP},L)$ 和有限的 S

输出: 划分 Π_{AP}

```
new(v0);                                              (* 创建根 *)
for all s ∈ S do
  v := v0;                                            (* 开始一次自上而下的遍历 *)
  for i = 1, 2, ..., k − 1 do
    if a_i ∈ L(s) then
      if right(v) = nil then new(right(v));           (* 创建 v 的右分支 *)
      v := right(v);
    else
      if left(v) = nil then new(left(v));             (* 创建 v 的左分支 *)
      v := left(v);
    fi
  od
                                                      (* v 是深度为 k − 1[译注 114] 的顶点 *)
  if a_k ∈ L(s) then
    if right(v) = nil then new(right(v));             (* 创建 v 的右分支 *)
    states(right(v)) := states(right(v)) ∪ {s};
  else
    if left(v) = nil then new(left(v));               (* 创建 v 的左分支 *)
    states(left(v)) := states(left(v)) ∪ {s};
  fi
od
return {states(w) | w 是一片叶子}
```

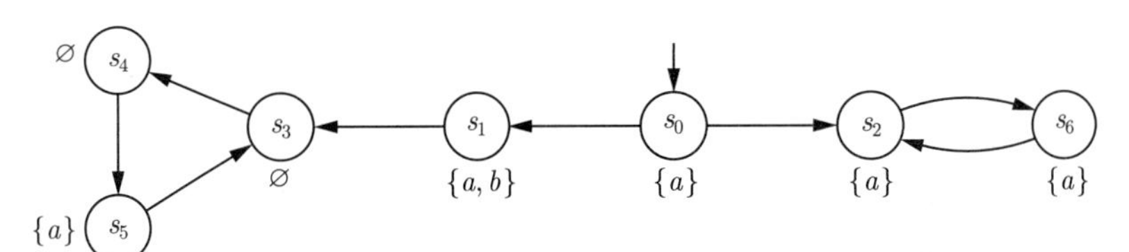

图 7.10　$\mathrm{AP}=\{a,b\}$ 上的迁移系统 TS

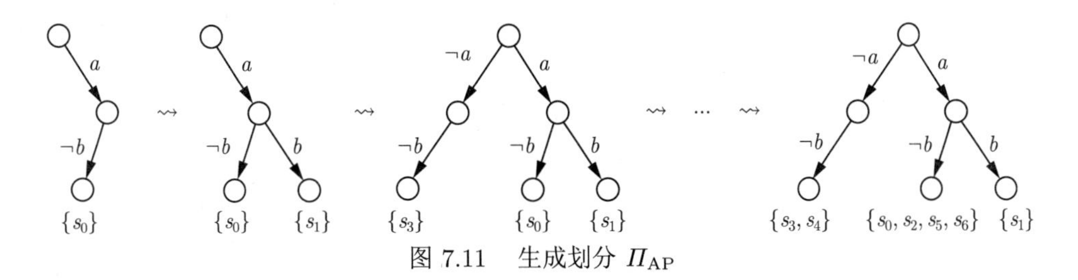

图 7.11　生成划分 Π_{AP}

引理 7.9　最粗的划分

互模拟商空间 $S/\sim$ 是 S 的满足以下条件的划分 Π 中的最粗划分:

(1) Π 比 Π_{AP} 细.

(2) 对任意 $B,C\in\Pi$ 都有 $B\cap\mathrm{Pre}(C)=\varnothing$ 或 $B\subseteq\mathrm{Pre}(C)$.

而且, 如果划分 Π 满足条件 (2), 那么对任意 $B \in \Pi$ 和 Π 的任意超块 C 都有 $B \cap \text{Pre}(C) = \varnothing$ 或 $B \subseteq \text{Pre}(C)$.

回顾, $\text{Pre}(C) = \{s \in S \mid \text{Post}(s) \cap C \neq \varnothing\}$ 表示 S 中的状态的集合, 这些状态在 C 中至少有一个后继. 因此, 对于每一个块 B, $B \cap \text{Pre}(C) = \varnothing$ 当且仅当 B 中任何状态在 C 中都没有直接后继, 以及 $B \subseteq \text{Pre}(C)$ 当且仅当 B 中的任意状态在 C 中都有直接后继.

证明: 令 Π 是 S 的一个划分, $\mathcal{R}_\Pi$ 是 Π 诱导的 S 上等价关系. 证明分两步进行. 首先, 证明 $\mathcal{R}_\Pi$ 是一个互模拟当且仅当条件 (1) 和 (2) 成立. 然后, 证明 $S/\sim$ 是满足条件 (1) 和 (2) 的最粗划分.

先证 $\Leftarrow$. 假设 Π 满足条件 (1) 和 (2). 证明 Π 诱导的 $\mathcal{R}_\Pi$ 是互模拟. 令 $(s_1, s_2) \in \mathcal{R}_\Pi$ 且 $B = [s_1]_\Pi = [s_2]_\Pi$.

(1) 因为 Π 比 Π_{AP} 细 (条件 (1)), 所以存在 Π_{AP} 的一个块 B' 包含 B. 从而, s_1, $s_2 \in B \subseteq B' \in \Pi_{\text{AP}}$, 所以有 $L(s_1) = L(s_2)$.

(2) 令 $s_1' \in \text{Post}(s_1)$ 和 $C = [s_1']_\Pi$. 那么 $s_1 \in B \cap \text{Pre}(C)$. 由条件 (2) 得 $B \subseteq \text{Pre}(C)$. 因此, $s_2 \in \text{Pre}(C)$. 这样就存在一个状态 $s_2' \in \text{Post}(s_2) \cap C$. 因为 $s_2' \in C = [s_1']_\Pi$, 所以 $(s_1', s_2') \in \mathcal{R}_\Pi$.

再证 $\Rightarrow$. 假设 $\mathcal{R}_\Pi$ 是一个互模拟. 任务是证明条件 (1) 和 (2) 成立.

(1) 用反证法. 假设 Π 不比 Π_{AP} 细. 那么, 存在一个块 $B \in \Pi$ 和状态 s_1, $s_2 \in B$ 使得 $[s_1]_{\Pi_{\text{AP}}} \neq [s_2]_{\Pi_{\text{AP}}}$. 那么 $L(s_1) \neq L(s_2)$. 因此, $\mathcal{R}_\Pi$ 不是互模拟. 矛盾.

(2) 令 B、C 是 Π 的块. 假设 $B \cap \text{Pre}(C) \neq \varnothing$ 并证明 $B \subseteq \text{Pre}(C)$. 因为 $B \cap \text{Pre}(C) \neq \varnothing$, 存在状态 $s_1 \in B$ 使得 $\text{Post}(s_1) \cap C \neq \varnothing$. 令 $s_1' \in \text{Post}(s_1) \cap C$, s_2 是 B 的一个任意状态. 证明 $s_2 \in \text{Pre}(C)$. 因为 s_1, $s_2 \in B$, 所以 $(s_1, s_2) \in \mathcal{R}_\Pi$. 由于 $s_1 \to s_1'$, 所以存在迁移 $s_2 \to s_2'$ 使得 $(s_1', s_2') \in \mathcal{R}_\Pi$. 而后 $s_1' \in C$ 致使 $s_2' \in C$. 所以, $s_2' \in \text{Post}(s_2) \cap C$. 因此, $s_2 \in \text{Pre}(C)$.

假设 Π 满足条件 (2). 下面证明对任意 $B \in \Pi$ 和 Π 的超块 C, $B \cap \text{Pre}(C) = \varnothing$ 或 $B \subseteq \text{Pre}(C)$. 用反证法. 令 $B \in \Pi$, C 是超块, 即, 对于 Π 的某些块 $C_1, C_2, \cdots, C_\ell$, C 的形式是 $C = C_1 \cup C_2 \cup \ldots \cup C_\ell$. 假设 $B \cap \text{Pre}(C) \neq \varnothing$ 并且 $B \not\subseteq \text{Pre}(C)$. 那么存在一个下标 $i \in \{1, 2, \cdots, \ell\}$ 使得 $B \cap \text{Pre}(C_i) \neq \varnothing$. 而且, 显然有 $B \not\subseteq \text{Pre}(C_i)$, 否则 $B \subseteq \text{Pre}(C_i) \subseteq \text{Pre}(C)$. 因此, 条件 (2) 对块 $C_i \in \Pi$ 不成立. 矛盾.

尚需证明互模拟划分 $\Pi = S/\sim$ 是 S 的满足条件 (1) 和 (2) 的最粗划分. 这可由 $\sim_{\text{TS}}$ 是最粗互模拟 (见引理 7.3) 直接得到. ■

现在考虑如何逐次细化划分. 每次细化的目标都是满足条件 (2). 为此, 考虑 Π 的一个超块 C, 并 对当前划分 Π_i 的每一块 B 计算子块 $B \cap \text{Pre}(C)$ 和 $B \setminus \text{Pre}(C)$. 若这两个子块都非空, 则把 B 分拆为这两个子块; 否则 B 和 C 满足条件 (2), B 不会被 C 分解.

定义 7.8　细化运算符

令 Π 是对 S 的划分, C 是 Π 的超块. 那么

$$\text{Refine}(\Pi, C) = \bigcup_{B \in \Pi} \text{Refine}(B, C)$$

其中, $\text{Refine}(B, C) = \{B \cap \text{Pre}(C), B \setminus \text{Pre}(C)\} \setminus \{\varnothing\}$. ■

细化运算符的基本思路示于图 7.12 中. 如果 B 中的所有状态都有或都没有直接 C 后继, 那么 $\text{Refine}(B,C)=\{B\}$, 即 B 未因 C 而分裂; 如果 B 中一些状态有直接 C 后继, 而另一些状态没有, 那么 B 就会被相应地细化.

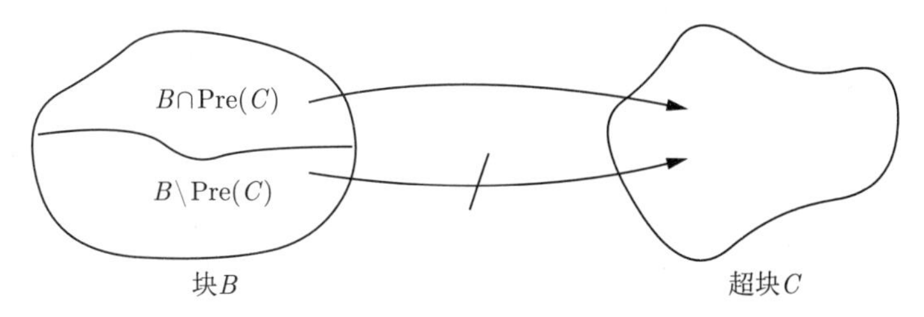

图 7.12　细化运算符

引理 7.10 表明逐次细化从划分 Π_{AP} 开始, 得到划分序列 $\Pi_0=\Pi_{\text{AP}},\Pi_1,\Pi_2,\Pi_3,\cdots$, 越来越细, 但都比 $S/\sim$ 粗. 为确保算法 7.1 所述迭代方法的正确性, 这一性质是必要的.

引理 7.10　细化运算符的正确性

令 Π 是 S 的划分, 它比 Π_{AP} 细而比 $S/\sim$ 粗. 再令 C 是 Π 的超块. 那么以下性质成立:

(a) $\text{Refine}(\Pi,C)$ 比 Π 细.

(b) $\text{Refine}(\Pi,C)$ 比 $S/\sim$ 粗.

证明:

性质 (a). 因为每一块 $B\in\Pi$ 要么在 $\text{Refine}(\Pi,C)$ 中, 要么被分解成 $B\cap\text{Pre}(C)$ 和 $B\setminus\text{Pre}(C)$, 所以直接从 Refine 的定义得到性质 (a).

性质 (b). 令 $B\in S/\sim$. 证明 B 包含于 $\text{Refine}(\Pi,C)$ 的一个块中. 因为 Π 比 $S/\sim$ 粗, 所以存在块 $B'\in\Pi$ 使得 $B\subseteq B'$. B' 的形式是 $B'=B\cup D$, 其中 D 是 $S/\sim$ 的一个 (可能空的) 超块. 如果 $B'\in\text{Refine}(\Pi,C)$, 那么 $B\subseteq B'\in\text{Refine}(\Pi,C)$; 否则, 即, 如果 $B'\notin\text{Refine}(\Pi,C)$, 那么 B' 被分解成子块 $B'\cap\text{Pre}(C)$ 和 $B'\setminus\text{Pre}(C)$. 现在, 证明 B 包含于这两个新子块之一中. 引理 7.9 的条件 (2) 蕴涵着要么 $B\cap\text{Pre}(C)=\varnothing$ (因此 $B\setminus\text{Pre}(C)=B$) 要么 $B\setminus\text{Pre}(C)=\varnothing$ (因此 $B\cap\text{Pre}(C)=B$). 因为 $B'=B\cup D$, 所以 B 包含于下列两块之一中:

$$B'\setminus\text{Pre}(C)=(B\setminus\text{Pre}(C))\cup(D\setminus\text{Pre}(C))$$
$$B'\cap\text{Pre}(C)=(B\cap\text{Pre}(C))\cup(D\cap\text{Pre}(C))$$

■

定义 7.9　拆分器和稳定性

令 Π 是对 S 的划分, C 是 Π 的一个超块.

(1) 若存在块 $B\in\Pi$ 使得 $B\cap\text{Pre}(C)\neq\varnothing$ 且 $B\setminus\text{Pre}(C)\neq\varnothing$, 则称 C 是 Π 的拆分器.

(2) 若 $B\cap\text{Pre}(C)=\varnothing$ 或 $B\setminus\text{Pre}(C)=\varnothing$, 则称块 B 关于 C 是稳定的.

(3) 若每个块 $B\in\Pi$ 关于 C 都是稳定的, 则称 Π 关于 C 是稳定的. ■

因此, C 是 Π 的拆分器当且仅当 $\Pi\neq\text{Refine}(\Pi,C)$, 即, 当且仅当 Π 关于 C 是不稳定的. 只要 $\{B\}=\text{Refine}(B,C)$, 则 B 关于 C 就是稳定的. 注意, $S/\sim$ 是比 Π_{AP} 细的最粗稳定划分.

在计算 $S/\sim$ 时可有效地利用细化运算符和拆分器的概念, 见算法 7.3. 算法 7.3 的正确性由引理 7.9 和引理 7.10 得到, 终止性则从引理 7.11 得到.

算法 7.3 计算互模拟商空间的算法

输入: AP 上的以 S 为状态空间的有限迁移系统 TS

输出: 互模拟商空间 $S/\sim$

```
Π := Π_AP
while 存在 Π 的拆分器 do
  选择 Π 的一个拆分器 C;
  Π := Refine(Π, C);                    (* Refine(Π, C) 严格地比 Π 细 *)
od
return Π
```

引理 7.11 算法 7.3 的终止准则

令 Π 是 S 的划分, 它比 Π_{AP} 细而比 $S/\sim$ 粗. 那么, Π 严格地比 $S/\sim$ 粗当且仅当 Π 存在一个拆分器.

证明: 直接由引理 7.9 得到. ■

例 7.6 划分细化算法

图 7.13 以一个小例子说明划分细化算法的原理.

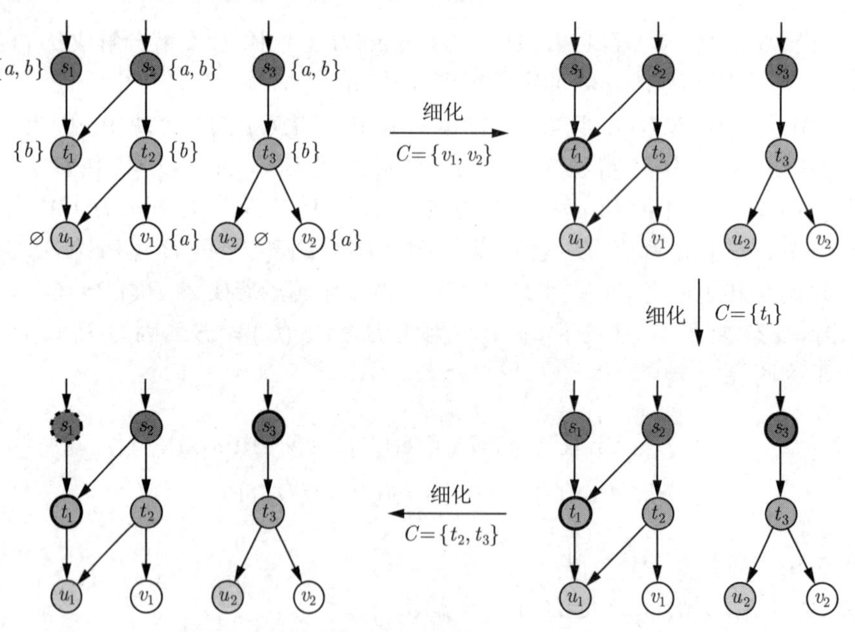

图 7.13 一个小例子的划分细化算法的执行

初始划分 Π_{AP} 把标记相同的所有状态分为一组:

$$\Pi_0 = \Pi_{\text{AP}} = \{\{s_1, s_2, s_3\}, \{t_1, t_2, t_3\}, \{u_1, u_2\}, \{v_1, v_2\}\}$$

第一步, 考虑 $C_1 = \{v_1, v_2\}$. 它使块 $\{s_1, s_2, s_3\}$, $\{u_1, u_2\}$ 和 $\{v_1, v_2\}$ 不受影响, 但把 t 状态块分解成 $\{t_1\} = \{t_1, t_2, t_3\} \setminus \text{Pre}(C_1)$ 和 $\{t_2, t_3\} = \{t_1, t_2, t_3\} \cap \text{Pre}(C_1)$. 因此, 得到划分

$$\Pi_1 = \{\{s_1, s_2, s_3\}, \{t_1\}, \{t_2, t_3\}, \{u_1, u_2\}, \{v_1, v_2\}\}$$

在第二步中, 考虑 $C_2 = \{t_1\}$. 它把 s 块分成 $\{s_1, s_2\} = \{s_1, s_2, s_3\} \cap \text{Pre}(C_2)$ 和 $\{s_3\} = \{s_1, s_2, s_3\} \setminus \text{Pre}(C_2)$, 产生划分

$$\Pi_2 = \{\{s_1, s_2\}, \{s_3\}, \{t_1\}, \{t_2, t_3\}, \{u_1, u_2\}, \{v_1, v_2\}\}$$

在第三步细化中, 考虑 $C_3 = \{t_2, t_3\}$. 该拆分器区分状态 s_1 和 s_2, 因为 s_1 没有到 C_3 的迁移, 而 s_2 有到 C_3 的迁移, 并且产生的划分

$$\Pi_3 = \{\{s_1\}, \{s_2\}, \{s_3\}, \{t_1\}, \{t_2, t_3\}, \{u_1, u_2\}, \{v_1, v_2\}\}$$

不可能再进一步细化, 因而 Π_3 就是原迁移系统的互模拟商. ■

运算符 $\text{Refine}(\Pi, C)$ 的一个可能实现基于前驱集合 $\text{Pre}(s')$ 的列表表示, $s' \in S$. 对任意状态 $s' \in C$, 遍历前驱 $\text{Pre}(s')$ 的列表, 并把 (包含于 B 中的)[译注 115] $s \in \text{Pre}(s')$ 从 (表示) 当前块 $B = [s]_\Pi$ (的数据结构) 移动到块

$$[s]_{\text{Refine}(\Pi, C)} = B \cap \text{Pre}(C)$$

B 中剩余的状态形成子块 $B \setminus \text{Pre}(C)$. 如果所有状态 $s \in B$ 都从 B 移动到 $B \cap \text{Pre}(C)$, 那么数据结构中表示块 B 的状态集合为空, 并有 $B \cap \text{Pre}(C) = B$ 且 $B \setminus \text{Pre}(C) = \varnothing$; 如果没有状态从 B 移动到 $B \cap \text{Pre}(C)$, 就有 $B = B \setminus \text{Pre}(C)$ 且 $B \cap \text{Pre}(C) = \varnothing$.

如果用适当的数据结构表示 TS (或它的状态图) 和划分 Π, 采用上述技术手段时, 每个状态 $s' \in C$ 引起成本 $O(|\text{Pre}(s')| + 1)$ (复杂度界限中的加数 1 反映 $\text{Pre}(s') = \varnothing$ 的情况. 虽然在考虑单个状态的复杂度时可以忽略这些加数, 但在考虑所有状态的复杂度时它们也许是相关的). 例如, 此类数据结构的例子是对 $\text{Pre}(\cdot)$ 的邻接表表示, 以及代表标记函数的满足集合 $\text{Sat}(a) = \{s \in S \mid a \in L(s)\}$ 的位向量表示. 此外, 可使用划分 Π 和块 $B \in \Pi$ 的列表表示. 由

$$O\left(\sum_{s' \in C} (|\text{Pre}(s')| + 1)\right) = O(|\text{Pre}(C)| + |C|)$$

可得细化运算符的时间复杂度, 见引理 7.12.

引理 7.12 细化运算符的时间复杂度

$\text{Refine}(\Pi, C)$ 可在时间 $O(|\text{Pre}(C)| + |C|)$ 内计算. ■

7.3.3 第一个划分细化算法

到目前为止, 前面提出的划分细化算法没有对拆分器指定任何搜索策略. 对于给定的划分 Π_{i+1}, 需要由这种搜索策略解决如何确定拆分器 C 的问题. 本节将追随一种简单的策略, 使用上一个划分 Π_i 的块作为 Π_{i+1} 的候选拆分器 (其中 $\Pi_{-1} = \{S\}$), 见算法 7.4. 在最外层的每次迭代中, 细化运算符为每个状态 $s \in S$ (作为 Π_{old} 中所有块的并集) 耗费 $O(|\text{Pre}(s)| + 1)$. 最外层迭代最多进行 $|S|$ 次; 这种情况发生在每次迭代都恰好只分离出一个状态时, 即形成一个孤独 (单点) 块时. 由此得出迭代的总成本:

$$O\left(|S| \cdot \sum_{s' \in S} (|\text{Pre}(s')| + 1)\right) = O(|S| \cdot (M + |S|))$$

其中

$$M = \sum_{s' \in S} |\text{Pre}(s')|$$

表示状态图 $G(\text{TS})$ 中的边数. 假设 $M \geqslant |S|$, 迭代的总成本可以简化为 $O(|S| \cdot M)$. 为了得到算法 7.4 的总时间复杂度, 还要考虑计算 Π_{AP} 的成本, 如引理 7.8 所述, 它是 $\Theta(|S| \cdot |\text{AP}|)$. 由此得到定理 7.5.

算法 7.4 第一个划分细化算法

输入: 状态空间为 S 的有限迁移系统 TS

输出: 互模拟商空间 $S/\sim$

```
Π := Π_AP;                                                  (* 见算法 7.2 *)
Π_old := {S};                                        (* Π_old 是上一个划分 *)
                          (* 循环不变式: Π 比 S/~ 粗而比 Π_AP 和 Π_old 细 *)
repeat
  Π_old := Π;
  for all C ∈ Π_old do
    Π := Refine(Π, C);
  od
until Π = Π_old
return Π
```

定理 7.5 算法 7.4 的时间复杂度

设 M 是状态图 $G(\text{TS})$ 中的边数, $M \geqslant |S|$. 那么用算法 7.4 计算 TS 的互模拟商空间的时间复杂度是 $O(|S| \cdot (|\text{AP}| + M))$. ■

因此计算互模拟商是 TS 的状态数的线性时间. 7.3.4 节将提出对此改进的策略, 使复杂度是 $|S|$ 的对数时间.

7.3.4 效率改进

允许改进时间复杂度的重要发现是不必像算法 7.4 中那样使用所有块 $C \in \Pi_{\text{old}}$ 进行细化. 而只需要考虑其中大约一半的块, 即上一次细化的较小子块. 更确切地说, 如果当前划分 Π 的一个块 C' 被分解成子块 $C_1 = C' \cap \text{Pre}(D)$ 和 $C_2 = C' \setminus \text{Pre}(D)$, 只把较小子块在后续迭代中作为候选拆分器. 令 $C \in \{C_1, C_2\}$ 使得

$$|C| \leqslant |C'|/2, \text{ 因而 } |C| \leqslant |C' \setminus C|$$

合并关于 C 和 $C' \setminus C$ 的细化步骤, 以此稍微修改块 $B \in \text{Refine}(\Pi, D)$ 关于 C 和 $C' \setminus C$ 的分解. 为了使这样的同步细化成为可能, 算法利用三元 (替代以前的二元) 细化运算符:

$$\text{Refine}(\Pi, C, C' \setminus C) = \text{Refine}(\text{Refine}(\Pi, C), C' \setminus C))$$

其中, 设 $|C| \leqslant |C' \setminus C|$. 为确保分解后的块关于 C 和 $C' \setminus C$ 是稳定的, 细化运算符的这种修改是必要的. 像以前一样, 三元细化运算符把每一块分解为子块:

$$\text{Refine}(\Pi, C, C' \setminus C) = \bigcup_{B \in \Pi} \text{Refine}(B, C, C' \setminus C)$$

三元细化运算符 $\text{Refine}(B, C, C' \setminus C)$ 对 $B \subseteq \text{Pre}(C')$ 的作用如图 7.14 所示. 因此, 满足 $B \subseteq \text{Pre}(C')$ 的每个块 $B \in \Pi$ 最多被分解成 3 个子块: 只在 C 中有直接后继的 B 中的状态, 只在 $C' \setminus C$ 中有直接后继的 B 中的状态, 以及余下的状态, 即在 C 和 $C' \setminus C$ 中都有直接后继的 B 中的状态[译注 116]. 形式上为

$$\text{Refine}(B, C, C' \setminus C) = \{B_1, B_2, B_3\} \setminus \{\varnothing\}$$

其中

$$\begin{aligned} B_1 &= B \cap \text{Pre}(C) \cap \text{Pre}(C' \setminus C) \\ B_2 &= (B \cap \text{Pre}(C)) \setminus \text{Pre}(C' \setminus C) \\ B_3 &= (B \cap \text{Pre}(C' \setminus C)) \setminus \text{Pre}(C) \end{aligned}$$

注意, 块 B_1、B_2、B_3 关于 C 和 $C' \setminus C$ 是稳定的.

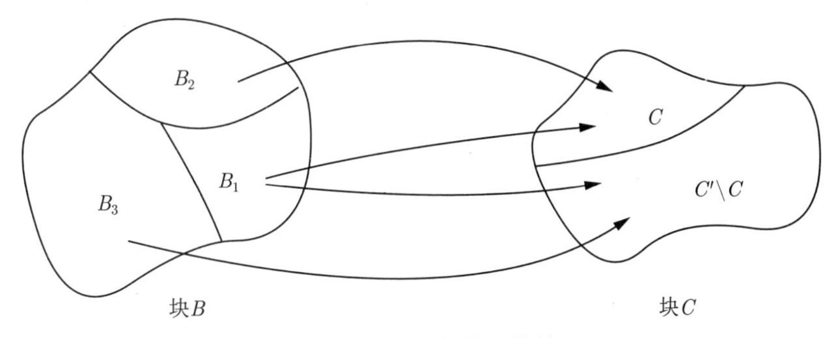

图 7.14　三元细化运算符

若 $B \cap \text{Pre}(C') = \varnothing$, 则 B 关于 C 和 $C' \setminus C$ 是稳定的. 此时, $\text{Refine}(B, C, C' \setminus C) = \{B\}$. 这暗示了算法的循环不变式:

每个块 $B \in \Pi$ 关于所有 Π_{old} 中的块都是稳定的

由该不变式可得, 只能有两种情况: $B \cap \text{Pre}(C') = \varnothing$ 和 $B \subseteq \text{Pre}(C')$.

算法 7.5 概括了改进的划分细化算法的主要步骤. 为确定上述循环不变式, 初始划分是 $\text{Refine}(\Pi_{\text{AP}}, S)$, 即每块只包含同样标记的状态, 而且这些状态要么都是终止状态, 要么不是终止状态. 这是基于观察 $\text{Pre}(S) = \{s \in S \mid s \text{ 不是终止状态}\}$ 而来的. 不必先计算 Π_{AP} 再应用细化运算符, 而是用可识别非终止状态的特殊符号扩展 AP, 再使用此 AP 执行算法 7.2 以得到 $\text{Refine}(\Pi_{\text{AP}}, S)$. 初始划分因而可 (如上) 在时间 $\Theta(|S| \cdot |\text{AP}|)$ 内确定.

例 7.7　算法 7.5 的抽象例子

求图 7.15 中的迁移系统的商. 由于所有黑色圆表示的状态是终止状态, 而所有白色圆表示的状态不是终止状态, 所以有 $\Pi_{\text{AP}} = \text{Refine}(\Pi_{\text{AP}}, S)$.

第一次迭代时, 可以使用白色圆或者黑色圆进行拆分. 但是, 由于 $|\{u_1, u_2, \ldots, u_8, w_1, w_2, w_3\}| > |S|/2$, 所以白色状态集合不是合适的拆分器. 实际上, 唯一的候选拆分器是块 $C = \{v_1, v_2\}$.

$$\text{Refine}(\Pi_{\text{AP}}, \underbrace{\{v_1, v_2\}}_{C}, \underbrace{\{u_1, u_2, \cdots, u_8, w_1, w_2, w_3\}}_{C' \setminus C})$$

(其中 $C' = S$) 把块 $B = \{u_1, u_2, \cdots, u_8, w_1, w_2, w_3\}$ 拆分为

$$B_1 = B \cap \text{Pre}(C) \cap \text{Pre}(C' \setminus C) = \{u_7\}$$
$$B_2 = (B \cap \text{Pre}(C)) \setminus \text{Pre}(C' \setminus C) = \{u_1, u_2, \cdots, u_6\} \cup \{u_8\}$$
$$B_3 = (B \cap \text{Pre}(C' \setminus C)) \setminus \text{Pre}(C) = \{w_1, w_2, w_3\}$$

这产生 $\Pi_{\text{old}} = \{C, C' \setminus C\}$ 和 $\Pi = \{C, B_1, B_2, B_3\}$.

算法 7.5 一个改进的划分细化算法

输入: 状态空间为 S 的有限迁移系统 TS

输出: 互模拟商空间 $S/\sim$

```
Π_old := {S};
Π := Refine(Π_AP, S);                                        (* 类似算法 7.2 *)
                         (* 循环不变式: Π 比 S/∼ 粗而比 Π_AP 和 Π_old 细 *)
                                  (* 并且 Π 关于 Π_old 中的所有块都是稳定的 *)
repeat
  选择块 C' ∈ Π_old \ Π 和块 C ∈ Π 使得 C ⊆ C' 且 |C| ⩽ |C'|/2;
  Π_old := Π; [译注 117]
  Π := Refine(Π, C, C' \ C);
until Π = Π_old
return Π
```

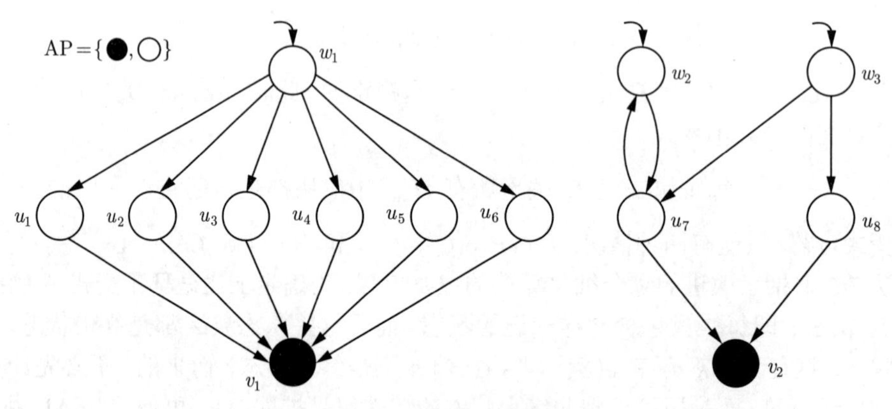

图 7.15 一个迁移系统的例子

第二次迭代时, 块 $B_1 = \{u_7\}$ 和 $B_3 = \{w_1, w_2, w_3\}$ 是潜在的拆分器. 因为 $C \notin \Pi_{\text{old}} \setminus \Pi$, 所以不考虑 C. 不把块 B_2 看作拆分器, 因为 B_2 相对于它在 Π_{old} 中的超块而言太大: $|B_2| = 7 > 11/2 = (C' \setminus C)/2$. 假设选择 B_1 (称为 D) 为拆分器, 它在 Π_{old} 中的超块为 $D' = C' \setminus C \in \Pi_{\text{old}}$. 图 7.16 显示了由

$$\text{Refine}(\Pi, \underbrace{\{u_7\}}_{=D}, \underbrace{\{u_1, u_2, \ldots, u_6, u_8, w_1, w_2, w_3\}}_{=D' \setminus D})$$

得到的划分.

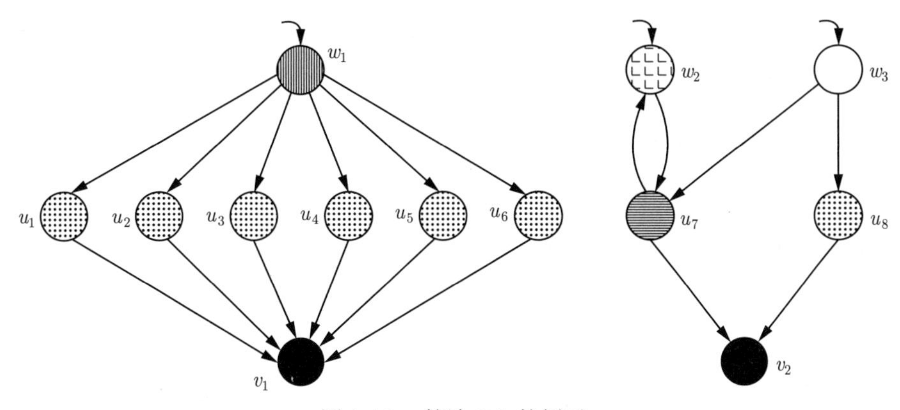

图 7.16 算法 7.5 的例子

块 $C = \{v_1, v_2\}$ 和 B_2 保持不变, 因为它们在 $D' \setminus D$ 中没有任何直接后继. 块 B_3 被细化如下:

$$\text{Refine}(\{w_1, w_2, w_3\}, \{u_7\}, \{u_1, u_2, \cdots, u_6, u_8, w_1, w_2, w_3\}) = \{\{w_1\}, \{w_2\}, \{w_3\}\}$$

因为 w_1 只在 $D' \setminus D$ 中有直接后继, w_2 只能移到 D, 而 w_3 可以移到 D 和 $D' \setminus D$. 因此, 第二次迭代结束后:

$$\begin{aligned}\Pi &= \{\{v_1, v_2\}, \{u_7\}, \{u_1, u_2, \cdots, u_6, u_8\}, \{w_1\}, \{w_2\}, \{w_3\}\} \\ \Pi_{\text{old}} &= \{\underbrace{\{v_1, v_2\}}_{=C}, \underbrace{\{u_7\}}_{=D}, \underbrace{\{u_1, u_2, \cdots, u_6, u_8, w_1, w_2, w_3\}}_{=D' \setminus D}\}\end{aligned}$$

下一次迭代不会有进一步的拆分, 这样就有 $\Pi = S/\sim$. ■

如果每一状态 $s' \in C$[译注 118] 需要成本 $O(|\text{Pre}(s')| + 1)$, 那么就能以时间复杂度 $O(|\text{Pre}(C)| + |C|)$ 实现 $\text{Refine}(\Pi, C, C' \setminus C)$. 这个结果可如下确定. 对于 $s \in \text{Pre}(C')$, $C' \in \Pi_{\text{old}}$ 的每一对 (s, C'), 用计数器 $\delta(s, C')$ 追踪 s 在 C' 中的直接后继的个数:

$$\delta(s, C') = |\text{Post}(s) \cap C'|$$

在执行 $\text{Refine}(\Pi, C, C' \setminus C)$ 期间, 对任意 $s \in \text{Pre}(C)$, 假设开始时 $\delta(s, C) = 0$, 可如下计算 $\delta(s, C)$ 和 $\delta(s, C' \setminus C)$ 的值:

for all $s' \in C$ **do**
  for all $s \in \text{Pre}(s')$ **do**
    $\delta(s, C) := \delta(s, C) + 1;$
  od
od
for all $s \in \text{Pre}(C)$ **do**
  $\delta(s, C' \setminus C) := \delta(s, C') - \delta(s, C);$
od

令 $B \in \Pi$ 是一个块, $B \subseteq \text{Pre}(C')$, 如果它能用 $\text{Refine}(B, C, C' \setminus C)$ 分解成 B_1、B_2 和 B_3, 那么可如下得到 B_1、B_2 和 B_3:

$$\begin{aligned}
B_1 &= B \cap \text{Pre}(C) \cap \text{Pre}(C' \setminus C) = \{s \in B \mid \delta(s, C) > 0, \delta(s, C' \setminus C) > 0\} \\
B_2 &= B \cap \text{Pre}(C) \setminus \text{Pre}(C' \setminus C) = \{s \in B \mid \delta(s, C) > 0, \delta(s, C' \setminus C) = 0\} \\
B_3 &= B \cap \text{Pre}(C' \setminus C) \setminus \text{Pre}(C) = \{s \in B \mid \delta(s, C) = 0, \delta(s, C' \setminus C) > 0\}
\end{aligned}$$

把状态 $s \in \text{Pre}(C)$ 从块 B 移动到块 B_1 或者 B_2, B 中的剩余状态表示块 B_3, 如此即可分解块 $B \in \Pi$.

只需对于 $\text{Pre}(C)$ 中的状态确定初值 $\delta(s, C)$ 和 $\delta(s, C' \setminus C)$. 对于 $s \in \text{Pre}(C') \setminus \text{Pre}(C)$, 计数器的初值由 $\delta(s, C' \setminus C) = \delta(s, C')$ 和 $\delta(s, C) = 0$ 推出. 这些状态不需要变量 $\delta(s, C)$. 状态 $s \in \text{Pre}(C') \setminus \text{Pre}(C)$ 和块 C' 的变量 $\delta(s, C')$ 可看作新块 $C' \setminus C$ 的变量 $\delta(s, C' \setminus C)$. 由此可得引理 7.13.

引理 7.13 三元细化运算符的时间复杂度

$\text{Refine}(\Pi, C, C' \setminus C)$ 的时间复杂度为 $O(|\text{Pre}(C)| + |C|)$. ■

定理 7.6 断言, 改进的求商算法的时间复杂度 (见算法 7.5) 是状态个数的对数.

定理 7.6 算法 7.5 的时间复杂度

有限迁移系统 $\text{TS} = (S, \text{Act}, \to, I, \text{AP}, L)$ 的互模拟商可用算法 7.5 在 $O(|S| \cdot |\text{AP}| + M \cdot \log |S|)$ 内计算.

证明: 算法 7.5 的时间复杂度以

$$O\Big(|S| \cdot |\text{AP}| + \sum_{s \in S} K(s) \cdot (|\text{Pre}(s)| + 1)\Big)$$

为界, 其中, $K(s')$ 表示包含 s' 并调用 $\text{Refine}(\Pi, C)$ 的块 C 的个数.

第一个加数表示计算初始划分 $\text{Refine}(\Pi_{\text{AP}}, S)$ 所需的渐近时间. 用一个表示终止状态的新标记扩展原子命题的集合, 然后就可用计算 Π_{AP} 的同样方法计算这个划分. 回顾引理 7.8, Π_{AP} 可在 $\Theta(|S| \cdot |\text{AP}|)$ 时间内计算. 额外需要的原子命题无关紧要.

第二个加数表示细化步骤的成本. 前面讲过, 执行 $\text{Refine}(\Pi, C, C' \setminus C)$ 时, 状态 $s \in C$ 引起成本 $O(|\text{Pre}(s)| + 1)$, 见引理 7.13. 这个加数可如下界定. 首先观察

$$\text{对任意状态 } s,\ K(s) \leqslant \log_2 |S| + 1$$

证明如下. 令 $s \in S$, 且 C_i 是第 i 个使 $s \in C_i$ 并调用 $\text{Refine}(\Pi, C_i)$ 的块. 那么

$$|C_{i+1}| \leqslant \frac{|C_i|}{2} \text{ 且 } |C_1| \leqslant |S|$$

令 $K(s) = k$, 那么

$$1 \leqslant |C_k| \leqslant \frac{|C_{k-1}|}{2} \leqslant \frac{|C_{k-2}|}{4} \leqslant \cdots \leqslant \frac{|C_{k-i}|}{2^i} \leqslant \cdots \leqslant \frac{|C_1|}{2^{k-1}} \leqslant \frac{|S|}{2^{k-1}}$$

由此可断定 $2^{k-1} \leqslant |S|$ 或 $k - 1 \leqslant \log_2 |S|$. 因此 $K(s) = k \leqslant \log_2 |S| + 1$.

令 $M = \sum_{s \in S} |\text{Pre}(s)|$, 并假设可在时间 $O(M)$ 内得到集合 $\text{Pre}(\cdot)$ 的一个表示. 因此:

$$\begin{aligned}\sum_{s' \in S} K(s') \cdot (|\text{Pre}(s')| + 1) &\leqslant (\log_2 |S| + 1) \sum_{s' \in S} (|\text{Pre}(s')| + 1) \\ &= (\log_2 |S| + 1) \cdot (M + |S|) \\ &\leqslant 2 \cdot (\log_2 |S| + 1) \cdot M \ = \ O(M \cdot \log_2 |S|)\end{aligned}$$ ■

7.3.5 迁移系统的等价检验

划分细化算法能用于验证有限迁移系统 TS_1 和 TS_2 的互似性. 为此, 要计算合成迁移系统 $\text{TS} = \text{TS}_1 \oplus \text{TS}_2$ (见 7.1.1 节) 的互模拟商空间. 随后, 对合成系统 TS 的每个互模拟等价类 C 检验

$$C \cap I_1 = \varnothing \quad \text{当且仅当} \quad C \cap I_2 = \varnothing$$

这里, I_i 表示 TS_i 的初始状态的集合, $i = 1, 2$.

推论 7.2　检验互模拟等价的复杂度

对于 AP 上的状态空间分别为 S_1 和 S_2 的有限迁移系统 TS_1 和 TS_2, 检验 $\text{TS}_1 \sim \text{TS}_2$ 是否等价可在时间

$$O((|S_1| + |S_2|) \cdot |\text{AP}| + (M_1 + M_2) \cdot \log_2(|S_1| + |S_2|))$$

内完成. 其中, M_i 表示 $G(\text{TS}_i)$ 的边数并它至少是 $|S_i|$ $(i = 1, 2)$. ■

检验两个迁移系统是否迹等价是很困难的. 定理 7.7 说明, 两个有限迁移系统是否迹等价的问题对复杂度类 PSPACE 是完全的. 这意味着迹等价问题属于 PSPACE, 即用多项式空间界限算法可解, 并且是 PSPACE 困难的.

定理 7.7　检验迹等价的下界

令 TS_1 和 TS_2 是 AP 上的有限迁移系统. 那么:

(a) 是否 $\text{Traces}_{\text{fin}}(\text{TS}_1) = \text{Traces}_{\text{fin}}(\text{TS}_2)$ 的问题是 PSPACE 完全的.

(b) 是否 $\text{Traces}(\text{TS}_1) = \text{Traces}(\text{TS}_2)$ 的问题是 PSPACE 完全的.

证明: 首先证明对 PSPACE 类的隶属性. 下面提供从命题 (a) 和 (b) 中的问题到非确定有限自动机 (NFA) 的等价性问题的一个多项式归约, 以此证明这些问题属于 PSPACE. 由于后面的问题在 PSPACE 中, 这种归约的存在就说明命题 (a) 和 (b) 中的问题在 PSPACE 中. NFA $\mathcal{A}_1$ 和 $\mathcal{A}_2$ 的等价性问题也就是判断 $\mathcal{L}(\mathcal{A}_1) = \mathcal{L}(\mathcal{A}_2)$ 是否成立.

主要证明思路是: 对迁移系统 TS 定义 NFA $\mathcal{A}_{\text{TS}}$, 使得 $\mathcal{L}(\mathcal{A}_{\text{TS}})$ 能够从 Traces(TS) 得到, 反之亦然. 对有限迁移系统 $\text{TS} = (S, \text{Act}, \rightarrow, I, \text{AP}, L)$, 定义 NFA $\mathcal{A}_{\text{TS}} = (Q, \Sigma, \delta, Q_0, F)$ 如下:

- $Q = S \cup \{t\}$, $t \notin S$ (状态 t 标识 TS 中的终止状态).
- $\Sigma = 2^{\text{AP}} \cup \{\tau\}$, $\tau \notin 2^{\text{AP}}$.
- 在 $\mathcal{A}_{\text{TS}}$ 中的迁移关系 δ 由下式给出:

$$\delta(s, A) = \begin{cases} \text{Post}(s) & \text{若 } s \in S, \text{Post}(s) \neq \varnothing \wedge L(s) = A \\ \{t\} & \text{若 } (s \in S \wedge \text{Post}(s) = \varnothing \wedge L(s) = A) \vee (s = t \wedge A = \tau) \\ \varnothing & \text{其他} \end{cases}$$

- $Q_0 = I$.
- $F = Q$.

现在可得, Traces(TS) 由所有有限非空单词 $A_0A_1 \cdots A_n$ 和所有无限单词 $A_0A_1A_2 \cdots \in (2^{\mathrm{AP}})^\omega$ 组成, 其中, 有限单词满足 $A_0A_1 \cdots A_n\tau \in \mathcal{L}(\mathcal{A}_{\mathrm{TS}})$, 无限单词的所有前缀 $A_0A_1 \cdots A_n$ 都属于 $\mathcal{L}(\mathcal{A}_{\mathrm{TS}})$. 因此, Traces(TS) 可从 $\mathcal{L}(\mathcal{A}_{\mathrm{TS}})$ 得出, 反之亦然.

对有限的迁移系统 TS_1 和 TS_2, 有

$$\mathrm{Traces}(\mathrm{TS}_1) = \mathrm{Traces}(\mathrm{TS}_2) \quad 当且仅当 \quad \mathcal{L}(\mathcal{A}_{\mathrm{TS}_1}) = \mathcal{L}(\mathcal{A}_{\mathrm{TS}_2})$$

因为 NFA $\mathcal{A}_{\mathrm{TS}}$ 是在多项式时间内得到的, 所以可得到从命题 (b) 中的问题到 NFA 等价性问题的一个多项式归约.

考虑类似的变换 $\mathrm{TS} \mapsto \mathcal{A}'_{\mathrm{TS}}$ 可得到从命题 (a) 中的问题到 NFA 等价性问题的多项式归约, 其中除了删除在状态 t 的自循环外 $\mathcal{A}'_{\mathrm{TS}}$ 与 $\mathcal{A}_{\mathrm{TS}}$ 相同. 状态 t 因而是 $\mathcal{A}'_{\mathrm{TS}}$ 中的唯一终止状态. 那么, $\mathrm{Traces_{fin}}(\mathrm{TS})$ 与 $\mathcal{A}'_{\mathrm{TS}}$ 接受的所有非空单词的集合相等, 即 $\mathrm{Traces_{fin}}(\mathrm{TS}) = \mathcal{L}(\mathcal{A}'_{\mathrm{TS}}) \setminus \{\varepsilon\}$. 因此:

$$\mathrm{Traces_{fin}}(\mathrm{TS}_1) = \mathrm{Traces_{fin}}(\mathrm{TS}_2) \quad 当且仅当 \quad \mathcal{L}(\mathcal{A}'_{\mathrm{TS}_1}) = \mathcal{L}(\mathcal{A}'_{\mathrm{TS}_2})$$

尚需证明 PSPACE 难度. 用始于 NFA 语言等价性问题的多项式归约证明, 而这种语言等价性问题是 PSPACE 完全的. 此问题的 PSPACE 难度从以下事实得到: 对于 Σ 上的正则表达式 E, (普适性) 问题是否 $\mathcal{L}(E) = \Sigma^*$ 是 PSPACE 困难的, 可参见文献 [383] 等. 由于从正则表达式到 NFA 有多项式变换而且对 Σ^* 有单状态 NFA, 所以此普适性问题可多项式归约到 NFA 等价性问题.

主要证明思路是: 把 NFA $\mathcal{A} = (Q, \Sigma, \delta, Q_0, F)$ 映射到有限迁移系统 $\mathrm{TS}_{\mathcal{A}} = (S, \{\tau\}, \rightarrow, I, \mathrm{AP}, L)$, 使得 $\mathrm{Traces}(\mathrm{TS}_{\mathcal{A}})$ 编码 $\mathcal{L}(\mathcal{A})$. 作为一个预处理步骤, 删除 $\mathcal{A}$ 中对任意 $w \in \Sigma^*$ 都有 $\delta^*(q, w) \cap F = \varnothing$ 的所有状态 q. 因为从这些状态不可能到达一个最终状态. $\mathrm{TS}_{\mathcal{A}}$ 定义如下:

- $S = Q_0 \cup (Q \times \Sigma) \cup \{\mathrm{accept}\}$, 其中 $Q_0 \cap (Q \times \Sigma) = \varnothing$ 且 $\mathrm{accept} \notin Q_0 \cup (Q \times \Sigma)$.
- $\rightarrow$ 由以下规则定义:

$$\frac{q_0 \in Q_0 \wedge p \in \delta(q_0, A)}{q_0 \xrightarrow{\tau} \langle p, A\rangle}, \quad \frac{q \in Q \wedge B \in \Sigma \wedge p \in \delta(q, A)}{\langle q, B\rangle \xrightarrow{\tau} \langle p, A\rangle}$$

以及

$$\frac{q \in F \wedge B \in \Sigma}{\langle q, B\rangle \xrightarrow{\tau} \mathrm{accept}}, \quad \frac{}{\mathrm{accept} \xrightarrow{\tau} \mathrm{accept}}$$

- $I = Q_0$.
- $\mathrm{AP} = \Sigma \cup \{\mathrm{accept}\}$, 其中 $\mathrm{accept} \notin \Sigma$.
- 对任意 $q_0 \in Q_0$, $L(\langle q, A\rangle) = \{A\}$ 和 $L(\mathrm{accept}) = \{\mathrm{accept}\}$ 都有 $L(q_0) = \varnothing$.

不难确定 $\mathrm{Traces_{fin}}(\mathrm{TS}_{\mathcal{A}})$ 由形如 $\varnothing\{A_1\}\{A_2\} \cdots \{A_n\}\{\mathrm{accept}\}^m$ 的单词的所有前缀组成, 其中, $m \geqslant 0$, $A_1A_2 \cdots A_n \in \mathcal{L}(\mathcal{A})$. $\mathcal{L}(\mathcal{A})$ 可从 $\mathrm{Traces}(\mathrm{TS}_{\mathcal{A}})$ 推出:

$$A_1A_2 \cdots A_n \in \mathcal{L}(\mathcal{A}) \ \text{ iff } \ \varnothing\{A_1\}\{A_2\} \cdots \{A_n\}\{\mathrm{accept}\} \in \mathrm{Traces_{fin}}(\mathrm{TS}_{\mathcal{A}})$$

因此, 对于字母表 Σ 上的 NFA $\mathcal{A}_1$ 和 $\mathcal{A}_2$:

$$\begin{aligned}\mathcal{L}(\mathcal{A}_1)=\mathcal{L}(\mathcal{A}_2) \quad & \text{iff} \quad \text{Traces}_{\text{fin}}(\text{TS}_{\mathcal{A}_1})=\text{Traces}_{\text{fin}}(\text{TS}_{\mathcal{A}_2}) \\ & \text{iff} \quad \text{Traces}(\text{TS}_{\mathcal{A}_1})=\text{Traces}(\text{TS}_{\mathcal{A}_2})\end{aligned}$$

有限迹包含和迹包含的等价性从定理 3.4 得到, 这是因为迁移系统 $\text{TS}_{\mathcal{A}_i}$ 是有限的并且没有终止状态. 因为 $\text{TS}_{\mathcal{A}}$ 在时间 $O(|\mathcal{A}|)$ 内从 $\mathcal{A}$ 得到, 所以上面的过程就可产生一个从 NFA 的等价性问题到命题 (a) 和 (b) 中的问题的多项式归约. ■

7.4 模拟关系

互模拟关系是等价关系, 要求两个互似状态表现出相同的逐步行为. 与此相反, 模拟关系是状态空间上的前序, 要求只要 $s \preceq s'$ (s' 模拟 s), 状态 s' 就能模拟 s 的所有逐步行为; 反过来, 却不保证 $s' \preceq s$, 也就是状态 s' 可以执行状态 s 不能匹配的迁移. 因此, 如果 s' 模拟 s, 那么 s 的每个后继都有 s' 的一个对应的 (即相关的) 后继, 但反之不一定成立. 模拟可以通过比较 (根据 $\preceq$) 它们的初始状态提升到整个迁移系统. 模拟关系通常用于以下验证目的: 证明一个系统正确地实现了另一个更抽象的系统. 模拟关系令人感兴趣的一个方面是它可以用局部推理进行验证. $\preceq$ 的传递性允许逐步验证, 其正确性经由几个中间系统确定. 因此, 模拟关系可以用作抽象技术的基础, 其中大致的想法是: 用一个较小的抽象模型取代要验证的模型, 并验证这个抽象模型而不是原来的模型.

模拟序 $\preceq$ 诱导一种比互模拟更粗的等价, 并因此产生更好的抽象 (即更小的商空间), 同时仍可大范围地保持 LTL 和 CTL 中的逻辑公式. 由于互模拟等价是保持 CTL 和 CTL* 的最粗等价, 模拟序 $\preceq$ 只能保持这些逻辑的一个片段. 因此, 模拟的使用依赖于某类公式而不是所有公式的保持. 例如, 若 $s \preceq s'$, 则对任意安全性质 $\forall_\varphi$ 都有 $s' \models \forall_\varphi$ 蕴涵 $s \models \forall_\varphi$, 这是因为任意始于 s 的路径都被始于 s' 的一条相似路径模拟; 反过来, $s' \not\models \forall_\varphi$ 不能用来推断 $\forall_\varphi$ 在被模拟状态 s 不成立, 始于 s' 且违反 φ 的路径也许是 s 根本不存在的行为.

像互模拟关系一样, 模拟序的形式化定义依赖于余归纳方法, 它定义模拟序为满足某些条件的最大关系.

定义 7.10 模拟序

令 $\text{TS}_i=(S_i,\text{Act}_i,\to_i,I_i,\text{AP},L_i)$ 是 AP 上的迁移系统, $i=1,2$. 满足以下条件的二元关系 $\mathcal{R}\subseteq S_1\times S_2$ 称为 $(\text{TS}_1,\text{TS}_2)$ 的一个模拟:

(A) $\forall s_1\in I_1.\,(\exists s_2\in I_2.\,(s_1,s_2)\in\mathcal{R})$.

(B) 对任意 $(s_1,s_2)\in\mathcal{R}$ 有

  (b.1) $L_1(s_1)=L_2(s_2)$.

  (b.2) 如果 $s_1'\in\text{Post}(s_1)$, 那么存在 $s_2'\in\text{Post}(s_2)$ 使 $(s_1',s_2')\in\mathcal{R}$.

若存在 $(\text{TS}_1,\text{TS}_2)$ 的一个模拟 $\mathcal{R}$, 则称 TS_1 被 TS_2 模拟 (或 TS_2 模拟 TS_1), 记为 $\text{TS}_1\preceq\text{TS}_2$. ■

条件 (A) 要求 TS_1 中所有的初始状态与 TS_2 的某个初始状态相关; 反过来不作要求, 可能会有 TS_2 的初始状态在 TS_1 中没有匹配的初始状态. 条件 (B.1) 和 (B.2) 就是互模拟的要求. 注意, 此处不像互模拟那样要求条件 (B.2) 的对称同类.

例 7.8 两台饮料售货机

考虑图 7.17 中的迁移系统, 令 $AP = \{pay, beer, soda\}$ 并使用明显的标记函数. 关系

$$\mathcal{R} = \{(s_0, t_0), (s_1, t_1), (s_2, t_1), (s_3, t_2), (s_4, t_3)\}$$

是 (TS_1, TS_2) 的模拟. 因为 $\mathcal{R}$ 包含初始状态对 (s_0, t_0), 所以 $TS_1 \preceq TS_2$. 反之不成立, 即 $TS_2 \not\preceq TS_1$, 因为没有 TS_1 的状态能模仿状态 t_1. 即在状态 t_1 可选择 beer 和 soda, 但在 TS_1 中没有这样的状态.

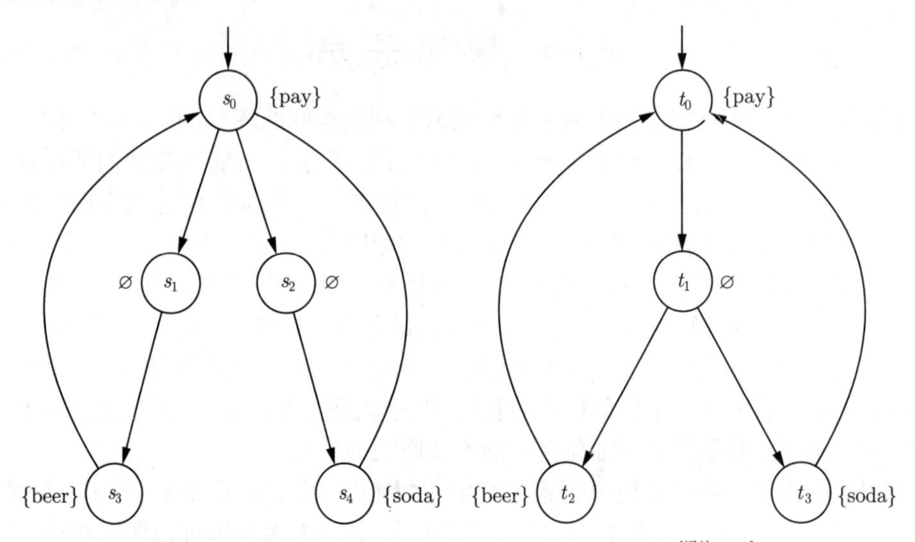

图 7.17 右侧的自动售货机模拟左侧的自动售货机[译注 119]

现在, 考虑 $AP = \{pay, drink\}$, 并假设状态 s_3、s_4、t_2 和 t_3 的标记为 $\{drink\}$. 关系 $\mathcal{R}$ 还是 (TS_1, TS_2) 的模拟, 并因此 $TS_1 \preceq TS_2$. 它的逆

$$\mathcal{R}^{-1} = \{(t_0, s_0), (t_1, s_1), (t_1, s_2), (t_2, s_3), (t_3, s_4)\}$$

是 (TS_2, TS_1) 的模拟. 因此, 也得到 $TS_2 \preceq TS_1$. ■

模拟关系 $\preceq$ 是前序, 即它是自反的和传递的. 由于模拟关系的条件不对称, 模拟前序不是等价.

引理 7.14 $\preceq$ 的自反性和传递性

对于原子命题的固定集合 AP, 关系 $\preceq$ 是自反的和传递的.

证明: 类似于证明 $\sim$ 的自反性和传递性, 见引理 7.1. ■

若从 TS_2 中删除一些迁移后得到 TS_1 (例如, 当 TS_2[译注 120] 中出现未定选择时, 只保留一个), 则 $TS_1 \preceq TS_2$ 成立. 此时, TS_1 可以理解为 TS_2 的一个细化, 因为 TS_1 解决了 TS_2 中的一些未定性. 当从 TS_1 以抽象方式得到 TS_2 时, $TS_1 \preceq TS_2$ 也成立. 事实上, 抽象是允许分析大型甚至无穷迁移系统的一个基本的概念. 抽象用以下特征确定: 抽象状态的集合 $\widehat{S}$; 抽象函数 f, 它把迁移系统 TS 的每个 (具体) 状态 s 对应到表示该状态的抽象状态 $f(s)$; 原子命题的集合 AP, 它标记具体的和抽象的状态. 抽象因抽象状态集合 $\widehat{S}$、抽象函数 f 和相关的命题集 AP 的选择而不同. 事实上, 在本书的几个例子中已经使用了抽

象函数的概念. 例如, 面包店算法就使用抽象函数以证明无限迁移系统 TS_{Bak} 有一个有限互模拟商, 见例 7.3. 由于迁移系统的特殊结构, 例 7.3 得到的是互模拟等价的迁移系统. 然而, 通常得到的是模拟 TS 的抽象迁移系统.

把具体状态的不交集合聚合为单个抽象的状态得到抽象. 下面简要地概括这种抽象的基本思想. 抽象函数映射具体状态到抽象的状态, 使得抽象状态只与同样标记的具体状态有关系.

定义 7.11　抽象函数

令 $TS = (S, Act, \to, I, AP, L)$ 是迁移系统, $\widehat{S}$ 是 (抽象) 状态的集合. 若对任意 $s, s' \in S$ 都有 $f(s) = f(s')$ 蕴涵 $L(s) = L(s')$, 则称 $f\colon S \to \widehat{S}$ 是一个*抽象函数*. ■

抽象迁移系统 TS_f 起源于 TS, 它把在抽象函数 f 下同一抽象状态表示的 TS 的所有状态看作同一状态. 只要抽象状态表示一个初始的具体状态, 它就是初始状态. 类似地, 如果有一个从 s 到 s' 的迁移, 那么就有一个从抽象状态 $f(s)$ 到 $f(s')$ 的迁移.

定义 7.12　抽象迁移系统

令 $TS = (S, Act, \to, I, AP, L)$ 是 (具体的) 迁移系统, $\widehat{S}$ 是 (抽象) 状态的集合, $f\colon S \to \widehat{S}$ 是抽象函数. f 在 TS 上诱导的*抽象迁移系统* $TS_f = (\widehat{S}, Act, \to_f, I_f, AP, L_f)$ 定义如下:

- $\to_f$ 用规则 $\dfrac{s \xrightarrow{\alpha} s'}{f(s) \xrightarrow{\alpha}_f f(s')}$ 定义.
- $I_f = \{f(s) \mid s \in I\}$.
- 对任意状态 $s \in S$, $L_f(f(s)) = L(s)$. ■

引理 7.15　令 $TS = (S, Act, \to, I, AP, L)$ 是 (具体的) 迁移系统, $\widehat{S}$ 是 (抽象) 状态的集合, $f\colon S \to \widehat{S}$ 是抽象函数. 那么 $TS \preceq TS_f$.

证明: 从 $\mathcal{R} = \{(s, f(s)) \mid s \in S\}$ 是 (TS, TS_f) 的模拟这个事实可证. ■

例 7.9　自动开门器

考虑用图 7.18 中的 (具体) 迁移系统建模的开门器. 为简单起见, 迁移省略了动作标记. 令 $AP = \{alarm, open\}$. 开门器要求输入一个 3 位数字 $d_1d_2d_3$, $d_i \in \{0, 1, \cdots, 9\}$. 允许输入错误数字, 但最多可以发生两次. 变量 error 跟踪输入错误数字的次数, 其初值为零. 当 error 超过 2 时, 开门器发出报警信号. 若成功输入数字, 则开门. 一旦再次锁上, error 就返回初始状态. 位置 ℓ_i $(i = 0, 1, 2)$ 表示已正确输入的前 i 位数, 状态的第二个分量表示变量 error 的值 (若合适).

考虑下面两个抽象. 在第一个抽象中, 图 7.18 中的虚线框表示聚合的具体的状态. 事实上, 这是一种数据抽象, 它把变量 error 的定义域限制为 $\{\leqslant 1, 2\}$, 即抽象迁移系统中不区分值 0 和 1. 相应的抽象函数 f 定义为

$$f(\langle \ell, \text{error} = k \rangle) = \begin{cases} \langle \ell, \text{error} \leqslant 1 \rangle & 若\ k \in \{0, 1\} \\ \langle \ell, \text{error} = 2 \rangle & 若\ k = 2 \end{cases}$$

对于所有其他具体的状态, f 是恒等函数. 这样得到的 f 就是一个抽象函数, 因为只有标记相同的状态才会映射到相同的抽象状态. 抽象迁移系统 TS_f 如图 7.19 所示. 由此构造可得 $TS \preceq TS_f$.

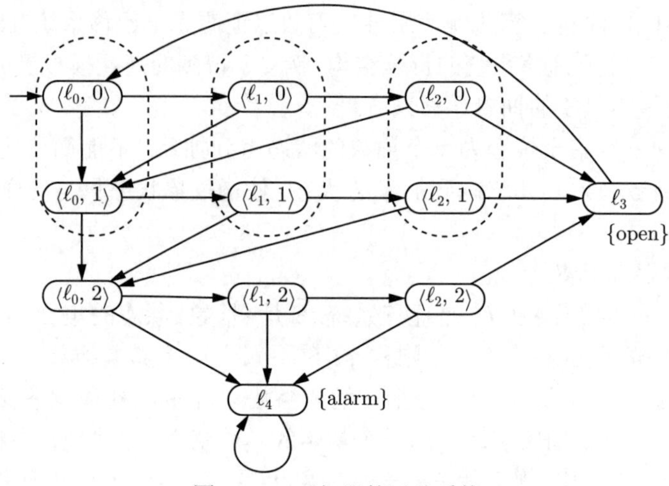

图 7.18　开门器的迁移系统

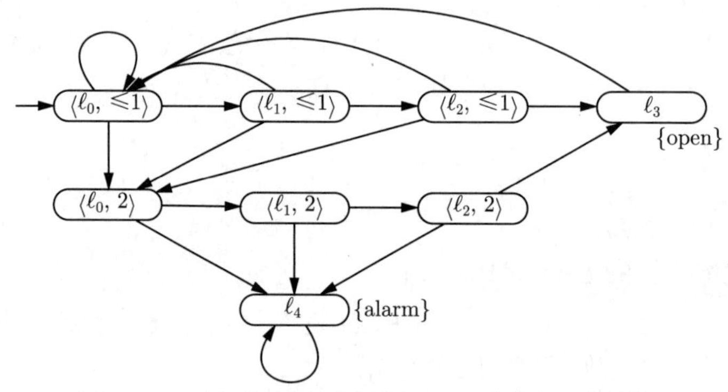

图 7.19　开门器 (在抽象函数 f 下) 的抽象迁移系统

现在考虑完全撇开变量 error 的值的抽象. 图 7.20 中的虚线框表示聚合的具体状态. 对应的抽象函数 g 定义为: 对任意位置 $\ell \in \{\ell_0, \ell_1, \ell_2\}$, $g(\langle \ell, error = k\rangle) = \ell$; 对其他状态, g 是恒等函数. 这样就可以产生图 7.21 中的迁移系统 TS_g. 因为 g 确实是抽象函数, 所以 $\mathrm{TS} \preceq \mathrm{TS}_g$. ■

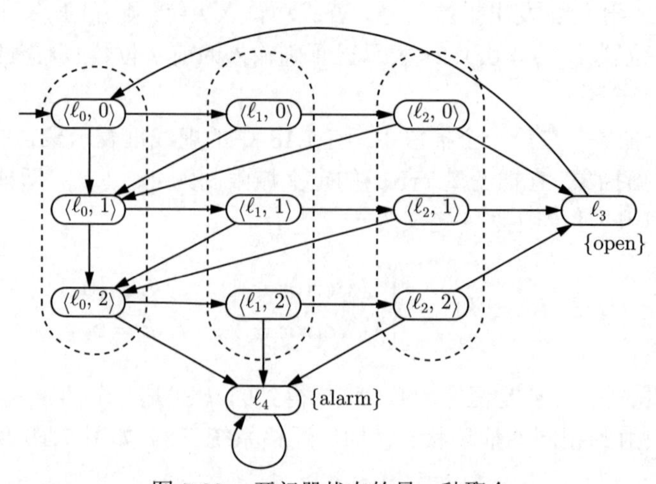

图 7.20　开门器状态的另一种聚合

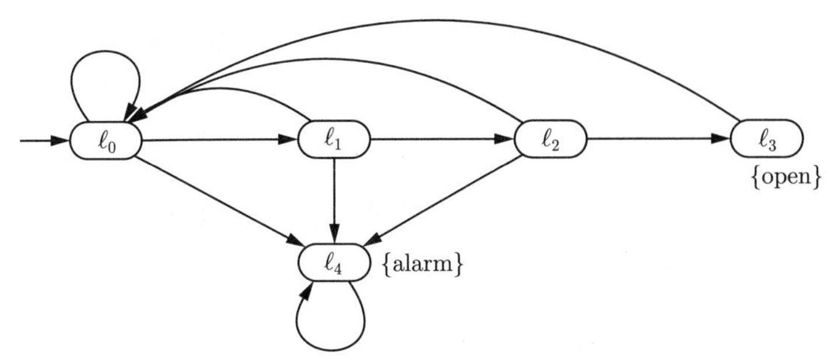

图 7.21　开门器 (在抽象函数 g 下) 的抽象迁移系统

本例为系统中的变量 error 选择比原范围 $\{0,1,2\}$ 小的抽象域, 得到了抽象迁移系统. 下面说明这类抽象 (也称为**数据抽象**) 对于程序图意味着什么. 对程序图的抽象的基本思想是: 撇开某些程序变量或位置 (即程序计数器) 的具体值, 只考虑抽象值, 而不是跟踪变量的具体而准确的值. 例如, 对整数 x 的可能的抽象是将其看作 3 值变量: 若 $x<0$ 则是 -1; 若 $x=0$ 则是 0; 若 $x>0$[译注 121] 则是 1. 只看重 x 的符号时, 这种抽象是有用的.

例 7.10　用于简单顺序程序的数据抽象

考虑关于非负整数变量 x 和 y 的下列程序片段:

$$
\begin{array}{ll}
\ell_0 & \textbf{while } x>0 \textbf{ do} \\
\ell_1 & \quad x:=x-1; \\
\ell_2 & \quad y:=y+1; \\
 & \textbf{od}; \\
\ell_3 & \textbf{if } \mathrm{even}(y) \textbf{ then return } \texttt{"1"} \textbf{ else return } \texttt{"0"} \textbf{ fi}; \\
\ell_4 & \vdots
\end{array}
$$

设 PG 是这个程序的程序图, TS 是它的基础迁移系统 TS(PG). TS 的每个状态的形式是 $s=\langle \ell, x=n, y=m\rangle$, 其中, ℓ 是一个程序位置, 而 m 和 n 是自然数. 用抽象的手段, 可完全省略一个变量或限制它们的定义域. 下面举例说明第二种抽象并限制 x 和 y 的定义域为

$$
\mathrm{dom}_{\mathrm{abstract}}(x)=\{\mathrm{gzero},\mathrm{zero}\} \text{ 和 } \mathrm{dom}_{\mathrm{abstract}}(y)=\{\mathrm{even},\mathrm{odd}\}
$$

用文字叙述为: 只跟踪 $x>0$ 还是 $x=0$ 以及 y 是偶数还是奇数, 不显式地管理 x 和 y 的准确值.

抽象函数 f 把具体状态 $\langle \ell, x=n, y=m\rangle$ $(m,n\in\mathbb{N})$ 映射到抽象状态 $\langle \ell, x=V, y=W\rangle$ $(V\in\{\mathrm{gzero},\mathrm{zero}\}, W\in\{\mathrm{even},\mathrm{odd}\})$, 其定义如下:

$$
f(\langle \ell, x=v, y=w\rangle)=\begin{cases}
\langle \ell, x=\mathrm{gzero}, y=\mathrm{even}\rangle & \text{若 } x>0 \text{ 且 } y \text{ 是偶数} \\
\langle \ell, x=\mathrm{gzero}, y=\mathrm{odd}\rangle & \text{若 } x>0 \text{ 且 } y \text{ 是奇数} \\
\langle \ell, x=\mathrm{zero}, y=\mathrm{even}\rangle & \text{若 } x=0 \text{ 且 } y \text{ 是偶数} \\
\langle \ell, x=\mathrm{zero}, y=\mathrm{odd}\rangle & \text{若 } x=0 \text{ 且 } y \text{ 是奇数}
\end{cases}
$$

为了得到抽象迁移系统 TS_f 使得 $\mathrm{TS}\preceq\mathrm{TS}_f$, TS 中的操作 (如增加 y) 必须用对应的从抽

象定义域产生值的抽象操作代替. 因此, 语句 $y := y + 1$ 用抽象操作

$$y \mapsto \begin{cases} \text{even} & 若\ y = \text{odd} \\ \text{odd} & 若\ y = \text{even} \end{cases}$$

替换. 语句 $x := x - 1$ 的结果取决于 x 的值. 但是在抽象的环境中 x 的准确值是不知道的. 因此, $x := x - 1$ 对应抽象的未定的语句

$$x := \text{gzero}\ 或\ x := \text{zero}$$

(如果 while 循环的卫式是 $x > 1$, 那么抽象程序中的未定性就是没有理由的.)

抽象迁移系统 TS_f 产生于下列程序片段:

ℓ_0 **while** $(x = \text{gzero})$ **do**
ℓ_1 $x := \text{gzero}$ 或 $x := \text{zero}$;
ℓ_2 **if** $y = \text{even}$ **then** $y := \text{odd}$ **else** $y = \text{even}$ **fi**;
od;
ℓ_3 **if** $y = \text{even}$ **then return** "1" **else return** "0" **fi**;
ℓ_4 ⋮

注意, 抽象程序源于完全自动的语法变换. 先前的考虑表明

$$\mathcal{R} = \{(s, f(s)) \mid s \in \text{Loc} \times \text{Eval}(x \in \mathbb{N}, y \in \mathbb{N})\}$$

是 (TS, TS_f) 的模拟, 只要根据具体变量的初值对应地选择抽象变量的初值, 原子命题集合是

$$AP = \{\ell_0, \ell_1, \ell_2, \ell_3, \ell_4, x > 0, \text{even}(y), \text{odd}(y)\}$$

(的子集) 并使用标记函数. ■

如果 $\mathcal{R}$ 是一个模拟并且 $(s_1, s_2) \in \mathcal{R}$, 那么 s_1 的每个路径片段 π_1 都能提升到 s_2 的一个路径片段 π_2, 使得 π_1 和 π_2 通过关系 $\mathcal{R}$ 逐个状态相关, 如图 7.22 所示.

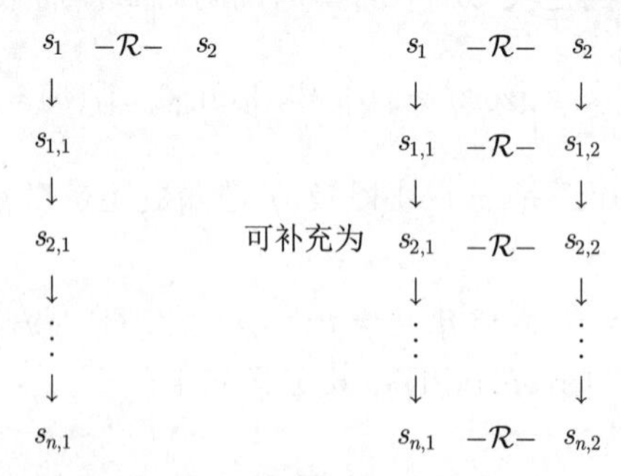

图 7.22 模拟的路径片段提升

引理 7.16 关于路径片段的模拟

令 TS_1 和 TS_2 是 AP 上的迁移系统, $\mathcal{R}$ 是 (TS_1, TS_2) 的模拟, 并且 $(s_1, s_2) \in \mathcal{R}$. 那么对始于 $s_{0,1} = s_1$ 的每一 (有限或无限) 路径片段 $\pi_1 = s_{0,1}s_{1,1}s_{2,1}\cdots$, 都存在一条始于 $s_{0,2} = s_2$ 的同样长度的路径片段 $\pi_2 = s_{0,2}s_{1,2}s_{2,2}\cdots$, 使得对任意 j 都有 $(s_{j,1}, s_{j,2}) \in \mathcal{R}$.

证明: 用类似于引理 7.2 的方法证明. ■

因此, 只要 $\mathcal{R}$ 是包含 (s_1, s_2) 的模拟且 π_1 是始于状态 s_1 的无限路径, 就存在始于 s_2 的无限路径 π_2[译注 122], 使得 π_1 和 π_2 通过关系 $\mathcal{R}$ 逐个状态相关. 标记条件确保 π_1 和 π_2 的迹相同. 这导致 s_1 的所有无限迹同时也是 s_2 的无限迹. 然而, 如果 π_1 是从 s_1 开始的有限路径, 那么 π_2 就是从 s_2 开始的有限路径片段, 但可能不是极大路径片段 (即 π_2 的最后一个状态也许不是终止状态). 因此, 状态 s_1 可能有这样的有限迹, 它是 s_2 的迹片段, 但不是 s_2 的迹.

7.4.1　模拟等价

模拟关系 $\preceq$ 是自反的和传递的, 但不是对称的. 例 7.8 提供了 $\text{TS}_1 \preceq \text{TS}_2$ 但 $\text{TS}_2 \not\preceq \text{TS}_1$ 的例子. 然而, 像任意前序一样, $\preceq$ 诱导一个等价关系, 即 $\preceq$ 的核, 其定义为 $\simeq = \preceq \cap \preceq^{-1}$. 它由互相模拟的所有迁移系统对 $(\text{TS}_1, \text{TS}_2)$ 组成. 称关系 $\simeq$ 为模拟等价.

定义 7.13　模拟等价

若 $\text{TS}_1 \preceq \text{TS}_2$ 且 $\text{TS}_2 \preceq \text{TS}_1$, 则称 (AP 上的) TS_1 和 TS_2 是模拟等价的, 记作 $\text{TS}_1 \simeq \text{TS}_2$. ■

例 7.11　模拟等价的迁移系统

图 7.23 中的迁移系统 TS_1 和 TS_2 是模拟等价的. 因为 TS_1 是 TS_2 的一个子图 (在同构的意义下, 即状态等同), 所以显然有 $\text{TS}_1 \preceq \text{TS}_2$. 现在考虑相反的情况, 用 $s_1 \to s_2$ 模拟 TS_2 中的迁移 $t_1 \to t_2$. 形式上,

$$\mathcal{R} = \{(t_1, s_1), (t_2, s_2), (t_3, s_2), (t_4, s_3)\}$$

是 $(\text{TS}_2, \text{TS}_1)$ 的一个模拟. 由此推出 $\text{TS}_2 \preceq \text{TS}_1$ 并得到 $\text{TS}_1 \simeq \text{TS}_2$.

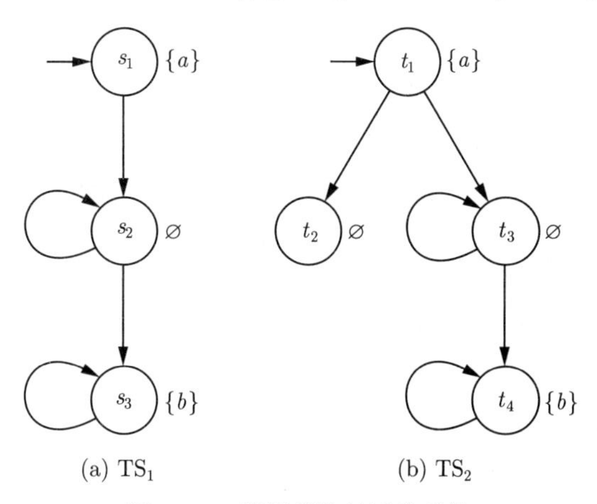

图 7.23　模拟等价的迁移系统

例 7.8 中描述的饮料售货机如果 (如前所述) 使用命题集合 $\text{AP} = \{\text{pay}, \text{beer}, \text{soda}\}$, 就不是模拟等价的. 然而对于 $\text{AP} = \{\text{pay}\}$ 或者 $\text{AP} = \{\text{pay}, \text{drink}\}$, $\text{TS}_1 \simeq \text{TS}_2$ 成立. ■

也可用模拟前序 $\preceq$ 及其诱导的等价去比较单个迁移系统的状态.

定义 7.14 作为状态关系的模拟序

令 $\mathrm{TS} = (S, \mathrm{Act}, \to, I, \mathrm{AP}, L)$ 是迁移系统. TS 的一个模拟是满足以下条件的二元关系 $\mathcal{R} \subseteq S \times S$:

对任意 $(s_1, s_2) \in \mathcal{R}$ 都有

(1) $L(s_1) = L(s_2)$.

(2) 若 $s_1' \in \mathrm{Post}(s_1)$, 则存在 $s_2' \in \mathrm{Post}(s_2)$ 使得 $(s_1', s_2') \in \mathcal{R}$.

若存在 TS 的模拟 $\mathcal{R}$, 使得 $(s_1, s_2) \in \mathcal{R}$, 则称状态 s_1 被状态 s_2 模拟 (或者 s_2 模拟 s_1), 记作 $s_1 \preceq_{\mathrm{TS}} s_2$. 若 $s_1 \preceq_{\mathrm{TS}} s_2$ 且 $s_2 \preceq_{\mathrm{TS}} s_1$, 则称 TS 的状态 s_1 和 s_2 是模拟等价的, 记作 $s_1 \simeq_{\mathrm{TS}} s_2$. ■

对状态 s, 令 $\mathrm{Sim}_{\mathrm{TS}}(s)$ 表示 s 的模拟器的集合, 即模拟 s 的状态的集合, 形式上写为

$$\mathrm{Sim}_{\mathrm{TS}}(s) = \{s' \in S \mid s \preceq_{\mathrm{TS}} s'\}$$

图 7.24 总结了到目前为止已介绍的分支时间关系.

模拟序		
$s_1 \preceq_{\mathrm{TS}} s_2$	$\Leftrightarrow$	存在 TS 的模拟 $\mathcal{R}$, 使得 $(s_1, s_2) \in \mathcal{R}$
模拟等价		
$s_1 \simeq_{\mathrm{TS}} s_2$	$\Leftrightarrow$	$s_1 \preceq_{\mathrm{TS}} s_2$ 且 $s_2 \preceq_{\mathrm{TS}} s_1$
互模拟等价		
$s_1 \sim_{\mathrm{TS}} s_2$	$\Leftrightarrow$	存在 TS 的互模拟 $\mathcal{R}$, 使得 $(s_1, s_2) \in \mathcal{R}$

图 7.24 分支时间关系 $\preceq_{\mathrm{TS}}$、$\simeq_{\mathrm{TS}}$ 和 $\sim_{\mathrm{TS}}$ 的总结

正如 7.1.1 节对互模拟的描述, $S \times S$ 上的关系 $\preceq_{\mathrm{TS}}$ 可由 $\preceq$ 产生:

$$s_1 \preceq_{\mathrm{TS}} s_2 \text{ 当且仅当 } \mathrm{TS}_{s_1} \preceq \mathrm{TS}_{s_2}$$

其中, TS_s 由 TS 通过让 s 作为 TS 的唯一初始状态得到; 反之, 如果 TS_1 的每个初始状态 s_1 都在迁移系统 $\mathrm{TS}_1 \oplus \mathrm{TS}_2$ 中被 TS_2 的一个初始状态 s_2 模拟, 那么 $\mathrm{TS}_1 \preceq \mathrm{TS}_2$. 类似的发现也适用于模拟等价. 如果 (s_1, s_2) 包含于 $(\mathrm{TS}_1, \mathrm{TS}_2)$ 的某个模拟中, 就可以说迁移系统 TS_1 的状态 s_1 被迁移系统 TS_2 的状态 s_2 模拟.

类似于引理 7.3, $\preceq_{\mathrm{TS}}$ 是最粗的模拟. 此外, TS 上的模拟序是 TS 的状态空间上的前序 (即自反的和传递的), 并且是 TS 上的所有模拟的并.

引理 7.17 $\preceq_{\mathrm{TS}}$ 是前序和最粗的模拟.

对于迁移系统 $\mathrm{TS} = (S, \mathrm{Act}, \to, I, \mathrm{AP}, L)$ 有以下结论成立:

(1) $\preceq_{\mathrm{TS}}$ 是 S 上的前序.

(2) $\preceq_{\mathrm{TS}}$ 是 TS 的模拟.

(3) $\preceq_{\mathrm{TS}}$ 是 TS 的最粗的模拟.

证明: 由引理 7.14 得到第一个结论. 为了证明第二个结论, 证明 $\preceq_{\mathrm{TS}}$ 满足 TS 上的模拟 (定义 7.14) 的条件 (1) 和 (2). 对于 TS 的状态 s_1 和 s_2, 设 $s_1 \preceq s_2$. 那么存在包含 (s_1, s_2) 的模拟 $\mathcal{R}$. 因为定义 7.14 的条件 (1) 和 (2) 对于 $\mathcal{R}$ 中的任意状态对都成立, 所

以 $L(s_1) = L(s_2)$, 且对任意迁移 $s_1 \to s_1'$, 都存在迁移 $s_2 \to s_2'$, 使得 $(s_1', s_2') \in \mathcal{R}$. 因此, $s_1' \preceq_{\text{TS}} s_2'$. 所以, $\preceq_{\text{TS}}$ 是 TS 的一个模拟.

第三个结论由第二个结论 ($\preceq_{\text{TS}}$ 是一个模拟) 以及"若存在包含 (s_1, s_2) 的模拟, 则 $s_1 \preceq_{\text{TS}} s_2$"这一事实得到. 因此, 每个模拟 $\mathcal{R}$ 都包含于 $\preceq_{\text{TS}}$ 中. ■

下面对迁移系统 $\text{TS} = (S, \text{Act}, \to, I, \text{AP}, L)$ 定义模拟等价下的商迁移系统. 为简便起见, 省略下标 TS, 将模拟关系写为 $\preceq$ 而不是 $\preceq_{\text{TS}}$, 将模拟等价写为 $\simeq$ 而不是 $\simeq_{\text{TS}}$.

定义 7.15 模拟商系统

对于迁移系统 $\text{TS} = (S, \text{Act}, \to, I, \text{AP}, L)$, 模拟商迁移系统 $\text{TS}/\simeq$ 定义如下:

$$\text{TS}/\simeq\, = (S/\simeq, \{\tau\}, \to_\simeq, I_\simeq, \text{AP}, L_\simeq)$$

其中, $I_\simeq = \{[s]_\simeq \mid s \in I\}$, $L_\simeq([s]_\simeq) = L(s)$, 而且用以下规则定义 $\to_\simeq$:

$$\frac{s \xrightarrow{\alpha} s'}{[s]_\simeq \xrightarrow{\tau}_\simeq [s']_\simeq}$$ ■

注意, 定义 7.15 中的迁移关系与 TS 的互模拟商类似, 只是前者考虑 $\simeq$ 下而非 $\sim$ 下的等价类. 从 $\to_\simeq$ 的定义得

$$B \to_\simeq C \quad \text{当且仅当} \quad \exists s \in B. \exists s' \in C. s \to s'$$

与互模拟商不同, 这不等价于

$$B \to_\simeq C \quad \text{当且仅当} \quad \forall s \in B. \exists s' \in C. s \to s'$$

用文字描述就是: $B \to_\simeq C$ 不表明对任意 $s \in B$ 都有 $\text{Post}(s) \cap C \neq \varnothing$. 因此, 通常有 $\text{TS} \not\sim \text{TS}/\simeq$. 但对于 TS 和 $\text{TS}/\simeq$ 可在两个方向确定模拟, 即 TS 和 $\text{TS}/\simeq$ 是模拟等价的, 见定理 7.8.

定理 7.8 TS 和 $\text{TS}/\simeq$ 的模拟等价

$\text{TS} \simeq \text{TS}/\simeq$ 对于任何迁移系统 TS 都成立.

证明: 由关系 $\mathcal{R} = \{(s, [s]_\simeq) \mid s \in S\}$ 是 $(\text{TS}, \text{TS}/\simeq)$ 的模拟可直接得到 $\text{TS} \preceq \text{TS}/\simeq$. 下面通过确定 $(\text{TS}/\simeq, \text{TS})$ 的模拟 $\mathcal{R}'$ 证明 $\text{TS}/\simeq\, \preceq \text{TS}$. 首先, $\mathcal{R}' = \mathcal{R}^{-1} = \{([s]_\simeq, s) \mid s \in S\}$ 是不充分的, 这是因为即使 $s' \simeq s$, $s' \to t'$ 也有可能 $[t']_\simeq \cap \text{Post}(s) = \varnothing$. 而

$$\mathcal{R}' = \{([s]_\simeq, t) \mid s \preceq t\}$$

却是 $(\text{TS}/\simeq, \text{TS})$ 的模拟. 证之如下. 因为 $s_0 \preceq s_0$[译注 123] 且 $s_0 \in I$, 所以 $\text{TS}/\simeq$ 的每个初始状态 $[s_0]_\simeq$ 都被 TS 的初始状态模拟. 此外, 因为 $s \preceq t$ 且 s 的模拟器集合 $\text{Sim}_{\text{TS}}(s) = \{s' \in S \mid s \preceq_{\text{TS}} s'\}$ 中的所有状态的标记都相同, 所以 $[s]_\simeq$ 和 t 的标记相同. 对于 $s \preceq t$, 尚需证明 $[s]_\simeq$ 的每个迁移都被 t 的迁移模拟. 令 $B \in S/\simeq, (B, t) \in \mathcal{R}'$, 并且 $B \to_\simeq C$ 是 $\text{TS}/\simeq$ 的迁移. 由 $\to_\simeq$ 的定义知, 存在 TS 的状态 $s \in B$ 和迁移 $s \to s'$ 使得 $C = [s']_\simeq$. 因为 $(B, t) \in \mathcal{R}'$, 所以 t 模拟某个状态 $u \in B$, 即对某个 $u \in B$ 有 $u \preceq t$. 因

为 $s, u \in B$ 并且 B 中所有状态都是模拟等价的, 所以得到 $u \preceq t$ 且 $s \preceq u$ (以及 $u \preceq s$). 根据 $\preceq$ 的传递性, 有 $s \preceq t$. TS 因而存在迁移 $t \to t'$ 使得 $s' \preceq t'$. 根据 $\mathcal{R}'$ 的定义, $(C, t') = ([s']_{\simeq}, t') \in \mathcal{R}'$. ■

注记 7.8 模拟商系统的替代定义

考虑模拟商系统的以下替代定义. 令 TS 是一个如上的迁移系统, 并且

$$\mathrm{TS}/{\simeq'} \;=\; (S/{\simeq}, \{\tau\}, \to'_{\simeq}, I_{\simeq}, \mathrm{AP}, L_{\simeq})$$

其中, $I_{\simeq}$ 和 $L_{\simeq}$ 和在定义 7.15 中相同, 而 $\mathrm{TS}/{\simeq'}$ 的迁移由规则[译注 124]

$$\frac{B, B' \in S/{\simeq} \wedge \forall s \in B \exists s' \in B'.\, s \to s'}{B \to'_{\simeq} B'}$$

产生 (省略了动作标记, 因它们在这里无关紧要). 显然, $\mathrm{TS}/{\simeq'}$ 被 TS 模拟, 因为 $\mathcal{R} = \{([s]_{\simeq}, s) \mid s \in S\}$ 是 $(\mathrm{TS}/{\simeq'}, \mathrm{TS})$ 的模拟. 然而, 不能保证反之也成立, 即 TS 被 $\mathrm{TS}/{\simeq'}$ 模拟未必成立.

以例示之. 假设 TS 有两个初始状态 s_1 和 s_2 满足 $\mathrm{Post}(s_1) = \{2i+1 \mid i \geqslant 0\}$ 和 $\mathrm{Post}(s_2) = \{2i \mid i \geqslant 0\}$. 此外假设

$$1 \preceq 2 \preceq 3 \preceq \cdots$$

而状态 $n+1 \not\preceq n$, $\forall n \in \mathbb{N}$. 例如, 设 TS 的状态空间为 $\{s_1, s_2\} \cup \mathbb{N} \cup \{t_n \mid n \in \mathbb{N}\}$, 而且 $\forall i \geqslant 0$, $j = 1, 2$ 令 $s_j \to 2i + (j \bmod 2)$[译注 125], $\forall n \geqslant 0$ 令 $n \to t_n$ 且 $t_{n+1} \to t_n$, 再令 t_0 是终止状态. 此外, 令 $\mathrm{AP} = \{a, b\}$ 以及 $L(s_1) = L(s_2) = \{a\}$, $L(n) = \{b\}$ 和 $L(t_n) = \varnothing$, $n \geqslant 0$. 那么, 由 $t_i \preceq_{\mathrm{TS}} t_j$ 当且仅当 $i < j$ 得

$$i \preceq_{\mathrm{TS}} j \;\text{ 当且仅当 }\; i < j$$

及 $s_1 \simeq_{\mathrm{TS}} s_2$. 在商系统 $\mathrm{TS}/{\simeq'}$ 中, 状态 s_1 和 s_2 坍缩成它们的模拟等价类 $B = \{s_1, s_2\}$. 因为 $\mathbb{N}$ 中任意两个状态都不模拟等价, s_1 和 s_2 没有共同的直接后继, 所以 B 是 $\mathrm{TS}/{\simeq'}$ 的一个终止状态. 特别地, $\mathrm{TS}/{\simeq'}$ 的可达片段仅由初始状态 B 组成并且没有任何迁移. 因此 $\mathrm{TS}/{\simeq'}$ 和 TS 不是模拟等价的.

在上面的例子中 TS 是无限的. 然而, 对于有限的迁移系统, $\mathrm{TS}/{\simeq'}$ 模拟 TS, 使得 TS 和 $\mathrm{TS}/{\simeq'}$ 模拟等价. 为看出原因, 只需确定 $(\mathrm{TS}, \mathrm{TS}/{\simeq'})$ 的一个模拟即可. 令

$$\mathcal{R}' = \{(s, [t]_{\simeq}) \mid s \preceq t\}$$

并证明 $\mathcal{R}'$ 是 $(\mathrm{TS}, \mathrm{TS}/{\simeq'})$ 的一个模拟. 条件 (A) 和 (B.1) 是明显的. 使用以下断言检查条件 (B.2):

断言. 如果 $B \in S/{\simeq}$, $t \in B$ 且 $t \to t'$, 那么存在迁移 $t \to t'_{\max}$, 使得 $t' \preceq t'_{\max}$ 且 $B \to'_{\simeq} [t'_{\max}]_{\simeq}$.

断言的证明. 设 $t'_{\max}$ 在以下意义上是最大的, 对任意满足 $t'_{\max} \preceq v$ 的迁移 $t \to v$ 都有 $t'_{\max} \simeq v$ (因为 TS 是有限的, 所以这样的最大的元素是存在的). 对每一状态 $u \in B$ 都

有 $t \simeq u$. 因 $t \preceq u$, 故存在满足 $t'_{\max} \preceq u'$ 的迁移 $u \to u'$. 反过来, 因 $u \preceq t$, 故存在满足 $u' \preceq v$ 的迁移 $t \to v$. 而后由 $\preceq$ 的传递性得 $t'_{\max} \preceq v$. 再由 $t'_{\max}$ 的最大性得 $t'_{\max} \simeq v$. 又因 $t'_{\max} \preceq u' \preceq v$, 故 $t'_{\max} \simeq u'$. 总之, 所有状态 $u \in B$ 都有走向 $[t'_{\max}]_{\simeq}$ 中的一个状态的出迁移. 这导致 $B \to'_{\simeq} [t'_{\max}]_{\simeq}$.

当 TS 有限时, 用上述断言证明 $\mathcal{R}'$ 满足条件 (B.2). 设 $(s, B) \in \mathcal{R}'$, $s \to s'$ 是 TS 中的迁移. 任取代表元 $t \in B$. 由 $\mathcal{R}'$ 的定义知状态 t 模拟 s. 因此, 存在满足 $s' \preceq t'$ 的迁移 $t \to t'$. 由上述断言得: 存在迁移 $t \to t'_{\max}$ 使得 $t' \preceq t'_{\max}$ 且 $B \to'_{\simeq} C$, 其中 $C = [t'_{\max}]_{\simeq}$. 而后得出 $s' \preceq t'_{\max}$, 并因此 $(s', C) \in \mathcal{R}'$. ■

7.4.2 互模拟、模拟与迹等价

本书已在迁移系统上定义了不同的等价和前序关系. 本节比较互模拟、模拟、(无限和有限) 迹等价以及模拟前序和迹包含. 在本节中, 令 $\mathrm{TS}_i = (S_i, \mathrm{Act}_i, \to_i, I_i, \mathrm{AP}, L_i)$ 是 AP 上的迁移系统, $i = 1, 2$. 首先看到互模拟等价蕴涵模拟等价. 这可简单地由互模拟所需条件的对称性得到. 然而, 存在模拟等价的迁移系统, 它们不是互模拟等价的. 注意, 互模拟等价要求: 若 $s_1 \sim s_2$, 则每一迁移 $s_1 \to s'_1$ 都能被一个满足 $s'_1 \sim s'_2$ 的迁移 $s_2 \to s'_2$ 模拟. 然而, 模拟等价却只是要求: 若 $s_1 \simeq s_2$, 则 $s_1 \to s'_1$ 可被满足 $s'_1 \preceq s'_2$ (但不必 $s'_1 \simeq s'_2$!) 的 $s_2 \to s'_2$ 模拟. 下面的例子说明 $\mathrm{TS}_1 \simeq \mathrm{TS}_2$ 不总是蕴涵 $\mathrm{TS}_1 \sim \mathrm{TS}_2$.

例 7.12 相似但不互似的迁移系统

考虑如图 7.25 所示的迁移系统 TS_1 和 TS_2. $\mathrm{TS}_1 \not\sim \mathrm{TS}_2$, 因为 TS_2 中没有状态 s_2 的互似状态; 唯一的候选是 t_2, 而 s_2 不能模仿 $t_2 \to t_4$. 然而, TS_1 和 TS_2 是模拟等价的. 因为 TS_2 是 TS_1 的一个子图 (在同构意义下), 所以得 $\mathrm{TS}_2 \preceq \mathrm{TS}_1$. 此外, $\mathrm{TS}_1 \preceq \mathrm{TS}_2$, 因为

$$\mathcal{R} = \{(s_1, t_1), (s_2, t_2), (s_3, t_2), (s_4, t_3), (s_5, t_4)\}$$

是 $(\mathrm{TS}_1, \mathrm{TS}_2)$ 的一个模拟关系. ■

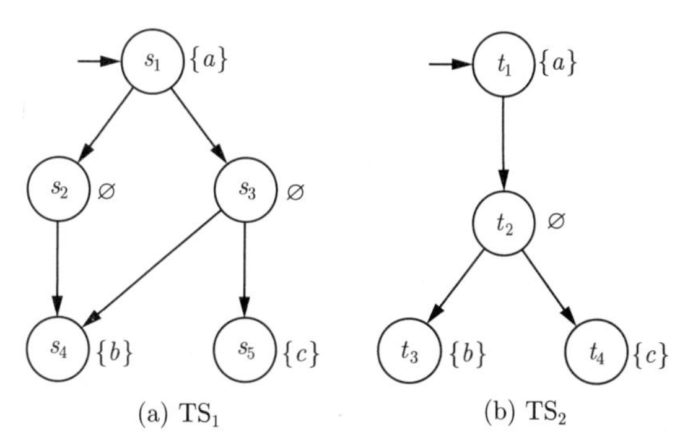

图 7.25 模拟等价但不是互模拟等价迁移系统

定理 7.9 互模拟等价严格地比模拟等价细.

$\mathrm{TS}_1 \sim \mathrm{TS}_2$ 蕴涵 $\mathrm{TS}_1 \simeq \mathrm{TS}_2$, 但可能有 $\mathrm{TS}_1 \not\sim \mathrm{TS}_2$ 而 $\mathrm{TS}_1 \simeq \mathrm{TS}_2$.

证明: 假设 $\mathrm{TS}_1 \sim \mathrm{TS}_2$. 那么存在 $(\mathrm{TS}_1, \mathrm{TS}_2)$ 的互模拟 $\mathcal{R}$. 直接可得 $\mathcal{R}$ 是 $(\mathrm{TS}_1, \mathrm{TS}_2)$ 模拟且 $\mathcal{R}^{-1}$ 是 $(\mathrm{TS}_2, \mathrm{TS}_1)$ 的模拟. 因此, $\mathrm{TS}_1 \simeq \mathrm{TS}_2$. 例 7.12 提供的迁移系统 TS_1 和 TS_2 满足 $\mathrm{TS}_1 \simeq \mathrm{TS}_2$, 但 $\mathrm{TS}_1 \not\sim \mathrm{TS}_2$. ■

回忆 AP 确定性的概念 (见定义 2.4).

定义 7.16 AP 确定的迁移系统

如果迁移系统 $\text{TS} = (S, \text{Act}, \to, I, \text{AP}, L)$ 满足以下两个条件:

(1) 对于 $A \subseteq \text{AP}$, $|I \cap \{s \mid L(s) = A\}| \leqslant 1$.

(2) 对于 $s \in S$, 若 $s \xrightarrow{\alpha} s'$, $s \xrightarrow{\alpha} s''$ 且若 $L(s') = L(s'')$, 则 $s' = s''$.

就称 TS 是 AP 确定的. ■

$\sim$ 和 $\simeq$ 之间的差异极其依赖于 AP 确定性, 例如, 图 7.25(a) 所示的迁移系统 TS_1 不是 AP 确定的, 因为它的初始状态有两个不同的 $\varnothing$ 后继.

定理 7.10 AP 确定性蕴涵 $\sim$ 和 $\simeq$ 相同.

若 TS_1 和 TS_2 是 AP 确定的, 则 $\text{TS}_1 \sim \text{TS}_2$ 当且仅当 $\text{TS}_1 \simeq \text{TS}_2$.

证明: 见习题 7.3. ■

这就完成了互模拟等价和模拟等价之间的比较. 为了能够与迹等价比较, 首先考虑 $\preceq$ 与 (有限和无限) 迹包含之间的关系.

定理 7.11 模拟序与有限迹包含.

$\text{TS}_1 \preceq \text{TS}_2$ 蕴涵 $\text{Traces}_{\text{fin}}(\text{TS}_1) \subseteq \text{Traces}_{\text{fin}}(\text{TS}_2)$

证明: 假设 $\text{TS}_1 \preceq \text{TS}_2$. 令 $\widehat{\pi}_1$ 是 $s_1 = s_{0,1}s_{1,1}s_{2,1}\cdots s_{n,1} \in \text{Paths}_{\text{fin}}(s_1)$, 其中 $s_1 \in I_1$, 即 s_1 是 TS_1 中的初始状态. 因 $\text{TS}_1 \preceq \text{TS}_2$, 故存在 $s_2 \in I_2$ 使得 $s_1 \preceq s_2$. 因 $\preceq$ 可提升到有限路径片段 (见引理 7.16), 故存在 $\widehat{\pi}_2 \in \text{Paths}_{\text{fin}}(s_2)$, 例如形式为 $s_2 = s_{0,2}s_{1,2}s_{2,2}\cdots s_{n,2}$[译注 126], 使得 $\widehat{\pi}_1 \preceq \widehat{\pi}_2$, 即对 $0 \leqslant j \leqslant n$ 有 $s_{j,1} \preceq s_{j,2}$. 而后对 $0 \leqslant j \leqslant n$ 有 $L(s_{j,1}) = L(s_{j,2})$, 即 $\text{trace}(\pi_1) = \text{trace}(\pi_2)$. ■

推论 7.3 模拟保持安全性质.

令 P_{safe} 是一个安全 LT 性质, TS_1 与 TS_2 是没有终止状态的 (AP 上的) 迁移系统. 那么

$$\text{TS}_1 \preceq \text{TS}_2 \text{ 且 } \text{TS}_2 \models P_{\text{safe}} \text{ 蕴涵 } \text{TS}_1 \models P_{\text{safe}}$$

证明: 由定理 7.11 和以下事实直接得到: $\text{Traces}_{\text{fin}}(\text{TS}_2) \supseteq \text{Traces}_{\text{fin}}(\text{TS}_1)$ 蕴涵 "若 $\text{TS}_2 \models P_{\text{safe}}$ 则 $\text{TS}_1 \models P_{\text{safe}}$" (见定理 3.1). ■

定理 7.11 把模拟前序和有限迹包含联系起来, 但对迹包含却并非如此. 一般情况下 $\text{TS}_1 \preceq \text{TS}_2$ 并不蕴涵 $\text{Traces}(\text{TS}_1) \subseteq \text{Traces}(\text{TS}_2)$. 以例示之.

例 7.13 模拟前序不蕴涵迹包含.

考虑图 7.26 中的迁移系统 TS_1 和 TS_2. 有 $\text{TS}_1 \preceq \text{TS}_2$, 但 $\text{Traces}(\text{TS}_1) \not\subseteq \text{Traces}(\text{TS}_2)$, 这是因为 $\{a\}\varnothing \in \text{Traces}(\text{TS}_1)$ 而 $\{a\}\varnothing \notin \text{Traces}(\text{TS}_2)$[译注 127]. 这是由于 $s_2 \preceq t_2$, 但是当 s_2 是终止状态时 t_2 却不是 (注意, 终止状态可被标记相同的任意状态模拟, 无论后者是不是终止状态). 因此, TS_1 中的迹可以结束于 s_2, 但 TS_2 中迹不能结束于 t_2. ■

此例表明, 终止状态是不保持迹包含的基本因素. 的确, 如果在 TS_1 中不存在终止状态且 $\text{TS}_1 \preceq \text{TS}_2$, 那么 TS_1 的所有路径都是无限的, 且模拟的路径片段提升使得 TS_1 的每条路径都能提升到 TS_2 的无限路径. 由此可得出定理 7.12.

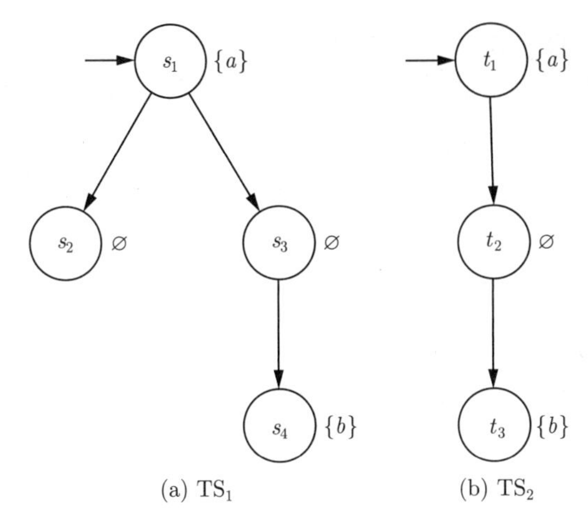

(a) TS_1 (b) TS_2

图 7.26 $\text{TS}_1 \preceq \text{TS}_2$, 但 $\text{Traces}(\text{TS}_1) \not\subseteq \text{Traces}(\text{TS}_2)$

定理 7.12 模拟序和迹包含

若 $\text{TS}_1 \preceq \text{TS}_2$ 且 TS_1 没有终止状态, 则 $\text{Traces}(\text{TS}_1) \subseteq \text{Traces}(\text{TS}_2)$. ■

因此, 对于没有终止状态的迁移系统, 推论 7.3 对任意 LT 性质均成立, 而不只是对安全性质成立.

对 AP 确定的迁移系统类可得类似的结果. 但是在这里必须处理模拟等价和迹等价(而不是模拟前序和迹包含).

定理 7.13 AP 确定系统中的模拟

如果 $\text{TS}_1 \simeq \text{TS}_2$ 并且 TS_1 与 TS_2 是 AP 确定的, 那么 $\text{Traces}(\text{TS}_1) = \text{Traces}(\text{TS}_2)$.

证明: 见习题 7.3. ■

推论 7.4 模拟等价与 (有限) 迹等价.

对 AP 上的迁移系统 TS_1 和 TS_2:

(a) 若 $\text{TS}_1 \simeq \text{TS}_2$, 则 $\text{Traces}_{\text{fin}}(\text{TS}_1) = \text{Traces}_{\text{fin}}(\text{TS}_2)$.

(b) 若 TS_1 和 TS_2 无终止状态且 $\text{TS}_1 \simeq \text{TS}_2$, 则 $\text{Traces}(\text{TS}_1) = \text{Traces}(\text{TS}_2)$.

(c) 若 TS_1 和 TS_2 是 AP 确定的, 则

$$\text{TS}_1 \simeq \text{TS}_2 \quad \text{当且仅当} \quad \text{Traces}(\text{TS}_1) = \text{Traces}(\text{TS}_2)$$

证明: 结论 (a) 由定理 7.11 得到; 结论 (b) 由定理 7.12 得到; 由定理 7.13 得结论 (c) 的必要性, 由习题 7.3 得结论 (c) 的充分性. ■

无终止状态的模拟等价的迁移系统满足相同的 LT 特性, 因此满足相同的 LTL 公式. 由推论 7.4 的结论 (c) 与定理 7.10 得, 对 AP 确定的迁移系统, $\sim$、$\simeq$ 和迹等价是一致的. (有限) 迹等价不蕴涵模拟等价. 例 7.8 中的两台饮料售货机说明了这一点.

注记 7.9 互模拟等价和迹等价

因为 $\sim$ 比 $\simeq$ 细, 所以由定理 7.11 得出 $\sim$ 比有限迹等价细:

$$\text{TS}_1 \sim \text{TS}_2 \text{ 蕴涵 } \text{Traces}_{\text{fin}}(\text{TS}_1) = \text{Traces}_{\text{fin}}(\text{TS}_2)$$

互模拟等价的迁移系统甚至是迹等价的. 即, 若 $\text{TS}_1 \sim \text{TS}_2$, 则 $\text{Traces}(\text{TS}_1) = \text{Traces}(\text{TS}_2)$.

这可用于任何迁移系统 TS_1, 即不要求没有终止状态 (如定理 7.12). 这源于以下事实: 终止状态不互似于非终止状态, 而终止状态可被任意相同标记的状态模拟. ■

图 7.27 以 Hasse 图的形式总结了互模拟、模拟与 (有限和无限) 迹等价以及模拟序与迹包含之间的关系. 图的顶点是关系, 从 $\mathcal{R}$ 到 $\mathcal{R}'$ 的有向边表示 $\mathcal{R}$ 严格地比 $\mathcal{R}'$ 细, 即 $\mathcal{R}$ 比 $\mathcal{R}'$ 更具区分力. 前面讲过, 对于 AP 确定的迁移系统, $\sim$、$\simeq$ 和迹等价是一致的.

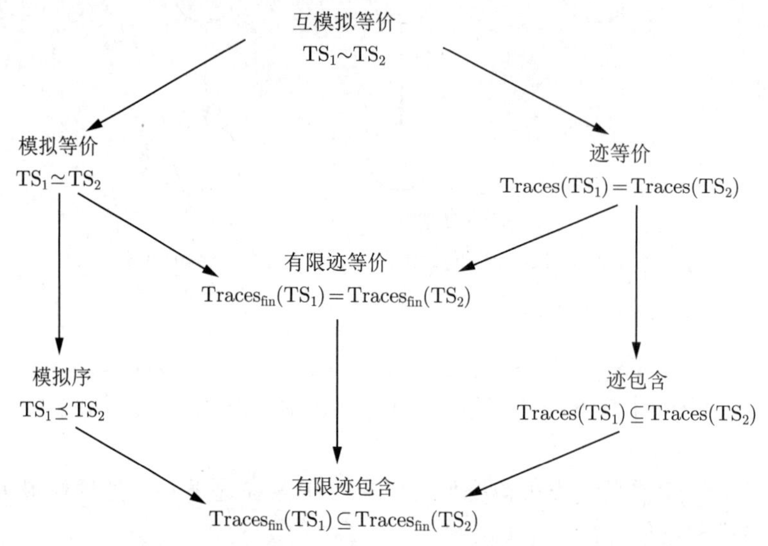

图 7.27 迁移系统上的等价和前序之间的关系[译注 128]

7.5 模拟等价和 $\forall$CTL* 等价

本节的目标是提供模拟序 $\preceq$ 的逻辑特征. 定理 7.4 断言互模拟等价与 CTL* (和 CTL) 等价对没有终止状态的有限迁移系统是一致的. 本节将确定一个与定理 7.4 类似的结果. 即, 给定两个迁移系统 TS_1 和 TS_2, 目的是用某些时序逻辑在 TS_1 和 TS_2 上的满足关系来描述关系 $\preceq$ 的特征. 事实上, 由 7.4.2 节的结果可推断出: 对没有终止状态的迁移系统, $TS_1 \preceq TS_2$ 蕴涵 TS_1 和 TS_2 的迹包含, 因此, 对 LTL 公式 φ, 只要 $TS_2 \models \varphi$ 就有 $TS_1 \models \varphi$. 本节证明这不仅可以应用于任意 LTL 公式, 而且可以应用于包含 LTL 的 CTL* 的一个片段.

因为 $\preceq$ 不对称, 不能指望能用允许任意状态公式的否定的 CTL* 的子逻辑描述 $\preceq$ 的特征. 推导如下. 令 L 是 CTL* 的对否定封闭的一个片段, 即 $\Phi \in L$ 蕴涵 $\neg\Phi \in L$, 且满足对于任意没有终止状态的迁移系统 TS 及其状态 s_1、s_2 都有

$$s_1 \preceq_{TS} s_2 \quad \text{iff} \quad \text{对 } L \text{ 的任意状态公式 } \Phi\text{: } s_2 \models \Phi \Rightarrow s_1 \models \Phi$$

令 $s_1 \preceq_{TS} s_2$. 注意, $s_2 \models \neg\Phi$ 蕴涵 $s_1 \models \neg\Phi$, 即 $s_1 \not\models \neg\Phi$ 蕴涵 $s_2 \not\models \neg\Phi$. 那么, 对于 L 的任意状态公式 Φ:

$$s_1 \models \Phi \Rightarrow s_1 \not\models \neg\Phi \Rightarrow s_2 \not\models \neg\Phi \Rightarrow s_2 \models \Phi$$

因此 $s_2 \preceq_{TS} s_1$. 一个描述 $\preceq_{TS}$ 特征的逻辑不能对否定封闭, 因为这就要求 $\preceq_{TS}$ 是对称的, 然而情况并非如此.

引理 7.16 的证明非形式化地解释了为什么对每个使得 $s_2 \models \varphi$ 的 LTL 公式 φ 都有 $s_1 \models \varphi$. 假如 φ 中的状态公式既不包含否定也不包含存在量词, 这些发现就可推广到形如 $\forall\varphi$ 的 CTL* 公式. 这些思考促成了 CTL* 的全称片段的定义 ∀CTL*.

定义 7.17　CTL* 的全称片段

CTL* 的全称片段 (记为 ∀CTL*) 由

$$\Phi ::= \text{true} \mid \text{false} \mid a \mid \neg a \mid \Phi_1 \wedge \Phi_2 \mid \Phi_1 \vee \Phi_2 \mid \forall\varphi$$
$$\varphi ::= \Phi \mid \bigcirc\varphi \mid \varphi_1 \wedge \varphi_2 \mid \varphi_1 \vee \varphi_2 \mid \varphi_1 \,\mathsf{U}\, \varphi_2 \mid \varphi_1 \,\mathsf{R}\, \varphi_2$$

给定的状态公式 Φ 和路径公式 φ 组成, 其中 $a \in AP$. ■

要求 ∀CTL* 中的状态公式是正范式 (否定只能紧邻原子命题出现) 且不含存在路径量词. 因此, 要把释放运算符 R 作为该逻辑的基本运算符. CTL 的全称片段 (记为 ∀CTL) 由 ∀CTL* 的定义通过限制路径公式为

$$\varphi ::= \bigcirc\Phi \mid \Phi_1 \,\mathsf{U}\, \Phi_2 \mid \Phi_1 \,\mathsf{R}\, \Phi_2$$

得到. 由 ∀CTL* 路径公式 $\Diamond\varphi = \text{true}\,\mathsf{U}\,\varphi$ 和 $\Box\varphi = \text{false}\,\mathsf{R}\,\varphi$ 得到终将运算符和总是运算符. 同样, 在 ∀CTL 中, 这些模态通过 $\forall\Diamond\Phi = \forall(\text{true}\,\mathsf{U}\,\Phi)$ 和 $\forall\Box\Phi = \forall(\text{false}\,\mathsf{R}\,\Phi)$ 得到.

∀CTL* 覆盖所有能用 CTL* 表示的安全性质. 引理 7.18 表明任意 LTL 公式都存在等价的 ∀CTL* 公式.

引理 7.18　∀CTL* 包含 LTL

对于每个 LTL 公式 φ 都存在等价的 ∀CTL* 公式.

证明: 由定理 5.2 得, 对于任意 LTL 公式 φ, 都存在与其等价的正范式. 由 ∀CTL* 和 LTL 的正范式的定义直接得到以下结论: 可把 LTL 中的任意正范式看作 ∀CTL* 公式. ■

反之, CTL* 的全称片段却比 LTL 更具表达力, 因为 $\forall\Diamond\forall\Box a$ 是 ∀CTL* 公式, 但没有与之等价的 LTL 公式. 定理 7.14 为模拟序指出了用 ∀CTL* 和 ∀CTL 刻画的时序逻辑特征.

定理 7.14　模拟序和 ∀CTL*/∀*CTL*

令 TS 是没有终止状态的有限迁移系统, s_1、s_2 是 TS 的状态. 下列结论是等价的:

(a) $s_1 \preceq_{TS} s_2$.

(b) 对任意 ∀CTL* 公式 Φ, $s_2 \models \Phi$ 蕴涵 $s_1 \models \Phi$.

(c) 对任意 ∀CTL 公式 Φ, $s_2 \models \Phi$ 蕴涵 $s_1 \models \Phi$.

证明: 证明方法类似于定理 7.4.

(a) ⇒ (b) 可从下面的结论对状态空间为 S 的任意迁移系统 (不必有限) TS 成立得到.

(i) 若 $s_1 \preceq_{TS} s_2$, 则对任意 ∀CTL* 状态公式 Φ, $s_2 \models \Phi$ 蕴涵 $s_1 \models \Phi$.

(ii) 若 $\pi_1 \preceq_{TS} \pi_2$, 则对任意 ∀CTL* 路径公式 φ, $\pi_2 \models \varphi$ 蕴涵 $\pi_1 \models \varphi$.

类似于引理 7.7, 用结构归纳法证明这些结论, 此处省略证明过程, 也可见习题 7.14. 在证明 (i) 的归纳步骤中, 为了处理公式 $\forall\varphi$, 假设给定的迁移系统没有终止状态很重要, 因为这样就允许路径提升而不只是路径片段提升.

(b) ⇒ (c) 是显然的, 因为 ∀CTL 是 ∀CTL* 的一个子逻辑.

最后证明 (c) $\Rightarrow$ (a). 令 S 是有限迁移系统 TS 的状态空间. 只需证明

$$\mathcal{R} = \{(s_1, s_2) \in S \times S \mid \forall \Phi \in \forall\text{CTL}^*. \, s_2 \models \Phi \Rightarrow s_1 \models \Phi\}$$

是 TS 的模拟. 下面通过检查模拟关系的条件证明 (c) $\Rightarrow$ (a). 令 $(s_1, s_2) \in \mathcal{R}$.

(1) 如果 AP 是有限的, 就可用以下公式论证:

$$\Phi = \bigwedge_{a \in L(s_2)} a \wedge \bigwedge_{a \in \text{AP} \setminus L(s_2)} \neg a$$

注意, Φ 是命题公式的正范式, 因而是 $\forall$CTL 公式. 由 $s_2 \models \Phi$ 和 $(s_1, s_2) \in \mathcal{R}$ 得 $s_1 \models \Phi$. 因为 Φ 唯一地刻画了 s_1 的标记, 所以有 $L(s_1) = L(s_2)$.

如果 AP 是无限的, 需要一个略有不同的论证. 令 $a \in \text{AP}$. 如果 $a \in L(s_2)$, 那么 $s_2 \models a$. 因原子命题 a 是一个 $\forall$CTL 公式, 故得 $s_1 \models a$ (由 $\mathcal{R}$ 的定义), 因此 $a \in L(s_1)$. 类似地, 如果 $a \notin L(s_2)$, 那么 $s_2 \models \neg a$. 同样, 由于 $\neg a$ 是一个 $\forall$CTL 公式并根据 $\mathcal{R}$ 的定义, 得到 $s_1 \models \neg a$, 因此 $a \notin L(s_1)$. 这就得出 $L(s_1) = L(s_2)$.

(2) 确定模拟关系的条件 (2) 的思路是: 对状态 u 关于 $\mathcal{R}$ 的向下闭包, 定义一个 $\forall$CTL 主公式 Φ_u, 即

$$\text{Sat}(\Phi_u) = u\!\downarrow\, = \{t \in S \mid (t, u) \in \mathcal{R}\}$$

Φ_u 的定义如下. 如果 u、t 是 TS 中的状态, $t \notin u\!\downarrow$, 那么根据 $u\!\downarrow$ 和 $\mathcal{R}$ 的定义, 存在 $\forall$CTL 公式 $\Phi_{u,t}$, 使得 $u \models \Phi_{u,t}$ 且 $t \not\models \Phi_{u,t}$. 令 Φ_u 是所有满足 $t \notin u\!\downarrow$ 的公式 $\Phi_{u,t}$ 的合取:

$$\Phi_u = \bigwedge_{\substack{t \in S \\ (t,u) \notin \mathcal{R}}} \Phi_{u,t}$$

由于 TS 有限, Φ_u 由有限合取产生, 因此 Φ_u 是一个 $\forall$CTL 公式. 实际上 Φ_u 是 $u\!\downarrow$ 的一个主公式:

$$\text{Sat}(\Phi_u) = u\!\downarrow$$

下面证之. 若 $v \notin u\!\downarrow$, 则 $(v, u) \notin \mathcal{R}$ 且 Φ_u 有形式 $\cdots \wedge \Phi_{u,v} \wedge \cdots$. 所以, $v \not\models \Phi_u$ (由于 $v \not\models \Phi_{u,v}$), 并因此 $v \notin \text{Sat}(\Phi_u)$; 反之, 若 $v \in u\!\downarrow$, 则 $(v, u) \in \mathcal{R}$. 由于 $u \models \Phi_u$, 所以可得 $v \models \Phi_u$ (根据 $\mathcal{R}$ 的定义). 因此, $v \in \text{Sat}(\Phi_u)$.

尚需证明只要 $(s_1, s_2) \in \mathcal{R}$ 且 $s_1 \to s_1'$, 就有满足 $(s_1', s_2') \in \mathcal{R}$ 的 $s_2 \to s_2'$. 因 TS 是有限的, 故 s_2 的直接后继的集合也是有限的, 例如 $\text{Post}(s_2) = \{u_1, u_2, \cdots, u_k\}$. 对于 $0 < i \leqslant k$, 令 $\Phi_i = \Phi_{u_i}$ 是 $u_i\!\downarrow$ 的主公式. 由 $u_i \in u_i\!\downarrow$ 得 $u_i \models \Phi_i$. 因此

$$s_2 \models \forall\bigcirc \bigvee_{0 < i \leqslant k} \Phi_i$$

因为 $(s_1, s_2) \in \mathcal{R}$ 且 $\forall\bigcirc \bigvee\limits_{0 < i \leqslant k} \Phi_i$ 是 $\forall$CTL 公式, 所以有

$$s_1 \models \forall\bigcirc \bigvee_{1 \leqslant i \leqslant k} \Phi_i$$

因为 $s_1' \in \text{Post}(s_1)$, 所以存在某个 $i \in \{1,2,\cdots,k\}$ 使 $s_1' \in \text{Sat}(\varPhi_i)$. 因此, $s_1' \in u_i\!\downarrow$, 即 $(s_1', u_i) \in \mathcal{R}$. 取 $s_2' = u_i$, 则得 $s_2 \to s_2'$ 且 $(s_1', s_2') \in \mathcal{R}$. ■

可为迁移系统之间的模拟序改写定理 7.14. 可得, 对任意 $\forall\text{CTL}^*$ (或者 $\forall$CTL) 公式 $\varPhi$,

$$\text{TS}_1 \preceq \text{TS}_2 \;\; \text{当且仅当} \;\; \text{TS}_2 \models \varPhi \Rightarrow \text{TS}_1 \models \varPhi$$

由于定理 7.14 的证明没有利用直到运算符, 这一结论适用于由文字 (即原子命题及其否定)、合取、析取和模态 $\forall\bigcirc$ 组成的 CTL* 片段.

例 7.14　区分不相似迁移系统

考虑图 7.28 中的迁移系统 TS_1 和 TS_2. TS_2 模拟 TS_1, 但是由于初始状态中的自循环, $\text{TS}_2 \npreceq \text{TS}_1$. 也可如下确定这一结论, 提供一个 $\forall$CTL 公式 $\varPhi$, 以使得 $\text{TS}_1 \models \varPhi$ 而 $\text{TS}_2 \not\models \varPhi$.

$$\varPhi = \forall\bigcirc(\forall\bigcirc\neg a \vee \forall\bigcirc a)$$

就是这样的 $\forall$CTL 公式. ■

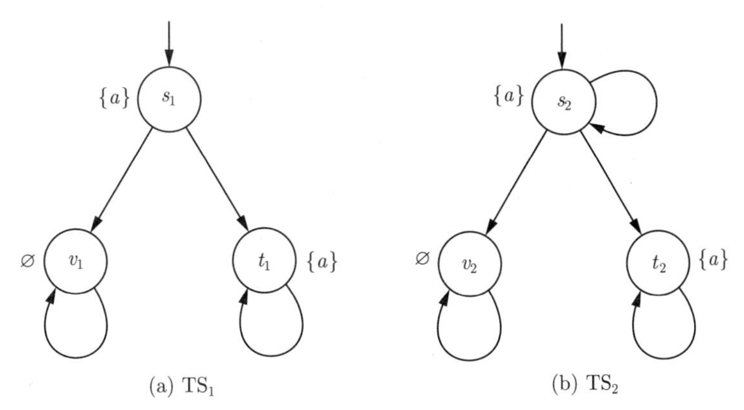

图 7.28　$\text{TS}_1 \preceq \text{TS}_2$, 但 $\text{TS}_2 \npreceq \text{TS}_1$

利用 CTL* 的对偶规则 $\forall\varphi = \neg\exists\neg\varphi$, 把全称量词 $\forall$ 换为存在量词 $\exists$, 就得到 $\preceq$ 的另一逻辑特征. 由定理 7.14 得

$$s_1 \preceq_{\text{TS}} s_2 \quad \text{iff} \quad \text{对任意公式 } \exists\varphi\text{: } s_1 \models \exists\varphi \text{ 蕴涵 } s_2 \models \exists\varphi$$

其中 φ 是不含全称路径量词的任意一个 CTL* 路径公式, 并且它是正范式. 这样的公式是 $\exists\text{CTL}^*$ 公式.

定义 7.18　CTL* 的存在片段

CTL* 的*存在片段* (记为 $\exists\text{CTL}^*$) 由给定的状态公式 $\varPhi$ 和路径公式 φ 组成:

$$\varPhi ::= \text{true} \;\big|\; \text{false} \;\big|\; a \;\big|\; \neg a \;\big|\; \varPhi_1 \wedge \varPhi_2 \;\big|\; \varPhi_1 \vee \varPhi_2 \;\big|\; \exists\varphi$$

$$\varphi ::= \varPhi \;\big|\; \bigcirc\varphi \;\big|\; \varphi_1 \wedge \varphi_2 \;\big|\; \varphi_1 \vee \varphi_2 \;\big|\; \varphi_1 \,\mathsf{U}\, \varphi_2 \;\big|\; \varphi_1 \,\mathsf{R}\, \varphi_2$$

其中 $a \in \text{AP}$. ■

CTL 的存在片段, 记为 $\exists$CTL, 通过限制以上定义中的路径公式为

$$\varphi ::= \bigcirc\varPhi \;\big|\; \varPhi_1 \,\mathsf{U}\, \varPhi_2 \;\big|\; \varPhi_1 \,\mathsf{R}\, \varPhi_2$$

得到. 终将模态和总是模态也可像在 $\forall\text{CTL}^*$ 和 $\forall$CTL 中那样导出.

定理 7.15 模拟序和 $\exists$CTL*/$\exists$CTL

令 TS 是一个没有终止状态的有限迁移系统, s_1、s_2 是 TS 的状态. 下列结论是等价的:

(a) $s_1 \preceq_{\text{TS}} s_2$.

(b) 对所有 $\exists$CTL* 公式 Φ, $s_1 \models \Phi$ 蕴涵 $s_2 \models \Phi$.

(c) 对所有 $\exists$CTL 公式 Φ, $s_1 \models \Phi$ 蕴涵 $s_2 \models \Phi$.

证明: 因为这里的结论 (b) 和 (c) 分别是定理 7.14 中的结论 (b) 和 (c) 的对偶, 所以可直接从定理 7.14 得到. ■

推论 7.5 模拟等价的特征

令 TS 是一个没有终止状态的有限迁移系统, s_1、s_2 是 TS 的状态. 那么下面 5 个结论是等价的:

(a) $s_1 \simeq_{\text{TS}} s_2$.

(b) s_1 和 s_2 满足相同的 $\forall$CTL* 公式.

(c) s_1 和 s_2 满足相同的 $\forall$CTL 公式.

(d) s_1 和 s_2 满足相同的 $\exists$CTL* 公式.

(e) s_1 和 s_2 满足相同的 $\exists$CTL 公式.

证明: 用定理 7.14 和定理 7.15 得到结论. ■

实际上, 以下理由可以巩固这一结果: 上面列出的等价与关于 CTL 的下述子逻辑的逻辑等价是一致的, 只包含原子命题及其否定、合取、析取、下一步运算符以及全称或存在量词之一的子逻辑.

7.6 求模拟商的算法

本节介绍获得有限迁移系统 TS 的模拟商 TS/$\simeq$ 的算法. 此类算法用于两个目的: 首先, 通过考虑 $\text{TS}_1 \oplus \text{TS}_2$ 的模拟商, 可用于验证是否 $\text{TS}_1 \simeq \text{TS}_2$; 其次, 可完全自动地得到抽象的 (因而更小的) 迁移系统 TS/$\simeq$. 由于 TS $\simeq$ TS/$\simeq$, 所以, 对 TS/$\simeq$ 的任意验证结论, 无论是否定的还是肯定的, 都可带到 TS. 这适合用 CTL 或者 CTL* 的全称或存在片段表示的任意公式. 由于模拟等价比互模拟等价粗, 商 TS/$\simeq$ 的大小至多等于 (甚至也许显著小于) TS/$\sim$ 的大小. 给定无限状态的迁移系统, 它的互模拟商也许是无限的, 而它的模拟商是有限的.

本节的目标是给出一个算法, 它输入可能带终止状态的有限迁移系统 TS $= (S, \text{Act}, \to, I, \text{AP}, L)$, 并计算模拟序 $\preceq_{\text{TS}}$. 显然, 这种算法还同时产生检验一个有限迁移系统是否模拟另一个有限迁移系统的自动方法, 是证明有限迹包含的一个可靠但不完备的技术. 算法 7.6 简述了计算模拟序的基本思想.

迭代次数的上界是 $|S|^2$, 因为

$$S \times S \supseteq \mathcal{R}_0 \supsetneqq \mathcal{R}_1 \supsetneqq \mathcal{R}_2 \supsetneqq \cdots \supsetneqq \mathcal{R}_n = \preceq$$

其中, $\mathcal{R}_i$ 表示在第 $i+1$ 次迭代开始时的关系 $\mathcal{R}$.

下面讨论可以高效实现这一算法的一些细节. 不再显式地表示 $\mathcal{R}$, 而用

$$\text{Sim}_{\mathcal{R}}(s_1) = \{s_2 \in S \mid (s_1, s_2) \in \mathcal{R}\}$$

来表示, 其中 $\text{Sim}_{\mathcal{R}}(s_1)$ 是 $\text{Sim}_{\text{TS}}(s_1)$ 的一个超集. 这就产生了算法 7.7.

算法 7.6 计算模拟序 (基本思想)

输入: AP 上的状态空间为 S 的有限迁移系统 TS

输出: 模拟序 $\preceq_{\text{TS}}$

$\mathcal{R} := \{(s_1, s_2) \mid L(s_1) = L(s_2)\}$;
while $\mathcal{R}$ 不是模拟 **do**
  选择 $(s_1, s_2) \in \mathcal{R}$ 使 $s_1 \to s_1'$, 但没有 s_2' 使 $s_2 \to s_2'$ 且 $(s_1', s_2') \in \mathcal{R}$;
  $\mathcal{R} := \mathcal{R} \setminus \{(s_1, s_2)\}$;
od
return $\mathcal{R}$

算法 7.7 计算模拟序 (第一次细化)

输入: AP 上的状态空间为 S 的有限迁移系统 TS

输出: 模拟序 $\preceq_{\text{TS}}$

for all $s_1 \in S$ **do**
  $\text{Sim}(s_1) := \{s_2 \in S \mid L(s_1) = L(s_2)\}$; (* 初始化 *)
od
while $\exists (s_1, s_2) \in S \times \text{Sim}(s_1). \exists s_1' \in \text{Post}(s_1)$ 使 $\text{Post}(s_2) \cap \text{Sim}(s_1') = \varnothing$ **do**
  选择这样的一对状态 (s_1, s_2); (* $s_1 \not\preceq s_2$ *)
  $\text{Sim}(s_1) := \text{Sim}(s_1) \setminus \{s_2\}$;
od (* 对任何 s, $\text{Sim}(s) = \text{Sim}_{\text{TS}}(s)$ *)
return $\{(s_1, s_2) \mid s_2 \in \text{Sim}(s_1)\}$

算法 7.7 是一个直截了当的实现, 它的时间复杂度为 $O(M \cdot |S|^3)$, 其中 M 是状态图 $G(\text{TS})$ 中的边数, 假设它至少是 $|S|$.

下面简要说明如何确定这个时间复杂度. 在每次迭代中, 对每个迁移 $s_1 \to s_1'$, 检验是否存在不能模拟此迁移的状态 $s_2 \in \text{Sim}(s_1)$. 让计数器 $\delta(s_1', s_2)$ 表示 s_2 的属于 s_1' 的当前模拟器集合的后继数, 即

$$\delta(s_1', s_2) = |\text{Post}(s_2) \cap \text{Sim}(s_1')|$$

对每个 $s_2 \in \text{Sim}(s_1)$ 和 $s_1' \in \text{Post}(s_1)$ 设置 $\delta(s_1', s_2) = |\text{Post}(s_2)|$, 以这种方式初始化这些计数器可在 $O(M \cdot |S|)$ 内完成. 把检查 $\text{Post}(s_2) \cap \text{Sim}(s_1') = \varnothing$ 归约到检查是否 $\delta(s_1', s_2) = 0$. 假定用矩阵表示 δ, 该检查耗时 $O(1)$. 现在考虑一次迭代期间的操作. 当从 $\text{Sim}(s_1)$ 中删除 s_2 时, 同时设置

$$\delta(s_1, v_2) := \delta(s_1, v_2) - 1, \forall v_2 \in \text{Pre}(s_2)$$

(v_2 的能模拟 s_1 的直接后继数减 1, 即状态 s_2.) 假设用列表表示集合 $\text{Pre}(\cdot)$, 位向量表示模拟器集合 $\text{Sim}(\cdot)$, 那么 while 循环体 (当完成整个迭代时) 的总时间复杂度不超过 $O(M \cdot |S|)$. 注意, 每个状态 s_2 最多从 $\text{Sim}(s_1)$ 中删除一次. 因此, while 循环体执行的总步数的上限为

$$O\Big(\sum_{s_1 \in S} \underbrace{\sum_{s_2 \in S} |\text{Pre}(s_2)|}_{=M}\Big) = O(M \cdot |S|)$$

为了检查 $\mathcal{R}$ 是否是模拟, 可能要检查所有迁移 $s_1 \to s_1'$ 和所有状态 s_2 并检查计数器 $\delta(s_1', s_2)$ 是否是 0. 若是且 $(s_1, s_2) \in \mathcal{R}$, 则 $\mathcal{R}$ 就不是模拟, 在 while 循环体中也就找到了一对将要从 $\mathcal{R}$ 中删除的状态 (s_1, s_2). 由于 $|S|^2$ 是 while 循环的迭代次数的上限, 而且检查 while 循环的条件所需的时间不超过 $O(M \cdot |S|)$ 之内, 所以算法 7.7 的总时间复杂度为 $O(M \cdot |S|^3)$.

用一个简单的技巧, 时间复杂度就能减少到 $O(M \cdot |S|^2)$. 这个想法就是用列表组织满足 $\delta(s_1', s_2) = 0$ 的所有状态对 (s_1', s_2), 每次迭代选择一个这样的状态对 (s_1', s_2), 而不是搜寻违反模拟条件的状态对 (s_1, s_2). 在每次迭代中, 遍历 s_1' 的前驱列表, 并对每个状态 $s_1 \in \text{Pre}(s_1')$ 检查是否 $s_2 \in \text{Sim}(s_1)$. 若是, 就从 $\text{Sim}(s_1)$ 中删除 s_2, 并对任意状态 $v_2 \in \text{Pre}(s_2)$ 递减计数器 $\delta(s_1, v_2)$. 当 $\delta(s_1, v_2)$ 变为 0 时, 就把状态对 (s_1, v_2) 插入那个组织 $\delta(\cdot)$ 是 0 的所有状态对的列表.

效率改进 继续改进算法 7.7, 使其最坏时间复杂度为 $O(M \cdot |S|)$. 这种高效实现的要点是下面的发现. 假设 $s_1 \to s_1'$ 和 $s_2 \to s_2'$, 并且即将从 $\text{Sim}(s_1')$ 删除 s_2'. 如果状态 s_2' 是 s_2 仅有的属于 s_1' 的当前模拟器集合的直接后继, 即

$$s_1 \in \text{Pre}(s_1'), s_2 \in \text{Sim}(s_1) \text{ 且 } \text{Sim}(s_1') \cap \text{Post}(s_2) = \{s_2'\}$$

那么不存在能模拟 $s_1 \to s_1'$ 的迁移 $s_2 \to s_2'$. 因此, 可安全地从 $\text{Sim}(s_1)$ 删除 s_2, 事实上, 可删除 s_2' 的满足这一性质的任意直接前驱.

这一发现可推广到状态集合. 令 $\text{Sim}_{\text{old}}(s_1) \supseteq \text{Sim}(s_1)$ 表示从 $\text{Sim}(s_1)$ 删除最后一个状态之前的模拟器集合. 开始时 $\text{Sim}_{\text{old}}(s_1) = S$. 在从 $\text{Sim}(s_1')$ 删除 s_2' 时, 考虑 s_1' 的所有直接前驱, 并从 $\text{Sim}(s_1)$ 删除

$$\text{Remove}(s_1') = \text{Pre}(\text{Sim}_{\text{old}}(s_1')) \setminus \text{Pre}(\text{Sim}(s_1'))$$

中的所有状态. 这是合理的, 因为这个集合的所有状态都没有后继模拟 s_1', 所以这些状态不能模拟 s_1' 的任何前驱 (注意, $\text{Post}(s_2) \cap \text{Sim}(s_1') \neq \varnothing$ 当且仅当 $s_2 \in \text{Pre}(\text{Sim}(s_1'))$). 这就得出算法 7.8, 它也需要考虑终止状态不可能在非终止状态的模拟器的集合中. 因此, 当第一次考虑 s_1' 时, $\text{Remove}(s_1')$ 由 $\text{Pre}(S) \setminus \text{Pre}(\text{Sim}(s_1'))$ 和所有终止状态组成, 即定义 $\text{Remove}(s_1') = S \setminus \text{Pre}(\text{Sim}(s_1'))$.

下一发现是, 不必显式地表示集合 $\text{Sim}_{\text{old}}(\cdot)$. 修改 $\text{Sim}(s_1)$ 时动态调整集合 $\text{Remove}(\cdot)$. 对所有 $s_1' \in S$, 可用 $\text{Remove}(s_1') = \varnothing$ 代替迭代终止条件. 直观上, 这意味着对于 $s_1 \in \text{Pre}(s_1')$, 没有状态需要从模拟器集合 $\text{Sim}(s_1)$ 中删除. 令 s_1' 是满足 $\text{Remove}(s_1') \neq \varnothing$ 的状态. 现在考虑满足

$$s_2 \in \text{Remove}(s_1') = \text{Pre}(\text{Sim}_{\text{old}}(s_1')) \setminus \text{Pre}(\text{Sim}(s_1'))$$

且 $s_1 \in \text{Pre}(s_1')$ 的所有状态对 $(s_1, s_2) \in S \times S$. 那么, $s_1 \to s_1'$, 但没有迁移 $s_2 \to s_2' \in \text{Sim}(s_1')$. 从而得出 $s_1 \not\preceq_{\text{TS}} s_2$. 因此, s_2 可从 $\text{Sim}(s_1)$ 中删除. 从而, 集合 $\text{Remove}(s_1)$ 被满足以下条件的任意状态 s 扩展:

$$s \in \text{Pre}(s_2) \text{ 且 } \text{Post}(s) \cap \text{Sim}(s_1) = \varnothing$$

对这些状态 s 有: 如果 $u \to s_1$, 那么没有匹配的迁移 $s \to t$, 使得 $t \in \text{Sim}(s_1)$. 因此, $u \not\preceq_{\text{TS}} s$. 这样, 如果在 while 循环的后续迭代中选择状态 s_1, 那么就关注前驱 $u \in \text{Pre}(s_1)$ 的模拟器集合, 而从 $\text{Sim}(u)$ 删除状态 s. 这就得出算法 7.9.

算法 7.8 计算模拟序 (第二次细化)

输入: AP 上的状态空间为 S 的有限迁移系统 TS

输出: 模拟序 $\preceq_{\rm TS}$

for all $s_1 \in S$ **do**

  $\mathrm{Sim}_{\rm old}(s_1)$:= 未定义;

  $\mathrm{Sim}(s_1) := \{s_2 \in S \mid L(s_1) = L(s_2)\}$

od

while $\exists s \in S$ 使得 $\mathrm{Sim}_{\rm old}(s) \neq \mathrm{Sim}(s)$ **do**

  选择 s'_1 使得 $\mathrm{Sim}_{\rm old}(s'_1) \neq \mathrm{Sim}(s'_1)$

  if $\mathrm{Sim}_{\rm old}(s'_1)$ = 未定义 **then**

    $\mathrm{Remove}(s'_1) := S \setminus \mathrm{Pre}(\mathrm{Sim}(s'_1))$

  else

    $\mathrm{Remove}(s'_1) := \mathrm{Pre}(\mathrm{Sim}_{\rm old}(s'_1)) \setminus \mathrm{Pre}(\mathrm{Sim}(s'_1))$

  fi

  for all $s_1 \in \mathrm{Pre}(s'_1)$ **do**

    $\mathrm{Sim}(s_1) := \mathrm{Sim}(s_1) \setminus \mathrm{Remove}(s'_1)$

  od

  $\mathrm{Sim}_{\rm old}(s'_1) := \mathrm{Sim}(s'_1)$

od

return $\{(s_1, s_2) \mid s_2 \in \mathrm{Sim}(s_1)\}$

算法 7.9 计算模拟序

输入: AP 上的状态空间为 S 的有限迁移系统 TS

输出: 模拟序 $\preceq_{\rm TS}$

for all $s_1 \in S$ **do**

  $\mathrm{Sim}(s_1) := \{s_2 \in S \mid L(s_1) = L(s_2)\}$;

  $\mathrm{Remove}(s_1) := S \setminus \mathrm{Pre}(\mathrm{Sim}(s_1))$

od

(* 循环不变式: $\mathrm{Remove}(s'_1) \subseteq S \setminus \mathrm{Pre}(\mathrm{Sim}(s'_1))$ *)

while ($\exists s'_1 \in S$ 使得 $\mathrm{Remove}(s'_1) \neq \varnothing$) **do**

  选择 s'_1 使得 $\mathrm{Remove}(s'_1) \neq \varnothing$;

  for all $s_2 \in \mathrm{Remove}(s'_1)$ **do**

    for all $s_1 \in \mathrm{Pre}(s'_1)$ **do**

      if $s_2 \in \mathrm{Sim}(s_1)$ **then**

        $\mathrm{Sim}(s_1) := \mathrm{Sim}(s_1) \setminus \{s_2\}$ (* $s_2 \in \mathrm{Sim}_{\rm old}(s_1) \setminus \mathrm{Sim}(s_1)$ *)

        for all $s \in \mathrm{Pre}(s_2)$ 使得 $\mathrm{Post}(s) \cap \mathrm{Sim}(s_1) = \varnothing$ **do**

        (* $s \in \mathrm{Pre}(\mathrm{Sim}_{\rm old}(s_1)) \setminus \mathrm{Pre}(\mathrm{Sim}(s_1))$ *)

          $\mathrm{Remove}(s_1) := \mathrm{Remove}(s_1) \cup \{s\}$

        od

      fi

    od

  od

  $\mathrm{Remove}(s'_1) := \varnothing$; (* $\mathrm{Sim}_{\rm old}(s'_1) := \mathrm{Sim}(s'_1)$ *)

od

return $\{(s_1, s_2) \mid s_2 \in \mathrm{Sim}(s_1)\}$

定理 7.16　算法 7.9 的部分正确性

在终止时, 算法 7.9 返回 $\preceq_{\mathrm{TS}}$.

证明: 首先可以看出最外层的循环 (即 while 循环) 保持下面的循环不变式. 对任意状态 $s_1 \in S$, 以下结论成立.

(a) $\mathrm{Remove}(s_1) \subseteq S \setminus \mathrm{Pre}(\mathrm{Sim}(s_1))$.

(b) $\{s_2 \in S \mid s_1 \preceq_{\mathrm{TS}} s_2\} \subseteq \mathrm{Sim}(s_1) \subseteq \{s_2 \in S \mid L(s_1) = L(s_2)\}$.

(c) 对所有 $s_2 \in \mathrm{Sim}(s_1)$, 下面两个结论之一成立:

- $\exists s_1' \in \mathrm{Post}(s_1)$ 使得 $\mathrm{Post}(s_2) \cap \mathrm{Sim}(s_1') = \varnothing$ 并且 $s_2 \in \mathrm{Remove}(s_1')$.
- 对所有 $s_1' \in \mathrm{Post}(s_1)$, $\mathrm{Post}(s_2) \cap \mathrm{Sim}(s_1') \neq \varnothing$.

由结论 (c) 得, 如果对任意 $s_1' \in S$, $\mathrm{Remove}(s_1') = \varnothing$, 那么:

$$\forall s_1 \in S. \forall s_2 \in \mathrm{Sim}(s_1). \forall s_1' \in \mathrm{Post}(s_1). \mathrm{Post}(s_2) \cap \mathrm{Sim}(s_1') \neq \varnothing$$

因此, 在终止时, 关系 $\mathcal{R} = \{(s_1, s_2) \mid s_2 \in \mathrm{Sim}(s_1)\}$ 是 TS 的模拟. 结论 (b) 蕴涵 $\mathcal{R}$ 与 $\preceq_{\mathrm{TS}}$ 相同, 因为 $\preceq_{\mathrm{TS}}$ 是 TS 的最粗的模拟. ■

引理 7.19　算法 7.9 的终止性

对每一状态对 $(s_2, s_1') \in S \times S$, 最多一次把状态 s_2 移入 (出) 集合 $\mathrm{Remove}(s_1')$. 尤其是算法 7.9 最多需要 $O(|S|^2)$ 次迭代.

证明: 设 $s_2 \in \mathrm{Remove}(s_1')$, s_1' 是最外层迭代中选择的状态. 那么 $s_2 \notin \mathrm{Pre}(\mathrm{Sim}(s_1'))$ (根据定理 7.16 的证明中确定的循环不变式 (a)). 因为模拟器集合是递减的, 所以在所有后续迭代中 $s_2 \notin \mathrm{Remove}(s_1')$. 将 $s = s_2$ 插入 $\mathrm{Remove}(s_1')$ 的唯一机会是, 对某个满足 $\mathrm{Post}(s) \cap \mathrm{Sim}(s_1') = \{\bar{s}_2\}$ 的状态 $\bar{s}_2 \in \mathrm{Sim}(s_1')$ 恰好有 $s \in \mathrm{Pre}(\bar{s}_2)$. 但这样就使得 $s_2 = s \in \mathrm{Pre}(\mathrm{Sim}(s_1'))$. 因此, 一旦从 $\mathrm{Remove}(s_1')$ 删除 s_2, 就不会再把它添加到 $\mathrm{Remove}(s_1')$ 中. ■

引理 7.19 是推导算法 7.9 的时间复杂度的起点. 令 M 是 TS 的状态图的边数, 并设 $M \geqslant |S|$. 假设可用列表表示前驱的集合 $\mathrm{Pre}(\cdot)$. 作为计算 $\preceq$ 的初始算法, 借助计数器

$$\delta(s_1, s) = |\mathrm{Post}(s) \cap \mathrm{Sim}(s_1)|$$

使用算法 7.2 可在时间 $O(|S| \cdot |\mathrm{AP}|)$ 内得到初始模拟器集合 $\mathrm{Sim}(s_1) = \{s_2 \in S \mid L(s_1) = L(s_2)\}$. 然后, 在时间 $O(M \cdot |S|)$ 内计算集合 $\mathrm{Remove}(s_1)$ 和计数器 $\delta(s_1, s)$. 每次迭代都更新计数器 $\delta(s_1, s)$. 方法如下: 在从 $\mathrm{Sim}(s_1)$ 删除 s_2 时, 遍历列表 $\mathrm{Pre}(s_2)$ 并对每个 $s \in \mathrm{Pre}(s_1)$ 设置

$$\delta(s_1, s) := \delta(s_1, s) - 1$$

对 $\mathrm{Post}(s) \cap \mathrm{Sim}(s_1) = \varnothing$ 的检查可替换为检查 $\delta(s_1, s) = 0$, 其用时为常数. 最外层迭代的总成本可以估计如下: 对每个状态 s_2 和每条边 $s \to s_2$, 条件 $s_2 \in \mathrm{Remove}(s_1') \wedge s_2 \in \mathrm{Sim}(s_1)$ 最多满足一次. 因此, 代码片段

if $s_2 \in \mathrm{Sim}(s_1)$ **then**
　$\mathrm{Sim}(s_1) := \mathrm{Sim}(s_1) \setminus \{s_2\}$
　for all $s \in \mathrm{Pre}(s_2)$ **do**
　　if $\mathrm{Post}(s) \cap \mathrm{Sim}(s_1) = \varnothing$ **then**

```
            Remove(s₁) := Remove(s₁) ∪ {s}
          fi
        od
      fi
```

的成本是

$$O\Big(\underbrace{\sum_{s_2 \in S} |\mathrm{Pre}(s_2)|}_{M} \cdot \underbrace{\sum_{s_1 \in S} 1}_{|S|}\Big) = O(M \cdot |S|)$$

其中, 已汇总了 $s_2 \in \mathrm{Sim}(s_1)$ 的全部迭代的成本. 最外层的 for 循环的条件 $s_2 \in \mathrm{Remove}(s_1')$ 最多满足一次 (见引理 7.19). 因此所有内循环

```
  for all s₂ ∈ Remove(s₁′) do
    for all s₁ ∈ Pre(s₂′) do
      ⋮
    od
  od
```

的总成本的界限为 $O(M)$. 在假设 $M \geqslant |S|$ 下, 可得到定理 7.17.

定理 7.17　算法 7.9 的复杂度

算法 7.9 可在时间 $O(M \cdot |S| + |S| \cdot |\mathrm{AP}|)$ 内计算有限迁移系统 $\mathrm{TS} = (S, \mathrm{Act}, \rightarrow, I, \mathrm{AP}, L)$ 的模拟序 $\preceq$. ■

模拟等价 $\simeq_{\mathrm{TS}}$ 和模拟商系统 $\mathrm{TS}/\simeq$ 的计算可用同样的时间复杂度完成.

7.7　踏步线性时间关系

目前为止所考虑的等价关系和前序关系要求状态 s 的每个出迁移都被相关状态 s' 的出迁移模拟. 现在, 考虑放宽这个要求的迹等价和互模拟的变体. 不把所有迁移看成可见的, 而是允许用从 s' 开始的迁移序列模仿 s 的一个出迁移. 要求这种迁移序列是不可见的, 即序列中的所有状态改变 (除最后一个状态改变外) 不应改变原子命题在 s' 处的真值. 这种状态的改变称为踏步步骤, 也称为内部或不可观察的步骤. 称从这些踏步步骤抽象的等价和前序为弱的实现关系. 相比之下, 迹等价、$\sim$、$\preceq$ 和 $\simeq$ 是强实现关系, 因为这些关系把踏步步骤看成其他任意迁移. 弱的实现关系对系统合成与系统分析是重要的. 为了比较对给定系统在不同抽象层次建模的迁移系统, 要求逐个状态等价往往过于苛刻; 相反, 在高层次抽象迁移系统中的动作可以用更具体的迁移系统中的动作序列建模. 例如, 那时根本就不可能确定迹等价. 下面的例子说明了这一点.

例 7.15　内部迁移的抽象

考虑抽象程序片段 $x := y!$, 并设 $\mathrm{TS}_{\mathrm{abs}}$ 是它的基础迁移系统. 令 $\mathrm{TS}_{\mathrm{conc}}$ 建模迭代计算 y 的阶乘的具体程序片段:

```
  i := y; z := 1;
  while i > 1 do
    z := z * i; i := i − 1;
```

od

$x := z$;

显然, TS_{abs} 和 TS_{conc} 不是迹等价的. 然而, 在迭代 (以及初始赋值) 不影响原子命题的真值的假设下, 它们抽象迭代 (及初始赋值) 后是有关系的. 限制原子命题仅涉及 x 和 y 的值并且不涉及各个程序的位置等, 就可以保证上述假设. ■

其次, 通过从内部步骤抽象得到的商迁移系统也许明显地比相应强实现关系下的商迁移系统更小. 这是由于关于一个弱关系的商允许从迁移序列抽象, 聚合在此类路径上的所有状态. 然而有趣的是, 在这样的抽象下仍然保持相当丰富的性质集合.

本节关注迹包含和迹等价的弱版本. 7.8节讨论互模拟的弱版本.

7.7.1 踏步迹等价

内部步骤是不影响后继状态的标记的迁移. 因此, 直观地说, 一个内部步骤进行从外部不可见的或在某个抽象层次上认为无关的程序操作或变量控制. 这种迁移称为踏步步骤.

定义 7.19 踏步步骤

若 $L(s) = L(s')$, 则称迁移系统 $\text{TS} = (S, \text{Act}, \to, I, \text{AP}, L)$ 中的迁移 $s \to s'$ 是一个踏步步骤. ■

下面把踏步的概念提升到路径上. 如果两个路径的迹只是踏步步骤不同, 即如果有一个原子命题集合 $A_i \subseteq \text{AP}$ 的序列 $A_0A_1A_2\cdots$, 使得两个路径的迹的形式都是 $A_0^+A_1^+A_2^+\cdots$, 那么就称它们为踏步等价.

定义 7.20 路径的踏步等价

令 $\text{TS}_i = (S_i, \text{Act}_i, \to_i, I_i, \text{AP}_i, L_i)$ 是没有终止状态的迁移系统, 且 $\pi_i \in \text{Paths}(\text{TS}_i)$, $i = 1, 2$. 如果存在 $A_i \subseteq \text{AP}$ 的无限序列 $A_0A_1A_2\cdots$ 和自然数序列 $n_0, n_1, n_2, \cdots, m_0, m_1, m_2, \cdots \geqslant 1$, 使得

$$\text{trace}(\pi_1) = \underbrace{A_0\cdots A_0}_{n_0\text{ 次}}\underbrace{A_1\cdots A_1}_{n_1\text{ 次}}\underbrace{A_2\cdots A_2}_{n_2\text{ 次}}\cdots$$

$$\text{trace}(\pi_2) = \underbrace{A_0\cdots A_0}_{m_0\text{ 次}}\underbrace{A_1\cdots A_1}_{m_1\text{ 次}}\underbrace{A_2\cdots A_2}_{m_2\text{ 次}}\cdots$$

那么称 π_1 和 π_2 是踏步等价的, 记为 $\pi_1 \triangleq \pi_2$.

设 $\widehat{\pi}_1$ 和 $\widehat{\pi}_2$ 分别是迁移系统 TS_1 和 TS_2 的有限路径片段. 若存在有限序列 $A_0, A_1, \cdots, A_n \in (2^{\text{AP}})^+$, 使得 $\text{trace}(\widehat{\pi}_1)$ 和 $\text{trace}(\widehat{\pi}_2)$ 包含在由正则表达式 $A_0^+A_1^+\cdots A_n^+$ 给出的语言中, 则称 $\widehat{\pi}_1$ 和 $\widehat{\pi}_2$ 是踏步等价的, 记为 $\widehat{\pi}_1 \triangleq \widehat{\pi}_2$. ■

注意, 不要求不同的 $A_0, A_1, A_2, \cdots$. 通过让 $\text{TS}_1 = \text{TS}_2 = \text{TS}$, 踏步等价的概念可应用到迁移系统 TS 的 (有限或无限) 路径片段中.

例 7.16 踏步等价路径

考虑图 7.29 描述的迁移系统 TS_{Sem} 并令 $\text{AP} = \{\text{crit}_1, \text{crit}_2\}$.

在 TS_{Sem} 中, 所有同意第一个进程访问关键节段并且两个进程严格交替地访问关键节段的无限路径都是踏步等价的. 对进程 P_1 是第一个进入关键节段的情况, 所有这种路径具有以下形式的迹:

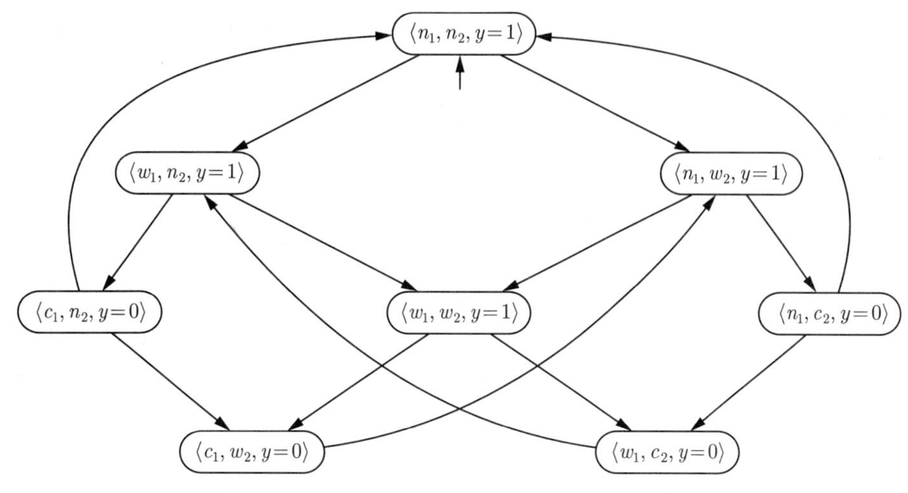

图 7.29　基于信号的互斥算法的迁移系统

$$\varnothing\cdots\varnothing\underbrace{\{\mathrm{crit}_1\}\cdots\{\mathrm{crit}_1\}}_{P_1\text{处于关键节段}}\varnothing\cdots\varnothing\underbrace{\{\mathrm{crit}_2\}\cdots\{\mathrm{crit}_2\}}_{P_2\text{处于关键节段}}\varnothing\cdots\varnothing\underbrace{\{\mathrm{crit}_1\}\cdots\{\mathrm{crit}_1\}}_{P_1\text{处于关键节段}}\cdots$$

例如, 考虑 $\mathrm{TS}_{\mathrm{Sem}}$ 中的下面两个无限路径:

$$\begin{aligned}\pi_1 = & \langle n_1, n_2\rangle \to \langle w_1, n_2\rangle \to \langle w_1, w_2\rangle \to \langle c_1, w_2\rangle \to \langle n_1, w_2\rangle \to \\ & \langle n_1, c_2\rangle \to \langle n_1, n_2\rangle \to \langle w_1, n_2\rangle \to \langle w_1, w_2\rangle \to \langle c_1, w_2\rangle \to \cdots \\ \pi_2 = & \langle n_1, n_2\rangle \to \langle w_1, n_2\rangle \to \langle c_1, n_2\rangle \to \langle c_1, w_2\rangle \to \langle n_1, w_2\rangle \to \\ & \langle w_1, w_2\rangle \to \langle w_1, c_2\rangle \to \langle w_1, n_2\rangle \to \langle c_1, n_2\rangle \to \cdots\end{aligned}$$

其中, 为简单起见, 在每个状态中省略了变量 y 的值. 因此, $\pi_1 \triangleq \pi_2$, 这是因为对 $\mathrm{AP} = \{\mathrm{crit}_1, \mathrm{crit}_2\}$ 有

$$\begin{aligned}\mathrm{trace}(\pi_1) &= \varnothing^3\{\mathrm{crit}_1\}\varnothing\{\mathrm{crit}_2\}\varnothing^3\{\mathrm{crit}_1\}\cdots \\ \mathrm{trace}(\pi_2) &= \varnothing^2(\{\mathrm{crit}_1\})^2\varnothing^2\{\mathrm{crit}_2\}\varnothing\{\mathrm{crit}_1\}\cdots\end{aligned}$$

图 7.30 显示了 $\mathrm{trace}(\pi_1)$ 和 $\mathrm{trace}(\pi_2)$ 以及它们的踏步等价. ■

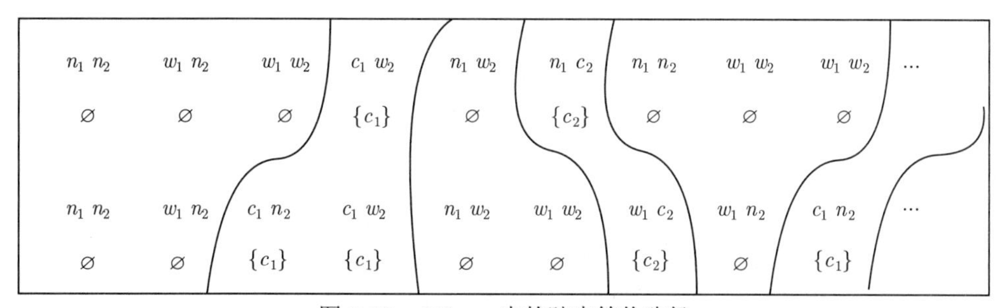

图 7.30　$\mathrm{TS}_{\mathrm{Sem}}$ 中的踏步等价路径

记法 7.2　执行和迹的踏步等价

可用显然的方式让踏步等价的概念适用于执行片段和 2^{AP} 上的单词. 若 TS_1 和 TS_2 的两个执行片段 ϱ_1 和 ϱ_2 诱导的路径片段是踏步等价的, 则称它们是踏步等价的, 记为

$\varrho_1 \triangleq \varrho_2$[译注 129] 相应地, 对 $A_0, A_1, A_2, \cdots \subseteq \text{AP}$, 若 2^{AP} 上的迹 σ_1 和 σ_2 的形式都是 $A_0^+ A_1^+ A_2^+ \cdots$, 则称它们是踏步等价的, 记为 $\sigma_1 \triangleq \sigma_2$. ■

只要 TS_1 的每个迹能被 TS_2 中的一个踏步等价迹模仿, 就称迁移系统 TS_1 和 TS_2 是踏步等价的; 反之亦然.

定义 7.21 迁移系统的踏步等价

设 TS_i 是 AP 上的迁移系统, $i = 1, 2$. 关系 $\trianglelefteq$ 被定义为

$$\text{TS}_1 \trianglelefteq \text{TS}_2 \ \text{ iff } \ \forall \sigma_1 \in \text{Traces}(\text{TS}_1) \big(\exists \sigma_2 \in \text{Traces}(\text{TS}_2).\, \sigma_1 \triangleq \sigma_2 \big)$$

如果 $\text{TS}_1 \trianglelefteq \text{TS}_2$ 并且 $\text{TS}_2 \trianglelefteq \text{TS}_1$, 那么称 TS_1 和 TS_2 是踏步迹等价的, 记为 $\text{TS}_1 \triangleq \text{TS}_2$. ■

显然, 如果 $\text{Traces}(\text{TS}_1) \subseteq \text{Traces}(\text{TS}_2)$[译注 130], 那么 $\text{TS}_1 \trianglelefteq \text{TS}_2$.

例 7.17 踏步迹包含

考虑图 7.31 中的迁移系统 TS_1、TS_2 和 TS_3. 可知:

$$\begin{aligned}
\text{Traces}(\text{TS}_1) &= \{(a\varnothing)^\omega, (a\varnothing)^* a^\omega\} \\
\text{Traces}(\text{TS}_2) &= \{(a^+\varnothing)^\omega, (a^+\varnothing)^* a)^\omega\} \\
\text{Traces}(\text{TS}_3) &= \{a^\omega, a^+(\varnothing a)^\omega\}.
\end{aligned}$$

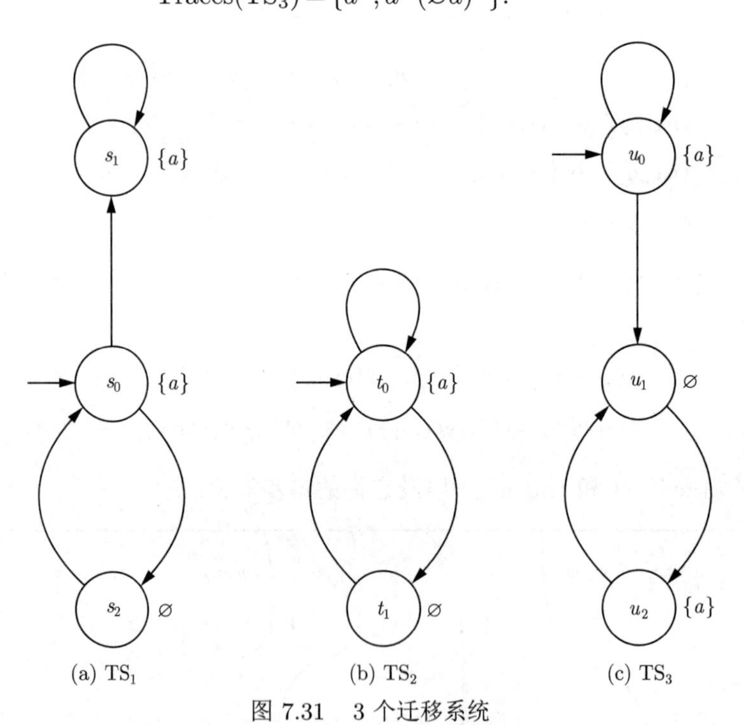

图 7.31 3 个迁移系统

因 $\text{Traces}(\text{TS}_1) \subseteq \text{Traces}(\text{TS}_2)$, 故有 $\text{TS}_1 \trianglelefteq \text{TS}_2$; 又因迹 $(a^+\varnothing)^\omega$ 踏步等价于 $(a\varnothing)^\omega$ 且迹 $(a^+\varnothing)^* a^\omega$ 踏步等价于 $(a\varnothing)^* a^\omega$, 故还有 $\text{TS}_2 \trianglelefteq \text{TS}_1$. 因此,

$$\text{TS}_1 \triangleq \text{TS}_2$$

注意, $\text{Traces}(\text{TS}_2) \not\subseteq \text{Traces}(\text{TS}_1)$. 例如, $a^2 \varnothing \cdots \in \text{Traces}(\text{TS}_2)$, 但它不是 TS_1 的迹. 由于 TS_1 和 TS_2 有形式为 $(a^+\varnothing)^+ a^\omega$ 的迹, 而 TS_3 中没有包含 $\varnothing$ 且以 a^ω 结尾的迹, 所以

$$\mathrm{TS}_1 \not\trianglelefteq \mathrm{TS}_3 \text{ 且 } \mathrm{TS}_2 \not\trianglelefteq \mathrm{TS}_3$$

因 $Traces(TS_3) \subseteq Traces(TS_2)$, 故得 $TS_3 \trianglelefteq TS_2$. $TS_3 \trianglelefteq TS_1$, 这是因为 a^ω 是两迁移系统都有的迹而且 TS_3 的 $a^+(\varnothing a)^\omega$ 踏步等价于 $(a\varnothing)^\omega$. ■

7.7.2 踏步迹等价和 $\mathrm{LTL}_{\setminus\bigcirc}$ 等价

类似于迹等价比 LTL 等价细的结果, 现在考虑踏步迹等价保持的 LTL 片段. 为此, 先分别确定踏步等价的路径和 2^{AP} 上的单词保持的性质. 下面讨论为什么逻辑不能有下一步运算符是必要的. 例如, 考虑迹 $\sigma_1 = ABBB\cdots$ 和 $\sigma_2 = AAABBBB\cdots$, 其中 $A, B \subseteq AP$ 并且 $A \neq B$. 显然,

$$\sigma_1 \triangleq \sigma_2 \text{ 但对于 } b \in B \setminus A,\ \sigma_1 \models \bigcirc b \text{ 且 } \sigma_2 \not\models \bigcirc b$$

即踏步等价不保持使用下一步运算符的公式的真值. 事实上, 下一步运算符是唯一不被保持的模态运算符.

记法 7.3 没有下一步运算符的 LTL

$\mathrm{LTL}_{\setminus\bigcirc}$ 表示没有下一步运算符 $\bigcirc$ 的 LTL 公式的类. ■

定理 7.18 踏步等价和 $\mathrm{LTL}_{\setminus\bigcirc}$ 等价

对于 $\sigma_1, \sigma_2 \in (2^{AP})^\omega$ 和 AP 上的任意 $\mathrm{LTL}_{\setminus\bigcirc}$ 公式 φ:

$$\sigma_1 \triangleq \sigma_2 \Rightarrow (\sigma_1 \models \varphi \text{ 当且仅当 } \sigma_2 \models \varphi)$$

证明: 用公式 φ 上的结构归纳法证明. 令 $A_0A_1A_2\cdots$ 是 2^{AP} 上的一个无限单词, 并且

$$\sigma_1 = A_0^{n_0}A_1^{n_1}A_2^{n_2}\cdots \text{ 且 } \sigma_2 = A_0^{m_0}A_1^{m_1}A_2^{m_2}\cdots$$

其中 $n_0, n_1, n_2, \cdots$ 和 $m_0, m_1, m_2, \cdots$ 是正自然数. 因此, $\sigma_1 \triangleq \sigma_2$.

归纳起步: 对于 $\varphi = \mathrm{true}$ 命题显然成立. 对于 $\varphi = a \in AP$, 有

$$\sigma_1 \models a \text{ iff } a \in A_0 \text{ iff } \sigma_2 \models a$$

归纳步骤: 对于 $\varphi = \varphi_1 \wedge \varphi_2$ 或 $\varphi = \neg\varphi'$, 把归纳假设应用到 φ_1 与 φ_2 或应用到 φ' 就可得到结论. 剩下的情况是 $\varphi = \varphi_1 \mathsf{U} \varphi_2$. 假设 $\sigma_1 \models \varphi$. 由 $\mathrm{LTL}_{\setminus\bigcirc}$ 的语义可得, 存在一个自然数 j 使得

$$\sigma_1[j..] \models \varphi_2 \text{ 且对任意 } 0 \leqslant i < j,\ \sigma_1[i..] \models \varphi_1$$

前面讲过, 对 $\sigma = B_0B_1B_2\cdots$ 和 $h \geqslant 0$, σ 的后缀 $B_hB_{h+1}\cdots$ 用 $\sigma[h..]$ 表示.

令 $r \geqslant 0$ 满足

$$n_0 + n_1 + \cdots + n_{r-1} < j \leqslant n_0 + n_1 + \cdots + n_{r-1} + n_r$$

即 r 是 σ_1 中包含 $\sigma_1[j]$ 的 A 块的下标. 那么 $\sigma_1[j..]$ 是从 σ_1 排除前缀 $A_0^{n_0}\cdots A_{r-1}^{n_{r-1}}A_r^n$ 得到的, 其中 $n = n_0 + \cdots + n_{r-1} + n_r - j$. 注意, $0 \leqslant n < n_r$. 因此, $\sigma_1[j..]$ 的形式是 $A_r^+A_{r+1}^+A_{r+2}^+\cdots$. 因为 $\sigma_1 \triangleq \sigma_2$, 所以对于

$$k = m_0 + m_1 + \cdots + m_{r-1} + 1$$

$\sigma_2[k..]$ 的形式是 $A_r^+A_{r+1}^+A_{r+2}^+\cdots$. 更准确地说, 有

(1) $\sigma_1[j..] \triangleq \sigma_2[k..]$, 因为两个单词的形式都是 $A_r^+ A_{r+1}^+ A_{r+2}^+ \cdots$.

(2) 对任意 $0 \leqslant h < k$, 有一个下标 $0 \leqslant i < j$ 使得 $\sigma_1[i..] \triangleq \sigma_2[h..]$.

因为对于所有 $i < j$, $\sigma_1[j..] \models \varphi_2$ 且 $\sigma_1[i..] \models \varphi_1$, 由归纳假设得, $\sigma_2[k..] \models \varphi_2$ 且 $\sigma_2[h..] \models \varphi_1$, $h < k$. 因此, $\sigma_2 \models \varphi_1 \mathsf{U} \varphi_2$.

根据对称性, 得到 σ_1 和 σ_2 的 $\text{LTL}_{\setminus\bigcirc}$ 等价性. ■

推论 7.6 *踏步迹关系和* $\text{LTL}_{\setminus\bigcirc}$

对于 (AP 上的) 没有终止状态的迁移系统 TS_1 和 TS_2:

(a) $\text{TS}_1 \triangleq \text{TS}_2$ 蕴涵 $\text{TS}_1 \equiv_{\text{LTL}_{\setminus\bigcirc}} \text{TS}_2$.

(b) 如果 $\text{TS}_1 \trianglelefteq \text{TS}_2$, 那么对任意 $\text{LTL}_{\setminus\bigcirc}$ 公式 φ, $\text{TS}_2 \models \varphi$ 蕴涵 $\text{TS}_1 \models \varphi$. ■

对踏步迹等价和踏步迹包含, 可建立更一般的保持结果.

定义 7.22 *踏步不敏感的 LT 性质*

称 LT 性质 P 是*踏步不敏感的*, 如果对任意 $\sigma \in P$, $[\sigma]_{\triangleq} \subseteq P$. ■

用文字描述如下: 如果 P 在踏步等价下是封闭的, 那么它是踏步不敏感的, 即, 对任意 $\sigma \in P$, 所有踏步等价的单词也包含在 P 中. 由此立即可得, 踏步迹等价的迁移系统满足相同的踏步不敏感 LT 性质. 而且对任何踏步不敏感的 LT 性质 P 均有

$$\text{TS}_1 \trianglelefteq \text{TS}_2 \text{ 且 } \text{TS}_2 \models P \text{ 蕴涵 } \text{TS}_1 \models P$$

事实上, 这是一个比推论 7.6 更一般的结论, 因为任意 $\text{LTL}_{\setminus\bigcirc}$ 公式 φ 诱导的 LT 性质 $\text{Words}(\varphi)$ 都是踏步不敏感的. 另一方面, 存在不能用 $\text{LTL}_{\setminus\bigcirc}$ 表达的踏步不敏感 LT 性质. 例如, 考虑 $\{a, b\}$ 上的子单词 ab 出现奇数次的单词的集合 P. 踏步不敏感并包含 P 的 LT 性质就不能用 $\text{LTL}_{\setminus\bigcirc}$ 表达. 但是, 如果 φ 是一个使得 $\text{Words}(\varphi)$ 踏步不敏感的 LTL 公式, 那么 φ 等价于某个 $\text{LTL}_{\setminus\bigcirc}$ 公式 ψ, 见习题 7.20.

7.8 踏步互模拟

本节关注踏步互模拟. 像互模拟一样, 也是余归纳地定义踏步互模拟. 互模拟等价状态 s_1 和 s_2 要求每个迁移 $s_1 \to t_1$ (s_1 不等价于 t_1) 匹配某个迁移 $s_2 \to t_2$; 与之不同, 踏步互模拟允许 $s_1 \to t_1$ 与路径片段 $s_2 u_1 u_2 \cdots u_n t_2$ ($n \geqslant 0$) 匹配, 使得 t_1 和 t_2 是等价的, 并且 u_i 等价于 s_2, 即单个迁移可以用 (适当的) 路径片段匹配.

定义 7.23 对单个迁移系统考虑踏步互模拟的概念. 稍后将为一对迁移系统改写这个概念.

定义 7.23 *踏步互模拟*

令 $\text{TS} = (S, \text{Act}, \to, I, \text{AP}, L)$ 是一个迁移系统. TS 的*踏步互模拟*是 S 上满足以下条件的一个二元关系 $\mathcal{R}$: 对所有 $(s_1, s_2) \in \mathcal{R}$ 有

(1) $L(s_1) = L(s_2)$.

(2) 若 $s_1' \in \text{Post}(s_1)$ 且 $(s_1', s_2) \notin \mathcal{R}$, 则存在有限路径片段 $s_2 u_1 u_2 \cdots u_n s_2'$, 使得 $n \geqslant 0$, 对 $i = 1, 2, \cdots, n$ 有 $(s_1, u_i) \in \mathcal{R}$, 并且 $(s_1', s_2') \in \mathcal{R}$.

(3) 若 $s_2' \in \text{Post}(s_2)$ 且 $(s_1, s_2') \notin \mathcal{R}$, 则存在有限路径片段 $s_1 v_1 v_2 \cdots v_n s_1'$, 使得 $n \geqslant 0$, 对 $i = 1, 2, \cdots, n$ 有 $(v_i, s_2) \in \mathcal{R}$, 并且 $(s_1', s_2') \in \mathcal{R}$.

如果存在 TS 的踏步互模拟 $\mathcal{R}$, 使得 $(s_1, s_2) \in \mathcal{R}$, 那么称 s_1 和 s_2 是踏步互模拟等价的 (简称踏步互似), 记为 $s_1 \approx_{\text{TS}} s_2$. ■

条件 (1) 是标准的, 要求等价状态的标记相同. 根据条件 (2), 每个出迁移 $s_1 \to t_1$ (其中, s_1 不等价于 t_1) 必须匹配一个路径片段, 该片段从 s_2 到 t_2, 使 t_1 和 t_2 等价, 并且所有中间状态都等价于 s_2. 大致来讲, 如果 s_1 改变它的等价类并移动到 t_1, 这必须被 s_2 模拟, 但只是在 s_2 的等价类的内部迁移之后. 条件 (3) 是条件 (2) 的对称同类.

引理 7.20　最粗的踏步互模拟

对状态空间为 S 的迁移系统 TS:

(1) $\approx_{\text{TS}}$ 是 S 上的等价关系.

(2) $\approx_{\text{TS}}$ 是 TS 的踏步互模拟.

(3) $\approx_{\text{TS}}$ 是 TS 的最粗的踏步互模拟, 且等于 TS 的所有踏步互模拟的并.

证明: 类似于互模拟时的情况, 见习题 7.26. ■

(注意: $\approx_{\text{TS}}$ 是等价, 但这对任意踏步互模拟关系并不成立.) 因为 $\approx_{\text{TS}}$ 是踏步互模拟, 所以可像图 7.32 中那样用 $\approx_{\text{TS}}$ 重新描述定义 7.23 的条件 (2).

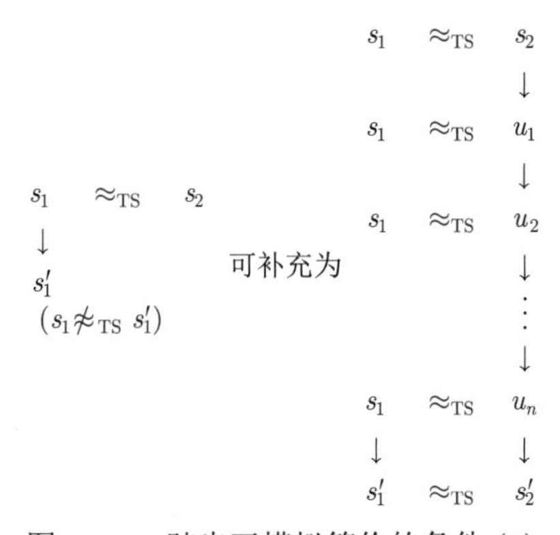

图 7.32　踏步互模拟等价的条件 (2)

例 7.18　基于信号的互斥中的踏步互模拟

考虑互斥问题的基于信号的解决方案, 见图 5.5 中的迁移系统 TS_{Sem}. 令 $\text{AP} = \{\text{crit}_1, \text{crit}_2\}$. 诱导状态空间的划分[译注 131]

$$\{\{\langle n_1, n_2\rangle, \langle n_1, w_2\rangle, \langle w_1, n_2\rangle, \langle w_1, w_2\rangle\}, \{\langle c_1, n_2\rangle, \langle c_1, w_2\rangle\}, \{\langle n_1, c_2\rangle, \langle w_1, c_2\rangle\}\}$$

的关系 $\mathcal{R}$ 是踏步互模拟. 这通过验证其满足定义 7.23 的条件即可证明. 例如, $\langle n_1, n_2\rangle \approx_{\text{TS}} \langle w_1, w_2\rangle$, 这是因为 $\langle w_1, w_2\rangle \to \langle w_1, c_2\rangle$ 可被路径片段 $\langle n_1, n_2\rangle \to \langle n_1, w_2\rangle \to \langle n_1, c_2\rangle$ 模拟, 并且 $\langle w_1, w_2\rangle \to \langle c_1, w_2\rangle$ 被路径片段 $\langle n_1, n_2\rangle \to \langle w_1, n_2\rangle \to \langle c_1, n_2\rangle$ 匹配. 由于 $\langle n_1, n_2\rangle$ 没有不等价于它的直接后继, 故没有施加到 $\langle w_1, w_2\rangle$ 上的要求. 可类似地检查其他状态对的踏步互似性. ■

例 7.19　Peterson 互斥算法中的踏步互模拟

考虑 Peterson 互斥算法的迁移系统 TS_{Pet} (图 7.33), 令 $\text{AP} = \{\text{crit}_1, \text{crit}_2\}$. 初始状态

$$s_{0,1} = \langle n_1, n_2, x = 1\rangle \text{ 和 } s_{0,2} = \langle n_1, n_2, x = 2\rangle$$

是踏步互似的. 其他状态单独构成踏步互模拟等价类. 这本质上是由于

$$\underbrace{\langle c_1, n_2, x=2\rangle}_{s_1} \not\approx_{\mathrm{TS}} \underbrace{\langle c_1, w_2, x=1\rangle}_{s_2}$$

这由以下事实得到: s_1 能迁移到初始状态之一, 而 s_2 不能通过一系列踏步步骤模拟此迁移. 在状态 s_1 处, 下一次可能是进程 1 重新进入关键节段; 而在状态 s_2 中, 下一次总是进程 2 访问关键节段. 对其他状态使用类似推理. ■

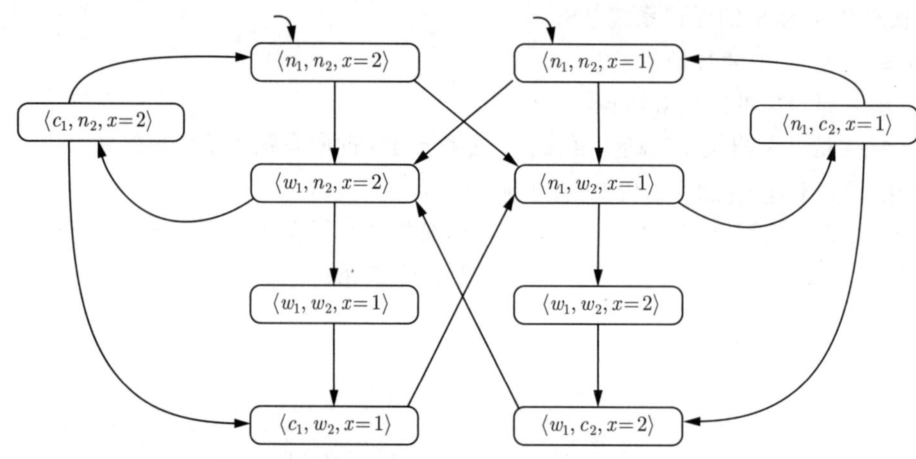

图 7.33 Peterson 互斥算法的迁移系统

一对迁移系统的踏步互模拟定义如下.

定义 7.24 踏步互似的迁移系统

令 $\mathrm{TS}_i = (S_i, \mathrm{Act}_i, \to_i, I_i, \mathrm{AP}, L_i)$ 是 AP 上的迁移系统, $i = 1, 2$. 若存在 $S_1 \uplus S_2$[译注 132] 上的踏步互模拟 $\mathcal{R}$, 使得

$$\forall s_1 \in I_1. (\exists s_2 \in I_2. (s_1, s_2) \in \mathcal{R}) \text{ 且 } \forall s_2 \in I_2. (\exists s_1 \in I_1. (s_1, s_2) \in \mathcal{R})$$

则称 TS_1 和 TS_2 踏步互模拟等价 (简称踏步互似), 记为 $\mathrm{TS}_1 \approx \mathrm{TS}_2$. ■

定义 7.23 和定义 7.24 之间的关系就像普通互模拟时一样. $\mathrm{TS}_2 \approx \mathrm{TS}_1$ 当且仅当对 TS_1 的每一个初始状态都存在 TS_2 的一个踏步互似初始状态, 反之亦然, 其中, TS_1 中的状态 s_1 和 TS_2 中的状态 s_2 的踏步互模拟等价记为 $\approx_{\mathrm{TS}_1 \oplus \mathrm{TS}_2}$. 前面讲过, 迁移系统的运算 $\oplus$ 等同于迁移系统的并. 反过来, 单个迁移系统的踏步互模拟等价 $\approx_{\mathrm{TS}}$ 可由定义 7.24 利用以下观察得到: $s_1 \approx_{\mathrm{TS}} s_2$ 当且仅当 $\mathrm{TS}_{s_1} \approx \mathrm{TS}_{s_2}$. 其中, TS_s 由 TS 通过让 s 成为唯一的初始状态得到.

图 7.34 综述了这本书中的踏步实现关系. 发散踏步互模拟等价是踏步互模拟的变体, 将在 7.8.1 节介绍.

例 7.20 开门器

考虑由图 7.35 中的 (具体) 迁移系统建模的自动开门器. 为简单起见, 动作标记从迁移中省略. 令 $\mathrm{AP} = \{\mathrm{alarm}, \mathrm{open}\}$. 开门器要求输入 3 位数的代码 $d_1d_2d_3$, $d_i \in \{0, 1, \cdots, 9\}$. 它允许输入错误的数字, 但最多两次. 位置 $\ell_i (i = 0, 1, 2)$ 表示已正确输入代码的前 i 位.

踏步迹包含

$\mathrm{TS}_1 \trianglelefteq \mathrm{TS}_2$　iff　$\forall \sigma \in \mathrm{Traces}(\mathrm{TS}_1) \exists \sigma_2 \in \mathrm{Traces}(\mathrm{TS}_2) . \sigma_1 \triangleq \sigma_2$

踏步迹等价

$\mathrm{TS}_1 \triangleq \mathrm{TS}_2$　iff　$\mathrm{TS}_1 \trianglelefteq \mathrm{TS}_2$ 且 $\mathrm{TS}_2 \trianglelefteq \mathrm{TS}_1$

踏步互模拟等价

$\mathrm{TS}_1 \approx \mathrm{TS}_2$　iff　存在 $(\mathrm{TS}_1, \mathrm{TS}_2)$ 的踏步互模拟

发散踏步互模拟等价

$\mathrm{TS}_1 \approx^{\mathrm{div}} \mathrm{TS}_2$　iff　存在 $(\mathrm{TS}_1, \mathrm{TS}_2)$ 的发散敏感的踏步互模拟

图 7.34　踏步实现关系

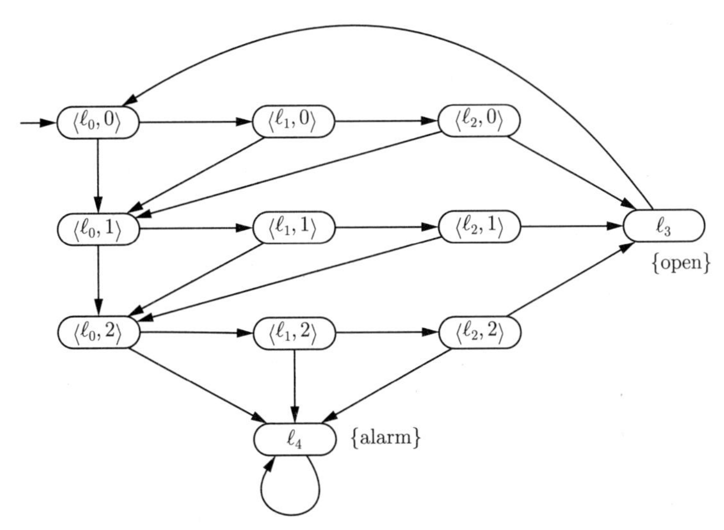

图 7.35　开门器的迁移系统

图 7.36 中的迁移系统踏步互似于图 7.35 中的迁移系统. ■

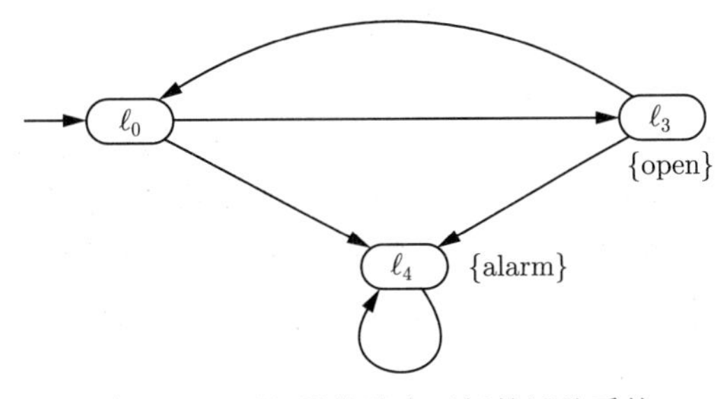

图 7.36　开门器的踏步互似的迁移系统

像互模拟下的商一样定义踏步互模拟 $\approx_{\mathrm{TS}}$ 下的商迁移系统. 由于踏步互模拟不保证传递性, 所以考虑等价 $\approx_{\mathrm{TS}}$ 下的商. 注意, 现在的状态是 $\approx_{\mathrm{TS}}$ 下的等价类. 若 $s \to s'$ 并且 $s \not\approx s'$, 则有从 $[s]_{\approx}$ 到 $[s']_{\approx}$ 的迁移. 因此, $\mathrm{TS}/\approx$ 不包含自循环.

定义 7.25　踏步互模拟商系统

对迁移系统 $\mathrm{TS} = (S, \mathrm{Act}, \to, I, \mathrm{AP}, L)$, 踏步互模拟商迁移系统 $\mathrm{TS}/\approx$ 定义如下:

$$\mathrm{TS}/\approx \; = (S/\approx_{\mathrm{TS}}, \{\tau\}, \to_{\approx}, I_{\approx}, \mathrm{AP}, L_{\approx})$$

其中:

- $I_{\approx} = \{[s]_{\approx} \mid s \in I\}$.
- $\rightarrow_{\approx}$ 定义为 $\dfrac{s \xrightarrow{\alpha} s' \wedge s \not\approx s'}{[s]_{\approx} \xrightarrow{\tau}_{\approx} [s']_{\approx}}$.
- $L_{\approx}([s]_{\approx}) = L(s)$. ■

定理 7.19 TS 和 TS/≈ 的踏步互模拟等价

对任意迁移系统 TS 有 $\text{TS} \approx \text{TS}/{\approx}$.

证明: 由 $\mathcal{R} = \{(s, s') \mid s' \in [s]_{\approx}, s \in S\}$ 是 $(\text{TS}, \text{TS}/{\approx})$ 的踏步互模拟可得. ■

例 7.21 基于信号的互斥

再次考虑基于信号解决互斥问题的迁移系统 TS_{Sem} (见图 5.5). 令 $\text{AP} = \{\text{crit}_1, \text{crit}_2\}$. 回顾一下, 诱导状态空间的划分[译注 131]

$$\{\{\langle n_1, n_2\rangle, \langle n_1, w_2\rangle, \langle w_1, n_2\rangle, \langle w_1, w_2\rangle\}, \{\langle c_1, n_2\rangle, \langle c_1, w_2\rangle\}, \{\langle n_1, c_2\rangle, \langle w_1, c_2\rangle\}\}$$

的关系 $\mathcal{R}$ 是踏步互模拟. 实际上这是最粗的踏步互模拟, 即 $\mathcal{R}$ 等于 $\approx_{\text{TS}}$. 显然, 在互模拟下的商迁移系统, 即 $\text{TS}_{\text{Sem}}/{\sim}$, 并没有减小状态空间; 而在 $\approx$ 下的商迁移系统, 即 $\text{TS}_{\text{Sem}}/{\approx}$, 极大地减小了状态空间, 如图 7.37 所示. ■

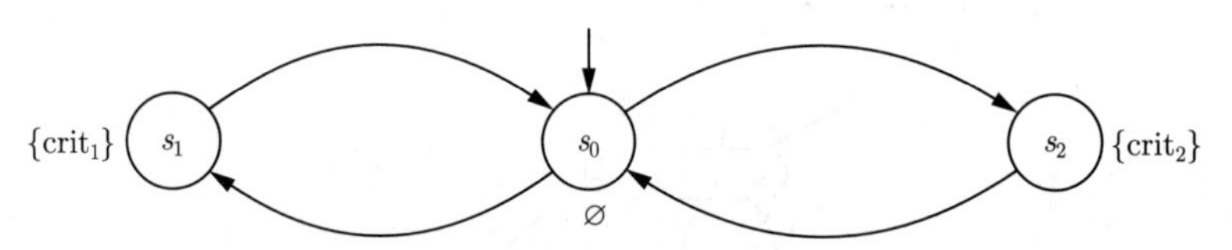

图 7.37 TS_{Sem} 的踏步互模拟商系统

现在讨论踏步迹等价和踏步互模拟之间的关系. 显然, 对于没有任何踏步步骤的迁移系统, $\sim$ 和 $\approx$ 相同. 这同样适用于迹等价和踏步迹等价 ($\triangleq$). 因此, 踏步迹等价的迁移系统一般不是踏步互似的. 作为一个例子, 考虑没有踏步步骤的迹等价迁移系统, 它们不互似. $\text{TS}_1 \sim \text{TS}_2$ 蕴涵 TS_1 和 TS_2 迹等价, 见定理 7.1. 基于这一事实, 人们倾向于假设踏步互模拟比踏步迹等价细. 然而, 这不是真的, 因为踏步互模拟对只由踏步步骤组成的路径不施加任何限制. 只有改变等价类的路径必须被匹配, 但纯粹的踏步路径却不必. 定义 7.23 的条件 (2) 只要求: 若 s_1 和 s_2 是踏步互似的, 则每个 $s_1 \not\approx s_1'$ 的迁移 $s_1 \to s_1'$ 均可被路径片段 $s_2 \to \cdots \to s_2'$ 模拟. 对于在 s_1 的踏步互模拟等价类内的踏步步骤 $s_1 \to s_1'$ (即 $s_1 \approx s_1'$), 不附加任何条件, 也就是说, 有如下可能:

$$s_1 \approx s_2 \text{ 而 } \exists \pi_1 \in \text{Paths}(s_1).\, \forall \pi_2 \in \text{Paths}(s_2).\, \pi_1 \not\triangleq \pi_2$$

定理 7.20 踏步迹等价对比踏步互模拟等价

$\triangleq$ 和 $\approx$ 是不可比较的.

证明:: 如图 7.38 所示, 对左边的两个迁移系统 TS_1 和 TS_2, 有

$$\text{TS}_1 \triangleq \text{TS}_2, \text{ 但 } \text{TS}_1 \not\approx \text{TS}_2$$

(实际上有 $\text{Traces}(\text{TS}_1) = \text{Traces}(\text{TS}_2)$ 且 $\text{TS}_1 \not\sim \text{TS}_2$.) 对右边的两个迁移系统 TS_3 和 TS_4, 有

$$\text{TS}_3 \approx \text{TS}_4, \quad \text{同时 } \text{TS}_3 \not\triangleq \text{TS}_4$$

TS_3 具有迹 $\varnothing^\omega$, 而 TS_4 不能产生这样的迹, 所以这两个迁移系统不是踏步迹等价的. 注意, 迹 $\varnothing^\omega$ 仅仅由踏步步骤组成. ■

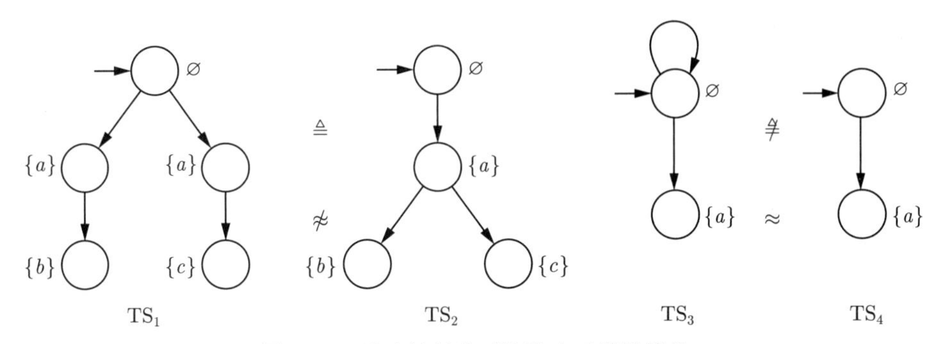

图 7.38　踏步迹等价对比踏步互模拟等价

踏步互模拟不保持所有 $LTL_{\setminus\bigcirc}$ 公式的真值. 这个推论可以用例 7.22 说明.

例 7.22　踏步互模拟等价对比 $LTL_{\setminus\bigcirc}$ 等价

考虑如图 7.39 所示的迁移系统 TS_1 和 TS_2. 那么 $TS_1 \approx TS_2$ 且 $TS_2 \models \Diamond a$. 然而, $TS_1 \not\models \Diamond a$, 因为路径 s_0^ω 违反 $\Diamond a$. 这是因为, 路径 s_0^ω 仅仅由踏步步骤组成, 而且根据 $\approx$ 的定义, 不要求它有一条开始于 t_0 的踏步等价路径. ■

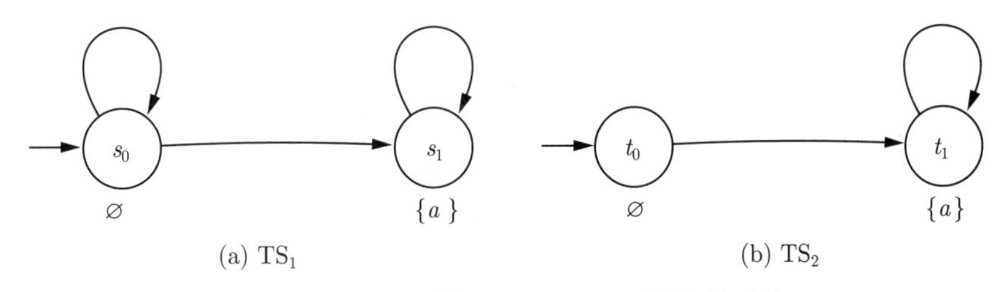

(a) TS_1　　(b) TS_2

图 7.39　踏步互模拟但 $LTL_{\setminus\bigcirc}$ 不等价的系统

7.8.1　发散敏感的踏步互模拟

踏步路径是只由踏步步骤组成的路径, 这导致踏步迹等价 ($\triangleq$) 和踏步互模拟 ($\approx$) 不可比较. 这些路径的存在也是 $\approx$ 不蕴涵 $LTL_{\setminus\bigcirc}$ 等价的原因. 踏步路径永远停留在一个等价类中, 不执行任何可见步骤, 称为**发散**.

本节的目标是改写踏步互模拟, 使得当两个状态在都有或都没有发散路径时才可能有关系. 由此产生踏步互模拟的一个变体, 下面将证明它等于 $CTL^*_{\setminus\bigcirc}$ 等价, 即关于不含下一步运算符的 CTL^* 公式的等价 (注意, $CTL^*_{\setminus\bigcirc}$ 包括 $LTL_{\setminus\bigcirc}$). 这种踏步互模拟的发散敏感变体是保持所有 $CTL^*_{\setminus\bigcirc}$ 公式的最粗等价. 此外, 与 $\approx$ 相比, 这种变体严格地比踏步迹等价细.

定义 7.26　$\mathcal{R}$ 发散状态和发散敏感性

令 TS 是迁移系统, $\mathcal{R}$ 是 S 上的等价关系.

- 若存在无限路径片段 $\pi = s s_1 s_2 \cdots \in Paths(s)$, 使得对所有 $j > 0$ 都有 $(s, s_j) \in \mathcal{R}$, 则称 $s \in S$ 是 $\mathcal{R}$ 发散的.

- 对任何 $(s_1, s_2) \in \mathcal{R}$, 如果 s_1 是 $\mathcal{R}$ 发散的, 那么 s_2 是 $\mathcal{R}$ 发散的, 则称 $\mathcal{R}$ 是发散敏感的. ■

用文字描述如下: 如果有一条开始于 s 只访问 $[s]_\mathcal{R}$ 中的状态的无限路径, 那么状态 s 就是 $\mathcal{R}$ 发散的. 由于 $\mathcal{R}$ 是等价关系, 所以对 $(s_1, s_2) \in \mathcal{R}$, 有 s_1 是 $\mathcal{R}$ 发散的当且仅当 s_2 是 $\mathcal{R}$ 发散的. 因此, 如果在任意 $\mathcal{R}$ 等价类中, 所有状态都是或都不是 $\mathcal{R}$ 发散的, 那么 $\mathcal{R}$ 是发散敏感的.

例 7.23 发散敏感性

对于图 7.40 所示的迁移系统, $s_0 \approx_{\mathrm{TS}} s_1 \approx_{\mathrm{TS}} s_2$. 状态 s_0 和 s_1 是 $\approx_{\mathrm{TS}}$ 发散的, 因为这两个状态都有路径在 s_0 和 s_1 之间无限交替, 即永远停留在 $[s_0]_\approx$ 中. 由于状态 s_2 不是 $\approx_{\mathrm{TS}}$ 发散的, 所以 $\approx_{\mathrm{TS}}$ 不是发散敏感的. 等价 $\mathcal{R} = \{(s_0, s_1), (s_1, s_0)\} \cup Id$ 是发散敏感的. ■

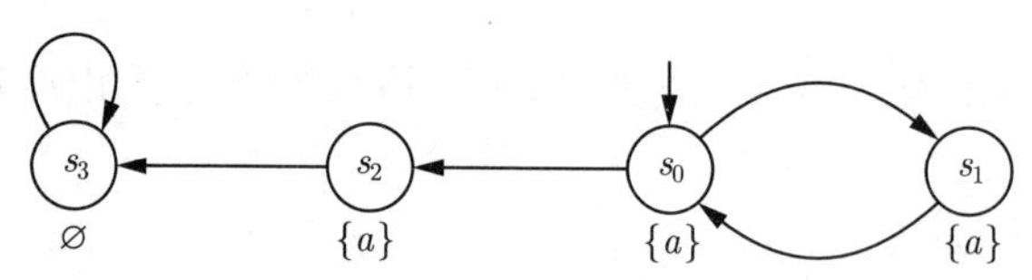

图 7.40 s_0 和 s_1 是 $\approx_{\mathrm{TS}}$ 发散的, 但 s_2 不是发散的

例 7.24 交替位协议

考虑第 2 章介绍的交替位协议, 见例 2.32. 前面讲过, 从发送器到接收器的消息都带有一个在传输新消息时切换而重传时保持不变的二进制位. 因此, 发送器可以处于传送带位 0 的消息的 0 模式或传送带位 1 的消息的 1 模式. 类似地, 接收器可以期待带位 0 或带位 1 的消息. 令

$$\mathrm{AP} = \{\mathrm{s\_mode} = 0, \mathrm{s\_mode} = 1, \mathrm{r\_mode} = 0, \mathrm{r\_mode} = 1\}$$

其中, s_mode 表示发送器的模式, r_mode 表示接收器的模式. 对于 (两个通道的) 容量为 1 的交替位协议, 其基础 $\mathrm{TS_{ABP}}$ 的状态空间由数百个状态组成. 踏步互模拟商只由 4 个状态组成, 如图 7.41 所示, 其中, 状态标记 (i, j) 是对 $\mathrm{s\_mode} = i$ 和 $\mathrm{r\_mode} = j$ 的简写, $i, j \in \{0, 1\}$. 根据定义, $\mathrm{TS_{ABP}}/\approx$ 中没有 $\approx$ 发散的状态. 然而, $\mathrm{TS_{ABP}}$ 包含 (许多) $\approx$ 发散的状态, 这是由于在这些状态可能连续地丢失消息. 例如, 在等价类 $\{(0, 0)\}$ 中的状态处, 发送器发送的带位 0 的消息就可能无限经常地丢失. 因此:

$$\mathrm{TS_{ABP}} \not\models \forall\Box\Diamond(\mathrm{s\_mode} = 0) \wedge \forall\Box\Diamond(\mathrm{s\_mode} = 1)$$

但是

$$\mathrm{TS_{ABP}}/\approx\ \models \forall\Box\Diamond(\mathrm{s\_mode} = 0) \wedge \forall\Box\Diamond(\mathrm{s\_mode} = 1)$$

这就证实了先前的观察: $\approx$ 不保证保持 $\mathrm{LTL}_{\setminus\bigcirc}$ 公式. ■

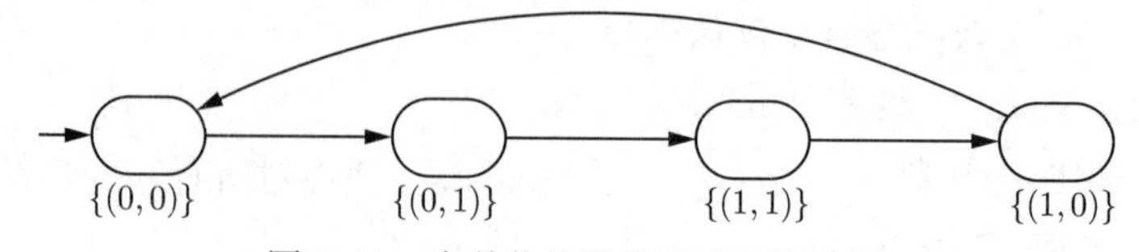

图 7.41 交替位协议的踏步互模拟商

定义 7.27 *发散踏步互模拟*

如果存在 TS 上的发散敏感的踏步互模拟 $\mathcal{R}$, 使得 $(s_1, s_2) \in \mathcal{R}$, 那么称迁移系统 TS 中的状态 s_1 和 s_2 是发散踏步互似的, 记为 $s_1 \approx_{\text{TS}}^{\text{div}} s_2$. ■

不难证明 $\approx_{\text{TS}}^{\text{div}}$ 是 S 上的等价, 并且是 TS 最粗的发散敏感踏步互模拟, 是所有发散敏感踏步互模拟的并.

例 7.25 *发散踏步互模拟*

考虑图 7.40 中的迁移系统 TS. 它在 $\approx_{\text{TS}}^{\text{div}}$ 下的等价类是 $\{s_0, s_1\}$、$\{s_2\}$ 和 $\{s_3\}$. 状态 s_2 是 $\approx_{\text{TS}}^{\text{div}}$ 发散的, 而状态 s_0 和 s_1 不是, 因此 $s_2 \not\approx_{\text{TS}}^{\text{div}} s_0$ 且 $s_2 \not\approx_{\text{TS}}^{\text{div}} s_1$.

作为第二个例子, 考虑图 7.42 所示的迁移系统, 其状态标记用灰色圆表示[译注 133]. 因为仅 u_3 是发散的, 所以 u_3 和 u_1、u_2 关于 $\approx_{\text{TS}}^{\text{div}}$ 不等价. 又因为只有 s_2 有到 u_3 的迁移而 s_1 没有, 所以 $s_1 \not\approx_{\text{TS}}^{\text{div}} s_2$. ■

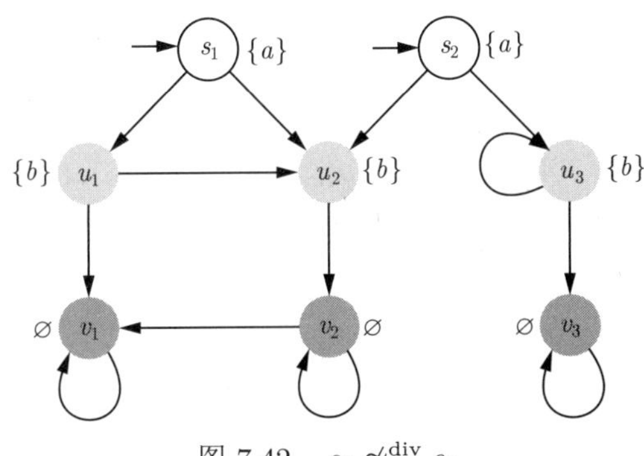

图 7.42 $s_1 \not\approx_{\text{TS}}^{\text{div}} s_2$

$\text{TS}_1 \approx^{\text{div}} \text{TS}_2$ 当且仅当 TS_1 的每个初始状态都与 TS_2 中的一个初始状态发散踏步互似 (根据 $\approx_{\text{TS}_1 \oplus \text{TS}_2}^{\text{div}}$), 反之亦然. 关于发散踏步互模拟 $\approx_{\text{TS}}^{\text{div}}$ 的商迁移系统像往常一样定义, 仍然以 $\approx_{\text{TS}}^{\text{div}}$ 下的等价类为状态. 除了通常的迁移外, 每个由发散状态组成的等价类 C 配备一个自循环. 该自循环表示发散 (前面讲过, 对于踏步互模拟 $\mathcal{R}$, $\text{TS}/\mathcal{R}$ 不包含任何自循环). 即, $\text{TS}/\approx^{\text{div}}$ 的迁移关系定义为

$$\frac{s \xrightarrow{\alpha} s' \wedge s \not\approx^{\text{div}} s'}{[s]_{\text{div}} \xrightarrow{\tau}_{\text{div}} [s']_{\text{div}}} \quad \text{和} \quad \frac{s \text{ 是 } \approx^{\text{div}} \text{ 发散的}}{[s]_{\text{div}} \xrightarrow{\tau}_{\text{div}} [s]_{\text{div}}}$$

其中, $[s]_{\text{div}}$ 表示 s 在 $\approx^{\text{div}}$ 下的等价类.

例 7.26 *$\approx$ 和 $\approx^{\text{div}}$ 下的商迁移系统*

考虑图 7.43(a) 所示的迁移系统 TS. 图 7.43(b) 描绘它在踏步互模拟下的商 $\text{TS}/\approx$. 状态 s_0、s_1 和 s_2 都是踏步互似的. 注意, 根据定义, 在 $\text{TS}/\approx$ 中没有自循环, 只有改变等价类的迁移是重要的. $\text{TS}/\approx^{\text{div}}$ 被描绘在图 7.43(c) 中. 因为状态 s_2 不是发散的, 而 s_0 和 s_1 是发散的, 所以 s_2 不等价于状态 s_0 和 s_1. ■

定理 7.21 *TS 与 $\text{TS}/\approx^{\text{div}}$ 发散踏步互似*

对任意迁移系统 TS, 有 $\text{TS} \approx^{\text{div}} \text{TS}/\approx^{\text{div}}$.

证明: $\mathcal{R} = \{(s, [s]_{\text{div}}) \mid s \in S\}$ 是 $(\text{TS}, \text{TS}/\approx^{\text{div}})$ 的发散敏感踏步互模拟, 由此即可得结论. ■

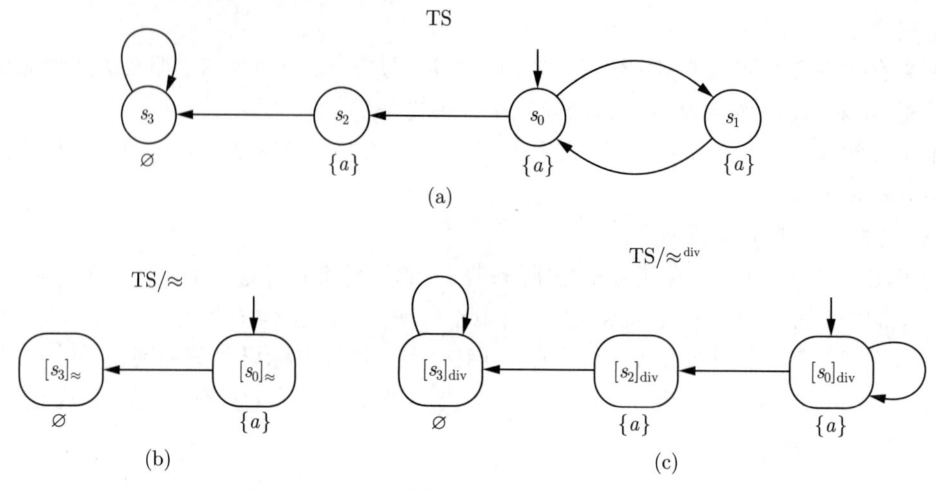

图 7.43 迁移系统 TS、TS/≈ 和 TS/$\approx^{\text{div}}$

因为发散敏感踏步互模拟是任意踏步互模拟的特殊情况, 所以发散踏步互模拟 $\approx^{\text{div}}$ 严格细于踏步互模拟 $\approx$. 在图 7.40 的例子中, $s_0 \approx_{\text{TS}} s_2$, 但 $s_0 \not\approx_{\text{TS}}^{\text{div}} s_2$.

引理 7.21 $\approx^{\text{div}}$ 严格细于 $\approx$

对迁移系统 TS_1 和 TS_2:

$$\underbrace{\text{TS}_1 \approx^{\text{div}} \text{TS}_2}_{\text{发散踏步互模拟等价}} \text{ 蕴涵 } \underbrace{\text{TS}_1 \approx \text{TS}_2}_{\text{(无发散) 踏步互模拟等价}}$$

而反之一般不成立. ■

注记 7.10 终止状态和纯发散状态

如果所有始于 s 的路径都是无限的并完全由踏步步骤组成, 那么称状态是 s 纯发散的. 因为 $\approx$ 没有在等价类内部的迁移上施加限制, 所以任意纯发散状态踏步互似于任意同样标记的终止状态. 然而, $\approx_{\text{div}}$ 区分终止状态和纯发散状态. 因此,

$$s_t \approx_{\text{TS}} s_{\text{pd}}, \text{ 而 } s_t \not\approx_{\text{TS}}^{\text{div}} s_{\text{pd}}$$

其中 s_t 是终止状态, s_{pd} 是纯发散状态, 并且 $L(s_t) = L(s_{\text{pd}})$.

$\approx_{\text{TS}}$ 和 $\approx_{\text{TS}}^{\text{div}}$ 都把任意终止状态 s_t 和任意符合以下条件的状态 s 看作相同的状态, $L(s) = L(s_t)$ 而且 $\text{Paths}(s)$ 仅由有限踏步路径组成. 换言之, 从 s 可达的所有状态与 s 的标记相同, 并且没有始于 s 的无限路径. 事实上, 没有其他状态与 s_t 发散踏步互似. 即, 如果 s_t 是终止状态且 $s_t \approx_{\text{TS}}^{\text{div}} s$, 那么 $L(s) = L(s_t)$, 并且 s 的每条路径都是有限的并仅由踏步步骤组成. ■

注记 7.11 发散敏感迁移系统

如果迁移系统 TS 上的 $\approx_{\text{TS}}$ 是发散敏感的, 那么称 TS 为发散敏感的. 显然, 对于发散敏感的迁移系统, $\approx_{\text{TS}}$ 相当于 $\approx_{\text{TS}}^{\text{div}}$. 例如, 图 7.40 所示的迁移系统不是发散敏感的. ■

前面讲过, $\triangleq$ (踏步迹等价) 和 $\approx$ (踏步互模拟) 是不可比较的, 见定理 7.20. 这是因为 $\approx$ 忽视发散路径, 而 $\triangleq$ 却不忽视发散路径. 后面将证明 $\approx^{\text{div}}$ 严格细于 $\triangleq$. 其证明方法与证明互模拟比迹等价细相似, 并且基于提升 $\approx^{\text{div}}$ 到路径.

定义 7.28　发散踏步互似路径

令 TS 是一个迁移系统.

(1) 对 TS 中的无限路径片段 $\pi_i = s_{0,i}s_{1,i}s_{2,i}\cdots$, $i=1,2$:

$$\pi_1 \approx_{\text{TS}}^{\text{div}} \pi_2$$

当且仅当存在下标的无限序列 $0=j_0<j_1<j_2<\cdots$ 和 $0=k_0<k_1<k_2<\cdots$, 使得对于 $r=1,2,3,\cdots$ 以及所有 $j_{r-1}\leqslant j<j_r$ 和 $k_{r-1}\leqslant k<k_r$:

$$s_{j,1} \approx_{\text{TS}}^{\text{div}} s_{k,2}$$

(2) 对 TS 中的有限路径片段[译注 134] $\widehat{\pi}_i = s_{0,i}s_{1,i}\cdots s_{K_i,i}$, $i=1,2$:

$$\widehat{\pi}_1 \approx_{\text{TS}}^{\text{div}} \widehat{\pi}_2$$

当且仅当存在下标的有限序列 $0=j_0<j_1<\cdots<j_\ell=K_1+1$ 和 $0=k_0<k_1<\cdots<k_\ell=K_2+1$, 使得对 $r=1,2,\cdots,\ell$ 以及所有 $j_{r-1}\leqslant j<j_r$ 和 $k_{r-1}\leqslant k<k_r$ 都有 $s_{j,1}\approx_{\text{TS}}^{\text{div}} s_{k,2}$. ■

若路径 π_1 和 π_2 可以分别划分为逐状态 (在 $\approx^{\text{div}}$ 下) 互似的片段 $s_{j_r,1}s_{j_r+1,1}\cdots s_{j_{r+1},1}$ 和 $s_{k_r,2}s_{k_r+1,2}\cdots s_{k_{r+1},2}$, 则称路径 π_1 和 π_2 是发散踏步互似的.

引理 7.22 直接从 $\approx^{\text{div}}$ 和 $\triangleq$ 在路径上的定义得到, 见定义 7.20.

引理 7.22　路径的 $\approx^{\text{div}}$ 等价和 $\triangleq$ 等价

对任意无限路径 π_1 和 π_2, 有 $\pi_1\approx_{\text{TS}}^{\text{div}}\pi_2$ 蕴涵 $\pi_1\triangleq\pi_2$. ■

发散踏步互似状态有发散踏步互似路径, 见引理 7.23.

引理 7.23　发散踏步互似状态的路径提升

令 $\text{TS}=(S,\text{Act},\to,I,\text{AP},L)$ 是一个迁移系统. $s_1,s_2\in S$. 那么:

$$s_1\approx_{\text{TS}}^{\text{div}} s_2 \text{ 蕴涵 } \forall\pi_1\in\text{Paths}(s_1).\big(\exists\pi_2\in\text{Paths}(s_2).\,\pi_1\approx_{\text{TS}}^{\text{div}}\pi_2\big)$$

证明: 令 $\pi_1=s_{0,1}s_{1,1}s_{2,1}\cdots\in\text{Paths}(s_1)$. 证明方法是, 提升满足 $s_{i,1}\not\approx_{\text{TS}}^{\text{div}} s_{i+1,1}$ 的迁移 $s_{i,1}\to s_{i+1,1}$ 到有限路径片段 $s_{i,2}u_{i,1}u_{i,2}\ldots u_{i,n_i}s_{i+1,2}$, 使得 $s_{i+1,1}\approx_{\text{TS}}^{\text{div}} s_{i+1,2}$, 并且 $s_{i,2}\approx_{\text{TS}}^{\text{div}} u_{i,1}\approx_{\text{TS}}^{\text{div}} u_{i,2}\approx\cdots\approx_{\text{TS}}^{\text{div}} u_{i,n_i}$, 如此依次定义始于 s_2 且与 π_1 逐状态踏步互似的路径 π_2.

对 i 用归纳法证明. 起步情况 $i=0$ 很简单, 此处省略. 假设 $i\geqslant 0$ 并且路径片段

$$s_2=s_{0,2}u_{0,1}u_{0,2}\cdots u_{0,n_0}s_{1,2}u_{1,1}u_{1,1}\ldots u_{1,n_1}s_{2,2}\cdots s_{i,2} \tag{$*$}$$

已经构建. 特别地, $s_{i,1}\approx_{\text{TS}}^{\text{div}} s_{i,2}$.

若 $s_{i,1}$ 是终止状态, 则存在由踏步步骤组成的有限路径片段 $s_{i,2}v_1v_2\cdots v_m$, 使得 v_m 是终止状态 (见注记 7.10). 因此, 把从 s_2 到 $s_{i,2}$ 的上述路径片段 $(*)$ 连接到路径片段 $s_{i,2}v_1v_2\cdots v_m$, 如此得到的路径 π_2 满足所需条件.

接下来假设 $s_{i,1}$ 不是终止状态, 因而 π_1 不在状态 $s_{i,1}$ 结束. 分两种情况:

(1) $s_{i,1}\not\approx_{\text{TS}}^{\text{div}} s_{i+1,1}$. 因为 $s_{i,1}\approx_{\text{TS}}^{\text{div}} s_{i,2}$ 且 $s_{i,1}\to s_{i+1,1}$, 所以存在有限路径片段 $s_{i,2}u_{i,1}u_{i,2}\cdots u_{i,n_i}s_{i+1,2}$, 使得

$$s_{i+1,1}\approx_{\text{TS}}^{\text{div}} s_{i+1,2} \text{ 并且 } s_{i,2}\approx_{\text{TS}}^{\text{div}} u_{i,1}\approx_{\text{TS}}^{\text{div}} u_{i,2}\approx\cdots\approx_{\text{TS}}^{\text{div}} u_{i,n_i}$$

路径片段 (∗) 连接到路径片段 $s_{i,2}u_{i,1}u_{i,2}\cdots u_{i,n_i}s_{i+1,2}$ 后产生满足所需条件的路径片段.

(2) $s_{i,1} \approx^{\text{div}}_{\text{TS}} s_{i+1,1}$. 区分 $s_{i,1}$ 是否发散:

- $s_{i,1}$ 不是发散的, 即存在下标 $j > i+1$, 使得 $s_{i,1} \not\approx^{\text{div}}_{\text{TS}} s_{j,1}$. 不失一般性, 假设 j 是最小的, 即 $s_{i,1}, s_{i+1,1}, \cdots, s_{j-1,1}$ 在 $\approx^{\text{div}}$ 下两两等价. 特别地,

$$s_{i,2} \approx^{\text{div}}_{\text{TS}} s_{j-1,1} \text{ 且 } s_{j-1,1} \not\approx^{\text{div}}_{\text{TS}} s_{j,1}$$

由于 $s_{i,2} \approx^{\text{div}}_{\text{TS}} s_{j-1,1}$ 并且 $s_{j-1,1} \to s_{j,1}$, 所以存在一条有限路径片段 $s_{i,2}u_{i,1}u_{i,2}\cdots u_{i,n_i}s_{i+1,2}$, 使得

$$s_{j,1} \approx^{\text{div}}_{\text{TS}} s_{i+1,2} \text{ 且 } s_{i,2} \approx^{\text{div}}_{\text{TS}} u_{i,1} \approx^{\text{div}}_{\text{TS}} u_{i,2} \approx \cdots \approx^{\text{div}}_{\text{TS}} u_{i,n_i}$$

路径片段 (∗) 和 $s_{i,2}u_{i,1}u_{i,2}\cdots u_{i,n_i}s_{i+1,2}$ 的连接产生满足所需条件的路径片段.

- $s_{i,1}$ 是发散的, 即对所有 $j \geqslant i$ 有 $s_{i,1} \approx^{\text{div}}_{\text{TS}} s_{j,1}$. 因 $s_{i,1} \approx^{\text{div}}_{\text{TS}} s_{i,2}$, 且 $s_{i,1}$ 是发散的, 故 $s_{i,2}$ 是发散的. 即有一条路径 $s_{i,2}s_{i+1,2}s_{i+2,2}\cdots$ 满足 $s_{i,2} \approx^{\text{div}}_{\text{TS}} s_{i+1,2} \approx^{\text{div}}_{\text{TS}} s_{i+2,2} \approx^{\text{div}}_{\text{TS}} \cdots$. 路径片段 (∗) 和 $s_{i,2}s_{i+1,2}s_{i+2,2}\cdots$ 的连接产生满足所需条件的路径.

由此所产生的路径片段 π_2 与 π_1 发散踏步互似. ■

$\approx^{\text{div}}$ 能从状态提升到路径的事实能够证实迁移系统上的 $\approx^{\text{div}}$ 比 $\triangleq$ (即踏步迹等价) 严格细.

定理 7.22 *踏步迹等价对比发散踏步互模拟*

令 TS_1 和 TS_2 是 AP 上的迁移系统. 那么

$$\underbrace{\text{TS}_1 \approx^{\text{div}} \text{TS}_2}_{\text{发散踏步互模拟等价}} \text{ 蕴涵 } \underbrace{\text{TS}_1 \triangleq \text{TS}_2}_{\text{踏步迹等价}}$$

而反向蕴涵一般不成立.

证明: 假设 $\text{TS}_1 \approx^{\text{div}} \text{TS}_2$. 考虑迁移系统 $\text{TS}_1 \oplus \text{TS}_2$, 并设 s_1 和 s_2 是 TS_1 和 TS_2 的一对满足 $s_1 \approx^{\text{div}}_{\text{TS}} s_2$ 的初始状态. 由引理 7.23 可知, 对每一 $\pi_1 \in \text{Paths}(s_1)$, 存在 $\pi_2 \in \text{Paths}(s_2)$, 使得 $\pi_1 \approx^{\text{div}}_{\text{TS}} \pi_2$. 由引理 7.22 得 $\pi_1 \triangleq \pi_2$. 因此 $\text{TS}_1 \triangleq \text{TS}_2$. 相反方向一般不成立. 令 TS_1、TS_2 是迹等价的, 但不互似, 并且也都不含有踏步步骤. 踏步步骤的不存在导致 $\text{TS}_1 \triangleq \text{TS}_2$, 但 $\text{TS}_1 \not\approx^{\text{div}} \text{TS}_2$. ■

图 7.44 总结了各种踏步等价和踏步迹前序之间的关系. 从关系 $\mathcal{R}$ 到 $\mathcal{R}'$ 的箭头表示 $\mathcal{R}$ 严格细于 $\mathcal{R}'$. 注意, 对于 AP 确定的迁移系统, 迹等价与互模拟相同, 踏步迹等价与发散敏感踏步互模拟相同. 后一事实的证明作为习题留给读者.

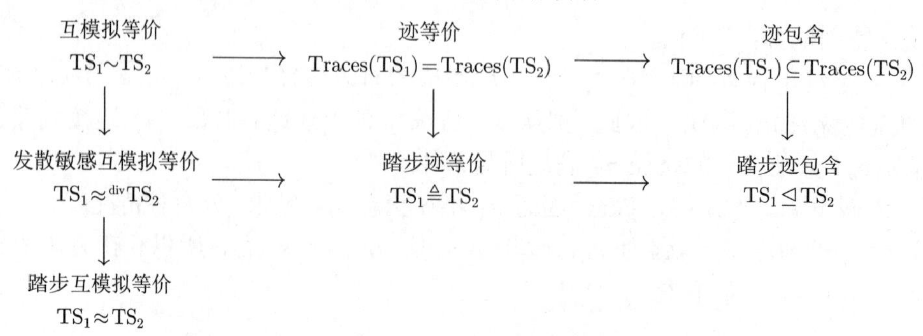

图 7.44　迁移系统的踏步等价和踏步迹前序之间的关系

7.8.2 赋范互模拟

本节介绍赋范互模拟的概念. 用*范数函数*定义这些互模拟. 赋范互模拟严格细于 $\approx^{\text{div}}$. 由于范数函数允许仅用状态的局部推理 (只考虑它们的直接后继) 建立互模拟, 这意味着建立赋范互模拟往往比建立发散敏感踏步互模拟更简单. 下面介绍一种范数函数, 它产生 $\approx^{\text{div}}$ 的一个充分 (但不是必要的) 条件. 这将在第 8 章中用到.

定义 7.29 赋范模拟和赋范互模拟

令 $\text{TS}_1 = (S_1, \text{Act}_1, \rightarrow_1, I_1, \text{AP}, L_1)$ 和 $\text{TS}_2 = (S_2, \text{Act}_2, \rightarrow_2, I_2, \text{AP}, L_2)$ 是 AP 上的迁移系统.

$(\text{TS}_1, \text{TS}_2)$ 的赋范模拟是由关系 $\mathcal{R} \subseteq S_1 \times S_2$ 和函数 $\nu_1, \nu_2 \colon S_1 \times S_2 \rightarrow \mathbb{N}$ 组成的三元组 $(\mathcal{R}, \nu_1, \nu_2)$. 其中, 二元关系 $\mathcal{R}$ 满足

$$\forall s_1 \in I_1.\, \exists s_2 \in I_2.\, (s_1, s_2) \in \mathcal{R}$$

$\mathcal{R}$ 与函数 ν_1、ν_2 还满足: 对所有 $(s_1, s_2) \in \mathcal{R}$

(N1) $L_1(s_1) = L_2(s_2)$.

(N2) $\forall s_1' \in \text{Post}(s_1)$, 下面 3 个条件至少有一个成立:

(N2.1) 存在 $s_2' \in \text{Post}(s_2)$, 使得 $(s_1', s_2') \in \mathcal{R}$.

(N2.2) $(s_1', s_2) \in \mathcal{R}$ 并且 $\nu_1(s_1', s_2) < \nu_1(s_1, s_2)$.

(N2.3) 存在 $s_2' \in \text{Post}(s_2)$, 使得 $(s_1, s_2') \in \mathcal{R}$ 且 $\nu_2(s_1, s_2') < \nu_2(s_1, s_2)$.

令 ν_i^- 表示由 ν_i 通过交换参数产生的函数 $S_2 \times S_1 \rightarrow \mathbb{N}$, 即, 对于任意 $u \in S_2$ 和 $v \in S_1$, $\nu_i^-(u, v) = \nu_i(v, u)$. 如果 $(\mathcal{R}, \nu_1, \nu_2)$ 是 $(\text{TS}_1, \text{TS}_2)$ 的赋范模拟, 同时 $(\mathcal{R}^{-1}, \nu_1^-, \nu_2^-)$ 是 $(\text{TS}_2, \text{TS}_1)$ 的赋范模拟, 则称 $(\mathcal{R}, \nu_1, \nu_2)$ 是 $(\text{TS}_1, \text{TS}_2)$ 的*赋范互模拟*.

如果存在 $(\text{TS}_1, \text{TS}_2)$ 的赋范互模拟, 那么称 TS_1 和 TS_2 是*赋范互似的*, 记为 $\text{TS}_1 \approx^n \text{TS}_2$. ■

对于迁移系统 TS, TS 的赋范互模拟是指 (TS, TS) 的赋范互模拟. 如果存在对 TS 的赋范互模拟 $(\mathcal{R}, \nu_1, \nu_2)$ 使得 $(s_1, s_2) \in \mathcal{R}$, 那么称 TS 的状态 s_1 和 s_2 为赋范互似的, 记为 $s_1 \approx^n_{\text{TS}} s_2$.

ν_1 和 ν_2 是范数函数. 对于 $(s_1, s_2) \notin \mathcal{R}$, 值 $\nu_i(s_1, s_2)$ 无关紧要. 因此, 也可定义 ν_i 为函数 $\mathcal{R} \rightarrow \mathbb{N}$. 对于 $(s_1, s_2) \in \mathcal{R}$, $\nu_i(s_1, s_2)$ 的直观含义如下: $\nu_1(s_1, s_2)$ 用作倒计数器, 记录从 s_1 开始不能被 s_2 的迁移模拟的被允许的踏步步骤数; 类似地, 可认为 $\nu_2(s_1, s_2)$ 是一个计数器, 它记录 s_2 到达可模拟 s_1 的可见 (非踏步) 步骤的状态的踏步步骤数.

例 7.27 赋范互模拟等价[译注 135]

考虑图 7.40 的迁移系统 TS. 使 s_0 和 s_1 等同的最细等价 $\mathcal{R}$ 连同以下范数函数是一个赋范互模拟: $\nu_2(s_0, s_1) = 1$, $\nu_2(s_0, s_0) = 0$; 对于其余情况, ν_1 和 ν_2 为任意值. 检验如下. 仅考虑 $(s_0, s_1), (s_1, s_0) \in \mathcal{R}$ 和它们的出迁移就足够了.

(1) 对于 $s_0 \rightarrow s_1$, 定义 7.29 的条件 (N2.1) 适用, 这是由于 $s_1 \rightarrow s_0$ 并且 $(s_1, s_0) \in \mathcal{R}$.

(2) 对于 $s_1 \rightarrow s_0$, 定义 7.29 的条件 (N2.1) 适用, 这是由于 $s_0 \rightarrow s_1$ 并且 $(s_0, s_1) \in \mathcal{R}$.

(3) 对于 $s_0 \rightarrow s_2$, 定义 7.29 的条件 (N2.3) 适用, 这是由于 $s_1 \rightarrow s_0, (s_0, s_0) \in \mathcal{R}$ 且 $0 = \nu_2(s_0, s_0) < \nu_2(s_0, s_1) = 1$.

(4) 对于 $s_1 \to s_3$, 定义 7.29 的条件 (N2.3) 适用, 这是由于 $s_0 \to s_1, (s_1, s_1) \in \mathcal{R}$ 并且 $0 = \nu_2(s_1, s_1) < \nu_2(s_1, s_0) = 1$.

因此, $s_0 \approx^n_{\text{TS}} s_1$.

另外, 还有 $s_1 \not\approx^n_{\text{TS}} s_2$. 推导如下. 假设 TS 有赋范互模拟关系 $(\mathcal{R}, \nu_1, \nu_2)$ 使得 $(s_1, s_2) \in \mathcal{R}$. 定义 7.29 的条件 (N2.1) 和 (N2.3) 都不适用于 $s_1 \to s_0$, 因为 $L(s_3) \neq L(s_0)$, 并因而 $s_3 \not\approx^n_{\text{TS}} s_0$. 为了使定义 7.29 的条件 (N2.2) 适用于 $s_1 \to s_0$ 和 $s_2 \to s_3$, 应有

$$s_0 \approx^n_{\text{TS}} s_2 \text{ 和 } \nu_1(s_0, s_2) < \nu_1(s_1, s_2)$$

但对 $s_0 \approx^n_{\text{TS}} s_2$, 条件 (N2.1) 和 (N2.3) 都不适用于 $s_0 \to s_1$, 因为 s_2 只能移到一个不用 $\{a\}$ 标记的状态. 因此, 定义 7.29 的条件 (N2.2) 适用于 $s_1 \to s_0$. 由此得到

$$\nu_1(s_1, s_2) < \nu_1(s_0, s_2)$$

与条件 $\nu_1(s_0, s_2) < \nu_1(s_1, s_2)$ 矛盾. ■

不难证明 $\approx^n_{\text{TS}}$ 是一个等价. 而且, $\approx^n_{\text{TS}}$ 能配备范数函数 ν_1 和 ν_2, 使得 $(\approx^n_{\text{TS}}, \nu_1, \nu_2)$ 是赋范互模拟, 见习题 7.24.

引理 7.24 $\approx^n_{\text{TS}}$ 比 $\approx^{\text{div}}_{\text{TS}}$ 细

如果 s_1 和 s_2 是迁移系统 TS 中的状态, 那么 $s_1 \approx^n_{\text{TS}} s_2$ 蕴涵 $s_1 \approx^{\text{div}}_{\text{TS}} s_2$.

证明: 令 $(\mathcal{R}, \nu_1, \nu_2)$ 是一个赋范互模拟. 根据引理 7.24 前的叙述[译注 136], 可设 $\mathcal{R}$ 是一个等价关系. 下面证明 $\mathcal{R}$ 是发散敏感踏步互模拟, 这相当于证明 $\mathcal{R}$ 满足踏步互模拟的条件并且 $\mathcal{R}$ 是发散敏感的.

(1) 由于赋范互模拟要求状态标记相同, 直接证明踏步互模拟的条件 (2) (见定义 7.23) 就可以了.

令 $(s_1, s_2) \in \mathcal{R}$, $s'_1 \in \text{Post}(s_1)$ 且 $(s'_1, s_2) \notin \mathcal{R}$. 要证明存在路径片段 $s_2 u_1 u_2 \cdots u_n s'_2$, 使得 $(s'_1, s'_2) \in \mathcal{R}$, 并且对 $j \geqslant 0$, $(s_1, u_j) \in \mathcal{R}$. 根据定义 7.29 的条件 (N2), 条件 (N2.1)、条件 (N2.2) 和条件 (N2.3) 之一成立. $(s'_1, s_2) \notin \mathcal{R}$ 的假设排除了条件 (N2.2). 如果条件 (N2.1) 成立, 那么直接得到结论. 假设条件 (N2.3) 成立. 那么存在 $u_1 \in \text{Post}(s_2)$, 使得

$$(s_1, u_1) \in \mathcal{R} \text{ 并且 } \nu_2(s_1, u_1) < \nu_2(s_1, s_2)$$

对 s_2 的论证同样适用于状态 u_1, 即只有条件 (N2.1) 和 (N2.3) 可能成立: 如果条件 (N2.1) 成立, 那么存在 $s'_2 \in \text{Post}(u_1)$ 使 $(s'_1, s'_2) \in \mathcal{R}$, 并得 $s_2 u_1 s'_2$ 是满足要求的一条路径; 如果条件 (N2.3) 成立, 那么存在 $u_2 \in \text{Post}(u_1)$, 使

$$(s_1, u_2) \in \mathcal{R} \text{ 并且 } \nu_2(s_1, u_2) < \nu_2(s_1, u_1)$$

对 u_1 的推理可应用于 u_2 以及可用的 u_3、u_4 等: 如果条件 (N2.1) 适用, 那么直接得到结论; 否则条件 (N2.3) 适用. 假设以这种方式得到路径片段 $s_2 u_1 u_2 \cdots u_n$, 使得对 $0 < i \leqslant n$, $(s_1, u_i) \in \mathcal{R}$, 并且

$$0 \leqslant \nu_2(s_1, u_n) < \nu_2(s_1, u_{n-1}) < \cdots < \nu_2(s_1, u_1) < \nu_2(s_1, s_2)$$

因为 ν_2 的值是自然数, 条件 (N2.3) 只能适用有限多次. 假设条件 (N2.3) 不适用于 (s_1, u_n). 那么对某个 $n \leqslant \nu_2(s_1, s_2)$, 条件 (N2.1) 对 (s_1, u_n) 和迁移 $s_1 \to s'_1$ 成立. 因此, $\mathcal{R}$ 符合定

义 7.23 给出的踏步互模拟条件 (2) 的要求[译注 137]. 定义 7.23 给出的踏步互模拟条件 (3) 的证明可根据 $\mathcal{R}$ 的对称性得到.

(2) 以下证明 $\mathcal{R}$ 的发散敏感性. 令 $(s_1, s_2) \in \mathcal{R}$, 并假设 s_1 是 $\mathcal{R}$ 发散的. 必须证明 s_2 是 $\mathcal{R}$ 发散的. 思路如下: 先证明存在满足 $(s_2, v_1) \in \mathcal{R}$ 的迁移 $s_2 \to v_1$. 然后, 将此论证重复用于 (s_1, v_1). 这就得出满足 $(s_2, v_2) \in \mathcal{R}$[译注 138] 的迁移 $v_1 \to v_2$ 的存在性. 如此重复下去, 得到无限路径 $s_2 v_1 v_2 v_3 \cdots$, 使得对所有 $i > 0$, $(s_2, v_i) \in \mathcal{R}$[译注 138]. 因此 s_2 是 $\mathcal{R}$ 发散的.

现在用以上思路证明: 因为 s_1 是 $\mathcal{R}$ 发散的, 所以存在始于 $s_1 = u_0$ 的无限路径 $u_0 u_1 u_2 \cdots$, 使得对所有 $i \geqslant 0$, $(s_1, u_i) \in \mathcal{R}$[译注 139]. 如果定义 7.29 的条件 (N2.2) 适用于 $(u_i, s_2) \in \mathcal{R}$ 和迁移 $u_i \to u_{i+1}$, $i = 0, 1, \cdots, k$, 那么

$$\nu_1(s_1, s_2) = \nu_1(u_0, s_2) > \nu_1(u_1, s_2) > \cdots > \nu_1(u_k, s_2) \geqslant 0$$

令 $k_1 \geqslant 0$ 是使得条件 (N2.2) 不适用于 $(u_{k_1}, s_2) \in \mathcal{R}$ 和迁移 $u_{k_1} \to u_{k_1+1}$ 的最小下标. 如果条件 (N2.1) 成立, 那么存在使 $(u_{k_1+1}, v_1) \in \mathcal{R}$ 的迁移 $s_2 \to v_1$, 并因此 $(s_2, v_1) \in \mathcal{R}$. 如果条件 (N2.3) 对 $(u_{k_1}, s_2) \in \mathcal{R}$ 和迁移 $u_{k_1} \to u_{k_1+1}$ 成立, 那么存在 $v_1 \in \text{Post}(s_2)$, 使得 $(u_{k_1}, v_1) \in \mathcal{R}$ 且 $\nu_2(u_{k_1}, v_1) < \nu_2(u_{k_1}, s_2)$. 因此, $s_2 \to v_1$ 并且 $(s_2, v_1) \in \mathcal{R}$. ■

引理 7.24 可为一对迁移系统改写为推论 7.7.

推论 7.7 *赋范互模拟与发散踏步互模拟*

对 AP 上的任意迁移系统 TS_1 和 TS_2, 有

$$\text{TS}_1 \approx^n \text{TS}_2 \text{ 蕴涵 } \text{TS}_1 \approx^{\text{div}} \text{TS}_2$$ ■

推论 7.7 的逆命题不成立, 见习题 7.25.

为了得到发散踏步互模拟等价的局部范数函数的充分必要条件, 需要一个依赖于被模拟的迁移系统的更复杂的范数函数概念. 在此专注于有限迁移系统的情况, 它的范数函数的值域可取为自然数 (为了处理具有无限多个状态的迁移系统, 只能直面任意势的良基集合).

定义 7.30 *步骤相关的赋范互模拟*

令 $\text{TS} = (S, \text{Act}, \to, I, \text{AP}, L)$ 是一个迁移系统. TS 的一个*步骤相关的赋范互模拟*是 $(\mathcal{R}, \nu)$ 对, 其中, $\mathcal{R}$ 是 S 上的等价, $\nu\colon S \times S \times S \to \mathbb{N}$ 是一个函数. 它们对所有 $(s_1, s_2) \in \mathcal{R}$ 满足以下条件:

(a) $L(s_1) = L(s_2)$.

(b) 对于 $s_1' \in \text{Post}(s_1)$, 下面 3 个条件至少有一个成立:

(b.1) 存在 $s_2' \in \text{Post}(s_2)$, 使得 $(s_1', s_2') \in \mathcal{R}$.

(b.2) $(s_1', s_2) \in \mathcal{R}$ 并且 $\nu(s_1', s_1', s_2) < \nu(s_1, s_1, s_2)$.

(b.3) 存在满足 $(s_1, s_2') \in \mathcal{R}$ 并且 $\nu(s_1', s_1, s_2') < \nu(s_1', s_1, s_2)$ 的 $s_2' \in \text{Post}(s_2)$.

如果存在 TS 的一个步骤相关的赋范互模拟 $(\mathcal{R}, \nu)$, 使得 $(s_1, s_2) \in \mathcal{R}$, 那么称状态 s_1 和 s_2 是*步骤相关的赋范互似的*, 记为 $s_1 \approx^s_{\text{TS}} s_2$. ■

对于 $\nu(s_1', s_1, s_2)$, 后两个参数表示一对状态 $(s_1, s_2) \in \mathcal{R}$, 而 s_1' 代表 s_1 的一个直接后继或 s_1 本身. 如果 $s_1' \in \text{Post}(s_1)$, 那么 $\nu(s_1', s_1, s_2)$ 表示在获取满足 $(s_1', s_2') \in \mathcal{R}$ 的一个

匹配迁移 $u_n \to s_2'$ 之前, s_2 在 $[s_2]_{\mathcal{R}}$ 内可以执行踏步步骤 $s_2u_1u_2\cdots u_n$ 的步数上界; 如果 $s_1' = s_1$, 那么 $\nu(s_1, s_1, s_2)$ 表示不能被 s_2 匹配的在 $[s_1]_{\mathcal{R}}$ 内的踏步步骤 $s_1u_1u_2\cdots u_n$ 的步数上界.

例 7.28 步骤相关的互模拟等价

对于图 7.45 所示的迁移系统 TS, 有 $s_1 \approx^s_{\text{TS}} s_2$. 这可通过确定 TS 的包含 (s_1, s_2) 的一个步骤相关的赋范互模拟证明.

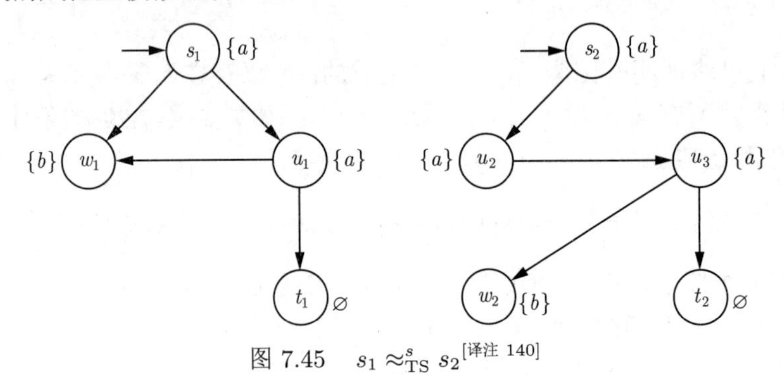

图 7.45 $s_1 \approx^s_{\text{TS}} s_2$[译注 140]

令 $\mathcal{R}$ 是一个等价, 它把状态 s_1、u_1、u_2、u_3、s_2 视为一类, 把状态 t_1、t_2 视为一类, 并把状态 w_1、w_2 视为一类. 步骤相关的范数函数 ν: $S^3 \to \mathbb{N}$ 定义如下:

$$\nu(s_1, s_1, s_2) = 2$$
$$\nu(u_1, u_1, s_2) = 1$$
$$\nu(w_1, s_1, s_2) = 2$$
$$\nu(w_1, s_1, u_2) = 1$$
$$\nu(w_1, u_1, s_2) = 2$$
$$\nu(w_1, u_1, u_2) = 1$$
$$\nu(t_1, u_1, s_2) = 2$$
$$\nu(t_1, u_1, u_2) = 1$$
$$\nu(s_2, s_2, s_1) = 2$$
$$\nu(u_2, u_2, s_1) = 1$$
$$\nu(u_3, u_3, s_1) = 1$$
$$\nu(t_2, u_3, s_1) = 1$$

并对所有其他情形 $\nu(\cdot) = 0$. 那么, $(\mathcal{R}, \nu)$ 是 TS 的一个步骤相关的赋范互模拟. 下面检验所要求的条件. 定义 7.30 的条件 (a) 成立是显而易见的, 因为 $\mathcal{R}$ 只把标记相同的状态分为一类. 考虑 $(s_1, s_2) \in \mathcal{R}$ 并检验定义 7.30 的条件 (b) 对 s_1 的出迁移是否成立.

- 对于迁移 $s_1 \to w_1$, 考虑迁移 $s_2 \to u_2$, 并得到 $(s_1, u_2) \in \mathcal{R}$ 且 $\nu(w_1, s_1, u_2) = 1 < 2 = \nu(w_1, s_1, s_2)$. 因此满足条件 (b.3).
- 对于迁移 $s_1 \to u_1$, 条件 (b.2) 适用, 这是由于有 $(u_1, s_2) \in \mathcal{R}$ 并且 $\nu(u_1, u_1, s_2) = 1 < 2 = \nu(s_1, s_1, s_2)$.

现在考虑 (u_1, s_2) 对. 对于迁移 $u_1 \to x$, 其中 $x \in \{w_1, t_1\}$[译注 141], 考虑踏步步骤 $s_2 \to u_2$, 并得到 $\nu(x, u_1, u_2) = 1 < 2 = \nu(x, u_1, s_2)$, 这得出条件 (b.3). 类似地, 对于 $(u_1, u_2) \in \mathcal{R}$ 和迁移 $u_1 \to x$, 条件 (b.3) 适用, 这是由于可以取迁移 $u_2 \to u_3$ 并得到

$$\nu(x, u_1, u_3) = 0 < 1 = \nu(x, u_1, u_2)$$

对于 (u_1, u_3) 和迁移 $u_1 \to x$, 满足条件 (b.1), 这是由于可以从 u_3 取相应的迁移.

现在对于 $(s_2, s_1) \in \mathcal{R}$ 证明条件 (b) 成立. 必须考虑迁移 $s_2 \to u_2$. 实际上, 条件 (b.2) 适用, 因为 s_2 和 u_2 是 $\mathcal{R}$ 等价的, 并且

$$\nu(s_2, s_2, s_1) = 2 > 1 = \nu(u_2, u_2, s_1)$$

同样, 对于 $(u_2, s_1) \in \mathcal{R}$, 必须考虑迁移 $u_2 \to u_3$, 此时满足条件 (b.1), 因为 $s_1 \to u_1$ 且 $(u_3, u_1) \in \mathcal{R}$[译注 142]. 对于 $(u_3, s_1) \in \mathcal{R}$ 和迁移 $u_3 \to w_2$, 条件 (b.1) 成立, 因为可以从 s_1 移动到 w_1. 对于迁移 $u_3 \to t_2$, 条件 (b.3) 适用于踏步步骤 $s_1 \to u_1$, 因为有 $\nu(t_2, u_3, s_1) = 1 > 0 = \nu(t_2, u_3, u_1)$. ■

定理 7.23 表明, 步骤相关的范数函数为发散踏步互似性提供了一个可靠而完备的准则.

定理 7.23 $\approx_{\text{TS}}^{\text{div}}$ 的替代特征

令 TS 是一个有限迁移系统, 而 s_1 和 s_2 是 TS 中的状态. 那么

$$s_1 \approx_{\text{TS}}^{s} s_2 \quad \text{当且仅当} \quad s_1 \approx_{\text{TS}}^{\text{div}} s_2$$

证明: 需要证明 $\approx_{\text{TS}}^{s}$ 比 $\approx_{\text{TS}}^{\text{div}}$ 细, 反之亦然.

断言 1. $\approx_{\text{TS}}^{s}$ 比 $\approx_{\text{TS}}^{\text{div}}$ 细.

断言 1 的证明. 可以使用引理 7.24 的证明中的类似讨论. 实际上, 对于这个方向, TS 的势是无关的. 取一个步骤相关赋范互模拟 $(\mathcal{R}, \nu)$, 并证明 $\mathcal{R}$ 是一个发散敏感的踏步互模拟. 首先检验定义 7.23 中的踏步互模拟条件 (1) 和 (2) (条件 (3) 根据 $\mathcal{R}$ 的对称性可从条件 (2) 得到). 条件 (1) 可直接从赋范互模拟的定义 (见定义 7.30 中的条件 (a)) 得到. 下面检验定义 7.23 中的条件 (2). 令 $(s_1, s_2) \in \mathcal{R}$, $s'_1 \in \text{Post}(s_1)$ 且 $(s'_1, s_2) \notin \mathcal{R}$. 定义 7.30 中的条件 (b) 要求条件 (b.1)、(b.2) 或者条件 (b.3) 之一成立. 条件 (b.2) 不可能成立, 因为 $(s'_1, s_2) \notin \mathcal{R}$. 如果条件 (b.1) 成立, 则定义 7.23 中的条件 (2) 显然成立. 如果条件 (b.3) 适用, 那么选取一个状态 $u_1 \in \text{Post}(s_2)$, 使得 u_1 与 s_1 和 s_2 关于 $\mathcal{R}$ 等价, 并且

$$\nu(s'_1, s_1, u_1) < \nu(s'_1, s_1, s_2)$$

由于 $(s_1, u_1) \in \mathcal{R}$, 可以使用同样的讨论: 要么条件 (b.1) 适用, 即存在 $s'_2 \in \text{Post}(u_1)$, 使得 $(s'_1, s'_2) \in \mathcal{R}$; 要么条件 (b.3) 适用, 这可得到状态 $u_2 \in \text{Post}(u_1)$, 使得 u_2 与 s_1, s_2 和 u_1 关于 $\mathcal{R}$ 等价, 且

$$\nu(s'_1, s_1, u_2) < \nu(s'_1, s_1, u_1)$$

重复该讨论, 就得到路径片段 $s_2 u_1 u_2 \cdots u_n$, 使得对 $1 \leqslant i \leqslant n$ 有 $(s_1, u_i) \in \mathcal{R}$, 且[译注 143]

$$0 \leqslant \nu(s'_1, s_1, u_n) < \nu(s'_1, s_1, u_{n-1}) < \cdots < \nu(s'_1, s_1, u_1) < \nu(s'_1, s_1, s_2)$$

并使得条件 (b.3) 不适用于 $(s_1, u_n) \in \mathcal{R}$ 和迁移 $s_1 \to s_1'$. 因为 s_1' 不 $\mathcal{R}$ 等价于 s_1, 所以条件 (b.1) 适用, 这得到一个满足 $(s_1', s_2') \in \mathcal{R}$ 的迁移 $u_n \to s_2'$. 因此, 有满足 $(s_1, u_i) \in \mathcal{R}$ 和 $(s_1', s_2') \in \mathcal{R}$ 的路径片段 $s_2 u_1 u_2 \cdots u_n s_2'$, 这正是定义 7.23 的条件 (2) 中所要求的.

尚需证明 $\mathcal{R}$ 的发散敏感性. 令 $(s_1, s_2) \in \mathcal{R}$, 而且 s_1 是 $\mathcal{R}$ 发散的. 要证明 s_2 的 $\mathcal{R}$ 发散性. 为此, 证明存在使得 s_2 与 v_1 $\mathcal{R}$ 等价的迁移 $s_2 \to v_1$. 然后, 可以对 (s_1, v_1) 重复这个论证, 依次得出: 存在一个迁移 $v_1 \to v_2$ 使得[译注 144] $(s_2, v_2) \in \mathcal{R}$, 存在一个迁移 $v_2 \to v_3$ 使得 $(s_2, v_3) \in \mathcal{R}$, 等等. 以此方式, 就能得到一条无限路径 $s_2 v_1 v_2 v_3 \cdots$, 使得对所有 $i \geqslant 0$ 都有 $(s_2, v_i) \in \mathcal{R}$, 并得到 s_2 的 $\mathcal{R}$ 发散性.

因为 s_1 是 $\mathcal{R}$ 发散的, 所以存在始于 $s_1 = u_0$ 的无限路径 $u_0 u_1 u_2 u_3 \cdots$, 使得 s_1 和所有状态 u_i 是 $\mathcal{R}$ 等价的. 如果条件 (b.2) 适用于 $(u_i, s_2) \in \mathcal{R}$ 和迁移 $u_i \to u_{i+1}$, $i = 0, 1, \cdots, k$, 那么

$$\nu(s_1, s_1, s_2) > \nu(u_1, u_1, s_2) > \nu(u_2, u_2, s_2) > \cdots > \nu(u_k, u_k, s_2) \geqslant 0$$

令 $k_1 \geqslant 0$ 是使得条件 (b.2) 不适用于 $(u_{k_1}, s_2) \in \mathcal{R}$ 和迁移 $u_{k_1} \to u_{k_1+1}$ 的最小下标. 如果条件 (b.1) 成立, 那么存在迁移 $s_2 \to v_1$ 使得 $(u_{k_1+1}, v_1) \in \mathcal{R}$. 因为所有状态 u_i 都 $\mathcal{R}$ 等价于 s_1 和 s_2, 所以 $(s_2, v_1) \in \mathcal{R}$, 并完成证明; 如果条件 (b.3) 对 $(u_{k_1}, s_2) \in \mathcal{R}$ 和迁移 $u_{k_1} \to u_{k_1+1}$ 成立, 那么存在 $v_1 \in \text{Post}(s_2)$, 使得 $(u_{k_1}, v_1) \in \mathcal{R}$ 且 $\nu(u_{k_1+1}, u_{k_1}, v_1) < \nu(u_{k_1+1}, u_{k_1}, s_2)$. 这样就再次得到 $s_2 \to v_1$ 以及 s_2 与 v_1 的 $\mathcal{R}$ 等价性.

断言 2. 若 TS 是有限的, 则 $\approx_{\text{TS}}^{\text{div}}$ 比 $\approx_{\text{TS}}^{s}$ 细.

断言 2 的证明. 对于 $\mathcal{R} = \approx_{\text{TS}}^{\text{div}}$, 建立满足定义 7.30 的条件的三元范数函数 ν.

- 对于 $s_1 \approx_{\text{TS}}^{\text{div}} s_2$ 和 $s_1' \in \text{Post}(s_1)$, $s_1 \not\approx_{\text{TS}}^{\text{div}} s_1'$, 定义 $\nu(s_1', s_1, s_2)$ 为满足以下条件的最短路径片段 $s_2 u_1 u_2 \cdots u_n$ 的长度:
  - $u_i \approx_{\text{TS}}^{\text{div}} s_2, i = 1, 2, \cdots, n$
  - $[s_1']_{\text{div}} \cap \text{Post}(u_n) \neq \varnothing$, 其中 $[s]_{\text{div}}$ 表示 s 在 $\approx_{\text{TS}}^{\text{div}}$ 下的等价类.
- 若 $s_1 \approx_{\text{TS}}^{\text{div}} s_2$, 并且 s_1、s_2 是 $\approx_{\text{TS}}^{\text{div}}$ 发散的, 则让 $\nu(s_1, s_1, s_2) = 0$.
- 若 $s_1 \approx_{\text{TS}}^{\text{div}} s_2$, 并且 s_1、s_2 不是 $\approx_{\text{TS}}^{\text{div}}$ 发散的, 则定义 $\nu(s_1, s_1, s_2)$ 为满足以下条件的最长路径片段 $s_1 v_1 v_2 \cdots v_n$ 的长度:

$$v_i \approx_{\text{TS}}^{\text{div}} s_1, i = 1, 2, \cdots, n \text{ 且 } [s_1]_{\text{div}} \cap \text{Post}(v_n) = \varnothing$$

  注意, 存在这样的最长有限路径片段, 因为 TS 是有限的且 s_1 不发散.

下面证明 $(\approx_{\text{TS}}^{\text{div}}, \nu)$ 是 TS 的步骤相关赋范互模拟. 显然, $\approx_{\text{TS}}^{\text{div}}$ 是 S 上的等价, 且条件 (a) 成立. 以下对满足 $s_1 \approx_{\text{TS}}^{\text{div}} s_2$ 的状态 s_1、s_2 和迁移 $s_1 \to s_1'$ 检验条件 (b).

- 如果 $s_1 \not\approx_{\text{TS}}^{\text{div}} s_1'$, 那么, $[s_1']_{\text{div}} \cap \text{Post}(s_2) \neq \varnothing$ (此时条件 (b.1) 成立), 或存在满足 $n \geqslant 1$ 的路径片段 $s_2 u_1 u_2 \cdots u_n s_2'$ 使得

$$u_i \approx_{\text{TS}}^{\text{div}} s_2, i = 1, 2, \cdots, n \text{ 且 } s_1' \approx_{\text{TS}}^{\text{div}} s_2'$$

  可以假设 n 是最小的. 那么, $s_2 \to u_1$ 是一个迁移, 使得 $(u_1, s_2) \in \mathcal{R}$ 且 $n - 1 = \nu(s_1', s_1, u_1) < \nu(s_1', s_1, s_2) = n$. 因此, 条件 (b.3) 成立.

- 考虑 s_1 的等价类内的踏步步骤 $s_1 \to s_1'$, 即假设 $s_1 \approx_{\text{TS}}^{\text{div}} s_1'$.
  - 如果 s_1 是发散的, 那么 s_2 也是发散的, 并且有一个步骤 $s_2 \to s_2'$, 其中 s_2' 与 s_1 和 s_2 是 $\approx_{\text{TS}}^{\text{div}}$ 等价的. 因此, 条件 (b.1) 成立.
  - 假设 s_1 和 s_2 不是发散的. 对于 $s \approx_{\text{TS}}^{\text{div}} s_1'$, 令 $\ell(s)$ 是满足以下条件的最长路径片段 $s v_1 v_2 \cdots v_n$ 的长度: $v_i \approx_{\text{TS}}^{\text{div}} s$, $i = 1, 2, \cdots, n$, 且 $[s]_{\text{div}} \cap \text{Post}(v_n) = \varnothing$. 显然

$$\ell(s) = \max_{s' \in \text{Post}(s) \cap [s]_{\text{div}}} \ell(s') + 1$$

$\nu(s, s, s_2) = \ell(s)$ (根据 ν 的定义). 因此,

$$\nu(s_1, s_1, s_2) = \ell(s_1) \geqslant \ell(s_1') + 1 > \nu(s_1', s_1', s_2)$$

这表明条件 (b.2) 成立. ■

7.8.3 踏步互模拟和 $\text{CTL}^*_{\setminus \bigcirc}$ 等价

踏步互模拟 ($\approx$) 不保持 $\text{LTL}_{\setminus \bigcirc}$ 公式, 因为它在发散路径上不施加任何限制. 即, 如果 $\text{TS}_1 \approx \text{TS}_2$, 并且 TS_1 包含违反某个 $\text{LTL}_{\setminus \bigcirc}$ 公式 φ 的发散路径, 而 TS_2 却没有这样的行为, 那么 $\text{TS}_1 \not\models \varphi$ 而 $\text{TS}_2 \models \varphi$. 为了避免踏步路径引起的复杂性, 本书考虑了 $\approx^{\text{div}}$, 它要求两个等价的状态都有或都没有发散路径. 本节的核心结果是 $\approx^{\text{div}}$ 与没有下一步的 CTL^* 和 CTL 片段的逻辑等价相同. 这就可以在发散踏步互模拟等价的迁移系统上, 特别是在 $\approx^{\text{div}}$ 下的商上, 检验这些逻辑中的任意公式. 而且, 为了证明 $\text{TS}_1 \not\approx^{\text{div}} \text{TS}_2$, 提供一个不包含 $\bigcirc$ 并使得 $\text{TS}_1 \models \Phi$ 和 $\text{TS}_2 \not\models \Phi$ 的 CTL^* 公式 Φ 就足够了.

记法 7.4　没有下一步运算符的 CTL^* 和 CTL

令 $\text{CTL}^*_{\setminus \bigcirc}$ 表示不出现下一步运算符 $\bigcirc$ 的所有 CTL^* 公式的类. 类似地, $\text{CTL}_{\setminus \bigcirc}$ 表示禁用下一步运算符 $\bigcirc$ 的 CTL 子逻辑. ■

定理 7.24　$\text{CTL}^*_{\setminus \bigcirc}$ 等价、$\text{CTL}_{\setminus \bigcirc}$ 等价和 $\approx^{\text{div}}$

对没有终止状态的有限迁移系统 TS 和其中的状态 s_1、s_2:

$$s_1 \approx_{\text{TS}}^{\text{div}} s_2 \ \text{ iff } \ s_1 \equiv_{\text{CTL}^*_{\setminus \bigcirc}} s_2 \ \text{ iff } \ s_1 \equiv_{\text{CTL}_{\setminus \bigcirc}} s_2$$

证明: 证明策略类似于定理 7.4 的证明.

(1) 引理 7.25 断言: 对任意 (可能无限的) 迁移系统, $\approx_{\text{TS}}^{\text{div}}$ 比 $\text{CTL}^*_{\setminus \bigcirc}$ 等价细.

(2) $\text{CTL}^*_{\setminus \bigcirc}$ 等价比 $\text{CTL}_{\setminus \bigcirc}$ 等价细, 因为 $\text{CTL}_{\setminus \bigcirc}$ 是 $\text{CTL}^*_{\setminus \bigcirc}$ 的一个子逻辑.

(3) 引理 7.26 断言 $\text{CTL}_{\setminus \bigcirc}$ 等价比 $\approx_{\text{TS}}^{\text{div}}$ 细.

注意, 对 CTL 等价和互模拟等价 ($\sim$), 证明的第 (3) 步利用了下一步运算符 (而没利用直到运算符). 由于该运算符在 $\text{CTL}_{\setminus \bigcirc}$ 中不存在, 必须寻求替代的逻辑特征. ■

引理 7.25　发散踏步互模拟蕴涵 $\text{CTL}^*_{\setminus \bigcirc}$ 等价

令 TS 是没有终止状态的一个迁移系统, s_1 和 s_2 是 TS 中的状态, 而 $\pi_1, \pi_2 \in \text{Paths(TS)}$. 那么:

(1) 如果 $s_1 \approx_{\text{TS}}^{\text{div}} s_2$, 那么对任意 $\text{CTL}^*_{\setminus \bigcirc}$ 状态公式 Φ, $s_1 \models \Phi$ iff $s_2 \models \Phi$.

(2) 如果 $\pi_1 \approx_{\text{TS}}^{\text{div}} \pi_2$, 那么对任意 $\text{CTL}^*_{\setminus \bigcirc}$ 路径公式 φ, $\pi_1 \models \varphi$ iff $\pi_2 \models \varphi$.

证明: 类似于引理 7.7 的证明, 对 $\text{CTL}^*_{\setminus\bigcirc}$ 公式使用结构归纳法. 忽略细节, 而只考虑 $\Phi = \exists\varphi$ 的情形, 其中 φ 是满足上述结论 (2) 的 $\text{CTL}^*_{\setminus\bigcirc}$ 路径公式. 假设 $s_1 \approx^{\text{div}}_{\text{TS}} s_2$ 且 $s_1 \models \exists\varphi$[译注 145]. 令 $\pi_1 \in \text{Paths}(s_1)$ 并使得 $\pi_1 \models \varphi$. 由引理 7.23 可得, 存在 $\pi_2 \in \text{Paths}(s_2)$ 使得 $\pi_1 \approx^{\text{div}}_{\text{TS}} \pi_2$. 对 φ 和路径 π_1、π_2 应用归纳假设可得 $\pi_2 \models \varphi$. 因此, $s_2 \models \exists\varphi$. ■

引理 7.26 $\text{CTL}_{\setminus\bigcirc}$ 等价比 $\approx^{\text{div}}_{\text{TS}}$ 细

对于没有终止状态的有限迁移系统 TS 和 TS 中的状态 s_1、s_2, 如果 s_1 和 s_2 是 $\text{CTL}_{\setminus\bigcirc}$ 等价的, 那么

$$s_1 \approx^{\text{div}}_{\text{TS}} s_2$$

证明: 令 S 是 TS 的状态空间. 证明

$$\mathcal{R} = \{(s_1, s_2) \in S \times S \mid s_1 \equiv_{\text{CTL}_{\setminus\bigcirc}} s_2\}$$

是 TS 的发散敏感的踏步互模拟就足够了. 为此, 需要证明 $\mathcal{R}$ 是 TS 的踏步互模拟, 并且 $\mathcal{R}$ 是发散敏感的.

断言 1. $\mathcal{R}$ 是 TS 的踏步互模拟.

断言 1 的证明. 通过检验踏步互模拟的条件证明之. 令 $(s_1, s_2) \in \mathcal{R}$.

(1) 考虑命题逻辑公式

$$\Phi = \bigwedge_{a \in L(s_1)} a \wedge \bigwedge_{a \in \text{AP} \setminus L(s_1)} \neg a$$

显然, Φ 是一个 $\text{CTL}_{\setminus\bigcirc}$ 公式且 $s_1 \models \Phi$. 因此, 根据 $\mathcal{R}$ 的定义, $s_2 \models \Phi$. 根据 Φ 的构造, 有 $L_1(s_1) = L_2(s_2)$.

(2) 对每个等价类 $C \in S/\mathcal{R}$, 将 $\text{CTL}_{\setminus\bigcirc}$ 公式 Φ_C 定义为

$$\Phi_C = \bigwedge_{\substack{D \in S/\mathcal{R} \\ D \neq C}} \Phi_{C,D}$$

其中, 对于 $\mathcal{R}$ 下的每一对等价类 $C \neq D$, $\Phi_{C,D}$ 是满足 $\text{Sat}(\Phi_{C,D}) \cap D = \varnothing$ 和 $\text{Sat}(\Phi_{C,D}) \supseteq C$ 的 $\text{CTL}_{\setminus\bigcirc}$ 公式. 由此得出 $\text{Sat}(\Phi_C) = C$.

尚需证明: 对任意使得 $(s_1, s_1') \notin \mathcal{R}$ 的 $s_1' \in \text{Post}(s_1)$, 都存在有限路径片段 $s_2 u_1 u_2 \cdots u_n s_2'$, 使得 $(s_1', s_2') \in \mathcal{R}$ 并且 $(s_2, u_i) \in \mathcal{R}$, $i = 0, 1, \cdots, n$. 令 $B \in S/\mathcal{R}$ 且 $s_1, s_2 \in B$, 即 $B = [s_1]_{\mathcal{R}} = [s_2]_{\mathcal{R}}$. 进一步地令 $s_1' \in \text{Post}(s_1)$ 满足 $(s_1, s_1') \notin \mathcal{R}$, 则 $C = [s_1']_{\mathcal{R}}$ 满足 $B \neq C$. 那么, 由于 $s_1 \in B$ 并且 $s_1' \in C$, 所以

$$s_1 \models \exists(\Phi_B \mathsf{U} \Phi_C)$$

因为 $(s_1, s_2) \in \mathcal{R}$ 并且 $\Phi_B \mathsf{U} \Phi_C$ 是 $\text{CTL}_{\setminus\bigcirc}$ 公式, 所以

$$s_2 \models \exists(\Phi_B \mathsf{U} \Phi_C)$$

因此, 存在有限路径片段 $s_2 u_1 u_2 \cdots u_n s_2'$, 使得 $s_2' \models \Phi_C$ 并且 $s_2 \models \Phi_B$, $u_1 \models \Phi_B$, $u_2 \models \Phi_B, \cdots, u_n \models \Phi_B$. 因 $\text{Sat}(\Phi_C) = C$ 和 $\text{Sat}(\Phi_B) = B$, 故得 $s_2' \in C$ 和 $u_1, u_2, \cdots, u_n \in B$. 由于 $C = [s_1']_{\mathcal{R}}$ 和 $B = [s_1]_{\mathcal{R}} = [s_2]_{\mathcal{R}}$, 可推出 $(s_1', s_2') \in \mathcal{R}$ 并且 $(s_2, u_i) \in \mathcal{R}$, $i = 0, 1, \cdots, n$.

断言 2. $\mathcal{R}$ 是发散敏感的.

断言 2 的证明. 假设 $(s_1, s_2) \in \mathcal{R}$ 和 s_1 是 $\mathcal{R}$ 发散的. 必须证明 s_2 是 $\mathcal{R}$ 发散的. 因 s_1 是 $\mathcal{R}$ 发散的, 故存在 $\mathcal{R}$ 发散的路径片段

$$\pi_1 \ = \ s_1 s_{1,1} s_{2,1} s_{3,1} \cdots \in \text{Paths}(s_1)$$

令 $C = [s_1]_{\mathcal{R}}$, Φ_C 是使得 $\text{Sat}(\Phi_C) = C$ 的 $\text{CTL}_{\setminus\bigcirc}$ 公式. 那么 $s_{j,1} \in C$, 即, 对于所有 $j > 0$, $s_{j,1} \models \Phi_C$. 因此, $s_1 \models \exists\Box\Phi_C$. 因 $(s_1, s_2) \in \mathcal{R}$ 并且 $C = [s_1]_{\mathcal{R}}$, 故得 $s_2 \models \exists\Box\Phi_C$. 因此, 存在无限路径片段

$$\pi_2 \ = \ s_2 s_{1,2} s_{2,2} s_{3,2} \cdots \in \text{Paths}(s_2)$$

使得对 $j > 0$, $s_{j,2} \models \Phi_C$. 由于 $\text{Sat}(\Phi_C) = C$, 所以 $s_{j,2} \in C$, $j > 0$. 因为 $C = [s_2]_{\mathcal{R}}$, 所以 π_2 是一条 $\mathcal{R}$ 发散路径. 因此, s_2 是 $\mathcal{R}$ 发散的. ■

接下来是几点说明. $\approx^{\text{div}}_{\text{TS}}$ 是保持所有 $\text{CTL}_{\setminus\bigcirc}$ 公式的最粗等价. 针对两个迁移系统, 可以用通常的方式改写定理 7.24. 因此, 对于任意无终止状态的有限迁移系统 TS_1 和 TS_2, 有

$$\begin{aligned} \text{TS}_1 \approx^{\text{div}} \text{TS}_2 \quad & \text{iff} \quad \text{TS}_1 \text{ 和 } \text{TS}_2 \text{ 满足相同的 } \text{CTL}^*_{\setminus\bigcirc} \text{ 公式} \\ & \text{iff} \quad \text{TS}_1 \text{ 和 } \text{TS}_2 \text{ 满足相同的 } \text{CTL}_{\setminus\bigcirc} \text{ 公式} \end{aligned}$$

最后要说明, 在证明 $\approx^{\text{div}}_{\text{TS}}$ 的逻辑特征时, 显式地使用了直到运算符. 因此, 虽然可以用不包含直到运算符的 CTL (或者 CTL*) 片段描述互模拟和模拟的特征, 但对 $\approx^{\text{div}}_{\text{TS}}$ 却不是这种情况. 这并不奇怪, 由于 $\approx^{\text{div}}_{\text{TS}}$ 不保持下一步运算符, 为了描述有限踏步路径片段的特征, 需要一些模态运算符.

特别地, 因为 $\text{TS} \approx^{\text{div}} \text{TS}/{\approx^{\text{div}}}$, 所以, 在 $\text{TS}/{\approx^{\text{div}}}$ 上检验 $\text{CTL}^*_{\setminus\bigcirc}$ 公式 Φ 就足以判断是否 $\text{TS} \models \Phi$. 下面以交替位协议为例说明这一点.

例 7.29　交替位协议

再次考虑交替位协议, 见例 2.15. 令

$$\text{AP} = \{\text{s\_mode} = 0, \text{s\_mode} = 1, \text{r\_mode} = 0, \text{r\_mode} = 1\}$$

其中 s_mode 表示发送器的模式, 而 r_mode 表示接收器的模式. 例 7.24 已推出, ABP 的基础迁移系统 TS_{ABP} 及其踏步互模拟商 $\text{TS}_{\text{ABP}}/{\approx}$ 满足不相同的 $\text{CTL}^*_{\setminus\bigcirc}$ 公式. 这是因为, 迁移系统

$$\text{TS} = (\text{TS}_{\text{ABP}} \oplus \text{TS}_{\text{ABP}})/{\approx}$$

不是发散敏感的, 即 TS 中有踏步互似状态使得它们之一是 $\approx$ 发散的, 而另一个不是. 事实上, 为了证明 ABP 的一个 $\text{CTL}^*_{\setminus\bigcirc}$ 公式、$\text{CTL}_{\setminus\bigcirc}$ 公式或 $\text{LTL}_{\setminus\bigcirc}$ 公式成立, 必须考虑 $\text{TS}_{\text{ABP}}/{\approx^{\text{div}}}$, 而非 $\text{TS}_{\text{ABP}}/{\approx}$.

为得到 $\approx^{\text{div}}$ 下的商, 必须把 $\text{TS}_{\text{ABP}}/{\approx}$ 中的每个满足 $\text{s\_mode} \neq \text{r\_mode}$ 的状态拆分为两个状态. 图 7.46 为如此所得迁移系统 $\text{TS}_{\text{ABP}}/{\approx^{\text{div}}}$. 其中两个状态被分别标记为

$$A_1 = \{\text{s\_mode} = 0, \text{r\_mode} = 1\}, \ A_2 = \{\text{s\_mode} = 1, \text{r\_mode} = 0\}$$

一个表示 TS_{ABP} 中的发散的 A_i 状态, 而另一个表示 TS_{ABP} 中的不发散的 A_i 状态 $\langle \text{chk\_ack}(i), \cdots, x = i, \cdots \rangle$. $\text{CTL}^*_{\setminus\bigcirc}$ 安全性质

$$\Phi = \forall\Box\big((\text{s\_mode} = 0) \rightarrow (\text{s\_mode} = 0) \,\mathsf{W}\, (\text{r\_mode} = 1)\big)$$

表达的含义为: 在接收器改变到模式 1 (期待接收带位 1 的消息) 之前, 即, 在接收器确认收到带位 0 的消息之前, 发送器不能离开模式 0 (只发送带位 0 的消息). 易证 $\text{TS}_{\text{ABP}}/{\approx^{\text{div}}} \models \Phi$. 由定理 7.24 可得 $\text{TS}_{\text{ABP}} \models \Phi$. ■

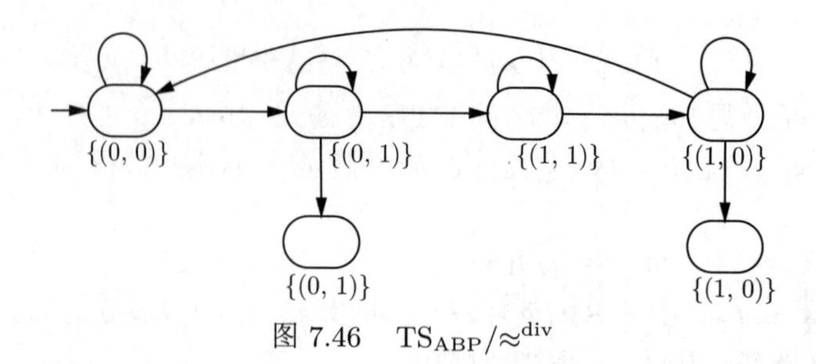

图 7.46　$TS_{ABP}/\approx^{div}$

例 7.30　生产者–消费者系统

考虑一个并发程序, 它涉及一个生产者进程和一个消费者进程, 两进程共享容量 $m > 0$ 的数据缓冲区. 生产者反复产生 n 项数据并一项一项地插入缓冲区. 局部变量 in 指示下一个需要写入的缓冲单元. 只有当 buffer 的以 in 为下标的缓冲单元为空时, 生产者才能把数据插入该缓冲单元. 用 $\perp$ 表示空缓冲单元. 消费者进程依次尝试从缓冲区获取项.

```
生产者
  in := 0;
  while true {
    生产 d1, d2, ··· , dn;
    for i = 1 to n {
    wait until (buffer[in] = ⊥) {
      buffer[in] := di;
      in := (in + 1) mod m;}
    }
  }
```

```
消费者
  out := 0;
  while true {
    for j = 1 to n {
    wait until (buffer[out] ≠ ⊥) {
      ej := buffer[out];
      buffer[out] := ⊥;
      out := (out + 1) mod m;}
    }
    消费 e1, e2, ··· , en;
  }
```

令 $TS(m,n)$ 表示这个生产者–消费者程序的基础迁移系统. $TS(m,n)$ 的大小随每个周期生成的数据项数 n 和缓冲器容量 m 的增长呈指数级增长.

假设我们感兴趣的情形是, 生产者和消费者分别处于其生产和消费阶段. 令 $AP = \{prod\_and\_cons\}$. 注意, 可忽略缓冲区的内容. 这也适用于变量 in 和 out. 为了跟踪空闲缓冲单元的个数, 引入定义域为 $\{0, 1, \cdots, m\}$ 的有界整数变量 free. 生产阶段结束时, 变量 i 表示生产者已经在缓冲区中存储的数据的项数; 相应地, j 表示消费者已经从缓冲区中取出的数据的项数. 这形成以下抽象程序:

```
生产者
  in := 0;
  while true {
    生产;
    for i = 1 to n {
    wait until (free > 0) {
      free := free − 1;}[译注 146]
    }
  }
```

```
消费者
  out := 0;
  while true {
    for j = 1 to n {
    wait until (free < m) {
      free := free + 1;}[译注 146]
    }
    消费;
  }
```

令 $\text{TS}_{\text{abstract}}(m,n)$ 表示从抽象程序得到的迁移系统. $\text{TS}_{\text{abstract}}(2,2)$ 描绘于图 7.47 中, 此处假设自动执行 for 循环. 每个状态的形式是 $\langle \ell_i, \ell'_i, v_f, v_i, v_j \rangle$, 其中 ℓ_i 和 ℓ'_i 分别表示生产者和消费者的程序位置, v_f 是 free 的值, 而 v_i、v_j 分别是整数变量 i 和 j 的值. 特别地, 有

$$\begin{aligned} \ell_0 &: \text{生产} \\ \ell_1 &: \langle \textbf{if } (\text{free} > 0) \textbf{ then } i := 1; \text{free}-- \textbf{ fi} \rangle \\ \ell_2 &: \langle \textbf{if } (\text{free} > 0) \textbf{ then } i := 0; \text{free}-- \textbf{ fi} \rangle \end{aligned}$$

对消费进程以类似方式定义符号 ℓ'_i. 注意, 带控制位置 ℓ_0 和 ℓ'_2 的状态表示生产者和消费者分别处于其生产和消费阶段的全局状态. 因此, 所有形为 $\langle 0, 2, -, -, - \rangle$ 的状态用命题 prod_and_cons 标记; 其他所有状态用 $\varnothing$ 标记. $\text{TS}_{\text{abstract}}(m,n)$ 的大小是 n 和 m 的多项式. 可得

$$\text{TS}(m,n) \approx^{\text{div}} \text{TS}_{\text{abstract}}(m,n)$$

注意,

$$\text{TS}_{\text{abstract}}(m,n) \not\models \forall\Box\forall\Diamond \textit{prod\_and\_cons}$$

因为它是 $\text{CTL}_{\setminus\bigcirc}$ 公式, 故 $\text{TS}(m,n)$ 违反它. 例如, $\text{TS}_{\text{abstract}}(m,n)$ 中的一个反例是[译注 147]

$$\begin{aligned} &\langle \ell_0, \ell'_0, 2, 0, 0 \rangle \to \langle \ell_1, \ell'_0, 2, 0, 0 \rangle \to \langle \ell_2, \ell'_0, 1, 1, 0 \rangle \to \langle \ell_0, \ell'_0, 0, 0, 0 \rangle \to \\ &\langle \ell_0, \ell'_1, 1, 0, 1 \rangle \to \langle \ell_1, \ell'_1, 1, 0, 1 \rangle \to \langle \ell_1, \ell'_2, 2, 0, 0 \rangle \to \langle \ell_1, \ell'_0, 2, 0, 0 \rangle \to \cdots \end{aligned}$$

通过考虑在 $\approx^{\text{div}}$ 下的商, 易证 $\text{TS}_{\text{abstract}}(m,n) \not\models \forall\Box\forall\Diamond\text{prod\_and\_cons}$, 见图 7.48 中的初始状态的自循环. ■

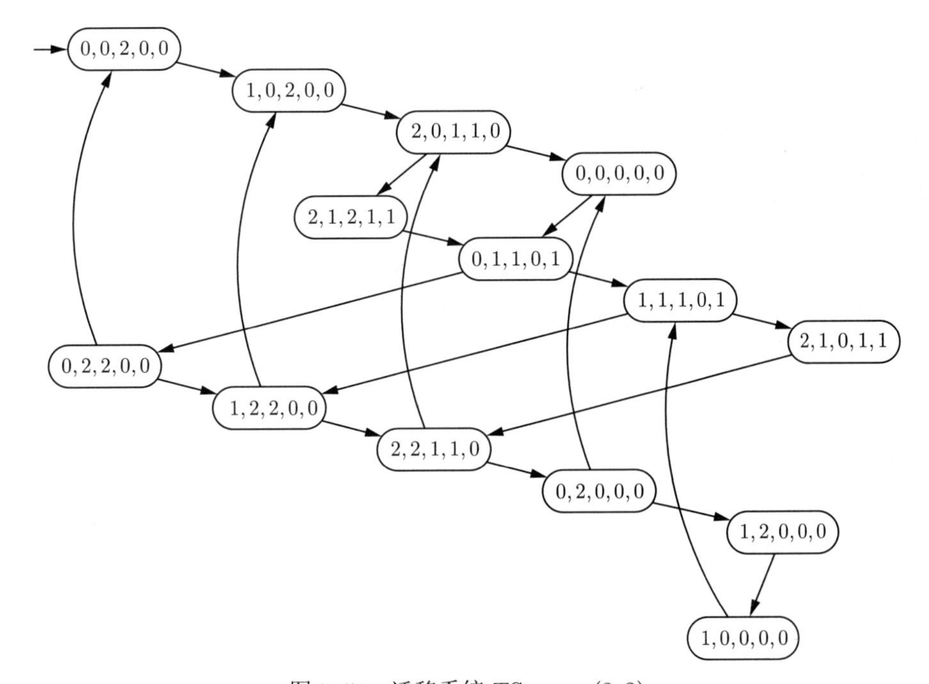

图 7.47　迁移系统 $\text{TS}_{\text{abstract}}(2,2)$

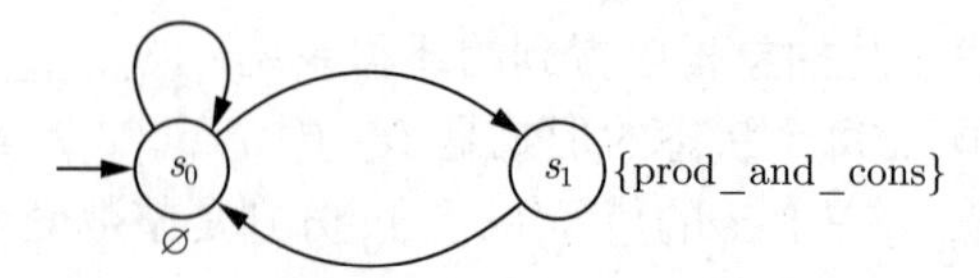

图 7.48 商迁移系统 $\mathrm{TS}_{\mathrm{abstract}}(2,2)/\approx^{\mathrm{div}}$

7.8.4 踏步互模拟求商

本节关注计算踏步互模拟 $\approx$ 和 $\approx^{\mathrm{div}}$ 的商迁移系统的算法. 这种算法用于以下两个目的. 首先, 它们能够用来检验两个迁移系统是否踏步互模拟等价. 其次, 关于 $\approx^{\mathrm{div}}$ 的算法可在发散敏感的踏步互模拟下把迁移系统最小化. 这可在模型检验 $\mathrm{CTL}^*_{\setminus\bigcirc}$ 公式之前用作预处理阶段. 首先概述如何计算 $\approx$ (即无发散) 下的等价类, 然后说明这个算法如何用于 $\approx^{\mathrm{div}}$.

在本节剩余部分中, 令 $\mathrm{TS}=(S,\mathrm{Act},\to,I,\mathrm{AP},L)$ 是一个有限迁移系统, 可能有终止状态[译注 148]. 像处理互模拟时一样, $\approx$ 和 $\approx^{\mathrm{div}}$ 的求商算法也基于划分细化. 划分细化算法基于依次细化划分直到达到一个稳定的划分. 细化基于在当前划分中相对于超块, 即块的不交并, 拆分一个块. 对于 $\approx$, 细化的思想是根据另一个块 C 将一个给定的块 B 划分成两个子块: B 的符合以下条件的状态构成一块, 这些状态沿只由 B 中状态组成的路径片段就能到达 C; B 的其他状态构成另一块.

记法 7.5 约束前驱

设 $\varPi$ 是 S 的划分, B、C 是 $\varPi$ 中的块, $s\in B$, 那么, $s\in \mathrm{Pre}^*_{\varPi}(C)$ 是指存在有限路径片段

$$s=s_1s_2\cdots s_n\in \mathrm{Paths}(s)$$

使得 $s_n\in C$ 并且对 $0<i<n$, $s_i\in B$. ■

用文字叙述就是, $\mathrm{Pre}^*_{\varPi}(C)$ 包含的 s 满足: s 可沿一条仅由 $\varPi$ 的 s 所在块中的状态组成的 (可能只有一个状态的) 路径到达 C.

定义 7.31 $\varPi$ 拆分器和 C 稳定性

令 $\varPi$ 是 S 的一个划分, $B,C\in\varPi$.

(1) C 是 B 的一个 $\varPi$ 拆分器当且仅当

$$B\neq C \text{ 且 } B\cap \mathrm{Pre}(C)\neq\varnothing \text{ 且 } B\setminus \mathrm{Pre}^*_{\varPi}(C)\neq\varnothing$$

(2) 若 C 不是 $\varPi$ 中任何块的拆分器, 则称 $\varPi$ 是 C 稳定的.

(3) 若 $\varPi$ 对任意块 $C\in\varPi$ 都是 C 稳定的, 则称 $\varPi$ 是稳定的. ■

考虑 C 成为 B 的 $\varPi$ 拆分器的要求. 由于一个块不能被自己拆分, 所以要求 $B\neq C$ 是自然的. 而且, 只有当 B 至少有一个状态可用单个迁移到达 C 时, B 才能根据 C 拆分. 最后一项为合取断言, B 应该包含一些状态, 它们只能经由不在 B 和 C 中的一些状态到达 C.

引理 7.27 最粗的划分

踏步互模拟的商空间 $S/\approx$ 是 S 的满足以下条件的最粗划分 $\varPi$:

(1) $\varPi$ 比 $\varPi_{\mathrm{AP}}$ 细.

(2) 对任意 $B,C\in\varPi$, 有 $B\cap\mathrm{Pre}(C)=\varnothing$ 或 $B\subseteq \mathrm{Pre}^*_{\varPi}(C)$.

证明: 类似于引理 7.9 的证明. ■

$S/\approx$ 是满足以下条件的最粗划分: ① 状态标记相同; ② B 和 C 之间没有迁移, 或在有这样的迁移时, B 中存在只通过 B 中的状态不能到达 C 的状态. 对于此类状态, 到达 C 的唯一可能性是通过其他块 $D \neq B, C$. 引理 7.27 暗示细化运算符的定义.

定义 7.32 细化运算符

令 Π 是 S 的划分, C 是 Π 的块. 那么:

$$\text{Refine}_{\approx}(\Pi, C) = \bigcup_{B \in \Pi} \text{Refine}_{\approx}(B, C)$$

其中 $\text{Refine}_{\approx}(B, C) = \{B \cap \text{Pre}^*_{\Pi}(C), B \setminus \text{Pre}^*_{\Pi}(C)\} \setminus \{\varnothing\}$. ■

关于 $\approx$ 求商的划分细化技术的基本步骤概述在算法 7.10 中. 注意, 不同于普通互模拟 $\sim$ 的划分细化算法, 算法 7.10 每次迭代仅细化一个块 B. 由于 C 是 B 的一个 Π 拆分器, 每次迭代都产生一个适当的细化. 因此, while 循环的迭代次数以状态数为界. 本节剩余部分将提供一些实现细节以使细化运算符能够高效实现.

算法 7.10 计算踏步互模拟商

输入: 以 S 为状态空间的有限迁移系统 TS

输出: 踏步互模拟商空间 $S/\approx$

```
Π := Π_AP;                                              (* 见算法 7.2 *)
while (∃B, C ∈ Π. C 是 B 的 Π 拆分器) do
  选择这样的 B, C ∈ Π;
  Π := (Π \ {B}) ∪ Refine≈(B, C);
od
return Π
```

删除踏步环路 作为第一步, 删除所有踏步环路, 即完全由踏步步骤组成的环路, 简化迁移系统 TS.

定义 7.33 踏步环路

设 $n > 0$, $s_0 s_1 \cdots s_n$ (其中 $s_0 = s_n$) 是迁移系统 TS 的环路. 若 $s_i s_{i+1}$ 对任意 $0 \leqslant i < n$ 都是踏步步骤, 则称该环路为*踏步环路*. ■

踏步环路上的所有状态属于 $\approx$ 下的同一等价类, 并因此属于 $S/\approx$ 的同一块. 实际上甚至对 $\approx^{\text{div}}$ 也成立.

引理 7.28 踏步环路

对迁移系统 TS 中的踏步环路 $s_0 s_1 \cdots s_n$:

$$s_0 \approx^{\text{div}}_{\text{TS}} s_1 \approx^{\text{div}}_{\text{TS}} \cdots \approx^{\text{div}}_{\text{TS}} s_n$$

证明: 令 $\mathcal{R}$ 是 S 上的把状态 $s_0 = s_n, s_1, \cdots, s_{n-1}$ 看作相同而与其他状态不同的最小等价关系. 即 $\mathcal{R}$ 是诱导以下划分的等价关系:

$$S/\mathcal{R} = \{\{s_0, s_1, \cdots, s_{n-1}\}\} \cup \{\{s\} \mid s \in S \setminus \{s_0, s_1, \cdots, s_{n-1}\}\}$$

$\{s_0, s_1, \cdots, s_{n-1}\}$ 中的所有状态是踏步互似的, 因为它们全在同一踏步环路上, 即任何可见步骤 $s_i \to s'$ 都可用以下始于 $s_j (i \neq j)$ 的路径片段匹配: 先沿环路到 s_i, 再选取迁移 $s_i \to s'$. 显然, 这些状态都是发散的. 所有单点划分都是踏步互似的且不是发散的. 因此, $\mathcal{R}$ 是发散敏感的踏步互模拟. ■

因此, 踏步环路上的所有状态是发散的. 注意, 对于有限迁移系统, 任意发散路径肯定包含环路. 因为这种环路上的所有状态是两两 $\approx^{\text{div}}$ 等价的, 并因此标记相同, 所以它们形成踏步环路.

推论 7.8　发散状态的完整特征

对于有限迁移系统 TS 及其状态 s:

$$s \text{ 是 } \approx^{\text{div}} \text{ 发散的 iff 从 } s \text{ 沿 } [s]_{\approx^{\text{div}}} \text{ 中的路径片段可达一个踏步环路} \qquad ■$$

为了简化细化运算符, 先从迁移系统 TS 删除踏步环路. 方法如下. 在状态图 $G(\text{TS})$ 中, 确定只包含踏步步骤的强连通分支 (SCC). 这可用 (标准的) 深度优先搜索算法实现. 然后, 把任意踏步 SCC 坍缩为单个状态. 这就产生了一个新的迁移系统 TS′, 其状态是 $G(\text{TS})$ 中的踏步 SCC, 并且只要 $s \to s'$ 是 TS 的迁移, 同时 $C \neq C'$, $s \in C$ 且 $s' \in C'$, 就有 $C \to' C'$. 根据构造, TS′ 不包含任何踏步环路. 这一步的时间复杂度是 $O(M + |S|)$. 注意,

$$s_1 \approx_{\text{TS}} s_2 \quad \text{当且仅当} \quad C_1 \approx_{\text{TS}'} C_2$$

其中, C_i 表示包含状态 s_i 的踏步 SCC.

划分细化的高效实现　从现在开始, 假设迁移系统 TS 没有踏步环路. 现在把注意力集中到细化运算符的高效实现和拆分器的搜索上 (见算法 7.10 中的循环条件). 假设对任意状态 s 都有集合 $\text{Pre}(s)$ 和 $\text{Post}(s)$ 的可用的列表表示. 令 Π 是 S 的一个划分, 它比 $S/\approx$ 粗, 而比 Π_{AP} 细. 目标是检验 Π 对于块 C 的不稳定性, 方法是对 $s \in C$ 在列表 $\text{Pre}(s)$ 中线性搜索, 而不是考虑集合 $\text{Pre}^*_{\Pi}(C)$. 为此, 致力于用 C 的直接前驱表述的拆分器的特征. 使这种特征成为可能的一个重要概念是块 B 中的退出状态, 即其迁移都通向 B 外的状态.

定义 7.34　退出状态

令 TS 是一个没有踏步环路的有限迁移系统, S 是 TS 的状态空间, B 是 S 的划分 Π 中的块. B 和划分 Π 的退出状态分别定义为

$$\text{Bottom}(B) = \{s \in B \mid \text{Post}(s) \cap B = \varnothing\}, \ \text{Bottom}(\Pi) = \bigcup_{B \in \Pi} \text{Bottom}(B) \qquad ■$$

因 TS 没有踏步环路且是有限的, 故比 Π_{AP} 细的划分 Π 的任意块 B 至少有一个退出状态. 这可用反证法说明. 假设块 $B \in \Pi$ 不包含退出状态. 就会存在由 B 中的状态组成的无限路径 $s_0 s_1 s_2 \cdots$[译注 149]. 因为 TS 是有限的, 存在一对下标 i、j, 使得 $0 \leqslant i < j$ 且 $s_i = s_j$. 由于 Π 比 Π_{AP} 细, 所以 B 中所有状态的标记相同. 因此, 路径片段 $s_i s_{i+1} \cdots s_j$ 是踏步环路. 这与 TS 没有踏步环路矛盾. 因此, 若 Π 比 Π_{AP} 细, 则对任意块 $B \in \Pi$, $\text{Bottom}(B) \neq \varnothing$.

若对 $s \in C$ 使用列表 $\text{Pre}(s)$ 中的线性搜索, 则引理 7.29 对检验块 $C \in \Pi$ 是否是 Π 拆分器很关键.

引理 7.29 *局部拆分器准则*

令 TS 是一个没有踏步环路的有限迁移系统, Π 是 TS 的状态空间 S 的一个划分, $C, B \in \Pi$. 那么 C 是 B 的 Π 拆分器当且仅当

$$B \neq C \wedge B \cap \text{Pre}(C) \neq \varnothing \wedge \text{Bottom}(B) \setminus \text{Pre}(C) \neq \varnothing$$

证明: 先证 $\Leftarrow$. 假设 $B \neq C$, $B \cap \text{Pre}(C) \neq \varnothing$ 并且 $\text{Bottom}(B) \setminus \text{Pre}(C) \neq \varnothing$. 那么存在状态 $t \in \text{Bottom}(B) \setminus \text{Pre}(C)$ 和 $s \in B \cap \text{Pre}(C)$. 因为 $t \in \text{Bottom}(B)$[译注 150] 且 $t \notin \text{Pre}(C)$, 所以 t 的所有直接后继都在 $B \cup C$ 之外, 因而 $t \in B \setminus \text{Pre}_{\Pi}^{*}(C)$. 因此, 由定义 7.31, C 是 B 的 Π 拆分器.

再证 $\Rightarrow$. 设 C 是 B 的 Π 拆分器. 由定义 7.31 得 $B \neq C$ 存在 $s \in B \cap \text{Pre}(C)$. 尚需证明 $B \setminus \text{Pre}_{\Pi}^{*}(C) \neq \varnothing$ 蕴涵 $\text{Bottom}(B) \setminus \text{Pre}(C) \neq \varnothing$. 用反证法. 假设 $\text{Bottom}(B) \setminus \text{Pre}(C) = \varnothing$, 即 $\text{Bottom}(B) \subseteq \text{Pre}(C)$. 令 $u \in B$. 因为 TS 中没有踏步环路且 TS 是有限的, 所以存在除 $t \in \text{Bottom}(B)$ 外全由 B 中状态组成的路径片段 $u \cdots t$[译注 151]. 但是, 因为 $\text{Bottom}(B) \subseteq \text{Pre}(C)$, 所以 $t \in \text{Pre}(C)$ 且 $u \in \text{Pre}_{\Pi}^{*}(C)$. 因此 $u \in B \cap \text{Pre}_{\Pi}^{*}(C)$. 因这可用于任意 $u \in B$, 故得 $B \subseteq \text{Pre}_{\Pi}^{*}(C)$, 这与 C 是 B 的 Π 拆分器矛盾. ■

这个结果允许通过考查 C 的直接前驱来检验划分 Π 的块 C 是否是某个块 $B \in \Pi$ 的 Π 拆分器. 对任意状态 $s \in C$, 遍历列表 $\text{Pre}(C)$, 并标记所有状态 $s' \in \text{Pre}(C)$ 和块 $[s']_{\Pi}$ (只是块本身而不是块中的状态). 那么, 对每个块 $B \in \Pi$, $B \neq C$, 有

$$C \text{ 是 } B \text{ 的 } \Pi \text{ 拆分器} \iff B \text{ 被标记且 } \text{Bottom}(B) \text{ 包含未标记状态}$$

这样, 当对 Π 和 $B \in \Pi$ 的 $\text{Bottom}(B)$ 使用适当的数据结构 (如列表) 时, 可在时间 $O(|\text{Pre}(C)|)$ 内检验 Π 的 C 稳定性. 例如, Π 的列表表示带有从 Π 的块到块中状态的指针及反向指针, 这样的表示能够在时间 $O(|\text{Pre}(C)|)$ 内生成由 (指向) 已标记块 (的指针) 组成的列表. 为了检验是否有已标记块 B 使得 $\text{Bottom}(B)$ 包含未标记状态, 对已标记块的列表使用线性搜索就足够了. 如果 B 是当前 (已标记) 块, 那么遍历表示 $\text{Bottom}(B)$ 的列表直到一个未标记状态 (即状态 $t \notin \text{Pre}(C)$) 被找到 (或者已经到达列表的末尾). 该策略的时间复杂度为 $O(|\text{Pre}(C)|)$, 因为已标记块数最多是 $|\text{Pre}(C)|$ 并且为退出状态遍历列表时要考虑的元素的总数以 $|\text{Pre}(C)| + 1$ 为界 ("+1" 涵盖已经到达 $t \notin \text{Pre}(C)$ 的情况). 因为要跑遍所有块 $C \in \Pi$, 所以 Π 的稳定性检验需要时间 $O(M)$, 其中 $M = \sum\limits_{C \in \Pi} |\text{Pre}(C)|$, M (像从前一样) 表示 TS 的状态图中的边数.

而且, 如果 C 是 Π 拆分器 (即 Π 不是 C 稳定的), 那么上述方法返回一个块 $B \in \Pi$ 使得 C 是 B 的 Π 拆分器. 还要说明如何在时间 $O(M)$ 内把 B 细化为两个子块

$$B_1 = B \cap \text{Pre}_{\Pi}^{*}(C) \text{ 和 } B_2 = B \setminus \text{Pre}_{\Pi}^{*}(C)$$

为此, 如下进行. 从两个新块 B_1 和 B_2 (的变量) 开始, 它们最初是空的. 当遍历 B 的所有退出状态的列表时, 把任意已标记状态 $s \in \text{Bottom}(B)$ 添加到 B_1, 并把任意未标记的状态 $s \in \text{Bottom}(B)$ 添加到 B_2 (被标记的正是 $\text{Pre}(C)$ 中的状态). 然后对 B 中的非退出状态, 即 $B \setminus \text{Bottom}(B) = \{s_1, s_2, \cdots, s_k\}$, 用标准的图论算法确定一个*逆拓扑序* $s_1 s_2 \cdots s_k$, 即,

只要存在迁移 $s_i \to s_j$, 就有 $i > j$. 注意, 因 TS 没有踏步环路, 故存在这种拓扑序. 这可在时间 $O(M + |S|)$ 内计算. 以逆拓扑序遍历 B 的非退出状态. 对某个 $0 < i \leqslant k$, 如下处理遇到的状态 $s = s_i$. 如果未标记 s, 即 $s \in B \setminus \mathrm{Pre}(C)$, 就遍历列表 $\mathrm{Post}(s)$. 若对某个 t 遇到 $t \in \mathrm{Post}(s) \cap B_1$, 则把 s 添加到 B_1; 否则, 把 s 添加到 B_2. 根据以下观察, 这是合理的.

- 已标记 s, 此时, $s \in B \cap \mathrm{Pre}(C)$.
- 未标记 s 且对某个 $t \in B_1$ 有 $s \to t$, 此时, $t \in \mathrm{Bottom}(B) \cap \mathrm{Pre}(C)$, 或 $t \in \{s_1, s_2, \cdots, s_{i-1}\}$ 并且存在 B_1 中状态组成的路径片段 $t \cdots v$ 使 $v \in \mathrm{Bottom}(B) \cap \mathrm{Pre}(C)$.

如果已考虑所有状态 $s \in \{s_1, s_2, \cdots, s_k\} = B \setminus \mathrm{Bottom}(B)$, 那么 B_1 就由 $B \cap \mathrm{Pre}_{\Pi}^*(C)$ 中的所有状态组成, 而 B_2 包含 $B \setminus \mathrm{Pre}_{\Pi}^*(C)$ 中的所有状态.

以上得出, 存在时间复杂度为 $O(M)$ 的算法, 对一个给定的划分 Π, 它可检验 Π 中是否存在一对块 (B, C) 使得 C 是 B[译注 152] 的 Π 拆分器, 并当存在时返回这样的 (B, C) 对. 而且:

引理 7.30 细化运算符的时间复杂度

$\mathrm{Refine}_{\approx}(B, C)$ 可在时间 $O(M)$ 内计算. ■

因此, 算法 7.10 中的每次迭代的成本是 $O(M)$. 因为每次迭代得到当前划分 Π 的一个真细化, 所以最多迭代 $|S|$ 次. 由此可推出定理 7.25.

定理 7.25 算法 7.10 的时间复杂度

设 M 是状态图 $G(\mathrm{TS})$ 的边数, $M \geqslant |S|$. 用算法 7.10 计算 TS 的踏步互模拟商的时间为 $O(|S| \cdot (|\mathrm{AP}| + M))$.

证明: 计算初始划分的成本是 $O(|S| \cdot |\mathrm{AP}|)$. 最多迭代 $|S|$ 次. 每次迭代的细化在 $O(M)$ 内完成. 检验循环条件也可在 $O(M)$ 内完成. ■

虽然与渐近时间复杂度无关, 但下面的观察有助于在实践中提高拆分器搜索的效率: 它提供了一个准则, 对某些块 C 跳过 Π 拆分器的条件进行检验.

引理 7.31 稳定性准则

令 TS 是没有踏步环路的有限迁移系统, Π 和 Π' 都是划分, Π' 比 Π 细, 且 $\mathrm{Bottom}(\Pi) = \mathrm{Bottom}(\Pi')$. 那么, Π 和 Π' 没有共同的块 C, 使得 Π 是 C 稳定的, 而 Π' 不是 C 稳定的.

证明: 用反证法. 假设 $C \in \Pi \cap \Pi'$, 并且 C 是某个块 $B' \in \Pi'$ 的 Π' 拆分器, 而 Π 是 C 稳定的. 由引理 7.29 知, $C \neq B'$, 存在 $s \in B' \cap \mathrm{Pre}(C)$, 且存在 $t \in \mathrm{Bottom}(B') \setminus \mathrm{Pre}(C)$. 因为 Π' 细化 Π, 所以存在一个包含 B' 的块 $B \in \Pi$. $B \neq C$, 否则 $C = B'$, 这是因为 $C \in \Pi \cap \Pi'$ 且 $s \in B \cap \mathrm{Pre}(C)$. 从 $\mathrm{Bottom}(\Pi) = \mathrm{Bottom}(\Pi')$, 可推导出 $t \in \mathrm{Bottom}(B') \subseteq \mathrm{Bottom}(B)$. 由引理 7.29 得, C 是 B 的一个 Π 拆分器. 然而, 这与 Π 是 C 稳定的假设相矛盾. ■

对踏步互模拟求商 计算 $\approx^{\mathrm{div}}$ 下的等价类主要基于以下步骤. 令 $\mathrm{TS} = (S, \mathrm{Act}, \to, I, \mathrm{AP}, L)$ 是有限迁移系统. 作为初始步骤, 把 TS 变换成为发散敏感的迁移系统 $\overline{\mathrm{TS}}$, 使得 $\overline{\mathrm{TS}}$ 在 $\approx$ 下的等价类与 TS 在 $\approx^{\mathrm{div}}$ 下的等价类相同 (前面讲过, 如果 $\approx_{\mathrm{TS}}$ 是发散敏感的, 并因此与 $\approx_{\mathrm{TS}}^{\mathrm{div}}$ 相同, 那么 TS 是发散敏感的). 对 $\overline{\mathrm{TS}}$ 应用算法 7.10 可得 TS 的商空间 $S/{\approx^{\mathrm{div}}}$.

如下得到发散敏感的迁移系统 $\overline{\text{TS}}$. 用一个与 TS 中的任意状态都不互似的新状态 s_{div} 扩展 TS. 给 s_{div} 配备一个唯一的标记, 例如 div. 目标是定义 $\overline{\text{TS}}$ 中的迁移, 使得 TS 的 $\approx^{\text{div}}_{\text{TS}}$ 发散状态在 $\overline{\text{TS}}$ 中有形式为 $sv_1v_2\cdots v_m s_{\text{div}}$ 并满足

$$s \approx^{\text{div}}_{\text{TS}} v_1 \approx^{\text{div}}_{\text{TS}} v_2 \approx^{\text{div}}_{\text{TS}} \cdots \approx^{\text{div}}_{\text{TS}} v_m$$

的路径片段. 即, 只能从 $\approx^{\text{div}}_{\text{TS}}$ 发散状态到达新状态 s_{div}. 因为 TS 是有限的, 所以每个 $\approx^{\text{div}}_{\text{TS}}$ 发散路径都包含一个环路, 该环路只含有在 $\approx^{\text{div}}_{\text{TS}}$ 下等价的状态. 由引理 7.28, 这些正是踏步环路. 因此, 对位于踏步环路上的任意状态 s, 在 TS 中添加从 s 到 s_{div} 的迁移, 这样就得到 $\overline{\text{TS}}$.

定义 7.35　发散敏感的扩展 $\overline{\text{TS}}$

有限的迁移系统 $\text{TS} = (S, \text{Act}, \to, I, \text{AP}, L)$ 的发散敏感的扩展是

$$\overline{\text{TS}} = (S \cup \{s_{\text{div}}\}, \text{Act} \cup \{\tau\}, \to, I, \text{AP} \cup \{\text{div}\}, \overline{L})$$

其中, $s_{\text{div}} \notin S$; $\to$ 通过增加迁移 $s_{\text{div}} \xrightarrow{\tau} s_{\text{div}}$ 和以下迁移来扩展 TS 的迁移关系: 对于 TS 中的踏步环路上的每个状态 $s \in S$ 增加迁移 $s \xrightarrow{\tau} s_{\text{div}}$; 若 $s \in S$, 则 $\overline{L}(s) = L(s)$, 而 $\overline{L}(s_{\text{div}}) = \{\text{div}\}$. ■

例 7.31　发散敏感的扩展

考虑图 7.49 (a) 中的 $\text{AP} = \{a\}$ 上的迁移系统 TS. 图 7.49(b) 是它的发散敏感扩展. 易证

$$S/\approx^{\text{div}}_{\text{TS}} = \{\{s_0, s_1\}, \{s_2\}, \{s_3\}\} = S/\approx_{\overline{\text{TS}}}$$

因此, $\overline{\text{TS}}$ 关于 $\overline{\text{AP}} = \{a, \text{div}\}$ 的 $\approx$ 等价类对应于 TS 在 $\approx^{\text{div}}$ 下关于 $\text{AP} = \{a\}$ 的等价类. 注意, 这里忽略了 $\overline{\text{TS}}$ 中的踏步互模拟等价类 $\{s_{\text{div}}\}$. ■

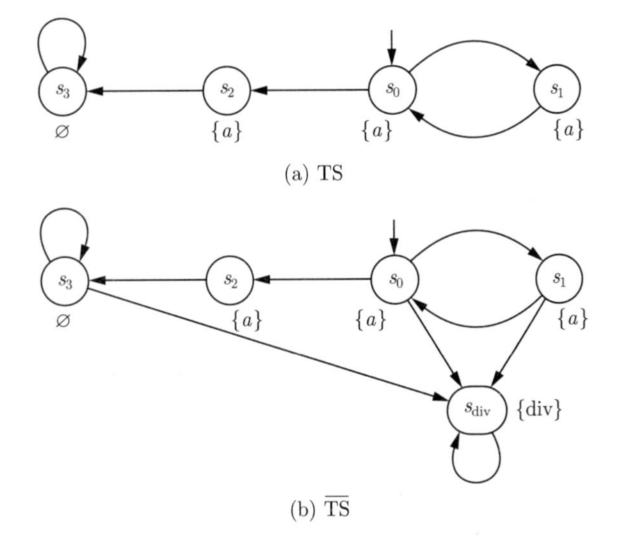

图 7.49　迁移系统 TS 和它的发散敏感扩展 $\overline{\text{TS}}$

定理 7.26 证明了 TS 中的 $\approx^{\text{div}}$ 与 $\overline{\text{TS}}$ 中的 $\approx$ 相符.

定理 7.26　TS 和 $\overline{\text{TS}}$ 之间的联系

对于有限迁移系统 TS:

(1) $\overline{\text{TS}}$ 是发散敏感的.

(2) 对任意状态 $s_1, s_2 \in S$, $s_1 \approx^{\text{div}}_{\text{TS}} s_2$ 当且仅当 $s_1 \approx_{\overline{\text{TS}}} s_2$.

证明: 先证

$$\mathcal{R} = \{(s_1, s_2) \in S \times S \mid s_1 \approx^{\text{div}}_{\text{TS}} s_2\} \cup \{(s_{\text{div}}, s_{\text{div}})\}$$

是 $\overline{\text{TS}}$ 的踏步互模拟. 显然, $\mathcal{R}$ 中的所有状态是同样标记的. 接下来要检验对于 $(s_1, s_2) \in \mathcal{R}$, s_2 模拟 s_1 的迁移. 这对于 $(s_{\text{div}}, s_{\text{div}}) \in \mathcal{R}$ 是明显的.

令 $(s_1, s_2) \in \mathcal{R}$ 和 $s'_1 \in \text{Post}_{\overline{\text{TS}}}(s_1)$ 满足 $(s_1, s'_1) \notin \mathcal{R}$. 分两种情况:

- 如果 $s'_1 \in S$ (即, $s'_1 \neq s_{\text{div}}$), 那么 $s'_1 \in \text{Post}_{\overline{\text{TS}}}(s_1)$ 且 $s_1 \not\approx^{\text{div}}_{\text{TS}} s'_1$. 因为 $s_1 \approx^{\text{div}}_{\text{TS}} s_2$, 所以存在 TS 中的路径片段 $s_2 u_1 u_2 \cdots u_n s'_2$ 使得

$$s_2 \approx^{\text{div}}_{\text{TS}} u_1 \approx^{\text{div}}_{\text{TS}} u_2 \approx^{\text{div}}_{\text{TS}} \cdots \approx^{\text{div}}_{\text{TS}} u_n \text{ 且 } s'_1 \approx^{\text{div}}_{\text{TS}} s'_2$$

  因此, $s_2 u_1 u_2 \cdots u_n s'_2$ 是满足以下性质的路径片段: 对 $0 < j \leqslant n$ 有 $(s_2, u_j) \in \mathcal{R}$ 且 $(s'_1, s'_2) \in \mathcal{R}$.

- 如果 $s'_1 = s_{\text{div}}$, 那么 s_1 在TS中的一个踏步环路上, 因而 s_1 是发散的. 因为 $s_1 \approx^{\text{div}}_{\text{TS}} s_2$, 所以状态 s_2 是发散的. 因为 TS 是有限的, 所以存在路径片段 $s_2 u_1 u_2 \cdots u_n$, 使得

$$s_2 \approx^{\text{div}}_{\text{TS}} u_1 \approx^{\text{div}}_{\text{TS}} u_2 \approx^{\text{div}}_{\text{TS}} \cdots \approx^{\text{div}}_{\text{TS}} u_n$$

  其中, u_n 在踏步环路上. 故, $u_n \to s_{\text{div}}$ 是 $\overline{\text{TS}}$ 的迁移, 且 $s_2 u_1 u_2 \cdots u_n s_{\text{div}}$ 是 $\overline{\text{TS}}$ 中的匹配 $s_1 \to s'_1$ 的路径片段.

下一步, 证明 $\mathcal{R} = \{(s_1, s_2) \in S \times S \mid s_1 \approx_{\overline{\text{TS}}} s_2\}$ 是 TS 的发散敏感的踏步互模拟. 显然, $\mathcal{R}$ 只包含同样标记的状态. 踏步互模拟的条件 (2) 可从以下推理得到:

- 设 $(s_1, s_2) \in \mathcal{R}$ 和 $s'_1 \in \text{Post}_{\text{TS}}(s_1)$ 满足 $(s_1, s'_1) \notin \mathcal{R}$. 那么 $s_1 \approx_{\overline{\text{TS}}} s_2$, $s'_1 \in \text{Post}_{\overline{\text{TS}}}(s_1)$, 以及 $s_1 \not\approx_{\overline{\text{TS}}} s'_1$. 故存在 $\overline{\text{TS}}$ 的路径片段 $s_2 u_1 u_2 \cdots u_n s'_2$ 使得

$$s_2 \approx_{\overline{\text{TS}}} u_1 \approx_{\overline{\text{TS}}} u_2 \approx_{\overline{\text{TS}}} \cdots \approx_{\overline{\text{TS}}} u_n \text{ 且 } s'_1 \approx_{\overline{\text{TS}}} s'_2$$

因为 $s'_1 \neq s_{\text{div}}$, 所以 $s'_2 \neq s_{\text{div}}$. 因此, $s_2 u_1 u_2 \cdots u_n s'_2$ 是 TS 中的匹配 $s_1 \to s'_1$ 的路径片段.

尚需检验 $\mathcal{R}$ 的发散敏感性. 令 $(s_1, s_2) \in \mathcal{R}$ 且 s_1 是 $\mathcal{R}$ 发散的, 那么, 存在路径片段 $s_1 v_1 v_2 \cdots v_m s'_1 u_1 u_2 \cdots u_n s'_1$ 使得

$$s_1 \approx_{\overline{\text{TS}}} v_1 \approx_{\overline{\text{TS}}} v_2 \approx_{\overline{\text{TS}}} \cdots \approx_{\overline{\text{TS}}} v_m \approx_{\overline{\text{TS}}} s'_1 \approx_{\overline{\text{TS}}} u_1 \approx_{\overline{\text{TS}}} u_2 \approx_{\overline{\text{TS}}} \cdots \approx_{\overline{\text{TS}}} u_n$$

特别地, s'_1 在踏步环路上. 因此, $s'_1 \to s_{\text{div}}$ 是 $\overline{\text{TS}}$ 中的迁移. 因 $(s_1, s_2) \in \mathcal{R}$, 故 $s_1 \approx_{\overline{\text{TS}}} s_2$. 连同 $s_1 \approx_{\overline{\text{TS}}} s'_1$, 得到 $s'_1 \approx_{\overline{\text{TS}}} s_2$. 此外, $s_{\text{div}} \in \text{Post}_{\overline{\text{TS}}}(s'_1)$, 且 $s'_1 \not\approx_{\overline{\text{TS}}} s_{\text{div}}$. 因此, 存在路径片段 $s_2 w_1 w_2 \cdots w_k s'_2 s_{\text{div}}$ 使得

$$s_2 \approx_{\overline{\text{TS}}} w_1 \approx_{\overline{\text{TS}}} w_2 \approx_{\overline{\text{TS}}} \cdots \approx_{\overline{\text{TS}}} w_k \approx_{\overline{\text{TS}}} s'_2 \text{ 且 } s'_2 \to s_{\text{div}}$$

注意, 因为只有状态 s_{div} 用 div 标记, 所以, 若 $s \approx_{\overline{\text{TS}}} s_{\text{div}}$, 则 $s = s_{\text{div}}$.

因为 $s'_2 \to s_{\text{div}}$ 是 $\overline{\text{TS}}$ 中的迁移, 所以 s'_2 属于某踏步环路 $s'_2 t_1 t_2 \cdots t_\ell s'_2$. 由引理 7.28 得, $s'_2 \approx_{\overline{\text{TS}}} t_1 \approx_{\overline{\text{TS}}} t_2 \approx_{\overline{\text{TS}}} \cdots \approx_{\overline{\text{TS}}} t_\ell$. 由于 $s_2 \approx_{\overline{\text{TS}}} s'_2$, 所以 s_2 是 $\mathcal{R}$ 发散的.

最后, 考虑 $\overline{\text{TS}}$ 的发散敏感性. 根据定义, 如果 $\approx_{\overline{\text{TS}}}$ 是发散敏感的, 那么 $\overline{\text{TS}}$ 是发散敏感的. 而由 $\approx_{\overline{\text{TS}}}$ 与 $\approx^{\text{div}}_{\text{TS}}$ 是等价的可得上述前提. ■

定理 7.26 表明, 在发散敏感扩展 $\overline{\text{TS}}$ 上使用算法 7.10 可以计算迁移系统 TS 的商空间 $S/\approx$. 为了构造 $\overline{\text{TS}}$, 必须确定在踏步环路上的所有状态, 因为这些状态需要配备到 s_{div} 的迁移中. 这可用如下方法完成: 从 $G(\text{TS})$ 只考虑踏步步骤得到一个有向图, 再生成它的非平凡 SCC. 令 $G_{\text{stutter}}(\text{TS}) = (V, E)$, 其中 $V = S$, 是 TS 的状态空间, 并且 $E = \{(s,t) \in S \times S \mid L(s) = L(t)\}$.

总之, 计算商迁移系统 $\text{TS}/\approx^{\text{div}}$ 所需的步骤如下:

(1) 构造扩展 $\overline{\text{TS}}$. 确定 $G_{\text{stutter}}(\text{TS})$ 的 SCC, 插入迁移 $s_{\text{div}} \to s_{\text{div}}$, 对 G_{stutter} 的非平凡 SCC 中的任意状态 s 插入迁移 $s \to s_{\text{div}}$.

(2) 对 $\overline{\text{TS}}$ 应用算法 7.10, 得到商空间

$$S/\approx^{\text{div}}_{\text{TS}} = S/\approx_{\overline{\text{TS}}}$$

迁移系统 $\overline{\text{TS}}/\approx$ 的构造如下. 把包含 TS 的初始状态的任意 $C \in S/\approx^{\text{div}}$ 确定为初始状态. $C \in S/\approx^{\text{div}}$ 的标记等于任意 $s \in C$ 的标记. 提升符合 $s \not\approx^{\text{div}} s'$ 的所有迁移 $s \to s'$ 到相应状态类的迁移.

(3) 从 $\overline{\text{TS}}/\approx$ 得到 $\text{TS}/\approx^{\text{div}}$ 方法如下. 用自循环 $[s]_{\text{div}} \to [s]_{\text{div}}$ 替换 $\overline{\text{TS}}/\approx$ 中的迁移 $[s]_{\approx} \to [s_{\text{div}}]_{\approx}$, 并删除状态 $[s_{\text{div}}]_{\approx}$[译注 153].

例 7.32 再次考虑图 7.49 (a) 中的 $\text{AP} = \{a\}$ 上的迁移系统 TS 及其发散敏感扩展 $\overline{\text{TS}}$ (见图 7.49(b)). 商迁移系统 $\overline{\text{TS}}/\approx$ 如图 7.50 (a) 所示. 把所有到 $[s_{\text{div}}]_{\approx}$ 的迁移改变为源状态的自循环, 再删除 $[s_{\text{div}}]_{\approx}$ 就得到相应的迁移系统 $\text{TS}/\approx$[译注 154]. 这样得到的迁移系统如图 7.50(b) 所示. ■

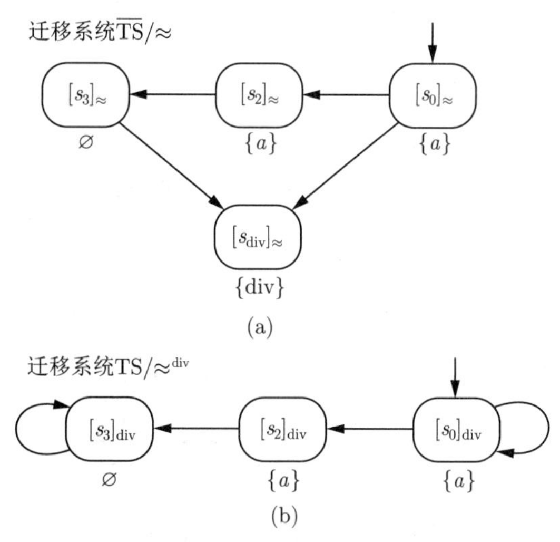

图 7.50 计算 $\approx^{\text{div}}$ 下的商系统的例子[译注 155]

上述技术的主要成本是算法 7.10 和有向图 G_{stutter} 中 SCC 的计算. 由定理 7.25 可得到定理 7.27.

定理 7.27 构造 $\text{TS}/\approx^{\text{div}}$ 的时间复杂度

设 M 表示状态图 $G(\text{TS})$ 中的边数, $M \geqslant |S|$. TS 在 $\approx^{\text{div}}$ 下的商空间可在时间 $O((|S| + M) + |S| \cdot (|\text{AP}| + M))$ 内计算. ■

7.9 总　　结

- 在互模拟等价中, 只有标记相同并能相互模仿出迁移的一对状态具有等价关系. 在模拟前序中, 一个状态能模仿另一个就够了, 而不需要反向模拟.
- 互模拟等价严格细于模拟等价和迹等价.
- 一般来说, 模拟等价和迹等价是不可比的. 对于没有终止状态的迁移系统, 模拟等价严格细于迹等价.
- 对于 AP 确定的迁移系统, 互模拟等价、模拟等价和迹等价相同.
- 对于有限迁移系统, 可在多项式时间内计算互模拟等价和模拟序. 迹等价或者迹包含的检验问题是 PSPACE 完全的.
- 对没有终止状态的有限迁移系统, 互模拟等价相当于 CTL* 和 CTL 等价 (该结果值得注意, 因为 CTL* 包括两个不可比的逻辑 CTL 和 LTL).
- CTL* 和 CTL 的全称或存在片段可提供模拟前序的逻辑特征.
- 踏步迹等价是迹等价的变体, 它从踏步步骤 (即同样标记的状态间的迁移) 抽象而来. 它还相当于 $\mathrm{LTL}_{\setminus\bigcirc}$ 等价.
- 踏步互模拟是互模拟的变体, 其中的迁移可用路径片段模仿 (而不是用单个迁移模仿). 它与踏步迹等价是不可比的.
- 如果从一个状态出发的一条路径只由踏步步骤组成, 那么该状态是发散的. 发散敏感的踏步互模拟是区分发散与不发散状态的踏步互模拟.
- 发散敏感的踏步互模拟严格细于踏步迹等价, 而与 $\mathrm{CTL}^*_{\setminus\bigcirc}$ 与 $\mathrm{CTL}_{\setminus\bigcirc}$ 等价相同.
- 对于有限迁移系统, 可在多项式时间内计算发散敏感的踏步互模拟.

本章讨论了与互模拟概念相关的结论, 表 7.2 对此进行了总结. 为简单起见, 忽略求商算法的初始化阶段的开销.

表 7.2　迁移系统上的等价性概览

特　性	互模拟等价	模　拟　序	发散踏步等价	迹　等　价
时序逻辑 性质保持	CTL* CTL	$\forall$CTL*/$\exists$CTL* $\forall$CTL/$\exists$CTL	$\mathrm{CTL}^*_{\setminus\bigcirc}$ $\mathrm{CTL}_{\setminus\bigcirc}$	LTL (LT 性质)
等价性 检验	PTIME PTIME	PTIME PTIME	PTIME PTIME	PSPACE 完全
图的 最小化	PTIME $O(M)\cdot\log_2\lvert S\rvert$	PTIME $O(M)\cdot\lvert S\rvert$	PTIME $O(M)\cdot\lvert S\rvert$	—

7.10 文 献 说 明

互模拟与模拟. 本章中的互模拟与模拟的概念是基于动作的互模拟和模拟的基于状态的版本. 基于动作的互模拟由 Milner [296] 和 Park [322] 独立提出. 基于动作的互模拟起源于 Milner [295]. Milner [296] 还提出了观察互模拟, 一种撇开内部步骤 (即 τ 标记迁移) 的弱互模拟 (习题 7.22 考虑了观察等价性的基于状态的变体). 踏步互模拟是由 van Glabbeek 和 Weijland [406] 提出的分支互模拟的基于状态的变体. 正如 Groote 和 Vaandrager [176] 注意

到的, 发散敏感的踏步互模拟等同于由 Browne、Clarke 和 Grumberg [67] 提出的踏步等价性. 对于有限和无限的迁移系统, Namjoshi [311] 把范数函数用作踏步互模拟的替代特征 (定理 7.23 只涉及有限迁移系统). Griffioen 和 Vaandrager [175] 用范数函数的一个 (略微) 不同的概念来定义模拟关系. van Glabbeek [404,405] 给出了各种基于迹的关系和 (互) 模拟关系的全面比较. 已经在不同方向 (如公理化、细化、余归纳、域理论方法等) 细化和研究了互模拟关系和模拟关系的概念; 参见文献 [1,4,101,279,298,397] 等. 文献 [90,105,109,133,277] 等研究了模拟关系在抽象方面的应用.

逻辑特征. Hennessy-Milner 逻辑是一种带有动作标记的下一步运算符的模态逻辑, Hennessy 和 Milner [197] 以基于动作的背景为这种逻辑给出了互模拟等价的第一个逻辑特征. Browne、Clarke 和 Grumberg [67] 证明了基于状态的互模拟与 CTL 等价及 CTL^* 等价相同 (见定理 7.4) 以及对发散敏感的踏步互模拟和 $\text{CTL}_{\setminus\bigcirc}/\text{CTL}^*_{\setminus\bigcirc}$ 的类似结果 (见定理 7.24). Kucera 和 Schnoebelen [247] 最近提出了后一结果的一种改进. De Nicola 和 Vaandrager [314] 研究了在基于动作和基于状态的背景下的时序逻辑和踏步互模拟的变体之间的联系. Clarke、Grumberg 和 Long [90] 用 CTL 和 CTL^* 的存在和全称片段给出了模拟序的逻辑特征. 诱导踏步敏感 LT 性质的任意 LTL 公式都可用 $\text{LTL}_{\setminus\bigcirc}$ 表示 (见习题 7.20), 这一观察由 Peled 和 Wilke [329] 给出; 另见 Etessami [147]. Etessami [146] 定义了 LTL 的一个变体, 它的表达力与踏步不变式的 ω 正则语言相同.

求商算法. 互模拟的第一个划分细化算法属于 Kanellakis 和 Smolka [231]. 用三元细化运算符改进的版本 (见算法 7.5) 源于 Paige 和 Tarjan [318]. Kanellakis 和 Smolka [231] 还证明了迹等价问题是 PSPACE 完全的, 见定理 7.7. Cleaveland、Parrow 和 Steffen [97] 提出了计算模拟序的最初算法. Henzinger、Henzinger 和 Kopke [198] 开发了一种更高效的算法, 见算法 7.9. Tan 和 Cleaveland [385] 以及 Bustan 和 Grumberg [76] 及其他学者提出了计算模拟序的其他算法. Cleaveland 和 Sokolsky [98] 给出了互模拟和模拟求商算法的一个综述. 用于踏步互模拟商的求商算法 (见算法 7.10) 属于 Groote 和 Vaandrager [176]. Moller 和 Smolka [302] 讨论了检验互似性的几类进程的计算复杂度. 由于 Fisler 和 Vardi [152–154] 的深入研究, 现在已知, LTL 模型检验和不变式验证的互模拟最小化已导致状态空间剧烈减少 (可达对数级), 但要付出时间代价: 最小化和模型检验所得商的时间显著超过验证原迁移系统的时间. 在本书中, 考虑了有限迁移系统的求商算法. 无穷迁移系统的互模拟求商的半算法 (若互模拟商是有限的) 已由 Bouajjani、Fernandez 和 Halbwachs [60] 以及 Lee 和 Yannakakis [266] 提出. Henzinger、Henzinger 和 Kopke [198] 为模拟序引入了一种半算法技术以处理无限状态空间. 一些无限系统在其他等价下的商是有限的, 针对这类无限系统的分类和算法已由 Henzinger、Majumdar 和 Raskin [199] 给出.

对于延伸阅读材料, 推荐*进程代数指南* [46] (及其提到的文献), 它论述了 (互) 模拟和其他实现关系的许多方面.

7.11　习　　题

习题 7.1　考虑图 7.51 中的 4 个迁移系统. 对 $0 < i \neq j \leqslant 4$, 判断每一对迁移系统 $(\text{TS}_i, \text{TS}_j)$ 是否是互似的. 用 $(\text{TS}_i, \text{TS}_j)$ 的互模拟关系或使得 $\text{TS}_i \models \Phi$ 且 $\text{TS}_j \not\models \Phi$ 的

CTL 公式 Φ 证明你的答案.

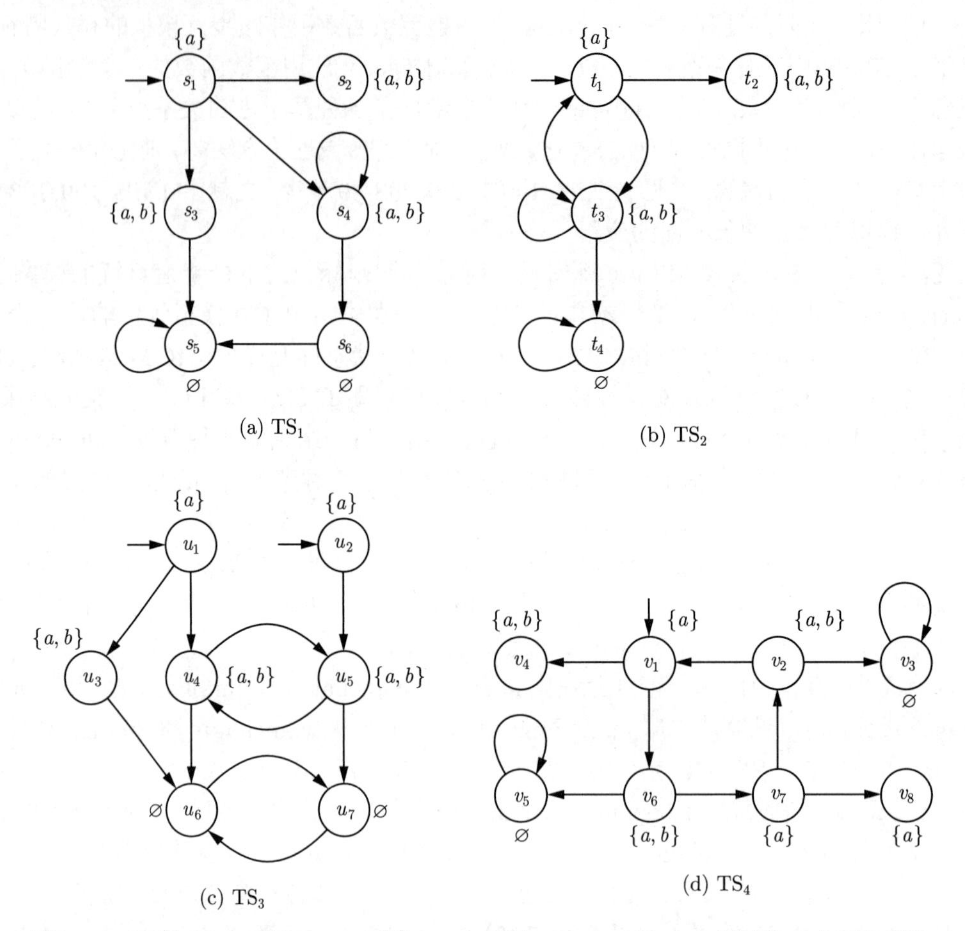

图 7.51 习题 7.1、习题 7.11、习题 7.17、习题 7.21 和习题 7.22 所用的 4 个迁移系统

习题 7.2 令 TS 是一个迁移系统.

(a) 证明 TS 的互模拟关系的并是 TS 的互模拟关系.

(b) 证明 TS 的模拟关系的并是 TS 的模拟关系.

习题 7.3 本题的目的是讨论 AP 确定性 (见定义 7.16) 对 (互) 模拟和迹关系之间的联系所起的作用. 特别地, 本题完成定理 7.9 和推论 7.4 的证明.

假设 AP 上的迁移系统 TS_1 和 TS_2 都是 AP 确定的.

(a) 证明下面 4 个结论的等价性:

(i) $\mathrm{TS}_1 \sim \mathrm{TS}_2$.

(ii) $\mathrm{TS}_1 \simeq \mathrm{TS}_2$.

(iii) $\mathrm{Traces}_{\mathrm{fin}}(\mathrm{TS}_1) = \mathrm{Traces}_{\mathrm{fin}}(\mathrm{TS}_2)$.

(iv) $\mathrm{Traces}(\mathrm{TS}_1) = \mathrm{Traces}(\mathrm{TS}_2)$.

(b) 证真或证伪: 如果 $\mathrm{Traces}_{\mathrm{fin}}(\mathrm{TS}_1) \subseteq \mathrm{Traces}_{\mathrm{fin}}(\mathrm{TS}_2)$, 那么 $\mathrm{TS}_1 \preceq \mathrm{TS}_2$.

(c) 证真或证伪: 如果 $\mathrm{TS}_1 \preceq \mathrm{TS}_2$, 那么 $\mathrm{Traces}(\mathrm{TS}_1) \subseteq \mathrm{Traces}(\mathrm{TS}_2)$.

(d) 证真或证伪: 若 $\text{Traces}_{\text{fin}}(\text{TS}_1) \subseteq \text{Traces}_{\text{fin}}(\text{TS}_2)$, 则 $\text{Traces}(\text{TS}_1) \subseteq \text{Traces}(\text{TS}_2)$.

习题 7.4　令 $\text{TS} = (S, \text{Act}, \rightarrow, I, \text{AP}, L)$ 是一个迁移系统. 归纳定义关系 $\sim_n \subseteq S \times S$ 如下:

(a) $s_1 \sim_0 s_2$ iff $L(s_1) = L(s_2)$.

(b) $s_1 \sim_{n+1} s_2$ iff $L(s_1) = L(s_2)$ 并且: 对任意 $s_1' \in \text{Post}(s_1)$, 存在 $s_2' \in \text{Post}(s_2)$ 使 $s_1' \sim_n s_2'$; 对任意 $s_2' \in \text{Post}(s_2)$, 存在 $s_1' \in \text{Post}(s_1)$ 使 $s_1' \sim_n s_2'$

证明对有限迁移系统 TS 有 $\sim_{\text{TS}} = \bigcap_{n \geqslant 0} \sim_n$, 即

$$s_1 \sim_{\text{TS}} s_2 \text{ 当且仅当 } \forall n \geqslant 0,\ s_1 \sim_n s_2$$

这对无限迁移系统也成立吗?

习题 7.5

(a) 考虑如图 7.52 所示的迁移系统. 应用变换 $\text{TS} \mapsto \text{TS}_{\text{act}}$ (见 7.1.2 节) 检验 $\sim_{\text{TS}}$ 与 TS_{act} 上的基于动作的互模拟 $\sim_{\text{TS}_{\text{act}}}^{\text{Act}}$ 相同.

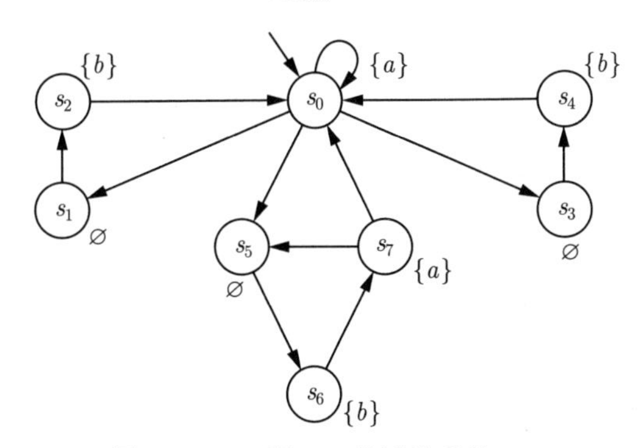

图 7.52　习题 7.5 的迁移系统 TS

(b) 证明: 对 TS 中的任意状态 s_1 和 s_2,

$$s_1 \sim_{\text{TS}}^{\text{Act}} s_2 \text{ 当且仅当 } s_1 \sim_{\text{TS}_{\text{state}}} s_2$$

其中 TS_{state} 用 7.1.2 节定义的变换从 TS 得到.

习题 7.6

(a) 给出一个含状态 s_1、s_2 的无终止状态的迁移系统 TS, 使得 $s_1 \not\equiv_{\text{LTL}} s_2$, 并且不存在 LTL 公式 φ 使 $s_2 \models \varphi$ 且 $s_1 \not\models \varphi$ (见注记 7.3).

(b) 设 TS_1 和 TS_2 是 AP 上的没有终止状态的迁移系统, 且 $\text{TS}_1 \not\equiv_{\text{CLT}} \text{TS}_2$. 证真或证伪: 存在 AP 上的一个 CTL 公式 Φ 使得 $\text{TS}_1 \models \Phi$ 并且 $\text{TS}_2 \not\models \Phi$.

习题 7.7　考虑如图 7.53 所示的 $\text{AP} = \{a, b\}$ 上的迁移系统 TS.

(a) 确定互模拟等价 $\sim_{\text{TS}}$ 并画出互模拟商系统 $\text{TS}/\sim$.

(b) 给出每个互模拟等价类 C 的 CTL 主公式 Φ_C.

习题 7.8　再次考虑以 $S = \{s_1, s_2, \cdots, s_{13}\}$ 为状态空间的迁移系统 TS, 如图 7.53 所示. 用算法 7.4 和算法 7.5 计算互模拟商 $S/\sim_{\text{TS}}$.

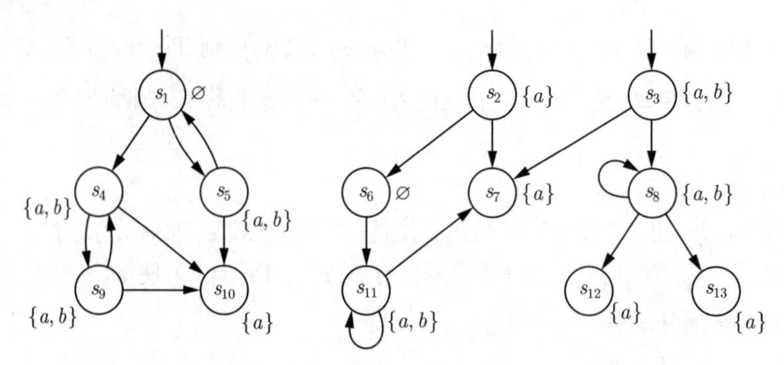

图 7.53　习题 7.7、习题 7.8 和习题 7.23 的迁移系统 TS

习题 7.9　令 TS 是 AP 上没有终止状态的有限迁移系统. 给出计算每一互模拟等价类 C 的 CTL 主公式 (使得 $\text{Sat}(\varPhi_C) = C$ 的 CTL 公式 $\varPhi_C$) 的算法.

(提示: 有一种依赖于划分细化技术的扩展的简单算法.)

习题 7.10　考虑如图 7.54 所示的迁移系统 TS_1 和 TS_2. 用算法 7.4 和算法 7.5 检验 $\text{TS}_1 \sim \text{TS}_2$.

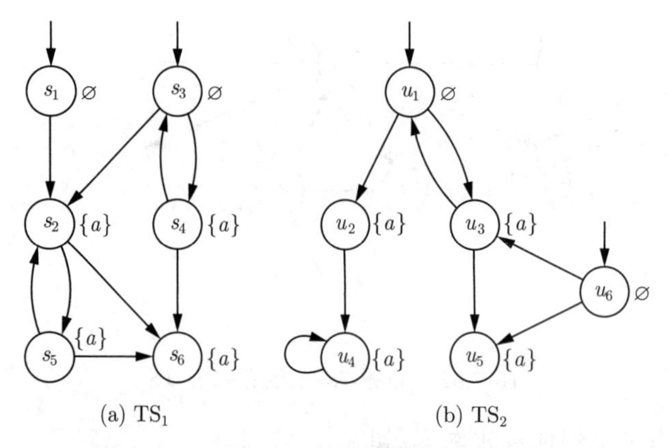

图 7.54　习题 7.10 的迁移系统 TS_1 和 TS_2

习题 7.11　考虑图 7.51 中的 4 个迁移系统 $\text{TS}_1 \sim \text{TS}_4$. 对所有下标 i、j, 检验 $\text{TS}_i \preceq \text{TS}_j$ 及 $\text{TS}_i \simeq \text{TS}_j$. 为证明你的答案, 请确定 $(\text{TS}_i, \text{TS}_j)$ 的一个模拟, 或 (如果 $\text{TS}_i \npreceq \text{TS}_j$) 提供一个 $\forall$CTL 公式 $\varPhi$ 使得 $\text{TS}_j \models \varPhi$ 且 $\text{TS}_i \not\models \varPhi$.

习题 7.12　考虑图 7.55 中的迁移系统 TS_1 和 TS_2.

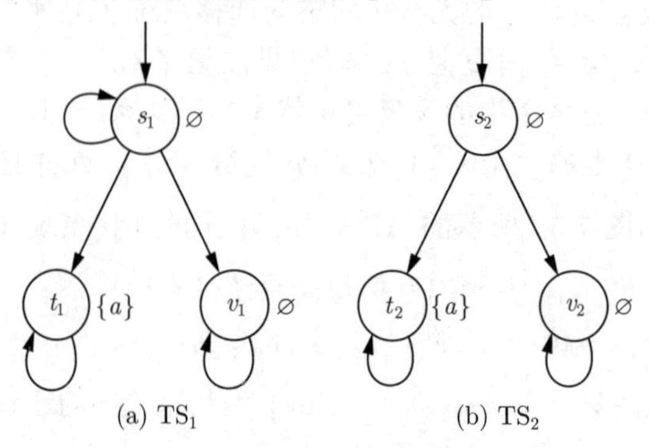

图 7.55　$\text{TS}_2 \preceq \text{TS}_1$ 但 $\text{TS}_1 \npreceq \text{TS}_2$

(a) 提供 $(\mathrm{TS}_2, \mathrm{TS}_1)$ 的一个模拟关系以证明 $\mathrm{TS}_2 \preceq \mathrm{TS}_1$.

(b) 提供一个 $\forall$CTL 公式 $\Phi_\forall$ 和一个 $\exists$CTL 公式 $\Phi_\exists$, 使得 $\mathrm{TS}_1 \not\models \Phi_\forall$ 但 $\mathrm{TS}_2 \models \Phi_\forall$ 以及 $\mathrm{TS}_1 \models \Phi_\exists$ 但 $\mathrm{TS}_2 \not\models \Phi_\exists$, 以证明 $\mathrm{TS}_1 \not\preceq \mathrm{TS}_2$.

习题 7.13　考虑图 7.56 中的迁移系统 TS_1 和 TS_2.

(a) 检验 $\mathrm{TS}_1 \preceq \mathrm{TS}_2$, $\mathrm{TS}_2 \preceq \mathrm{TS}_1$ 或者 $\mathrm{TS}_1 \simeq \mathrm{TS}_2$.

(b) 考虑合成迁移系统 $\mathrm{TS} = \mathrm{TS}_1 \oplus \mathrm{TS}_2$. 画出模拟商系统 $\mathrm{TS}/\!\preceq$ 并验证 $\mathrm{TS}/\!\preceq$ 和 TS 模拟等价, 但它们不是互似的.

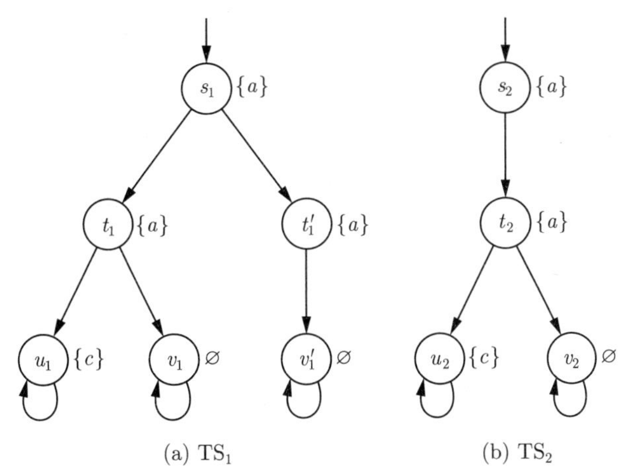

图 7.56　习题 7.13 的迁移系统 TS_1 和 TS_2

习题 7.14　证明结论 (a) 和 (b) 的正确性, 以完成定理 7.14 的证明:

(a) 如果 s_1 和 s_2 是 TS 中满足 $s_1 \preceq s_2$ 的状态, 那么对任意 $\forall$CTL* 状态公式 Φ, $s_2 \models \Phi$ 蕴涵 $s_1 \models \Phi$.

(b) 如果 $\pi_1 = s_{0,1}s_{1,1}s_{2,1}\cdots$[译注 156] 和 $\pi_2 = s_{0,2}s_{1,2}s_{2,2}\cdots$ 是 TS 中对所有 $j \geqslant 0$ 都有 $s_{j,1} \preceq_{\mathrm{TS}} s_{j,2}$ 的无限路径片段, 那么对所有 $\forall$CTL* 路径公式 φ: $\pi_2 \models \varphi$ 蕴涵 $\pi_1 \models \varphi$.

习题 7.15　指出下面每个结论对有限迁移系统是否正确.

(a) $\forall$CTL 等价比 LTL 等价细.

(b) LTL 等价比 $\forall$CTL 等价细.

(c) $\exists$CTL 等价比 $\forall$CTL 等价细.

(d) $\exists$CTL 等价比 LTL 等价细.

(e) $\exists$CTL* 等价比 CTL 等价细.

证明你的答案.

习题 7.16　考虑如图 7.57 所示的迁移系统 TS. 初始状态是无关的并已省略. 用算法 7.9 计算模拟序 $\preceq_{\mathrm{TS}}$.

习题 7.17　图 7.51 中的哪些迁移系统是踏步迹等价的?

习题 7.18　考虑图 7.58 所示的迁移系统, 其中状态的颜色表示哪些命题在该状态成立.

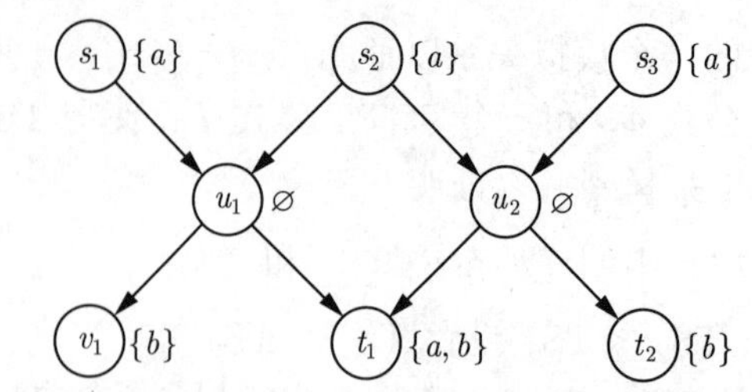

图 7.57　习题 7.16 的 $AP = \{a, b\}$ 上的迁移系统 TS

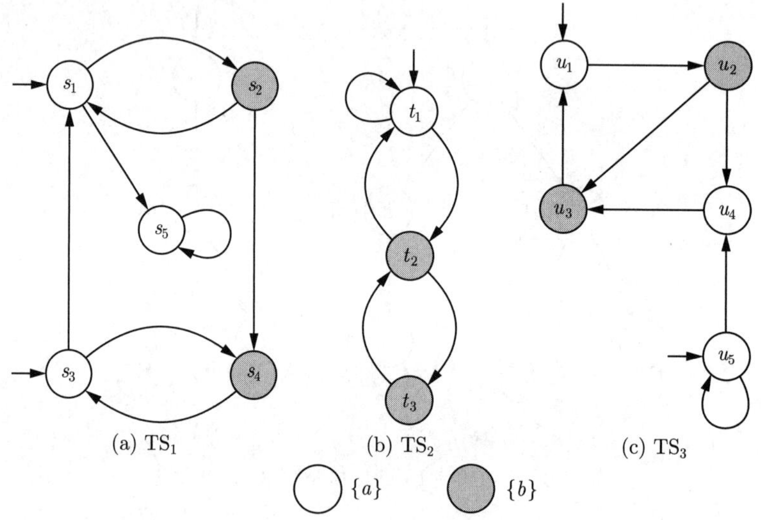

图 7.58　习题 7.18 的迁移系统 TS_1、TS_2 和 TS_3

对每一 $i, j \in \{1, 2, 3\}$[译注 157], $i \neq j$, 检验 $TS_i \cong TS_j$, $TS_i \sqsubseteq TS_j$ 或 $TS_i \not\sqsubseteq TS_j$. 证明你的答案.

习题 7.19　考虑图 7.59 所示的迁移系统, 其中状态的颜色表示哪些命题在该状态成立.

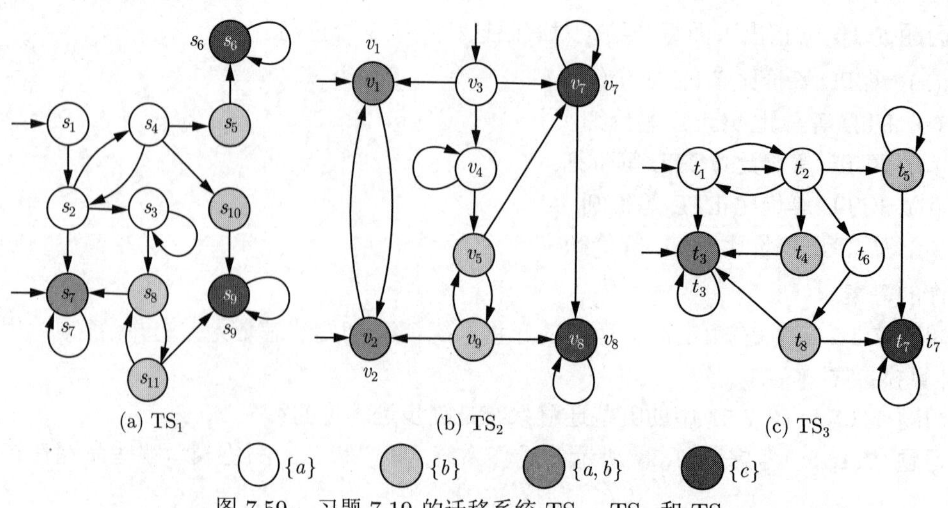

图 7.59　习题 7.19 的迁移系统 TS_1、TS_2 和 TS_3

对每一 $i, j \in \{1,2,3\}$[译注 158], $i \neq j$, 检验 $\text{TS}_i \approx \text{TS}_j$ 或 $\text{TS}_i \not\approx \text{TS}_j$. 证明你的答案.

习题 7.20 令 φ 是使得 $\text{Words}(\varphi)$ 踏步非敏感的一个 LTL 公式. 证明 φ 等价于某个 $\text{LTL}_{\setminus\bigcirc}$ 公式 ψ.

习题 7.21 图 7.51 所示的迁移系统中哪些是踏步互模拟的?

习题 7.22 观察等价 $\approx_{\text{obs}}$ 是踏步互模拟等价的轻微变体, 它允许状态 s_2 执行路径片段

$$\underbrace{s_2 u_1 u_2 \cdots u_m}_{\text{踏步步骤}} \underbrace{v_1 v_2 \cdots v_k s_2'}_{\text{踏步步骤}}$$

以模拟观察等价状态 s_1 的迁移 $s_1 \to s_1'$, 要求这样的路径片段在开始和结束处有任意踏步步骤, 并且 $s_1' \approx_{obs} s_2'$. 即, 它不要求 s_2 和状态 u_i 是观察等价的, 或者 s_2' 和 v_i 是观察等价的. 对于 $s_1 \to s_1'$ 是踏步步骤的特殊情况, 可用长度为 0 的路径片段 (由状态 $s_2 = s_2'$ 组成) 模拟.

观察等价的形式定义如下. 令 TS_1 和 TS_2 是 AP 上的两个迁移系统, 其状态空间分别是 S_1 和 S_2. 二元关系 $\mathcal{R} \subseteq S_1 \times S_2$ 是 $(\text{TS}_1, \text{TS}_2)$ 的*观察互模拟*当且仅当满足以下条件:

(A) TS_1 的每个初始状态与 TS_2 的一个初始状态具有关系, 且反之亦然. 即

$$\forall s_1 \in I_1\ \exists s_2 \in I_2.\, (s_1, s_2) \in \mathcal{R} \text{ 且 } \forall s_2 \in I_2\ \exists s_1 \in I_1.\, (s_1, s_2) \in \mathcal{R}$$

(B) $\forall (s_1, s_2) \in \mathcal{R}$ 以下 3 个条件成立:

(B.1) 若 $(s_1, s_2) \in \mathcal{R}$, 则 $L_1(s_1) = L_2(s_2)$.

(B.2) 若 $(s_1, s_2) \in \mathcal{R}$ 且 $s_1' \in \text{Post}(s_1)$, 则存在路径片段 $u_0 u_1 \cdots u_n$, 使得 $n \geqslant 0$, $u_0 = s_2$, $(s_1', u_n) \in \mathcal{R}$, 并对某个 $m \leqslant n$ 有 $L_2(u_0) = L_2(u_1) = \cdots = L_2(u_m)$ 且 $L_2(u_{m+1}) = L_2(u_{m+2}) = \cdots = L_2(u_n)$.

(B.3) 若 $(s_1, s_2) \in \mathcal{R}$ 且 $s_2' \in \text{Post}(s_2)$[译注 159], 则存在路径片段 $u_0 u_1 \cdots u_n$, 使得 $n \geqslant 0$, $u_0 = s_1$[译注 160], $(u_n, s_2') \in \mathcal{R}$, 并对某个 $m \leqslant n$ 有 $L_1(u_0) = L_1(u_1) = \cdots = L_1(u_m)$ 且 $L_1(u_{m+1}) = L_1(u_{m+2}) = \cdots = L_1(u_n)$.

如果存在 $(\text{TS}_1, \text{TS}_2)$ 的一个观察互模拟, 那么称 TS_1 和 TS_2 为*观察等价的*, 记为 $\text{TS}_1 \approx_{\text{obs}} \text{TS}_2$.

(a) 图 7.51 中的哪些迁移系统是观察等价的?

(b) 证明 $\text{TS}_1 \approx \text{TS}_2$ 蕴涵 $\text{TS}_1 \approx_{\text{obs}} \text{TS}_2$.

(c) 考虑如图 7.60 所示的两个迁移系统 TS_1 和 TS_2, 其中颜色代表状态标记, 例如, 对 $i \in \{1,2,3,4\}$ 和 $j \in \{1,2,3\}$ 有 $L_1(s_i) = L_2(t_j) = \{a\}$, $L_1(s_5) = L_2(t_4) = \varnothing$ 以及 $L_1(s_6) = L_1(s_7) = L_2(t_5) = \{b\}$[译注 161]. 证明 $\text{TS}_1 \not\approx \text{TS}_2$ 及 $\text{TS}_1 \approx_{\text{obs}} \text{TS}_2$.

习题 7.23 考虑图 7.53 中的迁移系统 TS.

(a) TS 的哪些状态 (关于 $\approx_{\text{TS}}$) 是踏步互似的? 画出踏步互模拟商系统 $\text{TS}/{\approx}$.

(b) TS 的哪些状态是发散踏步互似的? 通过提供步骤依赖的范数函数证明状态的等价性 (关于 $\approx_{\text{TS}}^{\text{div}}$). 画出发散踏步互模拟等价下的商系统 $\text{TS}/{\approx^{\text{div}}}$.

(c) 画出发散敏感扩展 $\overline{\text{TS}}$ 并用算法 7.10 计算发散踏步互模拟等价类.

(d) 为发散踏步互模拟等价类提供 $\text{CTL}_{\setminus\bigcirc}$ 主公式.

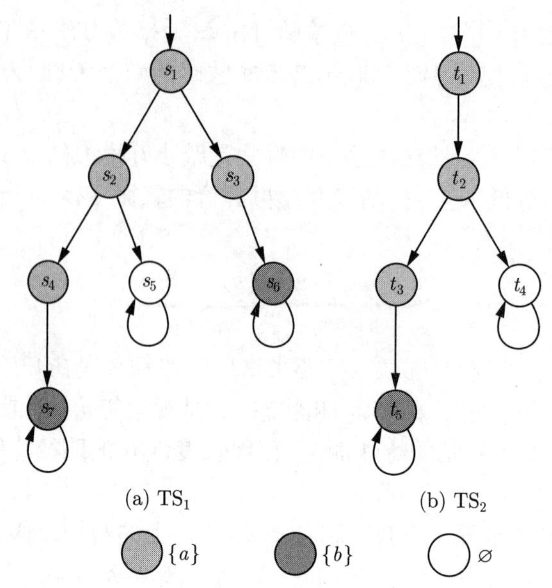

图 7.60 习题 7.22 的迁移系统 TS_1 和 TS_2

习题 7.24 令 TS 是状态空间为 S 的迁移系统. 定义函数 $\nu_1^*, \nu_2^*\colon S \times S \to \mathbb{N}$ 使得 $(\approx_{\mathrm{TS}}^n, \nu_1^*, \nu_2^*)$ 是 TS 的赋范互模拟.

习题 7.25 提供迁移系统 TS 的例子, 使得 $\approx_{\mathrm{TS}}^n$ 严格细于 $\approx_{\mathrm{TS}}^{\mathrm{div}}$ (赋范互模拟等价).

习题 7.26 为引理 7.20 提供证明.

习题 7.27 令 $\mathrm{CTL}_{\setminus \mathsf{U}}$ 是 CTL 的不允许直到运算符的子逻辑. 类似地, $\mathrm{CTL}^*_{\setminus \mathsf{U}}$ 表示没有 U 的 CTL^*. 下列结论中哪些对有限迁移系统是正确的?

(a) $\mathrm{CTL}_{\setminus \mathsf{U}}$ 等价比 $\mathrm{CTL}_{\setminus \bigcirc}$ 等价细.

(b) $\mathrm{CTL}_{\setminus \mathsf{U}}$ 等价比发散敏感踏步迹等价细.

(c) $\mathrm{CTL}_{\setminus \bigcirc}$ 等价比 $\mathrm{LTL}_{\setminus \bigcirc}$ 等价细.

(d) 发散敏感踏步互模拟等价比 $\mathrm{CTL}_{\setminus \mathsf{U}}$ 等价细.

(e) 踏步迹等价比 $\mathrm{CTL}_{\setminus \mathsf{U}}$ 等价细.

(f) 对 AP 确定的迁移系统, 踏步迹等价比迹等价细.

(g) 对 AP 确定的迁移系统, 迹等价比 $\mathrm{CTL}^*_{\setminus \mathsf{U}}$ 等价细.

习题 7.28 检验下面结论的正确性. 如果 TS_1 和 TS_2 是 AP 上踏步互似的迁移系统且是发散敏感的, 那么 $\mathrm{TS}_1 \approx^{\mathrm{div}} \mathrm{TS}_2$. 给出证明或反例.

习题 7.29 令 $\mathrm{TS}_i = (S_i, \mathrm{Act}_i, \to_i, I_i, \mathrm{AP}, L_i)$ $(i = 1, 2)$ 是两个迁移系统. $(\mathrm{TS}_1, \mathrm{TS}_2)$ 的踏步模拟是一个满足下列条件的关系 $\mathcal{R} \subseteq S_1 \times S_2$:

(A) TS_1 的每一初始状态都与 TS_2 的某个初始状态具有关系 $\mathcal{R}$, 即 $\forall s_1 \in I_1 \exists s_2 \in I_2.\, (s_1, s_2) \in \mathcal{R}$.

(B) 对所有 $(s_1, s_2) \in \mathcal{R}$, 下列条件成立:

(B.1) $L_1(s_1) = L_2(s_2)$.

(B.2) 若 $s_1' \in \mathrm{Post}(s_1)$ 且 $(s_1, s_1') \notin \mathcal{R}$, 则存在有限路径片段 $s_2 u_1 u_2 \cdots u_n s_2'$ 满足: $n \geqslant 0$, 对 $i = 1, 2, \cdots, n$ 有 $(s_1, u_i) \in \mathcal{R}$, 及 $(s_1', s_2') \in \mathcal{R}$.

若存在 (TS_1, TS_2) 的一个踏步模拟, 则称 TS_1 被 TS_2 踏步模拟, 记为 $TS_1 \preceq_{st} TS_2$.

(a) 提供迁移系统 (TS_1, TS_2) 的例子, 使 TS_1 不被 TS_2 模拟, 但 $TS_1 \preceq_{st} TS_2$.

(b) 提供迁移系统 (TS_1, TS_2) 的例子, 使得 $TS_1 \trianglelefteq TS_2$ 且 $TS_1 \not\preceq_{st} TS_2$.

(c) 提供迁移系统 (TS_1, TS_2) 的例子, 使得 $TS_1 \neg \trianglelefteq TS_2$ 且 $TS_1 \preceq_{st} TS_2$.

(d) 提供迁移系统 (TS_1, TS_2) 的例子, 使得 $TS_1 \not\approx TS_2$ 而 $TS_1 \preceq_{st} TS_2$ 且 $TS_2 \preceq_{st} TS_1$.

设 $\mathcal{R}$ 是 (TS_1, TS_2) 的踏步模拟. 如果对所有 $(s_1, s_2) \in \mathcal{R}$ 和 TS_1 中的每个满足 $s_{0,1} = s_1$, $(s_{i,1}, s_2) \in \mathcal{R}$, $i \geqslant 0$ 的无限路径片段 $\pi = s_{0,1}s_{1,1}s_{2,1}\cdots$, 都存在迁移 $s_2' \in \text{Post}(s_2)$ 使得对某个 $j \geqslant 1$ 有 $(s_{j,1}, s_2') \in \mathcal{R}$, 那么称 $\mathcal{R}$ 为发散敏感的. 若存在 (TS_1, TS_2) 的一个发散敏感的踏步模拟 $\mathcal{R}$, 则写为

$$TS_1 \preceq_{st}^{div} TS_2$$

(e) 提供迁移系统 (TS_1, TS_2) 的例子, 使得 $TS_1 \not\approx^{div} TS_2$, 而 $TS_1 \preceq_{st}^{div} TS_2$ 且 $TS_2 \preceq_{st}^{div} TS_1$.

(f) 证明 $TS_1 \approx^{div} TS_2$ 当且仅当存在 (TS_1, TS_2) 的发散敏感踏步模拟 $\mathcal{R}$, 使得 $\mathcal{R}^{-1} = \{(s_2, s_1) \mid (s_1, s_2) \in \mathcal{R}\}$ 是 (TS_2, TS_1) 的发散敏感踏步模拟.

(g) 证明 $TS_1 \approx^{div} TS_2$ 蕴涵 TS_1 和 TS_2 发散敏感踏步模拟等价, 即 $TS_1 \preceq_{st}^{div} TS_2$ 且 $TS_2 \preceq_{st}^{div} TS_1$.

证明 $CTL^*_{\setminus\bigcirc}$ 的全称片段产生发散踏步模拟序的一个逻辑特征. 为此, 给下面的结论提供证明, 其中假设 TS_1 和 TS_2 是没有终止状态的有限迁移系统.

(h) 如果 $TS_1 \approx_{st}^{div} TS_2$, 并且 Φ 是一个使得 $TS_2 \models \Phi$ 的 $\forall CTL^*_{\setminus\bigcirc}$ 公式, 那么 $TS_1 \models \Phi$.

(i) 假设对任意 $\forall CTL^*_{\setminus\bigcirc}$ 公式 Φ 有 $TS_2 \models \neg\Phi$ 或 $TS_1 \models \Phi$. 证明 $TS_1 \approx_{st}^{div} TS_2$.

习题 7.30 考虑如图 7.61 所示的迁移系统 TS.

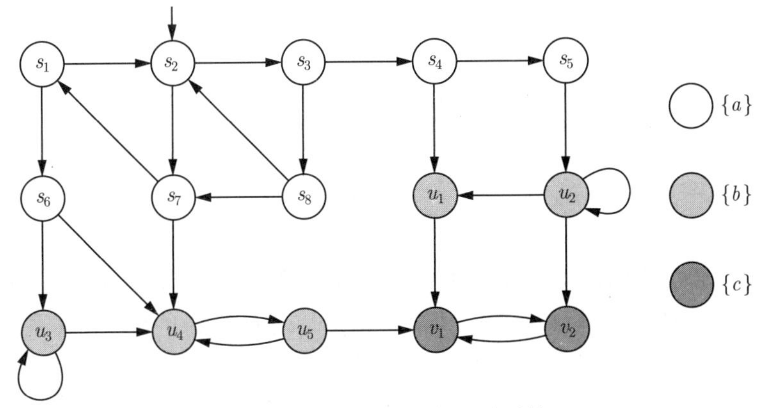

图 7.61 习题 7.30 的迁移系统

(a) 给出发散敏感扩展 $\overline{TS}$.

(b) 确定发散踏步互模拟商 $\overline{TS}/\approx$. 对每次迭代, 给出状态空间的划分.

(c) 给出 $TS/\approx^{div}$.

(d) 对每个发散踏步互模拟等价类提供 $CTL_{\setminus\bigcirc}$ 主公式.

第 8 章 偏序约简

考虑由 $\mathcal{P}_1 \sim \mathcal{P}_n$ 的 n 个进程的并行合成. $\mathcal{P}_1 \parallel \mathcal{P}_2 \parallel \cdots \parallel \mathcal{P}_n$ 的状态空间的大小是进程数 n 的指数, 其中 $\parallel$ 表示某种并行合成运算符. 为检查该系统的线性时间性质的有效性, 需要检查基础迁移系统的所有状态. 在各个进程间没有 (通过共享变量或通过通信通道等的) 同步的简单配置中, n 个局部动作的交错执行有 $n!$ 个不同的顺序. 然而, 并发动作的效果通常和它们的顺序无关. 例如, 考虑并发系统 $\mathcal{P}_1 \interleave \mathcal{P}_2$ 中的赋值 $x := x+1$ 和 $y := y-3$, 其中 x、y 分别是 $\mathcal{P}_1$、$\mathcal{P}_2$ 的局部变量, $\interleave$ 表示交错运算符. 显然，不管这些赋值的顺序如何, 结果都是相同的. 其中动作 α 和 β 分别表示 $\mathcal{P}_1$ 和 $\mathcal{P}_2$ 的赋值. 不必分析 $x := x+1$ 和 $y := y-3$ 的 $2!$ 个顺序, 仅检验一个顺序就够了. 只要在执行完 α 或 β 后到达的中间状态 (见图 8.1 的状态 t 和 u) 与要证明的性质不相关, 这就是正确的. 给这个简单的例子再增加第三个进程 $\mathcal{P}_3$, 它设置变量 z 的值为 0, 同理可得, 即只考虑 $3!$ 个可能顺序中的一个就够了. 这种方法可推广到由进程 $\mathcal{P}_1$ 和 $\mathcal{P}_2$ 分别执行的动作序列 $\alpha_1\alpha_2\cdots\alpha_n$ 和 $\beta_1\beta_2\cdots\beta_m$. 迁移系统 $\mathcal{P}_1 \interleave \mathcal{P}_2$ 表示这些动作序列的所有交错, 然而, 假若中间状态是不相关的, 那么关于这些序列的顺序, 只需单个路径片段就够了.

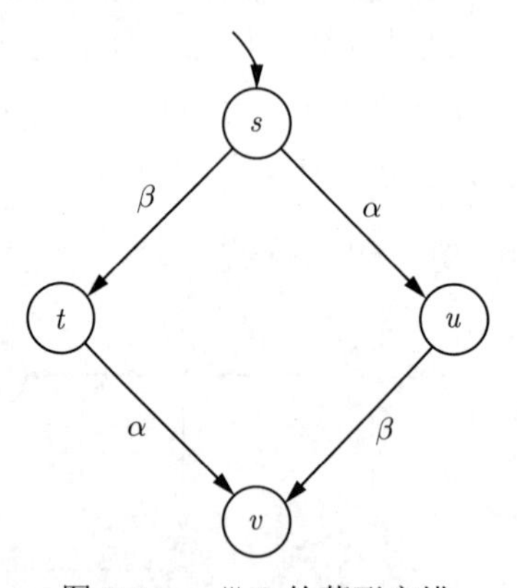

图 8.1　$\alpha \interleave \beta$ 的菱形交错

简而言之, 本章所述偏序约简技术的目的就是约简为检查以 LTL 或 CTL* 等时序逻辑表述的公式所需分析的可能顺序数. 其主要思想是约简需要分析的迁移系统的状态空间. 因此, 想法就是用一个小片段替代整个迁移系统 $\mathcal{P}_1 \interleave \mathcal{P}_2 \interleave \cdots \interleave \mathcal{P}_n$. 对于分别执行动作序列 α_1、α_2 和 β_1、β_2 的两个进程, 图 8.2 说明了这一思想. 左边的迁移系统包含了所有可能的交错, 而右边约简的迁移系统仅由可代表所有交错的单个路径组成. 随着并发进程数的增加, 这种效果变得更加显著——整个迁移系统的大小随进程数呈指数增长, 而由单个路径构成的约简系统却随 n 线性增长.

为了避免极端内存需求, 在得到这种约简迁移系统时, 不必生成包含所有可能顺序的完整迁移系统. 通常是通过静态分析并发系统 (如第 2 章介绍的通道系统) 的高层描述实现此目的.

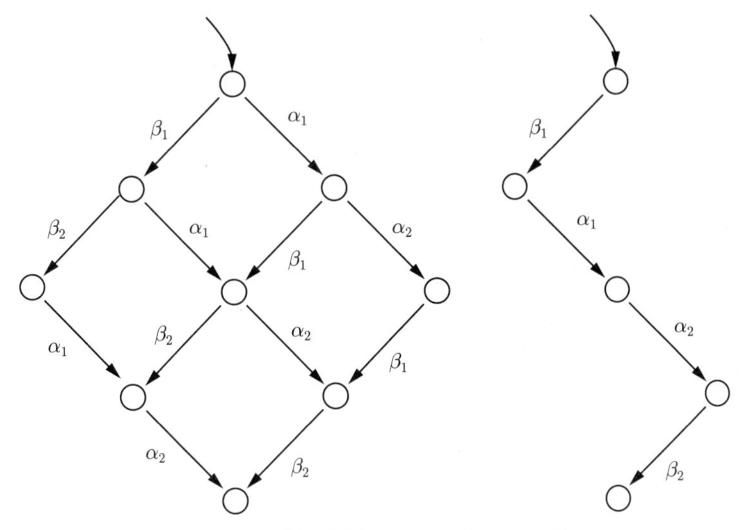

图 8.2　并行执行 $(\alpha_1;\alpha_2)\,|||\,(\beta_1;\beta_2)$

显然, 约简技术的关键在于假设所有进程是完全自主的, 即不涉及使用共享变量或通信通道的同步. 而且, 假设感兴趣的性质不依赖于中间状态. 为了应对因进程可能通信而互相依赖的实际系统, 在整体迁移系统中, 偏序约简方法尽可能仅把那些只有并发执行活动顺序差异的路径片段归为一类. 因为这样的路径片段表示相同的行为, 所以, 理应把状态空间的分析限制在所有可能交错的一个 (或几个) 代表上.

偏序约简方法的核心概念是无关动作, 将在 8.1 节介绍它. 8.2 节讲述的偏序约简方法适用于 $\text{LTL}_{\setminus\bigcirc}$ 公式准述的 LT 性质的模型检验. 8.3 节阐述用于 $\text{CTL}_{\setminus\bigcirc}$ 和 $\text{CTL}^*_{\setminus\bigcirc}$ 的偏序约简. 省略下一步运算符, 就不得不撇开某些中间状态, 正如图 8.2 中的约简系统所示.

$\text{TS} = (S, \text{Act}, \to, I, \text{AP}, L)$ 在本章中始终是无终止状态的有限迁移系统. 由于偏序约简对松散耦合并发系统是最有效的, 这隐含着假设 TS 是进程经由共享变量或通道通信等交互的异步并发系统的模型. 在并发进程按锁步方式演进的同步环境中, 每个全局迁移涉及所有进程, 因此不能看成无关的. 这个假设对于本章的理论思考是无关的; 但当考虑并发程序的静态分析, 以便能从语法上检测无关动作时, 它是重要的.

假设 TS 是动作确定的. 即, 对任意状态 $s \in S$ 和任意动作 $\alpha \in \text{Act}$, s 最多有一个用动作 α 标记的出迁移. 形式上, 若 $s \xrightarrow{\alpha} s'$ 且 $s \xrightarrow{\alpha} s''$, 则 $s' = s''$ (请读者不要把这个概念和 AP 确定性混淆). TS 为动作确定的, 这一假设不成问题, 因为总能重命名动作以产生动作确定的迁移系统. 例如, 当有几个动作确定的进程的并行合成得到 TS 时, 对动作可用下标表明哪个进程执行这个动作.

8.1　动作的无关性

先引入一些在本章要用到的记法.

记法 8.1　*动作集* $\text{Act}(s)$

对于动作集为 Act 的迁移系统 TS 中的状态 s, 令

$$\text{Act}(s) = \{\alpha \in \text{Act} \mid \exists s', s \xrightarrow{\alpha} s'\}$$ ■

这样, $\text{Act}(s)$ 表示在状态 s 激活的动作的集合. 因为假定迁移系统是动作确定的, 所以对任意 $\alpha \in \text{Act}(s)$, s 的 α 后继是唯一的, 记为 $\alpha(s)$.

记法 8.2　状态 $\alpha(s)$

对动作确定的迁移系统 TS, s 是 TS 的状态, $\alpha \in \text{Act}(s)$, 令 $\alpha(s)$ 表示 s 的唯一 α 后继, 即 $s \xrightarrow{\alpha} \alpha(s)$. 设 $\alpha_1\alpha_2\cdots\alpha_n$ 是动作序列并满足 $\alpha_1 \in \text{Act}(s)$, 并且对 $1 < i \leqslant n$ 有 $s_i = \alpha_i(s_{i-1})$ 且 $\alpha_{i+1} \in \text{Act}(s_i)$, 则用 $(\alpha_1\alpha_2\cdots\alpha_n)(s)$ 表示 s_n, 即从 s 执行 $\alpha_1\alpha_2\cdots\alpha_n$ 到达的状态. ■

例如, 在图 8.1 中, $\text{Act}(s) = \{\alpha, \beta\}$, $t = \beta(s)$, $u = \alpha(s)$, 而且 $v = (\beta\alpha)(s)$, $v = (\alpha\beta)(s)$.

动作无关性的概念在偏序约简中起着重要作用. 就像后面将要描述的, 省略因无关动作的不同顺序引起的迁移系统 TS 中的冗余, 以此约简 TS. 直观地看, 一对 $\alpha \neq \beta$ 的动作 α 和 β 是无关的, 是指它们访问不相交的变量. 此时, 执行 $\alpha\beta$ 或 $\beta\alpha$ 的效果是相同的. 如果 α 和 β 是不同进程的动作, 而且其一仅作用在局部变量上, 那么这两个动作也是无关的. 进程内的动作也可能是无关的, 即它们的执行顺序是无关的.

动作 α 和 β 的无关性的特征是其*交换性*, 交换性断言执行顺序 $\alpha\beta$ 和 $\beta\alpha$ 的效果是相同的. 这意味着, 如果 α 和 β 在状态 s 激活, 那么

- 动作 α 的执行不能禁用 β, 反之亦然.
- 在 s 处执行动作序列 $\alpha\beta$ 和 $\beta\alpha$ 得到相同的状态.

这些性质是菱形交错的特征 (见图 8.1)

定义 8.1　动作的无关性

令 $\text{TS} = (S, \text{Act}, \rightarrow, I, \text{AP}, L)$ 是一个动作确定的迁移系统, $\alpha, \beta \in \text{Act}$ 并且 $\alpha \neq \beta$.

(1) α 和 β (在 TS 中) 是*无关的*, 如果对任意使得 $\alpha, \beta \in \text{Act}(s)$ 的 $s \in S$ 都有

$$\beta \in \text{Act}(\alpha(s)) \text{ 且 } \alpha \in \text{Act}(\beta(s)) \text{ 且 } \alpha(\beta(s)) = \beta(\alpha(s))$$

(2) α 和 β (在 TS 中) 是*相关的*, 如果 α 和 β 在 TS 中不是无关的. ■

由于多数情况下迁移系统 TS 是固定的, 所以在表述中经常略去 “在 TS 中”. 无关和相关的概念可用如下方法提升为动作与动作集之间的关系. 对于 $A \subseteq \text{Act}$ 和 $\beta \in \text{Act} \setminus A$, β 与 A (在 TS 中) 是无关的, 如果对任意 $\alpha \in A$, β 与 α (在 TS 中) 无关. β 在 TS 中与 A 相关, 如果 $\beta \in \text{Act} \setminus A$ 且对某个 $\alpha \in A$, β 与 α 在 TS 中是相关的.

例 8.1　动作的无关性 (并行运算符 $\|_H$)

令 TS_1 和 TS_2 是动作确定的迁移系统, 其动作集分别为 Act_1 和 Act_2, 且 $H = \text{Act}_1 \cap \text{Act}_2$. 动作 $\alpha \in \text{Act}_1 \setminus H$ 和 $\beta \in \text{Act}_2 \setminus H$, 在 $\text{TS}_1 \|_H \text{TS}_2$ 中是无关的 (握手运算符 $\|_H$ 已在定义 2.13 中定义.) 当 $H = \varnothing$ 时, TS_1 中的任意动作与 TS_2 中的任意动作都是无关的. ■

例 8.2　动作的无关性 (程序图)

考虑程序图 PG_1 和 PG_2, 假设它们不在通道上进行通信. 执行动作 α 和 β 时, 两个进程中至少有一个只访问局部变量, 那么这两个动作在 PG_1 和 PG_2 的并行合成的基础迁移系统 $\text{TS}(\text{PG}_1 \,|||\, \text{PG}_2)$ 中是无关的. 更准确地说, 施加以下条件. 令 α 是仅出现在 PG_1 中的动作并对变量赋值 η, 使得

- 对 PG_2 访问的所有变量 x, $\mathrm{Effect}(\alpha, \eta)(x) = \eta(x)$.
- 对 PG_1 中的任意边 $\ell \overset{g:\,\alpha}{\hookrightarrow} \ell'$, 卫式 g 不使用出现在 PG_2 中的任意变量.

在这些条件下, α 与 PG_2 中的每个动作 β 无关.

下面用基于信号的互斥程序说明这一点, 见图 8.3 中的迁移系统.

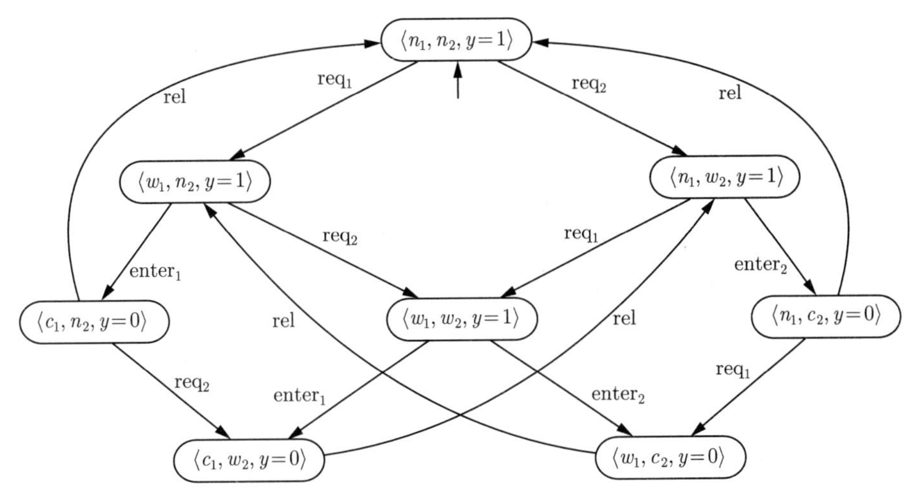

图 8.3　基于信号的互斥算法

动作 $\alpha = \mathrm{request}_1$, $\beta = \mathrm{request}_2$ 仅出现在程序图的下列边中:

$$\mathrm{noncrit}_i \overset{\mathrm{request}_i}{\hookrightarrow} \mathrm{wait}_i$$

事实上, α、β 满足上面提到的条件, 因此是无关的. 这反映了请求操作以及非关键节段的所有动作都可并发执行. 另一方面, 进入关键节段时执行的动作 enter_i

$$\mathrm{wait}_i \overset{y>0:\ \mathrm{enter}_i}{\hookrightarrow} \mathrm{crit}_i$$

访问共享变量 y (信号). 注意,

$$\mathrm{Effect}(\mathrm{enter}_i, \eta)(y) = \eta(y) - 1 \text{ 但是 } \mathrm{Effect}(\mathrm{request}_i, \eta)(y) = \eta(y)$$

这样, 动作 enter_1 和 enter_2 是相关的, 因为对状态 $s = \langle w_1, w_2, y = 1\rangle$, 有

$$\mathrm{enter}_1, \mathrm{enter}_2 \in \mathrm{Act}(s) \text{ 且 } \mathrm{enter}_2 \notin \mathrm{Act}(\mathrm{enter}_1(s)) = \mathrm{Act}(\langle c_1, w_2, y = 0\rangle)$$

动作对 $(\mathrm{request}_1, \mathrm{enter}_2)$、$(\mathrm{enter}_1, \mathrm{request}_2)$、$(\mathrm{rel}, \mathrm{request}_1)$ 和 $(\mathrm{rel}, \mathrm{request}_2)$ 是无关的. 例如, 动作 rel 和 $\mathrm{request}_1$ 都激活的状态只有 $s' = \langle n_1, c_2, y = 0\rangle$. 有

$$\mathrm{request}_1 \in \mathrm{Act}(\mathrm{rel}(s')), \mathrm{rel} \in \mathrm{Act}(\mathrm{request}_1(s'))$$

和

$$\mathrm{rel}(\mathrm{request}_1(s')) = \mathrm{request}_1(\mathrm{rel}(s')) = \langle w_1, n_2, y = 1\rangle$$

类似的推理可用于其他无关的动作对. ■

引理 8.1 是偏序约简方法的重要结果. 它依赖于动作序列 $\beta_1\beta_2\cdots\beta_n\alpha$ 中的无关动作 β_i 和 α 的相继交换.

引理 8.1 置换无关动作

令 TS 是动作确定的迁移系统, s 是 TS 的一个状态, 并令

$$s=s_0\xrightarrow{\beta_1}s_1\xrightarrow{\beta_2}\cdots\xrightarrow{\beta_n}s_n$$

是始于 s 的动作序列为 $\beta_1\beta_2\cdots\beta_n$ 的执行片段. 那么, 对任意与 $\{\beta_1,\beta_2,\cdots,\beta_n\}$ 无关的动作 $\alpha\in\text{Act}(s)$ 有 $\alpha\in\text{Act}(s_i)$, 且

$$s=s_0\xrightarrow{\alpha}t_0\xrightarrow{\beta_1}t_1\xrightarrow{\beta_2}\cdots\xrightarrow{\beta_n}t_n$$

是 TS 的动作序列为 $\alpha\beta_1\beta_2\cdots\beta_n$ 的执行片段, 它满足以下条件：对 $0\leqslant i\leqslant n$, $t_i=\alpha(s_i)$.

证明: 令 TS 是动作确定的迁移系统. 对 $i\geqslant 1$ 用归纳法证明

- α 和 β_{i+1} 在状态 $s_i=(\beta_1\beta_2\cdots\beta_i)(s)$ 是激活的.
- β_i 在状态 $t_{i-1}=(\alpha\beta_1\beta_2\cdots\beta_{i-1})(s)$ 是激活的.
- $\alpha(s_i)=\beta_i(t_{i-1})$.

归纳起步 $(i=1)$. 令 $\alpha,\beta_1\in\text{Act}(s)$, $s_1=\beta_1(s)$ 且 $t_0=\alpha(s)$. 因为 α 与 β_1 是无关的, 所以 $\alpha\in\text{Act}(s_1)$, $\beta_1\in\text{Act}(t_0)$, 且 $\alpha(\beta_1(s))=\beta_1(\alpha(s))$, 即 $\alpha(s_1)=\beta_1(t_0)$.

归纳步骤 (对 $1<i\leqslant n, i-1\Rightarrow i$). 设 α、β_i 在状态 $s_{i-1}=(\beta_1\beta_2\cdots\beta_{i-1})(s)$ 是激活的, β_{i-1} 在状态 $t_{i-2}=(\alpha\beta_1\beta_2\cdots\beta_{i-2})(s)$ 是激活的, s_{i-1} 的 α 后继与 t_{i-2} 的 β_{i-1} 后继一致, 即

$$t_{i-1}=\alpha(s_{i-1})=\beta_{i-1}(t_{i-2})$$

α 与 β_i 的无关性导致 α 在状态 $\beta_i(s_{i-1})=s_i$ 是激活的, β_i 在状态 $\alpha(s_{i-1})=\beta_{i-1}(t_{i-2})=t_{i-1}$ 是激活的, 且 $\alpha(s_i)=\beta_i(t_{i-1})=t_i$. ■

引理 8.1 用图 8.4 加以说明.

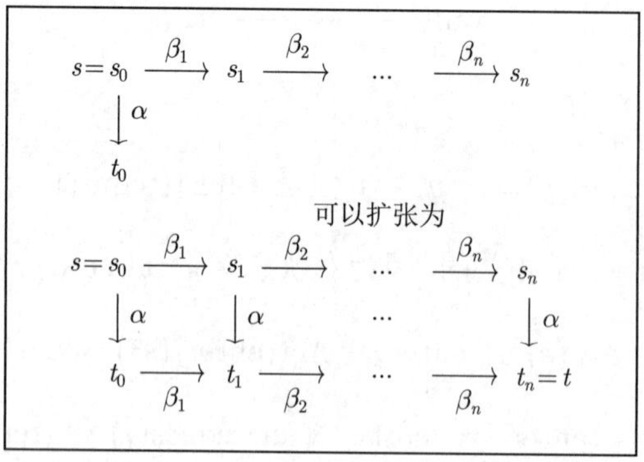

$$s=s_0\xrightarrow{\beta_1}s_1\xrightarrow{\beta_2}\cdots\xrightarrow{\beta_n}s_n,\quad s_0\xrightarrow{\alpha}t_0$$

可以扩张为

$$\begin{array}{ccccccc} s=s_0 & \xrightarrow{\beta_1} & s_1 & \xrightarrow{\beta_2} & \cdots & \xrightarrow{\beta_n} & s_n \\ \downarrow\alpha & & \downarrow\alpha & & \cdots & & \downarrow\alpha \\ t_0 & \xrightarrow{\beta_1} & t_1 & \xrightarrow{\beta_2} & \cdots & \xrightarrow{\beta_n} & t_n=t \end{array}$$

图 8.4 α 与无关动作 β_1 到 β_n 的置换

考虑始于 s 动作序列为 $\beta_1\beta_2\beta_3\cdots$ 的无限执行片段 ρ 以及与所有 β_j 无关的动作 $\alpha\in\text{Act}(s)$ (特别地, 对所有 $j>0$, $\alpha\neq\beta_j$). 那么对 ρ 的有限前缀应用引理 8.1 可得, 对所有 $n>0$, 存在始于 s 的动作序列为 $\alpha\beta_1\beta_2\cdots\beta_n$ 的有限执行片段. 因 TS 是动作确定的, 故得到一个首先执行动作 α 然后执行无穷动作序列 $\beta_1\beta_2\beta_3\cdots$ 的无限执行片段. 更确切地说, 有

引理 8.2　*增加无关动作*

令 TS 是动作确定的迁移系统, s 是 TS 中的状态, 并令

$$s = s_0 \xrightarrow{\beta_1} s_1 \xrightarrow{\beta_2} s_2 \xrightarrow{\beta_3} \cdots$$

是始于 s 的动作序列为 $\beta_1\beta_2\beta_3\cdots$ 的无限执行片段, 那么, 对于与 $\{\beta_1, \beta_2, \beta_3, \cdots\}$ 无关的动作 $\alpha \in \text{Act}(s)$ 及所有 $i \geqslant 0$ 有 $\alpha \in \text{Act}(s_i)$, 并且

$$s = s_0 \xrightarrow{\alpha} t_0 \xrightarrow{\beta_1} t_1 \xrightarrow{\beta_2} t_2 \xrightarrow{\beta_3} \cdots$$

是动作序列为 $\alpha\beta_1\beta_2\beta_3\cdots$ 的 TS 的无限执行片段并满足 $t_i = \alpha(s_i)$, $i \geqslant 0$. ■

如果不做进一步的假设, 那么下面两个执行片段

$$\begin{array}{ccccccccc} s_0 & \xrightarrow{\beta_1} & s_1 & \xrightarrow{\beta_2} & \cdots & \xrightarrow{\beta_n} & s_n & \xrightarrow{\alpha} & t \\ s_0 & \xrightarrow{\alpha} & t_0 & \xrightarrow{\beta_1} & \cdots & \xrightarrow{\beta_{n-1}} & t_{n-1} & \xrightarrow{\beta_n} & t \end{array}$$

诱导的迹将是不同的, 也不会具有任何形式的 (踏步) 迹等价或 (踏步) 迹包含关系. 但是, 如果 (通过依次交换顺序 $\beta_i\alpha$ 为 $\alpha\beta_i$) 从"右"移到"左"的动作 α 不影响状态标记, 那么执行片段是踏步等价的. 前面讲过, 执行片段 ϱ 和 ϱ' 是踏步等价的, 记为 $\varrho \triangleq \varrho'$, 是指它们仅在状态标记重复次数上不同, 参见 7.7.1 节. 这些动作成为踏步动作或不可见动作.

定义 8.2　*踏步动作*

如果对迁移系统 TS 中每个迁移 $s \xrightarrow{\alpha} s'$ 都有 $L(s) = L(s')$, 则称动作 $\alpha \in \text{Act}$ 是*踏步动作*. ■

因为本章所考虑的迁移系统都是动作确定的, 所以, α 是踏步动作当且仅当对 TS 中的所有使得 $\alpha \in \text{Act}(s)$ 的状态 s 都有 $L(s) = L(\alpha(s))$. 例如, 图 8.5 中迁移系统的动作 β 与 γ 是踏步动作, 而 α 不是踏步动作.

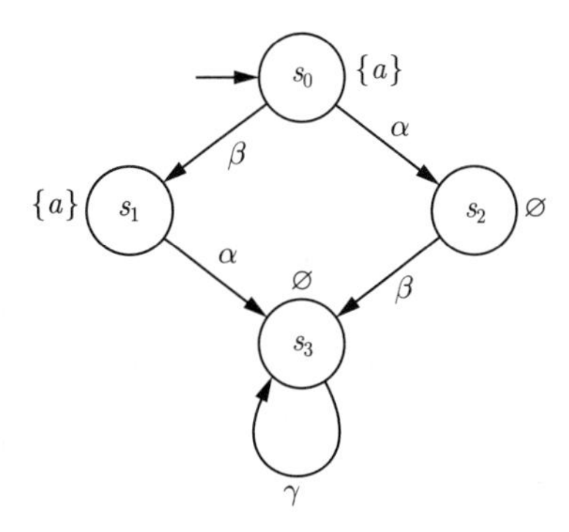

图 8.5　动作 β 与 γ 是踏步动作

注记 8.1　*踏步步骤与踏步动作*

下面简要解释踏步步骤与踏步动作的不同. 回想一下, 踏步步骤就是使得 $L(s) = L(t)$ 的迁移 $s \to t$. 标记为 α 的迁移是否为踏步步骤取决于执行 α 的状态. 例如, 令 α 是对某个整型变量 x 的赋值 $x := 2 * x$. 在 x 取值为 0 的所有状态中, α 不影响 x 的值. 如果原子命题只考虑 x (和其他程序变量) 的值, 但不考虑程序位置, 那么迁移

$$\langle \cdots, x = 0 \rangle \xrightarrow{x:=2*x} \langle \cdots, x = 0 \rangle$$

是踏步步骤; 而对 $v \neq 0$, 迁移

$$\langle \cdots, x = v \rangle \xrightarrow{x:=2*x} \langle \cdots, x = 2v \rangle$$

不是踏步步骤. 当所有迁移 $s \xrightarrow{\alpha} s'$ 都是踏步步骤时, 动作 α 是踏步动作.

引理 8.3 置换无关踏步动作

令 TS 是动作确定的迁移系统, s 是 TS 的状态, ϱ 与 ϱ' 是始于 s 的动作序列分别为 $\beta_1\beta_2\cdots\beta_n\alpha$ 与 $\alpha\beta_1\beta_2\cdots\beta_n$ 的有限执行片段, 并且 α 是与 $\{\beta_1, \beta_2, \cdots, \beta_n\}$ 无关的踏步动作. 那么 $\varrho \triangleq \varrho'$.

证明: 令

$$\begin{array}{llllllllllll} \varrho = s_0 & \xrightarrow{\beta_1} & s_1 & \xrightarrow{\beta_2} & s_2 & \xrightarrow{\beta_3} & \cdots & \xrightarrow{\beta_n} & s_n & \xrightarrow{\alpha} & v \\ \varrho' = s_0 & \xrightarrow{\alpha} & t_0 & \xrightarrow{\beta_1} & t_1 & \xrightarrow{\beta_2} & \cdots & \xrightarrow{\beta_{n-1}} & t_{n-1} & \xrightarrow{\beta_n} & t_n \end{array}$$

其中 $s = s_0$. 由引理 8.1 知, ϱ 与 ϱ' 结束于相同的状态, 即 $t_n = v$, 且对任意 $0 \leqslant i \leqslant n$ 有 $\alpha(s_i) = t_i$. 因为 α 是踏步动作, 所以, 对 $0 \leqslant i \leqslant n$

$$L(s_i) = L(\alpha(s_i)) = L(t_i)$$

令 $A_i = L(s_i)$, $0 \leqslant i \leqslant n$. 那么

$$\begin{aligned} \text{trace}(\varrho) &= L(s_0)L(s_1)\cdots L(s_n)L(t_n) = A_0A_1\cdots A_nA_n \\ \text{trace}(\varrho') &= L(s_0)L(t_0)L(t_1)\cdots L(t_n) = A_0A_0A_1\cdots A_n \end{aligned}$$

这样, 两个迹就有 $A_0^+A_1\cdots A_n^+$ 的形式. 因此, $\varrho \triangleq \varrho'$. ■

引理 8.4 描述了从动作序列为 $\beta_1\beta_2\beta_3\cdots$ 的无限执行片段到动作序列为 $\alpha\beta_1\beta_2\beta_3\cdots$ 的踏步等价的执行片段的变换, 其中 α 是与任一 β_i 无关的踏步动作.

引理 8.4 增加无关的踏步动作

令 TS 是动作确定的迁移系统, s 是 TS 的状态, ρ 与 ρ' 是始于 s 的动作序列分别为 $\beta_1\beta_2\beta_3\cdots$ 与 $\alpha\beta_1\beta_2\beta_3\cdots$ 的无限执行片段, 并且 α 是与 $\{\beta_1, \beta_2, \beta_3, \cdots\}$ 无关的踏步动作. 那么 $\rho \triangleq \rho'$.

证明: 令

$$\rho = s_0 \xrightarrow{\beta_1} s_1 \xrightarrow{\beta_2} s_2 \xrightarrow{\beta_3} \cdots$$

$$\rho' = s_0 \xrightarrow{\alpha} t_0 \xrightarrow{\beta_1} t_1 \xrightarrow{\beta_2} t_2 \xrightarrow{\beta_3} \cdots$$

其中 $s = s_0$. 那么对所有 $i \geqslant 0$ 有 $t_i = \alpha(s_i)$[译注 162]. 因 α 是踏步动作, 故对任意 $i \geqslant 0$ 有 $L(s_i) = L(t_i)$. 令 $A_i = L(s_i)$, 得

$$\begin{aligned} \text{trace}(\rho) &= L(s_0)L(s_1)L(s_2)\cdots = A_0A_1A_2\cdots \\ \text{trace}(\rho') &= L(s_0)L(t_0)L(t_1)L(t_2)\cdots = A_0A_0A_1A_2\cdots \end{aligned}$$

这样, 两个迹都有 $A_0^+A_1A_2\cdots$ 的形式, 故得 $\rho \triangleq \rho'$. ■

引理 8.3 和引理 8.4 给出了偏序约简方法的基础. 在偏序约简中, 完整系统 TS 中的任一执行的踏步等价类至少可由约简系统 $\hat{\text{TS}}$ 的一个执行表示 (可以说偏序约简相当于用执行的代表进行模型检验). 置换无关动作及增加无关踏步动作可得到 TS 的踏步等价类在 $\hat{\text{TS}}$ 中的代表.

8.2　线性时间的充足集方法

本节用充足集考虑 LTL 的偏序约简. 基本思想如下. 考虑异步系统的高层描述. 在传统的状态空间生成方式中, 对每个遇到的状态, 搜索所有直接后继. 即, 对每个动作 $\alpha \in \mathrm{Act}(s)$, 后继状态 $\alpha(s)$ 是确定的, 若首次遇到则生成它. 而在使用充足集的偏序约简中, 搜索集合 $\mathrm{ample}(s) \subseteq \mathrm{Act}(s)$ 而不是整个 $\mathrm{Act}(s)$. 即, 不搜索 $\mathrm{Act}(s) \setminus \mathrm{ample}(s)$ 中的任何直接后继, $\mathrm{Act}(s) \setminus \mathrm{ample}(s)$ 中的直接后继可能根本就没产生. 通过选择恰当的动作集 $\mathrm{ample}(s)$, 这个方法得到完整迁移系统 $\mathrm{TS} = (S, \mathrm{Act}, \to, I, \mathrm{AP}, L)$ 的一个 (有希望较小的) 片段. 由于总也不会生成 TS, 内存需求峰值由片段 $\hat{\mathrm{TS}}$ 的大小而不是 TS 的大小确定. 约简迁移系统 $\hat{\mathrm{TS}}$ 由定义为

$$\frac{s \xrightarrow{\alpha} s' \wedge \alpha \in \mathrm{ample}(s)}{s \stackrel{\alpha}{\Longrightarrow} s'}$$

的迁移关系 $\Rightarrow$ 得到. 约简迁移系统可以更确切地表示为 $\hat{\mathrm{TS}} = (\hat{S}, \mathrm{Act}, \Rightarrow, I, \mathrm{AP}, \hat{L})$, 其中状态空间 $\hat{S}$ 是由从某个初始状态 $s_0 \in I$ (在 $\Rightarrow$ 下) 可达的状态构成的, 且对任意 $s \in \hat{S}$ 有 $\hat{L}(s) = L(s)$. 这样, $\hat{S}$ 就有可能是原状态空间 S 的一个真子集. 需要建立下面的正确性准则:

(1) $\hat{\mathrm{TS}}$ 与 TS 关于要检验的公式是等价的.

实践表明, 在检验 LT 性质时踏步迹等价对于偏序约简是一个恰当的等价概念; 对于分支时间性质, 发散敏感的踏步互模拟是适宜的. 除了这种形式的可靠性准则, 下面的更加非形式化的要求也很重要:

(2) $\hat{\mathrm{TS}}$ 应该比 TS 小得多 (因而可更高效地分析).

(3) 与验证 TS 相比, 生成 $\hat{\mathrm{TS}}$ 应该相对容易.

为了满足最后的约束, 我们的目标是生成 $\hat{\mathrm{TS}}$ 的一个算法, 其时间复杂度是 $\hat{\mathrm{TS}}$ 的规模的线性时间. 通常, 静态分析 TS 的高层描述, 例如通道系统或顺序程序图, 可得到 $\hat{\mathrm{TS}}$. 如果 $\hat{\mathrm{TS}}$ 显著小于 TS, 就认为这种方法是有效的.

针对用 LTL 公式描述的 LT 性质的验证, 8.2.1 节 $\sim$ 8.2.4 节阐述充足集方法. 假定原迁移系统 $\mathrm{TS} = (S, \mathrm{Act}, \to, I, \mathrm{AP}, L)$ 是有限的和动作确定的, 并且没有终止状态. 对于 AP 上的 LTL 公式 φ, 目标是用检验 $\hat{\mathrm{TS}} \models \varphi$ 代替检验 $\mathrm{TS} \models \varphi$. $\hat{\mathrm{TS}}$ 是从 TS 通过选取恰当的充足集得到的. 首先处理 LT 性质. 8.3 节将把这种方法推广到用 CTL^* 描述的分支时间性质的验证.

8.2.1　充足集的条件

为了确保 TS 与 $\hat{\mathrm{TS}}$ 等价, 充足集必须满足一些条件. 就像下面将要看到的那样, 这些条件保证 $\mathrm{TS} \triangleq \hat{\mathrm{TS}}$, 即 TS 与 $\hat{\mathrm{TS}}$ 是踏步迹等价的 (参见 7.7.1 节). 因为踏步迹等价保持了所有*踏步不敏感*的 LT 性质, 所以从 TS 到 $\hat{\mathrm{TS}}$ 的约简对这种 LT 性质是可靠的. LTL 的不包含下一步运算符的片段, 即 $\mathrm{LTL}_{\setminus \bigcirc}$, 是准述踏步不敏感的 LT 性质的合适的逻辑形式化方法, 因此, 对任意 $\mathrm{LTL}_{\setminus \bigcirc}$ 公式 φ,

$$\hat{\mathrm{TS}} \models \varphi \quad 当且仅当 \quad \mathrm{TS} \models \varphi$$

见推论 7.6 (由于下一步运算符对偏序约简针对的异步系统不是很有用, 所以 $\bigcirc$ 运算符的缺失不是一个过分的限制).

如果生成充足集的技术能使 $\text{TS} \triangleq \hat{\text{TS}}$, 标准的 LTL 模型检验技术就可用于检验 $\hat{\text{TS}} \models \varphi$ (因而 $\text{TS} \models \varphi$). 主要有两种方法可用于计算充足集 (即确定 $\hat{\text{TS}}$): *动态偏序约简*与*静态偏序约简*. 在动态 (或实时) 偏序约简中, 约简迁移系统 $\hat{\text{TS}}$ 是在 $\hat{\text{TS}}$ 的 LTL 模型检验期间生成的. 这种方法的主要优点是不需要生成整个迁移系统 $\hat{\text{TS}}$ 就可确定 $\hat{\text{TS}} \not\models \varphi$, 即驳倒 φ 仅需要 $\hat{\text{TS}} \otimes \mathcal{A}_{\neg\varphi}$ 的有关的部分, 其中 $\mathcal{A}_{\neg\varphi}$ 是 $\neg\varphi$ 的 Büchi 自动机. 这种方法将在 8.2.3 节中阐述. 在静态偏序约简中, 验证之前先生成 $\hat{\text{TS}}$ 的符号表示 (如程序图表示). 迁移系统的约简可视为模型检验的预处理阶段. 静态偏序约简方法在 8.2.4 节中阐述.

本节首先确定充足集的条件以保证 $\text{TS} \triangleq \hat{\text{TS}}$. 随后, 将讨论确定恰当充足集的算法技术.

因为 $\hat{\text{TS}}$ 的每个执行都是 TS 的一个执行, 所以建立一个充分条件, 为 TS 中的每个执行 ρ_0 都在 $\hat{\text{TS}}$ 中指定一个踏步等价的执行 $\hat{\rho}$. 为了避免任何混淆, 这里要特别强调: TS 中的执行到 $\hat{\text{TS}}$ 中的执行的这种指定不是生成 $\hat{\text{TS}}$ 的算法的一部分, 而仅仅是证明 TS 与 $\hat{\text{TS}}$ 踏步迹等价的需要. 变换

$$\text{TS 中的执行 } \rho_0 \mapsto \hat{\text{TS}} \text{ 中的满足 } \rho_0 \triangleq \hat{\rho}_0 \text{ 的执行 } \hat{\rho}_0$$

的基本思想如下. 令 ρ_0 是 TS 的一个无限执行但不是 $\hat{\text{TS}}$ 的一个执行. 按照下面的情形 1 和情形 2 描述的变换, 依次置换无关动作的顺序, 并按需增加踏步步骤, 从 ρ_0 得到 $\hat{\text{TS}}$ 中的踏步等价执行 $\hat{\rho}_0$. 这些变换的正确性可由引理 8.3 和引理 8.4 保证. 这些变换允许用可能无限的*变换序列*

$$\rho_0 \mapsto \rho_1 \mapsto \rho_2 \mapsto \cdots \mapsto \hat{\rho}_0, \text{ 其中, 对所有 } i \geqslant 0, \rho_i \triangleq \rho_0$$

代替 ρ_0, 使得 ρ_i 中至少前 i 步是 $\hat{\text{TS}}$ 中的迁移 (即按照 $\Rightarrow$) 并且对所有 $j > i$ 与 ρ_j 的前 i 个迁移一致. 即, 对所有 $j > i$, $\rho_i[..i] = \rho_j[..i]$. 这样, 就得到了 $\hat{\text{TS}}$ 中的执行 $\hat{\rho}_0$, 对任意 $i \geqslant 0$, 它与 ρ_i 的前 i 个迁移一致. 可认为它是序列 $\rho_0, \rho_1, \rho_2, \cdots$ 的极限.

更详细地考虑 ρ_i 到 ρ_{i+1} 的变换. 为简单起见, 考虑 $i=0$ 的情况. 设 m 是 ρ_0 中使得 $s = \rho_0[m] \xrightarrow{\alpha} \rho_0[m+1]$ 且 $\alpha \notin \text{ample}(s)$ 的最小下标. 因此, 执行 ρ_0 由有限前缀 ϱ_0 和无限执行片段 ρ 组成, 其中, ϱ_0 含有 $\hat{\text{TS}}$ 中的止于状态 s 的迁移, 而 ρ 则开始于状态 s, 其动作序列为 $\beta_1\beta_2\beta_3\cdots$ 且 $\beta_1 \notin \text{ample}(s)$. 即

$$\rho_0 = \underbrace{u \xRightarrow{\gamma_1} \cdots \xRightarrow{\gamma_m} s}_{\text{前缀 } \varrho_0} \; \underbrace{s \xrightarrow{\beta_1} s_1 \xrightarrow{\beta_2} s_2 \xrightarrow{\beta_3} \cdots}_{\text{后缀 } \rho,\ \beta_1 \notin \text{ample}(s)}, \text{ 对 } m \geqslant 0$$

然后, 执行 ρ_1 是从前缀 ϱ_0 开始的, 并继之以无限执行片段 ρ', 该片段是根据下面描述的变换之一从 ρ 得到的.

情形 1: 存在 $n > 0$ 使得 $\alpha = \beta_{n+1} \in \text{ample}(s)$ 且 $\beta_1, \beta_2, \cdots, \beta_n \notin \text{ample}(s)$, 即 ρ_0 的后缀 $\rho = s \xrightarrow{\beta_1} s_1 \xrightarrow{\beta_2} \cdots$ 的某个动作属于 $\text{ample}(s)$. 那些施加在充足集上的条件将确保 α 是与 $\{\beta_1, \beta_2, \cdots, \beta_n\}$ 无关的踏步动作. 在 ρ 中, 用动作序列 $\alpha\beta_1\beta_2\cdots\beta_n$ 代替 $\beta_1\beta_2\cdots\beta_n\alpha$, 就得到执行片段 ρ' (即 ρ_1 的后缀), 即把动作 α 移动到任何 β_i 之前 $(0 < i \leqslant n)$. 这个变换由引理 8.1 给出. 形象地解释为

$$\rho_0 = \underbrace{u \overset{\gamma_1}{\Longrightarrow} \cdots \overset{\gamma_m}{\Longrightarrow}}_{\text{公共前缀 } \varrho_0} \underbrace{s \overset{\beta_1}{\longrightarrow} \cdots \overset{\beta_n}{\longrightarrow} s_n \overset{\alpha}{\longrightarrow}}_{} \underbrace{t \overset{\beta_{n+2}}{\longrightarrow} s_{n+2} \overset{\beta_{n+3}}{\longrightarrow} \cdots}_{}$$

$$\rho_1 = \underbrace{u \overset{\gamma_1}{\Longrightarrow} \cdots \overset{\gamma_m}{\Longrightarrow}}_{\text{公共前缀 } \varrho_0} \underbrace{s \overset{\alpha}{\Longrightarrow} t_0 \overset{\beta_1}{\longrightarrow} \cdots \overset{\beta_n}{\longrightarrow}}_{\text{踏步等价执行片段}} \underbrace{t \overset{\beta_{n+2}}{\longrightarrow} s_{n+2} \overset{\beta_{n+3}}{\longrightarrow} \cdots}_{\text{公共后缀}}$$

因为 α 是踏步动作, 所以 $\rho \triangleq \rho'$ (见引理 8.3), 因而 $\rho_0 \triangleq \rho_1$.

情形 2: 对所有 $i > 0$, $\beta_i \notin \text{ample}(s)$, 即没有在后缀 ρ 中出现的动作属于 ample(s). 施加到充足集上的条件将对任意 i 确保 β_i 与 ample(s) 的无关性, 且保证任意 $\alpha \in \text{ample}(s)$ 是踏步动作. 那么, 对某个 $\alpha \in \text{ample}(s)$, 用始于 s 的依次运行动作 $\alpha\beta_1\beta_2\beta_3\cdots$ 的执行片段代替 ρ, 就得到执行片段 ρ'. 示意如下:

$$\rho_0 = \underbrace{u \overset{\gamma_1}{\Longrightarrow} \cdots \overset{\gamma_m}{\Longrightarrow}}_{\text{公共前缀 } \varrho_0} s \ \underbrace{\overset{\beta_1}{\longrightarrow} s_1 \overset{\beta_2}{\longrightarrow} s_2 \overset{\beta_3}{\longrightarrow} \cdots}_{}$$

$$\rho_1 = \underbrace{u \overset{\gamma_1}{\Longrightarrow} \cdots \overset{\gamma_m}{\Longrightarrow}}_{\text{公共前缀 } \varrho_0} s \ \underbrace{\overset{\alpha}{\Longrightarrow} t_0 \overset{\beta_1}{\longrightarrow} t_1 \overset{\beta_2}{\longrightarrow} t_2 \overset{\beta_3}{\longrightarrow} \cdots}_{\text{踏步等价执行片段}}$$

因为 α 是踏步动作, 由引理 8.4 得 $\rho \triangleq \rho'$, 因而 $\rho \triangleq \rho_1$.

两种情形都得到执行片段 ρ_1, 它与 ρ_0 的开始状态相同, 并使得不在 $\hat{\text{TS}}$ 中的第一个迁移在某个 $\geqslant 2$ 的位置出现. 对 $j \geqslant 1$, 把这个方法反复用于 $\rho_j \mapsto \rho_{j+1}$. 这样就得到一个踏步等价执行片段 ρ_{j+1}, 使得不在 $\hat{\text{TS}}$ 中的第一个迁移 (即不是一个充足迁移) 在某个 $\geqslant j$ 的位置出现并且 $\rho_j[..j+1] = \rho_{j+1}[..j+1]$. 以此方式继续, 最终得到 $\hat{\text{TS}}$ 中的一个执行片段.

为了确保上面描述的变换 (即情形 1 和情形 2) 可用并可对 TS 中的一个执行 ρ_0 得出 $\hat{\text{TS}}$ 中的一个执行 $\hat{\rho}_0$ 使得 $\rho_0 \triangleq \hat{\rho}_0$, 对充足集施加 4 个条件, 称为 (A1) 到 (A4). 条件 (A1) 到 (A3) 施加于 $\hat{S}$ 中的每个状态 s; 对不能通过 $\Longrightarrow$ 可达的状态不加约束. 条件 (A4) 施加于 $\hat{\text{TS}}$ 中的所有环路.

下面详细地考虑这些条件.

> **(A1) 非空条件**
> $\varnothing \neq \text{ample}(s) \subseteq \text{Act}(s)$.

条件 (A1) 断言, 如果一个状态在 TS 中至少有一个直接后继, 那么在 $\hat{\text{TS}}$ 中至少有一个直接后继. 因为 TS 没有终止状态, 条件 (A1) 保证 $\hat{\text{TS}}$ 没有任何终止状态.

> **(A2) 相关性条件**
> 设 $s \xrightarrow{\beta_1} s_1 \xrightarrow{\beta_2} \cdots \xrightarrow{\beta_n} s_n \xrightarrow{\alpha} t$ 是 TS 中的有限执行片段. 若 α 与 ample(s) 相关, 则对某个 $0 < i \leqslant n$, $\beta_i \in \text{ample}(s)$.

条件 (A2) 是正确性的重要条件. 它断言, 在 TS 的每一有限执行片段中, 与 ample(s) 相关的某个动作只能在 ample(s) 中的某个动作出现之后出现. 注意, 条件 (A2) 施加于原迁移系统 TS 中的每一 (有限) 执行. 在后面将看到, 对没有完全展开的任何状态 s (即 ample(s) 是 Act(s) 的真子集), 条件 (A2) 保证所有的充足动作 $\alpha \in \text{ample}(s)$ 与 $\text{Act}(s) \setminus \text{ample}(s)$ 无关. 注意, 对 $n = 0$, 条件 (A2) 不成立, 因为 (i 上的) 存在量词使用的范围为空集.

条件 (A2) 保证 TS 中的任何有限执行的形式为

$$\varrho = s \xrightarrow{\beta_1} s_1 \xrightarrow{\beta_2} \cdots \xrightarrow{\beta_n} s_n \xrightarrow{\alpha} t$$

其中 $\alpha \in \text{ample}(s)$ 且对 $0 < i \leqslant n$, β_i 与 $\text{ample}(s)$ 无关. 如果 α 是踏步动作 (这可由条件 (A3) 保证), 那么把 α 移到开头得到的执行也是 TS 的一个执行, 见上面情形 1 描述的变换, 也就是说, 如果在 TS 中裁减了 ϱ, 即因 $\beta_1 \notin \text{ample}(s)$ 而不出现在 $\hat{\text{TS}}$ 中, 那么通过在 s 处运行 α 可构造一个踏步等价执行. TS 中的无限执行的形式为[译注 164]

$$s \xrightarrow{\beta_1} s_1 \xrightarrow{\beta_2} s_2 \xrightarrow{\beta_3} \cdots$$

其中, β_i 与 $\text{ample}(s)$ 无关, $0 < i \leqslant n$. 把踏步动作 $\alpha \in \text{ample}(s)$ 插入这个执行的开头, 得到 TS 另一个执行, 见上面情形 2 描述的变换.

> **(A3) 踏步条件**
> 若 $\text{ample}(s) \neq \text{Act}(s)$, 则任一 $\alpha \in \text{ample}(s)$ 都是踏步动作.

条件 (A3) 保证变换 (情形 1 和情形 2) 生成踏步等价的执行; 见引理 8.3 和引理 8.4. 更准确地说, 对 $\alpha \in \text{ample}(s)$, 条件 (A3) 保证在状态 s 处从动作序列 $\beta_1\beta_2\cdots\beta_n\alpha$ 到 $\alpha\beta_1\beta_2\cdots\beta_n$ 以及从 $\beta_1\beta_2\beta_3\cdots$ 到 $\alpha\beta_1\beta_2\beta_3\cdots$ 的转换产生踏步等价的执行. 因而可先执行充足动作.

> **(A4) 环路条件**
> 对于 $\hat{\text{TS}}$ 中的任意环路 $s_0 s_1 \cdots s_n$, 若对某个 $0 < i \leqslant n$ 有 $\alpha \in \text{Act}(s_i)$, 则存在 $j \in \{1, 2, \cdots, n\}$ 使得 $\alpha \in \text{ample}(s_j)$.

条件 (A4) 是保证 TS 与 $\hat{\text{TS}}$ 踏步等价所需的决定性条件. 后面提供条件 (A4) 的理由. 施加在充足集上的条件概括于图 8.6 中.

> (A1) **非空条件**
> $\varnothing \neq \text{ample}(s) \subseteq \text{Act}(s)$.
> (A2) **相关性条件**
> 设 $s \xrightarrow{\beta_1} s_1 \xrightarrow{\beta_2} \cdots \xrightarrow{\beta_n} s_n \xrightarrow{\alpha} t$ 是 TS 中的执行片段. 若 α 与 $\text{ample}(s)$ 相关, 则对某个 $0 < i \leqslant n$, $\beta_i \in \text{ample}(s)$.
> (A3) **踏步条件**
> 若 $\text{ample}(s) \neq \text{Act}(s)$, 则任一 $\alpha \in \text{ample}(s)$ 都是踏步动作.
> (A4) **环路条件**
> 对于 $\hat{\text{TS}}$ 中的任意环路 $s_0 s_1 \cdots s_n$, 若对某个 $0 < i \leqslant n$ 有 $\alpha \in \text{Act}(s_i)$, 则存在 $j \in \{1, 2, \cdots, n\}$ 使得 $\alpha \in \text{ample}(s_j)$.

图 8.6 施加在充足集上的条件

例 8.3 充足集的条件

考虑图 8.7(a) 所示的 AP $= \{a\}$ 上的迁移系统 TS. β 是踏步动作, 并与 $\{\alpha, \gamma, \delta\}$ 无关. 令 $\text{ample}(s_0) = \{\beta\}$. 这个选择满足条件 (A1) 到条件 (A3). 现在考虑状态 s_2. $\text{ample}(s_2) = \{\alpha\}$ 违反条件 (A3), 因为 α 不是踏步动作. $\text{ample}(s_2) = \{\delta\}$ 违反条件 (A4), 约简迁移系统 $\hat{\text{TS}}$ 包含环路 $s_2 s_2$[译注 165], 而且 $\alpha \in \text{Act}(s_2)$, 但 $\alpha \notin \text{ample}(s_2)$. 因此, 选择 $\text{ample}(s_2) = \{\alpha, \delta\}$. 对 s_3, 条件 (A1) 只能选择 $\text{ample}(s_3) = \{\gamma\}$. 所得约简的迁移系统 $\hat{\text{TS}}$ 如图 8.7 (b) 所示.

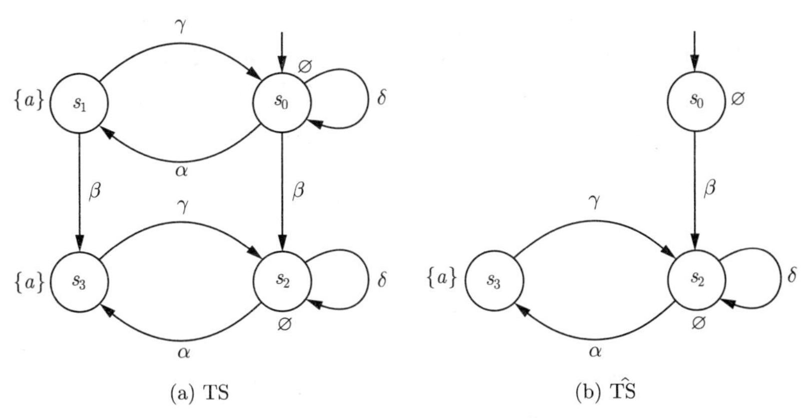

图 8.7 迁移系统 TS 和 $\hat{\text{TS}}$

TS 与 $\hat{\text{TS}}$ 的迹的形式为 $(\varnothing^+\{a\}^+)^\omega$ 或 $(\varnothing^+\{a\}^+)^*\varnothing^\omega$. 所以 $\text{TS} \triangleq \hat{\text{TS}}$. ■

现在, 阐述本节的主要结果. 此结果的证明由几个引理提供, 这些引理将在下面给出.

定理 8.1 充足集方法的正确性

令 TS 是一个动作确定的且没有终止状态的有限迁移系统. 那么

$$\text{若满足条件 (A1) 到 (A4), 则 } \hat{\text{TS}} \triangleq \text{TS}$$ ■

此定理断言, 若 $\hat{\text{TS}}$ 是从 TS 用满足条件 (A1) 到条件 (A4) 的充足集构造的, 则 $\hat{\text{TS}}$ 和 TS 是踏步迹等价的. 因为踏步迹等价比 $\text{LTL}_{\setminus\bigcirc}$ 等价细, 所以条件 (A1) 到条件 (A4) 保证 $\hat{\text{TS}}$ 和 TS 满足相同的 $\text{LTL}_{\setminus\bigcirc}$ 公式. 本节余下部分用于定理 8.1 的证明. 因 $\hat{\text{TS}}$ 是 TS 的片段, 故 $\hat{\text{TS}}$ 的每个执行都是 TS 的执行; 反之, 还要证明, TS 中的每个执行在 $\hat{\text{TS}}$ 中都存在踏步等价的执行. 这个命题的证明分几步进行, 通过引理 8.5 ~ 引理 8.9 得出.

引理 8.5 和引理 8.6 是由基于条件 (A2) 的简单观察得到的.

引理 8.5 充足动作与其他激活动作的无关性

令 $s \in \text{Reach(TS)}$, $\alpha \in \text{ample}(s)$. 那么

$$\text{(A2) 蕴含 } \alpha \text{ 与 } \text{Act}(s) \setminus \text{ample}(s) \text{ 无关}$$

证明: 令 $s \in \text{Reach(TS)}$, $\alpha \in \text{ample}(s)$ 及 $\beta \in \text{Act}(s) \setminus \text{ample}(s)$. 那么, 存在始于状态 s 且开始动作为 β 的执行片段:

$$\rho = s \xrightarrow{\beta} s_1 \xrightarrow{\gamma_1} s_2 \xrightarrow{\gamma_2} s_3 \xrightarrow{\gamma_3} \cdots$$

假设 $\text{ample}(s)$ 满足条件 (A2) 且 α 与 β 相关. 然而, 执行 ρ 的存在性违反条件 (A2), 因为 β 之前不是 $\text{ample}(s)$ 中的动作. 矛盾. ■

(在注记 8.2 中表明, 仅要求任意 $\alpha \in \text{ample}(s)$ 与 $\text{Act}(s) \setminus \text{ample}(s)$ 无关, 对确定 $\text{TS} \triangleq \hat{\text{TS}}$ 而言就太弱了.)

引理 8.6 断言, 对任何始于 s 的执行片段, 只要 ample(s) 中有未被执行的动作, ample(s) 中的任何动作就都是激活的.

引理 8.6 充足动作的激活性

令 $s \in \text{Reach(TS)}$, $s = s_0 \xrightarrow{\beta_1} s_1 \xrightarrow{\beta_2} \cdots \xrightarrow{\beta_n} s_n$ 是 TS 中的有限执行片段. 如果 ample(s) 满足 (A2) 且 $\{\beta_1, \beta_2, \cdots, \beta_n\} \cap \text{ample}(s) = \varnothing$, 那么所有动作 $\alpha \in \text{ample}(s)$ 与 $\{\beta_1, \beta_2, \cdots, \beta_n\}$ 无关. 另外, 对 $0 < i \leqslant n$ 有 $\alpha \in \text{Act}(s_i)$.

证明: 令 $s \in \text{Reach(TS)}$, $s = s_0 \xrightarrow{\beta_1} s_1 \xrightarrow{\beta_2} \cdots \xrightarrow{\beta_n} s_n$, 是 TS 中的有限执行片段, 不妨记为 ρ. 考虑 $\alpha \in \text{ample}(s)$ 并假设 ample(s) 满足条件 (A1) 和 (A2). 对 i 用归纳法证明.

归纳起步 (i=1). 由引理 8.5, α 与 β_1 是无关的. 而后 $\alpha \in \text{Act}(\beta_1(s_0)) = \text{Act}(s_1)$[译注 163] 也成立.

归纳步骤: 设结论对 $0 < i < n$ 成立. 考虑执行片段 $\rho_i = s_0 \xrightarrow{\beta_1} s_1 \xrightarrow{\beta_2} \cdots \xrightarrow{\beta_i} s_i$. 因 ρ 是 TS 中的执行片段, 故 $\beta_{i+1} \in \text{Act}(s_i)$. 所以, $\rho_{i+1} = s_0 \xrightarrow{\beta_1} s_1 \xrightarrow{\beta_2} \cdots \xrightarrow{\beta_i} s_i \xrightarrow{\beta_{i+1}} s_{i+1}$ 是 TS 中的执行片段. 那么, α 与 β_{i+1} 是无关的; 否则 ρ_{i+1} 违反条件 (A2). 由归纳假设得 $\alpha \in \text{Act}(s_i)$. 因为 α 与 β_{i+1} 是无关的, 所以得到 $\alpha \in \text{Act}(\beta_{i+1}(s_i)) = \text{Act}(s_{i+1})$. ■

记法 8.3 完全展开状态

若 $\text{ample}(s) = \text{Act}(s)$, 则称 TS 的状态 s 是完全展开的.

引理 8.7 和引理 8.8 表明条件 (A1) 到 (A3) 是保证对 TS 中的每个执行都能在 $\hat{\text{TS}}$ 中确定一个等价执行的必要条件.

引理 8.7 构造踏步等价执行 (情形 1)

令 ϱ 是 Reach(TS) 中的形式为

$$s \xrightarrow{\beta_1} s_1 \xrightarrow{\beta_2} s_2 \xrightarrow{\beta_3} \cdots \xrightarrow{\beta_n} s_n \xrightarrow{\alpha} t$$

的有限执行片段, 其中对 $0 < i \leqslant n$ 有 $\beta_i \notin \text{ample}(s)$, 且 $\alpha \in \text{ample}(s)$. 如果 ample($s$) 满足条件 (A1) 到 (A3), 那么存在形式为

$$s \xRightarrow{\alpha} t_0 \xrightarrow{\beta_1} t_1 \xrightarrow{\beta_2} \cdots \xrightarrow{\beta_{n-1}} t_{n-1} \xrightarrow{\beta_n} t$$

的有限执行片段 ϱ' 且 $\varrho \triangleq \varrho'$

证明: 令 $\varrho = s \xrightarrow{\beta_1} s_1 \xrightarrow{\beta_2} s_2 \xrightarrow{\beta_3} \cdots \xrightarrow{\beta_n} s_n \xrightarrow{\alpha} t$ 是 Reach(TS) 中的有限执行片段, 其中对 $0 < i \leqslant n$ 有 $\beta_i \notin \text{ample}(s)$, 并且 $\alpha \in \text{ample}(s)$. 由引理 8.6 知, α 与 $\{\beta_1, \beta_2, \cdots, \beta_n\}$ 无关. 因为 $\beta_1 \in \text{Act}(s) \setminus \text{ample}(s)$, 所以状态 s 不是完全展开的. 由条件 (A3), α 是踏步动作. 由引理 8.3 可得结论. ■

假设 $\beta_1, \beta_2, \cdots, \beta_n \notin \text{ample}(s)$ 且 $\alpha \in \text{ample}(s)$, 在 TS 中用动作序列 $\alpha\beta_1\beta_2\cdots\beta_n$ 代替 $\beta_1\beta_2\cdots\beta_n\alpha$ (如情形 1 所述) 得到一个踏步等价的执行片段. 引理 8.8 与此相似, 但它处理的是无穷多个与 $\alpha \in \text{ample}(s)$ 无关的动作.

引理 8.8 构造踏步等价执行 (情形 2)

令 $\rho = s \xrightarrow{\beta_1} s_1 \xrightarrow{\beta_2} s_2 \xrightarrow{\beta_3} \cdots$ 是 Reach(TS) 中的无限执行片段, 其中对 $i > 0$, $\beta_i \notin \text{ample}(s)$. 如果 ample($s$) 满足条件 (A1) 到 (A3), 那么存在形式为

$$s \overset{\alpha}{\Longrightarrow} t_0 \overset{\beta_1}{\longrightarrow} t_1 \overset{\beta_2}{\longrightarrow} t_2 \overset{\beta_3}{\longrightarrow} \cdots$$

的执行片段 ρ', 其中 $\alpha \in \text{ample}(s)$, 且 $\rho \triangleq \rho'$.

证明: 令 $\rho = s \overset{\beta_1}{\longrightarrow} s_1 \overset{\beta_2}{\longrightarrow} s_2 \overset{\beta_3}{\longrightarrow} \cdots$ 是 Reach(TS) 中无限执行片段, 其中对 $i > 0$, $\beta_i \notin \text{ample}(s)$. 因为 $\beta_1 \in \text{Act}(s) \setminus \text{ample}(s)$, 所以状态 s 不是完全展开的. 由条件 (A3) 得所有 $\alpha \in \text{ample}(s)$ 都是踏步动作. 条件 (A1) 得出动作 $\alpha \in \text{ample}(s)$ 的存在性. 从引理 8.2 和引理 8.4 可直接得出结论. ■

注记 8.2　相关性条件的代替 (A2′)

考虑条件 (A2) 的下述变形: 对任意 $\text{ample}(s) \neq \text{Act}(s)$ 的 $s \in \hat{S}$, 任何 $\alpha \in \text{ample}(s)$ 都与 $\text{Act}(s) \setminus \text{ample}(s)$ 无关. 这个变形以后记为条件 (A2′), 它似乎是条件 (A2) 的合理变形. 它只要求非完全展开的状态 s 的任何充足动作都与 s 处的所有不在充足集的激活动作是无关的. 然而, 下面的例子表明, 条件 (A2′) 却不保证 $\text{TS} \triangleq \hat{\text{TS}}$.

考虑图 8.8 (a) 所示的迁移系统 TS. 动作 α 和 β 是无关的, α 和 δ 是踏步动作. 下面的充足集满足条件 (A1)、(A2′)、(A3) 和 (A4):

$$\text{ample}(s_0) = \{\alpha\} \text{ 和 } \text{ample}(s_2) = \{\beta\} \text{ 和 } \text{ample}(s_3) = \{\delta\}$$

由此产生的约简迁移系统 $\hat{\text{TS}}$ 如图 8.8 (b) 所示. 条件 (A1) 和 (A3) 是显然的. 注意, $s_1 \notin \hat{S}$, 因此对 $\text{ample}(s_1)$ 不作要求. 条件 (A4) 是满足的, 因为只有一条环路 (在 s_3 处的自循环), 并且 $\text{ample}(s_3) = \text{Act}(s_3)$. 因为在 $\hat{\text{TS}}$ 中仅状态 s_0 不是完全展开的, 所以只需对状态 s_0 检查条件 (A2′). 因 α 和 β 无关, 故它成立.

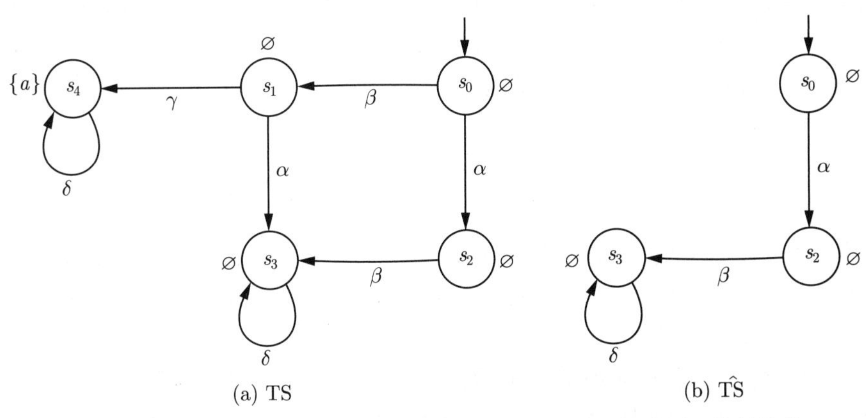

图 8.8　满足条件 (A2′) 但不满足条件 (A2) 的一个可能而不可靠的约简

然而, $\text{TS} \not\triangleq \hat{\text{TS}}$. 例如, $\hat{\text{TS}} \models \Box\neg a$ (因它不包含任何 a 状态), 而 $\text{TS} \not\models \Box\neg a$. 因而, 条件 (A2′) 不能保证 $\text{TS} \triangleq \hat{\text{TS}}$. 上面定义的充足集违反条件 (A2). 证明如下. 动作 γ 与 α 相关, 因为二者都在状态 s_1 激活, 但 α 在 $\gamma(s_1) = s_4$ 没有激活. 因此, 执行片段 $s_0 \overset{\beta}{\longrightarrow} s_1 \overset{\gamma}{\longrightarrow} s_4$ 不满足条件 (A2), 因为 α 应该出现在 γ 之前. 因此, 如图 8.8 所示, 条件 (A2) 不允许从 TS 到 $\hat{\text{TS}}$ 的约简. ■

现在考虑条件 (A4). 到目前为止, 建立的结果能保证变换序列 (根据情形 1 和情形 2 得到的) $\rho_0 \mapsto \rho_1 \mapsto \rho_2 \mapsto \cdots$ 生成在 TS 中与执行 ρ_0 踏步等价的执行 ρ_i. 此外, ρ_i 中的至少前 i 个迁移是 $\hat{\text{TS}}$ 中的迁移, 而且对所有 $j \geqslant i$, 它还与 ρ_j 的前 i 个迁移一致. 现在

的思想是考虑执行序列 $(\rho_i)_{i\geqslant 0}$ 的极限 $\hat{\rho}_0$. 也就是说, 对所有 $i>0$, $\hat{\rho}_0$ 的第 i 个迁移是 ρ_i (和 $j\geqslant i$ 的 ρ_j) 的第 i 个迁移. 因此, $\hat{\rho}_0$ 是 $\hat{\text{TS}}$ 的执行. 然而, 没有条件 (A4), 就不能保证 $\rho_i \triangleq \hat{\rho}_0$. 直观的原因是: 在逐次构造 $\hat{\rho}_0$ 的无限次变换中可能总也不用某个 (非踏步) 动作 β.

下面更深入地考虑这一影响. 假设 α 和 β 是无关的且在所有状态都是激活的, α 是踏步动作而 β 不是. 对任何状态 s, 充足集 $\text{ample}(s)=\{\alpha\}$ 都满足条件 (A1) 到 (A3). 令 ρ_0 是动作序列为 $\beta\alpha^\omega$ 的执行. 那么上面的变换 $\rho_0 \mapsto \rho_1 \mapsto \rho_2 \mapsto \cdots$ 产生动作序列为 $\alpha^i\beta\alpha^\omega$ 的执行 ρ_i (见情形 1). 它们的极限是动作序列为 $\alpha^\omega\beta \equiv \alpha^\omega$ 的执行 $\hat{\rho}_0$. 然而, 由于 $\hat{\rho}_0$ 永远忽略 β, 所以不能保证 $\hat{\rho}_0 \triangleq \rho_i$.

类似地, 当缺少条件 (A4) 时, 依据情形 2 的变换可能生成一个 $\hat{\text{TS}}$ 中的与原执行 ρ_0 不踏步等价的执行. 例如, 令 ρ_0 有动作序列 $\beta_1\beta_2\beta_3\cdots$. 那么情形 2 可能生成具有动作序列

$$
\begin{array}{ccccccc}
\alpha & \beta_1 & \beta_2 & \beta_3 & \beta_4 & \beta_5 & \cdots \\
\alpha & \alpha & \beta_1 & \beta_2 & \beta_3 & \beta_4 & \cdots \\
\alpha & \alpha & \alpha & \beta_1 & \beta_2 & \beta_3 & \cdots \\
 & & & \vdots & & &
\end{array}
$$

的执行序列 $\rho_1 \mapsto \rho_2 \mapsto \cdots$, 使得动作 β_1 在极限中永不执行.

例 8.4 说明环路条件 (A4) 的必要性.

例 8.4 条件 (A4) 的必要性

考虑图 8.9 描绘的迁移系统 TS_1 和 TS_2. 迁移系统 $\text{TS}=\text{TS}_1 \,|||\, \text{TS}_2$ 描绘于图 8.10 的左侧. 对于 $i=0,1,2$ [译注 166], 选择 $\text{ample}(\langle s_0,t_i\rangle)=\{\alpha_{i+1}\}$, 得到如图 8.10 右侧所示的约简迁移系统 $\hat{\text{TS}}$. 条件 (A1) 至 (A3) 是满足的, 因为 β 与 $\{\alpha_1,\alpha_2,\alpha_3\}$ 无关. 考虑动作序列 $\beta(\alpha_1\alpha_2\alpha_3)^\omega$ 和 TS 中的关联执行 ρ. 关联的迹是

$$\text{trace}(\rho)=\varnothing\{a\}\{a\}\{a\}\cdots=\varnothing\{a\}^\omega\in\text{Traces(TS)}$$

然而, 在 $\hat{\text{TS}}$ 中, 不存在与 ρ 踏步等价的执行, 因为 $\hat{\text{TS}}$ 没有用 a 标记的状态. 事实上, $\text{Traces}(\hat{\text{TS}})=\{\varnothing^\omega\}$. 因此 $\text{TS}\not\triangleq\hat{\text{TS}}$ (这也可通过考虑 $\text{LTL}_{\setminus\bigcirc}$ 公式 $\Box\neg a$ 看出, 因此 $\text{TS}\not\models\Box\neg a$ 且 $\hat{\text{TS}}\models\Box\neg a$).

上面提到的替换过程本应该把 TS 的执行变换为 $\hat{\text{TS}}$ 中的一个踏步等价执行, 下面解释这为什么失败了. 在本例中, 连续应用情形 1, 用与动作序列

$$
\begin{gathered}
\alpha_1\beta\alpha_2\alpha_3\alpha_1\alpha_2\alpha_3\cdots \\
\alpha_1\alpha_2\beta\alpha_3\alpha_1\alpha_2\alpha_3\cdots \\
\alpha_1\alpha_2\alpha_3\beta\alpha_1\alpha_2\alpha_3\cdots \\
\vdots
\end{gathered}
$$

关联的执行依次替换 ρ_0. 但是, 因动作 β 不出现在 $\hat{\text{TS}}$ 中, 故总不实行 β. 实际上, 违反了条件 (A4), 因为 β 在环路 $\langle s_0,t_0\rangle\langle s_0,t_1\rangle\langle s_0,t_2\rangle\langle s_0,t_0\rangle$ 上持续激活, 见图 8.11, 但不在这些状态的任何充足集中. ■

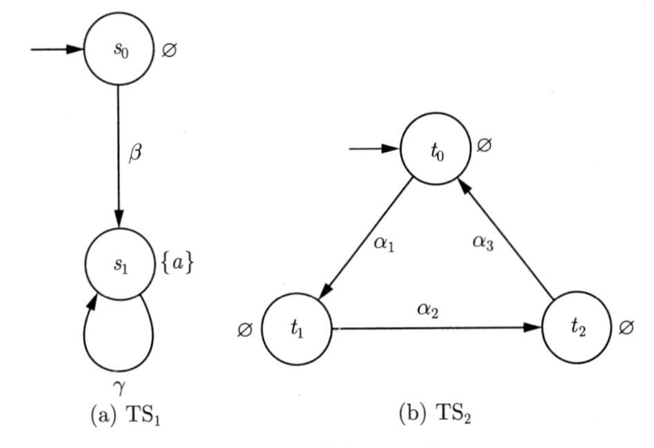

图 8.9　迁移系统 TS_1 和 TS_2

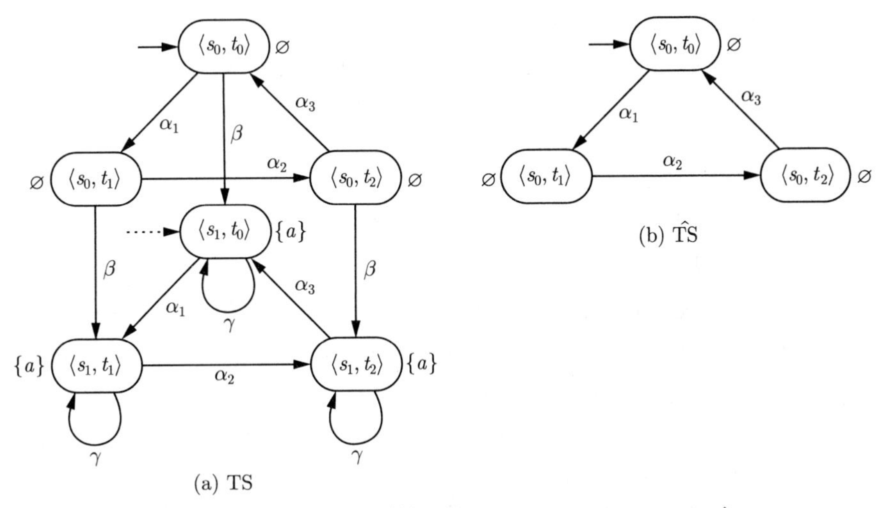

图 8.10　迁移系统 TS [译注 167] 和不可靠约简迁移系统 $\hat{TS}$

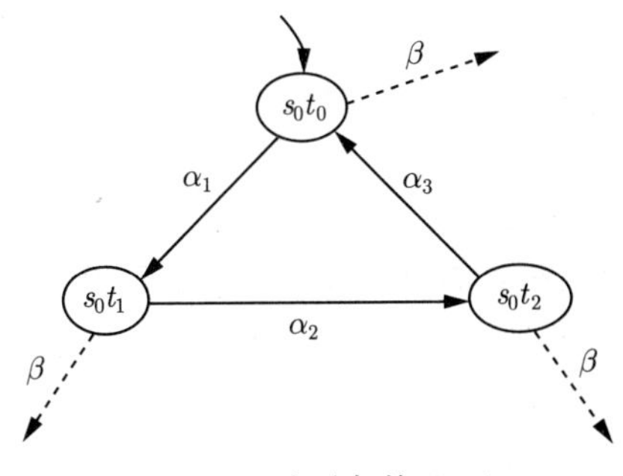

图 8.11　违反条件 (A4)

上面的考虑表明条件 (A1) 到 (A3) 不能保证 $TS \triangleq \hat{TS}$. 现在的目标是证明条件 (A1) 到 (A3) 连同条件 (A4) 就足够了. 事实上, 有了条件 (A4), 上面描述的情况就是不可能的.

引理 8.9 TS 在 $\hat{\text{TS}}$ 中的踏步迹包含

如果满足条件 (A1) 到 (A4), 那么 $\text{TS} \trianglelefteq \hat{\text{TS}}$.

证明: 令 ρ_0 是 TS 中的由动作序列 $\beta_1\beta_2\beta_3\cdots$ 诱导的始于状态 s 的执行, 其中 $\beta_1 \notin \text{ample}(s)$. 利用引理 8.7和引理 8.8 中给出的变换, 相继用踏步等价的执行 ρ_m 替换执行 ρ_0, $m = 1, 2, 3, \cdots$. 这些执行中的每个 ρ_m 始于状态 s 且动作序列的形式为

$$\alpha_1\alpha_2\cdots\alpha_m\beta_1\gamma_1\gamma_2\gamma_3\cdots$$

动作序列 $\alpha_1\alpha_2\cdots\alpha_m$ 包含充足集的 (根据引理 8.8 新插入的) 动作和 (根据引理 8.7 前移的) 所有动作 β_n. $\gamma_1\gamma_2\gamma_3\cdots$ 表示 $\beta_1\beta_2\beta_3\cdots$ 余下的序列. 因此, ρ_m 的形式为

$$s \xRightarrow{\alpha_1} t_1 \xRightarrow{\alpha_2} t_2 \xRightarrow{\alpha_3} \cdots \xRightarrow{\alpha_m} t_m \xrightarrow{\beta_1} t_0^m \xrightarrow{\gamma_1} t_1^m \xrightarrow{\gamma_2} t_2^m \xrightarrow{\gamma_3} \cdots$$

其中 $\alpha_1\alpha_2\cdots\alpha_m$ 是踏步动作.

的确, 对所有 $m \in \mathbb{N}$, $\beta_1 \notin \text{ample}(t_m)$ 是不可能的, 原因是: 由 TS 的有限性可知, 对足够大的 m, 路径片段 $st_1t_2\cdots t_m$ 包含环路. 而且, 由引理 8.6 知, 对所有 m, $\beta_1 \in \text{Act}(t_m)$. 这与条件 (A4) 矛盾. 因此, 对某个 $m \geqslant 1$, $\beta_1 \in \text{ample}(t_m)$. 而后,

$$s \xRightarrow{\alpha_1} t_1 \xRightarrow{\alpha_2} t_2 \xRightarrow{\alpha_3} \cdots \xRightarrow{\alpha_m} t_m \xRightarrow{\beta_1} t_0^m$$

是 $\hat{\text{TS}}$ 中的执行片段, 它是 ρ_{m+1} 和满足 $j > m$ 的所有执行 ρ_j 的一个前缀.

根据上述方法, 在 $\hat{\text{TS}}$ 中得到一个执行 $\hat{\rho}_0$ (作为 $\rho_m, \rho_{m+1}, \rho_{m+2}, \cdots$ 的"极限"), 其诱导的动作序列包含所有出现在 (TS 的) ρ_0 中的动作. 假设 ρ_0 具有形式 $s_0 \xrightarrow{\beta_1} s_1 \xrightarrow{\beta_2} s_2 \xrightarrow{\beta_3} \cdots$, 并令 $0 = k_0 < k_1 < k_2 < \cdots$ 使得 $\beta_{k_1}\beta_{k_2}\beta_{k_3}\cdots$ 是从 $\beta_1\beta_2\beta_3\cdots$ 中删除所有踏步动作得到的 (注意, 序列 $\beta_{k_1}\beta_{k_2}\beta_{k_3}\cdots$ 可以是有限的). 那么, $\text{trace}(\rho_0)$ 具有形式 $A_0^+A_1^+A_2^+\cdots$, 其中 A_i 是满足 $k_i \leqslant k < k_{i+1}$ 的所有状态 s_k 的标记 $L(s_k)$. 因为当生成执行 $\rho_1, \rho_2, \rho_3, \cdots$ 时, 对每个下标 k_i, 最终会处理非踏步动作 β_{k_i}, 所以存在形式为 $A_0^+A_1^+\cdots A_i^+$ 的某个有限单词 w_i 和某个下标 ℓ_i 使得对所有 $j \geqslant \ell_i$, 执行 ρ_j 的迹开始于 w_i. 特别地, w_i 是 w_{i+1} 的一个真子前缀, 并且单词 w_i 是"极限"执行 $\hat{\rho}_0$ 关联的迹的前缀. 因此, $\text{trace}(\hat{\rho}_0)$ 具有形式 $A_0^+A_1^+A_2^+\cdots$, 且 $\rho_0 \triangleq \hat{\rho}_0$. ■

由于 $\text{Traces}(\hat{\text{TS}}) \subseteq \text{Traces}(\text{TS})$, 所以引理 8.9 得出 $\text{TS} \triangleq \hat{\text{TS}}$. 这样就完成了定理 8.1 的证明.

注记 8.3 条件 (A1) 和终止状态

在本章中, 始终假设迁移系统没有终止状态. 这个假设是为了和第 5 章兼容而做的, 在第 5 章中, LTL 公式被解释为无限单词的语言. 然而, 此处呈现的所有概念 (也包括第 5 章的那些概念) 也可应用到有终止状态的迁移系统. 与此处呈现的方法仅有的区别是非空条件必须用下面给出的条件 (A1.1) 和 (A1.2) 替换:

(A1.1) $\text{ample}(s) \subseteq \text{Act}(s)$.

(A1.2) $\text{ample}(s) = \varnothing$ 当且仅当 $\text{Act}(s) = \varnothing$.

条件 (A1.1) 保证 $\hat{\text{TS}}$ 是 TS 的一个子迁移系统, 而条件 (A1.2) 保证 $\hat{\text{TS}}$ 中的任何终止状态是 TS 中的一个终止状态. 定理 8.1 对有终止状态的迁移系统也成立, 即条件 (A1.1)、(A1.2) 和 (A2) 到 (A4) 得出 $\text{TS} \triangleq \hat{\text{TS}}$. ■

8.2.2 动态偏序约简

现在考虑把偏序约简集成为 LTL 模型检验的一部分. 基本策略是在模型检验的同时生成 $\hat{\text{TS}}$. 这不同于静态偏序约简, 后者是在验证前构造 $\hat{\text{TS}}$. 为简便起见, 先处理不变式检验期间的动态 (或实时) 的偏序约简. 因为可用深度优先搜索 (DFS) 技术检验不变式, 所以这就归结为把充足集技术集成到深度优先搜索中. 接下来, 给出如何调整嵌套的深度优先搜索 (在 $\hat{\text{TS}} \otimes \mathcal{A}_{\neg\varphi}$ 中搜索含有接受状态的环路的算法) 使其适用于偏序约简.

深度优先搜索中的偏序约简 考虑不变式 $\Box\Phi$, 其中 Φ 是命题公式 (即不是 LTL 公式). 为了检验 $\text{TS} \models \Box\Phi$, 可像第 3 章说明的那样使用深度优先搜索算法, 它检验 Φ 是否在 TS 的每个状态成立. 这在生成状态空间期间进行. 当探索状态 s 时, 考虑 s 的所有出迁移, 即 $\text{Act}(s)$ 中的所有动作. 当把偏序约简整合进这一过程中时, 仅考虑 s 的 α 后继状态, 其中 $\alpha \in \text{ample}(s)$. 所得深度优先搜索算法在算法 8.1 中给出. 它生成 $\hat{\text{TS}}$ 中任何新遇到的状态的充足集并根据深度优先搜索策略探索 $\Rightarrow$ 下的后继状态. 集合 $\text{mark}(s)$ 追踪 $\text{ample}(s)$ 中在搜索时已考虑的动作. 一旦这个集合等于 $\text{ample}(s)$, 就已考虑了 s 的所有充足后继, 且 Φ 已被检验, 即可从栈弹出状态 s. 当考虑动作 α 时, 若未曾遇到过它的后继, 就把该状态标为 (在 $\Rightarrow$ 下) 可达的并压入栈. 对任何新遇到的状态, 都生成它的充足集的逼近, 该逼近满足条件 (A1) 到 (A3) 而可能不满足条件 (A4). 后面将看到, 可以用局部准则判定这些条件. 粗略地说, 首先尝试把 $\text{ample}(s)$ 确定为单个进程在状态 s 激活的动作集. 为了保证条件 (A4), 应根据需要扩大充足集. 这就是语句 $\text{ample}(s') := \text{Act}(s')$ 的作用. 该方法依赖于用下述更强的条件代替条件 (A4):

> **(A4′) 强环路条件**
> $\hat{\text{TS}}$ 中的任意环路至少含一个状态 s 满足 $\text{ample}(s) = \text{Act}(s)$.

假定其他充足集条件 (A1) 到 (A3) 成立, 则不难断定条件 (A4′) 是条件 (A4) 的充分条件. 这由引理 8.10 证明.

引理 8.10 强环路条件

如果条件 (A1) 到 (A3) 成立, 那么条件 (A4′) 蕴含条件 (A4).

证明: 反证法. 假设 $s_0 s_1 \cdots s_n$ $(n > 0)$ 是 $\hat{\text{TS}}$ 中的一个环路, 且对某个 $0 < j \leqslant n$ 有 $\text{Act}(s_j) = \text{ample}(s_j)$, 即状态 s_j 是完全展开的. 假设条件 (A4) 不成立, 即, 对某个 $i \neq j$ 和所有 $0 < k \leqslant n$, $\beta \in \text{Act}(s_i)$ 且 $\beta \notin \text{ample}(s_k)$ 成立. 考虑迁移 $s_i \xrightarrow{\alpha_i} s_{i+1}$, 它是环路 $s_0 s_1 \cdots s_n$ 的一部分 (此处, $i+1$ 应理解为 $(i+1) \bmod n$). 因为 $s_0 s_1 \cdots s_n$ 是 $\hat{\text{TS}}$ 的环路, 所以 $\alpha_i \in \text{ample}(s_i)$. 条件 (A2) 导致 $\text{ample}(s_i)$ 中的所有动作与 $\text{Act}(s_i) \setminus \text{ample}(s_i)$ 中的动作无关. 特别地, α_i 与 $\beta \notin \text{ample}(s_i)$ 无关. 而后, $\beta \in \text{Act}(\alpha_i(s_i)) = \text{Act}(s_{i+1})$. 因 $\beta \notin \text{ample}(s_{i+1})$, 故类似可得 $\beta \in \text{Act}(s_{i+2})$. 继续这一推理, 得到 $\beta \in \text{Act}(s_j) \setminus \text{ample}(s_j)$. 然而这与 $\text{ample}(s_j) = \text{Act}(s_j)$ 矛盾. ■

条件 (A4′) 的优点是容易集成到深度优先搜索算法中. 如果深度优先搜索找到一条后向边 $s' \xrightarrow{\alpha} s''$, 即, s' 是当前状态且对当前动作 $\alpha \in \text{ample}(s')$ 有 $s'' = \alpha(s')$, s'' 在栈 U 中, 那么就找到了包含 s' 的环路 $s'' \cdots s' \cdots s''$. 这样, 通过添加不在当前 s 的充足集中的所有动作 $\beta \in \text{Act}(s')$ 就可简单地扩大 $\text{ample}(s')$. 它把 s' 变成完全展开的状态并保证 (A4′).

也可以完全展开 $\alpha(s')$, 因为完全展开环路中的任意一个状态就够了 (例如用哈希表组织 R, 每个元素都带有一个指示状态是否在 U 中的位, 就可在常数时间检查状态是否在栈 U 中).

算法 8.1 使用偏序约简的不变式检验

输入: 有限迁移系统 TS 和命题公式 Φ

输出: 若 TS $\models \Box\Phi$ 则为 "是", 否则为 "否" 和反例

```
set R := ∅;                                   (* 可达状态集 *)
stack U := ε;                                 (* 空栈 *)
bool b := true;                               (* R 中所有状态满足 Φ *)
while  (I \ R ≠ ∅ ∧ b) do
  let s ∈ I \ R;                              (* 选择不在 R 中的任一初始状态 *)
  visit(s);                                   (* 为每个未访问的初始状态进行深度优先搜索 *)
od
if b then
  return(" 是")                               (* TS ⊨ □Φ *)
else
  return(" 否", reverse(U))                   (* 来自栈内容的反例 *)
fi
```

```
procedure visit( 状态 s)
  push(s, U);                                 (* s 入栈 *)
  R := R ∪ {s};                               (* 把 s 标记为可达的 *)
  计算满足条件 (A1) 到 (A3) 的 ample(s);       (* 见 8.2.3节 *)
  mark(s) := ∅;                               (* s 的已取动作 *)
  repeat
    s' := top(U);
    if ample(s') = mark(s') then
      pop(U);                                 (* 已取所有充足动作 *)
      b := b ∧ (s' ⊨ Φ);                      (* 检查 Φ 在 s' 处的有效性 *)
    else
      let α ∈ ample(s') \ mark(s');
      mark(s') := mark(s') ∪ {α};             (* 把 α 标记为已取 *)
      if α(s') ∉ R then
        push(α(s'), U);
        R := R ∪ {α(s')};                     (* α(s') 是新的可达状态 *)
        计算满足条件 (A1) 到 (A3) 的 ample(α(s'));   (* 见 8.2.3节 *)
        mark(α(s')) := ∅;
      else
        if α(s') ∈ U then ample(s') := Act(s'); fi    (* 确立条件 (A4') *)
      fi
    fi
  until ((U = ε) ∨ ¬b)
endproc
```

例 8.5 偏序约简 (可达性分析)

考虑下面的由两个并行进程组成的并发程序:

进程 0:		进程 1:	
	while true {		**while** true {
ℓ_0:	skip;	ℓ_1:	skip;
m_0:	**wait until** $(\neg b)$ {	m_1:	**wait until** (b) {
n_0:	关键节段}	n_1:	关键节段}
	$b :=$ true;		$b :=$ false;
	}		}

原子命题 a 对 $\text{TS}(\text{PG}_0 \,|||\, \text{PG}_1)$ 的至少一个进程处于位置 n_0 或 n_1 的状态成立, 见图 8.12. 动作 δ_i 表示进程 i 执行语句 skip, α_i 表示在程序位置 m_i 的等待对应的动作, β_i 表示进程 i 退出 “繁忙 – 等待” 循环的动作, γ_i 表示回到循环开始的动作. 未指定布尔共享变量 b 的初值.

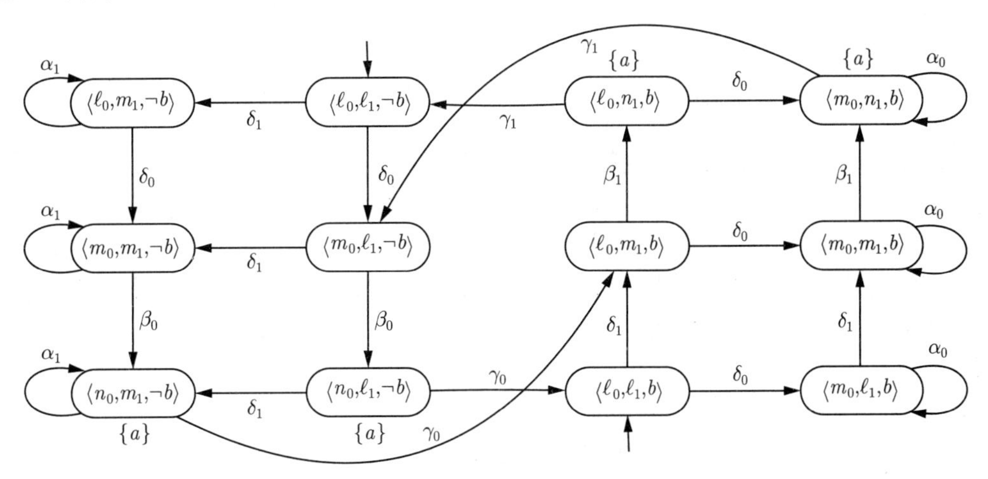

图 8.12 程序 $\text{PG}_0 \,|||\, \text{PG}_1$[译注 168] 的迁移系统

把 Φ = true 的算法 8.1 用于 $\text{TS}(\text{PG}_0 \,|||\, \text{PG}_1)$ ——仅生成状态空间. 从状态 $s_0 = \langle \ell_0, \ell_1, \neg b\rangle$ 开始. 动作 $\delta_0, \delta_1 \in \text{Act}(s_0)$ 是无关的踏步动作. 可能的选择有以下 3 个:

$$\text{ample}(s_0) = \{\delta_0\}, \text{ample}(s_0) = \{\delta_1\}, \text{ample}(s_0) = \{\delta_0, \delta_1\}$$

前两个选择是等价的并能得到比最后一个选择更好的约简. 令

$$\text{ample}(s_0) = \{\delta_0\}$$

直观地看, 这对应于赋予进程 0 更高的优先权. 下一个遇到的状态是 $\delta_0(s_0) = s_1 = \langle m_0, l_1, \neg b\rangle$. 动作 δ_1 和 β_0 属于 $\text{Act}(s_1)$ 且是无关的. β_0 (及 β_1) 不是踏步动作. 令

$$\text{ample}(s_1) = \{\delta_1\}$$

下一个遇到的状态是 $\delta_1(s_1) = s_2 = \langle m_0, m_1, \neg b\rangle$. 有 $\text{Act}(s_2) = \{\alpha_1, \beta_0\}$. 选择 $\text{ample}(s_2) = \{\alpha_1\}$ 违反条件 (A4), 因为得到环路 $s_2 s_2$, 而在该环路上动作 β_0 已激活, 但从没有被选择执行. 由于 β_0 不是踏步动作, 唯一合理的选择是

$$\text{ample}(s_2) = \{\alpha_1, \beta_0\}$$

继续这样的讨论, 得到图 8.13 所示的约简迁移系统 $\hat{\text{TS}}$. 因此, 假定对充足集的选择如上, 用偏序约简就得到 TS 中 12 个可达状态中的 8 个. ■

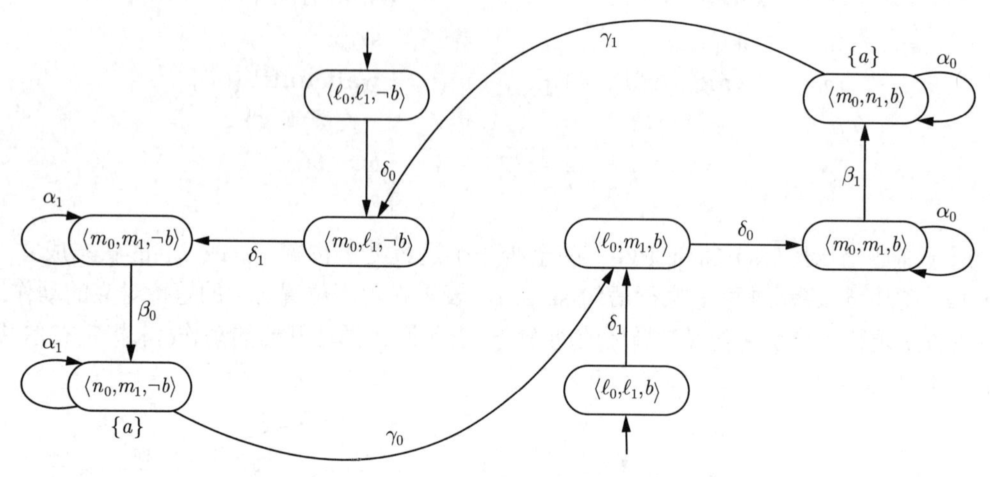

图 8.13　$\text{PG}_0 \,|||\, \text{PG}_1$[译注 169] 的约简迁移系统 $\hat{\text{TS}}$

嵌套深度优先搜索中的偏序约简　接下来的事情是在 $\text{LTL}_{\setminus\bigcirc}$ 模型检验程序中集成偏序约简. 验证 $\hat{\text{TS}} \models \varphi$ 而不是 $\text{TS} \models \varphi$. 验证 $\hat{\text{TS}} \models \varphi$ 的大致想法如下. 像以前一样, 为 $\text{LTL}_{\setminus\bigcirc}$ 公式 $\varPhi$ 构造一个 Büchi 自动机 $\mathcal{A}_{\neg\varphi}$. 生成乘积迁移系统 $\hat{\text{TS}} \otimes \mathcal{A}_{\neg\varphi}$ 的可达状态, 并在状态空间的这个生成阶段, 用 5.2 节所述的嵌套深度优先搜索检验持久性质 "终将总是非接受状态". 在外层深度优先搜索中搜索可达接受状态, 而在内层深度优先搜索中检验可达接受状态是否在一个环路上. 为了得到正确结果, 两层深度优先搜索显然要使用相同的充足集, 否则考虑的是不同的迁移系统.

如 5.2 节所述, 一旦完成对 s 的外层深度优先搜索, 即已探索过 s 的所有后继, 就开始对 s 的环路检验 (试图寻找指向一个可接受状态的后向边的内层深度优先搜索), 在 $\mathcal{A}_{\neg\varphi}$ 中寻找带有可接受状态的环路. 当对嵌套深度优先搜索采用和算法 8.1 相同的方法时, 内层和外层深度优先搜索可能动态地改变充足集, 其原因是要扩展充足集以满足条件 (A4′). 因此, 必须保证仅当 ample(s) 不再改变时才启动内层深度优先搜索. 为此, 使用 (5.2 节末尾介绍的) 嵌套深度优先搜索过程的一个略加修改的版本. 在这个变形中, 当内层深度优先搜索访问外层深度优先搜索的栈 U 上的状态 t 时, 就终止嵌套深度优先搜索.

主要步骤概括在算法 8.2 中. 过程 cycle_check_por 是算法 4.3 中给出的环路检查的轻微变体. 当访问外层深度优先搜索的栈 U 上的状态 t 时, 算法就中止. 也就是说, 这个变体 (正如算法 8.3 所做的) 寻找任意后向边而不仅是从 s' 到 s 的一条后向边. 如果 (以哈希表组织的) R 中的元素附加一位, 以表示状态是否在 U 中的信息, 那么, 测试内层深度优先搜索的当前状态 t 是否在外层深度优先搜索的栈 U 上就可 (预期) 在常数时间内完成.

为了保证内层深度优先搜索与外层深度优先搜索使用相同的充足集 ample(s) (并避免在内层深度优先搜索中重新计算 ample(s)), 可对任何激活动作 α 用一位表示它是否属于 ample(s). 一个简单办法是用哈希法表示 T 和 R, 对 U 和动作使用位. 这样, 哈希表中

的元素就是元组 $\langle s, b_T, b_U, \langle\alpha_1, b_1\rangle, \langle\alpha_2, b_2\rangle, \cdots, \langle\alpha_n, b_n\rangle\rangle$, 它由以下分量组成: 状态 $s \in R$, 表示是否 $s \in T$ 的位 b_T, 表示是否 $s \in U$ 的位 b_U, 以及所有动作 $\alpha_i \in \text{Act}(s)$ 的列表 $\langle\alpha_1, b_1\rangle, \langle\alpha_2, b_2\rangle, \cdots, \langle\alpha_n, b_n\rangle\rangle$, 其中 b_i 等于 1 当且仅当 $\alpha_i \in \text{ample}(s)$.

算法 8.2 偏序约简的嵌套深度优先搜索

输入: 有限迁移系统 TS 和命题公式 Φ

输出: 若 TS $\models \Diamond\Box\Phi$[译注 170] 则为 "是", 否则为 "否" 及反例

```
状态集合 R := ∅;                                    (* 外层深度优先搜索已访问状态的集合 *)
状态堆栈 U := ε;                                    (* 外层深度优先搜索的栈 *)
状态集合 T := ∅;                                    (* 内层深度优先搜索已访问状态的集合 *)
状态堆栈 V := ε;                                    (* 内层深度优先搜索的栈 *)
bool cycle_found := false;
while (I \ R ≠ ∅ ∧ ¬cycle_found) do
  let s ∈ I \ R;
  reachable_cycle(s);
od
if ¬cycle_found then
  return(" 是")                                     (* TS ⊨ "终将总是 Φ" *)
else
  return(" 否", reverse(V.U))                       (* 来自栈内容的反例 *)
fi
```

```
procedure reacheable_cycle(状态 s)
  push(s, U);                                       (* s 进栈 *)
  R := R ∪ {s};                                     (* 把 s 标记为可达的 *)
  计算满足条件 (A1) 到 (A3) 的 ample(s);            (* 见 8.2.3节 *)
  mark(s) := ∅;                                     (* s 的已取动作 *)
  repeat
    s' := top(U);
    if ample(s') = mark(s') then
      if s ⊭ Φ then
        cycle_found := cycle_check_por(s');         (* 对 s' 开始内层深度优先搜索 *)
      fi
      pop(U);
    else
      let α ∈ ample(s') \ mark(s');[译注 171]
      mark(s') := mark(s') ∪ {α};                   (* 把 α 标记为已取 *)
      if α(s') ∉ R then
        push(α(s'), U);
        R := R ∪ {α(s')};                           (* α(s') 是新可达状态 *)
        计算满足条件 (A1) 到 (A3) 的 ample(s');     (* 见 8.2.3节 *)
        mark(α(s')) := ∅;
      else
        if α(s') ∈ U then ample(s') := Act(s'); fi  (* 确立条件 (A4') *)
      fi
    fi
  until ((U = ε) ∨ cycle_found)[译注 172]
endproc
```

算法 8.3 使用充足集的环路检测 (内层深度优先搜索)

输入: $\hat{\mathrm{TS}}$ 的满足 $s \not\models \Phi$ 的状态 s

输出: 若 s 属于 $\hat{\mathrm{TS}}$ 的某个环路则为 true, 否则为 false

```
(* T 组织以前调用 cycle_check_por(.) 时已访问的状态的集合                    *)
(* V 用于 cycle_check_por(.) 的深度优先搜索栈                               *)
(* U 用于外层深度优先搜索的栈 (算法 8.2)                                     *)
procedure bool cycle_check_por(状态 s)
  cycle_found := false;                                         (* 还没找到环路 *)
  push(s, V);
  T := T ∪ {s};
  repeat
    t := top(V);                          (* 检验 t 是否还在外层深度优先搜索的栈中 *)
    if t ∈ U then
      cycle_found := true;                                  (* 有环路 t···s···t *)
      push(t, V);
    else
      if ample(t) = mark(t) then
        pop(V);                                   (* 已探索 t 在 T̂S 中的所有后继 *)
      else
        let α ∈ ample(t) \ mark(t);
        mark(t) := mark(t) ∪ {α};
        push(α(t), V);
        T := T ∪ {α(t)};
      fi
    fi
  until ((V = ε) ∨ cycle_found)
  return cycle_found
endproc
```

8.2.3 计算充足集

本节讨论用通道系统的静态分析法确定充足集的技术. 目的是找到一个准则以选择充足集, 对于以通道系统给出的系统, 通过句法分析高层次的形式化描述就能高效地检验. 由于条件 (A4) 可按前面描述的方式确定, 焦点在满足条件 (A1) 到 (A3) 上. 回忆一下, 通道系统 CS 由若干并发进程, 例如 $\mathcal{P}_1$ 到 $\mathcal{P}_n$ 组成, 进程由程序图 PG_1 到 PG_n 给出, 程序图可有共享变量, 可经由通道相互通信, 通道就是可存储信息的先进先出的缓冲区. 经由容量为零的通道的通信对应握手外加一些数据交换. CS 的迁移系统记为 TS, 即 $\mathrm{TS} = \mathrm{TS}(\mathrm{CS})$, 其中 $\mathrm{CS} = [\mathrm{PG}_1 \,||\, \mathrm{PG}_2 \,|\, \cdots \,|\, \mathrm{PG}_n]$. 第 2 章给出了通道系统的详细介绍和形式化. 当把通道 c 看作缓冲区时, 通信动作 $c!v$ 就是把值 v 放到缓冲区 (的后面), 而 $c?x$ 就是从缓冲区 (的前面) 取出一个元素赋给 x.

令 Act_i 和 Loc_i 分别表示 PG_i 的动作集和位置集. 假设任何动作 $\alpha \in \mathrm{Act}_i$ 只出现在程序图 PG_i 的一条边 $\ell \xrightarrow{g:\,\alpha} \ell'$ 中且动作集 $\mathrm{Act}_1, \mathrm{Act}_2, \cdots, \mathrm{Act}_n$ 两两不相交 (这总可以通过动作的重命名做到). 为了统一地处理所有边, 假设通信动作前是一个等于 true 的卫式,

例如, $\ell \xhookrightarrow{c?x} l'$ 写成 $\ell \xhookrightarrow{g:\,c?x} \ell'$, 其中 g 等于 true.

首先介绍一些记号. 对动作 α, 令 $\text{Var}(\alpha)$ 表示在 α 中出现的变量的集合, $\text{Modify}(\alpha) \subseteq \text{Var}(\alpha)$ 是被 α 修改的变量的集合. 例如:

- $\text{Var}(x := x + y) = \{x, y\}$ 和 $\text{Modify}(x := x + y) = \{x\}$.
- $\text{Var}(c?x) = \text{Modify}(c?x) = \{x\}$.
- 若 v 是 (在通道 c 的定义域中的) 值, 则 $\text{Var}(c!v) = \text{Modify}(c!v) = \varnothing$.

若除进程 $\mathcal{P}_i$ 外的其他进程都不引用变量 x, 即对任何 $\alpha \in \bigcup\limits_{\substack{1 \leqslant j \leqslant n \\ j \neq i}} \text{Act}_j$, $x \notin \text{Var}(\alpha)$, 则称变量 x 是进程 $\mathcal{P}_i$ 的局部变量.

令 $\text{Act}_i(s) = \text{Act}(s) \cap \text{Act}_i$ 表示进程 $\mathcal{P}_i$ 的在 $\text{TS} = \text{TS}(\text{CS})$ 的 (全局) 状态 s 处激活的动作的集合. 状态 s 具有形式 $\langle \ell_1, \ell_2, \cdots, \ell_n, \eta, \xi \rangle$, 其中 ℓ_i 表示 PG_i 的当前位置 (控制点), η 是变量的赋值, ξ 是通道的赋值. 像以前一样, 假设 TS 没有终止状态, 即, 对某个进程 $\mathcal{P}_i$ 和任何状态 s, $\text{Act}_i(s) \neq \varnothing$.①

首先, 把进程 $\mathcal{P}_1$ 到 $\mathcal{P}_n$ 的集合划分成两块. 一块包含进程 $\mathcal{P}_{i_1}$ 到 $\mathcal{P}_{i_k}$, 余下的进程构成另一块. 可用进程的通信模式作为这种划分的准则, 例如, 进程 $\mathcal{P}_{i_j} (0 < j \leqslant k)$ 不能和这个集合外的进程通信. 直觉上, 对 TS(CS) 中的 (全局) 状态 s, 要令 $\text{ample}(s) = \text{Act}_{i_1}(s) \cup \text{Act}_{i_2}(s) \cup \cdots \cup \text{Act}_{i_k}(s)$. 这样, 执行不在 $\text{ample}(s)$ 中的动作, 不可能在全局状态激活与 $\text{ample}(s)$ 相关的动作 β, 也就不可能在 $\text{ample}(s)$ 中的动作前执行 β, 从而不可能违反条件 (A2). 为简单起见, 假设 $k = 1$, 且对某个 i, 令 $\text{ample}(s) = \text{Act}_i(s)$. 如果进程 $\mathcal{P}_j (j \neq i)$ 在 s 处无可执行动作, 那么 $\text{Act}_i(s) = \text{Act}(s)$, 且 s 是完全展开的 (并显然满足条件 (A1) $\sim$ (A3)).

考虑 $\text{Act}_i(s)$ 是 $\text{Act}(s)$ 的真子集. 检验条件 (A1) 是平凡的, 它只相当于检验进程 $\mathcal{P}_i$ 能否在状态 s 处进行一个动作, 即 $\text{Act}_i(s) \neq \varnothing$. 检验条件 (A3) 相当于检验是否 $\text{Act}_i(s)$ 中的所有动作都是踏步动作. 用静态分析方法确定踏步动作可使这一步变得容易——如果 TS(CS) 中的原子命题既不引用 $\text{Modify}(\alpha)$ 中的变量, 也不引用形如 $\ell \xhookrightarrow{g:\,\alpha} \ell'$ 的边的源或目标位置, 并且当 α 是 c 上的接收或发送动作时也不引用通道 c 的内容, 那么 α 就是一个踏步动作.

因而条件 (A1) 和 (A3) 的处理相对容易. 对条件 (A2) 并非如此, 因为它对整个迁移系统 TS(CS) 中的任何执行均施加要求 (条件 (A4) 也是一个全局性质, 但它涉及的是无论如何都要分析的约简迁移系统 $\hat{\text{TS}}$. 因此, 环路条件也容易处理). 事实证明, 检验条件 (A2) 和检验整个迁移系统 TS 的可达性一样困难.

定理 8.2　*检验条件 (A2) 的算法难度*

检验动作确定的有限迁移系统 TS 的条件 (A2) 的最坏情况下的时间复杂度等于对某个 $a \in \text{AP}$ 检验 $\text{TS}' \models \exists \lozenge a$, 其中 TS' 是与 TS 同规模的动作确定的有限迁移系统.

证明: 令 $\text{TS} = (S, \text{Act}, \rightarrow, I, \text{AP}, L)$ 是动作确定的有限迁移系统, $a \in \text{AP}$. 不失一般性, 假设 $I = \{s_0\}$ (当初始状态多于一个时, 可引入新状态 s_0, 使得 s_0 没有入迁移, 且若对

① 对 TS = TS(CS) 有终止状态的情形, 条件 (A1) 必须由条件 (A1.1) 和 (A1.2) 替换, 见注记 8.3.

初始状态 s 有 $s \xrightarrow{\alpha} s'$, 则 $s_0 \xrightarrow{\alpha} s'$). 假设有某个 (可能不可达的) 状态 $t \in S$ 使 $t \models a$ (如果 TS 中没有这种状态, 那么就添加状态 t).

证明的思想是: 定义迁移系统 TS′ 并对 TS′ 中的状态定义充足集, 使得 $t \in \text{Reach(TS)}$ 当且仅当为 TS′ 定义的充足集违反条件 (A2). TS′ 是用以下方式从 TS 得到的: 把相关的动作 α 和 β 添加到 TS, 使得 β 在 TS 的任何状态都是激活的且与 Act 无关, 而 α 仅在 a 状态激活 (并走向新状态 trap). TS′ 在形式上可写为

$$\text{TS}' = (S \cup \{\text{trap}\}, \text{Act}', \to', \{s_0\}, \text{AP}, L')$$

其中 $\text{trap} \notin S, \text{Act}' = \text{Act} \cup \{\alpha, \beta, \tau\}$, $\alpha, \beta, \tau \notin \text{Act}$. 标记函数 L' 是无关紧要的. 迁移关系 $\to'$ 定义为

$$\frac{s \xrightarrow{\gamma} s',\ \gamma \in \text{Act}}{s \xrightarrow{\gamma}{}' s'} \text{ 和 } \frac{s \models a}{s \xrightarrow{\alpha}{}' \text{trap}} \text{ 和 } \frac{s \in S}{s \xrightarrow{\beta}{}' s} \text{ 和 } \frac{}{\text{trap} \xrightarrow{\tau}{}' \text{trap}}$$

从而, 对 TS 的这种扩展具有以下 3 个特点: 若 $s \models a$ 则 $\alpha \in \text{Act}(s)$; 对所有 $s \in S$ 有 $\beta \in \text{Act}(s)$; trap 配备一个用特殊动作 τ 标记的自循环.

将 TS′ 的充足集定义为

$$\text{ample}(s_0) = \{\beta\} \text{ 且对所有 } s \in (S \cup \{\text{trap}\}) \setminus \{s_0\},\ \text{ample}(s) = \text{Act}'(s)$$

即, 除初始状态 s_0 外的所有状态都是完全展开的. 动作 α 和 β 在 TS′ 中是相关的, 因为 α 和 β 在任何 a 状态 s 都是激活的, 但 β 在状态 $\alpha(s) = \text{trap}$ 不能执行. 由于 β 环路添加到所有状态 $s \in S$, 所以 β 与 Act 是无关的.

断言: $\text{TS} \models \exists\Diamond a$ 当且仅当 TS′ 的充足集违反条件 (A2).

(1) ($\Rightarrow$) 设对某个 $t \in S$ 有 $t \in \text{Reach(TS)}$ 且 $t \models a$. 那么在 TS′ 中存在形式为

$$\varrho = \underbrace{s_0 \to \cdots \to t}_{\substack{\text{TS 中的} \\ \text{起始执行片段}}} \xrightarrow{\alpha} \text{trap}$$

的起始执行片段. 因为 $\beta \in \text{Act}(s_0)$ 且 α 与 β 在 TS′ 中是相关的, 所以动作 α 与 $\text{ample}(s_0) = \{\beta\}$ 在 TS′ 中相关. 但因为 α 仅在状态 t 激活且在 ϱ 中 t 之前访问的任何状态处都不激活, 所以 ϱ 违反条件 (A2) (注意, β 不能在执行片段 $s_0 \to \cdots \to t$ 中出现, 因为 β 不是 TS 的动作).

(2) ($\Leftarrow$) 假设条件 (A2) 在 TS′ 中不成立. 那么在 TS′ 中存在状态 $v \in \text{Reach(TS}')$ 和执行片段

$$v \xrightarrow{\gamma_1} s_1 \xrightarrow{\gamma_2} s_2 \xrightarrow{\gamma_3} \ldots \xrightarrow{\gamma_n} s_n \xrightarrow{\gamma} s'$$

使得 γ 与 $\text{ample}(v)$ 相关且 $\gamma_1, \gamma_2, \cdots, \gamma_n \notin \text{ample}(v)$. 因 s_0 是唯一非完全展开的状态, 故由 $\gamma_1, \gamma_2, \cdots, \gamma_n \notin \text{ample}(v)$ 可得 $v = s_0$. 由于 $\text{ample}(s_0) = \{\beta\}$ 且 β 与 TS 中的所有动作无关, 所以由 γ 与 $\text{ample}(v)$ 得 $\gamma = \alpha$. 因 α 只在 a 状态激活, 故得 $s_n \models a$. 从而 $\text{TS}' \models \exists\Diamond a$. 由 TS′ 的构造, 得到 $v, s_1, s_2, \cdots, s_n \in \text{Reach(TS)}$, 因为 TS′ 的唯一不在 TS 中的状态是没有出迁移的状态 trap. 于是, $\text{TS} \models \exists\Diamond a$. ■

注记 8.4 关于定理 8.2 的证明的技术注记

上面的证明过程似乎暗示需要明确地生成 TS′. 然而, 实际上并非如此. 假设程序图 $PG_1, PG_2, \cdots, PG_n$ 的迁移系统是 $TS = TS(PG_1 \parallel\!\mid PG_2 \parallel\!\mid \cdots \parallel\!\mid PG_n)$, a 是断定变量 y 的值为 0 的原子命题. 引入一个初值为 0 的新布尔变量 x, 通过与 $x = 0$ 的合取加强 $PG_1, PG_2, \cdots, PG_n$ 的任何边的卫式, 并引入分别用以下命令定义的程序图 PG_α、PG_β、PG_τ:

- 在一个无限循环中的命令 **if** $x = 0$ **then** $\underbrace{\text{skip}}_{\beta}$ **fi**(PG_β).
- 命令 **if** $\underbrace{y = 0}_{a}$ **then** $\underbrace{x := 1}_{\alpha}$ **fi**(PG_α).
- 在一个无限循环中的 skip 命令 (PG_τ).

程序图 PG_β 和 PG_τ 由带有 (分别用 β 和 τ 标记的) 自循环的单个位置组成, 而 PG_α 是由一条边连接的两个位置组成, 此边带有卫式 $y = 0$ 和为赋值 $x := 1$ 建模的动作 α. 然后考虑

$$TS' = TS(\underbrace{PG_1 \parallel\!\mid PG_2 \parallel\!\mid \cdots \parallel\!\mid PG_n}_{\text{原程序}} \parallel\!\mid \underbrace{PG_\alpha \parallel\!\mid PG_\beta \parallel\!\mid PG_\tau}_{\text{扩展}})$$

这样, 就可用常数时间从 TS 的表示得到 TS′ 的表示. ■

作为定理 8.2 的一个结果, 不必对迁移的任意集合检验条件 (A2), 而应该用程序图的结构确定保证条件 (A2) 成立的充足集. 事实上, 用程序图的静态分析法可以确定哪些动作是相关的. 下面更详细地考虑这些相关性的确定.

过逼近相关 令 $D \subseteq Act \times Act$ 是动作上的二元关系, 并要让它成为一个相关关系的过逼近. 即, 若 $(\alpha, \beta) \in D$, 则认为 α 和 β 是相关的. 由于 D 是过逼近, 可得, 若 $(\alpha, \beta) \notin D$, 则 α 和 β 是无关的; 另外, $(\alpha, \beta) \in D$ 不排除 α 和 β 可能是无关的. 显然, 如果条件 (A2) 对 D 成立, 那么它对于真相关关系也成立. 为什么不考虑真相关关系, 即无关关系的补? 问题在于, 无关性的概念是全局性质. 例如, 认为动作 $x := z + y$ 和 $x := z$ 相关看似合理, 因为它们修改同一变量. 这是一个局部准则; 相反, 如果 TS 中没有 $y \neq 0$ 的状态使这两个动作都激活, 那么它们就可视为无关的. 然而, 后者是全局性质. 因为目的是避免 TS 的构造并在状态空间生成前确定充足集, 所以, 只能依赖在程序图的静态分析时可考虑的准则.

下面简述为确定 D 需要哪些简单的语法准则. 似乎可以合理地认为属于同一进程的任何一对动作都是相关的. 一个简单而保守的策略是把引用同一变量的所有动作视为相关的. 这有些苛刻, 例如, 赋值 $x := y + 1$ 和 $z := y + z$ 实际上因其不修改共享变量 y 而无关. 一个更细致的策略是考虑被修改的变量. 一个简单而保守的策略可认为同一通道上的通信动作是相关的 (即在 D 中). 这也有些苛刻, 例如, 像对容量为 1 的通道 c 的动作 $c!v$ 和 $c?x$ 就不可能在同一全局状态激活: 通道要么是满的, 要么是空的. 涉及同步通道 (容量为 0 的通道) 的任何动作都是两个进程的联合动作, 因而可认为与两个进程的所有动作都是相关的.

条件 (A2) 的局部准则 保证 $ample(s) = Act_i(s)$ 满足条件 (A2) 的局部准则可用如下方法得到 (回想一下, $Act_i(s) = Act(s) \cap Act_i$). 像上面一样, 假设进程 $\mathcal{P}_1, \mathcal{P}_2, \cdots, \mathcal{P}_n$ 的所有动作是两两不相交的. 为保证条件 (A2), 检验下面两个 (有点保守的) 条件是否在全局状态 s 成立:

(A2.1) 对 $i \neq j$, 任何 $\beta \in \mathrm{Act}_j$ 都与 $\mathrm{Act}_i(s)$ 无关.

(A2.2) 任何 $\beta \in \mathrm{Act}_i \setminus \mathrm{Act}(s)$ 都不可能由满足 $i \neq j$ 的某进程 $\mathcal{P}_j$ 的活动激活.

检查所有进程 $\mathcal{P}_j$ 的程序图并检验对任何 $\alpha \in \mathrm{Act}_i(s)$[译注 173] 和 $\beta \in \mathrm{Act}_j$ 是否有 $(\alpha, \beta) \notin D$, 这样就可确定条件 (A2.1). 注意, 进程 $\mathcal{P}_i$ 的所有局部动作根据条件 (A2.1) 都被认为是相关的. 条件 (A2.2) 考虑全局状态 $s = \langle \ell_1, \cdots, \ell_i, \cdots, \ell_n, \eta, \xi \rangle$ 和进程 $\mathcal{P}_i$ 的动作 β, 该动作可能在 ℓ_i 是激活的, 即 $\ell_i \xhookrightarrow{g:\beta} \ell_i'$ 出现在 PG_i 中, 但在 s 处是禁用的. 这可能是因为卫式 g 不成立或动作 β 被阻塞 (例如到已满通道的发送动作). 为保证 β 不被另一个进程 $\mathcal{P}_j$ 的活动激活, 不能出现下列情形中的任何一个:

- 在 s 处打破卫式 g (因为 g 可能引用被其他进程修改的共享变量).
- β 是容量非零的通道禁用 (但会因为另一进程把消息移入或移出通道而激活) 的通信动作.
- β 是禁用 (但可因为另一进程的活动而激活) 的握手动作.
- 对某个 $i \neq j$, PG_j 中存在边 $\ell_j' \xhookrightarrow{h:\gamma} \ell_j''$, 使得在 PG_j 中, 从 (在状态 s 处的) 当前位置 ℓ_j (通过 $\hookrightarrow^*$) 可达 ℓ_j', 并且, 动作 γ 修改在卫式 g 出现的某个变量, 或者 γ 和 β 是互补的通信动作, 即在同一通道中的发送和接收动作.

因此, 条件 (A2.2) 保证对全局状态 $s = \langle \ell_1, \cdots, \ell_i, \cdots, \ell_n, \eta, \xi \rangle$, 不存在动作 $\beta \in \mathrm{Act}_i \setminus \mathrm{Act}(s)$ 和 $\gamma \in \bigcup\limits_{j \neq i} \mathrm{Act}_j$ 以及 (像在状态 s 处一样) 进程 $\mathcal{P}_i$ 处于位置 ℓ_i 的状态

$$s' = \langle \cdots, \ell_j', \cdots, \ell_i, \cdots, \eta', \xi' \rangle \text{ 和 } s'' = \langle \cdots, \ell_j'', \cdots, \ell_i, \cdots, \eta'', \xi'' \rangle$$

使得

$$\beta \notin \mathrm{Act}(s') \text{ 且 } \underbrace{s \to \cdots \to s'}_{\beta \text{ 未激活}} \xrightarrow{\gamma} s'' \xrightarrow{\beta} \cdots$$

接下来考虑一个小例子. 如果在 PG_i 和 PG_j $(i \neq j)$ 中存在边

$$\ell_i \xhookrightarrow{x>0:\,\beta} \ell_i' \text{ 和 } \ell_j' \xhookrightarrow{x:=1} \ell_j''$$

使得从 ℓ_j (通过 $\hookrightarrow^*$) 可达 ℓ_j', 那么条件 (A2.2) 在状态 $s = \langle \cdots, \ell_i, \cdots, x = 0 \rangle$ 不成立. 注意, 可用静态分析确定条件 (A2.2) 涉及的动作对 (β, γ) 以及程序图 $\mathrm{PG}_1, \mathrm{PG}_2, \cdots, \mathrm{PG}_n$ 中的可达性关系 $\hookrightarrow^*$. 静态分析也可用于条件 (A2.1). 因为程序图的规模比其基础迁移系统小, 所以为检验条件 (A2.1) 和条件 (A2.2) 而分析程序图的代价与分析其迁移系统的代价相比是可以忽略的.

引理 8.11 表明条件 (A2.1) 和 (A2.2) 对条件 (A2) 是充分的 (尽管不是必要的).

引理 8.11 条件 (A2) 的充分的局部准则

如果条件 (A2.1) 和 (A2.2) 成立, 那么 $\mathrm{ample}(s) = \mathrm{Act}_i(s)$ 对 TS 中始于状态 s 的所有执行片段都满足条件 (A2).

证明: 用反证法. 假设条件 (A2.1) 和 (A2.2) 对 $\mathrm{ample}(s)$ 成立. 假设条件 (A2) 不成立且全局状态 s 的形式为 $\langle \cdots, \ell_i, \cdots \rangle$, 即进程 $\mathcal{P}_i$ 处于位置 ℓ_i. 那么, 存在有限执行片段

$$s \xrightarrow{\beta_1} s_1 \xrightarrow{\beta_2} s_2 \xrightarrow{\beta_3} \cdots \xrightarrow{\beta_n} s_n \xrightarrow{\beta_{n+1}} \cdots$$

其中 $\beta_1, \beta_2, \cdots, \beta_n \notin \text{Act}_i(s)$, 而且 β_{n+1} 与 $\text{ample}(s) = \text{Act}_i(s)$ 相关. 因为条件 (A2.1) 成立, 所以与 $\text{Act}_i(s)$ 相关的动作都是进程 i 的动作:

$$\beta_{n+1} \in \text{Act}_i \setminus \text{Act}_i(s)$$

令 m 是 $\{1, 2, \cdots, n\}$ 中的使得 $\beta_1, \beta_2, \cdots, \beta_{m-1}$ 是其他进程的动作的最大下标, 即

$$\beta_1, \beta_2, \cdots, \beta_{m-1} \in \bigcup_{j \neq i} \text{Act}_j \setminus \text{Act}_i \text{ 且 } \beta_m \in \text{Act}_i$$

因动作 $\beta_1, \beta_2, \cdots, \beta_{m-1}$ 不可能影响进程 $\mathcal{P}_i$ 的位置, 故位置 ℓ_i 在前 $m-1$ 步中不改变, 即状态 $s_1, s_2, \cdots, s_{m-1}$ 的形式也是 $\langle \cdots, \ell_i, \cdots \rangle$. 由于 $\beta_m \notin \text{Act}_i(s)$ 且 $\beta_m \in \text{Act}_i(s_{m-1})$, 所以执行 $\{\beta_1, \beta_2, \cdots, \beta_{m-1}\}$ 中的动作就在位置 ℓ_i 激活动作 β_m. 因为 $\beta_1, \beta_2, \cdots, \beta_{m-1}$ 是 $\mathcal{P}_i$ 之外的进程的动作, 这与条件 (A2.2) 矛盾. ■

算法 8.4 总结了对给定状态 s 计算满足条件 (A1) 到 (A3) 的充足集的主要步骤. 这里, 考虑以下情形: 候选项是动作集 $\text{Act}_i(s)$, 即 $\mathcal{P}_i$ 在 s 处激活的动作.

算法 8.4 ample(s) 的计算

输入: $\hat{\text{TS}}$ 中的状态 $s = \langle \ell_1, \ell_2, \cdots, \ell_n, \eta, \xi \rangle$

输出: 满足条件 (A1) 到 (A3) 的 $\text{ample}(s) \subseteq \text{Act}(s)$

(* 令 $D \subseteq \text{Act} \times \text{Act}$ 使得若 α 和 β 是相关的则 $(\alpha, \beta) \in D$ *)

```
对所有 0 < i ⩽ n 确定 Act_i(s);
if (∃i.Act_i(s) = Act(s)) then return Act(s) fi;
for i = 1 to n do                                      (* 检查 ample(s) = Act_i(s) 是否可能 *)
if (Act_i ≠ ∅ 并且 Act_i(s) 只含有踏步动作) then
 if (∀j ≠ i.Act_i(s) × Act_j(s) ∩ D = ∅) then[译注 174]
  b := true                                            (* 条件 (A2.1) 成立 *)
  if PG_i 中 ∃ℓ_i --g:β--> ℓ'_i, 其中 β 是握手动作 then
   b := false                                          (* 条件 (A2.2) 不成立 *)
  else
   for all PG_i 中的 ℓ_i --g:β--> ℓ'_i 和 PG_j 中符合 j ≠ i 和 ℓ_j ↪* ℓ'_j 的 ℓ'_j --h:γ--> ℓ''_j do
    if (η ⊭ g 且 γ 修改出现于 g 中的某个变量) 或
        (β 和 γ 是互补的通信动作) then
     b := false                                        (* 条件 (A2.2) 不成立 *)
    fi
   od
  fi
  if (b) then return Act_i(s) fi                       (* 条件 (A1) 到 (A3) 成立 *)
 fi
fi
od
                                              (* ample(s) 不能定义为一个进程的动作集 *)
return Act(s)                                          (* ample(s) := Act(s) *)
```

8.2.4 静态偏序约简

静态偏序约简不是在模型检验过程中实现偏序约简准则, 而是在验证之前构造约简迁移系统 $\hat{TS}$ 或它的一个更适宜的高层次形式描述. 这种方法的优点在于, 它可以与状态空间的其他约简技术结合, 例如使用二元决策图的符号方法或互模拟最小化等. 本节从高层次描述 $PG_1 \mid\mid\mid PG_2 \mid\mid\mid \cdots \mid\mid\mid PG_n$ 开始处理静态偏序约简. 为方便起见, 假设程序图有共享变量, 但不经由通道通信.

静态偏序约简的主要任务是确定满足条件 (A1) 到 (A4) 的充足集. 如 8.2.3 节所描述的那样, 条件 (A1) 到 (A3) 可用迁移系统的局部准则确立. 事实证明, 这些准则也很容易为程序图重写, 因而可在模型检验前进行检验. 然而, 与动态的偏序约简不同, 条件 (A4) 不能通过确立强环路条件 (A4′) 来检验, 这个条件只是针对使用深度优先搜索的状态空间生成的, 而静态方法中没有这一步. 变通方法是, 通过固定黏滞动作的集合

$$A_{\text{sticky}} \subseteq \text{Act}$$

考查程序图 PG_1 到 PG_n, 以此确立条件 (A4). A_{sticky} 中的动作是为了打破 $\hat{TS}$ 中的任何环路. 可以说, 对状态 s, 动作 $\alpha \in \text{Act}_{\text{sticky}} \cap \text{ample}(s)$ “黏住” s 处所有其他激活动作, 强行探索它们.

记法 8.4　可见动作

动作 $\alpha \in \text{Act}$ 是可见的, 如果 α 不是踏步动作, 即, 如果 TS 中存在状态 s 使得 $\alpha \in \text{Act}(s)$ 且 $L(s) \neq L(\alpha(s))$. 令 Vis 表示可见动作的集合. ■

把下面的要求施加到 A_{sticky} 上:

> **(S1) 可见性条件**
> $\text{Vis} \subseteq A_{\text{sticky}}$.

条件 (S1) 断言, 所有可见动作都是黏滞的, 或等价地, $\text{Act} \setminus A_{\text{sticky}}$ 中的所有动作都是踏步动作.

> **(S2) 环路断裂条件**
> 对 $\hat{TS}$ 中的任何环路 $s_0 \xRightarrow{\beta_1} s_1 \xRightarrow{\beta_2} \cdots \xRightarrow{\beta_n} s_n$, $A_{\text{sticky}} \cap \{\beta_1, \beta_2, \cdots, \beta_n\} \neq \varnothing$.

条件 (S2) 断言, $\hat{TS}$ 的任何环路中都至少包含一个黏滞动作.

现在考虑充足集上的以下新条件:

> **(A3/4) 黏滞条件**
> 如果 $\text{ample}(s) \neq \text{Act}(s)$, 那么 $\text{ample}(s) \cap A_{\text{sticky}} = \varnothing$.

条件 (A3/4) 断言, 非完全展开状态的充足动作不是黏滞的. 条件 (A3/4) 蕴含条件 (A3) 和条件 (A4′). 这由引理 8.12 表述.

引理 8.12　黏滞条件与踏步条件和强环路条件

令 $\text{TS} = (S, \text{Act}, \rightarrow, I, \text{AP}, L)$ 是动作确定的有限迁移系统, 且 $A_{\text{sticky}} \subseteq \text{Act}$ 满足条件 (S1) 和 (S2). 如果 $s \in S$ 的充足集满足条件 (A3/4), 那么条件 (A3) 和 (A4′) 成立.

证明: 令 $s \in S$, $\text{ample}(s) \neq \text{Act}(s)$, 并假设条件 (A3/4) 成立.

(1) 条件 (A3/4) 保证 $\text{ample}(s) \cap A_{\text{sticky}} = \varnothing$. 由条件 (S1) 得, 任何 $\alpha \in \text{ample}(s)$ 都是踏步动作. 因此, 条件 (A3) 成立.

(2) 考虑 $\hat{\text{TS}}$ 中的环路 $s_0 \xrightarrow{\beta_1} s_1 \xrightarrow{\beta_2} \cdots \xrightarrow{\beta_n} s_n$. 由条件 (S2) 得, 对某个 $0 < i \leqslant n$ 有 $\beta_i \in A_{\text{sticky}}$. 因此, $\beta_i \in \text{ample}(s_{i-1}) \cap A_{\text{sticky}}$. 条件 (A3/4) 致使 s_{i-1} 是完全展开的, 即 $\text{ample}(s_{i-1}) = \text{Act}(s_{i-1})$. 从而条件 (A4′) 成立. ■

由此得到以下结果. 如果 A_{sticky} 满足条件 (S1) 和 (S2), 并且充足集满足条件 (A1)、(A2) 及 (A3/4), 那么 $\text{TS} \triangleq \hat{\text{TS}}$. 在本节的后续内容中, 将详细讨论如何通过检查并发进程的程序图检验所有条件—— (S1)、(S2)、(A1)、(A2) 和 (A3/4) 都成立.

程序图的约简 首先, 讨论如何利用程序图的静态分析确立充足集的条件. 假设 A_{sticky} 满足条件 (S1) 和 (S2), 以后解释如何保证这一点. 为简单起见, 进程不可经由通道通信 (但可有共享变量). 即, 整个迁移系统 TS 具有形式 $\text{TS} = \text{TS}(\text{PG})$, 其中 $\text{PG} = \text{PG}_1 \,|||\, \text{PG}_2 \,|||\, \cdots \,|||\, \text{PG}_n$, 且程序图 $\text{PG}_1, \text{PG}_2, \cdots, \text{PG}_n$ 不包含通道上的任何通信动作. 如前所述, Act_i 表示 PG_i 的动作集, 且若 $i \neq j$ 则 $\text{Act}_i \cap \text{Act}_j = \varnothing$, 同时, 动作 $\alpha \in \text{Act}_i$ 只出现在 PG_i 的一条边上. 因此, PG_i 的动作和边是一一对应的. 假设已计算相关性关系的过逼近 D. 最后, 假设 PG_i 有单个开始位置, 记为 $\ell_{0,i}$, 其初始条件为 $g_{0,i}$.

思路是: 把 $\text{PG} = \text{PG}_1 \,|||\, \text{PG}_2 \,|||\, \cdots \,|||\, \text{PG}_n$ 变换为 $\hat{\text{PG}} = \hat{\text{PG}}_1 \,|||\, \hat{\text{PG}}_2 \,|||\, \cdots \,|||\, \hat{\text{PG}}_n$, 使得 $\text{TS}(\text{PG}) \triangleq \text{TS}(\hat{\text{PG}})$. 每个程序图 PG_i 的变换分几步进行. 首先, 按以下方式, 用 good 和 sticky 标记 PG_i 的边, 用 ample 标记位置:

(1) 对所有 $\alpha \in A_{\text{sticky}} \cap \text{Act}_i$, 用 sticky 标记 PG_i 的 (唯一) 边 $\ell \xhookrightarrow{g:\alpha} \ell'$.

(2) 用 good 标记 PG_i 的边 $\ell \xhookrightarrow{g:\alpha} \ell'$ 当且仅当对所有程序图[译注 175] PG_j $(i \neq j)$ 中的任何动作 β 都有 $(\alpha, \beta) \notin D$ 且 β 修改的变量不出现在卫式 g 中.

(3) 对于 PG_i 的位置 ℓ, 如果 ℓ 的所有出边 $\ell \hookrightarrow \ell'$ 都用 good 标记, 都没有用 sticky 标记, 且 ℓ 的所有出边的卫式的析取为真, 则把 ℓ 标记为 ample.

(4) 如下修改程序图 PG_i. 令 $\text{ample}_1, \text{ample}_2, \cdots, \text{ample}_n$ 是新布尔变量. 这些变量在终点标为 ample 的边上设置为 true, 在所有其他边上设置为 false: PG_i 中的边 $\ell \xhookrightarrow{g:\alpha} \ell'$ 用 $\ell \xhookrightarrow{g:\hat{\alpha}} \ell'$ 代替. 其中, $\hat{\alpha}$ 是 α 后随一个赋值动作的原子执行: 若 ℓ' 标为 ample, 则赋值动作为 $\text{ample}_i := \text{true}$; 否则为 $\text{ample}_i := \text{false}$.

(5) 用关于 ample_i 的布尔变量的命题强化程序图 PG_i 中的边上的卫式. 令

$$
h_i = \bigwedge_{1 \leqslant j < i} \neg \text{ample}_j \wedge \text{ample}_i, \quad i = 1, 2, \cdots, n,
$$

$$
f = \bigwedge_{1 \leqslant j \leqslant n} \neg \text{ample}_j
$$

命题 h_i 的直观意义是进程 PG_i 的激活动作将充当充足集, 而 f 表示对应于当前位置的状态是完全展开的. PG_i 中的卫式调整如下: PG_i 中的任何边 $\ell \xhookrightarrow{g:\alpha} \ell'$ 用 $\ell \xhookrightarrow{\hat{g}:\hat{\alpha}} \ell'$ 代替. 其中, 若源位置 ℓ 标为 ample, 则 $\hat{g} = g \wedge h_i$; 否则 $\hat{g} = g \wedge f$.

(6) $\hat{\text{PG}}_i$ 的初始条件定义如下: 若 PG_i 的开始位置 $\ell_{0,i}$ 标为 ample, 则 $\hat{g}_{0,i} = g_{0,i} \wedge \text{ample}_i$; 否则 $\hat{g}_{0,i} = g_{0,i} \wedge \neg \text{ample}_i$.

PG_i 的上述变换得到程序图 $\hat{\mathrm{PG}}_i$. 约简迁移系统 $\hat{\mathrm{TS}}$ 用如下方法得到

$$\hat{\mathrm{TS}} = \mathrm{TS}(\hat{\mathrm{PG}}), \text{ 其中 } \hat{\mathrm{PG}} = \hat{\mathrm{PG}}_1 \,|||\, \hat{\mathrm{PG}}_2 \,|||\, \cdots \,|||\, \hat{\mathrm{PG}}_n$$

尚需作一些说明. $\hat{\mathrm{PG}}_i$ 不是 PG_i 的约简变体, 即, 它包含 PG_i 的位置并用辅助变量 ample_i 扩充了它的变量. $\hat{\mathrm{TS}}$ 中的状态 $\hat{s}$ 具有形式 $\langle \ell_1, \ell_2, \cdots, \ell_n, \hat{\eta} \rangle$, 其中 ℓ_i 是 $\hat{\mathrm{PG}}_i$ (和 PG_i) 中的位置, $\hat{\eta}$ 是 $\mathrm{PG}_1, \mathrm{PG}_2, \cdots, \mathrm{PG}_n$ 中的变量和辅助变量 $\mathrm{ample}_1, \mathrm{ample}_2, \cdots, \mathrm{ample}_n$ 的赋值. 而 TS 的状态 s 具有形式 $\langle \ell_1, \ell_2, \cdots, \ell_n, \eta \rangle$, 其中 η 是 $\mathrm{PG}_1, \mathrm{PG}_2, \cdots, \mathrm{PG}_n$ 的变量的赋值. 不过, 可认为 $\hat{\mathrm{TS}}$ 是 TS 的 子系统, 其迁移关系 $\Rightarrow$ 用充足集定义: 当在 $\hat{\mathrm{TS}}$ 中进入状态 $\langle \ell_1, \ell_2, \cdots, \ell_n, \hat{\eta} \rangle$ 时 $\hat{\eta}(\mathrm{ample}_i) = \mathrm{true}$ 成立当且仅当 PG_i 的位置 ℓ_i 标为 ample. 这也适用于初始状态. 特别地, $\hat{\mathrm{TS}}$ 的可达片段不比 TS 的可达片段大.

引理 8.13 $\hat{\mathrm{TS}}$ 的不变式

对 $\mathrm{Reach}(\hat{\mathrm{TS}})$ 中的任何状态 $\langle \ell_1, \ell_2, \cdots, \ell_n, \hat{\eta} \rangle$ 和 $0 < i \leqslant n$:

$$\hat{\eta} \models \mathrm{ample}_i \quad \text{当且仅当} \quad \ell_i \text{ 标为 ample}$$ ■

引理 8.13 允许我们把 $\hat{\mathrm{TS}}$ 的状态 $\hat{s} = \langle \ell_1, \ell_2, \cdots, \ell_n, \hat{\eta} \rangle$ 看作 TS 的状态 $\langle \ell_1, \ell_2, \cdots, \ell_n, \eta \rangle$, 其中 η 是从 $\hat{\eta}$ 通过忽略辅助变量 $\mathrm{ample}_1, \mathrm{ample}_2, \cdots, \mathrm{ample}_n$ 的赋值得到的. $\hat{\mathrm{TS}}$ 的动作 $\hat{\alpha}$ 可看作 TS 的动作 α. 由于 PG_i 的变换, TS 的全局状态 s 的 $\mathrm{ample}(s)$ 由 $\alpha \in \mathrm{Act}(s)$ 对应动作 $\hat{\alpha}$ 组成. 这就允许把 $\mathrm{ample}(\hat{s})$ 作为 $\mathrm{Act}(s)$ 的子集对待.

例 8.6 程序图变换

考虑图 8.14 的程序图 PG_1 和 PG_2. 直观地看, PG_1 和 PG_2 都描述从 0 到 N 迭代计数的进程, 其中 N 是固定正整数. 开始时, $x = y = 0$, $b = c = \mathrm{false}$, 这些变量都是局部的.

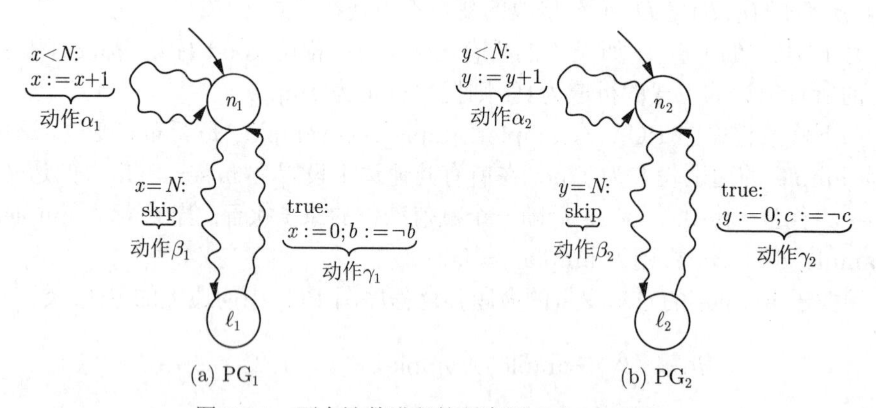

图 8.14 两个计数进程的程序图 PG_1 与 PG_2

令 $\mathrm{AP} = \{b, c\}$, 即该程序图的可见部分只有 b 和 c 的值. 可得, 动作 α_1、β_1、α_2 和 β_2 是踏步动作, 而 γ_1 和 γ_2 是可见动作. 由于要求所有可见动作是黏滞动作, 所以 A_{sticky} 的第一个选择是

$$A_{\mathrm{sticky}} = \{\gamma_1, \gamma_2\}$$

该选择也满足条件 (S2), 因为 $\hat{\mathrm{TS}}$ 中的任何环路都包含 γ_1 或 γ_2 —— 仅当 x 和 y 具有相同值时环路才可能出现, 而这只有先计数到 N 再 (通过 γ 动作) 重置为 0 才可能发生.

动作 α_1 和 β_1 与 $\text{Act}_2 = \{\alpha_2, \beta_2, \gamma_2\}$ 无关, 而且对称地, α_2 和 β_2 与 $\text{Act}_1 = \{\alpha_1, \beta_1, \gamma_1\}$ 无关.

分别考虑从 PG_1 和 PG_2 到 $\hat{\text{PG}}_1$ 和 $\hat{\text{PG}}_2$ 的变换. 这沿用前面描述的步骤进行. 从把 α_i 边和 β_i 边标为 good 开始, 因为这些动作是无关的. γ_i 边标为 sticky. 相应地, 初始位置 n_1 和 n_2 标为 ample (它们仅有标为 good [译注 176] 的边), 而位置 ℓ_1 和 ℓ_2 不能标为 ample. 完成步骤 (4)~(6) 即可得到图 8.15 中的程序图 $\hat{\text{PG}}_1$ 和 $\hat{\text{PG}}_2$. 修改后的程序图的初始条件是

$$x = y = 0 \wedge b = c = \text{false} \wedge \text{ample}_1 = \text{ample}_2 = \text{true}$$

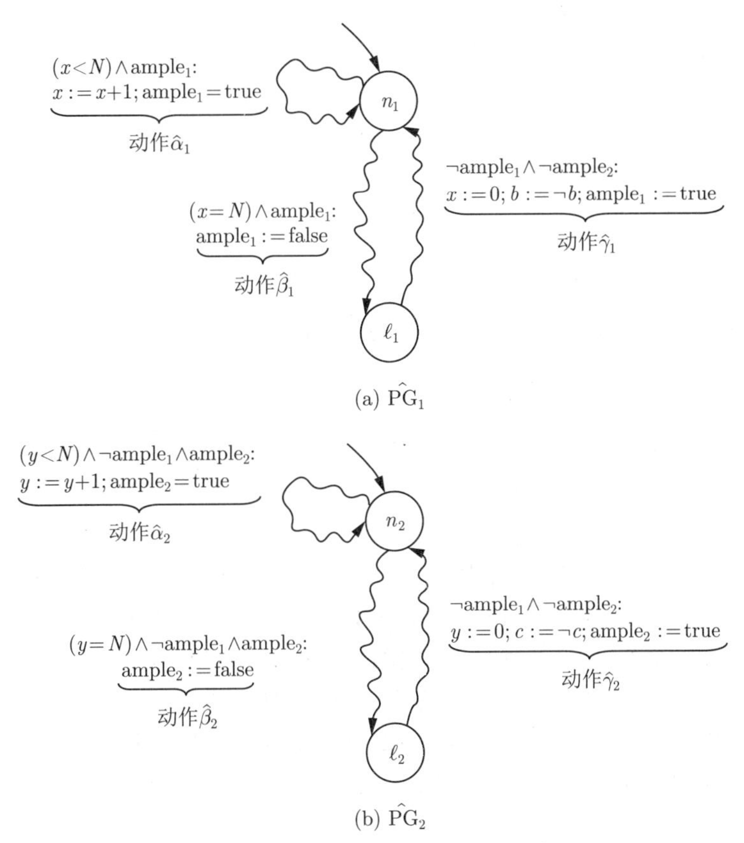

图 8.15　变换后的程序图 $\hat{\text{PG}}_1$ 与 $\hat{\text{PG}}_2$

现在考虑约简的迁移系统 $\hat{\text{TS}} = \text{TS}(\hat{\text{PG}}_1 \,|||\, \hat{\text{PG}}_2)$. 因为避免了动作序列 α_1^N 和 α_2^N 的交错, 所以 $\hat{\text{TS}}$ 比 $\text{TS} = \text{TS}(\text{PG}_1 \,|||\, \text{PG}_2)$ 小; 相反, 如果两个进程都处于初始位置 n_i, 那么辅助变量 ample_1 和 ample_2 的取值为真. 边 $n_1 \hookrightarrow n_1$ 上增加的合取项 $h_1 = \text{ample}_1$ 及边 $n_2 \hookrightarrow n_2$ 上增加的合取项 $h_2 = \neg\text{ample}_1 \wedge \text{ample}_2$ 赋予 PG_1 更高的优先权, 并因此强制在 $\hat{\alpha}_2^N$ 之前执行动作序列 $\hat{\alpha}_1^N \beta_1$. 说明如下.

对 $\hat{\text{TS}}$ 的初始状态

$$\hat{s} = \langle n_1, n_2, x = y = 0, b = c = \text{false}, \text{ample}_1 = \text{ample}_2 = \text{true} \rangle$$

有

$$\text{Act}(\hat{s}) = \{\hat{\alpha}_1\} \text{ 而 } \text{Act}(s) = \{\alpha_1, \alpha_2\}$$

其中 $s = \langle n_1, n_2, x = y = 0, b = c = \text{false}\rangle$ 是对应 $\hat{s}$ 的 TS 中的状态. 这对于 TS 的两个进程都处于初始位置并且 $x < N$ 且 $y < N$ 的所有可达状态同样适用. 因此, 在所有这些状态都产生显著约简. 现在考虑 TS 中形如

$$t = \langle n_1, n_2, x = N, y = k, b = \cdots, c = \cdots\rangle, \text{ 其中 } 0 \leqslant k < N$$

的状态 t. 在 $\hat{\text{TS}}$ 中对应的状态是

$$\hat{t} = \langle n_1, n_2, x = N, y = k, b = \cdots, c = \cdots, \text{ample}_1 = \text{ample}_2 = \text{true}\rangle$$

有 $\text{Act}(\hat{t}) = \{\hat{\beta}_1\}$, 它是 $\text{Act}(t) = \{\beta_1, \alpha_2\}$ 的真子集. 由对称性, 类似的观察也适用于两个进程都处于其初始位置且 $y = N$ 且 $x < N$ 的状态. 对于 $0 \leqslant k < N$, TS 的状态

$$u = \langle \ell_1, n_2, x = N, y = k, b = \cdots, c = \cdots\rangle \text{ 且 } \text{Act}(u) = \{\gamma_1, \alpha_2\}$$

对应于 $\hat{\text{TS}}$ 中的下述状态:

$$\hat{u} = \langle \ell_1, n_2, x = N, y = k, b = \cdots, c = \cdots, \text{ample}_1 = \text{false}, \text{ample}_2 = \text{true}\rangle$$

且 $\text{Act}(\hat{u}) = \{\hat{\alpha}_2\} \subset \text{Act}(u)$. 唯一完全展开的状态的形式是

$$v = \langle \ell_1, \ell_2, x = y = N, b = \cdots, c = \cdots\rangle$$

它对应

$$\hat{v} = \langle \ell_1, \ell_2, x = y = N, b = \cdots, c = \cdots, \text{ample}_1 = \text{ample}_2 = \text{false}\rangle$$

因此, $\text{Act}(\hat{v}) = \text{Act}(v) = \{\gamma_1, \gamma_2\}$. ■

定理 8.3　黏滞集方法的正确性

令 $\text{PG} = \text{PG}_1 \,|||\, \text{PG}_2 \,|||\, \cdots \,|||\, \text{PG}_n$, $\hat{\text{PG}} = \hat{\text{PG}}_1 \,|||\, \hat{\text{PG}}_2 \,|||\, \cdots \,|||\, \hat{\text{PG}}_n$, $\text{TS} = \text{TS}(\text{PG})$ 以及 $\hat{\text{TS}} = \text{TS}(\hat{\text{PG}})$. 那么, 若 A_{sticky} 满足条件 (S1) 和 (S2), 则 $\hat{\text{TS}} \triangleq \text{TS}$.

证明: 令 $\text{PG} = \text{PG}_1 \,|||\, \text{PG}_2 \,|||\, \cdots \,|||\, \text{PG}_n$, $\hat{\text{PG}} = \hat{\text{PG}}_1 \,|||\, \hat{\text{PG}}_2 \,|||\, \cdots \,|||\, \hat{\text{PG}}_n$. 假设 A_{sticky} 满足条件 (S1) 和 (S2). 证明条件 (A1)、(A2) 和 (A3/4) 对 $\text{Reach}(\hat{\text{TS}})$ 中的所有状态成立. 因为条件 (A3/4) 蕴含条件 (A3) 和 (A4′), 而条件 (A4′) 蕴含条件 (A4), 所以由定理 8.1 得到 $\text{TS} \triangleq \hat{\text{TS}}$.

令 $\hat{s} = \langle \ell_1, \ell_2, \cdots, \ell_n, \hat{\eta}\rangle$ 是对应于 TS 的状态 $s = \langle \ell_1, \ell_2, \cdots, \ell_n, \eta\rangle$ 的 $\hat{\text{TS}}$ 的可达状态. 考虑两种情况.

(1) 没有位置 ℓ_i 标记为 ample. 那么, PG 和 $\hat{\text{PG}}$ 在 (全局) 位置 $\langle \ell_1, \ell_2, \cdots, \ell_n\rangle$ 有相同的出边. 此外, 对 PG 中的任何卫式 g, $\eta \models g$ 当且仅当 $\hat{\eta} \models g$ (前面讲过, η 和 $\hat{\eta}$ 在原始程序变量上相同). 因此, 状态 $\hat{s}$ 是完全展开的, 即

$$\text{Act}(\hat{s}) = \{\hat{\alpha} \mid \alpha \in \text{Act}(s)\}$$

由此可得条件 (A1)、(A2) 和 (A3/4) 成立.

(2) ℓ_i 标为 ample 而 $\ell_1, \ell_2, \cdots, \ell_{i-1}$ 未标为 ample. 由引理 8.13 得 $\hat{\eta} \models h_i$. 对于 $1 \leqslant j < i$, $\hat{\text{PG}}_j$ 中从 ℓ_j 引出的任何边的卫式都把 f 作为合取项[译注 177]. 而由 $\hat{\eta}(\text{ample}_i) = \text{true}$

得 $\hat{\eta} \not\models f$. 于是, 对 $1 \leqslant j < i$, $\hat{\text{PG}}_j$ 中从 ℓ_j 引出的边在状态 $\hat{s}$ 都不是激活的. 类似地, 对 $i < j \leqslant n$, $\hat{\text{PG}}_j$ 中并非从 ℓ_j 引出的边是激活的, 因为这些边由 h_j 或 f 守卫, 而它们均要求 ample_i 为 false [译注 178]. 从而

$$\text{ample}(\hat{s}) \subseteq \{\hat{\alpha} \mid \alpha \in \text{Act}_i(s)\}$$

因为 ℓ_i 标记为 ample, 所以 PG_i 中的边 $\ell_i \xrightarrow{g:\alpha} \ell_i'$ 的动作 α 都标记为 good, 但不标记为 sticky. 特别地, $\text{Act}_i(s) \cap A_{\text{sticky}} = \varnothing$, 由此得出

$$\text{ample}(\hat{s}) \cap A_{\text{sticky}} = \varnothing$$

(其中把 α 和 $\hat{\alpha}$ 视为相同的). 从而, 条件 (A3/4) 成立. 因为 $\text{ample}(\hat{s})$ 中的所有动作都标记为 good, 所以条件 (A2.1) 和 (A2.2) 成立. 由引理 8.11 得条件 (A2) 成立. 条件 (A1) 也成立, 因为标记 ample 保证 ℓ_i 的所有出边的卫式的析取为真. ■

计算黏滞集 还需要说明怎样由程序图的静态分析确定满足条件 (S1) 和 (S2) 的集合 A_{sticky}. 明显的选择 $A_{\text{sticky}} = \text{Act}$ 当然满足, 但这样条件 (A3/4) 就不允许任何状态空间的约简. 目标是要得到满足条件 (S1) 和 (S2) 并尽可能小的集合 A_{sticky}. 在一开始, 可令 $A_{\text{sticky}} = \text{Vis}$, 即可见动作的集合. 它保证条件 (S1). 为了确立条件 (S2), 就增加动作直到 $\hat{\text{TS}}$ 中的任意环路都包含 A_{sticky} 中的一个动作. 这可由程序图的静态分析完成, 尽可能保持 A_{sticky} 的基数最小.

记法 8.5 控制路径与控制环路

PG_i 的控制路径是 PG_i 中的形式为

$$\ell_0 \xrightarrow{g_1:\alpha_1} \ell_1 \xrightarrow{g_2:\alpha_2} \cdots \xrightarrow{g_k:\alpha_k} \ell_k$$

的边序列. 控制环路就是 PG_i 中 $\ell_k = \ell_0$ 且 $k > 0$ 的控制路径. ■

记法 8.6 PG_i 投影

令 $\varrho = s_0 \xrightarrow{\alpha_1} s_1 \xrightarrow{\alpha_2} \cdots \xrightarrow{\alpha_k} s_k$ 是 TS 的执行片段, 其中对 $0 \leqslant j \leqslant k$, $s_j = \langle \ell_1^j, \ell_2^j, \cdots, \ell_n^j, \eta^j \rangle$. ϱ 的 PG_i 投影是 PG_i 中从 ϱ 如下得到的控制路径:

(1) 删除所有迁移 $s_{j-1} \xrightarrow{\alpha_j} s_j$, 其中 $\alpha_j \notin \text{Act}_i$.

(2) 把迁移 $s_{j-1} \xrightarrow{\alpha_j} s_j$ [译注 179] 用对应的边 $\ell_i^{j-1} \xrightarrow{g_j:\alpha_j} \ell_i^j$ 替换, 其中 $\alpha_j \in \text{Act}_i$. ■

TS 的执行片段的 PG_i 投影是 ϱ 中所取的 PG_i 中的控制路径; 反之, TS 中的任何执行片段由程序图 $\text{PG}_1, \text{PG}_2, \cdots, \text{PG}_n$ 的一些控制路径的组合产生, 可能是以交错方式.

例 8.7 投影

考虑 $\text{TS} = \text{TS}(\text{PG}_1 \ ||| \ \text{PG}_2)$, 其中 PG_1 和 PG_2 如图 8.14 所示. 对 $N = 2$, 以下执行片段[译注 180] 产生 PG_1 投影 $n_1 \xrightarrow{x<2:\alpha_1} n_1 \xrightarrow{x<2:\alpha_1} n_1 \xrightarrow{x=2:\beta_1} \ell_1$ 及 PG_2 投影 $n_2 \xrightarrow{y<2:\alpha_2} n_2$ [译注 181]:

$$\begin{aligned}
&\langle n_1, n_2, x = 0, y = 0, b = c = \text{false} \rangle \xrightarrow{\alpha_1} \\
&\langle n_1, n_2, x = 1, y = 0, b = c = \text{false} \rangle \xrightarrow{\alpha_1} \\
&\langle n_1, n_2, x = 2, y = 0, b = c = \text{false} \rangle \xrightarrow{\alpha_2} \\
&\langle n_1, n_2, x = 2, y = 1, b = c = \text{false} \rangle \xrightarrow{\beta_1} \\
&\langle \ell_1, n_2, x = 2, y = 1, b = c = \text{false} \rangle
\end{aligned}$$

注意, ϱ 的 PG_i 投影的长度可能为 0 (即由位置 ℓ_i^0 单独组成), 在这种情况下 ϱ 不取 PG_i 任何边. ■

引理 8.14 显然成立.

引理 8.14 全局环路与控制环路

对 TS 中的每个环路 $s_0 \xrightarrow{\alpha_1} s_1 \xrightarrow{\alpha_2} \cdots \xrightarrow{\alpha_m} s_m$ 和任意 $0 < j \leqslant n$, 如果 $\{\alpha_1, \alpha_2, \cdots, \alpha_m\} \cap \text{Act}_j \neq \varnothing$, 那么 PG_j 投影是控制环路. ■

引理 8.14 的逆并不成立. 例如, 在图 8.14 中, 程序图 PG_1 的控制环路 $n_1 \xhookrightarrow{x<N:\, \alpha_1} n_1$ 不能诱导 TS 的一条环路, 因为 x 的值在每次迭代中严格增加.

由引理 8.14, 如果 A_{sticky} 包含 $PG_1, PG_2, \cdots, PG_n$ 的任何控制环路的至少一个动作, 那么, 环路断裂条件 (S2) 显然成立. 这可通过如下方法做到. 令 $A_{\text{sticky}} = \text{Vis}$, 即可见动作集. 它保证条件 (S1). 因为每个可见动作都在 A_{sticky} 中, 所以考虑不包含可见动作的任意环路就足以保证条件 (S2). 为此, 从 PG_i 中删除具有可见动作的所有边. 用所得程序图 PG_i' 的深度优先搜索法等就可确定控制环路. 当发现后向边 $\ell \xhookrightarrow{g:\, \alpha} \ell'$ 时, 把 α 添加到 A_{sticky} 集. 把这个基于深度优先搜索的方法应用到每个程序图 PG_i 就得到 A_{sticky}. 对 PG_i' 中的任何控制环路, 深度优先搜索都将在此环路中找到一条后向边, 由此及引理 8.14 得 A_{sticky} 满足条件 (S2). 因此, A_{sticky} 包含 PG_i' 的每个控制环路的至少一个动作. PG_i 的剩余控制环路包含至少一个可见动作, 因而包含至少一个 $\text{Vis} \subseteq A_{\text{sticky}}$ 中的动作.

该策略经常生成很大的 A_{sticky} 集. 例如, 对图 8.14 中的程序图, 因控制环路 $n_1 \xhookrightarrow{x<N:\, \alpha_1} n_1$ 和 $n_2 \xhookrightarrow{y<N:\, \alpha_2} n_2$ 而得到集合

$$A_{\text{sticky}} = \underbrace{\{\gamma_1, \gamma_2\}}_{=\text{Vis}} \cup \{\alpha_1, \alpha_2\}$$

然而, 这些控制环路并不对应 TS 中的环路, 因为 α_1 的每次执行都严格增加 x 的值. 这同样适用于 α_2 和变量 y. 为了找到不对应于全局环路 (即 TS 中的环路) 的控制环路, 对每个程序变量 x 施加 x 的定义域上的一个传递的、非自反的关系 $\prec_x$. 例如, 对整型变量 x, 关系 $\prec_x$ 可以是自然序 $<$ 或逆自然序 $>$. 对布尔变量 x, 具有 $\text{false} \prec_x \text{true}$ 和 $\text{true} \not\prec_x \text{false}$ 的序是合适的. 应选择关系 $\prec_x$, 以便能够简单地用算法把动作分为递增的、递减的、中性的或复杂的动作等. 对变量 x 和序 $\prec_x$, 称动作 $\alpha \in \text{Act}$ 的效果为

- 关于 x 是递增的, 如果对每一赋值 η 都有

$$\eta(x) \prec_x \text{Effect}(\eta, \alpha)(x)$$

- 关于 x 是递减的, 如果对每一赋值 η 都有

$$\text{Effect}(\eta, \alpha)(x) \prec_x \eta(x)$$

- 关于 x 是中性的, 如果对每一赋值 η 都有

$$\text{Effect}(\eta, \alpha)(x) \not\prec_x \eta(x) \text{ 且 } \eta(x) \not\prec_x \text{Effect}(\eta, \alpha)(x)$$

- 复杂的, 对所有其他情况.

例如, 对 $\prec_x$ 是自然序 $<$ 的整型变量 x, $x := x+2$ 关于 x 有递增效果, $x := x-5$ 关于 x 有递减效果, $y := y-5$ 关于 x 是中性的, $x := y$ 关于 x 有复杂效果.

控制路径 $\ell_0 \xhookrightarrow{g_1:\alpha_1} \ell_1 \xhookrightarrow{g_2:\alpha_2} \cdots \xhookrightarrow{g_k:\alpha_k} \ell_k$ 关于 x 有递增效果, 是指: ① 对某个 $i \in \{1,2,\cdots,k\}$, α_i 关于 x 的效果是递增的; ② 对每一个 $j \in \{1,2,\cdots,k\}$, $j \neq i$, α_j 关于 x 的效果是递增的或中性的[译注 182]. 关于 x 具有递减效果的控制路径可以类似地定义. 如果执行片段

$$s_0 \xrightarrow{\beta_1} s_1 \xrightarrow{\beta_2} \cdots \xrightarrow{\beta_m} s_m$$

对某个 $i \in \{1,2,\cdots,n\}$ 满足

- PG_i 投影是关于 x 有递增效果的控制路径 $\ell_0 \xhookrightarrow{g_1:\alpha_1} \ell_1 \xhookrightarrow{g_2:\alpha_2} \cdots \xhookrightarrow{g_r:\alpha_r} \ell_r$.
- 对 $j \neq i$, PG_j 投影不包含关于 x 有递减或复杂效果的动作.

那么, x 的值关于序 $\prec_x$ 是严格递增的. $\prec_x$ 的传递性得出 $v_0 \prec_x v_m$, 其中 v_0 和 v_m 分别是 x 在状态 s_0 和 s_m 的值. 因 $\prec_x$ 非自反, 故 $v_0 \neq v_m$. 因此, 给定的执行片段不可能是 TS 的环路, 即 $s_0 \neq s_m$. 类似的观察对关于 x 具有递减效果的控制环路也成立.

例 8.8　控制环路与全局环路

考虑图 8.16 中的程序图, 其中 $N > 1$ 是一个固定的整数, x 和 y 是非负整型变量, b 和 c 是布尔变量. 程序图 PG_1 有控制环路

$$n_1 \xhookrightarrow{x<N:\, x:=x+1} \ell_1 \xhookrightarrow{b:=\neg b} n_1$$

关于 $\prec_x = <$, 这个控制环路关于 x 有递增效果. PG_2 的动作 α_2、β_2、γ_2 都不修改 x 的值, 即, 这些动作关于 x 有中性效果. 从而, TS 的环路的 PG_1 投影均与上面的控制环路不同.

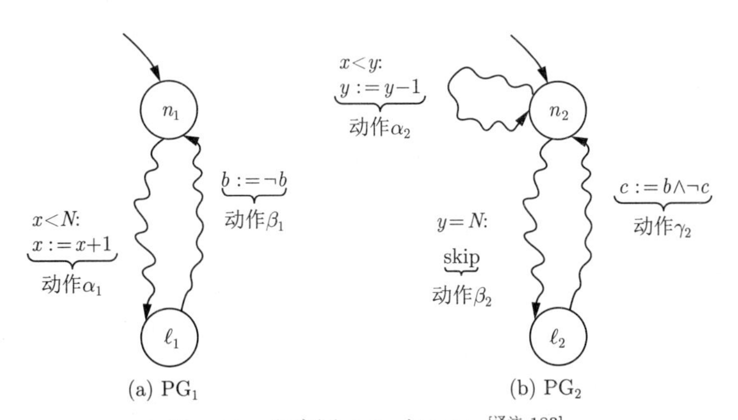

图 8.16　程序图 PG_1 与 PG_2 [译注 183]

现在考虑图 8.17 中的程序图. 控制环路

$$n_1 \xhookrightarrow{x<N:\, x:=x+1} \ell_1 \xhookrightarrow{b:=\neg b} n_1$$

在 PG_1 中关于 x 有递增效果; 然而, PG_2 中的动作 α_2 关于 x 有递减效果. 事实上, $\mathrm{TS}(\mathrm{PG}_1 \,|||\, \mathrm{PG}_2)$ 中有形式为[译注 185]

$$\begin{aligned}
s = \langle n_1, n_2, x=0, b=\text{false}, c=\text{false}\rangle &\xrightarrow{\alpha_1}\\
\langle \ell_1, n_2, x=1, b=\text{false}, c=\text{false}\rangle &\xrightarrow{\beta_1}\\
\langle n_1, n_2, x=1, b=\text{true}, c=\text{false}\rangle &\xrightarrow{\alpha_1}\\
\langle \ell_1, n_2, x=2, b=\text{true}, c=\text{false}\rangle &\xrightarrow{\beta_1}\\
\langle n_1, n_2, x=2, b=\text{false}, c=\text{false}\rangle &\xrightarrow{\alpha_2}\\
\langle n_1, \ell_2, x=0, b=\text{false}, c=\text{false}\rangle &\xrightarrow{\beta_2}\\
\langle n_1, n_2, x=0, b=\text{false}, c=\text{false}\rangle &= s
\end{aligned}$$

的全局环路, 其 PG_1 投影得到上述控制环路 (的重复). ■

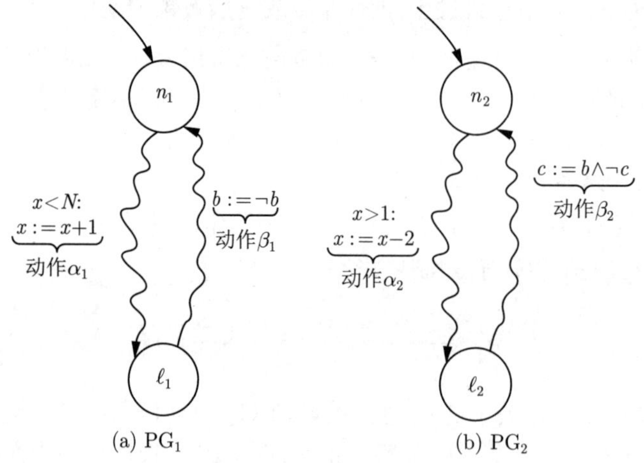

图 8.17　程序图 PG_1 与 PG_2 [译注 184]

现在的目标是计算 A_{sticky}, 从 $A_{\text{sticky}} = \text{Vis}$ [译注 186] (如前) 开始并增加动作以打断程序图 (例如 PG_i) 的任何控制环路, 只增加踏步动作, 但不增加具备以下特点的动作: 关于某个变量 x 有递增或递减效果而且 PG_j $(i \neq j)$ 没有关于 x 有相反效果的动作.

记法 8.7　相反动作

动作 α 和 β 称为相反的, 如果存在变量 x 使得 α 对于 x 具有递增或复杂效果, β 对于 x 具有递减或复杂效果, 或反之. 令

$$\text{Opp}(\alpha) = \{\beta \in \text{Act} \mid \alpha \text{ 和 } \beta \text{ 是相反的}\}$$

注意, 对于某个变量具有复杂效果的任何动作 α 和自身相反, 此时, $\alpha \in \text{Opp}(\alpha)$. ■

A_{sticky} 的计算按算法 8.5 进行. 这里, 称动作 α 为关于 x 单调的, 如果它对于 x 有递增或递减效果.

例 8.9　计算 A_{sticky}

重新考虑图 8.16 中的程序图 PG_1 和 PG_2. 令 $\prec_x = < = \prec_y$, 且对布尔变量 b 和 c, 令 $\text{false} \prec \text{true}$. 此外, AP 仅引用变量 y, 不引用 x、b 或 c. 那么, 动作 α_2 是可见的, 且其他所有动作都是踏步动作. 因此, 算法 8.5 从 $A_{\text{sticky}} = \text{Vis} = \{\alpha_2\}$ 开始. 移除所有可见边后得图 8.18 中的程序图.

算法 8.5 A_{sticky} 的计算

输入: 程序图 $\text{PG}_1, \text{PG}_2, \cdots, \text{PG}_n$

输出: 满足条件 (S1) 和 (S2) 的 $A_{\text{sticky}} \subseteq \text{Act}$

$A_{\text{sticky}} := \text{Vis}$; (* 确立条件 (S1) *)

for $i = 1$ **to** n **do**

  $\text{PG}_i := \text{PG}_i$ 移除 $\alpha \in \text{Vis}$ 的任何边 $\ell \xhookrightarrow{g:\alpha} \ell'$;

od

for $i = 1$ **to** n **do**

  $M_i := \left\{\alpha \in \text{Act}_i \mid \alpha \text{ 是单调的且 } \text{Opp}(\alpha) \subseteq \bigcup\limits_{i<k\leqslant n} \text{Act}_k\right\}$; [译注 188]

  $\text{PG}_i := \text{PG}_i$ 移除 $\alpha \in M_i$ 的任何边 $\ell \xhookrightarrow{g:\alpha} \ell'$; [译注 189]

od

for $i = 1$ **to** n **do**

  在 PG_i 上进行深度优先搜索;

  $A_{\text{sticky}} := A_{\text{sticky}} \cup \{\alpha \mid \ell \xhookrightarrow{g:\alpha} \ell' \text{ 是 } \text{PG}_i \text{ 中的后向边}\}$;

od

return A_{sticky} (* A_{sticky} 满足条件 (S1) 和 (S2) *)

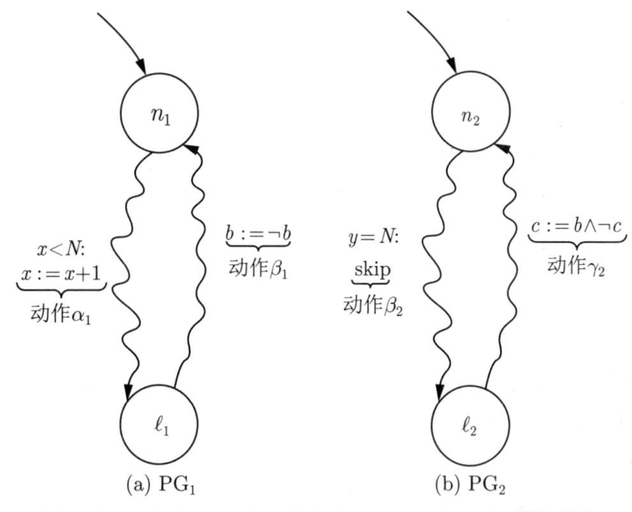

图 8.18 移除可见边后的程序图 PG_1 与 PG_2[译注 187]

算法得到 $M_1 = \{\alpha_1\}$, 因为 α_1 关于 x 有递增效果, 但没有相反动作. 从而将移除从 n_1 到 ℓ_1 的 α_1 边. 所得程序图是无圈的, 故找不到后向边.

最终可以得到 $M_2 = \varnothing$, 因为在修改后的 PG_2 中没有单调动作. 因此, 根据深度优先搜索的开始位置, β_2 和 γ_2 之一成为黏滞的 (即被加到 A_{sticky} 中). 算法 8.5 的结果因而是 $A_{\text{sticky}} = \{\alpha_2, \beta_2\}$ 或 $A_{\text{sticky}} = \{\alpha_2, \gamma_2\}$. ■

引理 8.15 算法 8.5 的可靠性

算法 8.5 返回的集合 $A_{\text{sticky}} \subseteq \text{Act}$ 满足条件 (S1) 和 (S2).

证明: 因为开始时 $A_{\text{sticky}} := \text{Vis}$, 且 A_{sticky} 的动作从未移出, 所以条件 (S1) 显然成立.

现在考虑条件 (S2). 令 ϱ 是全局环路, 形式为[译注 190]

$$s_0 \xrightarrow{\beta_1} s_1 \xrightarrow{\beta_2} \cdots \xrightarrow{\beta_m} s_m = s_0$$

如果 $\beta_1, \beta_2, \cdots, \beta_m$ 中的某些动作可见, 那么条件 (S2) 就因 $\mathrm{Vis} \subseteq A_{\text{sticky}}$ 而成立. 假设 $\beta_1, \beta_2, \cdots, \beta_m$ 是踏步动作. 证明存在某个 j 使得 $(\{\beta_1, \beta_2, \cdots, \beta_m\} \cap \mathrm{Act}_j) \setminus M_j$ 中的 (某些) 动作产生 PG_j'' (移除动作在 M_j 中的所有边后得到的 PG_j 的变体) 中的控制环路 ϑ. 由此结果知, PG_j'' 中的深度优先搜索将把 ϑ 中的一条边划归为后向边, 因此, 至少把 $\{\beta_1, \beta_2, \cdots, \beta_m\} \cap \mathrm{Act}_j$ 中的一个动作添加到 A_{sticky}. 这得到 $A_{\text{sticky}} \cap \{\beta_1, \beta_2, \cdots, \beta_m\} \neq \varnothing$.

令 J 是使得 $\{\beta_1, \beta_2, \cdots, \beta_m\} \cap \mathrm{Act}_j \neq \varnothing$ 的下标 $j \in \{1, 2, \cdots, n\}$ 的集合. 显然, $J \neq \varnothing$. 令 $j = \max J$ 并设 PG_j'' 中没有控制环路使其基础动作集包含于

$$(\{\beta_1, \beta_2, \cdots, \beta_m\} \cap \mathrm{Act}_j) \setminus M_j$$

因为给定的全局环路 ϱ 的 PG_j 投影是 PG_j' 中的控制环路 ϑ (见引理 8.14), 所以 PG_j' 中的控制环路 ϑ 一定包含一个动作 $\beta_i \in M_j$; 否则, ϑ 就是 PG_j'' 中的由 $(\{\beta_1, \beta_2, \cdots, \beta_m\} \cap \mathrm{Act}_j) \setminus M_j$ 中的动作构建的控制环路.

由 M_j 的定义, 动作 β_i 是单调的. 因为 $\beta_1, \beta_2, \cdots, \beta_m$ 形成 TS 中的一个全局环路, 所以在这个环路上一定另有一个效果相反的动作 β_h, $h \neq i$:

$$\beta_h \in \mathrm{Opp}(\beta_i)$$

再由 M_j 的定义得, β_i 的相反动作对某个 $k > j$ 属于 Act_k. 因此, 对某个 $k > j$, $\beta_h \in \mathrm{Act}_k$. 但这样就有 $k \in J$ 和 $k > j$, 这与 $j = \max J$ 矛盾. ∎

8.3 分支时间的充足集方法

8.2 节给出的充足集的条件保证 TS 和 $\hat{\mathrm{TS}}$ 踏步迹等价. 因此, 这些条件对验证 $\mathrm{LTL}_{\setminus\bigcirc}$ 是可靠的. 本节处理分支时间时序逻辑 $\mathrm{CTL}_{\setminus\bigcirc}$ 和 $\mathrm{CTL}^*_{\setminus\bigcirc}$ 的偏序约简, 目的是调整充足集方法, 使其适于得到 $\mathrm{TS} \approx^{\mathrm{div}} \hat{\mathrm{TS}}$, 而非适于确立 $\mathrm{TS} \triangleq \hat{\mathrm{TS}}$. 由于 $\approx^{\mathrm{div}}$ 既与 $\mathrm{CTL}_{\setminus\bigcirc}$ 的逻辑等价一致也与 $\mathrm{CTL}^*_{\setminus\bigcirc}$ 的逻辑等价一致 (参见 7.8.3 节), 这就得到验证这些逻辑的可靠方法. 下面先用一个例子讨论条件 (A1) 到 (A4) 对 $\mathrm{CTL}_{\setminus\bigcirc}$ 是不充分的.

例 8.10 条件 (A1) 到 (A4) 对 $\mathrm{CTL}_{\setminus\bigcirc}$ 是不充分的

考虑图 8.19 中 $AP = \{a, b, c\}$ 上的迁移系统 TS [译注 191]. 动作 α 和 δ 与 $\{\beta, \gamma\}$ 无关且 β、γ 是踏步动作. 令 $\mathrm{ample}(s_0) = \{\beta, \gamma\}$, 并对所有状态 $s \neq s_0$ 令 $\mathrm{ample}(s) = \mathrm{Act}(s)$, 见图 8.19 中的约简迁移系统 $\hat{\mathrm{TS}}$ [译注 192].

考虑 $\mathrm{CTL}_{\setminus\bigcirc}$ 公式

$$\Phi = \forall\Box\big(a \to (\forall\Diamond b \vee \forall\Diamond c)\big)$$

公式 Φ 断言, 对每个可达的 a 状态 s, 要么从 s 引出的任何路径都终将到达一个 b 状态, 要么从 s 开始的所有路径都终将到达一个 c 状态. 因为 $\hat{\mathrm{TS}}$[译注 193] 中的任何 a 状态只有一个直接 b 或直接 c 后继, 所以 $\hat{\mathrm{TS}} \models \Phi$. 但是, $\mathrm{TS} \not\models \Phi$, 因为 $u \not\models \forall\Diamond b \vee \forall\Diamond c$. 这可从以下事实得到:

$$\mathrm{Traces}_{\mathrm{TS}}(u) = \{\{a\}\{a\}\{b\}^\omega, \{a\}\{a\}\{c\}^\omega\}$$

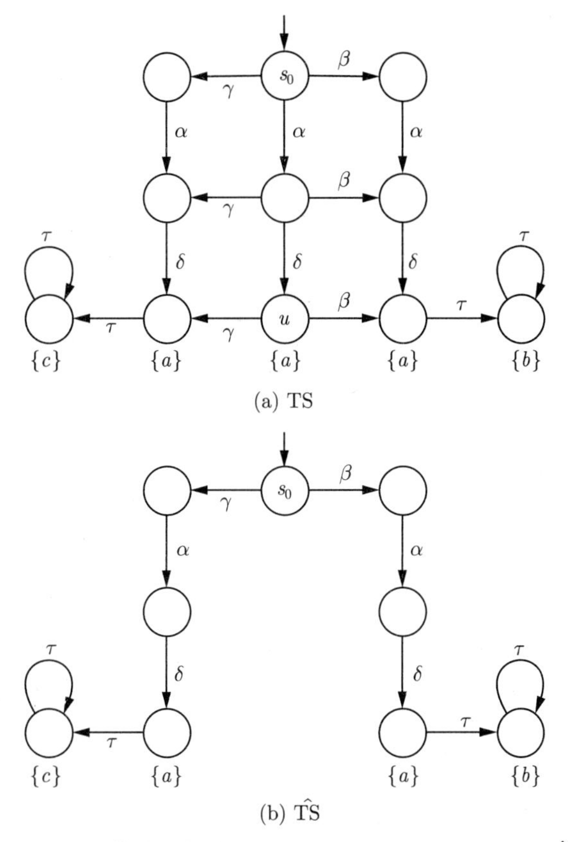

图 8.19　约简满足条件 (A1) 到 (A4), 但 $\text{TS} \not\equiv_{\text{CTL}_{\setminus\bigcirc}} \hat{\text{TS}}$

由于 $\hat{\text{TS}} \models \varPhi$ 且 $\text{TS} \not\models \varPhi$, 所以 $\text{TS} \not\approx^{\text{div}} \hat{\text{TS}}$. 事实上, 有

$$\beta(s_0) \not\approx^{\text{div}} \gamma(s_0) \not\approx^{\text{div}} \alpha(s_0)$$

理由如下. $\beta(s_0)$ 可到达一个 b 状态, 而 $\gamma(s_0)$ 不能; 反之, $\gamma(s_0)$ 可到达一个 c 状态, 而 $\beta(s_0)$ 不能. 而且, $\alpha(s_0)$ (和 s_0) 可到达一个 b 状态和一个 c 状态. 对 s_0 的 α 后继 s_1 同样如此. 因为 $\hat{\text{TS}}$ 不包含 s_1[译注 194] (或任何等价状态), 所以 $\text{TS} \not\approx^{\text{div}} \hat{\text{TS}}$.

由于 $s_0 \approx^{\text{div}} \alpha(s_0)$, 所以, 令 $\text{ample}(s_0) = \{\alpha\}$, 并对任何状态 $s \neq s_0$ 令 $\text{ample}(s) = \text{Act}(s)$, 这样的选择就得到图 8.20 中的约简迁移系统 $\hat{\text{TS}}$. 现在就有 $\hat{\text{TS}} \approx^{\text{div}} \text{TS}$. ■

现在的任务是提供充分的充足集条件, 以保证 $\text{TS} \approx^{\text{div}} \hat{\text{TS}}$. 由于 $\triangleq$ 严格粗于 $\approx^{\text{div}}$, 所以用保持 TS 的分支结构的一个条件扩充条件 (A1) 到 (A4).

在例 8.10 中, $\text{ample}(s_0) = \{\alpha\}$ 得出一个正确的约简. 这个约简的可靠性从 $s_0 \approx^{\text{div}} \alpha(s_0)$ 得出. 状态 s_0 的 γ 迁移和 β 迁移可在约简迁移系统中模仿如下, 先执行踏步步骤 $s_0 \to \alpha(s_0)$, 然后分别执行 γ 和 β. 事实证明这个策略适用于一般情况. 只要条件 (A1) 到 (A4) 允许选择单动作集 $\text{ample}(s) = \{\alpha\}$, 那么状态 $s \approx^{\text{div}} \alpha(s)$. 后面提供这个命题的形式化证明. 直观解释是, 在 s 激活的所有其他动作 (即 $\text{Act}(s) \setminus \{\alpha\}$ 中的所有动作) 在 $\alpha(s)$ 处激活并走向等价于对应的 α 后继的状态. 这暗示着用以下条件扩充条件 (A1) 到 (A4):

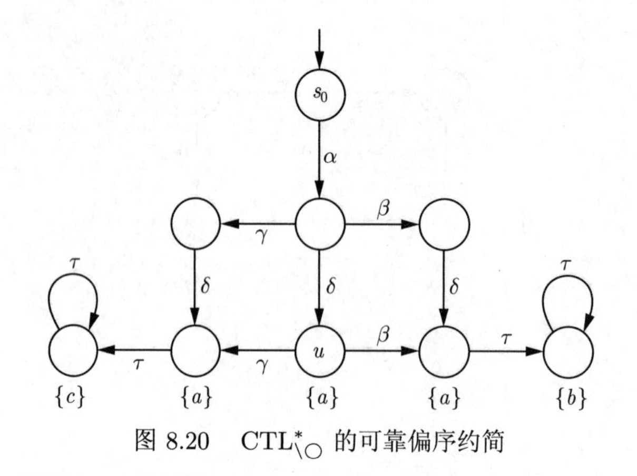

图 8.20　$\text{CTL}^*_{\setminus\bigcirc}$ 的可靠偏序约简

(A5) 分支条件
如果 $\text{ample}(s) \neq \text{Act}(s)$, 那么 $\lvert\text{ample}(s)\rvert = 1$.

例 8.11

再次考虑图 8.19 的迁移系统 TS [译注 191]. 图 8.20 给出的约简满足条件 (A1) 到 (A5). 显然满足非空条件 (A1) 和分支条件 (A5), 因为 $\text{ample}(s_0) = \{\alpha\}$ 是单点集, 且所有其他状态都是完全展开的. 踏步条件 (A3) 成立, 因为 α 是踏步动作. 环路条件 (A4) 是显然的, 因为环路上的所有状态 (有自循环的状态) 都是完全展开的. 最后, 相关性条件 (A2) 成立, 因为 α 与 $\{\beta, \gamma\}$ 无关.

现在考虑充足集的另一种选择: $\text{ample}(s_0) = \{\alpha\}$ 和 $\text{ample}(\alpha(s_0)) = \{\delta\}$, 所有其他状态是完全展开的. 这些充足集得出图 8.21 所示的约简系统 $\hat{\text{TS}}$. $\text{TS} \not\approx^{\text{div}} \hat{\text{TS}}$, 因为 $\hat{\text{TS}}$ 不包含与 $\beta(s_0)$ 等价的状态 —— 没有标记为 $\varnothing$ 的状态能到达 b 状态而不能到达 c 状态[译注 195]. 对 $\gamma(s_0)$ 亦然. 事实上, TS 和 $\hat{\text{TS}}$ 由公式

$$\Phi = \forall\Diamond(a \wedge \exists\Diamond b \wedge \exists\Diamond c)$$

区分, 它对 $\hat{\text{TS}}$ 成立, 对 TS 不成立. 事实上, 踏步条件 (A3) 不成立, 因为在状态 $\alpha(s_0)$ 选择的动作 δ 不是踏步动作. ■

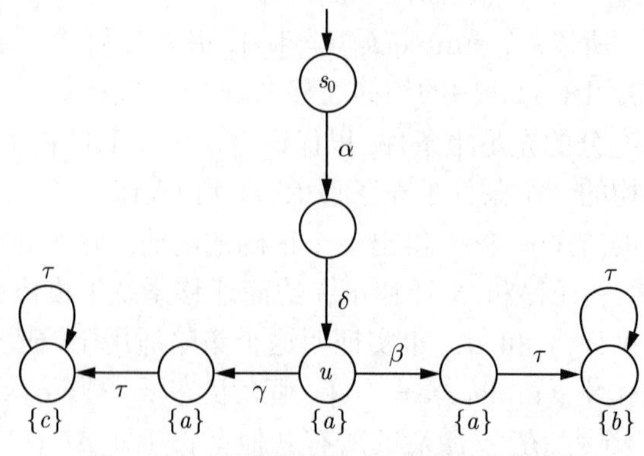

图 8.21　不满足条件 (A3) 的偏序约简

充足集条件总结在图 8.22 中.

(A1) **非空条件**
$\varnothing \neq \text{ample}(s) \subseteq \text{Act}(s)$.

(A2) **相关性条件**
设 $s \xrightarrow{\beta_1} s_1 \xrightarrow{\beta_2} \cdots \xrightarrow{\beta_n} s_n \xrightarrow{\alpha} t$ 是 TS 中的执行片段. 若 α 与 ample(s) 相关, 则对某个 $0 < i \leqslant n$, $\beta_i \in \text{ample}(s)$.

(A3) **踏步条件**
若 $\text{ample}(s) \neq \text{Act}(s)$, 则任一 $\alpha \in \text{ample}(s)$ 都是踏步动作.

(A4) **环路条件**
对于 $\hat{\text{TS}}$ 中的任意环路 $s_0 s_1 \cdots s_n$, 若对某个 $0 < i \leqslant n$ 有 $\alpha \in \text{Act}(s_i)$, 则存在 $j \in \{1, 2, \cdots, n\}$ 使得 $\alpha \in \text{ample}(s_j)$.

(A5) **分支条件**
如果 $\text{ample}(s) \neq \text{Act}(s)$, 那么 $|\text{ample}(s)| = 1$.

图 8.22 $\text{CTL}^*_{\setminus \bigcirc}$ 中状态 s 的充足集条件

本节其余部分关注充足集方法的正确性的证明, 见定理 8.4.

定理 8.4 $\text{CTL}^*_{\setminus \bigcirc}$ 的充足集方法的正确性

对动作确定的没有终止状态的有限迁移系统 TS, 如果条件 (A1) 到 (A5) 成立, 那么 $\text{TS} \approx^{\text{div}} \hat{\text{TS}}$. ■

因为 $\approx^{\text{div}}$ 与 $\text{CTL}^*_{\setminus \bigcirc}$ 等价一致 (见定理 7.28), 所以, 如果条件 (A1) 到 (A5) 成立, 则 TS 和 $\hat{\text{TS}}$ 是 $\text{CTL}^*_{\setminus \bigcirc}$ 等价的.

对于本节的其余部分, 令 $\text{TS} = (S, \text{Act}, \rightarrow, I, \text{AP}, L)$ 是动作确定的没有终止状态的有限迁移系统并假设充足集满足条件 (A1) 到 (A5). 如上, $\hat{\text{TS}}$ 仍表示约简迁移系统, 它由 TS 的可达片段使用下述迁移关系 $\Rightarrow$ 产生:

$$\frac{s \xrightarrow{\alpha} s' \wedge \alpha \in \text{ample}(s)}{s \overset{\alpha}{\Longrightarrow} s'}$$

$\hat{\text{TS}}$ 的初始状态是 TS 中的初始状态. $\hat{S}$ 表示 $\hat{\text{TS}}$ 的状态空间, 即 S 中从某个初始状态 $s_0 \in I$ (经由 $\Rightarrow$) 可达的所有状态.

将证明条件 (A1) 到 (A5) 保证存在 TS 和 $\hat{\text{TS}}$ 的*赋范互模拟*. 定义 7.29 已介绍了赋范互模拟的概念. 那么, 正确性定理可从赋范互模拟严格细于 $\approx^{\text{div}}$ 的事实得到.

下面简要回顾赋范互模拟的主要概念. $(\text{TS}, \hat{\text{TS}})$ 的赋范互模拟是三元组 $(\mathcal{R}, \nu_1, \nu_2)$, 其中 $\mathcal{R} \subseteq S \times \hat{S}$, $\nu_1, \nu_2 \colon S \times \hat{S} \rightarrow \mathbb{N}$ 是函数, 对所有 $(s_1, s_2) \in \mathcal{R}$, 下述条件成立:

(N1) $L(s_1) = L(s_2)$.

(N2) 对所有 $s_1' \in \text{Post}(s_1)$, 下面 3 个条件至少有一个成立:

(N2.1) 存在 $s_2' \in \text{Post}(s_2)$ 使 $(s_1', s_2') \in \mathcal{R}$.

(N2.2) $(s_1', s_2) \in \mathcal{R}$ 且 $\nu_1(s_1', s_2) < \nu_1(s_1, s_2)$.

(N2.3) 存在 $s_2' \in \text{Post}(s_2)$ 使得 $(s_1, s_2') \in \mathcal{R}$ 且 $\nu_2(s_1, s_2') < \nu_2(s_1, s_2)$.

并且, 当对所有的 $v \in S$ 和 $u \in \hat{S}$ 把 "交换" 的范数函数定义为 $\nu_i^-(u,v) = \nu_i(v,u)$ 时, 类似条件对所有 $s_2' \in \text{Post}(s_2)$ 和 ν_2^- (代替 (N2.2) 中的 ν_1) 及 ν_1^- (代替 (N2.3) 中的 ν_2) 成立.

此外, 要求 TS 的每个初始状态与 $\hat{\text{TS}}$ 的某个初始状态具有关系 $\mathcal{R}$, 反之亦然. 直观地看, $\nu_1(s,\hat{s})$ 是从 s 开始的不能用 $\hat{s}$ 的迁移模拟的踏步步骤数的上界. 自然数 $\nu_2(s,\hat{s})$ 充当一个计数器, 它记录 $\hat{s}$ 到达某个下述状态要执行的踏步步骤数: 在该状态可模拟 s 的可见 (非踏步) 步骤.

为了定义 $\mathcal{R}$ 和范数函数 ν_1、ν_2, 需要另外一些记法.

定义 8.3 成形路径, 关系 $\lhd$

令 TS 是一个动作确定的有限迁移系统, $s, s' \in S$. 从 s 到 s' 的 *成形路径*是 TS 中的形式为 $s_0 \xrightarrow{\beta_1} s_1 \xrightarrow{\beta_2} \cdots \xrightarrow{\beta_n} s_n$ 的有限执行片段 ϱ, 其中:

- $s = s_0$ 且 $s_n = s'$.
- $\beta_1, \beta_2, \cdots, \beta_n$ 是踏步动作.
- 对 $0 \leqslant i < n$[译注 196] 和状态 s_i, 单点动作集 $\{\beta_{i+1}\}$ 满足相关性条件 (A2). 即, 若 γ 与 β_{i+1} 相关, 则任何有限执行片段 $s_i \xrightarrow{\alpha_1} t_1 \xrightarrow{\alpha_2} \cdots \xrightarrow{\alpha_m} t_m \xrightarrow{\gamma} \cdots$ 都存在 $j \in \{1, 2, \cdots, m\}$ 使得 $\alpha_j = \beta_{i+1}$.

$s \lhd s'$ 当且仅当存在从 s 到 s' 的成形路径. ■

下面的讨论将时常用到成形路径和关系 $\lhd$ 的下列简单性质. 首先, 关系 $\lhd$ 是传递的和自反的 (尽管一般不是对称的). 自反性是明显的, 因为长度为 0 的每个执行片段都产生一个成形路径. 传递性由以下事实得到: 从 s 到 s' 以及从 s' 到 s'' 的成形路径可连接起来, 得到一条从 s 到 s'' 的成形路径. 其次, 如果 $s_0 \xrightarrow{\beta_1} s_1 \xrightarrow{\beta_2} \cdots \xrightarrow{\beta_n} s_n$ 是从 $s = s_0$ 到 $s' = s_n$ 的长度为 n 的成形路径, 那么对 $0 \leqslant i \leqslant j \leqslant n$, $s_i \lhd s_j$.

引理 8.16 成形路径的性质 (第 1 部分)

令 $s_0 \xrightarrow{\beta_1} s_1 \xrightarrow{\beta_2} \cdots \xrightarrow{\beta_n} s_n$ 是从 $s = s_0$ 到 $s' = s_n$ 的一条成形路径, $s \xrightarrow{\alpha} t$ 是 TS 的迁移且 α 是踏步动作.

(a) 如果 $\alpha \notin \{\beta_1, \beta_2, \cdots, \beta_n\}$, 那么 α 与 $\{\beta_1, \beta_2, \cdots, \beta_n\}$ 无关且存在从 $t = t_0$ 到 t_n 的成形路径 $t_0 \xrightarrow{\beta_1} t_1 \xrightarrow{\beta_2} \cdots \xrightarrow{\beta_n} t_n$ 使得对所有下标 $i \in \{1, 2, \cdots, n\}$ 都有 $s_i \xrightarrow{\alpha} t_i$.

(b) 如果对某个 $j \in \{1, 2, \cdots, n\}$, $\alpha = \beta_j$ 且 $\alpha \notin \{\beta_1, \beta_2, \cdots, \beta_{j-1}\}$, 那么 $t \lhd s'$ 且存在动作序列为 $\beta_1\beta_2\cdots\beta_{j-1}\beta_{j+1}\cdots\beta_n$ 的从 t 到 s' 的一条成形路径.

证明: 先证明 (a). 成形路径的定义要求条件 (A2) 在成形路径上的所有状态成立, 由此可立刻得出 α 与 $\{\beta_1, \beta_2, \cdots, \beta_n\}$ 的无关性. 由引理 8.6 得, 存在从 $t = t_0$ 到 t_n 的执行片段

$$t_0 \xrightarrow{\beta_1} t_1 \xrightarrow{\beta_2} \cdots \xrightarrow{\beta_n} t_n$$

使得对所有下标 $i \in \{1, 2, \cdots, n\}$ 都有 $s_i \xrightarrow{\alpha} t_i$. 还要证明该执行片段是成形路径. 显然, $\beta_1, \beta_2, \cdots, \beta_n$ 是踏步动作. 现在必须证明相关性条件 (A2) 对所有状态 t_i 和单点动作集 $\{\beta_{i+1}\}$ 成立. 这是容易证明的. 如果

$$t_i \xrightarrow{\gamma_1} v_1 \xrightarrow{\gamma_2} v_2 \xrightarrow{\gamma_3} \cdots \xrightarrow{\gamma_k} v_k \xrightarrow{\gamma} v$$

是执行片段且 γ 与 β_{i+1}[译注 197] 相关, 那么

$$s_i \xrightarrow{\alpha} t_i \xrightarrow{\gamma_1} v_1 \xrightarrow{\gamma_2} v_2 \xrightarrow{\gamma_3} \cdots \xrightarrow{\gamma_k} v_k \xrightarrow{\gamma} v$$

就是始于 s_i 的执行片段. 因为条件 (A2) 对 s_i 和单点动作集 $\{\beta_{i+1}\}$ 成立, 且 γ 与 β_{i+1} 相关, 所以动作 $\alpha, \gamma_1, \gamma_2, \cdots, \gamma_k$ 之一与 β_{i+1} 一致. 因为 $\alpha \notin \{\beta_1, \beta_2, \cdots, \beta_n\}$, 所以对某个 $j \in \{1, 2, \cdots, k\}$ 有 $\gamma_j = \beta_{i+1}$. 因此, 条件 (A2) 对 t_i 和动作集 $\{\beta_{i+1}\}$ 成立.

现在考虑 (b) 并假设 $\alpha = \beta_j$ 且 $\alpha \notin \{\beta_1, \beta_2, \cdots, \beta_{j-1}\}$. 把 (a) 用于成形路径

$$s = s_0 \xrightarrow{\beta_1} s_1 \xrightarrow{\beta_2} \cdots \xrightarrow{\beta_{j-1}} s_{j-1}$$

得, 存在从 $t = t_0$ 到某个状态 t_{j-1} 的成形路径

$$t_0 \xrightarrow{\beta_1} t_1 \xrightarrow{\beta_2} \cdots \xrightarrow{\beta_{j-1}} t_{j-1}$$

使得对 $i = 1, 2, \cdots, j-1$, $s_i \xrightarrow{\alpha} t_i$ 是踏步步骤. 因 $\alpha = \beta_j$, 故有

$$t_{j-1} = \alpha(s_{j-1}) = \beta_j(s_{j-1}) = s_j$$

因此, 增加从 s_j 到 $s_n = s'$ 的成形路径 $s_j \xrightarrow{\beta_{j+1}} s_{j+1} \xrightarrow{\beta_{j+2}} \cdots \xrightarrow{\beta_n} s_n$, 可得从 t 到 s' 且动作序列为 $\beta_1\beta_2\cdots\beta_{j-1}\beta_{j+1}\cdots\beta_n$ 的成形路径

$$t = t_0 \xrightarrow{\beta_1} t_1 \xrightarrow{\beta_2} \cdots \xrightarrow{\beta_{j-1}} t_{j-1} = s_j \xrightarrow{\beta_{j+1}} s_{j+1} \xrightarrow{\beta_{j+2}} \cdots \xrightarrow{\beta_n} s_n = s'$$ ■

引理 8.17 成形路径的性质 (第 2 部分)

令 s 和 s' 是 TS 中使得 $s \lhd s'$ 的两个状态并设 $\alpha \in Act(s)$.

(a) 如果存在 α 不出现的从 s 到 s' 的成形路径, 那么 $\alpha \in Act(s')$ 且 $\alpha(s) \lhd \alpha(s')$.

(b) 如果 α 是踏步动作且 $s \xrightarrow{\alpha} t$, 而且 $t \lhd s'$ 不成立, 那么 $\alpha \in Act(s')$ 且 $s' \xrightarrow{\alpha} t'$, 其中 $t \lhd t'$.

证明: 对 α 不出现的从 s 到 s' 的成形路径的长度 n 用归纳法证明 (a). 归纳起步 $n = 0$ 是显然的, 因为此时有 $s = s'$. 在归纳步骤 $n-1 \Rightarrow n (n \geqslant 1)$ 中假设[译注 198]

$$s = s_0 \xrightarrow{\beta_1} s_1 \xrightarrow{\beta_2} \cdots \xrightarrow{\beta_{n-1}} s_{n-1} \xrightarrow{\beta_n} s_n = s'$$

是使得 $\alpha \notin \{\beta_1, \beta_2, \cdots, \beta_n\}$ 的从 s 到 s' 的成形路径. 由归纳假设, 有

$$\alpha \in Act(s_{n-1}) \text{ 且 } \alpha(s) \lhd t$$

其中 $t = \alpha(s_{n-1})$. 因为相关性条件 (A2) 对状态 s_{n-1} 和单点动作集 $\{\beta_n\}$ 成立, 所以动作 α 和 β_n 无关. 因此, $\alpha \in Act(s_n)$, $\beta_n \in Act(t)$, 而且, 若令 $u = \beta_n(t)$, 则

$$\alpha(s') = \alpha(s_n) = \alpha(\beta_n(s_{n-1})) = \beta_n(\alpha(s_{n-1})) = \beta_n(t) = u$$

条件 (A2) 对 $\alpha(s_{n-1}) = t$ 和单点动作集 $\{\beta_n\}$ 也成立, 因为动作 α 和 β_n 无关并且条件 (A2) 对状态 s_{n-1} 和单点动作集 $\{\beta_n\}$ 成立[译注 199]. 由此得到

$$t \lhd u$$

因此, $\alpha(s) \lhd t \lhd u = \alpha(s')$, 它可得出 $\alpha(s) \lhd \alpha(s')$.

对从 s 到 s' 的成形路径的长度用归纳法, 类似地可证 (b), 见习题 8.15. ■

注意, 引理 8.17 的 (a) 适用于所有非踏步动作 $\alpha \in \mathrm{Act}(s)$, 因为它们不可能出现在成形路径上. 此外, 在 s 处激活的踏步动作中, 也可能有一个至少在一条从 s 到给定状态 s' 的成形路径上不出现.

记法 8.8 关系 $\mathcal{R}_{\mathrm{fp}}$

关系 $\mathcal{R}_{\mathrm{fp}}$ 由 $\mathcal{R}_{\mathrm{fp}} = \{(s, \hat{s}) \in S \times \hat{S} \mid s \lhd \hat{s}\}$ 给出, 其中, 如前, S 是 TS 的状态空间, $\hat{S}$ 是 $\hat{\mathrm{TS}}$ 的状态空间. ■

记法 8.9 $\hat{\mathrm{TS}}$ 中的成形路径

$\hat{\mathrm{TS}}$ 中的成形路径是指像定义 8.3 一样由 $\hat{\mathrm{TS}}$ 中的迁移组成的成形路径 $\hat{s}_0 \xRightarrow{\beta_1} \hat{s}_1 \xRightarrow{\beta_2} \cdots \xRightarrow{\beta_n} \hat{s}_n$ (因此, 对 $0 \leqslant i < n$ 有 $\hat{s}_0, \hat{s}_1, \cdots, \hat{s}_n \in \hat{S}$ 且 $\beta_{i+1} \in \mathrm{ample}(\hat{s}_i)$). ■

引理 8.18 $\hat{\mathrm{TS}}$ 中的成形路径的性质

令 $\hat{s}$ 是 $\hat{\mathrm{TS}}$ 中的状态.

(a) 如果 $\hat{\varrho}$ 是 $\hat{\mathrm{TS}}$ 中的始于状态 $\hat{s}$ 且 $(s, \hat{s}) \in \mathcal{R}_{\mathrm{fp}}$ 的成形路径, 那么对 $\hat{\varrho}$ 中的所有状态 $\hat{u}$ 有 $(s, \hat{u}) \in \mathcal{R}_{\mathrm{fp}}$.

(b) 在 $\hat{\mathrm{TS}}$ 中存在从 $\hat{s}$ 到某个完全展开状态的成形路径.

证明: 由 $\lhd$ 的传递性立即得出 (a). 由相关性条件 (A2)、踏步条件 (A3) 和分支条件 (A5) 可知, 对于 $\hat{\mathrm{TS}}$ 的任何执行片段

$$\hat{s}_0 \xRightarrow{\beta_1} \hat{s}_1 \xRightarrow{\beta_2} \cdots \xRightarrow{\beta_n} \hat{s}_n$$

若其 s_i 都不是完全展开的, 则它就是 $\hat{\mathrm{TS}}$ 中的一条成形路径. 由此事实及下面的理由可得命题 (b). 由于 $\hat{\mathrm{TS}}$ 是有限的, 所以非空条件 (A1) 和环路条件 (A4) 保证存在从 $\hat{s}$ 到一个完全展开状态的成形路径. ■

记法 8.10 最短成形路径的长度

对于满足 $s \lhd s'$ 的 $s, s' \in S$, 从 s 到 s' 的最短成形路径的长度记为 $|s \lhd s'|$. 对 $\hat{s} \in \hat{S}$, 定义 $\mathrm{dist}(\hat{s})$ 为 $\hat{\mathrm{TS}}$ 中从 $\hat{s}$ 到某个完全展开状态的最短成形路径的长度. ■

注意 $\mathrm{dist}(\hat{s})$ 引用 $\hat{\mathrm{TS}}$ 中的成形路径. 因此, $\mathrm{dist}(\hat{s})$ 可能比 $\min_{\hat{v}} |\hat{s} \lhd \hat{v}|$ 长, 其中 $\hat{v}$ 取遍 $\hat{\mathrm{TS}}$ 中的所有完全展开状态.

记法 8.11 范数函数 ν_1 和 ν_2

如下定义函数 ν_1 和 ν_2: $S \times \hat{S} \to \mathbb{N}$. 对所有 $s \in S$ 和 $\hat{s} \in \hat{S}$, 取

$$\nu_1(s, \hat{s}) = \begin{cases} |s \lhd \hat{s}| & 若\ (s, \hat{s}) \in \mathcal{R}_{\mathrm{fp}} \\ 0 & 否则 \end{cases}$$

及 $\nu_2(s, \hat{s}) = \mathrm{dist}(\hat{s})$. ■

注意, 引理 8.18 (b) 保证每个状态 $\hat{s} \in \hat{S}$ 都有一条到某个完全展开状态的成形路径. 从而, ν_2 是良定义的.

引理 8.19 TS 和 $\hat{\mathrm{TS}}$ 的赋范互模拟等价

$(\mathcal{R}_{\mathrm{fp}}, \nu_1, \nu_2)$ 是 $(\mathrm{TS}, \hat{\mathrm{TS}})$ 的赋范互模拟.

证明: 对所有初始状态 $s_0 \in I$ 有 $(s_0, s_0) \in \mathcal{R}_{\mathrm{fp}}$, 因为可考虑长度为 0 的成形路径.

下面证明对任何 $(s,\hat{s}) \in \mathcal{R}_{\text{fp}}$, 条件 (N1) 和 (N2) 对 $(s,\hat{s})$ 成立, 而且当交换 ν_1 和 ν_2 及其参数时对 $(\hat{s},s)$ 也成立. 标记条件 (N1) 是显然的, 这是因为成形路径上的所有动作都是踏步动作. 从而, 成形路径上的所有状态有相同的标记.

现在考虑 $(s,\hat{s}) \in \mathcal{R}_{\text{fp}}$ 和动作 $\alpha \in \text{Act}(s)$.

情形 1. α 不出现在从 s 到 $\hat{s}$ 的某个成形路径中.

那么, 由引理 8.17 (a) 得, $\alpha \in \text{Act}(\hat{s})$ 且 $\alpha(s) \lhd \alpha(\hat{s})$. 故, 若 $\alpha \in \text{ample}(\hat{s})$, 则条件 (N2.1) 适用. 若 $\alpha \notin \text{ample}(\hat{s})$, 则在 $\hat{\text{TS}}$ 中选择从 $\hat{s}$ 到某个完全展开状态的最短成形路径的第一个动作 β (见引理 8.18 (b)). 那么

$$\hat{s} \xRightarrow{\beta} \beta(\hat{s})$$

是 $\hat{\text{TS}}$ 中长度为 1 的成形路径. 同时, $(s,\beta(\hat{s})) \in \mathcal{R}_{\text{fp}}$ 以及

$$\nu_2(s,\beta(\hat{s})) = \text{dist}(\beta(\hat{s})) = \text{dist}(\hat{s}) - 1 = \nu_2(s,\hat{s}) - 1 < \nu_2(s,\hat{s})$$

因此, 条件 (N2.3) 适用.

情形 2. α 出现在从 s 到 $\hat{s}$ 的某个最短成形路径中.

因 α 出现在某个最短成形路径中, 故 α 是踏步动作. 令

$$s_0 \xrightarrow{\beta_1} s_1 \cdots \xrightarrow{\beta_{j-1}} s_{j-1} \xrightarrow{\alpha} s_j \xrightarrow{\beta_{j+1}} \cdots \xrightarrow{\beta_n} s_n$$

是从 $s = s_0$ 到 $\hat{s} = s_n$ 的最短成形路径且 $\alpha \notin \{\beta_1,\beta_2,\cdots,\beta_{j-1}\}$. 由引理 8.16 (b) 得, 存在动作序列为 $\beta_1\beta_2\cdots\beta_{j-1}\beta_{j+1}\cdots\beta_n$ 的从 $t = \alpha(s)$ 到 $\hat{s}$ 的成形路径. 从而, $(t,\hat{s}) \in \mathcal{R}_{\text{fp}}$ 且

$$\nu_1(t,\hat{s}) = |t \lhd \hat{s}| \leqslant n - 1 < n = |s \lhd \hat{s}| = \nu_1(s,\hat{s})$$

因此条件 (N2.2) 对迁移 $s \xrightarrow{\alpha} t$ 适用.

还要证明条件 (N2) 对 $(\hat{s},s) \in \mathcal{R}^{-1}$ 及交换角色后的 ν_1 和 ν_2 成立. 令 $\alpha \in \text{ample}(s)$. 若 $s = \hat{s}$, 则条件 (N2.1) 适用; 若 $s \neq \hat{s}$, 则在从 s 到 $\hat{s}$ 的最短成形路径上取第一个动作 β. 那么, $(\hat{s},\beta(s)) \in \mathcal{R}_{\text{fp}}^{-1}$ 且

$$\nu_1(\beta(s),\hat{s}) = |\beta(s) \lhd \hat{s}| = |s \lhd \hat{s}| - 1 = \nu_1(s,\hat{s}) - 1 < \nu_1(s,\hat{s})$$

这适合条件 (N2.3). ■

例 8.12　TS 和 $\hat{\text{TS}}$ 的赋范互模拟等价

再考虑图 8.19 中的迁移系统 TS 和充足集 $\text{ample}(s_0) = \{\alpha\}$, 同时, 所有其他状态都是完全展开的. 这得出如图 8.20 所示的约简系统. 前面已看到条件 (A1) 到 (A5) 成立. 现在的目标是为 $(\text{TS},\hat{\text{TS}})$ 提供赋范互模拟. 除了长度为 0 的平凡成形路径, $\hat{\text{TS}}$ 有成形路径 $s_0 \xRightarrow{\alpha} s_1$, TS 有成形路径 $s_\beta \xrightarrow{\alpha} t_\beta$ 和 $s_\gamma \xrightarrow{\alpha} t_\gamma$. 从而, 根据记法 8.8, 得到关系

$$\mathcal{R}_{\text{fp}} = \text{id} \cup \{(s_0,s_1),(s_\gamma,t_\gamma),(s_\beta,t_\beta)\}$$

其中 id 表示 $\hat{\text{TS}}$ 中的状态 $\hat{s}$ 组成的所有 $(\hat{s},\hat{s})$ 对的集合. 范数函数 ν_1 和 ν_2 定义如下. 对于 $(\hat{s},\hat{s}) \in \text{id}$, 令 $\nu_1(\hat{s},\hat{s}) = |\hat{s} \lhd \hat{s}| = 0$. 此外,

$$\nu_1(s_\gamma,t_\gamma) = \nu_1(s_\beta,t_\beta) = \nu_1(s_0,s_1) = 1$$

和[译注 200]

$$\nu_2(s_0, s_0) = \text{dist}(s_0) = 1$$

对于所有剩余情形, 令 $\nu_i(\cdot) = 0$. 下面验证 $(\mathcal{R}_{\text{fp}}, \nu_1, \nu_2)$ 是赋范互模拟. 条件 (N1) 显然满足, 而且 (N2) 对于 $(\hat{s}, \hat{s}) \in \mathcal{R}_{\text{fp}}$ 是显然的. 考虑对子 $(s_0, s_1) \in \mathcal{R}_{\text{fp}}$. 对 TS 中的迁移 $s_\gamma \xrightarrow{\alpha} t_\gamma$[译注 201], 取 $\hat{\text{TS}}$ 中的迁移 $s_0 \overset{\alpha}{\Longrightarrow} s_1$, 由于 $\nu_2(s_0, s_1) = 0 < 1 = \nu_2(s_0, s_0)$, 所以它适用条件 (N2.3). 类似的结论对 $s_\beta \xrightarrow{\alpha} t_\beta$[译注 202] 成立. 对 TS 中的迁移 $s_0 \xrightarrow{\alpha} s_1$, 条件 (N2.1) 因 $\hat{\text{TS}}$ 的 $s_0 \overset{\alpha}{\Longrightarrow} s_1$ 和 $(s_1, s_1) \in \mathcal{R}_{\text{fp}}$ 而成立. 类似地, $\hat{\text{TS}}$ 中的迁移 $s_0 \overset{\alpha}{\Longrightarrow} s_1$ 与 TS 中的迁移 $s_0 \xrightarrow{\alpha} s_1$ 按照条件 (N2.1) 匹配. 对 $\mathcal{R}_{\text{fp}}$ 中的其他对子, 可类似地验证条件 (N2). ■

由引理 8.19 和推论 7.7 得, TS 和 $\hat{\text{TS}}$ 在发散踏步互模拟下等价. 这完成了定理 8.4 的证明.

显然, 8.2.2 节和 8.2.3 节介绍的基于深度优先搜索的约简系统生成方法也可用于保证条件 (A1) 到 (A5). 附加条件 (A5) 是局部的, 可简单地检查选定进程 $\mathcal{P}_i$ 的 ample(s) 的候选动作集 $\text{Act}_i(s)$ 是否是单点集. 也可用静态偏序法, 但需要对 $|\text{ample}(s)| \geqslant 2$ 的所有状态扩充所得充足集.

8.4 总　　结

- 通过忽略无关动作的一些交错, 偏序约简试图只分析整个迁移系统 TS 的一个片段 $\hat{\text{TS}}$.
- 在执行片段中交换无关动作, 得出起点和终点状态都相同的执行片段.
- 充足集法依赖于为状态 s 选择 $\text{ample}(s) \subseteq \text{Act}(s)$. 如果充足集满足两个局部条件 (非空条件 (A1) 和踏步条件 (A3))、TS 的一个全局条件 (相关性条件 (A2)) 以及 $\hat{\text{TS}}$ 的一个全局条件 (环路条件 (A4)), 那么, TS 和 $\hat{\text{TS}}$ 就是踏步迹等价的, 因而是 $\text{LTL}_{\setminus\bigcirc}$ 等价的.
- 条件 (A1) 和 (A2) 保证 TS 中的任何执行 ρ 都可通过依次置换无关动作或添加无关踏步动作变换为 $\hat{\text{TS}}$ 中的执行 ρ'. 踏步条件 (A3) 和环路条件 (A4) 保证 ρ 踏步等价于 ρ'.
- 在动态偏序约简中, 约简迁移系统 $\hat{\text{TS}}$ 是在 (嵌套) 深度优先搜索的同时生成的. 为保证环路条件 (A4), 到栈内某状态有后向边的状态是完全展开的.
- 检查相关性条件 (A2) 与求解可达问题有相同的最坏时间复杂度. 为代替条件 (A2), 可施加一些更强的条件, 即, 容易通过静态分析检验的比条件 (A2) 更强的条件.
- 静态偏序约简在验证前生成约简迁移系统. 为了确立环路条件 (A4), 静态方法依赖于黏滞动作集的确定. 如果黏滞动作集满足可见条件 (S1) 和环路断裂条件 (S2), 约简将得到踏步等价的迁移系统.
- 如果充足集满足条件 (A1) 到 (A4) 及分支条件 (A5), 那么 TS 和 $\hat{\text{TS}}$ 是发散敏感踏步互似的, 从而是 $\text{CTL}^*_{\setminus\bigcirc}$ 等价的.

8.5 文献说明

动作的无关性. Lipton [276] 和 Mazurkiewicz [287] 关于并发动作的交换性的早期工作启发了偏序约简. 它们考虑在置换无关动作的意义下等价的动作序列. 动作序列的等价类被称为 Mazurkiewicz 迹 (如同文献 [125,253,357], 习题 8.5 处理 Mazurkiewicz 迹的变体). 并发系统的其他偏序模型也曾经影响偏序约简, 其中一些是偏序多集 [343]、偏序 [258]、Petri 网络的分支进程 [144] 和事件结构 [423]. Katz 和 Peled [234] 引入了无关动作的概念 (见定义 8.1). Apt、Francez 与 de Roever [16] 以及 Elrad 与 Francez [137] 在 20 世纪 80 年代早期提出了基于偏序观点的并发系统的演绎证明技术. 这些技术已由其他几个人扩展和细化, 见文献 [225,235,339,380] 等.

偏序约简. 在 20 世纪 90 年代初期, Godefroid、Peled 和 Valamari 独立地发展了并发异步系统的算法验证的偏序约简概念. 本章基于 Peled 关于 $\mathrm{LTL}_{\setminus\bigcirc}$ 的充足集法 [211,324,325]. 充足集类似于 Godefroid 的持久集 [168,169,171] 和 Valmari 的顽固集 [398–400]. 8.3节介绍的分支时间性质的充足集法源于 Gerth、Kuiper、Peled 和 Penczek [165,326]. Willems 和 Wolper [422] 以及 Ramakrihna 和 Smolka [352] 已提供了分支时间性质的另一种偏序约简方法. Penczek、Gerth、Kuiper 和 Szreter [330] 给出了保持线性和分支时间性质的替代准则以及 $\mathrm{CTL}^*_{\setminus\bigcirc}$ 的全称片段的可靠准则 (见习题 8.16至习题 8.18). 在文献 [218,401] 等中讨论了不同实现关系下的等价性检验的偏序约简技术.

计算约简模型. Holzmann、Peled 和 Yannakakis [212,325] 详细讨论了嵌套深度优先搜索与偏序约简的结合. 为进一步阅读偏序约简及其在模型检验器 SPIN 中的实现, 请参考文献 [169] 和文献 [92] 的第 10 章以及 Holzmann 关于 SPIN 的专著 [209]. 最近几年, 文献 [64,135,169,310,328,402,413] 等讨论了一些变体. Kurshan、Levin、Minea、Peled 和 Yenigün [251] 发展了静态偏序约简 (参见 8.2.4节). 偏序约简的其他应用包括与符号技术的集成 (Abdulla、Jonsson、Kindahl 和 Peled [3])、无限状态系统 (Alur、Brayton、Henzinger、Qadeer 和 Rajamani [8]) 以及广度优先搜索策略 (Bosnacki 和 Holzmann [59]).

相关方法. 休眠集的概念 [168,169,172] 与充足集、持久集、顽固集正交. 休眠集旨在减少迁移数而不是状态数, 并基于 (可能已约简的) 迁移系统在深度优先搜索遍历期间得到的图结构的 (动态) 知识. 由 Groote 和 van de Pol [177] 提出的 τ 汇合的概念着眼于约简符号状态空间并得到分支互似迁移系统. 可以对偏序尝试直接进行模型检验而不是对并发系统的交错表示进行偏序约简. McMillan [289] 给出了得到 1-安全 Petri 网的 (无限) 分支进程的初始部分的算法. 分支进程的完备有限前缀包含关于可达状态和可达迁移的所有信息, 可用于模型检验算法的基础, 见文献 [145,416] 等.

8.6 习　　题

习题 8.1　令 TS 是图 8.23 所示的迁移系统, $\mathrm{Act} = \{\alpha, \beta, \gamma, \delta, \tau\}$ 为动作集. 确定 TS 中的无关动作对.

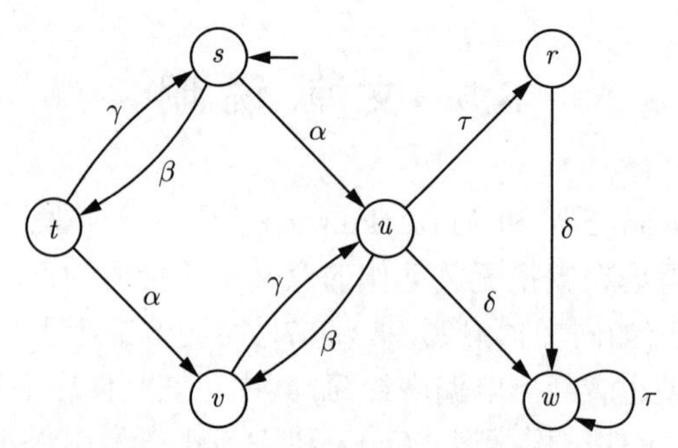

图 8.23 习题 8.1 的迁移系统 TS

习题 8.2 令 TS 是迁移系统并设 $\mathcal{I}$ 是 TS 中的无关动作对 (α,β) 的集合. 判断 $\mathcal{I}$ 是否是传递的、自反的和对称的.

习题 8.3 考虑图 8.24 中的程序图 PG_1 和 PG_2 的迁移系统 $\text{TS}(\text{PG}_1 \,|||\, \text{PG}_2)$. 确定无关动作对.

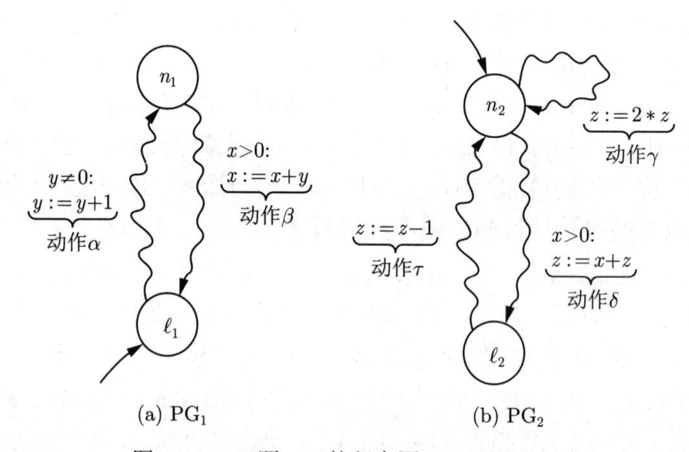

图 8.24 习题 8.3 的程序图 PG_1 和 PG_2

习题 8.4 考虑信号互斥的迁移系统 TS_{Sem} (见图 2.8). 我们处理动作集 $\text{Act} = \{\text{request}_i, \text{rel}_i, \text{enter}_i \mid i=1,2\}$ 和命题集 $\text{AP} = \{\text{crit}_1, \text{crit}_2\}$.

(a) 考虑有限执行片段 ϱ:

$$\begin{array}{ll}
\langle \text{noncrit}_1, \text{noncrit}_2, y=1\rangle & \xrightarrow{\text{request}_1} \\
\langle \text{wait}_1, \text{noncrit}_2, y=1\rangle & \xrightarrow{\text{enter}_1} \\
\langle \text{crit}_1, \text{noncrit}_2, y=0\rangle & \xrightarrow{\text{rel}_1} \\
\langle \text{noncrit}_1, \text{noncrit}_2, y=1\rangle & \xrightarrow{\text{request}_2} \\
\langle \text{noncrit}_1, \text{wait}_2, y=1\rangle &
\end{array}$$

研究 3 个动作序列:

$$\begin{array}{c}
\text{request}_1\text{enter}_1\text{request}_2\text{rel}_1 \\
\text{request}_1\text{request}_2\text{enter}_1\text{rel}_1 \\
\text{request}_2\text{request}_1\text{enter}_1\text{rel}_1
\end{array}$$

检验它们产生从 $s = \langle \text{noncrit}_1, \text{noncrit}_2, y = 1 \rangle$ 到 $t = \langle \text{noncrit}_1, \text{wait}_2, y = 1 \rangle$ 的执行片段, 并且这些片段与 ϱ 踏步等价, 由此验证引理 8.3.

(b) 考虑无限执行片段 ρ:

$$
\begin{array}{ll}
\langle \text{noncrit}_1, \text{noncrit}_2, y = 1 \rangle & \xrightarrow{\text{request}_1} \\
\langle \text{wait}_1, \text{noncrit}_2, y = 1 \rangle & \xrightarrow{\text{enter}_1} \\
\langle \text{crit}_1, \text{noncrit}_2, y = 0 \rangle & \xrightarrow{\text{rel}_1} \\
\langle \text{noncrit}_1, \text{noncrit}_2, y = 1 \rangle & \xrightarrow{\text{request}_1} \cdots
\end{array}
$$

在这个片段中进程 $\mathcal{P}_1$ 不断地通过它的 3 个阶段, 而 $\mathcal{P}_2$ 却无所事事. 研究动作序列 $\text{request}_2(\text{request}_1\text{enter}_1\text{rel}_1)^\omega$ 并检验它可得到与 ρ 踏步等价的无限执行片段, 由此验证引理 8.3.

习题 8.5　令 $\text{TS} = (S, \text{Act}, \to, I, \text{AP}, L)$ 是动作确定的迁移系统. 令 $\mathcal{I}_{\text{st}}$ 是满足以下条件的所有动作对 $(\alpha, \beta) \in \text{Act} \times \text{Act}$ 的集合, α 和 β 无关且至少有一个是踏步动作. 令踏步置换等价 $\leftrightharpoons_{\text{perm}}$ 是 Act^* 上满足以下条件的最粗等价: 若 $\bar{\gamma}, \bar{\delta} \in \text{Act}^*$ 且 $(\alpha, \beta) \in \mathcal{I}_{\text{st}}$, 则

$$\bar{\gamma}\alpha\beta\bar{\delta} \leftrightharpoons_{\text{perm}} \bar{\gamma}\beta\alpha\bar{\delta}$$

(a) 令 ϱ 与 ϱ' 是 TS 中的两个有限执行片段, 它们有相同的开始状态和踏步置换等价的动作序列. 证明 $\varrho \triangleq \varrho'$.

(b) 令 $\varrho = s_0 \xrightarrow{\alpha_1} s_1 \xrightarrow{\alpha_2} \cdots \xrightarrow{\alpha_k} s_k$ 是 TS 中的有限执行片段, 令 $\beta_1\beta_2\cdots\beta_k \in \text{Act}^*$ 满足 $\alpha_1\alpha_2\cdots\alpha_k \leftrightharpoons_{\text{perm}} \beta_1\beta_2\cdots\beta_k$. 证明在 TS 中存在从 s_0 开始的依托动作序列 $\beta_1\beta_2\cdots\beta_k$ 的有限执行片段.

用如下方法把 $\leftrightharpoons_{\text{perm}}$ 扩展为无限动作序列的等价. 如果 $\tilde{\alpha} = \alpha_1\alpha_2\alpha_3\cdots$ 和 $\tilde{\beta} = \beta_1\beta_2\beta_3\cdots$ 是 Act^ω 中的动作序列, 那么, $\tilde{\alpha} \trianglelefteq_{\text{perm}} \tilde{\beta}$ 是指以下条件成立, 对 $\tilde{\alpha}$ 的所有有限前缀 $\alpha_1\alpha_2\cdots\alpha_n$ 存在 $\tilde{\beta}$ 的有限前缀 $\beta_1\beta_2\cdots\beta_m$ $(m \geqslant n)$ 和有限单词 $\bar{\gamma} \in \text{Act}^*$ 使得

$$\alpha_1\alpha_2\cdots\alpha_n\bar{\gamma} \leftrightharpoons_{\text{perm}} \beta_1\beta_2\cdots\beta_n$$

然后定义 Act^ω 上的二元关系 $\leftrightharpoons^\omega_{\text{perm}}$ 为

$$\tilde{\alpha} \leftrightharpoons^\omega_{\text{perm}} \tilde{\beta} \ \text{ iff } \ \tilde{\alpha} \trianglelefteq_{\text{perm}} \tilde{\beta} \text{ 且 } \tilde{\beta} \trianglelefteq_{\text{perm}} \tilde{\alpha}$$

(a) 证明 $\leftrightharpoons^\omega_{\text{perm}}$ 是一个等价.

(b) 令 ρ 与 ρ' 是 TS 中有相同开始状态 s, 动作序列分别为 $\tilde{\alpha}$ 和 $\tilde{\beta}$ 的两个无限执行片段. 证明: 如果 $\tilde{\alpha} \leftrightharpoons^\omega_{\text{perm}} \tilde{\beta}$, 那么 $\rho \triangleq \rho'$.

(c) 令 $\rho = s_0 \xrightarrow{\alpha_1} s_1 \xrightarrow{\alpha_2} s_2 \xrightarrow{\alpha_3} \cdots$ 是 TS 中动作序列为 $\tilde{\alpha} = \alpha_1\alpha_2\alpha_3\cdots \in \text{Act}^\omega$ 的无限执行片段, 并令 $\tilde{\beta} = \beta_1\beta_2\beta_3\cdots \in \text{Act}^\omega$ 满足 $\tilde{\alpha} \leftrightharpoons^\omega_{\text{perm}} \tilde{\beta}$. 证明 TS 中存在始于 s_0 且依托动作序列 $\tilde{\beta}$ 的无限执行片段.

(d) 令 $\tilde{\alpha} = \alpha_1\alpha_2\alpha_3\cdots \in \text{Act}^\omega$ 并令 $(\tilde{\alpha}_i)_{i \geqslant 1}$ 是以下形式的无限动作序列的序列:

$$\tilde{\alpha}_i = \underbrace{\alpha_1\alpha_2\cdots\alpha_i}_{\tilde{\alpha}\text{中的}}\tilde{\beta}_i$$

其中 $\tilde{\beta}_i$ 是 Act^ω 的满足

$$\tilde{\alpha}_1 \leftrightharpoons^\omega_{\text{perm}} \tilde{\alpha}_2 \leftrightharpoons^\omega_{\text{perm}} \tilde{\alpha}_3 \leftrightharpoons^\omega_{\text{perm}} \cdots$$

的一个元素. 能对所有 $i \geqslant 1$ 推断 $\tilde{\alpha}_i \leftrightharpoons^\omega_{\text{perm}} \tilde{\alpha}$ 吗? 给出证明或反例.

习题 8.6 在图 8.25 所示的迁移系统中, 状态标记如下:

$$L(s_{10}) = \varnothing$$
$$L(s_6) = L(s_7) = \{a\}$$
$$L(s_3) = L(s_4) = L(s_5) = L(s_8) = L(s_9) = \{b\}$$
$$L(s_1) = L(s_2) = \{a, b\}$$

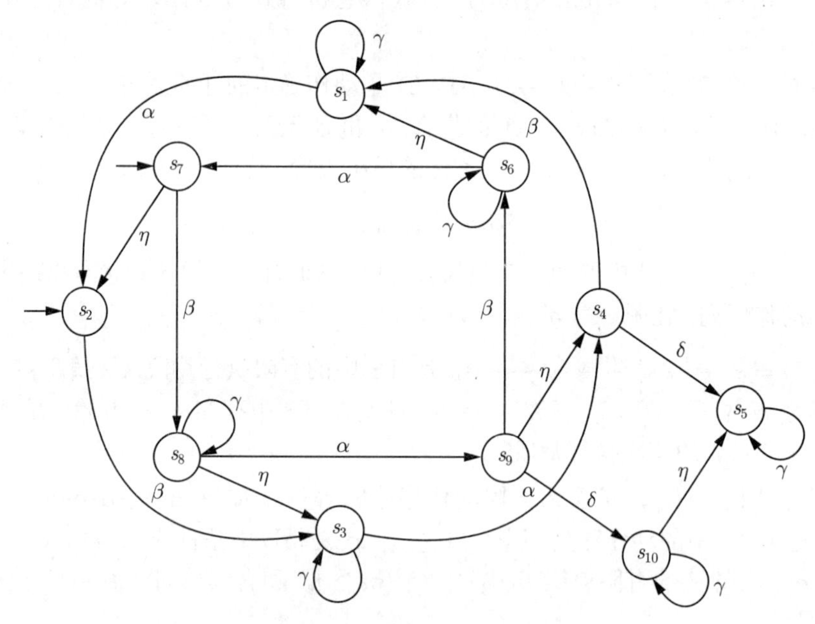

图 8.25 习题 8.6 的迁移系统

指出下面的每个充足集是否满足条件 (A1) 到 (A3), 同时检验条件 (A4) 是否成立.

$$\text{ample}(s_6) = \{\gamma, \alpha\}$$
$$\text{ample}(s_7) = \{\beta\}$$
$$\text{ample}(s_8) = \{\alpha\}$$
$$\text{ample}(s_9) = \{\alpha, \beta, \delta\}$$
$$\text{ample}(s_{10}) = \{\gamma, \eta\}$$

如果条件 (A1) 到 (A4) 不成立, 提供使其成立的充足集的最小扩张. 说明你的修改.

习题 8.7 考虑 Peterson 互斥算法的迁移系统 TS_{Pet} (见 2.2.2 节).

(a) 哪些动作是无关的?

(b) 对 TS_{Pet} 应用偏序约简方法, 分别根据以下每种情况选择小充足集:

(i) 检验不变式 $\Box\neg(\text{crit}_1 \wedge \text{crit}_2)$ 的算法 8.1. 取 $\text{AP} = \{\text{crit}_1, \text{crit}_2\}$.

(ii) 检验活跃性质 $\Box\Diamond\text{crit}_1$ 的算法 8.2. 取 $AP = \{\text{crit}_1\}$.

习题 8.8　考虑例 2.13 中的结账系统的迁移系统 $TS = BCR \parallel BP \parallel \text{Printer}$.

(a) 哪些动作是无关的?

(b) 使用如下得到的最小充足集对 TS 应用偏序约简方法: 根据检验活性性质 $\varphi = \Box\Diamond$ “打印机处于位置 1” 的算法 8.1, 其中打印机的位置为原子命题.

习题 8.9　图 8.26 左侧给出迁移系统 TS, 右侧给出以 $\text{ample}(s) = \{\alpha\}$ 为充足集的约简系统 $\hat{TS}$. 检验 TS 和 $\hat{TS}$ 是否踏步迹等价. 如果不是, 指出违反了条件 (A1) 到 (A4) 中的哪些条件. 对图 8.27 和图 8.28 所示的迁移系统及其约简回答同样问题. 在这 3 个图中, 不同颜色表示不同的状态标记.

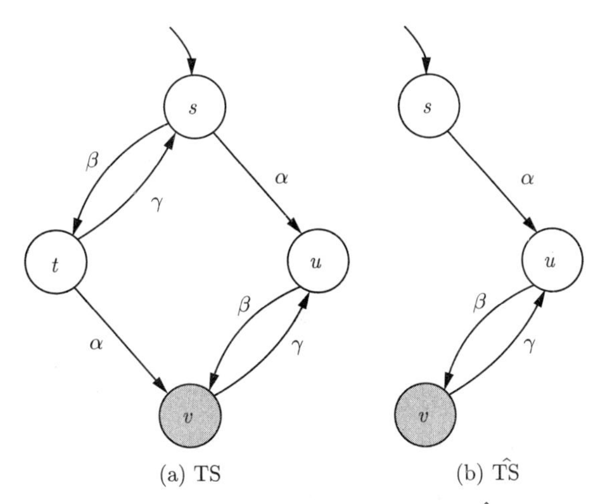

(a) TS　　(b) $\hat{TS}$

图 8.26　习题 8.9 的迁移系统 TS 和 $\hat{TS}$ (1)

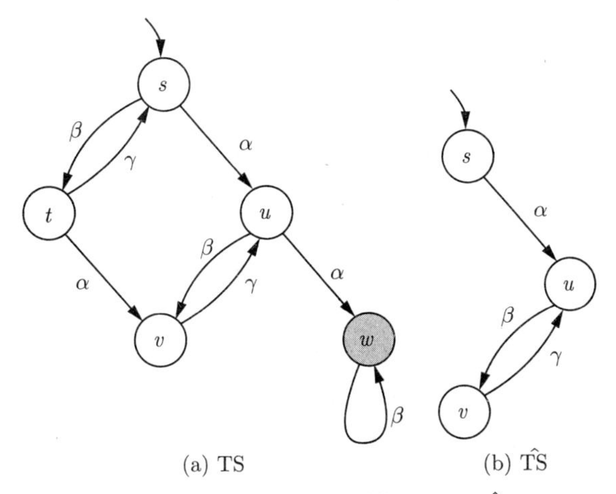

(a) TS　　(b) $\hat{TS}$

图 8.27　习题 8.9 的迁移系统 TS 和 $\hat{TS}$ (2)

习题 8.10　考虑图 8.29 所示的迁移系统 TS.

证明条件 (A1) 到 (A4) 不允许对任何状态约简, 尽管存在与 TS 踏步迹等价的较小的子系统 $\hat{TS}$.

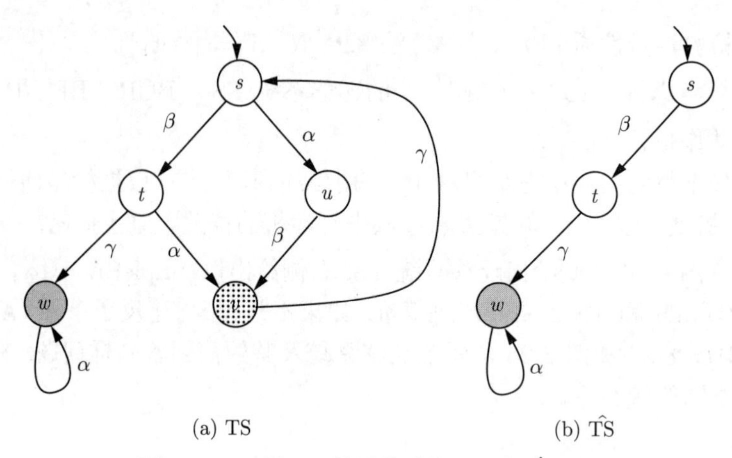

(a) TS (b) $\hat{\text{TS}}$

图 8.28 习题 8.9 的迁移系统 TS 和 $\hat{\text{TS}}$ (3)

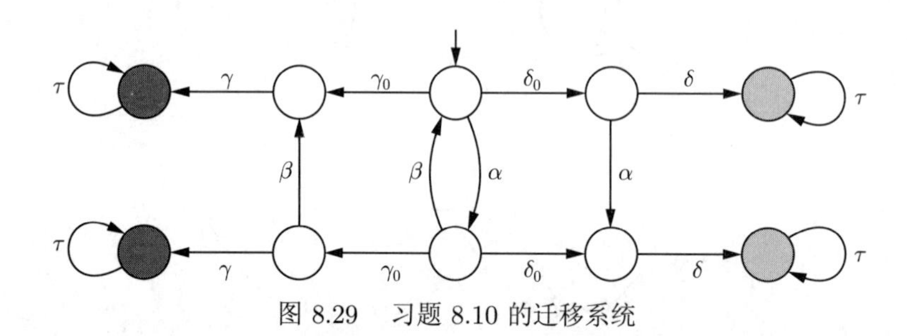

图 8.29 习题 8.10 的迁移系统

习题 8.11 令 $\text{TS}_i = (S_i, \text{Act}_i, \to_i, I_i, \text{AP}, L_i)$ 是动作确定的迁移系统, $i = 1, 2, \cdots, n$, 且若 $1 \leqslant i < j < k \leqslant n$ 则 $\text{Act}_i \cap \text{Act}_j \cap \text{Act}_k = \varnothing$. 考虑在共同动作上同步的并行合成 (见 2.2.3 节), 即, 迁移系统

$$\text{TS} = \text{TS}_1 \parallel \text{TS}_2 \parallel \cdots \parallel \text{TS}_n$$

对 TS 的每个状态 $s = \langle s_1, s_2, \cdots, s_n \rangle$, 令 $\text{Act}_i(s) = \text{Act}_i \cap \text{Act}(s)$ 是 TS_i 在 s 处激活的动作的集合.

证明, 若对 TS 的每个状态 s, 下面的条件 (i) 和 (ii) 成立, 则相关性条件 (A2) 成立.

(i) 若 $\text{ample}(s) \neq \text{Act}(s)$, 则对某个 $i \in \{1, 2, \cdots, n\}$ 有 $\text{ample}(s) = \text{Act}_i(s)$.

(ii) 若 $\text{ample}(s) = \text{Act}_i(s) \neq \text{Act}(s)$, 则 $\text{ample}(s) \cap \left(\bigcup\limits_{\substack{1 \leqslant j \leqslant n \\ j \neq i}} \text{Act}_j \right) = \varnothing$.

习题 8.12 对图 8.30 所示的 3 个程序图应用静态偏序约简法, 用算法 8.5 生成动作集 A_{sticky}, 并生成修改后的程序图 $\hat{\text{PG}}_1$、$\hat{\text{PG}}_2$ 和 $\hat{\text{PG}}_3$.

习题 8.13 为处理基于通道的信息传递的程序图, 需要对静态偏序约简法进行哪些修改?

习题 8.14 考虑图 8.31(a) 所示的迁移系统 TS, 其中 3 个灰色状态标记为 $\{a\}$, 而白色状态标记为 $\varnothing$. 令 $\text{ample}(\cdot)$ 是得出图 8.31(b) 所示的约简系统 $\hat{\text{TS}}$ 的充足集.

(a) 证明条件 (A1) 到 (A5) 成立.

(b) 提供 $(\text{TS}, \hat{\text{TS}})$ 的一个赋范互模拟.

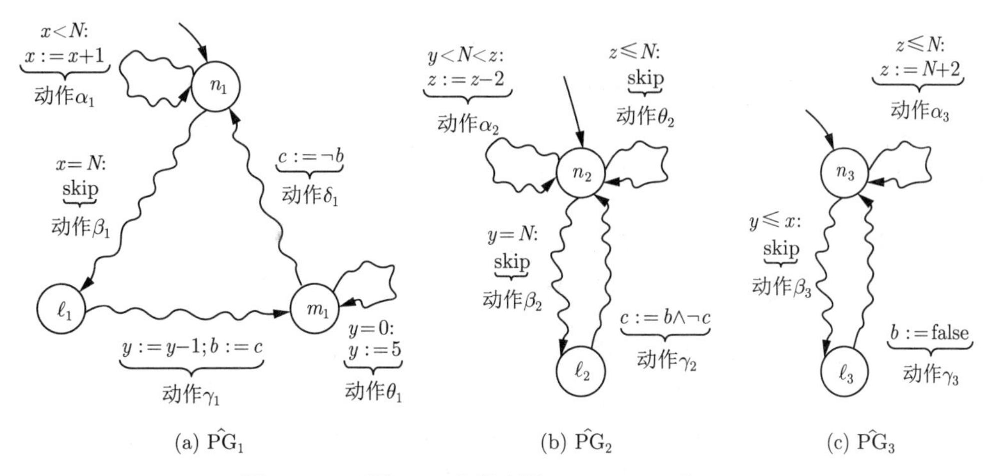

(a) $\hat{\text{PG}}_1$　　(b) $\hat{\text{PG}}_2$　　(c) $\hat{\text{PG}}_3$

图 8.30　习题 8.12 的程序图 PG_1、PG_2 和 PG_3

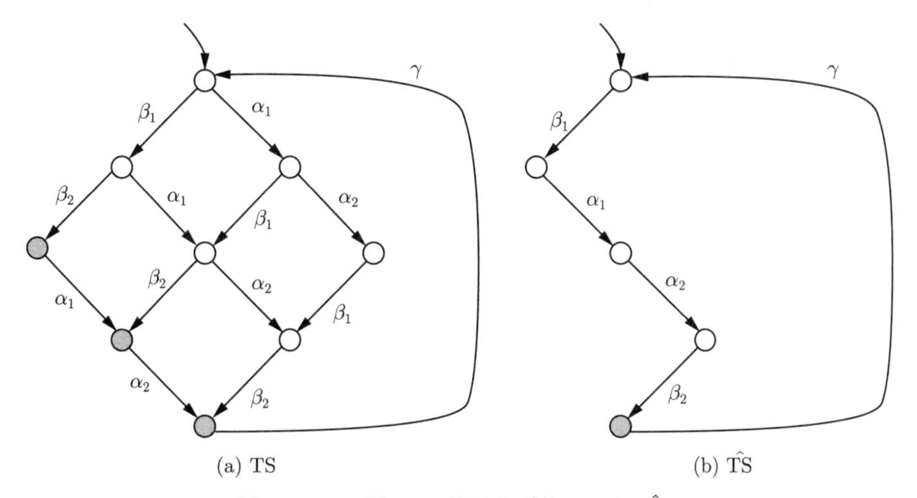

(a) TS　　(b) $\hat{\text{TS}}$

图 8.31　习题 8.14 的迁移系统 TS 和 $\hat{\text{TS}}$

习题 8.15　证明引理 8.17 (b).

习题 8.16　令 $\text{TS} = (S, \text{Act}, \rightarrow, I, \text{AP}, L)$ 是动作确定的没有终止状态的有限迁移系统, 令 $\mathcal{I}$ 是 $\text{Act} \times \text{Act}$ 上的二元关系, 它满足: 若 α 和 β 是相关的, 则 $(\alpha, \beta) \notin \mathcal{I}$. 令 Vis 是可见动作集, 即 Vis 是所有非踏步动作 $\alpha \in \text{Act}$ 的集合. 进一步, 令给定的充足集 $\text{ample}(s) \subseteq \text{Act}(s)$ 对所有状态 $s \in S$ 都满足条件 ($\text{A2}_{\mathcal{I}}$)、(A6)、(A7) 和 (A8):

($\text{A2}_{\mathcal{I}}$) 如果 $s \xrightarrow{\beta_1} s_1 \xrightarrow{\beta_2} s_2 \xrightarrow{\beta_3} \cdots \xrightarrow{\beta_m} s_m \xrightarrow{\gamma} t$ 是 TS 的有限执行片段且满足对所有 $\alpha \in \text{ample}(s)$ 都有 $\gamma \notin \text{ample}(s)$ 且 $(\alpha, \gamma) \notin \mathcal{I}$, 那么存在下标 $n \in \{1, 2, \cdots, m\}$ 使得 $\beta_n \in \text{ample}(s)$.

(A6) $(\text{Vis} \times \text{Vis}) \cap \mathcal{I} = \varnothing$.

(A7) 若 s 不是完全展开的, 则 $\text{ample}(s)$ 至少包含一个可见动作, 即

$$\text{ample}(s) \cap \text{Vis} \neq \varnothing \text{ 且 } \text{ample}(s) \setminus \text{Vis} \neq \varnothing$$

(A8) 若 s 不是完全展开的, 则 $\text{ample}(s)$ 至少包含一个踏步动作, 即

$$\text{ample}(s) \setminus \text{Vis} \neq \varnothing$$

证明 TS 和 $\hat{\text{TS}}$ 是 $\text{LTL}_{\setminus\bigcirc}$ 等价的.

习题 8.17 令 TS、$\mathcal{I}$ 和条件 (A2$_{\mathcal{I}}$)、(A6)、(A7) 如习题 8.16 所述, 并令给定的充足集满足条件 (A2$_{\mathcal{I}}$)、(A6)、(A7). 如前, 令 $\hat{S}$ 是 $\hat{\text{TS}}$ 的状态空间并设

$$\mathcal{R} = \{(s, \hat{s}) \in S \times \hat{S} \mid \text{存在执行片段} s \xrightarrow{\alpha_1} s_1 \xrightarrow{\alpha_2} s_2 \xrightarrow{\alpha_3} \cdots \xrightarrow{\alpha_n} \hat{s} \\ \text{使得 } \alpha_1\alpha_2\cdots\alpha_n \text{ 是踏步动作}\}$$

证明 $\mathcal{R}$ 是 $(\text{TS}, \hat{\text{TS}})$ 的踏步模拟, 见习题 7.29 中的定义.

习题 8.18 令 TS、$\mathcal{I}$ 和条件 (A2$_{\mathcal{I}}$)、(A6)、(A7) 如习题 8.16 所述. 证明: 如果条件 (A2$_{\mathcal{I}}$)、(A6)、(A7) 和分支条件 (A5) 成立, 那么 TS 和 $\hat{\text{TS}}$ 是 $\forall\text{CTL}^*_{\setminus\bigcirc}$ 等价的.

(提示: 证明像习题 8.17 中那样的关系 $\mathcal{R}$ 是像习题 7.29 中那样的发散敏感踏步模拟, 并应用习题 7.29 的命题 (h) 和定理 7.18.)

第 9 章　时控自动机

本书到目前为止讨论的逻辑都是在迁移系统上解释的, 迁移系统描述一个反应系统如何从一个状态演化到另一个状态. 然而, 本书到目前为止尚未涵盖计时方面. 即, 已经给出的指示既不涉及状态的停留时间, 也不涉及在特定时间间隔内选择一种迁移的可能性. 不过, 像设备驱动器、咖啡机、通信协议、自动取款机等反应系统必须及时反应, 它们是时间*关键系统*. 时间关键系统的行为通常要受到很严格的计时约束. 例如, 对于铁路道口, 在检测到火车靠近时, 应在规定时间内关门, 以在火车到达前阻断汽车和行人交通; 对于放射机, 癌症患者接受大剂量辐射的时间是非常重要的, 稍长一点儿都是危险的, 可能会导致病人的死亡.

简言之: 时间关键系统的正确性不仅取决于计算的逻辑结果, 还取决于产生结果的时间.

对反应系统来说, 时效性是至关重要的, 保证满足系统的计时约束是必要的. 本章的主题是检验反应系统是否满足计时约束. 为了表达这种计时约束, 策略是扩展逻辑形式化方法, 允许用量化时间概念表达事件的顺序. 这种扩展允许表达下面的计时约束:

交通灯将在接下来的 30s 内变绿

要做出的第一个选择是时间域: 它是离散的还是连续的? 离散时间域在概念上是简单的. 迁移系统用来建立时限系统的模型, 假定其中每个动作都持续一个时间单位. 更一般的延迟可用专用的不可见动作建模, 例如 τ (对滴答). 动作 α 持续 $k > 1$ 个时间单位, 这样的事实可用 α 之后 (或之前) 的 $k-1$ 个滴答动作建模. 这种方法通常导致很大的迁移系统. 注意, 在这种模型中, 任何两个动作之间的最小时间差都是一个先验的固定时间单位的倍数. 例如, 对于同步系统, 其参与进程步调一致地前进, 离散时间域是恰当的: 一个时间单位对应一个时钟脉冲. 在此设置下, 可用传统的时序逻辑表达计时约束. 下一步运算符可用于测量离散时长, 即, $\bigcirc\Phi$ 意为 Φ 恰好在一个时间单位后成立. 通过定义 $\bigcirc^{k+1}\Phi = \bigcirc^{k}(\bigcirc\Phi)$ 及 $\bigcirc^{0}\Phi = \Phi$, 就可描述一般的计时约束. 通过简写 $\Diamond^{\leqslant k}\Phi = \bigcirc^{0}\Phi \vee \bigcirc\Phi \vee \cdots \vee \bigcirc^{k}\Phi$, 上面非形式化表述的关于交通灯的计时约束就可表示为[译注 203]

$$\Box(\text{red} \rightarrow \Diamond^{\leqslant 30}\text{green})$$

对于同步系统, 可用迁移系统以及 LTL 或 CTL 这类逻辑表达计时约束, 并且传统的模型检验算法就足够了.

本书内容不限于同步系统, 还将像在经典物理学中那样考虑具有连续性的时间. 也就是说, 将把非负实数 (集合 $\mathbb{R}_{\geqslant 0}$) 作为时间域. 这样做的主要优点是不必事先固定时间单位, 因为当时间尺度改变时无须改变连续时间模型. 对于异步系统, 这是更适当的, 例如分布式系统等, 其中的组件可以以不同的速度运行, 而且比离散时间模型更直观. 正如例 9.1 说明的那样, 没有额外定时信息的异步系统的迁移系统表示过于抽象, 难以恰当建立计时约束的模型.

例 9.1 铁路道口

考虑例 2.14 中讨论的铁路道口, 见图 9.1. 需要对此铁路道口开发控制系统, 使它在接收到表明一列火车正在接近的信号之后关上门 (落下栏杆), 并且只有火车发出已经离开(完全通过道口) 的信号时才打开门 (升起栏杆). 控制系统应遵守的安全性质是: 当火车通过道口时门总是关闭的. 整个系统由 3 个组件—— Train、Gate 和 Controller 组成:

$$\text{Train} \parallel \text{Gate} \parallel \text{Controller}$$

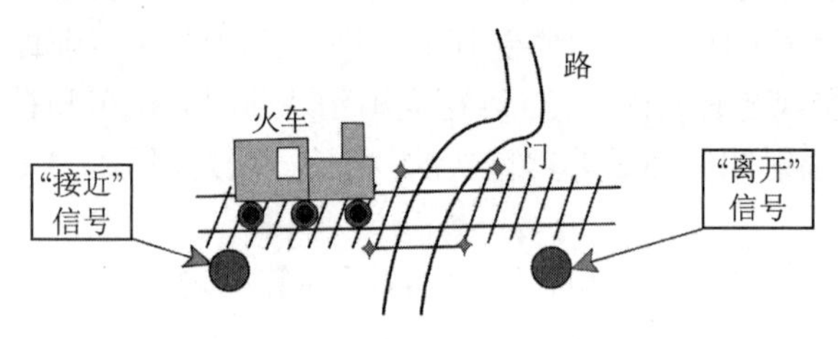

图 9.1 铁路道口 (时间抽象)

前面讲过, 一对进程的共同动作需要联动执行, 而其他动作是自主执行的. 这些进程的迁移系统如图 9.2 所示. 可知, 复合系统 Train ∥ Gate ∥ Controller 不能保证当火车经过道口时门是关闭的. 检查复合迁移系统的初始片段可容易看出这一点. 见图 9.3, 不能从迁移系统推断出火车发出 "接近" 信号之后是在门关闭之前还是在关门之后到达道口.

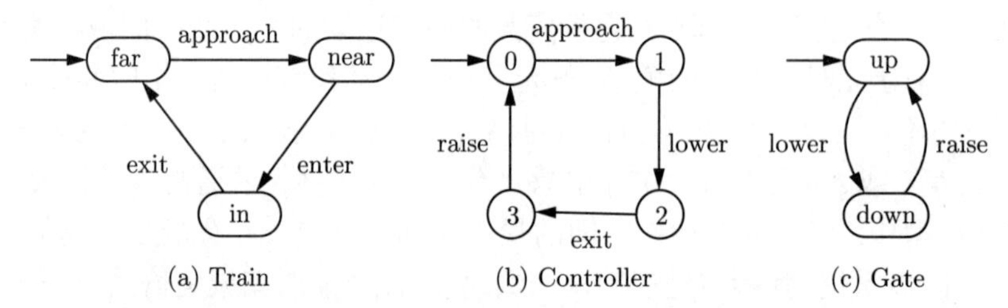

图 9.2 进程 Train 、Controller 和 Gate 的迁移系统

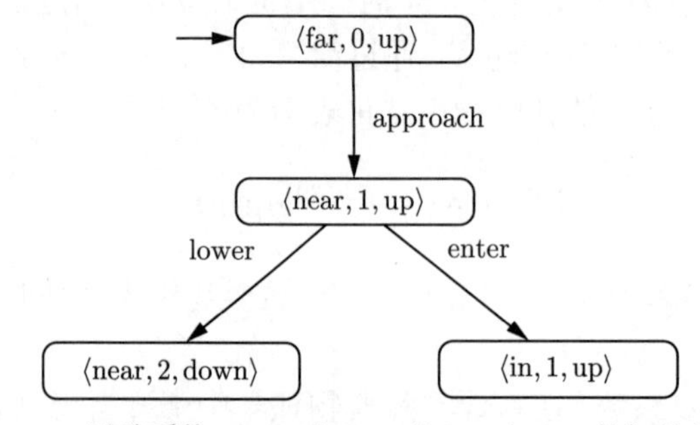

图 9.3 迁移系统 Train ∥ Gate ∥ Controller 的初始片段

假设火车不超过某一最高速度, 可表明火车发出 "接近" 信号的时刻和火车到达道口的时刻之间的时长的下界, 见图 9.4. 假定在发出 "接近" 信号之后, 火车需要超过 2min 到达

道口. 相应地, 可做出对控制器和门的计时假设. 在收到“接近”信号恰好 1min 后, 控制器将示意栏杆落下. 假定实际落杆不超过 1min.

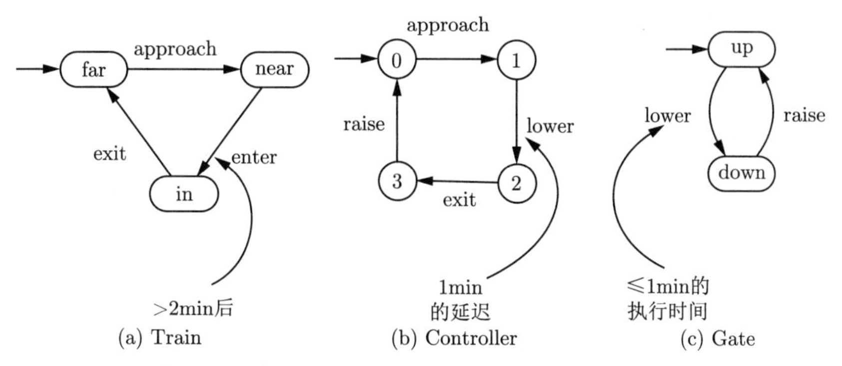

图 9.4 有计时假设的 Train、Controller 和 Gate

全局状态 $\langle \text{near}, 1, \text{up} \rangle$ 的分支现在可用计时信息标记[译注 204], 如图 9.5 所示.

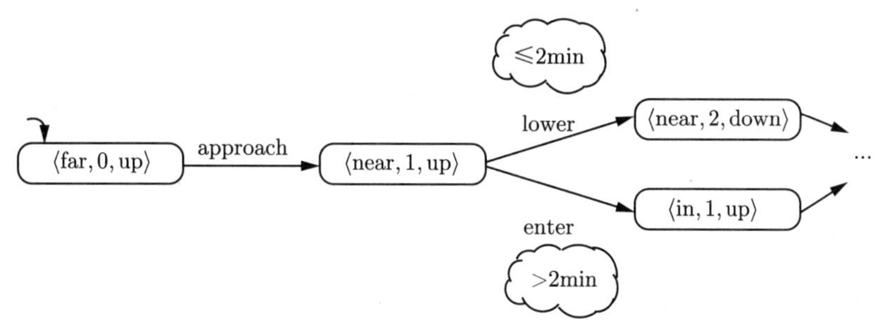

图 9.5 用计时信息标记全局状态分支

火车只能在多于 2min 后执行局部状态改变 near $\xrightarrow{\text{enter}}$ in. 门在收到“接近”信号之后最多 2min 关闭. 因此, 全局状态的改变

$$\langle \text{near}, 1, \text{up} \rangle \xrightarrow{\text{enter}} \langle \text{in}, 1, \text{up} \rangle$$

不会发生. 这样, 在火车到达道口前, 门总是关闭的. 动作 raise 只在火车已经发出“离开”信号之后才发生, 这样, 只要火车在道口上, 门就保持关闭. ■

作为时间关键系统的形式化建模方法, 人们已经提出了时控自动机的概念, 用测量时间流逝的时钟变量扩展迁移系统 (实际上是程序图). 该模型能够约束状态停留时间和动作执行时间.

9.1 时控自动机述要

时控自动机为时间关键系统的行为建立模型. 时控自动机实际上就是程序图, 只是配备了取值实数的有限个时钟变量, 简称时钟. 在后续内容中, 假设时钟的集合是可数的, 用 x、y、z 表示时钟. 时钟不同于普通变量, 因为它们的访问是受限的: 可能只允许从时钟读数或让它重置为 0. 时钟重置为 0 后, 就开始随着时间的推移隐式地增加其值. 所有的时钟以速率 1 增长, 即流逝 d 个时间单位后, 所有的时钟都增加了 d. 时钟的值因而就是从上次重置后流逝的时间的量. 可以直观地把时钟看作可以启动、可以查看的彼此独立的秒表. 可以用依赖于时钟值的条件作为动作的激活条件 (即卫式). 只有当条件满足时, 动作才能激活并能够发生; 否则, 动作是灭活的. 依赖于时钟值的条件称为*时钟约束*. 为简单起见, 假定激活条件只依赖于时钟值而不依赖于其他数据变量. 时钟约束也用于限制在一个位置的时间消耗量. 定义 9.1 规定了如何形成时钟上的约束.

定义 9.1 时钟约束

时钟集 C 上的时钟约束根据以下语法形成:

$$g ::= x < c \mid x \leqslant c \mid x > c \mid x \geqslant c \mid g \wedge g$$

其中, $c \in \mathbb{N}$, 且 $x \in C$. 令 $\mathrm{CC}(C)$ 表示 C 上的时钟约束的集合.

不包含任何合取的时钟约束称为*原子时钟约束*. 令 $\mathrm{ACC}(C)$ 表示在 C 上的所有原子时钟约束的集合. ■

时钟约束常常用缩写形式, 即, $(x \geqslant c_1) \wedge (x < c_2)$ 可缩写为 $x \in [c_1, c_2)$ 或 $c_1 \leqslant x < c_2$. 对于更复杂的情况, 可加入诸如 $x - y < c$ 这种时钟差约束. 为简单起见, 这里省略它们, 并且仅限于讨论时钟与常数 $c \in \mathbb{N}$ 作比较的原子时钟约束. 如果允许 c 是有理数, 模型检验问题的可判定性不受影响. 在这种情况下, 每个公式中的有理数可通过合适的比例转换为自然数. 一般, 可用出现在所有时钟约束中的所有常数的分母的最小公倍数乘以每个常数.

直观地看, 时控自动机就是 (略加修改) 的程序图, 其变量是时钟. 时钟用于建立关于系统行为的实时假设. 时控自动机的边上标有卫式 (何时允许取这条边?)、动作 (取这条边时做什么?) 和时钟集 (重置哪些时钟?) 位置配有不变式, 限制可在这个位置上停留的时间. 时控自动机的形式化定义见定义 9.2.

定义 9.2 时控自动机

时控自动机是元组 $\mathrm{TA} = (\mathrm{Loc}, \mathrm{Act}, C, \hookrightarrow, \mathrm{Loc}_0, \mathrm{Inv}, \mathrm{AP}, L)$, 其中:

- Loc 是位置的有限集合.
- $\mathrm{Loc}_0 \subseteq \mathrm{Loc}$ 是初始位置的集合.
- Act 是动作的有限集合.
- C 是时钟的有限集合.
- $\hookrightarrow \subseteq \mathrm{Loc} \times \mathrm{CC}(C) \times \mathrm{Act} \times 2^C \times \mathrm{Loc}$ 是迁移关系.
- $\mathrm{Inv}\colon \mathrm{Loc} \to \mathrm{CC}(C)$ 是不变式赋值函数.
- AP 是原子命题的有限集合.
- $L\colon \mathrm{Loc} \to 2^{\mathrm{AP}}$ 是位置的标记函数.

ACC(TA) 表示出现在 TA 的卫式中或位置不变式中的原子时钟约束的集合. ■

时控自动机是具有时钟有限集 C 的程序图. 用元组 (g, α, D) 标记边. 其中, g 是时控自动机的时钟上的一个时钟约束, α 是一个动作, $D \subseteq C$ 是时钟的一个集合. $\ell \xhookrightarrow{g:\,\alpha, D} \ell'$ 的直观解释是: 当时钟约束 g 成立时, 时控自动机可以从位置 ℓ 移动到位置 ℓ'. 另外, 当从位置 ℓ 移动到位置 ℓ' 时, 重置 D 中的任何时钟为 0, 并且执行动作 α. 函数 Inv 给每个位置指定一个位置不变式, 它描述时控自动机在此位置可停留多长时间. 对于位置 ℓ, $\mathrm{Inv}(\ell)$ 约束可在 ℓ 处停留的时间量. 也就是说, 在不变式 $\mathrm{Inv}(\ell)$ 变为无效之前, 时控自动机应该离开

位置 ℓ. 如果这是不可能的, 例如此处没有激活的出迁移等, 那就没有推进的可能. 在时控自动机的形式语义 (见定义 9.6) 中, 这种情况会导致时间推进停止. 因为时间不能再推进, 这种情况也被称为时间锁定. 这种情况将在以后更详细地讨论. 函数 L 与在迁移系统中的作用相同, 它把任一位置与在此位置有效的原子命题的集合关联.

在考虑时控自动机的准确解释之前, 先给出一些简单的例子.

为了描述时控自动机, 采用程序图的绘图惯例. 位置不变式写在位置内, 当它们为真时将被省略. 时控自动机的边上标有卫式、动作和要重置的时钟集. 常省略时钟空集. 对恒真的时钟约束也是如此. 时钟集 D 的重置有时用 reset(D) 表示. 如果动作无关紧要, 也可省略它们.

例 9.2　卫式与位置不变式

图 9.6(a) 描述了一个简单的时控自动机, 它有一个时钟 x 和一个带自循环的位置 ℓ. 如果时钟 x 的值至少为 2, 就可采用自循环, 此时应重置时钟 x. 最初, 时钟 x 的默认值为 0.

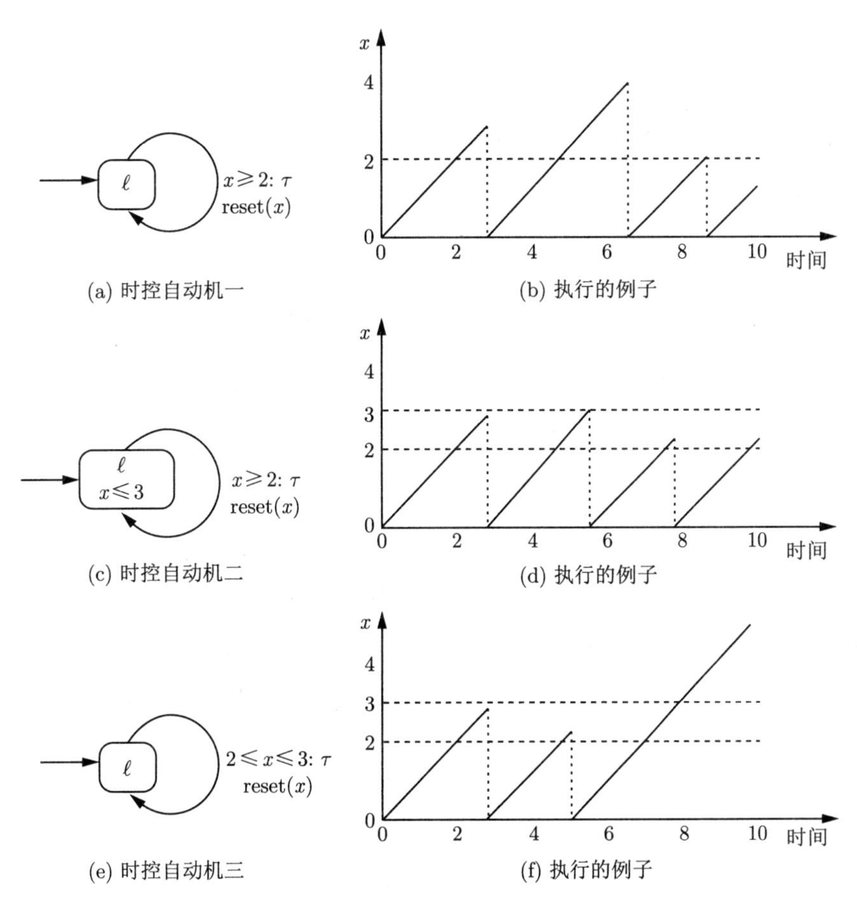

图 9.6　几个单时钟时控自动机及其演进

图 9.6(b) 给出了这个时控自动机执行的一个例子, 通过描绘时钟 x 的值以及从时控自动机启动之后流逝的时间. 时钟每次重置为 0, 时控自动机都在位置 ℓ 处自循环. 因为 $\text{Inv}(\ell) = \text{true}$, 所以当停留在 ℓ 处时, 时间可以不受任何限制地推进. 特别地, 永远停留在位置 ℓ 也是时控自动机的一个合法行为. 表示为[译注 205]

$$\text{Loc} = \text{Loc}_0 = \{\ell\}, C = \{x\}, \ell \xrightarrow{x\geqslant 2:\ \{x\}} \ell, \text{Inv}(\ell) = \text{true}$$

的位置集省略了状态标记和动作.

稍微改变图 9.6(a) 中的时控自动机, 在位置 ℓ 处加入一个位置不变式 $x \leqslant 3$, 产生 x 不能再无限推进的效果. 但是, 若 $x \geqslant 2$ (卫式) 和 $x \leqslant 3$ (不变式), 则必须采用出迁移. 注意, 没有指定在区间 [2, 3] 的哪一时刻采用迁移, 即这要未定地决定. 图 9.6(c) 和图 9.6 (d) 分别说明了该时控自动机及其例子.

在图 9.6(a) 中, 如下做法不能得到同样效果: 用 $2 \leqslant x \leqslant 3$ 加强卫式并同时保持 $\text{Inv}(\ell) = \text{true}$. 此时, 只有当 $2 \leqslant x \leqslant 3$ 时才采用出迁移 (像上面一样), 但不强制采用出迁移, 即, 它可简单地忽视动作, 停留在 ℓ 处, 让时间流逝. 图 9.6(e) 和图 9.6(f) 说明了这一点.

简言之, 位置不变式是强制迁移被采用的唯一手段. ■

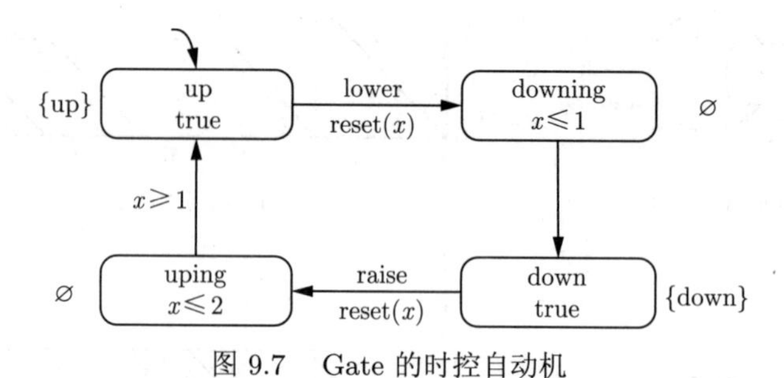

图 9.7 Gate 的时控自动机

例 9.3 道口的门的时控自动机

考虑铁路道口的门 (见例 9.1). 假定栏杆落下至多需要一个时间单位, 升起则需要至少一个、至多两个时间单位, 图 9.7 给出了进程 Gate 的时控自动机. 动作集 $\text{Act} = \{\text{lower}, \text{raise}\}$ 中的两个动作分别表示 (栏杆的) 落下和升起; 位置集 $\text{Loc} = \{\text{up}, \text{downing}, \text{down}, \text{uping}\}$ 中的位置分别表示升起、正在落下、落下、正在升起, 且 $\text{Loc}_0 = \{\text{up}\}$.

时控自动机的迁移是

$$\begin{aligned}
&\text{up} \xrightarrow{\text{true}:\ \text{lower},\{x\}} \text{downing}\\
&\text{downing} \xrightarrow{\text{true}:\ \tau,\phi} \text{down}\\
&\text{down} \xrightarrow{\text{true}:\ \text{raise},\{x\}} \text{uping}\\
&\text{uping} \xrightarrow{x\geqslant 1:\ \tau,\phi} \text{up}
\end{aligned}$$

为了给 "动作 lower 与改变到位置 down 之间的最大延迟至多为一个时间单位" 建模, 加入了具有不变式 $x \leqslant 1$ 的位置 downing.

动作 lower 发生时, 时钟 x 置为 0, 因而它测量自此动作发生开始流逝的时间. 限制 downing 的停留时间为 $x \leqslant 1$, 可让 downing 到 down 的切换在一个时间单位内完成. 注意, 位置 up 和 down 之间只是有一条带卫式 $x \leqslant 1$ 的边, 则不能确保这一点, 因为 x 的值不涉及动作 lower 的发生时间. 类似地, 带不变式 $x \leqslant 2$ 的位置 uping 的目的是建立 “升起栏杆至多需要两个时间单位” 的模型. 初始位置 up 不约束停留时间, 即 $\text{Inv(up)} = \text{true}$. 位置 down 也是这样. 令 $\text{AP} = \{\text{up}, \text{down}\}$, 标记函数为 $L(\text{up}) = \{\text{up}\}$, $L(\text{down}) = \{\text{down}\}$, 且 $L(\text{downing}) = L(\text{uping}) = \varnothing$. ■

注记 9.1　位置图

时控自动机的每个有限行为都可用位置图表示. 在某个事先固定的时间上限之内, 位置图描绘时控自动机在该行为期间的每一时刻的位置. Gate 的时控自动机的位置图如图 9.8 所示. ■

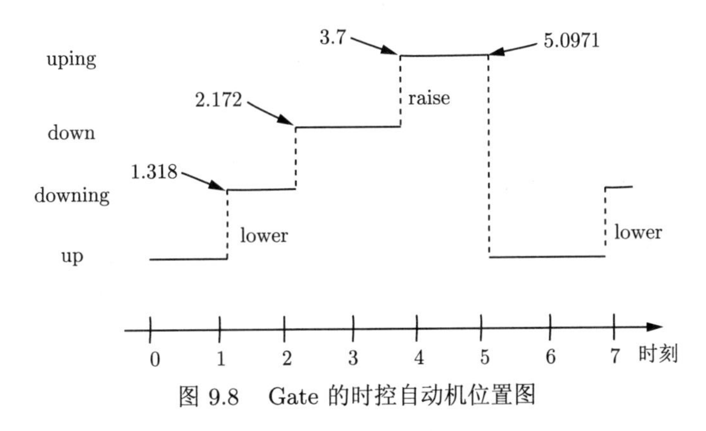

图 9.8　Gate 的时控自动机位置图

时控自动机的并行复合　为建立复杂系统的模型, 允许时控自动机的并行复合是适宜的. 并行复合可以以复合方式为时间关键系统建模. 并行复合运算符记为 $\|_H$, 它以握手动作集 H 为参数. 这个运算符与迁移系统的相应运算符在本质上是相似的, 见定义 2.13, H 中的动作需要所属时控自动机共同完成, 而 H 之外的动作则以交错方式自主执行.

定义 9.3　时控自动机的握手

对于 $i = 1, 2$, 令 $\text{TA}_i = (\text{Loc}_i, \text{Act}_i, C_i, \hookrightarrow_i, \text{Loc}_{0,i}, \text{Inv}_i, \text{AP}_i, L_i)$ 是时控自动机, 且有 $H \subseteq \text{Act}_1 \cap \text{Act}_2$, $C_1 \cap C_2 = \varnothing$ 且 $\text{AP}_1 \cap \text{AP}_2 = \varnothing$. 时控自动机 $\text{TA}_1 \|_H \text{TA}_2$ 定义为

$$(\text{Loc}_1 \times \text{Loc}_2, \text{Act}_1 \cup \text{Act}_2, C_1 \cup C_2, \hookrightarrow, \text{Loc}_{0,1} \times \text{Loc}_{0,2}, \text{Inv}, \text{AP}_1 \cup \text{AP}_2, L)$$

其中 $L(\langle \ell_1, \ell_2 \rangle) = L_1(\ell_1) \cup L_2(\ell_2)$ 且 $\text{Inv}(\langle \ell_1, \ell_2 \rangle) = \text{Inv}_1(\ell_1) \wedge \text{Inv}_2(\ell_2)$. 迁移关系 $\hookrightarrow$ 用以下规则定义:

- 对于 $\alpha \in H$:

$$\frac{\ell_1 \xhookrightarrow{g_1 : \alpha, D_1}_1 \ell_1' \text{ 且 } \ell_2 \xhookrightarrow{g_2 : \alpha, D_2}_2 \ell_2'}{\langle \ell_1, \ell_2 \rangle \xhookrightarrow{g_1 \wedge g_2 : \alpha, D_1 \cup D_2} \langle \ell_1', \ell_2' \rangle}$$

- 对于 $\alpha \notin H$:

$$\frac{\ell_1 \xhookrightarrow{g : \alpha, D}_1 \ell_1'}{\langle \ell_1, \ell_2 \rangle \xhookrightarrow{g : \alpha, D} \langle \ell_1', \ell_2 \rangle} \text{ 和 } \frac{\ell_2 \xhookrightarrow{g : \alpha, D}_2 \ell_2'}{\langle \ell_1, \ell_2 \rangle \xhookrightarrow{g : \alpha, D} \langle \ell_1, \ell_2' \rangle}$$ ■

复合位置的位置不变式就是它的组件位置的不变式的合取. 对 $\alpha \in H$, 所得时控自动机的迁移由各时控自动机的卫式的合取守卫. 这使得 H 中的动作只有当它在两个时控自动机中都激活时方可被采用. 另外, 在任意一个时控自动机中重置的时钟在所有时控自动机中都会重置. 像在迁移系统中一样, 运算符 $\|_H$ 对于固定集合 H 是结合的. 令 $\mathrm{TA}_1 \|_H \mathrm{TA}_2 \|_H \cdots \|_H \mathrm{TA}_n$[译注 206] 表示时控自动机从 TA_1 到 TA_n 的并行复合, 其中 $H \subseteq \mathrm{Act}_1 \cap \mathrm{Act}_2 \cap \cdots \cap \mathrm{Act}_n$, 假定所有的时控自动机都是相容的, 即, 对于任意的 $i \neq j$, TA_i 和 TA_j 有不相交的原子命题集合和时钟集合.

例 9.4　铁路道口

再次考虑铁路道口的例子. 用 Train 和 Controller 的时控自动机扩展 Gate 的时控自动机 (见例 9.3). 完整系统则由

$$(\mathrm{Train} \|_{H_1} \mathrm{Controller}) \|_{H_2} \mathrm{Gate})$$

给出. 其中, $H_1 = \{\mathrm{approach}, \mathrm{exit}\}$, $H_2 = \{\mathrm{lower}, \mathrm{raise}\}$.

假定火车至少在进入铁路道口之前两个时间单位发出接近门的信号. 另外, 还假定火车有足够的速度, 使得在它靠近之后用最多 5 个时间单位离开道口. Train 的时控自动机如图 9.9 (a) 所示. 在靠近门时, 时钟 y 设置为 0, 且只有当 $y > 2$ 时才允许火车进入道口. Controller 的时控自动机如图 9.9 (b) 所示, 并且强制它恰好在火车发出 “接近” 信号之后一个时间单位 (向 Gate) 发送 “落杆” 信号.

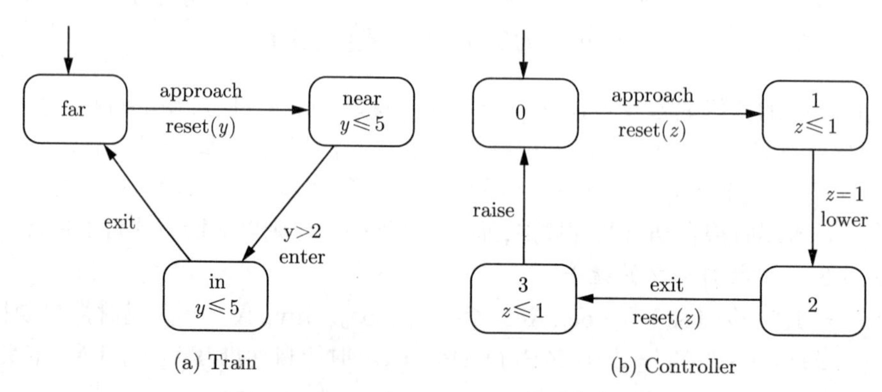

图 9.9　Train 和 Controller 的时控自动机

图 9.10 显示了并行复合的时控自动机. 完整系统的一个行为的位置图如图 9.11 所示.

注意, 这个时控自动机包含位置 $\langle \mathrm{in}, 1, \mathrm{up} \rangle$. 在这个位置, 火车在道口而门仍未关闭. 然而, 这个位置是不可达的. 仅当 $y > 2$ 时, 它才是可达的, 但是 y 和 z (在进入前一位置时) 同时重置, $y > 2$ 蕴涵 $z > 2$, 后一不等式因位置不变式 $z \leqslant 1$ 而不可能成立. ■

9.1.1　语义

前面的例子说明时控自动机的状态由它的当前位置和所有时钟的当前值决定. 事实上, 和程序图一样, 任何时控自动机都可解释为迁移系统. 这些基础迁移系统因连续时间域而有无穷多个状态 (甚至不可数) 和无穷多个分支. 因此, 可认为时控自动机是无限迁移系统的有限描述. 时控自动机的基础迁移系统由展开产生. 它的状态由控制部分 (即时控自动机的位置 ℓ) 和时钟赋值 η 组成. 状态因而是形式为 $\langle \ell, \eta \rangle$ 的对子. 首先考虑时钟赋值.

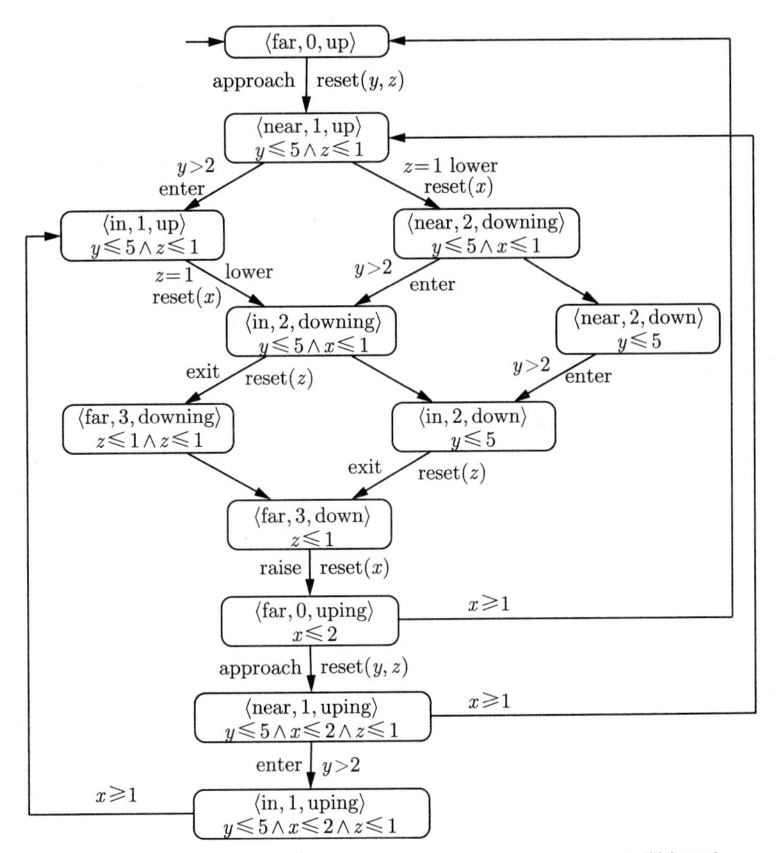

图 9.10　(Train $\|_{H_1}$ Controller) $\|_{H_2}$ Gate 的时控自动机[译注 207]

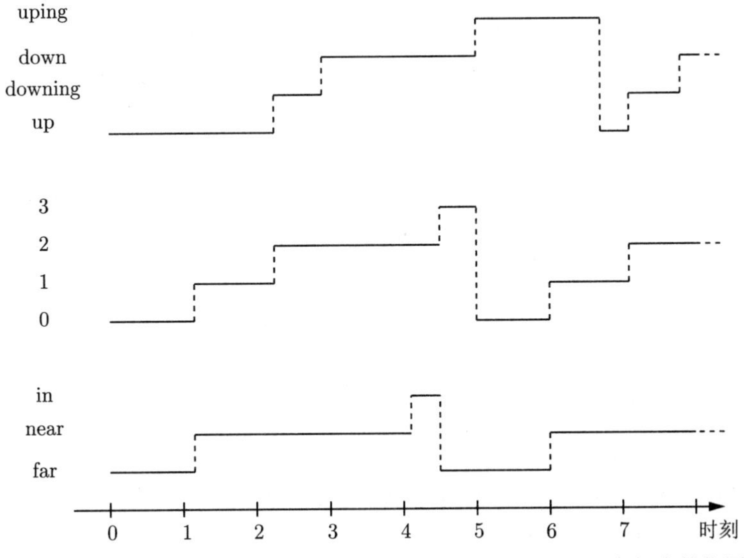

图 9.11　(Train $\|_{H_1}$ Controller) $\|_{H_2}$ Gate 的时控自动机的一个行为的位置图

定义 9.4　时钟赋值

时钟集合 C 的时钟赋值 η 是函数 $\eta\colon C \to \mathbb{R}_{\geqslant 0}$, 它给每个时钟 $x \in C$ 指定一个当前值 $\eta(x)$. ■

令 $\text{Eval}(C)$ 表示 C 上的所有时钟赋值的集合. 以后, 经常用像 $[x = v, y = v']$ 这样的记号表示使 $\eta(x) = v$ 和 $\eta(y) = v'$ 的时钟赋值 $\eta \in \text{Eval}(\{x, y\})$.

现在形式化地定义时钟约束对时钟赋值成立与否意味着什么. 这里以类似刻画时序逻辑语义的方式进行, 即通过定义满足关系进行. 在此情况下, 满足关系 $\models$ 是 (时钟集合 C 上的) 时钟赋值与 (C 上的) 时钟约束之间的关系.

定义 9.5　时钟约束的满足关系

对于时钟集合 C, $x \in C$, $\eta \in \text{Eval}(C)$, $c \in \mathbb{N}$, 且 $g, g' \in \text{CC}(C)$, 定义 $\models \subseteq \text{Eval}(C) \times \text{CC}(C)$ 如下:

$$
\begin{array}{lll}
\eta \models \text{true} & & \\
\eta \models x < c & \text{iff} & \eta(x) < c \\
\eta \models x \leqslant c & \text{iff} & \eta(x) \leqslant c \\
\eta \models \neg g & \text{iff} & \eta \not\models g \\
\eta \models g \wedge g' & \text{iff} & \eta \models g \wedge \eta \models g'
\end{array}
$$
■

令 η 是 C 上的时钟赋值. 对于正实数 d, $\eta + d$ 表示所有时钟的时钟赋值都增加 d. 形式上, 对于所有时钟 $x \in C$, $(\eta + d)(x) = \eta(x) + d$. $\textsf{reset}\ x\ \textsf{in}\ \eta$ 表示重置除时钟 x 外等同于 η 的时钟赋值, 可写为

$$
(\textsf{reset}\ x\ \textsf{in}\ \eta)(y) = \begin{cases} \eta(y) & 若\ y \neq x \\ 0 & 若\ y = x \end{cases}
$$

对于时钟赋值 $\eta = [x = \pi, y = 4]$, 赋值 $\eta + 9 = [x = \pi + 9, y = 13]$, 且 $\textsf{reset}\ x\ \textsf{in}\ (\eta + 9) = [x = 0, y = 13]$. 通常简写嵌套的 reset. 例如, $\textsf{reset}\ x\ \textsf{in}\ (\textsf{reset}\ y\ \textsf{in}\ \eta)$ 记作 $\textsf{reset}\ x, y\ \textsf{in}\ \eta$.

时控自动机有两种可能的行进方式: 采用时控自动机的一个迁移, 或者停留在一个位置而只让时间推进. 在基础迁移系统中, 前者用*离散迁移*表示, 后者用*延迟迁移*表示. 对于基础迁移系统的相应迁移, 在前一种情形中用时控自动机的迁移的动作标记, 而在后一种情形中用一个表示已流逝时间量的正实数标记.

定义 9.6　时控自动机的迁移系统语义

令 $\text{TA} = (\text{Loc}, \text{Act}, C, \hookrightarrow, \text{Loc}_0, \text{Inv}, \text{AP}, L)$ 是时控自动机. 迁移系统 $\text{TS}(\text{TA}) = (S, \text{Act}', \to, I, \text{AP}', L)$ 的各分量如下:

- $S = \text{Loc} \times \text{Eval}(C)$.
- $\text{Act}' = \text{Act} \cup \mathbb{R}_{\geqslant 0}$.
- $I = \{\langle \ell_0, \eta \rangle \mid \ell_0 \in \text{Loc}_0$ 且对所有 $x \in C,\ \eta(x) = 0\}$.
- $\text{AP}' = \text{AP} \cup \text{ACC}(C)$.
- $L'(\langle \ell, \eta \rangle) = L(\ell) \cup \{g \in \text{ACC}(C) \mid \eta \models g\}$.
- 用下面两个规则定义迁移关系 $\to$:
  - 离散迁移. 若条件

(a) TA 中存在迁移 $\ell \xhookrightarrow{g:\,\alpha,D} \ell'$.

(b) $\eta \models g$.

(c) $\eta' = \textsf{reset}\ D\ \textsf{in}\ \eta$.

(d) $\eta' \models \mathrm{Inv}(\ell')$.

成立, 则有迁移 $\langle \ell,\eta\rangle \xrightarrow{\alpha} \langle \ell',\eta'\rangle$.

– 延迟迁移. 对 $d \in \mathbb{R}_{\geqslant 0}$, 若条件

(e) $\eta + d \models \mathrm{Inv}(\ell)$.

成立, 则有迁移 $\langle \ell,\eta\rangle \xrightarrow{d} \langle \ell,\eta+d\rangle$. ■

对于一个迁移, 如果它满足条件 (a), 即它是时控自动机 TA 中存在的迁移 $\ell \xhookrightarrow{g:\,\alpha,D} \ell'$, 则条件 (b)、(c) 和 (d) 成立: (b) 表示 η 满足时钟约束 g (保证迁移是激活的); (c) 表示对赋值 η 重置 D 中的所有时钟得到新时钟赋值 η'; (d) 表示时钟赋值 η' 满足 ℓ' 的位置不变式 (否则不允许停留在 ℓ'). 条件 (e) 表示如果当时间推进时某个位置的不变式保持为真, 则允许在该位置空闲某个非负量的时间 (延迟迁移规则). 对于满足 $\eta \models \mathrm{Inv}(\ell)$ 的状态 $\langle \ell,\eta\rangle$, 通常有不可数的形式为 $\langle \ell,\eta\rangle \xrightarrow{d}$ 的出延迟迁移, 因为 d 可以从一个连续域中选择.

例 9.5　灯开关

图 9.12 中的时控自动机 Switch 是一个简单的灯开关模型. 开关关闭后可以在任何时刻打开. 用户只能在最近一次开灯至少一个时间单位后关灯. 灯在两个时间单位后自动关闭. 时钟 x 用来跟踪自从最近一次开灯起的延迟 (时控自动机并不区分动作 switch_off 是由用户还是由灯启动的. 可从位置 on 到位置 off 增加一条卫式为 $x = 2$ 和动作为 τ 的边以作区分). 图 9.13 所示的位置图表示一种可能的行为.

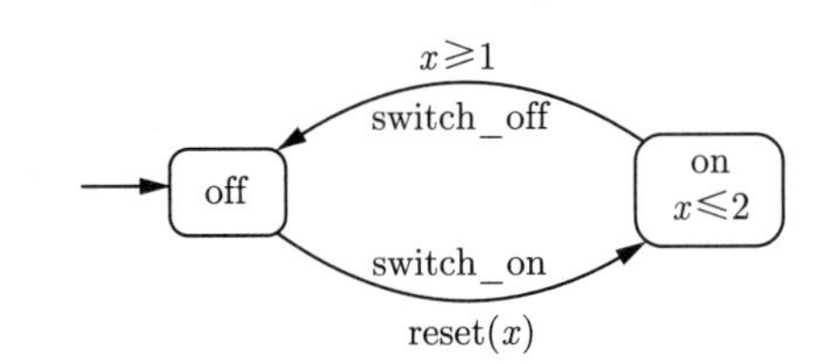

图 9.12　一个简单的灯开关模型

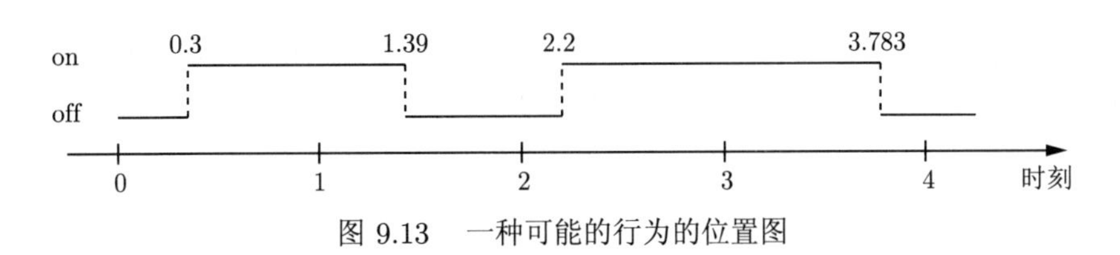

图 9.13　一种可能的行为的位置图

迁移系统 TS(Switch) 的状态空间为

$$S = \{\langle \mathrm{off}, t\rangle \mid t \in \mathbb{R}_{\geqslant 0}\} \cup \{\langle \mathrm{on}, t\rangle \mid t \in \mathbb{R}_{\geqslant 0}\}$$

其中, t 是具有 $\eta(x) = t$ 的时钟赋值 η 的简写. 从初始状态 $\langle \mathrm{off}, 0\rangle$ 引出不可数的迁移. 对于实数 d 和 t, TS(Switch) 有以下迁移:

$$\begin{array}{llll}
\langle \text{off}, t\rangle & \xrightarrow{d} & \langle \text{off}, t+d\rangle & \text{对所有 } t \geqslant 0 \text{ 且 } d \geqslant 0 \\
\langle \text{off}, t\rangle & \xrightarrow{\text{switch_on}} & \langle \text{on}, 0\rangle & \text{对所有 } t \geqslant 0 \\
\langle \text{on}, t\rangle & \xrightarrow{d} & \langle \text{on}, t+d\rangle & \text{对满足 } t+d \leqslant 2 \text{ 的所有 } t \geqslant 0 \text{ 和 } d \geqslant 0 \\
\langle \text{on}, t\rangle & \xrightarrow{\text{switch_off}} & \langle \text{off}, t\rangle & \text{对所有 } 1 \leqslant t \leqslant 2
\end{array}$$

在 TS(Switch) 中, 因为在具有 $t > 2$ 的任何状态 $\langle \text{on}, t\rangle$ 都违反位置不变式 $x \leqslant 2$, 所以从状态 $\langle \text{off}, 0\rangle$ 可达的状态集合是

$$\{\langle \text{off}, t\rangle \mid t \in \mathbb{R}_{\geqslant 0}\} \cup \{\langle \text{on}, t\rangle \mid 0 \leqslant t \leqslant 2\}$$

TS(Switch) 的一个实例路径的前缀是

$$\begin{array}{l}
\langle \text{off}, 0\rangle \xrightarrow{0.57} \langle \text{off}, 0.57\rangle \xrightarrow{\text{switch_on}} \langle \text{on}, 0\rangle \xrightarrow{\sqrt{2}} \langle \text{on}, \sqrt{2}\rangle \xrightarrow{0.2} \\
\langle \text{on}, \sqrt{2}+0.2\rangle \xrightarrow{\text{switch_off}} \langle \text{off}, \sqrt{2}+0.2\rangle \xrightarrow{\text{switch_on}} \langle \text{on}, 0\rangle \xrightarrow{1.7} \langle \text{on}, 1.7\rangle \cdots
\end{array}$$

■

注记 9.2　并行复合

对于时控自动机, 在同构意义下, 有

$$\text{TS}(\text{TA}_1) \parallel_{H \cup \mathbb{R}_{>0}} \text{TS}(\text{TA}_2) = \text{TS}(\text{TA}_1 \parallel_H \text{TA}_2)$$

这是因为 TA_1 和 TA_2 没有任何共享变量. 时间推移动作上的同步反映了时间在两个组件中的推进同样快的事实. ■

TS(TA) 的路径是 TA 的连续时间行为的离散表示. 它们至少表明动作 $\alpha \in \text{Act}$ 执行前后的状态在时间上瞬间相接. 然而, 由于区间延迟可能以不可数的方式实现等原因, 不同的路径可能描述相同的行为 (即位置图). 例如, 考虑例 9.5 中的灯开关的行为, 其中灯在 off 和 on 之间交替切换, 同时 off 恰好持续一个时间单位, 而 on 为两个时间单位, 即灯在恰好 3 个时间单位后回到 off. 下面 3 个路径都对应这个连续时间行为:

$$\begin{array}{lllllll}
\pi_1 = \langle \text{off}, 0\rangle & & \langle \text{off}, 1\rangle\langle \text{on}, 0\rangle & & & \langle \text{on}, 2\rangle\langle \text{off}, 2\rangle \cdots \\
\pi_2 = \langle \text{off}, 0\rangle & \langle \text{off}, 0.5\rangle & \langle \text{off}, 1\rangle\langle \text{on}, 0\rangle & & \langle \text{on}, 1\rangle & \langle \text{on}, 2\rangle\langle \text{off}, 2\rangle \cdots \\
\pi_3 = \langle \text{off}, 0\rangle & \langle \text{off}, 0.1\rangle & \langle \text{off}, 1\rangle\langle \text{on}, 0\rangle & \langle \text{on}, 0.53\rangle & \langle \text{on}, 1.3\rangle & \langle \text{on}, 2\rangle\langle \text{off}, 2\rangle \cdots
\end{array}$$

这些路径的区别只有延迟迁移. 在路径 π_1 中, 用延迟迁移 $\langle \text{off}, 0\rangle \xrightarrow{1} \langle \text{off}, 1\rangle$ 实现在初始状态 $\langle \text{off}, 0\rangle$ 停留一个时间单位; 而路径 π_2 和 π_3 则用两个延迟迁移

$$\langle \text{off}, 0\rangle \xrightarrow{0.5} \langle \text{off}, 0.5\rangle \xrightarrow{0.5} \langle \text{off}, 1\rangle$$
$$\langle \text{off}, 0\rangle \xrightarrow{0.1} \langle \text{off}, 0.1\rangle \xrightarrow{0.9} \langle \text{off}, 1\rangle$$

实现停留一个时间单位. 但是, 迁移 $\langle \ell, \eta\rangle \xrightarrow{d_1+d_2} \langle \ell, \eta+d_1+d_2\rangle$ 的效果相当于迁移序列

$$\langle \ell, \eta\rangle \xrightarrow{d_1} \langle \ell, \eta+d_1\rangle \xrightarrow{d_2} \langle \ell, \eta+d_1+d_2\rangle$$

的效果. 在这两种情况下, 未执行动作 $\alpha \in \text{Act}$ 而停留 $d_1 + d_2$ 个时间单位. 因此, 要经历不可数的形式为 $\langle \ell, \eta+t\rangle$ 的状态, 其中 $0 \leqslant t \leqslant d_1 + d_2$.

注记 9.3　零时间内的多个动作

时间流逝只发生在时控自动机的位置中. 动作 $\alpha \in \text{Act}$ 都是即刻发生的, 即动作全都持续零个时间单位. 因此, 在同一时刻可能发生多个动作. ■

9.1.2 时间发散、时间锁定和芝诺性

时控自动机的语义通过有不可数的状态 (和迁移) 的迁移系统给出. 穿过这个迁移系统的路径对应时控自动机的可能行为. 然而, 不是每一个这样的路径都表示一个实际的行为. 本节处理时控自动机的 3 种基本现象: 时间发散、时间锁定和芝诺性.

时间发散　考虑满足以下条件的位置 ℓ: 对固定常数 $d \in \mathbb{R}_{>0}$ 和任何 $t < d$, 时钟赋值 $\eta + t \models \text{Inv}(\ell)$. 从这个位置开始的一个可能的执行片段是

$$\langle \ell, \eta \rangle \xrightarrow{d_1} \langle \ell, \eta + d_1 \rangle \xrightarrow{d_2} \langle \ell, \eta + d_1 + d_2 \rangle \xrightarrow{d_3} \langle \ell, \eta + d_1 + d_2 + d_3 \rangle \xrightarrow{d_4} \cdots$$

其中 $d_i > 0$, 且无限序列 $d_1 + d_2 + d_3 + \cdots$ 收敛于 d. 这样的无限路径称为时间收敛路径. 一个时间收敛路径是不现实的, 因为这样的时间只能增加到某个值, 而自然的时间却总是会突破任何固定时刻. 例如, 灯开关的时控自动机的迁移系统 (见图 9.12) 展示出一个时间收敛的执行片段:

$$\langle \text{off}, 0 \rangle \xrightarrow{2^{-1}} \langle \text{off}, 1 - 2^{-1} \rangle \xrightarrow{2^{-2}} \langle \text{off}, 1 - 2^{-2} \rangle \xrightarrow{2^{-3}} \langle \text{off}, 1 - 2^{-3} \rangle \xrightarrow{2^{-4}} \cdots$$

它在区间 $[1/2, 1]$ 上访问无穷多个状态, 时间却总不超过 1. 相应的路径是时间收敛的. 因为时间收敛路径是不现实的, 所以不考虑它们. 也就是说, 时控自动机的分析集中于时间发散路径, 即时间总是前进的路径.

为了形式化地定义时间发散的路径, 首先定义路径的耗时. 直观地看, 路径的耗时是沿着一条路径流逝的总时间. 动作 $\alpha \in \text{Act}$ 的用时为 0, 延迟动作 d 的用时为 d.

定义 9.7　路径的耗时

令 TA 是动作集为 Act 的时控自动机. 用

$$\text{ExecTime}(\tau) = \begin{cases} 0 & 若\ \tau \in \text{Act} \\ d & 若\ \tau = d \in \mathbb{R}_{>0} \end{cases}$$

定义函数 $\text{ExecTime}\colon \text{Act} \cup \mathbb{R}_{>0} \to \mathbb{R}_{\geqslant 0}$. 对 TS(TA) 中满足 $\tau_i \in \text{Act} \cup \mathbb{R}_{>0}$ 的无限执行片段 $\rho = s_0 \xrightarrow{\tau_0} s_1 \xrightarrow{\tau_1} s_2 \xrightarrow{\tau_2} \cdots$, 令

$$\text{ExecTime}(\rho) = \sum_{i=0}^{\infty} \text{ExecTime}(\tau_i)$$

类似地定义有限执行片段的执行时间. 对于由 ρ 诱导的 TS(TA) 中的路径片段 π, 则令 $\text{ExecTime}(\pi) = \text{ExecTime}(\rho)$. ■

注意, 路径片段 π 可用几个执行片段诱导. 然而, 具有相同路径片段的每一对执行片段只能由离散迁移区分, 而不能由延迟迁移区分. 因此, $\text{ExecTime}(\pi)$ 是良定义的.

定义 9.8　时间发散性和时间收敛性

设 π 是无限路径片段, 若 $\text{ExecTime}(\pi)$ 为无穷大, 则称 π 是时间发散的; 否则, 称 π 是时间收敛的. ■

例 9.6 灯开关

考虑例 9.5 描述的灯开关. TS(Switch) 中以 1min 为周期交换 on 和 off 的路径

$$\pi = \langle \text{off}, 0\rangle\langle \text{off}, 1\rangle\langle \text{on}, 0\rangle\langle \text{on}, 1\rangle\langle \text{off}, 1\rangle\langle \text{off}, 2\rangle\langle \text{on}, 0\rangle\langle \text{on}, 1\rangle\langle \text{off}, 1\rangle\cdots$$

是时间发散的, 这是因为 $\text{ExecTime}(\pi) = 1 + 1 + 1 + \cdots$, 为无穷大; 而 TS(Switch) 的路径

$$\pi' = \langle \text{off}, 0\rangle\langle \text{off}, 1/2\rangle\langle \text{off}, 3/4\rangle\langle \text{off}, 7/8\rangle\langle \text{off}, 15/16\rangle\ldots$$

是时间收敛的, 这是因为 $\text{ExecTime}(\pi') = \sum_{i=0}^{\infty}\left(\frac{1}{2}\right)^{i+1} = 1$, 是有限的. ■

定义 9.9 路径的时间发散集合

对 TS(TA) 的状态 s, 令 $\text{Paths}_{\text{div}}(s) = \{\pi \in \text{Paths}(s) \mid \pi \text{ 是时间发散的}\}$. ■

即 $\text{Paths}_{\text{div}}(s)$ 表示 TS(TA) 始于 s 的时间发散路径的集合. 尽管时间收敛路径是不现实的, 但也不能避免它们的存在. 对于时控自动机的分析, 简单地忽略它们即可, 即, 时控自动机满足某个不变式, 是指其所有时间发散的路径满足此不变式.

时间锁定 在 TS(TA) 中, 若没有始于状态 s 的时间发散路径, 则 s 包含*时间锁定*. 这些状态是不现实的, 因为从这些状态时间不能再推进. 当用时控自动机建立一个时间关键系统的模型时, 时间锁定本非所求, 因而要避免.

定义 9.10 时间锁定

令 TA 是时控自动机. 若 $\text{Paths}_{\text{div}}(s) = \varnothing$, 则称 TS(TA) 的状态 s 包含*时间锁定*. 若 Reach(TS(TA)) 中没有状态包含时间锁定, 则称 TA 是*无时间锁定的*. ■

例 9.7 修改灯开关

修改灯开关, 使得灯亮的时长是 $t \in [1, 2)$, 即, 灯总是在 2min 内关闭, 见图 9.14 中的时控自动机 Switch_1. 迁移系统 $\text{TS}(\text{Switch}_1)$ 的状态 $\langle \text{on}, 2\rangle$ 是可达的, 例如通过执行片段

$$\langle \text{off}, 0\rangle \xrightarrow{\text{switch\_on}} \langle \text{on}, 0\rangle \xrightarrow{2} \langle \text{on}, 2\rangle$$

因为 $\langle \text{on}, 2\rangle$ 是终止状态, 所以 $\text{Paths}_{\text{div}}(s) = \varnothing$, 此状态因而包含时间锁定. 因此, 时控自动机 Switch_1 有时间锁定.

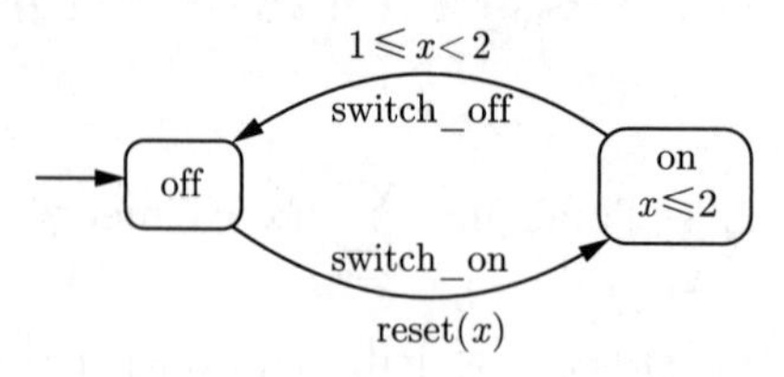

图 9.14 时控自动机 Switch_1

时控自动机产生的迁移系统的任何终止状态都包含时间锁定. 不要混淆终止状态与终止位置, 即没有出边的位置. 例如, $\text{Inv}(\ell) = \text{true}$ 的终止位置 ℓ 不会在基础迁移系统中产生终止状态, 这是因为时间可在 ℓ 永远行进. 所以, 终止位置未必产生时间锁定的状态.

不是只有终止状态才可能包含时间锁定. 例如, 考虑灯开关的另一变体, 其中 $\text{Inv}(\text{on}) = x < 3$, 见图 9.15 中的时控自动机 Switch_2. 可达状态 $\langle \text{on}, 2\rangle$ 不是终止状态, 而 $\text{TS}(\text{Switch}_2)$

的时间收敛路径

$$\langle \text{on}, 2\rangle\langle \text{on}, 2.9\rangle\langle \text{on}, 2.99\rangle\langle \text{on}, 2.999\rangle\langle \text{on}, 2.9999\rangle\cdots$$

却从它开始. 但是, $\text{Paths}_{\text{div}}(\langle \text{on}, 2\rangle) = \varnothing$, 这是由于状态 $\langle \text{on}, 2\rangle$ 没有离散的出迁移 (因为卫式 $1 \leqslant x < 2$ 不成立), 而且时间前行不超过 3 (由于 $\text{Inv}(\text{on}) = x < 3$). $\text{TS}(\text{Switch}_2)$ 的状态 $\langle \text{on}, 2\rangle$ 包含时间锁定, 因此时控自动机 Switch_2 有时间锁定. ■

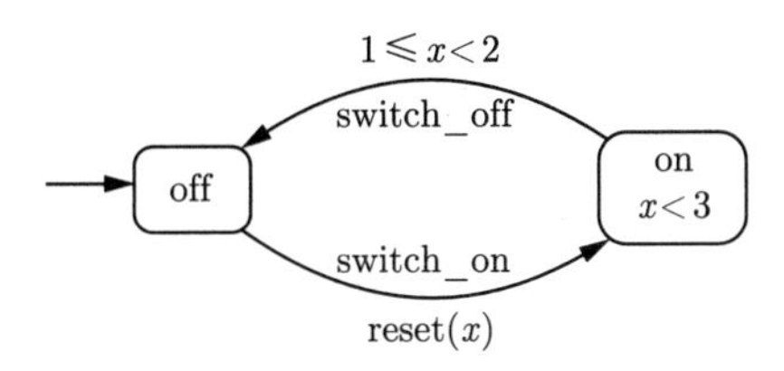

图 9.15　时控自动机 Switch_2

芝诺性　与时间收敛路径的存在相比, 时间锁定被看作建模的缺陷, 是应该避免的. 芝诺性也是如此. 前面讲过, 动作 $\alpha \in \text{Act}$ 的执行是瞬时的, 即动作不消耗时间. 若没有进一步的约束, 时控自动机可能在有限的时间区间内执行无穷多个动作. 这种现象被称为芝诺性, 是不可实现的, 因为它需要无穷快的处理器.

定义 9.11　芝诺路径

令 TA 是时控自动机. 称 TS(TA) 中无限路径片段 π 为芝诺路径, 如果它是时间收敛的且沿着 π 执行无穷多个动作 $\alpha \in \text{Act}$. ■

定义 9.12　非芝诺性

如果 TS(TA) 不存在起始芝诺路径, 则称时控自动机 TA 为非芝诺的. ■

因此, 时控自动机 TA 是非芝诺的, 当且仅当对 TS(TA) 中的每条路径 π 满足以下条件: π 是时间发散的; 或者 π 是时间收敛的, 但其迁移几乎只是 (即除有限多个以外全是) 延迟迁移.

注意, 非芝诺性以及无时间锁定性只针对迁移系统 TS(TA) 的可达片段. 一个非芝诺的时控自动机可能拥有在不可达状态开始的芝诺路径; 类似地, 一个无时间锁定的时控自动机可能包含不可达的时间锁定状态.

例 9.8　灯开关的芝诺路径

考虑灯开关的另一个变体, 用户有可能在灯亮时按下开按钮. 当用户这样做时, 重置时钟 x, 且灯最多两个时间单位处于开, 除非用户再次按下开按钮. 这个灯开关的时控自动机 Switch_3 如图 9.16所示.

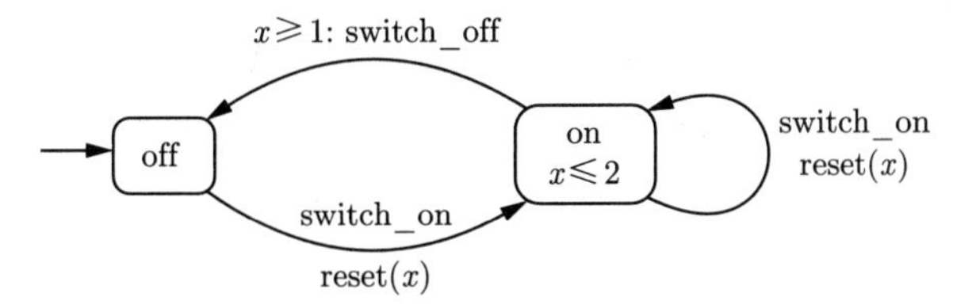

图 9.16　时控自动机 Switch_3

对于由 TS(Switch$_3$) 的执行片段

$$\langle \text{off}, 0\rangle \xrightarrow{\text{Switch\_on}} \langle \text{on}, 0\rangle \xrightarrow{\text{Switch\_on}} \langle \text{on}, 0\rangle \xrightarrow{\text{Switch\_on}} \langle \text{on}, 0\rangle \xrightarrow{\text{Switch\_on}} \ldots$$

$$\langle \text{off}, 0\rangle \xrightarrow{\text{Switch\_on}} \langle \text{on}, 0\rangle \xrightarrow{0.5} \langle \text{on}, 0.5\rangle \xrightarrow{\text{Switch\_on}} \langle \text{on}, 0\rangle \xrightarrow{0.25} \langle \text{on}, 0.25\rangle \xrightarrow{\text{Switch\_on}} \ldots$$

诱导的路径, 如果在此期间用户按下按钮的速度分别是无限快或越来越快, 则它们是芝诺路径.

在用户连续两次按下按钮的动作之间添加一个非常小的非零延迟, 例如 c, 就可避免这种不可实现的行为. 这可通过施加卫式 $x \geqslant c$ 来建立[译注 208], 其中 $c > 0$. 注意, c 应该是一个自然数. 为了建立一个很小的响应 $c, 0 < c < 1$, 其中 c 是有理数, 例如 $c = 1/100$, 需要重新调整时控自动机 Switch$_3$ 中的所有时间约束的比例 (见图 9.17). 本质上, 时控自动机 Switch$_4$ 用修正的时间单位计算: 在 Switch$_4$ 中, x 的一个时间单位相当于 0.01min. ■

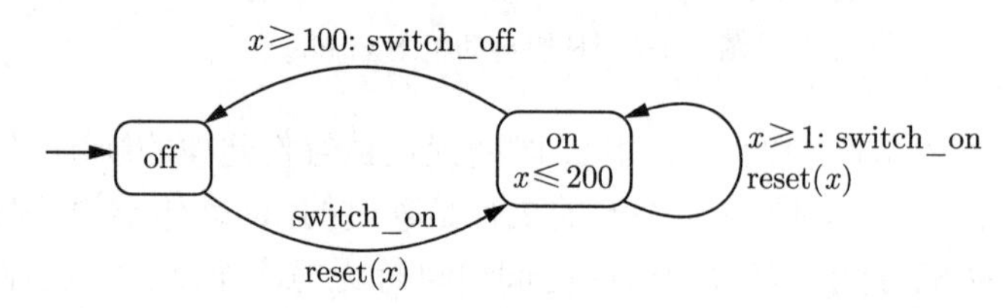

图 9.17　时控自动机 Switch$_4$

在算法上, 检验时控自动机是否具有非芝诺性是困难的. 这里只考虑容易检验的充分条件, 例如, 通过时控自动机的静态分析. 引理 9.1 给出的非芝诺性的充分准则基于以下思路: 如果在时控自动机的任何控制环路上, 时间至少以某一 (比零大的) 常量进展, 则时控自动机是非芝诺的.

引理 9.1　非芝诺性的充分准则

令 TA 是一个具有时钟集合 C 的时控自动机. 如果对 TA 中的每个满足 $\ell_0 = \ell_n$ 的控制环路

$$\ell_0 \xhookrightarrow{g_1:\alpha_1, C_1} \ell_1 \xhookrightarrow{g_2:\alpha_2, C_2} \cdots \xhookrightarrow{g_n:\alpha_n, C_n} \ell_n$$

都存在时钟 $x \in C$, 使得

(1) 对某个 $0 < i \leqslant n$, $x \in C_i$.

(2) 对所有时钟赋值 η 都存在 $c \in \mathbb{N}_{>0}$, 使得

$$\eta(x) < c \text{ 蕴涵对某个 } 0 < j \leqslant n \text{ 有 } \eta \not\models g_j \text{ 或 } \eta \not\models \text{Inv}(\ell_j)$$

那么 TA 是非芝诺的.

证明: 令 TA 是 C 上的时控自动机, $x \in C$ 满足引理 9.1 中的两个条件, 且 i 和 j 是对应的下标. 令 π 是 TS(TA) 的执行无穷多个动作 $\alpha \in \text{Act}$ 的路径. 因 TA 只包含有限多个位置[译注 209], 故 π 穿过某条控制环路 $\ell_0 \hookrightarrow \ell_1 \hookrightarrow \cdots \hookrightarrow \ell_n = \ell_0$. 不妨设 $i \leqslant j$ (因为在环路上可对位置重新编号, 所以这不成问题). 考虑 TS(TA) 的在位置 ℓ_0 处开始和结束的路径片段:

$$\langle \ell_0, \eta_0\rangle\langle \ell_1, \eta_1\rangle \cdots \langle \ell_{i-1}, \eta_{i-1}\rangle\langle \ell_i, \eta_i\rangle \cdots \langle \ell_{j-1}, \eta_{j-1}\rangle\langle \ell_j, \eta_j\rangle \cdots \langle \ell_0, \eta_0'\rangle$$

由 TA 满足的条件得, 时钟 x 在迁移 $\ell_{i-1} \hookrightarrow \ell_i$ 上重置, 且只有当 $\eta_{i-1}(x) \geqslant c$ 时迁移 $\ell_{j-1} \hookrightarrow \ell_j$ 才有可能 (因为 $\eta_{i-1}(x) < c$ 违反迁移到 ℓ_j 的卫式或 ℓ_j 处的位置不变式). 这意味着遍历环路 $\ell_0 \hookrightarrow \cdots \hookrightarrow \ell_0$ 至少使时间进展 $c > 0$ 个时间单位. 因此, π 是时间发散的, 并且 TA 是非芝诺的. ■

引理 9.1 的条件是可并行复合的, 即, 如果 TA 和 TA$'$ 都满足这些条件, 则并行复合的时控自动机 TA $\|$ TA$'$ 也满足这些条件. 这可从 TA $\|$ TA$'$ 的控制环路由 TA 的控制环路或 TA$'$ 中的控制环路组成这个事实直接得到. 如果 TA 和 TA$'$ 中的每一个控制环路满足时间至少以某一正数推进的约束, 那么这也适用于 TA $\|$ TA$'$ 的每个控制环路. 这个性质可显著简化检验复合时控自动机是否为非芝诺的. 如果时控自动机实际是不定时的 (就像不用时钟或所有卫式和位置不变式都是无意义的恒真), 那么就可认为它们是非芝诺的, 因而不影响复合系统中的其他分支时控自动机的控制环路.

例 9.9 非芝诺性的充分条件

图 9.17 中的时控自动机满足引理 9.1 中的约束. 在控制环路 off$\hookrightarrow$on$\hookrightarrow$off 中, 时钟 x 在 off$\hookrightarrow$on 上重置, 卫式 $x \geqslant 100$ 确保当从位置 off 走到 on 时已经推进至少 100 个时间单位. 在控制环路 on$\hookrightarrow$on 中, 时钟 x 重置, 且卫式 $x \geqslant 1$ 确保在遍历这个控制环路时至少推进一个时间单位.

例 9.4 的时控自动机的 Train、Gate 和 Controller 三者对任何控制环路都满足引理 9.1 中的约束. 推导如下. 时控自动机 Gate 有一个控制环路: up$\hookrightarrow \cdots \hookrightarrow$up. 在此环路中, 当从位置 down 移动到位置 uping 时, 重置时钟 x. 此外, 对于 $\eta(x) < 1$, 位置 up 因 uping$\hookrightarrow$up 上的卫式 $x \geqslant 1$ 而不可达. 这确保在遍历控制环路 up$\hookrightarrow \cdots \hookrightarrow$up 时, 时间至少推进一个时间单位. 时控自动机 Train 包含控制环路 far$\hookrightarrow \cdots \hookrightarrow$far. 在此环路上, 到达位置 near 之前重置时钟 y, 而且 near$\hookrightarrow$in 上的卫式 $y > 2$ 保证遍历该控制环路推进至少一个 (实际上多于两个) 时间单位. 对于 Controller, 时钟 z 的重置和卫式 $z = 1$ 确保这个时控自动机也满足引理 9.1 中的约束. 因此, 时控自动机 Train、Gate 和 Controller 是非芝诺的. 由于复合时控自动机 (Train $\|_{H_1}$ Gate) $\|_{H_2}$ Controller 的控制环路来自分支时控自动机, 所以这个复合时控自动机是非芝诺的. ■

前面的分析表明, 只要时控自动机是非芝诺的且不包含时间锁定, 它就可以充分地为时间关键系统建模. 无时间锁定的非芝诺的时控自动机诱导的迁移系统没有终止状态, 而且沿着任何路径, 在有限时间内只执行有限多个动作. 相比芝诺路径和时间锁定, 时间收敛路径的处理以类似于 (公平 CTL 中的) 不公平路径的方式处理并显式地排除在分析目的之外.

可用不同方式实现 $d > 0$ 个时间单位的延迟, 一般地, 用大小为 $d_1 \sim d_n$ 的满足 $d_i > 0$ 且 $d = d_1 + d_2 + \cdots + d_n$ 的 $n > 0$ 个延迟迁移. 由于我们只关心时间进展的数量, 所以, 若满足 $\sum\limits_{i=1}^{n} d_i = \sum\limits_{i=1}^{k} d'_i = d$, 则认为标记分别为 $d_1 \sim d_n$ 和 $d'_1 \sim d'_k$ 的两个延迟动作序列是等价的, 并用 $\stackrel{d}{\Longrightarrow}$ 表示. 这个关系以后将用于定义时控 CTL 的语义.

记法 9.1 路径片段的集合

令 TA 是一个时控自动机. 对于 TS(TA) 中执行无穷多个动作的路径片段, 令

$$s_0 \overset{d_0}{\Longrightarrow} s_1 \overset{d_1}{\Longrightarrow} s_2 \overset{d_2}{\Longrightarrow} \cdots \ (d_0, d_1, d_2, \cdots \geqslant 0)$$

表示包含所有由 TS(TA) 中形式为

$$s_0 \underbrace{\xrightarrow{d_0^1} \cdots \xrightarrow{d_0^{k_0}}}_{\substack{d_0 \text{ 个时间单位} \\ \text{的时间推移}}} s_0 + d_0 \xrightarrow{\alpha_0} s_1 \underbrace{\xrightarrow{d_1^1} \cdots \xrightarrow{d_1^{k_1}}}_{\substack{d_1 \text{ 个时间单位} \\ \text{的时间推移}}} s_1 + d_1 \xrightarrow{\alpha_1} s_2 \underbrace{\xrightarrow{d_2^1} \cdots \xrightarrow{d_2^{k_2}}}_{\substack{d_2 \text{ 个时间单位} \\ \text{的时间推移}}} s_2 + d_2 \xrightarrow{\alpha_2} \cdots$$

的执行片段诱导的无限路径片段的等价类, 其中 $k_i \in \mathbb{N}$, $d_i \in \mathbb{R}_{\geqslant 0}$, $\alpha_i \in \mathrm{Act}$, 且 $\sum\limits_{j=1}^{k_i} d_i^j = d_i$. 注意, 在 $\Longrightarrow$ 记法中, 抽象 (即省略) 了动作.

对于执行无穷多个动作的无限路径片段 $\pi \in s_0 \overset{d_0}{\Longrightarrow} s_1 \overset{d_1}{\Longrightarrow} s_2 \overset{d_2}{\Longrightarrow} \cdots$, 有 $\mathrm{ExecTime}(\pi) = \sum\limits_{i \geqslant 0} d_i$. 在 $s_0 \overset{d_0}{\Longrightarrow} s_1 \overset{d_1}{\Longrightarrow} s_2 \overset{d_2}{\Longrightarrow} \cdots$ 中的路径片段是时间发散的, 当且仅当 $\sum\limits_i d_i$ 发散.

执行有限多个动作 $\alpha \in \mathrm{Act}$ (但包含无穷多个延迟迁移) 的时间发散的路径片段以类似方式表示, 但是在执行最后一个 $\alpha \in \mathrm{Act}$ 之后, 时间进展由无穷多个 $\overset{1}{\Longrightarrow}$ 迁移表示. 即, 集合

$$s_0 \overset{d_0}{\Longrightarrow} s_1 \overset{d_1}{\Longrightarrow} \cdots \overset{d_{n-1}}{\Longrightarrow} s_n \overset{1}{\Longrightarrow} s_n + 1 \overset{1}{\Longrightarrow} s_n + 2 \overset{1}{\Longrightarrow} \cdots$$

包含由形式为

$$s_0 \underbrace{\rightarrow \cdots \rightarrow}_{\substack{d_0 \text{ 个时间单位} \\ \text{的时间推移}}} \xrightarrow{\alpha_0} \cdots \xrightarrow{\alpha_{n-2}} s_{n-1} \underbrace{\rightarrow \cdots \rightarrow}_{\substack{d_{n-1} \text{ 个时间单位} \\ \text{的时间推移}}} \xrightarrow{\alpha_{n-1}} s_n \underbrace{\xrightarrow{1} s_n + 1 \xrightarrow{1} s_n + 2 \xrightarrow{1} \cdots \rightarrow}_{\substack{\text{无穷多个时间单位} \\ \text{的时间推移}}}$$

的执行片段诱导的所有无限路径片段. 因此, $s_0 \overset{d_0}{\Longrightarrow} s_1 \overset{d_1}{\Longrightarrow} s_2 \overset{d_2}{\Longrightarrow} \cdots$ 是对于所有时间发散的无限路径片段的统一记法. ■

9.2　时控计算树逻辑

时控 CTL (Timed TCL, TCTL) 是 CTL 的实时变体, 目的是表达时控自动机的性质. 在 TCTL 中, 带有时间区间的直到模态性使得 $\Phi \,\mathsf{U}^J\, \Psi$ 断言在 $t \in J$ 个时间单位内到达 Ψ 状态, 而且在到达 Ψ 状态之前只访问 Φ 状态. 例如, 只通过合法状态在 30 个时间单位内可能到达死锁, 可用 legal $\mathsf{U}^{[0,30]}$ deadlock 表达这样的事实, 其中原子命题 legal 和 deadlock 分别表示合法状态和死锁. TCTL 表达能力充分, 允许公式化一组重要的实时系统性质.

定义 9.13　TCTL 的语法

TCTL 中的公式要么是状态公式要么是路径公式. 原子命题集合 AP 和时钟集合 C 上的 TCTL 状态公式依据语法

$$\Phi ::= \mathrm{true} \mid a \mid g \mid \Phi \wedge \Phi \mid \neg\Phi \mid \exists\varphi \mid \forall\varphi$$

形成, 其中 $a \in \mathrm{AP}$, $g \in \mathrm{ACC}(C)$, 并且 φ 是由

$$\varphi ::= \Phi \,\mathsf{U}^J\, \Phi$$

定义的路径公式, 此处 $J \subseteq \mathbb{R}_{\geqslant 0}$ 是以自然数为端点的区间. ■

时控自动机 CTL 用 C 中的时钟上的原子时钟约束扩展了 CTL, C 通常是所考虑的时控自动机的时钟集合. 命题逻辑运算符 $\vee$ 和 $\rightarrow$ 等以通常方式得到. 直到运算符配有一个实数区间 J. 模态运算符 $\Diamond$ 和 $\Box$ 的时间变体用如下方法得到:

$$\Diamond^J \varPhi = \text{true } \mathsf{U}^J\ \varPhi, \text{ 并且 } \exists\Box^J \varPhi = \neg\forall\Diamond^J\neg\varPhi \text{ 以及 } \forall\Box^J\varPhi = \neg\exists\Diamond^J\neg\varPhi$$

公式 $\exists\Box^J\varPhi$ 断言存在一条 $\varPhi$ 在区间 J 内总成立的路径, 公式 $\forall\Box^J\varPhi$ 则要求这一点对所有路径成立. 像在后面定义 TCTL 的形式语义时将要看到的那样, 路径量词的范围只是时间发散路径. 因此, TS(TA) 的状态满足 $\forall\Diamond^J\varPhi$ 是指始于 s 的所有时间发散路径满足 $\Diamond^J\varPhi$. TCTL 中没有下一步运算符. 由于时间域是连续的, 所以没有唯一的下一时刻, 不可能提供下一步运算符的合适意义. 注意, $J \subseteq \mathbb{R}_{\geqslant 0}$ 有自然数端点, 即对 $n, m \in \mathbb{N}$ 且 $n \leqslant m$, 区间 J 的形式是 $[n,m]$、$(n,m]$、$[n,m)$ 或 (n,m). 对右开区间, 允许 m 为无穷大.

在后续内容中, 区间经常用简写表示, 例如, $\Diamond^{\leqslant 2}$ 表示 $\Diamond^{[0,2]}$, $\Box^{>8}$ 表示 $\Box^{(8,\infty)}$. 对特殊情形 $J = [0,\infty)$, 计时要求的满足是平凡的. 即

$$\varPhi\ \mathsf{U}^{[0,\infty)}\ \varPsi = \varPhi\ \mathsf{U}\ \varPsi \text{ 且 } \Diamond\varPhi = \Diamond^{[0,\infty)}\varPhi \text{ 且 } \Box\varPhi = \Box^{[0,\infty)}\varPhi$$

下面的几个例子说明可以在 TCTL 中表达的计时性质的种类.

例 9.10　灯开关

考虑例 9.5 的灯开关. 性质

灯不能连续接通超过 2min

由 TCTL 公式[译注 210]

$$\forall\Box(\text{on} \rightarrow \forall\Diamond^{\leqslant 2}\neg\text{on})$$

表达. 性质

灯至少亮 1 个时间单位后再熄灭

由 TCTL 公式

$$\forall\Box\big((\text{on} \wedge (x = 0)) \rightarrow (\forall\Box^{\leqslant 1}\text{on} \wedge \forall\Diamond^{>1}\text{off})\big)$$

表达. 出现在公式中的时钟 x 用来指定灯接通的时刻. ■

例 9.11　铁路道口

考虑铁路道口的例子. 安全性质

当火车在十字路口时, 门总是关的

不含任何定时方面的内容, 且可以像在 CTL 中那样用公式 $\forall\Box(\text{in} \rightarrow \text{down})$ 描述. 其中 in 和 down 分别是时控自动机 Train 和 Gate 中的位置. (时控活性) 性质

火车一旦离开, 栏杆在 1min 之内升起并至少保持 1min

由 TCTL 公式

$$\forall\Box(\text{far} \to \forall\Diamond^{\leqslant 1}\forall\Box^{\leqslant 1}\text{up})$$

表达. 火车在发出 “接近” 信号之后至少需要 2min 到达路口的性质由

$$\forall\Box\big((\text{near} \wedge (y=0)) \to \forall\Box^{\leqslant 2}\neg\text{in}\big)$$

表达, 其中原子时钟约束 $y=0$ 表示火车发出 “接近” 信号的时刻. 最后, 火车从接近道口开始最多需要 5min 通过路口的性质由

$$\forall\Box\big((\text{near} \wedge (y=0)) \to \forall\Diamond^{\leqslant 5}\text{far}\big)$$

表达. ■

TCTL 公式的语义是对形式为 $\langle \ell, \eta \rangle$ 的状态定义的. 状态公式 $\forall\varphi$ 和 $\exists\varphi$ 是在所有时间发散的路径上解释的. 也就是说, 时间收敛路径对于 TCTL 状态公式的可满足性无足轻重. 这类似于公平 CTL 的语义中对不公平路径的处理, 见定义 6.9.

定义 9.14 TCTL 的满足关系

令 $\text{TA} = (\text{Loc}, \text{Act}, C, \hookrightarrow, \text{Loc}_0, \text{Inv}, \text{AP}, L)$ 是时控自动机, $a \in \text{AP}$, $g \in \text{ACC}(C)$, 且 $J \subseteq \mathbb{R}_{\geqslant 0}$. 对于 TS(TA) 中的状态 $s = \langle \ell, \eta \rangle$, TCTL 状态公式 $\varPhi$ 和 $\varPsi$ 以及 TCTL 路径公式 φ, 状态公式的满足关系 $\models$ 由

$$\begin{array}{lll}
s \models \text{true} & & \\
s \models a & \text{iff} & a \in L(\ell) \\
s \models g & \text{iff} & \eta \models g \\
s \models \neg\varPhi & \text{iff} & s \models \varPhi \text{ 不成立} \\
s \models \varPhi \wedge \varPsi & \text{iff} & (s \models \varPhi) \text{ 且 } (s \models \varPsi) \\
s \models \exists\varphi & \text{iff} & \text{对某一 } \pi \in \text{Paths}_{\text{div}}(s),\ \pi \models \varphi \\
s \models \forall\varphi & \text{iff} & \text{对所有 } \pi \in \text{Paths}_{\text{div}}(s),\ \pi \models \varphi
\end{array}$$

定义. 对时间发散路径 $\pi \in s_0 \xRightarrow{d_0} s_1 \xRightarrow{d_1} s_2 \xRightarrow{d_2} \cdots$, 路径公式的满足关系 $\models$ 定义为: $\pi \models \varPhi \,\mathsf{U}^J\, \varPsi$ 当且仅当 $\exists\, i \geqslant 0$ 和某个满足

$$\sum_{k=0}^{i-1} d_k + d \in J$$

的 $d \in [0, d_i]$ 使得 $s_i + d \models \varPsi$ 并且对任意 $j \leqslant i$ 和满足

$$\sum_{k=0}^{j-1} d_k + d' \leqslant \sum_{k=0}^{i-1} d_k + d$$

的任意 $d' \in [0, d_j]$ 都有 $s_j + d' \models \varPhi \vee \varPsi$, 其中对 $s_i = \langle \ell_i, \eta_i \rangle$ 和 $d \geqslant 0$ 有

$$s_i + d = \langle \ell_i, \eta_i + d \rangle$$

■

对原子命题, 否定与合取的解释如往常一样. 时钟约束 g 在 $\langle \ell, \eta \rangle$ 处成立是指时钟在 η 下的值满足时钟约束 g. 状态公式 $\exists\varphi$ 在状态 s 处为真当且仅当存在从 s 开始的满足 φ 的时间发散路径. $\forall\varphi$ 在 s 中成立是指始于 s 的所有时间发散路径满足 φ. 如前所述, 路径量词的范围是时间发散路径. φ 在 s 的时间收敛路径上的真值是不重要的. 现在考虑直到运算符的语义. 时间发散路径 $\pi \in s_0 \overset{d_0}{\Longrightarrow} s_1 \overset{d_1}{\Longrightarrow} s_2 \overset{d_2}{\Longrightarrow} \cdots$ 满足 $\Phi \, \mathsf{U}^J \, \Psi$ 是指在 J 中的某一时刻到达满足 Ψ 的一个状态且在该时刻以前的任意时刻 $\Phi \vee \Psi$ 成立. 读者可能好奇为什么不像以前在时序逻辑 CTL 和 LTL 中一样要求在前面所有时刻只有 Φ 成立. 可以由例 9.12 说明这是合理的.

例 9.12 直到运算符的语义

考虑图 9.18 中的时控自动机 TA, 且令 $\Phi = \forall(a \, \mathsf{U}^{>1} \, b)$. 直觉上, 我们期望 $\text{TA} \models \Phi$, 因为 $\text{Inv}(\ell) = x < 1$, 且在 3 个时间单位流逝之前不能离开位置 ℓ'. 例如, 在时刻 $t = 1.5$, TA 总是在位置 ℓ' 处停留. 现在考虑路径

$$\pi = \langle \ell, 0 \rangle \langle \ell, 0.5 \rangle \langle \ell', 0.5 \rangle \langle \ell', 3 \rangle \langle \ell, 0 \rangle \cdots$$

可得

$$\pi \in \underbrace{\langle \ell, 0 \rangle}_{s_0} \overset{0.5}{\Longrightarrow} \underbrace{\langle \ell', 0.5 \rangle}_{s_1} \overset{2.5}{\Longrightarrow} \underbrace{\langle \ell, 0 \rangle}_{s_2} \cdots$$

根据 TCTL 语义, $\pi \models a \, \mathsf{U}^{>1} \, b$, 因为

$$\text{对某个满足 } 0.5 + d > 1 \text{ 的 } d \in [0, 2.5] \text{ 有 } s_1 + d \models b$$

并且

$$\text{对所有 } d' \in [0, 0.5] \text{ 有 } s_0 + d' \models a \text{ 且对所有 } d' \in [0, d] \text{ 有 } s_1 + d' \models a \vee b$$

沿着 CTL 语义的思路, 将对所有 $d' \in [0, d]$ 要求 $s_1 + d' \models a$, 其中 $d > 0.5$. 然而, 事件 $\neg a \wedge b$ 却在要求的时间界限 $]1, \infty)$ 到达之前的一个时刻发生. 因此, 下述命题不成立: 对于 $d > 0.5$ 的所有 $d' \in [0, d]$ 都有 $s_1 + d' \models a$.

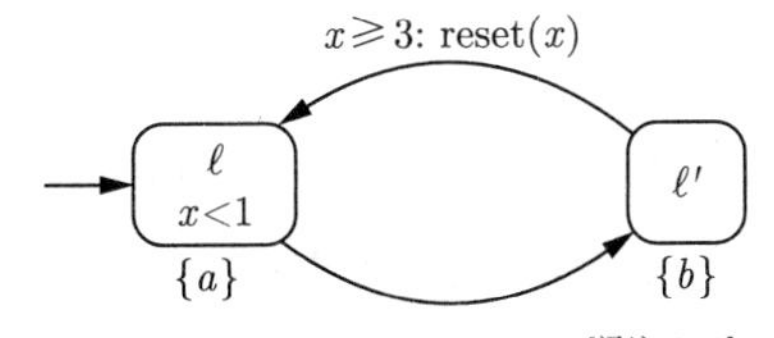

图 9.18 时控自动机 TA [译注 211]

注意, 在 CTL (和 LTL) 中, $\Phi \, \mathsf{U} \, \Psi$ 等价于 $(\Phi \vee \Psi) \, \mathsf{U} \, \Psi$. ■

对于时间发散路径 $\pi \in s_0 \overset{d_0}{\Longrightarrow} s_1 \overset{d_1}{\Longrightarrow} s_2 \overset{d_2}{\Longrightarrow} \cdots$, 由 TCTL 语义可得

$$\pi \models \Diamond^J \Phi \quad \text{iff} \quad \exists i \geqslant 0. \text{对某个使 } \sum_{k=0}^{i-1} d_k + d \in J \text{ 的 } d \in [0, d_i] \text{ 有 } s_i + d \models \Phi$$

如预期的那样, 只要时间发散路径片段在某一时刻 $t \in J$ 到达 Φ 状态, 此路径就满足 $\Diamond^J \Phi$. 对于 $\Box^J$ 运算符, 得到

$$\pi \models \Box^J \Phi \ \text{ iff } \ \forall i \geqslant 0.\ \text{对所有使} \sum_{k=0}^{i-1} d_k + d \in J \ \text{的}\ d \in [0, d_i]\ \text{都有}\ s_i + d \models \Phi$$

因此, $\pi \models \Box^J \Phi$ 当且仅当 π 在时间区间 J 内访问的所有状态都满足 Φ.

时控自动机 TA 满足 TCTL 状态公式 Φ 是指它的所有初始状态满足 Φ.

定义 9.15　时控自动机的 TCTL 语义

令 TA 是具有时钟 C 和位置 Loc 的时控自动机. 对于 TCTL 状态公式 Φ, 满足集合 $\text{Sat}(\Phi)$ 定义为

$$\text{Sat}(\Phi) = \{s \in \text{Loc} \times \text{Eval}(C) \mid s \models \Phi\}$$

时控自动机 TA 满足 TCTL 状态公式 Φ 当且仅当 Φ 在 TA 的所有初始状态处成立, 即

$$\text{TA} \models \Phi \ \text{ 当且仅当 } \ \forall \ell_0 \in \text{Loc}_0, \langle \ell_0, \eta_0 \rangle \models \Phi$$

其中, 对所有 $x \in C$, $\eta_0(x) = 0$. ■

例 9.13　TCTL 语义[译注 212]

考虑图 9.16 所示的时控自动机 Switch_3.

为了方便起见, 只考虑 $\text{TS}(\text{Switch}_3)$ 的可达状态. 有

$$\begin{aligned}
&\text{Sat}(\forall\Diamond^{<1}\text{off}) &&= \{\langle \text{off}, t\rangle \mid t \geqslant 0\} \cup \{\langle \text{on}, t\rangle \mid 1 < t \leqslant 2\}\\
&\text{Sat}(\exists\Diamond^{<1}\text{off}) &&= \{\langle \text{off}, t\rangle \mid t \geqslant 0\} \cup \{\langle \text{on}, t\rangle \mid 0 < t \leqslant 2\}\\
&\text{Sat}(\forall\Diamond(\text{on} \wedge (x=1))) &&= \{\langle \text{on}, t\rangle \mid 0 \leqslant t \leqslant 1\}\\
&\text{Sat}(\forall\Diamond(\text{on} \wedge (x=0))) &&= \{\langle \text{on}, 0\rangle\}\\
&\text{Sat}(\forall\Diamond(\text{on} \wedge (x\geqslant 3))) &&= \varnothing
\end{aligned}$$

因为 $\text{Switch}_3 \models \Phi$ 当且仅当 $\text{TS}(\text{Switch}_3)$ 的初始状态 $\langle \text{off}, 0\rangle$ 在 $\text{Sat}(\Phi)$ 中, 所以有

$$\text{Switch}_3 \models \forall\Diamond^{<1}\text{off} \ \text{且}\ \text{Switch}_3 \models \exists\Diamond^{<1}\text{off}$$

且对于任何区间 $J \subseteq \mathbb{R}_{\geqslant 0}$ 都有

$$\text{Switch}_3 \not\models \forall\Diamond(\text{on} \wedge (x \in J))$$

考虑

$$\Phi = \forall\Box\big((\text{on} \wedge (x=0)) \rightarrow \forall\Diamond(\text{on} \wedge (x=1))\big)$$

可得 $\text{Switch}_3 \models \Phi$. 然而, 全称路径量词只考虑时间发散路径是必要的. 例如, 时间收敛路径

$$\langle \text{off}, 0\rangle \langle \text{on}, 0\rangle \left\langle \text{on}, \frac{1}{2}\right\rangle \left\langle \text{on}, \frac{3}{4}\right\rangle \left\langle \text{on}, \frac{7}{8}\right\rangle \left\langle \text{on}, \frac{15}{16}\right\rangle \cdots$$

不访问满足 $\text{on} \wedge (x=1)$ 的状态.

注意, (时间发散) 路径不必显式地访问满足 $\text{on} \wedge (x=1)$ 的一个状态以满足 Φ. 例如, 路径 $\langle \text{off}, 0\rangle\langle \text{on}, 0\rangle\langle \text{on}, 2\rangle\langle \text{off}, 2\rangle\langle \text{on}, 0\rangle \cdots$ 满足 $\Diamond\text{on} \wedge (x=1)$, 尽管带有 $x=1$ 的状态不出现在它的表示中. 在延迟迁移 $\langle \text{on}, 0\rangle \xrightarrow{2} \langle \text{on}, 2\rangle$ 期间经过状态 $\langle \text{on}, 1\rangle$.

最后请注意, $\text{Switch}_3 \not\models \forall\Diamond\text{on}$, 由于 $\text{Inv}(\text{off}) = \text{true}$, 即时控自动机有一个时间发散路径永远停留在位置 off. ■

注记 9.4　TCTL 对比 CTL

任何 TCTL 公式 Φ, 若其内所有区间的形式都是 $[0,\infty)$, 则可把它看作命题集合 AP 及 Φ 中的原子时钟约束上的一个 CTL 公式. 然而, TCTL 公式和 CTL 公式中的解释因时间发散路径而有细微的差别. 因此, 有可能 $\mathrm{TS(TA)} \models_{\mathrm{TCTL}} \forall\varphi$ 而 $\mathrm{TS(TA)} \not\models_{\mathrm{CTL}} \forall\varphi$: $\models_{\mathrm{TCTL}}$ 限定在所有时间发散路径上; 而 $\models_{\mathrm{CTL}}$ 考虑所有路径, 特别是还考虑时间收敛路径. 例如, 考虑例 9.13 描述的灯开关和 TCTL 公式:

$$\Phi = \forall\Box(\mathrm{on} \to \forall\Diamond\mathrm{off})$$

由此得出

$$\underbrace{\mathrm{TS(TA)} \models_{\mathrm{TCTL}} \Phi}_{\text{TCTL 语义}} \text{ 且 } \underbrace{\mathrm{TS(TA)} \not\models_{\mathrm{CTL}} \Phi}_{\text{CTL 语义}}$$

由存在总不离开位置 on 的时间收敛路径得出 $\mathrm{TS(TA)} \not\models_{\mathrm{CTL}} \Phi$. ■

包含时间锁定的时控自动机的 TCTL 语义是良定义的. 前面讲过, 时控自动机 TA 包含时间锁定是指 TS(TA) 中存在一个状态, 没有从该状态开始的时间发散路径. 一个状态是无时间锁定的当且仅当它满足 $\exists\Box\mathrm{true}$. 只要某个时间发散路径满足 $\Box\mathrm{true}$, 即只要至少存在一条时间发散路径, 公式 $\exists\Box\mathrm{true}$ 就在 s 处成立. 注意, 对于公平 CTL, 也用公式 $\exists\Box\mathrm{true}$ 刻画能从其开始一条公平路径的状态. 这得出引理 9.2 给出的无时间锁定的特征.

引理 9.2　*无时间锁定的特征*

$$\text{时控自动机 TA 无时间锁定} \quad \text{iff} \quad \forall s \in \mathrm{Reach(TS(TA))}.\, s \models_{\mathrm{TCTL}} \exists\Box\mathrm{true}$$ ■

$\mathrm{TA} \models \forall\Box\Phi$ 当且仅当所有时间发散路径上的所有可达状态都满足 Φ. 一般从 $\mathrm{TA} \models \forall\Box\Phi$ 不能推出 TS(TA) 的所有可达状态都满足 Φ. 这个命题对无时间锁定的时控自动机成立, 但是对其他的不成立. 特别地, TCTL 公式

$$\forall\Box\exists\Box\mathrm{true}$$

是 TCTL 的重言式 (而不是无时间锁定的时控自动机的特征).

9.3　TCTL 模型检验

TCTL 模型检验问题就是对于给定的时控自动机 TA 和 TCTL 公式 Φ 检验是否 $\mathrm{TA} \models \Phi$. 假定 TA 是非芝诺的. 即使可能出现时间锁定也没有关系, 因可用一个 TCTL 公式检验有无时间锁定, 见引理 9.2. TCTL 模型检验问题的主要困难是需要分析具有不可数的状态的迁移系统, 因为

$$\underbrace{\mathrm{TA} \models \Phi}_{\text{时控自动机}} \quad \text{iff} \quad \underbrace{\mathrm{TS(TA)} \models \Phi}_{\text{无穷迁移系统}}$$

因而在 TS(TA) 的状态图中进行单纯的图分析是不可行的; 相反, 基本的思想是: 考虑迁移系统的一个有限商, 即*区域迁移系统*, 它从时控自动机 TA 和 TCTL 公式 Φ 得到.[①] 本质

① 事实上, 区域迁移系统依赖于 TA 中的时钟比较的最大常量和 Φ 中的最大时刻.

上, 区域迁移系统 RTS(TA, Φ) 是 TS(TA) 关于互模拟关系的商. 区域迁移系统的状态是 TS(TA) 的状态的等价类, 同一类中的所有状态是 TCTL 等价的, 即都满足同样的原子时钟约束, 而且从它们可引出相似的时间发散路径. 由于等价类的数目是有限的, 所以它提供了 TCTL 模型检验的基础. 实际上, 不是检验 TCTL 公式 Φ, 而是检验导出的 CTL 公式在 RTS(TA, Φ) 中是否成立.

因此, 检验时控自动机是否满足 TCTL 公式就是检验它的区域迁移系统和相应的 CTL 公式. 对于后者, 可利用传统的 CTL 模型检验算法. 总之:

$$\text{TA} \models_{\text{TCTL}} \Phi \;\text{ iff }\; \underbrace{\text{RTS}(\text{TA}, \Phi)}_{\text{有限迁移系统}} \models_{\text{CTL}} \widehat{\Phi}$$

其中 $\widehat{\Phi}$ 是 CTL 公式, 可用下面将说明的转换方法从 TCTL 公式 Φ 得到它. 总之, 得到算法 9.1 中的方案, 其中 $\cong$ 表示用来得到商 RTS(TA, Φ) 的等价关系.

算法 9.1 TCTL 模型检验的基本框架

输入: (AP 和 C 上的) 时控自动机 TA 和 TCTL 公式 Φ

输出: TA $\models \Phi$

$\widehat{\Phi}$:= 从 Φ 中消除计时参数
确定 $\cong$ 下的等价类
构造区域迁移系统 TS = RTS(TA)
用 CTL 模型检验算法检验 TS $\models \widehat{\Phi}$
TA $\models \Phi$ 当且仅当 TS $\models \widehat{\Phi}$

9.3.1 消去时间参数

本节首先说明如何用等价的原子时钟约束代替作为路径公式的时间界限出现在 TCTL 公式中的区间 $J \neq [0, \infty)$. 令 TCTL$_\Diamond$ 表示所有区间 J 都等于 $[0, \infty)$ 的 TCTL 公式集. 即, 出现在 TCTL$_\Diamond$ 中的计时内容只有原子时钟约束. 由于这种约束可以看作原子命题, 所以, TCTL$_\Diamond$ 实际上是 CTL 的一个子集. 所得公式为在区域迁移系统中检验的 CTL 公式提供基础.

从 TCTL 公式 Φ 消去 $J \neq [0, \infty)$ 的基本思路是: 首先引入一个新时钟, 例如 z, 它在 Φ 和所研究的时控自动机中都不出现; 然后用可能涉及 z 的原子时钟约束充实公式 Φ. 时钟 z 被用来度量流逝的时间, 直到某个确定的性质 (即 Φ 的子公式) 成立. 例如, 为了在状态 s 检验 TCTL 公式 $\exists\Diamond^J\Phi$, 在状态 s 中重置时钟 z, 并且当时钟 z 的当前值处于区间 J 中时检验 Φ. 为形式化这一思路, 给出记法 9.2.

记法 9.2 时钟赋值 $\eta\{\ldots\}$

对于时钟赋值 $\eta \in \text{Eval}(C)$, $z \notin C$ 和 $d \in \mathbb{R}_{\geqslant 0}$, 令 $\eta\{z := d\}$ 表示 $C \cup \{z\}$ 的时钟赋值:

$$\eta\{z := d\}(x) = \begin{cases} \eta(x) & \text{若 } x \in C \\ d & \text{若 } x = z \end{cases}$$

它通过把 z 设置为 d 同时保持所有其他时钟的值不变而扩张 η. 令 TA 是 C 上的时控自动机. 对于 TS(TA) 的状态 $s = \langle \ell, \eta \rangle$, 令 $s\{z := d\}$ 表示状态 $\langle \ell, \eta\{z := d\} \rangle$. 注意, $s\{z := d\}$ 是 TS(TA $\oplus z$) 中的一个状态, 其中 TA $\oplus z$ 是具有时钟集合 $C \cup \{z\}$ 的时控自动机. ■

定理 9.1 提供了把任何 TCTL 公式转变为无时控参数的 TCTL 公式的方法.

定理 9.1　计时参数的消除

令 TA 是时控自动机 $(\mathrm{Loc}, \mathrm{Act}, C, \hookrightarrow, \mathrm{Loc}_0, \mathrm{Inv}, \mathrm{AP}, L)$, 且 $\Phi \, \mathsf{U}^J \, \Psi$ 是 C 和 AP 上的一个 TCTL 公式. 对于时钟 $z \notin C$, 令

$$\mathrm{TA} \oplus z = (\mathrm{Loc}, \mathrm{Act}, C \cup \{z\}, \hookrightarrow, \mathrm{Loc}_0, \mathrm{Inv}, \mathrm{AP}, L)$$

对 TS(TA) 的任何状态 s, 以下命题成立:

$$s \models_{\mathrm{TCTL}} \exists(\Phi \, \mathsf{U}^J \, \Psi) \ \text{ iff } \ \underbrace{s\{z := 0\}}_{\substack{\mathrm{TS}(\mathrm{TA} \oplus z) \\ \text{中的状态}}} \models_{\mathrm{TCTL}} \exists\big((\Phi \vee \Psi) \, \mathsf{U} \, ((z \in J) \wedge \Psi)\big)$$

$$s \models_{\mathrm{TCTL}} \forall(\Phi \, \mathsf{U}^J \, \Psi) \ \text{ iff } \ \underbrace{s\{z := 0\}}_{\substack{\mathrm{TS}(\mathrm{TA} \oplus z) \\ \text{中的状态}}} \models_{\mathrm{TCTL}} \forall\big((\Phi \vee \Psi) \, \mathsf{U} \, ((z \in J) \wedge \Psi)\big)$$

证明: 因 $\mathrm{TA} \oplus z$ 仅用 (TA 不用的) 新时钟 z 扩张 TA, 故得, TS(TA) 的任何路径 π 对应 $\mathrm{TS}(\mathrm{TA} \oplus z)$ 的唯一路径 π', 使得

$$\pi \in s_0 \xRightarrow{d_0} s_1 \xRightarrow{d_1} s_2 \xRightarrow{d_2} \cdots$$

当且仅当

$$\pi' \in s_0\{z := 0\} \xRightarrow{d_0} s_1\{z := d_0\} \xRightarrow{d_1} s_2\{z := d_0 + d_1\} \xRightarrow{d_2} \cdots$$

易见 π 是时间发散的当且仅当 π' 是时间发散的. 现在证明 $\pi \models \Phi \, \mathsf{U}^J \, \Psi$ 当且仅当 $\pi' \models (\Phi \vee \Psi) \, \mathsf{U} \, ((z \in J) \wedge \Psi)$. 这里只考虑方向 $\Rightarrow$, 另一方向的证明类似. 假定 $\pi \models \Phi \, \mathsf{U}^J \, \Psi$. 根据 TCTL 语义, 它等价于

$$\exists i \geqslant 0 \text{ 使得对满足 } \sum_{k=0}^{i-1} d_k + d \in J \text{ 的某个 } d \in [0, d_i] \text{ 有 } s_i + d \models \Psi \text{ 且}$$
$$\forall j \leqslant i \text{ 及使 } \sum_{k=0}^{j-1} d_k + d' \leqslant \sum_{k=0}^{i-1} d_k + d \text{ 的任意 } d' \in [0, d_j] \text{ 有 } s_j + d' \models \Phi \vee \Psi$$

因为 z 是一个新时钟, 这等价于

$$\exists i \geqslant 0 \text{ 使得对满足 } \sum_{k=0}^{i-1} d_k + d \in J \text{ 的某个 } d \in [0, d_i] \text{ 有 } s'_i + d \models \Psi \text{ 且}$$
$$\forall j \leqslant i \text{ 及使 } \sum_{k=0}^{j-1} d_k + d' \leqslant \sum_{k=0}^{i-1} d_k + d \text{ 的任意 } d' \in [0, d_j] \text{ 有 } s'_j + d' \models \Phi \vee \Psi$$

其中 $s'_i = s_i \left\{ z := \sum_{k=0}^{i-1} d_k \right\}$, $s'_j = s_j \left\{ z := \sum_{k=0}^{j-1} d_k \right\}$. 由于时钟 z 从不重置, 所以在状态 $s'_i + d$ 中 z 的值等于 $\sum_{k=0}^{i-1} d_k + d$. 由于和属于 J, 故第一个合取项 Ψ 可被原子时钟约束 $z \in J$ 加强. 由此得到

$$\exists i \geqslant 0 \text{ 使得对满足 } \underbrace{\sum_{k=0}^{i-1} d_k + d}_{=z} \in J \text{ 的某个 } d \in [0, d_i] \text{ 有 } s'_i + d \models (z \in J) \wedge \Psi \text{ 且}$$

$$\forall j \leqslant i \text{ 及使 } \sum_{k=0}^{j-1} d_k + d' \leqslant \underbrace{\sum_{k=0}^{i-1} d_k + d}_{=z} \text{ 的任意 } d' \in [0, d_j] \text{ 有 } s'_j + d' \models \Phi \vee \Psi$$

现在可以省略约束 $\sum_{k=0}^{i-1} d_k + d \in J$ (因为它等价于 $z \in J$), 而在第二部分中, 我们可能把 $\Phi \vee \Psi$ 弱化为 $(\Phi \vee \Psi) \vee (\Psi \wedge (z \in J))$, 因为 $\Psi \wedge (z \in J)$ 对于 $d' = d$ 和 $i = j$ 成立. 由 TCTL 语义得 $\pi' \models (\Phi \vee \Psi) \mathsf{U} ((z \in J) \wedge \Psi)$. ■

例 9.14 消去计时参数

令 Φ 是 TCTL 公式. 依据上面的对应, 可用 $\exists\Diamond((z \leqslant 2) \wedge \Phi)$ 替换 TCTL 公式 $\exists\Diamond^{\leqslant 2}\Phi$. 类似地, 用

$$\begin{aligned} \neg\forall\Diamond((z \leqslant 2) \wedge \neg\Phi) &\equiv \exists\Box(\neg(z \leqslant 2) \vee \Phi) \\ &= \exists\Box((z \leqslant 2) \to \Phi) \end{aligned}$$

替换 $\exists\Box^{\leqslant 2}\Phi = \neg\forall\Diamond^{\leqslant 2}\neg\Phi$. 注意, 倘若 Φ 不包含不同于 $[0, \infty)$ 的区间, 则所得公式是 (或可理解为) CTL 公式. ■

为了验证 $\text{TA} \models \Phi$ 对于 TCTL 公式 Φ 是否成立, 依据上面的结果, 对 Φ 的每个形为 $\Psi \mathsf{U}^J \Psi'$ 的子公式都给 TA 配备一个时钟, 同时像定理 9.1 表明的那样替换这个子公式. 这得到 $\text{TCTL}_\Diamond$ 公式 $\widehat{\Phi}$. 因为 $\widehat{\Phi}$ 不包含计时参数, 且任何时钟约束都可以看作原子命题, 所以 $\widehat{\Phi}$ 实际上是 CTL 公式. 在时控自动机 TA 上检验 TCTL 公式, 就归约为在用时钟扩展的 TA 上检验 CTL 公式, 时钟的唯一目的是度量公式所引用时间的流逝.

9.3.2 区域迁移系统

考虑时控自动机 TA 和 $\text{TCTL}_\Diamond$ 公式 Φ. 假定 TA 配有一个额外的如 9.3.1 节所述的时钟. 本节的想法是, 在时钟赋值上施加合适的等价, 记作 $\cong$ (它也隐含 TS(TA) 的状态集上的等价: 若 $\ell = \ell'$ 且 $\eta \cong \eta'$, 则令 $\langle \ell', \eta' \rangle \cong \langle \ell, \eta' \rangle$), 使得以下条件成立:

(A) 等价的时钟赋值应该满足在 TA 和 Φ 中出现的相同的时钟约束:

$$\eta \cong \eta' \Rightarrow \big(\forall g \in \text{ACC(TA)} \cup \text{ACC}(\Phi),\ \eta \models g \ \text{ iff } \ \eta' \models g\big)$$

其中 ACC(TA) 和 ACC(Φ) 分别表示出现在 TA 和 Φ 中的原子时钟约束的集合. 这些约束的形式要么是 $x \leqslant c$, 要么是 $x < c$.

(B) 从等价状态出发的时间发散路径应该是等价的. 这个性质保证等价的状态满足相同的路径公式.

(C) 在 $\cong$ 下的等价类的个数是有限的.

在后续内容中, 对时钟值采用记法 9.3.

记法 9.3 实数的整数和小数部分

令 $d \in \mathbb{R}_{\geqslant 0}$[译注 213]. d 的整数部分是至多为 d 的最大整数, 即

$$\lfloor d \rfloor = \max\{c \in \mathbb{N} \mid c \leqslant d\}$$

d 的小数部分定义为 $\text{frac}(d) = d - \lfloor d \rfloor$. 例如, $\lfloor 17.59267 \rfloor = 17$, $\text{frac}(17.59267) = 0.59267$, $\lfloor 85 \rfloor = 85$, 且 $\text{frac}(85) = 0$. ■

时钟等价的定义依靠下面给出的 3 个发现, 它们逐步深化了等价的概念. 下面详细讨论这些发现.

第一个发现. 考虑原子时钟约束 g, 且令 η 是一个时钟赋值 (均在时钟集合 C 上, 且 $x \in C$). 因 g 是原子时钟约束, 故对 $c \in \mathbb{N}$, g 的形式为 $x < c$ 或 $x \leqslant c$. 只要 $\eta(x) < c$ 或等价地 $\lfloor \eta(x) \rfloor < c$, 就有 $\eta \models x < c$. 在这种情形下 $\eta(x)$ 的小数部分是不相关的. 类似地, 只要 $\lfloor \eta(x) \rfloor < c$, 或 $\lfloor \eta(x) \rfloor = c$ 且 $\text{frac}(x) = 0$, 就有 $\eta \models x \leqslant c$. 因此, $\eta \models g$ 只依赖于整数部分 $\lfloor \eta(x) \rfloor$ 及是否 $\text{frac}(\eta(x)) = 0$. 这表明, 时钟赋值 η 和 η' 是等价的 (表示为 $\cong_1$), 只要它们满足以下约束:

$$\lfloor \eta(x) \rfloor = \lfloor \eta'(x) \rfloor \text{ 且 } \text{frac}(\eta(x)) = 0 \ \text{ iff } \ \text{frac}(\eta'(x)) = 0 \tag{9.1}$$

这个约束保证等价时钟赋值满足时钟约束 g, 若时钟约束 g 只包含形为 $x < c$ 或 $x \leqslant c$ 的原子时钟约束 (假如限制所有原子时钟约束都是严格的, 即形式为 $x < c$, 那么小数部分将无关紧要, 且可省略条件 (9.1) 的第二个合取项). 注意, 对于这个发现来说, 关键是在时钟约束中只允许自然数常数. 这一等价概念相当简单, 得到可数的 (但仍为无穷多个) 等价类, 但是 $\cong_1$ 太粗.

例 9.15　两个时钟的第一个划分

为了举例说明所得等价类的性质, 考虑时钟 $C = \{x, y\}$ 集合. 由条件 (9.1) 得到的 C 的商空间如图 9.19 所示, 其等价类如下:

- 顶点 (q, p).
- 线段 $\{(q, y) \mid p < y < p + 1\}$ 和 $\{(x, p) \mid q < x < q + 1\}$.
- 正方形的内点 $\{(x, y) \mid q < x < q + 1 \text{ 且 } p < y < p + 1\}$.

其中 $p, q \in \mathbb{N}$, $\{(x, p) \mid q < x < q + 1\}$ 是满足 $\eta(x) \in]q, q + 1[$ 且 $\eta(y) = p$ 的所有时钟赋值 η 的集合的缩写. ■

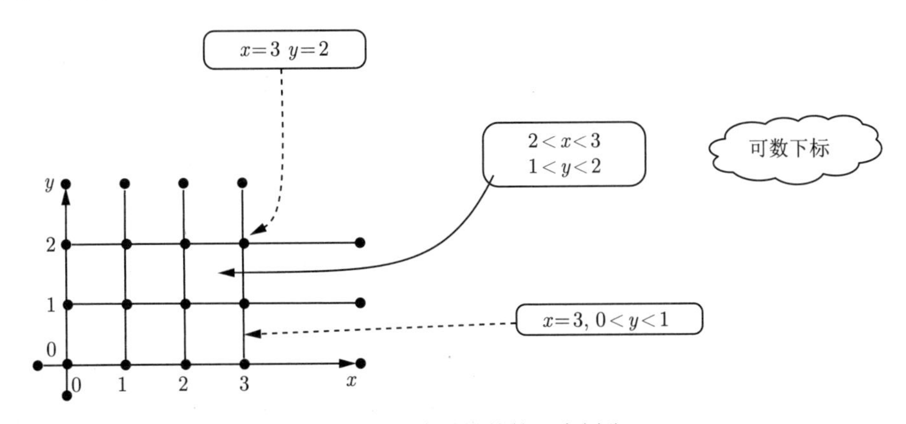

图 9.19　两个时钟的第一个划分

第二个发现. 这里借助于一个小例子证明 $\cong_1$ 太粗这个事实. 考虑位置 ℓ, 它的两个出迁移分别以 $x \geqslant 2$ (动作 α) 和 $y > 1$ (动作 β) 为卫式, 见图 9.20(a). 令状态 $s = \langle \ell, \eta \rangle$, 其中 $1 < \eta(x) < 2$ 且 $0 < \eta(y) < 1$. 两个迁移都不是激活的, 所以唯一的可能是让时间推进. 下一个激活的迁移取决于时钟 x 和 y 的小数部分的顺序: 若 $\text{frac}(\eta(x)) < \text{frac}(\eta(y))$, 则在 α

之前激活 β; 若 $\text{frac}(\eta(x)) \geqslant \text{frac}(\eta(y))$, 则首先激活动作 α. 如果 $\text{frac}(\eta(x)) \geqslant \text{frac}(\eta(y))$, 那么 s 处的时间发散路径从 α 开始, 否则从 β 开始. 这可表示如下: 延迟将根据时钟的小数部分的顺序走向不同的后继类, 见图 9.20 (b).

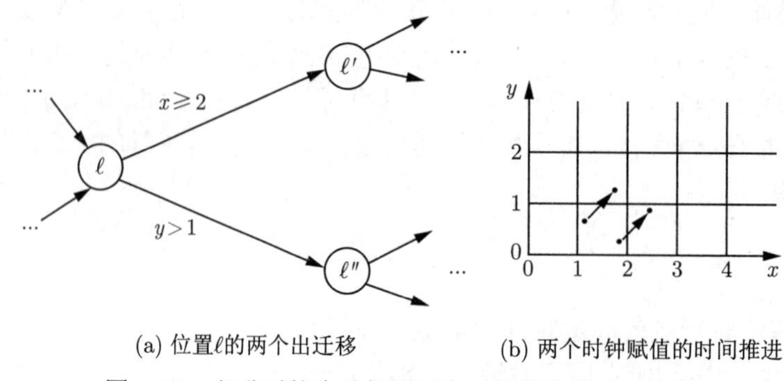

(a) 位置ℓ的两个出迁移　　(b) 两个时钟赋值的时间推进

图 9.20　部分时控自动机和两个时钟赋值的时间推进

因此, 除了 $\lfloor \eta(x) \rfloor$ 以及是否 $\text{frac}(\eta(x)) = 0$ 外, 显然, 对于 $x \in C$, $\eta(x)$ 的小数部分的顺序也是重要的, 即, 对于 $x, y \in C$, 下述 3 个公式中的哪一个成立:

$$\text{frac}(\eta(x)) < \text{frac}(\eta(y))$$
$$\text{frac}(\eta(x)) > \text{frac}(\eta(y))$$
$$\text{frac}(\eta(x)) = \text{frac}(\eta(y))$$

这表明, 对所有 $x, y \in C$, 要用

$$\text{frac}(\eta(x)) \leqslant \text{frac}(\eta(y)) \;\; \text{iff} \;\; \text{frac}(\eta'(x)) \leqslant \text{frac}(\eta'(y)) \tag{9.2}$$

扩充条件 (9.1), 即 $\eta_1 \cong_2 \eta_2$ iff $\eta_1 \cong_1 \eta_2$ 且条件 (9.2) 成立. 这个扩充将确保等价状态 $\langle \ell, \eta \rangle$ 和 $\langle \ell, \eta' \rangle$ 有相似的时间发散路径.

例 9.16　两个时钟的第二个划分

根据上述发现, 把正方形 $\{(x, y) \mid q < x < q+1 \text{ 且 } p < y < p+1\}$ 分解为线段和上下三角形, 即下面 3 个部分:

$$\{(x, y) \mid q < x < q+1 \text{ 且 } p < y < p+1 \text{ 且 } x - y < q - p\}$$
$$\{(x, y) \mid q < x < q+1 \text{ 且 } p < y < p+1 \text{ 且 } x - y > q - p\}$$
$$\{(x, y) \mid q < x < q+1 \text{ 且 } p < y < p+1 \text{ 且 } x - y = q - p\}$$

图 9.21 展示了两个时钟的第二个划分. ■

第三个发现. 上面关于时钟等价的约束可得到可数但并非有限的商. 为了得到商有限的等价关系, 利用以下事实: 只有出现在 TA 和 Φ 的时钟约束与判断是否 $\text{TA} \models \Phi$ 相关. 由于只有有限多个时钟约束, 所以可以对每个时钟 $x \in C$ 确定最大的时钟约束, 例如 $c_x \in \mathbb{N}$, 它是在 TA 的时钟约束中 (作为卫式或位置不变式) 或 Φ 的时钟约束中与 x 进行比较的最大值.

因为 c_x 是与时钟 x 进行比较的最大常数, 所以, 如果 $\eta(x) > c_x$, 那么 x 的实际的值是无关紧要的 (不在 TA 和 Φ 中出现的时钟 x 是多余的, 可以省略, 对于这些时钟, 设置

$c_x = 0$). 因此, 只有当 $\eta(x) \leqslant c_x$ 且 $\eta'(x) \leqslant c_x$ 时条件 (9.1) 才是相关的, 而对条件 (9.2) 还要加上 $\eta(y) \leqslant c_y$ 且 $\eta'(y) \leqslant c_y$, 如图 9.22 所示.

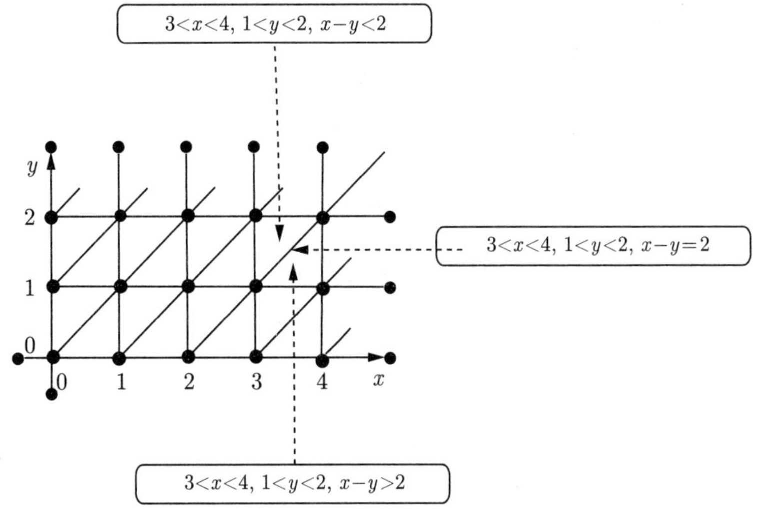

图 9.21 两个时钟的第二个划分

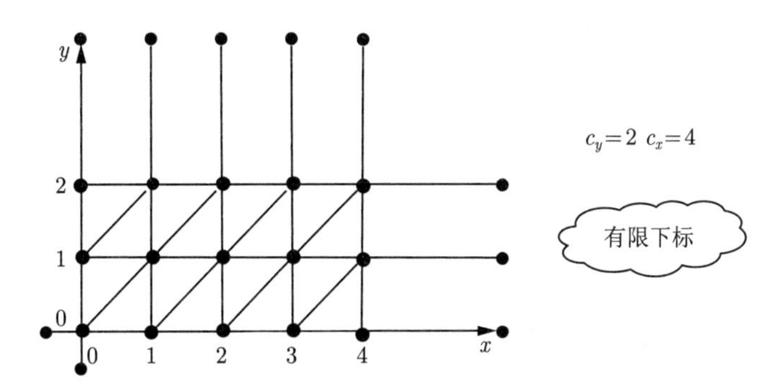

图 9.22 两个时钟 (对 $c_x = 4$ 和 $c_y = 2$) 的第三个划分

基于上面的分析, 可以给出时钟等价的定义.

定义 9.16 时钟等价

令 TA 是时控自动机, Φ 是 TCTL$_\Diamond$ 公式 (均在时钟的集合 C 上), 且 c_x 是在 TA 或 Φ 中与 $x \in C$ 进行比较的最大常数. 时钟赋值 $\eta, \eta' \in \text{Eval}(C)$ 是时钟等价的, 记作 $\eta \cong \eta'$, 当且仅当以下两个条件之一成立:

(A) $\eta(x) > c_x$ 和 $\eta'(x) > c_x$ 对任何 $x \in C$ 成立.

(B) 对满足 $\eta(x)$, $\eta'(x) \leqslant c_x$ 且 $\eta(y), \eta'(y) \leqslant c_y$ 的任何 $x, y \in C$, 以下两个条件均成立:

(B.1) $\lfloor \eta(x) \rfloor = \lfloor \eta'(x) \rfloor$ 且 $\text{frac}(\eta(x)) = 0$ iff $\text{frac}(\eta'(x)) = 0$.

(B.2) $\text{frac}(\eta(x)) \leqslant \text{frac}(\eta(y))$ iff $\text{frac}(\eta'(x)) \leqslant \text{frac}(\eta'(y))$. ■

由于时钟等价 $\cong$ 取决于 TA 和 Φ, 所以严格地讲, 应该写为 $\cong_{\text{TA},\Phi}$ 而不是 $\cong$. 后者对 TA 和 Φ 的依赖仅限于最大常数 c_x, 即 TA 和 Φ 的结构与时钟等价没有关系. 可将时钟等价如下提升到迁移系统 TS(TA) 的状态: 对于 TS(TA) 中的状态 $s_i = \langle \ell_i, \eta_i \rangle, i = 1, 2$, 规定

$$s_1 \cong s_2 \text{ iff } \ell_1 = \ell_2 \text{ 且 } \eta_1 \cong \eta_2$$

称 $\cong$ 下的等价类为时钟区域.

定义 9.17 时钟和状态区域

令 $\cong$ 是 C 上的时钟等价. $\eta \in \text{Eval}(C)$ 的 时钟区域 (记为 $[\eta]$) 定义为

$$[\eta] = \{\eta' \in \text{Eval}(C) \mid \eta \cong \eta'\}$$

$s = \langle \ell, \eta \rangle \in \text{TS(TA)}$ 的状态区域 (记为 $[s]$) 定义为

$$[s] = \langle \ell, [\eta] \rangle = \{\langle \ell, \eta' \rangle \mid \eta' \in [\eta]\}$$ ■

在后续内容中, 只要状态区域和时钟区域的含义在上下文中是清楚的, 就常把它们都简称为区域. 后面将用 r、r' 等表示时钟区域. 经常用临时记号表示时钟区域或时钟赋值. 对于有两个时钟的时控自动机, 例如时钟是 x 和 y,

$$\{(x, y) \mid 1 < x < 2, 0 < y < 1, x - y < 1\}$$

表示满足以下条件的所有时钟赋值 $\eta \in \text{Eval}(\{x, y\})$ 的时钟区域:

$$1 < \eta(x) < 2 \text{ 且 } 0 < \eta(y) < 1 \text{ 且 } \text{frac}(\eta(x)) < \text{frac}(\eta(y))$$

例 9.17 灯开关

考虑灯开关在 $C = \{x\}$ 上的时控自动机 (见图 9.23) 和 $\text{TCTL}_\Diamond$ 公式 $\Phi = \text{true}$. 可知, 与 x 作比较的最大常数是 $c_x = 2$, 其原因是位置不变式 $x \leqslant 2$.

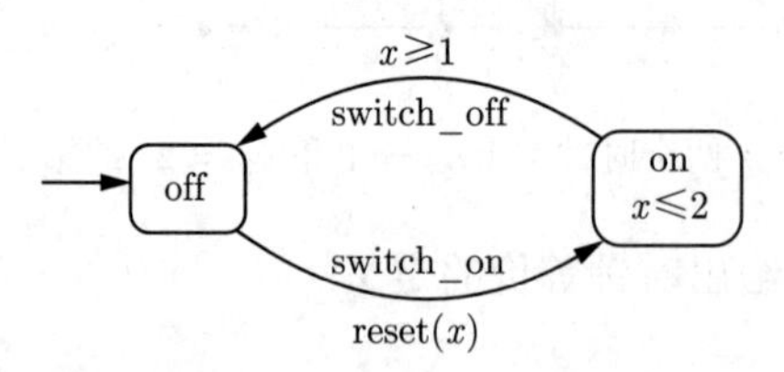

图 9.23 灯开关在 $C = \{x\}$ 上的时控自动机

通过分别考虑定义 9.16 中的每一个约束, 逐步构造时控自动机的区域. 如果 $\eta(x)$ 和 $\eta'(x)$ 在非负实数集上属于同一等价类, 那么时钟赋值 η 和 η' 是等价的 (一般, 对于 n 个时钟, 这相当于在 $\mathbb{R}_{\geqslant 0}$ 上考虑 n 维超空间).

(1) $\eta(x) > 2$ 且 $\eta'(x) > 2$ 或 $\eta(x) \leqslant 2$ 且 $\eta'(x) \leqslant 2$ 的要求导致划分为区间 $[0, 2]$ 和 $(2, \infty)$.

(2) 只要 $\eta(x) \leqslant 2$ 且 $\eta'(x) \leqslant 2$, 则要求 $\eta(x)$ 和 $\eta'(x)$ 的整数部分相同并且 $\text{frac}(\eta(x)) = 0$ iff $\text{frac}(\eta'(x)) = 0$. 这一要求导致区间划分为 $[0, 0], (0, 1), [1, 1], (1, 2), [2, 2], (2, \infty)$ [译注 214].

(3) 由于只有单个时钟, 所以定义 9.16 中的条件 (B.2) 平凡地成立.

这样就得到 6 个时钟区域 (见图 9.24), 又因有两个位置, 故有 12 个状态区域. ■

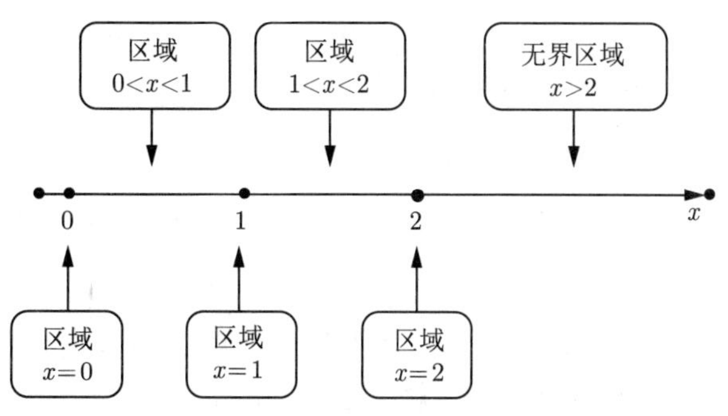

图 9.24 灯开关时控自动机的时钟区域

例 9.18 两个时钟

考虑时钟集合 $C = \{x, y\}$, 并假定 $c_x = 2$ 且 $c_y = 1$. 像例 9.17 一样, 逐步构造时钟区域. 如果实值对 $(\eta(x), \eta(y))$ 和 $(\eta'(x), \eta'(y))$ 是同一时钟区域的元素, 则时钟赋值 $\eta, \eta' \in \text{Eval}(x, y)$ 是等价的.

(1) 因为对所有时钟 $x \in C$ 都要求 $\eta(x) > c_x$ 且 $\eta'(x) > c_x$ 或者 $\eta(x) \leqslant c_x$ 且 $\eta'(x) \leqslant c_x$, 所以得到 4 个类:

$$\begin{gathered}\{(x,y) \mid 0 \leqslant x \leqslant 2, 0 \leqslant y \leqslant 1\} \\ \{(x,y) \mid 0 \leqslant x \leqslant 2, y > 1\} \\ \{(x,y) \mid x > 2, 0 \leqslant y \leqslant 1\} \\ \{(x,y) \mid x > 2, y > 1\}\end{gathered}$$

(2) 定义 9.16 的条件 (B) 导致上一步得到的前 3 个类的细化. 例如, 矩形 $\{(x,y)|0 \leqslant x \leqslant 2, 0 \leqslant y \leqslant 1\}$ 分解成 6 个顶点:

$$(0,0), (0,1), (1,0), (1,1), (2,0), (2,1)$$

7 条 (开) 线段:

$$\begin{aligned}&\{(0,y) \mid 0 < y < 1\}, \quad \{(1,y) \mid 0 < y < 1\}, \quad \{(2,y) \mid 0 < y < 1\}, \\ &\{(x,0) \mid 0 < x < 1\}, \quad \{(x,0) \mid 1 < x < 2\}, \\ &\{(x,1) \mid 0 < x < 1\}, \quad \{(x,1) \mid 1 < x < 2\}\end{aligned}$$

以及两个 (开) 正方形:

$$\{(x,y) \mid 0 < x < 1, 0 < y < 1\} \text{ 和 } \{(x,y) \mid 1 < x < 2, 0 < y < 1\}$$

类似地, 矩形 $\{(x,y)|0 \leqslant x \leqslant 2, y > 1\}$ 分解为 3 条 (开) 线段:

$$\{(0,y) \mid y > 1\}, \{(1,y) \mid y > 1\}, \{(2,y) \mid y > 1\}$$

以及两个 (开) 正方形:

$$\{(x,y) \mid 0 < x < 1, y > 1\} \quad \text{和} \quad \{(x,y) \mid 1 < x < 2, y > 1\}$$

矩形 $\{(x,y) \mid x > 2, 0 \leqslant y \leqslant 1\}$ 以同样的方式分解为 3 个类.

(3) 对 $\{(x,y) \mid 1<x<2, 0<y<1\}$ 应用排序约束, 见定义 9.16 的条件 (B.2). 因为时钟顺序现在变得重要, 所以此类分解为

$$\{(x,y) \mid 1<x<2, 0<y<1, \text{frac}(x)<\text{frac}(y)\}$$
$$\{(x,y) \mid 1<x<2, 0<y<1, \text{frac}(x)>\text{frac}(y)\}$$
$$\{(x,y) \mid 1<x<2, 0<y<1, x-y=1\}$$

可对 $\{(x,y) \mid 0<x<1, 0<y<1\}$ 使用类似推理. 不再进一步划分其他类. 例如, $\{(x,y) \mid 1<x<2, y>1\}$ 不再进一步分解, 这是由于 $y>c_y$.

总之, 最后得到 28 个时钟区域: 6 个顶点、14 条 (开) 线段、4 个 (开) 三角形和 4 个 (开) 时钟区域. ■

即使看似简单的时控自动机, 也可能出现大量的区域. 正因如此, 这里没有讨论更复杂的例子中的区域, 例如铁路道口和实时互斥的例子. 时钟的个数以及常数 c_x 都是确定区域数量的基本因素. 时钟区域和状态区域的数量是有限的, 即约束 (C) 成立. 定理 9.2 包含对时钟区域数量的估计. 状态区域的数量是其 |Loc| 倍.

定理 9.2 区域数量

时钟区域个数的下界和上界如下:

$$|C|! \cdot \prod_{x \in C} c_x \leqslant |\text{Eval}(C)/\cong| \leqslant |C|! \cdot 2^{|C|-1} \cdot \prod_{x \in C} (2c_x+2)$$

其中, 对上界假定 $\forall x \in C.c_x \geqslant 1$.

证明: 通过考虑时钟区域的一个表示以确定下界和上界, 该表示要与时钟区域存在一一对应的关系, 同时还要允许导出界限.

令 C 是时钟集合, 且 $\eta \in \text{Eval}(C)$. 每个时钟区域 r 可用三元组 $\langle J, \wp, D\rangle$ 表示, 其中, J 是一组区间, $\wp$ 是 C 的时钟子集的一个排列, $D \subseteq C$ 是时钟的集合, 它们满足以下条件:

- $J=(J_x)_{x \in C}$ 是满足以下条件的一组区间:

  $$J_x \in \{[0,0],]0,1[, [1,1],]1,2[, \cdots,]c_x-1, c_x[, [c_x, c_x],]c_x, \infty[\}$$

  并且对所有时钟 $x \in C$ 和时钟赋值 $\eta \in r$ 有 $\eta(x) \in J_x$.

- 令 C_{open} 是使得 J_x 是一个开区间的时钟 $x \in C$ 的集合, 即

  $$C_{\text{open}}=\{x \in C \mid J_x \in \{]0,1[,]1,2[, \cdots,]c_x-1, c_x[,]c_x, \infty[\}\}$$

  $\wp=\{x_{i_1}, x_{i_2}, \cdots, x_{i_k}\}$ 是 $C_{\text{open}}=\{x_1, x_2, \cdots, x_k\}$ 的一个排列, 使得对任何 $\eta \in r$, 时钟是依据小数部分排序的, 即[译注 215]

  $$h<j \text{ 蕴含 } \text{frac}(\eta(x_{i_h})) \leqslant \text{frac}(\eta(x_{i_j}))$$

- $D \subseteq C_{\text{open}}$ 由 C_{open} 中满足以下条件的所有时钟组成, 对所有时钟赋值 $\eta' \in [\eta]$, 时钟 x_{i_j} 的小数部分 等于它在排列 $\wp$ 中的前驱 $x_{i_{j-1}}$ 的小数部分:

  $$x_{i_j} \in D \text{ 蕴含 } \text{frac}(\eta(x_{i_{j-1}}))=\text{frac}(\eta(x_{i_j}))$$

在时钟区域和三元组 $\langle J, \wp, D\rangle$ 之间存在一一对应关系.

上面指出的时钟区域个数的上界由下面的组合观察得到:

- 恰有 $\prod\limits_{x\in C}(2c_x+2)$ 个不同的区间簇 J.
- 在 C_{open} 上最多有 $|C_{\text{open}}|! \leqslant |C|!$ 个不同的排列.
- 对 $D \subseteq C\backslash\{x_1\}$, 最多有 $2^{|C_{\text{open}}|-1} \leqslant 2^{|C|-1}$ 种不同的选择.

当所有的时钟在一个开区间 (尽管不是无界区间 $]c_x, \infty[$) 中有一个值且都有不同的小数部分的时候得到所给下界. 在这种情况下 $D=\varnothing$, 并且

$$J_x \in \big\{]0,1[,\ ]1,2[,\ \ldots,\ ]c_x-1, c_x[\big\}$$

因 J 恰有 $\prod\limits_{x\in C} c_x$ 种可能性, 并且最多有 $|C|!$ 种不同的排列, 故得下界. ■

例 9.19　区域个数

下面举例说明一个比较小的时控自动机的区域个数. 假定 $|C|=n$ 且对所有 $x\in C$ 都有 $c_x=2$. 定理 9.2 指出的时钟区域个数的下界是 $n!\cdot 2^n$. 当 $n=2$ 时时钟区域的最小个数为 8; 当 $n=3$ 和 $n=4$ 时, 时钟区域的最小个数分别上升为 48 和 384. 对于 $n=5$, 则至少有 3840 个时钟区域. ■

引理 9.3

令 TA 是时控自动机, $\varPhi$ 是 $\text{TCTL}_\Diamond$ 公式, 二者均在时钟集合 C 上, 且 $\cong$ 是由 TA 和 $\varPhi$ 诱导的时钟等价关系. 那么

(1) 对使得 $\eta\cong\eta'$ 的 $\eta,\eta'\in\text{Eval}(C)$:

$$\forall g\in\text{ACC}(\text{TA})\cup\text{ACC}(\Phi).\eta\models g\quad\text{当且仅当}\quad\eta'\models g$$

(2) 对使得 $s\cong s'$ 的 $s,s'\in\text{TS}(\text{TA})$:

$$\forall a\in\text{AP}'.s\models a\quad\text{当且仅当}\quad s'\models a$$

其中 $\text{AP}'=\text{AP}\cup\text{ACC}(\text{TA})\cup\text{ACC}(\varPhi)$. ■

引理 9.3(1) 直接从验证时钟等价的定义得到. 利用这个结果, 时钟约束的满足关系 (见定义 9.5) 现在可用于时钟区域; $[\eta]\models g$ 表示对任何 $\eta'\in[\eta]$ 都有 $\eta'\models g$. 因为等价状态有相同位置, 所以引理 9.3(2) 直接从 (1) 得到. 状态区域的所有状态因而满足出现在 TA 和 $\varPhi$ 中的相同的时钟约束. 这就证明了上面提到的约束 (A).

前面曾经讨论过, 原子时钟约束实际上可以看作原子命题. 在此观点下, TS(TA) 状态之间的时钟等价实际上就是互模拟. 下面, 再次令 $\text{AP}'=\text{AP}\cup\text{ACC}(\text{TA})\cup\text{ACC}(\varPhi)$. 下面把时钟重置的概念提升到区域.

记法 9.4　区域重置运算符

对于 $r\in\text{Eval}(C)/\cong$ 和 $D\subseteq C$, 令

$$\textsf{reset}\ D\ \textsf{in}\ r=\{\textsf{reset}\ D\ \textsf{in}\ \eta\mid\eta\in r\}$$

因为对于 $\eta,\eta'\in\text{Eval}(C)$, 有

$$\eta\cong\eta'\wedge D\subseteq C\Rightarrow\textsf{reset}\ D\ \textsf{in}\ \eta\cong\textsf{reset}\ D\ \textsf{in}\ \eta'$$

所以得出 reset D in $r \in \mathrm{Eval}(C)/\cong$. 也就是说, 在区域 r 重置时钟 D 可以看作状态区域之间的一个迁移. ■

定理 9.3　时钟等价是互模拟

时钟等价是 AP' 上的互模拟等价.

证明: 通过检验互模拟的条件 (见定义 7.1) 来证明 $\cong$ 是 (AP' 上的) 互模拟. 令 $s_1, s_2 \in \mathrm{TS(TA)}$ 满足 $s_1 \cong s_2$, 即, $s_1 = \langle \ell, \eta_1 \rangle$, $s_2 = \langle \ell, \eta_2 \rangle$ 且满足 $\eta_1 \cong \eta_2$.

(1) 由引理 9.3(2) 得到: 对任意 $a \in \mathrm{AP}'$ 有 $s_1 \models a$ 当且仅当 $s_2 \models a$.

(2) 为了证明从 s_1 出发的任何迁移都可被 s_2 模仿, 把迁移分为离散迁移和延迟迁移两种情况.

- 离散迁移. 假定 $\langle \ell, \eta_1 \rangle = s_1 \xrightarrow{\alpha} s_1' = \langle \ell', \eta_1' \rangle$. 由时控自动机的语义, 这意味着在 TA 中有一个迁移 $\ell \xhookrightarrow{g:\,\alpha, D} \ell'$ 使得

  $$\eta_1 \models g \text{ 且 } \eta_1' = \text{reset } D \text{ in } \eta_1 \models \mathrm{Inv}(\ell')$$

  因 $\eta_1 \cong \eta_2$ 且 $\eta_1 \models g$, 故由引理 9.3(1) 得 $\eta_2 \models g$. 类似地, 因 $\eta_1 \cong \eta_2$, 故 reset D in $\eta_1 \cong$ reset D in η_2. 又 reset D in $\eta_1 \models \mathrm{Inv}(\ell')$, 故有 reset D in $\eta_2 \models \mathrm{Inv}(\ell')$. 因此

  $$s_2 \xrightarrow{\alpha} s_2' = \langle \ell', \text{reset } D \text{ in } \eta_2 \rangle$$

  因状态 s_1' 和 s_2' 位于同一状态区域, 故得 $s_1' \cong s_2'$.
- 延迟迁移. 假定对某个 $d \in \mathbb{R}_{\geqslant 0}$, $s_1 \xrightarrow{d} s_1' = s_1 + d$. 易见, 对任何 d 都存在 d' 使得 $\eta_1 + d \cong \eta_2 + d'$. 根据引理 9.3, 由 $\eta_1 \models \mathrm{Inv}(\ell)$ 且 $\eta_1 + d \models \mathrm{Inv}(\ell)$ 得 $\eta_2 \models \mathrm{Inv}(\ell)$ 且 $\eta_2 + d' \models \mathrm{Inv}(\ell)$. 而后 $s_2 \xrightarrow{d'} s_2 + d' = s_2'$ 且 $s_1' \cong s_2'$.

对从 s_2' 开始的迁移类似可证. ■

注意, 在延迟迁移中, 忽略了延迟量. 只关注某个延迟是否有可能发生. 这种互模拟也称为*时间抽象的互模拟*.

注记 9.5　时钟的小数部分需要排序

对于 $\eta_1 \cong \eta_2$, 如果 $\eta_1(x), \eta_2(x) \leqslant c_x$ 且 $\eta_1(y), \eta_2(y) \leqslant c_y$, 那么

$$\mathrm{frac}(\eta_1(x)) \leqslant \mathrm{frac}(\eta_1(y)) \text{ 当且仅当 } \mathrm{frac}(\eta_2(x)) \leqslant \mathrm{frac}(\eta_2(y))$$

下面用带有 $C = \{x, y\}$ 且 $c_x = 3$, $c_y = 1$ 的时控自动机说明, 如果没有这个约束, $\cong$ 将不是一个互模拟.

假定对于位置 ℓ 有 $\mathrm{Inv}(\ell) = y < 1$. 状态 $s_1 = \langle \ell, \eta_1 \rangle$ 符合

$$1 < \eta_1(x) < 2,\ 0 < \eta_1(y) < 1,\ \eta_1(x) - \eta_1(y) > 1$$

且状态 $s_2 = \langle \ell, \eta_2 \rangle$ 满足

$$1 < \eta_2(x) < 2,\ 0 < \eta_2(y) < 1,\ \eta_2(x) - \eta_2(y) < 1$$

s_1 和 s_2 的唯一区别是时钟排序. 根据 $\cong$ 的定义中的前两个约束 (见定义 9.16), s_1 和 s_2 应该是等价的. 但是, s_1 和 s_2 在延迟之后的后继状态区域是不同的.

存在从 s_1 开始的延迟迁移, 它结束于使得 $\eta_1'(x)=2$ 和 $\eta_1'(y)<1$ 的状态 $s_1'=\langle \ell,\eta_1'\rangle$, 即状态区域 $\langle \ell,[x=2,y<1]\rangle$. 因为时钟以同样的速率推进, 所以时钟 x 和 y 增加相同的量. 由于 $\text{Inv}(\ell)=y<1$, 所以始于状态 s_2 的任何延迟迁移都走向以下状态区域中的一个状态:

$$\langle \ell,\{(x,y)\mid 1<x<2,0<y<1,x-y<1\}\rangle$$

不可能到达状态区域 $\langle \ell,[x=2,y<1]\rangle$. 状态 s_1 和 s_2 没有相应的延迟迁移, 因此不是互似的.

对时钟小数部分的排序约束 (见定义 9.16 的条件 (B.2)) 避免了这一点且 $s_1\not\cong s_2$. ■

定理 9.3 确保状态区域给出的划分表示互模拟商的一个细化, 并允许定义商迁移系统, 其任何边 $\langle \ell,[\eta]\rangle\to\langle \ell',[\eta']\rangle$ 都可用 $\langle \ell,\eta\rangle\to\langle \ell',\eta'\rangle$ 模仿. 商迁移系统中的状态就是状态区域. 状态区域之间的迁移, 要么是延迟迁移, 要么是离散迁移. 下面用一个小例子说明这一点.

例 9.20 区域迁移系统

考虑图 9.25 中的简单时控自动机 (上[译注 216]) 且令 $\Phi=\text{true}$. 由于与 x 比较的最大常数是 2, 所以 $c_x=2$. 图 9.25 还描绘了区域迁移系统 (下). 因为只有一个位置 ℓ, 所以在每个状态区域中位置都是 ℓ. 所有 τ 标记的迁移都是延迟迁移. 在区域自动机中有两个通向初始状态的离散迁移, 都标记为 α. 称具有 τ 自循环的唯一状态区域为无界区域, 因为滞留在同一状态区域的同时, 时间可以无限推进.

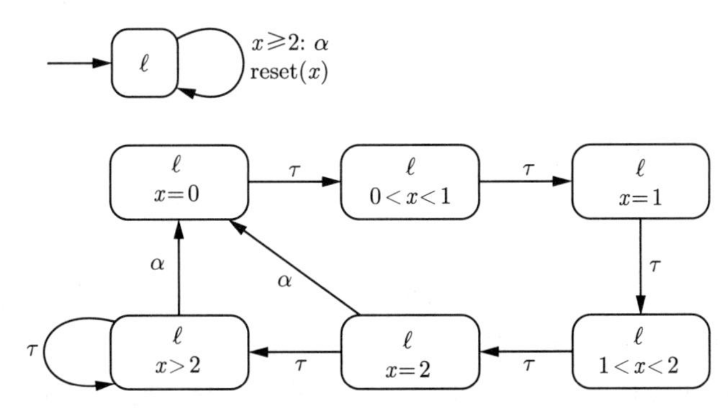

图 9.25 $\Phi=\text{true}$ 的一个简单时控自动机及其区域迁移系统

现在考虑 $\Phi=\Diamond(z\leqslant 2)$, 即 $c_z=2$. Φ 和图 9.25 的时控自动机的区域迁移系统示于图 9.26. 注意, 它实际上是图 9.25 中的区域迁移系统以其两个"副本"做了扩展. 这两个"副本"为约束 $x-z=2$ 和 $z-x>2$ 而引入. 注意, 时钟 z 从不重置. 对于出现在 Φ 中的时钟, 这是典型的, 因为在公式中重置时钟没有意义. ■

为了定义关于 $\cong$ 的商迁移系统, 要引入一些辅助概念. 对于一个时钟区域而言, 如果区域内的任何时钟的所有值都超过其最大常数, 则该区域就是无界的.

定义 9.18 无界时钟区域

称时钟区域 $r_\infty=\{\eta\in\text{Eval}(C)\mid \forall x\in C.\eta(x)>c_x\}$ 是无界的. ■

下面定义由延迟得到的后继区域.

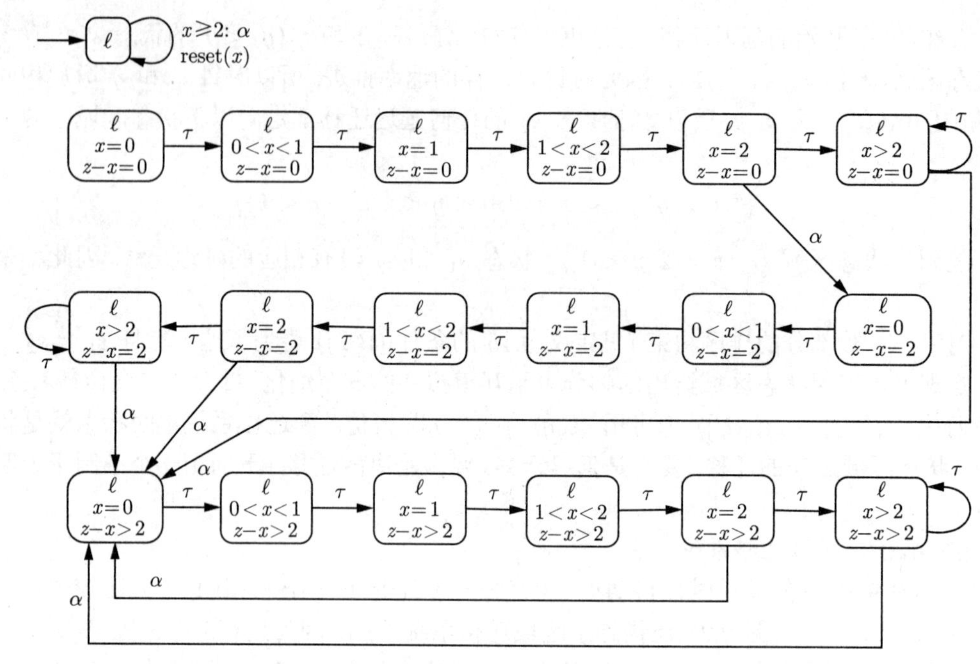

图 9.26 具有 $c_z = 2$ 的 Φ 的一个简单时控自动机的区域迁移系统

定义 9.19 后继区域

令 $r, r' \in \text{Eval}(C)/\cong$. 若下列条件之一成立, 则称 r' 是 r 的后继 (时钟) 区域, 记为 $r' = \text{succ}(r)$:

(1) $r = r_\infty$ 且 $r = r'$.

(2) $r \neq r_\infty, r \neq r'$ 且对所有 $\eta \in r$ 有

$$\exists d \in \mathbb{R}_{>0}.\big(\eta + d \in r' \text{ 且 } \forall 0 \leqslant d' \leqslant d.\eta + d' \in r \cup r'\big)$$

后继状态区域定义为 $\text{succ}(\langle \ell, r \rangle) = \langle \ell, \text{succ}(r) \rangle$. ■

用文字叙述就是, 无界区域的时间进展还是无界区域. 时钟区域 r' 是 $r \neq r_\infty$ 的延迟后继, 如果 r 的任何时钟赋值可以延迟到 r' 的一个时钟赋值, 而在任何先前的时刻都没有离开区域 r 和 r' 的可能性. 一个区域的延迟后继是唯一的, 这符合时间推进的天然确定性. 任何延迟都可在无界区域推进时间. 这不适用于其他区域, 在充分延迟后就要离开这些区域. 因此, 对于 $r \neq r_\infty$, $\text{succ}(r) \neq r$.

注意, $\text{succ}(\langle \ell, r \rangle)$ 只是定义状态区域的可能的后继区域, 而不考虑 ℓ 的位置不变式.

例 9.21 后继时钟区域

对于 $c_x = 2$ 的 $C = \{x\}$, 后继区域如下:

$$\begin{aligned}
&\text{succ}(\{0\}) =]0, 1[\\
&\text{succ}(]0, 1[) = \{1\}\\
&\text{succ}(\{1\}) =]1, 2[\\
&\text{succ}(]1, 2[) = \{2\}\\
&\text{succ}(\{2\}) =]2, \infty[= r_\infty\\
&\text{succ}(]2, \infty[) =]2, \infty[
\end{aligned}$$

对于 $C=\{x,y\}$ 以及 $c_x=2$ 和 $c_y=1$, $r_\infty=\{(x,y)\mid x>2,y>1\}$. 下面的区域关于 y 无界而关于 x 有界:

$$r_1=\{(x,y)\mid 0<x<1,y>1\}\quad r_2=\{(1,y)\mid y>1\}$$
$$r_3=\{(x,y)\mid 1<x<2,y>1\}\quad r_4=\{(2,y)\mid y>1\}$$

由此得出, 对 $0<i\leqslant 3$ 有 $\text{succ}(r_i)=r_{i+1}$ 且 $\text{succ}(r_4)=r_\infty$. 对于有界的时钟区域, 后继区域定义为[译注 217]

$$\text{succ}(\{(x,y)\mid 0<x<1,0<y<1,x<y\})=\{(x,1)\mid 0<x<1\}$$
$$\text{succ}(\{(x,y)\mid 0<x<1,0<y<1,x>y\})=\{(1,y)\mid 0<y<1\}$$
$$\text{succ}(\{(x,y)\mid 0<x<1,0<y<1,x=y\})=\{(1,1)\}$$
$$\text{succ}(\{(x,y)\mid 1<x<2,0<y<1,x-1<y\})=\{(x,1)\mid 1<x<2\}$$
$$\text{succ}(\{(x,y)\mid 1<x<2,0<y<1,x-1>y\})=\{(2,y)\mid 0<y<1\}$$
$$\text{succ}(\{(x,y)\mid 1<x<2,0<y<1,x=y\})=\{(2,1)\}$$

此外, 有 $\text{succ}(\{(0,0)\})=\{(x,y)\mid 0<x<1,0<y<1,x=y\})$ 且 $\text{succ}(\{(2,1)\})=r_\infty$. ■

注记 9.6　时间推移

后继区域 $\text{succ}(r)$ 表示从 r 通过延迟一段时间得到的区域. 然而, r 的延迟未必都能得到 $\text{succ}(r)$. 延迟也可能停留在区域内, 还有可能到达 $\text{succ}(r)$ 的某个 (未必是直接的) 后继区域. 只有当区域内的时钟赋值不存在固定取值的时钟时, 延迟才有可能停留在区域内. $|C|=1$ 的 $]0,1[$ 或 $C=\{x,y\}$ 的 $\{(x,y)\mid 0<x<1,0<y<1,x-y=0\}$ 就是这样的区域. 而在区域 $\{0\}$ 或 $\{(x,1)\mid 0<x<1\}$ 等内延迟是不可能的, 在这些区域内的任何延迟都必然会改变区域.

跨越几个区域的时间推移意味着从 r 到 $\text{succ}^n(r)$ 的一个改变, 其中 $n>1$. 例如, 时控自动机的延迟迁移

$$\langle \text{off},0\rangle \xrightarrow{1.578} \langle \text{off},1.578\rangle$$

可分解为 3 个迁移, 其中任何延迟都到达后继区域的状态:

$$\underbrace{\langle \text{off},0\rangle}_{\text{区域 }\{0\}} \xrightarrow{0.5} \underbrace{\langle \text{off},0.5\rangle}_{\text{区域 }]0,1[} \xrightarrow{0.5} \underbrace{\langle \text{off},1\rangle}_{\text{区域 }\{1\}} \xrightarrow{0.578} \underbrace{\langle \text{off},1.578\rangle}_{\text{区域 }]1,\infty[}$$

这些考虑表明任何时间推移都可用后继区域描述. ■

前面讲过, 通过考虑时间发散路径提供对时控 CTL 公式的解释. 下面的结果从状态区域的角度刻画了非芝诺时控自动机中收敛路径的特征: 假定时控自动机是非芝诺的, 则任何时间收敛路径都包含有限个延迟迁移. 也就是说, 时间收敛路径从某一点开始停留在某一状态区域中; 反之, 一条从某一点开始不改变状态区域的路径是时间收敛的 (除了驻留在无界区域 r_∞ 的路径).

引理 9.4　时间收敛

对非芝诺时控自动机 TA 及 TS(TA) 的起始无限路径片段 $\pi=s_0s_1s_2\cdots$:

(1) 如果 π 是时间收敛的, 那么存在状态区域 $\langle \ell,r\rangle$ 使得对某一 j 有

$$\forall i\geqslant j.s_i\in\langle \ell,r\rangle$$

(2) 如果存在满足 $r \neq r_\infty$ 的状态区域 $\langle \ell, r\rangle$ 和下标 j 使得

$$\forall i \geqslant j.s_i \in \langle \ell, r\rangle$$

那么 π 是时间收敛的.

证明: (1) 假定 $\pi = s_0 s_1 s_2 \cdots$ 是 TS(TA) 中的时间收敛路径. 因为 π 是时间收敛的, 所以 π 中只有有限个动作, 即, 从某一点开始, 例如从下标 k 开始, 只出现延迟. 因此, 存在状态 $\langle \ell, \eta\rangle$ 和非负实数序列 $d_{k+1}, d_{k+2}, \cdots, d_i$ 使得

$$s_k = \langle \ell, \eta\rangle \text{ 且 } \forall i > k.s_i \in \langle \ell, \eta + d_{k+1} + d_{k+2} + \cdots + d_i\rangle$$

前面讲过, 时钟区域的个数是有限的. 另外, 除了 r_∞ 处的自循环外, 不存在时钟和区域的 (延迟后继组成的) 环路. 又因为 π 是无限的, 且从某一点开始只有延迟出现在 π 中, 所以从某一下标开始肯定连续访问某一区域. 即, 存在一个时钟区域 r 和下标 $j \geqslant k$ 使得

$$\forall i \geqslant j.s_i = \langle \ell, \eta + d_{k+1} + d_{k+2} + \cdots + d_i\rangle \in \langle \ell, r\rangle$$

(2) 假定存在满足 $r \neq r_\infty$ 的状态区域 $\langle \ell, r\rangle$ 和某个 j 使得对任意 $i \geqslant j$ 有 $s_i \in \langle \ell, r\rangle$. 用反证法证明 $\pi = s_0 s_1 s_2 \cdots$ 是时间收敛的. 假定 π 是时间发散的. 即 π 中出现无穷多个延迟迁移 d_i 且 $\sum\limits_i d_i$ 不收敛. 特别地, $\langle \ell, r\rangle$ 中出现无穷多个延迟迁移. 因此, 不存在赋值 $\eta \in r$ 使得对某个 x 有 $\eta(x) = 0$. 以下分两种情况证明.

(i) π 中出现无穷多个动作 $\alpha \in \mathrm{Act}$. 下面证明这是不可能的. 假定动作 α 无限经常地出现在 π 中. 那么, π 无限经常地穿过 TA 中的某个循环 $\ell \overset{g:\,\alpha,D}{\hookrightarrow} \ell'$. 因不存在赋值 $\eta \in r$ 使得对某个 x 有 $\eta(x) = 0$, 故得 $D = \varnothing$. 因为 $r \models g$, 所以可在 $\langle \ell, r\rangle$ 的每个状态 $\langle \ell, \eta\rangle$ 无限经常地执行动作 α, 即, 对于 $\langle \ell, r\rangle$ 的任何状态 $\langle \ell, \eta\rangle$, 迁移系统 TS(TA) 包含一个循环 $\langle \ell, \eta\rangle \xrightarrow{\alpha} \langle \ell, \eta\rangle$. 然而, 这与假设 TA 是非芝诺的时控自动机矛盾.

(ii) 沿 π 执行有限多个动作 $\alpha \in \mathrm{Act}$. 那么, 有一个下标 j 使得只有延迟迁移 $d_{j+1}, d_{j+2}, d_{j+3}, \cdots$ 出现在路径片段 $s_j s_{j+1} s_{j+2} \cdots$ 中. 令 $s_j = \langle \ell, \eta\rangle$. 因为 π 时间发散, 所以 $\sum\limits_{i=j+1}^{\infty} d_i$ 不收敛. 即, 存在下标 $k \geqslant j$ 使得 $\sum\limits_{i=j+1}^{k} d_i + \eta \in r_\infty$. 然而, 这与假设 $r \neq r_\infty$ 矛盾. ■

引理 9.4 表明, 为了找出时间发散路径, 在一个区域中忽视延迟迁移就足够了.

定义 9.20 区域迁移系统

令 $\mathrm{TA} = (\mathrm{Loc}, \mathrm{Act}, C, \hookrightarrow, \mathrm{Loc}_0, \mathrm{Inv}, \mathrm{AP}, L)$ 是非芝诺的时控自动机, 且令 $\varPhi$ 是 $\mathrm{TCTL}_\Diamond$ 公式. 那么 TA 对于 $\varPhi$ 的区域迁移系统定义为

$$\mathrm{RTS}(\mathrm{TA}, \varPhi) = (S', \mathrm{Act} \cup \{\tau\}, \to', I', \mathrm{AP}', L')$$

其中:

- 若 S 是 TS(TA) 中所有状态的集合, 则 RTS(TA, $\varPhi$) 的状态空间是所有状态区域的集合:

$$S' = S/\!\cong\; = \{[s] \mid s \in S\}$$

- $I' = \{[s] \mid s \in I\}$.
- $\mathrm{AP}' = \mathrm{ACC}(\mathrm{TA}) \cup \mathrm{ACC}(\Phi) \cup \mathrm{AP}$.
- $L'(\langle \ell, r \rangle) = L(\ell) \cup \{g \in \mathrm{AP}' \setminus \mathrm{AP} \mid r \models g\}$.
- 迁移关系 $\to'$ 定义为

$$\frac{\ell \xhookrightarrow{g:\,\alpha, D} \ell' \wedge r \models g \wedge \mathsf{reset}\ D\ \mathsf{in}\ r \models \mathrm{Inv}(\ell')}{\langle \ell, r \rangle \xrightarrow{\alpha}{}' \langle \ell', \mathsf{reset}\ D\ \mathsf{in}\ r \rangle}$$

和

$$\frac{r \models \mathrm{Inv}(\ell) \wedge \mathrm{succ}(r) \models \mathrm{Inv}(\ell)}{\langle \ell, r \rangle \xrightarrow{\tau}{}' \langle \ell, \mathrm{succ}(r) \rangle}$$ ■

对公式 Φ 的依赖关系是隐含的, 它最大的常数只和时钟等价有关. 当区域迁移系统不依于 Φ (中出现的最大常数) 时, 可将其简写为 RTS(TA). 这适用于以下两例: 一是 $\Phi = \mathrm{true}$; 二是任何时钟 x 在 Φ 中的常数不超过 x 在 TA 中的最大常数.

例 9.22 灯开关

考虑图 9.27 所示的时控自动机 Switch.

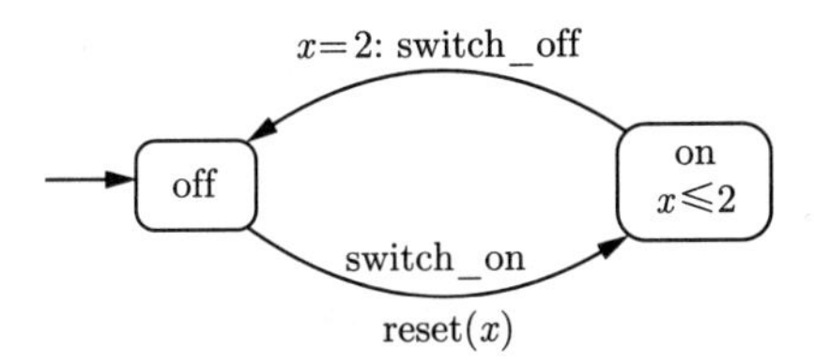

图 9.27 时控自动机 Switch

令 $\Phi = \mathrm{true}$. 则 $c_x = 2$, 并且区域迁移系统 RTS(Switch) = RTS(Switch, true) 如图 9.28 所示, 其中省略了动作标记 τ. 尽管在状态 $\langle \mathrm{on}, [x > 2] \rangle$ 中存在时间锁定, 然而时控自动机 Switch 是无时间锁定的, 因为 $\langle \mathrm{on}, [x > 2] \rangle$ 是不可达的.

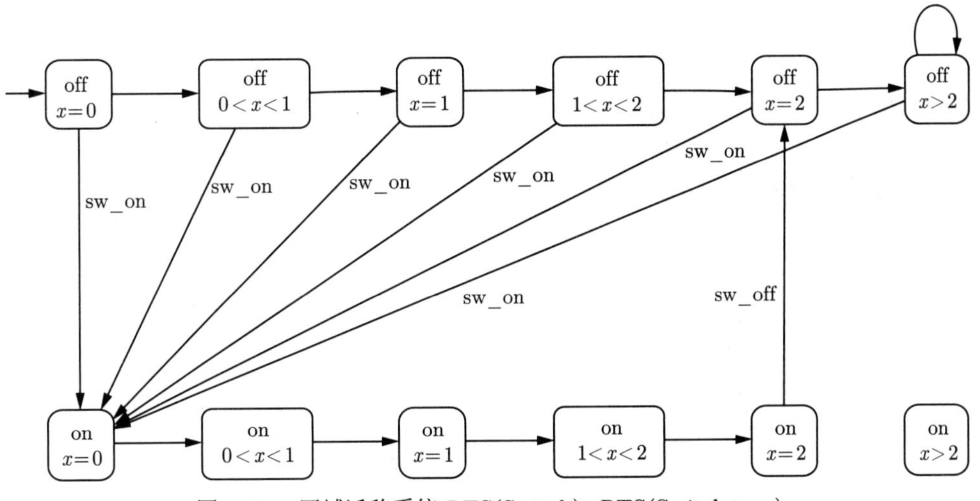

图 9.28 区域迁移系统 RTS(Switch)=RTS(Switch,true)

时控自动机 Switch 的 (无限) 迁移系统中的任何路径在 RTS(Switch) 中都有对应的路径. TS(Switch) 中的路径

$$\langle \text{off}, 0\rangle\langle \text{off}, 2.5\rangle\langle \text{off}, 2.7\rangle\langle \text{on}, 0\rangle\langle \text{on}, 1.7\rangle\langle \text{on}, 2\rangle\cdots$$

对应 RTS(TA) 中的路径

$$\begin{aligned}&\langle \text{off}, [x=0]\rangle\langle \text{off}, [0<x<1]\rangle\langle \text{off}, [x=1]\rangle\langle \text{off}, [1<x<2]\rangle\\&\langle \text{off}, [x=2]\rangle\langle \text{off}, [x>2]\rangle\langle \text{on}, [x=0]\rangle\langle \text{on}, [0<x<1]\rangle\\&\langle \text{on}, [x=1]\rangle\langle \text{on}, [1<x<2]\rangle\langle \text{on}, [x=2]\rangle\cdots\end{aligned}$$

(实际上, 这两条路径关于命题集合 AP$'$ 是踏步迹等价的.) 反之, RTS(Switch) 中的每条路径表示 TS(Switch) 中的一个路径集合. 例如, RTS(Switch) 中的路径片段

$$\langle \text{off}, [x=0]\rangle\langle \text{off}, [0<x<1]\rangle\langle \text{on}, [x=0]\rangle\langle \text{on}, [0<x<1]\rangle\cdots$$

是 TS(Switch) 中下述所有路径片段的代表: 在位置 off 停留 t 个时间单位后转到位置 on, 其中 $0<t<1$. 例如,

$$\begin{array}{llllll}\langle \text{off}, 0\rangle & \langle \text{off}, 0.231\rangle & \langle \text{off}, 0.5788\rangle & \langle \text{off}, 0.98\rangle & \langle \text{on}, 0\rangle & \cdots\\ \langle \text{off}, 0\rangle & \langle \text{off}, 0.001\rangle & \langle \text{on}, 0\rangle & \langle \text{on}, 0.789\rangle & \langle \text{on}, 0.79\rangle & \cdots\end{array}$$

尽管这些路径片段在不同的时刻从 off 变为 on, 但是它们关于命题集合 AP$'$ 是踏步迹等价的.

永不开灯的时间发散路径

$$\pi = \langle \text{off}, 0\rangle\langle \text{off}, 1\rangle\langle \text{off}, 2\rangle\langle \text{off}, 3\rangle\cdots$$

终将到达无界状态区域 $\langle \text{off}, [x>2]\rangle$, 其时间推移由自循环

$$\langle \text{off}, [x>2]\rangle \xrightarrow{\tau} \langle \text{off}, [x>2]\rangle$$

表示. 因此, 在区域迁移系统中, π 由路径

$$\begin{array}{llll}\langle \text{off}, [x=0]\rangle & \langle \text{off}, [0<x<1]\rangle & \langle \text{off}, [x=1]\rangle & \\ \langle \text{off}, [1<x<2]\rangle & \langle \text{off}, [x=2]\rangle & \langle \text{off}, [x>2]\rangle & \langle \text{off}, [x>2]\rangle\cdots\end{array}$$

表示. ■

例 9.23 具有两个时钟的区域迁移系统

考虑图 9.29 所示的时控自动机 TA, 其中 $c_x = c_y = 1$. RTS(TA) 的可达部分示于图 9.30. 易见, 区域迁移系统展示了一条满足 $\Box(y<1)$ 的路径. 由此及下述结果可得 TA $\models \exists\Box(y<1)$. ■

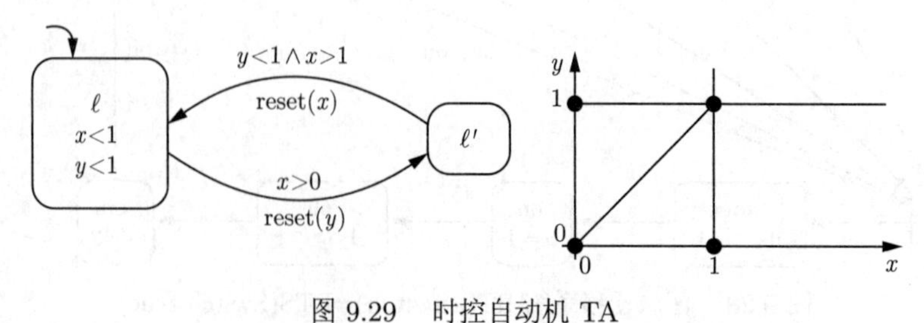

图 9.29 时控自动机 TA

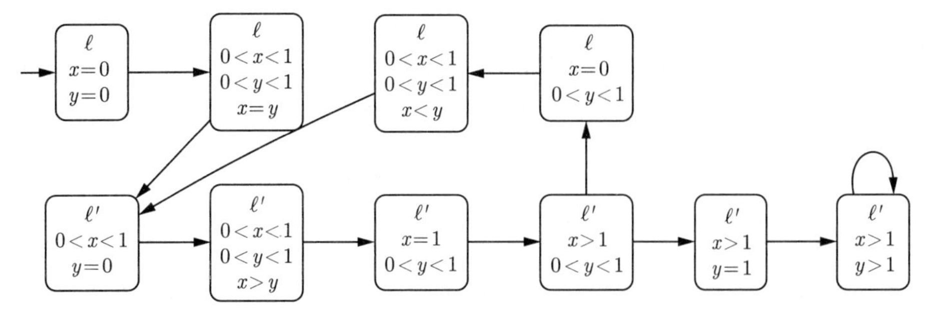

图 9.30 一个时控自动机的区域迁移系统的例子

定理 9.4 确立了使用区域迁移系统的时控自动机的模型检验方法的正确性.

定理 9.4 TCTL 模型检验的正确性

对非芝诺时控自动机 TA 和 $\text{TCTL}_\Diamond$ 公式 $\varPhi$:

$$\underbrace{\text{TA} \models \varPhi}_{\text{TCTL 语义}} \quad \text{当且仅当} \quad \underbrace{\text{RTS}(\text{TA}, \varPhi) \models \varPhi}_{\text{CTL 语义}}$$

证明: 令 TA 是非芝诺时控自动机. 在 $\varPhi$ 的结构上用结构归纳法证明 ($\varPhi$ 的) 任何状态子公式 $\varPsi$ 和 TS(TA) 的任何状态 s:

$$s \models_{\text{TCTL}} \varPsi \quad \text{当且仅当} \quad [s] \models_{\text{CTL}} \varPsi$$

归纳起步是直截了当的. 对于归纳步骤, 假定已经用原子命题替换 $\varPsi$ 的最大的状态子公式 (这是合理的, 因为 CTL 模型检验是 $\varPsi$ 的解析树上的一个递归下降的过程). 对于 $a, b \in \text{AP}'$, 考虑对 $\varPsi = \forall(a \mathsf{U} b)$ 的证明. 用类似思路可证明使用存在量词的直到运算符.

先证 $\Rightarrow$. 假定 $s \models_{\text{TCTL}} \forall(a \mathsf{U} b)$ 且 $s \in \text{TS(TA)}$. 那么对任何时间发散路径 $\pi \in \text{Paths}_{\text{div}}(s)$ 有 $\pi \models_{\text{TCTL}} a \mathsf{U} b$. 令

$$\pi' = \underbrace{\langle \ell_0, r_0 \rangle}_{[s]} \langle \ell_1, r_1 \rangle \langle \ell_2, r_2 \rangle \cdots$$

是 $\text{RTS}(\text{TA}, \forall\Diamond a)$ 中始于状态区域 $[s]$ 的路径. 那么, 在 TS(TA) 中存在对应的路径 $\pi = s_0 s_1 s_2 \cdots$, 使得 $s_0 = s$ 且 $s_i = \langle \ell_i, \eta_i \rangle$, 其中对所有 $i \geqslant 0$ 有 $\eta_i \in r_i$. 由于 $r_i \neq r_\infty$ 的区域没有自循环, 所以 π' 无限经常地穿过 RTS(TA) 的一条 (长度至少为 2 的) 环路或 r_∞ 处的自循环. 即, 不存在状态区域 $\langle \ell, r \rangle$[译注 218] 使得对某个 j 有

$$\forall i \geqslant j. s_i \in \langle \ell, r \rangle$$

由引理 9.4(1) 得出 π 是时间发散的.

因为 $s \models_{\text{TCTL}} \forall(a \mathsf{U} b)$, 所以 $\pi \models a \mathsf{U} b$. 特别地, 存在满足 $s_j \models b$ 的状态 s_j 使得对所有 $i \leqslant j$ 都有 $s_i \models a \vee b$. 由于 π' 中每个已访问的区域都由 π 的一个状态表示, 所以 $\langle \ell_j, r_j \rangle \models b$ 且对任何 $i \leqslant j$ 有 $\langle \ell_i, r_i \rangle \models a \vee b$. 因此, $\pi' \models_{\text{CTL}} a \mathsf{U} b$.

再证 $\Leftarrow$. 假定 $[s] \models_{\text{CTL}} \forall(a \mathsf{U} b)$. 令 $\pi = s_0 s_1 s_2 \cdots$ 是 TS(TA) 中的时间发散路径, 其中 $s = s_0$ 且

$$s_i = \langle \ell_i, \eta_i \rangle, i = 0, 1, 2, \cdots$$

下面证明 $\pi \models_{\text{TCTL}} \Diamond a$. 不失一般性, 假定 π 中的延迟迁移处于后继区域之间 (任何延迟迁移都可分解为后继区域之间的延迟迁移). 因为 π 是时间发散的[译注 219], 所以由引理 9.4(2) 得, $r \neq r_\infty$ 的状态区域 $\langle \ell, r \rangle$ 的几个不同延迟迁移不会同时出现在迁移 π 中. 那么

$$\pi' = [s_0][s_1][s_2] \cdots = \langle \ell_0, [\eta_0] \rangle \langle \ell_1, [\eta_1] \rangle \langle \ell_2, [\eta_2] \rangle \cdots$$

是 $\text{RTS}(\text{TA}, \Phi)$ 始于状态区域 $[s_0] = [s]$ 的路径. 因 $[s] \models_{\text{CTL}} \forall(a \mathsf{U} b)$, 故 $\pi' \models_{\text{CTL}} (a \mathsf{U} b)$. 因此, 存在下标 j 使得 $[s_j] \models b$ 且对于 $i \leqslant j$ 有 $[s_i] \models a$. 故, 对任何 $s_j \models b$ 以及任何 $i \leqslant j$ 均有 $s_i \models a \vee b$, 而且 $\pi \models_{\text{TCTL}} \Diamond a$. 由此得出 $s \models_{\text{TCTL}} \forall(a \mathsf{U} b)$. ■

区域迁移系统 RTS(TA) 提供了一个简单而有效的准则来检验非芝诺时控自动机 TA 是否无时间锁定, 见定理 9.5.

定理 9.5 无时间锁定

非芝诺时控自动机 TA 是无时间锁定的当且仅当 RTS(TA) 没有可达的终止状态.

证明: 实质上, 由引理 9.4 即可得定理 9.5. ■

例 9.24 修改灯开关 (时间锁定)

考虑图 9.31 所示的时控自动机 $\text{Switch}_{\text{timelock}}$, 它在状态 $\langle \text{on}, \eta \rangle$ 处当 $\eta(x) > 1$ 时有时间锁定. 迁移系统 $\text{RTS}(\text{Switch}_{\text{timelock}})$ 如图 9.32 所示. 状态区域 $\langle \text{on}, [x = 2] \rangle$ 是可达的, 且没有任何出迁移. 因此 $\text{Switch}_{\text{timelock}}$ 有时间锁定.

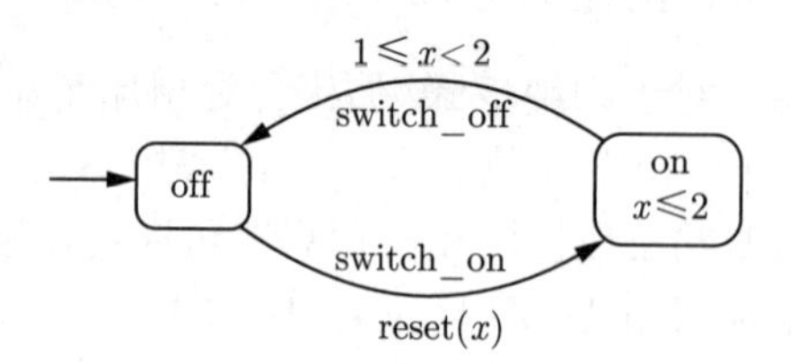

图 9.31 时控自动机 $\text{Switch}_{\text{timelock}}$

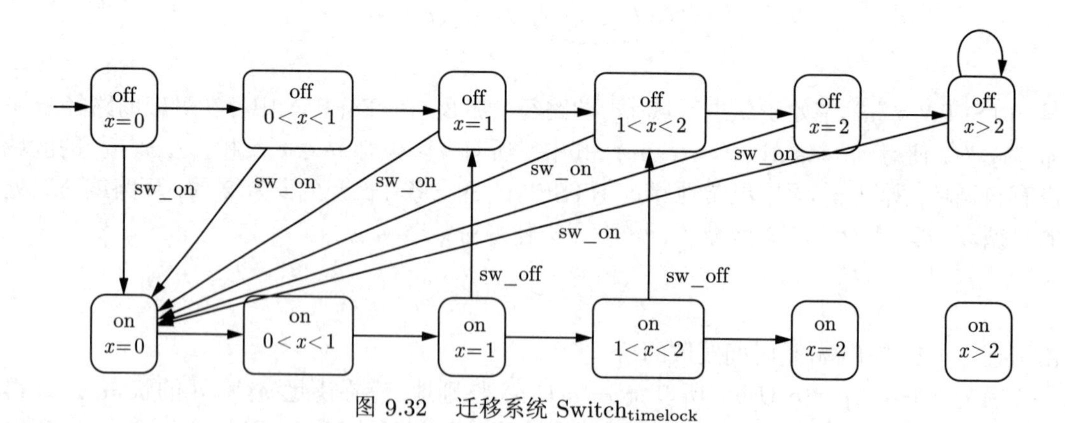

图 9.32 迁移系统 $\text{Switch}_{\text{timelock}}$

在例 9.5中描述的灯开关是无时间锁定的, 因为相关的区域迁移系统不包含可达的终止状态, 见例 9.22. ■

因此, 可用区域迁移系统的可达性分析检验其是否无时间锁定.

注记 9.7 互模拟、时间发散与公平性

区域迁移系统 RTS(TA) 不互似于 TS(TA), 因为一个区域中的延迟迁移和跨越几个区域的延迟在 RTS(TA) 中都不是显式表示的. 然而, RTS(TA) 和 TS(TA) 对于原子命题集合 AP′ 是踏步等价的. 这可从以下事实得到: TS(TA) 中跨越几个状态区域的延迟迁移可在 RTS(TA) 中用后继区域之间的延迟迁移序列模拟, 而且 TS(TA) 在一个状态区域中的延迟迁移可看作踏步步骤. 等价的状态满足相同的 $a \in AP'$ (见引理 9.3) 且 $\mathrm{RTS}(\mathrm{TA}, \varPhi)$ 的每条路径 $\pi' = r_0 r_1 r_2 \cdots$ 可提升为一条对所有 $i \geqslant 0$ 都有 $s_i \in r_i$ 的路径 $\pi = s_0 s_1 s_2 \cdots$.

读者可能想知道可否通过自循环 (对于有界区域) 以及合并那些跳过后继区域上的延迟迁移来丰富区域迁移系统. 下面讨论这两种丰富手段. 自循环可以加到区域迁移系统中以模仿一个区域内的延迟. 然而, 为了只考虑时间发散路径, 需要施加公平性假设, 以排除无限经常地采取有界区域的自循环的无限 (时间收敛) 行为. 合并延迟迁移的问题甚至更大. 其原因是: 为确定 TCTL 路径公式在给定路径上的真值, 在这条路径上未显式给出的状态可能是相关的 (并因而不能忽略). 例如, 与形如

$$\langle \ell, [x=0] \rangle \underbrace{\xrightarrow{d_1} \cdots \xrightarrow{d_1}}_{\text{延迟 2 个时间单位}} \langle \ell, [x=2] \rangle \rightarrow \cdots$$

的执行片段对应的任何路径满足 $\Diamond(x=1)$, 因为已走过的过渡状态 $\langle \ell, [x=1] \rangle$ (它未显式出现在路径表示中) 满足时钟约束 $x=1$. 走向后继区域的迁移因而未体现在区域迁移系统中. ■

9.3.3 TCTL 模型检验算法

9.3.2 节阐述了一种技术, 它把非芝诺时控自动机 TA 和 TCTL 公式 $\varPhi$ 的模型检验问题 $\mathrm{TA} \models \varPhi$ 归约为关于时钟及其在 TA 和 $\varPhi$ 中的最大常数的区域迁移系统上的 CTL 模型检验问题. 已经假设 TCTL 公式的形式是 $\exists(\varPhi \,\mathsf{U}^J\, \varPsi)$ 其中 $J \neq [0,\infty)$, 且 $\varPhi$ 和 $\varPsi$ 中的直到运算符所用的区间都是 $[0,\infty)$. 这种公式可用一个新时钟 (例如 z) 变换为 CTL 公式. 在解释如何可把这种方法推广到形式为具有 $J \neq [0,\infty)$ 的 U^J 的嵌套公式之前, 先用一个例子总结这种方法.

例 9.25 单个时间界限的公式

考虑图 9.33 所示的时控自动机 TA 和 TCTL 公式 $\varPhi = \exists\Diamond^{\leqslant 1}\mathrm{on}$. 先用 $\widehat{\varPhi} = \exists\Diamond((z \leqslant 1) \wedge \mathrm{on})$ 代替 $\varPhi$, 且 TA 配备附加的时钟 z. 时钟 x 和 z 的最大的常数是 $c_x = 1$ 和 $c_z = 1$. 区域迁移系统 $\mathrm{TS} = \mathrm{RTS}(\mathrm{TA} \oplus z, \widehat{\varPhi})$ 示于图 9.34.

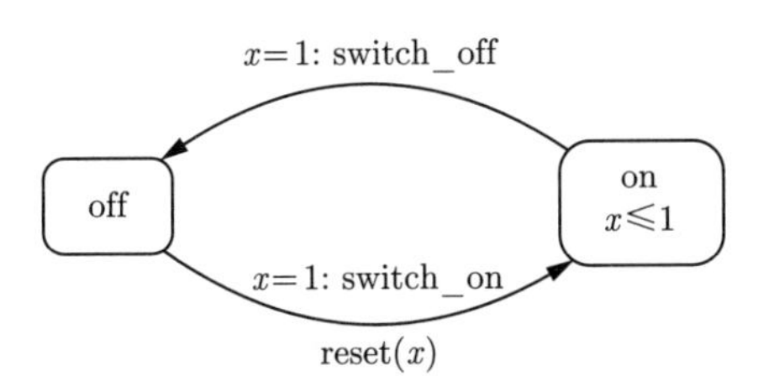

图 9.33 时控自动机 TA

状态区域 $\langle \mathrm{on}, [x=0, z=1] \rangle \models (z \leqslant 1) \wedge \mathrm{on}$ 且是从初始状态区域可达的. 因此 $\mathrm{TS} \models_{\mathrm{CTL}} \exists\Diamond((z \leqslant 1) \wedge \mathrm{on})$, 因而 $\mathrm{TA} \models \exists\Diamond^{\leqslant 1}\mathrm{on}$. ■

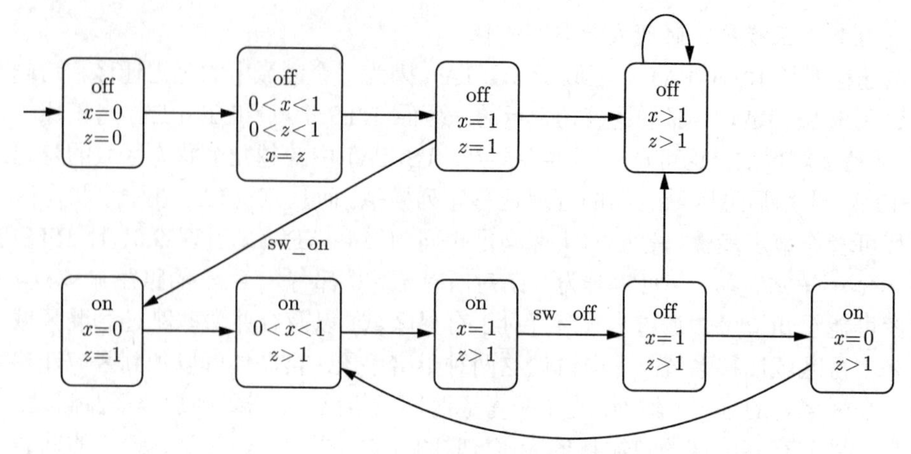

图 9.34 一个灯开关时控自动机的区域迁移系统

尚需澄清如何处理诸如

$$\Phi = \forall\Box^{\geqslant 3}\exists\Diamond^{]1,2]}\text{on}$$

之类的具有嵌套时间界限的公式. 像前面一样, 假定一个非芝诺时控自动机 $TA = (\text{Loc}, \text{Act}, C, \hookrightarrow, \text{Loc}_0, \text{Inv}, \text{AP}, L)$. 不失一般性, 假定 TA 无时间锁定. 处理含嵌套时间界限的公式的简单方式是对每个子公式引进一个新时钟. 例如, 把例 9.2 中的公式 Φ 变换为

$$\widehat{\Phi} = \forall\Box\big((z_1 \geqslant 3) \to \exists\Diamond(z_2 \in]1,2] \wedge \text{on})\big)$$

检验 $TA \models \Phi$ 就相当于对 $\text{RTS}(TA \oplus \{z_1, z_2\})$ 和 $\widehat{\Phi}$ 应用 CTL 模型检验器. 尽管这是一个直截了当的方法, 但是时钟数量将随时间界限的数量线性增长. 由于区域自动机的规模是时钟个数的指数, 所以使用最少的 (附加) 时钟是有益的. 后续内容将表明, 对有任意多个 (嵌套) 时间界限的 TCTL 公式, 单个附加时钟就足够了.

像以前一样, 给时控自动机 TA 加配原来没有的单个新时钟, 例如 z. 模型检验算法的原理与 CTL 的类似, 是 TCTL 公式 Φ 的解析树上的一个递归下降过程. 时钟 z 只对 Φ 的含时间界限的子公式 Ψ 有用. 一旦确定了 $\text{Sat}(\Psi)$, 就可用时钟 z 检验 Φ 的另一个含时间界限的子公式.

令 $TS = TS(TA \oplus z)$, 即配有额外时钟 z 的 TA 的迁移系统, 其中 z 用于计算时间约束的公式. TS 的状态空间是

$$S_{\text{ts}} = \text{Loc} \times \text{Eval}(C \cup \{z\})$$

对于状态 $s = \langle \ell, \eta \rangle \in S_{\text{ts}}$ 和 $d \in \mathbb{R}_{\geqslant 0}$, 令状态 $s\{z := d\} \in S_{\text{ts}}$ 是用如下方法得到的: 指定时钟 z 的值为 d 而不改变其他时钟, 即

$$s\{z := d\} = \langle \ell, \eta\{z := d\} \rangle$$

其中

$$\eta\{z := d\}(x) = \begin{cases} d & 若\ x = z \\ \eta(x) & 否则 \end{cases}$$

令 $R = \text{RTS}(\text{TA}\oplus z, \varPhi)$, S_{rts} 是 R 的状态空间. 对状态区域 $[s] = \langle \ell, r\rangle \in S_{\text{rts}}$, 令 $[s]\{z := 0\}$ 表示 S_{rts} 中的状态区域 $\langle \ell, r\{z := 0\}\rangle$, 其中

$$r\{z := 0\} = \{\eta\{z := 0\} \mid \eta \in r\}$$

例 9.26　$\text{RTS}(\text{TA} \oplus z, \varPhi)$ 中的区域

区域迁移系统 $R = \text{RTS}(\text{TA} \oplus z, \varPhi)$ 和 $\text{RTS}(\text{TA}, \varPhi)$ 的状态是密切相关的. 实际上, 两者唯一的区别是时钟 z 的赋值. 令 $C = \{x\}$. $\text{RTS}(\text{TA}, \varPhi)$ 中的状态区域 $\langle \ell, [0 < x < 1]\rangle$ 对应 S_{rts} 中的下述状态区域:

- $\langle \ell, [0 < x < 1, z = c]\rangle$, $c = 0, 1, 2, \cdots, c_z$.
- $\langle \ell, [0 < x < 1, z > c_z]\rangle$.
- $\langle \ell, [0 < x < 1, c < z < c+1, \text{frac}(x) \bowtie \text{frac}(z)]\rangle$, 其中 $c = 0, 1, 2, \cdots, c_z - 1$[译注 220] 且 $\bowtie \in \{<, >, =\}$. ■

接下来, 对于可能包含一些 (也许是嵌套的) 时间界限的 TCTL 公式 $\varPhi$, 提出一种算法以检验 $\text{TA} \models \varPhi$. 其基本思想是在区域迁移系统 $\text{TA} \oplus z$ 和 CTL 公式 $\widehat{\varPhi}$ 上利用 CTL 模型检验算法. 该算法计算满足集

$$\text{Sat}_R(\widehat{\varPhi}) = \{[s] \in S_{\text{rts}} \mid [s] \models \widehat{\varPhi}\}$$

由于 CTL 模型检验算法自下而上的特质, 在计算 $\widehat{\varPhi}$ 的子公式 $\varPsi$ 的满足集 $\text{Sat}_R(\varPsi)$ 时, 已经确定并可使用 $\varPsi$ 的任何子公式 $\varPsi_i$ 的满足集 $\text{Sat}_R(\varPsi_i)$. 因而可用 (新) 原子命题 $a_{\varPsi_i}$ 代替任何子公式 $\varPsi_i$. 于是, 区域迁移系统 R 中的状态可标记为出现在 TA 中的原子命题、$\widehat{\varPhi}$ 中的原子时钟约束或 $\varPhi$ 的任何子公式 $\varPsi_i$ 的命题 $a_{\varPsi_i}$. 另外, 如果 $\varPsi_i \mathsf{U}^J \varPsi_j$ 是 $\widehat{\varPhi}$ 的一个子公式, R 中的状态还可用形如 $z \in J$ 的命题标记. 这些命题是时钟 z 的原子时钟约束.

例 9.27　区域迁移系统的命题

考虑 TCTL 公式:

$$\varPhi = \forall\Box^{\leqslant 3}\Big(\underbrace{\underbrace{\exists\Diamond^{[2,6]}a}_{=\varPsi_1} \wedge \underbrace{\exists\Box^{]2,5[}\underbrace{\forall\Diamond^{\geqslant 3}\underbrace{(b \wedge (x = 9))}_{=\varPsi_2}}_{=\varPsi_3}}_{=\varPsi_4}}_{=\varPsi_5}\Big)$$

R 的命题集合包含命题 a 和 b、时钟约束 $x = 9$、命题 $a_{\varPsi_1}$ 到 $a_{\varPsi_5}$ 以及 $a_{\varPhi}$. 另外, R 的命题集合还包含时钟约束 $z \leqslant 3$、$z \in [2, 6]$、$z \in]2, 5[$ 和 $z \geqslant 3$; 这些时钟约束与 $\varPhi$ 的子公式的时间界限对应. ■

如上所述, 验证 $\text{TA} \models \varPhi$ 归结为对区域迁移系统 R 和 $\widehat{\varPhi}$ 应用 CTL 模型检验器. 对于 $\varPhi$ 的子公式 $\varPsi$, 有

$$\underbrace{s \in \text{Sat}(\varPsi)}_{\text{TS(TA) 的满足关系}} \quad \text{iff} \quad \underbrace{a_{\varPsi} \in L_{\text{rts}}([s])}_{\text{RTS(TA}, \varPhi\text{) 的标记}}.$$

算法 9.2 总结了 TCTL 模型检验算法的基本步骤. 首先, 确定 $\text{TA} \oplus z$ 和 $\varPhi$ 的区域迁移系统. 对于 $\varPhi$ 的每个子公式 $\varPsi$, 用 $\varPhi$ 的解析树上的递归下降过程确定满足集 $\text{Sat}_R(\varPsi) =$

$\{[s] \in S_{\text{rts}} \mid [s] \models \Psi\}$. 对于命题逻辑公式 Ψ, 处理是直白的. 有趣的情形是路径公式. 下面说明对 $\Psi = \exists(a \, \mathsf{U}^J \, b)$ 的处理; 对于全称量词公式, 过程类似. 对区域迁移系统和 CTL 公式 $\widehat{\Psi} = \exists(a \, \mathsf{U} \, ((z \in J) \wedge b))$ 应用 CTL 模型检验器. 注意, $\widehat{\Psi}$ 是关于出现在 Φ 中的原子命题、Φ 中的时钟约束以及 z 上的时钟约束 (如 $z \in J$) 的 CTL 公式. 定理 9.1和定理 9.4 产生

$$s \models_{\text{TCTL}} \Psi \;\text{ iff }\; s\{z := 0\} \models_{\text{TCTL}} \widehat{\Psi} \;\text{ iff }\; [s\{z := 0\}] \models_{\text{CTL}} \widehat{\Psi}$$

其中 $[s\{z := 0\}]$ 是区域迁移系统 R 的状态. 因此, 一旦确定了 $\text{Sat}_R(\Psi)$, 就用命题 a_Ψ 标记 R 中所有使得[译注 221]

$$[s\{z := 0\}] \models_{\text{CTL}} \widehat{\Psi}$$

的状态 $[s]$. 一旦处理了所有子公式, 就可得到以下结论: TA $\models \Phi$ 当且仅当区域迁移系统 R 的所有初始状态都用 a_Φ 标记. 当 TA 驳倒 Φ 时, 就可返回 CTL 模型检验器对区域迁移系统作为反例返回的路径片段. 证据的生成也是这样.

算法 9.2 TCTL 模型检验 (基本思想)

输入: 无时间锁定的非芝诺时控自动机 TA 和 TCTL 公式 Φ

输出: 若 TA $\models \Phi$, 则为 “是”; 否则为 “否”

```
R := RTS(TA ⊕ z, Φ);                        (* 状态空间为 S_rts, 标记为 L_rts *)
for all i ⩽ |Φ| do
  for all 满足 |Ψ| = i 的 Ψ ⊂ Sub(Φ) do
    switch(Ψ):
      true          : Sat_R(Ψ) := S_rts;
      a             : Sat_R(Ψ) := {s ∈ S_rts | a ∈ L_rts(s)};
      Ψ1 ∧ Ψ2       : Sat_R(Ψ) := {s ∈ S_rts | {a_Ψ1, a_Ψ2} ⊆ L_rts(s)};
      ¬Ψ'           : Sat_R(Ψ) := {s ∈ S_rts | a_Ψ' ∉ L_rts(s)};
      ∃(Ψ1 U^J Ψ2)  : Sat_R(Ψ) := Sat_CTL(∃((a_Ψ1 ∨ a_Ψ2) U ((z ∈ J) ∧ a_Ψ2)));
      ∀(Ψ1 U^J Ψ2)  : Sat_R(Ψ) := Sat_CTL(∀((a_Ψ1 ∨ a_Ψ2) U ((z ∈ J) ∧ a_Ψ2)));
    end switch

                        (* 把 a_Ψ 添加到 Ψ 成立的所有状态区域的标记中 *)

    for all 使 s{z := 0} ∈ Sat_R(Ψ) 的 s∈S_rts do L_rts(s) := L_rts(s)∪{a_Ψ} od;
  od
od
if I_rts ⊆ Sat_R(Φ) then return " 是" else return " 否" fi
```

假定 TA $\models \Phi$ 的事实可以通过区域迁移系统的 CTL 那样的模型检验算法来判定, 就能得到定理 9.6.

定理 9.6 TCTL 模型检验的时间复杂度

对于时控自动机 TA 和 TCTL 公式 Φ, TCTL 模型检验问题 TA $\models \Phi$ 可以在时间 $O((N+K) \cdot |\Phi|)$ 内确定, 其中 N 和 K 分别是区域迁移系统 $\text{RTS}(\text{TA}, \Phi)$ 中的状态数和迁移数. ■

TCTL 模型检验在最坏情况下的时间复杂度关于 Φ 的大小和区域迁移系统的规模是线性的, 原因在于 Φ 的解析树上的递归下降. 由于区域迁移系统的状态空间的规模随时钟 (和最大常数 c_x) 的个数以指数增长 (见定理 9.2), 所以 TCTL 模型检验的时间复杂度是时钟个数的指数. 尽管这不影响最坏情况下的时间复杂度, 但它提供了丰富的手段, 可显著降低用符号表示的时控自动机的行为的迁移系统 (例如区域迁移系统) 的状态数.

这里不加证明地指出实时系统的验证问题是计算困难的, 甚至对于 TCTL 而言, 下界就是 PSPACE.

定理 9.7 TCTL 模型检验的复杂度

TCTL 模型检验问题是 PSPACE 完全的. ■

这里不提供 PSPACE 完全性的证明, 它可在文献 [9] 中找到.

9.4 总 结

- 时控自动机是程序图, 其时钟变量被用来测量时间的流逝. 一条边上的卫式决定何时采用这条边, 而 (位置) 不变式描述系统可在一个位置停留多长时间.
- 时控自动机描述无限迁移系统, 且因而是连续时间系统的有限模型.
- 如果时间可以无限流逝, 那么时控自动机的一条路径就是时间发散的. 只要从一个时控自动机的迁移系统的每个状态出发都至少有一条时间发散路径, 则它就是无时间锁定的, 即它的所有状态 (在 TCTL 语义下) 都满足 $\exists\Box$true.
- 如果时控自动机的一条路径不是时间发散的且有无穷多个动作在它上面执行, 那么它是芝诺时控自动机. 一个非芝诺时控自动机没有起始芝诺路径. 非芝诺性的一个充分条件是所有控制环路至少耗用一个时间单位.
- TCTL 是 CTL 的实时变体, 其时钟约束可用作原子命题, 且直到运算符配有时间区间. 用时间发散路径定义全称路径公式和存在路径公式的语义. 这种处理类似于考虑公平路径的公平 CTL.
- 模型检验时控自动机 TA 是否满足 TCTL 公式 Φ, 可归约为在 (由 TA 和 Φ 确定的) 有限迁移系统 (即区域迁移系统) 上检验一个从 Φ 导出的 CTL 公式. 这一概念的关键是时钟等价关系, 即关于命题和时钟约束的互模拟关系.
- 区域迁移系统的大小是时钟的个数及与时钟比较的常数的个数的指数.
- 只要时控自动机的区域迁移系统没有可达的终止状态, 则它就是无时间锁定的.

9.5 文 献 说 明

时控自动机. 瞬时动作 (如改变一个状态) 和延迟之间的区别可追溯至实时进程代数, 如时控 CSP [366]、时控 CCS [427] 和 ATP [315] 等. 时控自动机已经采用所得的两阶段行为, 其离散阶段 (动作引起的状态改变) 和连续阶段 (时间推移) 交错进行. Alur 和 Dill [10] (期刊版为文献 [11])、Dill [131] 和 Lewis [271] 引入了时控自动机. Henzinger 等 [200] 引进了不变式的思想, 并称之为安全的时控自动机. 时控自动机的扩展如下: Bornot 和 Sifakis [58] 的带限期的时控自动机 (与不变式相反); Olivero、Sifakis 和 Yovine [316] 的带漂移时钟的时控自动机, 它给每个时钟关联一个区间, 以指定关于一个确切引用时钟的相对速度; Maler、Manna 和 Pnueli [281] 的混合自动机, 它描述更一般特质的离散和连续行为的混合. D'Argenio 和 Brinksma [111] 为描述安全时控自动机定义了进程代数.

模型检验时控自动机. Alur、Courcoubetis 和 Dill [9] 用时钟等价和区域迁移系统证明了模型检验时控 CTL 的可判定性. Henzinger 等 [200] 提出了以一组时钟对子的线性不等式为手段的符号操作. 在时控自动机配有时钟差分约束 (即 $x - y \prec c$) 的配置中, Bouyer 证明了符号后向可达性需要特殊处理 [61]. Bengtsson 和 Yi [43] 以及 Yovine [430] 发表了关于模型检验时控自动机的评述论文. 时间抽象的互模拟起源于 Larsen 和 Yi [265], 他们研究了实时进程代数背景下的等价性. Cerans [78] 证明了时间抽象互模拟的可判定性. Tripakis 和 Yovine [394] 为时控自动机验证首先使用了时间抽象的互模拟. 在文献 [395] 中, 作者描述了 (使用时控 Büchi 自动机的) 线性时间和分支时间 (TCTL) 的验证算法, 此算法基于时间抽象的互模拟; 他们还给出了关于时间抽象的互模拟的求商算法. Dill [131] 提出了时控自动机的差异界限矩阵. Berthomieu 和 Menasche [48] 应用这些数据结构分析了时间 Petri 网, Bellman [40] 对约束图利用了这些结构. Larsen 等 [263] 为了以紧凑区域进行处理, 引入了符号数据结构, 类似于二元决策图. 文献 [294] 包含了关于实时系统验证的技术和工具的综述.

线性时间性质. 带有最终位置的时控自动机接受时控语言, 即由符号和实数值组成的对子的无限序列, 实数值表示符号出现的时间. Alur 和 Dill [11] 证明了时控自动机接受的语言类在取补下不是封闭的, 且因此不存在该类的简单逻辑特征. Alur 和 Dill [12] 提出了一种算法, 用以检验时控自动机接受语言的空性. Alur、Fix 和 Henzinger [13] 提出了事件记录自动机, 它在所有布尔运算 (包括取补) 下是封闭的. 事件记录自动机是一种时控自动机, 它为每一事件 (即动作) 包含一个时钟以记录事件最近发生的时间. Asarin、Caspi 和 Maler [20] 定义了*时控正则表达式*并像有限自动机的 Kleene 定理那样证明了其表达能力等价于 (没有位置不变式的) 时控自动机. 为得到这个结果, 交和更名是时控正则表达式的基本运算符. 像在经典的自动机理论中一样, 从表达式构造自动机很简单, 但是反过来却很棘手. 这些作者还把他们的结果拓展到时控 ω 正则表达式.

时控自动机的模型检验器. Behrmann、Larsen、Petterson 和 Yi 及其同事自 20 世纪 90 年代中期以来开发了模型检验器 UPPAAL [35], 它支持时控 CTL 的一个安全片段, 且能用测试自动机检验有界活性性质. 大约同时, Yovine 等开发了模型检验器 KRONOS [429], 它支持 TCTL. 近年来, 为处理位置配有成本率的定价时控自动机, Rasmussen 等用分支有界算法扩展了 UPPAAL [353]. Wang [417] 用类似于二元决策图的符号数据结构开发了一个时控自动机模型检验器.

9.6 习　　题

习题 9.1 考虑图 9.35 所示的时控自动机 LightSwitch.

(a) 确定迁移系统 TS(LightSwitch).

(b) 确定区域迁移系统 RTS(LightSwitch, true).

(c) 检验 LightSwitch 是否为无时间锁定的和非芝诺的时控自动机.

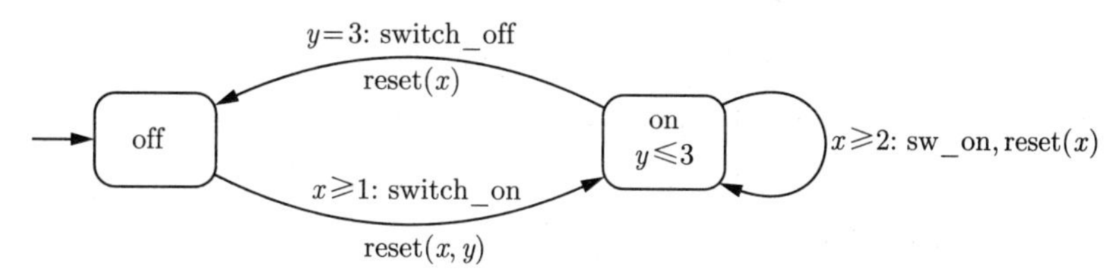

图 9.35 习题 9.1 的时控自动机 LightSwitch

习题 9.2 考虑图 9.36 所示的两个时控自动机.

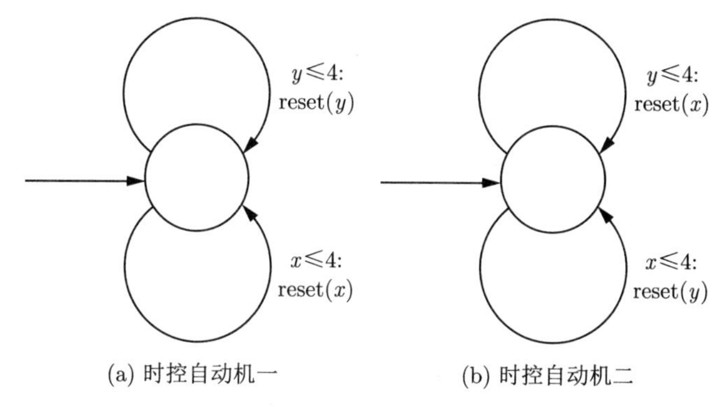

图 9.36 习题 9.2 的两个时控自动机

由于这两个时控自动机只有单个位置, 所以可把这两个时控自动机的状态看作实平面中的一个点 (d, e), 其中 $d, e \geqslant 0$, 以表示时钟 x 取值 d 和 y 取值 e. 确定每个时控自动机的可达状态空间. 证明你的答案.

习题 9.3 (建模练习). 在主路和支路相交的丁字路口有一套交通灯, 控制系统要保证交通灯安全而正确地运行. 主路上的灯设置为绿色, 支路上的灯设置为红色, 除非路中的传感器发现支路灯前有车. 此时, 灯可用标准方式切换并且允许车辆离开支路. 在合适的间隔之后, 灯将恢复到它们的默认设置, 再次允许主路通行. 一旦发现支路有车, 传感器将暂停主路通行, 直到支路上的灯再次设置为红色. 丁字路口如图 9.37 所示.

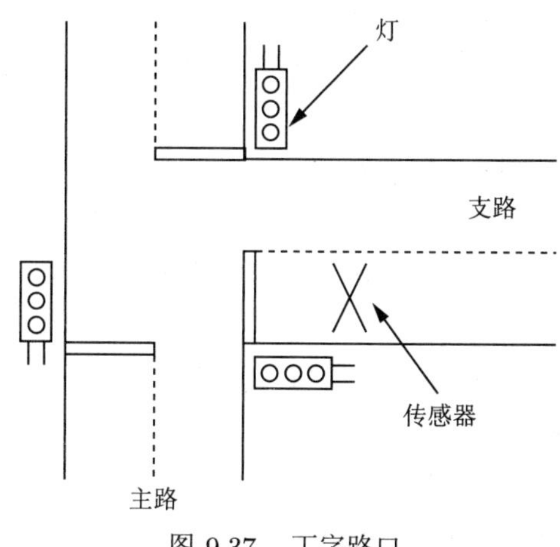

图 9.37 丁字路口

(a) 首先忽略计时细节, 只关注交通灯行为的质量. 把上述系统作为 (时控) 自动机的网络建模. 为了方便, 可以假定主路上的灯完全是同步的且可看作单个灯. 添加一个管理支路上车辆到达的进程, 完善系统模型.

(b) 调整你的模型, 以适应下面的时间约束. 分别处理每个时控约束以降低复杂性. 对每个时控约束, 指出对你的非时控模型所做的必要调整.

(i) 支路绿灯亮 30s.

(ii) 所有过渡灯持续亮 5s.

(iii) 关一个灯与开另一个灯 (如从红到黄) 之间延迟 1s.

(iv) 主路上的绿灯在每一个周期中至少亮 30s.

(v) (更棘手的) 但此后必须立即响应传感器.

(c) 以如下方式扩展丁字路口. 假定有一条人行道横跨支路离开一小段距离, 肯定在传感器之外. 在人行道的每一边都有一个按钮, 用于行人表示希望通过. 只有当支路上的灯为红色时才允许行人通过人行道, 以使支路上的车辆等待最短时间. 新情形下的丁字路口如图 9.38 所示.

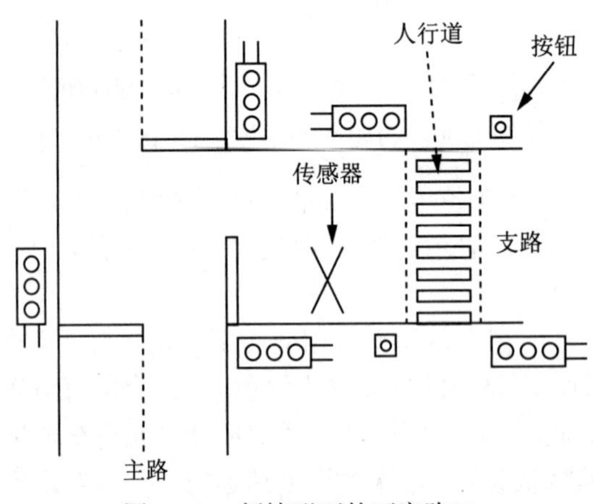

图 9.38 新情形下的丁字路口

扩展问题 (b) 的时控模型以应对新情形.

(d) 路口确实只有当支路上的灯为红色时才允许行人通过人行道吗?

(本题源于文献 [151].)

习题 9.4 考虑图 9.39 所示的 6 个时控自动机.

为各个时控自动机给出一个 TCTL 公式, 以使各个时控自动机能够相互区别开. 在 TCTL 公式中只允许使用原子命题 a、b 和 c 以及时钟约束, 不允许使用位置标识符. (本题来自 Pedro D'Argenio.)

习题 9.5 给定如图 9.40 所示的时控自动机 TA.

(a) 确定迁移系统 TS(TA).

(b) 确定状态集合 $\mathrm{Sat}(\exists\Diamond^{<4}a)$.

(c) 确定区域迁移系统 $\mathrm{RTS}(\mathrm{TA},\mathrm{true})$.

a
$x\leqslant 2$
$x\leqslant 2$:
reset(y)
b
$y\leqslant 2$
$y\leqslant 2$
c

(a) 时控自动机一　(b) 时控自动机二　(c) 时控自动机三

(d) 时控自动机四　(e) 时控自动机五　(f) 时控自动机六

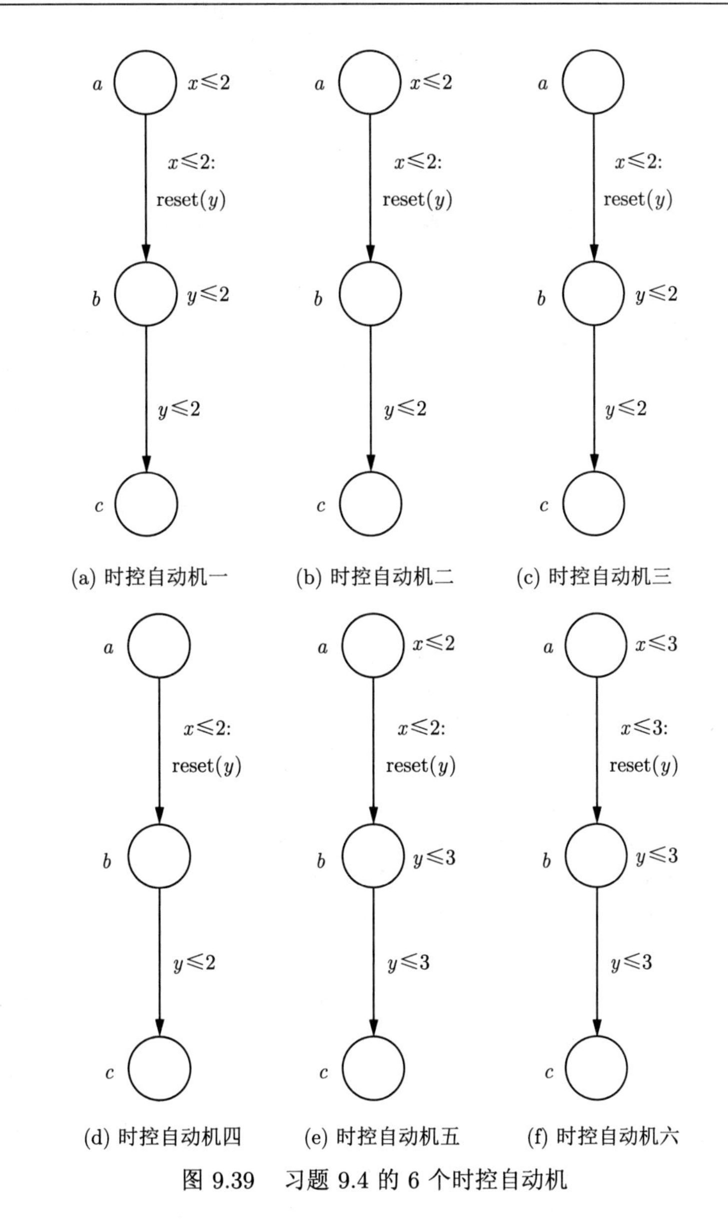

图 9.39　习题 9.4 的 6 个时控自动机

$x>1$
reset(x)
ℓ_0
$x\leqslant 2$
$\varnothing$
$x=2$
reset(x)
ℓ_1
$x\leqslant 1$
$\varnothing$
$x=1$
reset(x)
ℓ_2
$x\leqslant 2$
$\{a\}$
$1\leqslant x<2$

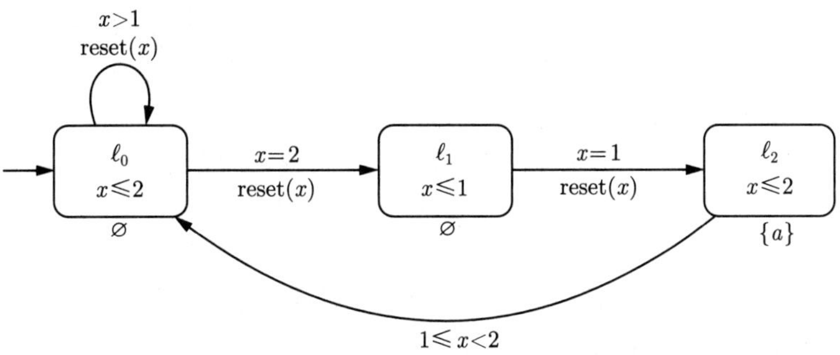

图 9.40　习题 9.5 的时控自动机 TA

第 10 章 概率系统

模型检验技术专注于绝对保证正确性, 即 "系统不可能出错". 在实践中这种刚性的想法是很难的, 甚至是不可能的; 相反, 系统经常遭受消息丢失或混淆之类的各种随机现象的影响, 因而正确性往往表述为 "系统有 99% 的机会不出错", 也就是说, 不应那么绝对. 本章考虑**概率系统**的自动验证, 即表现出概率特质的系统[①]. 概率特质很重要, 尤其是对于以下几类情况:

- 随机算法. 典型的例子是分布式算法, 如领袖选举或共识算法, 它们用硬币投掷试验打破进程之间的 "对称性", 如终将达成共识的概率为 1.
- 为不可靠和不可预知的系统行为建模. 像信息丢失、处理器故障等现象可用未定性建模. 这往往适合早期的系统设计阶段, 此时在高抽象层次上考虑系统, 而且 (有时是故意地) 还没指出关于似然性的信息. 在后续设计阶段, 虽然系统内部特征变得更显著, 但概率仍是量化和细化这些信息的有用工具.
- 基于模型的性能评估. 由于性能评估的目的是预测系统性能和可信性, 因此概率信息, 例如 "消息传送延迟的分布是什么?" 或者 "一个处理器的故障率是什么?", 有必要出现, 以估计定量性质, 如等待时间、队列长度、故障间隔时间等.

为了给随机现象建模, 要用概率充实迁移系统. 方法不尽相同. 在**离散时间马尔可夫链** (Markov Chain, MC) 中, 所有选择都是概率的. 马尔可夫链是评估信息处理系统的性能和可信性时广泛使用的模型. 粗略地讲, 马尔可夫链就是每一状态的后继都带有概率分布的迁移系统. 即基于概率而不是未定地选择下一状态. 马尔可夫链不适合给随机分布系统建模, 因为它们不能以适当方式给并发进程的交错行为建模. 为此, 要用**马尔可夫决策过程** (Markov Decision Process, MDP). 在 MDP 中, 未定选择和概率选择并存. 简言之, MDP 就是迁移系统, 不过, 它在任何状态都存在概率分布之间的未定选择. 一旦未定地选择了概率分布, 就以概率的方式选择下一个状态, 如同在 MC 中一样. 因而任何 MC 都是 MDP, 不过它在任何状态的概率分布是唯一确定的. 随机分布算法通常适合用 MDP 建模, 因为概率只影响算法的一小部分, 而未定性则用于以交错方式给进程之间的并发建模.

概率系统的验证可集中于定量性质或定性性质 (或同时集中于两者). 定量性质通常对某些事件的概率或期望施加约束. 定量性质的实例有: 要求在接下来的 t 个时间单位内投递消息的概率至少为 0.98, 或者要求并发系统中寻找领袖的期望失败次数至多是 7, 等等. 而定性性质通常断言某一 (好) 事件的发生几乎是肯定的, 即概率为 1; 或者对偶地, 某一 (坏) 事件的发生几乎是不可能的, 即零概率. 在马尔可夫模型中, 典型的定性性质是可达性、持久性 ("一个事件终将总是成立吗?") 和重复可达性 ("某些状态可以重复到达吗?")

本章目的是介绍关于 MC 和 MDP 的定性性质和定量性质的主要验证原理. 本章内容包括可达性、持久性、重复可达性的分析技术和模型检验算法, 这些算法针对的是 CTL 的

① 注意: 验证概率系统不应与概率验证 (基于部分状态空间探索的一种模型检验技术) 混淆.

概率变体, 即*概率计算树逻辑* (Probabilistic Computation Tree Logic, PCTL). 这种逻辑可以很好地表达一大类性质. 例如, 随机领袖选举协议的性质"以至少 4/5 的概率终将选出领袖"在 PCTL 中表示为

$$\mathbb{P}_{\geqslant 0.8}(\Diamond \text{leader})$$

而

$$\mathbb{P}_{\leqslant 0.015}(\neg c.\text{empty} \ \mathsf{U}^{\leqslant 6} \ c.\text{full})$$

则断言通道 c 在接下来的 6 个步骤内占满而在所有中间组态 c 都非空的概率以 0.015 为上界.

除了 PCTL 中的分支时间性质, 本章也涵盖了线性时间性质. PCTL 中的概率用 $\mathbb{P}$ 算子进行语法表达, 与此相反, 在线性时间环境下的概率概念只出现在语义层面. 即, 在概率线性时间环境中, LTL 公式用于描述所需的或坏的行为, 而且目的是确立给定的 LTL 公式成立的概率. 从而, 状态上的满足关系不再是布尔型, 即公式对状态成立或不成立, 而是给状态指定概率值. 本章阐述线性时间性质的验证, 如正则安全性质和 ω 正则安全性质等.

在本书剩余内容中, 仍然采用概率模型的*基于状态的*观点. 这意味着把马尔可夫链和马尔可夫决策过程视为有向图 (即迁移系统) 的变体, 其边 (即迁移) 增加了随机性信息. 这与将马尔可夫链定义为随机变量之序列的其他教科书不同. 当把马尔可夫链和马尔可夫决策过程看作反应系统的实施模型和时序逻辑的结构时 (正如本章所做的), 基于状态的方法及带有原子命题的状态显得更自然. 因为马尔可夫模型的复合方法已超出本书范围, 动作在本章是无关紧要的, 不予考虑.

10.1 马尔可夫链

马尔可夫链的行为颇像迁移系统, 两者唯一的不同是在马尔可夫链中后继状态的未定选择用概率选择取代. 也就是说, 依据概率分布选择状态 s 的后继状态. 此概率分布仅依赖于当前状态 s, 而不依赖于从某个初始状态走向 s 的路径片段等. 这样, 系统的演变不依赖于历史 (即已执行的路径片段), 仅依赖于当前状态 s. 此即*无记忆性质*.

定义 10.1 (*离散时间*) *马尔可夫链*

(*离散时间*) *马尔可夫链*就是元组 $\mathcal{M} = (S, \boldsymbol{P}, \boldsymbol{\iota}_{\text{init}}, \text{AP}, L)$, 其中

- S 是可数非空状态集,
- $\boldsymbol{P}\colon S \times S \to [0,1]$ 是*迁移概率函数*, 对于所有状态 s 它都满足
$$\sum_{s' \in S} \boldsymbol{P}(s, s') = 1$$
- $\boldsymbol{\iota}_{\text{init}}\colon S \to [0,1]$ 是*初始分布*, 它满足 $\sum\limits_{s \in S} \boldsymbol{\iota}_{\text{init}}(s) = 1$,
- AP 是原子命题的集合, $L\colon S \to 2^{\text{AP}}$ 是标记函数.

若 S 和 AP 都是有限的, 则称 $\mathcal{M}$ 是*有限的*. 对于有限的 $\mathcal{M}$, 其大小记作 $\text{size}(\mathcal{M})$, 是状态的个数与满足 $\boldsymbol{P}(s, s') > 0$ 的对子 $(s, s') \in S \times S$ 的个数之和. ■

迁移概率函数 $\boldsymbol{P}$ 为每一状态 s 指定用一步 (即单个迁移) 从状态 s 移动到 s' 的概率 $\boldsymbol{P}(s,s')$. 施加于 $\boldsymbol{P}$ 的约束保证了 $\boldsymbol{P}$ 是一个分布. 对于马尔可夫链的数学处理, 与非零迁移概率是不是有理数没关系. 然而, 出于算法目的, 假设值 $\boldsymbol{P}(s,s')$ 对所有状态 $s,s' \in S$ 都是有理的.

值 $\boldsymbol{\iota}_{\text{init}}(s)$ 表示系统演变始于状态 s 的概率. 认为 $\boldsymbol{\iota}_{\text{init}}(s) > 0$ 的状态 s 是*初始状态*. 类似地, 认为满足 $\boldsymbol{P}(s,s') > 0$ 的状态 s' 是 s 的可能后继. 对于状态 s 和 $T \subseteq S$, 令 $\boldsymbol{P}(s,T)$ 表示从状态 s 一步转移到状态 $t \in T$ 的概率, 即

$$\boldsymbol{P}(s,T) = \sum_{t \in T} \boldsymbol{P}(s,t)$$

以后, 通常把迁移概率函数 $\boldsymbol{P}\colon S \times S \to [0,1]$ 等同于矩阵 $(\boldsymbol{P}(s,t))_{s,t \in S}$. 对于状态 s, 矩阵的行 $\boldsymbol{P}(s,\cdot)$ 包含从状态 s 转移到其后继状态的概率, 而矩阵的列 $\boldsymbol{P}(\cdot,s)$ 指明从其他状态进入状态 s 的概率. 类似地, 初始分布 $\boldsymbol{\iota}_{\text{init}}$ 常被看作向量 $\boldsymbol{\iota}_{\text{init}}(s)$, 其中 $s \in S$.

原子命题和标记函数的作用与在迁移系统中的作用相同. 在本章剩余部分中, 会经常把状态名作为原子命题对待, 即 $\text{AP} = S$ 且 $L(s) = \{s\}$.

马尔可夫链诱导一个基础有向图, 其顶点为状态, 从 s 到 s' 存在一条边当且仅当 $\boldsymbol{P}(s,s') > 0$. 马尔可夫链的*路径*是基础有向图中的极大 (即无限的) 路. 它们被定义为对所有 $i \geqslant 0$ 都有 $\boldsymbol{P}(s_i, s_{i+1}) > 0$ 的无穷状态序列 $\pi = s_0 s_1 s_2 \cdots \in S^\omega$. 对于 $\mathcal{M}$ 中的路径 π, $\inf(\pi)$ 表示在 π 中无限次访问的状态的集合. 对于有限马尔可夫链, $\inf(\pi)$ 对所有路径 π 是非空的.

马尔可夫链用基础有向图刻画, 图的边上附有属于 $]0,1]$ 的迁移概率. 若某个状态 s 有唯一后继, 即, $\boldsymbol{P}(s,s') = 1$, 则可省略迁移概率.

例 10.1 简单的通信协议

考虑用通道运行的简单通信协议. 在可能丢失信息的意义上它是易错的, 见图 10.1 中的马尔可夫链. 此处, $\boldsymbol{\iota}_{\text{init}}(\text{start}) = 1$ 且对 $s \neq \text{start}$, $\boldsymbol{\iota}_{\text{init}}(s) = 0$, 即 start 是唯一的初始状态. 在状态 start 处生成在其唯一后继状态 try 沿通道发出的信息. 信息以 1/10 的概率丢失, 此时要再次发送该信息, 直到它最终被交付. 一旦正确交付信息, 系统就回到其初始状态.

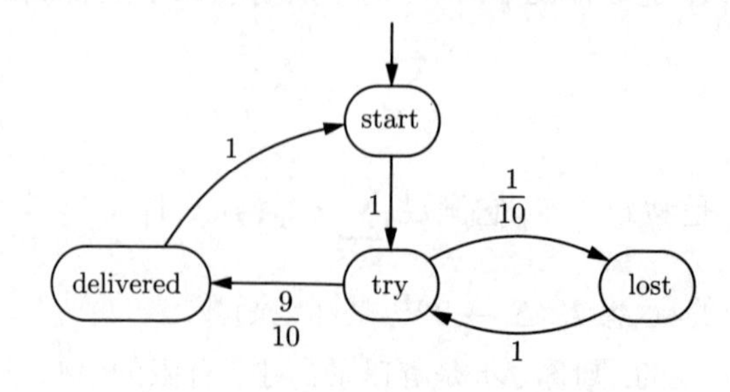

图 10.1 简单通信协议的马尔可夫链

用枚举 start、try、lost、delivered 作为状态, 看作 4×4 矩阵的迁移概率函数 $\boldsymbol{P}$ 和看作列向量的初始分布是

$$\boldsymbol{P}=\begin{pmatrix}0&1&0&0\\0&0&\frac{1}{10}&\frac{9}{10}\\0&1&0&0\\1&0&0&0\end{pmatrix}\qquad \boldsymbol{\iota}_{\text{init}}=\begin{pmatrix}1\\0\\0\\0\end{pmatrix}$$

路径的一个例子是

$$\pi=(\text{start try lost try lost try delivered})^{\omega}$$

沿这条路径, 每一信息在交付前都要重发两次. 可得 $\inf(\pi)=S$. 对 $T=\{\text{lost},\text{delivered}\}$, 有 $\boldsymbol{P}(\text{try},T)=1$. ■

例 10.2　利用公平硬币模拟骰子

像最初由 Knuth 和姚期智[242] 提出的那样, 考虑用公平硬币模拟骰子的行为, 见图 10.2 所示的马尔可夫链.

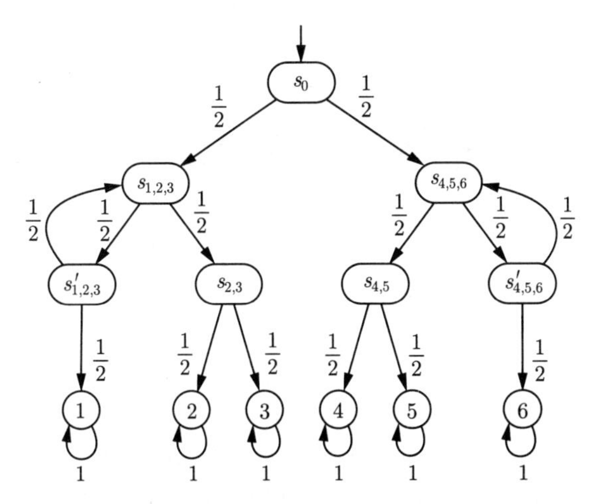

图 10.2　用公平硬币模拟骰子的马尔可夫链

计算从初始状态 s_0 开始, 即 $\boldsymbol{\iota}_{\text{init}}(s_0)=1$ 且对所有状态 $s\neq s_0$ 有 $\boldsymbol{\iota}_{\text{init}}(s)=0$. 在底部的状态 $1\sim6$ 代表掷骰子可能的结果. 每个内部节点表示投掷一次公平硬币. 若结果是 head (正面), 左边的分支决定下一个状态; 若结果是 tail (背面), 右边的分支决定下一个状态.

若硬币投掷试验在状态 s_0 处得到 head, 系统就移动到状态 $s_{1,2,3}$. 再次投掷硬币, 以相同的概率到状态 $s_{2,3}$ (由该状态以相同的概率得到结果 2 或 3) 或者到状态 $s'_{1,2,3}$. 在后一状态, 抛硬币以 1/2 的概率得到结果 1, 或者以 1/2 的概率回到 $s_{1,2,3}$. 初始状态处的结果 tail 的行为是对称的. 稍后将证明, 事实上, 该马尔可夫链确实模拟了骰子, 即结果是等可能的. ■

例 10.3 双骰赌博

双骰赌博就是赌两个骰子投掷的点数. 第一次投掷——“出场掷” 决定是否继续投掷. 当点数为 7 或 11 时, 游戏结束, 玩家获胜. 但是, 点数 2、3、12 为 “垃圾点”, 玩家失败. 对于其他点数, 将再次投掷骰子, 但将记录 “出场掷” 的点数 (“基本点”). 若下一次投掷出现 7 或者 “基本点”, 则游戏结束. 当为 7 时, 玩家失败, 当为基本点时, 玩家胜. 在其他情况下, 投掷骰子直到得到 7 或 “基本点”. 图 10.3 描绘了双骰赌博的马尔可夫链. 状态 start 是唯一初始状态. $\boldsymbol{P}(\text{start}, \text{won}) = 2/9$, 因为成功投掷有 8 种组合: $(1,6)$, $(2,5)$, $(3,4)$, $(5,6)$ 及其对称组合. 类似地确定其他迁移概率. 状态 4、5、6、8、9 和 10 处的自循环是对重新投掷骰子的建模. 对 $T = \{4,5,6\}$, 有 $\boldsymbol{P}(\text{start}, T) = 1/3$[译注 222]. ■

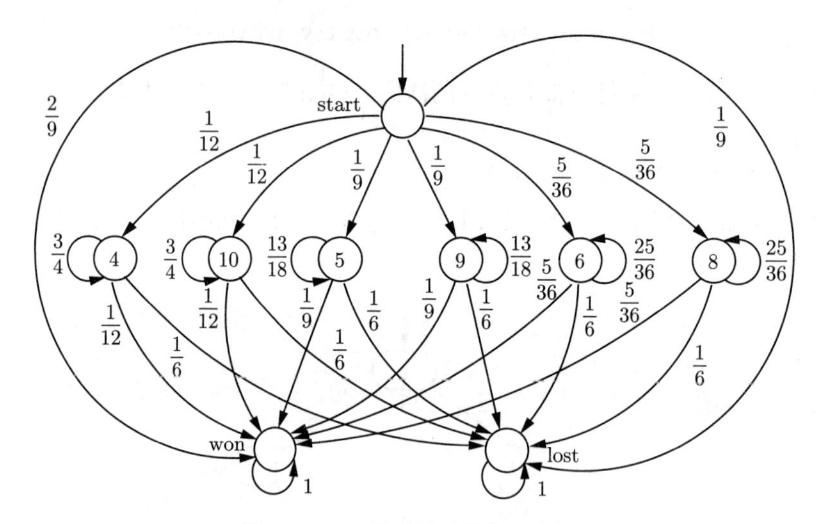

图 10.3 双骰赌博的马尔可夫链

例 10.4 IPv4 零配置协议

IPv4 零配置协议是专为 (微波炉、笔记本电脑等) 家电局域网设计的, 每一设备都提供网络接口以彼此通信. 这种点对点网络必须是可热插拔和可自动配置的. 这意味着, 当新的装置 (接口) 连接到网络中时, 它必须自动配置*唯一*的 IP 地址. IPv4 零配置协议用如下方法实现了这个任务. 需要配置 IP 地址的主机随机地从 65 024 个可用地址中选择一个 IP 地址, 例如 U, 并广播一条消息 (称为探询): “谁在用地址 U?” 如果正在使用地址 U 的主机收到探询, 它就回复一条表明地址 U 被自己占用的消息. 收到此消息后, 要配置 IP 地址的主机会重新开始: 随机选择新地址, 广播探询.

由于消息丢失或主机忙, 探询或回复信息可能无法到达一些 (或全部) 其他主机. 为了提高 IPv4 零配置协议的可靠性, 要求主机发送 n 次探询, 每次都伴随着 r 个时间单位的收听时间段. 因此, 主机只能在已发送 n 次探询并在 $n \cdot r$ 个时间单位内未收到回复时才能开始使用选定的 IP 地址. 注意, 执行协议后, 由于丢失所有探询等原因, 主机可能会使用已被另一主机占用的 IP 地址. 这种情形称为*地址冲突*, 是应该避免的, 因为它可能会迫使主机切断活动的 TCP/IP 连接.

单个主机的协议行为由含 $n+5$ 个状态的马尔可夫链建模 ($n = 4$ 的情况见图 10.4),

其中 n 是必要的探询的最大次数. 初始状态是 s_0 (标记为 start). 在状态 s_{n+4} (标记为 ok) 处, 主机以使用一个空闲 IP 地址结束配置行为; 在状态 s_{n+2} (标记为 error) 处, 它以使用一个已被使用的 IP 地址结束配置行为, 即地址冲突. 发布第 i 次探询后到达状态 s_i $(0 < i \leqslant n)$. 在状态 s_0, 主机随机选择 IP 地址. 该地址已被使用的概率是 $q = m/65\,024$, 其中 m 是当主机连接到网络时网络中主机的数量. 主机以概率 $1-q$ 选择一个空闲地址且在状态 s_{n+3} 结束. 在使用此地址之前, 它发出 $n-1$ 次探询并等待 $n \cdot r$ 个时间单位 (此马尔可夫链抽象了这些探询的发送和等待时间). 如果选定的 IP 地址已被占用并已到达状态 s_1, 那么现在有两种可能的情形: 在 r 个时间单位内以概率 p 没有收到回应 (例如丢失探询或回复), 并发送下一次探询, 走向状态 s_2; 如果回复及时到达, 主机将返回初始状态并重新开始配置. 在状态 s_i $(2 \leqslant i < n)$ 处的行为类似. 然而, 在状态 s_n, 如果发出第 n 次探询后在 r 个时间单位内没有收到回复, 就发生地址冲突. ■

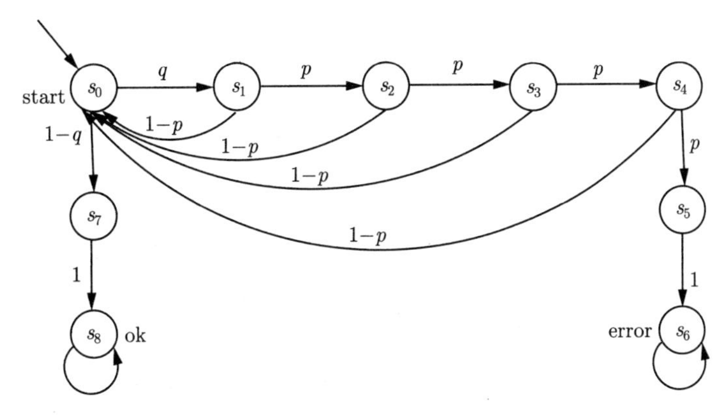

图 10.4 IPv4 零配置协议的马尔可夫链

这里采用迁移系统的直接后继和直接前驱的概念. 令 $\mathrm{Paths}(\mathcal{M})$ 表示 $\mathcal{M}$ 中的路径的集合, $\mathrm{Paths}_{\mathrm{fin}}(\mathcal{M})$ 表示有限路径片段 $s_0 s_1 \cdots s_n$ 的集合, 其中 $n \geqslant 0$ 且当 $0 \leqslant i < n$ 时 $\boldsymbol{P}(s_i, s_{i+1}) > 0$. $\mathrm{Paths}(s)$ 表示 $\mathcal{M}$ 中从状态 s 开始的所有路径的集合. 类似地, $\mathrm{Paths}_{\mathrm{fin}}(s)$ 表示使得 $s_0 = s$ 的所有路径片段 $s_0 s_1 \cdots s_n$ 的集合. 直接后继和直接前驱的集合定义如下. 令 $\mathrm{Post}(s)$ 表示 s 的后继的集合, 即 $\mathrm{Post}(s) = \{s' \in S \mid \boldsymbol{P}(s, s') > 0\}$. 类似地, $\mathrm{Pre}(s) = \{s' \in S \mid \boldsymbol{P}(s', s) > 0\}$. $\mathrm{Post}^*(s)$ 表示从 s 出发经由一个有限路径片段可达的所有状态的集合, $\mathrm{Pre}^*(s) = \{s' \in S \mid s \in \mathrm{Post}^*(s')\}$. 对 $B \subseteq S$, 令

$$\mathrm{Post}^*(B) = \bigcup_{s \in B} \mathrm{Post}^*(s)$$

$$\mathrm{Pre}^*(B) = \bigcup_{s \in B} \mathrm{Pre}^*(s)$$

记法 10.1 吸收状态

若 $\mathrm{Post}^*(s) = \{s\}$, 则将马尔可夫链 $\mathcal{M}$ 的状态 s 称为吸收状态. 因为 $\boldsymbol{P}$ 是随机矩阵, 即每一行元素之和为 1, 所以, s 是吸收状态当且仅当 $\boldsymbol{P}(s, s) = 1$ 且对所有状态 $t \neq s$ 有 $\boldsymbol{P}(s, t) = 0$. ■

注记 10.1　离散时间马尔可夫链

常把定义 10.1 中的马尔可夫链称作离散时间马尔可夫链. 这主要是由于历史原因. 在许多情形中, 把马尔可夫链用作时间抽象的模型, 如同迁移系统为反应系统提供一个时间抽象的操作模型一样. 事实上, 像对迁移系统一样, 仅当基础时间域是离散的且假定每一迁移都只取单个时间单位时, 对马尔可夫链的时控解释才是合适的. ■

马尔可夫链的基础图形成关于诸如 LTL 或 CTL 公式之类的定性性质推理的基础. 为此, 为马尔可夫链 $\mathcal{M} = (S, \boldsymbol{P}, \boldsymbol{\iota}_{\text{init}}, \text{AP}, L)$ 定义迁移系统 $\text{TS}(\mathcal{M}) = (S, \{\tau\}, \rightarrow, I, \text{AP}, L)$, 其中 $I = \{s \in S \mid \boldsymbol{\iota}_{\text{init}}(s) > 0\}$ 且 $s \xrightarrow{\tau} t$ 当且仅当 $\boldsymbol{P}(s, t) > 0$. LTL 或 CTL 公式不涉及概率. 例如, CTL 公式 $\exists\Diamond a$ 可以成立, 即使终将访问使 a 成立的状态的概率很小. 对于例 10.2 的通信协议, 事件在 100 步之内到达状态 delivered, 在 LTL 中用 $\varphi = \bigvee_{0 \leqslant i \leqslant 100} \bigcirc^i \text{delivered}$ 形式化, 它在初始状态不成立, 但是没有提供关于违反 φ 的路径片段的定量信息. 事实上, φ 不成立的概率极小 (即 10^{-50}), 因此可以忽略不计. 甚至

$$\text{start} \models \exists\Box\neg\text{delivered}$$

也成立, 尽管永远不能交付信息看起来是不太可能的. 事实上, 稍后将看到, 事件 $\Box\neg$ delivered 以零概率成立.

现在的目的是描述和检验定量性质. 这种性质可能断言到达某个坏状态的概率足够小, 或实现所需系统行为的概率高于给定阈值. 定性性质作为定量性质的一种特殊情况, 认为其概率界限是平凡界限 0 或 1. 即, 典型的定性性质要求到达坏状态的概率是 0, 或某个期望的系统行为以概率 1 出现.

虽然马尔可夫链生成一个相当直观的概率模型, 关于定量或定性性质推理仍然需要对路径集合的概率形式化. 这个形式化基于测度理论, 特别是概率空间和 σ 代数. 若读者熟悉该领域, 可跳过以下主要概念的简短摘要. 进一步的细节可在文献 [21, 150, 319] 等中找到.

概率空间附注　σ 代数是 $(\text{Outc}, \mathfrak{E})$ 对. 其中, Outc 是非空集, $\mathfrak{E} \subseteq 2^{\text{Outc}}$ 是由 Outc 的子集组成的集合, 它含有空集且在补和可数并下是封闭的, 即

- $\varnothing \in \mathfrak{E}$.
- 若 $E \in \mathfrak{E}$, 则 $\overline{E} = \text{Outc} \setminus E \in \mathfrak{E}$.
- 若 $E_1, E_2, E_3, \cdots \in \mathfrak{E}$, 则 $\bigcup\limits_{n \geqslant 1} E_n \in \mathfrak{E}$.

注意, 由 σ 代数的条件可得: 因 $\text{Outc} = \overline{\varnothing}$, 故 $\text{Outc} \in \mathfrak{E}$; 并且因[译注 223]

$$\bigcap_{n \geqslant 1} E_n = \overline{\bigcup_{n \geqslant 1} \overline{E_n}}$$

故 $\mathfrak{E}$ 对于可数交也是封闭的. 个别情况下, 假设集合 Outc 是固定的, 称 $\mathfrak{E}$ 为 σ 代数. Outc 的元素称为结果, 而 $\mathfrak{E}$ 的元素称为事件.

对任何集合 Outc, 幂集 $\mathfrak{E} = 2^{\text{Outc}}$ 都是 Outc 上的一个 σ 代数. 在这个 σ 代数中, Outc 的所有子集都是事件. 另一个极端情况是由空集和 Outc 组成的 σ 代数, 即 $\mathfrak{E} = \{\varnothing, \text{Outc}\}$. 此时, Outc 的任何非空真子集都不是事件.

$(\text{Outc}, \mathfrak{E})$ 上的概率测度是函数 $\Pr: \mathfrak{E} \to [0,1]$, 满足 $\Pr(\text{Outc}) = 1$ 且若 $(E_n)_{n\geqslant 1}$ 是一组两两不交的事件 $E_n \in \mathfrak{E}$, 则

$$\Pr\left(\bigcup_{n\geqslant 1} E_n\right) = \sum_{n\geqslant 1} \Pr(E_n)$$

概率空间是带有概率测度的 σ 代数, 即一个三元组 $(\text{Outc}, \mathfrak{E}, \Pr)$. 其中, $(\text{Outc}, \mathfrak{E})$ 是一个 σ 代数, Pr 是 $(\text{Outc}, \mathfrak{E})$ 上的概率测度. 值 $\Pr(E)$ 称为 E 的**概率测度**, 或简称为 E 的概率. 在概率测度的语境中, 事件 (即 $\mathfrak{E}$ 的元素) 常称为**可测的**. 即, 一个集合 $E \subset \text{Outc}$ 可测意味着 $E \in \mathfrak{E}$. 唯有如此, 谈论 E 的概率测度才是有意义的.

例 10.5 投掷公平硬币

考虑投掷一次公平硬币的实验. 可能的结果是 head (正面) 和 tail (背面), 即 $\text{Outc} = \{\text{head}, \text{tail}\}$. 对于要考虑的事件, 假设单点事件 $\{\text{head}\}$ 和 $\{\text{tail}\}$ 就足够了. 包含这些事件的最小 σ 代数是 $\{\text{head}, \text{tail}\}$ 的幂集. 因此, 令 $\mathfrak{E} = 2^{\text{Outc}}$. 由于假定硬币是公平的, 概率测度 Pr 由下式给出:

$$\Pr(\varnothing) = 0,\ \Pr(\{\text{head}\}) = \Pr(\{\text{tail}\}) = \frac{1}{2},\ \Pr(\{\text{head}, \text{tail}\}) = 1$$ ■

一般来说, 只要 Outc 是可数的, 则 Outc 的幂集的概率测度就可以通过固定一个满足

$$\sum_{e\in\text{Outc}} \mu(e) = 1$$

的函数 $\mu: \text{Outc} \to [0,1]$ 来获得. 称这样的函数 μ 为 Outc 上的**分布**. 任一分布 μ 以如下方式在 σ 代数 $\mathfrak{E} = 2^{\text{Outc}}$ 上诱导一个概率测度. 对于 Outc 的子集 E, 定义 $\Pr_\mu(E)$ 为 $\sum\limits_{e\in E} \mu(e)$. 事实上, 容易验证 μ 满足概率测度的条件. 以后, 常把 $\Pr_\mu(E)$ 简写为 $\mu(E)$, 用 $\text{Distr}(\text{Outc})$ 表示 Outc 上的分布的集合.

下面总结概率测度的基本性质. 因 $E \cup \overline{E} = \text{Outc}$, 且 E 和 $\overline{E}$ 不相交, 故由以上的条件得

$$\Pr(\overline{E}) = 1 - \Pr(E)$$

特别地, $\Pr(\varnothing) = \Pr(\overline{\text{Outc}}) = 1 - \Pr(\text{Outc}) = 1 - 1 = 0$. 概率测度是**单调的**, 即

$$\Pr(E') = \Pr(E) + \Pr(E' \setminus E) \geqslant \Pr(E)$$

对于使得 $E \subseteq E'$ 的事件 E 和 E' 成立. 此外, 若 $(E_n)_{n\geqslant 1}$ 是一组事件 (可能不是两两互不相交的), 那么 $\bigcup\limits_{n\geqslant 1} E_n = \bigcup\limits_{n\geqslant 1} E'_n$, 其中 $E'_1 = E_1$ 且当 $n \geqslant 2$ 时 $E'_n = E_n \setminus (E_1 \cup E_2 \cup \cdots \cup E_{n-1})$. 这是因为, 若 $n \neq m$ 则 $E'_n \cap E'_m = \varnothing$, 故得

$$\Pr\left(\bigcup_{n\geqslant 1} E_n\right) = \Pr\left(\bigcup_{n\geqslant 1} E'_n\right) = \sum_{n\geqslant 1} \Pr(E'_n)$$

若 $E_1 \subseteq E_2 \subseteq E_3 \subseteq \cdots$ 且 E'_n 如上, 则对 $n \geqslant 2$ 有 $E'_n = E_n \setminus E_{n-1}$, 由此得

$$\begin{aligned}\Pr\left(\bigcup_{n\geqslant 1} E_n\right) &= \overbrace{\Pr(E_1)}^{=\Pr(E'_1)} + \sum_{n=2}^{\infty}\overbrace{(\Pr(E_n) - \Pr(E_{n-1}))}^{=\Pr(E'_n)} \\ &= \lim_{N\to\infty}\left(\Pr(E_1) + \sum_{n=2}^{N}(\Pr(E_n) - \Pr(E_{n-1}))\right) \\ &= \lim_{N\to\infty}\Pr(E_N)\end{aligned}$$

注意, 由 Pr 的单调性可得 $\Pr(E_1) \leqslant \Pr(E_2) \leqslant \Pr(E_3) \leqslant \cdots \leqslant 1$, 所以此极限存在, 而且就是 $\{\Pr(E_1), \Pr(E_2), \Pr(E_3), \cdots\}$ 的上确界. 类似结果适用于可数交. 即, 若 $E_1 \supseteq E_2 \supseteq E_3 \supseteq \cdots$, 则

$$\Pr\left(\bigcap_{n\geqslant 1} E_n\right) = \lim_{n\to\infty}\Pr(E_n) = \inf_{n\geqslant 1}\Pr(E_n)$$

这由以下事实得到: 补集 $\overline{E_n} = \mathrm{Outc} \setminus E_n$ 的序列 $(\overline{E_n})_{n\geqslant 1}$ 是递增的[译注 224]. 因此, 由上面的结论可得

$$\begin{aligned}\Pr\left(\bigcap_{n\geqslant 1} E_n\right) &= \Pr\left(\overline{\bigcup_{n\geqslant 1}\overline{E_n}}\right) \\ &= 1 - \Pr\left(\bigcup_{n\geqslant 1}\overline{E_n}\right) \\ &= 1 - \lim_{n\to\infty}\Pr(\overline{E_n}) \\ &= 1 - \lim_{n\to\infty}(1 - \Pr(E_n)) \\ &= \lim_{n\to\infty}\Pr(E_n)\end{aligned}$$

对于任何事件 E, 若 $\Pr(E) = 1$, 则称其**几乎肯定发生**. 注意, 若 E 几乎肯定发生, 则对任意事件 D, 都有 $\Pr(D) = \Pr(E \cap D)$. 因为 $D \setminus E$ 是 $\overline{E}$ 的一个子集, 且 $\Pr(\overline{E}) = 1 - \Pr(E) = 1 - 1 = 0$, 所以 $\Pr(D \setminus E) = 0$. 由此得

$$\Pr(D) = \Pr(E \cap D) + \underbrace{\Pr(D \setminus E)}_{=0} = \Pr(E \cap D)$$

特别地, 几乎肯定发生的事件 E_1 和 E_2 的交 $E_1 \cap E_2$ 也几乎肯定发生. 可用归纳法证明, 这个结论可推广到任一事件, 只要它可以写作几乎肯定发生的事件 $E_1, E_2, \cdots, E_n$ 的有限交 $\bigcap\limits_{1\leqslant i\leqslant n} E_i$. 取这个 (有限) 交的极限可得, 若对任意 $i \geqslant 0$ 有 $\Pr(E_i) = 1$, 则 $\bigcap\limits_{i\geqslant 1} E_i$ 几乎肯定发生.

为了对给定的马尔可夫链 $\mathcal{M}$ 定义合适的 σ 代数, 将用到以下事实: 对于每一个集合 Outc 和 2^{Outc} 的每一个子集 Π, 都存在一个包含 Π 的最小 σ 代数. 这可以由以下观察得到:

- Outc 的幂集 2^{Outc} 是一个 σ 代数.

- σ 代数的交仍是 σ 代数.

因此, 令交集 $\mathfrak{E}_\Pi = \bigcap_{\mathfrak{E}} \mathfrak{E}$, 其中 $\mathfrak{E}$ 取遍 Outc 上的所有包含 Π 的 σ 代数, 则 $\mathfrak{E}_\Pi$ 是一个 σ 代数且包含在任何使得 $\Pi \subseteq \mathfrak{E}$ 的 σ 代数 $\mathfrak{E}$ 中. $\mathfrak{E}_\Pi$ 称为由 Π 生成的 σ 代数, Π 称为 $\mathfrak{E}_\Pi$ 的基.

马尔可夫链的概率测度 为了能够让概率与马尔可夫链中的事件联系起来, 通过使马尔可夫链 $\mathcal{M}$ 与概率空间关联, 以形式化 $\mathcal{M}$ 中概率的直观概念. $\mathcal{M}$ 的无穷路径扮演结果的角色, 即 $\text{Outc}^{\mathcal{M}} = \text{Paths}(\mathcal{M})$. 前面讲过, Paths($\mathcal{M}$) 表示使得对任意 $i \geqslant 0$ 都有 $\boldsymbol{P}(s_i, s_{i+1}) > 0$ 的所有无穷序列 $s_0 s_1 s_2 \cdots \in S^\omega$ 的集合 (可以增加要求 $\boldsymbol{\iota}_{\text{init}}(s_0) > 0$, 但是它在这里是无关紧要的). $\mathcal{M}$ 的有限路径片段延伸为柱集, 柱集生成与 $\mathcal{M}$ 关联的 σ 代数.

定义 10.2 柱集

$\widehat{\pi} = s_0 s_1 \cdots s_n \in \text{Paths}_{\text{fin}}(\mathcal{M})$ 的柱集定义为

$$\text{Cyl}(\widehat{\pi}) = \{\pi \in \text{Paths}(\mathcal{M}) \mid \widehat{\pi} \in \text{pref}(\pi)\}$$ ■

因此有限路径 $\widehat{\pi}$ 延伸成的柱集 由以 $\widehat{\pi}$ 为前缀的所有无限路径组成. 柱集用作与 $\mathcal{M}$ 关联的 σ 代数 $\mathfrak{E}^{\mathcal{M}}$ 的基事件.

定义 10.3 马尔可夫链的 σ 代数

与马尔可夫链 $\mathcal{M}$ 关联的 σ 代数 $\mathfrak{E}^{\mathcal{M}}$ 是包含所有柱集 Cyl($\widehat{\pi}$) 的最小的 σ 代数, 其中 $\widehat{\pi}$ 取遍 $\mathcal{M}$ 的所有有限路径片段. ■

由概率论的经典概念 (见文献 [21,150] 等) 可知, 在与 $\mathcal{M}$ 关联的 σ 代数 $\mathfrak{E}^{\mathcal{M}}$ 上存在唯一一个概率测度 $\text{Pr}^{\mathcal{M}}$ (或简写为 Pr), 使得柱集 (即事件) 的概率可由下式给出:

$$\text{Pr}^{\mathcal{M}}(\text{Cyl}(s_0 s_1 \cdots s_n)) = \boldsymbol{\iota}_{\text{init}}(s_0) \cdot \boldsymbol{P}(s_0 s_1 \cdots s_n)$$

其中

$$\boldsymbol{P}(s_0 s_1 \cdots s_n) = \prod_{0 \leqslant i < n} \boldsymbol{P}(s_i, s_{i+1}).$$

对于长度为 0 的路径片段, 令 $\boldsymbol{P}(s_0) = 1$.

对从某个 (可能不是初始的) 状态 s 出发的路径, 通过让 s 成为唯一初始状态得到马尔可夫链 $\mathcal{M}_s$, 就可将同样的方法应用到 $\mathcal{M}_s$ 上. 形式上, 对于 $\mathcal{M} = (S, \boldsymbol{P}, \boldsymbol{\iota}_{\text{init}}, \text{AP}, L)$ 和 $s \in S$, 定义马尔可夫链 $\mathcal{M}_s$ 为 $\mathcal{M}_s = (S, \boldsymbol{P}, \boldsymbol{\iota}_s^1, \text{AP}, L)$, 其中:

$$\boldsymbol{\iota}_s^1(t) = \begin{cases} 1 & 若\ s = t \\ 0 & 否则 \end{cases}$$

常把 $\text{Pr}^{\mathcal{M}_s}$ 写作 $\text{Pr}_s^{\mathcal{M}}$. 若 $\mathcal{M}$ 的含义在上下文中是清楚的, 则忽略 $\mathcal{M}$, 将 $\text{Pr}_s^{\mathcal{M}}$ 简记为 Pr_s.

例 10.6 柱集

考虑例 10.3 中的双骰赌博的马尔可夫链, 见图 10.3. 状态序列 $\widehat{\pi} = \text{start}\ 6\ 6\ 6 \in \text{Paths}_{\text{fin}}(\text{start})$ [译注 225]. 其概率为

$$\boldsymbol{\iota}_s(\text{start}) \cdot \boldsymbol{P}(\text{start}, 6) \cdot \boldsymbol{P}(6,6) \cdot \boldsymbol{P}(6,6) = \frac{5}{36} \cdot \left(\frac{25}{36}\right)^2$$

$\widehat{\pi}$ 的柱集是

$$\{\text{start } 6^n \text{ won}^\omega \mid n > 2\} \cup \{\text{start } 6^n \text{ lost}^\omega \mid n > 2\} \cup \{\text{start } 6^\omega\}$$ ■

记法 10.2 事件的 LTL 风格的记法

在本章剩余部分中, 经常用 LTL 风格的记法描述马尔可夫链中的事件. 例如, 对于状态集合 $B \subseteq S$, $\Diamond B$ 表示事件终将到达 B (的某状态), $\Box\Diamond B$ 描述事件无限经常地访问 B. 对于单点集, 通常忽略集合的括号, 例如, $\Box\Diamond t$ 意为无限经常地访问 $\{t\}$. 像 LTL 中的写法那样, 若 φ 是某一事件的 LTL 风格的记法 (即状态集合作为原子命题集合的 LTL 公式) 且 π 是 $\mathcal{M}$ 中的一条路径, 常常写 $\pi \models \varphi$ 而不是写 $\pi \in \varphi$. φ 在状态 s 成立的概率记作 $\Pr^{\mathcal{M}}(s \models \varphi)$, 即

$$\Pr^{\mathcal{M}}(s \models \varphi) = \Pr_s^{\mathcal{M}}\{\pi \in \text{Paths}(s) \mid \pi \models \varphi\}$$

若 $\mathcal{M}$ 在上下文中是明确的, 则省略上标 $\mathcal{M}$. ■

10.1.1 可达性概率

对用马尔可夫链建模的系统进行定量分析的基本问题之一是计算到达状态的某个集合 B 的概率. 集合 B 可能表示应该以小概率访问的某些坏状态的集合, 也可能表示应该很频繁地访问的好状态的集合.

以后, 令 $\mathcal{M} = (S, \boldsymbol{P}, \boldsymbol{\iota}_{\text{init}}, \text{AP}, L)$ 是马尔可夫链, $B \subseteq S$ 是状态的集合. 关注的事件记作 $\Diamond B$. 为了推断此事件的概率, 要将此事件刻画为路径的可测集. 事实上, 这并不困难, 因为事件 $\Diamond B$ 等同于基本柱集 $\text{Cyl}(s_0 s_1 \cdots s_n)$ 的并, 其中 $s_0 s_1 \cdots s_n$ 是 $\mathcal{M}$ 中的使得 $s_0, s_1, \cdots, s_{n-1} \notin B$ 且 $s_n \in B$ 的一个初始路径片段. 所有这种路径的集合由 $\text{Paths}_{\text{fin}}(\mathcal{M}) \cap (S \setminus B)^* B$ 给出. 因为有限路径片段的集合是可数的, 所以也是可测的, 即它是 $\mathcal{M}$ 上的 σ 代数 $\mathfrak{E}^{\mathcal{M}}$ 的一个元素. 而且, 因为这些柱集两两互不相交, 所以终将到达 B 的概率为

$$\begin{aligned}\Pr^{\mathcal{M}}(\Diamond B) &= \sum_{s_0 s_1 \cdots s_n \in \text{Paths}_{\text{fin}}(\mathcal{M}) \cap (S \setminus B)^* B} \Pr^{\mathcal{M}}(\text{Cyl}(s_0 s_1 \cdots s_n)) \\ &= \sum_{s_0 s_1 \cdots s_n \in \text{Paths}_{\text{fin}}(\mathcal{M}) \cap (S \setminus B)^* B} \boldsymbol{\iota}_{\text{init}}(s_0) \cdot \boldsymbol{P}(s_0 s_1 \cdots s_n)\end{aligned}$$

例 10.7 用无穷级数计算可达性概率

考虑图 10.1 所示的马尔可夫链, 并假设我们的兴趣是计算到达状态 delivered 的概率. 对该事件, 我们关注有限起始路径片段 $s_0 s_1 \cdots s_n$, 其中, 当 $0 \leqslant i < n$ 时 $s_i \neq \text{delivered}$ 而 $s_n = \text{delivered}$. 这些路径片段的形式为

$$\widehat{\pi}_n = \text{start try (lost try)}^n \text{ delivered}$$

其中 n 是任意自然数. 由 $\widehat{\pi}_n$ 生成柱集的概率为 $\left(\dfrac{1}{10}\right)^n \cdot \dfrac{9}{10}$. 因此,

$$\Pr^{\mathcal{M}}(\Diamond \text{delivered}) = \sum_{n=0}^{\infty} \left(\frac{1}{10}\right)^n \cdot \frac{9}{10} = \frac{\frac{9}{10}}{1 - \frac{1}{10}} = \frac{\frac{9}{10}}{\frac{9}{10}} = 1$$

因此事件 $\Diamond$delivered 几乎肯定发生. 这实际上很直观, 因为当不限制 (重新) 发送次数时, 可以期望任何消息都终将被交付. 现在对消息的发送次数施加一个上限, 例如 3. 为了确定事件在 3 次内交付消息的概率, 把路径片段 $\widehat{\pi}_0$、$\widehat{\pi}_1$ 和 $\widehat{\pi}_2$ 的柱集的概率相加, 得到

$$\frac{9}{10} + \frac{1}{10} \cdot \frac{9}{10} + \frac{1}{10} \cdot \frac{1}{10} \cdot \frac{9}{10} = 0.999$$ ■

例 10.7 说明了如何用无穷和计算到达状态的某个集合的概率. 一般地, 这种方法是相当复杂和烦琐的. 例如, 在双骰赌博 (见图 10.3) 中, 事件 $\Diamond$won 的计算更复杂. 现在说明, 在有限马尔可夫链中, 如何不必考虑无穷和而更高效地计算到达状态的某个集合 B 的概率.

对任意 $s \in S$, 令变量 x_s 表示从 s 到达 B 的概率. 目的是对任意状态 s 计算 $x_s = \Pr(s \models \Diamond B)$. 显然, 若在 $\mathcal{M}$ 的基础有向图中, 从 s 不能到达 B, 则 $x_s = 0$; 反之也成立, 即, 若 $x_s > 0$, 则从 s 可到达 B. 而且, 若 $s \in B$ 则 $x_s = 1$. 对于可达 B 的状态 $s \in S \setminus B$, 下式成立:

$$x_s = \sum_{t \in S \setminus B} \boldsymbol{P}(s,t) \cdot x_t + \sum_{u \in B} \boldsymbol{P}(s,u)$$

这个方程是说: 要么一步到达 B (第二个加数), 即通过 $u \in B$ 的有限路径片段 su; 要么首先到达状态 $t \in S \setminus B$ 且 t 是可达 B 的状态 (第一个加数), 这对应于长度 $\geqslant 2$ 的路径片段 st$\cdots u$, 其中所有状态 (除了最后一个外) 都不属于 B. 令 $\tilde{S} = \mathrm{Pre}^*(B) \setminus B$ 表示满足以下条件的状态 $s \in S \setminus B$ 的集合: 存在路径片段 $s_0 s_1 \cdots s_n$ $(n > 0)$ 使得 $s_0 = s$ 且 $s_n \in B$. 对于向量 $\boldsymbol{x} = (x_s)_{s \in \tilde{S}}$ 有

$$\boldsymbol{x} = \boldsymbol{A}\boldsymbol{x} + \boldsymbol{b}$$

其中矩阵 $\boldsymbol{A}$ 包含了 $\tilde{S}$ 中的状态的迁移概率, 即 $\boldsymbol{A} = (\boldsymbol{P}(s,t))_{s,t \in \tilde{S}}$, 并且向量 $\boldsymbol{b} = (b_s)_{s \in \tilde{S}}$ 包含从 $\tilde{S}$ 一步到达 B 的概率, 即 $b_s = \boldsymbol{P}(s,B) = \sum\limits_{u \in B} \boldsymbol{P}(s,u)$. 上面的方程组可以改写为 (非齐次) 线性方程组:

$$(\boldsymbol{I} - \boldsymbol{A}) \cdot \boldsymbol{x} = \boldsymbol{b}$$

其中 $\boldsymbol{I}$ 是 $|\tilde{S}| \times |\tilde{S}|$ 单位矩阵.

例 10.8 简单通信协议

考虑图 10.1 中的简单通信协议和关于 $B = \{\text{delivered}\}$ 的事件 $\Diamond B$. 由于从所有状态都可到达 delivered, 所以对于所有状态 s 都有 $x_s > 0$. 此时, $\tilde{S} = \{\text{start}, \text{try}, \text{lost}\}$, 并得到以下方程:

$$\begin{aligned} x_{\text{start}} &= x_{\text{try}} \\ x_{\text{try}} &= \frac{1}{10} \cdot x_{\text{lost}} + \frac{9}{10} \\ x_{\text{lost}} &= x_{\text{try}} \end{aligned}$$

这些方程也可以写为

$$\begin{pmatrix} 1 & -1 & 0 \\ 0 & 1 & -\frac{1}{10} \\ 0 & -1 & 1 \end{pmatrix} \cdot \boldsymbol{x} = \begin{pmatrix} 0 \\ \frac{9}{10} \\ 0 \end{pmatrix}$$

由此可得 (唯一) 解 $x_{\text{start}} = x_{\text{try}} = x_{\text{lost}}$. 因此, 事件终将到达状态 delivered 对任意状态都是几乎肯定发生的. ■

上述技术促成计算有限马尔可夫链的可达性概率的两段算法: 首先, 执行图论分析以计算可到达 B 的所有状态构成的集合 $\tilde{S}$ (如利用从 B 开始的后向深度优先或广度优先搜索), 然后, 生成矩阵 $\boldsymbol{A}$ 和向量 $\boldsymbol{b}$, 并解线性方程组 $(\boldsymbol{I} - \boldsymbol{A}) \cdot \boldsymbol{x} = \boldsymbol{b}$. 但是, $(\boldsymbol{I} - \boldsymbol{A}) \cdot \boldsymbol{x} = \boldsymbol{b}$ 可能有多个解. 当 $\boldsymbol{I} - \boldsymbol{A}$ 是奇异的 (即不存在逆矩阵) 时就是这种情形. 下面, 把所求概率向量刻画为 $[0,1]^{\tilde{S}}$ 中的最小解, 并以这种方式专注于这个问题. 这种刻画使得概率向量的计算可用迭代逼近法 (为使用直接方法, 例如高斯消元法, 必须删除矩阵 $\boldsymbol{I} - \boldsymbol{A}$ 的若干行和列, 使得剩余的线性方程组有唯一解). 事实上, 所给刻画适用于更普遍的问题, 就是约束可达性 (即直到性质). 所得刻画也部分适用于无限马尔可夫链.

令 $\mathcal{M} = (S, \boldsymbol{P}, \boldsymbol{\iota}_{\text{init}}, \text{AP}, L)$ 是 (可能无限的) 马尔可夫链并且 $B, C \subseteq S$. 考虑事件: 经由结束于状态 $s \in B$ 的有限路径片段到达 B 且在到达 s 之前仅访问 C 中的状态. 采用类似 LTL 的记法, 该事件记为 $C \mathsf{U} B$. 上面考虑的事件 $\Diamond B$ 与 $S \mathsf{U} B$ 一致. 当 $n \geqslant 0$ 时, 事件 $C \mathsf{U}^{\leqslant n} B$ 除了要求在 n 步之内 (经由 C 中的状态) 到达 B 外与 $C \mathsf{U} B$ 的意义相同. 在形式上, $C \mathsf{U}^{\leqslant n} B$ 是由路径片段 $s_0 s_1 \cdots s_k$ 延伸成的基本柱集的并, 其中, $k \leqslant n$, $s_k \in B$ 且对所有 $0 \leqslant i < k$ 都有 $s_i \in C$.

令 $S_{=0}$, $S_{=1}$, $S_?$ 是 S 的满足以下条件的划分:

- $B \subseteq S_{=1} \subseteq \{s \in S \mid \Pr(s \models C \mathsf{U} B) = 1\}$.
- $S \setminus (C \cup B) \subseteq S_{=0} \subseteq \{s \in S \mid \Pr(s \models C \mathsf{U} B) = 0\}$.
- $S_? = S \setminus (S_{=1} \cup S_{=0})$.

对于集合 $S_{=1}$ 中的所有状态, 事件 $C \mathsf{U} B$ 是几乎肯定发生的. $S_?$ 的所有状态都属于 $C \setminus B$. 令矩阵 $\boldsymbol{A}$ 是一个方阵, 它的行和列与 $S_?$ 的状态有关. 这个矩阵由迁移概率矩阵 $\boldsymbol{P}$ 通过删除状态 $s \in S_{=0} \cup S_{=1}$ 对应的行和列得到, 即

$$\boldsymbol{A} = (\boldsymbol{P}(s,t))_{s,t \in S_?}$$

类似地, 将向量 $\boldsymbol{b}$ 定义为 $(b_s)_{s \in S_?}$, 其中 $b_s = \boldsymbol{P}(s, S_{=1})$.

现在给出概率向量 $(\Pr(s \models C \mathsf{U} B))_{s \in S_?}$ 的最小不动点特征. 注意, 集合 $[0,1]^{S_?}$ 由所有向量 $\boldsymbol{y} = (y_s)_{s \in S_?}$ 组成, 其中, 对于所有 $s \in S_?$ 都有 $y_s \in [0,1]$. 为了得到最小不动点特征, 给集合 $[0,1]^{S_?}$ 配备如下偏序关系 $\leqslant$: $\boldsymbol{y} \leqslant \boldsymbol{y}'$ 当且仅当对所有 $s \in S_?$ 有 $y_s \leqslant y'_s$, 其中 $\boldsymbol{y} = (y_s)_{s \in S_?}$ 且 $\boldsymbol{y}' = (y'_s)_{s \in S_?}$.

定理 10.1 最小不动点特征

向量 $\boldsymbol{x} = (\Pr(s \models C \mathsf{U} B))_{s \in S_?}$ 是由

$$\boldsymbol{\Upsilon}(\boldsymbol{y}) = \boldsymbol{A} \cdot \boldsymbol{y} + \boldsymbol{b}$$

给定的算子 $\boldsymbol{\Upsilon}$: $[0,1]^{S_?} \to [0,1]^{S_?}$ 的最小不动点. 此外, 如果 $\boldsymbol{x}^{(0)} = \boldsymbol{0}$ 是只含 0 的向量, 并且对 $n \geqslant 0$ 有 $\boldsymbol{x}^{(n+1)} = \boldsymbol{\Upsilon}(\boldsymbol{x}^{(n)})$, 那么:

- $\boldsymbol{x}^{(n)} = (x_s^{(n)})_{s \in S_?}$, 其中对每一状态 $s \in S_?$, $x_s^{(n)} = \Pr(s \models C \mathsf{U}^{\leqslant n} S_{=1})$.
- $\boldsymbol{x}^{(0)} \leqslant \boldsymbol{x}^{(1)} \leqslant \boldsymbol{x}^{(2)} \leqslant \cdots \leqslant \boldsymbol{x}$.

- $\boldsymbol{x} = \lim_{n\to\infty} \boldsymbol{x}^{(n)}$.

在证明定理 10.1之前, 先说明作为从 $[0,1]^{S_?}$ 到 $[0,1]^{S_?}$ 的函数 $\boldsymbol{\Upsilon}$ 的良定义性. 由于 $\boldsymbol{y} = (y_s)_{s\in S_?}$, 所以向量 $\boldsymbol{\Upsilon}(\boldsymbol{y}) = (y'_s)_{s\in S_?}$ 的元素是

$$y'_s = \sum_{t\in S_?} \boldsymbol{P}(s,t)\cdot y_t + \boldsymbol{P}(s, S_{=1})$$

因为 $0 \leqslant y_t \leqslant 1$ 对所有 $t \in S_?$ 都成立, 而且 $\boldsymbol{P}(s,s') \geqslant 0$ 和 $\sum\limits_{s'\in S} \boldsymbol{P}(s,s') = 1$ 也都成立, 所以有 $0 \leqslant y'_s \leqslant 1$. 因此, $\boldsymbol{\Upsilon}(\boldsymbol{y}) \in [0,1]^{S_?}$.

证明: 对每一状态 $s \in S$, 令 $x_s = \Pr(s \models C \mathsf{U} B)$. 那么, 由 $S_{=0}$ 和 $S_{=1}$ 的定义得 $\boldsymbol{x} = (x_s)_{s\in S_?}$, 当 $s \in S_{=0}$ 时 $x_s = 0$ 且当 $s \in S_{=1}$ 时, $x_s = 1$.

(1) 首先证明 $\boldsymbol{x}$ 与向量 $\boldsymbol{x}^{(n)} = (x_s^{(n)})_{s\in S_?}$ 的极限一致. 对 n 用归纳法可证 $x_s^{(n)} = \Pr(s \models C \mathsf{U}^{\leqslant n} S_{=1})$. 由于 $C \mathsf{U} S_{=1}$ 是事件 $C \mathsf{U}^{\leqslant n} S_{=1}$ 的可数并, 所以得

$$\lim_{n\to\infty} x_s^{(n)} = \Pr(s \models C \mathsf{U} S_{=1}) = x_s.$$

(2) 不动点性质 $\boldsymbol{x} = \boldsymbol{\Upsilon}(\boldsymbol{x})$ 是当 $s \in S_{=0}$ 时 $x_s = \Pr(s \models C \mathsf{U} B) = 0$ 和当 $s \in S_{=1}$ 时 $x_s = \Pr(s \models C \mathsf{U} B) = 1$ 的推论. 对于 $s \in S_?$, 可推出

$$\begin{aligned} x_s &= \sum_{t\in S} \boldsymbol{P}(s,t)\cdot x_t \\ &= \sum_{t\in S_{=0}} \boldsymbol{P}(s,t)\cdot \underbrace{x_t}_{=0} + \sum_{t\in S_?} \boldsymbol{P}(s,t)\cdot x_t + \sum_{t\in S_{=1}} \boldsymbol{P}(s,t)\cdot \underbrace{x_t}_{=1} \\ &= \sum_{t\in S_?} \boldsymbol{P}(s,t)\cdot x_t + \underbrace{\sum_{t\in S_{=1}} \boldsymbol{P}(s,t)}_{=b_s} \end{aligned}$$

是状态 s 在向量 $\boldsymbol{\Upsilon}(\boldsymbol{x})$ 中的分量.

(3) 尚需证明对 $\boldsymbol{\Upsilon}$ 的每一不动点 $\boldsymbol{y}$ 都有 $\boldsymbol{x} \leqslant \boldsymbol{y}$. 对 n 用归纳法可证, 对所有 n 都有 $\boldsymbol{x}^{(n)} \leqslant \boldsymbol{y}$. 因此, $\boldsymbol{x} = \lim\limits_{n\to\infty} \boldsymbol{x}^{(n)} \leqslant \boldsymbol{y}$. ■

注记 10.2　展开律

当 $S_{=1} = B$ 和 $S_{=0} = S \setminus (C \cup B)$ 时, 定理 10.1 可以看作 CTL 公式 $\exists(C \mathsf{U} B)$ 作为展开律

$$\exists(C \mathsf{U} B) \equiv B \vee (C \wedge \exists\bigcirc\exists(C \mathsf{U} B))$$

的最小解的特征的概率类比. 为看清这一点, 用以下方式重写展开律. 集合 $X = \mathrm{Sat}(\exists(C \mathsf{U} B))$ 是使得

$$B \cup \{s \in C \setminus B \mid \mathrm{Post}(s) \cap X \neq \varnothing\} \subseteq X$$

的最小集合. 定理 10.1 在定量环境中表述了这个基于集合的最小不动点特征, 它用 $[0,1]$ 中的值 x_s 代替了 $s \in X$ 的真值. 若 $s \in B$, 则 $x_s = 1$. 这相当于 $s \in B$ 蕴涵 $s \in X$. 若 $s \in C \setminus B$, 则 $x_s = \sum\limits_{t\in C\setminus B} \boldsymbol{P}(s,t)\cdot x_t + \sum\limits_{t\in B} \boldsymbol{P}(s,t)$. 这相当于命题: 若 $s \in C \setminus B$ 且

$\text{Post}(s) \cap X \neq \varnothing$, 则 $s \in X$. 最后, 若 $s \in S \setminus (C \cup B)$, 则 $x_s = 0$. 这相当于命题: 若 $s \notin C \cup B$, 则 $s \notin X$. ■

定理 10.1 的最后一部分实际上提供了一种计算所求概率向量 $\boldsymbol{x}$ 的近似值的方法. 它提示使用下列迭代方法:

$$\boldsymbol{x}^{(0)} = \mathbf{0} \text{ 且对 } n \geqslant 0,\ \boldsymbol{x}^{(n+1)} = \boldsymbol{A}\boldsymbol{x}^{(n)} + \boldsymbol{b}$$

这种方法常称作*幂法*, 它提供了一种简单的迭代算法, 即, 通过矩阵向量乘法和向量加法计算向量 $\boldsymbol{x}^{(0)}, \boldsymbol{x}^{(1)}, \boldsymbol{x}^{(2)}, \cdots$, 当 $\max\limits_{s \in S_?} |x_s^{(n+1)} - x_s^{(n)}| < \varepsilon$ 时就立即退出计算, 其中 ε 是用户定义的某个容许的小误差. 尽管可保证幂法收敛, 但是, 在解高维线性方程组时, 它的效率要低于其他迭代方法, 如 Jacobi 方法或 Gauss-Seidel 方法等. 讨论解线性方程组的这种数值方法已超出本书的范围, 可在其他教科书中找到, 例如文献 [196, 248, 344] 等.

注记 10.3 选择 $S_{=0}$ 和 $S_{=1}$

$S_{=0}$ 和 $S_{=1}$ 上的约束

$$B \subseteq S_{=1} \subseteq \{s \in S \mid \Pr(s \models C \cup B) = 1\}$$

和

$$S \setminus (C \cup B) \subseteq S_{=0} \subseteq \{s \in S \mid \Pr(s \models C \cup B) = 0\}$$

并不能唯一地刻画 $S_{=0}$ 和 $S_{=1}$. 例如, $S_{=0} = S \setminus (C \cup B)$ 和 $S_{=1} = B$ 也是满足的. 出于效率原因, 尽可能大的集合是有利的. $S_{=0}$ 和 $S_{=1}$ 越大, 它们的补集 $S_?$ 就越小, 要解的线性方程组也就越小, 这是因为对每一个 $s \in S_?$ 都有一个变量. 一个合理的选择是

$$S_{=0} = \{s \in S \mid \Pr(s \models C \cup B) = 0\}$$
$$S_{=1} = \{s \in S \mid \Pr(s \models C \cup B) = 1\}$$

这些集合可用简单的图论算法计算, 它们关于马尔可夫链 $\mathcal{M}$ 的大小 (即状态数加上迁移概率矩阵的非零元素数) 具有线性时间复杂度. 由于

$$\Pr(s \models C \cup B) = 0 \quad \text{当且仅当} \quad s \not\models \exists(C \cup B)$$

此处, $\exists(C \cup B)$ 视为 CTL 公式, 所以 $S_{=0}$ 的计算是直接的. 因此, 从 B 开始的后向搜索可在时间 $O(\text{size}(\mathcal{M}))$ 内计算 $S_{=0}$. $S_{=1}$ 的计算也可用简单的图遍历技术实现, 就像 10.1.2 节介绍的那样. ■

到目前为止所确定的结果允许用迭代方法计算概率 $\Pr(s \models C \cup B)$ 的近似值. 为了对线性方程组使用直接方法, 例如高斯消元法, 要求线性方程组的解是唯一的. 然而, 在选择 $S_{=0}$ 时若没有额外的假设, 就不能保证唯一性. 如后面的例子所示, 有限马尔可夫链也是如此.

注记 10.4 几个不动点

在 $S_{=0}$ 是 $\{s \in S \mid \Pr(s \models C \cup B) = 0\}$ 的真子集的假设下, 算子 $\boldsymbol{\Upsilon}$ 可有一个以上的不动点. 例如, 考虑图 10.5 所示的马尔可夫链.

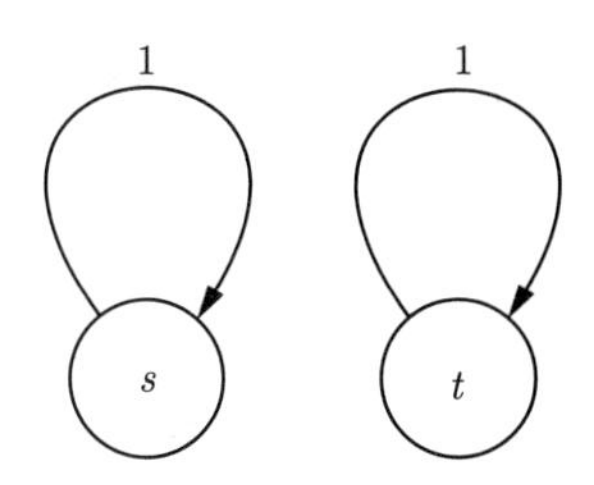

图 10.5 注记 10.4 的马尔可夫链

考虑事件 $\lozenge s$. 一种可能的选择是 $S_{=0} = \varnothing$ 和 $S_{=1} = \{s\}$, 即, $S_? = \{t\}$. 矩阵 $\boldsymbol{A}$ 是 1 阶单位矩阵, $\boldsymbol{b}$ 是只有关于状态 t 的单个元素 0 的向量. 因此, 方程组 $\boldsymbol{x} = \boldsymbol{A}\boldsymbol{x} + \boldsymbol{b}$ 代表平凡方程 $x_t = x_t$, 并且算子 $\boldsymbol{\Upsilon}$: $[0,1] \to [0,1]$ 由 $\boldsymbol{\Upsilon}(y_t) = y_t$ 给定. 显然, $\boldsymbol{\Upsilon}$ 有无穷多个不动点, 即 $y_t \in [0,1]$. 然而, 事件 $\lozenge s$ 的概率却由 $\boldsymbol{\Upsilon}$ 的最小不动点 $x_t = 0$ 给定. ■

若 $\mathcal{M}$ 是有限的且 $S_{=0}$ 包括满足 $s \not\models \exists(C \cup B)$ 的所有状态 s, 则可保证唯一不动点. 如上所述, 它们恰恰是那些满足 $\Pr(s \models C \cup B) = 0$ 的状态. 这一事实由定理 10.2 得到.

定理 10.2 唯一解

令 $\mathcal{M}$ 是一个状态空间为 S 的有限马尔可夫链, 并且 $B, C \subseteq S$, 则

$$S_{=0} = \mathrm{Sat}(\neg\exists(C \cup B)) \text{ 且 } B \subseteq S_{=1} \subseteq \{s \in S \mid \Pr(s \models C \cup B) = 1\}$$

且 $S_? = S \setminus (S_{=0} \cup S_{=1})$. 那么, 向量 $(\Pr(s \models C \cup B))_{s \in S_?}$ 是方程组 $\boldsymbol{x} = \boldsymbol{A}\boldsymbol{x} + \boldsymbol{b}$ 的唯一解, 其中 $\boldsymbol{A} = (\boldsymbol{P}(s,t))_{s,t \in S_?}$ 且 $\boldsymbol{b} = (\boldsymbol{P}(s, S_{=1}))_{s \in S_?}$.

证明: 假设方程组有两个解, 例如 $\boldsymbol{x} = \boldsymbol{A}\boldsymbol{x} + \boldsymbol{b}$ 和 $\boldsymbol{y} = \boldsymbol{A}\boldsymbol{y} + \boldsymbol{b}$. 于是 $\boldsymbol{x} - \boldsymbol{y} = \boldsymbol{A}(\boldsymbol{x} - \boldsymbol{y})$. 假设 $\boldsymbol{A}\boldsymbol{x} = \boldsymbol{x}$ 蕴涵 $\boldsymbol{x} = \boldsymbol{0}$, 其中 $\boldsymbol{0}$ 是由 0 组成的向量. 那么由 $\boldsymbol{x} - \boldsymbol{y} = \boldsymbol{A}(\boldsymbol{x} - \boldsymbol{y})$ 可得 $\boldsymbol{x} - \boldsymbol{y} = \boldsymbol{0}$, 从而 $\boldsymbol{x} = \boldsymbol{y}$.

现在证明 $\boldsymbol{A}\boldsymbol{x} = \boldsymbol{x}$ 确实蕴涵 $\boldsymbol{x} = \boldsymbol{0}$. 用反证法. 假设 $\boldsymbol{x} = (x_s)_{s \in S_?}$ 是一个向量, 使得 $\boldsymbol{A}\boldsymbol{x} = \boldsymbol{x}$ 并且 $\boldsymbol{x} \neq \boldsymbol{0}$. 由于 $\mathcal{M}$ 是有限的, 所以 $|x_s|$ 中的最大值有定义. 令 x 是这个最大值, T 是满足 $x_s = x$ 的状态的集合, 即

$$x = \max\{|x_s| \mid s \in S_?\} \text{ 且 } T = \{s \in S_? \mid |x_s| = x\}$$

因 $\boldsymbol{x} \neq \boldsymbol{0}$, 故 $x > 0$. 此外, $T \neq \varnothing$. 由于 $\boldsymbol{P}(s,t)$ 的值非负且 $\sum\limits_{t \in S_?} \boldsymbol{P}(s,t) \leqslant 1$, 所以, 对每一 $s \in T$ 都有

$$x = |x_s| \leqslant \sum_{t \in S_?} \boldsymbol{P}(s,t) \cdot \underbrace{|x_t|}_{\leqslant x} \leqslant x \cdot \sum_{t \in S_?} \boldsymbol{P}(s,t) \leqslant x$$

这致使

$$x = |x_s| = \sum_{t \in S_?} \boldsymbol{P}(s,t) \cdot |x_t| = x \cdot \sum_{t \in S_?} \boldsymbol{P}(s,t)$$

因 $x > 0$, 故得 $\sum\limits_{t \in S_?} \boldsymbol{P}(s,t) = 1$ 且对 $\mathrm{Post}(s) \cap S_?$ 中的所有状态均有 $|x_t| = x$. 由这两点可得, 对任意 $s \in T$:

$$\mathrm{Post}(s) = \{t \in S \mid \boldsymbol{P}(s,t) > 0\} \subseteq T$$

可以断定对所有 $s \in T$, $\text{Post}^*(s) \subseteq T$. 特别地, $\text{Post}^*(s) \subseteq S_?$ 且 $\text{Post}^*(s) \cap B = \varnothing$ (前面进过, $B \subseteq S_{=1}$, 因此 $B \cap S_? = \varnothing$). 于是, 任何状态 $s \in T$ 都不能到达 B. 因此,

$$T \subseteq \{s \in S \mid s \not\models \exists(C \mathsf{U} B)\} \subseteq S_{=0}$$

但是, 由于 $T \subseteq S_?$ 且 $S_{=0} \cap S_? = \varnothing$, T 必须是空集. 矛盾. ■

注记 10.5 矩阵 $\boldsymbol{I}-\boldsymbol{A}$ 的非奇异性

这是给熟悉矩阵范数的读者的注记. 通过与定理 10.1的证明过程大致相同的讨论可得, 矩阵 $\boldsymbol{A}$ 不存在特征值 λ 使 $|\lambda| \geqslant 1$. 那么定义 $\boldsymbol{A}$ 的谱模为

$$\max\{|\lambda| \mid \lambda \text{ 是 } \boldsymbol{A} \text{ 的 (复) 特征值}\}$$

它严格小于 1. 因此, 无穷级数

$$\boldsymbol{I}+\boldsymbol{A}+\boldsymbol{A}^2+\boldsymbol{A}^3+\cdots=\sum_{n\geqslant 0}\boldsymbol{A}^n$$

收敛, 且其极限为 $\boldsymbol{I}-\boldsymbol{A}$ 的逆, 其中 $\boldsymbol{I}$ 是 (与 $\boldsymbol{A}$ 同阶的) 单位矩阵. 注意,

$$\begin{aligned}
&(\boldsymbol{I}-\boldsymbol{A})\cdot(\boldsymbol{I}+\boldsymbol{A}+\boldsymbol{A}^2+\boldsymbol{A}^3+\cdots)\\
=&(\boldsymbol{I}+\boldsymbol{A}+\boldsymbol{A}^2+\boldsymbol{A}^3+\cdots)-(\boldsymbol{A}+\boldsymbol{A}^2+\boldsymbol{A}^3+\cdots)\\
=&\boldsymbol{I}
\end{aligned}$$

这得到为什么 $\boldsymbol{x}=(\boldsymbol{I}-\boldsymbol{A})^{-1}\boldsymbol{b}$ 是 $\boldsymbol{A}\boldsymbol{x}+\boldsymbol{b}=\boldsymbol{x}$ 的唯一解的另一论据. ■

因此, 定理 10.1 给出了计算步数有界约束可达性概率的迭代方法. 可用下面的迭代方法计算事件 $C \mathsf{U}^{\leqslant n} B$ 的概率: $\boldsymbol{x}^{(0)}=\boldsymbol{0}$ 并且当 $1 \leqslant i < n$ 时 $\boldsymbol{x}^{(i+1)}=\boldsymbol{A}\boldsymbol{x}^{(i)}+\boldsymbol{b}$. 基于 $S_{=0}=S\setminus(C\cup B)$, $S_{=1}=B$ 和 $S_?=C\setminus B$ 定义矩阵 $\boldsymbol{A}$ 和向量 $\boldsymbol{b}$, 即

$$\boldsymbol{A}=(\boldsymbol{P}(s,t))_{s,t\in C\setminus B} \text{ 且 } \boldsymbol{b}=(\boldsymbol{P}(s,B))_{s\in C\setminus B}$$

对于 $s \in C\setminus B$, 元素 $\boldsymbol{x}^{(n)}(s)$ 等于 $\Pr(s \models C \mathsf{U}^{\leqslant n} B)$.

例 10.9 双骰赌博中的约束可达性

考虑双骰赌博中的马尔可夫链, 见图 10.3. 考虑事件 $C \mathsf{U}^{\leqslant n} B$, 其中 $B=\{\text{won}\}$, $C=\{\text{start},4,5,6\}$. 有界约束可达性概率 $\Pr(\text{start} \models C \mathsf{U}^{\leqslant n} B)$ 是如下赌赢的可能性: 掷得 7 或 11 (玩家直接获胜) 或是一次或多次掷得 4、5 或 6. 可得

$$S_{=0}=\{8,9,10,\text{lost}\},\quad S_{=1}=\{\text{won}\},\quad S_?=\{\text{start},4,5,6\}$$

采用状态顺序 start $<4<5<6$, 矩阵 $\boldsymbol{A}$ 和向量 $\boldsymbol{b}$ 为

$$\boldsymbol{A}=\frac{1}{36}\begin{pmatrix}0&3&4&5\\0&27&0&0\\0&0&26&0\\0&0&0&25\end{pmatrix},\quad \boldsymbol{b}=\frac{1}{36}\begin{pmatrix}8\\3\\4\\5\end{pmatrix}$$

最小不动点特征建议采用以下迭代方式:

$$\boldsymbol{x}^{(0)} = \boldsymbol{0} \text{ 且对 } 1 \leqslant i < n,\ \boldsymbol{x}^{(i+1)} = \boldsymbol{A}\boldsymbol{x}^{(i)} + \boldsymbol{b}$$

其中 $\boldsymbol{x}^{(i)}$ 为 $S_?$ 中的任一状态记录事件 $C\ \mathsf{U}^{\leqslant i}\ B$ 的概率[译注 226]. 对本例采用此迭代方法得到 $\boldsymbol{x}^{(1)} = \boldsymbol{b}$ 及

$$\boldsymbol{x}^{(2)} = \frac{1}{36}\begin{pmatrix} 0 & 3 & 4 & 5 \\ 0 & 27 & 0 & 0 \\ 0 & 0 & 26 & 0 \\ 0 & 0 & 0 & 25 \end{pmatrix} \cdot \frac{1}{36}\begin{pmatrix} 8 \\ 3 \\ 4 \\ 5 \end{pmatrix} + \frac{1}{36}\begin{pmatrix} 8 \\ 3 \\ 4 \\ 5 \end{pmatrix} = \left(\frac{1}{36}\right)^2 \cdot \begin{pmatrix} 338 \\ 189 \\ 248 \\ 305 \end{pmatrix}$$

例如, 有 $\Pr(\text{start} \models C\ \mathsf{U}^{\leqslant 2}\ B) = \dfrac{338}{36^2}$. 类似地, 依次可求得 $\boldsymbol{x}^{(3)}$、$\boldsymbol{x}^{(4)}$ 等. ■

注记 10.6 瞬时状态概率

$\boldsymbol{A}$ 的 n 次幂, 即矩阵 $\boldsymbol{A}^n$, 包含 $S_?$ 中的恰好 n 步 (即迁移) 之后的状态概率. 更准确地说, 矩阵元素 $\boldsymbol{A}^n(s,t)$ 等于满足 $s_0 = s$, $s_n = t$ 且当 $1 \leqslant i \leqslant n$ 时 $s_i \in S_?$ 的所有路径片段 $s_0 s_1 \cdots s_n$ 的概率 $\boldsymbol{P}(s_0 s_1 \cdots s_n)$ 之和, 即

$$\boldsymbol{A}^n(s,t) = \Pr(s \models S_?\ \mathsf{U}^{=n}\ t)$$

如果 $B = \varnothing$ 且 $C = S$, 那么 $S_{=1} = S_{=0} = \varnothing$ 且 $S_? = S$ 可推出 $\boldsymbol{A} = \boldsymbol{P}$. 假若计算从状态 s 开始, ($\boldsymbol{P}$ 的 n 次幂的) 元素 $\boldsymbol{P}^n(s,t)$ 因而等于 n 步后在状态 t 的概率, 即 $\boldsymbol{P}^n(s,t) = \Pr(s \models S\ \mathsf{U}^{=n}\ t)$. $\mathcal{M}$ 恰好经过 n 个迁移后处于状态 t 的概率

$$\Theta_n^{\mathcal{M}}(t) = \sum_{s \in S} \boldsymbol{P}^n(s,t) \cdot \boldsymbol{\iota}_{\text{init}}(s)$$

称为状态 t 的瞬时状态概率. 函数 $\Theta_n^{\mathcal{M}}$ 是瞬时状态分布. 当把 $\Theta_n^{\mathcal{M}}$ 作为向量 $(\Theta_n^{\mathcal{M}}(t))_{t\in S}$ 考虑时, 上式可改写为

$$\Theta_n^{\mathcal{M}} = \underbrace{\boldsymbol{P} \cdot \boldsymbol{P} \cdot \cdots \cdot \boldsymbol{P}}_{n \text{ 次}} \cdot \boldsymbol{\iota}_{\text{init}} = \boldsymbol{P}^n \cdot \boldsymbol{\iota}_{\text{init}}$$

其中初始分布被看作列向量. 由于使用迭代平方等计算矩阵 n 次幂的数值不稳定性, 建议通过逐次矩阵向量乘法计算 $\Theta_n^{\mathcal{M}}$:

$$\Theta_0^{\mathcal{M}} = \boldsymbol{\iota}_{\text{init}} \text{ 且对 } n \geqslant 0,\ \Theta_{n+1}^{\mathcal{M}} = \boldsymbol{P} \cdot \Theta_n^{\mathcal{M}}$$

因此瞬时状态概率是约束可达性概率的一种特殊情况. 事实上, 马尔可夫链 $\mathcal{M}$ 中的约束可达性概率与一个稍微修改的马尔可夫链中的瞬时状态概率相同. 首先, 用 $\mathcal{M}$ 中的一个简单 (即无约束) 的步数有界的可达性概率说明这一点, 例如用事件 $\Diamond^{\leqslant n} B$. 把马尔可夫链 $\mathcal{M}$ 改造为所有状态 $s \in B$ 都是吸收的, 即用自循环代替所有从 $s \in B$ 出发的迁移. 这样就得到马尔可夫链 $\mathcal{M}_B$. 这一变换的直观意义就是: 一条路径一旦到达 B 中的状态, 其后续状态对 $\Pr^{\mathcal{M}}(s \models \Diamond^{\leqslant n} B)$ 就失去了重要性. 在形式上, $\mathcal{M}_B = (S, \boldsymbol{P}_B, L)$. 其中. S 和 L

与在 $\mathcal{M}$ 中相同; $\boldsymbol{P}_B$ 则定义为: 当 $s \notin B$ 时 $\boldsymbol{P}_B(s,t) = \boldsymbol{P}(s,t)$, 当 $s \in B$ 且 $s \neq t$ 时 $\boldsymbol{P}_B(s,s) = 1$ 且 $\boldsymbol{P}_B(s,t) = 0$. 可得, 对任意 $s \in S$ 有

$$\Pr^{\mathcal{M}}(s \models \Diamond^{\leqslant n} B) = \Pr^{\mathcal{M}_B}(s \models \Diamond^{=n} B)$$

在 $\mathcal{M}$ 中 n 步内到达 B 状态的概率由

$$\Pr^{\mathcal{M}}(\Diamond^{\leqslant n} B) = \sum_{t \in B} \Theta_n^{\mathcal{M}_B}(t)$$

给定. 马尔可夫链 $\mathcal{M}$ 中的可达性概率 $\Pr^{\mathcal{M}}(\Diamond^{\leqslant n} B)$ 因而与马尔可夫链 $\mathcal{M}_B$ 中的 B 状态的累积瞬时状态概率相同.

类似地可以证明, 步数有界约束可达性概率 $\Pr^{\mathcal{M}}(C \,\mathsf{U}^{\leqslant n}\, B)$ 的计算可归约为稍作修改的马尔可夫链中的瞬时状态概率的计算问题. 像对简单可达性概率一样, 要使 B 中的所有状态都成为吸收的. 此外, 也要把 $S \setminus (C \cup B)$ 中的状态都修改为吸收的. 这是由于访问 $S \setminus (C \cup B)$ 中一些状态对计算概率 $\Pr^{\mathcal{M}}(s \models C \,\mathsf{U}^{\leqslant n}\, B)$ 没有贡献. 因此, 考虑马尔可夫链 $\mathcal{M}' = \mathcal{M}_{B \cup (S \setminus (C \cup B))}$, 它通过把 $\mathcal{M}$ 的 $B \cup (S \setminus (C \cup B))$ 中所有状态改变为吸收状态得到. 由此得, 对任意 $s \in S$ 有

$$\Pr^{\mathcal{M}}(s \models C \,\mathsf{U}^{\leqslant n}\, B) = \Pr^{\mathcal{M}'}(s \models \Diamond^{=n} B)$$

在 $\mathcal{M}$ 中只通过 C 状态在 n 步内到达 B 状态的概率现在只不过是由

$$\Pr^{\mathcal{M}}(C \,\mathsf{U}^{\leqslant n}\, B) = \sum_{t \in B} \Theta_n^{\mathcal{M}'}(t)$$

给出. ■

例 10.10 瞬时状态概率计算可达性

再次考虑给双骰游戏建模的马尔可夫链 (见图 10.3). 令 $C \,\mathsf{U}^{\leqslant n}\, B$ 是我们关注的事件, 其中 $B = \{\text{won}\}$, $C = \{\text{start}, 4, 5, 6\}$. 依照刚刚描述的过程, 使 B 中所有状态和既不在 B 中又不在 C 中的状态成为吸收的. 这产生如图 10.6 所示的马尔可夫链. 如下得到 $C \,\mathsf{U}^{\leqslant n}\, B$ 的约束可达性概率. 照旧, 令 $\boldsymbol{\iota}_{\text{init}}(\text{start}) = 1$, 对于任意其他状态令 $\boldsymbol{\iota}_{\text{init}}(s) = 0$. 当 $n = 0$ 时, 有

$$\Pr(\text{start} \models C \,\mathsf{U}^{\leqslant 0}\, B) = \Theta_0(\text{won}) = \boldsymbol{\iota}_{\text{init}}(\text{won}) = 0$$

对 $n = 1$, 可得

$$\Pr(\text{start} \models C \,\mathsf{U}^{\leqslant 1}\, B) = \boldsymbol{\iota}_{\text{init}}(\text{start}) \cdot \boldsymbol{P}(\text{start}, \text{won}) = \frac{2}{9}$$

对 $n = 2$, 有 $\Pr(\text{start} \models C \,\mathsf{U}^{\leqslant 2}\, B) = \boldsymbol{\iota}_{\text{init}}(\text{start}) \cdot \boldsymbol{P}^2(\text{start}, \text{won})$, 它等于 $\dfrac{338}{36^2}$.

对于其他 n, 可类似地得到结果. ■

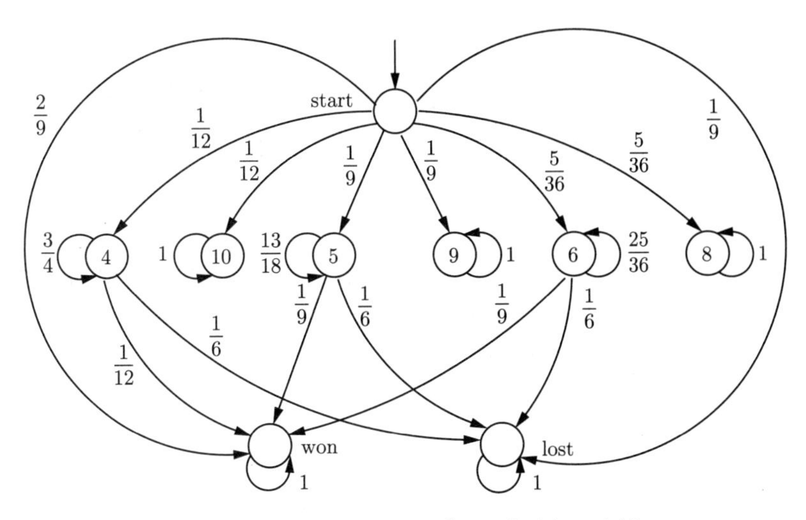

图 10.6　双骰游戏中 $C \, \mathsf{U}^{\leqslant n} \, B$ 的马尔可夫链

10.1.2　定性性质

10.1.1 节介绍了计算马尔可夫链中可达性概率的不同方法. 本节关注马尔可夫链的定性性质. 这种性质通常要求某一事件发生的概率为 1, 或者更一般地, 确定那些可让某个事件几乎肯定发生的所有状态. 对偶地, 检验事件是否以零概率出现的问题也是定性性质. 本节将证明, 使用只考虑马尔可夫链的基础有向图而忽略它的迁移概率的图论分析, 就可以验证下面列出的所有定性性质, 例如可达性、约束可达性、重复可达性 (能重复访问状态的某个集合吗?)、持久性 (从某一时刻开始只能访问状态的某个集合吗?) 等. 这是由于有限马尔可夫链的以下基本结论: 计算几乎肯定进入一个底部强连通分支 (一旦进入就不再离开的强连通分支) 并无限经常地访问它的每一个状态. 本节将详细证明这一结果. 最后, 本节将证明这一结果并不适用于无限马尔可夫链.

首先要解决的事情是, 重复可达性和持久性等是可测的.

注记 10.7　重复可达性和持久性的可测性

令 $B \subseteq S$ 是马尔可夫链 $\mathcal{M}$ 的状态的集合. 可以无限次访问 B 的路径的集合是可测的. 这对任意 (包括无限) 的马尔可夫链都成立并从以下事实得到. 事件 $\Box\Diamond B$ 可以写成柱集的可数并的可数交:

$$\Box\Diamond B = \bigcap_{n \geqslant 0} \bigcup_{m \geqslant n} \mathrm{Cyl}(\text{“第 } m+1 \text{ 个状态在 } B \text{ 中”})$$

其中 Cyl(第 $m+1$ 个状态在 B 中) 表示长度为 m 且结束于 B 状态的有限路径片段延伸成的所有柱集 $\mathrm{Cyl}(t_0 t_1 \cdots t_m)$ 的并集. 即, $t_0 t_1 \cdots t_m \in \mathrm{Paths}_{\mathrm{fin}}(\mathcal{M})$ 且 $t_m \in B$. 下面证明此等式成立.

先证 $\subseteq$. 令 $\pi = s_0 s_1 s_2 \cdots$ 是 $\mathcal{M}$ 中满足 $\pi \models \Box\Diamond B$ 一条路径. 因此, 对所有下标 n 都存在某个 $m \geqslant n$ 使得 $s_m \in B$. 而后 $s_0 s_1 \cdots s_m$ 是结束于 B [译注 227] 中的某个状态的有限路径片段, 且此片段的柱集含有 π. 因此, 对所有 $n \geqslant 0$ 存在 $m \geqslant n$ 使得

$$\pi \in \mathrm{Cyl}(s_0 s_1 \cdots s_m) \subseteq \mathrm{Cyl}(\text{“第 } m+1 \text{ 个状态在 } B \text{ 中”})$$

这证明 π 属于右侧的集合.

再证 $\supseteq$. 令 $\pi = s_0s_1s_2\cdots$ 是 $\bigcap\limits_{n\geqslant 0}\bigcup\limits_{m\geqslant n}$ Cyl(“第 $m+1$ 个状态属于 B”) 中的一条路径. 因此, 对每一个 n 都存在 $m \geqslant n$ 和有限路径片段 $t_0t_1\cdots t_m$ 使得 $t_m \in B$, 并且 $\pi \in \mathrm{Cyl}(t_0t_1\cdots t_m)$. 而后 $t_0t_1\cdots t_m$ 是 π 的前缀且 $s_m = t_m \in B$. 因这对任何 n 都成立, 故得 $\pi \models \Box\Diamond B$.

可把这一证明一般化, 以确认以下事件的可测性: 有限路径片段, 比如 $\widehat{\pi}$, 出现无限次. 证明如下. 令 $\widehat{\pi} = t_0t_1\cdots t_k$ 是 $\mathcal{M}$ 中的有限路径片段且 Cyl(从第 m 个状态开始取 $\widehat{\pi}$) 是所有柱集 $\mathrm{Cyl}(s_0s_1\cdots s_{m-1}t_0t_1\cdots t_k)$ 的并. 那么, 满足 $\Box\Diamond\widehat{\pi}$ 的路径的集合, 即 $\widehat{\pi}$ 无限多次出现的集合是可测的, 因它由

$$\bigcap_{n\geqslant 0}\bigcup_{m\geqslant n}\mathrm{Cyl}(\text{从第 } m \text{ 个状态开始取 } \widehat{\pi})$$

给出. 现在令 $\varPi$ 是有限路径片段的一个集合. 由上面可得, 无限次取每一有限路径片段 $\widehat{\pi} \in \varPi$ 的事件 $\bigwedge\limits_{\widehat{\pi}\in\varPi}\Box\Diamond\widehat{\pi}$ 也是可测的. 注意, 由于马尔可夫链的状态空间 S 是可数的 (见定义 10.1), 所以 $\mathrm{Paths_{fin}}(\mathcal{M})$ 是可数的.

现在考虑持久性性质, 即形为 $\Diamond\Box B$ 的事件. 这样的事件由所有满足以下条件的路径 $\pi = s_0s_1s_2\cdots$ 组成, 对某个 $n \geqslant 0$, 后缀 $s_ns_{n+1}s_{n+2}\cdots$ 只含有 B 中的状态. 由于事件 $\Diamond\Box B$ 是可测事件 $\Box\Diamond(S\setminus B)$ 的补集, 所以它也是可测的. ■

在迁移系统中, 未定选择的无限重复不对所选内容的序列施加任何限制, (像马尔可夫链中的) 随机选择却对所有迁移暗中施加强公平性. 这可由定理 10.3 得出, 它表明: 如果无限次访问马尔可夫链的某个状态, 例如 t, 那么几乎肯定地会采用从 t 开始 (即 $t_0 = t$) 的所有有限路径片段 $t_0t_1\cdots t_n$. 此处, “几乎肯定” 是指在无限次访问 t 的条件下的条件概率. 若 $\Pr(D) = \Pr(E\cap D)$, 则称事件 E 在另一事件 D 的条件下几乎肯定发生.

定理 10.3 作为强公平性的概率选择

对于 (可能无限的) 马尔可夫链 $\mathcal{M}$ 及 $\mathcal{M}$ 中的状态 s 和 t,

$$\Pr{}^{\mathcal{M}}(s\models\Box\Diamond t) = \Pr{}^{\mathcal{M}}_s\Big(\bigwedge_{\widehat{\pi}\in\mathrm{Paths_{fin}}(t)}\Box\Diamond\widehat{\pi}\Big)$$

其中 $\bigwedge_{\widehat{\pi}\in\mathrm{Paths_{fin}}(t)}\Box\Diamond\widehat{\pi}$ 表示满足以下条件的所有路径 π 的集合: 任何 $\widehat{\pi}\in\mathrm{Paths_{fin}}(t)$ 都在 π 中无限经常地出现.

特别地, 对每一个状态 $t \in S$ 和 $u \in \mathrm{Post}(t)$, 若无限次访问 t, 则几乎肯定发生事件 “无限次取迁移 $t \to u$”. 在此意义上, 马尔可夫链的执行关于所有概率选择都是强公平的.

证明: 分 3 步证明.

(1) 首先证明对任一 $\widehat{\pi}\in\mathrm{Paths_{fin}}(t)$ 都有

$$\Pr(s\models\Box\Diamond t) = \Pr(s\models\Diamond\widehat{\pi})$$

令 $p = \boldsymbol{P}(\widehat{\pi})$. 由 $\widehat{\pi}\in\mathrm{Paths_{fin}}(t)$ 得 $0 < p \leqslant 1$. 令 $E_n(\widehat{\pi})$ 是事件 “至少 n 次访问 t, 但是从不取路径片段 $\widehat{\pi}$”. 注意, $E_1(\widehat{\pi}) \supseteq E_2(\widehat{\pi}) \supseteq E_3(\widehat{\pi}) \supseteq \cdots$. 此外

$$\Pr{}_s(E_n(\widehat{\pi})) \leqslant (1-p)^n$$

令事件 $E(\widehat{\pi}) = \bigcap\limits_{n\geqslant 1} E_n(\widehat{\pi})$, 即 $E(\widehat{\pi})$ 是事件无限次访问 t 但从不取路径片段 $\widehat{\pi}$. 由于 $E_1(\widehat{\pi}) \supseteq E_2(\widehat{\pi}) \supseteq E_3(\widehat{\pi}) \supseteq \cdots$ 且

$$\Pr_s(E(\widehat{\pi})) = \lim_{n\to\infty} \Pr_s(E_n(\widehat{\pi})) \leqslant \lim_{n\to\infty}(1-p)^n = 0$$

故有

$$\Pr(s \models \Box\Diamond t \wedge \text{“从不取路径片段 } \widehat{\pi}\text{”}) = 0$$

(2) 现在对 $n \geqslant 0$ 考虑事件 $F_n(\widehat{\pi})$, 它表示以下事实: 无限次访问状态 t 而从第 n 个状态开始再也不取路径片段 $\widehat{\pi}$. 事件 $F_n(\widehat{\pi})$ 的概率为

$$\Pr_s(F_n(\widehat{\pi})) = \sum_{s'\in S} \Pr(\underbrace{s \models \bigcirc^n s'}_{\text{第 } n \text{ 个状态是 } s'}) \cdot \underbrace{\Pr_{s'}(E(\widehat{\pi}))}_{=0} = 0$$

现在考虑事件

$$F(\widehat{\pi}) = \Box\Diamond t \wedge \text{“从某时刻开始总不取路径片段 } \widehat{\pi}\text{”}$$

易知 $F(\widehat{\pi}) = \bigcup\limits_{n\geqslant 1} F_n(\widehat{\pi})$. 由 $F_1(\widehat{\pi}) \subseteq F_2(\widehat{\pi}) \subseteq F_3(\widehat{\pi}) \subseteq \cdots$[译注 228] 得

$$\Pr_s(F(\widehat{\pi})) = \lim_{n\to\infty} \Pr_s(F_n(\widehat{\pi})) = 0$$

因此

$$\begin{aligned}
&\Pr(s \models \Box\Diamond t \wedge \Box\Diamond\text{“取路径片段}\widehat{\pi}\text{”}) \\
=&\Pr(s \models \Box\Diamond t) - \Pr_s(F(\widehat{\pi})) \\
=&\Pr(s \models \Box\Diamond t)
\end{aligned}$$

(3) 现在将这一结论推广到从状态 t 开始的所有有限路径片段. 令事件

$$F = \bigcup_{\widehat{\pi}\in \mathrm{Paths}_{\mathrm{fin}}(t)} F(\widehat{\pi})$$

由于有限路径片段的集合是可数的, 所以有

$$\Pr_s(F) \leqslant \sum_{\widehat{\pi}} \Pr_s(F(\widehat{\pi})) = 0$$

其中 $\widehat{\pi}$ 取遍所有从 t 开始的有限路径片段. 因此, $\Pr_s(F) = 0$.

因此, 在无限次访问状态 t 的条件下, 几乎肯定会无限次取任一从 t 开始的有限路径片段. ■

作为定理 10.3 的直接推论可得到以下结论: 若无限经常地访问 t, 则无限经常地访问 t 的任一后继, 即

$$\Pr^{\mathcal{M}}(s \models \Box\Diamond t) = \Pr^{\mathcal{M}}(s \models \bigwedge_{u\in \mathrm{Post}^*(t)} \Box\Diamond u)$$

因此, 对任一状态 s, 下式成立:

$$\Pr^{\mathcal{M}}(s \models \bigwedge_{t\in S} \bigwedge_{u\in \mathrm{Post}^*(t)} (\Box\Diamond t \to \Box\Diamond u)) = 1$$

记法 10.3 马尔可夫链的图论记法

令 $\mathcal{M} = (S, \boldsymbol{P}, \iota_{\text{init}}, \text{AP}, L)$ 是一个有限马尔可夫链. 后面, 经常对马尔可夫链使用涉及 $\mathcal{M}$ 的基础有向图的图论记法. 例如, 称 S 的子集 T 是强连通的, 若对 T 中的每一对状态 (s,t) 都存在路径片段 $s_0 s_1 \cdots s_n$ 使得对 $0 \leqslant i \leqslant n$ 有 $s_i \in T$, 且 $s_0 = s$ 及 $s_n = t$. $\mathcal{M}$ 的强连通分支 (SCC) 表示状态的满足以下条件的强连通集: 其任一真超集都不再是强连通集. 设 T 是 $\mathcal{M}$ 的一个 SCC, 如果从 T 开始无法到达 T 之外的任一状态, 即, 对每一个状态 $t \in T$ 满足 $\mathbf{P}(t, T) = 1$, 则称 T 是 $\mathcal{M}$ 的一个底部 SCC (Bottom SCC, BSCC) (前面讲过, $\boldsymbol{P}(s,T) = \sum\limits_{t \in T} \boldsymbol{P}(s,t)$). 令 $\text{BSCC}(\mathcal{M})$ 表示 $\mathcal{M}$ 的基础有向图的所有 BSCC 的集合. ■

现在把定理 10.3 应用到有限马尔可夫链. 它们具有以下性质: 每一无限路径都至少有一个状态是被无限次访问的. 下面的结果断言, 一条路径无限次访问的状态构成的集合几乎肯定形成一个 BSCC. 在给出这一结果前, 必须确保事件 “在某个给定的 BSCC 中” 是可测的. 解释如下. 前面讲过, $\inf(\pi)$ 表示沿 π 无限次访问的状态的集合. 对某个 BSCC T, 事件 $\inf(\pi) = T$ 是可测的, 原因是它可以写成可测集的有限交 (见注记 10.7):

$$\bigwedge_{t \in T} \Box\Diamond t \wedge \Diamond\Box T$$

对应的 $\inf(\pi)$ 是一个 BSCC 的路径的集合等同于可测事件

$$\bigvee_{T \in \text{BSCC}(\mathcal{M})} (\inf(\pi) = T)$$

定理 10.4 马尔可夫链的极限行为

对于有限马尔可夫链 $\mathcal{M}$ 的每一状态 s:

$$\Pr_s^{\mathcal{M}}\{\pi \in \text{Paths}(s) \mid \inf(\pi) \in \text{BSCC}(\mathcal{M})\} = 1$$

证明: 对每一路径 π, 集合 $\inf(\pi)$ 是强连通的, 因而包含于 $\mathcal{M}$ 的某个 SCC 中. 因此, 对于每一个状态 s:

$$\sum_T \Pr_s\{\pi \in \text{Paths}(s) \mid \inf(\pi) = T\} = 1 \qquad (*)$$

其中 T 取遍 $\mathcal{M}$ 的所有非空 SCC. 假设 $\Pr_s\{\pi \in \text{Paths}(s) \mid \inf(\pi) = T\}$ 是正的. 由定理 10.3, 使得 $\inf(\pi) = T$ 的几乎所有路径 π 都满足

$$\text{Post}^*(T) = \text{Post}^*(\inf(\pi)) \subseteq \inf(\pi) = T$$

因此, $T = \text{Post}^*(T)$, 即 T 是一个 BSCC. 现在再由上面的 $(*)$ 式可推出结论. ■

用文字描述就是, 定理 10.4 声称任何有限马尔可夫链几乎肯定终将到达一个 BSCC 并无限次访问它的所有状态.

例 10.11 IPv4 零配置协议

考虑 IPv4 零配置协议的马尔可夫链, 见例 10.4. 该马尔可夫链有两个 BSCC, 即 $\{s_8\}$ 和 $\{s_6\}$. 根据定理 10.4, 任一无限路径都将几乎肯定地走向这两个 BSCC 之一. 特别地, 它意味着无限次 (在没收到探询的回复后) 尝试获得新 IP 地址的概率等于 0. ■

定理 10.4 是分析有限马尔可夫链的多种性质的核心结果. 接下来, 考虑 3 个重要的几乎肯定性质: 可达性、重复可达性和持久性. 几乎肯定可达性问题相当于确定几乎肯定到达某个给定状态集 B 的状态的集合. 定理 10.5 提供了这一计算的基础.

定理 10.5 几乎肯定可达性

令 $\mathcal{M}$ 是状态空间为 S 的有限马尔可夫链, $s \in S$ 且 $B \subseteq S$ 是吸收状态的集合, 则下面的命题是等价的:

(a) $\Pr(s \models \Diamond B) = 1$.

(b) 对任意状态 $t \in \text{Post}^*(s)$ 有 $\text{Post}^*(t) \cap B \neq \varnothing$.

(c) $s \in S \setminus \text{Pre}^*(S \setminus \text{Pre}^*(B))$.

特别地, $\{s \in S \mid \Pr(s \models \Diamond B) = 1\} = S \setminus \text{Pre}^*(S \setminus \text{Pre}^*(B))$.

证明:

(1) 证 (a) $\Rightarrow$ (b). 令 $t \in \text{Post}^*(s)$ 使得 $\text{Post}^*(t) \cap B = \varnothing$, 即 t 是 s 的后继, 且从 t 不能到达 B. 那么, $\Pr(s \models \Diamond B) \leqslant 1 - \Pr(s \models \Diamond t) < 1$, 这表明, 如果 (b) 不成立, 则 (a) 也不成立.

(2) 证 (b) $\Leftrightarrow$ (c). 由 Post 和 Pre 的定义得, 对每一个 $u \in S$ 和 $C \subseteq S$, $\text{Post}^*(u) \cap C \neq \varnothing$ 当且仅当 $u \in \text{Pre}^*(C)$. 因此:

$$
\begin{array}{ll}
 & \forall t \in \text{Post}^*(s),\ \text{Post}^*(t) \cap B \neq \varnothing \\
\text{iff} & \text{Post}^*(s) \subseteq \text{Pre}^*(B) \\
\text{iff} & \text{Post}^*(s) \cap (S \setminus \text{Pre}^*(B)) = \varnothing \\
\text{iff} & s \notin \text{Pre}^*(S \setminus \text{Pre}^*(B)) \\
\text{iff} & s \in S \setminus \text{Pre}^*(S \setminus \text{Pre}^*(B))
\end{array}
$$

(3) 证 (b) $\Rightarrow$ (a). 假设对 s 的任意后继 t, $\text{Post}^*(t) \cap B \neq \varnothing$. 由定理 10.4 得, 几乎所有路径 $\pi \in \text{Paths}(s)$ 都到达一个 BSCC. 由于 B 中的每一状态都是吸收的, 所以 $\mathcal{M}$ 的每一个 BSCC T 要么是对某个 $t \in B$ 的 $T = \{t\}$ 要么满足 $T \cap B = \varnothing$. 下面证明后一种情况不会发生. 对 BSCC T 考虑 $T \cap B = \varnothing$. 由于 T 是一个 BSCC, 所以对每个 $u \in T$ 有 $\text{Post}^*(u) \cap B = \varnothing$. 然而, 由于从 s 的任一后继都可到达 B, 所以不会有从 s 可达的 BSCC T 满足 $T \cap B = \varnothing$. 因此, 从状态 s 几乎肯定会到达 B 中的一个状态. ■

由上, 如果有限马尔可夫链的所有状态可以到达吸收状态的集合 B, 那么从每一状态都几乎肯定到达 B. 然而, 这也蕴涵几乎肯定无限次访问 B, 见推论 10.1.

推论 10.1 全局几乎肯定可达性

令 $\mathcal{M}$ 是状态空间为 S 的有限马尔可夫链, 且 $B \subseteq S$ 是吸收状态的集合[译注 229]. 那么

$$\forall s \in S,\ s \models \exists \Diamond B \Rightarrow \forall s \in S,\ \Pr(s \models \Box \Diamond B) = 1 \qquad ■$$

定理 10.5 表明, 下面的算法可用以确定有限马尔可夫链 $\mathcal{M}$ 中几乎肯定到达某个状态集合 B 的状态的集合:

(1) 使 B 中的所有状态成为吸收的. 这产生马尔可夫链 $\mathcal{M}_B$.

(2) 在 $\mathcal{M}_B$ 中用图论分析确定集合 $S\backslash\text{Pre}^*(S\backslash\text{Pre}^*(B))$. 这可用如下方法完成, 先从 B 开始后向搜索以计算 $\text{Pre}^*(B)$, 然后从 $S\setminus\text{Pre}^*(B)$ 开始后向搜索以确定 $\text{Pre}^*(S\setminus\text{Pre}^*(B))$. 两个搜索都在 $\mathcal{M}_B$ 上进行.

因此, 确定满足 $\Pr(s \models \Diamond B) = 1$ 的状态 s 的集合的时间复杂度关于 $\mathcal{M}$ 的大小是线性的.

现在考虑约束可达性条件 $C \mathsf{U} B$, 其中 C 和 B 都是有限马尔可夫链 $\mathcal{M}$ 的状态空间的子集.

推论 10.2　定性约束可达性

令 $\mathcal{M}$ 是状态空间为 S 的有限马尔可夫链, 且 $B, C \subseteq S$, 集合

$$S_{=0} = \{s \in S \mid \Pr(s \models C \mathsf{U} B) = 0\} \text{ 和 } S_{=1} = \{s \in S \mid \Pr(s \models C \mathsf{U} B) = 1\}$$

可在时间 $O(\text{size}(\mathcal{M}))$ 内计算.

证明: 令 $\mathcal{M}$ 是有限马尔可夫链且 $B, C \subseteq S$.

(1) 集合 $S_{=0} = \{s \in S \mid \Pr(s \models C \mathsf{U} B) = 0\}$ 等同于 CTL 公式 $\exists(C \mathsf{U} B)$ 的满足集的补集. 这个集合可用从 B 状态开始的后向分析在 $\mathcal{M}$ 的大小的线性时间内计算.

(2) 计算 $S_{=1} = \{s \in S \mid \Pr(s \models C \mathsf{U} B) = 1\}$ 的线性时间算法如下. 计算 $S_{=1}$ 的问题可通过归约到以下问题解决: 在一个稍作修改的马尔可夫链中计算几乎肯定终将到达 B 的状态的集合. 算法思路是使得所有 B 状态和 $S\setminus(C\cup B)$ 中的所有状态成为可吸收的. 为此, 把 $\mathcal{M}$ 改变成状态空间为 S 且迁移概率函数为[译注 230]

$$\boldsymbol{P}'(s,t) = \begin{cases} 1 & \text{若 } s \in B \cup (S \setminus (C \cup B)) \text{ 且 } s = t \\ 0 & \text{若 } s \in B \cup (S \setminus (C \cup B)) \text{ 且 } s \neq t \\ \boldsymbol{P}(s,t) & \text{其他情况} \end{cases}$$

的马尔可夫链. 由 $\mathcal{M}$ 变换成 $\mathcal{M}'$ 是合理的, 因为:

- 对所有状态 $s \in C \setminus B$, $\Pr^{\mathcal{M}}(s \models C \mathsf{U} B) = \Pr^{\mathcal{M}'}(s \models \Diamond B)$.
- 对所有状态 $s \in B$, $\Pr^{\mathcal{M}}(s \models C \mathsf{U} B) = \Pr^{\mathcal{M}'}(s \models \Diamond B) = 1$.
- 对所有 $s \in S \setminus (C \cup B)$, $\Pr^{\mathcal{M}}(s \models C \mathsf{U} B) = \Pr^{\mathcal{M}'}(s \models \Diamond B) = 0$.

因此, $\mathcal{M}$ 中的约束可达性质 $C \mathsf{U} B$ 的概率可以通过计算 $\Diamond B$ 在 $\mathcal{M}'$ 中的可达性概率确定. 后者可在 $\mathcal{M}'$ 的大小的线性时间内完成, 而 $\mathcal{M}'$ 的大小以 $\mathcal{M}$ 的大小为上界 (前面讲过, $\text{size}(\mathcal{M})$ 是 $\mathcal{M}$ 的状态和迁移的个数). ■

例 10.12　定性约束可达性

再次考虑双骰赌博游戏, 见例 10.3. 这里仍然令 $B = \{\text{won}\}$ 且 $C = \{\text{start}, 4, 5, 6\}$ 并考虑事件 $C \mathsf{U} B$. 有

$$S_{=0} = S \setminus \text{Sat}(\exists(C \mathsf{U} B)) = \{\text{lost}, 8, 9, 10\}$$

为了确定集合 $S_{=1}$, 把 B 和 $S\setminus(B\cup C)$ 的所有状态都改为可吸收的. 这样就产生图 10.6 中的马尔可夫链. 在这个马尔可夫链中几乎肯定到达状态 won 的状态集是 $\{\text{won}\}$[译注 231]. 这就是 $S_{=1}$ 中的状态. ■

利用上面的结果, 确定 $\Pr^{\mathcal{M}}(C \cup B) = 1$ 是否成立的定性模型检验问题就可以通过图论分析在 $\mathcal{M}$ 的大小的线性时间内解决. 事实上, 这对重复可达事件同样成立, 见推论 10.3.

推论 10.3　定性重复可达性

令 $\mathcal{M}$ 是状态空间为 S 的有限马尔可夫链, $B \subseteq S$ 并且 $s \in S$. 那么, 下述命题等价:

(a) $\Pr(s \models \Box\Diamond B) = 1$.

(b) 对每一个 s 可到达的 BSCC T, $T \cap B \neq \varnothing$.

(c) $s \models \forall\Box\exists\Diamond B$.

证明: 从状态 s 几乎肯定会到达一个 BSCC T 且会无限次访问 T 中状态 (见定理 10.4), 由此立即得到 (a) 与 (b) 等价. (a) 或 (b) 与 (c) 的等价性留给读者证明 (见习题 10.5). ■

因而, 为了检验 $\Pr^{\mathcal{M}}(\Box\Diamond B) = 1$ 是否成立, 分析 $\mathcal{M}$ 中的 BSCC 就够了, 这可在线性时间内解决. 接下来的结果断言重复可达性概率可在 $\mathcal{M}$ 的大小的多项式时间内计算. 通过归约为计算终将访问某个 BSCC 的概率问题就可得到这一结论.

推论 10.4　定量重复可达性

令 $\mathcal{M}$ 是状态空间为 S 的有限马尔可夫链, $B \subseteq S$, $s \in S$, 且 U 是 ($\mathcal{M}$ 中) 使得 $T \cap B \neq \varnothing$ 的所有 BSCC T 的并集. 那么,

$$\Pr(s \models \Box\Diamond B) = \Pr(s \models \Diamond U)$$ ■

类似地, BSCC 分析同样可以检验强或弱公平性约束 (或其他的 ω 正则活性性质) 是否几乎肯定成立. 例如, 对于 $B \subseteq S$ 的持久性质 $\Diamond\Box B$, 有

- $\Pr(s \models \Diamond\Box B) = 1$ iff 对每一从 s 可达的 BSCC T 都有 $T \subseteq B$.
- $\Pr(s \models \Diamond\Box B) = \Pr(s \models \Diamond V)$, 其中 V 是所有满足 $T \subseteq B$ 的 BSCC T 的并.

本节的结论是, 可以通过图论分析来实现在有限马尔可夫链上检验定性性质, 例如可达性、重复可达性和持久性等. 迁移概率对于这一目的并不重要. 正如注记 10.8 表明的那样, 上述结论对无限马尔可夫链不成立.

注记 10.8　无限马尔可夫链的定性性质

这里不加证明地指出, 上述关于有限马尔可夫链的极限行为的结论对无限马尔可夫链不成立. 事实上, 甚至对于强连通无限马尔可夫链, 无限次访问某个状态的概率也有可能为 0. 因此, 有可能 $\Pr(s \models \Diamond T) > 0$ 对于所有状态 s 成立, 而同时 $\Pr(s \models \Box\Diamond T) = 0$. 典型的例子是一维随机游走. 具体例子就是无限马尔可夫链 $\mathcal{M}_p$, 其中 p 是 $]0,1[$ 中的一个有理数. $\mathcal{M}_p$ 的状态空间是 $S = \mathbb{N}$, 标记函数是 $L(0) = \{0\}$ 且对于 $n > 0$ 有 $L(n) = \varnothing$. $\mathcal{M}_p$ 中的迁移概率定义为 (见图 10.7):

$$\forall n > 0,\ \boldsymbol{P}(n, n+1) = p \text{ 且 } \boldsymbol{P}(n, n-1) = 1-p$$
$$\boldsymbol{P}(0,0) = 1-p \text{ 且 } \boldsymbol{P}(0,1) = p$$

可以证明: 当 $p \leqslant 1/2$ 时, 几乎肯定终将到达并无限次访问最左边的状态, 即, 对所有 $n \geqslant 0$,

$$\Pr(n \models \Diamond 0) = \Pr(n \models \Box\Diamond 0) = 1$$

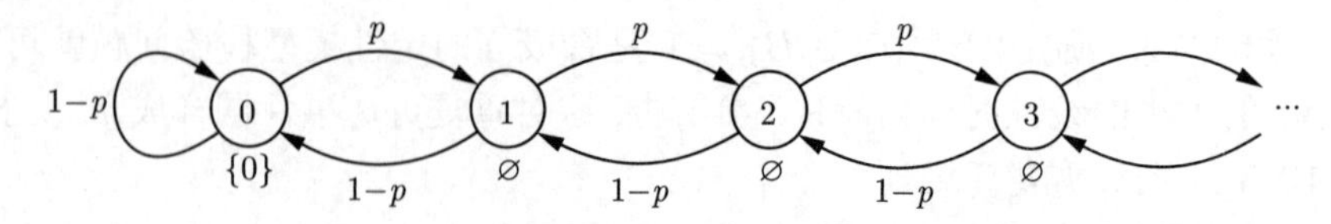

图 10.7 一维随机游走的无限马尔可夫链

然而, 当 $p > 1/2$ 时, 向右移动 (即从状态 n 到状态 $n+1$) 比向左移动的可能性更大, 并且可以证明对所有 $n > 0$ 有 $\Pr(n \models \Diamond 0) < 1$ 和 $\Pr(n \models \Box\Diamond 0) = 0$ (关于无限马尔可夫链和随机游走的更多细节可在关于马尔可夫链的文献中找到, 如文献 [63, 238, 248] 等). ■

10.2 概率计算树逻辑

概率计算树逻辑 (PCTL) 是一种分支时序逻辑, 其基础为 CTL (见第 6 章). PCTL 公式在马尔可夫链中简洁地表述关于状态的条件. 其解释是二值的, 即, 一个状态要么满足 PCTL 公式, 要么违反 PCTL 公式. PCTL 的定义类似于 CTL, 但两者有一个主要的区别. PCTL 不再使用路径的全称量词和存在量词, 除命题逻辑的标准算子外, PCTL 还引入了概率算子 $\mathbb{P}_J(\varphi)$, 其中, φ 是路径公式, J 是 $[0,1]$ 的子区间. 路径公式 φ 在路径集合上施加条件, 而 J 表示概率的上下界. $\mathbb{P}_J(\varphi)$ 在状态 s 处的直观含义是: 始于 s 的满足 φ 的路径集合的概率符合 J 给出的范围. 可认为概率算子是 CTL 路径量词 $\exists$ 和 $\forall$ 的定量版本. CTL 公式 $\exists\varphi$ 和 $\forall\varphi$ 分别断言某些路径的存在性和使某个条件不成立的路径的缺失性. 因此, 它们对满足条件 φ 的路径的可能性不施加任何约束. 本节后面将会详细讨论算子 $\mathbb{P}_J(\varphi)$ 和全称路径量词与存在路径量词之间的关系.

除了额外集成的有界直到算子外, 路径公式 φ 的定义与在 CTL 中一样. 对于自然数 n, 路径公式 $\varPhi \,\mathsf{U}^{\leqslant n}\, \varPsi$ 的直观含义是: 应在 n 次迁移内到达一个 $\varPsi$ 状态, 且到达 $\varPsi$ 状态前的所有状态都满足 $\varPhi$.

定义 10.4 PCTL 的语法

原子命题集合 AP 上的 PCTL *状态公式*按下述语法形成:

$$\varPhi ::= \text{true} \;\big|\; a \;\big|\; \varPhi_1 \wedge \varPhi_2 \;\big|\; \neg\varPhi \;\big|\; \mathbb{P}_J(\varphi)$$

其中, $a \in \text{AP}$, φ 是路径公式, $J \subseteq [0,1]$ 是以有理数为界的区间. PCTL *路径公式*根据下述语法形成:

$$\varphi ::= \bigcirc\varPhi \;\big|\; \varPhi_1 \,\mathsf{U}\, \varPhi_2 \;\big|\; \varPhi_1 \,\mathsf{U}^{\leqslant n}\, \varPhi_2$$

其中 $\varPhi$、$\varPhi_1$ 和 $\varPhi_2$ 是状态公式, 且 $n \in \mathbb{N}$. ■

像在 CTL 中一样, 要求线性时态算子 $\bigcirc$ 和 U (及其有界变体) 都必须紧跟在 $\mathbb{P}$ 之后. 不显式地写出区间, 而常用缩写. 例如, $\mathbb{P}_{\leqslant 0.5}(\varphi)$ 表示 $\mathbb{P}_{[0,0.5]}(\varphi)$, $\mathbb{P}_{=1}(\varphi)$ 表示 $\mathbb{P}_{[1,1]}(\varphi)$, $\mathbb{P}_{>0}(\varphi)$ 表示 $\mathbb{P}_{]0,1]}(\varphi)$.

PCTL 的命题逻辑片段以及路径公式 $\bigcirc\varPhi$ 和 $\varPhi_1 \,\mathsf{U}\, \varPhi_2$ 的含义与在 CTL 中相同. 路径公式 $\varPhi_1 \,\mathsf{U}^{\leqslant n}\, \varPhi_2$ 是 $\varPhi_1 \,\mathsf{U}\, \varPhi_2$ 的步数有界变体. 它断言由 $\varPhi_2$ 指定的事件至多在 n 步内发生, 而在到达一个 $\varPhi_2$ 状态前访问的所有状态处 $\varPhi_1$ 都发生. 以通常的方式导出其他布尔连接词,

例如, $\Phi_1 \vee \Phi_2$ 由 $\neg(\neg\Phi_1 \wedge \neg\Phi_2)$ 得到. 可以像往常一样得到终将算子 ($\Diamond$): $\Diamond\Phi = \text{true}\ \mathsf{U}\ \Phi$. 类似地, 对于步数有界的终将算子, 有

$$\Diamond^{\leqslant n}\Phi = \text{true}\ \mathsf{U}^{\leqslant n}\ \Phi$$

若一条路径在 n 步内到达一个 Φ 状态, 则它满足 $\Diamond^{\leqslant n}\Phi$.

可用终将算子与总是算子的对偶性 (如同在 CTL 和 LTL 中) 和上下界的对偶性导出总是算子. 后一对偶性的意思是: 一个事件 E 至多以概率 p 发生当且仅当其对偶事件 $\overline{E} = \text{Paths}(\mathcal{M}) \setminus E$ 至少以概率 $1-p$ 发生. 因此, 类似下面的定义是可以的:

$$\mathbb{P}_{\leqslant p}(\Box\Phi) = \mathbb{P}_{\geqslant 1-p}(\Diamond\neg\Phi) \text{ 和 } \mathbb{P}_{]p,q]}(\Box^{\leqslant n}\Phi) = \mathbb{P}_{[1-q,1-p[}(\Diamond^{\leqslant n}\neg\Phi)$$

可类似导出其他时态算子, 像弱直到算子 W 或释放算子 R (参见 5.1.5 节). 这留给读者作为练习, 见习题 10.9.

例 10.13 以 PCTL 描述性质

考虑例 10.2 中的用公平硬币模拟六面骰子. PCTL 公式

$$\bigwedge_{1\leqslant i\leqslant 6} \mathbb{P}_{=\frac{1}{6}}(\Diamond i)$$

表示骰子的 6 个可能结果中的每一个都以等概率发生.

考虑利用可能会丢失信息的不完善通道的通信协议. PCTL 公式

$$\mathbb{P}_{=1}(\Diamond\text{delivered}) \wedge \mathbb{P}_{=1}\Big(\Box(\text{try\_}to\text{\_send} \rightarrow \mathbb{P}_{\geqslant 0.99}(\Diamond^{\leqslant 3}\text{delivered}))\Big)$$

断言几乎肯定交付某个信息 (第一个合取项), 并且对于每一消息发送尝试都几乎肯定至少以 0.99 的概率在 3 步内交付.

考虑双骰赌博, 见例 10.3. 性质 "不用 8、9 或 10 点赢的概率至少为 0.32" 可表达为 PCTL 公式

$$\mathbb{P}_{\geqslant 0.32}(\neg(8 \vee 9 \vee 10)\ \mathsf{U}\ \text{won})$$

没有耐心的玩家可能对此性质感兴趣, 但要限定在有限次投掷内, 例如 5 次. 这可表达为

$$\mathbb{P}_{\geqslant 0.32}(\neg(8 \vee 9 \vee 10)\ \mathsf{U}^{\leqslant 5}\ \text{won})$$

最后, PCTL 公式

$$\mathbb{P}_{\geqslant 0.32}(\neg(8 \vee 9 \vee 10)\ \mathsf{U}^{\leqslant 5}\ \mathbb{P}_{=1}(\Box\text{won}))$$

表达的意思又进一步附加了玩家几乎肯定将会总是赢. ■

PCTL 公式在马尔可夫链 $\mathcal{M}$ 的状态和路径上解释. 对于状态公式, 满足关系 $\models$ 是 $\mathcal{M}$ 的状态与状态公式之间的关系. 像以前一样, 写作 $s \models \Phi$ 而非 $(s, \Phi) \in \models$. 解释也和以前一样, 例如, $s \models \Phi$ 当且仅当 Φ 在 s 处成立. 对于路径公式, $\models$ 是 $\mathcal{M}$ 中的无穷路径片段和路径公式之间的关系.

定义 10.5 PCTL 的满足关系

令 $a \in \mathrm{AP}$ 是原子命题, $\mathcal{M} = (S, \boldsymbol{P},]\boldsymbol{\iota}_{\mathrm{init}}, \mathrm{AP}, L)$ 是马尔可夫链, 状态 $s \in S$, Φ 与 Ψ 是 PCTL 状态公式, φ 是 PCTL 路径公式. 状态公式的满足关系 $\models$ 定义为

$$
\begin{array}{lll}
s \models a & \text{iff} & a \in L(s) \\
s \models \neg\Phi & \text{iff} & s \not\models \Phi \\
s \models \Phi \wedge \Psi & \text{iff} & s \models \Phi \text{ 且 } s \models \Psi \\
s \models \mathbb{P}_J(\varphi) & \text{iff} & \Pr(s \models \varphi) \in J
\end{array}
$$

此处, $\Pr(s \models \varphi) = \Pr_s\{\pi \in \mathrm{Paths}(s) \mid \pi \models \varphi\}$.

给定 $\mathcal{M}$ 中的一条路径 π, (像在 CTL 中一样) 定义满足关系为

$$
\begin{array}{lll}
\pi \models \bigcirc\Phi & \text{iff} & \pi[1] \models \Phi \\
\pi \models \Phi \,\mathsf{U}\, \Psi & \text{iff} & \exists j \geqslant 0.\ (\pi[j] \models \Psi \wedge (\forall 0 \leqslant k < j.\ \pi[k] \models \Phi)) \\
\pi \models \Phi \,\mathsf{U}^{\leqslant n}\, \Psi & \text{iff} & \exists 0 \leqslant j \leqslant n.\ (\pi[j] \models \Psi \wedge (\forall 0 \leqslant k < j.\ \pi[k] \models \Phi))
\end{array}
$$

其中对于路径 $\pi = s_0 s_1 s_2 \cdots$ 和整数 $i \geqslant 0$, $\pi[i]$ 表示 π 的第 $(i+1)$ 个状态, 即 $\pi[i] = s_i$. ■

令 $\mathrm{Sat}_{\mathcal{M}}(\Phi)$ 表示 $\{s \in S \mid s \models \Phi\}$, 简记为 $\mathrm{Sat}(\Phi)$.

概率算子 $\mathbb{P}$ 的语义涉及使路径公式成立的路径集合的概率. 为了确保定义良好, 需要确认由 PCTL 路径公式描述的事件是可测的, 即它是 σ 代数 $\mathfrak{E}^{\mathcal{M}}$ (见定义 10.3) 的元素. 这是因为, 对于 PCTL 路径公式 φ, 可把集合 $\{\pi \in \mathrm{Paths}(s) \mid \pi \models \varphi\}$ 看作柱集的可数并, 故可保证其可测性. 这可从引理 10.1 得到.

引理 10.1 PCTL 事件的可测性

对于任意 PCTL 路径公式 φ 和马尔可夫链 $\mathcal{M}$ 的状态 s, 集合 $\{\pi \in \mathrm{Paths}(s) \mid \pi \models \varphi\}$ 都是可测的.

证明: 下面证明集合 $\mathrm{Paths}(s, \varphi) = \{\pi \in \mathrm{Paths}(s) \mid \pi \models \varphi\}$ 对任何 PCTL 路径公式 φ 是可测的, 即它属于 σ 代数 $\mathfrak{E}^{\mathcal{M}}$. 只需证明此集合是 $\mathfrak{E}^{\mathcal{M}}$ 中的柱集的可数并即可.

φ 有 3 种可能. 若 $\varphi = \bigcirc\Phi$, 则 $\mathrm{Paths}(s, \varphi)$ 就是柱集 $\mathrm{Cyl}(st)$ 的并, 其中 $t \models \Phi$. 对于 $\varphi = \Phi \,\mathsf{U}^{\leqslant n}\, \Psi$, 集合 $\mathrm{Paths}(s, \varphi)$ 是所有柱集 $\mathrm{Cyl}(s_0 s_1 \cdots s_k)$ 的并, 其中 $k \leqslant n$, $s_k \models \Psi$, $s_0 = s$, 且当 $0 \leqslant i < k$ 时 $s_i \models \Phi$. 对无界直到, 即 $\varphi = \Phi \,\mathsf{U}\, \Psi$, 有

$$
\mathrm{Paths}(s, \varphi) = \bigcup_{n \geqslant 0} \{\pi \in \mathrm{Paths}(s) \mid \pi \models \Phi \,\mathsf{U}^{\leqslant n}\, \Psi\}
$$
■

像之前的其他逻辑一样定义 PCTL 公式的等价性: 只要两个状态公式的语义相同, 就认为它们是等价的. 在形式上, 对于 PCTL 状态公式 Φ 和 Ψ:

$$
\begin{array}{lll}
\Phi \equiv \Psi & \text{iff} & \text{对所有马尔可夫链 } \mathcal{M} \text{ 和 } \mathcal{M} \text{ 中的状态 } s \text{ 有 } s \models \Phi \Leftrightarrow s \models \Psi \\
 & \text{iff} & \text{对所有马尔可夫链 } \mathcal{M} \text{ 有 } \mathrm{Sat}_{\mathcal{M}}(\Phi) = \mathrm{Sat}_{\mathcal{M}}(\Psi)
\end{array}
$$

除命题逻辑的等值规则外, 还有类似下式的等值规则:

$$
\mathbb{P}_{<p}(\varphi) \equiv \neg\mathbb{P}_{\geqslant p}(\varphi)
$$

其中 $p \in]0,1]$ 是有理数且 φ 是任意 PCTL 路径公式. 这种等值直接从 PCTL 语义得到. 因此, 如果路径概率中只允许上界 ($< p$ 和 $\leqslant p$) 以及 (定性的) 界限 $= 0$ 或 $= 1$ 之一, 那么 PCTL 的表达力就不会改变. 注意形如

$$\mathbb{P}_{]0.3,0.7]}(\varphi) \equiv \neg\mathbb{P}_{\leqslant 0.3}(\varphi) \wedge \mathbb{P}_{\leqslant 0.7}(\varphi)$$

之类的等值. 另一个例子是下述对偶律:

$$\mathbb{P}_{>0}(\bigcirc\mathbb{P}_{>0}(\Diamond\Phi)) \equiv \mathbb{P}_{>0}(\Diamond\mathbb{P}_{>0}(\bigcirc\Phi))$$

证明如下. 先考虑 $\Rightarrow$. 令 s 是马尔可夫链 $\mathcal{M}$ 的一个状态, 且 $s \models \mathbb{P}_{>0}(\bigcirc\mathbb{P}_{>0}(\Diamond\Phi))$. 那么, 对 s 的某个直接后继 t, 有 $t \models \mathbb{P}_{>0}(\Diamond\Phi)$. 这意味着存在开始于 $t_0 = t$ 且结束于状态 $t_n \in \text{Sat}(\Phi)$ 的有限路径片段 $t_0t_1\cdots t_n$. 因此 $t_{n-1} \models \mathbb{P}_{>0}(\bigcirc\Phi)$. 因为 $st_0t_1\cdots t_{n-1}$ 是始于 s 的路径片段, 所以 $s \models \mathbb{P}_{>0}(\Diamond\mathbb{P}_{>0}(\bigcirc\Phi))$.

再考虑 $\Leftarrow$. 令 $s \models \mathbb{P}_{>0}(\Diamond\mathbb{P}_{>0}(\bigcirc\Phi))$. 由 PCTL 语义可知

$$\Pr(s \models \Diamond\text{Sat}(\mathbb{P}_{>0}(\bigcirc\Phi))) > 0$$

因此, 存在始于 $s_0 = s$ 结束于某个状态 $s_n \in \text{Sat}(\mathbb{P}_{>0}(\bigcirc\Phi)))$ 的路径片段 $s_0s_1\cdots s_n$. 因而, s_n 有一个满足 $t \models \Phi$ 的后继 t. 而后 $s_1s_2\cdots s_nt$ 是 $s_1 \models \mathbb{P}_{>0}(\Diamond\Phi)$ 的证据. 因 $s_1 \in \text{Post}(s)$, 故 $s \models \mathbb{P}_{>0}(\bigcirc\mathbb{P}_{>0}(\Diamond\Phi))$.

10.2.1 PCTL 模型检验

PCTL 模型检验问题是下述判定问题. 给定有限马尔可夫链 $\mathcal{M}$ 及其状态 s 和 PCTL 状态公式 Φ, 判定是否有 $s \models \Phi$. 像对 CTL 模型检验一样, 基本过程是计算满足集合 $\text{Sat}(\Phi)$. 递归使用 Φ 的解析树的自下而上的遍历即可, 见算法 6.1. 解析树的节点表示 Φ 的子公式. 对于解析树的每个节点, 即对 Φ 的每个子公式 Ψ, 都要确定集合 $\text{Sat}(\Psi)$. 对 PCTL 的命题逻辑片段与对 CTL 的命题逻辑片段一样进行处理. 最需关注的部分是形如 $\Psi = \mathbb{P}_J(\varphi)$ 的子公式的处理. 为了确定是否有 $s \in \text{Sat}(\Psi)$, 需要首先确定由 φ 描述的事件的概率 $\Pr(s \models \varphi)$, 然后可得

$$\text{Sat}(\mathbb{P}_J(\varphi)) = \{s \in S \mid \Pr(s \models \varphi) \in J\}$$

实际上, 对于一些路径公式 φ, 10.1 节已经解决了概率 $\Pr(s \models \varphi)$ 的计算.

先考虑下一步算子. 对于 $\varphi = \bigcirc\Psi$, 下式成立:

$$\Pr(s \models \bigcirc\Psi) = \sum_{s' \in \text{Sat}(\Psi)} \boldsymbol{P}(s, s')$$

其中 $\boldsymbol{P}$ 是 $\mathcal{M}$ 的迁移概率函数. 在矩阵与向量记法中, 可用 $\boldsymbol{P}$ 乘以 $\text{Sat}(\Psi)$ 的特征向量 (即位向量 $(b_s)_{s\in S}$, 其中 $b_s = 1$ 当且仅当 $s \in \text{Sat}(\Psi)$) 计算向量 $(\Pr(s \models \bigcirc\Psi))_{s\in S}$. 这样即可将检验下一步算子归约为矩阵与向量的单个乘法.

直到公式 $\varphi = \Phi \,\mathsf{U}^{\leqslant n}\, \Psi$ 或 $\varphi = \Phi \,\mathsf{U}\, \Psi$ 的概率 $\Pr(s \models \varphi)$ 可由 10.1.1节介绍的方法得到. 事件 $C \,\mathsf{U}^{\leqslant n}\, B$ 或 $C \,\mathsf{U}\, B$ 要分别取 $C = \text{Sat}(\Phi)$ 和 $B = \text{Sat}(\Psi)$. 对于有界直到算子

$\mathsf{U}^{\leqslant n}$, 向量 $(\Pr(s \models \varphi))_{s\in S}$ 由向量与矩阵的 $O(n)$ 次乘法可得. 对于直到算子, 需要解一个线性方程组. 上述两种情形所涉及的矩阵的阶数均以 $N \times N$ 为界, 其中 $N = |S|$ 是 $\mathcal{M}$ 的状态数. 因此得到定理 10.6.

定理 10.6 有限马尔可夫链的 PCTL 模型检验的时间复杂度

对于有限马尔可夫链 $\mathcal{M}$ 和 PCTL 公式 Φ, PCTL 模型检验问题 $\mathcal{M} \models \Phi$ 可在时间

$$O(\text{poly}(\text{size}(\mathcal{M})) \cdot n_{\max} \cdot |\Phi|)$$

内求解, 其中 $n_{\max}$ 是出现在 Φ 中的子路径公式 $\Psi_1\ \mathsf{U}^{\leqslant n}\ \Psi_2$ 中的最大步数界限 (若 Φ 不包含步数有界直到算子, 则令 $n_{\max} = 1$). ■

考虑到效率, 为了检验定性 PCTL 性质, 如 $\mathbb{P}_{=1}(a \mathsf{U} b)$ 或 $\mathbb{P}_{>0}(a \mathsf{U} b)$ 等, 要用 10.2.2 节介绍的基于图的技术. 这样可避免求解线性方程组.

对于 CTL, 当针对公式 $\exists\varphi$ 或 $\forall\varphi$ 检验迁移系统时, 可提供反例和证据作为额外的诊断反馈. CTL 模型检验器也可提供输出文件, 该文件包含哪些状态满足子公式的信息. 回想一下, CTL 模型检验器无论如何都要计算所有子公式的满足集. 概率类比是为所有子公式 $\mathbb{P}_J(\varphi)$ 提供关于概率 $\Pr(s \models \varphi)$ 的信息. 注意, PCTL 模型检验器已计算出这些值 $\Pr(s \models \varphi)$. 虽然此信息可能很有用, 但对于较大的状态空间却可能难以提取相关信息. 为了提供更全面的诊断信息, PCTL 模型检验过程可以扩展到返回有限路径片段的集合, 这些路径构成满足或驳倒子公式 $\mathbb{P}_J(\varphi)$ 的证据. 下面用 (无约束) 可达性解释这一点. 若 $s \not\models \mathbb{P}_{\leqslant p}(\Diamond\Psi)$, 则 $\Pr(s \models \Diamond\Psi) > p$. 后者的证明由有限路径片段 $s_0 s_1 \cdots s_n$ 的有限集合 Π 给出, 此集合要满足 $s_0 = s$, 对于 $0 \leqslant i < n$, 有 $s_i \not\models \Psi$, $s_n \models \Psi$ 且 $\sum\limits_{\widehat{\pi}\in\Pi} \boldsymbol{P}(\widehat{\pi}) > p$. 因此 $s \not\models \mathbb{P}_{\leqslant p}(\Diamond\Psi)$ 的证据就是路径的一个有限集, 这些路径都满足 $\Diamond\Psi$ 且它们的总概率超过 p.

例 10.14 反例

考虑图 10.8 所示的 (抽象) 马尔可夫链, 假设关注的 PCTL 公式是 $\mathbb{P}_{\leqslant\frac{1}{2}}(\Diamond b)$. 例如, $s_0 \not\models \mathbb{P}_{\leqslant\frac{1}{2}}(\Diamond b)$ 的事实可用有限路径集合

$$\{\underbrace{s_0 s_1 t_1}_{\text{概率 } 0.2}, \underbrace{s_0 s_1 s_2 t_1}_{\text{概率 } 0.2}, \underbrace{s_0 s_2 t_1}_{\text{概率 } 0.15}\}$$

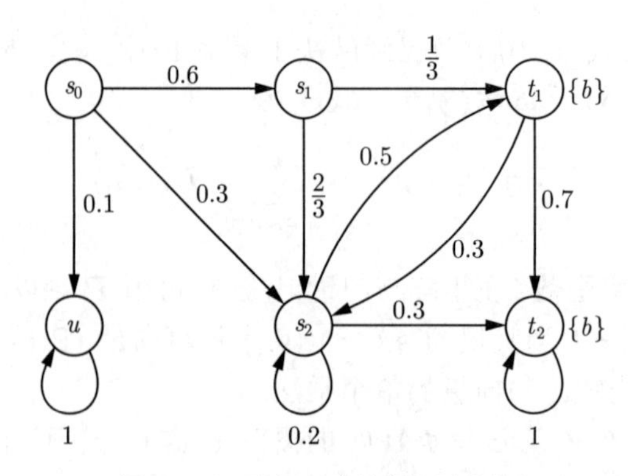

图 10.8 马尔可夫链的一个例子

作证, 其总概率超过了概率界限 1/2. 注意, 反例不是唯一的. 例如, 在上述路径集合中, 将有限路径 $s_0s_2t_1$ 改为 $s_0s_1s_2t_1$ 也可产生反例. ■

通过考虑驳倒 $\Diamond\Psi$ 的有限路径集合并证明这些路径以超过 $1-p$ 的概率出现, 就可得到 $s \not\models \mathbb{P}_{\geqslant p}(\Diamond\Psi)$ 的一个证据, 注意, 这与上一情形的唯一区别在于 p 是上界还是下界. 更准确地说, 考虑满足以下条件的有限路径 $s_0s_1\cdots s_n$ 的有限集合 Π: $s_0 = s$, 对于 $0 \leqslant i < n$ 有 $s_i \not\models \Psi$, 且 s_n 属于 $\mathcal{M}$ 的满足 $C \cap \mathrm{Sat}(\Psi) = \varnothing$ 的某个 BSCC C. 而且, 要求 $\sum\limits_{\widehat{\pi}\in\Pi} \boldsymbol{P}(\widehat{\pi}) > 1-p$. 注意, 所有开头是 $s_0s_1\cdots s_n \in \Pi$ 的路径永远不会访问一个 Ψ 成立的状态. 所有路径片段 $\widehat{\pi} \in \Pi$ 的柱集 $\mathrm{Cyl}(\widehat{\pi})$ 都包含于 $\{\pi \in \mathrm{Paths}(s) \mid \pi \models \Box\neg\Psi\}$ 中. 因此:

$$\Pr(s \models \Diamond\Psi) = 1 - \Pr(s \models \Box\neg\Psi) \leqslant 1 - \sum_{\widehat{\pi}\in\Pi} \boldsymbol{P}(\widehat{\pi}) < 1-(1-p) = p$$

反之, $\Pr(s \models \Box\neg\Psi)$ 等于经由一条通过 $\neg\Psi$ 状态的路径片段到达一个使得 $T \cap \mathrm{Sat}(\Psi) = \varnothing$ 的 BSCC T 的概率. 因此, $\Pr(s \models \Diamond\Psi) < p$ 当且仅当存在一个可用如下方法得到的有限集合 Π: 依次增加 n 并收集长度 $k \leqslant n$ 并满足上述条件 (即 $s_0, s_1, \cdots, s_{k-1} \not\models \Psi$ 且对某个使得 $T \cap \mathrm{Sat}(\Psi) = \varnothing$ 的 BSCC T 有 $s_k \in T$) 的所有有限路径片段 $s_0s_1\cdots s_k$, 直到概率 $\boldsymbol{P}(s_0s_1\cdots s_k)$ 的和大于 $1-p$.

10.2.2　PCTL 的定性片段

前面已经把 PCTL 逻辑作为 CTL 的变体介绍过了, 用概率算子 $\mathbb{P}_J$ 代替了路径量词 $\exists$ 和 $\forall$. 本节的目的是更详细地比较 CTL 和 PCTL 的表达力. 因为 PCTL 可以像在 $\mathbb{P}_{\geqslant\frac{1}{2}}(\varphi)$ 中那样给似然性指定不同于 0 和 1 的下界 (或上界), 所以显然存在可以在 PCTL 中而不能在 CTL 中定义的性质. 因此, 仍然需要研究 PCTL 的*定性片段* (仅允许界限为 $p=0$ 或 $p=1$) 是怎样关联 CTL 的. 正如下面将要看到的那样, 这些逻辑有不同的表达力, 而且不可比 (虽然它们的共同片段很大).

定义 10.6　PCTL 的定性片段

(AP 上的) PCTL 的*定性片段*中的状态公式按如下语法形成:

$$\Phi ::= \mathrm{true} \;\big|\; a \;\big|\; \Phi_1 \wedge \Phi_2 \;\big|\; \neg\Phi \;\big|\; \mathbb{P}_{>0}(\varphi) \;\big|\; \mathbb{P}_{=1}(\varphi)$$

其中 $a \in \mathrm{AP}$, φ 是按以下语法形成的路径公式:

$$\varphi ::= \bigcirc\Phi \;\big|\; \Phi_1 \,\mathsf{U}\, \Phi_2$$

其中 Φ、Φ_1 和 Φ_2 是状态公式. ■

PCTL 的定性片段中的公式称为*定性 PCTL 公式*. 虽然语法仅允许概率范围为 >0 和 $=1$, 但可导出范围 $=0$ 和 <1, 这是因为

$$\mathbb{P}_{=0}(\varphi) \equiv \neg\mathbb{P}_{>0}(\varphi) \text{ 和 } \mathbb{P}_{<1}(\varphi) \equiv \neg\mathbb{P}_{=1}(\varphi)$$

因此, $\mathbb{P}_{=1}(\Diamond\mathbb{P}_{>0}(\bigcirc a))$ 和 $\mathbb{P}_{<1}(\mathbb{P}_{>0}(\Diamond a)\,\mathsf{U}\,b)$ 等都是定性 PCTL 公式, 而 $\mathbb{P}_{<0.5}(\Diamond a)$ 和 $\mathbb{P}_{=1}(a\,\mathsf{U}^{\leqslant 5}\,b)$ 不是. 注意, 有界直到算子不是 PCTL 定性片段的一部分.

以后, 令 $\mathcal{M}$ 是一个马尔可夫链. PCTL 公式将在 $\mathcal{M}$ 上解释. CTL 公式在 $\mathcal{M}$ 诱导的迁移系统 (即 $\mathrm{TS}(\mathcal{M})$, 见 10.1 节的解释. 前面讲过, 在此迁移系统中 $s \xrightarrow{\tau} s'$ 当且仅当 $\boldsymbol{P}(s,s') > 0$, 因此 $\mathrm{TS}(\mathcal{M})$ 撇开了具体的迁移概率.

定义 10.7 PCTL 公式和 CTL 公式的等价

若对每一马尔可夫链 $\mathcal{M}$ 都有 $\mathrm{Sat}_{\mathcal{M}}(\varPhi) = \mathrm{Sat}_{\mathrm{TS}(\mathcal{M})}(\varPsi)$, 则称 PCTL 公式 $\varPhi$ 等价于 CTL 公式 $\varPsi$, 记作 $\varPhi \equiv \varPsi$. ■

首先考虑 PCTL 公式 $\mathbb{P}_{=1}(\varphi)$ 和 CTL 公式 $\forall\varphi$. 公式 $\mathbb{P}_{=1}(\varphi)$ 断言 φ 几乎肯定成立, 这允许某些例外执行违反 φ; 然而, 公式 $\forall\varphi$ 却要求 φ 对所有路径都成立, 不允许有例外. 事实上, 有[译注 232]

$$s \models \forall\varphi \Rightarrow s \models \mathbb{P}_{=1}(\varphi)$$

然而, 反之不成立. 例如, 考虑图 10.9 所示的马尔可夫链.

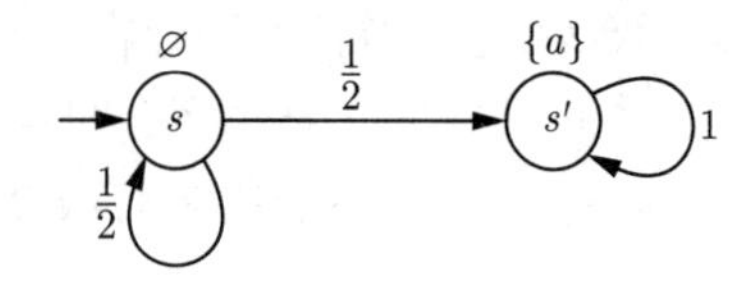

图 10.9 马尔可夫链

在图 10.9 所示的马尔可夫链中, 由于无限经常地访问状态 s 的概率为 0, 所以公式 $\mathbb{P}_{=1}(\Diamond a)$ 在状态 s 处成立. 另外, 路径 s^ω 是可能的但显然违反 $\Diamond a$. 因此,

$$s \models \mathbb{P}_{=1}(\Diamond a) \text{ 但 } s \not\models \forall\Diamond a$$

但是, 对某些路径公式 φ, 概率范围 >0 和 $=1$ 相当于 CTL 中的存在和全称路径量词. 这类情况的最简单的一种是含下一步算子的路径公式:

$$\begin{aligned} s \models \mathbb{P}_{=1}(\bigcirc a) \quad &\text{iff} \quad s \models \forall\bigcirc a \\ s \models \mathbb{P}_{>0}(\bigcirc a) \quad &\text{iff} \quad s \models \exists\bigcirc a \end{aligned}$$

其中 s 是任意 (可为无限的) 马尔可夫链的一个状态. 类似地, 可达性条件 $\Diamond a$ 以正概率成立当且仅当 $\Diamond a$ 对于某个路径成立, 不变式 $\Box a$ 在所有路径上成立当且仅当它几乎肯定成立:

$$\begin{aligned} s \models \mathbb{P}_{>0}(\Diamond a) \quad &\text{iff} \quad s \models \exists\Diamond a \\ s \models \mathbb{P}_{=1}(\Box a) \quad &\text{iff} \quad s \models \forall\Box a \end{aligned}$$

下面给出这两个命题的形式化证明. 考虑第一个命题. 假设 $s \models \mathbb{P}_{>0}(\Diamond a)$. 由 PCTL 语义得 $\Pr(s \models \Diamond a) > 0$. 从而, $\{\pi \in \mathrm{Paths}(s) \mid \pi \models \Diamond a\} \neq \varnothing$, 并因此有 $s \models \exists\Diamond a$; 反之, 假设 $s \models \exists\Diamond a$, 即存在有限路径片段 $s_0 s_1 \cdots s_n$, 其中 $s_0 = s$, $s_n \models a$. 可得柱集 $\mathrm{Cyl}(s_0 s_1 \cdots s_n)$ 中的所有路径满足 $\Diamond a$. 因而

$$\Pr(s \models \Diamond a) \geqslant \Pr_s(\mathrm{Cyl}(s_0 s_1 \cdots s_n)) = \boldsymbol{P}(s_0 s_1 \cdots s_n) > 0$$

所以, $s \models \mathbb{P}_{>0}(\Diamond a)$.

第二个命题由对偶性得到. 首先注意

$$s \models \mathbb{P}_{=1}(\Box a) = \mathbb{P}_{=0}(\Diamond \neg a) \equiv \neg \mathbb{P}_{>0}(\Diamond \neg a)$$

利用 $\mathbb{P}_{>0}(\Diamond a)$ 和 $\exists \Diamond a$ 的等价性:

$$s \models \neg \mathbb{P}_{>0}(\Diamond \neg a) \ \text{ iff } \ s \not\models \mathbb{P}_{>0}(\Diamond \neg a) \ \text{ iff } \ s \not\models \exists \Diamond \neg a \ \text{ iff } \ s \models \underbrace{\neg \exists \Diamond \neg a}_{=\forall \Box a}$$

因此, $\mathbb{P}_{>0}(\bigcirc \mathbb{P}_{>0}(\Diamond \Phi))$ 和 $\mathbb{P}_{>0}(\Diamond \mathbb{P}_{>0}(\bigcirc \Phi))$ 的等价性是 CTL 对偶律 $\exists \bigcirc \exists \Diamond \Phi = \exists \Diamond \exists \bigcirc \Phi$ 的概率类比.

$\mathbb{P}_{>0}(\Diamond a)$ 和 $\exists \Diamond a$ 的等价性的讨论可以推广到约束可达性:

$$s \models \mathbb{P}_{>0}(a \mathsf{U} b) \ \text{ iff } \ s \models \exists (a \mathsf{U} b)$$

但是, 在上述两个等价中交换概率范围 >0 和 $=1$ 的推广是不成立的, 就像 $\mathbb{P}_{=1}(\Diamond a) \not\equiv \forall \Diamond a$ 和 $\mathbb{P}_{>0}(\Box a) \not\equiv \exists \Box a$ 一样. 事实上, PCTL 公式 $\mathbb{P}_{=1}(\Diamond a)$ 不能在 CTL 中表达.

引理 10.2

(1) 不存在等价于 $\mathbb{P}_{=1}(\Diamond a)$ 的 CTL 公式.

(2) 不存在等价于 $\mathbb{P}_{>0}(\Box a)$ 的 CTL 公式.

证明: 只证明第一个命题. 第二个命题用对偶性, 即 $\mathbb{P}_{=1}(\Diamond a) = \neg \mathbb{P}_{>0}(\Box \neg a)$ 可证. 用反证法. 假设存在 CTL 公式 Φ, 使得 $\Phi \equiv \mathbb{P}_{=1}(\Diamond a)$. 考虑为随机游走建模的无限马尔可夫链 $\mathcal{M}_p$, 见图 10.7. $\mathcal{M}_p$ 的状态空间是 $S = \mathbb{N}$, 并且对于 $n \geqslant 1$, 从状态 n 出发, 存在以概率 $1-p$ 到状态 $n-1$ 的迁移和以概率 p 到状态 $n+1$ 的迁移, 同时 $\boldsymbol{P}(0,0) = 1-p$ 且 $\boldsymbol{P}(0,1) = p$. 令标记函数 L 使得 a 仅在状态 0 成立, 即 $0 \models a$ 且当 $n > 0$ 时 $n \not\models a$. 前面讲过, 当 $p < 1/2$ 时, 任何状态 n 都将几乎肯定访问状态 0; 而当 $p > 1/2$ 时, 马尔可夫链 $\mathcal{M}_p$ 向右漂移, 并且从任何其他状态 $n > 0$ 到达状态 0 的概率严格小于 1. 因此, 在 $\mathcal{M}_{\frac{1}{4}}$ 中公式 $\mathbb{P}_{=1}(\Diamond a)$ 对所有状态成立, 而在 $\mathcal{M}_{\frac{3}{4}}$ 中公式 $\mathbb{P}_{=1}(\Diamond a)$ 在状态 $n = 1$ 等处不成立. 因此:

$$1 \in \mathrm{Sat}_{\mathcal{M}_{\frac{1}{4}}}(\mathbb{P}_{=1}(\Diamond a)) \text{ 但 } 1 \notin \mathrm{Sat}_{\mathcal{M}_{\frac{3}{4}}}(\mathbb{P}_{=1}(\Diamond a))$$

因 $\mathrm{TS}(\mathcal{M}_{\frac{1}{4}}) = \mathrm{TS}(\mathcal{M}_{\frac{3}{4}})$, 故得

$$\mathrm{Sat}_{\mathrm{TS}(\mathcal{M}_{\frac{1}{4}})}(\Phi) = \mathrm{Sat}_{\mathrm{TS}(\mathcal{M}_{\frac{3}{4}})}(\Phi)$$

因此, 状态 1 或者在两个结构中都满足 CTL 公式 Φ, 或者都不满足. 但是, 这与 $\mathbb{P}_{=1}(\Diamond a)$ 和 Φ 等价的假设矛盾. ■

该证明依赖于以下事实: $\mathbb{P}_{=1}(\Diamond a)$ 对于无限马尔可夫链的满足性与迁移概率的具体值有关, 而 CTL 仅与马尔可夫链的基础图有关. 当局限于有限马尔可夫链时, 引理 10.2 中的命题不再成立. 下式对每一有限马尔可夫链 $\mathcal{M}$ 及其状态 s 成立:

$$s \models \mathbb{P}_{=1}(\Diamond a) \ \text{ iff } \ s \models \forall ((\exists \Diamond a) \mathsf{W}\, a)$$

其中 W 是由 $\varPhi\,\mathsf{W}\,\varPsi = \varPhi\,\mathsf{U}\,\varPsi \vee \Box\varPhi$ 定义的弱直到算子 (见注记 6.2). (稍加推广的) 这一命题的证明见习题 10.11. 对于有限马尔可夫链, PCTL 的定性片段可嵌入 CTL.

引理 10.2 说明某些定性的 PCTL 公式不能在 CTL 公式中表达, 引理 10.3 则说明对于某些 CTL 公式不存在等价的定性 PCTL 公式. 因此, CTL 公式和 PCTL 公式的定性片段是不可比的.

引理 10.3

(1) 不存在等价于 $\forall\Diamond a$ 的定性 PCTL 公式.

(2) 不存在等价于 $\exists\Box a$ 的定性 PCTL 公式.

证明: 只证第一个命题. 第二个命题由对偶性得到, 即 $\forall\Diamond a = \neg\exists\Box\neg a$. 对于 $n \geqslant 1$, 如下定义马尔可夫链 $\mathcal{M}_n$ 和 $\mathcal{M}'_n$. $\mathcal{M}_n$ 和 $\mathcal{M}'_n$ 的状态空间分别是 $S_n = \{t_0, t_1, \cdots, t_{n-1}\} \cup \{s_n\}$ 和 $S'_n = \{t_0, t_1, \cdots, t_n\}$. $\mathcal{M}_n$ 和 $\mathcal{M}'_n$ 在由它们的共同状态 (即状态 t_0 到 t_{n-1}) 构成的片段上是一致的. $\mathcal{M}_n$ 中的状态 s_n 有一个自循环和一个到 t_{n-1} 的迁移, 两个迁移的概率均为 1/2. 而 $\mathcal{M}'_n$ 中的状态 t_n 仅有一个概率为 1 的迁移 $t_n \to t_{n-1}$. 两个马尔可夫链描绘于图 10.10 中.

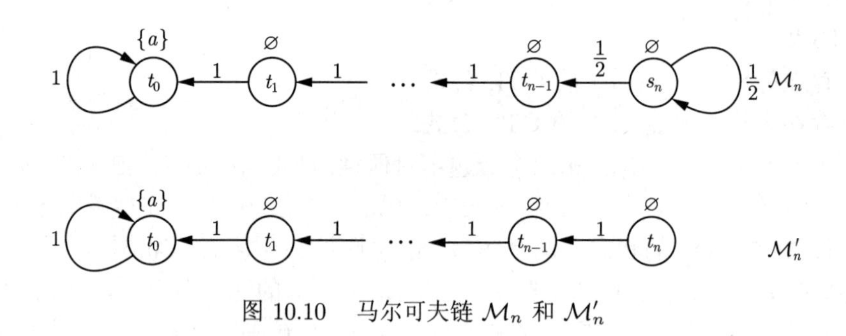

图 10.10　马尔可夫链 $\mathcal{M}_n$ 和 $\mathcal{M}'_n$

当 $1 \leqslant i \leqslant n$ 时, $\mathcal{M}'_n$ 的迁移概率为

$$\boldsymbol{P}'_n(t_i, t_{i-1}) = 1, \quad \boldsymbol{P}'_n(t_0, t_0) = 1$$

其他情形下 $\boldsymbol{P}'_n(\cdot) = 0$. $\mathcal{M}_n$ 中的迁移概率如下:

$$\begin{aligned}
&\boldsymbol{P}_n(s_n, t_{n-1}) = \boldsymbol{P}_n(s_n, s_n) = \frac{1}{2} \\
&\boldsymbol{P}_n(t_i, t_{i-1}) = 1 \ (1 \leqslant i < n) \\
&\boldsymbol{P}_n(t_0, t_0) = 1
\end{aligned}$$

其他情形下 $\boldsymbol{P}_n(\cdot) = 0$. 令 $\mathrm{AP} = \{a\}$, 当 $1 \leqslant i < n$ 且 $1 \leqslant j \leqslant n$ 时, $\mathcal{M}_n$ 和 $\mathcal{M}'_n$ 的标记函数分别为 $L_n(s_n) = L_n(t_i) = L'_n(t_j) = \varnothing$ 和 $L_n(t_0) = L'_n(t_0) = \{a\}$.

现在可证明, 对于嵌套深度小于 n 任何定性 PCTL 公式 $\varPhi$, 有

$$s_n \models \varPhi \ \text{ iff } \ t_n \models \varPhi$$

对 $\varPhi$ 的嵌套深度用归纳法可证明 (留作练习). 定性 PCTL 公式的嵌套深度定义为

$$\begin{aligned}
\text{nd}(\text{true}) &= 0\\
\text{nd}(a) &= 0\\
\text{nd}(\Phi\wedge\Psi) &= \max\{\text{nd}(\Phi),\text{nd}(\Psi)\}\\
\text{nd}(\neg\Phi) &= \text{nd}(\Phi)\\
\text{nd}(\mathbb{P}_J(\varphi)) &= \text{nd}(\varphi)+1\\
\text{nd}(\bigcirc\Phi) &= \text{nd}(\Phi)\\
\text{nd}(\Phi\,\mathsf{U}\,\Psi) &= \max\{\text{nd}(\Phi),\text{nd}(\Psi)\}
\end{aligned}$$

现在假设存在定性 PCTL 公式 Φ 使得 $\Phi\equiv\forall\Diamond a$. 令 $n=\text{nd}(\Phi)+1$. 因为 $s_n\models\Phi$ iff $t_n\models\Phi$, 所以状态 s_n 和 t_n 或者同时满足 Φ, 或者都不满足 Φ. 另外, $s_n\not\models\forall\Diamond a$ (因为 $s_n s_n s_n\cdots\not\models\Diamond a$), 而 $t_n\models\forall\Diamond a$. 矛盾. ■

这些结果表明, 通过添加全称路径量词和存在路径量词扩展 PCTL 语法可以增强其表达力. 在引理 10.3 的证明中, 很重要的一点是构造状态 s, 使其带有自循环和 (至少一个) 到其他状态的出迁移 (在证明中, 需要关注的状态是 s_n). 因为无限次取此循环的概率是 0, 所以定性 PCTL 公式在 s 处的有效性不受自循环的影响. 然而, 这个 (零可能的) 路径 s^ω 对于 CTL 公式的有效性可能是决定性的. 但是可认为路径 s^ω 是不公平的, 因为有无限多的机会去选择其他出迁移. 可以看出, 这种不公平计算的存在性对于引理 10.3 的有效性是至关重要的. 事实上, 在适当的公平性约束下, 可建立 $\mathbb{P}_{=1}(\Diamond a)$ 和 $\forall\Diamond a$ 的等价性. 假设 $\mathcal{M}$ 是有限马尔可夫链, 且 $\mathcal{M}$ 中的任意状态 s 可用一个原子命题 (例如 s) 唯一刻画. 考虑定义为

$$\text{sfair}=\bigwedge_{s\in S}\ \bigwedge_{t\in\text{Post}(s)}(\Box\Diamond s\rightarrow\Box\Diamond t)$$

的强公平性约束 sfair. 它断言, 若无限次访问一个状态 s, 则无限次访问它的任一直接后继. 利用定理 10.3 可得 (见习题 10.8)

$$\begin{aligned}
s\models\mathbb{P}_{=1}(a\,\mathsf{U}\,b) &\quad\text{iff}\quad s\models_{\text{sfair}}\forall(a\,\mathsf{U}\,b)\\
s\models\mathbb{P}_{>0}(\Box a) &\quad\text{iff}\quad s\models_{\text{sfair}}\exists\Box a
\end{aligned}$$

因为 sfair 是一个可实现的公平性约束 (从每个可达状态至少可引出一条公平路径), 所以可得

$$\begin{aligned}
s\models_{\text{sfair}}\exists(a\,\mathsf{U}\,b) &\quad\text{iff}\quad s\models\exists(a\,\mathsf{U}\,b) &\quad\text{iff}\quad s\models\mathbb{P}_{>0}(a\,\mathsf{U}\,b)\\
s\models_{\text{sfair}}\forall\bigcirc a &\quad\text{iff}\quad s\models\forall\bigcirc a &\quad\text{iff}\quad s\models\mathbb{P}_{=1}(\bigcirc a)\\
s\models_{\text{sfair}}\exists\bigcirc a &\quad\text{iff}\quad s\models\exists\bigcirc a &\quad\text{iff}\quad s\models\mathbb{P}_{>0}(\bigcirc a)
\end{aligned}$$

因此, 对于有限马尔可夫链, 可认为 PCTL 的定性片段是 CTL 的带有某种强公平性的变体; 对于无限马尔可夫链, 类似的结果也成立, 不过 sfair 的外层合取范围是无限的. 当出现无穷多个分支时, 这也同样适用于内层合取.

重复可达性和持久性质 现在, 给出两个不可在 CTL (但可在 CTL*) 中表达而可在 PCTL 的定性片段中表达的性质.

对于 CTL, 全体路径的重复可达性性质可用模态 $\forall\Box$ 和 $\forall\Diamond$ 的组合形式化:

$$s\models\forall\Box\forall\Diamond a\text{ iff 对所有 }\pi\in\text{Paths}(s),\ \pi\models\Box\Diamond a$$

更详细的内容可在注记 6.1 中找到. 对于有限马尔可夫链, 在 PCTL (的定性片段) 中有类似结果成立.

引理 10.4 几乎肯定重复可达性可用 PCTL 定义

令 $\mathcal{M}$ 是有限马尔可夫链, s 是 $\mathcal{M}$ 的一个状态. 那么:

$$s \models \mathbb{P}_{=1}(\Box\mathbb{P}_{=1}(\Diamond a)) \ \text{ iff } \ \Pr_s\{\pi \in \text{Paths}(s) \mid \pi \models \Box\Diamond a\} = 1$$

证明: 先证 $\Rightarrow$. 假设 $s \models \mathbb{P}_{=1}(\Box\mathbb{P}_{=1}(\Diamond a))$. 因为 $\mathbb{P}_{=1}(\Box a)$ 等价于 $\forall\Box a$, 所以有 $s \models \forall\Box(\mathbb{P}_{=1}(\Diamond a))$. 因此, 从 s 可达的所有状态 t 满足 $\mathbb{P}_{=1}(\Diamond a)$. 考虑 $\mathcal{M}$ 中满足 $\Pr(s \models \Diamond T) > 0$ 的 BSCC $T \subseteq S$, 则从 s 可达 T 中的每一状态 t 且 $t \models \mathbb{P}_{=1}(\Diamond a)$. 因 $\text{Post}^*(t) = T$, 故 $T \cap \text{Sat}(a) \neq \varnothing$. 因此, 几乎所有满足 $\Diamond T$ 的路径 $\pi \in \text{Paths}(s)$ 都满足 $\Box\Diamond a$. 由定理 10.4 可得结论.

再证 $\Leftarrow$. 假设 $\Pr_s\{\pi \in \text{Paths}(s) \mid \pi \models \Box\Diamond a\} = 1$. 由定理 10.4得

$$\sum_{\substack{T \in \text{BSCC}(\mathcal{M}) \\ T \cap \text{Sat}(a) \neq \varnothing}} \Pr_s\{\pi \in \text{Paths}(s) \mid \pi \models \Diamond T\} = 1$$

另外, 对于 $\mathcal{M}$ 中满足 $T \cap \text{Sat}(a) \neq \varnothing$ 的 BSCC T 的每一状态都有 $\Pr(t \models \Diamond a) = 1$. 所以, 所有满足 $T \cap \text{Sat}(a) \neq \varnothing$ 的 BSCC T 的并都是 $\text{Sat}(\mathbb{P}_{=1}(\Diamond a))$ 的一个子集. 从而

$$\Pr(s \models \Diamond\text{Sat}(\mathbb{P}_{=1}(\Diamond a))) = 1$$

且 $s \models \mathbb{P}_{=1}(\Box\mathbb{P}_{=1}(\Diamond a))$. ■

根据这个结果, PCTL 公式 $\mathbb{P}_{=1}(\Box\mathbb{P}_{=1}(\Diamond a))$ 表示几乎肯定重复可达使 a 成立的状态 s. 以后, 将这个公式简记为 $\mathbb{P}_{=1}(\Box\Diamond a)$.

没有 CTL 公式与 CTL* 公式 $\exists\Box\Diamond a$ 等价. PCTL 则不然, 原因是 PCTL 可以表述事件 $\Box\Diamond a$ 的概率为正的要求. 对于有限马尔可夫链, 甚至 $\Box\Diamond a$ 的似然性的任意有理数上界或下界也是 PCTL 可定义的. 事实上, 引理 10.4 的证明中的讨论可推广到任意的概率界限范围. 关键点是几乎肯定到达 $\mathcal{M}$ 的一个 BSCC T 且无限次访问它的每一个状态. 从而, $\Box\Diamond a$ 的概率与到达一个 BSCC T 的概率一致, 其中 a 对于 T 的某个状态成立. 于是, 对于有限马尔可夫链 $\mathcal{M}$ 和概率区间 J, 若把 PCTL 公式 $\mathbb{P}_J(\Box\Diamond a)$ 定义为

$$\mathbb{P}_J(\Box\Diamond a) = \mathbb{P}_J(\Diamond \underbrace{\mathbb{P}_{=1}(\Box\Diamond a)}_{=\mathbb{P}_{=1}(\Box\mathbb{P}_{=1}(\Diamond a))})$$

则它就能刻画 $\mathcal{M}$ 中的满足 $\Pr(s \models \Box\Diamond a) \in J$ 的所有状态 s. 这就是定理 10.7 的内容.

定理 10.7 重复可达性概率是 PCTL 可定义的

令 $\mathcal{M}$ 是有限马尔可夫链, s 是 $\mathcal{M}$ 中的状态且 $J \subseteq [0,1]$ 是区间. 那么

$$s \models \underbrace{\mathbb{P}_J(\Diamond\mathbb{P}_{=1}(\Box\mathbb{P}_{=1}(\Diamond a))}_{=\mathbb{P}_J(\Box\Diamond a)} \ \text{ iff } \ \Pr(s \models \Box\Diamond a) \in J$$

证明: 因为 $\mathcal{M}$ 是有限的, 所以根据定理 10.4可以如下计算无限次访问一个 a 状态的

概率:

$$\begin{aligned}
&\Pr(s \models \Box\Diamond a)\\
=&\Pr_s\{\pi \in \text{Paths}(s) \mid \pi \models \Box\Diamond a\}\\
=&\Pr_s\{\pi \in \text{Paths}(s) \mid \inf(\pi) \in \text{BSCC}(\mathcal{M}) \wedge \inf(\pi) \cap \text{Sat}(a) \neq \varnothing\}\\
=&\Pr_s\{\pi \in \text{Paths}(s) \mid \text{对某个满足 } T \cap \text{Sat}(a) \neq \varnothing \text{ 的 } T,\ \pi \models \Diamond T\}\\
=&\Pr(s \models \Diamond \text{Sat}(\mathbb{P}_{=1}(\Box\Diamond a)))
\end{aligned}$$

由此就可以得到以下结论: $\Pr(s \models \Box\Diamond a) \in J$ 当且仅当 $\Pr(s \models \Diamond\text{Sat}(\mathbb{P}_{=1}(\Box\Diamond a))) \in J$ 当且仅当 $s \models \mathbb{P}_J(\Diamond\mathbb{P}_{=1}(\Box\Diamond a)) = \mathbb{P}_J(\Box\Diamond a)$. ■

前面讲过, CTL 不能表达全体路径的持久性, 见引理 6.1. 而对于有限马尔可夫链, PCTL 可以描述几乎肯定持久性, 而且能表示概率上下界任意的持久性质. 这由定理 10.8 阐述.

定理 10.8　持久性概率是 PCTL 可定义的

对于有限马尔可夫链 $\mathcal{M}$ 及其状态 s 和区间 $J \subseteq [0,1]$:

$$s \models \mathbb{P}_J(\Diamond\mathbb{P}_{=1}(\Box a)) \ \text{ iff } \ \Pr(s \models \Diamond\Box a) \in J$$

证明: 由定理 10.4可得, 对于 $\mathcal{M}$ 的每一个 BSCC T 都有: 若 $T \subseteq \text{Sat}(a)$, 则对所有状态 $t \in T$, 有 $\Pr(t \models \Box a) = 1$; 若 $T \setminus \text{Sat}(a) \neq \varnothing$, 则对所有状态 $t \in T$, 有 $\Pr(t \models \Diamond\Box a) = 0$. ■

特别地, 持久性质几乎肯定对某个状态 s 成立 (即 $\Pr(s \models \Diamond\Box a) = 1$) 的要求可由 PCTL 公式 $\mathbb{P}_{=1}(\Diamond\mathbb{P}_{=1}(\Box a))$ 给出. 令 $\mathbb{P}_J(\Diamond\Box\Phi)$ 表示这一表达持久性质的概率界限范围的 PCTL 公式.

10.3　线性时间性质

10.2 节介绍了分支时间时序逻辑 PCTL, 并为有限马尔可夫链的这种逻辑给出了模型检验算法. 本节讨论线性时间性质, 见第 3 章. 前面讲过, LT 性质是无穷迹的集合. 本节面临的定量模型检验问题是: 已知有限马尔可夫链 $\mathcal{M}$ 和 ω 正则性质 P, 计算 $\mathcal{M}$ 中使得 P 成立的路径集合的概率. 前面已经讨论了某些特殊情形, 如性质 $C \cup B$ 或 $\Box\Diamond B$ 等, 其中 B 和 C 是 $\mathcal{M}$ 中的状态集合. 本节的目的是将这些结果推广到任意 ω 正则性质.

定义 10.8　LT 性质的概率

令 $\mathcal{M}$ 是马尔可夫链, P 是 ω 正则性质 (均在 AP 上). $\Pr^{\mathcal{M}}(P)$ 表示 $\mathcal{M}$ 中的一个迹属于 P 的概率, 定义为

$$\Pr^{\mathcal{M}}(P) = \Pr^{\mathcal{M}}\{\pi \in \text{Paths}(\mathcal{M}) \mid \text{trace}(\pi) \in P\}$$ ■

当然, 这个定义要求满足 $\text{trace}(\pi) \in P$ 的路径 π 的集合是可测的, 见注记 10.9. 对于 $\mathcal{M}$ 中的状态 s, 将 $\Pr^{\mathcal{M}_s}(P)$ 记为 $\Pr^{\mathcal{M}}(s \models P)$, 或简记为 $\Pr(s \models P)$, 即

$$\Pr(s \models P) = \Pr_s\{\pi \in \text{Paths}(s) \mid \text{trace}(\pi) \in P\}$$

类似地, 对于 LTL 公式 φ, 用 $\Pr^{\mathcal{M}}(\varphi)$ 表示

$$\Pr^{\mathcal{M}}(\text{Words}(\varphi)) = \Pr^{\mathcal{M}}\{\pi \in \text{Paths}(\mathcal{M}) \mid \pi \models \varphi\}$$

其中 $\models$ 是标准的 LTL 满足关系, 即 $\pi \models \varphi$ iff $\text{trace}(\pi) \in \text{Words}(\varphi)$. 对于 $\mathcal{M}$ 的状态 s, 用 $\Pr^{\mathcal{M}}(s \models \varphi)$ 表示 $\Pr^{\mathcal{M}_s}(\varphi)$, 即

$$\Pr(s \models \varphi) = \Pr_s\{\pi \in \text{Paths}(s) \mid \pi \models \varphi\}$$

给定 AP 上的 ω 正则性质 P 和有限马尔可夫链 $\mathcal{M} = (S, \boldsymbol{P}, \boldsymbol{\iota}_{\text{init}}, \text{AP}, L)$, 目的是计算 $\Pr^{\mathcal{M}}(P)$. 像验证 ω 正则性质一样, 这里采用基于自动机的方法. 这种方法的主要步骤如下. 将 LT 性质 P (的补) 表示为自动机, 例如 $\mathcal{A}$. 它对于正则安全性质就是坏前缀的自动机, 而对于 ω 正则性质就是 P 的补的 Büchi 自动机. 那么, 在积 $\mathcal{M} \otimes \mathcal{A}$ 上分别检验可达性和持久性就足够了.

然而, 为了保证 $\mathcal{M} \otimes \mathcal{A}$ 是一个马尔可夫链, 自动机 $\mathcal{A}$ 必须是确定的. 这是与传统情境中的迁移系统的主要区别. 彼时, 未定 (有限状态或 Büchi) 自动机就可以. 对于正则安全性质, 假设 $\mathcal{A}$ 是坏前缀的 DFA; 对于 ω 正则性质, 假设 $\mathcal{A}$ 是确定的 Rabin 自动机 (Deterministic Rabin Automaton, DRA). DRA 与 ω 正则语言有相同的表达力. (前面讲过, DRA 的表达力严格弱于 NBA 的表达力, 因此不满足本节的要求).

本节不再检验可达性或持久性, 而是把确定 $\Pr^{\mathcal{M}}(P)$ 约简为在乘积马尔可夫链 $\mathcal{M} \otimes \mathcal{A}$ 中计算接受运行的概率. 接下来分别对正则安全性和 ω 正则性质详细讨论这一点.

正则安全性质 先考虑正则安全性质. 前面讲过, 安全性质是正则的是指它的所有坏前缀构成正则语言. 令 $\mathcal{A} = (Q, 2^{\text{AP}}, \delta, q_0, F)$ 是正则安全性质 P_{safe} 的坏前缀的确定有限自动机 (DFA), 即

$$P_{\text{safe}} = \{A_0 A_1 A_2 \cdots \in (2^{\text{AP}})^\omega \mid \forall n \geqslant 0.\ A_0 A_1 \cdots A_n \notin \mathcal{L}(\mathcal{A})\}$$

不失一般性, 假定迁移函数 δ 是完全的, 即对每一 $A \subseteq \text{AP}$ 和每一 $q \in Q$ 都定义 $\delta(q, A)$. 此外, 令 $\mathcal{M} = (S, \boldsymbol{P}, \boldsymbol{\iota}_{\text{init}}, \text{AP}, L)$ 是有限马尔可夫链. 要计算 $\mathcal{M}$ 产生属于 P_{safe} 的迹 (即前缀都不被 $\mathcal{A}$ 接受的迹) 的概率:

$$\Pr^{\mathcal{M}}(P_{\text{safe}}) = 1 - \sum_{s \in S} \boldsymbol{\iota}_{\text{init}}(s) \cdot \Pr(s \models \mathcal{A})$$

概率 $\Pr(s \models \mathcal{A})$ 由

$$\begin{aligned}\Pr(s \models \mathcal{A}) &= \Pr_s^{\mathcal{M}}\{\pi \in \text{Paths}(s) \mid \text{pref}(\text{trace}(\pi)) \cap \mathcal{L}(\mathcal{A}) \neq \varnothing\} \\ &= \Pr_s^{\mathcal{M}}\{\pi \in \text{Paths}(s) \mid \text{trace}(\pi) \notin P_{\text{safe}}\}\end{aligned}$$

给出, 其中 $\text{pref}(A_0 A_1 \cdots)$ 表示无限单词 $A_0 A_1 \cdots \in (2^{\text{AP}})^\omega$ 的所有有限前缀的集合. 值 $\Pr(s \models \mathcal{A})$ 可写为 (可能无穷的) 和的形式:

$$\Pr(s \models \mathcal{A}) = \sum_{\widehat{\pi}} \boldsymbol{P}(\widehat{\pi})$$

其中 $\widehat{\pi}$ 取遍从 $s_0 = s$ 出发而且满足以下两个条件的所有有限路径片段 $s_0 s_1 \cdots s_n$:

(1) $\text{trace}(s_0 s_1 \cdots s_n) = L(s_0)L(s_1)\cdots L(s_n) \in \mathcal{L}(\mathcal{A})$.

(2) $\widehat{\pi}$ 的长度 n 是满足 (1) 的最小长度, 即当 $0 \leqslant i < n$ 时 $\text{trace}(s_0 s_1 \cdots s_i) \notin \mathcal{L}(\mathcal{A})$.

条件 (2) 等价于 $\text{trace}(\widehat{\pi})$ 是 P_{safe} 的极小坏前缀.

用这样的和难以计算值 $\Pr(s \models \mathcal{A})$; 相反, 要让检验迁移系统的正则安全性质的技术适应概率情形. 这涉及定义 10.9 中的 $\mathcal{M}$ 和 $\mathcal{A}$ 的积.

定义 10.9　乘积马尔可夫链

令 $\mathcal{M} = (S, \boldsymbol{P}, \boldsymbol{\iota}_{\text{init}}, \text{AP}, L)$ 是马尔可夫链, $\mathcal{A} = (Q, 2^{\text{AP}}, \delta, q_0, F)$ 是 DFA. 积 $\mathcal{M} \otimes \mathcal{A}$ 是马尔可夫链

$$\mathcal{M} \otimes \mathcal{A} = (S \times Q, \boldsymbol{P}', \boldsymbol{\iota}_{\text{init}}', \{\text{accept}\}, L')$$

其中, 若 $q \in F$, 则 $L'(\langle s, q\rangle) = \{\text{accept}\}$, 否则 $L'(\langle s, q\rangle) = \varnothing$. 并且

$$\boldsymbol{\iota}_{\text{init}}'(\langle s, q\rangle) = \begin{cases} \boldsymbol{\iota}_{\text{init}}(s) & 若\ q = \delta(q_0, L(s)) \\ 0 & 否则 \end{cases}$$

$\mathcal{M} \otimes \mathcal{A}$ 中的迁移概率由

$$\boldsymbol{P}'(\langle s, q\rangle, \langle s', q'\rangle) = \begin{cases} \boldsymbol{P}(s, s') & 若\ q' = \delta(q, L(s')) \\ 0 & 否则 \end{cases}$$

给出. ■

因为 $\mathcal{A}$ 是确定的, 所以 $\mathcal{M} \otimes \mathcal{A}$ 可看作 $\mathcal{M}$ 的展开, 其中 $\mathcal{M} \otimes \mathcal{A}$ 中状态 $\langle s, q\rangle$ 的自动机分量 q 记录 $\mathcal{A}$ 中到目前为止已取路径片段的当前状态. 更准确地说, 对 $\mathcal{M}$ 中每一 (有限或无限) 的路径片段 $\pi = s_0 s_1 s_2 \cdots$, 在 $\mathcal{A}$ 中都存在 $\text{trace}(\pi) = L(s_0)L(s_1)L(s_2)\cdots$ 的唯一运行 $q_0 q_1 q_2 \cdots$ 且

$$\pi^+ = \langle s_0, q_1\rangle\langle s_1, q_2\rangle\langle s_2, q_3\rangle\cdots$$

是 $\mathcal{M} \otimes \mathcal{A}$ 的路径片段; 反之, $\mathcal{M} \otimes \mathcal{A}$ 中从状态 $\langle s, \delta(q_0, L(s))\rangle$ 开始的每一路径片段都是 $\mathcal{M}$ 中一个路径片段和 $\mathcal{A}$ 中对应运行的组合. 注意, DFA $\mathcal{A}$ 不影响概率. 即, 对于 $\mathcal{M}$ 中路径的每一可测集 $\varPi$ 和状态 s,

$$\Pr_s^{\mathcal{M}}(\varPi) = \Pr_{\langle s, \delta(q_0, L(s))\rangle}^{\mathcal{M}\otimes\mathcal{A}} \underbrace{\{\pi^+ \mid \pi \in \varPi\}}_{\varPi^+}$$

其中, 上标 $\mathcal{M}$ 和 $\mathcal{M} \otimes \mathcal{A}$ 用于表示基础马尔可夫链. 特别地, 如果 $\varPi$ 是始于状态 s 且拒绝 P_{safe} 的路径的集合, 即

$$\varPi = \{\pi \in \text{Paths}^{\mathcal{M}}(s) \mid \text{pref}(\text{trace}(\pi)) \cap \mathcal{L}(\mathcal{A}) \neq \varnothing\}$$

那么, 集合 $\varPi^+$ 是 $\mathcal{M} \otimes \mathcal{A}$ 中始于状态 $\langle s, \delta(q_0, L(s))\rangle$ 且终将到达 $\mathcal{A}$ 的一个接受状态的路径的集合:

$$\varPi^+ = \{\pi^+ \in \text{Paths}^{\mathcal{M}\otimes\mathcal{A}}(\langle s, \delta(q_0, L(s))\rangle) \mid \pi^+ \models \Diamond\text{accept}\}$$

前面讲过, 原子命题 accept 刻画状态 $\langle s, q\rangle$ 的集合, 其中 q 是 $\mathcal{M}$ 的一个接受状态. 因此, 满足 $\Diamond$accept 的路径与事件 $\Diamond B$ 一致, 其中 $B = S \times F$. 这表明可用 $\mathcal{M} \otimes \mathcal{A}$ 中的事件 $\Diamond$accept 的概率推出 $\Pr^{\mathcal{M}}(s \models P_{\text{safe}})$. 定理 10.9 形式化地表述了这一点.

定理 10.9　安全性质的定量分析

令 P_{safe} 是正则安全性质, $\mathcal{A}$ 是 P_{safe} 的坏前缀集合的 DFA, $\mathcal{M}$ 是马尔可夫链, s 是 $\mathcal{M}$ 的一个状态. 那么

$$\begin{aligned}\Pr^{\mathcal{M}}(s \models P_{\text{safe}}) &= \Pr^{\mathcal{M}\otimes\mathcal{A}}(\langle s, q_s\rangle \not\models \Diamond\text{accept}) \\ &= 1 - \Pr^{\mathcal{M}\otimes\mathcal{A}}(\langle s, q_s\rangle \models \Diamond\text{accept})\end{aligned}$$

其中, $q_s = \delta(q_0, L(s))$. ■

因此, 计算马尔可夫链中正则安全性质的概率可约简为计算马尔可夫链的可达性概率. 对于有限马尔可夫链, 后一问题可用 10.1.1 节讨论的技术求解.

对于定性正则安全性质的特殊情形, 即在 (有限) $\mathcal{M}$ 中 P_{safe} 是否几乎肯定成立, 图论分析就够了. 以基于深度优先或广度优先搜索算法为手段, 可以检验状态 $\langle s, q\rangle$ 在 $\mathcal{M} \otimes \mathcal{A}$ 中是否是可达的, 其中 $q \in F$. 即检验 CTL 公式 $\exists\Diamond$accept. 对于对偶的定性约束, 即 P_{safe} 是否以概率 0 对 $\mathcal{M}$ 成立, 可用定理 10.5 提出的基于图的技术检验 $\Diamond$accept 是否在 $\mathcal{M} \otimes \mathcal{A}$ 中几乎肯定成立.

ω 正则性质　现在考虑更广泛的一类 LT 性质, 即 ω 正则性质. 前面讲过, 只要 P 定义一个 ω 正则语言, P 就是 ω 正则的. 令 P 是一个 ω 正则性质. 当 P (的补) 可以由确定的 Büchi 自动机 $\mathcal{A}$ 描述时, 大致上可以采用正则安全性质的技术. 考虑乘积马尔可夫链 $\mathcal{M} \otimes \mathcal{A}$ (见定义 10.9). 用类似于对正则安全性质的讨论, 现在可以证明事件 $\Box\Diamond$accept 在乘积马尔可夫链 $\mathcal{M} \otimes \mathcal{A}$ 中的概率与 $\mathcal{M}$ 驳倒 P 的概率一致, 即

$$\Pr^{\mathcal{M}}(s \models \mathcal{A}) = \Pr_s^{\mathcal{M}}\{\pi \in \text{Paths}(s) \mid \text{trace}(\pi) \in \mathcal{L}_\omega(\mathcal{A})\}$$

$\Box\Diamond$accept 的概率可通过以下方法在多项式时间内得到. 首先确定 $\mathcal{M} \otimes \mathcal{A}$ 中的 BSCC (利用标准的图论分析). 对于每一个包含状态 $\langle s, q\rangle$ (其中 $q \in F$) 的 BSCC B, 确定终将到达 B 的概率. 就像推论 10.4 显示的那样进行. 由此可得到定理 10.10.

定理 10.10　DBA 可定义性质的定量分析

令 $\mathcal{A}$ 为 DBA, $\mathcal{M}$ 是马尔可夫链. 那么, 对 $\mathcal{M}$ 中的所有状态 s 有

$$\Pr^{\mathcal{M}}(s \models \mathcal{A}) = \Pr^{\mathcal{M}\otimes\mathcal{A}}(\langle s, q_s\rangle \models \Box\Diamond\text{accept})$$

其中 $q_s = \delta(q_0, L(s))$.

证明: 类似于对正则安全性质的讨论. $\mathcal{M}$ 中的路径 π 和 $\mathcal{M} \otimes \mathcal{A}$ 中的对应路径 π^+ (如同上面讨论正则安全性质时一样, 用 trace(π) 在 $\mathcal{A}$ 中的唯一运行的自动机状态扩充 $\pi = s_0 s_1 s_2 \cdots$ 中的状态 s_i) 之间的联系如下:

$$\text{trace}(\pi) \in \mathcal{L}_\omega(\mathcal{A}) \ \text{ iff } \ \pi^+ \models \Box\Diamond\text{accept}$$

因为 $\mathcal{A}$ 是确定的, 所以 $\mathcal{A}$ 不影响 $\mathcal{M} \otimes \mathcal{A}$ 中的概率. 因此, $\mathcal{M}$ 中满足 $\text{trace}(\pi) \in \mathcal{L}_\omega(\mathcal{A})$ 的路径 π 的概率等同于在 $\mathcal{M} \otimes \mathcal{A}$ 中通过提升 $\mathcal{M}$ 的满足 $\text{trace}(\pi) \in \mathcal{L}_\omega(\mathcal{A})$ 的路径 π 生成路径 π^+ 的概率. 后者等同于 $\mathcal{M} \otimes \mathcal{A}$ 中使得 $\pi^+ \models \Box\Diamond$accept 的路径 π^+ 的概率. ■

因为 DBA 没有 ω 正则语言的全部能力 (见 4.3.3 节), 所以此方法不能处理任意的 ω 正则性质. 为了克服这种不足, 要用另一种自动机模型替换 Büchi 自动机, 其确定性同类与 ω 正则语言有同样的表达力. 这种自动机除了接受条件之外与 NBA 有相同的成分 (状态的有限集等). 这里考虑 Rabin *自动机*. Rabin 自动机的接受条件由状态集对的集合给出:

$$\{(L_i, K_i) \mid 0 < i \leqslant k\}, \text{ 其中 } L_i, K_i \subseteq Q.$$

若 Rabin 自动机的运行对某个 (L_i, K_i) 对满足以下条件: 有限次访问 L_i 中的状态, 无限次访问 K_i 中的状态, 则称该运行是接受的. 即, 一个接受的运行应该满足以下 LTL 公式:

$$\bigvee_{1 \leqslant i \leqslant k} (\Diamond\Box\neg L_i \wedge \Box\Diamond K_i)$$

确定的 Rabin 自动机在通常意义下是确定的, 它有单个初始状态, 且对于每一状态和每一输入符号, 至多有一个后继状态.

定义 10.10　*确定的 Rabin 自动机*

确定的 Rabin 自动机 (DRA) 是元组 $\mathcal{A} = (Q, \Sigma, \delta, q_0, \mathrm{Acc})$, 其中, Q 是状态的有限集合, Σ 是字母表, $\delta\colon Q \times \Sigma \to Q$ 是迁移函数, $q_0 \in Q$ 是初始状态, 且

$$\mathrm{Acc} \subseteq 2^Q \times 2^Q$$

$\sigma = A_0A_1A_2\cdots \in \Sigma^\omega$ 的运行表示 $\mathcal{A}$ 中满足以下条件的状态的无穷序列 $q_0q_1q_2\cdots$, 对于 $i \geqslant 0$ 有 $q_i \xrightarrow{A_i} q_{i+1}$. 若存在一个 $(L, K) \in \mathrm{Acc}$ 使得

$$(\exists n \geqslant 0.\ \forall m \geqslant n.\ q_m \notin L) \wedge \left(\overset{\infty}{\exists} n \geqslant 0.\ q_n \in K\right)$$

则称运行 $q_0q_1q_2\cdots$ 是*接受的*. $\mathcal{A}$ 的*接受语言*是

$$\mathcal{L}_\omega(\mathcal{A}) = \{\sigma \in \Sigma^\omega \mid \sigma \text{ 在 } \mathcal{A} \text{ 中的运行是接受的}\}$$ ■

可用以下方式把任何 DBA 看作一个 DRA. 假设给定了 DBA 的接受集 F, 即接受运行要无限次访问 F 中的某个状态. 具有相同状态和迁移以及接受条件 $\mathrm{Acc} = \{(\varnothing, F)\}$ 的 DRA 显然等价于该 DBA. 因此, DRA 至少与 DBA 有同样的表达力.

例 10.15　$\Box\Diamond a$ 的 DRA

考虑 LTL 公式 $\Box\Diamond a$ 的 DBA; 见图 10.11. DBA 的字母表是 $2^{\{a\}} = \{\{a\}, \varnothing\}$. 每一接受运行都必须无限次访问 q_1. $\mathrm{Acc} = \{(\varnothing, \{q_1\})\}$ 的 DRA 等价于该 DBA: 一个运行是接受的当且仅当无限次访问状态 q_1. 因为接受条件的第一个分量是 $\varnothing$, 仅访问第一个集合有限多次的要求当然成立. ■

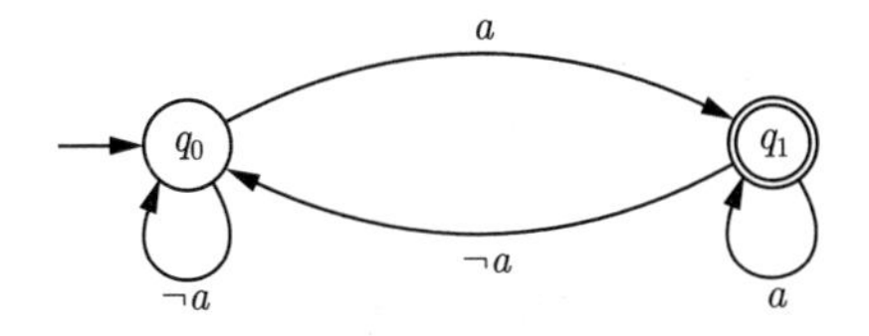

图 10.11　$\Box\Diamond a$ 的 DBA

前面讲过, 某些 ω 正则性质不能用 DBA 表达, 例如 LTL 公式 $\Diamond\Box a$ 这样的持久性. DRA 比 DBA 更有表达力. 例如, 考虑图 10.12 中接受条件为 $\text{Acc} = \{(\{q_0\}, \{q_1\})\}$ 的 DRA. 此 DRA 的接受语言是无限单词的一个集合, 单词的运行结束于一个永不访问 q_0 的后缀, 因而永远停留在状态 q_1. 它们恰好是 $\text{Words}(\Diamond\Box a)$ 中的单词 $A_0A_1A_2\cdots$. 因为 $\Diamond\Box a$ 不能用 DBA 描述, 所以 DRA 接受的语言的类严格大于被 DBA 识别的语言的类. 事实上, 定理 10.11 断言, DRA 与 ω 正则性质的表达力相同.

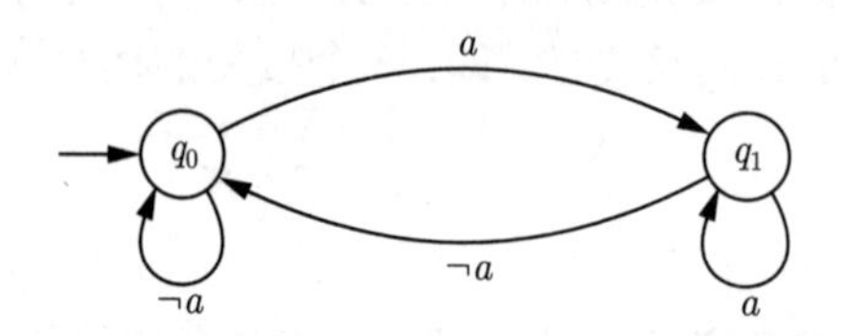

图 10.12 $\Diamond\Box a$ 的确定 Rabin 自动机

定理 10.11 DRA 和 ω 正则语言

DRA 接受的语言的类与 ω 正则语言的类一致.

证明: 这个结果的证明已超出了本书的范围, 对详细内容有兴趣的读者可参阅文献 [174]. ■

前面讲过, NBA 和 ω 正则性质也有同样的表达力, 见定理 4.4, 因此 DRA 和 NBA 有同样的表达力. 事实上, 存在以 NBA $\mathcal{A}$ 为输入生成大小为 $2^{O(n\log_2 n)}$ 的等价 DRA 的算法, 其中 n 是 $\mathcal{A}$ 的大小.

现在回到最初的问题: 马尔可夫链上的定量 ω 正则性质的验证. 令 $\mathcal{M} = (S, \boldsymbol{P}, \boldsymbol{\iota}_{\text{init}}, \text{AP}, L)$ 是有限马尔可夫链, 令 $\mathcal{A} = (Q, 2^{\text{AP}}, \delta, q_0, \text{Acc})$ 是接受 ω 正则 LT 性质 P 的补的 DRA. 像对正则安全性质一样, $\mathcal{M}$ 的迹属于 $\mathcal{L}_\omega(\mathcal{A})$ 的概率可用乘积结构计算. $\mathcal{M}$ 和 $\mathcal{A}$ 的乘积也像马尔可夫链和 DFA 的乘积一样定义, 见定义 10.9. 如果 $\mathcal{A}$ 的接受条件是

$$\text{Acc} = \{(L_1, K_1), (L_2, K_2), \cdots, (L_k, K_k)\}$$

那么集合 L_i 和 K_i 用作 $\mathcal{M}\otimes\mathcal{A}$ 中的原子命题. 标记函数是明显的, 即, 如果 $H \in \{L_1, L_2, \cdots, L_k, K_1, K_2, \cdots, K_k\}$, 那么 H 在 $\mathcal{M}\otimes\mathcal{A}$ 的状态 $\langle s, q\rangle$ 成立当且仅当 $q \in H$.

根据以下结果, 计算满足 ω 正则性质的概率归结为计算 $\mathcal{M}\otimes\mathcal{A}$ 的某个底部强连通分支 (BSCC) 的可达性概率. 这些 BSCC 被称为接受的. 若 $\mathcal{M}\otimes\mathcal{A}$ 的 BSCC T 满足接受条件 Acc, 则称它是*接受的*. 更准确地说, T 是接受的当且仅当存在某个指标 $i \in \{1, 2, \cdots, k\}$ 使得

$$T \cap (S \times L_i) = \varnothing \text{ 且 } T \cap (S \times K_i) \neq \varnothing$$

用文字描述就是, 不存在状态 $\langle s, q\rangle \in T$ 使 $q \in L_i$ 且对某个状态 $\langle t, q'\rangle \in T$ 有 $q' \in K_i$ [译注 233] 成立. 因此, 一旦在 $\mathcal{M}\otimes\mathcal{A}$ 中到达这个接受的 BSCC T, DRA $\mathcal{A}$ 的接受标准几乎肯定满足.

定理 10.12 马尔可夫链的基于 DRA 的分析

令 $\mathcal{M}$ 是有限马尔可夫链, s 是 $\mathcal{M}$ 的一个状态, $\mathcal{A}$ 是 DRA, 并令 U 是 $\mathcal{M}\otimes\mathcal{A}$ 中所有

接受的 BSCC 的并. 那么

$$\Pr^{\mathcal{M}}(s \models \mathcal{A}) = \Pr^{\mathcal{M}\otimes\mathcal{A}}(\langle s, q_s\rangle \models \Diamond U)$$

其中 $q_s = \delta(q_0, L(s))$.

证明: 令 Π 是马尔可夫链 $\mathcal{M}$ 中使得 $\text{trace}(\pi) \in \mathcal{L}_\omega(\mathcal{A})$ 的路径 $\pi \in \text{Paths}(s)$ 的集合, Π^+ 是由路径 $\pi \in \Pi$ 附加其对应的 $\mathcal{A}$ 中的运行得到的 $\mathcal{M}\otimes\mathcal{A}$ 中路径的集合. 注意, 自动机 $\mathcal{A}$ 是确定的. 因此, 对于 $\mathcal{M}$ 中的任意路径 π, 在 $\mathcal{A}$ 中存在 $\text{trace}(\pi)$ 的唯一运行. 因为 $\mathcal{M}\otimes\mathcal{A}$ 中的迁移概率不受 DRA $\mathcal{A}$ 的影响, 所以有

$$\Pr_s^{\mathcal{M}}(\Pi) = \Pr_{\langle s,q_s\rangle}^{\mathcal{M}\otimes\mathcal{A}}(\Pi^+)$$

其中 $q_s = \delta(q_0, L(s))$.

因路径 $\pi \in \Pi$ 的迹属于 $\mathcal{L}_\omega(\mathcal{A})$, 故其运行是接受的, 即, 对于 $\mathcal{A}$ 的某个接受对 (L_i, K_i), 无限次访问 K_i, 且从某个时刻开始, 不再访问 L_i; 反之, 对 $\mathcal{M}$ 中任何路径 π, $\text{trace}(\pi) \in \mathcal{L}_\omega(\mathcal{A})$, 其中, π 在 $\mathcal{M}\otimes\mathcal{A}$ 中的扩展路径 π^+ 对于某个 $\mathcal{A}$ 的接受对 (L_i, K_i) 满足 $\Diamond\Box\neg L_i \wedge \Box\Diamond K_i$. 因此:

$$\Pr^{\mathcal{M}}(s \models \mathcal{A}) = \Pr^{\mathcal{M}\otimes\mathcal{A}}\{\langle s, q_s\rangle \models \bigvee_{1\leqslant i\leqslant k} (\Diamond\Box\neg L_i \wedge \Box\Diamond K_i)\}$$

运行 $\langle s_0, q_1\rangle, \langle s_1, q_2\rangle, \langle s_2, q_3\rangle, \cdots$ 是否满足 DRA 的接受条件仅取决于被无限次访问的状态. 根据定理 10.4, 这些状态在 $\mathcal{M}\otimes\mathcal{A}$ 中几乎肯定形成一个 BSCC. 因此, $\mathcal{M}\otimes\mathcal{A}$ 中 $\bigvee_{1\leqslant i\leqslant k}(\Diamond\Box\neg L_i \wedge \Box\Diamond K_i)$ 的概率就是在 $\mathcal{M}\otimes\mathcal{A}$ 中到达某个接受的 BSCC 的概率. ■

由定理 10.12 可得, $\mathcal{M}$ 产生 $\mathcal{L}_\omega(\mathcal{A})$ 中的迹的概率由如下公式给出:

$$\Pr^{\mathcal{M}}(\mathcal{A}) = \sum_{s\in S} \boldsymbol{\iota}_{\text{init}}(s) \cdot \Pr^{\mathcal{M}\otimes\mathcal{A}}(\langle s, \delta(q_0, L(s))\rangle \models \Diamond U)$$

这个结果说明, 要先在积马尔可夫链 $\mathcal{M}\otimes\mathcal{A}$ 中确定 BSCC, 然后检验哪些 BSCC 是接受的 (即确定 U), 进而计算每一个接受的 BSCC 的可达性概率. 可用标准图论分析完成该算法的第一阶段. 检验 BSCC 是否是接受的, 就要对所有 $(L_i, K_i) \in \text{Acc}$ 进行检查. 最后, 解线性方程组以确定可达性概率, 正如本章前面提到的 (参见 10.1.1节). 线性方程组的大小关于马尔可夫链 $\mathcal{M}$ 和 DRA $\mathcal{A}$ 的大小是线性的. 这个过程的整体时间复杂度是

$$O(\text{poly}(\text{size}(\mathcal{M}), \text{size}(\mathcal{A})))$$

为了检验 DRA $\mathcal{A}$ 是否接受 $\mathcal{M}$ 的几乎所有迹, 只要检验是否 $\mathcal{M}\otimes\mathcal{A}$ 从其某个满足 $\boldsymbol{\iota}_{\text{init}}(s) > 0$ 的初始状态 $\langle s, \delta(q_0, L(s))\rangle$ 可达的所有 BSCC 都是接受的即可.

注记 10.9　ω 正则性质的可测性

到目前为止, 均隐式地假设 ω 正则性质的可测性. 事实上, 根据以下讨论可知 ω 正则性质确实是可测的.

令 $\mathcal{M} = (S, \boldsymbol{P}, \boldsymbol{\iota}_{\text{init}}, \text{AP}, L)$ 是马尔可夫链，P 是由 DRA $\mathcal{A} = (Q, 2^{\text{AP}}, \delta, q_0, \text{Acc})$ 表示的 ω 正则性质，其中 $\text{Acc} = \{(L_1, K_1), (L_2, K_2), \cdots, (L_k, K_k)\}$. 需要证明

$$\varPi = \{\pi \in \text{Paths}(\mathcal{M}) \mid \text{trace}(\pi) \in \underbrace{\mathcal{L}_\omega(\mathcal{A})}_{=P}\}$$

是可测的. 把每一条路径 $\pi = s_0 s_1 s_2 \cdots \in \varPi$ 提升到乘积马尔可夫链 $\mathcal{M} \otimes \mathcal{A}$ 中，使得 $\pi^+ = \langle s_0, q_1 \rangle \langle s_1, q_2 \rangle \langle s_2, q_3 \rangle \cdots$ 的路径 π^+. 路径 π^+ 由 π 通过 "增加" $\text{trace}(\pi)$ 在 $\mathcal{A}$ 中的 (唯一) 运行 $q_0 q_1 q_2 \cdots$ 的状态得到. 那么

$$\begin{aligned} & \pi \in \varPi, \text{ 即 } \text{trace}(\pi) \in \mathcal{L}_\omega(\mathcal{A}) \\ \text{iff} \quad & \text{trace}(\pi) \text{ 在 } \mathcal{A} \text{ 中的 (唯一) 运行 } q_0 q_1 q_2 \cdots \text{ 是接受的} \\ \text{iff} \quad & \mathcal{M} \otimes \mathcal{A} \text{ 的路径 } \pi^+ = \langle s_0, q_1 \rangle \langle s_1, q_2 \rangle \langle s_2, q_3 \rangle \cdots \text{ 满足} \end{aligned}$$

$$\bigvee_{1 \leqslant i \leqslant k} (\Diamond \Box \neg L_i \wedge \Box \Diamond K_i)$$

对于 $0 < i \leqslant k$, 令 $\varphi_i = \Diamond \Box \neg L_i \wedge \Box \Diamond K_i$, 且 $\varPi_i$ 是 $\mathcal{M}$ 中使得 $\pi^+ \models \varphi_i$ 的所有路径 π 的集合. 显然，$\varPi = \varPi_1 \cup \varPi_2 \cup \cdots \cup \varPi_k$. 为了证明 $\varPi$ 的可测性，证明 $\varPi_i$ 可测即可. 更详细一点地考虑 $\varPi_i$. 易知 $\varPi_i = \varPi_i^{\Diamond \Box} \cap \varPi_i^{\Box \Diamond}$, 其中 $\varPi_i^{\Diamond \Box}$ 是 $\mathcal{M}$ 中使得 $\pi^+ \models \Diamond \Box \neg L_i$ 成立的路径 π 的集合，$\varPi_i^{\Box \Diamond}$ 是 $\mathcal{M}$ 中使得 $\pi^+ \models \Box \Diamond K_i$ 成立的路径 π 的集合. 尚需证明 $\varPi_i^{\Diamond \Box}$ 和 $\varPi_i^{\Box \Diamond}$ 是可测的. 集合 $\varPi_i^{\Diamond \Box}$ 可写为

$$\bigcup_{n \geqslant 0} \bigcap_{m \geqslant n} \bigcup_{s_0 s_1 \cdots s_n \cdots s_m} \text{Cyl}(s_0 s_1 \cdots s_n \cdots s_m)$$

其中 $s_0 s_1 \cdots s_n \cdots s_m$ 取遍 $\mathcal{M}$ 中满足以下条件的有限路径片段：对于其在 DRA $\mathcal{A}$ 中诱导的运行 $q_0 q_1 \cdots q_{n+1} \cdots q_{m+1}$ 和 $n < j \leqslant m+1$ 有 $q_j \notin L_i$. 因此，$\varPi_i^{\Diamond \Box}$ 是可测的.

类似地，集合 $\Pi_i^{\Box \Diamond}$ 可写为

$$\bigcap_{n \geqslant 0} \bigcup_{m \geqslant n} \bigcup_{s_0 s_1 \cdots s_n \cdots s_m} \text{Cyl}(s_0 s_1 \cdots s_n \cdots s_m)$$

其中 $s_0 s_1 \cdots s_n \cdots s_m$ 取遍 $\mathcal{M}$ 中满足以下条件的有限路径片段：对于其在 $\mathcal{A}$ 中诱导的运行 $q_0 q_1 \cdots q_{n+1} \cdots q_{m+1}$ 有 $q_{m+1} \in K_i$. 因此，两个集合 $\varPi_i^{\Diamond \Box}$ 和 $\varPi_i^{\Box \Diamond}$ 为柱集的可数并和交，因而是可测的. ■

尽管 DRA 方法的概念很简单，但是，当从 LT 性质的 LTL 公式开始时，有双指数爆炸的缺点. 这里不加证明地指出，存在大小为 $O(\text{poly}(n))$ 的 LTL 公式 φ_n, 其最小 DRA 表示有 2^{2^n} 个状态. 应用另外的技术，双指数爆炸可以下降到单指数爆炸. 这些先进技术的细节超出了本书范围. 不要指望某个算法会有更好的渐进最坏情况复杂度，因为有限马尔可夫链的定性模型检验问题 "给定有限马尔可夫链 $\mathcal{M}$ 和 LTL 公式 φ, $\Pr(\mathcal{M} \models \varphi) = 1$ 成立吗?" 是 PSPACE 完全的. 这个结果是由 Vardi [407] 提出的.

定理 10.13

有限马尔可夫链的定性模型检验问题是 PSPACE 完全的. ■

10.4 PCTL* 和概率互模拟

本节介绍马尔可夫链的概率互模拟, 并证明互模拟的这一概念与 PCTL 等价一致. 也就是说, PCTL 等价可作为概率互模拟的一个逻辑特征; 反之, 概率互模拟也可作为 PCTL 等价的操作特征. 可以证明这些也适用于 PCTL* —— 一个由 PCTL 状态公式得到的允许 LTL 公式作为路径公式的逻辑. 因此, 这些结果可视为以下结论的定量类比: 迁移系统上的互模拟与 CTL 及 CTL* 等价, 见定理 7.4.

10.4.1 PCTL*

逻辑 PCTL* 通过放弃时态算子只能用于状态公式的要求来扩展 PCTL. 此外, 它还允许路径公式的布尔组合. 因此, 逻辑 PCTL* 允许形式为 $\mathbb{P}_J(\varphi)$ 的公式的布尔组合, 其中区间 J 指定了一个概率范围, 而 φ 是 LTL 公式, 其子状态公式是 PCTL* 状态公式. 逻辑 PCTL* 比 (有概率界限范围的) LTL 和 PCTL 更具表达力.

定义 10.11 PCTL* 的语法

原子命题集合 AP 上的 PCTL* 状态公式根据下述语法形成:

$$\Phi ::= \text{true} \mid a \mid \Phi_1 \wedge \Phi_2 \mid \neg\Phi \mid \mathbb{P}_J(\varphi)$$

其中 $a \in \text{AP}$, φ 是路径公式且 $J \subseteq [0,1]$ 是一个以有理数为界限的区间. PCTL* 路径公式根据下述语法形成:

$$\varphi ::= \Phi \mid \varphi_1 \wedge \varphi_2 \mid \neg\varphi \mid \bigcirc\varphi \mid \varphi_1 \,\mathsf{U}\, \varphi_2$$

其中 Φ 是一个 PCTL* 状态公式. ■

像在 CTL* 中一样, 可导出其他布尔算子和时序模态 $\Diamond$、$\Box$、W 和 R. 为了简单起见, PCTL* 路径公式的语法省略了步数有界直到算子. 可以用其他算子按下述方式定义:

$$\varphi_1 \,\mathsf{U}^{\leqslant n}\, \varphi_2 = \bigvee_{0 \leqslant i \leqslant n} \psi_i$$

其中, $\psi_0 = \varphi_2$, 且对 $i \geqslant 0$, $\psi_{i+1} = \varphi_1 \wedge \bigcirc\psi_i$. 因此认为 PCTL 逻辑是 PCTL* 的子逻辑.

对于给定的马尔可夫链 $\mathcal{M} = (S, \boldsymbol{P}, \boldsymbol{\iota}_{\text{init}}, \text{AP}, L)$, PCTL* 的状态公式和路径公式的满足关系分别像在 PCTL 和 CTL* 中一样定义. 例如:

$$s \models \mathbb{P}_J(\varphi) \;\text{ iff }\; \Pr(s \models \varphi) \in J$$

其中 $\Pr(s \models \varphi) = \Pr_s\{\pi \in \text{Paths}(s) \mid \pi \models \varphi\}$. 路径公式的满足关系与 CTL* 中完全相同. 令 $\text{Sat}_{\mathcal{M}}(\Phi)$, 或简记为 $\text{Sat}(\Phi)$, 表示集合 $\{s \in S \mid s \models \Phi\}$. 设 Φ 是 PCTL* 状态公式, 若对满足 $\boldsymbol{\iota}_{\text{init}}(s) > 0$ 的所有状态 $s \in S$ 都有 $s \models \Phi$, 则称 Φ 对于 $\mathcal{M}$ 是成立的, 记作 $\mathcal{M} \models \Phi$.

PCTL* 状态公式的等价像在 PCTL 中一样定义, 即

$$\Phi \equiv \Psi \text{ 当且仅当对所有马尔可夫链 } \mathcal{M} \text{ 都有 } \text{Sat}_{\mathcal{M}}(\Phi) = \text{Sat}_{\mathcal{M}}(\Psi)$$

(假设原子命题集合 AP 是固定的.) 当限制于有限马尔可夫链时, 写为 $\equiv_f$, 即

$$\Phi \equiv_f \Psi \text{ 当且仅当对所有有限马尔可夫链 } \mathcal{M} \text{ 都有 } \mathrm{Sat}_{\mathcal{M}}(\Phi) = \mathrm{Sat}_{\mathcal{M}}(\Psi)$$

已经建立的重复可达性和持久性 (分别见定理 10.7 和定理 10.8) 现在可重写为

$$\mathbb{P}_J(\Box\Diamond\Phi) \equiv_f \mathbb{P}_J(\Diamond\mathbb{P}_{=1}(\Box\mathbb{P}_{=1}(\Diamond\Phi)))$$
$$\mathbb{P}_J(\Diamond\Box\Phi) \equiv_f \mathbb{P}_J(\Diamond\mathbb{P}_{=1}(\Box\Phi))$$

现在考虑 PCTL* 模型检验问题, 即, 对给定的有限马尔可夫链 $\mathcal{M}$ 和 PCTL* [译注 234] 公式 Φ, $\mathcal{M} \models \Phi$ 成立吗? 把 PCTL 模型检验过程和前面讨论过的 LTL 公式的定量分析结合起来就可以解决这一问题. 主过程沿着 CTL* 模型检验算法的路线进行, 并依赖于对 Φ 的解析树的自下而上的处理. 对于每个内部节点 (对应于 Φ 的状态子公式 Ψ), 计算满足集 $\mathrm{Sat}(\Psi) = \{s \in S \mid s \models \Psi\}$. 对命题逻辑片段, 计算是明显的且类似于 CTL 时的情形. 值得注意的是形如 $\Psi = \mathbb{P}_J(\varphi)$ 的状态公式. 为了解决这种公式, 首先用新原子命题代替所有 φ 的极大状态子公式. 直观地看, 这些原子命题表示这些子公式的满足集. 由于模型检验算法自下而上的天性已确定了这些满足集, 这种替代相当于标记这些集合中的状态. 对 φ 使用这个替代过程, 得到 LTL 公式 φ'. 应用 10.3 节介绍的技术, 可对每一状态 s 计算满足 φ' (因而 φ) 的概率 $\Pr(s \models \varphi')$. 那么返回结果是

$$\mathrm{Sat}(\Psi) = \{s \in S \mid \Pr(s \models \varphi) \in J\}$$

由于 LTL 公式 φ' 到确定的 Rabin 自动机的双指数变换, 模型检验 PCTL* 的时间复杂度是 $|\varphi|$ 的双指数, 是马尔可夫链 $\mathcal{M}$ 的大小的多项式. 应用其他技术可能得到 $|\varphi|$ 的单指数的时间复杂度. 因为 LTL 定性模型检验问题的 PSPACE 完全性, 不能期望更好的改进, 见定理 10.13.

10.4.2 概率互模拟

为了比较迁移系统的行为, 第 7 章深入讨论了互模拟和模拟关系. 互模拟关系是等价关系, 它要求两个互似状态有相同的标记并表现出相同的逐步行为. 用比较初始状态的方式可将其提升到迁移系统. 因此, 互似的状态须能彼此模仿各个步骤. 本节考虑涉及迁移概率的马尔可夫链的互模拟概念. 可将其视为迁移系统的互模拟的一个定量变体. 本节的主要思想是: 要求互模拟等价的状态对每个 (互模拟下的) 等价类有相同的迁移概率. 像对迁移系统一样, 互模拟等价的状态必须同样标记.

定义 10.12 马尔可夫链的互模拟

令 $\mathcal{M} = (S, \boldsymbol{P}, \boldsymbol{\iota}_{\mathrm{init}}, \mathrm{AP}, L)$ 为马尔可夫链. $\mathcal{M}$ 上的一个*概率互模拟*是 S 上的满足以下条件的等价关系 $\mathcal{R}$: 对于任意 $(s_1, s_2) \in \mathcal{R}$ 都有

(1) $L(s_1) = L(s_2)$.

(2) 对每一等价类 $T \in S/\mathcal{R}$, $\boldsymbol{P}(s_1, T) = \boldsymbol{P}(s_2, T)$.

若存在 $\mathcal{M}$ 上的互模拟 $\mathcal{R}$ 使得 $(s_1, s_2) \in \mathcal{R}$, 则称状态 s_1 和 s_2 是*互模拟等价的* (或*互似的*), 记作 $s_1 \sim_{\mathcal{M}} s_2$. ■

以后常把概率互模拟简称为互模拟. 定义 10.12 中的条件 (1) 说明状态标记相同, 条件 (2) 要求互似的状态通过单步迁移移动到某个等价类的概率相等. 前面讲过, $\boldsymbol{P}(s, T) =$

$\sum_{t \in T} \boldsymbol{P}(s,t)$ 表示从状态 s 直接移动到 T 中状态的概率. 与迁移系统中的状态互模拟 (见定义 7.2) 不同, 这里要求任一概率互模拟都是等价的, 否则后一个条件提及的等价类就没有意义了. 这与非概率时的情形不同, 前面对于单个迁移系统 TS 的互模拟关系不必是对称的 (虽然最粗的互模拟 $\sim_{\text{TS}}$ 确实是一个等价).

像在迁移系统中一样, 单个马尔可夫链的状态的 (概率) 互模拟等价的上述概念可推广为比较两个马尔可夫链 $\mathcal{M}_1$ 和 $\mathcal{M}_2$. 令 $\mathcal{M}_1$ 和 $\mathcal{M}_2$ 是同一原子命题集合上的分别具有初始分布 ${\boldsymbol{\iota}_{\text{init}}}^1$ 和 ${\boldsymbol{\iota}_{\text{init}}}^2$ 的马尔可夫链. 考虑由 $\mathcal{M}_1$ 和 $\mathcal{M}_2$ 的不交并得到的马尔可夫链 $\mathcal{M} = \mathcal{M}_1 \uplus \mathcal{M}_2$. 若对 $\mathcal{M} = \mathcal{M}_1 \uplus \mathcal{M}_2$ 的每个互模拟等价类 T 都有

$${\boldsymbol{\iota}_{\text{init}}}^1(T) = {\boldsymbol{\iota}_{\text{init}}}^2(T)$$

则称 $\mathcal{M}_1$ 和 $\mathcal{M}_2$ 是互似的. 这里, $\boldsymbol{\iota}_{\text{init}}(T)$ 表示 $\sum_{t \in T} \boldsymbol{\iota}_{\text{init}}(t)$

例 10.16　马尔可夫链的互模拟

考虑图 10.13 中的马尔可夫链 (注意, 它由互不可达的两部分构成). 关系

$$\mathcal{R} = \{(s_1, s_2), (u_1, u_3), (u_2, u_3), (v_1, v_3), (v_2, v_3)\}$$

的自反、对称和传递闭包是概率互模拟. 论证如下. 等价类有 $T_1 = [s_1]_\sim = \{s_1, s_2\}$, $T_2 = [u_1]_\sim = \{u_1, u_2, u_3\}$ 和 $T_3 = [v_1]_\sim = \{v_1, v_2, v_3\}$. 由此得

$$\boldsymbol{P}(s_1, T_1) = \boldsymbol{P}(s_2, T_1) = 0,\ \boldsymbol{P}(s_1, T_2) = \boldsymbol{P}(s_2, T_2) = \frac{2}{3},\ \boldsymbol{P}(s_1, T_3) = \boldsymbol{P}(s_2, T_3) = \frac{1}{3}$$

同理可得, T_2 和 T_3 中的所有状态迁移到每一等价类的概率相同. ■

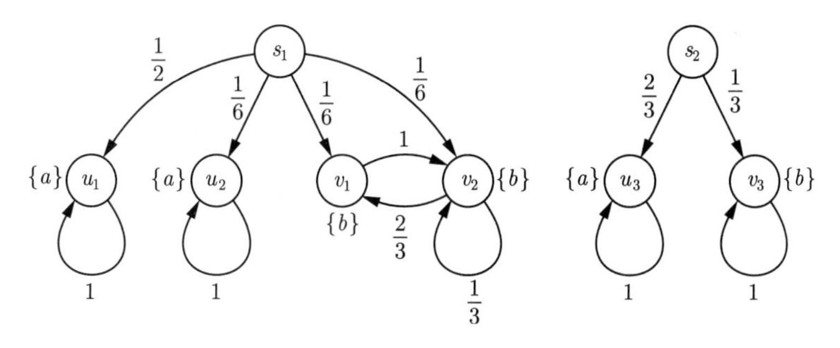

图 10.13　$s_1 \sim_{\mathcal{M}} s_2$ 的两个马尔可夫链

定义 10.13　互模拟商

令 $\mathcal{M} = (S, \boldsymbol{P}, \boldsymbol{\iota}_{\text{init}}, \text{AP}, L)$ 是一个马尔可夫链. 商马尔可夫链 $\mathcal{M}/{\sim_{\mathcal{M}}}$ 定义为

$$\mathcal{M}/{\sim_{\mathcal{M}}} = (S/{\sim_{\mathcal{M}}}, \boldsymbol{P}', {\boldsymbol{\iota}_{\text{init}}}', \text{AP}, L')$$

其中 $\boldsymbol{P}'([s]_\sim, [t]_\sim) = \boldsymbol{P}(s, [t]_\sim)$, $\iota'_{\text{init}}([s]_\sim) = \sum_{s' \in [s]_\sim} \boldsymbol{\iota}_{\text{init}}(s')$ [译注 235], $L'([s]_\sim) = L(s)$. ■

商马尔可夫链 $\mathcal{M}/{\sim_{\mathcal{M}}}$ 的状态空间是 $\sim_{\mathcal{M}}$ 下的等价类的集合. 从等价类 $[s]_\sim$ 到 $[t]_\sim$ 的迁移概率等于 $\boldsymbol{P}(s, [t]_\sim)$. 注意, 这是良定义的, 因为对所有 $s \sim s'$ 和所有互模拟等价类 T 都有 $\boldsymbol{P}(s, T) = \boldsymbol{P}(s', T)$.

例 10.17 双骰游戏

考虑为双骰游戏建模的马尔可夫链, 见图 10.3. 假设除 $L(\text{won}) = \{\text{won}\}$ 外所有状态标记均为空集. 把状态空间划分为

$$\{\text{start}\}, \{\text{won}\}, \{\text{lost}\}, \{4, 10\}, \{5, 9\}, \{6, 8\}$$

的等价关系是概率互模拟. 可以看出. 因其标记与众不同, 状态 won 不互似于其他任何状态. 状态 lost 不互似于其他任何状态, 因为它是唯一的标记为 $\varnothing$ 的吸收态. 因状态 start 是唯一的以概率 2/9 移动到 {won} 的状态, 故它不互似于其他任何状态. 例如, 状态 5 和 9, 两个状态都以相同的概率移动到 won. 这同样可用到任何等价类 T. 因而, 状态 5 和 9 是互似的. 类似推理可应用到其他状态. 图 10.14 描绘了双骰游戏的互模拟商马尔可夫链. ■

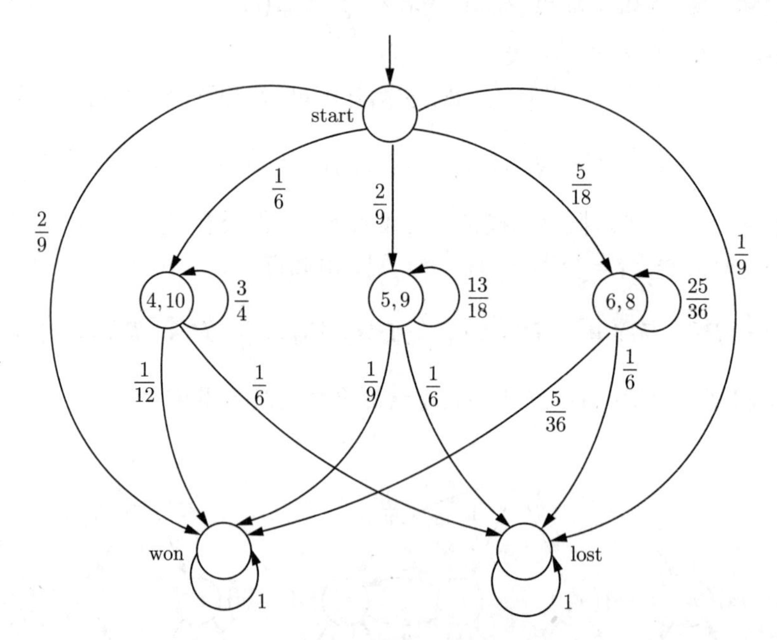

图 10.14 双骰游戏的互模拟商马尔可夫链

本节的剩余部分专注于证明互模拟等价的状态满足同样的 PCTL* 公式. 特别地, 这意味着 s 与 $[s]_\sim$ 中的任何状态满足同样的 PCTL* 公式. 因此, 对于 PCTL* 公式 Φ, 检验 $\mathcal{M} \models \Phi$ 就可通过检验 $\mathcal{M}/\!\sim\, \models \Phi$ 确定. 实际上, 下面将证明 PCTL 等价, PCTL* 等价和概率互模拟是一致的. 这意味着, 为证明两个状态不互似, 只要找一个能区分它们的 PCTL (或 PCTL*) 公式就足够了.

确定互模拟等价状态满足相同 PCTL* 的关键是下述观察. 令 $s \sim_{\mathcal{M}} s'$, 其中 s 和 s' 是马尔可夫链 $\mathcal{M}$ 中的状态. 那么, 对所有在逐个状态互模拟等价下封闭的路径可测集, 概率测度 $\Pr_s^{\mathcal{M}}$ 和 $\Pr_{s'}^{\mathcal{M}}$ 一致. 为形式化地证明此性质, 需要额外的测度论的一些记法和标准概念. 首先将互模拟的概念提升到路径.

定义 10.14 互模拟等价的路径

马尔可夫链 $\mathcal{M}$ 中的无穷路径 $\pi_1 = s_{0,1}s_{1,1}s_{2,1}\cdots$ 和 $\pi_2 = s_{0,2}s_{1,2}s_{2,2}\cdots$ 是互模拟等

价的, 记作 $\pi_1 \sim_{\mathcal{M}} \pi_2$, 若它们逐个状态互似, 即

$$\text{对任意 } i \geqslant 0, \pi_1 \sim_{\mathcal{M}} \pi_2 \text{ 当且仅当 } s_{i,1} \sim_{\mathcal{M}} s_{i,2}$$ ■

定义 10.15 互模拟封闭的 σ 代数

令 $\mathcal{M}$ 是状态空间为 S 的马尔可夫链, $T_0, T_1, \cdots, T_n \in S/\sim_{\mathcal{M}}$ 是 $\sim_{\mathcal{M}}$ 的等价类. 互模拟封闭的 σ 代数 $\mathfrak{E}^{\mathcal{M}}_{\sim_{\mathcal{M}}}$ 表示由集合 $\text{Cyl}(T_0T_1\cdots T_n)$ 生成的 σ 代数, 其中 $\text{Cyl}(T_0T_1\cdots T_n)$ 是所有路径 $t_0t_1\cdots t_nt_{n+1}t_{n+2}\cdots$ 的集合, 它们对每一 $0 \leqslant i \leqslant n$ 都有 $t_i \in T_i$. ■

互模拟封闭的 σ 代数 $\mathfrak{E}^{\mathcal{M}}_{\sim}$ 中的所有集合关于与 $\mathcal{M}$ 关联的标准 σ 代数 $\mathfrak{E}^{\mathcal{M}}$ 是可测的 (见定义 10.3). 也就是说

$$\mathfrak{E}^{\mathcal{M}}_{\sim} \subseteq \mathfrak{E}^{\mathcal{M}}$$

该包含的理由是, σ 代数 $\mathfrak{E}^{\mathcal{M}}_{\sim}$ 的基事件 $\text{Cyl}(T_0T_1\cdots T_n)$ 是 σ 代数 $\mathfrak{E}^{\mathcal{M}}$ 的基本元素 ($\mathcal{M}$ 中的有限路径片段延伸成的柱集) 的可数并. 在形式上:

$$\text{Cyl}(T_0T_1\cdots T_n) = \bigcup_{\substack{t_0t_1\cdots t_n \in \text{Paths}_{\text{fin}}(\mathcal{M}) \\ t_i \in T_i, 0 \leqslant i \leqslant n}} \text{Cyl}(t_0t_1\cdots t_n)$$

其中 $T_0, T_1, \cdots, T_n \in S/\sim_{\mathcal{M}}$ 是互模拟等价类. 因此, 互模拟封闭的 σ 代数 $\mathfrak{E}^{\mathcal{M}}_{\sim}$ 是 σ 代数 $\mathfrak{E}^{\mathcal{M}}$ 的一个子 σ 代数. 称 $\mathfrak{E}^{\mathcal{M}}_{\sim}$ 的元素为互模拟封闭的事件.

事实上, 互模拟封闭的 σ 代数 $\mathfrak{E}^{\mathcal{M}}_{\sim}$ 中的事件是 $\mathfrak{E}^{\mathcal{M}}$ 中路径的互模拟封闭的可测集. 令 $\Pi \in \mathfrak{E}^{\mathcal{M}}$ 是路径的一个可测集. 注意, 可测性是关于 $\mathcal{M}$ 的路径上的标准 σ 代数 $\mathfrak{E}^{\mathcal{M}}$ 的. 若对于任何 $\pi_1 \in \Pi$ 和满足 $\pi_1 \sim_{\mathcal{M}} \pi_2$ 的 π_2 都有 $\pi_2 \in \Pi$, 则称集合 Π 是互模拟封闭的. 因此:

$$\mathfrak{E}^{\mathcal{M}}_{\sim} = \{\Pi \in \mathfrak{E}^{\mathcal{M}} \mid \Pi \text{ 是互模拟封闭的}\}$$

引理 10.5 断言, 路径的互模拟封闭的集合的概率测度 $\text{Pr}^{\mathcal{M}}_s$ 与互似状态相容.

引理 10.5 互模拟封闭事件的概率保持

令 $\mathcal{M}$ 是一个马尔可夫链. 对 $\mathcal{M}$ 中的状态 s_1 和 s_2, 对所有互模拟封闭事件 $\Pi \subseteq \text{Paths}(\mathcal{M})$:

$$s_1 \sim_{\mathcal{M}} s_2 \text{ 蕴涵 } \text{Pr}^{\mathcal{M}}_{s_1}(\Pi) = \text{Pr}^{\mathcal{M}}_{s_2}(\Pi)$$

证明: 因为互模拟封闭的 σ 代数 $\mathfrak{E}^{\mathcal{M}}_{\sim}$ 关于交是封闭的, 故由测度论的标准结果得, 对于固定函数 $f\colon (S/\sim_{\mathcal{M}})^+ \to [0,1]$, 在互模拟封闭的 σ 代数 $\mathfrak{E}^{\mathcal{M}}_{\sim}$ 上至多存在一个概率测度 μ, 使得对于所有互模拟等价类 T_i, $0 \leqslant i \leqslant n$, 有

$$\mu(\text{Cyl}(T_0T_1\cdots T_n)) = f(T_0T_1\cdots T_n)$$

这个结论说明, 只要证明以下命题即可: $s_1 \sim_{\mathcal{M}} s_2$ 蕴涵 $\text{Pr}^{\mathcal{M}}_{s_1}$ 和 $\text{Pr}^{\mathcal{M}}_{s_2}$ 在 $\mathfrak{E}^{\mathcal{M}}_{\sim}$ 的基事件 $\text{Cyl}(T_0T_1\cdots T_n)$ 上相同. 对于 $\mathcal{M}$ 的互模拟等价类 T, U, 令 $\boldsymbol{P}(T,U)$ 表示所有 (或某个) $t \in T$ 的值 $\boldsymbol{P}(t,U)$. 若 $s_1, s_2 \in T_0$, 则有

$$\begin{aligned}
&\text{Pr}^{\mathcal{M}}_{s_1}(\text{Cyl}(T_0T_1\cdots T_n)) \\
=&\boldsymbol{P}(T_0,T_1)\cdot \boldsymbol{P}(T_1,T_2)\cdot \cdots \cdot \boldsymbol{P}(T_{n-1},T_n) \\
=&\text{Pr}^{\mathcal{M}}_{s_2}(\text{Cyl}(T_0T_1\cdots T_n))
\end{aligned}$$

否则, 即若 $s_1, s_2 \notin T_0$, 则

$$\Pr^{\mathcal{M}}_{s_1}(\text{Cyl}(T_0T_1\cdots T_n)) = 0 = \Pr^{\mathcal{M}}_{s_2}(\text{Cyl}(T_0T_1\cdots T_n)) \qquad \blacksquare$$

对于有限分支迁移系统, CTL 等价、CTL* 等价和互模拟等价是一致的. 类似的结果对于 PCTL、PCTL* 和概率互模拟等价也是成立的. 事实上, 不必限定于有限分支系统, 即 PCTL、PCTL* 和概率互模拟等价对于任意的 (可能无限的) 马尔可夫链是一致的. 在概率的情境中, 甚至只用由原子命题、合取及算子 $\mathbb{P}_{\leqslant p}(\bigcirc\cdot)$ 组成的 PCTL 的 (小) 片段的一个公式就可区分不互似的状态. 像在非概率的情境中一样, 直到算子对从逻辑上刻画互模拟是没用的. 在非概率的情境中, 需要 (含合取与否定的) 完整的命题逻辑. 与此相比, 在概率的情境中不需要否定.

令 PCTL$^-$ 表示 PCTL 的下述片段: 否定既不能作为 PCTL$^-$ 的算子出现, 也不能用其他方式表示. PCTL$^-$ 中的状态公式根据

$$\Phi ::= a \,\Big|\, \Phi_1 \wedge \Phi_2 \,\Big|\, \mathbb{P}_{\leqslant p}(\bigcirc\Phi)$$

形成, 其中 $a \in AP$ 且 p 是 $[0,1]$ 上的有理数. 定理 10.14 总结了上面的讨论.

定理 10.14 PCTL/PCTL* 及互模拟等价

令 $\mathcal{M}$ 是一个马尔可夫链, 且 s_1 和 s_2 是 $\mathcal{M}$ 中的状态. 则下列命题等价:

(a) $s_1 \sim_{\mathcal{M}} s_2$.

(b) s_1 和 s_2 是 PCTL* 等价的, 即满足同样的 PCTL* 公式.

(c) s_1 和 s_2 是 PCTL 等价的, 即满足同样的 PCTL 公式.

(d) s_1 和 s_2 是 PCTL$^-$ 等价的, 即满足同样的 PCTL$^-$ 公式.

证明: 首先证明 (a) ⇒ (b). 由引理 10.5, 对 PCTL* 的状态公式 Φ 和 PCTL* 路径公式 φ 的语法使用结构归纳法即可证明.

(1) 对于 $\mathcal{M}$ 中的状态 s_1 和 s_2, 若 $s_1 \sim_{\mathcal{M}} s_2$, 则

(1.1) $s_1 \models \Phi$ 当且仅当 $s_2 \models \Phi$.

(1.2) $\Pr(s_1 \models \varphi) = \Pr(s_2 \models \varphi)$.

(2) 对于 $\mathcal{M}$ 中的路径 π_1 和 π_2, 若 $\pi_1 \sim_{\mathcal{M}} \pi_2$, 则 $\pi_1 \models \varphi$ 当且仅当 $\pi_2 \models \varphi$.

命题 (1.1) 的证明与非概率情形十分相似 (见定理 7.4). 下面仅考虑命题 (1.2) 且作为归纳假设假定命题 (2) 对于 φ 成立. 令 $s_1 \sim_{\mathcal{M}} s_2$ 且 Π 是 $\mathcal{M}$ 中满足 φ 的路径的集合, 即 $\Pi = \{\pi \in \text{Paths}(\mathcal{M}) \mid \pi \models \varphi\}$. 由施加到 φ 的归纳假设 (见命题 (2)) 得 Π 是互模拟封闭的. 因此, 由引理 10.5 得

$$\Pr(s_1 \models \varphi) = \Pr^{\mathcal{M}}_{s_1}(\Pi) = \Pr^{\mathcal{M}}_{s_2}(\Pi) = \Pr(s_2 \models \varphi)$$

其次证明 (b) ⇒ (c) 和 (c) ⇒ (d). 显然成立, 因为 PCTL 是 PCTL* 的子逻辑, PCTL$^-$ 是 PCTL 的子逻辑.

再次证明 (c) ⇒ (a). 在证明 (a) 可由 (d) 推出之前, 先讨论简单一些的情形, 证明有限马尔可夫链中 PCTL 等价的状态是概率互似的. 这一步的目的是粗略地说明可应用与非概

率情形相同的讨论. 需要证明关系

$$\mathcal{R} = \{(s_1, s_2) \in S \times S \mid s_1 \equiv_{\text{PCTL}} s_2\}$$

是概率互模拟 (其中 $\equiv_{\text{PCTL}}$ 是状态的 PCTL 等价). 令 $(s_1, s_2) \in \mathcal{R}$. 由于 s_1 和 s_2 满足同样的原子命题, 所以 $L(s_1) = L(s_2)$. 尚需证明对 $\mathcal{R}$ 下的每个等价类 T 都有 $\boldsymbol{P}(s_1, T) = \boldsymbol{P}(s_2, T)$. 设 T、U 是 $\mathcal{R}$ 等价类, $\varPhi_{T,U}$ 是 PCTL 公式, 且 $T \neq U$, $\text{Sat}(\varPhi_{T,U}) \supseteq T$ [译注 236], $\text{Sat}(\varPhi_{T,U}) \cap U = \varnothing$. 定义

$$\varPhi_T = \bigwedge_{\substack{U \in S/\sim_{\mathcal{M}} \\ U \neq T}} \varPhi_{T,U}$$

显然, $\text{Sat}(\varPhi_T) = T$. 即 $\varPhi_T$ 是等价类 T 的一个 PCTL 主公式. 不失一般性, 假设 $\boldsymbol{P}(s_1, T) \leqslant \boldsymbol{P}(s_2, T)$. 令 $p = \boldsymbol{P}(s_1, T)$, 则 $s_1 \models \mathbb{P}_{\leqslant p}(\bigcirc \Phi_T)$ [译注 237]. 因为 $s_1 \equiv_{\text{PCTL}} s_2$, 所以 $s_2 \models \mathbb{P}_{\leqslant p}(\bigcirc \varPhi_T)$. 而后 $\boldsymbol{P}(s_1, T) = p = \boldsymbol{P}(s_2, T)$. 这就得到 $\mathcal{R}$ 的条件 (2).

最后证明 (d) $\Rightarrow$ (a). 假设 $\mathcal{M}$ 是任意 (可能无限的) 马尔可夫链. 目的是证明

$$\mathcal{R} = \{(s_1, s_2) \in S \times S \mid s_1 \equiv_{\text{PCTL}^-} s_2\}$$

是概率互模拟. 令 $(s_1, s_2) \in \mathcal{R}$. 可像 (c) $\Rightarrow$ (a) 的证明那样确定 s_1 和 s_2 的标记相同. 然而, 在有无穷多个互模拟等价类的情形中, 上述讨论不适用于对于任何 $\mathcal{R}$ 等价类 T 证明 $\boldsymbol{P}(s_1, T) = \boldsymbol{P}(s_2, T)$(因为 $\varPhi_T$ 将用无穷合取定义). 令 PCTL^- 状态公式 $\varPhi$ 的满足集 $\text{Sat}(\varPhi)$ 是 $\mathcal{M}$ 的状态空间 S 上的基事件, $\mathfrak{E}_S$ 是 S 上的包含集合 $\text{Sat}(\varPhi)$ 的最小 σ 代数. 因为所有 PCTL^- 公式的集合是可数的, 所以任何 PCTL^- 等价类 $T \in S/\mathcal{R}$ 都可写作满足集 $\text{Sat}(\varPhi)$ 的可数交, 其中 $\varPhi$ 是 PCTL^- 公式且 $T \subseteq \text{Sat}(\varPhi)$. 因此, 所有 PCTL^- 等价类 $T \in S/\mathcal{R}$ 都属于 $\mathfrak{E}_S$.

因 PCTL^- 允许合取, 故所有满足集 $\text{Sat}(\varPhi)$ 的集合在有限交下是封闭的. 根据测度论的一个标准结果, 对于 $\mathfrak{E}_S$ 上的任意概率测度 μ_1 和 μ_2 有

$$\text{若对任何 PCTL}^- \text{ 公式 } \varPhi \text{ 都有 } \mu_1(\text{Sat}(\varPhi)) = \mu_2(\text{Sat}(\varPhi)) \text{ 则 } \mu_1 = \mu_2$$

在余下的证明中, 这个结果用于证明对于所有满足 $(s_1, s_2) \in \mathcal{R}$ 的状态 s_1、s_2 和所有 $T \in S/\mathcal{R}$ 都有 $\boldsymbol{P}(s_1, T) = \boldsymbol{P}(s_2, T)$.

对于 $\mathcal{M}$ 中的状态 s, 定义 $\mathfrak{E}_S$ 上的概率测度 μ_s 为

$$\text{对于 } T \in \mathfrak{E}_S,\ \mu_s(T) = \boldsymbol{P}(s, T) = \sum_{t \in T} \boldsymbol{P}(s, t)$$

显然, 对于任何 PCTL^- 公式 $\varPhi$, $\mu_s(\text{Sat}(\varPhi)) = \boldsymbol{P}(s, \text{Sat}(\varPhi))$. 现在的目的是对于 PCTL^- 等价状态 s_1 和 s_2 证明 $\mu_{s_1} = \mu_{s_2}$. 证明如下. 令 $(s_1, s_2) \in \mathcal{R}$, $\varPhi$ 是 PCTL^- 公式, 且设 $\boldsymbol{P}(s_1, \text{Sat}(\varPhi)) = p$, $\boldsymbol{P}(s_2, \text{Sat}(\varPhi)) = q$. 不失一般性, 假设 $p \leqslant q$. 那么

$$s_1 \models \mathbb{P}_{\leqslant p}(\bigcirc \varPhi)$$

因 $\mathbb{P}_{\leqslant p}(\bigcirc \varPhi)$ 是 PCTL^- 公式且 $(s_1, s_2) \in \mathcal{R}$, 故 $s_2 \models \mathbb{P}_{\leqslant p}(\bigcirc \varPhi)$. 而后 $q = \boldsymbol{P}(s_2, \text{Sat}(\varPhi)) \leqslant p \leqslant q$, 并得

$$\mu_{s_1}(\text{Sat}(\varPhi)) = p = q = \mu_{s_2}(\text{Sat}(\varPhi))$$

$\mathfrak{E}_S$ 上的概率测度 μ_{s_1} 和 μ_{s_2} 因而对 $\mathfrak{E}_S$ 上的所有基事件 $\mathrm{Sat}(\Phi)$ 是一致的. 因为基事件 $\mathrm{Sat}(\Phi)$ 的集合对交是封闭的, 所以 $\mathfrak{E}_S$ 上的任意测度由其在基事件上的值唯一确定. 因此, 对于所有 $T \in \mathfrak{E}_S$, 有 $\mu_{s_1}(T) = \mu_{s_2}(T)$. 因为所有 PCTL$^-$ 等价类 $T \in S/\mathcal{R}$ 都属于 $\mathfrak{E}_S$, 所以

$$\boldsymbol{P}(s_1, T) = \mu_{s_1}(T) = \mu_{s_2}(T) = \boldsymbol{P}(s_2, T)$$

因此, $\mathcal{R}$ 是概率互模拟. ■

定理 10.14 的重要性是多方面的. 首先, 它说明了互模拟等价保持所有定量的 PCTL* 可定义性质. 因此可把互模拟等价状态看作是 "相同的". 其次, 定理 10.14 断言互模拟等价是具备此性质的最粗等价. 即, 任何严格地*更粗*的等价会把在下述性质的意义下具有不同概率行为的状态看作是相同的: PCTL* 可定义的性质, 甚至可用 PCTL$^-$ 表述的某些相对简单的性质. 此外, 定理 10.14 可用于证明两个状态不互模拟等价. 为此, 只需提供一个能区分给定状态的 PCTL* 公式 (或 PCTL$^-$ 公式、PCTL 公式) 就足够了. 最后, 请留意, 若马尔可夫链 $\mathcal{M}$ 中的状态 s_1 和 s_2 概率互模拟等价, 则 s_1 和 s_2 在与 $\mathcal{M}$ 关联的迁移系统中互模拟等价 (见第 7 章的介绍).

例 10.18 *双骰游戏*

考虑双骰游戏的概率互模拟商, 见图 10.14. 可知 $s_{4,10} \not\sim_{\mathcal{M}} s_{6,8}$, 这是因为, 存在 PCTL 公式, 例如 $\mathbb{P}_{<\frac{1}{6}}(\bigcirc \mathrm{won})$, 它在 $s_{4,10}$ 成立, 而在 $s_{6,8}$ 不成立.

10.5 带成本的马尔可夫链

除了某些事件的概率, 分析马尔可夫链中执行的平均行为也是很自然的. 例如, 对于发送器和接收器经由不可靠通道传输信息的通信系统, 人们关心的测度是尝试发送消息直到正确传递的期望次数. 另一个例子是多处理器系统, 人们可能关心其连续两次失败之间的平均步数, 即两次失败之间的平均间隔. 对于电池供电的嵌入式系统, 人们关心的测度是操作中期望的能量消耗.

本节的目的是考虑马尔可夫链的一种称为*马尔可夫报酬链*的扩展以及考虑期望测度. 马尔可夫报酬链是一种马尔可夫链, 其状态 (或迁移) 附加了报酬. 报酬是一个自然数, 它可以解释为红利, 或对偶地解释为成本. 我们考虑给状态添加报酬. 想法是, 一旦离开状态 s, 就获得与 s 关联的报酬.

定义 10.16 *马尔可夫报酬模型* (MRM)

马尔可夫报酬模型 (MRM) 是元组 $(\mathcal{M}, \mathrm{rew})$, 其中 $\mathcal{M}$ 是一个具有状态空间 S 的马尔可夫链, $\mathrm{rew}\colon S \to \mathbb{N}$ 是报酬函数, 它给每个状态 $s \in S$ 指定一个非负整数报酬 $\mathrm{rew}(s)$. ■

直观上, 值 $\mathrm{rew}(s)$ 代表离开状态 s 时获得的报酬. 形式上, 有限路径 $\widehat{\pi} = s_0 s_1 \ldots s_n$ 的*累积报酬*定义为

$$\mathrm{rew}(\widehat{\pi}) = \mathrm{rew}(s_0) + \mathrm{rew}(s_1) + \cdots + \mathrm{rew}(s_{n-1}).$$

注意, 不考虑路径 $\widehat{\pi}$ 的最后一个状态 s_n 的报酬.

例 10.19　零配置协议

在例 10.4 的 IPv4 零配置协议中，考虑给单个接入点的行为建模的马尔可夫链见图 10.4. 考虑此模型的三个报酬函数:

- 第一个报酬赋值 (记作 rew_1) 表示等待时间. 前面讲过, 自发送探询起, 恰好用 r 个时间单位等待回执. 其定义为 $\text{rew}_1(s_i) = r\ (0 < i \leqslant n)$, $\text{rew}_1(s_0) = 0$ (假设主机迅速地随机选择一个 IP 地址), $\text{rew}_1(s_{n+3}) = n \cdot r$, $\text{rew}_1(s_{n+2}) = \text{rew}_1(s_{n+4}) = 0$, $\text{rew}_1(s_{n+1}) = E$, 其中 E 是一个很大的数, 表示 IP 地址冲突的情形.
- 第二个报酬赋值 (记作 rew_2) 用于跟踪已发送探询的总次数. 对 $0 < i \leqslant n$ 定义为 $\text{rew}_2(s_i) = 1$, 令 $\text{rew}_2(s_{n+3}) = n$, 其他状态的值为 0.
- 第三个报酬赋值 (记作 rew_3) 用于跟踪尝试获得未用 IP 地址的失败次数. 定义为 $\text{rew}_3(s_1) = 1$, 其他状态的值为 0.

考虑有限路径 $\widehat{\pi} = s_0 s_1 s_0 s_1 s_2 s_0 s_7 s_8$. 则可得 $\text{rew}_1(\widehat{\pi}) = 7r$, $\text{rew}_2(\widehat{\pi}) = 7$ 以及 $\text{rew}_3(\widehat{\pi}) = 2$. ■

10.5.1　成本有界可达性

马尔可夫报酬模型的一些定量性质可在有限路径的累积报酬的基础上定义. 本节考虑成本有界的可达性, 即在到达给定状态集合之前的期望报酬和在累积报酬的给定界限内到达这些状态的概率. 首先考虑期望报酬. 令 $(\mathcal{M}, \text{rew})$ 是状态空间为 S 的马尔可夫报酬模型, $B \subseteq S$ 是目标状态的集合. 对于 $\mathcal{M}$ 中无限路径 $\pi = s_0 s_1 s_2 \cdots$, 令

$$\text{rew}(\pi, \Diamond B) = \begin{cases} \text{rew}(s_0 s_1 \cdots s_n) & \text{若 } s_n \in B \text{ 且对于 } 0 \leqslant i < n \text{ 有 } s_i \notin B \\ \infty & \text{若 } \pi \not\models \Diamond B \end{cases}$$

用文字描述就是, $\text{rew}(\pi, \Diamond B)$ 表示沿着一条无限路径 π 首次到达 B 状态前获得的累积报酬. 现在定义到达 B 之前的期望报酬为函数 $\text{rew}(\pi, \Diamond B)$ 的期望.

定义 10.17　可达性质的期望报酬

对于状态 s 和 $B \subseteq S$, 从 s 到达 B 之前的期望报酬定义如下. 若 $\Pr(s \models \Diamond B) < 1$, 则 $\text{ExpRew}(s \models \Diamond B) = \infty$; 否则, 即, 若 $\Pr(s \models \Diamond B) = 1$, 则

$$\text{ExpRew}(s \models \Diamond B) = \sum_{r=0}^{\infty} r \cdot \Pr_s\{\pi \in \text{Paths}(s) \mid \pi \models \Diamond B \wedge \text{rew}(\pi, \Diamond B) = r\}$$ ■

当 $\Pr(s \models \Diamond B) = 1$ 时, 对任何报酬函数 rew, 上述无穷级数都收敛. 直观地看, 虽然沿路径增加了报酬, 但要乘以迁移的概率. 形式化证明留给读者作为练习, 见习题 10.18.

若 $\Pr(s \models \Diamond B) = 1$, 则到达 B 之前的期望报酬的等价特征可表述为沿从 s 到 B 的最小路径片段所得报酬的加权和:

$$\text{ExpRew}(s \models \Diamond B) = \sum_{\widehat{\pi}} \mathbf{P}(\widehat{\pi}) \cdot \text{rew}(\widehat{\pi})$$

其中 $\widehat{\pi}$ 取遍满足以下条件的所有有限路径片段 $s_0 s_1 \cdots s_n$[译注 238]: $s_n \in B$, $s_0 = s$, 并且 $s_0, s_1, \cdots, s_{n-1} \notin B$.

例 10.20　利用硬币模拟骰子

再次考虑例 10.2中的马尔可夫链, 它描述了如何用公平硬币模拟六面骰子, 见图 10.2.

为了推断得到某个骰子结果所需要的硬币抛掷次数, 将马尔可夫链扩展为马尔可夫报酬模型. 因而目标状态的集合 B 是 $B = \{1, 2, 3, 4, 5, 6\}$. 报酬函数指定 B 中状态的报酬为 0, 指定其他状态的报酬为 1. 无穷路径 $\pi = s_0 s_{1,2,3} s'_{1,2,3} 1^\omega$ 的累积报酬是 $\text{rew}(\pi, \Diamond B) = 3$. $\pi' = s_0(s_{1,2,3}s'_{1,2,3})^\omega$ 的累积报酬是 ∞.

为了确定某个点数出现前的轮数, 要用另一个报酬函数. 经历一次状态 $s_{1,2,3}$ 或 $s_{4,5,6}$ 为一轮. 为了推断轮数, 用报酬 1 关联状态 $s_{1,2,3}$ 和 $s_{4,5,6}$. 为所有其他状态设定报酬 0. 利用这个报酬函数, 可以得到到达 B 中目标状态之前轮数的期望值:

$$\text{ExpRew}(s_0 \models \Diamond B) = \sum_{r=1}^{\infty} r \cdot \frac{3}{4} \cdot \left(\frac{1}{4}\right)^{r-1} = \frac{4}{3}$$

注意, 在每一轮中, 对于目标状态, (在本轮) 到达的概率是 3/4, 而在另一轮到达的概率是 1/4. 因此, 恰为 r 轮的概率就等于从初始状态 s_0 到达 B 同时进入 $\{s_{1,2,3}, s_{4,5,6}\}$ [译注 239] 恰好 r 次的概率, 即 $(3/4) \cdot (1/4)^{r-1}$. 因而在得到一个结果前平均进行的轮数是 4/3.

简单说明一下 $\sum\limits_{r=1}^{\infty} r \cdot (3/4) \cdot (1/4)^{r-1}$ 的计算. 计算这个无穷级数的值的一种可能方法是, 把 $\sum\limits_{r=1}^{\infty} r \cdot (1/4)^{r-1}$ 看作函数 $f\colon\ ]-1, 1[\to \mathbb{R}$

$$f(x) = \sum_{r=0}^{\infty} x^r = \frac{1}{1-x}$$

在 $x = 1/4$ 处的一阶导数. 那么

$$f'(x) = \sum_{r=1}^{\infty} r \cdot x^{r-1} = \frac{1}{(1-x)^2}$$

因此,

$$\sum_{r=1}^{\infty} r \cdot \left(\frac{1}{4}\right)^{r-1} = f'\left(\frac{1}{4}\right) = \frac{1}{\left(1 - \frac{1}{4}\right)^2} = \frac{1}{\left(\frac{3}{4}\right)^2}$$

所以,

$$\sum_{r=1}^{\infty} r \cdot \frac{3}{4} \cdot \left(\frac{1}{4}\right)^{r-1} = \frac{3}{4} \cdot f'\left(\frac{1}{4}\right) = \frac{3}{4} \cdot \frac{1}{\left(\frac{3}{4}\right)^2} = \frac{4}{3}$$ ■

现在详细讨论如何计算有限马尔可夫报酬模型的期望报酬 $\text{ExpRew}(s \models \Diamond B)$. 应用在10.1.2节中阐述的基于图的技术, 首先确定几乎肯定到达 B 的状态 s 的集合 $S_{=1}$, 即

$$S_{=1} = \{s \in S \mid \Pr(s \models \Diamond B) = 1\}$$

任务是: 对每一个状态 $s \in S_{=1}$, 计算 $x_s = \text{ExpRew}(s \models \Diamond B)$. 对于所有状态 $s \in S_{=1} \setminus B$, 即满足 $\Pr(s \models \Diamond B) = 1$ 的 $s \in S \setminus B$ 及 s 的所有直接后继 u, 都有 $\Pr(u \models \Diamond B) = 1$. 因此, 若 $s \in S_{=1}$, 则或者 $s \in B$ 或者 $\text{Post}(s) \subseteq S_{=1}$. 而且, 值 $x_s = \text{ExpRew}(s \models \Diamond B)$ 给出了下述方程组的解:

$$x_s = \begin{cases} 0 & \text{若 } s \in B \\ \text{rew}(s) + \sum\limits_{u \in \text{Post}(s)} \boldsymbol{P}(s, u) \cdot x_u & \text{若 } s \in S_{=1} \setminus B \end{cases}$$

事实上, 向量 $(x_s)_{s\in S_{=1}}$ 是上述线性方程组的唯一解. 将定理 10.2 的证明中确立的结果应用于由 $S_{=1}$ 的状态组成的子链, 即可得此结论. 注意, 由定理 10.2 的证明有

$$\text{若 } \boldsymbol{Ax}=\boldsymbol{x} \text{ 则 } \boldsymbol{x}=\boldsymbol{0}$$

其中 $\boldsymbol{A}=(\boldsymbol{P}(s,u))_{s,u\in S_{=1}\setminus B}$. 因为 $\boldsymbol{A}$ 是方阵, 所以这个蕴涵等价于 $\boldsymbol{I}-\boldsymbol{A}$ 的非奇异性. 也就是说, 对于任何向量 $\boldsymbol{b}$, 线性方程组 $\boldsymbol{x}=\boldsymbol{Ax}+\boldsymbol{b}$ 可重写为 $(\boldsymbol{I}-\boldsymbol{A})\boldsymbol{x}=\boldsymbol{b}$, 并有唯一解 $\boldsymbol{x}=(\boldsymbol{I}-\boldsymbol{A})^{-1}\boldsymbol{b}$. 事实上, 关于期望报酬的上述方程组可重写为 $\boldsymbol{x}=\boldsymbol{Ax}+\boldsymbol{b}$ 的形式, 其中 $\boldsymbol{x}$ 代表向量 $(x_s)_{s\in S_{=1}\setminus B}$, $\boldsymbol{b}=(b_s)_{s\in S_{=1}\setminus B}$ 是元素为 $b_s=\text{rew}(s)$ 的向量.

总之, 在有限马尔可夫报酬模型中, 计算到达某个状态集合之前所得期望报酬的时间复杂度是 $\mathcal{M}$ 的大小的多项式. 需要的技术是确定 $S_{=1}$ 的图论分析和解线性方程组.

例 10.21 硬币模拟骰子

再次考虑 Knuth 和姚期智的利用公平硬币模拟骰子的例子. 像例 10.20 一样, 考虑把报酬用作轮数计数器的马尔可夫报酬模型. 即, $\text{rew}(s_{1,2,3})=\text{rew}(s_{4,5,6})=1$, 且对所有其他状态 $\text{rew}(s)=0$. 根据上述线性方程组, 计算在得到结果 (即到达 $B=\{1,2,3,4,5,6\}$ 中的某个状态) 之前平均进行的轮数. 显然, 对每个状态 s 都有 $\Pr(s\models\Diamond B)=1$. 因此, 所有状态都包含在 $S_{=1}$ 中. 令 $x_{1,2,3}$ 表示 $x_{s_{1,2,3}}$, $x'_{1,2,3}$ 表示 $x_{s'_{1,2,3}}$. 值 $x_s=\text{ExpRew}(s\models\Diamond B)$ 是下述方程组的一个解:

$$\begin{aligned}
x_0&=\frac{1}{2}\cdot x_{1,2,3}+\frac{1}{2}\cdot x_{4,5,6}\\
x_{1,2,3}&=1+\frac{1}{2}\cdot x'_{1,2,3}+\frac{1}{2}\cdot x_{2,3}\\
x_{2,3}&=\frac{1}{2}\cdot x_2+\frac{1}{2}\cdot x_3\\
x'_{1,2,3}&=\frac{1}{2}\cdot x_{1,2,3}+\frac{1}{2}\cdot x_1\\
x_{4,5,6}&=1+\frac{1}{2}\cdot x'_{4,5,6}+\frac{1}{2}\cdot x_{4,5}\\
x_{4,5}&=\frac{1}{2}\cdot x_4+\frac{1}{2}\cdot x_5\\
x'_{4,5,6}&=\frac{1}{2}\cdot x_{4,5,6}+\frac{1}{2}\cdot x_6\\
x_1&=x_2=x_3=x_4=x_5=x_6=0
\end{aligned}$$

使用 $0<i\leqslant 6$ 时的值 $x_i=0$ 可得 $x_{2,3}=x_{4,5}=0$. 其他状态的方程简化为

$$\begin{aligned}
x_0&=\frac{1}{2}\cdot x_{1,2,3}+\frac{1}{2}\cdot x_{4,5,6}\\
x_{1,2,3}&=1+\frac{1}{2}\cdot x'_{1,2,3}\\
x'_{1,2,3}&=\frac{1}{2}\cdot x_{1,2,3}\\
x_{4,5,6}&=1+\frac{1}{2}\cdot x'_{4,5,6}\\
x'_{4,5,6}&=\frac{1}{2}\cdot x_{4,5,6}
\end{aligned}$$

由此得到下述方程组:

$$\begin{pmatrix} 1 & -\frac{1}{2} & 0 & -\frac{1}{2} & 0 \\ 0 & 1 & -\frac{1}{2} & 0 & 0 \\ 0 & -\frac{1}{2} & 1 & 0 & 0 \\ 0 & 0 & 0 & 1 & -\frac{1}{2} \\ 0 & 0 & 0 & -\frac{1}{2} & 1 \end{pmatrix} \cdot \begin{pmatrix} x_0 \\ x_{1,2,3} \\ x'_{1,2,3} \\ x_{4,5,6} \\ x'_{4,5,6} \end{pmatrix} = \begin{pmatrix} 0 \\ 1 \\ 0 \\ 1 \\ 0 \end{pmatrix}$$

该方程组的唯一解是 $x_0 = x_{1,2,3} = x_{4,5,6} = 4/3$ 和 $x'_{1,2,3} = x'_{4,5,6} = 2/3$. 因此, 像以前一样, 得到平均轮数 $\text{ExpRew}(x_0 \models \Diamond B) = x_0 = 4/3$. ■

注记 10.10　期望报酬的替代定义

据定义 10.17, 若 s 不几乎肯定到达 B, 则 $\text{ExpRew}(s \models \Diamond B) = \infty$. 这个选择与以下事实相容: 若对某个路径 π 有 $\pi \not\models \Diamond B$, 则 $\text{rew}(\pi, \Diamond B) = \infty$. 下面讨论此定义的两个变体.

对于某些应用, 定义永远不访问 B 的无穷路径片段的累积报酬是 0 (而不是 ∞) 可能更合理. 此时, 对所有情形定义期望报酬 $\text{ExpRew}(s \models \Diamond B)$ 为

$$\sum_{r=0}^{\infty} r \cdot \Pr_s\{\pi \in \text{Paths}(s) \mid \pi \models \Diamond B \wedge \text{rew}(\pi, \Diamond B) = r\}$$

(即不把 $\Pr(s \models \Diamond B) < 1$ 当作例外.) 对于 $\Pr(s \models \Diamond B) = 0$ 在线性方程组中增加约束 $x_s = 0$, 就可很容易地使计算 $\text{ExpRew}(s \models \Diamond B)$ 的上述算法适用于处理改造后的定义. 对于 $t \in B$, 方程 $x_t = 0$ 保持不变. 对所有其他状态 s, 即满足 $s \notin B$ 和 $\Pr(s \models \Diamond B) > 0$ 的所有状态 s, 用以下方程处理:

$$x_s = \text{rew}(s) + \sum_{u \in \text{Post}(s)} \boldsymbol{P}(s, u) \cdot x_u$$

处理永不到达 B 状态的路径的另一个方法是考虑条件期望. 即, 要在终将到达 B 的条件下考虑到达 B 的期望报酬. 条件期望的对应定义如下, 并记作 $\text{CExpRew}(s \models \Diamond B)$. 若 $\Pr(s \models \Diamond B) > 0$, 则

$$\text{CExpRew}(s \models \Diamond B) = \sum_{r=0}^{\infty} r \cdot \frac{\Pr_s\{\pi \in \text{Paths}(s) \mid \pi \models \Diamond B \wedge \text{rew}(\pi, \Diamond B) = r\}}{\Pr(s \models \Diamond B)}$$

若 $\Pr(s \models \Diamond B) = 0$, 即从 s 不可到达 B, 则认为 $\text{CExpRew}(s \models \Diamond B)$ 无定义或是某个固定值. 条件期望报酬的计算如下. 通过始于 B 状态的后向图论分析, 确定集合

$$\text{Pre}^*(B) = \{s \in S \mid \Pr(s \models \Diamond B) > 0\}$$

这是一个标准的后向可达性分析. 令 $\mathcal{M}'$ 是以 $\text{Pre}^*(B)$ 为状态空间的新马尔可夫链. $\mathcal{M}'$ 的迁移概率定义为: 若 $s \in \text{Pre}^*(B) \setminus B$ 且 $s' \in \text{Pre}^*(B)$, 则

$$\boldsymbol{P}'(s, s') = \frac{\boldsymbol{P}(s, s')}{\boldsymbol{P}(s, \text{Pre}^*(B))}$$

若 $t \in B$, 则令 $\boldsymbol{P}'(t,t)=1$, 且对所有状态 $s' \in \mathrm{Pre}^*(B) \setminus \{t\}$, 令 $\boldsymbol{P}'(t,s')=0$. 那么, 对 $\mathcal{M}'$ 中的所有状态 s, $\mathrm{Pr}^{\mathcal{M}'}(s \models \Diamond B)=1$ 且

$$\mathrm{CExpRew}^{\mathcal{M}}(s \models \Diamond B) = \mathrm{ExpRew}^{\mathcal{M}'}(s \models \Diamond B)$$

$\mathcal{M}$ 中的条件期望报酬因而等于 $\mathcal{M}'$ 中的期望报酬. 因此, 条件期望报酬 $\mathrm{CExpRew}(s \models \Diamond B)$ 的计算可约简为 (无条件) 期望报酬的计算. ■

马尔可夫报酬模型的其他重要的定量测度是*成本有界的可达性概率*, 即在累积报酬的某个范围内到达给定状态集的概率. 认为到达目标状态之一的累积报酬超出范围的路径太昂贵. 令 $B \subseteq S$, $r \in \mathbb{N}$, $\Diamond_{\leqslant r} B$ 表示累积报酬至多为 r 的到达集合 B 的事件. 那么

$$\mathrm{Pr}(s \models \Diamond_{\leqslant r} B) = \mathrm{Pr}_s\{\pi \in \mathrm{Paths}(s) \mid \pi \models \Diamond B \wedge \mathrm{rew}(\pi, \Diamond B) \leqslant r\}$$

表示到达 B 前的累积报酬至多为 r 的从 s 到达 B 的概率. 例如, 当 B 代表好状态的集合时, $\mathrm{Pr}(s \models \Diamond_{\leqslant r} B)$ 表示成本至多为 r 的到达好状态的概率. 有

$$\mathrm{Pr}(s \models \Diamond_{\leqslant r} B) = \sum_{\widehat{\pi}} \boldsymbol{P}(\widehat{\pi})$$

其中 $\widehat{\pi}$ 取遍满足 $s_n \in B$, $s_0 = s$, $s_0, s_1, \cdots, s_{n-1} \notin B$ 且 $\mathrm{rew}(\widehat{\pi}) \leqslant r$ 的所有有限路径 $s_0 s_1 \cdots s_n$.

对于有限马尔可夫报酬模型, 值 $x_{s,r} = \mathrm{Pr}(s \models \Diamond_{\leqslant r} B)$ 可由下述方程组计算:

- 若 $s \in B$, 则 $x_{s,r} = 1$.
- 若 $s \notin \mathrm{Pre}^*(B)$ 或 $s \in \mathrm{Pre}^*(B) \setminus B \wedge (\mathrm{rew}(s) > r)$, 则 $x_{s,r} = 0$.
- 对所有其他情形, 即若 $s \in \mathrm{Pre}^*(B) \setminus B$ 且 $\mathrm{rew}(s) \leqslant r$, 则

$$x_{s,r} = \sum_{u \in S} \boldsymbol{P}(s,u) \cdot x_{u, r-\mathrm{rew}(s)}$$

它可看作变量为 $x_{s,\rho}$ 的线性方程组, 其中 $(s,\rho) \in S \times \{0,1,\cdots,r\}$. 若所有报酬都是正的, 即对于任意状态 s 都有 $\mathrm{rew}(s) > 0$, 则 $x_{s,r}$ 完全由值 $x_{u,\rho}$ 决定, 其中 $u \in S$, $\rho < r$. 因此, 在此情形下, 对于 $\rho = 0,1,\cdots,r$ 依次计算向量 $(x_{s,\rho})_{s \in S}$, 即可解上述方程组. 出现 0 报酬状态时, $x_{s,r}$ 的上述方程对于同一报酬界限 r 可能包含多个变量 $x_{u,r}$. 然而, $x_{s,r}$ 仅依赖于 $\rho \leqslant r$ 的值 $x_{u,\rho}$. 因此, 向量 $\boldsymbol{x}_0, \boldsymbol{x}_1, \cdots, \boldsymbol{x}_r$ 可依次确定, 其中向量 $\boldsymbol{x}_\rho = (x_{s,\rho})_{s \in S}$ 按如下方式从 $\boldsymbol{x}_i$ 得到, $0 \leqslant i < \rho$. 若 $s \in B$ 或 $s \notin \mathrm{Pre}^*(B)$, 则 $x_{s,\rho}$ 的值是 1 或 0 (见上面的前两条); 若 $s \in \mathrm{Pre}^*(B) \setminus B$ 且 $\mathrm{rew}(s) > 0$, 则 $x_{s,\rho}$ 的值由先前计算的值 $x_{u,\rho-\mathrm{rew}(s)}$ 得到 (见第三条中的和). 对于余下的状态, 即在 $S_0 = \{s \in \mathrm{Pre}^*(B) \setminus B \mid \mathrm{rew}(s) = 0\}$ 中的状态, $x_{s,\rho}$ 的值作为下述线性方程组的唯一解得到:

$$\boldsymbol{x} = \boldsymbol{A}_0 \cdot \boldsymbol{x} + \boldsymbol{b}$$

向量 $\boldsymbol{x}$ 表示 $(x_{s,\rho})_{s \in S_0}$. 矩阵 $\boldsymbol{A}_0$ 包含 S_0 的状态之间的迁移概率, 即 $\boldsymbol{A}_0 = (\boldsymbol{P}(s,u))_{s,u \in S_0}$.

向量 $\boldsymbol{b} = (b_{s,\rho})_{s \in S_0}$ 的元素由如下公式给出:

$$
\begin{aligned}
b_{s,\rho} = & \sum_{u \in B} \boldsymbol{P}(s,u) \cdot \underbrace{x_{u,\rho}}_{=1} + \sum_{u \in S \setminus \mathrm{Pre}^*(B)} \boldsymbol{P}(s,u) \cdot \underbrace{x_{u,\rho}}_{=0} \\
& + \sum_{\substack{u \in \mathrm{Pre}^*(B) \setminus B \\ \mathrm{rew}(u) > \rho}} \boldsymbol{P}(s,u) \cdot \underbrace{x_{u,\rho}}_{=0} + \sum_{\substack{u \in \mathrm{Pre}^*(B) \setminus B \\ \rho \geqslant \mathrm{rew}(u) > 0}} \boldsymbol{P}(s,u) \cdot x_{u,\rho} \\
= & \boldsymbol{P}(s,B) + \sum_{\substack{u \in \mathrm{Pre}^*(B) \setminus B \\ \rho \geqslant \mathrm{rew}(u) > 0}} \boldsymbol{P}(s,u) \cdot \underbrace{x_{u,\rho}}_{\text{已计算}}.
\end{aligned}
$$

此方程组是线性的且有唯一解. 前面讲过, $\boldsymbol{P}(s,B)$ 表示从状态 s 经一步迁移到达状态 $t \in B$ 的概率, 即 $\boldsymbol{P}(s,B) = \sum\limits_{t \in B} \boldsymbol{P}(s,t)$.

总之, 计算概率 $\Pr(s \models \Diamond_{\leqslant r} B)$ 的时间复杂度关于 $\mathcal{M}$ 的大小是多项式的, 关于报酬界限 r 是线性的. 事实上, 对于计算某个指定状态 s_0 的 $\Pr(s_0 \models \Diamond_{\leqslant r} B)$, 未必涉及所有变量 $x_{s,\rho}$. 牵涉的变量用如下方法得到, 从 $x_{s_0,r}$ 的方程开始, 只添加在已生成的方程出现的那些方程 $x_{s,\rho}$. 这种观察对于最坏时间复杂度没有影响, 但可能引起急剧加速.

例 10.22　硬币模拟骰子

再次考虑利用公平硬币模拟骰子的马尔可夫报酬模型, 且其报酬函数用于计数轮数, 见例 10.20和例 10.21. 考虑在前两轮内获得骰子点数的概率. 这相当于对于 $\rho = 0, 1, 2$ 和所有状态 s 计算值 $x_{s,\rho} = \Pr(s \models \Diamond_{\leqslant \rho} B)$, 其中 $B = \{1, 2, 3, 4, 5, 6\}$. 有

$$
\begin{aligned}
& x_{s_0,0} = x_{s_{1,2,3},0} = x_{s_{4,5,6},0} = 0 \\
& x_{s'_{1,2,3},0} = x_{s'_{4,5,6},0} = \frac{1}{2} \\
& x_{s_{2,3},0} = x_{s_{4,5},0} = x_{i,0} = 1, \quad i = 1, 2, \cdots, 6
\end{aligned}
$$

从初始状态开始第一轮到达一个 B 状态的概率由 $x_{s_0,1}$ 给出, 其中

$$
\begin{aligned}
x_{s_0,1} &= \frac{1}{2} \cdot x_{s_{1,2,3},1} + \frac{1}{2} \cdot x_{s_{4,5,6},1} \\
x_{s_{1,2,3},1} &= \frac{1}{2} \cdot \underbrace{x_{s_{2,3},0}}_{=1} + \frac{1}{2} \cdot \underbrace{x_{s'_{1,2,3},0}}_{=\frac{1}{2}} = \frac{3}{4} \\
x_{s_{4,5,6},1} &= \frac{1}{2} \cdot \underbrace{x_{s_{4,5},0}}_{=1} + \frac{1}{2} \cdot \underbrace{x_{s'_{4,5,6},0}}_{=\frac{1}{2}} = \frac{3}{4}
\end{aligned}
$$

故有 $x_{s_0,1} = 3/4$. 对其他状态, 有 $x_{s_{2,3},1} = x_{s_{4,5},1} = x_{i,1} = 1 \ (1 \leqslant i \leqslant 6)$ [译注 240] 及

$$
x_{s'_{1,2,3},1} = \frac{1}{2} \cdot x_{s_{1,2,3},1} + \frac{1}{2} \cdot x_{1,1} = \frac{1}{2} \cdot \frac{3}{4} + \frac{1}{2} \cdot 1 = \frac{7}{8}
$$

并且类似地有 $x_{s'_{4,5,6},1} = 7/8$. 初始状态在两轮内到达 B 的概率 $x_{s_0,2}$ 由如下公式给出:

$$x_{s_0,2} = \frac{1}{2} \cdot x_{s_{1,2,3},2} + \frac{1}{2} \cdot x_{s_{4,5,6},2}$$

$$x_{s_{1,2,3},2} = \frac{1}{2} \cdot \underbrace{x_{s_{2,3},1}}_{=1} + \frac{1}{2} \cdot \underbrace{x_{s'_{1,2,3},1}}_{=\frac{7}{8}} = \frac{15}{16}$$

$$x_{s_{4,5,6},2} = \frac{1}{2} \cdot \underbrace{x_{s_{4,5},1}}_{=1} + \frac{1}{2} \cdot \underbrace{x_{s'_{4,5,6},1}}_{=\frac{7}{8}} = \frac{15}{16}$$

因此, $x_{s_0,2} = 15/16$. 事实上, 对所有整数 $r \geqslant 0$ 有 $x_{s_0,r} = 1 - 1/4^r$; 见习题 10.19. ■

上面讨论了关于成本有界可达性概率的技术, 可用很直接的方式让它适用于成本有界约束可达性概率. 对于 $C, B \subseteq S$, 令

$$\Pr(s \models C \,\mathsf{U}_{\leqslant r}\, B) = \Pr_s\{\pi \in \text{Paths}(s) \mid \pi \models C \,\mathsf{U}_{\leqslant r}\, B\}$$

其中 $s_0 s_1 s_2 \cdots \models C \,\mathsf{U}_{\leqslant r}\, B$ 当且仅当存在有限前缀 $s_0 s_1 \cdots s_n$ 使得 $s_i \in C$ $(0 \leqslant i < n)$, $s_n \in B$ 且 $\text{rew}(s_0 s_1 \cdots s_n) \leqslant r$. 事实上, 通过类似于计算 $\Pr(s \models \lozenge_{\leqslant r} B)$ 的线性方程组可获得值 $\Pr(s \models C \,\mathsf{U}_{\leqslant r}\, B)$. 方程组如下:

- 若 $s \in B$, 则 $x_{s,r} = 1$.
- 若 $s \not\models \exists(C \,\mathsf{U}\, B)$ 或 $s \notin B \wedge \text{rew}(s) > r$, 则 $x_{s,r} = 0$.
- 对所有其他情形, 即若 $s \in \exists(C \,\mathsf{U}\, B)$ 且 $\text{rew}(s) \leqslant r$, 则

$$x_{s,r} = \sum_{u \in S} \boldsymbol{P}(s,u) \cdot x_{u,r-\text{rew}(s)}$$

当对 PCTL 的含报酬的变体进行模型检验时, 上面讨论的技术是关键要素. 这个逻辑叫作 PRCTL, 是概率报酬 CTL(Probabilistic Reward CTL) 的缩写. 定义如下.

定义 10.18　PRCTL 语法

原子命题集合 AP 上的 PRCTL 状态公式根据下述语法形成:

$$\Phi ::= \text{true} \;\big|\; a \;\big|\; \Phi_1 \wedge \Phi_2 \;\big|\; \neg\Phi \;\big|\; \mathbb{P}_J(\varphi) \;\big|\; \mathbb{E}_R(\Phi)$$

其中, $a \in \text{AP}$, φ 是一个路径公式, $J \subseteq [0,1]$, R 是端点为有理数的区间. PRCTL [译注 241] 路径公式根据下述语法形成:

$$\varphi ::= \bigcirc\Phi \;\big|\; \Phi_1 \,\mathsf{U}\, \Phi_2 \;\big|\; \underbrace{\Phi_1 \,\mathsf{U}^{\leqslant n}\, \Phi_2}_{\text{步数有界直到}} \;\big|\; \underbrace{\Phi_1 \,\mathsf{U}_{\leqslant r}\, \Phi_2}_{\text{报酬有界直到}}$$

其中 Φ、Φ_1 和 Φ_2 是状态公式且 $n, r \in \mathbb{N}$. ■

命题逻辑片段和概率算子的语义与在 PCTL 中时相同. 期望算子 $\mathbb{E}_R(\cdot)$ 的语义定义如下:

$$s \models \mathbb{E}_R(\Phi) \;\text{ iff }\; \text{ExpRew}(s \models \lozenge\text{Sat}(\Phi)) \in R$$

例 10.23 PRCTL 通过条件

$$\mathbb{E}_{\leqslant \frac{3}{2}}(\text{outcome}) \wedge \bigwedge_{1 \leqslant i \leqslant 6} \mathbb{P}_{=\frac{1}{6}}(\Diamond i) \wedge \mathbb{P}_{\geqslant \frac{15}{16}}(\Diamond_{\leqslant 2}\text{outcome})$$

可描述硬币对骰子的模拟, 其中 outcome 是标记 6 个点数状态 1~6 的原子命题. 上述 PRCTL 公式断定:

(1) 获得结果的平均轮数以 3/2 为界.

(2) 所得结果在下述意义上的正确性, 六个可能结果中的每一个出现的概率均为 1/6.

(3) 以至少 15/16 的概率在至多两轮内得到结果. ■

例 10.24 IPv4 零配置协议

再次考虑例 10.4介绍的 IPv4 零配置协议. 考虑表示等待时间的报酬函数. 性质 "以一个未用 IP 地址在 n 步内结束的概率超过 p'" 可表示为以下 PRCTL 公式:

$$\mathbb{P}_{>p'}(\Diamond_{\leqslant n}\text{ok})$$

其中 ok 唯一地表示已经选定未用 IP 地址的状态.

现在考虑跟踪已发送探询次数的报酬函数. 性质 "在至多 n 次探询后以未用 IP 地址结束的概率超过 p'" 由以下 PRCTL 公式表示:

$$\mathbb{P}_{>p'}(\Diamond_{\leqslant n}(\text{ok}))$$

尽管它与上面的公式相同, 但其解释却因报酬函数不同而不同. ■

10.5.2 长远性质

本节主要关注另一类性质, 即长远平均. 与 10.5.1 节考虑的测度相比, 长远平均基于马尔可夫链的极限行为. 考虑长远平均之前, 首先考虑马尔可夫链的长远分布.

长远分布是在瞬时分布的基础上定义的极限. 前面讲过, 瞬时状态分布 $\Theta_n = \Theta_n^{\mathcal{M}}$ 是一个函数, 它在给定的初始分布 $\boldsymbol{\iota}_{\text{init}}$ 下为每个状态 $t \in S$ 指定恰好 n 步后处于状态 t 的概率, 见注记 10.6. 当 n 趋向于无穷时得到 $\mathcal{M}$ 的极限行为.

对于给定的马尔可夫链 $\mathcal{M}$ 和 $\mathcal{M}$ 中的状态 s 和 t, 令 $\theta_n^{\mathcal{M}}(s,t)$ (简写为 $\theta_n(s,t)$) 表示从状态 s 开始经 n 步后处于状态 t 的概率, 即

$$\theta_n(s,t) = \Pr_s\{s_0 s_1 s_2 \cdots \in \text{Paths}(s) \mid s_0 = s \wedge s_n = t\}$$

瞬时状态分布 Θ_n 通过考虑初始分布由值 $\theta_n(s,t)$ 得到:

$$\Theta_n(t) = \sum_{s \in S} \boldsymbol{\iota}_{\text{init}}(s) \cdot \theta_n(s,t)$$

对于固定状态 s, 函数 $t \mapsto \theta_n(s,t)$ 与马尔可夫链 $\mathcal{M}_s$ 中的瞬时状态分布 $\Theta_n^{\mathcal{M}_s}$ 一致, 其中 $\mathcal{M}_s$ 是由 $\mathcal{M}$ 通过把 s 看作唯一初始状态得到的.

定义 10.19 长远分布

令 $\mathcal{M} = (S, \boldsymbol{P}, \boldsymbol{\iota}_{\text{init}}, \text{AP}, L)$ 为马尔可夫链, $s, t \in S$. 长远平均概率 $\theta^{\mathcal{M}}(s,t)$ (简写为 $\theta(s,t)$) 由如下公式给出:

$$\theta(s,t) = \lim_{n\to\infty} \frac{1}{n} \cdot \sum_{i=1}^{n} \theta_i(s,t)$$

函数 $t \mapsto \theta(s,t)$ 是始于状态 s 的长远分布. $\mathcal{M}$ 的长远分布由

$$\Theta^{\mathcal{M}}(t) = \sum_{s\in S} \boldsymbol{\iota}_{\text{init}}(s) \cdot \theta(s,t)$$

给出. ■

上述定义中的极限在每个有限马尔可夫链中都存在. 这里不提供形式证明, 可参考介绍马尔可夫链的相关教材, 例如文献 [248] 等. 直观地看, 长远概率 $\theta(s,t)$ 是当从 s 开始时处于状态 t 的 (离散) 时间的比例. 例如, 在图 10.15 所示的两状态马尔可夫链中, 当从 s 开始时, 任意偶数步后当前状态是 s, 任意奇数步后当前状态是 t. 因此, 对任意 $k \geqslant 0$, 有

$$\theta_{2k}(s,s) = \theta_{2k+1}(s,t) = 1$$

而 $\theta_{2k}(s,t) = \theta_{2k+1}(s,s) = 0$. 所以,

$$\frac{1}{2k}\sum_{i=1}^{2k} \theta_i(s,t) = \frac{k}{2k}$$

$$\frac{1}{2k+1}\sum_{i=1}^{2k+1} \theta_i(s,t) = \frac{k+1}{2k+1}$$

因此, $\lim\limits_{n\to\infty} \theta_n(s,t)$ 不存在, 但

$$\theta(s,t) = \lim_{n\to\infty} \frac{1}{n}\sum_{i=1}^{n} \theta_i(s,t) = \frac{1}{2}$$

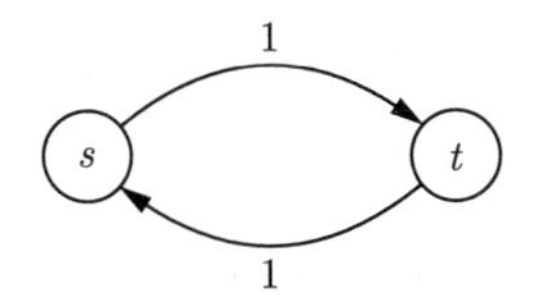

图 10.15 两状态马尔可夫链

这个例子说明瞬时概率 $\theta_n(s,t)$ 的序列可能不收敛. 因此长远概率的定义不能通过取瞬时概率 $\theta_n(s,t)$ 的极限进行简化.

然而, 若 $\lim\limits_{n\to\infty} \theta_n(s,t)$ 存在, 则它等于 $\theta(s,t)$. 这由图 10.16 所示的马尔可夫链说明.

只要当前状态是 s, 则两个后继状态 s 和 t 的可能性相同; 然而, 若当前状态是 t, 则下一状态几乎肯定是 s. 这为处于状态 s 和 t 的时间比例分别是 2/3 和 1/3 提供了一个直观的解释. 对于这个例子, 有

$$\theta_{n+1}(s,s) = \frac{1}{2}\theta_n(s,s) + \theta_n(s,t) \text{ 和 } \theta_{n+1}(s,t) = \frac{1}{2}\theta_n(s,s)$$

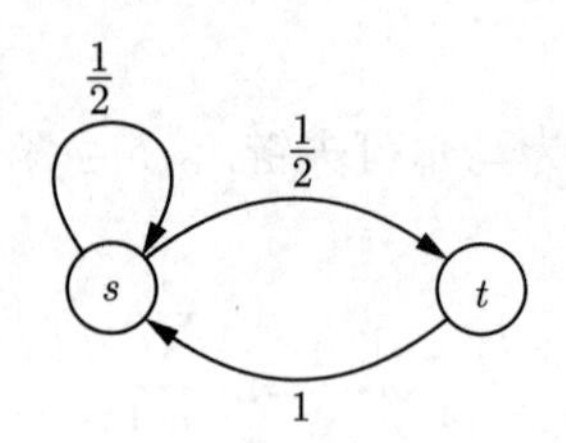

图 10.16 $\lim\limits_{n\to\infty}\theta_n(s,t)$ 存在时的两状态马尔可夫链

表 10.1 显示了 $0 \leqslant n \leqslant 4$ 时 $\theta_n(s,s)$ 和 $\theta_n(s,t)$ 的值[译注 242].

表 10.1 $0 \leqslant n \leqslant 4$ 时 $\theta_n(s,s)$ 和 $\theta_n(s,t)$ 的值

n	$\theta_n(s,s)$	$\theta_n(s,t)$
0	1	0
1	1/2	1/2
2	3/4	1/4
3	5/8	3/8
4	11/16	5/16
5	21/32	11/32
⋮	⋮	⋮
极限	2/3	1/3

事实上, $\lim\limits_{n\to\infty}\theta_n(s,s) = \dfrac{2}{3} = \theta(s,s)$, 且 $\lim\limits_{n\to\infty}\theta_n(s,t) = \dfrac{1}{3} = \theta(s,t)$.

长远概率为几个有趣的测度提供了基础. 定义 10.20 考虑了在对集合 B 中的某个状态的两次连续访问之间所得的期望长远报酬.

定义 10.20 *B 状态之间的期望长远报酬*

令 $\mathcal{M}$ 是状态空间为 S 的有限马尔可夫报酬模型, $B \subseteq S$, $s \in S$, 且 $\Pr(s \models \Box\Diamond B) = 1$. 始于 s 的两个 B 状态之间的*期望长远报酬*由如下公式给出:

$$\mathrm{LongRunER}_s(B) = \sum_{t\in B}\theta(s,t)\cdot \mathrm{ExpRew}(t \models \bigcirc\Diamond B)$$

其中 $\mathrm{ExpRew}(t \models \bigcirc\Diamond B)$ 的定义类似于 $\mathrm{ExpRew}(t \models \Diamond B)$, 只是它仅仅考虑长度 $\geqslant 1$ 的路径, 即

$$\mathrm{ExpRew}(t \models \bigcirc\Diamond B) = \mathrm{rew}(t) + \sum_{u\in S}\boldsymbol{P}(t,u)\cdot \mathrm{ExpRew}(u \models \Diamond B)$$ ■

值 $\mathrm{ExpRew}(t \models \bigcirc\Diamond B)$ 可解释为从 t 经一步或多步移动到 B 所得的平均报酬. 长远考虑马尔可夫链 $\mathcal{M}$ 时, $\mathrm{LongRunER}_s(B)$ 的直观含义是对 B 状态进行的两次连续访问之间所得的平均报酬. 例如, 若 B 刻画某些失败的状态, 且报酬函数对 B 之外的所有状态定义为 1, 则 $\mathrm{LongRunER}_s(B)$ 就是两次失败之间的平均步数.

期望长远报酬 $\mathrm{LongRunER}_s(B)$ 的计算依赖于长远概率计算技术. 现在讨论如何再次通过解线性方程组得到 $\theta(s,t)$ 的值.

接下来, 令 $\mathcal{M}$ 是状态空间为 S 的有限马尔可夫链, $s \in S$. 首先确认函数 $t \mapsto \theta(s,t)$ 实际上是 S 上的分布. 因为对所有 i 都有 $0 \leqslant \theta_i(s,t) \leqslant 1$, 所以 $\sum\limits_{1 \leqslant i \leqslant n} \theta_i(s,t) \leqslant n$, 因此的确有 $0 \leqslant \theta(s,t) \leqslant 1$. 而且, 对每一 $i \geqslant 1$, 有

$$\sum_{t \in S} \theta_i(s,t) = 1$$

因此[译注 243],

$$\sum_{t \in S} \theta(s,t) = \lim_{n \to \infty} \frac{1}{n} \sum_{t \in S} \sum_{i=1}^{n} \theta_i(s,t) = \lim_{n \to \infty} \frac{1}{n} \sum_{i=1}^{n} \underbrace{\sum_{t \in S} \theta_i(s,t)}_{=1} = \lim_{n \to \infty} \frac{1}{n} \cdot n = 1$$

还有下述平衡方程:

$$\theta(s,u) = \sum_{t \in S} \theta(s,t) \cdot \boldsymbol{P}(t,u)$$

推导如下:

$$\begin{aligned}
&\sum_{t \in S} \theta(s,t) \cdot \boldsymbol{P}(t,u) \\
=& \lim_{n \to \infty} \frac{1}{n} \sum_{t \in S} \sum_{i=1}^{n} \theta_i(s,t) \cdot \boldsymbol{P}(t,u) \\
=& \lim_{n \to \infty} \frac{1}{n} \sum_{i=1}^{n} \sum_{t \in S} \theta_i(s,t) \cdot \boldsymbol{P}(t,u) \\
=& \lim_{n \to \infty} \frac{1}{n} \sum_{i=1}^{n} \theta_{i+1}(s,u) \\
=& \lim_{n \to \infty} \underbrace{\frac{n+1}{n}}_{\text{趋向 } 1} \cdot \Bigg(\underbrace{\frac{1}{n+1} \cdot \sum_{j=1}^{n+1} \theta_j(s,u)}_{\text{趋向 } \theta(s,u)} - \underbrace{\frac{\theta_1(s,u)}{n+1}}_{\text{趋向 } 0} \Bigg) \\
=& \theta(s,u)
\end{aligned}$$

因为几乎肯定可以到达一个 BSCC, 所以若 t 不属于从 s 可达的 BSCC, 则 $\theta(s,t) = 0$. 注意, 若 i 趋向无穷, 则 $\theta_i(s,t)$ 趋向 0. 特别地, 若 $s \in T$ 且 $T \in \text{BSCC}(\mathcal{M})$, 则

$$\sum_{t \in T} \theta(s,t) = 1$$

对于 $s, t \in T$ 和 $T \in \text{BSCC}(\mathcal{M})$, 由此及 (应用于由 T 中状态组成的子马尔可夫链的) 平衡方程可得, 值 $x_{s,t} = \theta(s,t)$ 是方程组

$$\sum_{t \in T} x_{s,t} = 1, \quad x_{s,u} = \sum_{t \in T} x_{s,t} \cdot \boldsymbol{P}(t,u)$$

的解, 其中 s 和 u 取遍 T 中所有状态. 事实上, 上述方程组有唯一解. 特别地, 对于某个 BSCC 中的所有状态 s、s' 和 t 有

$$\theta(s,t) = x_{s,t} = x_{s',t} = \theta(s',t)$$

因此, 包含在某个 BSCC T 中的状态 s 的长远分布 $t \mapsto \theta(s,t)$ 可通过变量 x_t $(t \in T)$ 的线性方程组

- $\sum\limits_{t \in T} x_t = 1.$
- $\sum\limits_{t \in T} x_t \cdot \boldsymbol{P}(t,u) = x_u$, 对所有状态 $u \in T$.

解出. 此方程组有唯一解 $(x_t)_{t \in T}$, 且对所有状态 $s, t \in T$ 有 $x_t = \theta(s,t)$. 此外, 对所有状态 $s \in T$ 和 $u \notin T$, $\theta(s,u) = 0$. 对于不属于某个 BSCC 的所有状态 s, 长远概率 $\theta(s,\cdot)$ 用如下公式得到:

- $\theta(s,t) = 0$, 若 t 不包含于 BSCC.
- $\theta(s,t) = \Pr(s \models \Diamond T) \cdot x_t$, 若 $t \in T$ 且 $T \in \text{BSCC}(\mathcal{M})$, 其中对所有 / 某个 $s \in T$ 有 $x_t = \theta(s,t)$.

可给 PRCTL 添加一个为期望长远报酬指定上下界的相应算子, 例如 $\mathbb{L}_R(\varPhi)$, 其中 R 是一个报酬区间, 其语义为

$$s \models \mathbb{L}_R(\varPhi) \quad \text{当且仅当} \quad \text{LongRunER}_s(\text{Sat}(\varPhi)) \in R$$

上面的技术可用于计算满足集 $\mathbb{L}_R(\varPhi)$.

10.6 马尔可夫决策过程

马尔可夫链中不存在未定性. 马尔可夫决策过程 (MDP) 就是同时允许概率和未定选择的马尔可夫链的变体. 如同在马尔可夫链中一样, 概率选择可对随机行为的可能结果进行建模和量化, 例如掷一枚硬币或者通过有损通道系统发送消息. 概率选择也可充分地为系统与其环境的接口建模. 例如, 对于自动售卖机, 下述指派也许是合理的: 选巧克力条的概率为 9/10, 选苹果的概率为 1/10. 然而, 这要求进行统计实验以获得可建模运行环境 (自动售卖机的使用者) 的平均行为的恰当分布. 当这种信息不可用时, 或者需要在所有可能的环境中保证系统性质时, 自然的选择是用*未定性*对环境接口进行建模.

随机分布式算法领域提供了另一个把未定性引入像马尔可夫链之类的概率模型的重要动力. 这种算法是并行的, 因而自然是未定的. 这是由于相关分布式进程的行为的交错, 即未定地选择哪一并发进程进行下一个步骤 (见第 2 章). 此外, (像掷硬币或从某个范围选择一个数字等) 动作的颇受限制的集合通常具有随机的天性, 从这个意义上说, 它们是概率的. 一个简单的例子是用如下方法实现的两进程互斥协议: 由裁判管理对关键节段的访问, 他在掷硬币的基础上选择获准访问的进程.

最后, 未定性对于马尔可夫链的*抽象*技术是非常关键的. 抽象通常是基于状态的分组. 如果这种抽象是基于概率互模拟的, 那就没有必要引入未定性, 因为状态分组 (即等价类) 之间的迁移概率是唯一确定的. 然而, 如果考虑一个较粗的抽象, 例如将状态在原子命题的

基础上分组, 得到的将是迁移概率的概率范围, 也可说是未定性. 例如, 在数据抽象的情况下, 也可用未定选择来代替概率分支. 相关文献中已研究了一些可用模型, 它们都可看作马尔可夫链的变体, 该变体既有未定选择又有迁移关系的离散概率. 本书采纳用原子命题扩充的传统的马尔可夫决策过程的概念 (见文献 [346] 等):

定义 10.21　马尔可夫决策过程

马尔可夫决策过程是六元组 $\mathcal{M} = (S, \mathrm{Act}, \boldsymbol{P}, \boldsymbol{\iota}_{\mathrm{init}}, \mathrm{AP}, L)$, 其中:

- S 是状态的可数集.
- Act 是动作的集合.
- $\boldsymbol{P}\colon S \times \mathrm{Act} \times S \to [0,1]$ 是迁移概率函数, 对所有状态 $s \in S$ 和动作 $\alpha \in \mathrm{Act}$ 都有

$$\sum_{s' \in S} \boldsymbol{P}(s, \alpha, s') \in \{0, 1\}$$

- $\boldsymbol{\iota}_{\mathrm{init}}\colon S \to [0,1]$ 是初始分布, 它满足 $\sum\limits_{s \in S} \boldsymbol{\iota}_{\mathrm{init}}(s) = 1$.
- AP 是原子命题的集合, 并且 $L\colon S \to 2^{\mathrm{AP}}$ 是标记函数.

动作 α 在状态 s 处是激活的当且仅当 $\sum\limits_{s' \in S} \boldsymbol{P}(s, \alpha, s') = 1$. 令 $\mathrm{Act}(s)$ 表示在 s 处激活的动作的集合. 对任意状态 $s \in S$, 要求 $\mathrm{Act}(s) \neq \varnothing$. 称满足 $\boldsymbol{P}(s, \alpha, s') > 0$ 的状态 s' 是 s 的 α 后继. ■

迁移概率 $\boldsymbol{P}(s, \alpha, t)$ 可以是 $[0,1]$ 区间的任意实数 (对于固定的 s 和 α 其和为 0 或 1). 为便于算法实现, 假定迁移概率是有理数. 此外, 验证算法限定于有限马尔可夫决策过程上. 当状态空间 S, 动作集 Act 和原子命题的集合 AP 都有限时马尔可夫决策过程是有限的.

马尔可夫决策过程有唯一的初始分布 $\boldsymbol{\iota}_{\mathrm{init}}$. 事实上, 这可以推广为允许使用初始分布的集合. 那么, 计算就从未定选择的某一初始分布开始. 为了方便, 这里仅考虑单个初始分布.

马尔可夫决策过程 $\mathcal{M}$ 的直观操作行为如下. 依照初始分布 $\boldsymbol{\iota}_{\mathrm{init}}$ 的随机试验, 产生一个 $\boldsymbol{\iota}_{\mathrm{init}}(s_0) > 0$ 的初始状态 s_0. 当进入状态 s 时, 首先要解决在已激活动作中的未定选择问题, 即需要确定接下来要执行 $\mathrm{Act}(s)$ 中的哪个动作. 当缺乏动作频率信息时, 例如对于 $\mathrm{Act}(s)$ 中的给定动作 α 和 β 不知道以什么频率选择 α 时, 这种选择就纯粹是未定的. 假设选择了动作 $\alpha \in \mathrm{Act}(s)$. 在状态 s 执行 α 时, 会按照分布 $\boldsymbol{P}(s, \alpha, \cdot)$ 随机选择 s 的 α 后继之一, 即下一个状态为 t 的概率是 $\boldsymbol{P}(s, \alpha, t)$. 若 t 是 s 的唯一一个 α 后继, 则选择 α 后 t 就几乎肯定是后继, 即, $\boldsymbol{P}(s, \alpha, t) = 1$. 此时, 对所有状态 $u \neq t$, $\boldsymbol{P}(s, \alpha, u) = 0$.

马尔可夫链就是任何状态 s 的 $\mathrm{Act}(s)$ 都为单点集的马尔可夫决策过程; 反之, 具有这一性质的任一马尔可夫决策过程都是马尔可夫链. 动作名称无关紧要且可省略. 马尔可夫链因此是全部马尔可夫决策过程的真子集.

如下定义状态的直接前驱和后继. 对于 $s \in S$, $\alpha \in \mathrm{Act}$ 和 $T \subseteq S$, 令 $\boldsymbol{P}(s, \alpha, T)$ 表示经过 α 转移到 T 中一个状态的概率, 即

$$\boldsymbol{P}(s, \alpha, T) = \sum_{t \in T} \boldsymbol{P}(s, \alpha, t)$$

$\text{Post}(s, \alpha)$ 表示 s 的 α 后继构成的集合, 即

$$\text{Post}(s, \alpha) = \{t \in S \mid \boldsymbol{P}(s, \alpha, t) > 0\}$$

注意, $\text{Post}(s, \alpha) = \varnothing$ 当且仅当 $\alpha \notin \text{Act}(s)$. $\text{Pre}(t)$ 表示对子 (s, α) 构成的集合, 其中 $s \in S$, $\alpha \in \text{Act}(s)$ 且 $t \in \text{Post}(s, \alpha)$, 即

$$\text{Pre}(t) = \{(s, \alpha) \in S \times \text{Act} \mid \boldsymbol{P}(s, \alpha, t) > 0\}$$

例 10.25 马尔可夫决策过程的一个例子

考虑图 10.17 描绘的马尔可夫决策过程 $\mathcal{M}$.

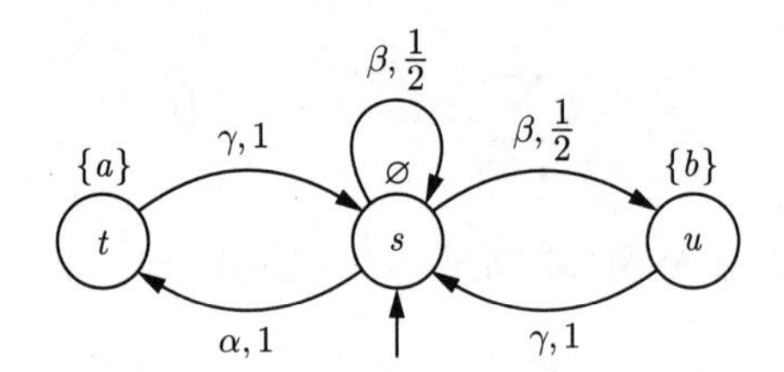

图 10.17 马尔可夫决策过程 $\mathcal{M}$

状态 s 是唯一的初始状态, 即, $\boldsymbol{\iota}_{\text{init}}(s)=1$ 并且 $\boldsymbol{\iota}_{\text{init}}(t)=\boldsymbol{\iota}_{\text{init}}(u) = 0$. 激活的动作集如下:

- $\text{Act}(s) = \{\alpha, \beta\}$, 其中 $\boldsymbol{P}(s, \alpha, t) = 1$, $\boldsymbol{P}(s, \beta, u) = \boldsymbol{P}(s, \beta, s) = 1/2$.
- $\text{Act}(t) = \text{Act}(u) = \{\gamma\}$, 其中 $\boldsymbol{P}(t, \gamma, s) = \boldsymbol{P}(u, \gamma, s) = 1$.

在状态 s 处, 存在动作 α 和 β 之间的未定选择. 选择动作 α 时, 下一个状态是 t; 选择动作 β 时, 后继状态 s 和 u 是等可能的. 后继和前驱的某些集合是 $\text{Post}(s, \alpha) = \{t\}$, $\text{Post}(s, \beta) = \{s, u\}$ 以及 $\text{Pre}(s) = \{(s, \beta), (t, \gamma), (u, \gamma)\}$. ■

例 10.26 随机互斥协议

考虑两个并发进程 P_1 和 P_2 的一个简单随机互斥协议. 由随机裁判完成访问关键节段的协调. 若一个进程处于非关键节段, 裁判允许另一个进程进入其关键节段; 如果两个进程都要求进入关键节段, 裁判抛掷公平硬币以决定哪一个等待, 哪一个可以进入关键节段.

两个并发进程和裁判的复合行为可用图 10.18 所示的马尔可夫决策过程建模. 马尔可夫决策过程中至少有一个进程处于非关键位置的所有状态都在 P_1 和 P_2 的激活动作之间呈现一个未定选择. 对应动作 req、enter 或 rel 都没有真正的概率效应, 因为它们将产生唯一后继. 图 10.18 中省略了等于 1 的迁移概率. 只在状态 $\langle \text{wait}_1, \text{wait}_2 \rangle$ 存在由裁判完成的真概率选择, 以选出下一个进入关键节段的进程. ■

注记 10.11 马尔可夫决策过程中的动作

此处使用动作名称 $\alpha \in \text{Act}$ 仅仅是技术原因, 即对属于同一概率选择的边进行分组. 当在复合框架 (即复杂系统的马尔可夫决策过程是由其他几个马尔可夫决策过程的并行合成得到的) 中使用马尔可夫决策过程时, 那么考虑每一动作和状态的若干分布构成的集合比只考虑单个分布更合理. 例如, 由不同进程完成的两个同名动作的交错产生一个全局状态, 它有两个相同动作标记的出迁移. 用形如

$$\rightarrow \subseteq S \times \text{Act} \times \text{Distr}(S)$$

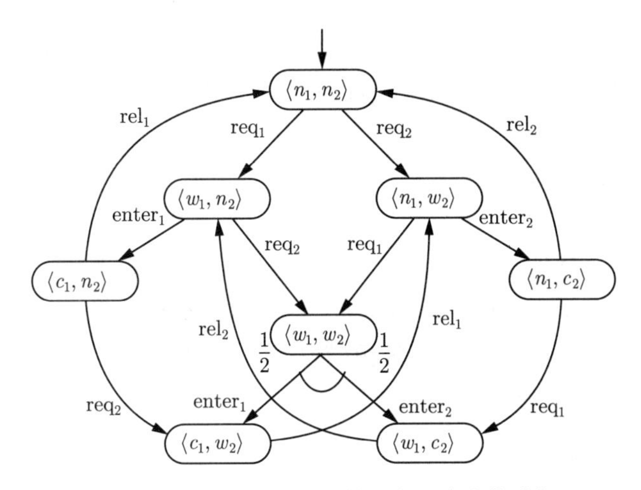

图 10.18 随机互斥协议的马尔可夫决策过程

的迁移关系代替 $\boldsymbol{P}$ 可形式化这个更一般的方法, 其中 $\text{Distr}(S)$ 表示 S 上的分布 (即使得 $\sum\limits_{s\in S}\mu(s)=1$ 的函数 $\mu\colon S\to[0,1]$) 的集合. 标记迁移系统则是这一类型的迁移关系的特殊情况. 原因是, 迁移系统的任意迁移 $s\xrightarrow{\alpha}t$ 都等同于迁移 $s\xrightarrow{\alpha}\mu_t^1$, 其中 $\mu_t^1\in\text{Distr}(S)$ 表示分布: $\mu_t^1(t)=1$ 且对任意的 $u\neq t$ 有 $\mu_t^1(u)=0$. 本书中马尔可夫决策过程的概念 (见定义 10.21) 是对动作 $\alpha\in\text{Act}(s)$ 考虑迁移 $s\xrightarrow{\alpha}\mu_{s,\alpha}$ 得到的, 其中 $\mu_{s,\alpha}$ 表示分布 $t\mapsto\boldsymbol{P}(s,\alpha,t)$. 由于马尔可夫决策过程的复合方法超出了本书的范围, 所以动作名称是无关紧要的. 可以假设已对动作更名, 使得每一状态和动作都至多有一个分布. ■

注记 10.12 Probmela

可用 nano Promela 之类的高级建模语言描述非概率 (并发) 程序的迁移系统 (参见 2.2.5 节), 与此类似, 也可以用各种高级描述技术描述概率系统. 下面考虑 nanoPromela 的概率变体 (称作 Probmela) 的主要特征. 像在 nanoPromela 中一样, 一个 Probmela 模型由有限个并发进程组成, 它们可以通过共享变量或者通道 (或通过二者) 通信. 进程用**概率卫式命令语言**的语句描述. 这种语言与 nanoPromela 类似, 也是由赋值、条件命令 (即用关键字 **if-fi** 构造的语句)、循环 (即用 **do-od** 构造的语句)、通信动作 $c?x$ (用于输入) 和 $c!expr$ (用于输出) 以及原子区域组成. 这种语言的特色是 3 个概率特征: 随机赋值、概率选择和有损通道. 下面对这些特征稍加讨论.

- 随机赋值具有形式 $x := \texttt{random}(V)$, 其中, x 是一个变量, V 是 $\text{dom}(x)$ 的有限非空子集. 在执行该赋值时, 根据 V 上的均匀分布随机选择一个值 $v\in V$ 并且指派给 x. 指派值 $v\in V$ 给 x 的概率因而是 $1/|V|$.
- 概率选择算子是 **if-fi** 语句的概率变体, 它利用概率而不是卫式进行选择. 其语法是

$$\textbf{pif}\ [p_1]\Rightarrow\texttt{stmt}_1[p_2]\Rightarrow\texttt{stmt}_2\cdots[p_n]\Rightarrow\texttt{stmt}_n\ \textbf{fip}$$

  其中 p_i 是满足 $\sum\limits_i p_i=1$ 的非负实数. 上面的语句为从语句 $\texttt{stmt}_1$ 到 $\texttt{stmt}_n$ 的概率选择建模, 其中选中 $\texttt{stmt}_i$ 的概率是 p_i.
- 通信通道可以是无损的 (就像在 nanoPromela 中一样), 也可以是有损的. 这取决于通道的声明. 无损通道总不会丢失消息; 而消息经由有损通道丢失的概率是 p, 它是

声明通道时定义的固定概率. 沿有损通道 c 的通信动作 $c!v$ 的效果是: 把 v 写入 c 的缓冲区的概率为 $1-p$, 而失败 (即执行动作 $c!v$ 后 c 的缓冲区中的内容保持不变) 的概率为 p.

Probmela 程序的分步行为可用马尔可夫决策过程形式化. 状态为元组 $\langle \ell_1, \ell_2, \cdots, \ell_n, \eta, \xi \rangle$, 其中, ℓ_i 是进程 i 的位置, η 是变量赋值, ξ 是通道赋值. 这与 nanoPromela 相同. 马尔可夫决策过程中的迁移指定后继状态上的一个概率分布 (即状态的激活动作及其概率效应). 由于下面只是在例子中使用 Probmela, 因此不再介绍这些推导法则.

为了演示 Probmela 语言, 考虑用硬币模拟骰子, 见图 10.2. Probmela 代码如图 10.19 所示. 这里, c 是一个变量, 它的定义域是图 10.2 中的马尔可夫链的状态空间.

$$
\begin{array}{llllll}
c := s_0; \\
\textbf{do} & :: c = s_0 & \Rightarrow \textbf{pif} \left[\frac{1}{2}\right] \Rightarrow c := s_{1,2,3} & \left[\frac{1}{2}\right] \Rightarrow c := s_{4,5,6} & \textbf{fip} \\
& :: c = s_{1,2,3} & \Rightarrow \textbf{pif} \left[\frac{1}{2}\right] \Rightarrow c := s'_{1,2,3} & \left[\frac{1}{2}\right] \Rightarrow c := s_{2,3} & \textbf{fip} \\
& :: c = s_{2,3} & \Rightarrow \textbf{pif} \left[\frac{1}{2}\right] \Rightarrow c := 2 & \left[\frac{1}{2}\right] \Rightarrow c := 3 & \textbf{fip} \\
& :: c = s'_{1,2,3} & \Rightarrow \textbf{pif} \left[\frac{1}{2}\right] \Rightarrow c := s_{1,2,3} & \left[\frac{1}{2}\right] \Rightarrow c := 1 & \textbf{fip} \\
& :: c = s_{4,5,6} & \Rightarrow \textbf{pif} \left[\frac{1}{2}\right] \Rightarrow c := s'_{4,5,6} & \left[\frac{1}{2}\right] \Rightarrow c := s_{4,5} & \textbf{fip} \\
& :: c = s_{4,5} & \Rightarrow \textbf{pif} \left[\frac{1}{2}\right] \Rightarrow c := 4 & \left[\frac{1}{2}\right] \Rightarrow c := 5 & \textbf{fip} \\
& :: c = s'_{4,5,6} & \Rightarrow \textbf{pif} \left[\frac{1}{2}\right] \Rightarrow c := s_{4,5,6} & \left[\frac{1}{2}\right] \Rightarrow c := 6 & \textbf{fip} \\
\textbf{od}
\end{array}
$$

图 10.19 Knuth 和姚期智的用公平硬币模拟骰子的 Probmela 代码

语句

$$\textbf{pif} \left[\frac{1}{2}\right] \Rightarrow c := \cdots \left[\frac{1}{2}\right] \Rightarrow c := \cdots \ \textbf{fip}$$

代表在内部节点中执行的掷硬币试验. c 的终值代表骰子点数. 注意, 仅由单个没有未定行为的进程组成该 Probmela 模型. 其语义当然就是马尔可夫链. ■

例 10.27 有损通道的交替位协议

假定通道丢失消息的概率 p 是已知的, 交替位协议 (见例 2.15) 可用马尔可夫决策过程建模. 通过用由 Probmela 语句描述发送器、接收器和计时器的行为, 就可得到交替位协议的马尔可夫决策过程. 就像在例 2.15 中一样, 异步通道 c 和 d 用于连接发送器和接收器, 同步通道 e 用于激活定时器和超时信号. 通道 c 以失败概率 p 声明为有损通道, 而假设通道 d 是无损的. 可用图 10.20 所示的 Probmela 片段描述发送器.

接收器和定时器的行为可用类似的 Probmela 代码描述. 由于 c 是概率为 p 的有损通道, 语句 $c!x$ 不一定把消息 x 插入 c. ■

```
x := 0
do :: true ⇒   c!x; e!on;
               if   ::   d!y ⇒ x := ¬x; e!timeoff
                    ::   e?y ⇒ c!x; e!on
               fi
od
```

图 10.20 描述发送器的 Probmela 代码

例 10.28 随机就餐的哲学家

例 3.2 讨论了哲学家就餐问题. 我们已经看到, 简单的对称协议不能保证无死锁, 因为全部哲学家有可能, 同时 (或以任何次序) 捡起他们左边的筷子. 当使用变量控制筷子并使它们只对一位哲学家可用时, 就得到解决死锁的方案. 为了打破对称性, 必须按以下要求选择这些变量的初值, 在开始时至少有一位哲学家可以拿起两只筷子.

在概率环境中, 有一个很简单的解决方法, 它是完全对称的, 既不需要全局控制又不需要额外的共享变量. 例如, 考虑 Lehmann 和 Rabin 的方案 [268]. 其算法思想是, 哲学家抛掷公平硬币以决定他们先拿起哪只筷子. 如果他们不能拿起选中的筷子, 他们就重复随机选择; 否则, 他们就试图去获得另一只筷子. 如果缺少的筷子不可用, 他们就归还拿到的筷子并重复掷硬币试验. 哲学家 i 的 Probmela 代码显示在 图 10.21 中, 它用布尔变量 stick_i 表示筷子 i 是否可用, 该变量对所有筷子的初值均为 $\text{stick}_i = \text{true}$.

该随机算法无死锁, 如果一位哲学家试图获取一只被占用的筷子, 他不必等待而是重复掷硬币的试验. 无限经常地尝试获得筷子的哲学家终将能吃上饭, 在这个意义上说可以保证无饥饿.

对 n 位哲学家的 Probmela 描述的语义是一个马尔可夫决策过程. 在每一状态处, 每一位哲学家都有一个激活的动作. 在产生唯一后继状态的意义下, 这些动作中的大多数都是非概率的. 只有当某位哲学家的当前位置是 **pif-fip** 语句时, 激活的动作才代表决定先捡起哪一只筷子的掷硬币试验. 这会走向两个等可能的后继. ■

记法 10.4 马尔可夫决策过程的有限性、大小和图

令 $\mathcal{M}$ 是定义 10.21中的马尔可夫决策过程. 若状态空间 S、动作集 Act 和原子命题的集合 AP 都是有限的, 则称 $\mathcal{M}$ 是有限的. $\mathcal{M}$ 的大小定义为 $\mathcal{M}$ 的基础图的边数, 即满足 $\boldsymbol{P}(s,\alpha,t) > 0$ 的三元组 (s,α,t) 的数量. 此处, $\mathcal{M}$ 的基础图表示有向图 (S,E), 其中 $\mathcal{M}$ 的状态用作顶点, 并且 $(s,t) \in E$ 当且仅当存在一个动作 α 使得 $\boldsymbol{P}(s,\alpha,t) > 0$. ■

记法 10.5 LTL/CTL 状记法

像本章开头那样, 后面将经常使用把状态或状态集看作原子命题的 LTL 状或 CTL 状标记法. 那么, 满足关系就涉及马尔可夫决策过程的基础图, 例如, 对 $s \in S$ 和 $B \subseteq S$, 命题 $s \models \exists\Diamond B$ 意味着在马尔可夫决策过程 $\mathcal{M}$ 的基础图中从 s 可以到达 B 中的某个状态. ■

马尔可夫决策过程 $\mathcal{M}$ 中的路径描述了由解决 $\mathcal{M}$ 中的未定选择和概率选择而引起的潜在计算. 沿邻接的边穿过基础图就可获得它们. 马尔可夫决策过程中的路径和路径片段定义为状态和动作的交替序列①. 更准确地:

① 与迁移系统不同, 在马尔可夫决策过程中不区分执行与路径. 路径中的动作名称用于追踪逐步概率.

```
mode_i := think;
do   :: true ⇒
     mode_i := try;
     pif  [1/2]  ⇒
                 if  :: stick_i       ⇒  stick_i := false;
                                         if  :: stick_{i+1} ⇒   stick_{i+1} := false;
                                                                mode_i := eat;
                                                                stick_i := true;
                                                                stick_{i+1} := true;
                                                                mode_i := think;
                                             :: ¬stick_{i+1} ⇒  stick_i := true;
                                         fi
                     :: ¬stick_i      ⇒  skip
                 fi
          [1/2]  ⇒
                 if  :: stick_{i+1}   ⇒  stick_{i+1} := false;
                                         if  :: stick_i ⇒       stick_i := false;
                                                                mode_i := eat;
                                                                stick_i := true;
                                                                stick_{i+1} := true;
                                                                mode_i := think;
                                             :: ¬stick_i ⇒      stick_{i+1} := true;
                                         fi
                     :: ¬stick_{i+1}  ⇒  skip
                 fi
     fip
od
```

图 10.21 哲学家 i 的 Probmela 代码

定义 10.22 马尔可夫决策过程中的路径

马尔可夫决策过程 $\mathcal{M} = (S, \mathrm{Act}, \boldsymbol{P}, \boldsymbol{\iota}_{\mathrm{init}}, \mathrm{AP}, L)$ 的无限*路径片段*是满足对于任意 $i \geqslant 0$ 都有 $\boldsymbol{P}(s_i, \alpha_{i+1}, s_{i+1}) > 0$ 的无限序列 $s_0\alpha_1 s_1\alpha_2 s_2\alpha_3 \cdots \in (S \times \mathrm{Act})^\omega$, 写作

$$\pi = s_0 \xrightarrow{\alpha_1} s_1 \xrightarrow{\alpha_2} s_2 \xrightarrow{\alpha_3} \cdots$$

π 的以某个状态结束的有限前缀为有限路径片段. $\mathrm{Paths}(s)$ 表示始于状态 s 的无限路径片段的集合; $\mathrm{Paths}_{\mathrm{fin}}(s)$ 表示始于 s 的有限路径片段的集合. 令

$$\mathrm{Paths}(\mathcal{M}) = \bigcup_{s \in S} \mathrm{Paths}(s), \mathrm{Paths}_{\mathrm{fin}}(\mathcal{M}) = \bigcup_{s \in S} \mathrm{Paths}_{\mathrm{fin}}(s)$$ ■

对于马尔可夫链, 路径的集合具有 σ 代数和概率测度, 用以反映路径 (可测集) 的概率的直观概念. 对于马尔可夫决策过程则稍有不同, 因为对解决未定选择未施加约束. 下面用一个简单的例子解释这一现象. 假定 $\mathcal{M}$ 是一个马尔可夫决策过程, 它只有单个初始状态 s_0, 此状态有两个激活动作 α 和 β, 它们各代表一个掷硬币试验. 假设动作 α 使用公平硬币并等概率地产生正面和反面, 而动作 β 代表抛掷一枚不公平的硬币, 它以 1/6 的概率出现正面, 以 5/6 的概率出现反面. 对于初始状态 s_0, 得到结果 “反面” 的概率是多少? 无法

回答这个问题. 事实上, 它是无意义的, 因为这个概率依赖于选择动作 α 还是 β, 但是, 这并未指定. 总能保证正面出现的概率至少为 1/6, 至多为 1/2.

假设执行完 α 和 β 后回到状态 s_0, 无限重复地选择动作 α 或 β 之一, 并可任意解决 s_0 中的未定性. 动作 α 和 β 的任意序列都构成马尔可夫决策过程的一个正当行为. 因此, 甚至可能总不选择动作 β, 此时, 前 n 次掷硬币至少取得一次正面的概率是 $1-(1/2)^n$. 对于另一种极端情况, 如果前 n 次选择的都是 β, 那么在前 n 次中至少一次正面的概率为 $1-(5/6)^n$. 然而, 事件 "前 n 次至少出现一次正面" 的概率还有其他可能的取值. 例如, 若在前 $k \leqslant n$ 步选择动作 β 并且从第 $k+1$ 步开始选择动作 α, 就会得到值 $1-5^k/(6^k \cdot 2^{n-k})$.

这个例子说明, 马尔可夫决策过程*并非只用唯一一个概率测度增强*. 相反, 推断马尔可夫决策过程的路径集合的概率依赖于解决未定性. 这一问题的解决是用**调度器**完成的. 调度器在每一个状态 s 选择激活动作 $\alpha \in \mathrm{Act}(s)$ 之一 (前面讲过, $\mathrm{Act}(s)$ 在任何状态 s 都非空). 它不对只要选定 α 就得到解决的概率选择施加任何约束.

定义 10.23 调度器

令 $\mathcal{M} = (S, \mathrm{Act}, \boldsymbol{P}, \boldsymbol{\iota}_{\mathrm{init}}, \mathrm{AP}, L)$ 是马尔可夫决策过程. $\mathcal{M}$ 的**调度器**是函数 $\mathfrak{S}\colon S^+ \to \mathrm{Act}$, 它满足对所有 $s_0 s_1 \cdots s_n \in S^+$ 都有 $\mathfrak{S}(s_0 s_1 \cdots s_n) \in \mathrm{Act}(s_n)$.

如果路径 (片段)

$$\pi = s_0 \xrightarrow{\alpha_1} s_1 \xrightarrow{\alpha_2} s_2 \xrightarrow{\alpha_3} \cdots$$

对所有 $i > 0$ 都有 $\alpha_i = \mathfrak{S}(s_0 s_1 \cdots s_{i-1})$, 则称它为 $\mathfrak{S}$ 路径 (片段). ■

在文献中, 有时也称调度器为对手、政策或策略. 注意, 对任何调度器, 动作都是从历史 $s_0 s_1 \cdots s_n$ 中得到的. 这不是一个限制, 因为对任意一个序列 $s_0 s_1 \cdots s_n$, 相关动作 α_i 都由 $\alpha_{i+1} = \mathfrak{S}(s_0 s_1 \cdots s_i)$ 给出. 因此, 调度动作序列可用当前路径的前缀构造. 对某个 i 使得 $\alpha_{i+1} \neq \mathfrak{S}(s_0 s_1 \cdots s_i)$ [译注 244] 的任何路径片段 $\pi = s_0 \xrightarrow{\alpha_1} s_1 \xrightarrow{\alpha_2} \cdots \xrightarrow{\alpha_n} s_n$ 不会描述一条可从 $\mathfrak{S}$ 得到的路径片段.

由于调度器解决了马尔可夫决策过程中的所有未定选择, 所以它诱导出一个马尔可夫链, 即马尔可夫决策过程 $\mathcal{M}$ 在调度器 $\mathfrak{S}$ 的决策下的行为可用马尔可夫链 $\mathcal{M}_{\mathfrak{S}}$ 形式化. 直观地, 把 $\mathcal{M}$ 展开成树或森林 (如果有两个或者更多状态 s 满足 $\boldsymbol{\iota}_{\mathrm{init}}(s) > 0$), 就得到这个马尔可夫链. 马尔可夫链中的路径表示 $\mathfrak{S}$ 路径, 马尔可夫链中的状态是马尔可夫决策过程 $\mathcal{M}$ 的状态序列.

定义 10.24 马尔可夫决策过程的由调度器诱导的马尔可夫链

令 $\mathcal{M} = (S, \mathrm{Act}, \boldsymbol{P}, \boldsymbol{\iota}_{\mathrm{init}}, \mathrm{AP}, L)$ 是一个马尔可夫决策过程, $\mathfrak{S}$ 是 $\mathcal{M}$ 上的一个调度器. 马尔可夫链 $\mathcal{M}_{\mathfrak{S}}$ 由

$$\mathcal{M}_{\mathfrak{S}} = (S^+, \boldsymbol{P}_{\mathfrak{S}}, \boldsymbol{\iota}_{\mathrm{init}}, \mathrm{AP}, L')$$

给出. 其中, 对于 $\sigma = s_0 s_1 \cdots s_n$, 有

$$\boldsymbol{P}_{\mathfrak{S}}(\sigma, \sigma s_{n+1}) = \boldsymbol{P}(s_n, \mathfrak{S}(\sigma), s_{n+1})$$

并且 $L'(\sigma) = L(s_n)$. ■

注意, 即使马尔可夫决策过程 $\mathcal{M}$ 是有限的, $\mathcal{M}_{\mathfrak{S}}$ 也是无限的. 直观地看, $\mathcal{M}_{\mathfrak{S}}$ 的状态 $s_0 s_1 \cdots s_n$ 表示马尔可夫决策过程 $\mathcal{M}$ 处于状态 s_n 并且 $s_0 s_1 \cdots s_{n-1}$ 代表历史, 即从初始

状态 s_0 到当前状态 s_n 的路径片段. 由于 $\mathfrak{S}$ 可能为结束于同一状态 s 的路径片段选择不同的动作, 所以定义 10.23 中的调度器也称为历史相关的调度器.

例 10.29 调度器诱导的马尔可夫链

考虑例 10.25 中的马尔可夫决策过程见图 10.17.
考虑该马尔可夫决策过程的调度器的一些例子. 调度器 $\mathfrak{S}_\alpha$ 总是在状态 s 选择动作 α. 其定义为: 若 $\text{last}(\sigma) = s$, 则 $\mathfrak{S}_\alpha(\sigma) = \alpha$; 否则 $\mathfrak{S}_\alpha(\sigma) = \gamma$. 类似地, $\mathfrak{S}_\beta$ 定义为: 若 $\text{last}(\sigma) = s$, 则 $\mathfrak{S}_\beta(\sigma) = \beta$; 否则 $\mathfrak{S}_\beta(\sigma) = \gamma$. $\mathcal{M}$ 中唯一的 $\mathfrak{S}_\alpha$ 路径是 $s \xrightarrow{\alpha} t \xrightarrow{\gamma} s \xrightarrow{\alpha} \cdots$. 路径 $s \xrightarrow{\beta} s \xrightarrow{\beta} s \xrightarrow{\beta} u \xrightarrow{\gamma} s \xrightarrow{\beta} u \cdots$ 是一条 $\mathfrak{S}_\beta$ 路径. $s \xrightarrow{\beta} u \xrightarrow{\gamma} s \xrightarrow{\beta} u \cdots$ 也是.

最后, 令 $\mathfrak{S}$ 是一个调度器, 在 s 处, 若刚从 u 返回则选择 α, 否则选择 β. 因此, 若 $s_n = u$, 则 $\mathfrak{S}(s_0 s_1 \cdots s_n s) = \alpha$; 否则 $\mathfrak{S}(s_0 s_1 \cdots s_n s) = \beta$. 令 $\mathfrak{S}(s) = \alpha$. 注意, 这个调度器根据访问的倒数第二个状态决策. 在状态 u 和 t 处只能选择激活动作 γ.

马尔可夫链 $\mathcal{M}_{\mathfrak{S}_\alpha}$ 是无限链, 如图 10.22 所示.

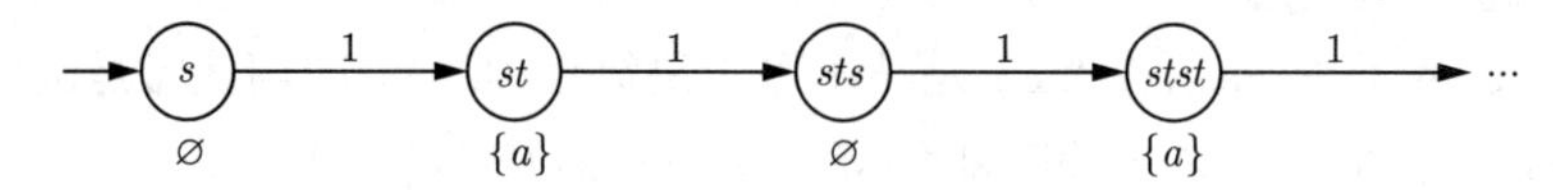

图 10.22 马尔可夫链 $\mathcal{M}_{\mathfrak{S}_\alpha}$

图 10.23 描绘了马尔可夫链 $\mathcal{M}_{\mathfrak{S}_\beta}$ 的开始部分. ■

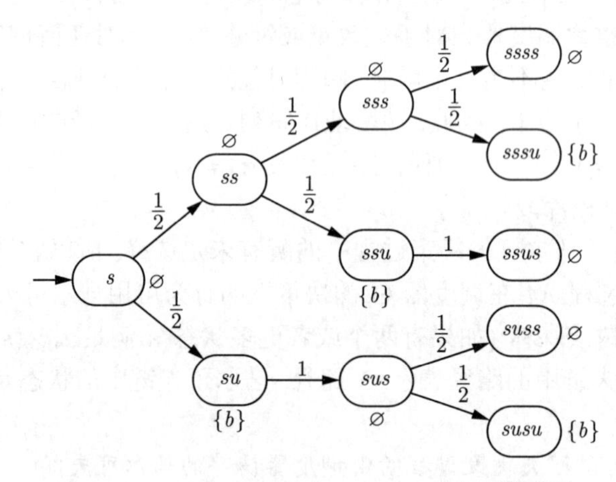

图 10.23 马尔可夫链 $\mathcal{M}_{\mathfrak{S}_\beta}$ 的开始部分[译注 245]

马尔可夫决策过程 $\mathcal{M}$ 的 $\mathfrak{S}$ 路径与马尔可夫链 $\mathcal{M}_\mathfrak{S}$ 中的路径之间存在一一对应的关系. 对于一条 $\mathfrak{S}$ 路径

$$\pi = s_0 \xrightarrow{\alpha_1} s_1 \xrightarrow{\alpha_2} s_2 \xrightarrow{\alpha_3} \cdots$$

马尔可夫链 $\mathcal{M}_\mathfrak{S}$ 中的对应路径为

$$\pi^\mathfrak{S} = \widehat{\pi}_0 \widehat{\pi}_1 \widehat{\pi}_2 \cdots$$

其中 $\widehat{\pi}_n = s_0 s_1 \cdots s_n$. 反之, 对于马尔可夫链 $\mathcal{M}_\mathfrak{S}$ 中的路径 $\widehat{\pi}_0 \widehat{\pi}_1 \widehat{\pi}_2 \cdots$ 必有: 存在某个满足 $\iota_{\text{init}}(s_0) > 0$ 的状态 s_0 使 $\widehat{\pi}_0 = s_0$, 并且, 对每一个 $n > 0$, 马尔可夫决策过程 $\mathcal{M}$ 中存在

满足 $\boldsymbol{P}(s_{n-1}, \mathfrak{S}(\widehat{\pi}_{n-1}), s_n) > 0$ 的某个状态 s_n 使 $\widehat{\pi}_n = \widehat{\pi}_{n-1}s_n$. 因此,

$$s_0 \xrightarrow{\mathfrak{S}(\widehat{\pi}_0)} s_1 \xrightarrow{\mathfrak{S}(\widehat{\pi}_1)} s_2 \xrightarrow{\mathfrak{S}(\widehat{\pi}_2)} \cdots$$

是 $\mathcal{M}$ 中的 $\mathfrak{S}$ 路径. 以后, 经常把 $\mathcal{M}_{\mathfrak{S}}$ 中的路径等同于 $\mathcal{M}$ 中对应的 $\mathfrak{S}$ 路径.

当把通常的迁移系统看作一个 (在任一状态所取的任一动作都产生唯一后继的) 马尔可夫决策过程时, 调度器仅仅是路径的另一种形式化的概念. 但是, 在一般情况下, 即对于有真概率动作的马尔可夫决策过程, 任一调度器都诱导路径的一个集合.

由于 $\mathcal{M}_{\mathfrak{S}}$ 是马尔可夫链, 现在就可以推导 $\mathfrak{S}$ 路径的可测集的概率. 用 $\mathrm{Pr}^{\mathcal{M}}_{\mathfrak{S}}$, 或简单地用 $\mathrm{Pr}^{\mathfrak{S}}$, 表示与马尔可夫链 $\mathcal{M}_{\mathfrak{S}}$ 关联的概率测度 $\mathrm{Pr}^{\mathcal{M}_{\mathfrak{S}}}$. 这个测度是将概率与马尔可夫决策过程 $\mathcal{M}$ 中的事件联系起来的基础. 例如, 令 $P \subseteq (2^{\mathrm{AP}})^{\omega}$ 是一个 ω 正则性质, 则 $\mathrm{Pr}^{\mathfrak{S}}(P)$ 定义为 (见定义 10.8[译注 246]) 马尔可夫链 $\mathcal{M}_{\mathfrak{S}}$ 中满足 $\mathrm{trace}(\pi) \in P$ 的 $\mathfrak{S}$ 路径 π 的集合的概率测度:

$$\mathrm{Pr}^{\mathfrak{S}}(P) = \mathrm{Pr}^{\mathcal{M}_{\mathfrak{S}}}(P) = \mathrm{Pr}^{\mathcal{M}_{\mathfrak{S}}}\{\pi \in \mathrm{Paths}(\mathcal{M}_{\mathfrak{S}}) \mid \mathrm{trace}(\pi) \in P\}$$

类似地, 对于 $\mathcal{M}$ 的被当作唯一初始状态的固定状态 s, 有

$$\mathrm{Pr}^{\mathfrak{S}}(s \models P) = \mathrm{Pr}_s^{\mathcal{M}_{\mathfrak{S}}}\{\pi \in \mathrm{Paths}(s) \mid \mathrm{trace}(\pi) \in P\}$$

此处, 将 $\mathcal{M}_{\mathfrak{S}}$ 中的路径等同于 $\mathcal{M}$ 中对应的 $\mathfrak{S}$ 路径. 这解释了上面的记法为什么把 $\mathcal{M}$ 中的路径 $\pi \in \mathrm{Paths}(s)$ 等同于马尔可夫链 $\mathcal{M}_{\mathfrak{S}}$ 中的关联路径 $\pi^{\mathfrak{S}}$.

马尔可夫决策过程 $\mathcal{M}$ 针对 ω 正则准述的定量分析相当于在全部调度器中确立可保证的概率的最佳下界 /上界. 这相当于计算

$$\inf_{\mathfrak{S}} \mathrm{Pr}^{\mathfrak{S}}(s \models P) \text{ 和 } \sup_{\mathfrak{S}} \mathrm{Pr}^{\mathfrak{S}}(s \models P)$$

此处是在 $\mathcal{M}$ 的全部调度器 $\mathfrak{S}$ 上取下确界和上确界. 在本节的后面, 将证明可用最小值和最大值分别代替下确界和上确界. 取遍全部调度器与考虑最小或最大概率对应一个最坏情况分析. 这是由于全部调度器的类覆盖了所有未定性的全部解.

例 10.30 随机互斥协议

再次考虑为随机裁判互斥建模的马尔可夫决策过程, 见例 10.26. 考虑 ω 正则性质: 第一个进程无限经常地进入其关键节段, 即 $\Box\Diamond\mathrm{crit}_1$. 令调度器 $\mathfrak{S}_1$ 满足如下条件: 在任一状态它只选择第一个进程的激活动作而总不选第二个进程的动作. 只有一个 $\mathfrak{S}_1$ 路径, 在该路径中, 第一个进程连续地通过其 3 个阶段 (非关键、等待和关键), 而第二个进程却什么都不做. 因此,

$$\mathrm{Pr}_{\mathfrak{S}_1}(\Box\Diamond\mathrm{crit}_1) = 1$$

另一个极端情况是忽略第一个进程而总是选择第二个进程的动作的调度器 $\mathfrak{S}_2$. 对此调度器有

$$\mathrm{Pr}_{\mathfrak{S}_2}(\Box\Diamond\mathrm{crit}_1) = 0$$

现在考虑以下事件的概率: 第一个进程从状态 $\langle \mathrm{wait}_1, \mathrm{noncrit}_2 \rangle$ 开始在三轮等待内进入关键节段. 一轮等待的意思为任一长度为 3 的路径片段, 在该片段中第一个进程什么都

不做, 而第二个进程经历了全部 3 个阶段. 对于调度器 $\mathfrak{S}_1$, 这一事件几乎肯定发生, 最大概率因而就是 1. 最小概率是 $1-(1/2)^3$, 它是由只要进入状态 $\langle \text{wait}_1, \text{noncrit}_2 \rangle$ 就选择第二个进程的动作的调度器 $\mathfrak{S}_3$ 得到的. 对于状态 $\langle \text{crit}_1, \text{wait}_2 \rangle$[译注 247] 和 $\langle \text{wait}_1, \text{crit}_2 \rangle$, $\mathfrak{S}_3$ 别无选择, 只能选唯一的激活动作. 对于其他的状态, $\mathfrak{S}_3$ 的选择无关紧要. ■

例 10.31 随机领袖选举

许多通信协议依赖于某个节点 (进程) 作为领袖存在. 为选择这样的领袖, 需要使用一个分布式算法. 此处考虑由 Itai 和 Rodeh 提出的对称领袖选举协议[223]. 它考虑一个单向环拓扑中的 n 个进程. 每个节点有两种行动模式: 积极的或消极的. 进程 i 通过容量都为 1 的 FIFO 通道 c_i 和 c_{i+1} 与其邻居连接. 应把加法理解为对环的大小 n 取模.

在积极模式中, 进程 i 随机选择一个比特并将它沿通道 c_{i+1} 发送给它在环中的唯一后继进程. 进程 i 沿通道 c_i 接收由进程 $i-1$ 随机选择的比特. 如果进程 i 的比特是 1, 而接收到的比特是 0, 则进程 i 转入消极模式; 否则, 进程 i 进入下一轮.

在消极模式中, 进程 i 只是充当转播节点: 它将从它的前驱进程 $i-1$ 处获得的比特传送给它的后继进程 $i+1$. 当只剩下一个积极进程时, 就选出了领袖. 图 10.24 显示了进程 i 的 Probmela 代码.

```
mode_i := active;
do   :: mode_i = active ⇒
          x_i := random(0, 1);
          c_{i+1}!x_i; c_i?y_i;
          if   :: y_i = 1 ∧ x_i = 0   ⇒   mode_i := passive;
                                          #active := #active − 1
               :: y_i = 0 ∨ x_i = 1   ⇒   skip
          fi
     :: mode_i = passive ⇒ c_i?y_i; c_{i+1}!y_i
od
```

图 10.24 进程 i 的 Probmela 代码

由 n 个进程的描述得到的复合 Probmela 程序的语义是一个马尔可夫决策过程. 通过证明下述命题可形式化地确认算法的正确性: 在每一调度器下, 积极进程的个数 (用变量 #active 表示) 几乎肯定终将等于 1. ■

定义 10.23 提供了调度器的一个非常宽泛的概念, 它对于调度器的决策不加任何限制. 该函数从历史 (即有限路径片段) 到动作, 不要求决策的任何相容性, 甚至允许调度器的决策是不可计算的. 然而, 对有限马尔可夫决策过程的一大类定性和定量性质的验证, 调度器的一个简单子类就足够了. 这意味着, 例如, (整个调度器类上的) 最大和最小可达性概率可由这个子类的调度器得到. 因此, 不必像定义 10.23 那样让调度器具有完全的宽泛性.

定义 10.25 无记忆调度器

令 $\mathcal{M}$ 是状态空间为 S 的马尔可夫决策过程. $\mathcal{M}$ 上的调度器 $\mathfrak{S}$ 是无记忆的 (或简单的) 当且仅当对满足 $s_n = t_m$ 的任意序列 $s_0 s_1 \cdots s_n$ 和 $t_0 t_1 \cdots t_m \in S^+$ 都有

$$\mathfrak{S}(s_0 s_1 \cdots s_n) = \mathfrak{S}(t_0 t_1 \cdots t_m)$$

在这种情况下, $\mathfrak{S}$ 可以看作函数 $\mathfrak{S}\colon S \to \text{Act}$. ■

用文字描述就是, 若调度器 $\mathfrak{S}$ 在给定状态总是选择同样的动作, 则称它是无记忆的. 这种选择与已发生的历史 (即从哪一条路径到达当前状态) 无关.

例如, 例 10.30 非形式化地描述的调度器 $\mathfrak{S}_1$、$\mathfrak{S}_2$ 和 $\mathfrak{S}_3$ 都是无记忆的. 例 10.29中的调度器 $\mathfrak{S}_\alpha$ 和 $\mathfrak{S}_\beta$ 也是无记忆的. 例 10.29 中的调度器 $\mathfrak{S}$ 不是无记忆的, 因为它根据倒数第二个状态做决定.

无记忆调度器有点极端, 因为它们对每一个状态只选择一个选项 (即动作) 而忽略其他所有动作. 例如, 对于互斥的例子, 无记忆调度器在两个进程都可执行动作的状态可以总是选择同一进程的动作. 无记忆调度器的一种变体是*有限记忆调度器*, 简写为 fm 调度器. fm 调度器的行为用确定有限自动机 (DFA) 描述. 在马尔可夫决策过程 $\mathcal{M}$ 中执行动作的选择取决于 $\mathcal{M}$ 的当前状态 (与前面相同) 和调度器 (即 DFA) 的当前状态 (称为*模式*).

定义 10.26　*有限记忆调度器*

令 $\mathcal{M}$ 是状态空间为 S、动作集为 Act 的马尔可夫决策过程. $\mathcal{M}$ 的*有限记忆调度器*是元组 $\mathfrak{S} = (Q, \text{act}, \Delta, \text{start})$, 其中

- Q 是*模式*的有限集.
- $\Delta\colon Q \times S \to Q$ 是迁移函数.
- $\text{act}\colon Q \times S \to \text{Act}$ 是一个函数, 它为任何模式 $q \in Q$ 和 $\mathcal{M}$ 中的状态 s 选择一个动作 $\text{act}(q, s) \in \text{Act}(s)$.
- $\text{start}\colon S \to Q$ 是一个函数, 它为 $\mathcal{M}$ 中的状态 s 选择一个起始模式. ■

有限记忆调度器 $\mathfrak{S} = (Q, \text{act}, \Delta, \text{start})$ 下的马尔可夫决策过程 $\mathcal{M}$ 的行为如下. 最初, 根据初始分布 $\boldsymbol{\iota}_{\text{init}}$ 随机决定一个初始状态 s_0, 即 $\boldsymbol{\iota}_{\text{init}}(s_0) > 0$. fm 调度器 $\mathfrak{S}$ 将其 DFA 初始化为模式 $q_0 = \text{start}(s_0) \in Q$. 假定 $\mathcal{M}$ 处于状态 s 并且 $\mathfrak{S}$ 的当前模式是 q. 现在, $\mathfrak{S}$ 的决策, 即选择的动作, 由 $\alpha = \text{act}(q, s) \in \text{Act}(s)$ 给出. 调度器随即改变到模式 $\Delta(q, s)$, 同时, $\mathcal{M}$ 完成选择的动作 α 并依照分布 $\boldsymbol{P}(s, \alpha, \cdot)$ 随机地移动到下一个状态.

下面简要解释一下有限记忆调度器与 (一般) 调度器的概念 (见定义 10.23) 之间的联系. 有限记忆调度器 $\mathfrak{S} = (Q, \text{act}, \Delta, \text{start})$ 等同于如下定义的函数 (即调度器) $\mathfrak{S}'$: $\text{Paths}_{\text{fin}} \to \text{Act}$. 对于初始状态 s_0, 令 $\mathfrak{S}'(s_0) = \text{act}(\text{start}(s_0), s_0)$. 对于路径片段 $\widehat{\pi} = s_0 s_1 \cdots s_n$, 令

$$\mathfrak{S}'(\widehat{\pi}) = \text{act}(q_n, s_n)$$

其中, $q_0 = \text{start}(s_0)$ 并且对 $0 \leqslant i \leqslant n$, $q_{i+1} = \Delta(q_i, s_i)$.

有限记忆调度器具有以下性质: 马尔可夫链 $\mathcal{M}_\mathfrak{S}$ 等同于恰好由 $\langle s, q \rangle$ 对作为状态的马尔可夫链, 其中 s 是马尔可夫决策过程 $\mathcal{M}$ 中的状态, q 是 $\mathfrak{S}$ 的模式. 在形式上, $\mathcal{M}'_\mathfrak{S}$ 是一个马尔可夫链, 其状态空间为 $S \times Q$, 标记为 $L'(\langle s, q \rangle) = L(s)$, 初始分布为 $\boldsymbol{\iota}_{\text{init}}$, 迁移概率为

$$\boldsymbol{P}'_\mathfrak{S}(\langle s, q \rangle, \langle t, p \rangle) = \boldsymbol{P}(s, \text{act}(q, s), t)$$

可以证明, 无限马尔可夫链 $\mathcal{M}_\mathfrak{S}$ 概率互模拟等价于 $\mathcal{M}'_\mathfrak{S}$. 这证明 $\mathcal{M}_\mathfrak{S}$ 等同于 $\mathcal{M}'_\mathfrak{S}$. 因此, 如果 $\mathcal{M}$ 是一个有限的马尔可夫决策过程, 那么, 就把 $\mathcal{M}_\mathfrak{S}$ 看作有限马尔可夫链.

无记忆调度器可视为只有一个模式的有限记忆调度器. 即, 由无记忆调度器 $\mathfrak{S}$ 诱导的马尔可夫链 $\mathcal{M}_\mathfrak{S}$ 可以看作以 S 为状态空间的马尔可夫链. 特别地, 对于有限 $\mathcal{M}$, $\mathcal{M}_\mathfrak{S}$ 可

以看作为每一状态选择单个激活动作 (并丢弃其他激活动作) 的有限马尔可夫链. 对于有限马尔可夫决策过程 $\mathcal{M}$, 无记忆调度器的个数是有限的, 尽管有时非常大. 例如, 如果每个状态恰有两个激活的动作, 那么无记忆调度器的总数是 2^n, 其中 $n = |S|$.

例 10.32 无记忆与有限记忆调度器的对比

考虑图 10.25 所示的马尔可夫决策过程 $\mathcal{M}$.

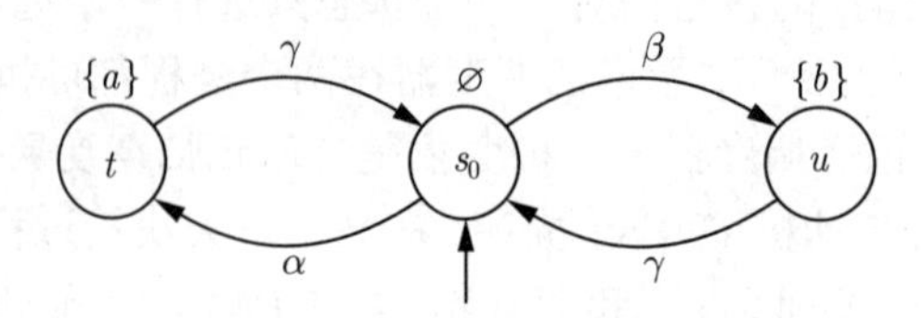

图 10.25 马尔可夫决策过程 $\mathcal{M}$

有

- $\text{Act}(s_0) = \{\alpha, \beta\}$, $\boldsymbol{P}(s_0, \alpha, t) = \boldsymbol{P}(s_0, \beta, u) = 1$.
- $\text{Act}(t) = \text{Act}(u) = \{\gamma\}$, 同时 $\boldsymbol{P}(t, \gamma, s_0) = \boldsymbol{P}(u, \gamma, s_0) = 1$.

在状态 s_0 处, 在动作 α 和 β 之间存在未定选择, 除此之外马尔可夫决策过程是确定的. $\mathcal{M}$ 只有两个无记忆调度器: 在 s_0 处总选 α 的调度器 $\mathfrak{S}_\alpha$ 与在 s_0 处总选 β 的调度器 $\mathfrak{S}_\beta$.

在马尔可夫链 $\mathcal{M}_{\mathfrak{S}_\alpha}$ 中, 从 s_0 无法到达其 β 后继 u, 而由对称性, 在调度器 $\mathfrak{S}_\beta$ 下, 从 s_0 不能访问其 α 后继 t. 因而满足 ω 正则性质 $\Diamond a \wedge \Diamond b$ 的概率对于两个无记忆调度器都是 0:

$$\Pr_{\mathfrak{S}_\alpha}(s_0 \models \Diamond a \wedge \Diamond b) = \Pr_{\mathfrak{S}_\beta}(s_0 \models \Diamond a \wedge \Diamond b) = 0$$

然而, 对于当访问 s_0 时交替选择 α 和 β (例如从 α 开始) 的非无记忆调度器 $\mathfrak{S}_{\alpha\beta}$, 事件 $\Diamond a \wedge \Diamond b$ 几乎肯定发生. 事实上, 因为 $\mathcal{M}$ 中没有真概率选择, 所以恰有一条从 s_0 开始的 $\mathfrak{S}_{\alpha\beta}$ 路径:

$$\pi = s_0 \xrightarrow{\alpha} t \xrightarrow{\gamma} s_0 \xrightarrow{\beta} u \xrightarrow{\gamma} s_0 \xrightarrow{\alpha} t \xrightarrow{\gamma} s_0 \xrightarrow{\beta} \cdots$$

并且 $\pi \models \Diamond a \wedge \Diamond b$. 因此, 尽管事件 $\Diamond a \wedge \Diamond b$ 在所有无记忆调度器下发生的概率都是 0, 但是仍然存在使这个事件几乎肯定发生的非无记忆调度器. 这表明无记忆调度器的类在刻画 ω 正则事件的最小 (或最大) 概率方面是不够强大的.

有限记忆调度器 $\mathfrak{S}_{\alpha\beta} = (Q, \text{act}, \varDelta, \text{start})$ 的准确定义如下. 它有两个模式: 一个是只能选择 α 的模式, 而在另一个模式中只能选 β. 只要访问 s_0, 调度器就切换模式. 在形式上, 状态空间是 $Q = \{q_\alpha, q_\beta\}$. 动作函数是

$$\text{act}(q_\beta, s_0) = \beta \text{ 和 } \text{act}(q_\alpha, s_0) = \alpha$$

并且对于 $q \in Q$ 有 $\text{act}(q, t) = \text{act}(q, u) = \gamma$. 模式切换的形式为 $\varDelta(q_\beta, s_0) = q_\alpha$ 和 $\varDelta(q_\alpha, s_0) = q_\beta$. 若 $\mathcal{M}$ 处于状态 t 或 u, 则 $\mathfrak{S}$ 保持当前模式. 这可形式化为 $\varDelta(q_\beta, t) = \varDelta(q_\beta, u) = q_\beta$ 和 $\varDelta(q_\alpha, t) = \varDelta(q_\alpha, u) = q_\alpha$. 由于假设在首次访问 s_0 时选择动作 α, 所以对所有 $s \in S$ 起始模式定义为 $\text{start}(s) = q_\alpha$. ■

注记 10.13 随机调度器

定义 10.23中的调度器是确定的, 因为它们为当前状态选择唯一的动作. 这可推广为允许调度器按概率选择激活的动作. 即, 给定一段历史, 随机调度器为每个动作返回一个概率 (请读者不要把这一方面的随机性与马尔可夫决策过程中状态后继的随机选择相混淆). 在数学上, 这意味着随机调度器是一个函数 $\mathfrak{S}\colon S^+ \to \text{Distr}(\text{Act})$, 其中 Distr(Act) 是动作集上的一个分布. 要求满足 $\mathfrak{S}(s_0 s_1 \cdots s_n)(\alpha) > 0$ 的任何动作 α 在状态 s_n 处都是激活的. 这里不再进一步考虑随机调度器, 只说明一点: 它们对 ω 正则性质产生与确定调度器相同的极值概率, 可用确定调度器逼近它们. 因此, 尽管随机调度器更具一般性, 但它们并未给本节的目的带来额外的能力. 这充分说明不必再进一步讨论它们. ■

10.6.1 可达性概率

本节讨论马尔可夫决策过程中 (约束) 可达性概率的计算. 即, 本节关注下面的问题. 令 $\mathcal{M} = (S, \text{Act}, \boldsymbol{P}, \boldsymbol{\iota}_{\text{init}}, \text{AP}, L)$ 是有限马尔可夫决策过程并且 $B \subseteq S$ 是目标状态集. 本节关心的测度是从状态 $s \in S$ 开始到达 B 中状态的最大 (或最小) 概率. 对于最大概率, 就相当于确定

$$\Pr^{\max}(s \models \Diamond B) = \sup_{\mathfrak{S}} \Pr^{\mathfrak{S}}(s \models \Diamond B)$$

注意, 取上确界的范围是 $\mathcal{M}$ 的全部调度器, 可能有无穷多个. 本节将说明可通过解线性规划计算这些最大概率 (前面讲过, 可通过解线性方程组确定马尔可夫链中的可达性概率). 此外, 还将证明, 只需要考虑无记忆调度器子类就足够了, 而不需要考虑全部调度器 (包括历史相关的调度器、有限记忆的调度器等). 即, 存在一个无记忆调度器, 它把到达 B 的概率最大化. 这对任何状态均成立. 因此可用最大值取代上确界.

推导 $\Diamond B$ 的最大概率有时是必要的, 例如, 为了证明对所有调度器 $\mathfrak{S}$ 和某个小上界 $0 < \varepsilon \leqslant 1$ 有 $\Pr^{\mathfrak{S}}(s \models \Diamond B) \leqslant \varepsilon$ 等. 那么, 对所有调度器 $\mathfrak{S}$, 有

$$\Pr^{\mathfrak{S}}(s \models \Box \neg B) \geqslant 1 - \varepsilon$$

计算 $\Pr^{\max}(s \models \Diamond B)$ 的任务因而可以理解为证明以下命题: 无论未定性如何, 解决一个安全性质 (即 $\Box \neg B$) 成立的概率都足够大, 即 $1 - \varepsilon$.

定理 10.15 最大可达性概率的方程组

令 $\mathcal{M}$ 是状态空间为 S 的一个有限马尔可夫决策过程, $s \in S$ 并且 $B \subseteq S$. 满足 $x_s = \Pr^{\max}(s \models \Diamond B)$ 的向量 $(x_s)_{s \in S}$ 是下列方程组的唯一解:

- 若 $s \in B$, 则 $x_s = 1$.
- 若 $s \not\models \exists \Diamond B$, 则 $x_s = 0$.
- 若 $s \notin B$ 且 $s \models \exists \Diamond B$, 则

$$x_s = \max \left\{ \sum_{t \in S} \boldsymbol{P}(s, \alpha, t) \cdot x_t \mid \alpha \in \text{Act}(s) \right\}$$ ■

后两条中的 CTL 状态记法涉及马尔可夫决策过程 $\mathcal{M}$ 的基础有向图, 即 $s \models \exists \Diamond B$ 断言从 s 可到达 B. 显然, $x_s = \Pr^{\max}(s \models \Diamond B)$ 是上述方程组的解. 它的唯一性的证明有一

定的技术性, 在此省略. 它与讨论马尔可夫链时类似, 见定理 10.2. 像在马尔可夫链中一样, 可省略上面的方程组的第二条, 代之以第三条中关于 x_s 的方程对所有状态 $s \in S \setminus B$ 都成立. 然而, 不再保证 $x_s = \Pr^{\max}(s \models \Diamond B)$ 的唯一性. 如同在马尔可夫链中一样, 可以证明 $(x_s)_{s \in S}$ 是在 $[0,1]^S$ 中的最小解.

例 10.33 最大可达性概率的方程组

考虑图 10.26 所示的马尔可夫决策过程 $\mathcal{M}$. 假设我们关心 $\Pr^{\max}(s \models \Diamond B)$, 其中 $B = \{s_2\}$. 由 $x_s = \Pr^{\max}(s \models \Diamond B)$ 决定的向量 $(x_s)_{s \in S}$ 是下述方程组的唯一解:

$$
\begin{aligned}
x_3 &= 0 \\
x_2 &= 1 \\
x_0 &= \max\left\{\frac{3}{4}x_2 + \frac{1}{4}x_3, \frac{1}{2}x_2 + \frac{1}{2}x_1\right\} \\
x_1 &= \frac{1}{2}x_0 + \frac{1}{2}x_3 = \frac{1}{2}x_0
\end{aligned}
$$

其中 x_i 表示 x_{s_i}. 该线性方程组的唯一解是 $(x_s)_{s \in S} = \left(\frac{3}{4}, \frac{3}{8}, 1, 0\right)$. ■

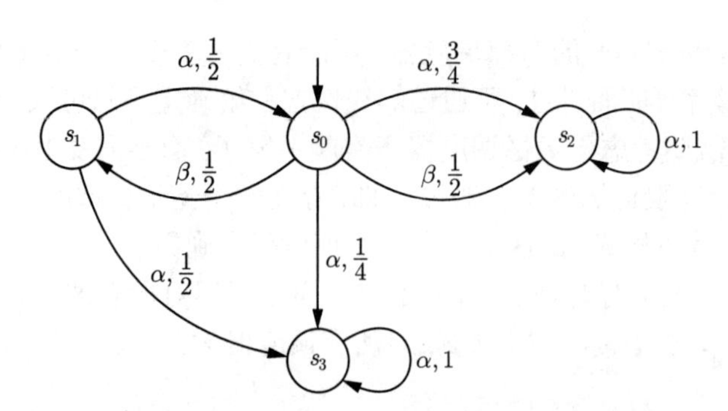

图 10.26 最大可达性的马尔可夫决策过程的例子

引理 10.6 断言存在使得终将达到 B 的概率最大化的一个无记忆调度器. 它对马尔可夫决策过程 $\mathcal{M}$ 中的任何状态都成立.

引理 10.6 最优无记忆调度器的存在性

令 $\mathcal{M}$ 是状态空间为 S 的有限马尔可夫决策过程, 并且 $B \subseteq S$. 存在无记忆调度器 $\mathfrak{S}$ 使得对于任意 $s \in S$ 有

$$
\Pr^{\mathfrak{S}}(s \models \Diamond B) = \Pr^{\max}(s \models \Diamond B)
$$

证明: 令 $x_s = \Pr^{\max}(s \models \Diamond B)$. 构造一个使 $\Pr^{\mathfrak{S}}(s \models \Diamond B) = \Pr^{\max}(s \models \Diamond B)$ 的无记忆调度器, 即完成证明. 具体如下. 对任一状态 s, 令 $\mathrm{Act}^{\max}(s)$ 是满足

$$
x_s = \sum_{t \in S} \boldsymbol{P}(s, \alpha, t) \cdot x_t
$$

的动作 $\alpha \in \mathrm{Act}(s)$ 的集合. 首先可以看到, 从集合 $\mathrm{Act}^{\max}(s)$ 中选择任意动作是不够的. 例如, 考虑一个状态, 它满足 $\mathrm{Act}^{\max}(s) = \{\alpha, \beta\}$ 且对某个 $t \in B$ 有 $\boldsymbol{P}(s, \beta, t) = 1$, 而经由 α

无法到达集合 B, 例如因 $\boldsymbol{P}(s,\alpha,s)=1$ 的缘故. 因此, 需要选择动作, 以确保 B 在 $\mathfrak{S}$ 诱导的马尔可夫链中的可达性.

考虑从 $\mathcal{M}$ 用如下方法产生的马尔可夫决策过程 $\mathcal{M}^{\max}$: 对于满足 $B\cap \text{Post}^*(s)\neq\varnothing$ 的任何状态 s, 从 $\text{Act}(s)$ 中移除动作 $\beta\in\text{Act}(s)\setminus\text{Act}^{\max}(s)$. $\mathcal{M}$ 的这种简化并未改变到达 B 的最大概率. 对于 $s\models\exists\Diamond B$, 令 $\|s\|$ 表示马尔可夫决策过程 $\mathcal{M}^{\max}$ 中从 s 到 B 的最短路径的长度. 可得 $\|s\|=0$ 当且仅当 $s\in B$. 使用关于 $n\geqslant 1$ 的归纳法, 对于满足 $s\models\exists\Diamond B$ 且 $\|s\|=n$ 的状态 s 定义动作 $\mathfrak{S}(s)$. 若 $\|s\|=n\geqslant 1$, 则选择动作 $\mathfrak{S}(s)\in\text{Act}^{\max}(s)$ 使得对某个满足 $t\models\exists\Diamond B$ 且 $\|t\|=n-1$ 的状态 t 有 $\boldsymbol{P}(s,\mathfrak{S}(s),t)>0$. 对于不能到达 B 的状态 s, 选择任意动作 $\mathfrak{S}(s)\in\text{Act}(s)$. 这样就得到无记忆调度器 $\mathfrak{S}$. 诱导的马尔可夫链 $\mathcal{M}_{\mathfrak{S}}$ 是有限的并且状态空间是 S. 而且, $\Diamond B$ 的概率为以下线性方程组提供了唯一解:

- 若 $s\in B$, 则 $y_s=1$.
- 若 $s\not\models\exists\Diamond B$, 则 $y_s=0$.
- 若 $s\notin B$ 且 $s\models\exists\Diamond B$, 则 $y_s=\sum\limits_{t\in S}\boldsymbol{P}(s,\mathfrak{S}(s),t)\cdot y_t$.

因为向量 $(x_s)_{s\in S}$ 也是上述方程组的解, 所以得到

$$\text{Pr}^{\mathfrak{S}}(s\models\Diamond B)=y_s=x_s=\text{Pr}^{\max}(s\models\Diamond B)\qquad\blacksquare$$

图 10.26 中的马尔可夫决策过程和事件 $\Diamond B$ 的最优无记忆调度器就是在任何状态都选择 α 的调度器.

定理 10.15 提示一个计算值 $x_s=\text{Pr}^{\max}(s\models\Diamond B)$ 的迭代逼近技术, 称作值迭代. 用后向可达性分析法确定使得 $s\models\exists\Diamond B$ 的状态 s 的集合. 它们正是 $x_s>0$ 的那些状态. 对于状态 $s\in\text{Pre}^*(B)\setminus B$, 有

$$x_s=\lim_{n\to\infty}x_s{}^{(n)}$$

其中

$$x_s^{(0)}=0\text{ 且 }x_s^{(n+1)}=\max\left\{\sum_{t\in S}\boldsymbol{P}(s,\alpha,t)\cdot x_t^{(n)}\mid \alpha\in\text{Act}(s)\right\}$$

$B\cup(S\setminus\text{Pre}^*(B))$ 中的状态也可能会出现在上式中. 对于这些状态有

$$\text{若 } s\in B \text{ 则 } x_s^{(n)}=1,\text{ 并且若 } s\notin\text{Pre}^*(B)\text{ 则 } x_s^{(n)}=0$$

注意, $x_s^{(0)}\leqslant x_s^{(1)}\leqslant x_s^{(2)}\leqslant\cdots$. 因此, 可用如下方法逼近值 $\text{Pr}^{\max}(s\models\Diamond B)$: 逐次计算向量

$$(x_s^{(0)}),\ (x_s^{(1)}),\ (x_s^{(2)}),\ \cdots$$

直到 $\max\limits_{s\in S}|x_s^{(n+1)}-x_s^{(n)}|$ 小于某个 (通常很小的) 阈值.

例 10.34 值迭代

为了演示值迭代, 考虑图 10.27 所示的马尔可夫决策过程. 原子命题不相关, 略之. 令

$B=\{s_3\}$. 可得, 对任意 i, $x_3^{(i)}=1$ 且 $x_2^{(i)}=0$. 后者由 $s \not\models \exists\Diamond B$ 得到. 对于其他状态, 有

$$
\begin{aligned}
x_0^{(i+1)} &= \max\left\{\frac{2}{3}x_4^{(i)}, x_1^{(i)}\right\} \\
x_1^{(i+1)} &= \frac{1}{2}x_1^{(i)}+\frac{1}{9} \\
x_4^{(i+1)} &= \frac{1}{4}x_5^{(i)}+\frac{3}{4}x_6^{(i)} \\
x_5^{(i+1)} &= \max\left\{\frac{2}{3}x_7^{(i)}, x_6^{(i)}\right\} \\
x_6^{(i+1)} &= \frac{3}{5}x_6^{(i)}+\frac{2}{5}x_5^{(i)} \\
x_7^{(i+1)} &= \frac{1}{2}
\end{aligned}
$$

向量 $(x_s)_{s\in S}$ 的逐次计算会产生

$$
\begin{aligned}
(x^{(0)}) &= (0,0,0,1,0,0,0,0) \\
(x^{(1)}) &= \left(0,\frac{1}{9},0,1,0,0,0,\frac{1}{2}\right) \\
(x^{(2)}) &= \left(\frac{1}{9},\frac{1}{6},0,1,0,\frac{1}{3},0,\frac{1}{2}\right) \\
(x^{(3)}) &= \left(\frac{1}{6},\frac{7}{36},0,1,\frac{1}{12},\frac{1}{3},\frac{2}{15},\frac{1}{2}\right) \\
&\vdots
\end{aligned}
$$

■

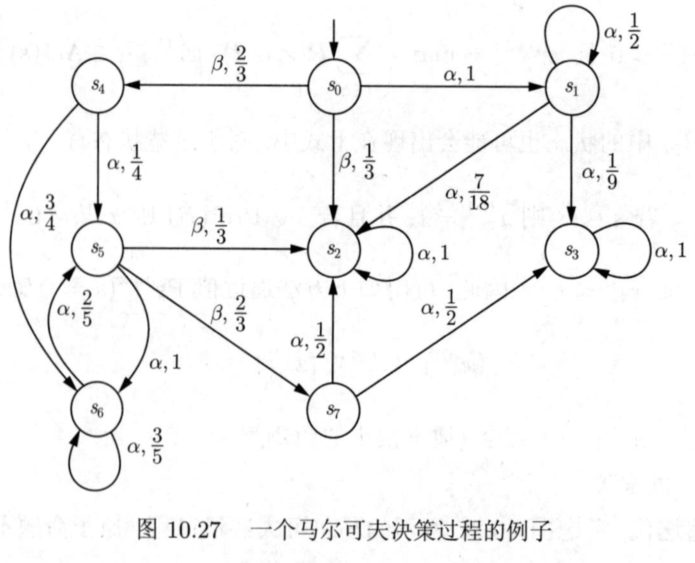

图 10.27 一个马尔可夫决策过程的例子

注记 10.14　步数有界可达性质的值迭代

值迭代方法也可用于计算事件 $\Diamond^{\leqslant n}B$ 的最大概率. 事实上, 有

$$x_s^{(n)} = \sup_{\mathfrak{S}} \Pr^{\mathfrak{S}}(s \models \Diamond^{\leqslant n}B)$$

其中 $\mathfrak{S}$ 取遍所有调度器. 而且, 存在有限记忆调度器 $\mathfrak{S}$ 使 $\Diamond^{\leqslant n}B$ 的概率达到最大 (因此, 可用最大值代替上确界). 可用模式 $0, 1, \cdots, n$ 组成这样的最优 fm 调度器. $\mathcal{M}$ 中每一状态的起始模式均为 0. 对于 $1 \leqslant i \leqslant n$, 下一模式函数将模式从 $i-1$ 变为 i. 一旦到达模式 n, $\mathfrak{S}$ 就永远停留在模式 n. 对于模式 $i \in \{0, 1, \cdots, n-1\}$ 和 $\mathcal{M}$ 中的当前状态 s, $\mathfrak{S}$ 选择使值 $\sum\limits_{t \in S} \boldsymbol{P}(s, \alpha, t) \cdot x_t^{(i-1)}$ 最大的动作 $\alpha \in \mathrm{Act}(s)$. 动作 $\mathfrak{S}(n, s)$ 是任意的. 那么, $\Pr^{\mathfrak{S}}(s \models \Diamond^{\leqslant n}B) = x_s^{(n)}$. ■

把定理 10.15 中的方程组改写为线性规划, 可得计算 $\Pr^{\max}(s \models \Diamond B)$ 的另一方法, 见定理 10.16.

定理 10.16　最大可达性概率的线性规划

令 $\mathcal{M}$ 是状态空间为 S 的有限马尔可夫决策过程, $B \subseteq S$. 满足 $x_s = \Pr^{\max}(s \models \Diamond B)$ 的向量 $(x_s)_{s \in S}$ 是下述线性规划的唯一解:

- 若 $s \in B$, 则 $x_s = 1$.
- 若 $s \not\models \exists\Diamond B$, 则 $x_s = 0$.
- 若 $s \notin B$ 且 $s \models \exists\Diamond B$, 则 $0 \leqslant x_s \leqslant 1$ 且对于任意动作 $\alpha \in \mathrm{Act}(s)$ 有

$$x_s \geqslant \sum_{t \in S} \boldsymbol{P}(s, \alpha, t) \cdot x_t$$

其中 $\sum\limits_{s \in S} x_s$ 是最小的.

证明: 不难看出满足 $x_s = \Pr^{\max}(s \models \Diamond B)$ 的向量 $(x_s)_{s \in S}$ 是前两条中方程的解, 并且满足第三条中的不等式. 因此, 上面的线性规划存在解 $(y_s)_{s \in S}$. 因为这些元素 y_s 的和在满足线性规划的所有向量中是最小的, 所以 $\sum\limits_s x_s \geqslant \sum\limits_s y_s$.

尚需证明解的唯一性. 事实上, 线性规划的任意解 $(y_s)_{s \in S}$ 也是定理 10.15 中的方程组的解. 由于 $\sum\limits_{s \in S} y_s$ 的最小性, 第三条中的 y_s 等同于 $\max\{\sum\limits_t \boldsymbol{P}(s, \alpha, t) \cdot y_t \mid \alpha \in \mathrm{Act}(s)\}$.

证明如下. 如果它不成立, 那么可以从 $x_s^{(0)} = y_s$ (对所有 s) 开始值迭代过程. 这会产生向量的递增序列 $(x_s^{(n)})_{n \geqslant 0}$. 极限 $(y'_s)_{s \in S}$ 是上面的线性规划及定理 10.15 中的方程组的解. 由 $y'_s = \lim_{n \to \infty} x_s^{(n)} \leqslant y_s$ 以及作为定理 10.16 中不等式组的解的 $\sum\limits_{s \in S} y_s$ 的最小性可得 $y'_s = y_s$.

因此, 对所有状态 s, 由定理 10.15 可得 $y_s = x_s = \Pr^{\max}(s \models \Diamond B)$. ■

例 10.35　线性规划

再次考虑图 10.27 中的马尔可夫决策过程且令 $B = \{s_3\}$. $\Pr^{\max}(s \models \Diamond B)$ 的线性规划

的约束为

$$
\begin{array}{lll}
x_0 \geqslant \frac{2}{3}x_4 & x_0 \geqslant x_1 & x_1 \geqslant \frac{1}{2}x_1 + \frac{1}{9} \\
x_2 = 0 & x_3 = 1 & x_4 \geqslant \frac{1}{4}x_5 + \frac{3}{4}x_6 \\
x_5 \geqslant \frac{2}{3}x_7 & x_5 \geqslant x_6 & x_6 \geqslant \frac{3}{5}x_6 + \frac{2}{5}x_5 \\
x_7 \geqslant \frac{1}{2} & &
\end{array}
$$

■

注意, 定理 10.16 中线性规划的第三条可以改写为[译注 248]

$$
-\sum_{t \in S_? \setminus \{s\}} \boldsymbol{P}(s,\alpha,t) \cdot x_t + (1 - \boldsymbol{P}(s,\alpha,s)) \cdot x_s \geqslant \boldsymbol{P}(s,\alpha,B)
$$

其中 $\boldsymbol{P}(s,\alpha,B) = \sum_{t \in B} \boldsymbol{P}(s,\alpha,t)$. 集合 $S_?$ 包含不把值 $x_s = \mathrm{Pr}^{\max}(s \models \Diamond B)$ 按照前两条固定为 0 或 1 的所有状态, 即, $S_? = \{s \in S \setminus B \mid s \models \exists \Diamond B\}$. 因此:

$$
s \in S_? \text{ 当且仅当 } s \notin B \text{ 且 } \boldsymbol{P}^{\max}(s \models \Diamond B) > 0
$$

于是, 定理 10.16 中线性规划的第三条可以被看作线性不等式 $\boldsymbol{Ax} \geqslant \boldsymbol{b}$. 其中, $\boldsymbol{x}$ 是向量 $(x_s)_{s \in S_?}$; $\boldsymbol{A}$ 是一个矩阵: 每一状态 $t \in S_?$ 对应 $\boldsymbol{A}$ 中一列, 符合 $s \in S_?$ 且 $\alpha \in \mathrm{Act}(s)$ 的每一个 (s,α) 对都对应 $\boldsymbol{A}$ 中一行, 且对每一状态 $s \in S_?$ 还要在 $\boldsymbol{A}$ 中附加两行. $\boldsymbol{A}$ 对应 (s,α) 的行中对应状态 $t \in S_?$ 的列的元素有两种可能: 若 $s \neq t$, 则为 $-\boldsymbol{P}(s,\alpha,t)$ [译注 249]; 若 $s = t$, 则为 $1 - \boldsymbol{P}(s,\alpha,s)$. 给每个元素 s 附加的两行表示不等式 $0 \leqslant x_s \leqslant 1$, 它可以分解成两个约束: $x_s \geqslant 0$ 和 $-x_s \geqslant -1$. 类似地, $\boldsymbol{b}$ 是一个向量, 对符合 $s \in S_?$ 且 $\alpha \in \mathrm{Act}(s)$ 的每一个 (s,α) 对它都有一个分量, 并对每一状态 $s \in S_?$ 它都附加两个分量. $\boldsymbol{b}$ 中对应 (s,α) 对的值是从 s 经过动作 α 到达 B 中状态的概率 (即值 $\boldsymbol{P}(s,\alpha,B)$).

在此意义上, 定理 10.16 给出了值 $\mathrm{Pr}(s \models \Diamond B)$ 作为下述线性最优化问题的特征: 求 $\boldsymbol{Ax} \geqslant \boldsymbol{b}$ 在使得 $\sum_{s \in S} x_s$ 在 $\boldsymbol{Ax} \geqslant \boldsymbol{b}$ 的所有解中最小这个边条件下的唯一解. $\mathrm{Pr}^{\max}(s \models \Diamond B)$ 的精确值可用解线性规划的标准算法计算, 例如单纯形算法或者多项式时间法[367].

推论 10.5 计算最大可达性概率的复杂度

对于状态空间为 S 的有限马尔可夫决策过程, $B \subseteq S$ 且 $s \in S$, 可在 $\mathcal{M}$ 的大小的多项式时间内计算所有 $\mathrm{Pr}^{\max}(s \models \Diamond B)$ 的值. ■

因此, 对某个上界 $p \in [0,1[$, 是否 $\mathrm{Pr}^{\mathfrak{S}}(s \models \Diamond B) \leqslant p$ 的问题可在多项式时间内判定. 然而, 这个结果的理论意义大于实践意义. 在实践中, 对于线性规划问题, 尽管单纯形法的最坏情况下的时间复杂度是指数的, 但它往往胜于多项式时间法. 采用 (以马尔可夫决策过程为模型的) 随机分布式算法的实验表明, 值迭代算法通常比单纯形法快.

首先计算满足 $\mathrm{Pr}^{\max}(s \models \Diamond B) = 1$ 的状态 s 的集合, 可改进值迭代或线性规划方法. 这可由标准的图论算法高效完成. 对于这些状态, 可以省略 x_s 分别在定理 10.15 和定理 10.16 中线性规划的第三条中对应的方程和不等式. 这可简化值迭代的过程或减小线性规划的规模.

现在考虑有限马尔可夫决策过程 $\mathcal{M}$ 的定性可达性分析. 计算 $\Pr^{\max}(s \models \Diamond B) = 1$ 的状态 s 的集合是目标. 与马尔可夫链的情况类似, 首先使 B 中的状态是吸收的, 即任何状态 $s \in B$ 都配备单个激活动作 α_s 使得 $\boldsymbol{P}(s, \alpha_s, s) = 1$. 因为存在一个使事件 $\Diamond B$ 的概率最大化的无记忆调度器, 所以对某个无记忆调度器, 例如 $\mathfrak{S}$, 计算满足 $\Pr^{\mathfrak{S}}(s \models \Diamond B) = 1$ 的状态 s 的集合就足够了. 后者相当于要求: 在马尔可夫链 $\mathcal{M}^{\mathfrak{S}}$ 中从 s 沿 $S \setminus B$ 中的路径片段不能到达 $t \not\models \exists\Diamond B$ 的状态 t. 由于无记忆调度器的个数可能是 ($\mathcal{M}$ 的大小的) 指数, 所以考虑所有这些调度器不是适宜的方案.

然而, 分析 $\mathcal{M}$ 的基础图足以确定 $\Pr^{\max}(s \models \Diamond B) = 1$ 的所有状态. 这是一种迭代方法, 依次删除所有 $\Pr^{\max}(u \models \Diamond B) < 1$ 的顶点 u. 开始时, 删除每个顶点 $u \in U_0$, 其中 $U_0 = S \setminus \mathrm{Sat}(\exists\Diamond B)$. 集合 U_0 可简单地由图论分析确定. 然后, 对所有状态 t, 从 $\mathrm{Act}(t)$ 中删除满足 $\mathrm{Post}(t, \alpha) \cap U_0 \neq \varnothing$ 的所有动作 α. 若删除这些动作后 $\mathrm{Act}(t) = \varnothing$, 则删除 t. 重复这一过程直到不能重复时为止, 得到马尔可夫决策过程 $\mathcal{M}_1$. 然后, 用 $\mathcal{M}_1$ 而不是 $\mathcal{M}$ 重新开始整个过程……直到所得马尔可夫决策过程 $\mathcal{M}_i$ 的所有状态都可到达 B.

算法 10.1 概括了这种方法. 该算法将马尔可夫决策过程作为有向图来处理, 图中任一顶点 $t \in S$ 的后继都是对子 (t, α), 其中 $\alpha \in \mathrm{Act}(t)$. 辅助顶点 (t, α) 的出边通向顶点 $u \in \mathrm{Post}(t, \alpha) = \{u \in S \mid \boldsymbol{P}(t, \alpha, u) > 0\}$. 对于 $u \in S$, $\mathrm{Pre}(u)$ 表示满足 $\boldsymbol{P}(t, \alpha, u) > 0$ 的状态动作对 $(t, \alpha) \in S \times \mathrm{Act}$ 的集合. 从 $\mathrm{Act}(t)$ 中移除 α 是指移除辅助顶点 (t, α)、从顶点 t 到顶点 (t, α) 的边以及 (t, α) 的出边.

引理 10.7　算法 10.1 的正确性

对于有限马尔可夫决策过程 $\mathcal{M}$ 及其状态集 B, 算法 10.1 返回 $\mathcal{M}$ 中满足 $\Pr^{\max}(s \models \Diamond B) = 1$ 的所有状态 s 的集合.

证明: 算法 10.1 的正确性依赖于以下两个事实: ① 对于任何移除的状态 t 都有 $\Pr^{\max}(s \models \Diamond B) < 1$; ② 对于从 $\mathrm{Act}(t)$ 中移除的任意动作 α, 不存在无记忆调度器 $\mathfrak{S}$ 满足 $\mathfrak{S}(t) = \alpha$ 并且 $\Pr^{\mathfrak{S}}(t \models \Diamond B) = 1$.

现在令 $\mathcal{M}_0 = \mathcal{M}, \mathcal{M}_1, \mathcal{M}_2, \cdots, \mathcal{M}_i$ 是由算法 10.1 所产生的马尔可夫决策过程序列. 更准确地说, $\mathcal{M}_j$ 是 **repeat** 循环的前 j 次迭代得到的马尔可夫决策过程. 最后的马尔可夫决策过程 $\mathcal{M}_i$ 仍然包含满足 $\Pr^{\max}(s \models \Diamond B) = 1$ 的所有状态 s 和可以被 $\Diamond B$ 的最优 (无记忆) 调度器使用的所有动作 $\alpha \in \mathrm{Act}(s)$.

令 $\mathfrak{S}$ 是 $\mathcal{M}_i$ 的有限记忆调度器, 它用一种公平的方式对待所有激活动作 (即, 若无限经常地访问 t, 则在 t 激活的任何动作都可无限经常地取到). 那么 $\mathfrak{S}$ 诱导的 (有限) 马尔可夫链 $\mathcal{M}_i^{\mathfrak{S}}$ 具有以下性质: 所有状态均可到达 B. 由推论 10.1 得, 对 $\mathcal{M}_i$ 中的所有状态 s 都有 $\Pr^{\mathfrak{S}}(s \models \Diamond B) = 1$. 因此, $\mathcal{M}_i$ 的状态集与满足 $\Pr^{\max}(s \models \Diamond B) = 1$ 的状态的集合相同. ■

算法 10.1 的最坏复杂度关于 $\mathcal{M}$ 的大小是二次方的. 因为每次迭代至少删除一个状态, 所以最外层循环的最大迭代次数是 $N = |S|$. 在每次迭代中, 都要计算可达 B 的状态的集合. 这需要 $O(\mathrm{size}(\mathcal{M}))$ 时间. 任何状态 t 和状态动作对 (t, α) 最多可被删除一次, 所以其他操作的总耗时为 $O(\mathrm{size}(\mathcal{M}))$.

算法 10.1 计算 $\Pr^{\max}(s \models \Diamond B) = 1$ 的状态 s 的集合

输入: 具有有限状态空间 S 的马尔可夫决策过程 $\mathcal{M}$, $B \subseteq S$, 对于 $s \in B$ 有
  $\text{Act}(s) = \{\alpha_s\}$ 且 $\boldsymbol{P}(s, \alpha_s, s) = 1$ (即 B 是吸收的)
输出: $\{s \in S \mid \Pr^{\max}(s \models \Diamond B) = 1\}$

$U := \{s \in S \mid s \not\models \exists \Diamond B\}$
repeat
  $R := U$;
  while $R \neq \varnothing$ **do**
    let $u \in R$;
    $R := R \setminus \{u\}$;
    for all 满足 $t \notin U$ 的 $(t, \alpha) \in \text{Pre}(u)$ **do**
      从 $\text{Act}(t)$ 中移除 α;
      if $\text{Act}(t) = \varnothing$ **then**
        $R := R \cup \{t\}$;
        $U := U \cup \{t\}$;
      fi
    od
    (* 已经移除 u 的所有入边 *)
    从 $\mathcal{M}$ 中移除 u 及其出边
  od
  (* 在修改过的马尔可夫决策过程中确定不能到达 B 的状态 *)
  $U := \{s \in S \mid s \not\models \exists \Diamond B\}$;
until $U = \varnothing$
(* 在生成的 $\mathcal{M}$ 的子马尔可夫决策过程中所有状态都能到达 B *)
return 剩余马尔可夫决策过程中的所有状态

到目前为止, 本节都专注于在马尔可夫决策过程中到达某个状态集合 B 的最大概率的计算问题. 通常, B 表示坏状态的集合, 目的是证明, 无论调度策略如何, 进入 B 状态的概率都足够小. 下面将说明类似的技术也适用于计算到达状态集合的最小概率. 例如, 当 B 代表好状态的集合时,

$$\Pr^{\min}(s \models \Diamond B) = \inf_{\mathfrak{S}} \Pr^{\mathfrak{S}}(s \models \Diamond B)$$

给出可保证终将到达 B 的概率的最精确的下限. 类似于定理 10.15, 最小概率可用方程组刻画. 为确保该方程组的解的唯一性, 要求满足 $\Pr^{\min}(s \models \Diamond B) = 0$ 的所有状态有值 $x_s = 0$.

定理 10.17 最小可达性概率的方程组

令 $\mathcal{M}$ 是状态空间为 S 的有限马尔可夫决策过程, $B \subseteq S$. $x_s = \Pr^{\min}(s \models \Diamond B)$ 确定的向量 $(x_s)_{s \in S}$ 是下列方程组的唯一解:

- 若 $s \in B$, 则 $x_s = 1$.
- 若 $\Pr^{\min}(s \models \Diamond B) = 0$, 则 $x_s = 0$.
- 若 $\Pr^{\min}(s \models \Diamond B) > 0$ 且 $s \notin B$, 则

$$x_s = \min \left\{ \sum_{t \in S} \boldsymbol{P}(s, \alpha, t) \cdot x_t \mid \alpha \in \text{Act}(s) \right\}$$

■

根据定理 10.17, 首先计算 $\Pr^{\min}(s \models \Diamond B) = 0$ 的所有状态的集合, 随后使用值迭代法, 以对 $x_s > 0$ 且 $s \notin B$ 的状态获得值 $x_s = \Pr^{\min}(s \models \Diamond B)$ 的一个逼近. 为此, 对所有 i, 若 $\Pr^{\min}(s \models \Diamond B) = 0$, 则令 $x_s^{(i)} = 0$; 若 $s \in B$, 则令 $x_s^{(i)} = 1$. 对剩余状态, 迭代从 $x_s^{(0)} = 0$ 开始. 对后续迭代, 令

$$x_s^{(n+1)} = \min\Big\{ \sum_{t \in S} \boldsymbol{P}(s,\alpha,t) \cdot x_t^{(n)} \mid \alpha \in \mathrm{Act}(s) \Big\}$$

那么, $x_s^{(0)} \leqslant x_s^{(1)} \leqslant x_s^{(2)} \leqslant \cdots$ 且

$$\lim_{n \to \infty} x_s^{(n)} = \Pr^{\min}(s \models \Diamond B)$$

此外, $x_s^{(n)}$ 与至多 n 步到达 B 的最小概率一致, 其中取最小的范围是所有调度器, 即

$$x_s^{(n)} = \min_{\mathfrak{S}} \Pr^{\mathfrak{S}}(s \models \Diamond^{\leqslant n} B)$$

事实上, 该最小值总是存在并可用有限记忆调度器确定. 此调度器有 $0 \sim n-1$ 共 n 个模式. 初始模式是 0, 对于 $0 < i \leqslant n$, 下一模式函数将模式从 $i-1$ 转变为模式 i, 并在第 n 步之后永远停留在模式 n. $\mathfrak{S}(i,s)$ 是使值 $\sum\limits_{t \in S} \boldsymbol{P}(s,\alpha,t) \cdot x_t^{(i-1)}$ 最小的动作 $\alpha \in \mathrm{Act}(s)$. 动作 $\mathfrak{S}(n,s) \in \mathrm{Act}(s)$ 无关紧要.

需要计算集合[译注 250]

$$S_{=0}^{\min} = \{ s \in S \mid \Pr^{\min}(s \models \Diamond B) = 0 \}$$

这一预处理可用图论算法完成. 集合 $S_{=0}^{\min}$ 由 $S \setminus T$ 给出, 其中

$$T = \bigcup_{n \geqslant 0} T_n$$

并且 $T_0 = B$, 而对 $n \geqslant 0$ 有

$$T_{n+1} = T_n \cup \{ s \in S \mid \forall \alpha \in \mathrm{Act}(s) \exists t \in T_n.\ \boldsymbol{P}(s,\alpha,t) > 0 \}$$

由于 $T_0 \subseteq T_1 \subseteq T_2 \subseteq \cdots \subseteq S$ 且 S 是有限的, 所以序列 $(T_n)_{n \geqslant 0}$ 终将稳定, 即, 存在某个 $n \geqslant 0$ 使得 $T_n = T_{n+1} = T_{n+2} = \cdots = T$.

引理 10.8 $S_{=0}^{\min}$ **的特征**

令 $\mathcal{M}$ 和 T 如前. 那么, $S_{=0}^{\min} = S \setminus T$, 即, 对于所有状态 $s \in S$,

$$\Pr^{\min}(s \models \Diamond B) > 0 \quad \text{iff} \quad s \in T$$

证明: 对 n 用数学归纳法证明对所有 $s \in T_n$, $\Pr^{\min}(s \models \Diamond B) > 0$.

归纳起步. 当 $n = 0$ 时此断言平凡地成立, 这是由于 $T_0 = B$ 且对每一调度器 $\mathfrak{S}$ 和状态 $s \in B$ 都有 $\Pr^{\mathfrak{S}}(s \models \Diamond B) = 1$.

归纳步骤. 令 $n \geqslant 1$, 并假设此断言对 $0 \sim n-1$ 成立. 考虑 $s \in T_n \setminus T_{n-1}$ 并令 $\mathfrak{S}$ 是一个调度器. 令 $\alpha = \mathfrak{S}(s)$ 是当 $\mathcal{M}$ 从 s 开始时由 $\mathfrak{S}$ 选定的动作. 由 T_n 的定义,

$T_{n-1} \cap \text{Post}(s,\alpha) \neq \varnothing$. 令 $t \in T_{n-1} \cap \text{Post}(s,\alpha)$. 由归纳假设得 $\text{Pr}^{\min}(t \models \Diamond B) > 0$. 对于 $s \in T_n$,

$$\text{Pr}^{\mathfrak{S}}(s \models \Diamond B) \geqslant \boldsymbol{P}(s,\alpha,t) \cdot \text{Pr}^{\min}(t \models \Diamond B) > 0$$

成立. 因此, $\text{Pr}^{\min}(s \models \Diamond B) > 0$.

反之, 若 $s \in S \backslash T$, 则对某个 $\alpha \in \text{Act}(s)$, $\text{Post}(s,\alpha) \cap T = \varnothing$. 因此, 可以考虑为每一状态 $s \in S \backslash T$ 选择一个这种动作 $\alpha \in \text{Act}(s)$ 的无记忆的调度器 $\mathfrak{S}$. 那么, 在马尔可夫链 $\mathcal{M}^{\mathfrak{S}}$ 中, $S \setminus T$ 内的状态不能到达 T 中的任何状态. 因此, 对所有 $s \in S \setminus T$, $\text{Pr}^{\mathfrak{S}}(s \models \Diamond B) = 0$. 由此可得, 对所有 $s \in S \setminus T$, $\text{Pr}^{\min}(s \models \Diamond B) = 0$. ■

$S \setminus S_{=0}^{\min} = T = \bigcup\limits_{n \geqslant 0} T_n$ 的计算可在 $\mathcal{M}$ 的大小的线性时间内完成. 算法 10.2 总结了这种线性时间算法的主要步骤.

算法 10.2 计算 $\text{Pr}^{\min}(s \models \Diamond B) = 0$ 的状态 s 的集合

输入: 状态空间为 S 的有限马尔可夫决策过程 $\mathcal{M}$ 及 $B \subseteq S$

输出: $\{s \in S \mid \text{Pr}^{\min}(s \models \Diamond B) = 0\}$

```
T := B;
R := B;
while R ≠ ∅ do
  let t ∈ R;
  R := R \ {t};
  for all s ∉ T 的 (s, α) ∈ Pre(t) do
    从 Act(s) 中移除 α;
    if Act(s) = ∅ then
      将 s 添加到 R 和 T 中
    fi
  od
od
return S \ T
```

为值迭代加快收敛, 也可用图论分析技术计算 $S_{=1}^{\min} = \{s \in S \mid \text{Pr}^{\min}(s \models \Diamond B) = 1\}$. 注意, $S_{=1}^{\min}$ 的计算也解决了定性验证问题: $\Diamond B$ 是否在所有调度器下都几乎肯定成立?

引理 10.9 $S_{=1}^{\min}$ 的特征

令 $\mathcal{M}$ 是状态空间为 S 的有限马尔可夫决策过程, $B \subseteq S$ 并且 $s \in S$. 下列命题是等价的:

(a) $\text{Pr}^{\min}(s \models \Diamond B) < 1$.

(b) 存在无记忆调度器 $\mathfrak{S}$ 使得 $\text{Pr}^{\mathfrak{S}}(s \models \Box \neg B) > 0$.

(c) $s \models \exists((\neg B) \mathsf{U}\, t)$ 对满足以下条件的某个 t 成立: 对于某个无记忆调度器 $\mathfrak{S}$ 使得 $\text{Pr}^{\mathfrak{S}}(t \models \Box \neg B) = 1$.

证明: 首先证明 $(a) \Rightarrow (b)$. 如果 $\text{Pr}^{\min}(s \models \Diamond B) < 1$, 那么由引理 10.10 知, 对某个无记忆调度器 $\mathfrak{S}$, $\text{Pr}^{\mathfrak{S}}(s \models \Diamond B) < 1$. 而后

$$\text{Pr}^{\mathfrak{S}}(s \models \Box \neg B) = 1 - \text{Pr}^{\mathfrak{S}}(s \models \Diamond B) > 0$$

其次证明 (b) ⇒ (c). 令 $\mathfrak{S}$ 是使得 $\Pr^{\mathfrak{S}}(s \models \Box\neg B) > 0$ 的无记忆调度器. 考虑马尔可夫链 $\mathcal{M}_{\mathfrak{S}}$. 因 $\mathfrak{S}$ 是无记忆的, 故 $\mathcal{M}_{\mathfrak{S}}$ 是有限的. 由定理 10.4, $\mathcal{M}_{\mathfrak{S}}$ 中几乎所有路径都终将进入一个 BSCC 并且无限经常地访问其所有状态. 因此, 存在 $\mathcal{M}_{\mathfrak{S}}$ 的一个 BSCC C 使 $C \cap B = \varnothing$ 且

$$\Pr^{\mathfrak{S}}(s \models \exists((\neg B) \cup C)) > 0$$

而且, 对所有状态 $t \in C$, $\Pr^{\mathfrak{S}}(t \models \Box\neg B) = 1$.

最后证明 (c) ⇒ (a). 假设对某个状态 t, 存在无记忆调度器 $\mathfrak{S}$ 使得 $\Pr^{\mathfrak{S}}(s \models \Box\neg B) = 1$, 且 $s \models \exists((\neg B) \cup t)$. 令

$$\widehat{\pi} = s_0 \xrightarrow{\alpha_1} s_1 \xrightarrow{\alpha_2} \cdots \xrightarrow{\alpha_n} s_n$$

使得 $s_0 = s$, 当 $0 \leqslant i < n$ 时 $s_i \notin B$ 且 $s_n = t$. 令调度器 $\mathfrak{S}'$ 以正概率生成该路径, 即, 当 $0 \leqslant i < n$ 时 $\mathfrak{S}'(s_0 s_1 \cdots s_i) = \alpha_{i+1}$. 同时, 对于扩充 $s_0 s_1 \cdots s_n$ 的状态序列, $\mathfrak{S}'$ 的行为与 $\mathfrak{S}$ 的行为相同. 那么,

$$\Pr^{\mathfrak{S}'}(s \models \Box\neg B) \geqslant \prod_{1 \leqslant i \leqslant n} \boldsymbol{P}(s_{i-1}, \alpha_i, s_i) > 0$$

并因此 $\Pr^{\mathfrak{S}'}(s \models \Diamond B) < 1$. ■

根据引理 10.9, 将集合 $S_{=1}^{\min}$ 作为可沿 $S \setminus B$ 中的路径片段到达 T 的状态集的补集进行计算, 其中

$$T = \{s \in S \mid \Pr^{\max}(t \models \Box\neg B) = 1\}$$

集合 T 可用如下方法得到. 开始时, 对任一 $s \in S \setminus B$ 令 $A(s) = \mathrm{Act}(s)$, 对任一 $t \in B$ 令 $A(t) = \varnothing$. 将所有状态 $t \in B$ 都从 T 中移除. 这涉及满足 $\alpha \in A(s)$ 的所有状态动作对 $(s, \alpha) \in \mathrm{Pre}(t)$, 并且要将 α 从 $A(s)$ 中移除. 若 $A(s)$ 以这种方式对某个状态 $s \in T$ 变成空的, 则用同样的过程将 s 从 T 中移除. 即, 考虑 $\beta \in A(u)$ 的所有状态动作对 $(u, \beta) \in \mathrm{Pre}(s)$ 并从 $\mathrm{Act}(u)$ 中移除 β. 只要有状态 s 满足 $A(s) = \varnothing$ 就重复这一移除过程. 这会产生子马尔可夫决策过程, 状态空间为 $T \subseteq S \setminus B$, 且对所有 $t \in T$ 都有非空动作集 $A(t) \subseteq \mathrm{Act}(t)$ 使得对任意 $\alpha \in A(t)$ 有 $\mathrm{Post}(t, \alpha) \subseteq T$.

显然, 对任一状态 $t \in T$ 和任一满足以下条件的调度器 $\mathfrak{S}$ 都有 $\Pr^{\mathfrak{S}}(t \models \Box\neg B) = 1$, $\mathfrak{S}$ 对 $t_n = t$ 的状态序列 $t_0 t_1 \cdots t_n$ 只从 $A(t)$ 中选择动作; 反之, 对迭代次数用归纳法, 可以证明 $\Pr^{\max}(s \models \Box\neg B) < 1$ 对所有在删除过程中移除的状态 s 成立. 因此, 的确有

$$T = \{s \in S \mid \Pr^{\max}(t \models \Box\neg B) = 1\}$$

由此断定

$$S_{=1}^{\min} = \{s \in S \mid s \not\models \exists(\neg B) \cup T\} = S \setminus \mathrm{Sat}(\exists((\neg B) \cup T))$$

并可得定理 10.8.

定理 10.18　最小可达性问题的定性分析

用基于图的算法在时间 $O(\mathrm{size}(\mathcal{M}))$ 内可计算集合 $S_{=0}^{\min}$ 和 $S_{=1}^{\min}$. ■

使用类似于引理 10.6 的技术, 对于所有状态, 可用上述方程组证明存在无记忆调度器使得到达 B 的概率最小.

引理 10.10 最优无记忆调度器的存在性

令 $\mathcal{M}$ 是有限马尔可夫决策过程, $B \subseteq S$ 且 $s \in S$. 存在无记忆调度器 $\mathfrak{S}$ 使终将到达 B 的概率最小化, 即, 对所有状态 s,

$$\Pr^{\mathfrak{S}}(s \models \Diamond B) = \Pr^{\min}(s \models \Diamond B)$$ ■

类似于最大可达性概率的情况, 上面的方程组可以改写为线性规划. 此线性规划定义如下:

- 若 $\Pr^{\min}(s \models \Diamond B) = 1$, 则 $x_s = 1$.
- 若 $\Pr^{\min}(s \models \Diamond B) = 0$, 则 $x_s = 0$.
- 若 $0 < \Pr(s \models \Diamond B) < 1$, 则 $0 < x_s < 1$ 且对所有动作 $\alpha \in \mathrm{Act}(s)$

$$x_s \leqslant \sum_{t \in S} \boldsymbol{P}(s, \alpha, t) \cdot x_t$$

其中 $\sum\limits_{s \in S} x_s$ 是最大的.

注记 10.15 约束可达性

针对事件 $\Diamond B$ 或 $\Diamond^{\leqslant n} B$ 的技术也适用于讨论约束可达性 $C \cup B$ 或 $C \cup^{\leqslant n} B$. 具体如下. 第一步, 使所有状态 $s \in S \setminus (C \cup B)$ 是吸收的. 即, 用一个动作, 例如 α_s, 代替它们的激活动作, 并令 $\boldsymbol{P}(s, \alpha_s, s) = 1$. 在这样得到的马尔可夫决策过程中, 分别用上述方式确定 $\Pr^*(s \models \Diamond B)$ 或 $\Pr^*(s \models \Diamond^{\leqslant n} B)$ (此处, $*$ 是 max 或 min).

由引理 10.6 和引理 10.10 可知, 存在无记忆调度器, 它最优化 (即最大化或最小化) 无界约束可达 $C \cup B$ 的概率. 对于步数有界的事件 $C \cup^{\leqslant n} B$, 存在产生极值概率的有限记忆调度器. ■

事实上, 本节中概述的技术提供了有限马尔可夫决策过程的 PCTL 模型检验的关键要素.

10.6.2 PCTL 模型检验

在 10.2 节中, 概率计算树逻辑 (PCTL) 已经作为马尔可夫链的 CTL 状分支时间逻辑介绍过了. 即使不改变语法, PCTL 也可用作描述有限马尔可夫决策过程的重要性质的时序逻辑. 与马尔可夫链情境主要的 (也是唯一的) 区别就是概率算子 $\mathbb{P}_J(\cdot)$ 要遍历所有调度器. 因此, $\mathbb{P}_J(\varphi)$ 表示 J 给定的概率界限对由 φ 描述的事件是满足的, 无论未定性如何解决.

PCTL 作为马尔可夫决策过程的逻辑的语法与作为马尔可夫链的逻辑的语法相同, 见定义 10.4. 对于马尔可夫决策过程 $\mathcal{M} = (S, \mathrm{Act}, \boldsymbol{P}, \iota_{\mathrm{init}}, \mathrm{AP}, L)$, PCTL 状态公式和路径公

式的满足关系定义如下:

$$
\begin{array}{lll}
s \models \text{true} & & \\
s \models a & \text{iff} & a \in L(s) \\
s \models \neg\Phi & \text{iff} & s \not\models \Phi \\
s \models \Phi_1 \wedge \Phi_2 & \text{iff} & s \models \Phi_1 \text{ 且 } s \models \Phi_2 \\
s \models \mathbb{P}_J(\varphi) & \text{iff} & \text{对 } \mathcal{M} \text{ 的所有调度器 } \mathfrak{S} \text{有 } \Pr^{\mathfrak{S}}(s \models \varphi) \in J
\end{array}
$$

此处, $\Pr^{\mathfrak{S}}(s \models \varphi)$ 是 $\Pr_s^{\mathfrak{S}}\{\pi \in \text{Paths}(s) \mid \pi \models \varphi\}$ 的缩写. 用 $\text{Sat}_{\mathcal{M}}(\Phi)$ 或更简单的 $\text{Sat}(\Phi)$ 表示 Φ 在 $\mathcal{M}$ 中的满足集, 即

$$
\text{Sat}_{\mathcal{M}}(\Phi) = \{s \in S \mid s \models \Phi\}
$$

路径公式的语义与在马尔可夫链上解释 PCTL 完全相同. 因此, 概率算子 $\mathbb{P}_J(\cdot)$ 对所有调度器施加概率界限. 特别地, 有

- $s \models \mathbb{P}_{\leqslant p}(\varphi)$ 当且仅当 $\Pr^{\max}(s \models \varphi) \leqslant p$.
- $s \models \mathbb{P}_{\geqslant p}(\varphi)$ 当且仅当 $\Pr^{\min}(s \models \varphi) \geqslant p$.

其中 $\Pr^{\max}(s \models \varphi) = \sup_{\mathfrak{S}} \Pr^{\mathfrak{S}}(s \models \varphi)$, 而 $\mathfrak{S}$ 取遍 $\mathcal{M}$ 的所有可能的调度器. 类似地, $\Pr^{\min}(s \models \varphi)$ 表示 φ 指定的事件的概率在所有调度器之下的下确界. 对于有限马尔可夫决策过程, 换为概率的严格上界和严格下界 (即 $< p$ 和 $> p$) 后同样成立, 这是因为对于任何 PCTL 路径公式 φ 存在一个使 φ 的概率最大化或最小化的有限记忆调度器 (见注记 10.15). 因此, 对于有限马尔可夫决策过程:

$$
\Pr^{\max}(s \models \varphi) = \max_{\mathfrak{S}} \Pr^{\mathfrak{S}}(s \models \varphi) \text{ 且 } \Pr^{\min}(s \models \varphi) = \min_{\mathfrak{S}} \Pr^{\mathfrak{S}}(s \models \varphi)
$$

像在马尔可夫链中一样, 可导出总是算子. 例如, $\mathbb{P}_{\leqslant p}(\Box\Phi)$ 可定义为 $\mathbb{P}_{\geqslant 1-p}(\Diamond\neg\Phi)$. 那么,

$$
s \models \mathbb{P}_{\leqslant p}(\Box\Phi) \text{ 当且仅当对所有调度器 } \mathfrak{S} \text{ 有 } \Pr^{\mathfrak{S}}(s \models \Box\text{Sat}(\Phi)) \leqslant p
$$

例如, 对于使用随机裁判的互斥协议, PCTL 描述

$$
\mathbb{P}_{=1}(\Box(\neg\text{crit}_1 \vee \neg\text{crit}_2)) \wedge \bigwedge_{i=1,2} \mathbb{P}_{=1}(\Box(\text{wait}_i \to \mathbb{P}_{\geqslant \frac{7}{8}}(\Diamond^{\leqslant 9}\text{crit}_i)))
$$

断言了互斥性 (第一个合取项) 以及每一等待进程在 9 步内进入其关键节段的概率至少为 7/8 (无论调度策略如何).

PCTL 公式的等价性　为了区分由马尔可夫决策过程语义和马尔可夫链语义产生的 PCTL 状态公式的等价关系, 分别使用符号 $\equiv_{\text{MDP}}$ 和 $\equiv_{\text{MC}}$. 关系 $\equiv_{\text{MDP}}$ 表示两个 PCTL 公式在马尔可夫决策过程上解释时是等价的, 即 $\Phi \equiv_{\text{MDP}} \Psi$ 当且仅当 $\text{Sat}_{\mathcal{M}}(\Phi) = \text{Sat}_{\mathcal{M}}(\Psi)$ 对所有 MDP $\mathcal{M}$ 都成立; 类似地, $\Phi \equiv_{\text{MC}} \Psi$ 当且仅当对所有马尔可夫链 $\mathcal{M}$, $\text{Sat}_{\mathcal{M}}(\Phi) = \text{Sat}_{\mathcal{M}}(\Psi)$. 因为任何马尔可夫链都可视为每一状态都只有一个激活动作的马尔可夫决策过程, 因此 $\equiv_{\text{MDP}}$ 比 $\equiv_{\text{MC}}$ 细, 即

$$\Phi \equiv_{\text{MDP}} \Psi \text{ 蕴涵 } \Phi \equiv_{\text{MC}} \Psi$$

然而, 它的逆命题不成立. 证明如下. 考虑形如 $\mathbb{P}_{\leqslant p}(\varphi)$ 的公式, 其中 $0 \leqslant p < 1$, φ 是可满足的但不是有效的路径公式, 如 $\bigcirc a$ 或 $a \mathsf{U} b$ 等. 那么,

$$\mathbb{P}_{\leqslant p}(\varphi) \equiv_{\text{MC}} \neg\mathbb{P}_{>p}(\varphi)$$

这个等价是平凡的, 因为, 在马尔可夫链中, 一个事件 E 的概率小于或等于 p 当且仅当 E 的概率不大于 p. 类似的讨论并不适用于马尔可夫决策过程, 原因是概率算子 $\mathbb{P}_J(\cdot)$ 的语义中固有的全称量词不成立, 即

$$\begin{array}{lll} s \models \mathbb{P}_{\leqslant p}(\varphi) & \text{iff} & \text{对所有调度器 } \mathfrak{S},\ \Pr^{\mathfrak{S}}(s \models \varphi) \leqslant p \\ s \models \neg\mathbb{P}_{>p}(\varphi) & \text{iff} & \text{对所有调度器 } \mathfrak{S},\ \Pr^{\mathfrak{S}}(s \models \varphi) > p \\ & \text{iff} & \text{对某个调度器 } \mathfrak{S},\ \Pr^{\mathfrak{S}}(s \models \varphi) \leqslant p \end{array}$$

因此, $\mathbb{P}_{\leqslant p}(\varphi) \not\equiv_{\text{MDP}} \neg\mathbb{P}_{>p}(\varphi)$. 但是, 一些为马尔可夫链确立的等价性对马尔可夫决策过程也成立, 例如,

$$\mathbb{P}_{]p,q]}(\varphi) \equiv_{\text{MDP}} \mathbb{P}_{>p}(\varphi) \wedge \mathbb{P}_{\leqslant q}(\varphi)$$

下面简要讨论 PCTL 的定性片段与 CTL 之间的关系. 定性片段包含由概率算子构造的 4 个定性性质:

$$\mathbb{P}_{=1}(\varphi),\ \mathbb{P}_{>0}(\varphi),\ \mathbb{P}_{<1}(\varphi) \text{ 和 } \mathbb{P}_{=0}(\varphi)$$

与马尔可夫链的情境相悖, 这些算子不能相互导出. 因此, 必须用 $\mathbb{P}_{<1}(\varphi)$ 和 $\mathbb{P}_{=0}(\varphi)$ 扩充 PCTL 定性片段的语法. 如同在马尔可夫链中一样, 公式 $\mathbb{P}_{=1}(\Box a)$ 和 $\forall\Box a$ 是等价的. $\mathbb{P}_{>0}(a \mathsf{U} b)$ 与 $\exists(a \mathsf{U} b)$ 也是如此. 定性 PCTL 公式 $\mathbb{P}_{>0}(\Box a)$ 和 $\mathbb{P}_{=1}(\Diamond a)$ 不能在 CTL 中定义; 反之, CTL 公式 $\exists\Box a$ 和 $\forall\Diamond a$ 也不能用定性 PCTL 公式描述.

PCTL 模型检验 给定有限马尔可夫决策过程 $\mathcal{M}$ 和 PCTL 状态公式 Φ, 为了检验是否所有初始状态 s 都满足 Φ, 可以使用马尔可夫链的 PCTL 模型检验算法的修改版. 即, 像其他 CTL 状分支时序逻辑一样, 持续对 Φ 的状态子公式计算满足集 $\text{Sat}(\Phi)$. 与马尔可夫链的 PCTL 模型检验相比, 仅有的区别是概率算子的处理. 例如, 考虑 $\Psi = \mathbb{P}_{\leqslant p}(\bigcirc\Psi')$. 模型检验器确定值

$$x_s = \Pr^{\max}(s \models \bigcirc\Psi') = \max\left\{ \sum_{t \in \text{Sat}(\Psi')} \boldsymbol{P}(s, \alpha, t) \mid \alpha \in \text{Act}(s) \right\}$$

并返回 $\text{Sat}(\Psi) = \{s \in S \mid x_s \leqslant p\}$. 对于直到公式 $\Psi = \mathbb{P}_{\leqslant p}(\Psi_1 \mathsf{U} \Psi_2)$ 和 $\Psi = \mathbb{P}_{\leqslant p}(\Psi_1 \mathsf{U}^{\leqslant n} \Psi_2)$, 可用 10.6.1 节介绍的技术计算 $x_s = \Pr^{\max}(s \models C \mathsf{U} B)$ 或 $x_s = \Pr^{\max}(s \models C \mathsf{U}^{\leqslant n} B)$. 这可通过解一个线性规划或值迭代完成. 模型检验器返回 $\text{Sat}(\Psi) = \{s \in S \mid x_s \leqslant p\}$. 可类似地处理概率严格上界 $< p$ 或概率下界 ($\geqslant p$ 或 $> p$). 概率区间 $J \subseteq [0,1]$ 不同于 $[0,p[$、$[0,p]$、$]p,1]$ 和 $[p,1]$ 的公式 $\mathbb{P}_J(\cdot)$ 可拆分为概率上界公式与下界公式的合取.

如果使用多项式最坏时间的线性规划求解器, 那么此方法的综合时间复杂度如下: 关于公式 Φ 的长度和 Φ 的子公式 $\mathbb{P}_J(\Psi_1 \mathsf{U}^{\leqslant n} \Psi_2)$ 的最大步数界限 $n_{\max}$ 是线性时间, 关于 $\mathcal{M}$ 的大小是多项式时间.

定理 10.19　马尔可夫决策过程的 PCTL 模型检验的时间复杂度

对于有限马尔可夫决策过程 $\mathcal{M}$ 和 PCTL 公式 Φ, PCTL 模型检验问题 $\mathcal{M} \models \Phi$ 可在时间复杂度

$$O(\text{ploy}(\text{size}(\mathcal{M}))) \cdot n_{\max} \cdot |\Phi|$$

内确定, 其中 $n_{\max}$ 是在 Φ 的子路径公式 $\Psi_1 \mathsf{U}^{\leqslant n} \Psi_2$ 中出现的最大步数界限 (若 Φ 不含步数有界的直到算子, 则 $n_{\max} = 1$). ■

前面针对 CTL 介绍过状态公式 $\exists\varphi$ 和 $\forall\varphi$ 的证据和反例的概念, 参见 6.6 节. 证据和反例曾被定义为一个足够长的起始有限路径片段 $\widehat{\pi}$, 要求它可以扩展为路径 π, 使得 $\pi \models \varphi$ (证据) 和 $\pi \not\models \varphi$ (反例). 在概率系统中, 情况类似, 但现在无记忆 (或有限记忆) 调度器发挥着有限路径片段的作用. 例如, 若 $s \not\models \mathbb{P}_{\leqslant p}(\Psi_1 \mathsf{U} \Psi_2)$, 则 $\Pr^{\max}(s \models \Psi_1 \mathsf{U} \Psi_2) > p$, 进而存在无记忆调度器 $\mathfrak{S}$ 使得 $\Pr^{\mathfrak{S}}(s \models \Psi_1 \mathsf{U} \Psi_2) > p$. 注意, 这样的无记忆调度器是计算 $\Pr^{\max}(s \models \Psi_1 \mathsf{U} \Psi_2) > p$ 的算法 “附赠” 的. 此调度器 $\mathfrak{S}$ 可以看作 $s \not\models \mathbb{P}_{\leqslant p}(\Psi_1 \mathsf{U} \Psi_2)$ 的反例. 当然, 只给出关于 $\mathfrak{S}$ 的某些信息就够了, 例如 $\mathfrak{S}$ 在使 $\Psi_1 \wedge \neg\Psi_2$ 成立的状态上的决策. 可用类似方式获得其他概率界限 ($\geqslant p$、$> p$ 或 $< p$) 和其他路径公式的反例. 只要不使用步数有界的直到算子, 无记忆调度器就足够了. 对于 $s \not\models \mathbb{P}_J(\Psi_1 \mathsf{U}^{\leqslant n} \Psi_2)$, 可用满足 $\Pr^{\mathfrak{S}}(s \models \Psi_1 \mathsf{U}^{\leqslant n} \Psi_2) \notin J$ 的有限记忆调度器 $\mathfrak{S}$ 得到反例. 证据的概念可对形式为 $\neg\mathbb{P}_J(\varphi)$ 的公式实现, 由于它们要求存在使 φ 的概率不在 J 内的调度器. 事实上, 任一满足 $\Pr^{\mathfrak{S}}(s \models \varphi) \notin J$ 的无记忆 (或有限记忆) 调度器都构成了 $s \models \neg\mathbb{P}_J(\varphi)$ 的证据. 再强调一次, 对于不用步数有界的直到算子的 PCTL, 无记忆调度器就足够了.

10.6.3 极限性质

前面讲过, 为分析有限马尔可夫链的活性性质, 一个关键发现是: 几乎肯定可达 BSCC, 其状态能被无限经常地访问, 见定理 10.4. 用*末端分支*手段, 对有限马尔可夫决策过程可得到类似的结果. 末端分支是强连通的在概率选择下封闭的子马尔可夫决策过程.

定义 10.27　子马尔可夫决策过程

令 $\mathcal{M} = (S, \text{Act}, \boldsymbol{P}, \boldsymbol{\iota}_{\text{init}}, \text{AP}, L)$ 是马尔可夫决策过程. $\mathcal{M}$ 的*子马尔可夫决策过程*是一个 (T, A) 对, 其中 $\varnothing \neq T \subseteq S$ 且 $A \colon T \to 2^{\text{Act}}$ 是满足下列条件的函数:

- 对所有状态 $s \in T$ 有 $\varnothing \neq A(s) \subseteq \text{Act}(s)$.
- 若 $s \in T$ 且 $\alpha \in A(s)$, 则 $\text{Post}(s, \alpha) = \{t \in S \mid \boldsymbol{P}(s, \alpha, t) > 0\} \subseteq T$.

若 $T' \subseteq T$ 且对任意状态 $t \in T'$ [译注 251] 都有 $A'(t) \subseteq A(t)$, 则称子马尔可夫决策过程 (T', A') 包含于子马尔可夫决策过程 (T, A) 中.

子马尔可夫决策过程 (T, A) 诱导的有向图 $G_{(T,A)}$ 的顶点集为

$$T \cup \{\langle s, \alpha \rangle \in T \times \text{Act} \mid \alpha \in A(s)\}$$

对每一对 $s \in S$ 和 $\alpha \in A(s)$ 都有一条边 $s \to \langle s, \alpha \rangle$, 且对每一个 $t \in \text{Post}(s, \alpha)$ 都有一条边 $\langle s, \alpha \rangle \to t$. ■

定义 10.28　末端分支

若马尔可夫决策过程 $\mathcal{M}$ 的子马尔可夫决策过程 (T, A) 诱导的有向图 $G_{(T,A)}$ 是强连通的, 则称 (T, A) 是马尔可夫决策过程 $\mathcal{M}$ 的*末端分支*.

令 $EC(\mathcal{M})$ 表示 $\mathcal{M}$ 的末端分支的集合. ■

例 10.36 末端分支

考虑图 10.27 中的马尔可夫决策过程 $\mathcal{M}$. 令 $T = \{s_5, s_6\}$, $A(s_6) = A(s_5) = \{\alpha\}$, 则子马尔可夫决策过程 (T, A) 是 $\mathcal{M}$ 的一个末端分支. 有向图 $G_{(T,A)} = (V, E)$, 其中 $V = \{s_5, \langle s_5, \alpha\rangle, s_6, \langle s_6, \alpha\rangle\}$, 边为 $s_5 \to \langle s_5, \alpha\rangle$, $\langle s_5, \alpha\rangle \to s_6$, $s_6 \to \langle s_6, \alpha\rangle$, $\langle s_6, \alpha\rangle \to s_6$, $\langle s_6, \alpha\rangle \to s_5$. ■

对于每个末端分支 (T, A) 都有一个调度器, 而且是有限记忆的, 它可几乎肯定地强制永久停留在 T 中并无限经常地访问 T 中的所有状态.

引理 10.11 末端分支的循环性

对于有限马尔可夫决策过程 $\mathcal{M}$ 的末端分支 (T, A), 存在一个有限记忆调度器 $\mathfrak{S}$, 使得对于任意 $s \in T$ [译注 252] 都有

$$\Pr^{\mathfrak{S}}(s \models \Box T \wedge \bigwedge_{t \in T} \Box\Diamond t) = 1$$

证明: 目标是定义一个 fm 调度器 $\mathfrak{S}$, 它无限经常地调度所有动作 $\alpha \in A(s)$, 但从不调度动作 $\beta \notin A(s)$. 对于 $s \in T$, 令

$$A(s) = \{\alpha_0^s, \alpha_1^s, \cdots, \alpha_{k_s-1}^s\}$$

$\mathfrak{S}$ 的模式是满足 $0 \leqslant q(s) < k_s$ 的函数 $q\colon T \to \mathbb{N}$. 调度器 $\mathfrak{S}$ 根据轮询策略选择当前状态 s 的动作. 即, 若 α_i 是上一次在状态 s 选择的动作, 则选择的下一个动作是 α_{i+1} (模 k_s). 在形式上[译注 253],

$$\mathrm{act}(q, s) = \alpha_i, \text{ 其中 } i = q(s)$$

下一模式函数由 $\Delta(q, s) = p$ 给出, 其中对于 $t \in T \setminus \{s\}$ 有 $p(t) = q(t)$ 且 $p(s) = (q(s) + 1) \bmod k_s$. 起始模式由 $\mathrm{start}(\cdot) = q_0$ 给出, 其中, 对任意 $s \in T$, $q_0(s) = 0$. $\mathfrak{S}$ 对 T 之外的状态的决策无关紧要. 例如, 对于任意模式 q 和状态 $s \notin T$, 可令 $\mathrm{act}(q, s) = \alpha_s$, $\Delta(q, s) = q$.

因 $\mathfrak{S}$ 对于 $s \in T$ 只选择 $A(s)$ 中的动作, 故所有从状态 $s \in T$ 出发的 $\mathfrak{S}$ 路径永远不会访问 T 之外的状态. 因为 (T, A) 诱导的有向图是强连通的, 所以, $\mathfrak{S}$ 诱导的 (有限) 马尔可夫链仅由单个 BSCC 组成. 由定理 10.4 得, $\mathcal{M}_{\mathfrak{S}}$ 中的任何状态都几乎肯定地被访问无限次. ■

对于有限马尔可夫决策过程 $\mathcal{M}$ 中的无限路径

$$\pi = s_0 \xrightarrow{\alpha_1} s_1 \xrightarrow{\alpha_2} s_2 \xrightarrow{\alpha_3} \cdots$$

π 的极限, 记作 $\mathrm{Limit}(\pi)$, 定义为 (T, A) 对, 其中 T 是在 π 中无限经常访问的状态的集合:

$$T = \inf(s_0 s_1 s_2 \cdots) = \{s \in S \mid \overset{\infty}{\exists} n \geqslant 0.\ s_n = s\}$$

且 $A\colon T \to 2^{\mathrm{Act}}$ [译注 254] 是给每一状态 $s \in T$ 指定一个动作集合的函数, 集合中的每一动作都在某个状态 s 处取无限次, 即, 对于 $s \in T$,

$$A(s) = \{\alpha \in \mathrm{Act}(s) \mid \overset{\infty}{\exists} n \geqslant 0.\ s_n = s \wedge \alpha_{n+1} = \alpha\}$$

定理 10.20 是定理 10.4 在马尔可夫决策过程中的类比. 它说明在每个调度器下几乎所有路径的极限都构成一个末端分支.

定理 10.20 马尔可夫决策过程的极限行为

对于有限马尔可夫决策过程 $\mathcal{M}$ 的每一状态 s 和调度器 $\mathfrak{S}$:

$$\Pr_s^{\mathfrak{S}}\{\pi \in \text{Paths}(s) \mid \text{Limit}(\pi) \in EC(\mathcal{M})\} = 1$$

证明: 令 $\mathcal{M}$ 是有限马尔可夫决策过程, π 是从 s 开始的无限路径. 已知 $\mathcal{M}$ 有限, 故有一个状态 t 和一个动作 α, 使得 π 无限经常地访问 t 并通过 α 离开, 即事件 $\Box\Diamond(t,\alpha)$ 成立. 考虑 t 的一个 α 后继 u, 即 $p = \boldsymbol{P}(t,\alpha,u) > 0$. 已知 $\Box\Diamond(t,\alpha)$, 仅有限次进入 u 的概率是 0. 这从以下事实得到: 从某个时刻开始不取迁移 $t \xrightarrow{\alpha} u$ 的概率以 $\lim_{n\to\infty}(1-p)^n = 0$ 为界. 因此, 几乎肯定无限次沿边 $t \xrightarrow{\alpha} u$ 进入 u. 所以, 下述结论对每一调度器 $\mathfrak{S}$ 和几乎所有 $\mathfrak{S}$ 路径 π 成立: 若 $\text{Limit}(\pi) = (T, A)$, $t \in T$, $\alpha \in A(t)$ 且 $\boldsymbol{P}(t,\alpha,u) > 0$, 则 $u \in T$. 现在, 由 $\text{Limit}(\pi)$ 的基础图是强连通图即得定理 10.22 的结论. ■

令 $\mathcal{M}$ 是有限马尔可夫决策过程, 且 $P \subseteq (2^{\text{AP}})^\omega$ 是仅依赖于无限次重复的标记的 LT 性质. 例如, P 可表示重复可达性质 $\Box\Diamond a$, 也可表达重复可达性质的布尔组合, 例如持久性质 $\Diamond\Box b$、强公平条件 $\bigwedge\limits_{1\leqslant i\leqslant k}(\Box\Diamond a_i \to \Box\Diamond b_i)$ 或 Rabin 条件 $\bigvee\limits_{1\leqslant i\leqslant k}(\Diamond\Box a_i \wedge \Box\Diamond b_i)$ 等的组合, 在 Rabin 条件中 a、a_i、b 和 b_i 是原子命题. 若 LT 性质 P 的可满足性仅依赖于无限次出现的标记, 但不依赖于它们出现的顺序, 则称 P 是*极限 LT 性质*. 令 $\inf(A_0A_1A_2\cdots) = \{A \subseteq \text{AP} \mid \forall i \geqslant 0.\ \exists j \geqslant i.\ A_i = A\}$ 表示在单词 $A_0A_1A_2\cdots \in (2^{\text{AP}})^\omega$ 中无限次出现的标记的集合.

记法 10.6 极限 LT 性质

设 P 是 AP 上的 LT 性质. 若对任意单词 $\sigma, \sigma' \in (2^{\text{AP}})^\omega$ 都有

$$\sigma \in P \text{ 且 } \inf(\sigma) = \inf(\sigma') \text{ 蕴涵 } \sigma' \in P$$

则称 P 是*极限 LT 性质*. 对于极限 LT 性质, 有限马尔可夫决策过程 $\mathcal{M}$ 中路径的满足关系可由关于状态集的条件表示. 令 S 是 $\mathcal{M}$ 的状态空间, $T \subseteq S$. 令

$$T \models P \text{ iff } \forall \sigma \in (2^{\text{AP}})^\omega.\ \inf(\sigma) = L(T) \text{ 蕴涵 } \sigma \in P$$

其中 $L(T) = \{L(t) \in 2^{\text{AP}} \mid t \in T\}$. 若 P 由 LTL 公式 φ 给出, 即 $P = \text{Words}(\varphi)$, 则用 $T \models \varphi$ 代替 $T \models P$. ■

注意, 若 $T \models P$, 则对所有路径 π 都有 $\inf(\pi) = T$ 蕴涵 $\text{trace}(\pi) \in P$.

由定理 10.20 得, 当分析极限 LT 性质 P 的概率时, 只有集合 $\inf(\pi) = T$ 是有关的, 其中 T 是 $\mathcal{M}$ 的一个末端分支的状态的集合. 末端分支 (T, A) 称为 (对 P) 是*接受的*当且仅当 $T \models P$.

这样就可以把概率可达性问题归约为计算极限 LT 性质的极值概率. 令 U_P 表示 $\mathcal{M}$ 中使得 $T \models P$ 的所有末端分支 (T, A) 的集合 T 的并集. 集合 U_P 也称为 P 在 $\mathcal{M}$ 中的*成功集*. 类似地, V_P 是 $\mathcal{M}$ 中使得 $\neg(T \models P)$ 的末端分支 (T, A) 的集合 T 的并集.

定理 10.21　验证极限 LT 性质

令 $\mathcal{M}$ 是有限马尔可夫决策过程, P 是极限 LT 性质. 对 $\mathcal{M}$ 的任意状态 s, 以下命题均成立:

(a) $\Pr^{\max}(s \models P) = \Pr^{\max}(s \models \Diamond U_P)$.

(b) $\Pr^{\min}(s \models P) = 1 - \Pr^{\max}(s \models \Diamond V_P)$.

而且, 存在有限记忆的调度器 $\mathfrak{S}_{\max}$ 和 $\mathfrak{S}_{\min}$, 使得对于 $\mathcal{M}$ 的任意状态 s, 以下命题均成立:

(c) $\Pr^{\max}(s \models P) = \Pr^{\mathfrak{S}_{\max}}(s \models P)$.

(d) $\Pr^{\min}(s \models P) = \Pr^{\mathfrak{S}_{\min}}(s \models P)$.

证明: 先考虑最大概率的命题. 对每个调度器 $\mathfrak{S}$, 都有 $\Pr^{\mathfrak{S}}(s \models P) \leqslant \Pr^{\mathfrak{S}}(s \models \Diamond U_P)$. 由定理 10.20 得,

$$\Pr^{\mathfrak{S}}(s \models P) = \Pr^{\mathfrak{S}}\{\pi \in \text{Paths}(s) \mid \text{Limit}(\pi) \in \text{EC}(\mathcal{M}) \wedge \inf(\pi) \models P\}$$

根据 U_P 的定义, 对于 $\text{Limit}(\pi)$ 是末端分支且 $\inf(\pi) \models P$ 的每条路径 π 都有 $\pi \models \Diamond U_P$.

反之, 存在有限记忆调度器使得 $\Pr^{\mathfrak{S}}(s \models P) = \Pr^{\max}(s \models \Diamond U_P)$. 为看出这一点, 考虑最大化 $\mathcal{M}$ 中所有状态到达 U_P 的概率的无记忆调度器 $\mathfrak{S}_0$. 另外, 对每一末端分支 (T, A), 令 $\mathfrak{S}_{(T,A)}$ 是有限记忆调度器, 它确保一旦从 T 中的某个状态开始就永远停留在 T 中并无限次访问所有状态 $t \in T$. 根据引理 10.11, 这样的有限记忆调度器的确存在. 而且, 对每一状态 $u \in U_P$, 选择一个末端分支 $EC(u) = (T, A)$ 使 $u \in T$ 且 $T \models P$.

令 $\mathfrak{S}$ 是首先模仿 $\mathfrak{S}_0$ 直到到达 U_P 中的状态 u 的调度器. 从此刻起, $\mathfrak{S}$ 的行为如同 $\mathfrak{S}_{EC(u)}$. 对于此调度器 $\mathfrak{S}$, 几乎所有终将进入 U_P 的路径将无限次访问末端分支 (T, A) 的所有状态, 且 $T \models P$. 特别地, 对几乎所有 $\mathfrak{S}$ 路径, 只要它们能够到达 U_P, $\inf(\pi) \models P$ 就成立. 由此可得[译注 255]

$$\begin{aligned}\Pr^{\mathfrak{S}}(s \models P) &= \sum_{u \in U_P} \Pr^{\mathfrak{S}_0}(s \models (\neg U_P) \,\mathsf{U}\, u) \cdot \underbrace{\Pr^{\mathfrak{S}_{EC(u)}}(u \models P)}_{=1} \\ &= \Pr^{\max}(s \models \Diamond U_P)\end{aligned}$$

因为 $\Pr^{\max}(s \models \Diamond U_P)$ 是关于 P 和初始状态 s 的概率在所有调度器下的上界, 所以可得所证结论.

关于最小概率的命题 (b) 可用以下事实从命题 (a) 推出: 极限 LT 性质的类在否定下是封闭的 (即, 若 P 是极限性质, 则 $\overline{P} = (2^{\text{AP}})^{\omega} \setminus P$ 也是) 以及对任意调度器 $\mathfrak{S}$ 都有 $\Pr^{\mathfrak{S}}(s \models P) = 1 - \Pr^{\mathfrak{S}}(s \models \overline{P})$. 因此

$$\Pr^{\min}(s \models P) = 1 - \Pr^{\max}(s \models \overline{P})$$

且任何最大化 $\overline{P}$ 的概率的 fm 调度器 $\mathfrak{S}$ 都最小化 P 的概率. 对于 $T \subseteq S$, 有 $T \models \overline{P}$ iff $\neg(T \models P)$. 因此, 所有包含在某个使得 $\neg(T \models P)$ 的末端分支 (T, A) 中的状态 t 的集合 V_P 等于所有使得 $T \models \overline{P}$ 的末端分支 (T, A) 的并产生的 $U_{\overline{P}}$. 而后, 把命题 (a) 应用到 $\overline{P}$, 得

$$\Pr^{\max}(s \models \overline{P}) = \Pr^{\max}(s \models \Diamond U_{\overline{P}}) = \Pr^{\max}(s \models \Diamond V_P)$$

■

因此, 对有限马尔可夫决策过程, PCTL 公式 $\mathbb{P}_{=1}(\Box\mathbb{P}_{=1}(\Diamond a))$ 断言事件 $\Box\Diamond a$ 在任意调度器下几乎肯定发生. 这从以下事实得到:

$$\begin{aligned} & s \models \mathbb{P}_{=1}(\Box\mathbb{P}_{=1}(\Diamond a)) \\ \text{iff} \quad & T \cap \text{Sat}(a) \neq \varnothing \text{ 对所有从 } s \text{ 可达的末端分支 } (T, A) \text{ 都成立} \\ \text{iff} \quad & s \not\models \exists\Diamond V_P, \text{其中 } P = \Box\Diamond a \\ \text{iff} \quad & \text{Pr}^{\min}(s \models \Box\Diamond a) = 1 \end{aligned}$$

因此, 几乎肯定重复可达性对于有限马尔可夫决策过程是 PCTL 可定义的.

对于某些极限 LT 性质, 无记忆调度器足以提供极值概率. 例如, 这对重复可达性质 $\Box\Diamond B$ 成立, 见习题 10.23.

像可达性质时一样, 基于图的方法足以检验定性极限 LT 性质. 最简单的问题是: 极限 LT 性质是否在某个调度器下以正概率满足.

推论 10.6 定性极限 LT 性质 (正概率)

令 P 是极限 LT 性质, $\mathcal{M}$ 是有限马尔可夫决策过程, s 是 $\mathcal{M}$ 中的状态. 那么下列命题等价:

(a) 对某个调度器 $\mathfrak{S}$, $\text{Pr}^{\mathfrak{S}}(s \models P) > 0$.

(b) $\text{Pr}^{\max}(s \models P) > 0$.

(c) $s \models \exists\Diamond U_P$.

■

检验是否对某个调度器 $\mathfrak{S}$ 有 $\text{Pr}^{\mathfrak{S}}(s \models P) = 1$ (即 $\text{Pr}^{\max}(s \models P) = 1$) 相当于检验是否 $\text{Pr}^{\max}(s \models \Diamond U_P) = 1$. 如果提供了 U_P, 这可由 10.6.1 节的技术完成 (见算法 10.1). 对于涉及 $\text{Pr}^{\min}(s \models P)$ 的定性极限 LT 性质也是如此. 处理它们的方式为: 利用计算 V_P 的算法与最小可达性概率的算法的结合, 或者像在定理 10.21 的证明中显示的那样, 利用极限 LT 性质的最大概率和最小概率的对偶性.

本节剩余部分专注于计算有限马尔可夫决策过程 $\mathcal{M}$ 中的极限 LT 性质的成功集 U_P. 前面讲过, U_P 是所有使得 $T \models P$ 的末端分支 (T, A) 的集合 T 的并. 显然, 分析 $\mathcal{M}$ 中的所有末端分支可得到 U_P. 不过, 末端分支的个数可能是 $\mathcal{M}$ 的大小的指数. 原因是末端分支可能重叠, 即, 可能有两个末端分支 (T_1, A_1) 和 (T_2, A_2), 使得 $(T_1, A_1) \neq (T_2, A_2)$ 且 $T_1 \cap T_2 \neq \varnothing$. 但是, 对于某些极限 LT 性质 P, 集合 U_P 可用极大末端分支 (即不真包含于其他任何末端分支中的末端分支) 刻画.

记法 10.7 极大末端分支

有限马尔可夫决策过程 $\mathcal{M}$ 的末端分支 (T, A) 称作极大末端分支, 若没有末端分支 (T', A') 使得 $(T, A) \neq (T', A')$, $T \subseteq T'$ 且对所有 $s \in T$ 有 $A(s) \subseteq A'(s)$.

令 $\text{MEC}(\mathcal{M})$ 表示 $\mathcal{M}$ 中所有极大末端分支的集合. ■

任一末端分支都包含于唯一极大末端分支中. 原因是: 若 $(T_1, A_1) \neq (T_2, A_2)$ 且 $T_1 \cap T_2 \neq \varnothing$, 则末端分支 (T_1, A_1) 和 (T_2, A_2) 的并是一个末端分支. 此处, 子马尔可夫决策过程 (T_1, A_1) 和 (T_2, A_2) 的并是子马尔可夫决策过程 $(T_1 \cup T_2, A_1 \cup A_2)$. 其中, $A_1 \cup A_2$ 表示函数 $T_1 \cup T_2 \to 2^{\text{Act}}$, 使得: 若 $t \in T_1 \cap T_2$, 则 $t \mapsto A_1(t) \cup A_2(t)$; 若 $t \in T_1 \setminus T_2$, 则 $t \mapsto A_1(t)$; 若 $t \in T_2 \setminus T_1$, 则 $t \mapsto A_2(t)$. 而且, 极大末端分支是两两不相交的. 因此, $\mathcal{M}$ 的状态数是极大末端分支数的上界.

极限 LT 性质 P 的集合 U_P 由满足 $T \models P$ 的末端分支 (T, A) 得到. 若 P 是重复可达性质, 例如是对某个 $B \subseteq S$ 的 $\Box\Diamond B$, 则 $T \models P$ 等价于要求 T 包含一个 B 状态. 若 (T', A') 是满足 $T' \models \Box\Diamond B$ 的末端分支, 则 $T \models \Box\Diamond B$, 其中 (T, A) 是包含 (T', A') 的唯一极大末端分支. 所以, 所有至少包含一个 B 状态的极大末端分支 (T, A) 的并生成事件 $P = \Box\Diamond B$ 的成功集 U_P. 在形式上:

$$U_{\Box\Diamond B} = \bigcup_{\substack{(T,A) \in \text{MEC}(\mathcal{M}) \\ T \cap B \neq \varnothing}} T$$

注意, 类似结论对于持久性质 $\Diamond\Box B$ 不成立, 因为满足 $T' \subseteq B$ 的一个非极大末端分支 (T', A') 可能包含在一个极大末端分支中, 而它却有可能包含某个不在 B 中的状态. 然而, $U_{\Diamond\Box P}$ 是稍加改造的马尔可夫决策过程 $\mathcal{M}_{\Box B}$ 中所有满足 $T \subseteq B$ 的极大末端分支 (T, A) 的并. 马尔可夫决策过程 $\mathcal{M}_{\Box B}$ 由 $\mathcal{M}$ 删除所有 $s \notin B$ 的状态得到. 更准确地说, $\mathcal{M}_{\Box B}$ 的状态空间为 $B \cup \{\text{no}\}$. 新状态 no 作为陷阱状态加入. 迁移概率定义为

$$\text{若 } \alpha \in \text{Act}, s \in B \text{ 且 } \text{Post}(s, \alpha) \subseteq B, \text{ 则 } \boldsymbol{P}_{\Box B}(s, \alpha, t) = \boldsymbol{P}(s, \alpha, t)$$

对于使得 $\text{Post}(s, \alpha) \setminus B \neq \varnothing$ 的 $\alpha \in \text{Act}(s)$, 令 $\boldsymbol{P}_{\Box B}(s, \alpha, \cdot) = 0$. 若 $\mathcal{M}$ 中的状态 s 只有到 $S \setminus B$ 迁移, 则它不会留下激活动作. 对于这样的状态 s, 令 $\boldsymbol{P}_{\Box B}(s, \tau, \text{no}) = 1$. 此外, $\boldsymbol{P}_{\Box B}(\text{no}, \tau, \text{no}) = 1$. 此处, τ 是一个无关紧要的伪动作. $\mathcal{M}_{\Box B}$ 的不含 no 的极大末端分支是 $\mathcal{M}$ 的满足 $T \subseteq B$ 的末端分支 (T, A); 反之, $\mathcal{M}$ 的任何满足 $T \subseteq B$ 的末端分支 (T, A) 都包含在 $\mathcal{M}_{\Box B}$ 的一个极大末端分支中.

事实上, 类似的技术适用于 Rabin 接受条件.

引理 10.12 Rabin 条件的成功集

设有限马尔可夫决策过程 $\mathcal{M}$ 的状态空间是 S, $B_i, C_i \subseteq S$. 对于在 $\mathcal{M}$ 上解释时由

$$\bigvee_{1 \leqslant i \leqslant k} (\Diamond\Box B_i \wedge \Box\Diamond C_i)$$

给出的极限 LT 性质 P 有

$$U_P = \bigcup_{1 \leqslant i \leqslant k} U_{\Box\Diamond C_i}^{\mathcal{M}_{\Box B_i}}$$

其中 $U_{\Box\Diamond C_i}^{\mathcal{M}_{\Box B_i}}$ 是马尔可夫决策过程 $\mathcal{M}_{\Box B_i}$ 中的事件 $\Box\Diamond C_i$ 的成功集, 即包含在 $\mathcal{M}_{\Box B_i}$ 的某个使得 no $\notin T$ 且 $T \cap C_i \neq \varnothing$ 的极大末端分支 (T, A) 中的所有状态 $t \in S$ 的集合. ■

有限马尔可夫决策过程 $\mathcal{M}$ 的极大末端分支可用 SCC 的迭代计算完成. 其思想是相继移除所有不包含在某个末端分支中的状态和动作. 在第一次迭代中, 决定 $\mathcal{M}$ 的基础图中的

非平凡 SCC $T_1, T_2, \cdots, T_k$ (非平凡的 SCC 是至少包含一条边的 SCC, 即至少包含一条环路). 然后, 对于每个状态 $s \in T_i$, 从 $\mathrm{Act}(s)$ 中移除满足 $\mathrm{Post}(s,\alpha) \setminus T_i \neq \varnothing$ 的任何行动 $\alpha \in \mathrm{Act}(s)$. 若 $\mathrm{Act}(s)$ 成为空集, 则移除状态 s, 并从使得 $(t,\beta) \in \mathrm{Pre}(s)$ 的 $\mathrm{Act}(t)$ 中移除动作 β. 由此产生 $\mathcal{M}$ 的一个子马尔可夫决策过程 $\mathcal{M}_1$, 此处, 每个状态 s 的动作集 $\mathrm{Act}(s)$ 仅由下述动作 α 组成: s 的所有 α 后继都属于 $\mathcal{M}$ 的使 $s \in T_i$ 的 SCC T_i.

然而, 由于移除动作, T_i 作为 $\mathcal{M}_1$ 的基础图的顶点集的强连通性可能丢失. 因此, 必须重复整个过程. 即, 必须计算 $\mathcal{M}_1$ 的非平凡的 SCC $T_1^1, T_2^1, \cdots, T_{k_1}^1$, 并对这些 SCC 重复上述过程. 由此得到 $\mathcal{M}_1$ 的一个子马尔可夫决策过程 $\mathcal{M}_2$. 这一过程一直重复下去, 直到得到 $\mathcal{M}$ 的一个子马尔可夫决策过程 $\mathcal{M}_i = \mathcal{M}'$, 其非平凡 SCC 与 $\mathcal{M}$ 的极大末端分支一致.

这些步骤总结在算法 10.3 中. 其中, 如果 $T \subseteq S$ 且 $A\colon S \to 2^{\mathrm{Act}}$ 是一个函数, 那么 $A|_T$ 表示 A 在 T 上的限制, 即 $A|_T\colon T \to 2^{\mathrm{Act}}$ 定义为: 对任意 $t \in T$, $A|_T(t) = A(t)$.

引理 10.13 *算法 10.3 的正确性*

对于具有状态空间 S 的有限马尔可夫决策过程 $\mathcal{M}$, 算法 10.3 返回 $\mathrm{MEC}(\mathcal{M})$, 且至多需要 $|S|$ 次 (最外层) 迭代.

证明: 算法 10.3 结束的原因是, 在 repeat 循环的每次迭代 (除了最后一次) 中, 由 MEC 诱导的划分都得到细化并至多覆盖上次迭代中的元素. 更准确地说, 令 $\mathrm{MEC}_0 = \{S\}$, MEC_i 是 repeat 循环中紧接着第 i 次迭代后的集合 MEC. 对于固定的 i, MEC_i 中的集合非空且两两不交. 它们构成 S 的某个子集 S_i 的划分. 集合 S_i 是递减的, 即 $S_0 \supseteq S_1 \supseteq S_2 \supseteq \cdots$, 其原因是, 对每个 $i \geqslant 1$ 和 $T \in \mathrm{MEC}_i$ 都存在 $U \in \mathrm{MEC}_{i-1}$ 使得 $T \subseteq U$. 此外, 若 $T = U$, 则在第 i 次迭代中, 不会从任何状态 $t \in T$ 的动作集中移除任何动作 $\alpha \in A(t)$. 这是因为, 对于 $T \in \mathrm{MEC}_i$, 对子 $(T, A|_T)$ 是 $\mathcal{M}$ 的子马尔可夫决策过程, 即对所有 $t \in T$ 和 $\alpha \in A(t)$ 都有 $\mathrm{Post}(t,\alpha) \subseteq T$. 因为一旦 $\mathrm{MEC} = \mathrm{MEC}_{\mathrm{new}}$, repeat 循环就会结束, 所以, 对所有 (除最后一次以外的) 迭代都至少有一个集合 $U \in \mathrm{MEC}_{i-1}$ 使得在第 i 次迭代中删除某个 $u \in U$.

在 $|S|$ 次迭代后, $\mathrm{MEC}_{|S|}$ 将只由单点集构成, 不可能再进一步细化. 因此, repeat 循环最大迭代次数等于 $|S|$.

对于算法 10.3 的 (部分) 正确性, 首先观察, 算法 10.3 永远不会删除属于某个末端分支的状态或动作. 即, 只要 (T', A') 是 $\mathcal{M}$ 的一个末端分支, 那么, 在算法 10.3 的每次迭代中, 总存在 $T \in \mathrm{MEC}$ 使得 (T', A') 包含于 $(T, A|_T)$. 这是以下观察的推论.

如果 (T, A) 是子马尔可夫决策过程, 且 $\mathcal{M}$ 中每一满足 $T \cap T' \neq \varnothing$ 的末端分支 (T', A') 都包含在 (T, A) 中, 那么:

- 对于 $G_{(T,A)}$ 中的 SCC C, 若状态 $s \in T$ 和动作 $\alpha \in A(s)$ 满足 $\mathrm{Post}(s,\alpha) \setminus C \neq \varnothing$, 则不存在 $\mathcal{M}$ 的末端分支 (T', A') 使得 $s \in T'$ 且 $\alpha \in A'(s)$. 特别地, 满足 $T' \cap T \neq \varnothing$ 的 $\mathcal{M}$ 的任何末端分支 (T', A') 都包含在从 (T, A) 通过删除 $A(s)$ 中的 α 得到的子马尔可夫决策过程中.
- 若 $s \in T$ 且通过删除所有动作使 $A(s)$ 成为空集, 则不存在 $\mathcal{M}$ 的包含 s 的末端分支. 特别地, $\mathcal{M}$ 的满足 $T' \cap T \neq \varnothing$ 的任何末端分支 (T', A') 都包含在从 (T, A) 通过如下方法得到的子马尔可夫决策过程中: 删除状态 s, 并从 $A(t)$ 中删除所有动作

β, 其中 $t \in T$ 且 $\boldsymbol{P}(t, \beta, s) > 0$.

因此, 算法 10.3 的输出是 $\mathcal{M}$ 的子马尔可夫决策过程 $(T_1, A_1), (T_2, A_2), \cdots, (T_k, A_k)$ 的集合, 其中每个末端分支 (T', A') 都包含在某个 (T_i, A_i) 中.

算法 10.3 计算有限马尔可夫决策过程的极大末端分支

输入: 状态空间为 S 的有限马尔可夫决策过程 $\mathcal{M}$

输出: 集合 $\text{MEC}(\mathcal{M})$

```
for all s ∈ S do A(s) := Act(s); od
MEC := ∅; MEC_new := {S};
repeat
  MEC := MEC_new; MEC_new := ∅;
  for all T ∈ MEC do
    R := ∅;                                                    (* 要移除的状态的集合 *)
    计算图 G_(T,A|_T) 的非平凡的 SCC T_1, T_2, ··· , T_k;
    for i = 1, 2, ··· , k do
      for all 状态 s ∈ T_i do
        A(s) := {α ∈ A(s) | Post(s, α) ⊆ T_i};
        if A(s) = ∅ then
          R := R ∪ {s};
        fi
      od
    od
    while R ≠ ∅ do
      let s ∈ R;
      从 R 和 T 中移除 s;
      for all 使 t ∈ T 的 (t, β) ∈ Pre(s) do
        A(t) := A(t) \ {β};
        if A(t) = ∅ then
          R := R ∪ {t};
        fi
      od
    od
    for i = 1, 2, ··· , k do
      if T ∩ T_i ≠ ∅ then
       MEC_new := MEC_new ∪ {T ∩ T_i};
                                  (* (T ∩ T_i, A|_(T∩T_i)) 是 M 的子马尔可夫决策过程 *)
      fi
    od
  od
until (MEC = MEC_new)
return {(T, A|_T) | T ∈ MES}
```

另外, 因为任意 (T_i, A_i) 在 repeat 循环的最后一次迭代中均保持不变, 所以图 $G_{(T_i, A_i)}$ 是强连通的. 于是, (T_i, A_i) 是 $\mathcal{M}$ 的末端分支, 因而是 $\mathcal{M}$ 的极大末端分支. 因此, 算法 10.3

返回 MEC($\mathcal{M}$). ■

现在考虑算法 10.3 在最坏情况下的时间复杂度. 有 N 个顶点和 M 条边的有向图的 SCC 可在时间 $O(N+M)$ 内计算. 最外层循环的每次迭代的成本因而关于 $\mathcal{M}$ 的大小是线性的. 如上所述, 迭代次数以 $|S|$ 为界. 因此, 算法 10.3 在最坏情况下的时间复杂度关于马尔可夫决策过程的大小是二次方的. 更准确地说, 上界是

$$O(|S|\cdot(|S|+M))$$

其中 M 是使得 $\boldsymbol{P}(s,\alpha,t)>0$ 的三元组 (s,α,t) 的个数. 这说明, 由 Rabin 接受条件 $\bigvee_{1\leqslant i\leqslant k}(\Diamond\Box B_i\wedge\Box\Diamond C_i)$ (同引理 10.12) 给出的极限 LT 性质 P 的成功集 U_P 可在时间 $O(\mathrm{size}(\mathcal{M})^2\cdot k)$ 内计算. 因此可得定理 10.22.

定理 10.22　验证极限 Rabin 性质的时间复杂度

令 $\mathcal{M}$ 是有限马尔可夫决策过程, P 是用下述 Rabin 条件描述的极限 LT 性质:

$$\bigvee_{0<i\leqslant k}(\Diamond\Box B_i\wedge\Box\Diamond C_i)$$

那么, 值 $\mathrm{Pr}^{\max}(s\models P)$ 可在时间 $O(\mathrm{poly}(\mathrm{size}(\mathcal{M}))\cdot k)$ 内计算. ■

由对偶性, 对于由强公平条件

$$\bigwedge_{1\leqslant i\leqslant k}(\Box\Diamond C_i\rightarrow\Box\Diamond D_i)\equiv\neg\bigvee_{1\leqslant i\leqslant k}(\Diamond\Box\neg D_i\wedge\Box\Diamond C_i)$$

给出的极限 LT 性质 P 和值 $\mathrm{Pr}^{\min}(s\models P)$, 情况是一样的. 前面讲过, 根据定理 10.21 的命题 (b), 有

$$\mathrm{Pr}^{\min}(s\models P)=1-\mathrm{Pr}^{\max}(s\models\Diamond V_P)$$

其中 V_P 是使得 $\neg(T\models P)$ 的所有末端分支 (T,A) 的集合 T 的并. 对于如上的强公平条件有: $\neg(T\models P)$ 当且仅当存在 i 使得 $T\cap C_i\neq\varnothing$ 且 $T\cap B_i=\varnothing$. 因此, V_P 由满足 $T\cap C_i\neq\varnothing$ 的 $\mathcal{M}_{\Box\neg B_i}$ 的极大末端分支 (T,A) 的并生成. 此处, $\mathcal{M}_{\Box\neg B_i}$ 是由 $\mathcal{M}$ 通过删除状态 $s\in S\setminus B_i$ 得到的马尔可夫决策过程 (见前面的准确定义).

10.6.4　线性时间性质和 PCTL*

本节考虑马尔可夫决策过程 $\mathcal{M}$ 上的 ω 正则性质 P 的定量验证. 这需要对 $\mathcal{M}$ 中的状态 s 计算值 $\mathrm{Pr}^{\min}(s\models P)$ 或 $\mathrm{Pr}^{\max}(s\models P)$. 例如, 令 P 描述好行为并假设要确认 P 在 $\mathcal{M}$ 中是否以充分大的概率在所有调度器下成立, 例如以概率 $1-\varepsilon$ 成立. 更准确地说, 要求证明

$$\sum_{s\in S}\boldsymbol{\iota}_{\mathrm{init}}(s)\cdot\mathrm{Pr}^{\min}(s\models P)\geqslant 1-\varepsilon$$

类似地, 若 P 描述坏行为, 合理的要求是验证在所有调度器下 P 是否以至多 ε 的充分小的概率成立, 即

$$\sum_{s\in S}\boldsymbol{\iota}_{\mathrm{init}}(s)\cdot\mathrm{Pr}^{\max}(s\models P)\leqslant\varepsilon$$

10.6.3 节涵盖了这种场景的一些特殊情况, 例如可达性质等. 对于由 Rabin 条件给出的极限 LT 性质, 可由计算 $\Pr^{\max}(s \models \Diamond U_P)$ 得到 $\Pr^{\max}(s \models P)$. 用图论算法确定集合 U_P, 并且由 (又一次) 图论分析及后续的线性规划的求解得到可达性概率 $\Pr^{\max}(s \models \Diamond U_P)$. 关于极限 LT 性质的这一技术可通过下述方式推广到任意 ω 正则性质.

令 P 是任意 ω 正则性质, 作为第一步, 为 P 构造一个确定的 Rabin 自动机 $\mathcal{A}$. 与在马尔可夫链中一样, 思路是将 $\Pr^{\min}(s \models P)$ (或 $\Pr^{\max}(s \models P)$) 的计算问题归约到乘积马尔可夫决策过程中的可达性概率的确定. 为此, 要考虑乘积马尔可夫决策过程 $\mathcal{M} \otimes \mathcal{A}$ (其定义见记法 10.8), 要计算 $\mathcal{M} \otimes \mathcal{A}$ 中到达成功集 $U_{\mathcal{A}}$ 的最大概率. 成功集 $U_{\mathcal{A}}$ 依赖于 $\mathcal{A}$ 中的 Rabin 接受条件.

记法 10.8 乘积 MDP

对有限马尔可夫决策过程 $\mathcal{M} = (S, \mathrm{Act}, \boldsymbol{P}, \boldsymbol{\iota}_{\mathrm{init}}, \mathrm{AP}, L)$ 和 DRA $\mathcal{A} = (Q, 2^{\mathrm{AP}}, \delta, q_0, \mathrm{Acc})$, 其中 $\mathrm{Acc} = \{(L_1, K_1), (L_2, K_2), \cdots, (L_k, K_k)\}$, 乘积 $\mathcal{M} \otimes \mathcal{A}$ 是马尔可夫决策过程

$$\mathcal{M}' = (S \times Q, \mathrm{Act}, \boldsymbol{P}', {\boldsymbol{\iota}_{\mathrm{init}}}', Q, L')$$

其中:

$$\boldsymbol{P}'(\langle s, q\rangle, \alpha, \langle s', q'\rangle) = \begin{cases} \boldsymbol{P}(s, \alpha, s') & \text{若 } q' = \delta(q, L(s')) \\ 0 & \text{其他} \end{cases}$$

$${\boldsymbol{\iota}_{\mathrm{init}}}'(\langle s, q\rangle) = \begin{cases} \boldsymbol{\iota}_{\mathrm{init}}(s) & \text{若 } q = \delta(q_0, L(s)) \\ 0 & \text{其他} \end{cases}$$

$$L'(\langle s, q\rangle) = \{q\}$$

■

像马尔可夫链和 DRA 的乘积结构一样, 在马尔可夫决策过程 $\mathcal{M}$ 的路径

$$\pi = s_0 \xrightarrow{\alpha_1} s_1 \xrightarrow{\alpha_2} s_2 \xrightarrow{\alpha_3} \cdots$$

与 $\mathcal{M} \otimes \mathcal{A}$ 的始于状态 $\langle s_0, q_1\rangle$ 且满足 $q_1 = \delta(q_0, L(s_0))$ 的路径

$$\pi^+ = \langle s_0, q_1\rangle \xrightarrow{\alpha_1} \langle s_1, q_2\rangle \xrightarrow{\alpha_2} \langle s_2, q_3\rangle \xrightarrow{\alpha_3} \cdots$$

之间存在一一对应的关系. 给定 $\mathcal{M} \otimes \mathcal{A}$ 中的路径 π^+, 通过删除所有自动机状态 q_i 就可简单地得到它在 $\mathcal{M}$ 中对应的路径; 反之, 给定一条上述路径 π, 将自动机状态 $q_{i+1} = \delta(q_i, L(s_i))$ 添加到 π 就得到对应路径 π^+. 因此, 组合 π 和 $\mathrm{trace}(\pi)$ 在 DRA $\mathcal{A}$ 中的唯一运行就生成 π^+. 特别地:

$$\begin{aligned} & \mathrm{trace}(\pi) \in P = \mathcal{L}_\omega(\mathcal{A}) \\ \text{iff} \quad & \mathrm{trace}(\pi) \text{ 在 } \mathcal{A} \text{ 中的运行 } q_0 q_1 q_2 \cdots \text{ 是接受的} \\ \text{iff} \quad & \pi^+ \models \bigvee_{0 < i \leqslant k} (\Diamond\Box\neg L_i \wedge \Box\Diamond K_i) \end{aligned}$$

事实上, 路径层面上的一一对应诱导 $\mathcal{M}$ 和 $\mathcal{M} \otimes \mathcal{A}$ 上的调度器之间一一对应. 即, $\mathcal{M}$ 的任一调度器 $\mathfrak{S}$ 都可导出 $\mathcal{M} \otimes \mathcal{A}$ 的一个调度器 $\mathfrak{S}'$, 使得对于 $\mathcal{M}$ 中任意 $\mathfrak{S}$ 路径 π, 它在

$\mathcal{M} \otimes \mathcal{A}$ 中对应的路径 π^+ 是一条 $\mathfrak{S}'$ 路径, 反之亦然. 忽略自动机状态即可获得调度器 $\mathfrak{S}'$, 即

$$\mathfrak{S}'(\langle s_0, q_1 \rangle \langle s_1, q_2 \rangle \cdots \langle s_n, q_{n+1} \rangle) = \mathfrak{S}(s_0 s_1 \cdots s_n)$$

然后, 有

$$\Pr^{\mathfrak{S}}(s \models P) = \Pr^{\mathfrak{S}'}\Big(\langle s, \delta(q_0, L(s)) \rangle \models \bigvee_{0 < i \leqslant k} (\Diamond\Box\neg L_i \wedge \Box\Diamond K_i)\Big)$$

反之, 对于 $\mathcal{M} \otimes \mathcal{A}$ 中的一个给定的调度器 $\mathfrak{S}'$, 用如下方法获得 $\mathcal{M}$ 中的对应调度器 $\mathfrak{S}$. 对于 $\mathcal{M}$ 中的历史 $s_0 s_1 \cdots s_n$, 调度器 $\mathfrak{S}$ 选择的动作与 $\mathfrak{S}'$ 在 $\mathcal{M} \otimes \mathcal{A}$ 中为历史 $\langle s_0, q_1 \rangle \langle s_1, q_2 \rangle \cdots \langle s_n, q_{n+1} \rangle$ 选择的动作相同, 其中, 对于 $0 \leqslant i \leqslant n$ 有 $q_{i+1} = \delta(q_i, L(s_i))$.

因此, 在 $\mathcal{M}$ 和 $\mathcal{M} \otimes \mathcal{A}$ 的调度器之间存在一一对应的关系. 此对应保持有限记忆性质: 若 $\mathfrak{S}$ 是有限记忆的, 则 $\mathfrak{S}'$ 也是如此. 另外, P (在 $\mathcal{M}$ 中的) 在 $\mathfrak{S}$ 下的概率等于 $\mathcal{A}$ 的接受条件 $\bigvee_{1 \leqslant i \leqslant k}(\Diamond\Box\neg L_i \wedge \Box\Diamond K_i)$ 在 $\mathfrak{S}'$ 下的概率. 而后, 对于所有 $\mathcal{M}$ 中的状态 s,

$$\begin{aligned}\Pr^{\max}_{\mathcal{M}}(s \models P) &= \Pr^{\max}_{\mathcal{M} \otimes \mathcal{A}}(\langle s, \delta(q_0, L(s)) \rangle \models \bigvee_{1 \leqslant i \leqslant k} (\Diamond\Box\neg L_i \wedge \Box\Diamond K_i)) \\ &= \Pr^{\max}_{\mathcal{M} \otimes \mathcal{A}}(\langle s, \delta(q_0, L(s)) \rangle \models \Diamond U_{\mathcal{A}})\end{aligned}$$

其中, $U_{\mathcal{A}}$ 表示 $\mathcal{A}$ 的接受条件 $\bigvee\limits_{1 \leqslant i \leqslant k} (\Diamond\Box\neg L_i \wedge \Box\Diamond K_i)$ 的成功集. 因此, 10.6.3 节阐述的技术可用于计算 $\Pr^{\max}(s \models P)$. 对于检验 $\Pr^{\max}(s \models P) > 0$ 的特殊情况, $\mathcal{M} \otimes \mathcal{A}$ 中的检验 $\langle s, \delta(q_0, L(s)) \rangle$ 是否可达 $\mathcal{M} \otimes \mathcal{A}$ 的成功集 $U_{\mathcal{A}}$ 的图论分析就足够了.

通过构造 P 的补 $\overline{P}$ (即 $\overline{P} = (2^{\mathrm{AP}})^\omega \setminus P$) 的 DRA, 同样的技术可用于确定 $\Pr^{\min}(s \models P)$. 因为 ω 正则性质的类在补运算下是封闭的, 所以 $\overline{P}$ 也是 ω 正则性质. 那么

$$\Pr^{\min}(s \models P) = 1 - \Pr^{\max}(s \models \overline{P})$$

在 ω 正则性质以 LTL 公式 φ 给出的情况下, 该技术计算 $\Pr^{\max}(s \models \varphi)$ 或 $\Pr^{\min}(s \models \varphi)$ 在最坏情况下的时间复杂度关于 $\mathcal{M}$ 的大小是多项式的, 但关于 φ 的长度却是**双指数的** (双指数爆炸是从 LTL 到 DRA 的变换引起的). 从复杂度理论的观点看, 此算法是最优的, 因为马尔可夫决策过程的定性模型检验问题 ($\Pr^{\max}(s \models \varphi) = 1$ 对给定的有限马尔可夫决策过程 $\mathcal{M}$ 和 LTL 公式 φ 是否成立) 在 2EXPTIME 中. 该结果由 Courcoubetis 和 Yannakakis[104] 提出, 此处不加证明.

定理 10.23

有限马尔可夫决策过程的定性模型检验问题在 2EXPTIME 中. ■

前面讲过, 在马尔可夫链的情境中, 此问题是 PSPACE 完全的.

像对马尔可夫链一样, 利用计算 LTL 公式的极值概率的上述技术, 可扩展 PCTL 模型检验算法以处理逻辑 PCTL*. 对于 PCTL* 状态公式 $\mathbb{P}_{\leqslant p}(\varphi)$, 首先要递归计算 φ 的极大状态子式的满足集. 这些极大状态子式被新原子命题取代. 这生成 LTL 公式, 例如 φ'. 随后, 为 φ' 构造 DRA, 并对马尔可夫决策过程 $\mathcal{M}$ 中的所有状态 s 运用定量分析计算 $\Pr^{\max}(s \models \varphi')$. 那么, $\mathrm{Sat}(\mathbb{P}_{\leqslant p}(\varphi))$ 是 $\mathcal{M}$ 中满足 $\Pr^{\max}(s \models \varphi') \leqslant p$ 的所有状态 s 的集合. 严格上界 $< p$ 的处理是类似的. 对于下界 $\geqslant p$ 或 $> p$, 必须对 $\mathcal{M}$ 中的所有状态 s 计算

$Pr^{\min}(s \models \varphi')$. 由此形成 PCTL* 的模型检验过程, 其运行时间是马尔可夫决策过程的大小的多项式, 是输入 PCTL* 状态公式的长度的双指数.

10.6.5 公平性

本章以讨论马尔可夫决策过程中的公平性假设结束. 首先应注意, 对于每一调度器 $\mathfrak{S}$, 无限经常地访问状态 s 并在 s 处无限经常地取动作 α 的几乎所有路径都将无限经常地访问 s 的每一 α 后继. 这类似于马尔可夫链的情境, 参见定理 10.3 (在定理 10.20 的证明中已使用了这一事实). 因此, 概率选择几乎肯定是强公平的. 然而, 这并不适合未定选择的解决. 像对迁移系统一样, 为确立活性性质, 在解决未定选择时通常需要公平性假设. 它典型地适用于依赖于交错语义的、以马尔可夫决策过程建模的并具有以下特点的分布式系统: (进程的) 公平性只是简单地排除不切实际的行为, 这些行为使某些进程停止执行而未达到终止状态.

例如, 考虑使用随机裁判的简单互斥协议 (见例 10.26). 当没有任何公平性假设时, 该协议不能保证每一进程几乎肯定地终将进入其关键节段. 例如, 并没排除只选择第二个进程的动作而完全忽略第一个进程的调度器. 同样, 对于随机就餐的哲学家算法 (见例 10.28), 不能保证每位哲学家都几乎肯定地无限次吃饭, 因为存在这样的调度器: 它只选择一位哲学家的动作, 而永不选择其他哲学家的动作.

对于马尔可夫决策过程, 用关于未定选择的公平性假设来限制调度器. 仅考虑和分析生成公平路径的调度器, 而不是所有调度器. 路径的公平性概念和在迁移系统中一样. 在后续内容中, 假定公平性约束作为 LTL 公平性假设给出, 即无条件公平性假设 $\Box\Diamond\Psi$, 强公平性假设 $\Box\Diamond\Phi \rightarrow \Box\Diamond\Psi$ 与弱公平性假设 $\Diamond\Box\Phi \rightarrow \Box\Diamond\Psi$ 的合取. 此处, Φ 和 Ψ 是命题逻辑公式. 一个调度器是公平的是指它几乎肯定产生公平路径.

定义 10.29 公平调度器

令 $\mathcal{M}$ 是马尔可夫决策过程, fair 是一个 LTL 公平性假设. $\mathcal{M}$ 的调度器 $\mathfrak{F}$ (关于 fair) 是公平的, 若对于 $\mathcal{M}$ 中的每个状态 s 都有

$$Pr_s^{\mathfrak{F}}\{\pi \in \text{Paths}(s) \mid \pi \models \text{fair}\} = 1$$

若存在 $\mathcal{M}$ 的某个 fair 调度器, 则称 $\mathcal{M}$ 的公平性假设 fair 是可实现的. ■

若没有额外的假设, 公平调度器未必存在. 当没有路径满足 fair 时, 这很明显. 但是, 即使每一有限路径片段都可扩展为满足 fair 的路径, 也不能保证公平调度器一定存在. 例如, 考虑图 10.28 所示的马尔可夫链 $\mathcal{M}$.

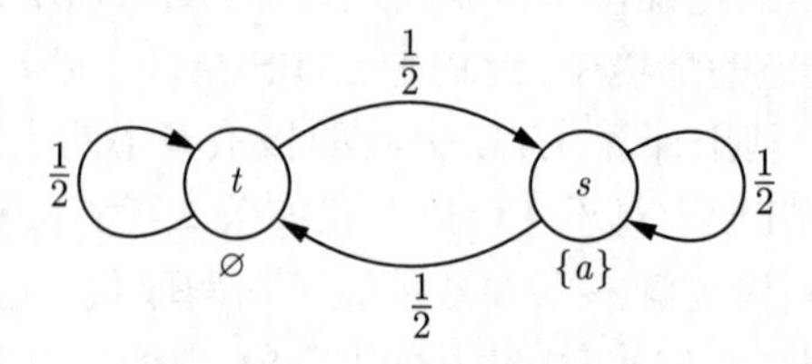

图 10.28 马尔可夫链 $\mathcal{M}$

令强公平性假设 fair 定义为 $\Box\Diamond a \rightarrow \Box\Diamond b$. 每一路径片段都可扩展为公平路径, 因为总

有终将进入 t 并一直停留在那里 (违反 $\Box\Diamond a$) 的可能. 另一方面, 当把 $\mathcal{M}$ 当作马尔可夫决策过程 (例如用 α 标记每个迁移) 时, 则 $\mathcal{M}$ 只有一个 (无记忆的) 调度器 $\mathfrak{S}$, 即在每一状态总是选择 α 的调度器. 但 $\mathfrak{S}$ 不是公平的, 因为状态 s 和 t 都几乎肯定被访问无限次. 因此, $\Box\Diamond a \wedge \Box\neg b$ 几乎肯定成立.

在后续内容中, 要求所考虑的马尔可夫决策过程 $\mathcal{M}$ 中的 fair 的**可实现性**. 因为 LTL 公平性假设构成极限 LT 性质, 所以对于有限马尔可夫决策过程而言, 可实现性等价于**有限记忆** fair 调度器的存在性 (见习题 10.28).

第一个观察是可实现的公平性假设与最大可达性概率无关, 见引理 10.14.

引理 10.14　公平性与最大可达性概率

令 $\mathcal{M}$ 是状态空间为 S 的有限马尔可夫决策过程, $B, C \subseteq S$, fair 是 $\mathcal{M}$ 的可实现的公平性假设. 对于 $\mathcal{M}$ 的每一状态 s 有

$$\sup_{\substack{\mathcal{M}\text{ 的公平}\\ \text{调度器 }\mathfrak{F}}} \Pr^{\mathfrak{F}}(s \models C \cup B) = \Pr^{\max}(s \models C \cup B)$$

而且, 存在最大化 $C \cup B$ 的概率的有限记忆 fair 调度器.

证明: 令 $\mathcal{M}$ 是状态空间为 S 的有限马尔可夫决策过程, $B, C \subseteq S$, fair 是 $\mathcal{M}$ 的可实现的公平性假设. 因为对公平调度器比对任意调度器有更多的限制, 所以, 对于 $s \in S$ 有

$$\sup_{\substack{\mathcal{M}\text{ 的公平}\\ \text{调度器 }\mathfrak{F}}} \Pr^{\mathfrak{F}}(s \models C \cup B) \leqslant \sup_{\substack{\mathcal{M}\text{ 的任意}\\ \text{调度器 }\mathfrak{S}}} \Pr^{\mathfrak{S}}(s \models C \cup B) = \Pr^{\max}(s \models C \cup B)$$

现在的基本思想是, 在一个最大化事件 $C \cup B$ 的概率的 (可能不公平的) 无记忆调度器 $\mathfrak{S}$ 的基础上 (见引理 10.6), 构造一个最大化事件 $C \cup B$ 的概率的公平有限记忆调度器 $\mathfrak{G}$.

令 Π 是马尔可夫链 $\mathcal{M}_{\mathfrak{S}}$ 中使得 $s_n \in B$ 且对 $0 \leqslant i < n$ 有 $s_i \in C \setminus B$ 的所有有限路径片段 $s_0 s_1 \cdots s_n$ 的集合. 此外, 因 fair 可实现且 $\mathcal{M}$ 有限, 故存在 $\mathcal{M}$ 的公平有限记忆调度器 $\mathfrak{F}$.

现在在 $\mathfrak{S}$ 和 $\mathfrak{F}$ 的基础上如下定义最大化 $C \cup B$ 的概率的公平调度器 $\mathfrak{G}$. 对于可成为某个 $\widehat{\pi} \in \Pi$ 的真前缀的所有历史 $s_0 s_1 \cdots s_n$, $\mathfrak{G}$ 的行为就像无记忆调度器 $\mathfrak{S}$ 一样. $\mathfrak{G}$ 一旦生成路径片段 $s_0 s_1 \cdots s_n \in \Pi$, 则 $\mathfrak{G}$ 通过模仿 $\mathcal{M}$ 的有限记忆调度器 $\mathfrak{F}$ 以公平方式继续. 类似地, $\mathfrak{G}$ 一旦生成不是某个 $\widehat{\pi} \in \Pi$ 的前缀的路径片段 $s_0 s_1 \cdots s_n$, 其行为就如同 $\mathfrak{F}$ 一样.

因为 Π 中 $\mathfrak{S}$ 路径片段也是由 $\mathfrak{G}$ 生成的路径片段, 所以,

$$\Pr^{\mathfrak{G}}(s \models C \cup B) = \Pr^{\mathfrak{S}}(s \models C \cup B) = \Pr^{\max}(s \models C \cup B)$$

而且,

$$\Pr^{\mathfrak{G}}_s\{\pi \in \text{Paths}(s) \mid \text{pref}(\pi) \subseteq \text{pref}(\Pi)\} = 0$$

其中, $\text{pref}(\pi)$ 表示 π 的所有有限前缀的集合, $\text{pref}(\Pi)$ 是 Π 中路径片段的所有有限前缀的集合. 事件 $\text{pref}(\pi) \subseteq \text{pref}(\Pi)$ 意为 $\mathfrak{G}$ 不停地模仿 $\mathfrak{S}$, 因而沿这些路径的行为可能不公平.

后一结论由下述推理得到. 由于马尔可夫链 $\mathcal{M}_{\mathfrak{G}}$ 是有限的 (因 $\mathfrak{G}$ 是无记忆的), 所以, 几乎肯定可到达它的一个 BSCC 且无限次访问其中的所有状态. 但是, 不存在到达 $\mathcal{M}_{\mathfrak{G}}$ 的 BSCC T 且无限次访问 T 中所有状态的 $\mathfrak{G}$ 路径 π 使得 $\text{pref}(\pi) \subseteq \text{pref}(\Pi)$. 可如下看出. 令 $\pi = s_0 s_1 s_2 \cdots$ 是使得 $\inf(\pi) = T$ 且 $\text{pref}(\pi) \subseteq \text{pref}(\Pi)$ 的 $\mathfrak{G}$ 路径. 要证明 $B \cap T = \varnothing$. 用反证法. 假设 $B \cap T \neq \varnothing$. 选择 π 的结束于状态 $s_n \in B \cap T$ 的有限前缀 $\widehat{\pi} = s_0 s_1 \cdots s_n$. 那么, 由 Π 的定义及 $\widehat{\pi} \in \text{pref}(\pi) \subseteq \text{pref}(\Pi)$ 得 $s_0 s_1 \cdots s_n \in \Pi$. 但是, π 的长度 $m > n$ 的前缀 $\widehat{\pi}_m = s_0 s_1 \cdots s_n s_{n+1} \cdots s_m$ 都不能扩展为 Π 中的一条路径片段, 即对于所有 $m > n$ 都有 $\widehat{\pi}_m \in \text{pref}(\pi) \setminus \text{pref}(\Pi)$. 这与假设 $\text{pref}(\pi) \subseteq \text{pref}(\Pi)$ 矛盾.

它确保调度器 $\mathfrak{G}$ 几乎肯定地将停止模仿无记忆调度器 $\mathfrak{S}$, 并从某个时刻开始通过模仿 $\mathfrak{F}$ 而具有公平的行为. 由此可得, 有限记忆调度器 $\mathfrak{G}$ 是公平的. ■

引理 10.14 断定, 存在最大化 $C \,\mathsf{U}\, B$ 的概率的公平调度器, 所以, 引理 10.14 中的上确界可用最大值取代.

上述结果可理解为以下事实的概率类比: 可实现的公平性假设与安全性质的验证无关, 见定理 3.6. 前面讲过, $\text{Pr}^{\max}(s \models C \,\mathsf{U}\, B)$ 的典型用处是证明安全性质 $a_1 \,\mathsf{W}\, a_2$ 在任意调度器下都以充分大的概率 $1-\varepsilon$ 成立 (那么, C 刻画了 $a_1 \wedge \neg a_2$ 成立的状态的特征, 而 B 则表示满足 $\neg a_1 \wedge \neg a_2$ 的状态). 在此意义下, 可将 $\text{Pr}^{\max}(s \models C \,\mathsf{U}\, B)$ 的计算理解为安全性质的定量推理.

由于先前的结果, 不考虑公平性假设也可计算最大概率. 然而这不适用于最小概率. 当考虑到达状态的某个集合 B 的最小概率时, 公平性假设可能是必需的. 证明活性性质 $\lozenge b$ 在任意调度器下都以概率 $\geqslant 1-\varepsilon$ 成立是典型工作, 其中 ε 是一个很小的数. 例如, 考虑图 10.29 所示的马尔可夫决策过程示例.

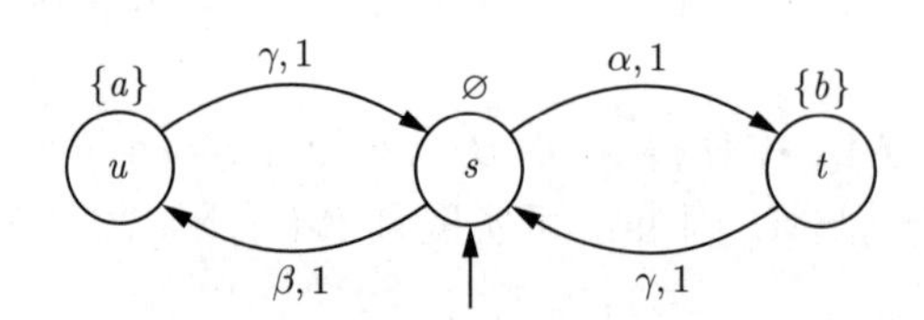

图 10.29　马尔可夫决策过程示例

考虑强公平性假设:

$$\text{fair} = \Box\lozenge a \rightarrow \Box\lozenge b$$

它可看作 $\text{fair} = \Box\lozenge u \rightarrow \Box\lozenge t$. 所有公平调度器必须在 s 处无限经常地取动作 α, 因而, $\Box\lozenge t$ 对任意公平调度器几乎肯定成立. 另外, 为状态 s 选择动作 β 的无记忆调度器 $\mathfrak{S}$ 永不访问 t. 因此,

$$\text{Pr}^{\min}(s \models \lozenge b) = 0 < 1 = \inf_{\substack{\mathcal{M}\text{ 的公平} \\ \text{调度器 } \mathfrak{F}}} \text{Pr}^{\mathfrak{F}}(s \models \lozenge b).$$

现在证明, 在所有公平调度器下到达 B 的最小概率的计算问题可约简为最小可达性概率的计算问题. 令 $\mathcal{M} = (S, \text{Act}, \boldsymbol{P}, \boldsymbol{\iota}_{\text{init}}, \text{AP}, L)$ 是有限马尔可夫决策过程, $B \subseteq S$, fair 是在 $\mathcal{M}$ 中可实现的公平性假设, 即 $\mathcal{M}$ 关于 fair 是公平的. 令 $F_{=0}^{\min}$ 是对某个公平调度器 $\mathfrak{F}$

从 t 不能到达 B 的所有状态 $t \in S$ 的集合:

$$F_{=0}^{\min} = \{t \in S \mid 对于某个公平调度器\ \mathfrak{F}, \Pr^{\mathfrak{F}}(t \models \lozenge B) = 0\}$$

根据下面的结果, 用 $\mathcal{M}$ 的使得 $T \models \text{fair}$ 的末端分支 (T, A) 可刻画集合 $F_{=0}^{\min}$ 的特征. 注意, 公平性假设 fair 是一个极限 LT 性质 (见记法 10.6). 前面讲过, $T \models \text{fair}$ 意为使得 $\inf(\pi) = T$ 的所有路径 π 都满足 fair.

引理 10.15　集合 $F_{=0}^{\min}$ 的特征

令 $\mathcal{M}$ 是有限马尔可夫决策过程, $B \subseteq S$, fair 及

$$F_{=0}^{\min} = \{t \in S \mid 对于某个公平调度器\ \mathfrak{F}, \Pr^{\mathfrak{F}}(t \models \lozenge B) = 0\}$$

对于任意状态 $s \in S$, 下列命题等价:

(a) $s \in F_{=0}^{\min}$, 即对某个公平调度器 $\mathfrak{F}$ 有 $\Pr^{\mathfrak{F}}(s \models \lozenge B) = 0$.

(b) 对于某个公平有限记忆调度器 $\mathfrak{F}$ 有 $\Pr^{\mathfrak{F}}(s \models \lozenge B) = 0$.

(c) $\Pr^{\max}(s \models (\neg B) \mathsf{U} V) = 1$, 其中 V 是 $\mathcal{M}$ 的使得 $T \cap B = \varnothing$ 且 $T \models \text{fair}$ 的所有末端分支 (T, A) 的状态集 T 的并.

证明: 首先证明 (a) $\Rightarrow$ (c). 假定 $s \in F_{=0}^{\min}$ 并考虑满足 $\Pr^{\mathfrak{F}}(s \models \lozenge B) = 0$ 的公平调度器 $\mathfrak{F}$. 几乎所有 $\mathfrak{F}$ 路径的极限都是末端分支. 令 (T, A) 是 $\mathcal{M}$ 的使得 $\Pr_s^{\mathfrak{F}}(\Pi_{(T,A)}) > 0$ 的末端分支, 其中 $\Pi_{(T,A)} = \{\pi \in \text{Paths}(s) \mid \text{Limit}(\pi) = (T, A)\}$. 那么, $T \cap B = \varnothing$ 且 $T \models \text{fair}$, 并因而 $T \subseteq V$. 而且, 所有路径 $\pi \in \Pi_{(T,A)}$ 都满足 $\square \neg B$, 故而也满足 $(\neg B) \mathsf{U} V$. 因此,

$$\Pr^{\mathfrak{F}}(s \models (\neg B) \mathsf{U} V) = 1$$

特别地, $\Pr^{\max}(s \models (\neg B) \mathsf{U} V) = 1$.

其次证明 (c) $\Rightarrow$ (b). 令 $\Pr^{\max}(s \models (\neg B) \mathsf{U} V) = 1$. 考虑满足 $\Pr^{\mathfrak{G}}(s \models (\neg B) \mathsf{U} V) = 1$ 的有限记忆调度器 $\mathfrak{G}$ [译注 256]. 由 V 的定义, 存在一个公平有限无记忆调度器 $\mathfrak{H}$, 使得对任意状态 $t \in V$ 有 $\Pr^{\mathfrak{H}}(t \models \lozenge B) = 0$. (可用定理 10.21 的证明中的技术来构造调度器 $\mathfrak{H}$.) 现在, 把 $\mathfrak{G}$ 和 $\mathfrak{H}$ 合成为一个可确保从 s 不能到达 B 的公平有限记忆调度器 $\mathfrak{F}$. 首先, 调度器 $\mathfrak{F}$ 对于开始状态 s 像 $\mathfrak{G}$ 一样行动. 一旦到达 V (这几乎肯定发生), $\mathfrak{F}$ 就像 $\mathfrak{H}$ 一样行动. 现在已经清楚, $\mathfrak{F}$ 是公平的 ($\mathfrak{F}$ 几乎肯定终将模拟公平调度器 $\mathfrak{H}$) 且具有有限记忆性质 ($\mathfrak{G}$ 和 $\mathfrak{H}$ 的模式的并就足够了). 而且

$$\Pr^{\mathfrak{F}}(s \models \lozenge B) = 1 - \Pr^{\mathfrak{G}}(s \models (\neg B) \mathsf{U} V) = 0$$

(b) $\Rightarrow$ (a) 是显然的. ■

利用集合 $F_{=0}^{\min}$ 的特征, 就可以用约束可达性质的最大概率刻画事件 $\lozenge B$ 在公平调度器下的最小概率, 见定理 10.24.

定理 10.24　公平最小可达性概率

令 $\mathcal{M}$ 是状态空间为 S 的有限马尔可夫决策过程, $B \subseteq S$, fair 是强公平性约束, $F_{=0}^{\min}$ 如上. 那么, 对于任意状态 $s \in S$ 有

$$\inf_{\substack{\mathcal{M}\ 的公平 \\ 调度器\ \mathfrak{F}}} \Pr^{\mathfrak{F}}(s \models \lozenge B) = 1 - \Pr^{\max}(s \models (\neg B) \mathsf{U} F_{=0}^{\min})$$

而且, 存在满足

$$\Pr^{\mathfrak{F}}(s \models \Diamond B) = 1 - \Pr^{\max}(s \models (\neg B) \cup F_{=0}^{\min})$$

的公平有限记忆调度器 $\mathfrak{F}$.

证明: 首先证明第二个命题, 这通过构造使得对于任意状态 s 都有

$$\Pr^{\mathfrak{G}}(s \models \Diamond B) \leqslant 1 - \Pr^{\max}(s \models (\neg B) \cup F_{=0}^{\min})$$

的有限记忆公平调度器 $\mathfrak{G}$ 来完成. 令 $\mathfrak{S}$ 是最大化 $(\neg B) \cup F_{=0}^{\min}$ 的概率的无记忆调度器, 见引理 10.6. 由引理 10.15 的证明可得, 存在一个公平有限记忆调度器 $\mathfrak{H}$, 使得对每个状态 $t \in F_{=0}^{\min}$ 都有 $\Pr^{\mathfrak{H}}(t \models \Diamond B) = 0$. 现在, 合成 $\mathfrak{S}$ 和 $\mathfrak{H}$ 以得到具有所需性质的有限记忆调度器 $\mathfrak{G}$. $\mathfrak{G}$ 在开始模式模拟 $\mathfrak{S}$ 直到生成满足以下条件的路径片段 $s_0 s_1 \cdots s_n$: 对于 $0 \leqslant i < n$ 有 $s_i \in S \setminus (B \cup F_{=0}^{\min})$ 且 $s_n \in F_{=0}^{\min}$ 或 $s_n \in B$. 在前一种情形中, $\mathfrak{G}$ 改变模式并从此开始模拟 $\mathfrak{H}$; 在后一种情形中, $\mathfrak{G}$ 从此开始像任一公平有限记忆调度器一样行动. 显然, $\mathfrak{G}$ 是公平的和有限记忆的, 且

$$\Pr^{\mathfrak{G}}(s \models (\neg B) \cup F_{=0}^{\min}) = \Pr^{\max}(s \models (\neg B) \cup F_{=0}^{\min})$$

带有 $\pi \models (\neg B) \cup F_{=0}^{\min}$ 的所有 $\mathfrak{G}$ 路径 π 都使得 $\pi \models \Box(\neg B)$. 因此

$$\begin{aligned}\Pr^{\mathfrak{G}}(s \models \Diamond B) &= 1 - \Pr^{\mathfrak{G}}(s \models \Box(\neg B))\\ &\leqslant 1 - \Pr^{\mathfrak{F}}(s \models (\neg B) \cup F_{=0}^{\min})\\ &= 1 - \Pr^{\max}(s \models (\neg B) \cup F_{=0}^{\min})\end{aligned}$$

这证明了第二个命题. 尚需证明对 $\mathcal{M}$ 的每一状态 s 都有

$$\inf_{\substack{\mathcal{M}\text{ 的公平}\\ \text{调度器 } \mathfrak{F}}} \Pr^{\mathfrak{F}}(s \models \Diamond B) \geqslant 1 - \Pr^{\max}(s \models (\neg B) \cup F_{=0}^{\min})$$

因为对每一公平调度器 $\mathfrak{F}$ 都有 $\Pr^{\mathfrak{F}}(s \models \Diamond B) = 1 - \Pr^{\mathfrak{F}}(s \models \Box(\neg B))$, 所以只要证明

$$\Pr^{\mathfrak{F}}(s \models \Box(\neg B)) \leqslant \Pr^{\mathfrak{F}}(s \models (\neg B) \cup F_{=0}^{\min})$$

就足够了. 由定理 10.20, 有

$$\begin{aligned}&\Pr^{\mathfrak{F}}(s \models \Box(\neg B))\\ =& \sum_{\substack{\text{末端分支}(T,A)\\ T \cap B = \varnothing}} \Pr_s^{\mathfrak{F}}\{\pi \in \mathrm{Paths}(s) \mid \mathrm{Limit}(\pi) = (T, A) \wedge \pi \models \Box(\neg B)\}\\ \leqslant& \sum_{\substack{\text{末端分支}(T,A)\\ T \cap B = \varnothing}} \Pr_s^{\mathfrak{F}}\{\pi \in \mathrm{Paths}(s) \mid \mathrm{Limit}(\pi) = (T, A) \wedge \pi \models (\neg B) \cup T\}\end{aligned}$$

此外, 因为 $\mathfrak{F}$ 是公平的, 所以对每一使得 $\Pr_s^{\mathfrak{F}}\{\pi \in \mathrm{Paths}(s) \mid \mathrm{Limit}(\pi) = (T, A)\} > 0$ 的末端分支 (T, A) 有 $T \models \mathrm{fair}$. 根据引理 10.15, 满足 $T \models \mathrm{fair}$ 和 $T \cap B = \varnothing$ 的末端分支

(T, A) 的状态属于 $F_{=0}^{\min}$. 因此

$$
\begin{aligned}
&\Pr^{\mathfrak{F}}(s \models \Box(\neg B)) \\
\leqslant &\sum_{\substack{\text{末端分支 } (T,A) \\ T\cap B=\varnothing, T\models \text{fair}}} \Pr_s^{\mathfrak{F}}\{\pi \in \text{Paths}(s) \mid \text{Limit}(\pi) = (T, A) \wedge \pi \models (\neg B) \mathsf{U} T\} \\
\leqslant &\sum_{\substack{\text{末端分支 } (T,A) \\ T\cap B=\varnothing, T\models \text{fair}}} \Pr_s^{\mathfrak{F}}\{\pi \in \text{Paths}(s) \mid \text{Limit}(\pi) = (T, A) \wedge \pi \models (\neg B) \mathsf{U} F_{=0}^{\min}\} \\
\leqslant &\sum_{\text{末端分支 } (T,A)} \Pr_s^{\mathfrak{F}}\{\pi \in \text{Paths}(s) \mid \text{Limit}(\pi) = (T, A) \wedge \pi \models (\neg B) \mathsf{U} F_{=0}^{\min}\} \\
= &\Pr^{\mathfrak{F}}(s \models (\neg B) \mathsf{U} F_{=0}^{\min})
\end{aligned}
$$

因 $\Pr^{\mathfrak{F}}(s \models (\neg B) \mathsf{U} F_{=0}^{\min})$ 以 $\Pr^{\max}(s \models (\neg B) \mathsf{U} F_{=0}^{\min})$ 为上界, 故第一个命题得证. ■

为确定有限马尔可夫决策过程的可达性质 $\Diamond B$ (对所有公平调度器) 的最小概率, 根据定理 10.24 采用下述方法:

(1) 确定集合 $F_{=0}^{\min}$.

(2) 求解 $(\neg B) \mathsf{U} F_{=0}^{\min}$ 的最大概率的线性规划. $F_{=0}^{\min}$ 的计算依赖于马尔可夫决策过程的末端分支的图论分析.

若 fair 由弱公平性约束 $\Diamond\Box\Phi_j \rightarrow \Box\Diamond\Psi_j$ 组成, $j = 1, 2, \cdots, k$, 则可能要使用极大末端分支. 在此情况下, V 是满足以下条件的所有极大末端分支 (T, A) 的集合 T 的并: 对于每一 $1 \leqslant j \leqslant k$ 都有 $T \cap \text{Sat}(\Psi_j) \neq \varnothing$ 或 $T \setminus \text{Sat}(\Phi_j) \neq \varnothing$[译注 259]. 对于强公平性约束, 仅分析极大末端分支可能不够. 然而, 可改造计算极大末端分支的算法 (算法 10.3) 以计算满足以下条件的所有末端分支 (T, A): $T \models \text{fair}$ 且 (T, A) 不包含在使 $T' \models \text{fair}$ 的另一个末端分支 (T', A') 中. 见习题 10.29.

通过使所有状态 $s \in S \setminus (C \cup B)$ 在马尔可夫决策过程中成为吸收的, 约束可达性质 $C \mathsf{U} B$ 可作为简单可达性质处理. 令 $\mathcal{M}'$ 是如此得到的马尔可夫决策过程. $\mathcal{M}$ 中满足 $C \mathsf{U} B$ 的路径等同于 $\mathcal{M}'$ 中满足 $\Diamond B$ 的路径. 因此:

$$
\inf_{\substack{\mathcal{M}\text{ 的公平} \\ \text{调度器 } \mathfrak{F}}} \Pr_{\mathcal{M}}^{\mathfrak{F}}(s \models C \mathsf{U} B) = \inf_{\substack{\mathcal{M}'\text{ 的公平} \\ \text{调度器 } \mathfrak{F}'}} \Pr_{\mathcal{M}'}^{\mathfrak{F}'}(s \models \Diamond B)
$$

在公平性假设下处理 (约束) 可达性质的要素可与计算 CTL 状逻辑的满足集的标准方法相结合, 以在公平性假设和有限马尔可夫决策过程下获得 PCTL 的模型检验算法. 令 $\mathcal{M}$ 是有限马尔可夫决策过程, fair 是在 $\mathcal{M}$ 中可实现的 LTL 公平性假设. 除了概率算子取遍所有公平调度器 (而非所有调度器) 外, PCTL 的状态公式和路径公式的满足关系 $\models_{\text{fair}}$ 定义为标准满足关系 $\models$, 即

$$
s \models_{\text{fair}} \mathbb{P}_J(\varphi) \text{ iff 对所有公平调度器 } \mathfrak{F}, \Pr^{\mathfrak{F}}(s \models \varphi) \in J
$$

满足集

$$
\text{Sat}_{\text{fair}}(\mathbb{P}_J(\varphi)) = \{s \in S \mid s \models_{\text{fair}} \mathbb{P}_J(\varphi)\}
$$

用如下方法得到. 对于有下一步算子的路径公式, 公平约束因 fair 的可实现性而无关紧要. 于是, 对于 $a \in \mathrm{AP}$, 有

$$\mathrm{Sat}_{\mathrm{fair}}(\mathbb{P}_J(\bigcirc a)) = \mathrm{Sat}(\mathbb{P}_J(\bigcirc a))$$

对于有直到算子的路径公式, 应用前面阐述的方法.

作为下一个验证问题, 在公平性假设下考虑有限马尔可夫决策过程上的 ω 正则性质 P 的定量分析. 像没有公平性假设的情形中一样, 采用基于自动机的方法, 并首先为 P 构造确定的 Rabin 自动机 $\mathcal{A}$. 随后, 考虑乘积马尔可夫决策过程 $\mathcal{M} \otimes \mathcal{A}$, 见记法 10.8. 首先假定关注的是 P 的取遍所有公平调度器时的最大概率. 通过图论分析 (类似于前面简述的技术), 确定 $\mathcal{M} \otimes \mathcal{A}$ 中满足 $\mathcal{M}$ 的公平性假设和 $\mathcal{A}$ 的接受条件的所有末端分支 (T, A) 的并 V. 那么

$$\sup_{\substack{\mathcal{M}\text{ 的公平}\\\text{调度器 }\mathfrak{F}}} \mathrm{Pr}^{\mathfrak{F}}_{\mathcal{M}}(s \models P) = \mathrm{Pr}^{\max}_{\mathcal{M}\otimes\mathcal{A}}(\langle s, q_s\rangle \models \Diamond V)$$

其中 $q_s = \delta(q_0, L(s))$. 事实上, 存在 $\mathcal{M}$ 的最大化 P 的概率的有限记忆公平调度器. 因此, 上确界可用最大值取代. 这样一个有限记忆公平调度器可从以下两个调度器推出:

(1) $\mathcal{M} \otimes \mathcal{A}$ 的最大化到达 V 的概率的无记忆调度器 $\mathfrak{S}$.

(2) $\mathcal{M} \otimes \mathcal{A}$ 的有限记忆调度器 $\mathfrak{F}$, 它确保只要到达 $\mathcal{M} \otimes \mathcal{A}$ 的使得 $T \models \mathrm{fair}$ 且 T 满足 $\mathcal{A}$ 的接受条件的末端分支 (T, A), 就永不离开 T 并无限次访问 T 的所有动作.

$\mathcal{M} \otimes \mathcal{A}$ 的这两个有限记忆调度器 $\mathfrak{S}$ 和 $\mathfrak{F}$ 可联合得到 $\mathcal{M} \otimes \mathcal{A}$ 的最大化 P 的概率的有限记忆公平调度器 $\mathfrak{G}$. 对应的有限记忆调度器 $\mathfrak{G}$ 通过在 $\mathfrak{G}$ 的模式中对 $\mathcal{A}$ 中状态编码得到.

为了计算 P 在所有公平调度器下的最小概率, 考虑补性质 $\overline{P}$, 并计算 $\overline{P}$ 在所有公平调度器下的最大概率. 这就足够了, 因为

$$\min_{\substack{\mathcal{M}\text{ 的公平}\\\text{调度器 }\mathfrak{F}}} \mathrm{Pr}^{\mathfrak{F}}(s \models P) = 1 - \max_{\substack{\mathcal{M}\text{ 的公平}\\\text{调度器 }\mathfrak{F}}} \mathrm{Pr}^{\mathfrak{F}}(s \models \overline{P})$$

联合 PCTL 模型检验技术和检验 ω 正则性质的技术, 得到 PCTL* 和有限马尔可夫决策过程在公平性假设下的模型检验过程. 最坏情况下的时间复杂度约等于无公平性的马尔可夫决策过程的 PCTL* 模型检验的复杂度. 主要区别是, 确定末端分支的图论分析更高深, 并因此在成本函数中增加了因子 $|\mathrm{fair}|$.

在 LTL 和 CTL* 中, 公平性假设可按语法编码到要检验的公式中. 这样即可把公平满足关系 $\models_{\mathrm{fair}}$ 约简到标准满足关系 $\models$. 例如,

$$s \models_{\mathrm{fair}} \exists\varphi \quad \text{当且仅当} \quad s \models \exists(\mathrm{fair} \wedge \varphi)$$

和

$$s \models_{\mathrm{fair}} \forall\varphi \quad \text{当且仅当} \quad s \models \mathrm{fair} \rightarrow \varphi$$

在 CTL* 中成立.

为圆满结束本节, 证明可为逻辑 PCTL* 建立类似结果. 显然,

$$s \models \mathbb{P}_{\geqslant p}(\text{fair} \to \varphi) \text{ 蕴涵 } s \models_{\text{fair}} \mathbb{P}_{\geqslant p}(\varphi)$$

且

$$s \models \mathbb{P}_{\leqslant p}(\text{fair} \wedge \varphi) \text{ 蕴涵 } s \models_{\text{fair}} \mathbb{P}_{\leqslant p}(\varphi)$$

问题是逆蕴涵是否也成立. 初看似乎不成立, 例如, $s \models_{\text{fair}} \mathbb{P}_{\geqslant p}(\varphi)$ 仅与公平调度器有关; 而 $s \models \mathbb{P}_{\geqslant p}(\text{fair} \to \varphi)$ 考虑所有调度器, 包括不公平的调度器. 当公平满足关系 $\models_{\text{fair}}$ 忽略使得 $0 < \Pr^{\mathfrak{S}}(s \models \text{fair}) < 1$ 的调度器 $\mathfrak{S}$ 时, 无公平的标准关系 $\models$ 之下的 $s \models \mathbb{P}_{\geqslant p}(\text{fair} \to \varphi)$ 对所有调度器都要求

$$\Pr^{\mathfrak{S}}(s \not\models \text{fair}) + \Pr^{\mathfrak{S}}(s \models \text{fair} \wedge \varphi) \geqslant p$$

事实上, 若放弃可实现性假设, 则 $s \models_{\text{fair}} \mathbb{P}_{\geqslant p}(\varphi)$ 和 $s \not\models \mathbb{P}_{\geqslant p}(\text{fair} \to \varphi)$ 是有可能的. 一个简单的例子是使得 $\Pr(s \models \text{fair}) = 1/2$ 且 $\Pr(s \models \varphi) = 0$ 的马尔可夫链 $\mathcal{M}$ (视为马尔可夫决策过程). 因为没有公平调度器, 所以 $s \models_{\text{fair}} \mathbb{P}_{=1}(\varphi)$, 但是 $s \not\models \mathbb{P}_{=1}(\text{fair} \to \varphi)$. 然而, 可实现性的假设允许用有限马尔可夫决策过程的标准满足关系编码公平满足关系, 见定理 10.25.

定理 10.25 从 $\models_{\text{fair}}$ 到 $\models$ 的约简

令 $\mathcal{M}$ 是有限马尔可夫决策过程, fair 是在 $\mathcal{M}$ 中可实现的 LTL 公平性假设. 那么, 对每一个 LTL 公式 φ 和 $\mathcal{M}$ 中的状态 s:

$$\min_{\substack{\mathcal{M}\text{ 的公平} \\ \text{调度器 } \mathfrak{F}}} \Pr^{\mathfrak{F}}(s \models \varphi) = \Pr^{\min}(s \models \text{fair} \to \varphi)$$

$$\max_{\substack{\mathcal{M}\text{ 的公平} \\ \text{调度器 } \mathfrak{F}}} \Pr^{\mathfrak{F}}(s \models \varphi) = \Pr^{\max}(s \models \text{fair} \wedge \varphi)$$

特别地, $s \models_{\text{fair}} \mathbb{P}_{\geqslant p}(\varphi)$ iff $s \models \mathbb{P}_{\geqslant p}(\text{fair} \to \varphi)$ 且 $s \models_{\text{fair}} \mathbb{P}_{\leqslant p}(\varphi)$ iff $s \models \mathbb{P}_{\leqslant p}(\text{fair} \wedge \varphi)$. 对于严格概率界限 $< p$ 和 $> p$ 也是如此.

证明: 首先证明关于最小概率的命题. 对于任何公平调度器 $\mathfrak{F}$, $\Pr^{\mathfrak{F}}(s \models \varphi) = \Pr^{\mathfrak{F}}(s \models \text{fair} \to \varphi)$ 成立. 因此, φ 在所有公平调度器下的最小概率至少是 fair $\to \varphi$ 在所有调度器下的最小概率.

现在证明: 存在公平 (有限记忆) 调度器, 使得 φ 的概率等于 fair $\to \varphi$ 在所有调度器下的最小值. 为简单起见, 假设 φ 描述一个极限 LT 性质 (这并非限制, 因为 φ 可被 φ 的 DRA 的接受条件取代). 令 $\mathfrak{S}$ 是最小化 fair $\to \varphi$ 的概率的 (可能不公平的) 有限记忆调度器. 因此, $\mathfrak{S}$ 最大化 fair $\wedge \neg\varphi$ 的概率且

$$\begin{aligned}\Pr^{\max}(s \models \text{fair} \wedge \neg\varphi) &= \Pr^{\mathfrak{S}}(s \models \text{fair} \wedge \neg\varphi) \\ &= \sum_{(T,A)} \Pr^{\mathfrak{S}}_s\{\pi \in \text{Paths}(s) \mid \text{Limit}(\pi) = (T, A)\}\end{aligned}$$

其中 (T, A) 取遍 $\mathcal{M}$ 的所有使得 $T \models \text{fair} \wedge \neg(T \models \varphi)$ 的末端分支. 因为 $\mathfrak{S}$ 具有有限记忆性质, 所以诱导的马尔可夫链 $\mathcal{M}_{\mathfrak{S}}$ 是有限的, 而且上面的和可重写为

$$\sum_{T} \Pr^{\mathfrak{S}}_s\{\pi \in \text{Paths}(s) \mid \inf(\pi) = T\}$$

其中 T 取遍 $\mathcal{M}_{\mathfrak{S}}$ 的使得 $T \models \text{fair} \wedge \neg(T \models \varphi)$ 的所有 BSCC. 现在, 考虑有限记忆调度器 $\mathfrak{F}$, 它首先模拟 $\mathfrak{S}$ 直到 $\mathfrak{S}$ 到达一个 BSCC T. 若 $T \models \text{fair} \wedge \neg(T \models \varphi)$, 则 $\mathfrak{F}$ 永远像 $\mathfrak{S}$ 一样行动. 若 $\neg(T \models \text{fair})$ 或 $T \models \varphi$, 则 $\mathfrak{F}$ 从此开始以任意但公平的方式行动 (像某个公平有限记忆调度器那样行动). $\mathfrak{F}$ 实际上是一个公平调度器 (因为 $\mathfrak{S}$ 几乎肯定到达某个 BSCC). 而且,

$$\begin{aligned}\Pr^{\mathfrak{F}}(s \models \neg\varphi) &\geqslant \sum_{T} \Pr_s^{\mathfrak{S}}\{\pi \in \text{Paths}(s) \mid \inf(\pi) = T\} \\ &= \Pr^{\max}(s \models \text{fair} \wedge \neg\varphi)\end{aligned}$$

其中, T 取遍使得 $T \models \text{fair} \wedge \neg(T \models \varphi)$ 的所有 BSCC. 因为 $\Pr^{\mathfrak{F}}(s \models \neg\varphi) = \Pr^{\mathfrak{F}}(s \models \text{fair} \wedge \neg\varphi)$, 所以这个式子中的符号 $\geqslant$ 可由 $=$ 取代. 由此可得

$$\begin{aligned}\Pr^{\mathfrak{F}}(s \models \varphi) &= 1 - \Pr^{\mathfrak{F}}(s \models \neg\varphi) \\ &= 1 - \Pr^{\mathfrak{F}}(s \models \text{fair} \wedge \neg\varphi) \\ &= \Pr^{\min}(s \models \text{fair} \rightarrow \varphi)\end{aligned}$$

最大概率的命题可由对偶性得到. 令 $\mathfrak{F}$ 取遍所有公平调度器, $\mathfrak{S}$ 取遍所有调度器. 那么

$$\begin{aligned}\max_{\mathfrak{F}} \Pr^{\mathfrak{F}}(s \models \varphi) &= 1 - \min_{\mathfrak{F}} \Pr^{\mathfrak{F}}(s \models \neg\varphi) \\ &= 1 - \Pr^{\min}(s \models \text{fair} \wedge \neg\varphi) \\ &= \Pr^{\max}(s \models \text{fair} \rightarrow \varphi)\end{aligned}$$

■

因此,

$$s \models_{\text{fair}} \mathbb{P}_{=1}(\varphi) \quad \text{当且仅当} \quad s \models \mathbb{P}_{=1}(\text{fair} \rightarrow \varphi)$$

且

$$s \models_{\text{fair}} \mathbb{P}_{=0}(\varphi) \quad \text{当且仅当} \quad s \models \mathbb{P}_{=0}(\text{fair} \wedge \varphi)$$

也就是说, 存在公平调度器 $\mathfrak{F}$ 使 $\Pr^{\mathfrak{F}}(\varphi) > 0$ 当且仅当存在调度器 $\mathfrak{S}$ 使 $\Pr^{\mathfrak{S}}(\text{fair} \wedge \varphi) > 0$. PCTL* 作为用于马尔可夫决策过程相关推理的逻辑, 这些约简突出了其表达力. 不过, 出于效率的原因, 建议用以前介绍的技术对有限马尔可夫决策过程进行带公平性假设的定量分析.

10.7 总　　结

- 马尔可夫链是在每一状态的后继上具有固定概率分布的迁移系统.
- 定性性质是一个以概率 1 或 0 发生的事件. 在有限马尔可夫链中可用图论算法检验定性性质, 但这对无限马尔可夫链不可以.
- (约束) 可达性概率可用图论分析与解线性方程组计算.

- 有限马尔可夫链的长远行为几乎肯定结束于底部强连通分支 (BSCC). 有限马尔可夫链 $\mathcal{M}$ 关于长远行为的定量 (及定性) 性质, 像重复可达性、持久性及其布尔连接等, 可以通过在 $\mathcal{M}$ 中计算到达一个接受的 BSCC 的概率检验.
- 概率计算树逻辑 (PCTL) 是 CTL 的一个定量变体, 其中的路径量词 $\exists$ 和 $\forall$ 由概率算子 $\mathbb{P}_J(\varphi)$ 代替, 它为事件 φ 指定概率的下界/上界 (由 J 给出).
- 有限马尔可夫链的 PCTL 模型检验依赖于标准的 CTL 模型检验过程与约束可达性概率的计算方法的结合.
- 通过仅允许界限 > 0 和 $= 1$ 得到 PCTL 的定性片段. 对于有限马尔可夫链, CTL 至少与 PCTL 的定性片段有同样的表达力; 对于无限马尔可夫链, PCTL 的定性片段与 CTL 的表达力是不可比的. 与 CTL 不同, 持久性质 (包括定性的和定量的) 可在 PCTL 中表达.
- 在有限马尔可夫链 $\mathcal{M}$ 中计算 LT 性质 P 的概率可约简为在 $\mathcal{M}$ 和 P 的补的确定 Rabin 自动机 (DRA) 的乘积中计算可接受概率.
- 只有标记相同且移动到等价类的累积概率相等的状态才是概率互模拟等价的.
- 马尔可夫链上的概率互模拟与 PCTL 等价及 PCTL* 等价一致 (逻辑 PCTL* 是联合 PCTL 和 LTL 得到的). 这对于任意马尔可夫链成立, 不需要 (像迁移系统上的互模拟的逻辑特征那样) 限定有限分支模型.
- 马尔可夫报酬链中的长远平均和期望成本有界可达性可由图论算法和解线性方程组确定.
- 马尔可夫决策过程 (MDP) 是在任一状态的概率分布之间存在未定选择的迁移系统. 马尔可夫链是任何状态的概率分布的集合都是单点集的马尔可夫决策过程. 马尔可夫决策过程适合为随机分布算法建模.
- 在马尔可夫决策过程中关于概率的推理需要调度器的概念. 调度器解决未定性并产生随机过程. 计算约束可达性质的极值 (即最小值或最大值) 概率依赖于图论算法和线性规划. 后者可用迭代逼近算法 (称为值迭代) 求解.
- 当在马尔可夫决策过程中解释 PCTL 时, 公式 $\mathbb{P}_J(\varphi)$ 取遍所有调度器. 马尔可夫决策过程的 PCTL 的模型检验问题可约简为可达性问题.
- 有限马尔可夫决策过程的长远行为几乎肯定结束于末端分支. 有限马尔可夫决策过程 $\mathcal{M}$ 关于长远行为的定量 (及定性) 性质, 像重复可达性、持久性及其布尔连接等, 可以通过在 $\mathcal{M}$ 中计算到达一个可接受末端分支的极值概率检验.
- 在有限马尔可夫决策过程上模型检验 ω 正则性质可用基于自动机的方法解决, 类似于有限马尔可夫链.
- 调度器是公平的, 如果它几乎肯定只生成公平路径. 对于最大可达性质, 公平性是无关紧要的. 通过基于图论的技术及确定约束可达性质的最大概率可计算在所有公平调度器下的最小可达性概率. 在有限马尔可夫决策过程中, 在公平性假设下模型检验 ω 正则性质可以像无公平假设时一样用基于自动机的方法完成.

10.8 文献说明

马尔可夫链和马尔可夫决策过程. 马尔可夫链作为随机过程的数学模型的主要原理可追溯到 1906 年的马尔可夫. 随后, 马尔可夫链的许多方面得到研究, 例如排队论[55]、数值算法[63,378]、可靠性及性能分析[196] 以及集总理论[72,237] 等. 马尔可夫链已经应用到许多不同领域, 包括系统生物学、社会科学、心理学、电气工程和运筹学. 关于马尔可夫链的重要教材有 [237,238,248] 等. 读者应该牢记本书从基于状态的观点把马尔可夫链作为带有概率的图 (迁移系统) 处理, 而不是更一般地解释为随机变量的序列. Howard 的专著[216] 更详细地介绍了马尔可夫报酬模型. IPv4 零配置协议的例子来自 Bohnenkamp 等[54].

马尔可夫决策过程植根于运筹学和随机控制论. 它们对许多优化问题的研究很有用. 马尔可夫决策过程至少早在 20 世纪 50 年代就已出现, 见 Bellman 的开创性工作[38,39]. 马尔可夫决策过程已用于各种应用领域, 包括机器人技术、自动控制、经济和制造业. Vardi [407] 提出以马尔可夫决策过程作为并行概率系统的模型. 关于马尔可夫决策过程的主要教材的作者有 Puterman [346]、Howard [215] 和 Bertsekas [49]. 随机哲学家的例子源于 Lehmann 与 Rabin [268] 和 Itai 与 Rodeh 的随机领袖选举算法[223]. 其他随机算法可在以下作者的文献中找到: Rabin [349]、Motwani 与 Raghavan [306] 以及 Lynch [280] 等.

验证定性性质. 概率模型的验证技术可追溯到 20 世纪 80 年代早期, 当时的焦点是定性 LT 性质. Hart、Sharir 和 Pnueli [191] 观察到, 基于图的算法足以证明有限状态并发概率程序几乎肯定终止. Vardi 和 Wolper[407,409,411,412] 首先开展了对有限马尔可夫链和有限马尔可夫决策过程的定性 ω 正则性质的验证. 他们用在极限中确定的 NBA 表示 ω 正则性质. Vardi 和 Wolper 还证明了有限马尔可夫链的定性 LTL 模型检验问题是 PSPACE 完全的. Courcoubetis 和 Yannakakis [104] 利用马尔可夫链上的 LTL 定量分析技术和 NBA 描述推广了这些结果. 他们还为 LTL 公式是否几乎肯定对有限马尔可夫决策过程成立的验证问题建立了双指数下界. Pnueli 和 Zuck 已经对马尔可夫决策过程和定性 LTL 公式发展了基于情景的验证技术[340], 也给出了依赖于概率选择和公平性之间的联系的马尔可夫决策过程的证明方法, 见文献 [341] 等. Baier 和 Kwiatkowska [32] 讨论了其中某些概念的推广. 对马尔可夫决策过程中未定性的解决加以限制的公平性假设最早由 Hart、Sharir 和 Pnueli[191] 以及 Vardi [407] 给出. Baier 和 Kwiatkowska [31] 讨论了公平性在 PCTL (及 PCTL*) 模型检验语境中的作用.

验证定量性质. 本书给出的马尔可夫链上的关于 ω 正则准述的定量分析算法采用了确定的 Rabin 自动机 (DRA). 这一方法概念简单, 因为 DRA 不影响乘积马尔可夫链中的迁移概率. 虽然对于许多 ω 正则性质存在大小与 NBA 同阶的 DRA [241], 但是, 最坏情况下, 最小的 DRA 会比最小的等价 NBA 指数级增大. 文献中已出现几种替代算法, 它们的时间复杂度是马尔可夫链的大小的多项式, 是 LTL 公式 φ 的长度的指数. 这种算法最早由 Courcoubetis 和 Yannakakis [104] 在其开创性论文中提出, 之后又由 Couvreur、Saheb 和 Sutre [108] 以及 Bustan、Rubin 和 Vardi [77] (以不同方法) 提出. 马尔可夫决策过程的定量分析可用线性规划求解, 这一发现可追溯到 Courcoubetis 和 Yannakakis 的论文[103].

分支时间性质. Hart 和 Sharir [190] 最早提出了用于推理概率系统的分支时间逻辑.

他们的焦点是定性性质和演绎证明规则. Hansson 和 Jonsson 引入了概率计算树逻辑 (PCTL) 和关于有限马尔可夫链的 PCTL 模型检验过程[187]. 已为马尔可夫决策过程 (或相似模型) 提出了 PCTL 的几种变体. Hansson [186] 以及 Segala 和 Lynch [370] 给出了 PCTL 的基于动作的变体. 马尔可夫决策过程上的 PCTL 和 PCTL* 的 (基于动作的) 变体由 Bianco 和 de Alfaro [51] 提出. 末端分支的概念由 Courcoubetis 和 Yannakakis [104] 引入, 并由 de Alfaro [115,116] 进行了详细研究. 最近, Han 和 Katoen [185] 提出了生成 PCTL 反例的高效算法. Kwiatkowska、Norman 和 Parker [254] 给出了 PCTL 模型检验的详细报告. de Alfaro 研究了马尔可夫决策过程的 PCTL 状逻辑的扩展 (如长远性质等), 见文献 [114,115,117]. Andova、Hermanns 和 Katoen [14] 提出了逻辑 PRCTL [译注 257] (带报酬的 PCTL), 这种逻辑还支持长远平均与期望累积报酬. 他们也为此逻辑提供了模型检验算法.

概率互模拟. Larsen 和 Skou[264] 的开创性论文引入了马尔可夫链的互模拟和基于动作的马尔可夫决策过程模型. Aziz 等[23] 证明了马尔可夫链上的互模拟等价保持 PCTL* 公式的有效性. PCTL⁻ 等价与互模拟等价是一致的, 这一观察可追溯到 Desharnais 等[121]. 这些作者的目的是研究带标记的马尔可夫过程, 它是一种具有连续状态空间的概率模型. Jonsson 和 Larsen [227] 为概率模型定义了模拟关系. 模拟和互模拟关系以及马尔可夫决策过程状模型作为进程代数的语义模型的应用可在 Jonsson、Yi 和 Larsen[228] 的综述论文中找到. Baier 等[30] 最近建立了有关 PCTL/PCTL* 与马尔可夫链的互模拟和模拟关系之间的联系的更深刻的结果. 对于马尔可夫决策过程 (和相近内容) 可参考以下作者的工作: Hansson [186]、Segala 和 Lynch [370] 以及 Desharnais 和她的同事们[122–124]. Huynh 和 Tian[220]、Baier、Engelen 和 Majster-Cederbaum [27] 以及 Derisavi、Hermanns 和 Sanders[120] 考虑了马尔可夫链的互模拟最小化算法. 最近, Katoen 等[232] 已用实验证明, 对 PCTL 模型检验和报酬性质使用互模拟最小化可大幅缩减存储和时间.

概率模型检验器. Fredlund [156] 报告了 PCTL 模型检验器的首批原型之一. 更新的 PCTL 模型检验器是 PRISM [255] 和 ETMCC [201] (及其后继者 MRMC [233]). 前者支持马尔可夫链和马尔可夫决策过程, 后者仅支持马尔可夫链. PRISM 使用 BDD 的一种变体[26,181] 以能够紧凑地表示迁移矩阵[254,323]. MRMC 基于稀疏矩阵表示并支持概率互模拟的最小化技术. MRMC/ETMCC 和 PRISM 也支持 CSL 模型检验 (一种由 Aziz 等[22] 以及 Baier 等[29] 提出的 PCTL 的连续时间变体) 和马尔可夫报酬链的期望测度. 马尔可夫链的其他模型检验器还有 ProbVerus [192] 和 Murphi [331]. 马尔可夫决策过程的替代模型检验器是 LiQuor [82] 和 Rapture [112,226]. 后一工具专注于可达性并利用抽象细化技术. LiQuor 可以验证马尔可夫决策过程的定量和定性 ω 正则性质, 其马尔可夫决策过程用 Promela 的概率变体建模, Promela 是 LTL 模型检验器 SPIN 的输入语言. 这种变体[25] 基于由 Morgan 和 McIver [304] 给出的概率卫式命令语言. LiQuor 用偏序约简技术抗击状态空间爆炸问题[28,113].

10.9 习 题

习题 10.1 考虑图 10.30 所示的马尔可夫链 $\mathcal{M}$. 令 $C = \{s_0, s_1, s_4, s_6\}$, $B = \{s_2, s_3\}$.

(a) 已知初始分布为 $\iota_{\text{init}}(s_0) = 1$, 计算以下柱集之并的概率测度:

$$\mathrm{Cyl}(s_0s_1), \mathrm{Cyl}(s_0s_5s_6), \mathrm{Cyl}(s_0s_5s_4s_3), \mathrm{Cyl}(s_0s_1s_6)$$

(b) 利用最小不动点的特征计算 $\Pr(s_0 \models \Diamond B)$.

(c) 利用下述概念计算 $\Pr(s_0 \models C \mathsf{U}^{\leqslant 5} B)$:

(i) 最小不动点特征.

(ii) 瞬时状态概率.

(d) 确定 $\Pr(s_0 \models \Diamond\Box D)$, 其中 $D = \{s_3, s_4\}$.

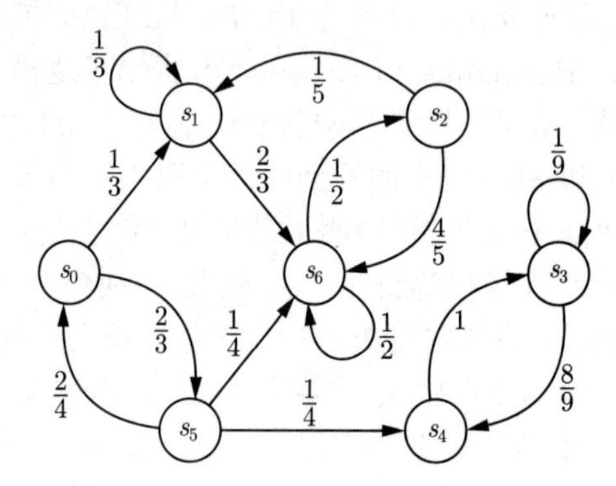

图 10.30　习题 10.1 的马尔可夫链 $\mathcal{M}$

习题 10.2　考虑图 10.31 所示的马尔可夫链 $\mathcal{M}$. 令 $B_1 = \{s_1, s_7\}$, $B_2 = \{s_6, s_7, s_8\}$, $B_3 = \{s_1, s_3, s_7, s_9\}$, $B_4 = \{s_2, s_3, s_4, s_5, s_6, s_7, s_8, s_9\}$. 确定以下公式是否成立[译注 263]:

(a) $\Pr(s_0 \models \Diamond B_1) = 1$.

(b) $\Pr(s_0 \models \Diamond B_2) = 1$.

(c) 当 $i \in \{1, 2, 3\}$ 时, $\Pr(s_0 \models \Box\Diamond B_i) = 1$.

(d) $\Pr(s_0 \models \Diamond\Box B_2) = 1$.

(e) $\Pr(s_0 \models \Diamond\Box B_4) = 1$.

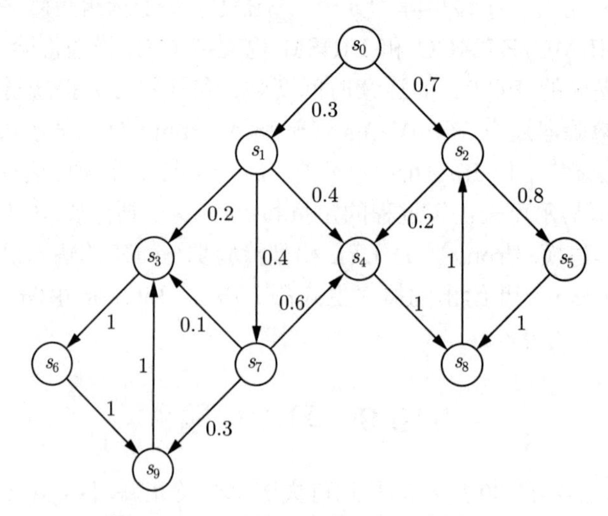

图 10.31　习题 10.2 的马尔可夫链 $\mathcal{M}$

习题 10.3　令 $\mathcal{M} = (S, \boldsymbol{P}, \boldsymbol{\iota}_{\text{init}}, \text{AP}, L)$ 是有限马尔可夫链, $s \in S$ 且 $C, B \subseteq S$, $n \in \mathbb{N}$, $n \geqslant 1$. 令 $C \,\mathsf{U}^{=n}\, B$ 表示事件恰在第 n 步进入 B 中的状态且此前访问的所有状态都属于 C. 即, $s_0 s_1 s_2 \cdots \models C \,\mathsf{U}^{=n}\, B$ 当且仅当 $s_n \in B$ 且当 $0 \leqslant i < n$ 时 $s_i \in C$. 事件 $C \,\mathsf{U}^{\geqslant n}\, B$ 表示事件 $C \,\mathsf{U}^{=k}\, B$ 的并, 其中 k 取遍 $\geqslant n$ 的所有自然数.

提供算法以计算以下各式的值:

(a) $\Pr(s \models C \,\mathsf{U}^{=n}\, B)$.

(b) $\Pr(s \models C \,\mathsf{U}^{\geqslant n}\, B)$.

习题 10.4　令 $\mathcal{M} = (S, \boldsymbol{P}, \boldsymbol{\iota}_{\text{init}}, \text{AP}, L)$ 是有限马尔可夫链, 并且 $s \in S$, $a, b \in \text{AP}$. 证真或证伪下列命题:

(a) $\Pr(s \models \Box a) = 1$ iff $s \models \forall \Box a$.

(b) $\Pr(s \models \Diamond a) < 1$ iff $s \not\models \forall \Diamond a$.

(c) $\Pr(s \models \Box a) > 0$ iff $s \models \exists \Box a$.

(d) $\Pr(s \models \Diamond \Box a) = 1$ iff $\Pr(s \models \Diamond B) = 1$, 其中 $B = \{t \in S \mid t \models \forall \Box a\}$.

(e) $\Pr(s \models a \,\mathsf{U}\, b) = 1$ iff $s \models \forall (a \,\mathsf{U}\, b)$.

(f) $\Pr(s \models a \,\mathsf{U}\, b) = 0$ iff $s \not\models \exists (a \,\mathsf{U}\, b)$.

习题 10.5　完成推论 10.3 的证明, 并且证明下面的命题: 如果 s 是有限马尔可夫链 $\mathcal{M}$ 的状态并且 B 是 $\mathcal{M}$ 中状态的集合, 那么

$$\Pr(s \models \Box \Diamond B) = 1 \quad \text{iff} \quad s \models \forall \Box \exists \Diamond B$$

习题 10.6　考虑图 10.32 所示的马尔可夫链 $\mathcal{M}$.

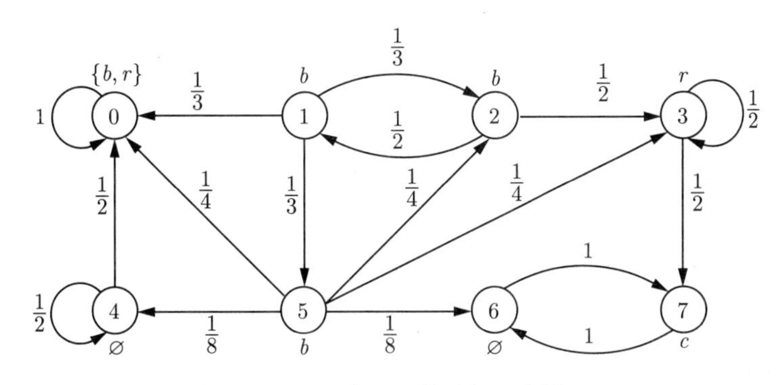

图 10.32　习题 10.6 的马尔可夫链 $\mathcal{M}$

确定使 PCTL 公式 $\mathbb{P}_{\geqslant p}(b \,\mathsf{U}\, c)$ 对 $p = 17/19$ 成立的状态的集合.

习题 10.7　证真或证伪下列 PCTL 等价:

(a) $\mathbb{P}_{=1}(\bigcirc \mathbb{P}_{=1}(\Box a)) \equiv \mathbb{P}_{=1}(\Box \mathbb{P}_{=1}(\bigcirc a))$.

(b) $\mathbb{P}_{>0.5}(\bigcirc \mathbb{P}_{>0.5}(\Diamond a)) \equiv \mathbb{P}_{>0.5}(\Diamond \mathbb{P}_{>0.5}(\bigcirc a))$.

(c) $\mathbb{P}_{=1}(\bigcirc \mathbb{P}_{=1}(\Diamond a)) \equiv \mathbb{P}_{=1}(\Diamond \mathbb{P}_{=1}(\bigcirc a))$.

习题 10.8　令 $\mathcal{M} = (S, \boldsymbol{P}, \boldsymbol{\iota}_{\text{init}}, \text{AP}, L)$ 是有限马尔可夫链, 且 $S \subseteq \text{AP}$, 对每一状态 $s \in S$ 都有 $L(s) \cap \text{AP} = \{s\}$. 令 sfair 是下述 CTL 公平性假设:

$$\text{sfair} = \bigwedge_{s \in S} \bigwedge_{t \in \text{Post}(s)} (\Box\Diamond s \to \Box\Diamond t)$$

证明, 当 $a, b \in \text{AP}$ 时, 以下命题成立:

(a) $s \models \mathbb{P}_{=1}(a \,\mathsf{U}\, b)$ iff $s \models_{\text{sfair}} \forall(a \,\mathsf{U}\, b)$.

(b) $s \models \mathbb{P}_{>0}(\Box a)$ iff $s \models_{\text{sfair}} \exists\Box a$.

习题 10.9　给出 PCTL 中的弱直到算子与释放算子的定义. 即, 定义 PCTL 公式 $\mathbb{P}_J(\Phi \,\mathsf{W}\, \Psi)$ 和 $\mathbb{P}_J(\Phi \,\mathsf{R}\, \Psi)$, 使得对每一马尔可夫链 $\mathcal{M}$ 及 $\mathcal{M}$ 中的每一状态有

$$s \models \mathbb{P}_J(\Phi \,\mathsf{W}\, \Psi) \quad \text{iff} \quad \Pr(s \models \Phi \,\mathsf{W}\, \Psi) \in J$$
$$s \models \mathbb{P}_J(\Phi \,\mathsf{R}\, \Psi) \quad \text{iff} \quad \Pr(s \models \Phi \,\mathsf{R}\, \Psi) \in J$$

其中,

$$\Pr(s \models \Phi \,\mathsf{W}\, \Psi) = \Pr_s^{\mathcal{M}}\{\pi \in \text{Paths}(s) \mid \pi \models \Phi \,\mathsf{U}\, \Psi \vee \pi \models \Box\Phi\}$$
$$\Pr(s \models \Phi \,\mathsf{R}\, \Psi) = \Pr_s^{\mathcal{M}}\{\pi \in \text{Paths}(s) \mid \pi \not\models \neg\Phi \,\mathsf{U}\, \neg\Psi\}$$

习题 10.10　像在 CTL 和 LTL 中一样, PCTL 公式的正范式 (PNF) 可以定义为 PCTL 公式中只允许否定用在原子命题前的片段. 为了避免表达力降低, PCTL 公式的 PNF 的语法为 PCTL 的基础语法中每个算子包含一个对偶算子 (例如, 析取是合取的对偶, 释放是直到的对偶, 等等).

(a) 给出 PCTL 公式的语法的准确定义.

(b) 证明任何 PCTL 公式都在 PNF 中存在一个等价的 PCTL 公式.

习题 10.11　令 $\mathcal{M}$ 是 AP 上的有限马尔可夫链, s 是 $\mathcal{M}$ 中的状态且 $a, b \in \text{AP}$. 证明

$$s \models \mathbb{P}_{=1}(a \,\mathsf{U}\, b) \;\text{ iff }\; s \models \forall((\exists(a \,\mathsf{U}\, b)) \,\mathsf{W}\, b)$$

习题 10.12　给出下列 LTL 公式的确定 Rabin 自动机: $\Box(a \to \Diamond b)$, $\neg\Box(a \to \Diamond b)$ 及 $a \,\mathsf{U}\, (\Box b)$.

习题 10.13　令 $\mathcal{A}_1$ 和 $\mathcal{A}_2$ 是同一字母表上的 DRA, 定义 DRA $\mathcal{A} = \mathcal{A}_1 \cup \mathcal{A}_2$ 使得

$$\mathcal{L}_\omega(\mathcal{A}) = \mathcal{L}_\omega(\mathcal{A}_1) \cup \mathcal{L}_\omega(\mathcal{A}_2)$$

且 $\text{size}(\mathcal{A}) = O\big(\text{poly}(\text{size}(\mathcal{A}_1), \text{size}(\mathcal{A}_2))\big)$.

习题 10.14　考虑图 10.30 中的马尔可夫链 $\mathcal{M}$, 标记函数定义为 $L(s_2) = L(s_3) = L(s_4) = \{a\}$ 且对其他状态 $L(s) = \varnothing$. 计算 LTL 公式 $\varphi = \Box\Diamond a$ 的概率 $\Pr^{\mathcal{M}}(\varphi)$.

(提示: 为 φ 构造 DRA $\mathcal{A}$ 并且在 $\mathcal{M} \otimes \mathcal{A}$ 上进行定量分析.)

习题 10.15　证明: 对于有限马尔可夫链 $\mathcal{M} = (S, \boldsymbol{P}, \boldsymbol{\iota}_{\text{init}}, \text{AP}, L)$ 和 AP 上的满足 $\Pr^{\mathcal{M}}(P) > 0$ 的 ω 正则性质 P, $\mathcal{M}$ 中存在 $\boldsymbol{\iota}_{\text{init}}(s_0) > 0$ 的有限路径片段 $\widehat{\pi} = s_0 s_1 \cdots s_n$ 使得柱集 $\text{Cyl}(\widehat{\pi})$ 中的几乎所有路径都满足 P, 即

$$\Pr^{\mathcal{M}}\{\pi \in \text{Cyl}(\widehat{\pi}) \mid \text{trace}(\pi) \in P\} = \boldsymbol{P}(\widehat{\pi})$$

习题 10.16　证明不存在与 PCTL* 公式 $\mathbb{P}_{\geqslant 0.5}(\bigcirc\bigcirc a)$ 等价的 PCTL 公式, 其中 a 是原子命题.

习题 10.17　考虑图 10.33 所示的马尔可夫链 $\mathcal{M}$.

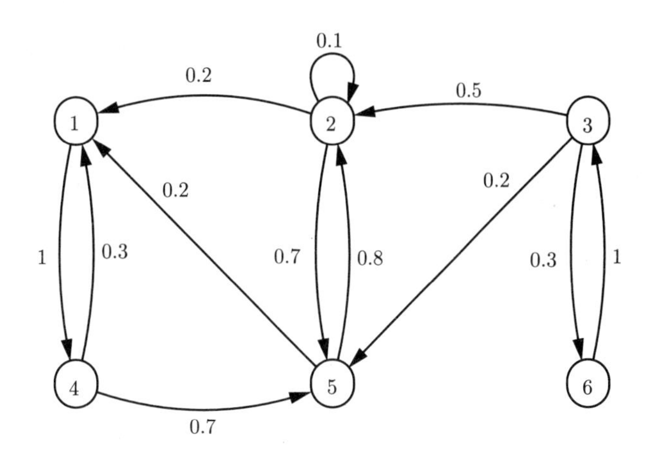

图 10.33　习题 10.17 的马尔可夫链 $\mathcal{M}$

(a) 确定互模拟商 $\mathcal{M}/\sim_{\mathcal{M}}$.

(b) 对于 $\sim_{\mathcal{M}}$ 下的每一对等价类 C 和 D, 给出一个 PCTL 公式 Φ, 使得 $C \models \Phi$ 且 $D \not\models \Phi$.

习题 10.18　令 $(\mathcal{M}, \text{rew})$ 是有限马尔可夫报酬模型且 s 是 $\mathcal{M}$ 中的状态, T 是 $\mathcal{M}$ 的满足 $\Pr(s \models \Diamond T) = 1$ 的状态集. 证明无穷级数

$$\text{ExpRew}(s \models \Diamond T) = \sum_{r=0}^{\infty} r \cdot \Pr_s\{\pi \in \text{Paths}(s) \mid \text{rew}(\pi, \Diamond B) = r\}$$

收敛.

习题 10.19　考虑像例 10.22 中那样用抛硬币模拟骰子的马尔可夫报酬模型. 证明对每一 $r \in \mathbb{N}, r \geqslant 0$ [译注 260], 有

$$\Pr(s_0 \models \Diamond_{\leqslant r}\{1,2,3,4,5,6\}) = 1 - \frac{1}{4^r}$$

习题 10.20　在 10.5 节中, 只考虑了状态的报酬. 现在, 研究另一种报酬模型, 它依赖于在边上附加报酬的有限马尔可夫链. 即, 使用报酬函数 rew: $S \times S \to \mathbb{N}$, 它满足当 $\boldsymbol{P}(s, s') = 0$ 时 $\text{rew}(s, s') = 0$. 有限路径片段 $s_0 s_1 \cdots s_n$ 的累积报酬定义为遍历边 $(s_0, s_1), (s_1, s_2), \cdots, (s_{n-1}, s_n)$ 所得报酬之和, 即

$$\text{rew}(s_0 s_1 \cdots s_n) = \sum_{1 \leqslant i \leqslant n} \text{rew}(s_{i-1}, s_i)$$

期望报酬 $\text{ExpRew}(s \models \Diamond T)$ 和报酬有界可达性事件 $\Diamond_{\leqslant r} T$ 像在 10.5 节中一样定义. 对于报酬结构为在边上附加报酬的有限马尔可夫链, 给出计算期望报酬 $\text{ExpRew}(s \models \Diamond T)$ 的算法和计算报酬有界可达性质 $\Pr(s \models \Diamond_{\leqslant r} T)$ 的概率的算法.

习题 10.21 给出马尔可夫报酬模型互模拟等价的定义, 使得互模拟等价与 PRCTL 等价一致. 证明你的互模拟等价概念的正确性.

习题 10.22 考虑图 10.34 所示的马尔可夫决策过程 $\mathcal{M}$. 令 $B = \{s_6\}$. 计算 $x_s = \Pr^{\max}(s \models \Diamond B)$ 的值, 其中 s 是马尔可夫决策过程 $\mathcal{M}$ 中的状态. 采取下面的方法: 首先确定满足 $\Pr^{\max}(s \models \Diamond B) \in \{0, 1\}$ 的状态, 然后对剩余状态求解对应的线性规划.

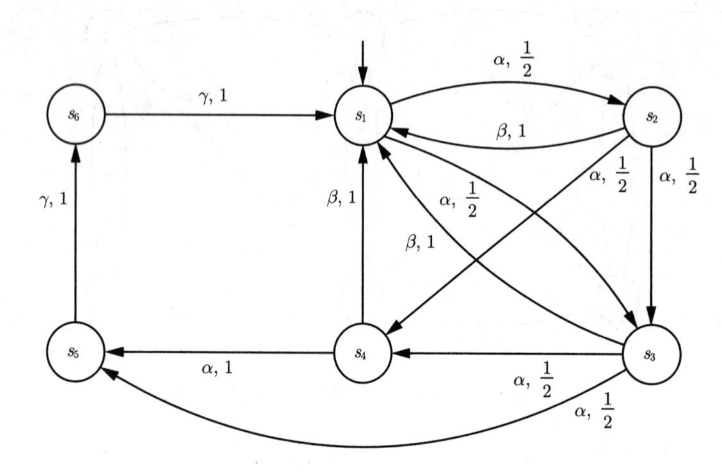

图 10.34 习题 10.22 的马尔可夫决策过程 $\mathcal{M}$

习题 10.23 给定一个状态空间为 S 的有限马尔可夫决策过程 $\mathcal{M}$ 和 S 的子集 B, 证明: 存在无记忆调度器 $\mathfrak{S}$, 使得

$$\Pr^{\max}(s \models \Box\Diamond B) = \Pr^{\mathfrak{S}}(s \models \Box\Diamond B)$$

还有哪些极限 LT 性质 P 存在最大化 P 的概率的无记忆调度器? 考虑以下几点[译注 261]:

(a) 持久性 $\Diamond\Box B$.

(b) Rabin 条件 $\bigvee_{1 \leqslant i \leqslant k} (\Diamond\Box B_i \wedge \Box\Diamond C_i)$.

(c) 强公平性假设 $\bigwedge_{1 \leqslant i \leqslant k} (\Box\Diamond B_i \rightarrow \Box\Diamond C_i)$.

习题 10.24 证真或证伪以下命题: 极限 LT 性质的类关于交封闭. 对并和补进行同样的工作.

习题 10.25 确定图 10.35 所示的马尔可夫决策过程 $\mathcal{M}$ 的极大末端分支.

习题 10.26 令 $\mathcal{M}$ 是 AP 上的有限马尔可夫决策过程, $\mathcal{A}$ 是字母表 2^{AP} 上的 DRA. 10.6.4 节阐述了变换 “$\mathcal{M}$ 的调度器 $\mathfrak{S} \rightsquigarrow \mathcal{M} \otimes \mathcal{A}$ 的调度器 $\mathfrak{S}'$” 及其逆变换.

问题:

(a) 命题 “若 $\mathfrak{S}$ 是无记忆的, 则 $\mathfrak{S}'$ 也是” 正确吗?

(b) 命题 “若 $\mathfrak{S}'$ 是无记忆的, 则 $\mathfrak{S}$ 也是” 正确吗?

(c) 假设 $\mathfrak{S}'$ 是 $\mathcal{M} \otimes \mathcal{A}$ 的有限记忆调度器. 用其模式描述对应的有限记忆[译注 262] 调度器 $\mathfrak{S}$.

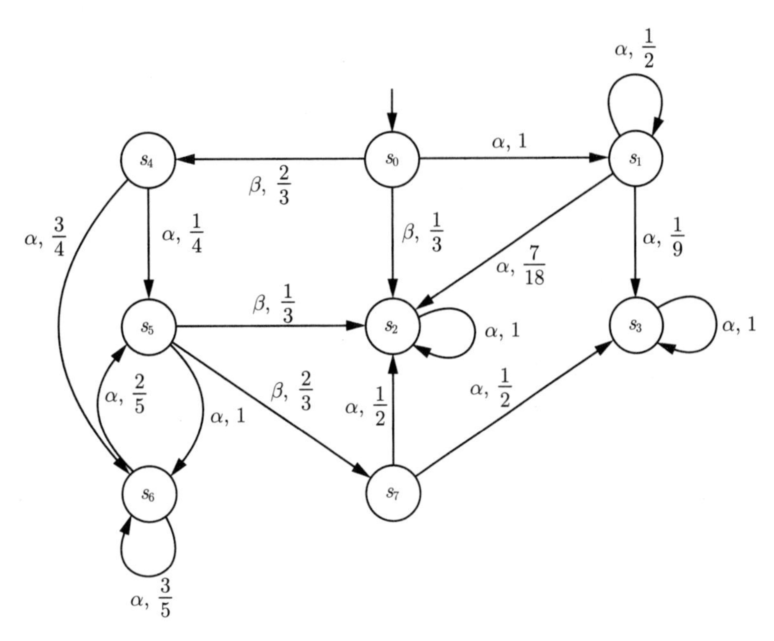

图 10.35　习题 10.25 的马尔可夫决策过程 $\mathcal{M}$

习题 10.27　令 $\mathcal{M} = (S, \text{Act}, \boldsymbol{P}, \boldsymbol{\iota}_{\text{init}}, \text{AP}, L)$ 是马尔可夫决策过程. $\mathcal{M}$ 上的互模拟模是 S 上的满足以下条件的等价 $\mathcal{R}$: 对所有 $(s_1, s_2) \in \mathcal{R}$ 都有

(1) $L(s_1) = L(s_2)$.

(2) 对所有 $\alpha \in \text{Act}(s_1)$ 都存在 $\beta \in \text{Act}(s_2)$ 使得对所有 $\mathcal{R}$ 等价类 $T \in S/\mathcal{R}$:

$$\boldsymbol{P}(s_1, \alpha, T) = \boldsymbol{P}(s_2, \beta, T)$$

称 $\mathcal{M}$ 的状态 s_1 和 s_2 是互模拟等价的当且仅当存在互模拟 $\mathcal{R}$ 使 $(s_1, s_2) \in \mathcal{R}$.

(a) 证明互模拟等价状态满足 AP 上的相同的 PCTL* 公式.

(b) 假设 $\mathcal{M}$ 是有限的. 证明 PCTL 等价的状态是互模拟等价的. $\mathcal{M}$ 中两个状态 s_1 和 s_2 的 PCTL 等价意指 s_1 和 s_2 满足 AP 上的相同的 PCTL 公式.

习题 10.28　令 $\mathcal{M}$ 是有限马尔可夫决策过程, fair 是 LTL 公平性假设. 证明下列命题是等价的:

(a) 存在 $\mathcal{M}$ 的公平调度器.

(b) 存在 $\mathcal{M}$ 的公平有限记忆调度器.

(c) 存在 $\mathcal{M}$ 的调度器 $\mathfrak{S}$, 使得对 $\mathcal{M}$ 的所有状态 s 均有 $\Pr^{\max}(s \models \Diamond U_{\text{fair}}) = 1$, 其中 U_{fair} 表示 fair 的成功集, 即 $\mathcal{M}$ 的所有满足 $T \models \text{fair}$ 的末端分支 (T, A) 的集合 T 的并集.

此处, $\mathcal{M}$ 的调度器 $\mathfrak{F}$ 的公平性是指对 $\mathcal{M}$ 的所有状态 s 都有

$$\Pr_s^{\mathfrak{F}}\{\pi \in \text{Paths}(s) \mid \pi \models \text{fair}\} = 1$$

习题 10.29 令 $\mathcal{M}$ 是有限马尔可夫决策过程,

$$\text{sfair} = \bigwedge_{1 \leqslant i \leqslant k} (\Box\Diamond a_i \to \Box\Diamond b_i)$$

是强公平性假设.

(a) 设计运行时间为 $O(\text{poly}(\text{size}(\mathcal{M})) \cdot k)$ 并可计算 $\mathcal{M}$ 的满足以下条件的所有末端分支 (T, A) 的算法: $T \models \text{sfair}$ 且 (T, A) 不包含于另一个满足 $T' \models \text{sfair}$ 的末端分支 (T', A').

(b) 设计一个算法, 它以有限马尔可夫决策过程 $\mathcal{M}$ 和 LTL 公平性假设 sfair 为输入, 可在时间 $O(\text{poly}(\text{size}(\mathcal{M})) \cdot |\varphi|)$ 内检验 φ 对于 $\mathcal{M}$ 是否可实现.

(对问题 (a) 的提示: 结合计算极大末端分支 (算法 10.3) 的思想与带公平性的 CTL 模型检验的思想.)

附录 A　预 备 知 识

A.1　常用符号与记号

本书中的符号 ■ 用于增强可读性. 它表示定义、例、定理、引理、推论、记法和注记的结束.

缩写 iff 表示“当且仅当”.

本书也经常使用一些逻辑符号, 例如, $\wedge$ 表示“且”, $\vee$ 表示“或”. 本书中还经常使用以下量词:

$\exists$	存在
$\forall$	对所有
$\overset{\infty}{\exists}$	存在无穷多个
$\overset{\infty}{\forall}$	对几乎所有, 即对有限多个外的所有

希腊字母表　在许多地方, 希腊字母用作某些数学对象的符号. 尽管本书没有用到全部希腊字母, 这里还是把所有希腊字母列在图 A.1 中. $\Gamma, \Delta, \Theta, \Lambda, \Xi, \Pi, \Sigma, \Upsilon, \Phi, \Psi, \Omega$ 是大写字母. 图 A.1 中除以上字母以外的其他所有字母都是小写字母.

α	alpha	ι	iota	ρ, ϱ	rho
β	beta	κ	kappa	σ, ς, Σ	sigma
γ, Γ	gamma	λ, Λ	lambda	τ	tau
δ, Δ	delta	μ	mu	υ, Υ	upsilon
ϵ, ε	epsilon	ν	nu	ϕ, φ, Φ	phi
ζ	zeta	ξ, Ξ	xi	χ	chi
η	eta	o	omicron	ψ, Ψ	psi
θ, ϑ, Θ	theta	π, ϖ, Π	pi	ω, Ω	omega

图 A.1　希腊字母表

自然数与实数　符号 $\mathbb{N}$ 表示自然数集合 $\{0,1,2,\cdots\}$. 实数集合用 $\mathbb{R}$ 表示. $\mathbb{N}$ 和 $\mathbb{R}$ 的子集通常通过加下标表示. 例如, $\mathbb{R}_{\geqslant 0}$ 表示非负实数的集合, 而 $\mathbb{R}_{>5}$ 表示区间 $]5,\infty[$.

渐近算子 O、Ω 与 Θ　为表示 (成本) 函数的渐近增长, 使用以下 Landau 符号 O、Ω 与 Θ (参见文献 [100] 等):

O	渐近上界
Ω	渐近下界
Θ	渐近上界与下界

确切含义如下. 若 $f\colon \mathbb{N} \to \mathbb{N}$ 是一个函数, 那么 $O(f)$ 表示所有函数 $g\colon \mathbb{N} \to \mathbb{N}$ 的集合, 这些函数满足以下条件: 存在常数 $C > 0$ 和自然数 N 使得对所有 $n \geqslant N$ 都有 $g(n) \leqslant C \cdot f(n)$. 函数类 $\Omega(f)$ 由所有函数 $g\colon \mathbb{N} \to \mathbb{N}$ 组成, 这些函数满足以下条件: 存在常数 $C > 0$ 和自

然数 N 使得对所有 $n \geqslant N$ 都有 $g(n) \geqslant C \cdot f(n)$. 类 $\Theta(f)$ 由 $\Theta(f) = O(f) \cap \Omega(f)$ 给出. 通常使用等号代替 $\in$ 并写为 $g = O(f)$ 或 $g(n) = O(f(n))$ 等, 而不是写为 $g \in O(f)$. 因此, 使用渐近算子的 "等式" 只能从左向右读.

我们用 $O(\text{poly}(n))$ 表示多项式上界函数 $g\colon \mathbb{N} \to \mathbb{N}$ 的类, 即, 对某个自然数 k, $g(n) = O(n^k)$. 类似地, $O(\exp(n))$ 表示所有指数上界函数 $g\colon \mathbb{N} \to \mathbb{N}$ 的类, 即 $g(n) = O(a^{n^k})$, 其中 $a > 1$ 是实常数, k 是某个自然数.

集合相关的记号 令 X 是一个集合. 符号 2^X 表示 X 的幂集, 即由 X 的所有子集构成的集合. 用 $|X|$ 表示 X 的势, 即 X 的元素数 (如果 X 是无限集, 那么 $|X| = \omega$.) 还有一些标准符号: $\cup$ 表示并; $\cap$ 表示交, $\setminus$ 表示 "集合减", 即 $X \setminus Y = \{x \in X \mid x \notin Y\}$; 符号 $\uplus$ 表示不交并. 在形式上, 对于集合 X 和 Y, $X \uplus Y$ 定义为 $\{(x,1) \mid x \in X\} \cup \{(y,2) \mid y \in Y\}$. 此外, 还要提及并和交的特殊情形. 对于 $x \in X$, 令 Y_x 是 Y 的子集. 那么,

$$\bigcup_{x \in \varnothing} Y_x = \varnothing, \bigcap_{x \in \varnothing} Y_x = Y$$

因此, $\bigcap\limits_{x \in \varnothing} \cdots$ 依赖于全集 Y 的选择.

关系 关系就是定长元组的任意集合. 更准确地说, 令 $X_1, X_2, \cdots, X_k$ 是集合, 其中 $k \in \mathbb{N}$ 且 $k \geqslant 1$. 笛卡儿积 $X_1 \times X_2 \times \cdots \times X_k$ 的子集叫作*关系*或*谓词*. 数 k 表示*元数*. 如果 $X_1 = X_2 = \cdots = X_k = X$, 那么

$$X^k = X_1 \times X_2 \times \cdots \times X_k$$

的子集称为 X 上的 k 元关系. 最常见的是 X 上的二元关系 $\mathcal{R}$. 对于这样的关系, 常用中缀记号 $x\mathcal{R}y$ 代替 $(x,y) \in \mathcal{R}$. 如果 X 是集合, $\mathcal{R}$ 是 X 上的二元关系, 那么:

- 称 $\mathcal{R}$ 为*传递的*, 如果对任意 $x, y, z \in X$ 都有若 $x\mathcal{R}y$ 且 $y\mathcal{R}z$ 则 $x\mathcal{R}z$.
- 称 $\mathcal{R}$ 为*自反的*, 如果对任意 $x \in X$ 都有 $x\mathcal{R}x$.
- 称 $\mathcal{R}$ 为*对称的*, 如果对任意 $x, y \in X$ 都有若 $x\mathcal{R}y$ 则 $y\mathcal{R}x$.
- 称 $\mathcal{R}$ 为*反对称的*, 如果对任意 $x, y \in X$ 都有若 $x\mathcal{R}y$ 且 $y\mathcal{R}x$ 则 $x = y$.

等价 X 上的等价关系 (或简称等价) 就是 X 上的传递的、自反的、对称的二元关系. 常用对称的符号 (像 $\sim$、$\equiv$ 或类似的符号) 表示等价关系. 如果 $x \in X$, 那么称 $[x]_\mathcal{R} = \{y \in X \mid x\mathcal{R}y\}$ 为 x 的关于关系 $\mathcal{R}$ 的*等价类*. 如果 $\mathcal{R}$ 可由上下文断定, 就可把 $[x]_\mathcal{R}$ 简写为 $[x]$. X 关于 $\mathcal{R}$ 的*商空间*是所有关于 $\mathcal{R}$ 的等价类的集合, 记作 $X/\mathcal{R}$, 即 $X/\mathcal{R} = \{[x]_\mathcal{R} \mid x \in X\}$. 如果 $\mathcal{R}$ 是 X 上的等价关系, 那么对于所有 $x, y \in X$ 有

$$x\mathcal{R}y \ \text{ iff } \ [x]_\mathcal{R} = [y]_\mathcal{R} \ \text{ iff } \ [x]_\mathcal{R} \cap [y]_\mathcal{R} \neq \varnothing$$

因此, 商空间是由 X 的两两不交的非空子集构成的集合, 这些子集的并集恰好是 X. 对每个元素 $x \in X$, 总是存在商空间的唯一一个元素 A 使得 $x \in A$ (即 $A = [x]_\mathcal{R}$). 等价关系 $\mathcal{R}$ 的*指标*表示等价类的个数, 即 $X/\mathcal{R}$ 的势. 如果 $\mathcal{R}$ 的指标是有限的 (一个自然数), 那么就称 $\mathcal{R}$ *是有限指标的*.

令 $\mathcal{R}$ 和 $\mathcal{R}'$ 是 X 上的两个等价关系. 关系 $\mathcal{R}$ 是 $\mathcal{R}'$ 的*细化*, 如果 $\mathcal{R} \subseteq \mathcal{R}'$, 即 $\mathcal{R}$ 比 $\mathcal{R}'$ 区分更多的元素. 在这种情况下, 也说 $\mathcal{R}$ 比 $\mathcal{R}'$ *细*或说 $\mathcal{R}'$ 比 $\mathcal{R}$ *粗*. 如果 $\mathcal{R}$ 是 $\mathcal{R}'$ 的细

化且 $\mathcal{R} \neq \mathcal{R}'$, 那么称为*真细化*. 如果 $\mathcal{R}$ 是 $\mathcal{R}'$ 的细化, 那么每一个关于 $\mathcal{R}$ 的等价类都包含在唯一一个关于 $\mathcal{R}'$ 的等价类中, 这是因为有 $[x]_{\mathcal{R}} \subseteq [x]_{\mathcal{R}'}$. 这一结果可以加强如下: 每一个关于 $\mathcal{R}'$ 的等价类都可以写为关于 $\mathcal{R}$ 的不相交的等价类的并. 因此, 如果 $\mathcal{R}$ 是 $\mathcal{R}'$ 的细化, 那么 $|X/\mathcal{R}'| \leqslant |X/\mathcal{R}|$. 从而, $\mathcal{R}'$ 的指标至多是 $\mathcal{R}$ 的指标.

传递与自反闭包 令 $\mathcal{R}$ 是 X 上的二元关系. $\mathcal{R}$ 的传递与自反闭包是 X 上的包含 $\mathcal{R}$ 的最小的传递且自反的关系, 通常记为 $\mathcal{R}^*$. 因此,

$$\mathcal{R}^* = \bigcup_{n \geqslant 0} \mathcal{R}^n$$

其中, $\mathcal{R}^0 = \{(x,x) \mid x \in X\}$ 且 $\mathcal{R}^{n+1} = \{(x,y) \in X \times X \mid \exists z \in X.(x,z) \in \mathcal{R} \wedge (z,y) \in \mathcal{R}^n\}$. 如果 $\mathcal{R}$ 是对称的, 那么 $\mathcal{R}^*$ 是等价关系.

划分 集合 X 的一个*划分* (或*分块*) 是由 X 的两两不交的非空子集构成的集合 $\mathcal{B} \subseteq 2^X$ 并且满足 $\bigcup_{B \in \mathcal{B}} B = X$. 同时, 称 $\mathcal{B}$ 的元素为*块*. 特别地, 每个元素 $x \in X$ 都包含于唯一块 $B \in \mathcal{B}$. X 上的等价关系与 X 的划分之间存在密切的联系. 如果 $\mathcal{R}$ 是 X 上的等价关系, 那么商空间 $X/\mathcal{R}$ 是 X 的一个划分; 反之, 如果 $\mathcal{B}$ 是 X 的一个划分, 那么

$$\{(x,y) \mid x \text{ 与 } y \text{ 属于同一块 } B \in \mathcal{B}\}$$

是 X 的以 $\mathcal{B}$ 为商空间的等价关系.

偏序 X 上的偏序 $\mathcal{R}$ 是 X 上的自反且传递的关系. 任何偏序诱导一个等价关系, 即 $\mathcal{R}$ 的核, 它由 $\mathcal{R} \cap \mathcal{R}^{-1}$ 给定, 即关系 $\{(x,y) \mid x\mathcal{R}y \text{ 且 } y\mathcal{R}x\}$.

A.2 形式语言

本节概述正则语言的主要概念. 此处所涉及结果的更多细节和证明可在任何关于形式语言理论的教材中找到, 参见文献 [214, 272, 363, 383] 等.

字母表上的单词 字母表是任意有限非空集合 Σ. Σ 中的元素称为符号或字母. Σ 上的单词是 Σ 中的符号的有限或无限序列, 即, 单词具有形式 $w = A_1A_2\cdots A_n$ 或 $\sigma = A_1A_2A_3\cdots$, 其中 $A_i \in \Sigma$, $n \in \mathbb{N}$ ①. 允许 $n=0$ 的特殊情形, 此时得到的是空单词, 记作 ε. 单词包含的符号的个数称为单词的*长度*. 因此, 单词 $w = A_1A_2\cdots A_n$ 的长度是 n, 而无限单词具有长度 ω (希腊字母 ω 习惯性地用于表示无穷大). Σ^* 表示 Σ 上的所有有限单词的集合, Σ^ω 表示 Σ 上的所有无限单词的集合. 注意, $\varepsilon \in \Sigma^*$. 因此, 空单词外的所有有限单词的集合是 $\Sigma^* \setminus \{\varepsilon\}$, 记为 Σ^+. 由字母表 Σ 上的有限单词构成的集合称为*语言*, 一概用 $\mathcal{L}$ (及其加撇或下标的形式) 表示.

有限单词 $w = A_1A_2\cdots A_n$ 的*前缀*是形为 $A_1A_2\cdots A_i$ 的单词 v, 其中 $0 \leqslant i \leqslant n$. w 的*后缀*是形为 $A_iA_{i+1}\cdots A_n$ 的单词 v, 其中 $1 \leqslant i \leqslant n+1$ (特别地, ε 是任何有限单词的前缀和后缀). 对于 $1 \leqslant i \leqslant j \leqslant n$, $A_iA_{i+1}\cdots A_j$ 叫作 w 的子单词. 无限单词的前缀、后缀及子

① 在形式上, 无限单词可定义为函数 $\sigma\colon \mathbb{N} \to \Sigma$ 并且记号 $\sigma = A_1A_2A_3\cdots$ 表示对所有 $i \in \mathbb{N}$, $\sigma(i) = A_i$. 类似地, 有限单词可由函数 $w\colon \{1,2,\cdots,n\} \to \Sigma$ 得到.

单词的定义类似. 对于无限单词 $\sigma = A_1A_2A_3\cdots$, 后缀 $A_jA_{j+1}A_{j+2}\cdots$ 表示为 $\sigma[j..]$. 由于技术原因, 我们从下标 0 开始. 所以, $\sigma = \sigma[0..]$.

单词上的运算 单词上的重要运算是连接和有限重复.

连接就是把两个单词拼接在一起, 形成一个新单词. 例如, 单词 BA 和 AAB 的连接产生新单词 $BA.AAB = BAAAB$. 一个单词与自身的连接用二次方表示, 例如, $(AB)^2 = ABAB$; 这可简单地推广到任意 n. 在特殊情形 $n = 0$ 和 $n = 1$ 中, 有 $w^0 = \varepsilon$ (空单词) 和 $w^1 = w$.

单词 w 的有限重复 (也称为 Kleene 星并记为 $*$) 产生一个语言, 它由 w 的零次或 (有限) 多次重复形成的所有有限单词组成. 在形式上, 对 $w \in \Sigma^*$ 有 $w^* = \{w^i \mid i \in \mathbb{N}\}$. 例如, $(AB)^* = \{\varepsilon, AB, ABAB, ABABAB, \cdots\}$. 注意, 对于每一有限单词 w, 空单词 ε 都属于 w^*. 这正是 Kleene 星与使用 $^+$ 的轻微变形的区别: $w^+ = \{w^i \mid i \in \mathbb{N}, i \geqslant 1\}$, 或等价地, $w^+ = w^* \setminus \{\varepsilon\}$. 例如, $(AB)^+ = \{AB, ABAB, ABABAB, \cdots\}$.

语言上的运算 用逐点扩张的自然方式可把单词的连接提升到语言的连接. 同样的扩张也可用于重复. 对于语言 $\mathcal{L}, \mathcal{L}_1, \mathcal{L}_2 \subseteq \Sigma^*$, 有

$$\mathcal{L}_1.\mathcal{L}_2 = \{w_1.w_2 \mid w_1 \in \mathcal{L}_1, w_2 \in \mathcal{L}_2\}$$

和

$$\mathcal{L}^* = \bigcup_{i=0}^{\infty} \mathcal{L}^i, \mathcal{L}^+ = \bigcup_{i=1}^{\infty} \mathcal{L}^i$$

其中, $\mathcal{L}^i$ 表示 $\mathcal{L}$ 与自身连接 i 次. 例如, 对于 $\mathcal{L}_1 = \{A, AB\}$ 和 $\mathcal{L}_2 = \{\varepsilon, BBB\}$, 有

$$\mathcal{L}_1.\mathcal{L}_2 = \{A, AB, ABBB, ABBBB\}$$
$$\mathcal{L}_1^2 = \{AA, AAB, ABAB, ABA\}$$

注意, 在有限单词构成的语言上使用星号或加号与在 Σ 上使用星号或加号的标准记号 Σ^* 或 Σ^+ 具有相同的意义, 如上所述, 它们分别表示 Σ 上的包含或不含空单词的所有有限单词的集合.

有多种等价的形式方法描述正则语言. 在本书中, 只使用正则表达式和有限自动机. 先从前者开始, 稍后介绍自动机方法.

正则表达式 正则表达式 (记作 E 或 F) 是用符号 $\underline{\varnothing}$ (表示空语言)、$\underline{\varepsilon}$ (表示由空单词组成的语言 $\{\varepsilon\}$)、对应 $A \in \Sigma$ 的符号 $\underline{A}$ (一元集合 $\{A\}$) 以及语言运算符 ["+" (并), "$*$" (Kleene 星, 有限重复) 和 "." (连接)] 构造的. 在形式上, 正则表达式可用如下的递归方式定义:

(1) $\underline{\varnothing}$ 和 $\underline{\varepsilon}$ 是 Σ 上的正则表达式.

(2) 若 $A \in \Sigma$, 则 $\underline{A}$ 是 Σ 上的正则表达式.

(3) 若 E, E_1, E_2 是 Σ 上的正则表达式, 则 $E_1 + E_2$、$E_1.E_2$ 和 E^* 也是 Σ 上的正则表达式.

(4) 其他表达式都不是 Σ 上的正则表达式.

E^+ 是正则表达式 $E.E^*$ 的缩写. 正则表达式 E 的语义是语言 $\mathcal{L}(E) \subseteq \Sigma^*$, 其定义如下:

$$\mathcal{L}(\underline{\varnothing}) = \varnothing,\ \mathcal{L}(\underline{\varepsilon}) = \{\varepsilon\},\ \mathcal{L}(\underline{A}) = \{A\}$$

并且

$$\mathcal{L}(E_1 + E_2) = \mathcal{L}(E_1) \cup \mathcal{L}(E_2),\ \mathcal{L}(E_1.E_2) = \mathcal{L}(E_1).\mathcal{L}(E_2),\ \mathcal{L}(E^*) = \mathcal{L}(E)^*$$

可由该定义推出 $\mathcal{L}(E^+) = \mathcal{L}(E)^+$.

称语言 $\mathcal{L} \subseteq \Sigma^*$ 是正则的, 若存在 Σ 上的正则表达式 E 使 $\mathcal{L}(E) = \mathcal{L}$. 例如, $E = (\underline{A} + \underline{B})^*.\underline{B}.\underline{B}.(\underline{A} + \underline{B})$ 是 $\Sigma = \{A, B\}$ 上的正则表达式, 它表示语言

$$\mathcal{L}(E) = \{wBBA \mid w \in \Sigma^*\} \cup \{wB^3 \mid w \in \Sigma^*\}$$

它由所有以单词 BBA 或 3 个 B 结尾的有限单词组成. 正则表达式 $E' = (\underline{A}+\underline{B})^*.\underline{B}.\underline{B}(\underline{A}+\underline{B})^*$ 表示 Σ 上所有包含子单词 BB 的正则语言.

对于正则表达式, 以下简化语法也符合常规: 对于 $x \in \{\varnothing, \varepsilon\} \cup \Sigma$ 把原子表达式 $\underline{x}$ 简记为 x, 并且忽略运算符 “.”. 例如,

$$(A + B)^*BB(A + B)$$

表示正则表达式 $(\underline{A} + \underline{B})^*.\underline{B}.\underline{B}(\underline{A} + \underline{B})$.

A.3 命题逻辑

本节概述命题逻辑的基本原理. 对于更细致的论述请参阅文献 [342].

对给定的*原子命题*的有限集 AP, 有时也称为*命题符号*. 以后, 字母 a、b、c (有或没有下标) 用于表示 AP 的元素. AP 上的*命题逻辑公式* (简称公式) 的集合由以下 4 条递归地定义:

(1) true 是公式.

(2) 原子命题 $a \in \text{AP}$ 是公式.

(3) 若 Φ_1、Φ_2、Φ 是公式, 则 $(\neg\Phi)$ 和 $(\Phi_1 \wedge \Phi_2)$ 是公式.

(4) 其他的都不是公式.

公式代表可能成立或不成立的命题, 取决于我们假定成立的原子命题. 直观地看, 公式 a 代表 a 成立的命题. 符号 $\wedge$ 的直观含义是合取 (与), 即, $\Phi_1 \wedge \Phi_2$ 成立当且仅当 Φ_1 和 Φ_2 都成立. 符号 $\neg$ 表示否定, 即, $\neg\Phi$ 成立当且仅当 Φ 不成立. 从而, $a \wedge \neg b$ 成立当且仅当 a 成立且 b 不成立. 常量 true 代表在任何情况下都成立的命题, 不依赖于原子命题 a 的解释.

标准的方法是借助导出算子用简化记号来表示公式, 并且通过对基本和导出算子声明优先次序, 可以去掉括号. 标准优先次序指定一元取非算子 $\neg$ 比二元合取算子 $\wedge$ 有较高的优先级. 因此, $\neg a \wedge b$ 是 $((\neg a) \wedge b)$ 的缩写. 此外, 合取 $\wedge$ 比其他导出的二元算子优先级别高. 例如:

$$\begin{array}{llll}\Phi_1 \vee \Phi_2 & \stackrel{\text{def}}{=} & \neg(\neg\Phi_1 \wedge \neg\Phi_2) & \text{析取 (或)} \\ \Phi_1 \rightarrow \Phi_2 & \stackrel{\text{def}}{=} & \neg\Phi_1 \vee \Phi_2 & \text{蕴涵} \\ \Phi_1 \leftrightarrow \Phi_2 & \stackrel{\text{def}}{=} & (\neg\Phi_1 \wedge \neg\Phi_2) \vee (\Phi_1 \wedge \Phi_2) & \text{等值} \\ \Phi_1 \oplus \Phi_2 & \stackrel{\text{def}}{=} & (\neg\Phi_1 \wedge \Phi_2) \vee (\Phi_1 \wedge \neg\Phi_2) & \text{奇偶 (异或)}\end{array}$$

例如, $\neg a \vee \neg b \wedge c$ 是 $(\neg a) \vee ((\neg b) \wedge c)$ 的简写. 由 $\vee$ 的定义, 它代表的是公式 $\Phi = \neg(\neg(\neg a) \wedge \neg((\neg b) \wedge c))$.

抽象语法 在本书中, 以一种较宽松的方式给出了逻辑语法的定义. 省略括号的语法规则 (它可通过以词语声明的优先次序导出), 上述 AP 上的命题公式的归纳定义可重新写为

$$\Phi ::= \text{true} \,\Big|\, a \,\Big|\, \Phi_1 \wedge \Phi_2 \,\Big|\, \neg\Phi$$

其中 $a \in \text{AP}$. 上式可理解为字母表 $\Sigma = \{\text{true}\} \cup \text{AP} \cup \{\neg, \wedge\}$ 上的上下文无关语法的 Backus-Naur 范式的普通记号. 在这个简式记号中, 符号 Φ 同时用作语法的非终止符 (变量) 和它在 Σ^* 上的导出单词 (即命题公式). 后者解释了项 $\Phi_1 \wedge \Phi_2$ 中的下标, 它在公式水平上是正确的, 尽管在语法上它的正确记法是 $\Phi \wedge \Phi$ (没有下标).

公式的长度 公式 Φ 的长度定义为 Φ 中算子的个数, 记为 $|\Phi|$. 例如, 公式 $(\neg b) \wedge c$ 的长度为 2. 多数情况下, 我们只关心公式序列 (Φ_n) 的渐近长度, 可以给导出算子 $\vee$ 和 $\rightarrow$ 赋值一成本单位. 事实上, 渐近公式长度与 $\vee$ 和 $\rightarrow$ 被看作基本算子 (在公式中, 每发生一次, 计一个成本单位) 还是导出算子 (用合取和取非) 无关.

命题逻辑的语义 为形式化命题公式的直观含义, 首先需要给出“语境”的精确含义, 它声明哪些原子命题成立, 哪些不成立. 这是通过对每个原子命题指定一个真值 0 (false 表示假) 或 1 (true 表示真) 的赋值来完成的. 在形式上, AP 上的赋值就是一个函数 μ: $\text{AP} \rightarrow \{0,1\}$. Eval(AP) 表示 AP 上所有赋值的集合. 命题逻辑的语义由满足关系 $\models$ 准确地描述, 该关系表示赋值 μ 使公式 Φ 为真. 形式上, $\models$ 是有序对 (μ, Φ) 的集合, 其中 μ 是一个赋值, Φ 是一个公式. 常写为 $\mu \models \Phi$ 以代替 $(\mu, \Phi) \in \models$. 相应地, $\mu \not\models \Phi$ 代表 $(\mu, \Phi) \notin \models$. 直观地看, $\mu \models \Phi$ 代表 Φ 在赋值 μ 下为真. 满足关系 $\models$ 由图 A.2 所示的条件递归定义. 若 $\mu \models \Phi$, 则称 μ 为 Φ 的一个满足条件. 在文献中, 也用这样的记号: $\mu(\Phi) = 1$ 表示 $\mu \models \Phi$, $\mu(\Phi) = 0$ 表示 $\mu \not\models \Phi$. 称值 $\mu(\Phi) \in \{0,1\}$ 为 Φ 在 μ 下的真值.

$$\begin{array}{lll}\mu \models \text{true} & & \\ \mu \models a & \text{iff} & \mu(a) = 1 \\ \mu \models \neg\Phi & \text{iff} & \mu \not\models \Phi \\ \mu \models \Phi \wedge \Psi & \text{iff} & \mu \models \Phi \text{ 且 } \mu \models \Psi\end{array}$$

图 A.2 命题逻辑的满足关系 $\models$

析取 $\vee$ 或蕴涵 $\rightarrow$ 这类导出算子的语义如下：

$$\begin{array}{lll}\mu \models \Phi \vee \Psi & \text{iff} & \mu \models \Phi \text{ 或 } \mu \models \Psi \\ \mu \models \Phi \rightarrow \Psi & \text{iff} & \mu \not\models \Phi \text{ 或 } \mu \models \Psi \\ & \text{iff} & \mu \models \Phi \text{ 蕴涵 } \mu \models \Psi\end{array}$$

赋值的集合记法 AP 的赋值的另一种表示是基于集合的表示. 每个赋值 μ 可由集合 $A_\mu = \{a \in \mathrm{AP} \mid \mu(a) = 1\}$ 表示; 反之, 可给 AP 的每个子集 A 指定一个满足 $A = A_\mu$ 的赋值 $\mu = \mu_A$. 赋值 μ_A 是 A_μ 的特征函数, 即, 若 $a \in A$ 则 $\mu_A(a) = 1$ 且若 $a \notin A$, 则 $\mu_A(a) = 0$. 根据这个发现, 可以通过

$$A \models \varPhi \text{ iff } \mu_A \models \varPhi$$

把满足关系 $\models$ 推广到 AP 的子集上. 作为一个例子, 来看 $\varPhi = (a \wedge \neg b) \vee c$. 给定使 $\mu(a) = 0$, $\mu(b) = \mu(c) = 1$ 的赋值 μ, 则 $\mu \not\models a \wedge \neg b$ 且 $\mu \models c$, 因此, $\mu \models \varPhi$. 伴随集 A_μ 是 $A_\mu = \{b, c\}$. 因此, $\{b, c\} \models \varPhi$. 空集诱导的赋值 $\mu_\varnothing$ 为 $\mu_\varnothing(a) = \mu_\varnothing(b) = \mu_\varnothing(c) = 0$. 由于 $\mu_\varnothing \not\models \varPhi$ (其中 $\varPhi = (a \wedge \neg b) \vee c$ 如上), 得到 $\varnothing \not\models \varPhi$. 但是, 因为 $\neg a$ 和 $\neg b$ 对赋值 $\mu_\varnothing$ 成立, 有 $\varnothing \models \neg a \wedge \neg b$.

语义等价 两个命题逻辑公式 $\varPhi$、$\varPsi$ 称为 (*语义*) *等价的*, 如果它们对每一个赋值都有相同的真值. 也就是说, 对于所有赋值 μ:

$$\mu \models \varPhi \text{ iff } \mu \models \varPsi$$

在这种情况下, 记 $\varPhi \equiv \varPsi$. 例如, 公式 $a \wedge \neg\neg b$ 和 $a \wedge b$ 在语义上是等价的. 图 A.3 给出了命题逻辑和算子 $\neg$、$\wedge$、$\vee$ 的一些最重要的等价规则. 在这里, 大写希腊字母 $\varPhi$、$\varPsi$、$\varXi$ (带或不带下标) 用作命题逻辑公式的元符号. 析取 $\vee$ 与合取 $\wedge$ 的结合律和交换律说明省略括号并使用类似于

$$\bigwedge_{1 \leqslant i \leqslant n} \varPhi_i \text{ 或 } \varPhi_1 \wedge \varPhi_2 \wedge \cdots \wedge \varPhi_n$$

的记法是合适的. 注意, $\bigwedge\limits_{1 \leqslant i \leqslant n} \varPhi_i$ 类型的公式长度等于 $n-1$ (而不是 1). 此外, 本书中经常使用记号 $\bigwedge\limits_{i \in I} \varPhi_i$ 或 $\bigwedge\{\varPhi_i \mid i \in I\}$, 其中 I 是任意一个有限指标集. 如果 I 是非空的, 则 $\varPhi$ 代表公式 $\varPhi_{i_1} \wedge \varPhi_{i_2} \wedge \cdots \wedge \varPhi_{i_k}$ 中的一个, 其中 $I = \{i_1, i_2, \cdots, i_k\}$ 且 $i_1, i_2, \cdots, i_k$ 两两不同. 对于 $I = \varnothing$, 约定

$$\bigwedge_{i \in \varnothing} \varPhi_i \overset{\text{def}}{=} \text{true}, \bigvee_{i \in \varnothing} \varPhi_i \overset{\text{def}}{=} \text{false}$$

可满足性和有效性 命题公式 $\varPhi$ 称为*可满足的*, 如果存在一个赋值 μ 使得 $\mu \models \varPhi$. $\varPhi$ 称为*有效的* (或*一个恒真式*), 如果对每一个赋值 μ 都有 $\mu \models \varPhi$. $\varPhi$ 称为*不可满足的*, 如果 Φ 不是可满足的. 例如, $a \wedge \neg a$ 是不可满足的, 而 $a \vee \neg(a \wedge b)$ 是恒真式. 公式 $a \vee \neg b$ 和 $a \wedge \neg b$ 是可满足的, 但不是恒真的. 显然:

$$\begin{aligned}
& \varPhi \text{ 是不可满足的} \\
\text{iff} \quad & \text{对所有赋值 } \mu,\ \mu \not\models \varPhi \\
\text{iff} \quad & \text{对所有赋值 } \mu,\ \mu \models \neg\varPhi \\
\text{iff} \quad & \neg\varPhi \text{ 是有效的}
\end{aligned}$$

因此, $\varPhi$ 是不可满足的当且仅当 $\neg\varPhi$ 是恒真的.

双重否定规则

$\neg\neg\Phi \equiv \Phi$

幂等律

$\Phi \vee \Phi \equiv \Phi$

$\Phi \wedge \Phi \equiv \Phi$

吸收律

$\Phi \wedge (\Psi \vee \Phi) \equiv \Phi$

$\Phi \vee (\Psi \wedge \Phi) \equiv \Phi$

交换律

$\Phi \wedge \Psi \equiv \Psi \wedge \Phi$

$\Phi \vee \Psi \equiv \Psi \vee \Phi$

结合律

$\Phi \wedge (\Psi \wedge \Xi) \equiv (\Phi \wedge \Psi) \wedge \Xi$

$\neg(\Phi \wedge \Psi) \equiv \neg\Phi \vee \neg\Psi$

德摩根律

$\Phi \vee (\Psi \vee \Xi) \equiv (\Phi \vee \Psi) \vee \Xi$

$\neg(\Phi \vee \Psi) \equiv \neg\Phi \wedge \neg\Psi$

分配律

$\Phi \vee (\Psi_1 \wedge \Psi_2) \equiv (\Phi \vee \Psi_1) \wedge (\Phi \vee \Psi_2)$

$\Phi \wedge (\Psi_1 \vee \Psi_2) \equiv (\Phi \wedge \Psi_1) \vee (\Phi \wedge \Psi_2)$

图 A.3　命题逻辑的等价规则

文字和正范式 (PNF)　一个*文字*是指形如 a 或 $\neg a$ 的公式, 其中 $a \in \mathrm{AP}$ 是原子命题. 以*正范式*给出的命题公式 (简称 PNF, 有时也称为*取非范式*) 只对文字使用取非运算符. 为了确保 PNF 公式类与全部命题逻辑的表达力相同, 合取和析取都作为基本算子. 因此, PNF 公式的抽象语法为

$$\Phi ::= \mathrm{true} \;\Big|\; \mathrm{false} \;\Big|\; a \;\Big|\; \neg a \;\Big|\; \Phi_1 \wedge \Phi_2 \;\Big|\; \Phi_1 \vee \Phi_2$$

其中 $a \in \mathrm{AP}$. 给定 (非 PNF) 公式 Φ, 德摩根律和双重否定规则允许 "把否定向内推", 直到出现一个等价的 PNF 公式. 对 Φ 的子式连续应用转换

$$\begin{array}{lcl} \neg(\Phi_1 \wedge \Phi_2) & \rightsquigarrow & \neg\Phi_1 \vee \neg\Phi_2 \\ \neg(\Phi_1 \vee \Phi_2) & \rightsquigarrow & \neg\Phi_1 \wedge \neg\Phi_2 \\ \neg\neg\Psi & \rightsquigarrow & \Psi \end{array}$$

就生成有相同渐近长度的等价 PNF 公式.

合取和析取范式　PNF 的特殊情况是*合取范式* (CNF) 与*析取范式* (DNF). 一个 CNF 公式具有形式

$$\bigwedge_{i \in I} \bigvee_{j \in J_i} \mathrm{lit}_{i,j}$$

其中 I 和 J_i 是任意的有限指标集, 对 $i \in I$ 和 $j \in J_i$, $\mathrm{lit}_{i,j}$ 是文字. 子式 $\bigvee_{j \in J_i} \mathrm{lit}_{i,j}$ 称为*子句*. 例如, $(a_1 \vee \neg a_3 \vee a_4) \wedge (\neg a_2 \vee \neg a_3 \vee a_4) \wedge a_4$ 是一个由 3 个子句组成的 CNF 的公式. 注意, true 和 false 也可由 CNF 公式表示. true 通过 $I = \varnothing$ 得到; 而 false 等价于 $a \wedge \neg a$, 该 CNF 有两个子句, 每个子句都由一个文字组成. 给定一个 PNF 公式 Φ, 在分配律的基础上, 对 Φ 的子式尽可能多地运用下述变换规, 则可得到等价的 CNF 公式:

$$
\begin{array}{lll}
\Phi_0 \vee (\Psi_1 \wedge \Psi_2) & \rightsquigarrow & (\Phi_0 \vee \Psi_1) \wedge (\Phi_0 \vee \Psi_2) \\
(\Psi_1 \wedge \Psi_2) \vee \Phi_0 & \rightsquigarrow & (\Psi_1 \vee \Phi_0) \wedge (\Psi_2 \vee \Phi_0)
\end{array}
$$

因此, 每一个命题公式 Φ 都存在一个等价的 CNF 公式 Φ'. 类似地, DNF 公式有如下形式:

$$\bigvee_{i \in I} \bigwedge_{j \in J_i} \text{lit}_{i,j}$$

其中 I 和 J_i 是任意的有限指标集, 对 $i \in I$ 和 $j \in J_i$, $\text{lit}_{i,j}$ 是文字. 例如, $(a_1 \wedge \neg a_2) \vee (\neg a_2 \wedge \neg a_3 \wedge a_4) \vee (\neg a_1 \wedge \neg a_3)$ 是一个 DNF 公式. 与 CNF 时使用的转换类似, 可以证明任何命题公式 Φ 都有等价的 DNF 公式 Φ'.

A.4 图 论

本书的大部分章节都假设读者熟悉图论的基本原理和算法, 假设这些已从基础课程获知. 本节简要概括对本书极为重要的术语和概念. 细节可以在下述各类参考书中找到: 关于算法和数据结构的基础教材, 见文献 [24, 100] 等; 介绍图论的教科书, 见文献 [396] 等.

有向图 有向图 (或有方向的图, 以后简称图) 是由顶点的集合 V 和边关系 $E \subseteq V \times V$ 组成对子 $G = (V, E)$. E 的元素称为边. G 称为有限的, 若集合 V (从而 E) 是有限的. 在本书中考虑的基本模型将依赖于顶点和边上附加某些信息的图. 例如, 不是把 E 定义成顶点对的集合, 而是也可以处理带标记的边, 在这种情况下, 对某个字母表 Σ, E 是 $V \times \Sigma \times V$ 的子集. 如果这些额外的信息是不相关的, 可以省略边的标记, 不考虑 $E \subseteq V \times \Sigma \times V$ 而用 $E' = \{(v, w) \mid \text{存在一条边 } (v, \sigma, w) \in E\}$ 获得上述意义上的有向图.

下面对有向图 $G = (V, E)$ 的解释是把 E 看作顶点集上的二元关系. 对 $v \in V$, 用 $\text{Post}_G(v)$ 或 $\text{Post}(v)$ 表示 v 的直接后继的集合, 即 $\text{Post}(v) = \{w \in V \mid (v, w) \in E\}$; 类似地, $\text{Pre}_G(v)$ 或 $\text{Pre}(v)$ 表示 v 的直接前驱的集合, 即 $\text{Pre}(v) = \{w \in V \mid (w, v) \in E\}$. 顶点 v 称为终止的, 若 $\text{Post}(v) = \varnothing$. 形如 (v, v) 的边称为自循环.

图中的路 G 中的路表示顶点的 (有限或无限) 非空序列 $\hat{\pi} = v_0 v_1 \cdots v_r$ $(r \geqslant 0)$ 或 $\pi = v_0 v_1 v_2 \cdots$ 使得 $v_{i+1} \in \text{Post}(v_i)$, $i = 0, 1, 2, \cdots$ (在迁移系统的语境中, 术语路径是在极大路意义下使用的, 即, 路要么是无限的, 要么以终止状态结束). 称一条路为简单的, 如果它的顶点是互不相同的. 例如, 若对所有的 $0 \leqslant i < j \leqslant n$, $v_i \neq v_j$, 则有限路 $v_0 v_1 \cdots v_n$ 是简单的. 路的长度定义为路的边数, 并用 $|\cdot|$ 表示. 如果 $\hat{\pi}$ 和 π 如上, 则 $|\hat{\pi}| = r$, $|\pi| = \omega$. 集合 $\text{Post}^*(v)$ 或 $\text{Reach}(v)$ 表示从 v 可达的所有顶点的集合, 即, 存在有限路 $v_0 v_1 \cdots v_r$ 使得 $v = v_0$, $w = v_r$ 的所有顶点 $w \in V$ 的集合. 有限路 $v_0 v_1 \cdots v_r$ 称为环路, 如果 $v_0 = v_r$, $r > 0$. 图 G 称为无圈的 (或无环的), 如果 G 不包含任何环路; 否则, G 称为有圈的.

邻接列表是有限有向图的一种常用表示. 这需要对每个顶点 v 的集合 $\text{Post}(v)$ 有一个列表表示. 为支持从顶点 v 直接访问其直接后继, 可使用 (任意顺序的) 顶点数组, 它包含指向邻接列表表头的指针.

深度和广度优先搜索 深度优先搜索 (DFS) 和广度优先搜索 (BFS) 是重要的图遍历策略. 它们都以算法 A.1 给出的框架为基础. 该框架确定从顶点 v_0 可达的每个顶点 v. R 是已访问过的顶点集, 而 U 追踪仍需探索的顶点 (若它们不包含在 R 中). 程序终止时, 每

个边最多一次被标记为 taken. 这样, 任何顶点 u 最多可以 $|\mathrm{Pre}(u)|$ 次添加到 U (并从 U 中取走). 因此, 算法 A.1 在至多 $O(M)$ 次迭代后终止, 其中 $M = |E|$ 是边数 (注意, $M = \sum\limits_{v \in V} |\mathrm{Post}(v)| = \sum\limits_{u \in V} |\mathrm{Pre}(u)|$). 结束时, R 包含所有从 v_0 可达的顶点.

算法 A.1 可达性分析

输入: 有限有向图 $G = (V, E)$, 顶点 $v_0 \in V$

输出: $\mathrm{Reach}(v_0)$

```
顶点集合 R := ∅;                                        (* 已探索顶点的集合 *)
顶点多重集 U := {v0};                                   (* 仍需探索的顶点 *)
(* 开始时边都不标记 taken *)
while (U ≠ ∅) do
  let v ∈ U;                                            (* 选择仍需探索的顶点 *)
  if ∃u ∈ Post(v) 使得 (v, u) 未标记为 taken then
    let u ∈ Post(v) 是这样的一个顶点;
    把边 (v, u) 标记为 taken;
    if u ∉ R then
      U := U ∪ {u}; [译注 264]                          (* 保证 v 的所有后继将被探索 *)
      R := R ∪ {u}
    fi
  else
    U := U \ {v};
  fi
od
return R.                                               (* R = Reach(v0) *)
```

对于所有的顶点 $v \in V$ 都要被访问的情况, 算法可以从任何顶点 v_0 开始, 并可从一个尚未被访问的新顶点 v_0' 重新开始, 即 $v_0' \notin R$. 这可重复到所有的顶点都属于 R. 给定集合 $\mathrm{Post}(v)$ 的一个邻接列表表示, 时间复杂度为 $\Theta(N + M)$, 其中 $N = |V|$ 是顶点的个数, $M = \sum\limits_{v \in V} |\mathrm{Post}(v)| = |E|$ 是边数. 此处, 假定 R 和 U 的表示使得访问 R 和 U 的元素以及在 U 中插入和删除均需要常数时间. 对于中等规模的图, 集合 R 可以用一个位向量来表示. 在模型检验中, R 通常由哈希表来表示. 使用这种数据结构, 在 R 中插入一个元素和检查元素隶属 R 的预期时间是常数.

深度优先搜索和广度优先搜索在多重集 U 的实现上不同. DFS 的方法是把 U 组织为一个堆栈, 而 BFS 依赖于 U 的一个队列实现. 相应地, 堆栈遵循 LIFO (后入先出) 原则, 而在队列中插入和删除元素遵循 FIFO (先入先出) 原则.

下面简要总结 DFS 方法中的一些细节. 如上所述, 基于 DFS 的图遍历通过堆栈把仍需探索的顶点多重集组织起来. 堆栈支持 $\mathrm{top}(U)$ (返回 U 的第一个元素)、$\mathrm{pop}(U)$ (删除 U 的第一个元素) 和 $\mathrm{push}(U, v)$ (把 v 作为第一个元素压入堆栈) 操作. 空栈用 ε 表示. 使用适当的数组或列表实现 U, 每个这样的操作以及检查空性可以在固定时间内完成.

许多分析图的拓扑结构的算法以 DFS 为基础. 本书的一个重要算法是一种基于 DFS 的环路检测, 即确定给定的有限有向图是否包含环路. 这一算法利用*后向边*的概念. 若在标

记 (v,u) 为 taken 时顶点 u 在 DFS 的堆栈 U 中, 则称边 (v,u) 是后向边, 见算法 A.2.

算法 A.2 深度优先搜索[译注 265]

输入: 有限有向图 $G=(V,E)$, 顶点 $v_0 \in V$

输出: $\text{Reach}(v_0)$

```
顶点集合 R := ∅;                                          (* 已探索的顶点集合 *)
顶点堆栈 U := ε;                                          (* 堆栈 U 初始化为空 *)
for all 顶点 v0 ∈ V do
  if v0 ∉ R then
    push(U, v0);                                          (* U 代表单点 (多重) 集 {v0} *)
    while U ≠ ε do
      v := top(U);                                        (* 选择仍需探索的顶点 *)
      if ∃u ∈ Post(v) 使得 (v,u) 未标记为 taken then
        let u ∈ Post(v) 是这样的一个顶点;
        把边 (v,u) 标记为 taken;
        if u ∉ R then;
          push(U, u);
          R := R ∪ {u}                                    (* u 已被访问 *)
        else
          if U 包含 u then
            将 (v,u) 标记为后向边                          (* 找到环 *)
          fi
        fi
      else
        U := U \ {v}
      fi
    od
  fi
od
                                                          (* G 中的每个顶点 v 都已被访问 *)
```

当 u 在堆栈 U 中时, 任何已访问过的 (即已经插入 R 的) 顶点 w 都是从 u 可达的[译注 266]. 因此, 任何后向边都 "闭合" 一个回路; 反之, 如果 $v_0v_1\cdots v_n$ 是 G 的一个环路并且在 DFS 期间访问过 $v_1v_2\cdots v_{n-1}$ 之后访问 v_0, 那么, 当 U 的栈顶元素为 v_0 并把边 (v_0,v_1) 标记为 taken 时, 顶点 v_2 到 v_{n-1} 都在堆栈 U 中 (因为从这些顶点的任何一个开始, v_0 都是可达的). 由于 v_1 在 v_0 之前已经被访问, 所以边 (v_0,v_1) 是一个后向边. 因此, 对于 G 中的任一环路 $v_0v_1\cdots v_n$, DFS 至少将一条边 (v_{i-1},v_i) 归类为后向边. 这样就可推出 G 有环路当且仅当 DFS 检测到一个后向边. 此外, 如果考虑固定的起始顶点 v_0 并且用 DFS 方法 (只) 访问从 v_0 可达的顶点, 那么 v_0 属于 G 中的一个环路当且仅当对某个顶点 w, DFS 找到一个形如 (w,v_0) 后向边.

强连通分支 令 $G=(V,E)$ 是一个有限有向图且 $C\subseteq V$. C 称为强连通的, 如果每一对顶点 $v,w\in C$ 都是相互可达的, 即 $v\in \text{Post}^*(w)$ 并且 $w\in\text{Post}^*(v)$. G 的一个强连通分支 (SCC) 是极大强连通的顶点集. 即, C 是一个 SCC, 如果 C 是强连通的, 并且, C 不

包含于其他使得 $C \neq D$ 的强连通顶点集 $D \subseteq V$. SCC C 称为*平凡的*, 如果 $C = \{v\}$ 并且 $(v, v) \notin E$. SCC C 称为*终止的*, 如果不存在 SCC $D \neq C$ 使得对 $v \in C$ 和 $w \in D$ 有 $(v, w) \in E$. 有限有向图 G 是有环的当且仅当 G 包含一个非平凡的 SCC. 确定有限有向图 G 的 SCC 的时间复杂度是 $\Theta(N + M)$, 其中 $N = |V|$, $M = |E|$. 这个时间复杂度是用 DFS 的变体得到的.

树 有向图 $T = (V, E)$ 是一棵 (有向) 树, 如果存在一个满足 $\text{Pre}(v_0) = \varnothing$ 的顶点 v_0, 使得从 v_0 开始到每个顶点 $v \in V \setminus \{v_0\}$[译注 267] 都有唯一一条路径. 若顶点 v_0 是具有这个性质的唯一的点, 则称它为 T 的*根*. 使得 $\text{Post}(v) = \varnothing$ 的顶点 v 称为*叶*. 任何顶点 $v \in V \setminus \{v_0\}$ 都只有一个直接前驱, 即 $|\text{Pre}(v)| = 1$. v 这个唯一的直接前驱 w 称为 v 的父节点, v 称为 w 的*子节点*. 树 T 称为*有限分叉的*, 如果它的所有顶点的最大出度是有限的, 即 $\sup_{v \in V} |\text{Post}(v)| \in \mathbb{N}$. 一个二叉树是对每个顶点 v 都有 $|\text{Post}(v)| \leqslant 2$ 的树.

哈密顿路 有限有向图 $G = (V, E)$ 中的哈密顿路是一条每个顶点 $v \in V$ 只出现一次的路 $v_1 v_2 \cdots v_n$, 即, $V = \{v_1, v_2, \cdots, v_n\}$ 且当 $i \neq j$ 时 $v_i \neq v_j$. (有向) 哈密顿路问题是确定给定的有限有向图 G 中是否有哈密顿路.

无向图 有向图忽略边的方向后就是无向图. 在形式上, 无向图是 (V, E) 对, 其中 V 是顶点集, E 是由 V 的恰好由两个元素组成的子集构成的集合, 那么, $\{v, w\} \in E$ 表示有连接 v 和 w 的边. 在无向图中路的定义同有向图. 对于环路, 要求它们由简单路组成, 即, 路 $v_0 v_1 \cdots v_n$, 其中 $n > 1$ 并且 $v_0, v_1, \cdots, v_n$ 两两不同 (这个限制可在 $\{v, w\} \in E$ 时避免将 vwv 归类为环路).

A.5 计算复杂度

本书阐述了验证问题关于时间复杂度的一些下界. 这些下界的基础是对某些复杂度类的难度证明. 本节直观地概括这些基本概念. 至于精确定义和技术细节, 请参考关于复杂度理论的教材, 如文献 [160, 320].

这里考虑的复杂度类涉及判定问题, 即使用一定的 (有限) 输入并要求返回“是”或“否”的问题. 判定问题的例子如下:

- **SAT (命题逻辑的可满足性问题).** 给定一个命题公式 Φ, 它可满足吗?
- **(有向) 哈密顿路问题.** 给定一个有限有向图 G, 它有哈密顿路吗?
- **环路问题.** 给定一个有限有向图 G, 它有环路吗?
- **模式匹配.** 已知 $w = A_1 A_2 \cdots A_n$ (一段文本) 和 $v = B_1 B_2 \cdots B_m$ (一个模式) 是某个字母表上的两个有限单词. v 是 w 的子单词吗?

复杂度类是判定问题的类, 分类依据是以算法求解该问题所需的资源 (即时间和空间).

确定的和未定的算法 复杂度类的精确定义用*图灵机*作为算法的形式化. 输入由图灵机的输入字母表的有限单词编码. 答案“是”和“否”对应于图灵机是停止于接受状态 (“是”) 还是非接受状态 (“否”). 这些细节在此省略. 通过算法的直观概念, 这里非形式化地描述复杂度类. 针对本书的目标, 同时需要*确定的*和*未定的*算法. 虽然通常是用确定的算法解决某个问题 (因为真正的程序不会未定地工作), 但是, 概念未定性却在许多理论思考中扮演了重要角色.

*确定的算法*对以下问题在任何配置下都有唯一答案：算法是否会停止？提供什么输出(如果有)？下一步 (及后续配置) 是什么？如果对每个输入 w, 以 w 开始的算法的唯一计算会停止, 并且返回正确的答案, 那么就称确定的算法解决给定的判定问题 P. 当然, (P 的) 输入 w 需要满足判定问题 P 的所有要求, 例如, 对 SAT 问题, 输入 w 是命题公式 Φ. 确定的算法解决 SAT 问题是指, 当 Φ 可满足时它给出的答案为 "是", 且当 Φ 不可满足时它给出的答案为 "否".

通常用函数 $T_A\colon \mathbb{N} \to \mathbb{N}$ 来度量确定算法 A 的时间复杂度, 其中 $T_A(n)$ 是对大小为 n 的输入, 算法 A 执行的最大步数. 由于考虑的是最大步数, T_A 反映的是最坏情况下的运行时间. 类似地, 用函数 $S_A\colon \mathbb{N} \to \mathbb{N}$ 作为空间复杂度的形式化, 其中 $S_A(n)$ 是当输入长度为 n 时原子存储单元的最大数目①.

*未定算法*可为配置的下一步提供有限多种选择, 从这个意义上说, 它不同于确定的算法. 因此, 对于一个给定的输入 w, 未定算法会有多种可能的计算. 称未定算法解决判定问题 P, 如果对于每个输入 w:

(1) 对 w 的所有计算都会停止.

(2) 以下两个条件成立:

(2a) 若对 w 的正确答案为 "是", 则至少有一个针对 w 的计算返回 "是".

(2b) 若对 w 的正确答案为 "否", 则所有针对 w 的计算都返回 "否".

算法 A.3 是 SAT 的未定算法的例子. 此处, $\text{sat}(\mu, \Phi)$ 是在赋值 μ 下 (在时间 $\Theta(|\Phi|)$ 内) 确定地计算 Φ 的真值的子过程. 若 $\mu \models \Phi$, 则它返回布尔值 true; 否则返回 false. 此处, 算法 sat 的细节无关紧要.

算法 A.3 SAT 的未定算法

输入: $AP = \{a_1, a_2, \cdots, a_n\}$ 上的命题逻辑公式 Φ
输出: "是" 或 "否"

```
for i = 1, 2, ··· , n do                          (* 猜测 AP 上的赋值 μ *)
  未定地选择一个真值 t ∈ {0, 1}
  μ(a_i) := t
od
if sat(μ, Φ) then                                 (* 检查是否 μ ⊨ Φ *)
  返回 "是"                                        (* Φ 是可满足的 *)
else
  返回 "否"                     (* Φ 可能是可满足的, 也可能不是可满足的 *)
fi
```

算法 A.3 依赖于猜测检验原理, 它是许多未定算法的基础. 未定地猜测赋值 μ 之后检验它是否满足 $\mu \models \Phi$. 若猜测是正确的, 则赋值就是 $\mu \models \Phi$ 的证据, 且答案 "是" 不会有错; 然而, 如果 $\mu \not\models \Phi$, 则所给答案 "否" 可能是错误的, 因为可能有另一个赋值 μ' 使得 $\mu' \models \Phi$. 但是, 因为根据条件 (1), 对所有输入公式 Φ 算法 A.3 都会停止, 从以下内容还可看出它同时满足条件 (2a) 和 (2b), 所以它能解决 SAT. 当 Φ 可满足时, 存在一个计算, 它选择一个

① 对于某些复杂度类, $S_A(n)$ 只计除保存输入的存储单元之外的存储需求. 本书不使用这些复杂度类, 并省略这些细节.

使 Φ 成立的赋值, 从而算法返回 "是", 因此, 条件 (2a) 成立; 当 Φ 不可满足时, 则对猜测阶段所选的每个 μ, 都有 $\mu \not\models \Phi$ 并且返回答案 "否", 因此条件 (2b) 成立.

解决判定问题 (即所有的计算都停止) 的未定算法 A 的时间复杂度由函数 $T_A \colon \mathbb{N} \to \mathbb{N}$ 给出, 其中 $T_A(n)$ 是输入长度为 n 时算法 A 可能执行的最大步数; 类似地, A 的空间复杂度由函数 $S_A \colon \mathbb{N} \to \mathbb{N}$ 给出, 其中 $S_A(n)$ 是 A 输入长度为 n 时可能访问的最大存储单元数.

若 $T_A(n) = O(\text{poly}(n))$, 则称 (确定的或未定的) 算法 A 为*多项式时间有界的* (简称幂时算法); 类似地, 若 $S_A(n) = O(\text{poly}(n))$, 则称算法 A 为*多项式空间有界的* (简称幂存算法).

复杂度类 使用上述确定算法和未定算法的直观解释, 下面介绍本书所用的复杂度类:

- PTIME (简记为 P) 表示确定幂时算法可解的所有判定问题构成的类.
- NP表示可由未定的幂时算法解决的所有判定问题构成的类.
- PSPACE表示可由确定的幂存算法解决的所有判定问题构成的类.
- NPSPACE 是可由未定幂存算法解决的判定问题的类.

已知 PSPACE = NPSPACE. 因为任何确定算法可看作 (每个配置的可选步数至多一个的) 未定算法, 又因为 N 个步骤至多使用 N 个存储单元, 故得

$$\text{PTIME} \subseteq \text{NP} \subseteq \text{PSPACE} = \text{NPSPACE}$$

在理论计算机科学中最重要的未解问题之一是 PTIME 与 NP 是否一致. 到目前为止同样也不知道 NP 是否与 PSPACE 一致.

接下来考虑的复杂度类是 coNP, 它有点像是 NP 的补. 令 P 是一个判定问题. P 的补问题是一个与 P 有相同输入的问题, 记为 $\overline{P}$. 若 P 需要回答 "是", 则 P 的补问题需要回答 "否"; 反之亦然. 例如, SAT 的补问题以命题逻辑公式 Φ 为输入, 并询问 Φ 是否为不可满足的. (有向) 哈密顿路问题的补问题是一个给定的有限有向图 G 是否没有哈密顿路.

coNP 表示补问题 $\overline{P}$ 属于 NP 的判定问题 P 的类.

coNP 包含 PTIME 并包含于 PSPACE 中, 但是目前还不清楚这些包含是否是严格的.

coPTIME 和 coPSPACE 可分别定义为 PTIME 和 PSPACE 问题的补的类. 然而, 确定的算法在对 "是" 和 "否" 的处理上的对称性, 允许交换解问题 P 的确定的幂时 (或幂存) 算法的输出以得到 $\overline{P}$ 的确定幂时 (或幂存) 算法. 因此, PTIME = coPTIME 并且 PSPACE = coPSPACE. 注意, 这样的讨论不能用于未定复杂度类, 原因在于上述条件 (2a) 和 (2b) 对应的答案 "是" 和 "否" 的不对称性. NP 和 coNP 是否一致的问题尚未解决.

本书中还需要复杂度类 EXPTIME 和 2EXPTIME. EXPTIME 表示由确定算法可解的判定问题的类, 其最坏情况下的时间复杂度是指数有界的, 即由函数 $n \mapsto 2^{p(n)}$ 界定, 其中 p 是一个多项式. 复杂度类 2EXPTIME 由确定算法可解的所有判定问题组成, 其最坏情况下的时间复杂度由某个函数 $n \mapsto 2^{2^{p(n)}}$ 界定, 其中 p 是一个多项式. 下式成立:

$$\text{PSPACE} \subseteq \text{EXPTIME} \subseteq \text{2EXPTIME}$$

完全性 为说明 NP 中“最难”的问题, Cook [99] 在 20 世纪 70 年代初期提出了 NP 完全性的概念. 判定问题 $P \in \mathrm{NP}$ 是 NP 完全的, 如果 P 的确定幂时算法 A 存在, 那么, 任何其他问题 $Q \in \mathrm{NP}$ 都可在 A 的帮助下确定地解决, 另加从 Q 的输入到 P 的输入的幂时转换 (从 Q 的输入到 P 的输入的转换依赖于归约原理). 因此, 如果能证明一个 NP 完全问题在 PTIME 中, 则 NP = PTIME.

下面更详细地考虑这些概念. 设 P 和 Q 是判定问题. 称 Q 到 P 为*可多项式归约的*, 如果存在一个幂时确定算法, 它将 Q 的给定输入 w_Q 转换到 P 的输入 w_P, 并使得 Q 在 w_Q 上的正确答案为“是”当且仅当 P 在 w_P 上的正确答案为“是”. 判定问题 P 称为 *NP 难度的*, 如果每个问题 $Q \in \mathrm{NP}$ 都可多项式归约到 P. P 称为 *NP 完全的*, 如果 P 属于 NP 并且 P 是 NP 困难的. 有一大批 NP 完全性问题. 许多情况下, 可以很简单地证明 P 是 NP 成员——在猜测检验模式的基础上为 P 提供一个幂时未定算法. NP 难度往往是难以证明的. 第一个 NP 完全性的结果由 Cook [99] 给出, 他证明了 SAT 问题是 NP 完全的. 他对 SAT 的 NP 难度的证明是通用的: 它从由未定图灵机 $\mathcal{M}$ 对一个 NP 问题 Q 的幂时未定算法的形式化开始, 并对 $\mathcal{M}$ 的给定输入单词 w 构造命题公式 $\Phi_{\mathcal{M},w}$, 使得 $\Phi_{\mathcal{M},w}$ 是可满足的当且仅当 $\mathcal{M}$ 对 w 有一个接受计算. 为证明给定问题 P 的 NP 难度, 使用归约原理往往更简单:

若 Q 是 NP 困难的并可多项式归约到 P, 则 P 是 NP 困难的

例如, 从 SAT 到 3SAT (SAT 的一个变体, 它的输入是每个子句最多有 3 个文字的 CNF 公式 Φ 并询问 Φ 的可满足性) 的多项式归约并不太复杂, 但能推出 3SAT 的 NP 难度. 哈密顿路问题的 NP 难度可以通过从 3SAT 到哈密顿路问题的多项式归约来证明. 后者又可多项式归约到三色问题, 它是关于有限无向图的判定问题, 即, 顶点是否可用 3 种颜色染色, 使得没有任何边 $\{v, w\}$ 的顶点 v 和 w 有相同颜色. 因此, 该三色问题也是 NP 困难的. 目前已经获得了一大批 NP 难度的结果.

对诸如 PSPACE 和 coNP 等其他复杂度类可以类似地定义难度或完全性. P 被称为 *PSPACE 完全的*, 如果 P 属于 PSPACE 并且 P 是 PSPACE 困难的, 即 PSPACE 中所有问题都可以多项式归约到 P. PSPACE 完全问题的一个例子是普遍性问题: 字母表 Σ 上的用正则表达式描述语言等于 Σ^* 吗? 类似地, P 被称为 *coNP 完全的*, 如果 P 属于 coNP 并且 P 是 coNP 困难的, 即, coNP 中所有问题都可以多项式归约到 P. 由 NP 和 coNP 的对称性, 问题 P 是 NP 困难的当且仅当它的补问题 $\overline{P}$ 是 coNP 困难的. 因此, P 是 NP 完全的当且仅当 $\overline{P}$ 是 coNP 完全的. 例如, 判断一个给定的命题逻辑公式 Φ 的有效性问题是 coNP 完全的, 因为 $\Phi \mapsto \neg\Phi$ 产生一个从 SAT 到有效性问题的多项式归约 (前面讲过, Φ 是不可满足的当且仅当 $\neg\Phi$ 是有效的) 并且 $\overline{\mathrm{SAT}}$ 是 coNP 完全的 (由于 SAT 是 NP 完全的). 因为 coNP 和 NP 都包含在 PSPACE 中, PSPACE 困难的任何问题也是 coNP 和 NP 困难的.

参考文献

[1] M. ABADI AND L. LAMPORT. The existence of refinement mappings. *Theoretical Computer Science*, 82 (2): 253–284, 1991.

[2] Y. ABARBANEL-VINOV AND N. AIZENBUD-RESHEF AND I. BEER AND C. EISNER AND D. GEIST AND T. HEYMAN AND I. REUVENI AND E. RIPPEL AND I. SHITSEVALOV AND Y. WOLFSTHAL AND T. YATZKAR-HAHAM. On the effective deployment of functional formal verification. *Formal Methods in System Design*, 19: 35–44, 2001.

[3] P. A. ABDULLA AND B. JONSSON AND M. KINDAHL AND D. PELED. A general approach to partial order reductions in symbolic verification (extended abstract). In *10th International Conference on Computer Aided Verification (CAV)*, volume 1427 of *Lecture Notes in Computer Science*, pages 379–390. Springer-Verlag, 1998.

[4] S. ABRAMSKY. A domain equation for bisimulation. *Information and Computation*, 92 (2): 161–218, 1991.

[5] B. ALPERN AND F. SCHNEIDER. Defining liveness. *Information Processing Letters*, 21 (4): 181–185, 1985.

[6] B. ALPERN AND F. SCHNEIDER. Recognizing safety and liveness. *Distributed Computing*, 2 (3): 117–126, 1987.

[7] B. ALPERN AND F. SCHNEIDER. Verifying temporal properties without temporal logic. *ACM Transactions on Programming Languages and Systems*, 11 (1): 147–167, 1989.

[8] R. ALUR AND R. K. BRAYTON AND T. HENZINGER AND S. QADEER AND S. K. RAJAMANI. Partial order reduction in symbolic state-space exploration. *Formal Methods in System Design*, 18 (2): 97–116, 2001.

[9] R. ALUR AND C. COURCOUBETIS AND D. DILL. Model-checking in dense real time. *Information and Computation*, 104 (2): 2–34, 1993. 931

[10] R. ALUR AND D. DILL. Automata for modeling real-time systems. In *17th International Colloquium on Automata, Languages and Programming (ICALP)*, volume 443 of *Lecture Notes in Computer Science*, pages 322–335. Springer-Verlag, 1990.

[11] R. ALUR AND D. DILL. A theory of timed automata. *Theoretical Computer Science*, 126 (2): 183–235, 1994.

[12] R. ALUR AND D. DILL. Automata-theoretic verification of real-time systems. In C. Heitmeyer and D. Mandrioli, editors, *Formal Methods for Real-Time Computing*, pages 55–82. John Wiley & Sons, 1996.

[13] R. ALUR AND L. FIX AND T. A. HENZINGER. Event-clock automata: a determinizable class of timed automata. *Theoretical Computer Science*, 211 (1–2): 253–273, 1999.

[14] S. ANDOVA AND H. HERMANNS AND J.-P. KATOEN. Discrete-time rewards model checked. In *1st International Workshop on Formal Modeling and Analysis of Timed Systems (FORMATS)*, volume 2791 of *Lecture Notes in Computer Science*, pages 88–104. Springer-Verlag, 2003.

[15] K. R. APT. Correctness proofs of distributed termination algorithms. *ACM Transactions on Programming Languages and Systems*, 8 (3): 388–405, 1986.

[16] K. R. Apt and N. Francez and W.-P. de Roever. A proof system for communicating sequential processes. *ACM Transactions on Programming Languages and Systems*, 2 (3): 359–385, 1980.

[17] K. R. Apt and D. Kozen. Limits for the automatic verification of finite-state concurrent systems. *Information Processing Letters*, 22 (6): 307–309, 1986.

[18] K. R. Apt and E.-R. Olderog. *Verification of Sequential and Concurrent Programs*. Springer-Verlag, 1997.

[19] A. Arnold. *Finite Transition Systems*. Prentice-Hall, 1994.

[20] E. Asarin and P. Caspi and O. Maler. Timed regular expressions. *Journal of the ACM*, 49 (2): 172–206, 2002.

[21] R. B. Ash and C. A. Doléans-Dade. *Probability and Measure Theory*. Academic Press, 2000.

[22] A. Aziz and K. Sanwal and V. Singhal and R. K. Brayton. Model-checking continous-time Markov chains. *ACM Transactions on Computer Logic*, 1 (1): 162– 170, 2000.

[23] A. Aziz and V. Singhal and F. Balarin and R. K. Brayton and A. L. Sangiovanni-Vincentelli. It usually works: The temporal logic of stochastic systems. In *7th International Conference on Computer Aided Verification (CAV)*, volume 939 of *Lecture Notes in Computer Science*, pages 155–165. Springer-Verlag, 1995.

[24] S. Baase and A. van Gelder. *Computer Algorithms: Introduction to Design and Analysis*. Addison-Wesley, 2000.

[25] C. Baier and F. Ciesinski and M. Grösser. Probmela: a modeling language for communicating probabilistic systems. In *2nd ACM-IEEE International Conference on Formal Methods and Models for Codesign (MEMOCODE)*, pages 57–66. IEEE Computer Society Press, 2004.

[26] C. Baier and E. Clarke and V. Hartonas-Garmhausen and M. Kwiatkowska and M. Ryan. Symbolic model checking for probabilistic processes. In *24th International Colloqium on Automata, Languages and Programming (ICALP)*, volume 1256 of *Lecture Notes in Computer Science*, pages 430–440. Springer-Verlag, 1997.

[27] C. Baier and B. Engelen and M. E. Majster-Cederbaum. Deciding bisimilarity and similarity for probabilistic processes. *Journal of Computer and System Sciences*, 60 (1): 187–231, 2000.

[28] C. Baier and M. Grösser and F. Ciesinski. Partial order reduction for probabilistic systems. In *1st International Conference on Quantitative Evaluation of Systems (QEST)*, pages 230–239. IEEE Computer Society Press, 2004.

[29] C. Baier and B. R. Haverkort and H. Hermanns and J.-P. Katoen. Model checking algorithms for continuous time Markov chains. *IEEE Transactions on Software Engineering*, 29 (6): 524–541, 2003.

[30] C. Baier and J.-P. Katoen and H. Hermanns and V. Wolf. Comparative branching time semantics for Markov chains. *Information and Computation*, 200 (2): 149–214, 2005.

[31] C. Baier and M. Kwiatkowska. Model checking for a probabilistic branching time logic with fairness. *Distributed Computing*, 11 (3): 125–155, 1998.

[32] C. Baier and M. Kwiatkowska. On the verification of qualitative properties of probabilistic processes under fairness constraints. *Information Processing Letters*, 66 (2): 71–79, 1998.

[33] T. Ball and A. Podelski and S. Rajamani. Boolean and Cartesian abstraction for model checking C programs. In *7th International Conference on Tools and Algorithms for the Construction and Analysis of Systems (TACAS)*, volume 2031 of *Lecture Notes in Computer Science*, pages 268–283. Springer-Verlag, 2001.

[34] K. A. Bartlett and R. A. Scantlebury and P. T. Wilkinson. A note on reliablefullduplextransmissionoverhalfduplexlinks. *Communications of the ACM*, 12 (5): 260–261, 1969.

[35] G. Behrmann and A. David and K. G. Larsen. A tutorial on Uppaal. In *Formal Methods for the Design of Real-Time Systems, International School on Formal Methods for the Design of Computer, Communication and Software Systems*, volume 3185 of *Lecture Notes in Computer Science*, pages 200–236. Springer-Verlag, 2004.

[36] B. Beizer. *Software Testing Techniques.* Van Nostrand Reinhold, 1990.

[37] F. Belina and D. Hogrefe and A. Sarma. *SDL with Applications from Protocol Specification.* Prentice-Hall, 1991.

[38] R. Bellman. A Markovian decision process. *Journal of Mathematics and Mechanics*, 38: 679–684, 1957.

[39] R. Bellman. Markovian decision processes. *Journal of Mathematics and Mechanics*, 38: 716–719, 1957.

[40] R. Bellman. On a routing problem. *Quarterly of Applied Mathematics*, 16 (1): 87– 90, 1958.

[41] M. Ben-Ari. Algorithms for on-the-fly garbage collection. *ACM Transactions on Programming Languages and Systems*, 6 (3): 333–344, 1984.

[42] M. Ben-Ari and Z. Manna and A. Pnueli. The temporal logic of branching time. *Acta Informatica*, 20: 207–226, 1983.

[43] J. Bengtsson and W. Yi. Timed automata: semantics, algorithms and tools. In *Lectures on Concurrency and Petri Nets*, volume 3098 of *Lecture Notes in Computer Science*, pages 87–124. Springer-Verlag, 2003.

[44] B. Bérard and M. Bidoit and A. Finkel and F. Laroussinie and A. Petit and L. Petrucci and Ph. Schnoebelen. *Systems and Software Verification: Model-Checking Techniques and Tools.* Springer-Verlag, 2001.

[45] J. A. Bergstra and J. W. Klop. Algebra of communicating processes with abstraction. *Theoretical Computer Science*, 37: 77–121, 1985.

[46] J. A. Bergstra and A. Ponse and S. A. Smolka (editors). *Handbook of Process Algebra.* Elsevier Publishers B. V., 2001.

[47] P. Berman and J. A. Garay. Asymptotically optimal distributed consensus (extended abstract). In *Automata, Languages and Programming (ICALP)*, volume 372 of *Lecture Notes in Computer Science*, pages 80–94. Springer-Verlag, 1989.

[48] B. Berthomieu and M. Menasche. An enumerative approach for analyzing time Petri nets. In *IFIP 9th World Computer Congress*, pages 41–46. North Holland, 1983.

[49] D. P. Bertsekas. *Dynamic Programming: Deterministic and Stochastic Models.* Prentice-Hall, 1987.

[50] G. Bhat and R. Cleaveland and O. Grumberg. Efficient on-the-fly model checking for CTL*. In *10th Annual IEEE Symposium on Logic in Computer Science (LICS)*, pages 388–397. IEEE Computer Society Press, 1995.

[51] A. Bianco and L. de Alfaro. Model checking of probabilistic and nondeterministic systems. In *15th International Conference on Foundations of Software Technology and Theoretical Computer Science (FSTTCS)*, volume 1026 of *Lecture Notes in Computer Science*, pages 499–513. Springer-Verlag, 1995.

[52] B. W. Boehm. *Software Engineering Economics.* Prentice-Hall, 1981.

[53] B. W. Boehm and V. R. Basili. Software defect reduction top 10 list. *IEEE Computer*, 34 (1): 135–137, 2001.

[54] H. Bohnenkamp and P. van der Stok and H. Hermanns and F. W. Vaandrager. Cost optimisation of the ipv4 zeroconf protocol. In *International Conference on Dependable Systems and Networks (DSN)*, pages 626–638. IEEE Computer Society Press, 2003.

[55] G. Bolch and S. Greiner and H. de Meer and K. S. Trivedi. *Queueing Networks and Markov Chains: Modeling and Performance Evaluation with Computer Science Applications*. John Wiley & Sons, 2006.

[56] B. Bollig and I. Wegener. Improving the variable ordering of OBDDs is NPcomplete. *IEEE Transactions on Computers*, 45 (9): 993–1002, 1996.

[57] T. Bolognesi and E. Brinksma. Introduction to the ISO specification language LOTOS. *Computer Networks and ISDN Systems*, 14 (1): 25–59, 1987.

[58] S. Bornot and J. Sifakis. An algebraic framework for urgency. *Information and Computation*, 163 (1): 172–202, 2000.

[59] D. Bosnacki and G. Holzmann. Improving SPIN's partial-order reduction for breadth-first search. In *12th International SPIN Workshop on Model Checking of Software*, volume 3639 of *Lecture Notes in Computer Science*, pages 91–105. Springer-Verlag, 2005.

[60] A. Bouajjani and J.-C. Fernandez and N. Halbwachs. Minimal model generation. In *2nd International Workshop on Computer-Aided Verification (CAV)*, volume 531 of *Lecture Notes in Computer Science*, pages 197–203. Springer-Verlag, 1990.

[61] P. Bouyer. Untameable timed automata! In *20th Annual Symposium on Theoretical Aspects of Computer Science (STACS)*, volume 2607 of *Lecture Notes in Computer Science*, pages 620–631. Springer-Verlag, 2003.

[62] R. K. Brayton and G. D. Hachtel and A. L. Sangiovanni-Vincentelli and F. Somenzi and A. Aziz and S.-T. Cheng and S. A. Edwards and S. P. Khatri and Y. Kukimoto and A. Pardo and S. Qadeer and R. K. Ranjan and S. Sarwary and T. R. Shiple and G. Swamy and T. Villa. VIS: a system for verification and synthesis. In *8th International Conference on Computer Aided Verification (CAV)*, volume 1102 of *Lecture Notes in Computer Science*, pages 428–432. Springer-Verlag, 1996.

[63] P. Bremaud. *Markov Chains, Gibbs Fields, Monte Carlo Simulation and Queues*. Springer-Verlag, 1999.

[64] L. Brim and I. Černá and M. Nečesal. Randomization helps in LTL model checking. In *1st Joint International Workshop on Process Algebra and Probabilistic Methods, Performance Modeling and Verification (PAPM-PROBMIV)*, volume 2165 of *Lecture Notes in Computer Science*, pages 105–119. Springer-Verlag, 2001.

[65] S. D. Brookes and C. A. R. Hoare and A. W. Roscoe. A theory of communicating sequential processes. *Journal of the ACM*, 31 (3): 560–599, 1984.

[66] M. C. Browne and E. M. Clarke and D. L. Dill and B. Mishra. Automatic verification of sequential circuits using temporal logic. *IEEE Transactions on Computers*, 35 (12): 1035–1044, 1986.

[67] M. C. Browne and E. M. Clarke and O. Grumberg. Characterizing finite Kripke structures in propositional temporal logic. *Theoretical Computer Science*, 59 (1–2): 115–131, 1988.

[68] S. D. Bruda. Preorder relations. In M. Broy, B. Jonsson, J.-P. Katoen, M. Leucker, and A. Pretschner, editors, *Model-Based Testing of Reactive Systems*, volume 3472 of *Lecture Notes in Computer Science*, chapter 5, pages 115–148. Springer-Verlag, 2005.

[69] J. Brunekreef and J.-P. Katoen and R. Koymans and S. Mauw. Design and analysis of dynamic leader election protocols in broadcast networks. *Distributed Computing*, 9 (4): 157–171, 1996.

[70] R. Bryant. Graph-based algorithms for boolean function manipulation. *IEEE Transactions on Computers*, 35 (8): 677–691, 1986.

[71] R. Bryant. On the complexity of VLSI implementations and graph representations of boolean functions with application to integer multiplication. *IEEE Transactions on Computers*, 40 (2): 205–213, 1991.

[72] P. Buchholz. Exactandordinarylumpability inMarkov chains. *Journal of Applied Probability*, 31: 59–75, 1994.

[73] J. R. Büchi. On a decision method in restricted second order arithmetic. In *International Congress on Logic, Methodology and Philosophy of Science*, pages 1–11. Stanford University Press, 1962.

[74] J. Burch and E. Clarke and K. L. McMillan and D. L. Dill and L. Hwang. Symbolic model checking 1020 states and beyond. *Information and Computation*, 98 (2): 142–170, 1992.

[75] J. Burch and E. M. Clarke and K. L. McMillan and D. L. Dill. Sequential circuit verification using symbolic model checking. In *27th ACM/IEEE Conference on Design Automation (DAC)*, pages 46–51. IEEE Computer Society Press, 1990.

[76] D. Bustan and O. Grumberg. Simulation-based minimization. *ACM Transactions on Computational Logic*, 4 (2): 181–206, 2003.

[77] D. Bustan and S. Rubin and M. Y. Vardi. Verifying ω-regular properties of Markov chains. In *16th International Conference on Computer Aided Verification (CAV)*, volume 3114 of *Lecture Notes in Computer Science*, pages 189–201. SpringerVerlag, 2004.

[78] K. Cerans. Decidability of bisimulation equivalences for parallel timer processes. In *4th International Workshop on Computer Aided Verification (CAV)*, volume 663 of *Lecture Notes in Computer Science*, pages 302–315. Springer-Verlag, 1992.

[79] W. Chan and R. J. Anderson and P. Beame and S. Burns and F. Modugno and D. Notkin and J. D. Reese. Model checking large software specifications. *IEEE Transactions on Software Engineering*, 24 (7): 498–520, 1998.

[80] E. Chang and Z. Manna and A. Pnueli. The safety-progress classification. In F. L. Bauer, W. Brauer, and H. Schwichtenberg, editors, *Logic and Algebra of Specification*, volume 94 of *NATO ASI Series F: Computer and Systems Sciences*, pages 143–202. Springer-Verlag, 1992.

[81] Y. Choueka. Theories of automata on ω-tapes. *Journal of Computer and System Sciences*, 8: 117–141, 1974.

[82] F. Ciesinski and C. Baier. LiQuor: atool for qualititative andquantitative linear time analysis of reactive systems. In *3rd Conference on Quantitative Evaluation of Systems (QEST)*, pages 131–132. IEEE Computer Society Press, 2006.

[83] A. Cimatti and E. M. Clarke and F. Giunchiglia and M. Roveri. NuSMV: a newsymbolicmodelchecker. *International Journal on Software Tools for Technology Transfer*, 2 (4): 410–425, 2000.

[84] E. M. Clarke and A. Biere and R. Raimi and Y. Zhu. Bounded model checking using satisfiability solving. *Formal Methods in System Design*, 19 (1): 7–34, 2001.

[85] E. M. Clarke and I. A. Draghicescu. Expressibility results for linear time and branching time logics. In J. W. de Bakker, W.-P. de Roever, and G. Rozenberg, editors, *Linear Time,*

Branching Time, and Partial Order in Logics and Model for Concurrency, volume 354 of *Lecture Notes in Computer Science*, pages 428–437. Springer-Verlag, 1988.

[86] E. M. CLARKE AND E. A. EMERSON. Design and synthesis of synchronization skeletons using branching time temporal logic. In *Logic of Programs*, volume 131 of *Lecture Notes in Computer Science*, pages 52–71. Springer-Verlag, 1981.

[87] E. M. CLARKE AND E. A. EMERSON AND A. P. SISTLA. Automatic verification of finite-state concurrent systems using temporal logic specifications. *ACM Transactions on Programming Languages and Systems*, 8 (2): 244–263, 1986.

[88] E. M. CLARKE AND O. GRUMBERG AND K. HAMAGUCHI. Another look at LTL model checking. In *6th International Conference on Computer Aided Verification (CAV)*, volume 818 of *Lecture Notes in Computer Science*, pages 415–427. SpringerVerlag, 1994.

[89] E. M. CLARKE AND O. GRUMBERG AND H. HIRAISHI AND S. JHA AND D. E. LONG AND K. L. MCMILLAN AND L. A. NESS. Verification of the Futurebus+ cache coherence protocol. In *11th International Symposium on Computer Hardware Description Languages and their Applications*, pages 5–20. Kluwer Academic Publishers, 1993.

[90] E. M. CLARKE AND O. GRUMBERG AND D. E. LONG. Model checking and abstraction. *ACM Transactions on Programming Languages and Systems*, 16 (5): 1512–1542, 1994.

[91] E. M. CLARKE AND O. GRUMBERG AND K. L. MCMILLAN AND X. ZHAO. Efficient generation of counterexamples and witnesses in symbolic model checking. In *32nd ACM/IEEE Conference on Design Automation (DAC)*, pages 427–432. IEEE Computer Society Press, 1995.

[92] E. M. CLARKE AND O. GRUMBERG AND D. PELED. *Model Checking.* MIT Press, 1999.

[93] E. M. CLARKE AND S. JHA AND Y. LU AND H. VEITH. Tree-like counterexamples in model checking. In *17th Annual IEEE Symposium on Logic in Computer Science (LICS)*, pages 19–29. IEEE Computer Society Press, 2002.

[94] E. M. CLARKE AND R. KURSHAN. Computer-aided verification. *IEEE Spectrum*, 33 (6): 61–67, 1996.

[95] E. M. CLARKE AND H. SCHLINGLOFF. Model checking. In A. Robinson and A. Voronkov, editors, *Handbook of Automated Reasoning (Volume II)*, chapter 24, pages 1635–1790. Elsevier Publishers B. V., 2000.

[96] E. M. CLARKE AND J. WING. Formal methods: state of the art and future directions. *ACM Computing Surveys*, 28 (4): 626–643, 1996.

[97] R. CLEAVELAND AND J. PARROW AND B. STEFFEN. The concurrency workbench: a semantics-based tool for the verification of concurrent systems. *ACM Transactions on Programming Languages and Systems*, 15 (1): 36–72, 1993.

[98] R. CLEAVELAND AND O. SOKOLSKY. Equivalence and preorder checking for finitestate systems. In J. Bergstra, A. Ponse, and S. A. Smolka, editors, *Handbook of Process Algebra*, chapter 6, pages 391–424. Elsevier Publishers B. V., 2001.

[99] S. COOK. The complexity of theorem-proving procedures. In *3rd Annual ACM Symposium on Theory of Computing*, pages 151–158. ACM Press, 1971.

[100] T. H. CORMEN AND C. E. LEISERSON AND R. L. RIVEST AND C. STEIN. *Introduction to Algorithms.* MIT Press, 2001.

[101] F. CORRADINI AND R. DE NICOLA AND A. LABELLA. An equational axiomatization of bisimulation over regular expressions. *Journal of Logic and Computation*, 12 (2): 301–320, 2002.

[102] C. Courcoubetis and M. Y. Vardi and P. Wolper and M. Yannakakis. Memory-efficient algorithms for the verification of temporal properties. *Formal Methods in System Design*, 1 (2–3): 275–288, 1992.

[103] C. Courcoubetis and M. Yannakakis. Markov decision processes and regular events (extended abstract). In *17th International Colloquium on Automata, Languages and Programming (ICALP)*, volume 443 of *Lecture Notes in Computer Science*, pages 336–349. Springer-Verlag, 1990.

[104] C. Courcoubetis and M. Yannakakis. The complexity of probabilistic verification. *Journal of the ACM*, 42 (4): 857–907, 1995.

[105] P. Cousot and R. Cousot. On abstraction in software verification. In *14th International Conference on Computer Aided Verification (CAV)*, volume 2404 of *Lecture Notes in Computer Science*, pages 37–56. Springer-Verlag, 2002.

[106] J.-M. Couvreur. On-the-fly verification of linear temporal logic. In *World Congress on Formal Methods (FM)*, volume 1708 of *Lecture Notes in Computer Science*, pages 253–271. Springer-Verlag, 1999.

[107] J.-M. Couvreur and A. Duret-Lutz and D. Poitrenaud. On-the-fly emptiness checks for generalized Büchi automata. In *12th International SPIN Workshop on Model Checking of Software*, volume 3639 of *Lecture Notes in Computer Science*, pages 143–158. Springer-Verlag, 2005.

[108] J.-M. Couvreur and N. Saheb and G. Sutre. An optimal automata approach to LTL model checking of probabilistic systems. In *10th International Conference on Logic for Programming, Artificial Intelligence, and Reasoning (LPAR)*, volume 2850 of *Lecture Notes in Computer Science*, pages 361–375. Springer-Verlag, 2003.

[109] D. Dams and R. Gerth and O. Grumberg. Abstract interpretation of reactive systems. *ACM Transactions on Programming Languages and Systems*, 19 (2): 253–291, 1997.

[110] M. Daniele and F. Giunchiglia and M. Y. Vardi. Improved automata generation for linear temporal logic. In *11th International Conference on Computer Aided Verification (CAV)*, volume 1633 of *Lecture Notes in Computer Science*, pages 249–260. Springer-Verlag, 1999.

[111] P. R. D'Argenio and E. Brinksma. A calculus for timed automata. In *4th International Symposium on Formal Techniques in Real-Time and Fault-Tolerant Systems (FTRTFT)*, volume 1135 of *Lecture Notes in Computer Science*, pages 110–129. Springer-Verlag, 1996.

[112] P. R. D'Argenio and B. Jeannet and H. Jensen and K. Larsen. Reachability analysis of probabilistic systems by successive renements. In *Proc. 1st Joint Int. Workshop Process Algebra and Probabilistic Methods, Performance Modeling and Verification (PAPM-PROBMIV)*, volume 2399 of *Lecture Notes in Computer Science*, pages 39–56, 2001.

[113] P. R. D'Argenio and P. Niebert. Partial order reduction on concurrent probabilistic programs. In *1st International Conference on Quantitative Evaluation of Systems (QEST)*, pages 240–249. IEEE Computer Society Press, 2004.

[114] L. de Alfaro. Temporal logics for the specification of performance and reliability. In *14th Annual Symposium on Theoretical Aspects of Computer Science (STACS)*, volume 1200 of *Lecture Notes in Computer Science*, pages 165–176. Springer-Verlag, 1997.

[115] L. de Alfaro. *Formal Verification of Probabilistic Systems.* PhD thesis, Stanford University, Department of Computer Science, 1998.

[116] L. de Alfaro. How to specify and verify the long-run average behavior of probabilistic systems. In *Thirteenth Annual IEEE Symposium on Logic in Computer Science (LICS)*, pages 454–465. IEEE Computer Society Press, 1998.

[117] L. DE ALFARO. Computing minimum and maximum reachability times in probabilistic systems. In *10th Conference on Concurrency Theory (CONCUR)*, volume 1664 of *Lecture Notes in Computer Science*, pages 66–81. Springer-Verlag, 1999.

[118] W.-P. DE ROEVER AND F. S. DE BOER AND U. HANNEMANN AND J. HOOMAN AND Y. LAKHNECH AND M. POEL AND J. ZWIERS. *Concurrency Verification: Introduction to Compositional and Noncompositional Methods.* Number 54 in Cambridge Tracts in Theoretical Computer Science. Cambridge University Press, 2001.

[119] F. DEDERICHS AND R. WEBER. Safety and liveness from a methodological point of view. *Information Processing Letters*, 36 (1): 25–30, 1990.

[120] S. DERISAVI AND H. HERMANNS AND W. H. SANDERS. Optimal state-space lumping in Markov chains. *Information Processing Letters*, 87 (6): 309–315, 2003.

[121] J. DESHARNAIS AND A. EDALAT AND P. PANANGADEN. Bisimulation for labelled Markov processes. *Information and Computation*, 179 (2): 163–193, 2002.

[122] J. DESHARNAIS AND V. GUPTA AND R. JAGADEESAN AND P. PANANGADEN. Weak bisimulation is sound and complete for PCTL*. In *Thirteenth International Conference on Concurrency Theory (CONCUR)*, volume 2421 of *Lecture Notes in Computer Science*, pages 355–370. Springer-Verlag, 2002.

[123] J. DESHARNAIS AND V. GUPTA AND R. JAGADEESAN AND P. PANANGADEN. Approximating labelled Markov processes. *Information and Computation*, 184 (1): 160– 200, 2003.

[124] J. DESHARNAIS AND P. PANANGADEN. Continuous stochastic logic characterizes bisimulation of continuous-time Markov processes. *Journal of Algebraic and Logic Programming*, 56 (1–2): 99–115, 2003.

[125] V. DIEKERT AND Y. MÉTIVIER. Partial commutation and traces. In G. Rozenberg and A. Salomaa, editors, *Handbook of Formal Languages*, volume 3, pages 457–533. Springer-Verlag, 1997.

[126] E. W. DIJKSTRA. Solutions of a problem in concurrent programming control. *Communications of the ACM*, 8 (9): 569, 1965.

[127] E. W. DIJKSTRA. Cooperating sequential processes. In F. Genuys, editor, *Programming Languages*, pages 43–112. Academic Press, 1968.

[128] E. W. DIJKSTRA. Hierarchical ordering of sequential processes. *Acta Informatica*, 1: 115–138, 1971.

[129] E. W. DIJKSTRA. Information streams sharing a finite buffer. *Information Processing Letters*, 1 (5): 179–180, 1972.

[130] E. W. DIJKSTRA. *A Discipline of Programming.* Prentice-Hall, 1976.

[131] D. L. DILL. Timing assumptions and verification of finite-state concurrent systems. In *International Workshop on Automatic Verification Methods for Finite-State Systems*, volume 407 of *Lecture Notes in Computer Science*, pages 197–212. SpringerVerlag, 1989.

[132] D. L. DILL. The Murφ verifier. In *8th International Conference on Computer Aided Verification (CAV)*, volume 1102 of *Lecture Notes in Computer Science*, pages 390–393. Springer-Verlag, 1996.

[133] J. DINGEL AND T. FILKORN. Model checking for infinite state systems using data abstraction, assumption commitment style reasoning and theorem proving. In *7th International Conference on Computer Aided Verification (CAV)*, volume 939 of *Lecture Notes in Computer Science*, pages 54–69. Springer-Verlag, 1995.

[134] R. Drechsler and B. Becker. *Binary Decision Diagrams: Theory and Implementation.* Kluwer Academic Publishers, 1998.

[135] S. Edelkamp and A. Lluch Lafuente and S. Leue. Directed explicit model checkingwithHSF-SPIN. In *8th International SPIN Workshop on Model Checking of Software*, volume 2057 of *Lecture Notes in Computer Science*, pages 57–79. SpringerVerlag, 2001.

[136] C. Eisner and D. Fisman. *A Practical Introduction to PSL.* Series on Integrated Circuits and Systems. Springer, 2006.

[137] T. Elrad and N. Francez. Decomposition of distributed programs into communication-closed layers. *Science of Computer Programming*, 2 (3): 155–173, 1982.

[138] E. A. Emerson. Temporal and modal logic. In J. van Leeuwen, editor, *Handbook of Theoretical Computer Science, vol B: Formal Models and Semantics.* Elsevier Publishers B. V., 1990.

[139] E. A. Emerson and J. Y. Halpern. Decision procedures and expressiveness in the temporal logic of branching time. *Journal of Computer and System Sciences*, 30 (1): 1–24, 1985.

[140] E. A. Emerson and J. Y. Halpern. "Sometimes" and "not never" revisited: on branching versus linear time temporal logic. *Journal of the ACM*, 33 (1): 151–178, 1986.

[141] E. A. Emerson and C. S. Jutla. The complexity of tree automata and logics of programs (extended abstract). In *29th Annual Symposium on Foundations of Computer Science (FOCS)*, pages 328–337. IEEE Computer Society Press, 1988.

[142] E. A. Emerson and C.-L. Lei. Temporal reasoning under generalized fairness constraints. In *3rd Annual Symposium on Theoretical Aspects of Computer Science (STACS)*, volume 210 of *Lecture Notes in Computer Science*, pages 21–36. SpringerVerlag, 1986.

[143] E. A. Emerson and C.-L. Lei. Modalities for model checking: branching time logic strikes back. *Science of Computer Programming*, 8 (3): 275–306, 1987.

[144] J. Engelfriet. BranchingprocessesofPetrinets. *Acta Informatica*, 28 (6): 575–591, 1991.

[145] J. Esparza. Model checking using net unfoldings. *Science of Computer Programming*, 23 (2–3): 151–195, 1994.

[146] K. Etessami. Stutter-invariant languages, omega-automata, and temporal logic. In *11th International Conference on Computer Aided Verification (CAV)*, volume 1633 of *Lecture Notes in Computer Science*, pages 236–248. Springer-Verlag, 1999.

[147] K. Etessami. A note on a question of Peled and Wilke regarding stutter-invariant LTL. *Information Processing Letters*, 75 (6): 261–263, 2000.

[148] K. Etessami and G. Holzmann. Optimizing Büchi automata. In *11th International Conference on Concurrency Theory (CONCUR)*, volume 1877 of *Lecture Notes in Computer Science*, pages 153–165. Springer-Verlag, 2000.

[149] K. Etessami and T. Wilke and R. Schuller. Fair simulation relations, parity games, and state space reduction for Büchi automata. *SIAM Journal of Computing*, 34 (5): 1159–1175, 2005.

[150] W. Feller. *An Introduction to Probability Theory and Its Applications,* volumes 1 and 2. John Wiley & Sons, 2001.

[151] C. Fencott. *Formal Methods for Concurrency.* Thomson Computer Press, 1995.

[152] K. Fisler and M. Y. Vardi. Bisimulation minimization in an automata-theoretic verification framework. In *2nd International Conference on Formal Methods in Computer-Aided Design (FMCAD)*, volume 1522 of *Lecture Notes in Computer Science*, pages 115–132. Springer-Verlag, 1998.

[153] K. Fisler and M. Y. Vardi. Bisimulation and model checking. In *10th IFIP WG 10.5 Advanced Research Working Conference on Correct Hardware Design and Verification Methods (CHARME)*, volume 1703 of *Lecture Notes in Computer Science*, pages 338–341. Springer-Verlag, 1999.

[154] K. Fisler and M. Y. Vardi. Bisimulation minimization and symbolic model checking. *Formal Methods in System Design*, 21 (1): 39–78, 2002.

[155] N. Francez. *Fairness*. Springer-Verlag, 1986.

[156] L.-A. Fredlund. The timing and probability workbench: a tool for analysing timed processes. Technical Report 49, Uppsala University, 1994.

[157] C. Fritz and T. Wilke. Statespace reductionsfor alternating Büchi automata. In *22th Conference on Foundations of Software Technology and Theoretical Computer Science (FSTTCS)*, volume 2556 of *Lecture Notes in Computer Science*, pages 157–168. Springer-Verlag, 2002.

[158] D. Gabbay and I. Hodkinson and M. Reynolds. *Temporal Logic: Mathematical Foundations and Computational Aspects*, volume 1. Oxford University Press, 1994.

[159] D. Gabbay and A. Pnueli and S. Shelah and J. Stavi. On the temporal basis of fairness. In *7th Symposium on Principles of Programming Languages (POPL)*, pages 163–173. ACM Press, 1980.

[160] M. Garey and D. Johnson. *Computers and Intractability: A Guide to the Theory of NP-Completeness*. W. H. Freeman and Company, 1979.

[161] P. Gastin and P. Moro and M. Zeitoun. Minimization of counterexamples in SPIN. In *11th International SPIN Workshop on Model Checking of Software*, volume 2989 of *Lecture Notes in Computer Science*, pages 92–108. Springer-Verlag, 2004.

[162] P. Gastin and D. Oddoux. Fast LTL to Büchi automata translation. In *Thirteenth International Conference on Computer Aided Verification (CAV)*, volume 2102 of *Lecture Notes in Computer Science*, pages 53–65. Springer-Verlag, 2001.

[163] J. Geldenhuys and A. Valmari. More efficient on-the-fly LTL verification with Tarjan's algorithm. *Theoretical Computer Science*, 345 (1): 60–82, 2005.

[164] R. Gerth. Transition logic: how to reason about temporal properties in a compositional way. In *16th Annual ACM Symposium on Theory of Computing (STOC)*, pages 39–50. ACM Press, 1984.

[165] R. Gerth and R. Kuiper and D. Peled and W. Penczek. A partial order approach to branching time logic model checking. In *3rd Israel Symposium on the Theory of Computing Systems (ISTCS)*, pages 130–139. IEEE Computer Society Press, 1995.

[166] R. Gerth and D. Peled and M. Y. Vardi and P. Wolper. Simple on-the-fly automatic verification of linear temporal logic. In *Protocol Specification Testing and Verification*, pages 3–18. Chapman & Hall, 1995.

[167] D. Giannakopoulou and F. Lerda. From states to transitions: improving translation of LTL formulae to Büchi automata. In *22nd IFIP International Conference on Formal Techniques for Networked and Distributed Systems*, volume 2529 of *Lecture Notes in Computer Science*, pages 308–326. Springer-Verlag, 2002.

[168] P. Godefroid. Using partial orders to improve automatic verification methods. In *2nd International Workshop on Computer Aided Verification (CAV)*, volume 531 of *Lecture Notes in Computer Science*, pages 176–185. Springer-Verlag, 1990.

[169] P. Godefroid. *Partial Order Methods for the Verification of Concurrent Systems: An Approach to the State Explosion Problem*, volume 1032 of *Lecture Notes in Computer Science*. Springer-Verlag, 1996.

[170] P. GODEFROID. Model checking for programming languages using Verisoft. In *24th Annual Symposium on Principles of Programming Languages (POPL)*, pages 174–186. ACM Press, 1997.

[171] P. GODEFROID AND D. PIROTTIN. Refining dependencies improves partial-order verification methods. In *5nd International Workshop on Computer Aided Verification (CAV)*, volume 697 of *Lecture Notes in Computer Science*, pages 438–449. Springer-Verlag, 1993.

[172] P. GODEFROID AND P. WOLPER. Using partial orders for the efficient verification of deadlock freedom and safety properties. *Formal Methods in Systems Design*, 2 (2): 149–164, 1993.

[173] R. GOTZHEIN. Temporal logic and applications: a tutorial. *Computer Networks and ISDN Systems*, 24 (3): 203–218, 1992.

[174] E. GRÄDEL AND W. THOMAS AND T. WILKE (EDITORS). *Automata Logics, and Infinite Games: A Guide to Current Research*, volume 2500 of *Lecture Notes in Computer Science*. Springer-Verlag, 2002.

[175] W. D. GRIFFIOEN AND F. VAANDRAGER. A theory of normed simulations. *ACM Transactions on Computational Logic*, 5 (4): 577–610, 2004.

[176] J. F. GROOTE AND F. VAANDRAGER. An efficient algorithm for branching bisimulation and stuttering equivalence. In *17th International Colloquium on Automata, Languages and Programming (ICALP)*, volume 443 of *Lecture Notes in Computer Science*, pages 531–540. Springer-Verlag, 1990.

[177] J. F. GROOTE AND J. VAN DE POL. State space reduction using partial tauconfluence. In *25th International Symposium on Mathematical Foundations of Computer Science (MFCS)*, volume 1893 of *Lecture Notes in Computer Science*, pages 383–393. Springer-Verlag, 2000.

[178] H. GUMM. Another glance at the Alpern-Schneider characterization of safety and liveness in concurrent executions. *Information Processing Letters*, 47 (6): 291–294, 1993.

[179] A. GUPTA. Formal hardware verification methods: a survey. *Formal Methods in System Design*, 1 (2–3): 151–238, 1992.

[180] G. HACHTEL AND F. SOMENZI. *Logic Synthesis and Verification Algorithms*. Kluwer Academic Publishers, 1996.

[181] G. D. HACHTEL AND E. MACII AND A. PARDO AND F. SOMENZI. Markovian analysis of large finite-state machines. *IEEE Transactions on CAD of Integrated Circuits and Systems*, 15 (12): 1479–1493, 1996.

[182] J. HAJEK. Automatically verified data transfer protocols. In *4th International Conference on Computer Communication (ICCC)*, pages 749–756. IEEE Computer Society Press, 1978.

[183] N. HALBWACHS. *Synchronous Programming of Reactive Systems*. Kluwer Academic Publishers, 1992.

[184] M. HAMMER AND A. KNAPP AND S. MERZ. Truly on-the-fly LTL model checking. In *11th International Conference on Tools and Algorithms for the Construction and Analysis of Systems (TACAS)*, volume 3440 of *Lecture Notes in Computer Science*, pages 191–205. Springer-Verlag, 2005.

[185] T. HAN AND J.-P. KATOEN. Counterexamples in probabilistic model checking. In *Thirteenth International Conference on Tools and Algorithms for the Construction and Analysis of Systems (TACAS)*, volume 4424 of *Lecture Notes in Computer Science*, pages 72–86. Springer-Verlag, 2007.

[186] H. HANSSON. *Time and Probability in Formal Design of Distributed Systems*. Series in Real-Time Safety Critical Systems. Elsevier Publishers B. V., 1994.

[187] H. HANSSON AND B. JONSSON. A logic for reasoning about time and reliability. *Formal Aspects of Computing*, 6 (5): 512–535, 1994.

[188] F. HARARY. *Graph Theory*. Addison-Wesley, 1969.

[189] D. HAREL. Statecharts: a visual formalism for complex systems. *Science of Computer Programming*, 8 (3): 231–274, 1987.

[190] S. HART AND M. SHARIR. Probabilistic propositional temporal logics. *Information and Control*, 70 (2–3): 97–155, 1986.

[191] S. HART AND M. SHARIR AND A. PNUELI. Termination of probabilistic concurrent programs. *ACM Transactions on Programming Languages and Systems*, 5 (3): 356–380, 1983.

[192] V. HARTONAS-GARMHAUSEN AND S. CAMPOS AND E. M. CLARKE. ProbVerus: probabilistic symbolic model checking. In *5th International AMAST Workshop on Formal Methods for Real-Time and Probabilistic Systems (ARTS)*, volume 1601 of *Lecture Notes in Computer Science*, pages 96–110. Springer-Verlag, 1999.

[193] J. HATCLIFF AND M. DWYER. UsingtheBanderatool setto model-check properties of concurrent Java software. In *12th International Conference on Concurrency Theory (CONCUR)*, volume 2154 of *Lecture Notes in Computer Science*, pages 39–58. Springer-Verlag, 2001.

[194] K. HAVELUND AND M. LOWRY AND J. PENIX. Formal analysis of a space-craft controller using SPIN. *IEEE Transactions on Software Engineering*, 27 (8): 749–765, 2001.

[195] K. HAVELUND AND T. PRESSBURGER. Model checking Java programs using Java Pathfinder. *International Journal on Software Tools for Technology Transfer*, 2 (4): 366–381, 2000.

[196] B. R. HAVERKORT. *Performance of Computer Communication Systems: A ModelBased Approach*. John Wiley & Sons, 1998.

[197] M. HENNESSY AND R. MILNER. Algebraic laws for nondeterminism and concurrency. *Journal of the ACM*, 32 (1): 137–161, 1985.

[198] M. R. HENZINGER AND T. A. HENZINGER AND P. W. KOPKE. Computing simulations on finite and infinite graphs. In *36th Annual Symposium on Foundations of Computer Science (FOCS)*, pages 453–462. IEEE Computer Society Press, 1995.

[199] T. HENZINGER AND R. MAJUMDAR AND J.-F. RASKIN. A classification of symbolic transition systems. *ACM Transactions on Computational Logic*, 6 (1): 1–32, 2005.

[200] T. A. HENZINGER AND X. NICOLLIN AND J. SIFAKIS AND S. YOVINE. Symbolic model checking for real-time systems. *Information and Computation*, 111 (2): 193–244, 1994.

[201] H. HERMANNS AND J.-P. KATOEN AND J. MEYER-KAYSER AND M. SIEGLE. A tool for model-checking Markov chains. *International Journal on Software Tools for Technology Transfer*, 4 (2): 153–172, 2003.

[202] C. A. R. HOARE. Communicating sequential processes. *Communications of the ACM*, 21 (8): 666–677, 1978.

[203] C. A. R. HOARE. *Communicating Sequential Processes*. Prentice-Hall, 1985.

[204] R. HOJATI AND R. K. BRAYTON AND R. P. KURSHAN. BDD-based debugging of designs using language containment and fair CTL. In *5th International Conference on Computer Aided Verification (CAV)*, volume 697 of *Lecture Notes in Computer Science*, pages 41–58. Springer-Verlag, 1993.

[205] G. J. HOLZMANN. *Design and Validation of Computer Protocols*. Prentice-Hall, 1990.

[206] G. J. HOLZMANN. Design and validation of protocols: a tutorial. *Computer Networks and ISDN Systems*, 25 (9): 981–1017, 1993.

[207] G. J. HOLZMANN. The theory and practice of a formal method: NewCoRe. In *IFIP World Congress*, pages 35–44. North Holland, 1994.

[208] G. J. HOLZMANN. The model checker SPIN. *IEEE Transactions on Software Engineering*, 23 (5): 279–295, 1997.

[209] G. J. HOLZMANN. *The SPIN Model Checker: Primer and Reference Manual.* Addison-Wesley, 2003.

[210] G. J. HOLZMANN AND E. NAJM AND A. SERHROUCHINI. SPIN model checking: an introduction. *International Journal on Software Tools for Technology Transfer*, 2 (4): 321–327, 2000.

[211] G. J. HOLZMANN AND D. PELED. An improvement in formal verification. In *7th IFIP WG6.1 International Conference on Formal Description Techniques (FORTE)*, pages 197–211. Chapman & Hall, 1994.

[212] G. J. HOLZMANN AND D. PELED AND M. YANNAKAKIS. On nested depth-first search. In *2nd International SPIN workshop on Model Checking of Software*, pages 23–32. AMS Press, 1996.

[213] J. E. HOPCROFT. An nlogn algorithm for minimizing the states in a finite automaton. In Z. Kohavi, editor, *The Theory of Machines and Computations*, pages 189–196. Academic Press, 1971.

[214] J. E. HOPCROFT AND R. MOTWANI AND J. ULLMAN. *Introduction to Automata Theory, Languages and Computation.* Addison-Wesley, 2001.

[215] R. A. HOWARD. *Dynamic Programming and Markov Processes.* MIT Press, 1960.

[216] R. A. HOWARD. *Dynamic Probabilistic Systems,* volume 2*: Semi-Markov and Decision Processes.* John Wiley & Sons, 1972.

[217] D. A. HUFFMAN. The synthesis of sequential switching circuits. *Journal of the Franklin Institute*, 257 (3–4): 161–190, 275–303, 1954.

[218] M. HUHN AND P. NIEBERT AND H. WEHRHEIM. Partial order reductions for bisimulation checking. In *18th Conference on Foundations of Software Technology and Theoretical Computer Science (FSTTCS)*, volume 1530 of *Lecture Notes in Computer Science*, pages 271–282. Springer-Verlag, 1998.

[219] M. HUTH AND M. D. RYAN. *Logic in Computer Science—Modelling and Reasoning about Systems.* Cambridge University Press, 1999.

[220] T. HUYNH AND L. TIAN. On some equivalence relations for probabilistic processes. *Fundamenta Informaticae*, 17 (3): 211–234, 1992.

[221] H. HYMAN. Comments on a problem in concurrent programming control. *Communications of the ACM*, 9 (1): 45, 1966.

[222] ISO/ITU-T. *Formal Methods in Conformance Testing.* International Standard, 1996.

[223] A. ITAI AND M. RODEH. Symmetry breaking in distributed networks. *Information and Computation*, 88 (1): 60–87, 1990.

[224] H. IWASHITA AND T. NAKATA AND F. HIROSE. CTL model checking based on forward state traversal. In *International Conference on Computer-Aided Design (ICCAD)*, pages 82–87. IEEE Computer Society Press, 1996.

[225] W. JANSSEN AND J. ZWIERS. Specifying and proving communication closedness in protocols. In *Thirteenth IFIP WG6.1 International Symposium on Protocol Specification, Testing and Verification*, pages 323–339. North Holland, 1993.

[226] B. JEANNET AND P. R. D'ARGENIO AND K. G. LARSEN. RAPTURE: a tool for verifying Markov decision processes. In *Tools Day, International Conference on Concurrency Theory (CONCUR)*, 2002.

[227] B. JONSSON AND K. G. LARSEN. Specification and refinement of probabilistic processes. In *6th Annual IEEE Symposium on Logic in Computer Science (LICS)*, pages 266–277. IEEE Computer Society Press, 1991.

[228] B. JONSSON AND W. YI AND K. G. LARSEN. Probabilistic extensions of process algebras. In J. Bergstra, A. Ponse, and S. A. Smolka, editors, *Handbook of Process Algebra*, chapter 11, pages 685–711. Elsevier Publishers B. V., 2001.

[229] M. KAMINSKI. A classification of omega-regular languages. *Theoretical Computer Science*, 36: 217–229, 1985.

[230] J. A. W. KAMP. *Tense Logic and the Theory of Linear Order*. PhD thesis, University of California, Los Angeles, 1968.

[231] P. KANELLAKIS AND S. SMOLKA. CCS expressions, finite state processes, and three problems of equivalence. *Information and Computation*, 86 (1): 43–68, 1990.

[232] J.-P. KATOEN AND T. KEMNA AND I. S. ZAPREEV AND D. N. JANSEN. Bisimulation minimisation mostly speeds up probabilistic model checking. In *Thirteenth International Conference on Tools and Algorithms for the Construction and Analysis of Systems (TACAS)*, volume 4424 of *Lecture Notes in Computer Science*, pages 87–102. Springer-Verlag, 2007.

[233] J.-P. KATOEN AND M. KHATTRI AND I. S. ZAPREEV. A Markov reward model checker. In *2nd International Conference on Quantitative Evaluation of Systems (QEST)*, pages 243–244. IEEE Computer Society Press, 2005.

[234] S. KATZ AND D. PELED. Defining conditional independence using collapses. *Theoretical Computer Science*, 101 (2): 337–359, 1992.

[235] S. KATZ AND D. PELED. Verification of distributed programs using representative interleaving sequences. *Distributed Computing*, 6 (2): 107–120, 1992.

[236] R. M. KELLER. Formal verification of parallel programs. *Communications of the ACM*, 19 (7): 371–384, 1976.

[237] J. KEMENY AND J. SNELL. *Finite Markov Chains*. D. Van Nostrand, 1960.

[238] J. KEMENY AND J. SNELL. *Denumerable Markov Chains*. D. Van Nostrand, 1976.

[239] E. KINDLER. Safety and liveness properties: a survey. *Bulletin of the European Association for Theoretical Computer Science*, 53: 268–272, 1994.

[240] S. C. KLEENE. Representation of events in nerve nets and finite automata. In C. Shannon and J. McCarthy, editors, *Automata Studies*, pages 3–42. Princeton University Press, 1956.

[241] J. KLEIN AND C. BAIER. Experiments with deterministic ω-automata for formulas of linear temporal logic. *Theoretical Computer Science*, 363 (2): 182–195, 2006.

[242] D. E. KNUTH AND A. C. YAO (姚期智). The complexity of nonuniform random number generation. In J. E. Traub, editor, *Algorithms and Complexity: New Directions and Recent Results*, pages 357–428. Academic Press, New York, 1976.

[243] D. KOZEN. Results on the propositional μ-calculus. *Theoretical Computer Science*, 27: 333–354, 1983.

[244] S. A. KRIPKE. Semanticalconsiderationsonmodallogic. *Acta Philosophica Fennica*, 16: 83–94, 1963.

[245] F. KRÖGER. *Temporal Logic of Programs*, volume 8 of *Springer Monographs on Theoretical Computer Science*. Springer-Verlag, 1987.

[246] T. KROPF. *Introduction to Formal Hardware Verification*. Springer-Verlag, 1999.

[247] A. Kucera and P. Schnoebelen. A general approach to comparing infinitestate systems with their finite-state specifications. *Theoretical Computer Science*, 358 (2-3): 315–333, 2006.

[248] V. Kulkarni. *Modeling and Analysis of Stochastic Systems.* Chapman & Hall, 1995.

[249] O. Kupferman and M. Y. Vardi. Model checking of safety properties. *Formal Methods in System Design*, 19 (3): 291–314, 2001.

[250] R. Kurshan. *Computer-aided Verification of Coordinating Processes: The Automata-Theoretic Approach.* Princeton University Press, 1994.

[251] R. Kurshan and V. Levin and M. Minea and D. Peled and H. Yenigün. Combiningsoftwareandhardwareverificationtechniques. *Formal Methods in System Design*, 21 (3): 251–280, 2002.

[252] M. Kwiatkowska. Survey of fairness notions. *Information and Software Technology*, 31 (7): 371–386, 1989.

[253] M. Kwiatkowska. A metric for traces. *Information Processing Letters*, 35 (3): 129–135, 1990.

[254] M. Kwiatkowska and G. Norman and D. Parker. Modelling and verification of probabilistic systems. In P. Panangaden and F. van Breugel, editors, *Part 2 of Mathematical Techniques for Analyzing Concurrent and Probabilistic Systems*, volume 23 of *CRM Monograph Series.* AMS Press, 2004.

[255] M. Kwiatkowska and G. Norman and D. Parker. Probabilistic symbolic model checking with PRISM: A hybrid approach. *International Journal on Software Tools for Technology Transfer*, 6 (2): 128–142, 2004.

[256] L. Lamport. A new solution of Dijkstra's concurrent programming problem. *Communications of the ACM*, 17 (8): 453–455, 1974.

[257] L. Lamport. Proving the correctness of multiprocess programs. *IEEE Transactions on Software Engineering*, 3 (2): 125–143, 1977.

[258] L. Lamport. Time, clocks and the ordering of events in distributed systems. *Communication of the ACM*, 21 (7): 558–565, 1978.

[259] L. Lamport. "Sometime" is sometimes "not never" —on the temporal logic of programs. In *7th Annual Symposium on Principles of Programming Languages (POPL)*, pages 174–185. ACM Press, 1980.

[260] L. Lamport. The temporal logic of actions. *ACM Transactions on Programming Languages and Systems*, 16 (3): 872–923, 1994.

[261] L. H. Landweber. Decision problems for omega-automata. *Mathematical Systems Theory*, 3 (4): 376–384, 1969.

[262] F. Laroussinie and N. Markay and Ph. Schnoebelen. Temporal logic with forgettable past. In *17th IEEE Symposium on Logic in Computer Science (LICS)*, pages 383–392. IEEE Computer Society Press, 2002.

[263] K. G. Larsen and J. Pearson and C. Weise and W. Yi. Clock difference diagrams. *Nordic Journal of Computing*, 6 (3): 271–298, 1999.

[264] K. G. Larsen and A. Skou. Bisimulation through probabilistic testing. *Information and Computation*, 94 (1): 1–28, 1991.

[265] K. G. Larsen and W. Yi. Time-abstracted bisimulation: implicitspecification and decidability. In *9th International Conference on the Mathematical Foundations of Programming Semantics (MFPS)*, volume802 of*Lecture Notes in Computer Science*, pages 160–176. Springer-Verlag, 1993.

[266] D. Lee and M. Yannakakis. Online minimization of transition systems. In *24th Annual ACM Symposium on Theory of Computing (STOC)*, pages 264–274. ACM Press, 1992.

[267] D. Lehmann and A. Pnueli and J. Stavi. Impartiality, justice and fairness: the ethics of concurrent termination. In *8th Colloquium on Automata, Languages and Programming (ICALP)*, volume 115 of *Lecture Notes in Computer Science*, pages 264–277. Springer-Verlag, 1981.

[268] D. Lehmann and M. Rabin. On the advantages of free choice: a symmetric and fully distributed solution to the dining philosophers problem. In *8th ACM Symposium on Principles of Programming Languages (POPL)*, pages 133–138. ACM Press, 1981.

[269] N. Leveson. *Safeware: System Safety and Computers.* ACM Press, 1995.

[270] C. Lewis. Implication and the algebra of logic. *Mind,* N. S., 12 (84): 522–531, 1912.

[271] H. R. Lewis. A logic of concrete time intervals (extended abstract). In *5th Annual IEEE Symposium on Logic in Computer Science (LICS)*, pages 380–389. IEEE Computer Society Press, 1990.

[272] H. R. Lewis and C. H. Papadimitriou. *Elements of the Theory of Computation.* Prentice-Hall, 1997.

[273] O. Lichtenstein and A. Pnueli. Checking that finite-state concurrent programs satisfy their linear specification. In *12th Annual ACM Symposium on Principles of Programming Languages (POPL)*, pages 97–107. ACM Press, 1985.

[274] O. Lichtenstein and A. Pnueli and L. Zuck. The glory of the past. In *Conference on Logic of Programs*, volume 193 of *Lecture Notes in Computer Science*, pages 196–218. Springer-Verlag, 1985.

[275] P. Liggesmeyer and M. Rothfelder and M. Rettelbach and T. Ackermann. Qualitätssicherung Software-basierter technischer Systeme. *Informatik Spektrum*, 21 (5): 249–258, 1998.

[276] R. Lipton. Reduction: a method of proving properties of parallel programs. *Communications of the ACM*, 18 (12): 717–721, 1975.

[277] C. Loiseaux and S. Graf and J. Sifakis and A. Bouajjaniand S. Bensalem. Property preserving abstractions for the verification of concurrent systems. *Formal Methods in System Design*, 6 (1): 11–44, 1995.

[278] G. Lowe. Breaking and fixing the Needham-Schroeder public-key protocol using FDR. *Software Concepts and Tools*, 17 (3): 93–102, 1996.

[279] N. Lynch and F. Vaandrager. Forward and backward simulations—part I: untimed systems. *Information and Computation*, 121 (2): 214–233, 1993.

[280] N. A. Lynch. *Distributed Algorithms.* Morgan Kaufmann Publishers, 1996.

[281] O. Maler and Z. Manna and A. Pnueli. From timed to hybrid systems. In *Real-Time: Theory in Practice, REX Workshop*, volume 600 of *Lecture Notes in Computer Science*, pages 447–484. Springer-Verlag, 1992.

[282] Z. Manna and A. Pnueli. Completingthetemporalpicture. *Theoretical Computer Science*, 83 (1): 97–130, 1991.

[283] Z. Manna and A. Pnueli. *The Temporal Logic of Reactive and Concurrent Systems: Specification.* Springer-Verlag, 1992.

[284] Z. Manna and A. Pnueli. *The Temporal Logic of Reactive and Concurrent Systems: Safety.* Springer-Verlag, 1995.

[285] P. MANOLIOS AND R. TREFLER. Safety and liveness in branching time. In *16th Annual IEEE Symposium on Logic in Computer Science (LICS)*, pages 366–372. IEEE Computer Society Press, 2001.

[286] P. MANOLIOS AND R. J. TREFLER. A lattice-theoretic characterization of safety and liveness. In *22nd Annual Symposium on Principles of Distributed Computing (PODC)*, pages 325–333. IEEE Computer Society Press, 2003.

[287] A. MAZURKIEWICZ. Trace theory. In *Advances in Petri Nets*, volume 255 of *Lecture Notes in Computer Science*, pages 279–324. Springer-Verlag, 1987.

[288] K. L. MCMILLAN. *Symbolic Model Checking.* Kluwer Academic Publishers, 1993.

[289] K. L. MCMILLAN. A technique of state space search based on unfoldings. *Formal Methods in System Design*, 6 (1): 45–65, 1995.

[290] R. MCNAUGHTON. Testing and generating infinite sequences by a finite automaton. *Information and Control*, 9 (5): 521–530, 1966.

[291] G. H. MEALY. A method for synthesizing sequential circuits. *Bell System Technical Journal*, 34: 1045–1079, 1955.

[292] C. MEINEL AND T. THEOBALD. *Algorithms and Data Structures in VLSI Design.* Springer-Verlag, 1998.

[293] S. MERZ. Model checking: a tutorial. In F. Cassez, C. Jard, B. Rozoy, and M. D. Ryan, editors, *Modelling and Verification of Parallel Processes*, volume 2067 of *Lecture Notes in Computer Science*, pages 3–38. Springer-Verlag, 2001.

[294] S. MERZ AND N. NAVET (EDITORS). *Modeling and Verification of Real-Time Systems: Formalisms and Software Tools.* ISTE Ltd, 2008.

[295] R. MILNER. Analgebraic definitionofsimulation between programs. In *2nd International Joint Conference on Artificial Intelligence*, pages 481–489. WilliamKaufmann, 1971.

[296] R. MILNER. *A Calculus of Communicating Systems*, volume 92 of *Lecture Notes in Computer Science.* Springer-Verlag, 1980.

[297] R. MILNER. Calculi for synchrony and asynchrony. *Theoretical Computer Science*, 25 (3): 267–310, 1983.

[298] R. MILNER. *Communication and Concurrency.* Prentice-Hall, 1989.

[299] R. MILNER. *Communicating and Mobile Systems: The Pi-Calculus.* Cambridge University Press, 1999.

[300] S. MINATO. *Binary Decision Diagrams and Applications for VLSI CAD.* Kluwer Academic Publishers, 1996.

[301] S. MINATO AND N. ISHIURA AND S. YAJIMA. Shared binary decision diagram with attributed edges for efficient boolean function manipulation. In *27th ACM/IEEE Conference on Design Automation (DAC)*, pages 52–57. ACM Press, 1991.

[302] F. MOLLER AND S. A. SMOLKA. On the computational complexity of bisimulation. *ACM Computing Surveys*, 27 (2): 287–289, 1995.

[303] E. F. MOORE. Gedanken-experiments on sequential machines. *Automata Studies*, 34: 129–153, 1956.

[304] C. MORGAN AND A. MCIVER. pGCL: Formal reasoning for random algorithms. *South African Computer Journal*, 22: 14–27, 1999.

[305] A. W. MOSTOWSKI. Regular expressions for infinite trees and a standard form of automata. In *5th Symposium on Computational Theory*, volume 208 of *Lecture Notes in Computer Science*, pages 157–168. Springer-Verlag, 1984.

[306] R. Motwani and P. Raghavan. *Randomized Algorithms.* Cambridge University Press, 1995.

[307] D. E. Muller. Infinite sequences and finite machines. In *4th IEEE Symposium on Switching Circuit Theory and Logical Design*, pages 3–16. IEEE, 1963.

[308] G. J. Myers. *The Art of Software Testing.* John Wiley & Sons, 1979.

[309] J. Myhill. Finite automata and the representation of events. Technical Report WADD TR-57-624, Wright Patterson Air Force Base, OH, 1957.

[310] R. Nalumasu and G. Gopalakrishnan. A new partial order reduction algorithm for concurrent systems. In *Thirteenth IFIP International Conference on Hardware Description Languages and their Applications (CHDL)*, pages 305–314. Chapman & Hall, 1997.

[311] K. S. Namjoshi. A simple characterization of stuttering bisimulation. In *17th Conference on Foundations of Software Technology and Theoretical Computer Science (FSTTCS)*, volume 1346 of *Lecture Notes in Computer Science*, pages 284–296. Springer-Verlag, 1997.

[312] G. Naumovich and L. A. Clarke. Classifying properties: an alternative to the safety-liveness classification. *ACM SIGSOFT Software Engineering Notes*, 25 (6): 159–168, 2000.

[313] A. Nerode. Linear automaton transformations. In *Proceedings of the American Mathematical Society*, volume 9, pages 541–544, 1958.

[314] R. De Nicola and F. Vaandrager. Three logics for branching bisimulation (extended abstract). In *5th Annual IEEE Symposium on Logic in Computer Science (LICS)*, pages 118–129. IEEE Computer Society Press, Springer-Verlag, 1990.

[315] X. Nicollin and J.-L. Richier and J. Sifakis and J. Voiron. ATP: an algebra for timed processes. In *IFIP TC2 Working Conference on Programming Concepts and Methods*, pages 402–427. North Holland, 1990.

[316] A. Olivero and J. Sifakis and S. Yovine. Using abstractions for the verification of linear hybrid systems. In *6th International Conference on Computer Aided Verification (CAV)*, volume 818 of *Lecture Notes in Computer Science*, pages 81–94. Springer-Verlag, 1994.

[317] S. Owicki. Verifying concurrent programs with shared data classes. In *IFIP Working Conference on Formal Description of Programming Concepts*, pages 279–298. North Holland, 1978.

[318] R. Paige and R. E. Tarjan. Threepartitionrefinementalgorithms. *SIAM Journal on Computing*, 16 (6): 973–989, 1987.

[319] P. Panangaden. Measure and probability for concurrency theorists. *Theoretical Computer Science*, 253 (2): 287–309, 2001.

[320] C. Papadimitriou. *Computational Complexity.* Addison-Wesley, 1994.

[321] D. Park. On the semantics of fair parallelism. In *Abstract Software Specification*, volume 86 of *Lecture Notes in Computer Science*, pages 504–526. Springer-Verlag, 1979.

[322] D. Park. Concurrency and automata on infinite sequences. In *5th GI-Conference on Theoretical Computer Science*, volume 104 of *Lecture Notes in Computer Science*, pages 167–183. Springer-Verlag, 1981.

[323] D. Parker. *Implementation of Symbolic Model Checking for Probabilistic Systems.* PhD thesis, University of Birmingham, UK, 2002.

[324] D. Peled. All from one, one for all: On model checking using representatives. In *5th International Conference on Computer Aided Verification (CAV)*, volume 697 of *Lecture Notes in Computer Science*, pages 409–423. Springer-Verlag, 1993.

[325] D. Peled. Combining partial order reductions with on-the-fly model checking. *Formal Methods in System Design*, 8 (1): 39–64, 1996.

[326] D. PELED. Partial order reduction: Linear and branching temporal logics and process algebras. In *Partial Order Methods in Verification* [328], pages 79–88.

[327] D. PELED. *Software Reliability Methods.* Springer-Verlag, 2001.

[328] D. PELED AND V. PRATT AND G. J. HOLZMANN (EDITORS). *Partial Order Methods in Verification*, volume 29 (10) of *DIMACS Series in Discrete Mathematics and Theoretical Computer Science.* AMS Press, 1997.

[329] D. PELED AND T. WILKE. Stutter-invariant temporal properties are expressible without the next-time operator. *Information Processing Letters*, 63 (5): 243–246, 1997.

[330] W. PENCZEK AND R. GERTH AND R. KUIPER AND M. SZRETER. Partial order reductions preserving simulations. In *8th Workshop on Concurrency, Specification and Programming (CS&P)*, pages 153–172. Warsaw University Press, 1999.

[331] G. DELLA PENNA AND B. INTRIGILA AND I. MELATTI AND E. TRONCI AND M. VENTURINI ZILLI. Finite horizon analysis of Markov chains with the Murphiverifier. *Journal on Software Tools and Technology Transfer*, 8 (4-5): 397–409, 2006.

[332] G. L. PETERSON. Myths about the mutual exclusion problem. *Information Processing Letters*, 12 (3): 15–116, 1981.

[333] J. L. PETERSON. *Petri Net Theory and the Modeling of Systems.* Prentice-Hall, 1981.

[334] G. D. PLOTKIN. A structural approach to operational semantics. Technical Report DAIMI FN-19, Aarhus University, 1981.

[335] G. D. PLOTKIN. The origins of structural operational semantics. *Journal of Logic and Algebraic Programming*, 60–61: 3–15, 2005.

[336] G. D. PLOTKIN. A structural approach to operational semantics. *Journal of Logic and Algebraic Programming*, 60–61: 17–139, 2005.

[337] A. PNUELI. The temporal logic of programs. In *18th IEEE Symposium on Foundations of Computer Science (FOCS)*, pages 46–67. IEEE Computer Society Press, 1977.

[338] A. PNUELI. Linear and branching structures in the semantics and logics of reactive systems. In *12th International Colloquium on Automata, Languages and Programming (ICALP)*, volume 194 of *Lecture Notes in Computer Science*, pages 15–32. Springer-Verlag, 1985.

[339] A. PNUELI. Applications of temporal logic to the specification and verification of reactive systems: a survey of current trends. In *Advanced School on Current Trends in Concurrency Theory*, volume 244 of *Lecture Notes in Computer Science*, pages 510–584. Springer-Verlag, 1986.

[340] A. PNUELI AND L. ZUCK. Probabilistic verification by tableaux. In *1st Annual Symposium on Logic in Computer Science (LICS)*, pages 322–331. IEEE Computer Society Press, 1986.

[341] A. PNUELI AND L. ZUCK. Probabilistic verification. *Information and Computation*, 103 (1): 1–29, 1993.

[342] H. POSPESEL. *Introduction to Logic: Propositional Logic.* Prentice-Hall, 1979.

[343] V. PRATT. Modelling concurrency with partial orders. *International Journal of Parallel Programming*, 15 (1): 33–71, 1986.

[344] W. PRESS AND S. A. TEUKOLSKY AND W. T. VETTERLING AND B. P. FLANNERY. *Numerical Recipes in C++. The Art of Scientific Computing.* Cambridge University Press, 2002.

[345] A. PRIOR. *Time and Modality.* Oxford University Press, 1957.

[346] M. PUTERMAN. *Markov Decision Processes: Discrete Stochastic Dynamic Programming.* John Wiley & Sons, 1994.

[347] J.-P. Queille and J. Sifakis. Specification and verification of concurrent systems in CESAR. In *5th International Symposium on Programming*, volume 137 of *Lecture Notes in Computer Science*, pages 337–351. Springer-Verlag, 1982.

[348] J.-P. Queille and J. Sifakis. Fairness and related properties in transition systems. a temporal logic to deal with fairness. *Acta Informatica*, 19 (3): 195–220, 1983.

[349] M. O. Rabin. Probabilistic algorithms. In J. F. Traub, editor, *Algorithms and Complexity: New Directions and Recent Results*, pages 21–39. Academic Press, 1976.

[350] M. O. Rabin and D. Scott. Finite automata and their decision problems. *IBM Journal of Research and Development*, 3 (2): 114–125, 1959.

[351] M. O. Rabin. Decidability of second order theories and automata on infinite trees. *Transactions of the AMS*, 141: 1–35, 1969.

[352] Y. Ramakrishna and S. Smolka. Partial-order reduction in the weak modal mu-calculus. In *8th International Conference on Concurrency Theory (CONCUR)*, volume 1243 of *Lecture Notes in Computer Science*, pages 5–24. Springer-Verlag, 1997.

[353] J. I. Rasmussen and K. G. Larsen and K. Subramani. On using priced timed automata to achieve optimal scheduling. *Formal Methods in System Design*, 29 (1): 97–114, 2006.

[354] M. Rem. Trace theory and systolic computations. In *Parallel Architectures and Languages Europe (PARLE)*, volume 1, volume 258 of *Lecture Notes in Computer Science*, pages 14–33. Springer-Verlag, 1987.

[355] M. Rem. A personal perspective of the Alpern-Schneider characterization of safety and liveness. In W. H. J. Feijen, A. J. M. van Gasteren, D. Gries, and J. Misra, editors, *Beauty is Our Business: A Birthday Salute to Edsger W. Dijkstra*, chapter 43, pages 365–372. Springer-Verlag, 1990.

[356] A. W. Roscoe. Model-checking CSP. In A. W. Roscoe, editor, *A Classical Mind: Essays in Honour of C. A. R. Hoare*, pages 353–378. Prentice-Hall, 1994.

[357] G. Rozenberg and V. Diekert. *The Book of Traces*. World Scientific Publishing Co., Inc., 1995.

[358] R. Rudell. Dynamic variable ordering for ordered binary decision diagrams. In *International Conference on Computer-Aided Design (ICCAD)*, pages 42–47. IEEE Computer Society Press, 1993.

[359] J. Rushby. Formal methods and the certification of critical systems. Technical Report SRI-CSL-93-7, SRI International, 1993. (also issued as *Formal Methods and Digital System Validation*, NASA CR 4551).

[360] T. C. Ruys and E. Brinksma. Managing the verification trajectory. *International Journal on Software Tools for Technology Transfer*, 4 (2): 246–259, 2003.

[361] S. Safra. On the complexity of ω-automata. In *29th Annual Symposium on Foundations of Computer Science (FOCS)*, pages 319–327. IEEE Computer Society Press, 1988.

[362] A. L. Sangiovanni-Vincentelli and P. C. McGeer and A. Saldanha. Verification of electronic systems. In *33rd Annual Conference on Design Automation (DAC)*, pages 106–111. ACM Press, 1996.

[363] J. E. Savage.*Models of Computation: Exploring the Power of Computing.* AddisonWesley, 1998.

[364] T. Schlipf and T. Buechner and R. Fritz and M. Helms and J. Koehl. Formal verification made easy. *IBM Journal of Research and Development*, 41 (4- 5): 567–576, 1997.

[365] K. SCHNEIDER. *Verification of Reactive Systems: Formal Methods and Algorithms*. Springer-Verlag, 2004.

[366] S. SCHNEIDER. *Specifying Real-Time Systems in Timed CSP*. Prentice-Hall, 2000.

[367] A. SCHRIJVER. *Combinatorial Optimization: Polyhedra and Efficiency*. Springer, 2003.

[368] S. SCHWOON AND J. ESPARZA. A note on on-the-fly verification algorithms. In *11th International Conference on Tools and Algorithms for the Construction and Analysis of Systems (TACAS)*, volume 3440 of *Lecture Notes in Computer Science*, pages 174–190. Springer-Verlag, 2005.

[369] R. SEBASTIANI AND S. TONETTA. "More deterministic" vs. "smaller" Büchi automata for efficient LTL model checking. In *12th Advanced Research Working Conference on Correct Hardware Design and Verification Methods (CHARME)*, volume 2860 of *Lecture Notes in Computer Science*, pages 126–140. Springer-Verlag, 2003.

[370] R. SEGALA AND N. LYNCH. Probabilistic simulations for probabilistic processes. *Nordic Journal of Computing*, 2 (2): 250–273, 1995.

[371] A. P. SISTLA. Safety, liveness and fairness in temporal logic. *Formal Aspects of Computing*, 6 (5): 495–512, 1994.

[372] A. P. SISTLA AND E. M. CLARKE. The complexity of propositional linear temporal logic. *Journal of the ACM*, 32 (3): 733–749, 1985.

[373] A. P. SISTLA AND M. Y. VARDI AND P. WOLPER. The complementation problem for Büchi automata with applications to temporal logic. *Theoretical Computer Science*, 49: 217–237, 1987.

[374] F. SOMENZI. Binary decision diagrams. In M. Broy and R. Steinbruggen, editors, *Calculational System Design*, volume 173 of *NATO Science Series F: Computer and Systems Sciences*, pages 303–366. IOS Press, 1999.

[375] F. SOMENZI AND R. BLOEM. Efficient Büchi automata from LTL formulae. In *12th International Conference on Computer Aided Verification (CAV)*, volume 1855 of *Lecture Notes in Computer Science*, pages 248–263. Springer-Verlag, 2000.

[376] L. STAIGER. Research in the theory of omega-languages. *Elektronische Informationsverarbeitung und Kybernetik*, 23 (8–9): 415–439, 1987.

[377] J. STAUNSTRUP AND H. R. ANDERSEN AND H. HULGAARD AND J. LIND-NIELSEN AND K. G. LARSEN AND G. BEHRMANN AND K. KRISTOFFERSEN AND A. SKOU AND H. LEERBERG AND N. B. THEILGAARD. Practical verification of embedded software. *IEEE Computer*, 33 (5): 68–75, 2000.

[378] W. J. STEWART. *Introduction to the Numerical Solution of Markov Chains*. Princeton University Press, 1994.

[379] C. STIRLING. *Modal and Temporal Properties of Processes*. Texts in Computer Science. Springer-Verlag, New York, 2001.

[380] F. A. STOMP AND W.-P. DE ROEVER. A principle for sequential reasoning about distributed algorithms. *Formal Aspects of Computing*, 6 (6): 716–737, 1994.

[381] N. STOREY. *Safety-Critical Computer Systems*. Addison-Wesley, 1996.

[382] R. S. STREETT. Propositional dynamic logic of looping and converse is elementarily decidable. *Information and Control*, 54 (1–2): 121–141, 1982.

[383] T. A. SUDKAMP. *Languages and Machines, 3rd edition*. Addison-Wesley, 2005.

[384] B. K. SZYMANSKI. A simplesolution to Lamport's concurrent programmingproblem with linear wait. In *International Conference on Supercomputing Systems*, pages 621–626, 1988.

[385] L. TAN AND R. CLEAVELAND. Simulation revisited. In *7th International Conference on Tools and Algorithms for the Construction and Analysis of Systems (TACAS)*, volume 2031 of *Lecture Notes in Computer Science*, pages 480–495. Springer-Verlag, 2001.

[386] S. TANI AND K. HAMAGUCHI AND S. YAJIMA. The complexity of the optimal variable ordering problems of shared binary decision diagrams. In *4th International Symposium on Algorithms and Computation*, volume 762 of *Lecture Notes in Computer Science*, pages 389–398. Springer-Verlag, 1993.

[387] R. TARJAN. Depth-first search and linear graph algorithms. *SIAM Journal on Computing*, 1 (2): 146–160, 1972.

[388] H. TAURIAINEN. Nested emptiness search for generalized Büchi automata. Research Report A79, Helsinki University of Technology, Laboratory for Theoretical Computer Science, 2003.

[389] X. THIRIOUX. Simple and efficient translation from LTL formulas to Büchi automata. *Electronic Notes in Theoretical Computer Science*, 66 (2), 2002.

[390] W. THOMAS. Automata on infinite objects. In J. van Leeuwen, editor, *Handbook of Theoretical Computer Science*, volume B: Formal Models and Semantics, chapter 4, pages 133–191. Elsevier Publishers B. V., 1990.

[391] W. THOMAS. Languages, automata, and logic. In G. Rozenberg and A. Salomaa, editors, *Handbook of Formal Languages*, volume 3, pages 389–455. Springer-Verlag, 1997.

[392] B. A. TRAKHTENBROT. Finite automata and the logic of one-place predicates. *Siberian Mathematical Journal*, 3: 103–131, 1962.

[393] G. J. TRETMANS AND K. WIJBRANS AND M. CHAUDRON. Software engineering with formal methods: the development of a storm surge barrier control system. *Formal Methods in System Design*, 19 (2): 195–215, 2001.

[394] S. TRIPAKIS AND S. YOVINE. Analysis of timed systems based on time-abstracting bisimulations. In *8th International Conference on Computer Aided Verification (CAV)*, volume 1102 of *Lecture Notes in Computer Science*, pages 232–243. SpringerVerlag, 1996.

[395] S. TRIPAKIS AND S. YOVINE. Analysis of timed systems using time-abstracting bisimulations. *Formal Methods in System Design*, 18 (1): 25–68, 2001.

[396] R. TRUDEAU. *Introduction to Graph Theory.* Dover Publications Inc., 1994.

[397] D. TURI AND J. J. M. M. RUTTEN. Onthefoundationsoffinalcoalgebrasemantics. *Mathematical Structures in Computer Science*, 8 (5): 481–540, 1998.

[398] A. VALMARI. Stubbornsetsforreducedstate spacegeneration. In *10th International Conference on Applications and Theory of Petri Nets (ICATPN)*, volume 483 of *Lecture Notes in Computer Science*, pages 491–515. Springer-Verlag, 1989.

[399] A. VALMARI. A stubborn attack on state explosion. *Formal Methods in System Design*, 1 (4): 297–322, 1992.

[400] A. VALMARI. On-the-fly verification with stubborn sets. In *5th International Conference on Computer Aided Verification (CAV)*, volume 697 of *Lecture Notes in Computer Science*, pages 397–408. Springer-Verlag, 1993.

[401] A. VALMARI. Stubborn set methods for process algebras. In *Partial Order Methods in Verification* [328], pages 213–231.

[402] H. VAN DER SCHOOT AND H. URAL. An improvement of partial order verification. *Software Testing, Verification and Reliability*, 8 (2): 83–102, 1998.

[403] J. L. A. van der Snepscheut. *Trace Theory and VLSI Design*, volume 200 of *Lecture Notes in Computer Science*. Springer-Verlag, 1985.

[404] R. J. van Glabbeek. The linear time—branching time spectrum (extended abstract). In*1st International Conference on Concurrency Theory (CONCUR)*, volume 458 of *Lecture Notes in Computer Science*, pages 278–297. Springer-Verlag, 1990.

[405] R. J. van Glabbeek. The linear time—branching time spectrum II. In *4th International Conference on Concurrency Theory (CONCUR)*, volume 715 of *Lecture Notes in Computer Science*, pages 66–81. Springer-Verlag, 1993.

[406] R. J. van Glabbeek and W. P. Weijland. Branching time and abstraction in bisimulation semantics. *Journal of the ACM*, 43 (3): 555–600, 1996.

[407] M. Y. Vardi. Automatic verification of probabilistic concurrent finite-state programs. In *26th IEEE Symposium on Foundations of Computer Science (FOCS)*, pages 327–338. IEEE Computer Society Press, 1985.

[408] M. Y. Vardi. An automata-theoretic approach to linear temporal logic. In *8th Banff Higher Order Workshop Conference on Logics for Concurrency: Structure versus Automata*, volume 1043 of *Lecture Notes in Computer Science*, pages 238–266. Springer-Verlag, 1996.

[409] M. Y. Vardi. Probabilistic linear-time model checking: An overview of the automata-theoretic approach. In *5th International AMAST Workshop on Formal Methods for Real-Time and Probabilistic Systems (ARTS)*, volume 1601, pages 265–276. Springer-Verlag, 1999.

[410] M. Y. Vardi. Branching versus linear time: Final showdown. In *7th International Conference on Tools and Algorithms for the Construction and Analysis of Systems (TACAS)*, volume 2031 of *Lecture Notes in Computer Science*, pages 1–22. SpringerVerlag, 2001.

[411] M. Y. Vardi and P. Wolper. An automata-theoretic approach to automatic program verification (preliminary report). In *1st Annual Symposium on Logic in Computer Science (LICS)*, pages 332–344. IEEE Computer Society Press, 1986.

[412] M. Y. Vardi and P. Wolper. Reasoningaboutinfinitecomputations. *Information and Computation*, 115 (1): 1–37, 1994.

[413] K. Varpaaniemi. On stubborn sets in the verification of linear time temporal properties. In *19th International Conference on Application and Theory of Petri Nets (ICATPN)*, volume 1420 of *Lecture Notes in Computer Science*, pages 124–143. Springer-Verlag, 1998.

[414] W. Visser and H. Barringer. Practical CTL* model checking: should SPIN be extended? *International Journal on Software Tools for Technology Transfer*, 2 (4): 350–365, 2000.

[415] H. Völzer and D. Varacca and E. Kindler. Defining fairness. In *16th International Conference on Concurrency Theory (CONCUR)*, volume 3653 of *Lecture Notes in Computer Science*, pages 458–472. Springer-Verlag, 2005.

[416] F. Wallner. Model checking LTL using net unfoldings. In *10th International Conference on Computer Aided Verification (CAV)*, volume 1427 of *Lecture Notes in Computer Science*, pages 207–218. Springer-Verlag, 1998.

[417] F. Wang. Efficient verification of timed automata with BDD-like data structures. *Journal on Software Tools and Technology Transfer*, 6 (1): 77–97, 2004.

[418] I. Wegener. *Branching Programs and Binary Decision Diagrams: Theory and Applications.* SIAMMonographs on Discrete Mathematics and Applications. Society for Industrial and Applied Mathematics, 2000.

[419] C. H. WEST. An automated technique for communications protocol validation. *IEEE Transactions on Communications*, 26 (8): 1271–1275, 1978.

[420] C. H. WEST. Protocol validation in complex systems. In *Symposium on Communications Architectures and Protocols*, pages 303–312. ACM Press, 1989.

[421] J. A. WHITTAKER. What is software testing? Why is it so hard? *IEEE Software*, 17 (1): 70–79, 2000.

[422] B. WILLEMS AND P. WOLPER. Partial-order methods for model checking: from linear time to branching time. In *11th IEEE Symposium on Logic in Computer Science (LICS)*, page 294. IEEE Computer Society Press, 1996.

[423] G. WINSKEL. Event structures. In *Petri Nets: Central Models and Their Properties, Advances in Petri Nets*, volume 255 of *Lecture Notes in Computer Science*, pages 325–392. Springer-Verlag, 1986.

[424] P. WOLPER. Specification and synthesis of communicating processes using an extended temporal logic. In *9th Symposium on Principles of Programming Languages (POPL)*, pages 20–33. ACM Press, 1982.

[425] P. WOLPER. Temporal logic can be more expressive. *Information and Control*, 56 (1–2): 72–99, 1983.

[426] P. WOLPER. An introduction to model checking. Position statement for panel discussion at the Software Quality workshop, 1995.

[427] W. YI. CCS + time = an interleaving model for real-time systems. In *18th International Colloquium on Automata, Languages and Programming (ICALP)*, volume 510 of *Lecture Notes in Computer Science*, pages 217–228. Springer-Verlag, 1991.

[428] M. YOELI. *Formal Verification of Hardware Design*. IEEE Computer Society Press, 1990.

[429] S. YOVINE. KRONOS: A verification tool for real-time systems. *International Journal on Software Tools for Technology Transfer*, 1 (1-2): 123–133, 1997.

[430] S. YOVINE. Model checking timed automata. In G. Rozenberg and F. Vaandrager, editors, *Lectures on Embedded Systems*, volume 1494 of *Lecture Notes in Computer Science*, pages 114–152. Springer-Verlag, 1998. bib3

译　注

原著中存在一些笔误. 译者在翻译过程中对已经发现的笔误做了修改. 为保持原著脚注序号, 译文未采用脚注形式予以说明, 而是在译文最后集中说明. 译文正文中会在有修改的地方以上标形式给出译注编号, 以方便读者查找.

译注 1　正文提到图 2.3 中 "分别用黑色和灰色圆点表示" 两种饮料. 但图中表示苏打水圆点只有一个是灰色的, 其余都是圆圈. 译文在图 2.3 中将表示苏打水的圆点全部改为了灰色. 另外, 原图的上部如下:

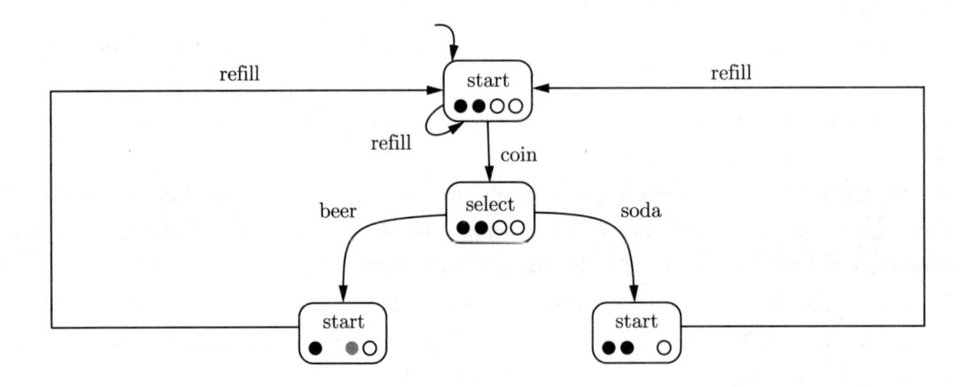

根据上下文, 其中的 beer 和 soda 应分别为 bget 和 sget.

另外, 对于图 2.3 中的动作名称和状态名称等, 译文与原著使用的字体也不相同. 译文使用的字体是原著大部分正文中对于动作名称和状态名称使用的字体. 以后也有类似情况, 不再一一说明.

译注 2　原文为 $\langle \ell, v \rangle$, 但从上下文看应为 $\langle \ell, \eta \rangle$.

译注 3　下式中的下标 2 在原文中为 1.

译注 4　原文为 $L(s_1) \cup L(s_2)$. 根据上下文, 这两个 L 应该分别有下标 1 和 2.

译注 5　下面公式中的 $(\eta(x)+1-\eta(z))^2 * (2(\eta(x)+1)+1)$ 在原文中没有 $*$ 和第二个 "+1" 后的括号. 根据算术运算优先级的一般规律, 此处应该有括号.

译注 6　在原著图 2.9 中, 右侧图的 noncrit、wait 和 crit 的下标均为 1.

译注 7　此处的 PG_i 在原文中为 P_i, 而本例此前内容均使用 PG_i.

译注 8　原著此图比译文中的图复杂得多, 见下页. 然而, 状态 $\langle \text{in}, 1, \text{up} \rangle$ 下的迁移 exit 是不可能发生的. 原因是 exit 是 Train 和 Controller 的共同动作. 根据例 2.12 前说明的两两握手的复合系统的迁移规则, 这样的动作必须由这两个组件同时进行, 而 exit 却不是 Controller 的状态 1 处的可选动作. 同理, 状态 $\langle \text{far}, 3, \text{down} \rangle$ 下的迁移 approach 也不会发生. 因此, 这两个状态下的迁移及后续状态都应删除.

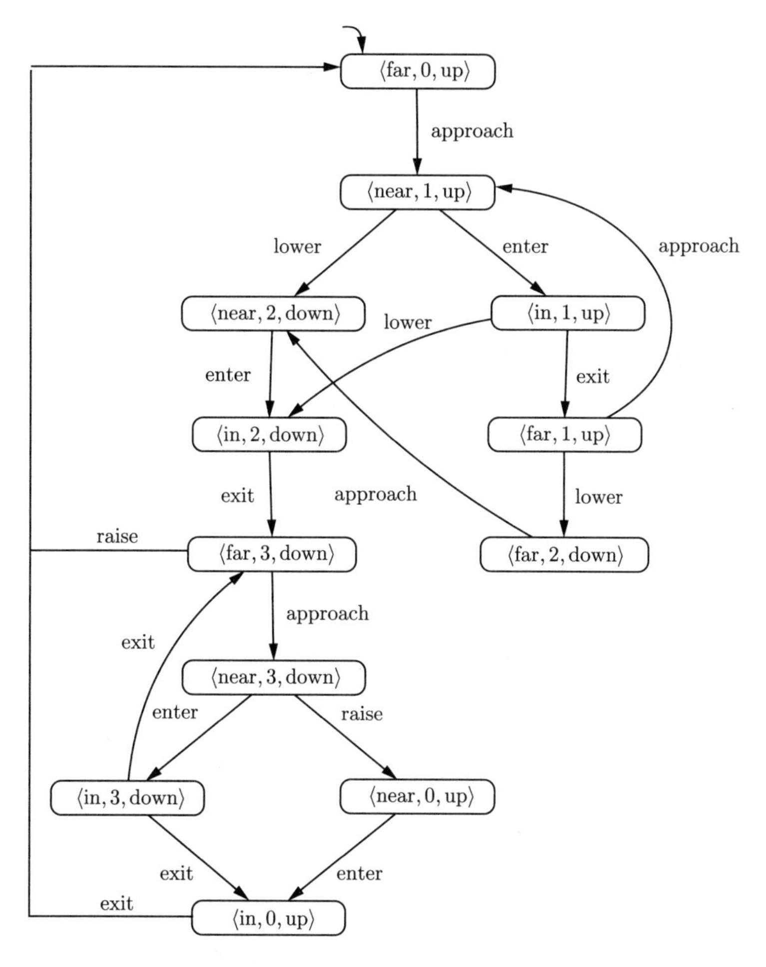

译注 9　原文为 (Chan, Var), 与定义中使用的顺序不一致.

译注 10　原文为 g_0.

译注 11　这句话中的两处 $v_1v_2\ldots v_k$ 在原文中均为 $v_1, v_2, \cdots, v_k$. 即译文删除了逗号.

译注 12　此等式左侧的 $\text{Effect}(\alpha_i, \eta)$ 在原文中为 α_i.

译注 13　此式原文无 "$\xi' =$".

译注 14　此式原文无 ℓ_1 后的逗号.

译注 15　此处的 j 在原文中为 i.

译注 16　下式中的 $\mapsto$ 在原文中为 $\rightarrow$.

译注 17　原文 r 后没有下标 1.

译注 18　原图 4 处 TS 的下标均无 C, x 后无 $'$.

译注 19　以下两个居中公式中的 $\text{cap}(c)$ 在原文中均为 $\text{cp}(c)$.

译注 20　原文无此行, 但为保持习题风格的一致性, 添加此行.

译注 21　本例中含义相同的动作使用了不同的符号, 例如 request 和 req、release 和 rel 等. 这些不同在图 3.2 和图 3.3 中更明显. 在这两个图中, 原著都用短语而不是数学符号标注大部分状态; 译文统一用上下文中出现的有关状态的数学符号标注状态. 另外, 译文

还对本例正文和插图所用符号进行了统一. 这些符号及其含义如下:

- 动作 $\text{req}_{j,i}$ 表示哲学家 i 拿起筷子 j.
- 动作 $\text{rel}_{j,i}$ 表示哲学家 i 放下筷子 j.
- 状态 $\text{wait}_{j,i}$ 表示哲学家 i 正在等待拿起筷子 j.
- 状态 think_i 表示哲学家 i 正在思考.
- 状态 eat_i 表示哲学家 i 正在吃饭.
- 状态 $\text{ret}_{j,i}$ 表示哲学家 i 正在等待放下筷子 j.
- 状态 avail_i 表示筷子 i 可用.
- 状态 $\text{avail}_{j,i}$ 表示只有哲学家 i 可使用筷子 j, 或筷子 j 只对哲学家 i 可用.
- 状态 $\text{occ}_{j,i}$ 表示哲学家 i 正在使用筷子 j.

译注 22 在原文的这句话中, 5 个动作的下标均无逗号且仅有一个数字. 经过这些动作到达到的终止状态在原文中为

$$\langle \text{wait}_{4,0}, \text{occ}_{4,4}, \text{wait}_{3,4}, \text{occ}_{3,3}, \text{wait}_{2,3}, \text{occ}_{2,2}, \text{wait}_{1,2}, \text{occ}_{1,1}, \text{wait}_{0,1}, \text{occ}_{0,0} \rangle$$

译注 23 这句话中的 $\text{avail}_{i,i}$ 和 $\text{avail}_{i,i+1}$ 在原文中分别为 avail_i 和 avail_{i+1}.

译注 24 此图在原著中为

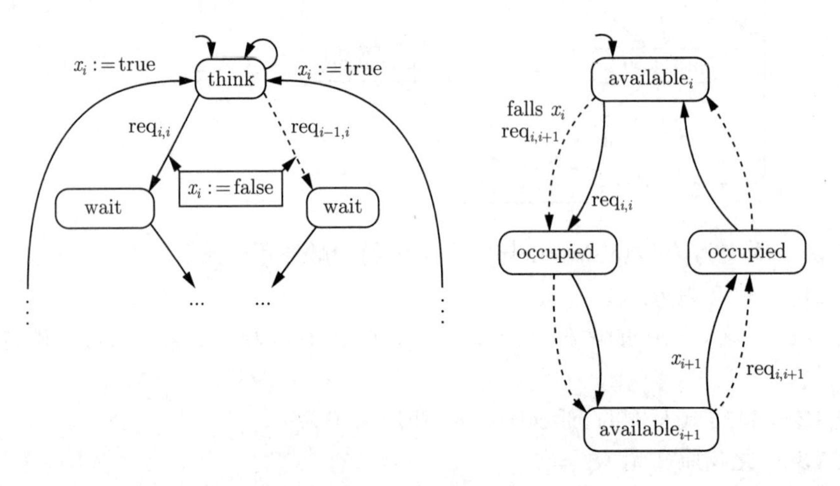

译注 25 此处“非负”在原文中为“正 (positive)”.

译注 26 括号内的字为译者所加.

译注 27 下述集合只是极小坏前缀的一部分, 正则表达式 $(\text{pay.drink})^*\text{drink}$ 的语言也是极小坏前缀的一部分.

译注 28 为与例 4.7 正文中使用的记号一致, 译文将此图中的两处 $\langle \text{red/yellow}, q_0 \rangle$ 均修改为 $\langle \text{red} + \text{yellow}, q_0 \rangle$.

译注 29 原文为 $\text{AP}' = 2^Q$, 与定义 4.7 不符.

译注 30 下面的 $1 \leqslant i \leqslant n$ 在原文中为 $0 \leqslant i \leqslant n$.

译注 31 此处的 $\mathcal{L}$ 在原文中为 Σ.

译注 32 原文此式的后两个 $\mathcal{L}$ 均无下标 ω.

译注 33　此例标题的原文为 “Mutual Exclusion (互斥)”, 但本例涉及的内容却是无饥饿.

译注 34　此式中的 F 在原文中为 Q.

译注 35　此图左上角的两个状态名称 s_0 和 s_1 为译者所加.

译注 36　此处的 “乘积迁移系统” 在原文中为 “product automaton (乘积自动机)”.

译注 37　原文没有这句话. 为方便读者阅读, 译文用这句话对图 4.23 (a) 的含义及下面将要使用的记号 PedTrLight′ 提前进行说明.

译注 38　这半句话的原文是: Clearly, this traffic light cannot guarantee the validity of $\overline{P}$ = “eventually forever ¬green”. 直译就是: 显然, 该交通灯不能保证 $\overline{P}$ = “终将总是¬green” 的有效性.

译注 39　原文中没有 AP 后的 L.

译注 40　此式的原文为 $\text{Post}(s) \subseteq R$. $\text{Post}^*(s) \subseteq R$.

译注 41　原文给出的理由是 $s_1 \in T = \{s_2, s_3, s_1\}$. 实际上造成 cycle_check($s_1$) 直接返回的原因是: $\text{Post}(s_1) = \{s_3\} \subseteq T = \{s_2, s_3, s_1\}$, 从而 $\text{Post}(s_1) \setminus T = \varnothing$, 使 cycle_check($s_1$) 执行 pop($V$), 这让只含 $s1$ 的堆栈 V 变空, 导致循环因 $V = \varepsilon$ 而结束. 由此可见, 即使 $s_1 \notin T$, 只要 $\text{Post}(s_1) \subseteq T$, cycle_check($s_1$), 也会立即返回 false.

译注 42　原文为 cycle_check(s).

译注 43　原文为 cycle_check($\cdot$).

译注 44　原文无省略号后的加号.

译注 45　原文无 $\exists$.

译注 46　译文交换了原文中 q_1 和 q_2 的位置.

译注 47　原文为 $\phi \mathsf{U} \psi$.

译注 48　$=$ 在原文中为 $\supseteq$.

译注 49　原文为 release. 为与图 5.9 中的符号保持一致, 在译文中改为 rel.

译注 50　原文中没有 “除……外” 这半句.

译注 51　原文无此条件. 当 $|\varphi| = 0$ 时 (例如 φ 只有一个原子命题或逻辑常数 true 等), $|\text{subf}(\varphi)| = 1$, 不等式 $|\text{subf}(\varphi)| \leqslant 2 \cdot |\varphi|$ 就不成立. 当然, 这不影响后面关于渐近上界的结论.

译注 52　此为原文, 但这句话欠妥. “用反证法” 后的这段证明并不能得到结论 “有无限多的 k 使 $B_k \in F_j$”. 可作如下微调:

假设只有有限多个 i 使得 $B_i \in F_j$, 则存在 n 使得对任一 $k > n$ 都有 $B_k \notin F_j$. 因此, 对 $i > n$, 有

$$B_i \notin F_j = F_{\varphi_{1,j} \mathsf{U} \varphi_{2,j}} \Rightarrow \varphi_{1,j} \mathsf{U} \varphi_{2,j} \in B_i \text{ 且 } \varphi_{2,j} \notin B_i$$

因为 $B_i = \{\psi \in \text{closure}(\varphi) \mid A_i A_{i+1} A_{i+2} \cdots \models \psi\}$, 所以, 若 $B_i \notin F_j$ 则

$$A_i A_{i+1} A_{i+2} \cdots \models \varphi_{1,j} \mathsf{U} \varphi_{2,j} \text{ 且 } A_i A_{i+1} A_{i+2} \cdots \not\models \varphi_{2,j}.$$

因此, 对某个 $k > i > n$, 有 $A_k A_{k+1} A_{i+2} \cdots \models \varphi_{2,j}$. 由公式集 B_i 的定义有 $\varphi_{2,j} \in B_k$, 再由 F_j 的定义有 $B_k \in F_j$. 矛盾.

译注 53 在原著中, 该步骤的证明只有一句话: $\psi = \text{true}$ 或 $\psi = a \in \text{AP}$ 的情形可以由式 (5.1) 和闭包的定义直接给出.

式 (5.1) 是证明 $\mathcal{L}_\omega(\mathcal{G}_\varphi) \supseteq \text{Words}(\varphi)$ 时为构造单词 $\sigma \in \text{Words}(\varphi)$ 的接受运行规定的 B_i 应该满足的性质. 而证明 $\mathcal{L}_\omega(\mathcal{G}_\varphi) \subseteq \text{Words}(\varphi)$ 时 $\sigma \in \mathcal{L}_\omega(\mathcal{G}_\varphi)$ 的接受运行 $B_0B_1B_2\cdots$ 中的 B_i 未必满足式 (5.1) .

另外, 在译者看来, 该步骤的证明与闭包定义的关系也不是直接的, 只是间接体现在定义 5.11 的相容性的第三条中.

译注 54 此句的原文为: 这由 δ 的定义、局部相容性和最大性得到. 但是局部相容性只与直到运算符有关.

另外, 上面的居中内容中, $\bigcirc$ 左边的符号在原著中为 $\neq$ 而不是 $\neg$.

译注 55 在这段证明中, 译文中的 $O(|\varphi|)$ 在原文中均为 $|\varphi|$. 若为后者, 则与定理 5.4 不符.

译注 56 原文为 $|\varphi_n| \in O(|\text{AP}| \cdot n)$. 译者认为 $\bigcirc^j$ 应算作 j 个运算符.

译注 57 在原著中, 从此开始到本段结束的内容如下:

其中 $\psi_{(q,A,i,p,B,L)}$ 由

$$\bigwedge_{\substack{1\leqslant j\leqslant P(n)\\ j\neq i, C\in\Sigma}} \underbrace{(\bigcirc^{2j-1}C \leftrightarrow \bigcirc^{2j-1+2P(n)+1}C)}_{\text{单元 } j\neq i \text{ 的内容未变}} \wedge \underbrace{\bigcirc^{2i-1+2P(n)+1}B}_{\text{单元 } i \text{ 中 } B \text{ 重写 } A} \wedge \underbrace{\bigcirc^{2i-1+2P(n)+1-2}p}_{\substack{\text{移到状态 } p\\ \text{指向单元 } i-1}}$$

定义. 上式中的 C 表示原子 (r, C, j) 的析取, 其中 $r \in Q \cup \{*\}$ 且 $1 \leqslant j \leqslant P(n)$; 上式中的 p 是所有原子 (p, D, j) 的析取, 其中 $D \in \Sigma$ 且 $1 \leqslant j \leqslant P(n)$.

译注 58 原文为 $\mathcal{G}_\varphi$arphi.

译注 59 原文中此公式为

$$\psi = \varPsi_I \wedge \Box\varXi \wedge \Box\varPsi_S \wedge \bigwedge_{s\in S} \Box\psi_s \wedge \varphi$$

由 $\Box\varXi$ 可推出 $\Box\varPsi_S$, 所以 $\Box\varPsi_S$ 是多余的.

译注 60 译著此图修改了 x 和 y 的字体以及最后一个状态的标记. 原图 x 和 y 的字体不是斜体, 最后一个状态的标记是 “r_1, r_2”.

译注 61 公式 (a) 到 (e) 中的 $\rightarrow$ 在原文中均为 $\Rightarrow$.

译注 62 原文为 $\Leftrightarrow$.

译注 63 原文为 $(0 \leqslant i \leqslant 3)$.

译注 64 原文为 $s_{2,1} \models \exists\Diamond \text{up}_3$.

译注 65 原文在最后一个 $\varPhi$ 前没有 $\neg$.

译注 66 这两句话中关于 t'_i、s'_i、t'_0 和 s'_0 的内容为译者所加.

译注 67 原文为 $\varphi \equiv \forall\Diamond\exists\Diamond a$.

译注 68 在原文中此处 $\varPsi$ 和图右侧两个 $\varPsi$ 均无 $'$ 或 $''$.

译注 69 这句话的原文直译是 “令 $\pi = s_0s_1s_2\cdots$ 是一条始于 $s = s_0$ 的路径 (这样的路径因 TS 没有终止状态而存在). 那么我们可推出：”.

译注 70 原文为“算法 6.2”, 但是后续内容都是关于调用算法 6.3 的.

译注 71 原著的本例正文中对分图编号的使用与图 6.13 中的编号不匹配, 译文对此作了修改. 译文的 6.13 (a) 在原文中为 6.11, 译文的 6.13 (b) 在原文中为 6.13 (a), 译文的 6.13 (c) 在原文中为 6.13 (b), 译文的 6.13 (d) 在原文中为 6.13 (c).

译注 72 原文为 π. 另外, 这段证明中, π 无限次经过一个片段的结论并不直接. 很直接的是: π 无限次经过同一状态 s', π 上两个 s' 之间的一段即为一个环路.

译注 73 原文为 Ψ_n.

上一句的 $\varnothing^\omega$ 中的 $\varnothing$ 和图 6.14 中状态 b 的标记 $\varnothing$ 在原著中均为 $\{b\}$. 但在此前已明确规定 $L(b)=\varnothing$, 所以要用 $\varnothing$ 标记状态 b, 而且出现在迹中的只能是 $\varnothing$, 而不能是 b.

另外, 译文此处之前的 m 在原文中都是 n. 因为 n 在上文已有明确的含义, 即它表示图 G 的顶点数, 所以再用在 Ψ 的递归定义中是不太合适的.

译注 74 本例中的 $\rightarrow$ 在原文中均为 $\Rightarrow$.

译注 75 下面公式中的两个下标 2 在原文中均为 1.

译注 76 此处 b_i 在原文中为 b_j.

译注 77 此段两处 sfair 在原文中均为 fair.

译注 78 原文为 $\mathrm{CheckFair}(C,1)$.

译注 79 为与后文 (例如例 6.17 之前的一段、例 6.18 的最后一段和例 6.19 等) 使用的记法统一, 译文在本记法中交换了更名运算符 $\leftarrow$ 两侧的符号. 即, 在本记法中, 译文的 $s\{\overline{z}\leftarrow\overline{y}\}$ 在原著中为 $s\{\overline{y}\leftarrow\overline{z}\}$, 译文的 $f\{\overline{y}\leftarrow\overline{z}\}$ 在原著中为 $f\{\overline{z}\leftarrow\overline{y}\}$.

本记法最后一句的原文为“将 $f\{\overline{z}\leftarrow\overline{y}\}$ 简写为 $f(\overline{y},\overline{x})$”.

译注 80 此式在原文中为 $\Delta(s,t\{\overline{x}/\overline{x}'\})$. 另外, 这一段中更名运算符的用法与原著的记法 6.55 的内容不一致, 而与译文的记法 6.4 的内容一致. 见译注 79.

译注 81 原文的表达式为

$$\bigwedge_{1\leqslant i<n}\Big(x_1\wedge\cdots\wedge x_i\wedge\neg x_{i+1}\rightarrow x'\wedge\cdots\wedge x_i'\wedge x_{i+1}'\wedge\bigwedge_{j<i\leqslant n}(x_j\leftrightarrow x_j')\Big)$$
$$\wedge(x_1\wedge\cdots\wedge x_n\rightarrow\neg x_1'\wedge\cdots\wedge\neg x_n')$$

译注 82 原文为 $\chi_B(\overline{x})=x_1$.

译注 83 下式第一行的 $\Delta_2(\overline{x}_2,\overline{z},\overline{x}_2')$ 在原文中为 $\Delta_2(\overline{x}_1,\overline{z},\overline{x}_2')$.

译注 84 原文无 $(\overline{x}')$.

译注 85 等号后的第一个 f 在原文中无下标 j.

译注 86 该行中的 $\vee$ 在原文中为 $\wedge$.

译注 87 原文为“左子树”.

译注 88 原文此式第三个 f 没有下标 v.

译注 89 原文此式没有 $\mathfrak{B}$.

译注 90 下面两个居中公式中的 $\vee$ 在原文中均为 $\wedge$.

译注 91 译文交换了原文图 6.24 的标题及图中变量下标 1 和 3 的位置. 根据本例正文, 此图是 f_m 关于变量顺序 $\wp=(z_m,y_m,z_{m-1},y_{m-1},\cdots,z_1,y_1)$ 的 $\wp$-ROBDD.

译注 92 $\in$ 后的内容在原文中为 $\{1,y_i\vee f_{i-1}\}$.

译注 93 此句原文为“$f \neq 0$ 当且仅当 f 的 $\wp$-ROBDD 不包含 0 漏口”.

译注 94 下式中的下标 1 在原文中为 0.

译注 95 在原文的下式中, 当 $z <_\wp \mathrm{var}(v)$ 时, $v|_{z=b} = u$.

译注 96 在原著中, 下式的 f_2 后没有 |, f_2 后的 $z_1 = b_1, z_2 = b_2, \cdots, z_i = b_i$ 也没出现在下标位置.

译注 97 原文如此. 但是应把这一行和下一行伪代码移到两个 **fi** 之间, 否则“u 是终点”的条件分支得到的 w 就不能插入计算表, 也不能返回.

译注 98 原文为 $x_x <_\wp z <_\wp x'_i$.

译注 99 这句话中的两处 $\wp$ 在原文中均为 π.

译注 100 条件“或 $x \leqslant_\wp \mathrm{var}(v)$”为译者所加.

译注 101 原文 **if** 后的条件为 $x \leqslant_\wp \mathrm{var}(v)$. 对上一个 **if** 语句按译文修改条件后, 此处也可使用条件 $x \leqslant_\wp \mathrm{var}(v)$.

译注 102 原文为 $\overline{\Delta}$.

译注 103 下式的 $\exists\Box\Diamond\varphi$ 在原文中为 $\exists\Box\Diamond\Phi$.

译注 104 此式中的 $\rightarrow$ 在原文中为 $\Rightarrow$.

译注 105 本图的两条虚线修改了原图的两条实线, 两条虚线指向的目标状态交换了原图的两条实线指向的目标状态. 即本图显示的迁移是 $\langle n_1c_2, x_1 = 0, x_2 = 2\rangle \rightarrow \langle w_1c_2\cdots\rangle$ 和 $\langle c_1n_2, x_1 = 2, x_2 = 0\rangle \rightarrow \langle c_1w_2\cdots\rangle$, 原图显示的迁移是 $\langle n_1c_2, x_1 = 0, x_2 = 2\rangle \rightarrow \langle c_1w_2\cdots\rangle$ 和 $\langle c_1n_2, x_1 = 2, x_2 = 0\rangle \rightarrow \langle w_1c_2\cdots\rangle$.

译注 106 原文为“P_2 进入关键节段”.

译注 107 下式中的 $\rightarrow$ 在原文中为 $\Rightarrow$.

译注 108 本图中的两条虚线在原图中均为实线. 但是, 这两个迁移不应该存在.

译注 109 原文为“$\{(s, s') \mid s' \in [s]_\sim, s \in S\}$ 是 $(\mathrm{TS}, \mathrm{TS}/\mathcal{R})$”.

译注 110 本行中的 S_1 在原文中为 S'_1.

译注 111 此式原文为 $\mathcal{R} = \{(s_1, s_2)\} \cup \{(t_A, t_B) : A \cap \mathrm{AP}' = B \cap \mathrm{AP}'\}$.

译注 112 原文为 Lemma 7.25, 即“引理 7.25”.

译注 113 此式原文为 $\mathrm{TS}_1 \equiv_{\mathrm{CTL}} \mathrm{TS}_2$.

译注 114 原文为 k.

译注 115 原文没有这对括号及其内的几个字.

译注 116 这句话中的两处 $C' \setminus C$ 在原文中均为 C'.

译注 117 译文交换了原文中这一行和上一行伪代码的位置. 此外, 该算法的循环也应改为前置条件判断, 以避免首次循环就遇到 $\Pi = \Pi_{\mathrm{old}}$ 的特殊情况.

译注 118 此式原文为 $s' \in \mathrm{Pre}(C)$.

译注 119 左图 s_0 与 s_3 以及 s_0 与 s_4 之间的迁移方向与原图的迁移方向相反.

译注 120 原文为 TS_1.

译注 121 原文为 $x > 1$.

译注 122 原文无此 π_2.

译注 123 此式的原文为 $[s_0]_\simeq \preceq s_0$

译注 124　下述规则的横线下的 $B \rightarrow'_{\simeq} B'$ 在原文中为 $[s]_{\simeq} \rightarrow'_{\simeq} [s']_{\simeq}$. 这两种写法是等价的, 但译者认为 $B \rightarrow'_{\simeq} B'$ 更易阅读和理解.

译注 125　此处的 $(j \bmod 2)$ 在原文中为 j.

译注 126　此处 $s_{n,2}$ 在原文中为 $s_{2,n}$.

译注 127　此处 TS_2 在原文中为 TS_1.

译注 128　译文将原著此图中的 3 处 T_1 和一处 T_2 分别改为 TS_1 和 TS_2.

译注 129　这句话中的 4 处 ϱ 在原文中均为 ρ.

译注 130　原文的此式为 $\mathrm{Traces}(\mathrm{TS}_1) \subseteq \mathrm{Traces}(\mathrm{TS})2$.

译注 131　下式中的 $\langle n_1, c_2 \rangle$ 在原文中为 $\langle c_2, n_1 \rangle$.

译注 132　此式原文为 $(S_1 \times S_2) \cup (S_1 \times S_2)$.

译注 133　原文如此. 然而, 原著图 7.42 中的状态并没有不同的灰度. 由于图中状态已用原子命题的集合标记, 所以不必再用不同的灰度区分状态. 但是为了与原文这句话吻合, 译文为图 7.42 中的状态加了不同的灰度.

译注 134　下式中的 $\widehat{\pi}_i$ 在原文中为 $\widehat{\pi}_1$.

译注 135　在原著中, 本例中部检验 s_0 和 s_1 的出迁移的条件的 4 条内容无编号. 译文对本例内容的修改和说明较多, 编号是为译注说明方便由译者所加.

第 (1) 条后半句的原文为“由于 $s_0 \rightarrow s_1$ 并且 $(s_0, s_1) \in \mathcal{R}$”.

第 (2) 条后半句的原文为“由于 $s_1 \rightarrow s_0$ 并且 $(s_0, s_1) \in \mathcal{R}$”.

第 (4) 所讨论的出迁移 $s_1 \rightarrow s_3$ 在图 7.40 中不存在, 所以这一条也就没必要了.

其他问题如下:

本例开头的“最细等价 $\mathcal{R}$”在原文中为“最粗等价 (coarsest equivalence) $\mathcal{R}$”. 最粗等价意味着 $\mathcal{R}$ 包含任意对子 (s_i, s_j). 而本例后半部分即将说明 $s_1 \not\approx^{n}_{\mathrm{TS}} s_2$.

定义范数函数的原文部分为“$\nu_1(s_0, s_1) = \nu_2(s_1, s_0) = 1$ 和 $\nu_2(s_1, s_2) = 1$, 对所有 $s \in \{s_0, s_1, s_2, s_3\}$, $\nu_1(s, s) = \nu_2(s, s) = 0$, (对于剩余情况, ν_1 和 ν_2 为任意值)”. 这些定义存在的问题是: 有些已定义函数值在下面未用到, 例如 $\nu_2(s_1, s_2) = 1$; 而下面用到的函数值却未定义, 例如 $\nu_2(s_0, s_1) = 1$.

译注 136　这句话的原文为“我们证明 $\mathcal{R}$ 的对称的自反的和传递的闭包 (即包含 $\mathcal{R}$ 的最粗等价) 是发散敏感踏步互模拟”. “包含 $\mathcal{R}$ 的最粗等价”是有问题的, $\mathcal{R}$ 的对称自反传递闭包是包含 $\mathcal{R}$ 的最细等价.

译注 137　这句话的原文是“因此, 存在迁移 $u_n \rightarrow s'_2$, 使得 $(s'_1, s'_2) \in \mathcal{R}$. 这就产生路径片段 $s_2 u_1 u_2 \cdots u_n s'_2$, 使 $(s_1, u_i) \in \mathcal{R}$, 再由 $\mathcal{R}$ 是一个等价且 $(s_1, s_2) \in \mathcal{R}$ 得

$$\text{对 } 0 < i \leqslant n \text{ 有 } (s_2, u_i) \in \mathcal{R}, \text{ 并且 } (s'_1, s'_2) \in \mathcal{R}$$

即踏步互模拟条件 (2) 的要求.”

另外, 这段证明开始处的“$(s_1, u_j) \in \mathcal{R}$”在原文中为“$(s_2, u_j) \in \mathcal{R}$”.

本译注后的下一句话为译者所加.

译注 138　此式中的 s_2 在原文中为 s_1.

译注 139　此式中的 u_i 在原文中为 u_0.

译注 140　此图中的状态 s_2 在原文中为 s_1, 状态 t_1 和 t_2 在原文中为 v_1 和 v_2.

译注 141 这句话中的 x 在原文中为 v.

译注 142 从此时开始的这半句的原文如下:

此时再次满足条件 (S2), 因为有

$$\nu(u_2, u_2, s_1) = 1 > 0 = \nu(u_3, u_3, s_1)$$

但是, 上文已定义 $\nu(u_3, u_3, s_1) = 1$. 如果采用原文的这种思路, 需要修改前边关于 $\nu(u_3, u_3, s_1)$ 的定义.

译注 143 下式中 $n-1$ 在原文中为 2.

译注 144 从本译注开始至本段结束的所有 s_2 在原文中均为 s_1.

译注 145 此式原文为 $s_1 \exists \varphi$.

译注 146 此处的 "}" 为译者所加, 原文无.

译注 147 下式中最后两个状态 ℓ_1 在原文中均为 ℓ_0.

译注 148 原文如此. 但是, 如果允许有终止状态, 则后边的一些推理是不能保证成立的. 见译注 149 和译注 151.

译注 149 如果 TS 中存在终止状态, 则这句话未必成立.

译注 150 此式原文为 $t \in \text{Exit}(B)$.

译注 151 如果 TS 中存在终止状态, 则这句话未必成立.

译注 152 此处的 B 在原文中为 C.

译注 153 为与原著此处前后的记号一致, 译文修改了这句话中的几处记号. 这句话的原文为 "用自循环 $[s]_{\text{div}} \to [s]_{\text{div}}$ 替换 $\overline{\text{TS}}$ 中的迁移 $s \to s_{\text{div}}$, 并删除状态 s_{div}".

译注 154 这句话中的 $[s_{\text{div}}]_{\approx}$ 在原文中为 $[s]_{\text{div}}$.

译注 155 此图下部 3 个状态中的下标 div 在原文中为 $\approx$.

译注 156 $s_{2,1}$ 在原文中为 $s_{2,i}$.

译注 157 在原文中为 $i, j \in \{1 \cdots 3\}$.

译注 158 在原文中为 $i, j \in \{1 \cdots 3\}$.

译注 159 原文为 $s_2' \in \text{Post}(s_1)$.

译注 160 原文为 $u_0 = s_2$.

译注 161 这句话中修改的符号比较多, 原文为 "例如, 对 $i \in \{1, 2, 3, 4\}$ 和 $j \in \{1, 2, 4\}$ 有 $L_1(s_i) = L_2(t_j) = \{a\}$, $L_1(s_6) = L_2(t_6) = \varnothing$, 以及 $L_1(s_7) = L_1(s_5) = L_2(t_7) = \{b\}$".

译注 162 此式在原文中为 $s_i = \alpha(t_i)$.

译注 163 此式中的 β 在原文中没有下标 1.

译注 164 下式原文为 $s_1 \xrightarrow{\beta_1} s_2 \xrightarrow{\beta_1} \cdots$.

译注 165 此式原文为 $s_0 s_2 s_2$.

译注 166 原文为 $i = 1, 2, 3$.

译注 167 状态 $\langle s_1, t_0 \rangle$ 左侧的虚线在原文中为实线, 但它不应该存在.

译注 168 原文为 $\text{PG}_1 \mathbin{|||} \text{PG}_2$.

译注 169 原文为 $\text{PG}_1 \mathbin{|||} \text{PG}_2$.

译注 170　原文为 $\mathrm{TS} \models \Box\Phi$.

译注 171　此式原文为 $\alpha \in \mathrm{mark}(s') \setminus \mathrm{ample}(s')$.

译注 172　此式原文为 $((U = \varepsilon) \vee \neg b)$.

译注 173　此式原文为 $\alpha \in \mathrm{Act}_i$.

译注 174　本行伪代码开头的 $\forall$ 在原文中为 $\exists$.

译注 175　此处的“所有程序图”在原文中为“某个程序图 (some program graph)”.

译注 176　此处的 good 在原文中为 ample.

译注 177　从 PG_i 到 $\hat{\mathrm{PG}}_i$ 的变换 5 清楚地表明了这一点. 这句话及下一句话在原文中为 3 句话, 直译如下:

对于 $1 \leqslant j < i$, $\hat{\mathrm{PG}}_j$ 的从 ℓ_j 引出的任何边都由 h_j 或 f 守卫. 因 $\hat{\eta}(\mathrm{ample}_j) = \mathrm{true}$, 故得 $\hat{\eta} \not\models h_j$. 类似地, 由 $\hat{\eta}(\mathrm{ample}_i) = \mathrm{true}$ 得 $\hat{\eta} \not\models f$.

这段原文中的 $\hat{\eta}(\mathrm{ample}_j) = \mathrm{true}$ 应为 $\hat{\eta}(\mathrm{ample}_j) = \mathrm{false}$.

译注 178　这句话中的 $\hat{\mathrm{PG}}_j$ 在原文中为 PG_j. “由 h_j 或 f 守卫”是直译, 应理解为“h_j 或 f 是卫式的合取项之一”.

译注 179　此迁移中的 3 处 j 在原文中均为 i.

译注 180　下式最后一个状态中的 $y = 1$ 在原文中为 $y = 0$.

译注 181　此式中的 α_2 在原文中为 α_1.

译注 182　译文的这句话修改了原著中的个几个符号: (1) 中的 i 在原文为 j; (2) 中的 k 在原文中为 r; (2) 中的 i 在原文中为 k.

译注 183　右图中的动作 γ_2 在原文中为 β_2.

译注 184　此图中的 $x > 1$ 在原文中为 $x > 5$. 若按原文, 则下文中的动作 β 将不能执行.

译注 185　下式的状态在原文中都有一个分量 $y = 0$. 然而, 上面的程序图中并没体现变量 y.

译注 186　此式在原文中为 $A = \mathrm{Vis}$.

译注 187　右图中的动作 γ_2 在原文中为 β_2.

译注 188　本行中的 $i < k \leqslant n$ 在原文中为 $j < k \leqslant n$.

译注 189　本行中的 M_i 在原文中为 M_j.

译注 190　下式中的 β_2 在原文中为 β_1.

译注 191　原文为左.

译注 192　原文为右.

译注 193　原文为 TS.

译注 194　原文无下标 1.

译注 195　译文交换了这句话中的 b 和 c 在原文中的位置.

译注 196　此式原文为 $1 \leqslant i < n$.

译注 197　此处下标 $i + 1$ 在原文中为 i.

译注 198　下述路径中的 β_2 在原文中为 β_1.

译注 199　这句话除了比原文增加了下标 $i - 1$ 外, 其他均为原文的直译. 但是, 如果

把原文中的 “α 与 β_n 无关” 改为 “α 与 β_n 不同”, 可更容易理解这句话的结论. 另外, 这个引理的结论 (a) 明显是引理 8.16 的推论, 不需要这么复杂的证明.

译注 200 原文的下式为 $\nu_2(s_0, s_1) = \nu_2(s_0, s_0) = \text{dist}(s_0) = 1$. 但是, 根据记法 8.11, $\nu_2(s_0, s_1) = \text{dist}(s_1) = 0$. 这可归并到下面将要说明的其他情形中.

译注 201 此迁移中的动作 α 在原文中为 γ.

译注 202 此迁移中的动作 α 在原文中为 β.

译注 203 下式中的 $\rightarrow$ 在原文中为 $\Rightarrow$.

译注 204 下图状态的中括号和逗号均为译者所加, 在原文中无.

译注 205 下一行中迁移的标记 $x \geqslant 2$: $\{x\}$ 在原文中为 true: $x \geqslant 2, \{x\}$.

译注 206 原文中此式最后一个 $\|$ 没有下标 H.

译注 207 初始位置的出迁移的标记 $\text{reset}(y, z)$ 在原文中为 $\text{reset}(x, y)$.

译注 208 这半句话的原文为 “这可通过施加 $\text{Inv}(\text{on}) = x \geqslant c$ 来建立”.

译注 209 原文为状态 (states).

译注 210 下式中的 $\Diamond^{\leqslant 2}$ 在原文中为 $\Diamond^{>2}$.

译注 211 图中 $x \geqslant 3$ 在原文中为 $x > 3$.

译注 212 图 9.17 所示时控自动机的位置 on 处的自循环不应该存在; 否则, 本例中的一些结论都不成立. 如果位置 on 有自循环, 按照在本例正文中的出现顺序, 这些不成立的结论如下:

- $\text{Sat}(\forall\Diamond^{<1}\text{off}) = \{\langle \text{off}, t\rangle \mid t \geqslant 0\} \cup \{\langle \text{on}, t\rangle \mid 1 < t \leqslant 2\}$ 不成立. 因为对于任意 $1 < t \leqslant 2$, 执行片段 $\langle \text{on}, t\rangle \xrightarrow{\text{switch\_on}} \langle \text{on}, 0\rangle \xrightarrow{t} \langle \text{on}, t\rangle \xrightarrow{\text{switch\_on}} \langle \text{on}, 0\rangle \cdots$ 诱导的路径片段不满足 $\Diamond^{<1}\text{off}$.
- $\text{Sat}(\forall\Diamond(\text{on} \wedge (x = 1))) = \{\langle \text{on}, t\rangle \mid 0 \leqslant t \leqslant 1\}$ 不成立. 因为对于任意 $0 \leqslant t < 1$, 路径 $(\langle \text{on}, t\rangle\langle \text{on}, 0\rangle)^\omega$ 不满足 $\Diamond(\text{on} \wedge (x = 1))$.
- $\text{Switch}_3 \models \varPhi = \forall\Box\big((\text{on} \wedge (x = 0)) \rightarrow \forall\Diamond(\text{on} \wedge (x = 1))\big)$ 不成立, 因为初始路径 $\langle \text{off}, 0\rangle(\langle \text{on}, 0\rangle\langle \text{on}, 0.5\rangle)^\omega$ 不满足 $\varPhi$.

译注 213 此式中的 $\mathbb{R}_{\geqslant 0}$ 在原文中为 $\mathbb{R}$.

译注 214 下一行中的 $[2, 2]$ 在原文中为 $[2]$.

译注 215 下一行中的 $h < j$ 在原文中为 $i_h < i_j$.

译注 216 原文为左.

译注 217 下面第 4 个和第 5 个等式中的 $x - 1$ 在原文中均为 x.

译注 218 此状态及下一行中的状态 $\langle \ell, r\rangle$ 在原文中均为 $\langle \ell_i, r_i\rangle$.

译注 219 原文为 “收敛的”.

译注 220 $c_z - 1$ 在原文中为 c_z.

译注 221 下面的居中公式和上一个居中公式中的 CTL 在原文中为 TCTL.

译注 222 此式中的 start 在原文中为 s_0.

译注 223 下式中的 $n \geqslant 1$ 在原文中为 $n \geqslant 0$.

译注 224 原文为 “递减的”.

译注 225 此式中的 start 在原文中为 s_0.

译注 226 这句话中的 $\boldsymbol{x}^{(i)}$ 在原文中为 $\boldsymbol{x}^i$, $C \mathsf{U}^{\leqslant i} B$ 在原文中为 $C \mathsf{U}^{\leqslant n} B$.

译注 227 此处的 B 在原文中为 T.

译注 228 此式原文为 $F_1 \subseteq F_2 \subseteq \cdots$.

译注 229 “是吸收状态的集合” 这几个字是译者所加, 原文无.

译注 230 本译注后面的居中公式在原文中为

$$\boldsymbol{P}'(s,t) = \begin{cases} 1 & \text{若 } s \in B \cup (S \setminus (C \cup B)) \\ \boldsymbol{P}(s,t) & \text{否则} \end{cases}$$

译注 231 此集合在原文中为 $\{4, 5, 6\mathrm{won}\}$.

译注 232 下式中的 φ 在原文中为 $\Diamond a$.

译注 233 $q' \in K_i$ 在原文中为 $q \in K_i$.

译注 234 此处的 PCTL* 在原文中没有 *.

译注 235 等式 $\boldsymbol{\iota}'_{\text{init}}([s]_\sim) = \sum\limits_{s' \in [s]_\sim} \boldsymbol{\iota}_{\text{init}}(s')$ 在原文中为 $\boldsymbol{\iota}'_{\text{init}}([s]_\sim) = \sum\limits_{s' \in [s]} \boldsymbol{\iota}_{\text{init}}(s)$.

译注 236 原文为 $\mathrm{Sat}(\Phi_{T,U}) \subseteq T$.

译注 237 这句话及下句话中的 $\bigcirc \Phi_T$ 在原文中均为 Φ_T.

译注 238 $s_0 s_1 \cdots s_n$ 在原文中为 $s_0 \ldots, s_n$.

译注 239 此处的 $s_{4,5,6}$ 在原文中为 $s_{3,4,5}$.

译注 240 这一行中的 $x_{i,1}$ 及本例开头部分的 $x_{i,0}$ 在原文中均为 x_i.
下一行中的 $x_{1,1}$ 在原文中为 $x_{s_{2,3},1}$.
本例结尾部分的 $x_{s_{4,5,6},2}$ 在原文中为 $x_{s_{4,5,6},1}$.

译注 241 此处的 PRCTL 在原文中为 PCTL.

译注 242 此处表格内容在原文中为

n	$\theta_n(s,s)$	$\theta_n(s,t)$
0	1	0
1	3/4	1/4
2	5/8	3/8
3	11/16	5/16
4	21/32	11/31
⋮	⋮	⋮
极限	2/3	1/3

译注 243 下式中的 $\lim_{n\to\infty}$ 在原文中无.

译注 244 此式中的 α_{i+1} 在原文中为 α_i.

译注 245 状态 susu 的标记 $\{b\}$ 在原文中为 $\{a\}$.

译注 246 原文为 “记法 10.49”.

译注 247 此状态在原文中为 $\langle \mathrm{wait}_1, \mathrm{wait}_2 \rangle$.

译注 248 下式在原文中没有左边的负号 $(-)$.

译注 249 原文没有左边的负号 $(-)$.

译注 250 下式在原文中为

$$S_{=0}^{\min} = \{s \in S \mid \Pr^{\min}(s \models \Diamond B)\} = 0$$

译注 251 T' 在原文中为 T.

译注 252 T 在原文中为 S.

译注 253 下式中的 $i = q(s)$ 在原文中为 $i = q(s) \bmod k_s$.

译注 254 此式中的 2^{Act} 在原文中为 Act.

译注 255 下式中的 $\mathfrak{S}_0$ 的原文是 $\mathfrak{S}_1$, $\mathfrak{S}_{\mathrm{EC}(u)}$ 的原文是 $\mathfrak{S}_2$.

译注 256 此处 $\boldsymbol{\mathfrak{S}}$ 在原文中为 $\mathfrak{S}$.

译注 257 此处 PRCTL 在原文中为 PCRTL.

译注 258 原文为 FMurφ.

译注 259 这句话中的 $T \setminus \mathrm{Sat}(\varPhi_j) \neq \varnothing$ 在原文中为 $T \setminus \varPhi_j \neq \varnothing$.

译注 260 原文如此, 但此处的 $r \geqslant 0$ 没必要. 另外, 下式中的 $\Diamond_{\leqslant r}$ 在原文中为 $\Diamond$.

译注 261 以下 3 个性质的序号在原文中分别为 (a), 1., (b).

译注 262 此处的"有限记忆"在原文中为"有限无记忆 (finite-memoryless)".

译注 263 除 (a) 外, 下列问题中的"$\models$"在原文中均为",". 问题 (b) 中的 s_0 的原文为 s_7.

译注 264 原文中语句"$U := U \cup \{u\}$;"后的注释为"(* 保证所有的后继 *)", 语句"$R := R \cup \{u\}$"后的注释为"(* v 的将要被探索的 *)".

译注 265 此算法照搬了原文. 但有些内容是值得商榷的. 借此理解深度优先搜索算法的本质即可. 根据正文的描述, 此算法用于判定有限有向图有无环路, 因此算法的输入不应该有 v_0, 输出也不应该是可达点的集合, 而应该是一个有无环路的布尔值. 如果仅仅是判定有无环路的问题, 那么在第一次标记后向边后就应结束. 如果目的是搜索所有环路, 则应该返回环路集.

另外, 既然该算法是用堆栈实现的深度优先算法, 语句"$U := U \setminus \{v\}$"就应该修改为"pop(U)".

译注 266 原文如此, 但这一说法是不准确的. 如果最外层的循环进行两次, 第二次的 v_0 未必可达第一次的 v_0. 考虑 $G = (V, E)$, $V = \{a, b, c, d\}$, $E = \{(a, b), (b, a), (c, d), (d, c)\}$. 设算法 A.2 的最外层第一次循环时 $v_0 = a$, 第二次循环时 $v_0 = c$. 第一次循环结束后, $R = \{a, b\}$, $U = \varnothing$. 第二次进入最外层循环后会将 c 压入 U. 但是 c 不能达到 $R = \{a, b\}$ 中的任何一个.

严格地说, 这句话仅对同一次最外层循环加到 R 中的 w 成立.

译注 267 原文为 $v \in V$.